Lösungen zur Aufgabensammlung Technische Mechanik

Lehr- und Lernsystem
Technische Mechanik

Technische Mechanik (Lehrbuch)
A. Böge, W. Böge

Aufgabensammlung Technische Mechanik
A. Böge, G. Böge, W. Böge

Lösungen zur Aufgabensammlung Technische Mechanik
A. Böge, W. Böge

Formeln und Tabellen zur Technischen Mechanik
A. Böge, W. Böge

Alfred Böge · Wolfgang Böge

Lösungen zur Aufgabensammlung Technische Mechanik

Abgestimmt auf die 26. Auflage der Aufgabensammlung

21., überarbeitete und erweiterte Auflage 2024

Unter Mitarbeit von Gert Böge

Springer Vieweg

Alfred Böge
Braunschweig, Deutschland

Wolfgang Böge
Wolfenbüttel, Deutschland

ISBN 978-3-658-44425-9 ISBN 978-3-658-44426-6 (eBook)
https://doi.org/10.1007/978-3-658-44426-6

Die Deutsche Nationalbibliothek verzeichnet diese Publikation in der Deutschen Nationalbibliografie; detaillierte bibliografische Daten sind im Internet über http://dnb.d-nb.de abrufbar.

Abbildungen: Graphik & Text Studio Dr. Wolfgang Zettlmeier, Barbing

Planung/Lektorat: Eric Blaschke
Springer Vieweg ist ein Imprint der eingetragenen Gesellschaft Springer Fachmedien Wiesbaden GmbH und ist ein Teil von Springer Nature.
Die Anschrift der Gesellschaft ist: Abraham-Lincoln-Str. 46, 65189 Wiesbaden, Germany

Vorwort zur 21. Auflage

Die Lösungen zur Aufgabensammlung Technische Mechanik für Studierende an Fachschulen und Fachhochschulen für angewandte Wissenschaften enthält die ausführlichen Lösungen der über 900 Aufgaben der Aufgabensammlung Technische Mechanik des Maschinen- und Stahlbaus. Sie sind Teil des vierbändigen Lehr- und Lernsystems Technische Mechanik von *Alfred und Wolfgang Böge*.

Das Lehr- und Lernsystem Technische Mechanik hat sich auch an Fachgymnasien Technik, Fachoberschulen Technik, Beruflichen Oberschulen, Bundeswehrfachschulen und in Bachelor-Studiengängen bewährt. In Österreich wird damit an den Höheren Technischen Lehranstalten erfolgreich gearbeitet.

In die nun vorliegende 21. Auflage wurden die Lösungen der in die 26. Auflage der Aufgabensammlung Technische Mechanik neu aufgenommenen Aufgaben integriert. Es sind die Lösungen der Aufgaben 69 und 126 im Kapitel „Statik in der Ebene“, die Lösungen der Aufgaben 452 und 508 im Kapitel „Dynamik“ und die Lösungen 689, 714 bis 716, 737, 792 und 917 im Kapitel „Festigkeitslehre“.

Darüber hinaus wurden die analytisch aufwändigen Lösungen der Aufgaben 84, 85, 87, 91, 111, 130, 135 und 137 aus dem Kapitel „Statik in der Ebene“ um die trigonometrische Lösungsvariante erweitert.

Selbstverständlich wurden auch in der aktuellen Auflage die zahlreichen Anregungen, Verbesserungsvorschläge und konstruktiven Hinweise von Lehrern und Studierenden dankend berücksichtigt und verarbeitet. Mein besonderer Dank gilt Herrn Dr. sc. nat. ETH Stephan Bucher, der neben Fehlerhinweisen und Verbesserungsvorschlägen von ihm im Unterricht entwickelte Aufgaben mit Lösungen zum Kapitel Wärmespannungen zur Verfügung stellt.

Die vier Bücher sind in jeder Auflage inhaltlich aufeinander abgestimmt. Im Lehrbuch stehen nach jedem größeren Bearbeitungsschritt die Nummern der entsprechenden Aufgaben aus der Aufgabensammlung.

Die aktuellen Auflagen sind:

Lehrbuch	35. Auflage
Aufgabensammlung	26. Auflage
Lösungen	21. Auflage
Formeln und Tabellen	28. Auflage

Bedanken möchte ich mich beim Lektorat Maschinenbau des Verlags Springer Vieweg für die hervorragende Zusammenarbeit bei der Realisierung der 21. Auflage der Lösungen zur Aufgabensammlung Technische Mechanik.

Für Zuschriften steht die E-Mail-Adresse ***w_boege@t-online.de*** zur Verfügung.

Wolfenbüttel, August 2024 *Wolfgang Böge*

Inhaltsverzeichnis

Wichtige Symbole

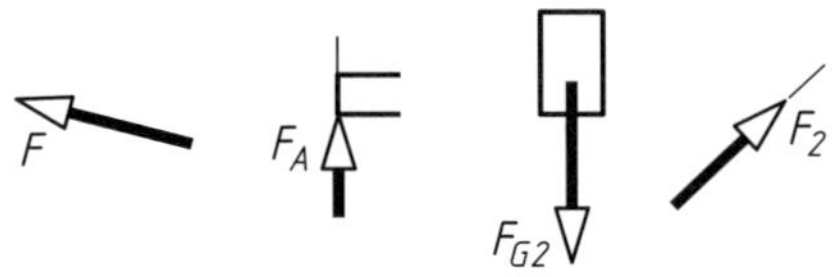

Kraft F, festgelegt durch Betrag, Wirklinie und Richtungssinn in N, kN, MN, z. B. F_A, F_2, F_{G2} (Gewichtskraft)

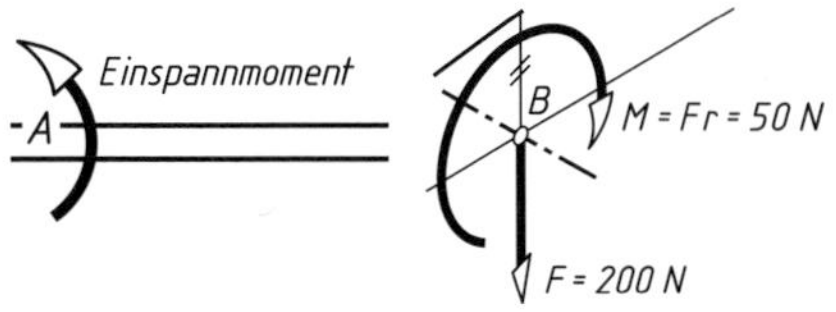

Drehmoment M in Nm, kNm. Grundsätzlich werden linksdrehende Drehmomente positiv, rechtsdrehende Momente negativ in z. B. Gleichgewichtsbedingungen aufgenommen.

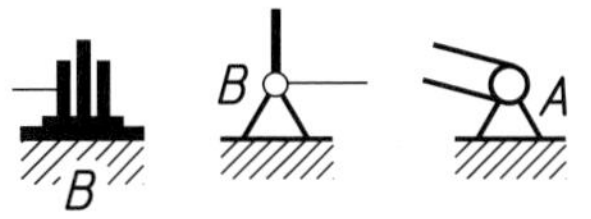

Zweiwertiges Lager (Festlager) nimmt eine beliebig gerichtete Kraft auf. Die Wirklinie und der Betrag der Kraft sind unbekannt.

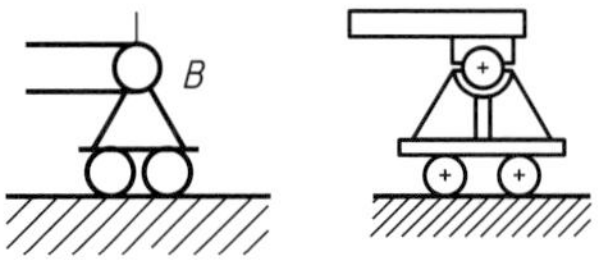

Einwertiges Lager (Loslager) nimmt nur eine rechtwinklig zur Stützfläche gerichtete Kraft auf. Die Wirklinie der Kraft ist bekannt, der Betrag ist unbekannt.

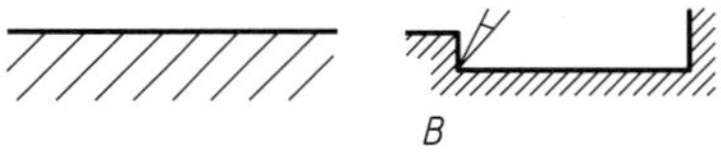

Feste Unterlage oder Stützfläche (Ebene) zur Aufnahme von zum Beispiel Los- und Festlagern oder Körpern – nicht verschieb- oder verdrehbar.

$A, B, C, \ldots$ Bezeichnung von Lagern (Fest- und Loslagern) und Körpern

S Schwerpunkt von Linien, Flächen und Körpern

$m_1, m_2, \ldots$ Masse von Körpern in kg, t

Drehrichtung, zum Beispiel einer Welle

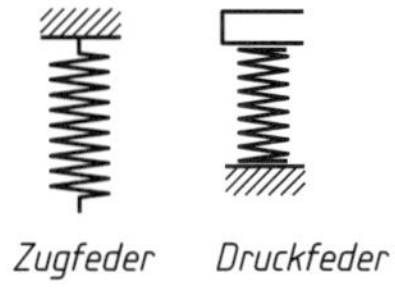

Zug- bzw. Druckfeder

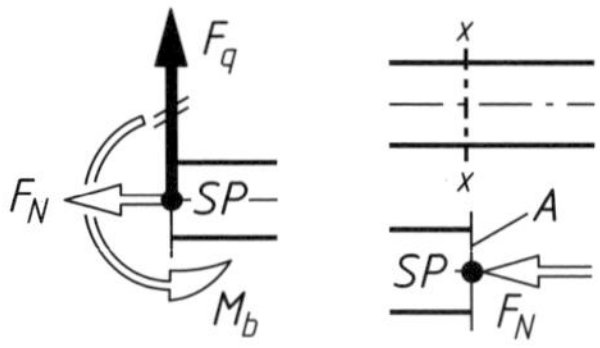

Gedachte Schnittstellen in einem Körper – zeigt innere Kräfte- und Momentensysteme

SP Schnittflächenschwerpunkt

1 Statik in der Ebene

Grundlagen

Kraftmoment (Drehmoment)

1.

a) $M = Fl = 200\ \text{N} \cdot 0{,}36\ \text{m} = 72\ \text{Nm}$

b) Kurbeldrehmoment = Wellendrehmoment

$$Fl = F_1 \frac{d}{2}$$

$$F_1 = F\frac{2l}{d} = 200\ \text{N} \cdot \frac{2 \cdot 0{,}36\ \text{m}}{0{,}12\ \text{m}} = 1200\ \text{N}$$

2.

$$M = F\frac{d}{2} = 7 \cdot 10^3\ \text{N} \cdot \frac{0{,}2\ \text{m}}{2} = 700\ \text{Nm}$$

3.

$$M = Fl \qquad F = \frac{M}{l} = \frac{62\ \text{Nm}}{0{,}28\ \text{m}} = 221{,}4\ \text{N}$$

4.

$$M = Fl \qquad l = \frac{M}{F} = \frac{396\ \text{Nm}}{120\ \text{N}} = 3{,}3\ \text{m}$$

5.

$$M = F\frac{d}{2} \qquad F = \frac{2M}{d} = \frac{2 \cdot 860\ \text{Nm}}{0{,}5\ \text{m}} = 3440\ \text{N}$$

6.

a) $M_1 = F_u \dfrac{d_1}{2}$

$$F_u = \frac{2M_1}{d_1} = \frac{2 \cdot 10 \cdot 10^3\ \text{Nmm}}{10\ \text{mm}} = 200\ \text{N}$$

b) $M_2 = F_u \dfrac{d_2}{2} = 200\ \text{N} \cdot \dfrac{180\ \text{mm}}{2}$

$$M_2 = 18000\ \text{Nmm} = 18\ \text{Nm}$$

7.

a) $d_1 = z_1\, m_{1/2} = 15 \cdot 4\ \text{mm} = 60\ \text{mm}$

$d_2 = z_2\, m_{1/2} = 30 \cdot 4\ \text{mm} = 120\ \text{mm}$

$d_{2'} = z_{2'}\, m_{2'/3} = 15 \cdot 6\ \text{mm} = 90\ \text{mm}$

$d_3 = z_3\, m_{2'/3} = 25 \cdot 6\ \text{mm} = 150\ \text{mm}$

b) $M_1 = F_{u1/2} \dfrac{d_1}{2}$

$$F_{u1/2} = \frac{2M_1}{d_1} = \frac{2 \cdot 120 \cdot 10^3\ \text{Nmm}}{60\ \text{mm}} = 4000\ \text{N}$$

c) $M_2 = F_{u1/2} \dfrac{d_2}{2} = 4000\ \text{N} \cdot \dfrac{120\ \text{mm}}{2}$

$$M_2 = 2{,}4 \cdot 10^5\ \text{Nmm} = 240\ \text{Nm}$$

d) $F_{u2'/3} = \dfrac{2M_2}{d_{2'}} = \dfrac{2 \cdot 240 \cdot 10^3\ \text{Nmm}}{90\ \text{mm}} = 5333\ \text{N}$

e) $M_3 = F_{u2'/3} \dfrac{d_3}{2} = 5333\ \text{N} \cdot \dfrac{150\ \text{mm}}{2}$

$$M_3 = 4 \cdot 10^5\ \text{Nmm} = 400\ \text{Nm}$$

8.

a) $M_1 = F\, l_1 = 220\ \text{N} \cdot 175\ \text{mm} = 38500\ \text{Nmm}$

$= 38{,}5\ \text{Nm}$

b) Das Kettendrehmoment ist gleich dem Tretkurbeldrehmoment:

$M_k = M_1$

$$F_k \frac{d_1}{2} = M_1$$

$$F_k = \frac{2M_1}{d_1} = \frac{2 \cdot 38{,}5\ \text{Nm}}{0{,}182\ \text{m}} = 423{,}1\ \text{N}$$

c) $M_2 = F_k \dfrac{d_2}{2} = 423{,}1\ \text{N} \cdot \dfrac{0{,}065\ \text{m}}{2} = 13{,}8\ \text{Nm}$

d) Das Kraftmoment aus Vortriebskraft F_v und Hinterradradius l_2 ist gleich dem Drehmoment M_2 am Hinterrad.

$F_v\, l_2 = M_2$

$$F_v = \frac{M_2}{l_2} = \frac{13{,}8\ \text{Nm}}{0{,}345\ \text{m}} = 40\ \text{N}$$

Freimachen der Bauteile

9.

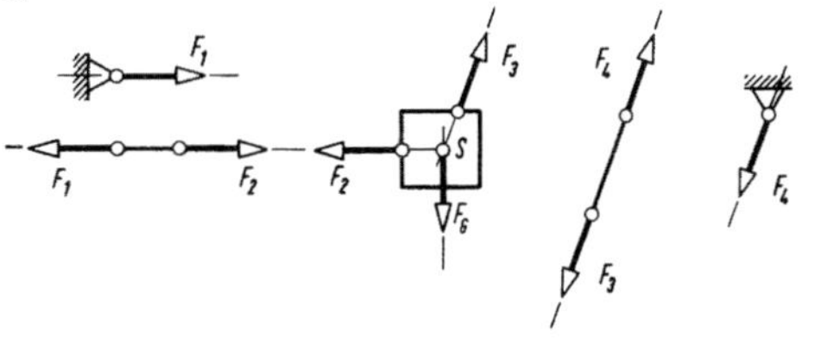

10.

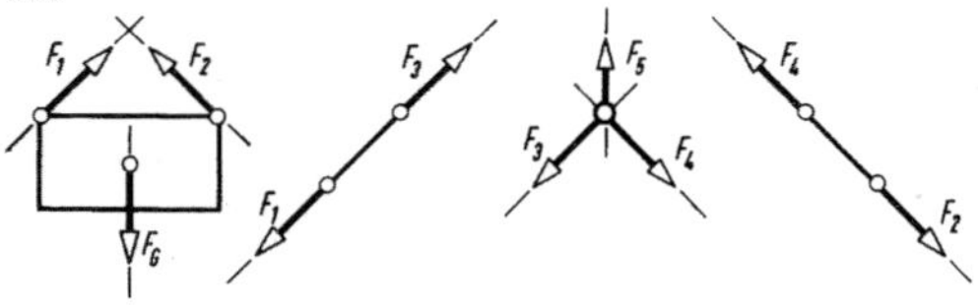

11.

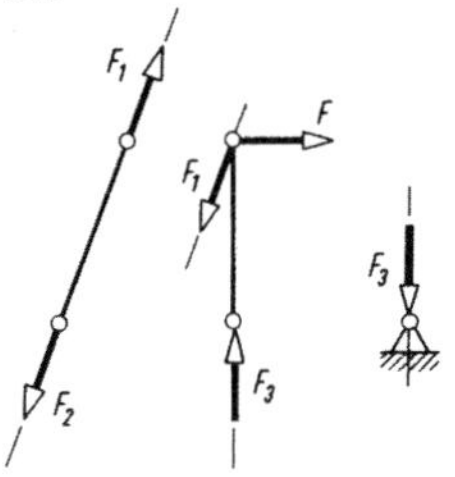

12.

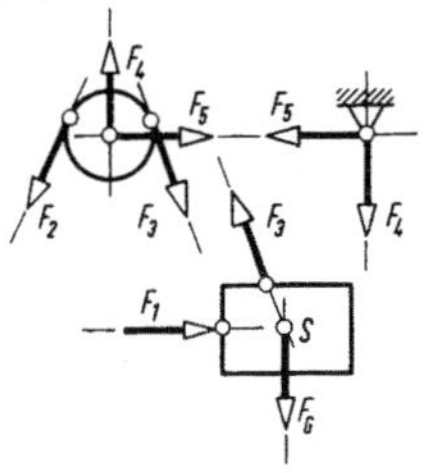

A. Böge, W. Böge, *Lösungen zur Aufgabensammlung Technische Mechanik*, https://doi.org/10.1007/978-3-658-44426-6_1

13.

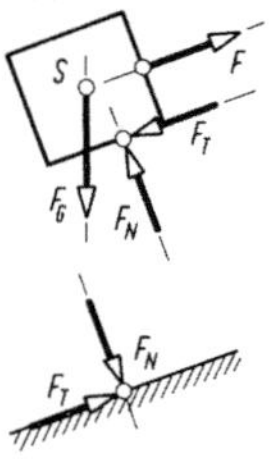

14.

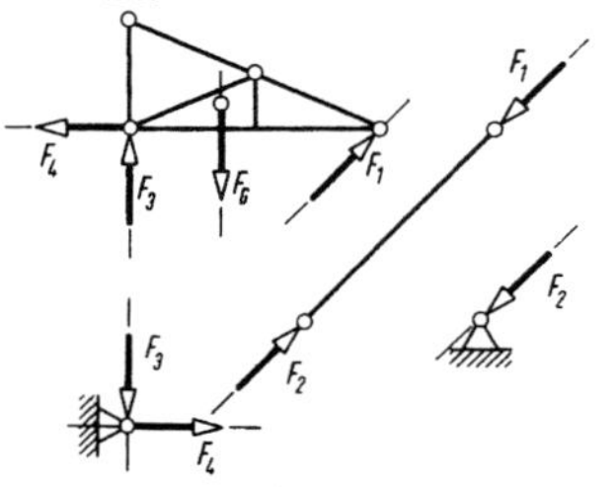

15.

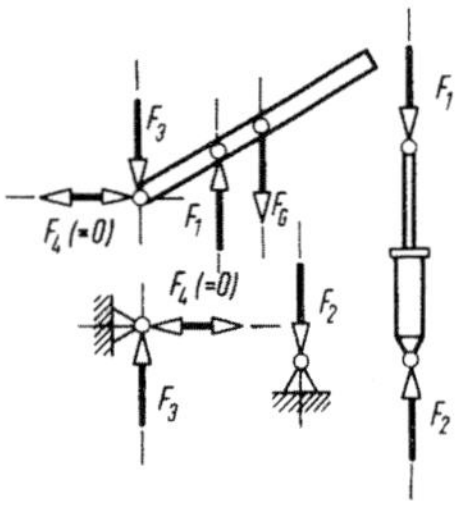

16.

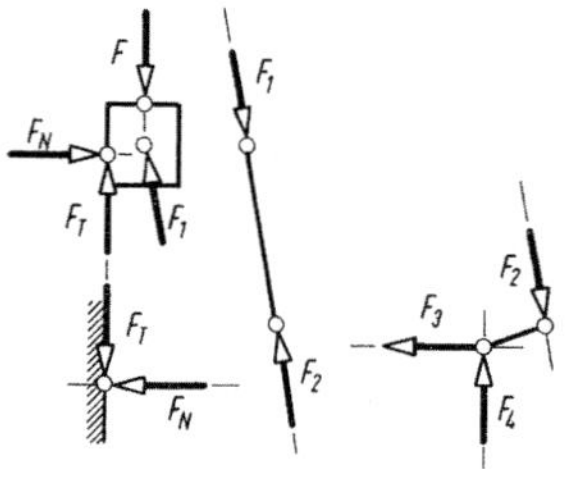

17.

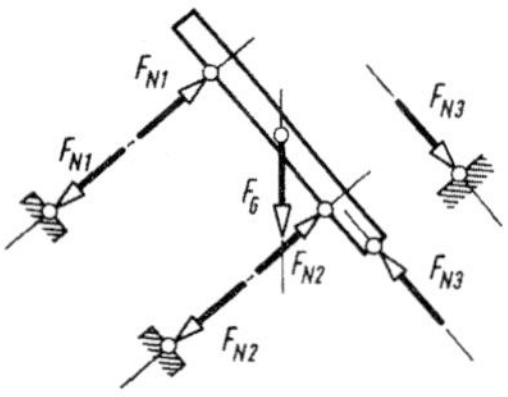

18.

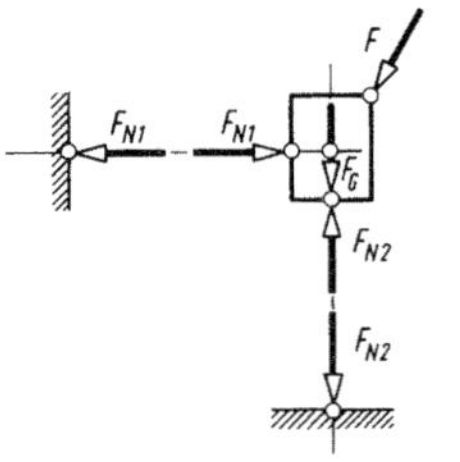

19.

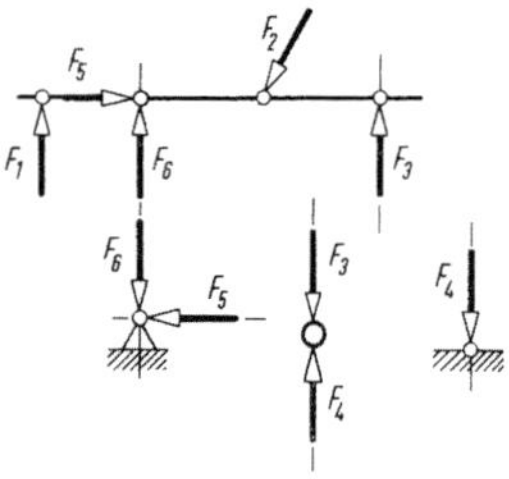

20.

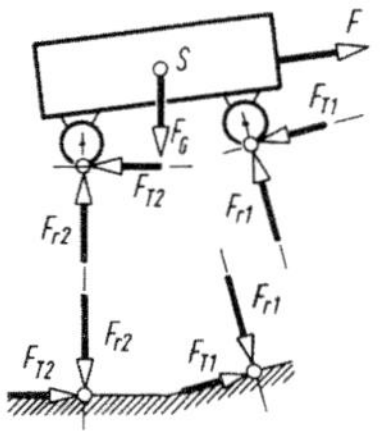

21.

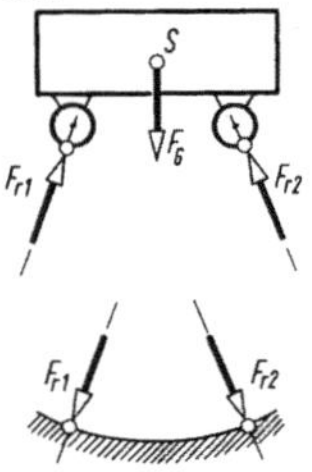

22.

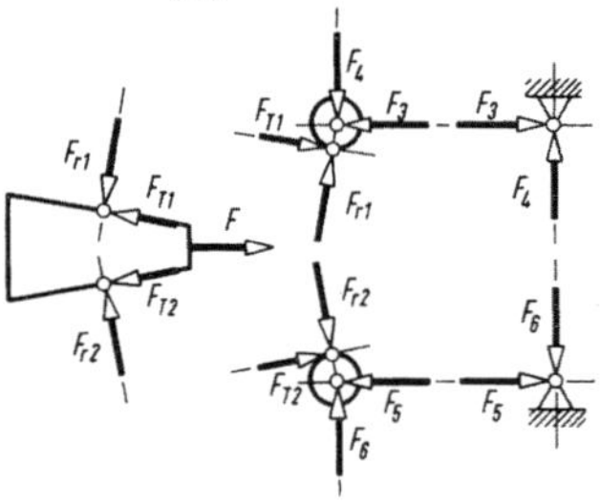

23.

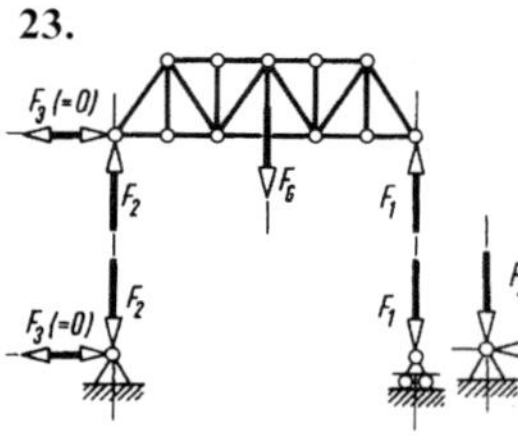

24.

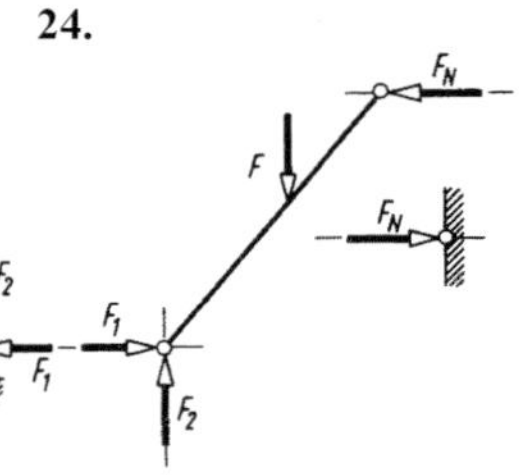

25.

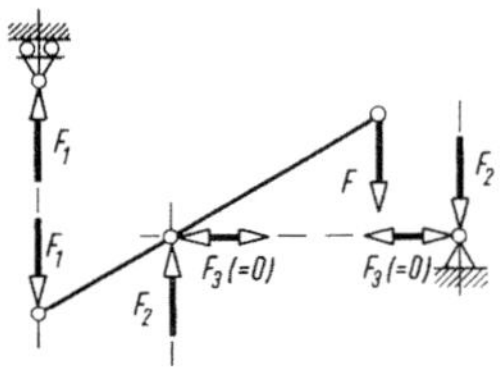

26.

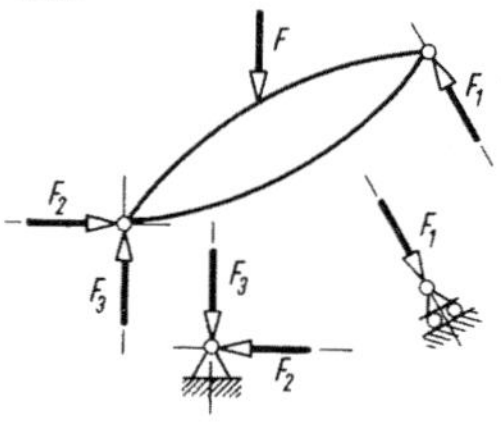

27.

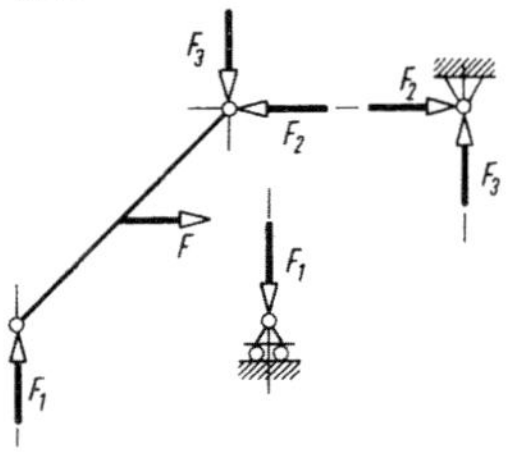

28.

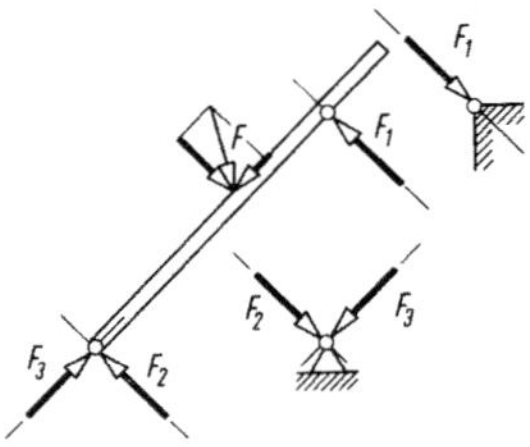

Grundaufgaben der Statik

Ermittlung der Resultierenden und Zerlegung von Kräften im zentralen Kräftesystem

29.

a) Lageskizze

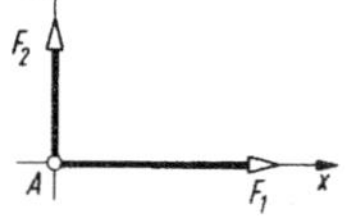

Krafteckskizze

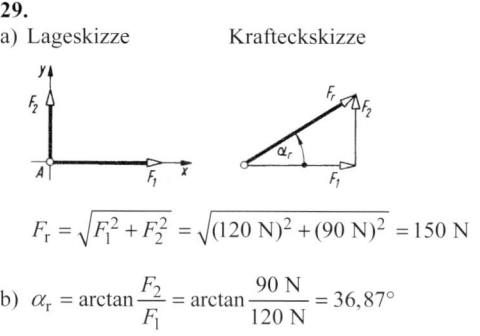

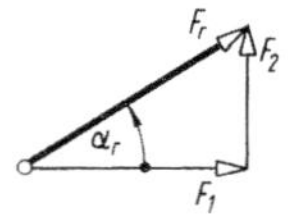

$$F_r = \sqrt{F_1^2 + F_2^2} = \sqrt{(120\text{ N})^2 + (90\text{ N})^2} = 150\text{ N}$$

b) $\alpha_r = \arctan\dfrac{F_2}{F_1} = \arctan\dfrac{90\text{ N}}{120\text{ N}} = 36{,}87°$

30.

Rechnerische Lösung:

a) Lageskizze

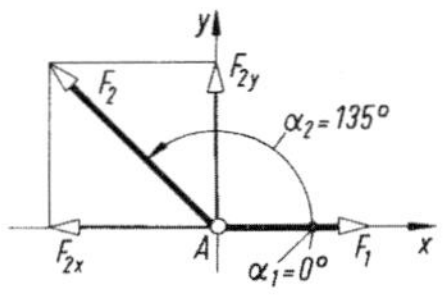

n	F_n	α_n	$F_{nx} = F_n \cos\alpha_n$	$F_{ny} = F_n \sin\alpha_n$
1	70 N	0°	+70,00 N	0 N
2	105 N	135°	−74,25 N	+74,25 N
			− 4,25 N	+74,25 N

$$F_{rx} = \Sigma F_{nx} = -4{,}25\ \text{N} \qquad F_{ry} = \Sigma F_{ny} = 74{,}25\ \text{N}$$

$$F_r = \sqrt{F_{rx}^2 + F_{ry}^2} = \sqrt{(-4{,}25\ \text{N})^2 + (74{,}25\ \text{N})^2}$$

$$F_r = 74{,}37\ \text{N}$$

b) $$\beta_r = \arctan\frac{|F_{ry}|}{|F_{rx}|} = \arctan\frac{74{,}25\ \text{N}}{4{,}25\ \text{N}} = 86{,}72°$$

F_r wirkt im II. Quadranten:

$\alpha_r = 180° - \beta_r = 93{,}28°$

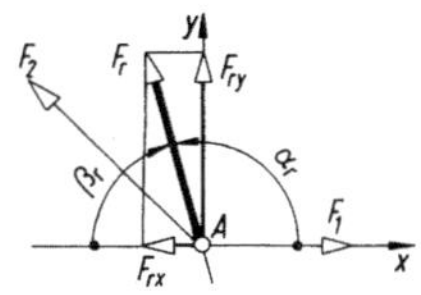

Zeichnerische Lösung:

Lageplan

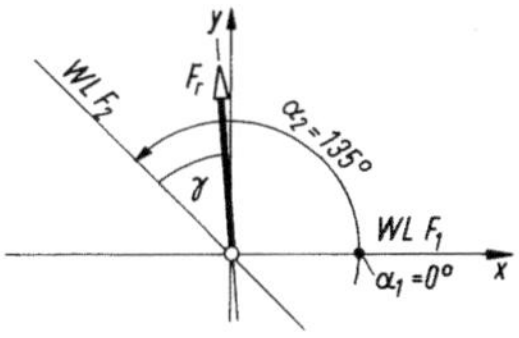

Kräfteplan (M_K = 40 N/cm)

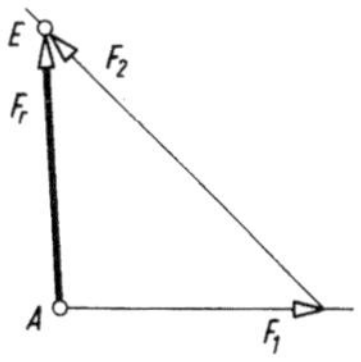

31.

Rechnerische Lösung:

a) Lageskizze

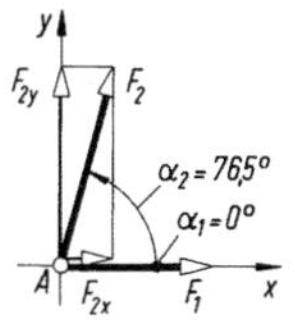

n	F_n	α_n	$F_{nx} = F_n \cos\alpha_n$	$F_{ny} = F_n \sin\alpha_n$
1	15 N	0°	+15 N	0 N
2	25 N	76,5°	+ 5,836 N	+24,31 N
			+ 20,836 N	+24,31 N

$$F_{rx} = \Sigma F_{nx} = 20{,}84\ \text{N} \qquad F_{ry} = \Sigma F_{ny} = 24{,}31\ \text{N}$$

$$F_r = \sqrt{F_{rx}^2 + F_{ry}^2} = \sqrt{(20{,}84\ \text{N})^2 + (24{,}31\ \text{N})^2}$$

$$F_r = 32{,}02\ \text{N}$$

b) $$\beta_r = \arctan\frac{|F_{ry}|}{|F_{rx}|} = \arctan\frac{24{,}31\ \text{N}}{20{,}84\ \text{N}} = 49{,}4°$$

F_r wirkt im I. Quadranten:

$\alpha_r = \beta_r = 49{,}4°$

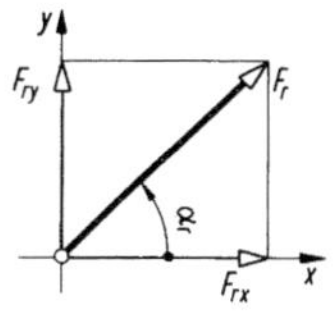

Zeichnerische Lösung:

Lageplan

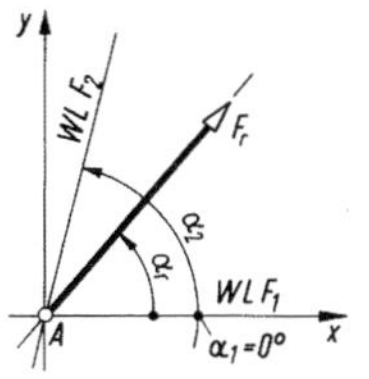

Kräfteplan (M_K = 15 N/cm)

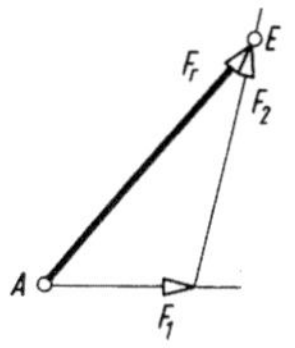

32.

Rechnerische Lösung:

Die Kräfte werden auf ihren Wirklinien bis in den Schnittpunkt verschoben und dann reduziert.

a) Lageskizze

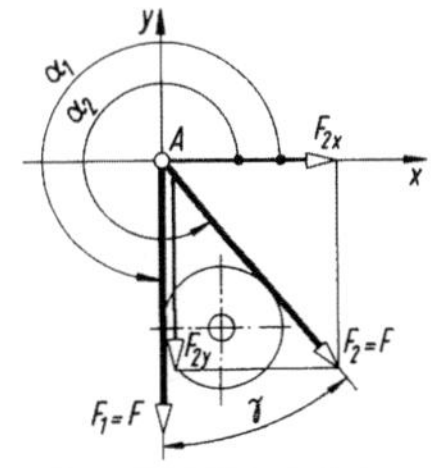

n	F_n	α_n	$F_{nx} = F_n \cos\alpha_n$	$F_{ny} = F_n \sin\alpha_n$
1	50 kN	270°	0 kN	−50,00 kN
2	50 kN	310°	+32,14 kN	−38,30 kN
			+32,14 kN	−88,3 kN

$$F_{rx} = \Sigma F_{nx} = 32{,}14\ \text{kN} \qquad F_{ry} = \Sigma F_{ny} = -88{,}3\ \text{kN}$$

$$F_r = \sqrt{F_{rx}^2 + F_{ry}^2} = \sqrt{(32{,}14\ \text{kN})^2 + (-88{,}3\ \text{kN})^2}$$

$$F_r = 93{,}97\ \text{kN}$$

b) $$\beta_r = \arctan\frac{|F_{ry}|}{|F_{rx}|} = \arctan\frac{88{,}3\ \text{kN}}{32{,}14\ \text{kN}} = 70°$$

F_r wirkt im IV. Quadranten:

$\alpha_r = 360° - 70° = 290°$

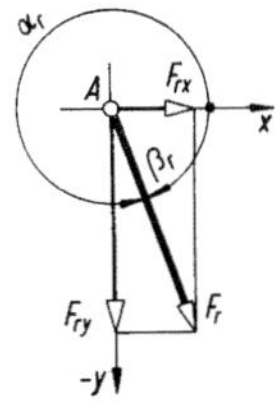

Zeichnerische Lösung:

Lageplan

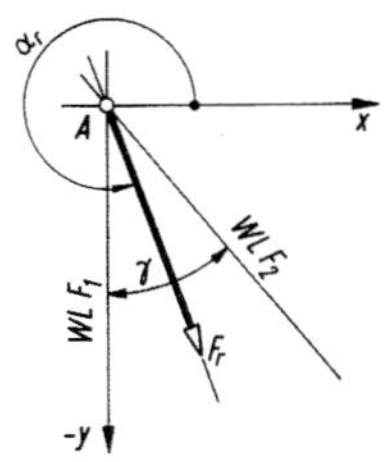

Kräfteplan (M_K = 40 N/cm)

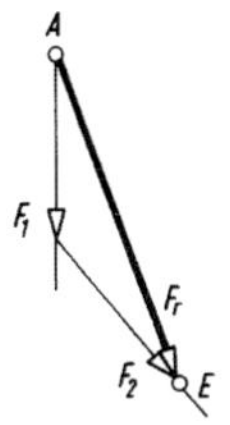

33.

Rechnerische Lösung:

a) Lageskizze

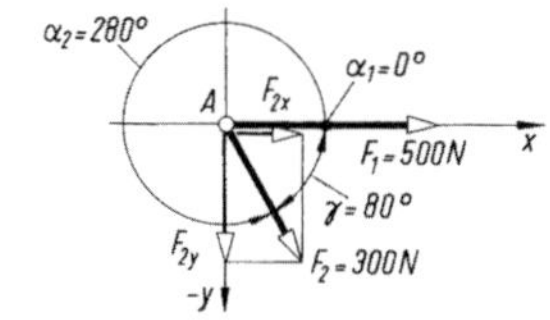

n	F_n	α_n	$F_{nx} = F_n \cos\alpha_n$	$F_{ny} = F_n \sin\alpha_n$
1	500 N	0°	+500 N	0 N
2	300 N	280°	+52,09 N	−295,4 N
			+552,09 N	−295,4 N

$F_{rx} = \Sigma F_{nx} = 552{,}09\ \text{N} \qquad F_{ry} = \Sigma F_{ny} = -295{,}4\ \text{N}$

$F_r = \sqrt{F_{rx}^2 + F_{ry}^2} = \sqrt{(552{,}09\ \text{N})^2 + (-295{,}4\ \text{N})^2}$

$F_r = F_s = 626{,}2\ \text{N}$

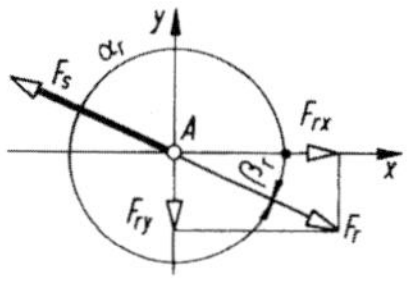

b) $\beta_r = \arctan\dfrac{|F_{ry}|}{|F_{rx}|} = \arctan\dfrac{295{,}4\ \text{N}}{552{,}1\ \text{N}} = 28{,}15°$

F_r wirkt im IV. Quadranten:

$\alpha_r = 360° - \beta_r$

$\alpha_r = 360° - 28{,}15°$

$\alpha_r = 331{,}85°$

$\alpha_s = 180° - \beta_r = 151{,}85°$

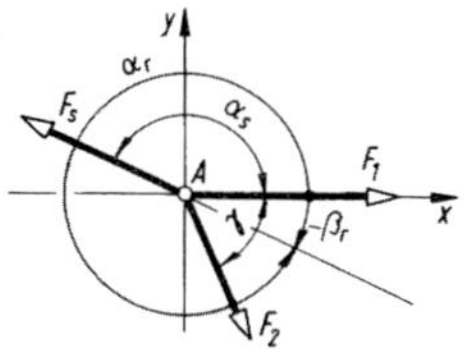

Die Resultierende F_r ist nach rechts unten gerichtet, die Spannkraft F_s nach links oben.

Zeichnerische Lösung:

Lageplan Kräfteplan (M_K = 200 N/cm)

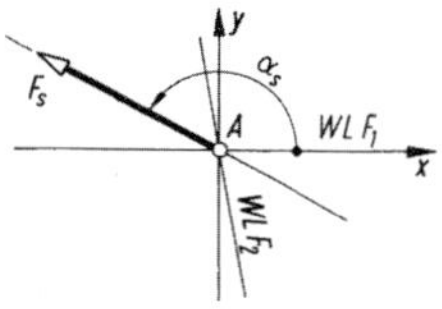

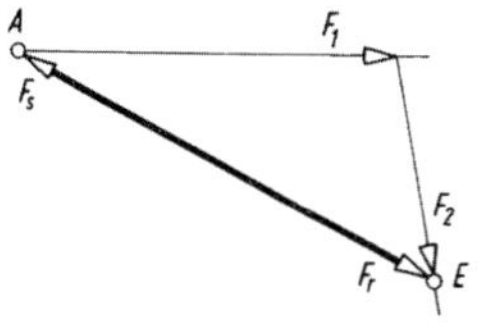

34.

Rechnerische Lösung:

a)

n	F_n	α_n	$F_{nx} = F_n \cos\alpha_n$	$F_{ny} = F_n \sin\alpha_n$
1	400 N	40°	+306,4 N	+257,1 N
2	350 N	0°	+350,0 N	0 N
3	300 N	330°	+259,8 N	−150,0 N
4	500 N	320°	+383,0 N	−321,4 N
			+1299,2 N	−214,3 N

$F_{rx} = \Sigma F_{nx} = +1299{,}2\ \text{N} \qquad F_{ry} = \Sigma F_{ny} = -214{,}3\ \text{N}$

$F_r = \sqrt{F_{rx}^2 + F_{ry}^2} = \sqrt{(1299{,}2\ \text{N})^2 + (-214{,}3\ \text{N})^2}$

$F_r = 1317\ \text{N}$

b) $\beta_r = \arctan\dfrac{|F_{ry}|}{|F_{rx}|} = \arctan\dfrac{214{,}3\ \text{N}}{1299{,}2\ \text{N}} = 9{,}37°$

F_r wirkt im IV. Quadranten:

$\alpha_r = 360° - \beta_r = 360° - 9{,}37° = 350{,}63°$

Zeichnerische Lösung:

Lageplan Kräfteplan (M_K = 500 N/cm)

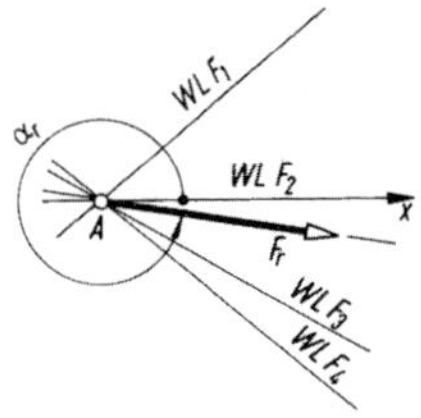

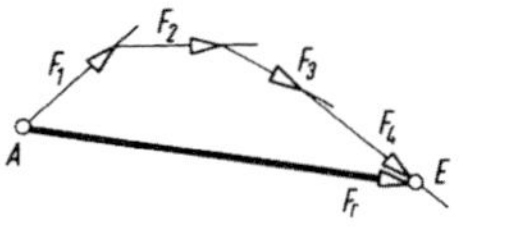

35.

Rechnerische Lösung:

a) Lageskizze

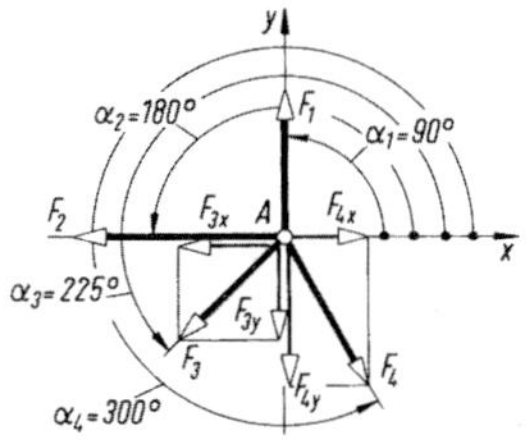

n	F_n	α_n	$F_{nx} = F_n \cos\alpha_n$	$F_{ny} = F_n \sin\alpha_n$
1	1,2 kN	90°	0 kN	+1,2000 kN
2	1,5 kN	180°	−1,5000 kN	0 kN
3	1,0 kN	225°	−0,7071 kN	−0,7071 kN
4	0,8 kN	300°	+0,4000 kN	−0,6928 kN
			−1,8071 kN	−0,1999 kN

$F_{rx} = \Sigma F_{nx} = -1{,}8071\ \text{kN} \qquad F_{ry} = \Sigma F_{ny} = -0{,}1999\ \text{kN}$

$F_r = \sqrt{F_{rx}^2 + F_{ry}^2} = \sqrt{(-1{,}8071\ \text{kN})^2 + (-0{,}1999\ \text{kN})^2}$

$F_r = 1{,}818\ \text{kN}$

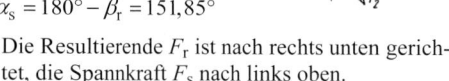

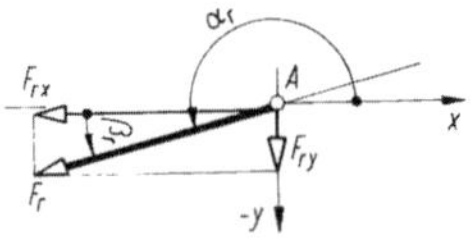

b) $\beta_r = \arctan\dfrac{|F_{ry}|}{|F_{rx}|} = \arctan\dfrac{0{,}1999\ \text{kN}}{1{,}8071\ \text{kN}} = 6{,}31°$

F_r wirkt im III. Quadranten:

$\alpha_r = 180° + \beta_r = 180° + 6{,}31° = 186{,}31°$

Zeichnerische Lösung:

Lageplan

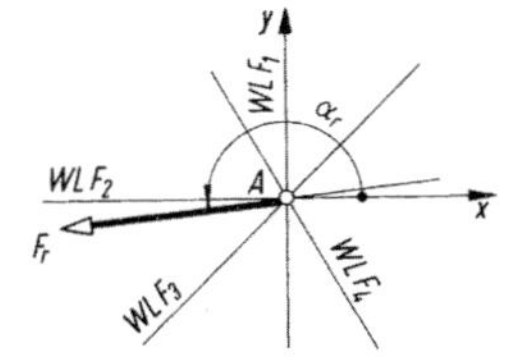

Kräfteplan ($M_K = 0,5$ kN/cm)

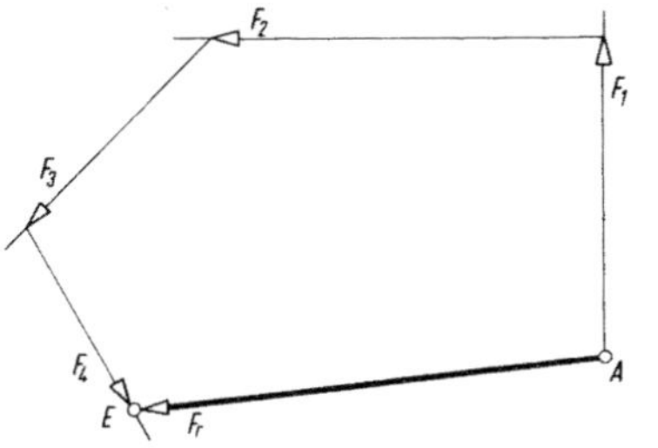

36.

Rechnerische Lösung:

a)

n	F_n	α_n	$F_{nx} = F_n \cos\alpha_n$	$F_{ny} = F_n \sin\alpha_n$
1	400 N	120°	−200 N	+346,4 N
2	500 N	45°	+353,6 N	+353,6 N
3	350 N	0°	+350 N	0 N
4	450 N	270°	0 N	−450 N
			+503,6 N	+250 N

$F_{rx} = \Sigma F_{nx} = 503,6\ \text{N} \qquad F_{ry} = \Sigma F_{ny} = 250\ \text{N}$

$$F_r = \sqrt{F_{rx}^2 + F_{ry}^2} = \sqrt{(503,6\ \text{N})^2 + (250\ \text{N})^2}$$

$F_r = 562,2$ N

b) $$\beta_r = \arctan\frac{|F_{ry}|}{|F_{rx}|} = \arctan\frac{250\ \text{N}}{503,6\ \text{N}} = 26,4°$$

F_r wirkt im I. Quadranten:

$\alpha_r = \beta_r = 26,4°$

Zeichnerische Lösung:

Lageplan

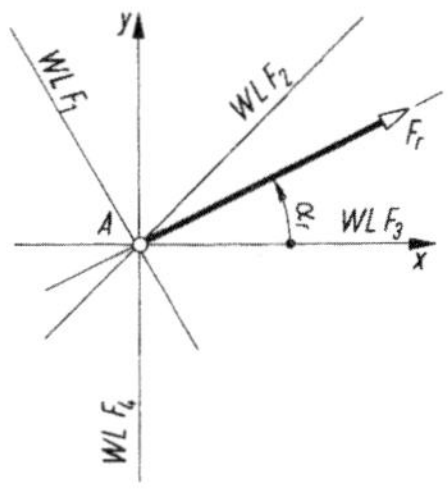

Kräfteplan ($M_K = 250$ N/cm)

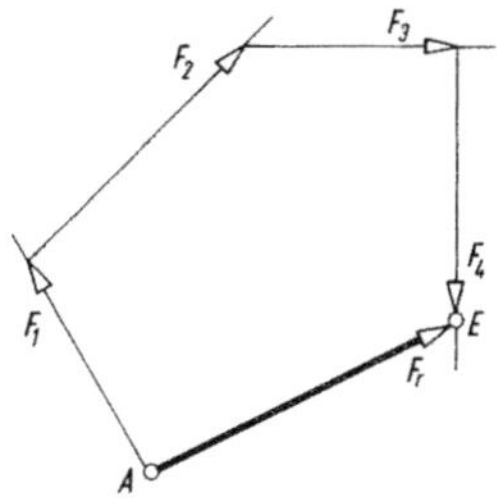

37.

Rechnerische Lösung:

a) Lageskizze

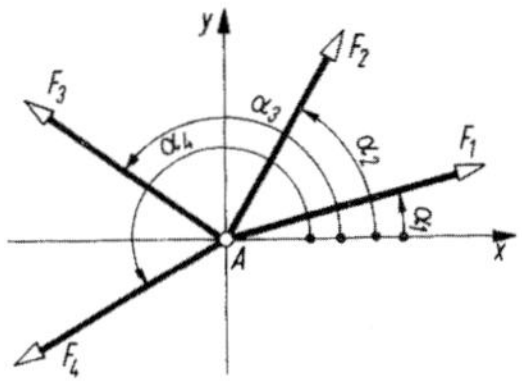

n	F_n	α_n	$F_{nx} = F_n \cos\alpha_n$	$F_{ny} = F_n \sin\alpha_n$
1	22 N	15°	+21,25 N	+5,69 N
2	15 N	60°	+7,5 N	+12,99 N
3	30 N	145°	−24,57 N	+17,21 N
4	25 N	210°	−21,65 N	−12,5 N
			−17,47 N	+23,39 N

$F_{rx} = \Sigma F_{nx} = -17,47\ \text{N} \qquad F_{ry} = \Sigma F_{ny} = +23,39\ \text{N}$

$$F_r = \sqrt{F_{rx}^2 + F_{ry}^2} = \sqrt{(-17,47\ \text{N})^2 + (23,39\ \text{N})^2}$$

$F_r = 29,2$ N

b) $$\beta_r = \arctan\frac{|F_{ry}|}{|F_{rx}|} = \arctan\frac{23,39\ \text{N}}{17,47\ \text{N}} = 53,24°$$

F_r wirkt im II. Quadranten:

$\alpha_r = 180° - \beta_r = 180° - 53,24° = 126,76°$

Zeichnerische Lösung:

Lageplan

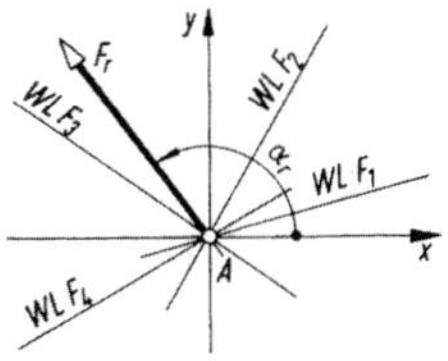

Kräfteplan ($M_K = 15$ N/cm)

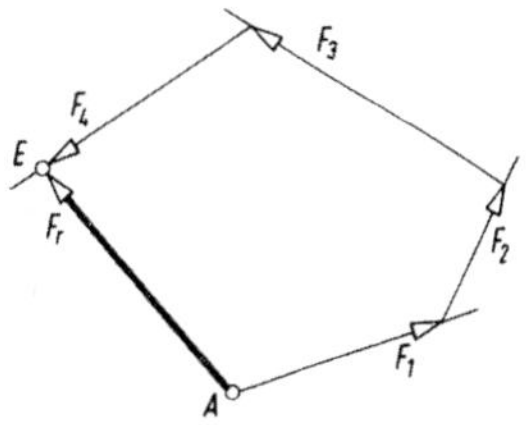

38.

Rechnerische Lösung:

a) Lageskizze wie in Lösung 37a.

n	F_n	α_n	$F_{nx} = F_n \cos\alpha_n$	$F_{ny} = F_n \sin\alpha_n$
1	120 N	80°	+20,84 N	+118,18 N
2	200 N	123°	−108,93 N	+167,73 N
3	220 N	165°	−212,50 N	+56,94 N
4	90 N	290°	+30,78 N	−84,57 N
5	150 N	317°	+109,70 N	−102,30 N
			−160,11 N	+155,98 N

$F_{rx} = \Sigma F_{nx} = -160,1\ \text{N} \qquad F_{ry} = \Sigma F_{ny} = +156\ \text{N}$

$$F_r = \sqrt{F_{rx}^2 + F_{ry}^2} = \sqrt{(-160,1\ \text{N})^2 + (156\ \text{N})^2}$$

$F_r = 223,5$ N

b) $\beta_r = \arctan\dfrac{|F_{ry}|}{|F_{rx}|} = \arctan\dfrac{156\text{ N}}{160{,}1\text{ N}} = 44{,}26°$

F_r wirkt im II. Quadranten:

$\alpha_r = 180° - \beta_r$

$\alpha_r = 180° - 44{,}26°$

$\alpha_r = 135{,}74°$

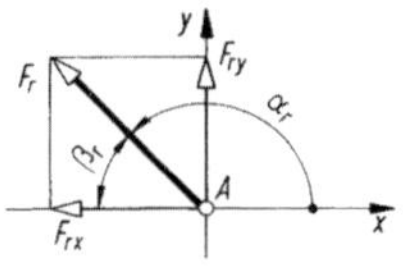

Zeichnerische Lösung:

Lageplan

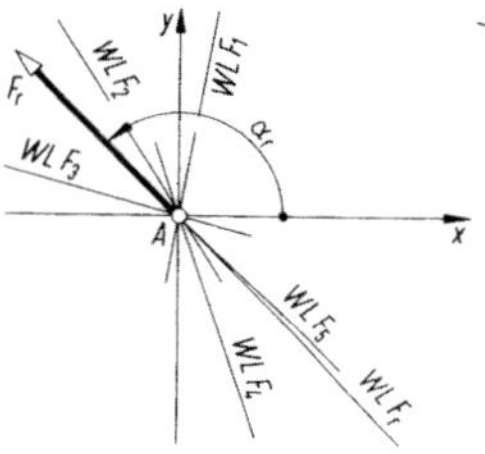

Kräfteplan (M_K = 100 N/cm)

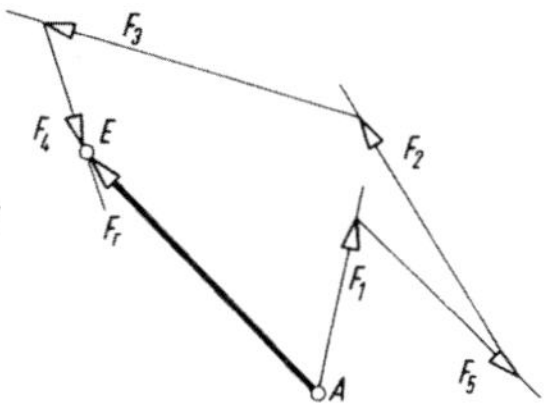

39.

Rechnerische Lösung:

a) Lageskizze wie in Lösung 37a.

n	F_n	α_n	$F_{nx} = F_n \cos\alpha_n$	$F_{ny} = F_n \sin\alpha_n$
1	75 N	27°	+66,83 N	+34,05 N
2	125 N	72°	+38,63 N	+118,88 N
3	95 N	127°	−57,17 N	+75,87 N
4	150 N	214°	−124,36 N	−83,88 N
5	170 N	270°	0 N	−170 N
6	115 N	331°	+100,58 N	−55,75 N
			+24,51 N	−80,83 N

$F_{rx} = \Sigma F_{nx} = +24{,}51\text{ N} \qquad F_{ry} = \Sigma F_{ny} = -80{,}83\text{ N}$

$F_r = \sqrt{F_{rx}^2 + F_{ry}^2} = \sqrt{(24{,}51\text{ N})^2 + (-80{,}83\text{ N})^2}$

$F_r = 84{,}46\text{ N}$

b) $\beta_r = \arctan\dfrac{|F_{ry}|}{|F_{rx}|} = \arctan\dfrac{80{,}83\text{ N}}{24{,}51\text{ N}} = 73{,}13°$

F_r wirkt im IV. Quadranten:

$\alpha_r = 360° - \beta_r = 360° - 73{,}13° = 286{,}87°$

Zeichnerische Lösung:

Lageplan

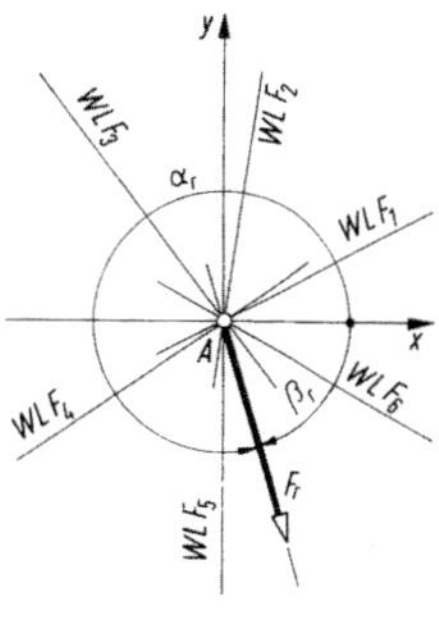

Kräfteplan (M_K = 75 N/cm)

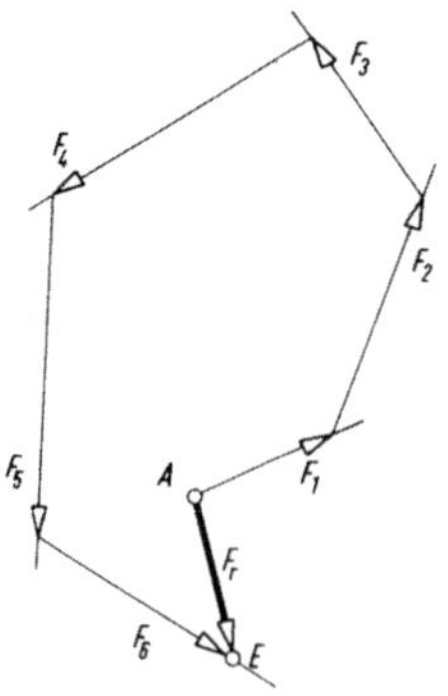

Zerlegung von Kräften im zentralen Kräftesystem

40.

Eine Einzelkraft wird oft am einfachsten trigonometrisch in zwei Komponenten zerlegt.

Krafteckskizze

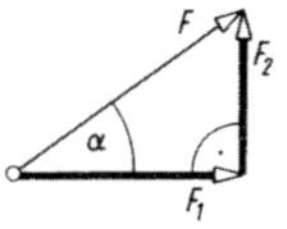

$F_1 = F\cos\alpha = 25\text{ N}\cdot\cos 35° = 20{,}48\text{ N}$

$F_2 = F\sin\alpha = 25\text{ N}\cdot\sin 35° = 14{,}34\text{ N}$

41.

$\tan\alpha_2 = \dfrac{F_1}{F}$

$F_1 = F\tan\alpha_2 = 3600\text{ N}\cdot\tan 45°$

$F_1 = 3600\text{ N}$

$\cos\alpha_2 = \dfrac{F}{F_2}$

$F_2 = \dfrac{F}{\cos\alpha_2} = \dfrac{3600\text{ N}}{\cos 45°}$

$F_2 = 5091\text{ N}$

Krafteckskizzen

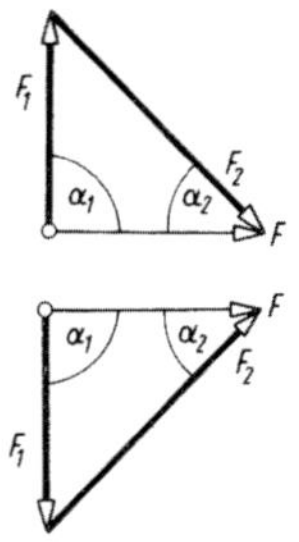

42.

a) $F_{ry} = F_r\cos\alpha = 68\text{ kN}\cdot\cos 52°$

$F_{ry} = 41{,}86\text{ kN}$

b) $F_{rx} = F_r\sin\alpha = 68\text{ kN}\cdot\sin 52°$

$F_{rx} = 53{,}58\text{ kN}$

Krafteckskizze

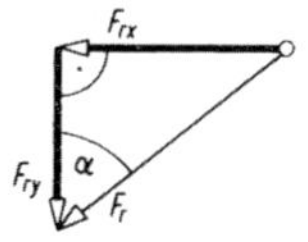

43.

$F_{Ax} = F_A\sin 36° = 26\text{ kN}\cdot\sin 36°$

$F_{Ax} = 15{,}28\text{ kN}$

$F_{Ay} = F_A\cos 36° = 26\text{ kN}\cdot\cos 36°$

$F_{Ay} = 21{,}03\text{ kN}$

Krafteckskizze

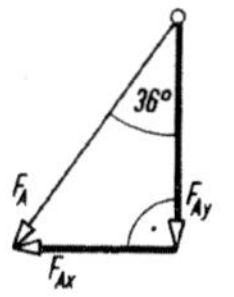

44.

Trigonometrische Lösung:

$\alpha = 40°$ gegeben

$\gamma = 90° - \beta = 65°$

$\delta = 90° - \alpha + \beta = 75°$

Lageskizze

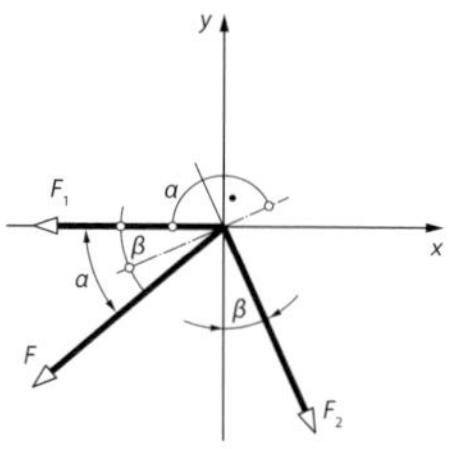

Krafteckskizze

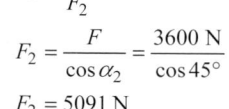

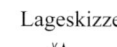

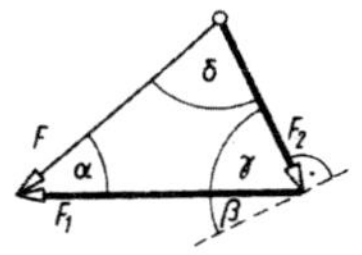

Lösung mit dem Sinussatz:

$$\frac{F}{\sin\gamma}=\frac{F_1}{\sin\delta}=\frac{F_2}{\sin\alpha}$$

$$F_1=F\frac{\sin\delta}{\sin\gamma}=5{,}5\text{ kN}\cdot\frac{\sin 75^\circ}{\sin 65^\circ}=5{,}862\text{ kN}$$

$$F_2=F\frac{\sin a}{\sin\gamma}=5{,}5\text{ kN}\cdot\frac{\sin 40^\circ}{\sin 65^\circ}=3{,}9\text{ kN}$$

Zeichnerische Lösung:

Lageplan

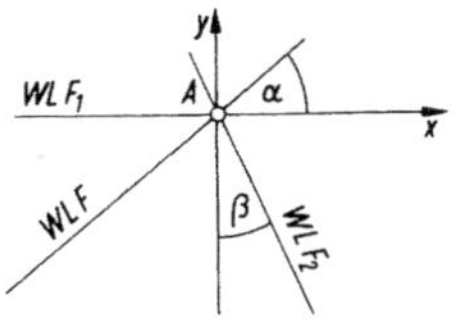

Kräfteplan (M_K = 2,5 kN/cm)

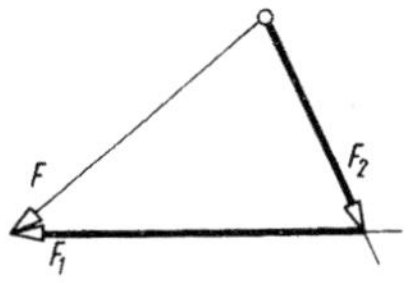

45.

Trigonometrische Lösung:

Lageskizze

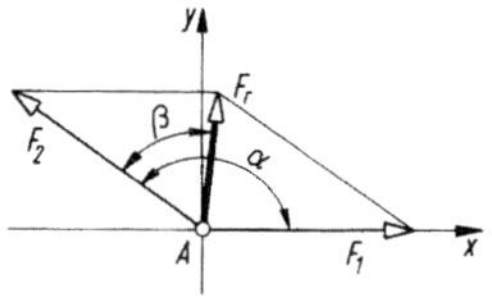

$180^\circ-\alpha=35^\circ$
$\beta=60^\circ$
$\gamma=180^\circ-(35^\circ+60^\circ)$
$\gamma=85^\circ$

Krafteckskizze

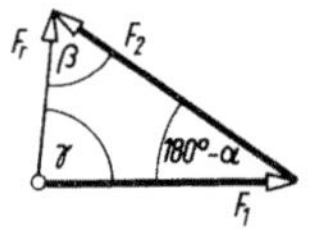

Sinussatz:

$$\frac{F_r}{\sin(180^\circ-\alpha)}=\frac{F_1}{\sin\beta}=\frac{F_2}{\sin\gamma}$$

$$F_1=F_r\frac{\sin\beta}{\sin(180^\circ-\alpha)}=75\text{ N}\cdot\frac{\sin 60^\circ}{\sin 35^\circ}=113{,}2\text{ N}$$

$$F_2=F_r\frac{\sin\gamma}{\sin(180^\circ-\alpha)}=75\text{ N}\cdot\frac{\sin 85^\circ}{\sin 35^\circ}=130{,}3\text{ N}$$

Zeichnerische Lösung:

Lageplan

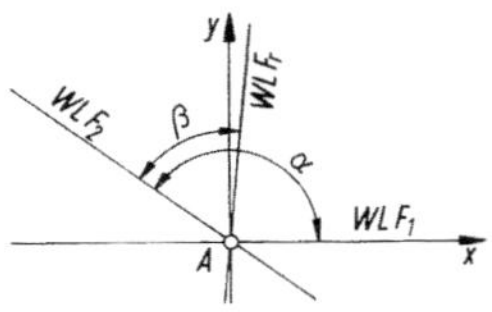

Kräfteplan (M_K = 50 N/cm)

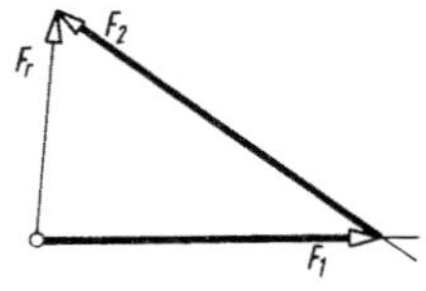

46.

Lageskizze

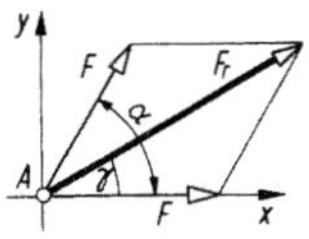

Krafteckskizze

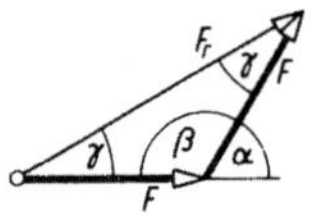

$\beta=180^\circ-\alpha=110^\circ$

$\gamma=\frac{\alpha}{2}=35^\circ$

Sinussatz:

$$\frac{F_r}{\sin\beta}=\frac{F}{\sin\gamma}$$

$$F=F_r\frac{\sin\gamma}{\sin\beta}=73\text{ kN}\cdot\frac{\sin 35^\circ}{\sin 110^\circ}=44{,}56\text{ kN}$$

47.

Trigonometrische Lösung:

Krafteckskizze

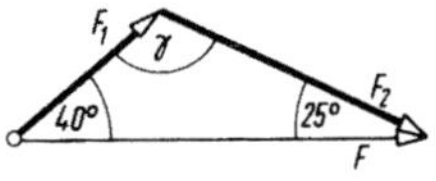

$\gamma=180^\circ-(40^\circ+25^\circ)=115^\circ$

Sinussatz:

$$\frac{F}{\sin\gamma}=\frac{F_1}{\sin 25^\circ}=\frac{F_2}{\sin 40^\circ}$$

$$F_1=F\frac{\sin 25^\circ}{\sin\gamma}=1{,}1\text{ kN}\cdot\frac{\sin 25^\circ}{\sin 115^\circ}=512{,}9\text{ N}$$

$$F_2=F\frac{\sin 40^\circ}{\sin\gamma}=1{,}1\text{ kN}\cdot\frac{\sin 40^\circ}{\sin 115^\circ}=780{,}2\text{ N}$$

Zeichnerische Lösung:

Lageplan

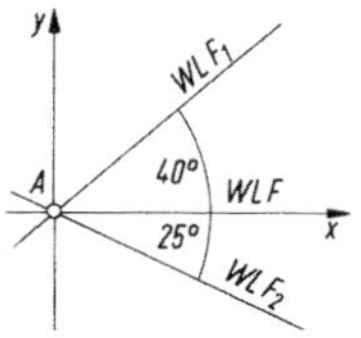

Kräfteplan (M_K = 0,4 kN/cm)

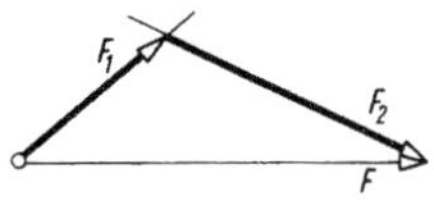

48.

Trigonometrische Lösung:

Krafteckskizze

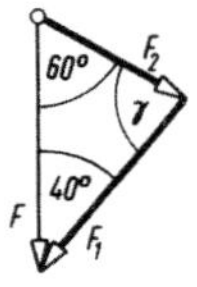

$\gamma=180^\circ-(60^\circ+40^\circ)=80^\circ$

Sinussatz:

$$\frac{F}{\sin\gamma} = \frac{F_1}{\sin 60°} = \frac{F_2}{\sin 40°}$$

$$F_1 = F\frac{\sin 60°}{\sin 80°} = 30\text{ kN}\cdot\frac{\sin 60°}{\sin 80°} = 26{,}38\text{ kN}$$

$$F_2 = F\frac{\sin 40°}{\sin 80°} = 30\text{ kN}\cdot\frac{\sin 40°}{\sin 80°} = 19{,}58\text{ kN}$$

Zeichnerische Lösung:

Lageplan Kräfteplan ($M_K = 15$ kN/cm)

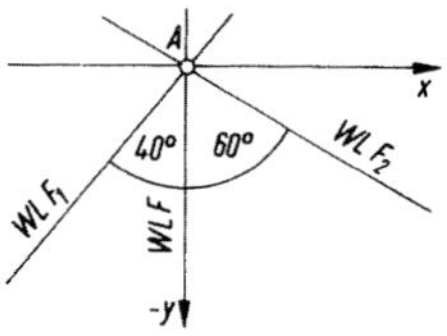

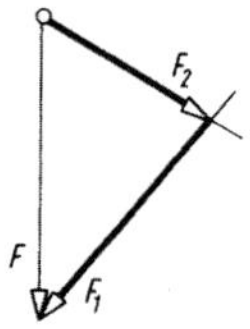

Ermittlung unbekannter Kräfte im zentralen Kräftesystem

49. Lageskizze

Analytische Lösung:

$F = 17\text{kN}$

$\alpha = 90°$

$\alpha_1 = 210°,\ \beta_1 = 30°$

$\alpha_2 = 300°,\ \beta_2 = 60°$

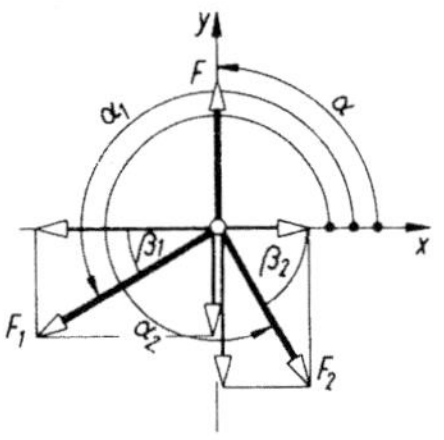

Gleichgewichtsbedingungen:

I. $\Sigma F_x = 0 = F_1\cos\alpha_1 + F_2\cos\alpha_2 + F\cos\alpha$

II. $\Sigma F_y = 0 = F_1\sin\alpha_1 + F_2\sin\alpha_2 + F\sin\alpha$

Auswertung der Gleichgewichtsbedingungen:

zu Gleichung I.: $F\cos\alpha = 0$, weil $\cos\alpha = \cos 90° = 0$

zu Gleichung II.: $F\sin\alpha = F$, weil $\sin\alpha = \sin 90° = 1$

I. $\Sigma F_x = 0 = F_1\cos\alpha_1 + F_2\cos\alpha_2$

II. $\Sigma F_y = 0 = F_1\sin\alpha_1 + F_2\sin\alpha_2 + F$

Gleichung I. nach F_1 umstellen:

$$F_1 = \frac{-F_2\cos\alpha_2}{\cos\alpha_1}$$

und in Gleichung II. einsetzen:

$$-\frac{F_2\cos\alpha_2}{\cos\alpha_1}\sin\alpha_1 + F_2\sin\alpha_2 = -F$$

$$F_2\sin\alpha_2 - F_2\cos\alpha_2\cdot\tan\alpha_1 = -F$$

$$F_2 = \frac{-F}{\sin\alpha_2 - \cos\alpha_2\tan\alpha_1}$$

$$F_2 = \frac{-17\text{kN}}{\sin 300° - \cos 300°\cdot\tan 210°}$$

$$F_2 = 14{,}722\text{kN}$$

in Gleichung I. $F_2 = 14{,}722\text{kN}$ einsetzen:

$$\text{I. } F_1 = \frac{-14{,}722\text{kN}\cdot\cos 300°}{\cos 210°} = 8{,}5\text{kN}$$

Trigonometrische Lösung:

Krafteckskizze

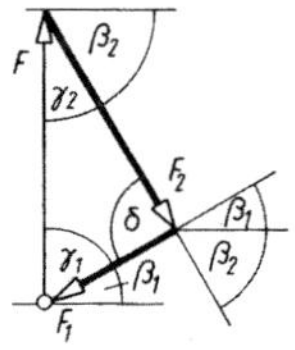

$\delta = \beta_1 + \beta_2 = 90°$
$\gamma_1 = 90° - \beta_1 = 60°$
$\gamma_2 = 90° - \beta_2 = 30°$
} rechtwinkliges Dreieck

$$F_1 = F\cos\gamma_1 = 17\text{ kN}\cdot\cos 60° = 8{,}5\text{ kN}$$

$$F_2 = F\cos\gamma_2 = 17\text{ kN}\cdot\cos 30° = 14{,}72\text{ kN}$$

Zeichnerische Lösung:

Lageplan Kräfteplan ($M_K = 5$ N/cm)

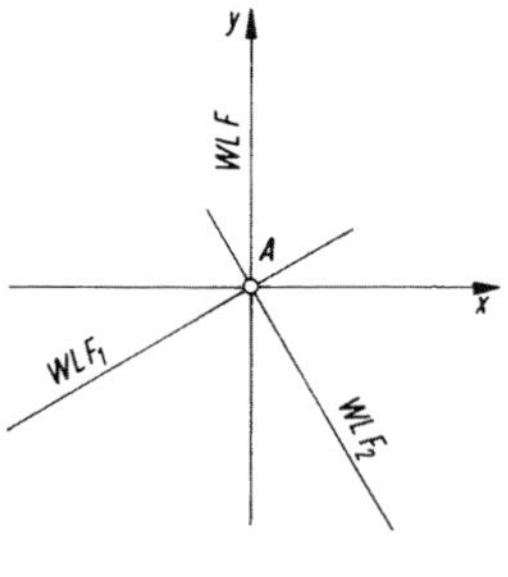

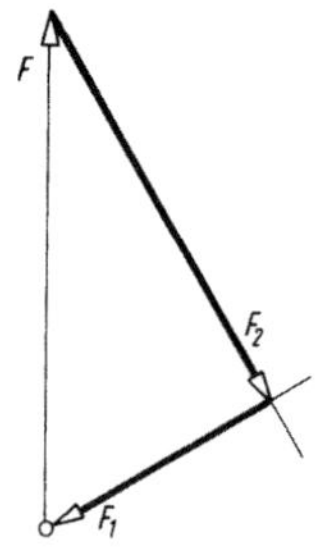

50.

Analytische Lösung:

Lageskizze

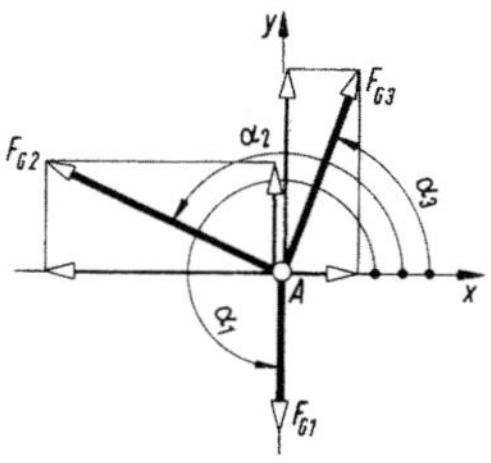

$F_1 = 30\,\text{N}$ $\alpha_1 = 270°$

$\alpha_2 = 155°$

$\alpha_3 = 80°$

Gleichgewichtsbedingungen:

I. $\Sigma F_x = 0 = F_{G1}\cos\alpha_1 + F_{G2}\cos\alpha_2 + F_{G3}\cos\alpha_3$

II. $\Sigma F_y = 0 = F_{G1}\sin\alpha_1 + F_{G2}\sin\alpha_2 + F_{G3}\sin\alpha_3$

Auswertung der Gleichgewichtsbedingungen:

zu I.: $F_{G1}\cos\alpha_1 = 0$, weil $\cos\alpha_1 = \cos 270° = 0$

zu II.: $F_{G1}\sin\alpha_1 = -F_G$, weil $\sin\alpha_1 = \sin 270° = -1$

I. $\Sigma F_x = 0 = F_{G2}\cos\alpha_2 + F_{G3}\cos\alpha_3$

II. $\Sigma F_y = 0 = -F_{G1} + F_{G2}\sin\alpha_2 + F_{G3}\sin\alpha_3$

Gleichung I. nach F_{G3} umstellen:

$$F_{G3} = \frac{-F_{G2}\cos\alpha_2}{\cos\alpha_3}$$

und in Gleichung II. einsetzen:

$$-F_{G1} + F_{G2}\sin\alpha_2 - \frac{-F_{G2}\cos\alpha_2}{\cos\alpha_3}\sin\alpha_3 = 0$$

$$F_{G2}\sin\alpha_2 - F_{G2}\cos\alpha_2\tan\alpha_3 = F_{G1}$$

$$F_{G2}(\sin\alpha_2 - \cos\alpha_2\tan\alpha_3) = F_{G1}$$

$$F_{G2} = \frac{F_{G1}}{\sin\alpha_2 - \cos\alpha_2\tan\alpha_3} = \frac{30\,\text{N}}{\sin 155° - \cos 155° \cdot \tan 80°}$$

$$F_{G2} = 5{,}393\,\text{N}$$

in Gleichung I. $F_{G2} = 5{,}393\,\text{N}$ einsetzen:

$$\text{I. } F_{G3} = \frac{-5{,}393\,\text{N} \cdot \cos 155°}{\cos 80°} = 28{,}147\,\text{N}$$

Trigonometrische Lösung:

Krafteckskizze

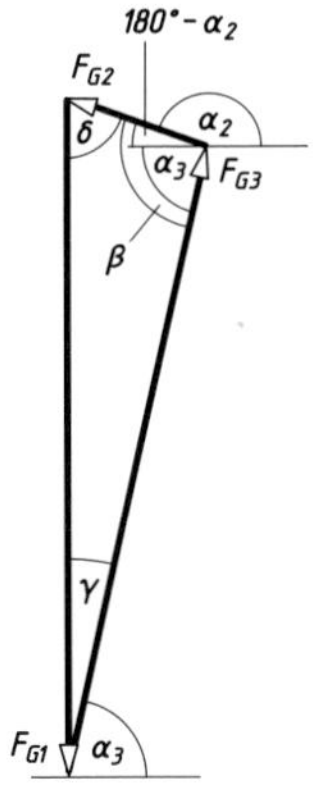

Winkelberechnungen:

$\gamma = 90° - \alpha_3 = 10°$

$\beta = 180° - \alpha_2 + \alpha_3$; α_3 ist der Stufenwinkel zu α_3 bei F_{G1}

$\beta = 180° - 155° + 80° = 105°$

Der Winkel δ ergibt sich aus der Winkelsumme im Dreieck (180°) minus β minus γ.

$\delta = 180° - \beta - \gamma = 180° - 105° - 10° = 65°$

Sinussatz:

$$\frac{F_{G1}}{\sin\beta} = \frac{F_{G2}}{\sin\gamma} = \frac{F_{G3}}{\sin\delta}$$

$$F_{G2} = F_{G1}\frac{\sin\gamma}{\sin\beta} = 30\,\text{N} \cdot \frac{\sin 10°}{\sin 105°} = 5{,}393\,\text{N}$$

$$F_{G3} = F_{G1}\frac{\sin\delta}{\sin\beta} = 30\,\text{N} \cdot \frac{\sin 65°}{\sin 105°} = 28{,}148\,\text{N}$$

51.

Analytische Lösung:

Lageskizze

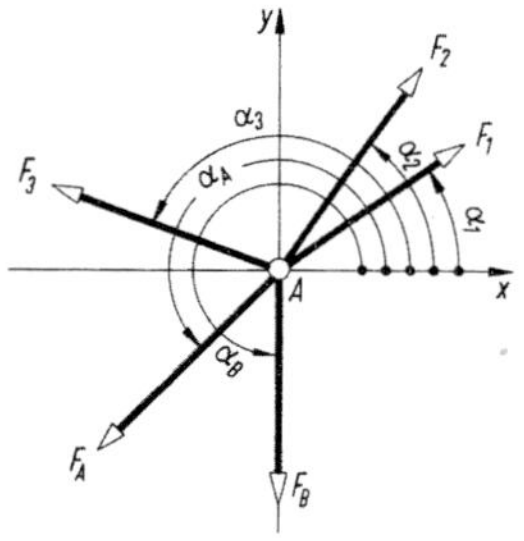

$F_1 = 320\,\text{N}$ $\alpha_1 = 35°$

$F_2 = 180\,\text{N}$ $\alpha_2 = 55°$

$F_3 = 250\,\text{N}$ $\alpha_3 = 160°$

$\alpha_A = 225°$

$\alpha_B = 270°$

Gleichgewichtsbedingungen:

I. $\Sigma F_x = 0 = F_1 \cos\alpha_1 + F_2 \cos\alpha_2 + F_3 \cos\alpha_3 + F_A \cos\alpha_A + F_B \cos\alpha_B$

II. $\Sigma F_y = 0 = F_1 \sin\alpha_1 + F_2 \sin\alpha_2 + F_3 \sin\alpha_3 + F_A \sin\alpha_A + F_B \sin\alpha_B$

Auswertung der Gleichgewichtsbedingungen:

zu I.: $F_B \cos\alpha_B = 0$, weil $\cos\alpha_B = \cos 270° = 0$

zu II.: $F_B \sin\alpha_B = -F_B$, weil $\sin\alpha_B = \sin 270° = -1$

I. $\Sigma F_x = 0 = F_1 \cos\alpha_1 + F_2 \cos\alpha_2 + F_3 \cos\alpha_3 + F_A \cos\alpha_A$

II. $\Sigma F_y = 0 = F_1 \sin\alpha_1 + F_2 \sin\alpha_2 + F_3 \sin\alpha_3 + F_A \sin\alpha_A - F_B$

a) Größe der Kräfte F_A und F_B

Gleichung I. nach F_A umgestellt:

$$F_A = \frac{-F_1 \cos\alpha_1 - F_2 \cos\alpha_2 - F_3 \cos\alpha_3}{\cos\alpha_A}$$

$$F_A = \frac{-320\,\text{N} \cdot \cos 35° - 180\,\text{N} \cdot \cos 55° - 250\,\text{N} \cdot \cos 160°}{\cos 225°}$$

$$F_A = 184{,}48\,\text{N}$$

Gleichung II. nach F_B umgestellt – $F_A = 184{,}48\,\text{N}$ einsetzen:

$$F_B = F_1 \sin\alpha_1 + F_2 \sin\alpha_2 + F_3 \sin\alpha_3 + F_A \sin\alpha_A$$

$$F_B = 320\,\text{N} \cdot \sin 35° + 180\,\text{N} \cdot \sin 55° + 250\,\text{N} \cdot \sin 160° + 184{,}48\,\text{N} \cdot \sin 225°$$

$$F_B = 286{,}05\,\text{N}$$

b) Richtungssinn der Kräfte F_A und F_B

Der angenommene Richtungssinn war richtig, weil sich für die Kräfte F_A und F_B positive Zahlenwerte ergeben haben:

F_A wirkt nach links unten, F_B wirkt senkrecht nach unten.

Trigonometrische Lösung:

Krafteckskizze – entspricht dem maßstäblichen Kräfteplan in der zeichnerischen Lösung

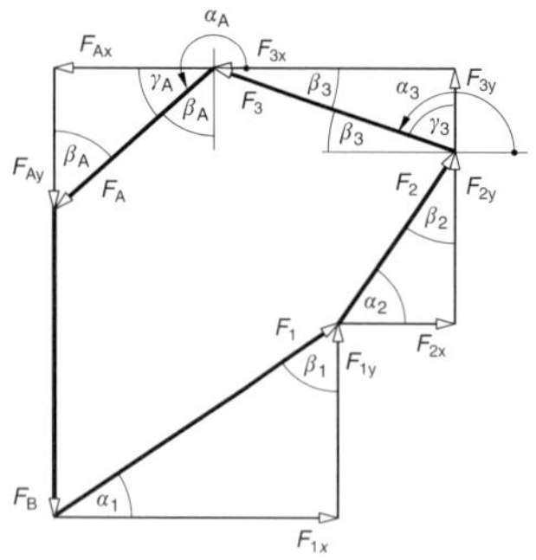

Basis für die Bestimmung der Kräfte F_A und F_B nach der trigonometrischen Methode ist der – nun unmaßstäbliche – Kräfteplan (Krafteckskizze).

Die Kräfte F_1, F_2 und F_3 werden in Komponenten zerlegt und die inneren Winkel α_n, β_n und γ_n ermittelt (n = 1, 2, 3, A).

Bestimmung der inneren Winkel α_n, β_n, γ_n:

$\alpha_1 = 35°$ (gegeben), $\beta_1 = 180° - 90° - \alpha_1 = 55°$

$\alpha_2 = 55°$ (gegeben), $\beta_2 = 180° - 90° - \alpha_2 = 35°$

$\alpha_3 = 160°$ (gegeben), $\beta_3 = 180° - \alpha_3 = 20°, \gamma_3 = 180° - 90° - \beta_3 = 70°$

$\alpha_A = 225°$ (gegeben), $\beta_A = 270° - \alpha_A = 45°, \gamma_A = 180° - 90° - \beta_A = 45°$

Bestimmung der Komponenten der Kräfte F_1, F_2, F_3:

$F_{1x} = F_1 \cdot \cos\alpha_1 = 262{,}13$ N, $F_{1y} = F_1 \cdot \cos\beta_1 = 183{,}54$ N

$F_{2x} = F_2 \cdot \cos\alpha_2 = 103{,}24$ N, $F_{2y} = F_2 \cdot \cos\beta_2 = 147{,}45$ N

$F_{3x} = F_3 \cdot \cos\beta_3 = 234{,}92$ N, $F_{3y} = F_3 \cdot \cos\gamma_3 = 85{,}51$ N

a) Größe der Kräfte F_A und F_B

$$F_{Ax} = F_{1x} + F_{2x} - F_{3x} = 262{,}13\,\text{N} + 103{,}24\,\text{N} - 234{,}92\,\text{N}$$

$$F_{Ax} = 130{,}45\,\text{N}$$

$$\cos\gamma_A = \frac{F_{Ax}}{F_A}$$

$$F_A = \frac{F_{Ax}}{\cos\gamma_A} = \frac{130{,}45\,\text{N}}{\cos 45°} = 184{,}48\,\text{N}$$

$$F_{Ay} = F_A \cos\beta_A = 184{,}48\,\text{N} \cdot \cos 45° = 130{,}45\,\text{N}\ (\beta_A = \gamma_A = 45°)$$

$$F_B = F_{1y} + F_{2y} + F_{3y} - F_{Ay}$$

$$F_B = 183{,}54\,\text{N} + 147{,}45\,\text{N} + 85{,}51\,\text{N} - 130{,}45\,\text{N}$$

$$F_B = 286{,}05\,\text{N}$$

Zeichnerische Lösung:

Lageplan

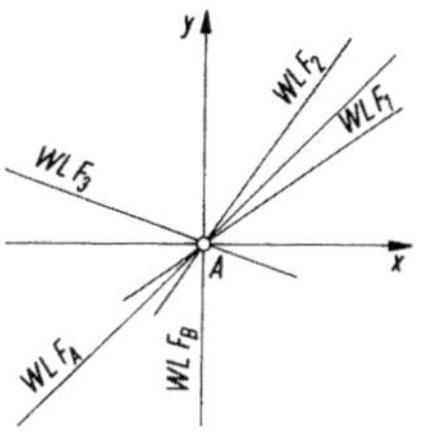

Kräfteplan ($M_K = 150$ N/cm)

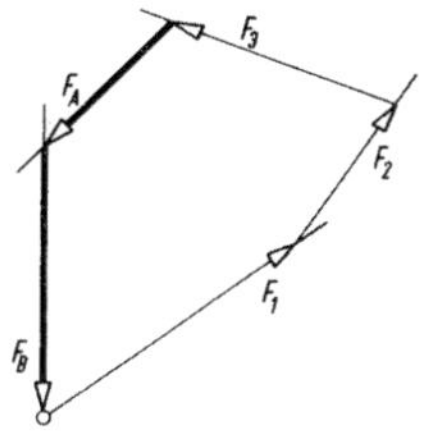

52.

Analytische Lösung:

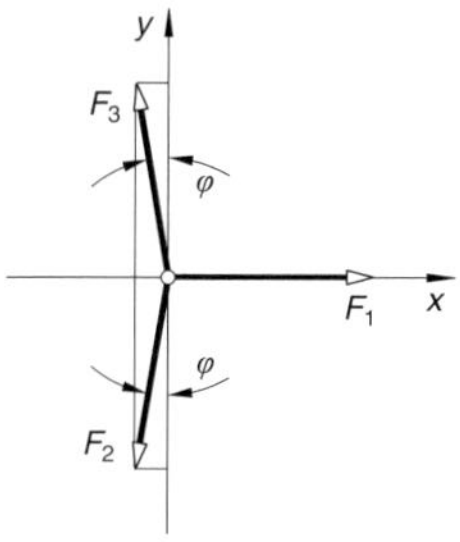

Lageskizze des frei gemachten Gelenkbolzens

I. $\Sigma F_x = 0 = F_1 - F_2 \sin\varphi - F_3 \sin\varphi$

II. $\Sigma F_y = 0 = F_3 \cos\varphi - F_2 \cos\varphi \ |:\cos\varphi \ \Rightarrow F_2 = F_3$

in I. eingesetzt:

$$F_1 - F_3 \sin\varphi - F_3 \sin\varphi = 0 \ \Rightarrow F_1 - 2 \cdot F_3 \sin\varphi = 0$$

$$F_3 = \frac{F_1}{2 \cdot \sin\varphi} = F_2$$

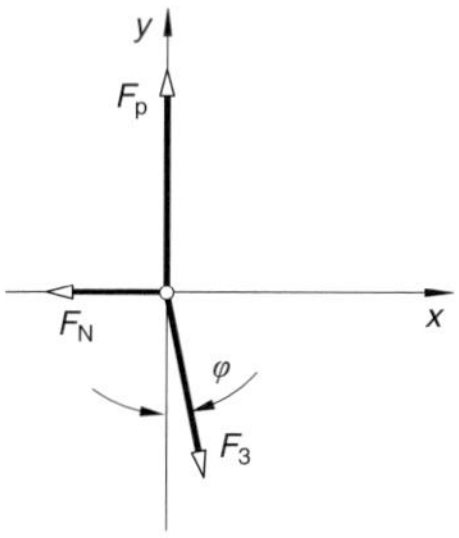

Lageskizze des frei gemachten Schlittens

I. $\Sigma F_x = 0 = -F_N + F_3 \sin\varphi$

II. $\Sigma F_y = 0 = F_p - F_3 \cos\varphi$

$$\text{II.}\ F_p = F_3 \cos\varphi = \frac{F_1}{2 \cdot \sin\varphi} \cdot \cos\varphi = \frac{F_1}{2} \cdot \frac{1}{\tan\varphi}$$

$$F_p = f(F_1, \varphi) = \frac{F_1}{2 \cdot \tan\varphi}$$

$$F_{p\,5°} = F_1 \cdot \frac{1}{2 \cdot \tan 5°} = F_1 \cdot \frac{1}{0{,}174} = 5{,}715 \cdot F_1$$

$$F_{p\,1°} = F_1 \cdot \frac{1}{2 \cdot \tan 1°} = F_1 \cdot \frac{1}{3{,}491 \cdot 10^{-2}} = 28{,}645 \cdot F_1$$

Trigonometrische Lösung:

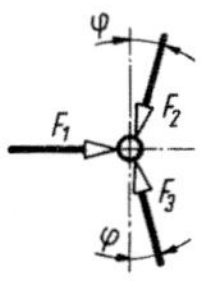

Lageskizze 1
(freigemachter
Gelenkbolzen)

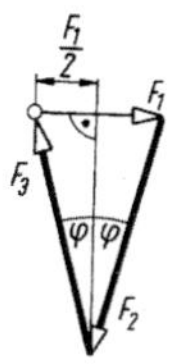

Krafteckskizze 1

Wegen der Symmetrie sind die Kräfte F_2 und F_3 in beiden Schwingen gleich groß:

$$\sin\varphi = \frac{\frac{F_1}{2}}{F_3} \ \rightarrow \ F_3 = \frac{F_1}{2\sin\varphi}$$

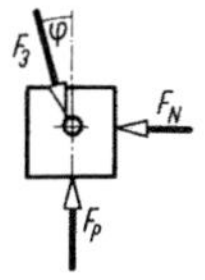

Lageskizze 2
(freigemachter Pressenstößel)

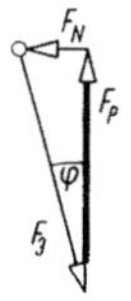

Krafteckskizze 2

$$F_p = F_3 \cos\varphi = \frac{F_1}{2\sin\varphi}\cos\varphi = \frac{F_1}{2\tan\varphi}$$

$$F_{p5°} = \frac{F_1}{2\tan 5°} = 5{,}715 \cdot F_1$$

$$F_{p1°} = \frac{F_1}{2\tan 1°} = 28{,}64 \cdot F_1$$

Lösung zur Verständnisfrage der Aufgabe 52:
Aus der Lageskizze des freigemachten Gelenkbolzens kann man erkennen, dass die Koppelkraft F_1 bei dem Schwingenwinkel $\varphi = 0°$ wegfallen muss, da sich sonst ein Ungleichgewicht in x-Richtung ($\Sigma F_x \neq 0$) ergeben würde. Wenn F_1 aber nicht mehr wirkt, können auch keine Kräfte F_2 und F_3 in den Schwingen wirken.

Mathematisch können weder die Kraft F_3 noch die Presskraft F_p berechnet werden, da bei $\varphi = 0°$ sowohl der sin $\varphi = 0$ (Gleichung für F_3) als auch der tan $\varphi = 0$ (Gleichung für F_p) ist und durch null nicht geteilt werden darf.

53.

Analytische Lösung:

Lageskizze

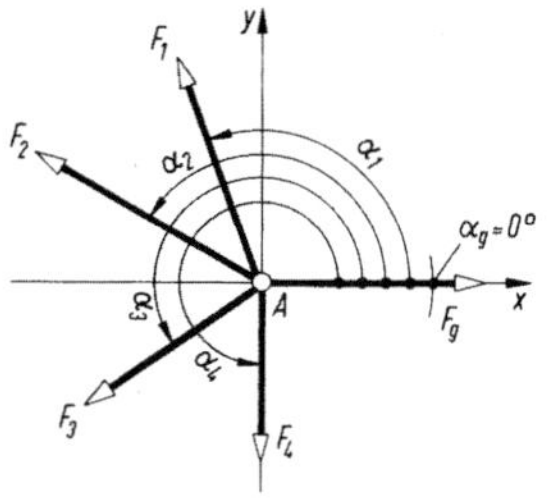

$F_1 = 5\,\text{N}$ $\alpha_1 = 110°$
$F_2 = 8\,\text{N}$ $\alpha_2 = 150°$
$F_3 = 10{,}5\,\text{N}$ $\alpha_3 = 215°$
$\alpha_4 = 270°$
$\alpha_g = 0°$

Gleichgewichtsbedingungen:

I. $\Sigma F_x = 0 = F_1 \cos\alpha_1 + F_2 \cos\alpha_2 + F_3 \cos\alpha_3 + F_4 \cos\alpha_4 + F_g \cos\alpha_g$

II. $\Sigma F_y = 0 = F_1 \sin\alpha_1 + F_2 \sin\alpha_2 + F_3 \sin\alpha_3 + F_4 \sin\alpha_4 + F_g \sin\alpha_g$

Auswertung der Gleichgewichtsbedingungen:

zu I.: $F_4 \cos\alpha_4 = 0$, weil $\cos\alpha_4 = \cos 270° = 0$;

$F_g \cos\alpha_g = F_g$, weil $\cos\alpha_g = \cos 0° = 1$

zu II.: $F_4 \sin\alpha_4 = -F_4$, weil $\sin\alpha_4 = \sin 270° = -1$;

$F_g \sin\alpha_g = 0$, weil $\sin\alpha_g = \sin 0° = 0$

I. $\Sigma F_x = 0 = F_1 \cos\alpha_1 + F_2 \cos\alpha_2 + F_3 \cos\alpha_3 + F_g$

II. $\Sigma F_y = 0 = F_1 \sin\alpha_1 + F_2 \sin\alpha_2 + F_3 \sin\alpha_3 - F_4$

a) Größe der Kraft F_4

II. $F_4 = +F_1 \sin\alpha_1 + F_2 \sin\alpha_2 + F_3 \sin\alpha_3$

$F_4 = +5\,\text{N} \cdot \sin 110° + 8\,\text{N} \cdot \sin 150° + 10{,}5\,\text{N} \cdot \sin 215°$

$F_4 = 2{,}676\,\text{N}$

b) Größe der Gleichgewichtskraft F_g

I. $F_g = -F_1 \cos\alpha_1 - F_2 \cos\alpha_2 - F_3 \cos\alpha_3$

$F_g = -5\,\text{N} \cdot \cos 110° - 8\,\text{N} \cdot \cos 150° - 10{,}5\,\text{N} \cdot \cos 215°$

$F_g = 17{,}24\,\text{N}$

Trigonometrische Lösung:
Krafteckskizze – entspricht dem maßstäblichen Kräfteplan in der zeichnerischen Lösung

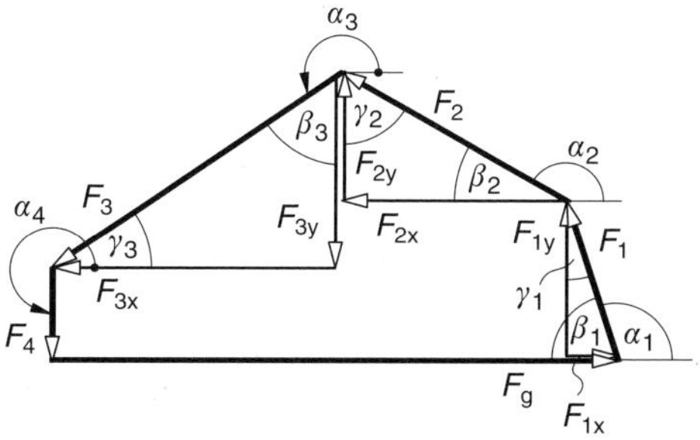

Basis für die Bestimmung der Kräfte F_4 und F_g nach der trigonometrischen Methode ist der – nun unmaßstäbliche – Kräfteplan (Krafteckskizze).
Die Kräfte F_1, F_2 und F_3 werden in Komponenten zerlegt und die inneren Winkel α_n, β_n und γ_n ermittelt (n = 1, 2, 3).

Bestimmung der inneren Winkel α_n, β_n, γ_n:

$\alpha_1 = 110°\text{(gegeben)}, \beta_1 = 180° - \alpha_1 = 70°, \gamma_1 = 180° - 90° - \beta_1 = 20°$

$\alpha_2 = 150°\text{(gegeben)}, \beta_2 = 180° - \alpha_2 = 30°, \gamma_2 = 180° - 90° - \beta_2 = 60°$

$\alpha_3 = 215°\text{(gegeben)}, \beta_3 = 270° - \alpha_3 = 55°, \gamma_3 = 180° - 90° - \beta_3 = 35°$

Bestimmung der Komponenten der Kräfte F_1, F_2, F_3:

$F_{1x} = F_1 \cdot \cos\beta_1 = 1{,}71\text{ N}, F_{1y} = F_1 \cdot \cos\gamma_1 = 4{,}7\text{ N}$

$F_{2x} = F_2 \cdot \cos\beta_2 = 6{,}93\text{ N}, F_{2y} = F_2 \cdot \cos\gamma_2 = 4\text{ N}$

$F_{3x} = F_3 \cdot \sin\beta_3 = 8{,}6\text{ N}, F_{3y} = F_3 \cdot \cos\beta_3 = 6{,}02\text{ N}$

a) Größe der Kraft F_4 (siehe Krafteckskizze)

$$F_4 = F_{1y} + F_{2y} - F_{3y} = 4{,}7\text{ N} + 4\text{ N} - 6{,}02\text{ N} = 2{,}68\text{ N}$$

b) Größe der Gleichgewichtskraft F_g (siehe Krafteckskizze)

$$F_g = F_{1x} + F_{2x} + F_{3x} = 1{,}71\text{ N} + 6{,}93\text{ N} + 8{,}6\text{ N} = 17{,}24\text{ N}$$

Zeichnerische Lösung:

Lageplan

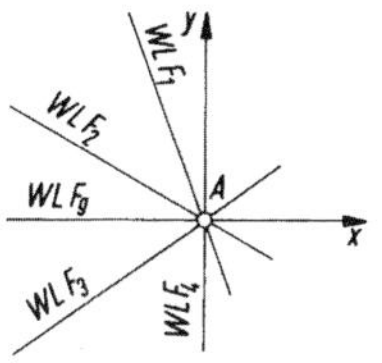

Kräfteplan (M_K = 5 N/cm)

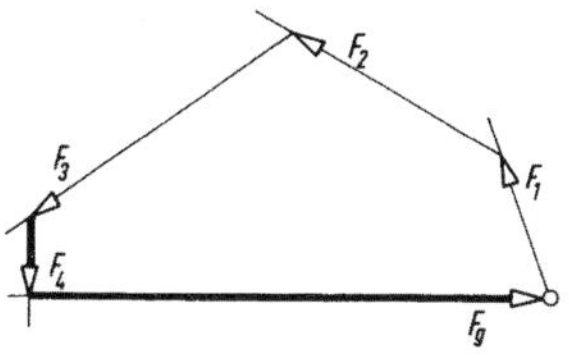

54.
Analytische Lösung:
Lageskizze

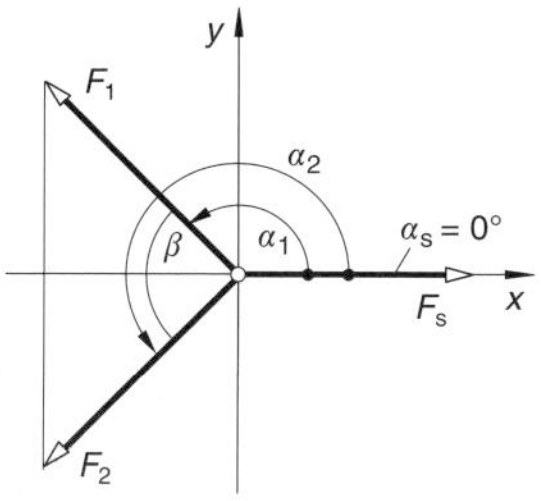

Gleichgewichtsbedingungen:

I. $\Sigma F_x = 0 = F_s \cos\alpha_s + F_1 \cos\alpha_1 + F_2 \cos\alpha_2$

II. $\Sigma F_y = 0 = F_s \sin\alpha_s + F_1 \sin\alpha_1 + F_2 \sin\alpha_2$

Auswertung der Gleichgewichtsbedingungen:

zu Gleichung I.: $F_s \cos\alpha_s = F_s$, weil $\cos\alpha_s = \cos 0° = 1$

zu Gleichung II.: $F_s \sin\alpha_s = 0$, weil $\sin\alpha_s = \sin 0° = 0$

Da die Zugstangenkräfte symmetrisch wirken, ist $F_1 = F_2$.

I. $\Sigma F_x = 0 = F_s + F_1(\cos\alpha_1 + \cos\alpha_2) = 0$

II. $\Sigma F_y = 0 = F_1(\sin\alpha_1 + \sin\alpha_2) = 0$

$F_s = 120\,\text{kN}$ $\alpha_s = 90°$
$\alpha_1 = 135°$
$\alpha_2 = 225°$

Hinweis:
Eine Berechnung der Kraft F_1 über die Gleichung II. ist nicht möglich, weil die Bezugsgröße F_s in y-Richtung keine Komponente hat und die Addition der Winkelfunktionen $(\sin\alpha_1 + \sin\alpha_2)$ null ergibt.

Gleichung I. nach F_1 umstellen:

$$F_1 = F_2 = \frac{-F_s}{\cos\alpha_1 + \cos\alpha_2} = \frac{-120\,\text{kN}}{\cos 135° + \cos 225°}$$

$$F_1 = F_2 = 84{,}853\,\text{kN}$$

Trigonometrische Lösung:

Lageskizze
(freigemachter Gelenkbolzen)

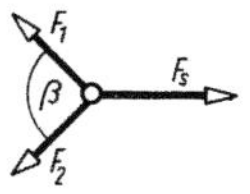

Krafteckskizze

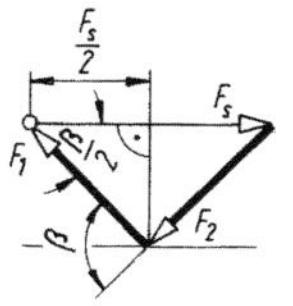

$$F_1 = \frac{\frac{F_s}{2}}{\cos\frac{\beta}{2}} = \frac{F_s}{2\cos\frac{\beta}{2}} = \frac{120\text{ kN}}{2\cos 45°} = 84{,}85\text{ kN} = F_2$$

Lösung zur Verständnisfrage der Aufgabe 54:
Vorüberlegungen:
Die für die Zugstangenbelastung entwickelte Gleichung $F_1 = F_2 = f(F_s, \beta)$ weist die Winkelfunktion des halben Winkels β im Nenner eines Bruchs auf. Da es sich um eine Cosinusfunktion handelt, wird eine Vergrößerung des Winkels β zu einem kleineren Funktionswert – und damit zu einer größeren Belastung der Zugstangen führen.
Umgekehrt gilt: Kleinerer Winkel β → größerer Funktionswert im Nenner → kleinere Belastung der Zugstangen.

Zugstangenbelastung bei Winkel $\beta = 110°$:

$$F_1 = F_2 = \frac{F_s}{2\cos\frac{\beta_{110°}}{2}} = \frac{120\,\text{kN}}{2\cos\frac{110°}{2}} = 104{,}607\,\text{kN}$$

Zugstangenbelastung bei Winkel $\beta = 70°$:

$$F_1 = F_2 = \frac{F_s}{2\cos\frac{\beta_{70°}}{2}} = \frac{120\,\text{kN}}{2\cos\frac{70°}{2}} = 73{,}246\,\text{kN}$$

55.

Analytische Lösung:

Lageskizze

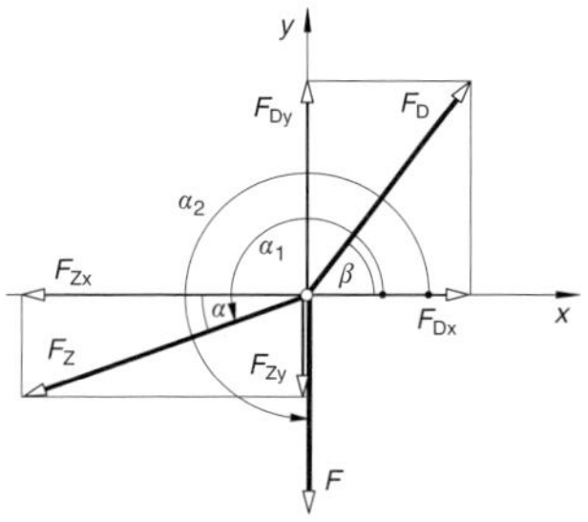

Bestimmung der Winkel α, α_1, α_2, β:

$\alpha = 20{,}56°$, $\beta = 48{,}37°$ (siehe trigonometrische Lösung)

$\alpha_1 = 180° + \alpha = 200{,}56°$

$\alpha_2 = 270°$

a) Kräfte in den Stäben Z und D:

Gleichgewichtsbedingungen:

I. $\Sigma F_x = 0 = F_D \cos\beta + F_Z \cos\alpha_1 + F\cos\alpha_2$

II. $\Sigma F_y = 0 = F_D \sin\beta + F_Z \sin\alpha_1 + F\sin\alpha_2$

Auswertung der Gleichgewichtsbedingungen:

zu I.: $F\cos\alpha_2 = 0$, weil $\cos\alpha_2 = \cos 270° = 0$

zu II.: $F\sin\alpha_2 = -F$, weil $\sin\alpha_2 = \sin 270° = -1$

I. $\Sigma F_x = 0 = F_D \cos\beta + F_Z \cos\alpha_1$

II. $\Sigma F_y = 0 = F_D \sin\beta + F_Z \sin\alpha_1 - F$

Gleichung I. nach F_D umstellen:

$$F_D = \frac{-F_Z \cos\alpha_1}{\cos\beta}$$

eingesetzt in Gleichung II.:

$$\frac{-F_Z \cos\alpha_1}{\cos\beta}\sin\beta + F_Z \sin\alpha_1 = F$$

$$F_Z(\sin\alpha_1 - \cos\alpha_1 \cdot \tan\beta) = F \qquad \left(\frac{\sin\beta}{\cos\beta} = \tan\beta\right)$$

$$F_Z = \frac{F}{\sin\alpha_1 - \cos\alpha_1 \cdot \tan\beta} = \frac{20\,\text{kN}}{\sin 200{,}56° - \cos 200{,}56° \cdot \tan 48{,}37°}$$

$F_Z = 28{,}48\,\text{kN}$

aus Gleichung I.:

$$F_D = \frac{-F_Z \cos\alpha_1}{\cos\beta} = \frac{-28{,}48\,\text{kN} \cdot \cos 200{,}56°}{\cos 48{,}37°} = 40{,}14\,\text{kN}$$

b) Komponenten der Stabkraft F_Z:

$F_{Zx} = F_Z \cos\alpha_1 = 28{,}48\,\text{kN} \cdot \cos 200{,}56° = -26{,}67\,\text{kN}$

$F_{Zy} = F_Z \sin\alpha_1 = 28{,}48\,\text{kN} \cdot \sin 200{,}56° = -10\,\text{kN}$

c) Komponenten der Stabkraft F_D:

$F_{Dx} = F_D \cos\beta = 40{,}14\,\text{kN} \cdot \cos 48{,}37° = 26{,}67\,\text{kN}$

$F_{Dy} = F_D \sin\beta = 40{,}14\,\text{kN} \cdot \sin 48{,}37° = 30\,\text{kN}$

Trigonometrische Lösung:

a) Lageskizze
(freigemachte Auslegerspitze)

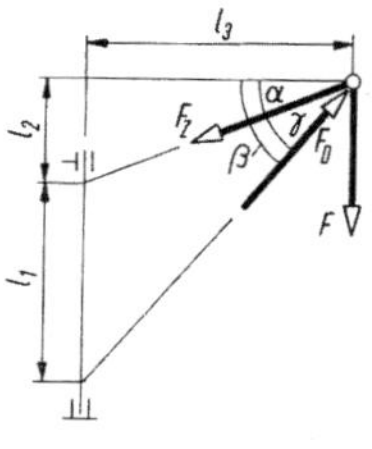

Krafteckskizze

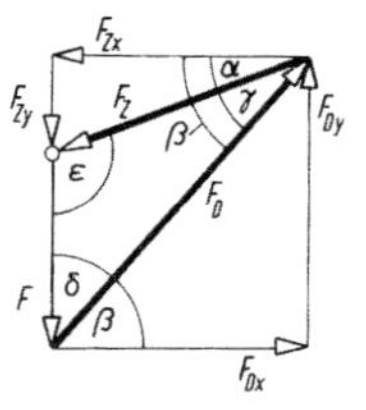

Berechnung der Winkel:

$$\alpha = \arctan\frac{l_2}{l_3} = \arctan\frac{1{,}5\text{ m}}{4\text{ m}} = 20{,}56°$$

$$\beta = \arctan\frac{l_1 + l_2}{l_3} = \arctan\frac{4{,}5\text{ m}}{4\text{ m}} = 48{,}37°$$

$\gamma = \beta - \alpha = 27{,}81°$

$\delta = 90° - \beta = 41{,}63°$

$\varepsilon = 90° + \alpha = 110{,}56°$

Probe: $\gamma + \delta + \varepsilon = 180{,}00°$

Auswertung der Krafteckskizze nach dem Sinussatz:

$$\frac{F}{\sin\gamma} = \frac{F_Z}{\sin\delta} = \frac{F_D}{\sin\varepsilon}$$

$$F_Z = F\frac{\sin\delta}{\sin\gamma} = 20\text{ kN}\cdot\frac{\sin 41{,}63^\circ}{\sin 27{,}81^\circ} = 28{,}48\text{ kN}$$

$$F_D = F\frac{\sin\varepsilon}{\sin\gamma} = 20\text{ kN}\cdot\frac{\sin 110{,}56^\circ}{\sin 27{,}81^\circ} = 40{,}14\text{ kN}$$

Berechnung der Komponenten (siehe Krafteckskizze):

b) $F_{Zx} = F_Z\cos\alpha = 28{,}48\text{ kN}\cdot\cos 20{,}56^\circ = 26{,}67\text{ kN}$

$F_{Zy} = F_Z\sin\alpha = 28{,}48\text{ kN}\cdot\sin 20{,}56^\circ = 10\text{ kN}$

c) $F_{Dx} = F_D\cos\beta = 40{,}14\text{ kN}\cdot\cos 48{,}37^\circ = 26{,}67\text{ kN}$

$F_{Dy} = F_D\sin\beta = 40{,}14\text{ kN}\cdot\sin 48{,}37^\circ = 30\text{ kN}$

Zeichnerische Lösung:

Lageplan ($M_L = 1{,}5\,\frac{\text{m}}{\text{cm}}$) Kräfteplan ($M_K = 10\,\frac{\text{N}}{\text{cm}}$)

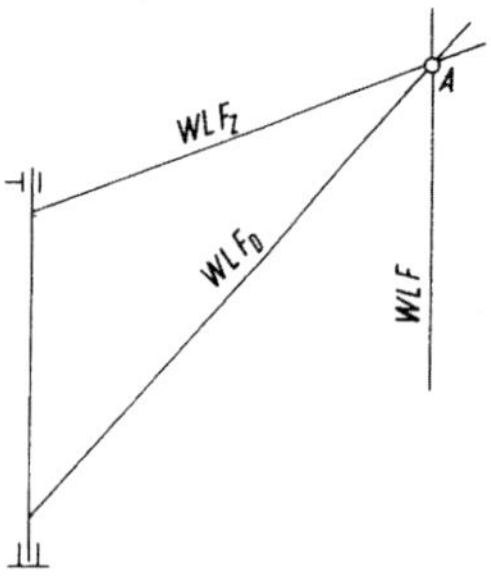

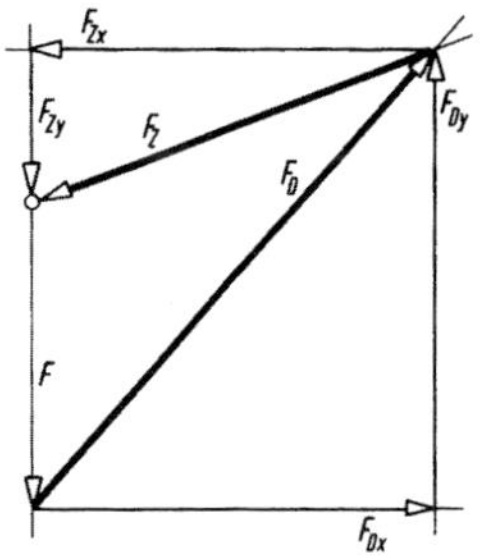

56.

Analytische Lösung:

Beide Stützkräfte sind wegen der Symmetrie gleich groß. Sie werden auf ihren Wirklinien in den Stangenmittelpunkt (Zentralpunkt) verschoben.

Lageskizze

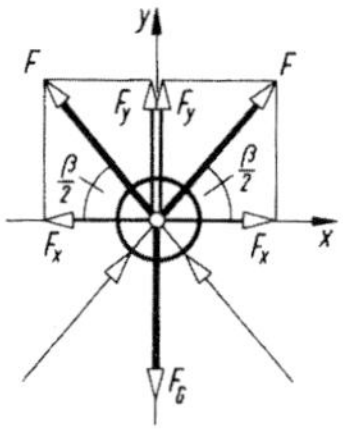

$$\Sigma F_y = 0 = 2F_y - F_G = 2F\sin\frac{\beta}{2} - F_G$$

$$F = \frac{F_G}{2\sin\frac{\beta}{2}} = \frac{1{,}2\text{ kN}}{2\cdot\sin 50^\circ} = 783{,}2\text{ N}$$

Trigonometrische Lösung:

Lage der Wirklinien von F

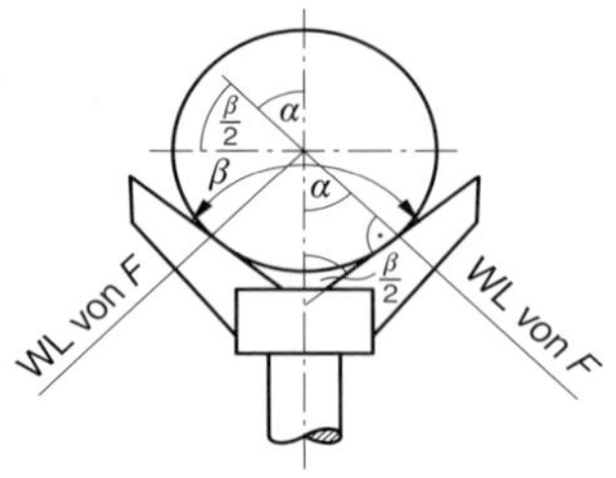

Lageskizze

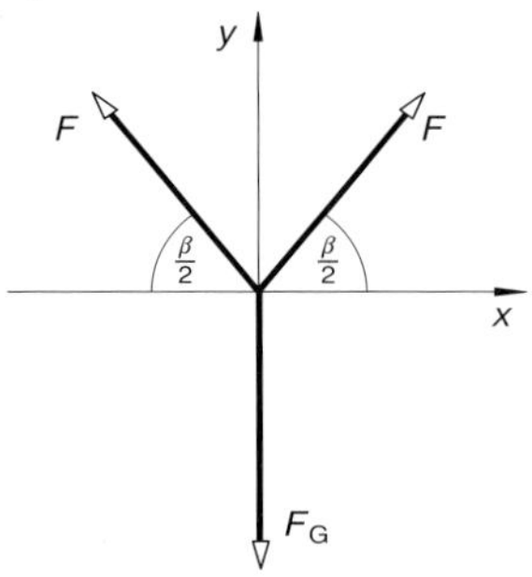

Krafteckskizze

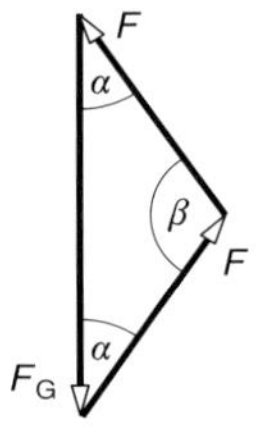

Berechnung des Winkels α:

$$2\alpha + \beta = 180^\circ$$

$$\alpha = \frac{180^\circ - \beta}{2} = 40^\circ$$

Sinussatz:

$$\frac{F_G}{\sin\beta} = \frac{F}{\sin\alpha}$$

$$F = \frac{F_G\cdot\sin\alpha}{\sin\beta} = \frac{1{,}2\,\text{kN}\cdot\sin 40^\circ}{\sin 100^\circ} = 0{,}7832\,\text{kN}$$

$$F = 783{,}2\,\text{N}$$

57.

a) Kräfte in den Tragseilen

Analytische Lösung:

Bestimmung der Winkel α_1, α_2, α_3 (β und γ siehe trigonometrische Lösung)

Lageskizze

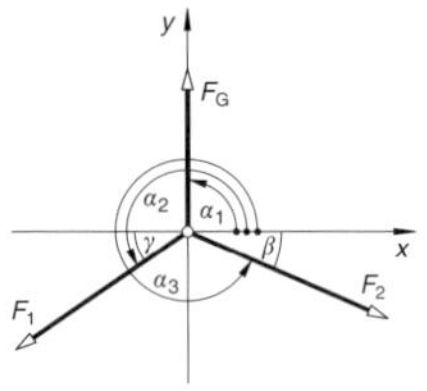

$$\alpha_1 = 90^\circ$$

$$\alpha_2 = 180^\circ + \gamma = 180^\circ + 38{,}37^\circ = 218{,}37^\circ$$

$$\alpha_3 = 360^\circ - \beta = 360^\circ - 25{,}41^\circ = 334{,}59^\circ$$

$$\beta = 25{,}41^\circ$$

$$\gamma = 38{,}37^\circ$$

Gleichgewichtsbedingungen:

I. $\Sigma F_x = 0 = F_G \cos\alpha_1 + F_1 \cos\alpha_2 + F_2 \cos\alpha_3$

II. $\Sigma F_y = 0 = F_G \sin\alpha_1 + F_1 \sin\alpha_2 + F_2 \sin\alpha_3$

Auswertung der Gleichgewichtsbedingungen:

zu I.: $F_G \cos\alpha_1 = 0$, weil $\cos\alpha_1 = \cos 90° = 0$

zu II.: $F_G \sin\alpha_1 = F_G$, weil $\sin\alpha_1 = \sin 90° = 1$

I. $\Sigma F_x = 0 = F_1 \cos\alpha_2 + F_2 \cos\alpha_3$

II. $\Sigma F_y = 0 = F_G + F_1 \sin\alpha_2 + F_2 \sin\alpha_3$

Gleichung I. nach F_1 umstellen:

$$F_1 = \frac{-F_2 \cos\alpha_3}{\cos\alpha_2}$$

eingesetzt in Gleichung II.:

$$F_G - \frac{F_2 \cos\alpha_3}{\cos\alpha_2} \sin\alpha_2 + F_2 \sin\alpha_3 = 0$$

$$\left(\frac{\sin\alpha_2}{\cos\alpha_2} = \tan\alpha_2\right)$$

$$F_2 \left(\sin\alpha_3 - \cos\alpha_3 \cdot \tan\alpha_2\right) = -F_G$$

$$F_2 = \frac{-F_G}{\sin\alpha_3 - \cos\alpha_3 \cdot \tan\alpha_2}$$

$$F_2 = \frac{-50\,\text{kN}}{\sin 334{,}59° - \cos 334{,}59° \cdot \tan 218{,}37°}$$

$$F_2 = 43{,}7\,\text{kN}$$

aus Gleichung I.:

$$F_1 = \frac{-F_2 \cos\alpha_3}{\cos\alpha_2} = \frac{-43{,}7\,\text{kN} \cdot \cos 334{,}59°}{\cos 218{,}37°} = 50{,}35\,\text{kN}$$

Trigonometrische Lösung:

Lageskizze (freigemachte Einhängöse)

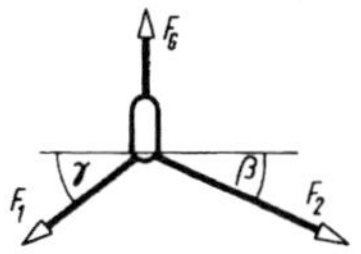

Krafteckskizze

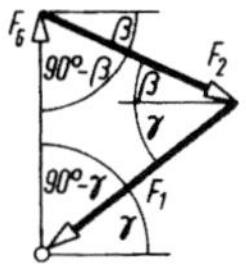

Berechnung der Winkel:

$$\beta = \arctan\frac{l_3}{l_2} = 25{,}41°$$

$$\gamma = \arctan\frac{l_3}{l_1} = 38{,}37°$$

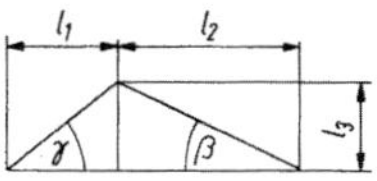

Auswertung der Krafteckskizze mit dem Sinussatz:

$$\frac{F_G}{\sin(\gamma+\beta)} = \frac{F_1}{\sin(90°-\beta)} = \frac{F_2}{\sin(90°-\gamma)}$$

$$F_1 = F_G \frac{\sin(90°-\beta)}{\sin(\gamma+\beta)} = 50\text{ kN} \cdot \frac{\sin(90°-25{,}41°)}{\sin(38{,}37°+25{,}41°)}$$

$$F_1 = 50{,}35\text{ kN}$$

$$F_2 = F_G \frac{\sin(90°-\gamma)}{\sin(\gamma+\beta)} = 50\text{ kN} \cdot \frac{\sin(90°-38{,}37°)}{\sin(38{,}37°+25{,}41°)}$$

$$F_2 = 43{,}7\text{ kN}$$

Zeichnerische Lösung:

Lageplan

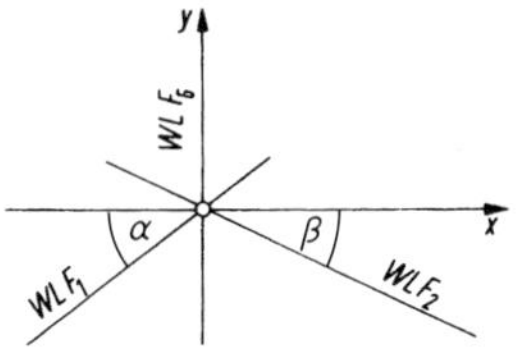

Kräfteplan ($M_K = 25$ kN/cm)

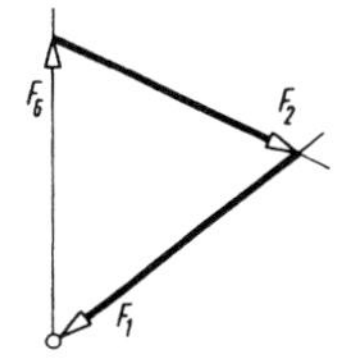

b) Kräfte in den Tragseilen

F_1' und F_2' bei der Traghöhe $l_3' = 0{,}75$ m:

Bei einer Reduzierung der Traghöhe auf $l_3' = 0{,}75$ m werden sich die Neigungswinkel auf β' und γ' verkleinern (siehe Skizze in der trigonometrischen Lösung). In der Krafteckskizze schneiden sich die beiden Tragkräfte „weiter außen", d. h. beide Kräfte werden größer.

Krafteckskizze

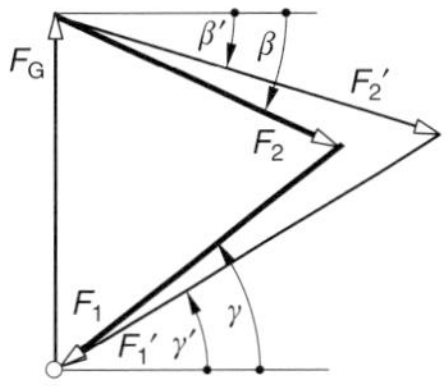

Berechnung der Neigungswinkel β' und γ' (siehe Lösung a)):

$$\beta' = \arctan\frac{l_3'}{l_2} = \frac{0{,}75\,\text{m}}{2\,\text{m}} = 20{,}56°$$

$$\gamma' = \arctan\frac{l_3'}{l_1} = \frac{0{,}75\,\text{m}}{1{,}2\,\text{m}} = 32°$$

Winkel α_2', α_3':

$\alpha_2' = 180° + \gamma' = 212°$ | $\alpha_3' = 360° - \beta' = 339{,}44°$

Tragseilkraft F_2' (vgl. Lösung a)):

$$F_2' = \frac{-F_G}{\sin\alpha_3' - \cos\alpha_3' \cdot \tan\alpha_2'}$$

$$F_2' = \frac{-50\,\text{kN}}{\sin 339{,}44° - \cos 339{,}44° \cdot \tan 212°}$$

$$F_2' = 53{,}4\,\text{kN} > F_2 = 43{,}7\,\text{kN}$$

Tragseilkraft F_1' (vgl. Lösung a)):

$$F_1' = \frac{-F_2' \cos\alpha_3'}{\cos\alpha_2'} = \frac{-53{,}4\,\text{kN} \cdot \cos 339{,}44^\circ}{\cos 212^\circ}$$

$$F_1' = 59\,\text{kN} > F_1 = 50{,}35\,\text{kN}$$

Hinweise:

Bei – theoretisch – Neigungswinkeln $\beta' = \gamma' = 0^\circ$ schneiden sich die Wirklinien der beiden Tragkräfte im Unendlichen, d. h. die Tragkräfte beider Seile werden unendlich groß.

Aus der analytischen und der trigonometrischen Lösung kann so eine eindeutige Aussage vor der Berechnung der Tragkräfte nicht getroffen werden, weil die Kombination unterschiedlicher Winkelfunktionen teilweise entgegengesetzte Funktionswerte ergeben.

58.

Lageskizze (freigemachte Lampe) Krafteckskizze

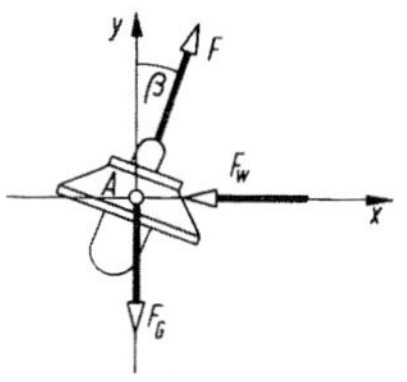

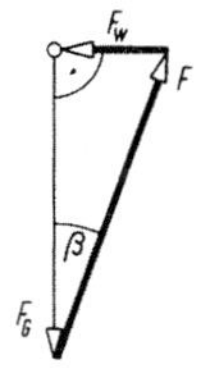

$$F_w = F_G \tan\beta = 220\text{ N} \cdot \tan 20^\circ = 80{,}07\text{ N}$$

$$F = \frac{F_G}{\cos\beta} = \frac{220\text{ N}}{\cos 20^\circ} = 234{,}1\text{ N}$$

59.

Analytische Lösung:

Lageskizze

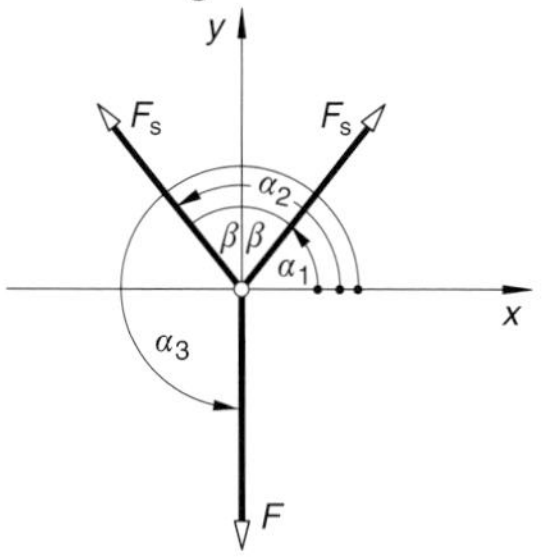

$$F = 12\,\text{kN} \qquad \alpha_1 = 90^\circ - \beta = 50^\circ$$
$$\alpha_2 = 90^\circ + \beta = 130^\circ$$
$$\alpha_3 = 270^\circ$$

Gleichgewichtsbedingungen:

I. $\Sigma F_x = 0 = F_s \cos\alpha_1 + F_s \cos\alpha_2 + F \cos\alpha_3$

II. $\Sigma F_y = 0 = F_s \sin\alpha_1 + F_s \sin\alpha_2 + F \sin\alpha_3$

Auswertung der Gleichgewichtsbedingungen:

zu I. $F\cos\alpha_3 = 0$, weil $\cos\alpha_3 = \cos 270^\circ = 0$

$$F_s \cos\alpha_1 + F_s \cos\alpha_2 = F_s(\cos\alpha_1 + \cos\alpha_2)$$

zu II. $F\sin\alpha_3 = -F$, weil $\sin\alpha_3 = \sin 270^\circ = -1$

$$F_s \sin\alpha_1 + F_s \sin\alpha_2 = F_s(\sin\alpha_1 + \sin\alpha_2)$$

I. $F_s(\cos\alpha_1 + \cos\alpha_2) = 0$

II. $F_s(\sin\alpha_1 + \sin\alpha_2) - F = 0$

Gleichung II. nach F_s umstellen:

$$F_s = \frac{F}{\sin\alpha_1 + \sin\alpha_2} = \frac{12\,\text{kN}}{\sin 50^\circ + \sin 130^\circ}$$

$$F_s = 7{,}832\,\text{kN}$$

Trigonometrische Lösung:

Lageskizze Krafteckskizze

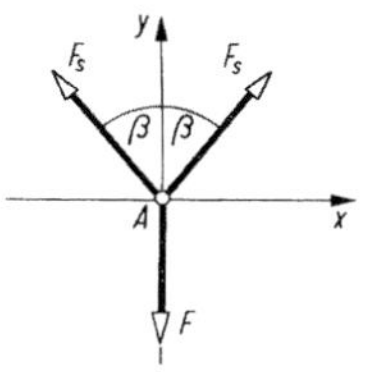

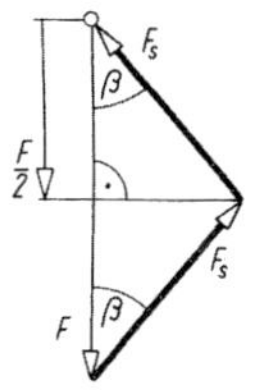

$$\cos\beta = \frac{\frac{F}{2}}{F_s}$$

$$F_s = \frac{\frac{F}{2}}{\cos\beta} = \frac{F}{2\cos\beta} = \frac{12\,\text{kN}}{2 \cdot \cos 40^\circ} = 7{,}832\,\text{kN}$$

60.

Analytische Lösung:

Lageskizze

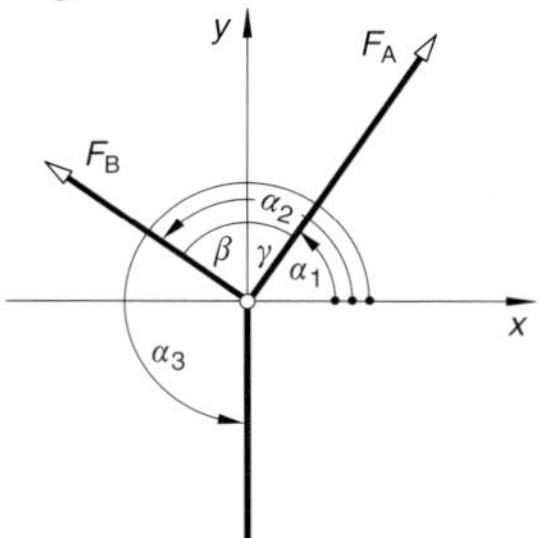

$$F_G = 750\,\text{N} \qquad \alpha_1 = 90^\circ - \gamma = 55^\circ$$
$$\alpha_2 = 90^\circ + \beta = 145^\circ$$
$$\alpha_3 = 270^\circ$$
$$\beta = 55^\circ, \gamma = 35^\circ$$

Gleichgewichtsbedingungen:

$$\text{I. } \Sigma F_x = 0 = F_A \cos\alpha_1 + F_B \cos\alpha_2 + F_G \cos\alpha_3$$

$$\text{II. } \Sigma F_y = 0 = F_A \sin\alpha_1 + F_B \sin\alpha_2 + F_G \sin\alpha_3$$

Auswertung der Gleichgewichtsbedingungen:

zu I. $F_G \cos\alpha_3 = 0$, weil $\cos\alpha_3 = \cos 270° = 0$

zu II. $F_G \sin\alpha_3 = -F_G$, weil $\sin\alpha_3 = \sin 270° = -1$

$$\text{I. } F_A \cos\alpha_1 + F_B \cos\alpha_2 = 0$$

$$\text{II. } F_A \sin\alpha_1 + F_B \sin\alpha_2 - F_G = 0$$

Gleichung I. nach F_A umstellen:

$$F_A = \frac{-F_B \cos\alpha_2}{\cos\alpha_1}$$

und in Gleichung II. einsetzen:

$$\frac{-F_B \cos\alpha_2}{\cos\alpha_1} \sin\alpha_1 + F_B \sin\alpha_2 - F_G = 0$$

$$\left(\frac{\sin\alpha_1}{\cos\alpha_1} = \tan\alpha_1\right)$$

$$F_B\left(\sin\alpha_2 - \cos\alpha_2 \tan\alpha_1\right) = F_G$$

$$F_B = \frac{F_G}{\sin\alpha_2 - \cos\alpha_2 \tan\alpha_1} = \frac{750\,\text{N}}{\sin 145° - \cos 145° \tan 55°}$$

$$F_B = 430{,}2\,\text{N}$$

aus Gleichung I.:

$$F_A = \frac{-F_B \cos\alpha_2}{\cos\alpha_1} = \frac{-430{,}2\,\text{N} \cdot \cos 145°}{\cos 55°} = 614{,}4\,\text{N}$$

Trigonometrische Lösung:

Lageskizze (freigemachter prismatischer Körper)

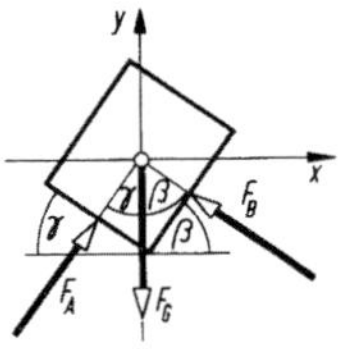

Krafteckskizze

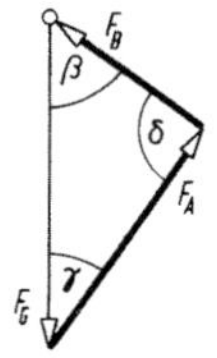

$\delta = 180° - (\gamma + \beta) = 90°$; d.h. das Krafteck ist ein *rechtwinkliges* Dreieck.

$$F_A = F_G \cos\gamma = 750\ \text{N} \cdot \cos 35° = 614{,}4\ \text{N}$$

$$F_B = F_G \cos\beta = 750\ \text{N} \cdot \cos 55° = 430{,}2\ \text{N}$$

61.

Analytische Lösung:

Lageskizze

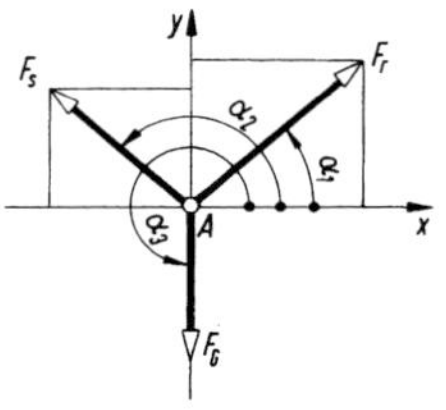

$F_G = 3{,}8\,\text{kN}$ $\quad \alpha_1 = \beta = 41{,}19°$

$\alpha_2 = 180° - \gamma = 140°$

$\alpha_3 = 270°$

(siehe trigonometrische Lösung)

Gleichgewichtsbedingungen:

$$\text{I. } \Sigma F_x = 0 = F_r \cos\alpha_1 + F_s \cos\alpha_2 + F_G \cos\alpha_3$$

$$\text{II. } \Sigma F_y = 0 = F_r \sin\alpha_1 + F_s \sin\alpha_2 + F_G \sin\alpha_3$$

Auswertung der Gleichgewichtsbedingungen:

zu I. $F_G \cos\alpha_3 = 0$, weil $\cos\alpha_3 = \cos 270° = 0$

zu II. $F_G \sin\alpha_3 = -F_G$, weil $\sin\alpha_3 = \sin 270° = -1$

$$\text{I. } F_r \cos\alpha_1 + F_s \cos\alpha_2 = 0$$

$$\text{II. } F_r \sin\alpha_1 + F_s \sin\alpha_2 - F_G = 0$$

Gleichung I. nach F_r umstellen:

$$F_r = \frac{-F_s \cos\alpha_2}{\cos\alpha_1}$$

und in Gleichung II. einsetzen:

$$\frac{-F_s \cos\alpha_2}{\cos\alpha_1} \sin\alpha_1 + F_s \sin\alpha_2 = F_G \quad \left(\frac{\sin\alpha_1}{\cos\alpha_1} = \tan\alpha_1\right)$$

$$F_s\left(\sin\alpha_2 - \cos\alpha_2 \tan\alpha_1\right) = F_G$$

$$F_s = \frac{F_G}{\sin\alpha_2 - \cos\alpha_2 \tan\alpha_1} = \frac{3{,}8\,\text{kN}}{\sin 140° - \cos 140° \cdot \tan 41{,}19°}$$

$$F_s = 2{,}894\,\text{kN}$$

$$F_r = \frac{-F_s \cos\alpha_2}{\cos\alpha_1} = \frac{-2{,}894\,\text{kN} \cdot \cos 140°}{\cos 41{,}19°}$$

$$F_r = 2{,}946\,\text{kN}$$

Trigonometrische Lösung:

Lageskizze (freigemachte Walze)

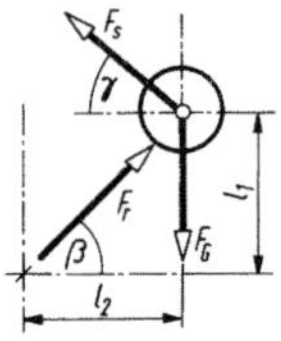

Krafteckskizze

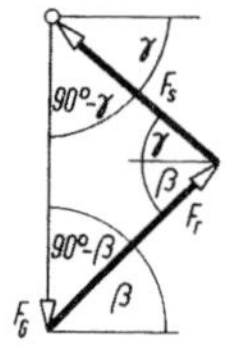

$$\beta = \arctan\frac{l_1}{l_2} = \arctan\frac{280\text{ mm}}{320\text{ mm}} = 41{,}19^\circ$$

Sinussatz nach der Krafteckskizze:

$$\frac{F_G}{\sin(\gamma+\beta)} = \frac{F_s}{\sin(90^\circ-\beta)} = \frac{F_r}{\sin(90^\circ-\gamma)}$$

$$F_s = F_G\frac{\sin(90^\circ-\beta)}{\sin(\gamma+\beta)} = 3{,}8\text{ kN}\cdot\frac{\sin(90^\circ-41{,}19^\circ)}{\sin(40^\circ+41{,}19^\circ)}$$

$$F_s = 2{,}894\text{ kN}$$

$$F_r = F_G\frac{\sin(90^\circ-\gamma)}{\sin(\gamma+\beta)} = 3{,}8\text{ kN}\cdot\frac{\sin(90^\circ-40^\circ)}{\sin(40^\circ+41{,}19^\circ)}$$

$$F_r = 2{,}946\text{ kN}$$

Zeichnerische Lösung:

Lageplan ($M_L = 12{,}5$ cm/cm)

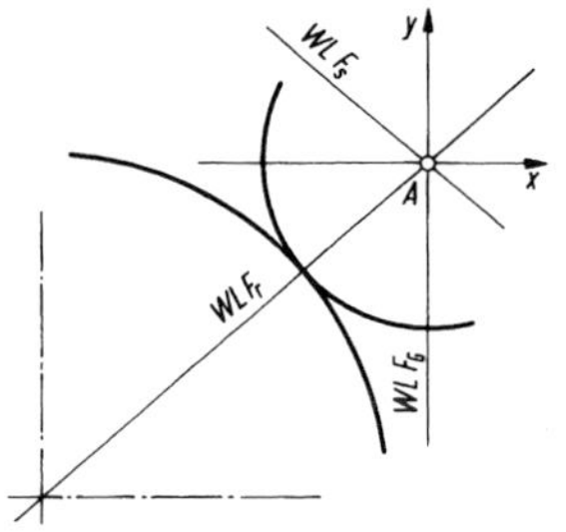

Kräfteplan ($M_K = 1$ kN/cm)

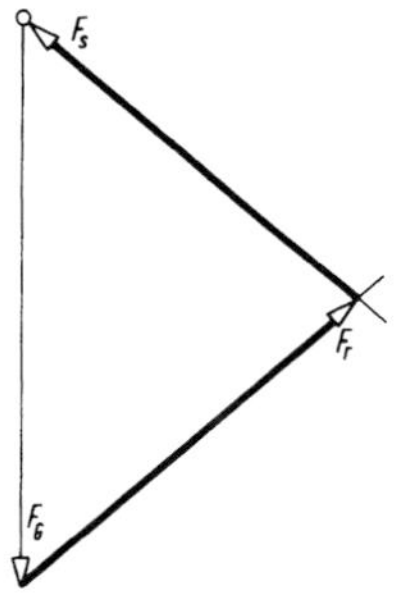

62.

a) Kolbenkraft F_k

$$p = \frac{F_k}{A} \quad \text{(F+T, 6.1)}$$

Hinweis: $p = 1{,}5\cdot10^6\,\text{Pa} = 1{,}5\cdot10^6\,\frac{\text{N}}{\text{m}^2}$

$$F_k = p\,A = p\frac{\pi}{4}d^2 = 1{,}5\cdot10^6\,\frac{\text{N}}{\text{m}^2}\cdot\frac{\pi}{4}\cdot(0{,}2\,\text{m})^2$$

$$F_k = 47124\,\text{N} = 47{,}124\,\text{kN}$$

b) Schubstangenkraft F_s, Normalkraft F_N

Lageskizze (freigemachter Kreuzkopf)

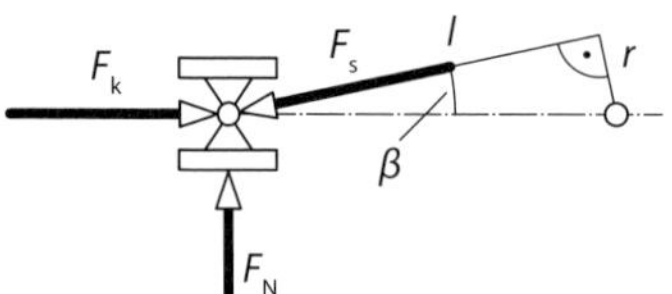

Ermittlung des Winkels β:

$$\beta = \arctan\frac{r}{l} = \arctan\frac{200\,\text{mm}}{1000\,\text{mm}} = 11{,}31^\circ$$

Krafteckskizze

$$\cos\beta = \frac{F_k}{F_s} \quad\rightarrow\quad F_s = \frac{F_k}{\cos\beta}$$

$$F_s = \frac{47{,}124\,\text{kN}}{\cos 11{,}31^\circ} = 48{,}057\,\text{kN}$$

$$\tan\beta = \frac{F_N}{F_k} \quad\rightarrow\quad F_N = F_k\tan\beta$$

$$F_N = 47{,}124\,\text{kN}\cdot\tan 11{,}31^\circ = 9{,}425\,\text{kN}$$

c) Drehmoment M

$$M = F_s\,r = 48057\,\text{N}\cdot0{,}2\,\text{m} = 9611{,}4\,\text{Nm}$$

63.

Analytische Lösung:

Lageskizze

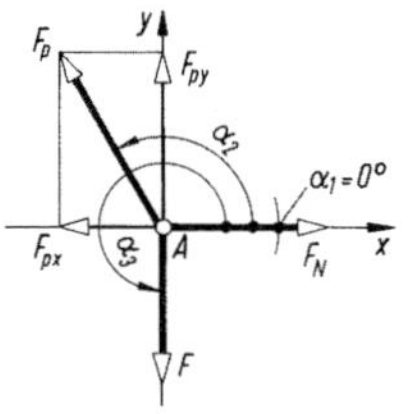

$F = 110\,\text{kN} \quad \alpha_1 = 0°$

$\alpha_2 = 90° + \gamma = 102°$

$\alpha_3 = 270°$

Gleichgewichtsbedingungen:

I. $\Sigma F_x = 0 = F_N \cos\alpha_1 + F_p \cos\alpha_2 + F \cos\alpha_3$

II. $\Sigma F_y = 0 = F_N \sin\alpha_1 + F_p \sin\alpha_2 + F \sin\alpha_3$

Auswertung der Gleichgewichtsbedingungen:

zu I. $F_N \cos\alpha_1 = F_N$, weil $\cos\alpha_1 = \cos 0° = 1$

$F \cos\alpha_3 = 0$, weil $\cos\alpha_3 = \cos 270° = 0$

zu II. $F_N \sin\alpha_1 = 0$, weil $\sin\alpha_1 = \sin 0° = 0$

$F \sin\alpha_3 = -F$, weil $\sin\alpha_3 = \sin 270° = -1$

I. $F_N + F_p \cos\alpha_2 = 0$

II. $F_p \sin\alpha_2 - F = 0$

a) Kraft F_N gegen die Zylinderlauffläche:

Gleichung II. nach F_p umstellen:

$$F_p = \frac{F}{\sin\alpha_2}$$

und in Gleichung I. einsetzen:

$$F_N + \frac{F}{\sin\alpha_2}\cos\alpha_2 = 0 \quad \left(\frac{\cos\alpha_2}{\sin\alpha_2} = \frac{1}{\tan\alpha_2}\right)$$

(F + T, 9.35)

$$F_N = -\frac{F}{\tan\alpha_2} = -\frac{110\,\text{kN}}{\tan 102°} = 23{,}381\,\text{kN}$$

b) Kraft F_p der Pleuelstange aus Gleichung II.:

$$F_p = \frac{F}{\sin\alpha_2} = \frac{110\,\text{kN}}{\sin 102°} = 112{,}457\,\text{kN}$$

Trigonometrische Lösung:

Lageskizze (freigemachter Kolben)

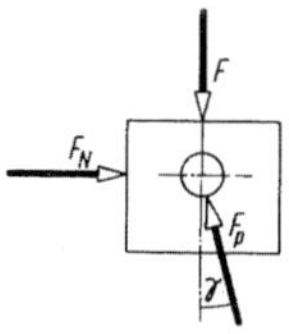

Krafteckskizze

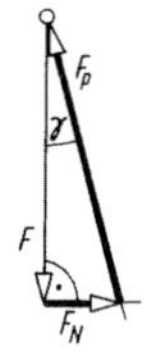

a) $\tan\gamma = \frac{F_N}{F} \longrightarrow F_N = F \tan\gamma$

$F_N = 110\,\text{kN} \cdot \tan 12° = 23{,}38\,\text{kN}$

b) $\cos\gamma = \frac{F}{F_p} \longrightarrow F_p = \frac{F}{\cos\gamma}$

$$F_p = \frac{110\,\text{kN}}{\cos 12°} = 112{,}5\,\text{kN}$$

64.

Analytische Lösung:

Lageskizze

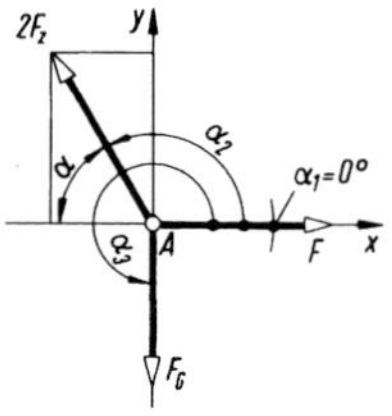

$$\alpha = \arctan\frac{l}{l_2} = \arctan\frac{4\,\text{m}}{1\,\text{m}} = 75{,}96°$$

$F = 2\,\text{kN}$ $\alpha_1 = 0°$

$\alpha_2 = 180° - \alpha = 104{,}04°$

$\alpha_3 = 270°$

Gleichgewichtsbedingungen:

I. $\Sigma F_x = 0 = F\cos\alpha_1 + 2F_z\cos\alpha_2 + F_G\cos\alpha_3$

II. $\Sigma F_y = 0 = F\sin\alpha_1 + 2F_z\sin\alpha_2 + F_G\sin\alpha_3$

Auswertung der Gleichgewichtsbedingungen:

zu I. $F\cos\alpha_1 = F$, weil $\cos\alpha_1 = \cos 0° = 1$

$F_G\cos\alpha_3 = 0$, weil $\cos\alpha_3 = \cos 270° = 0$

zu II. $F\sin\alpha_1 = 0$, weil $\sin\alpha_1 = \sin 0° = 0$

$F_G\sin\alpha_3 = -F_G$, weil $\sin\alpha_3 = \sin 270° = -1$

I. $F + 2F_z\cos\alpha_2 = 0$

II. $2F_z\sin\alpha_2 - F_G = 0$

a) waagerechte Verschiebekraft *F:*

Gleichung II. nach F_z umstellen:

$$F_z = \frac{F_G}{2\sin\alpha_2}$$

und in Gleichung I. einsetzen:

$$F + 2\frac{F_G}{2\sin\alpha_2}\cos\alpha_2 = 0 \quad \left(\frac{\cos\alpha_2}{\sin\alpha_2} = \frac{1}{\tan\alpha_2}\right)$$

$$F = -\frac{F_G}{\tan\alpha_2} = -\frac{2\,\text{kN}}{\tan 104{,}04°} = 0{,}5\,\text{kN}$$

b) Zugkräfte F_z in den Seilen:

aus Gleichung II. unter a):

$$F_z = \frac{F_G}{2\sin\alpha_2} = \frac{2\,\text{kN}}{2\sin 104{,}04°} = 1{,}031\,\text{kN}$$

Trigonometrische Lösung:

Lageskizze (freigemachte untere Rolle)

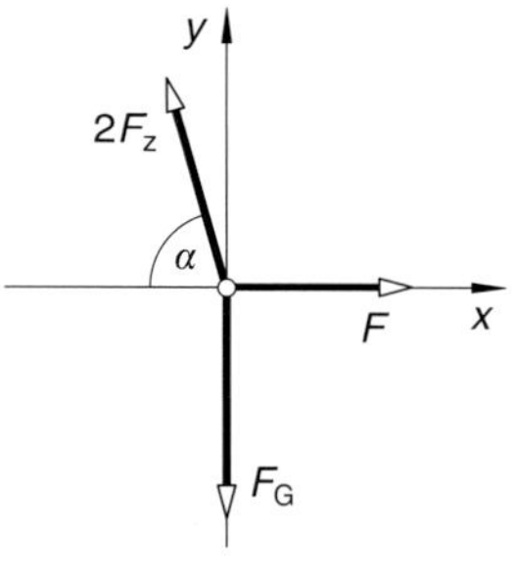

Krafteckskizze

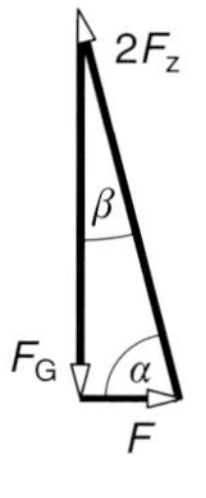

a) waagerechte Verschiebekraft *F:*

$$\tan\beta = \frac{F}{F_G} \rightarrow F = F_G \cdot \tan\beta = 2\,\text{kN} \cdot \tan 14{,}04° = 0{,}5\,\text{kN}$$

b) Zugkräfte F_z in den Seilen:

$$\cos\beta = \frac{F_G}{2F_z} \rightarrow F_z = \frac{F_G}{2\cos\beta} = \frac{2\,\text{kN}}{2\cos 14{,}04°} = 1{,}031\,\text{kN}$$

65.

Vorüberlegung:

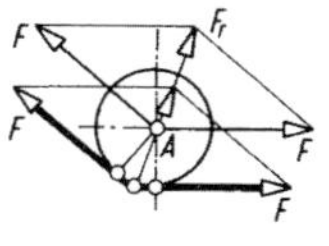

Die Spannkräfte in beiden Riementrums sind gleich groß: F = 150 N. Die Wirklinie ihrer Resultierenden läuft deshalb durch den Spannrollen-Mittelpunkt. Wird der Angriffspunkt der Resultierenden in den Mittelpunkt verschoben, kann die Resultierende dort wieder in die beiden Komponenten F zerlegt werden. Damit ist der Mittelpunkt zugleich der Zentralpunkt A eines zentralen Kräftesystems.

Analytische Lösung:

Lageskizze

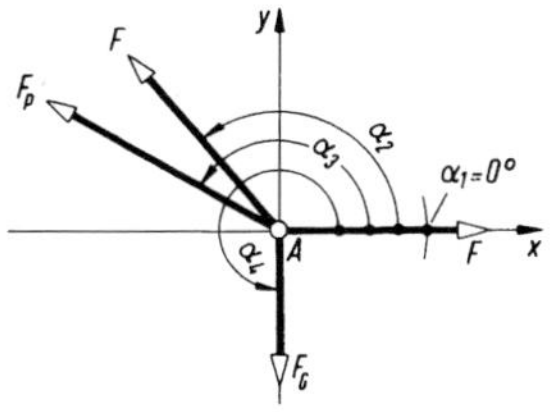

$F = 150\,\text{N} \quad \alpha_1 = 0°$

$\alpha_2 = 180° - \gamma = 130°$

$\alpha_3 = 90° + \beta = 150°$

$\alpha_4 = 270°$

Gleichgewichtsbedingungen:

I. $\Sigma F_x = 0 = F\cos\alpha_1 + F\cos\alpha_2 + F_p\cos\alpha_3 + F_G\cos\alpha_4$

II. $\Sigma F_y = 0 = F\sin\alpha_1 + F\sin\alpha_2 + F_p\sin\alpha_3 + F_G\sin\alpha_4$

Auswertung der Gleichgewichtsbedingungen:

zu I. $F\cos\alpha_1 = F$, weil $\cos\alpha_1 = \cos 0° = 1$

$F_G\cos\alpha_4 = 0$, weil $\cos\alpha_4 = \cos 270° = 0$

zu II. $F\sin\alpha_1 = 0$, weil $\sin\alpha_1 = \sin 0° = 0$

$F_G\sin\alpha_4 = -F_G$, weil $\sin\alpha_4 = \sin 270° = -1$

I. $F + F\cos\alpha_2 + F_p\cos\alpha_3 = 0$

$F(1+\cos\alpha_2) + F_p\cos\alpha_3 = 0$

II. $F\sin\alpha_2 + F_p\sin\alpha_3 - F_G = 0$

a) Gewichtskraft F_G des Spannkörpers:

Gleichung I. nach F_p umstellen:

$$F_p = \frac{-F(1+\cos\alpha_2)}{\cos\alpha_3}$$

und in Gleichung II. einsetzen:

$$F\sin\alpha_2 - \frac{F(1+\cos\alpha_2)}{\cos\alpha_3}\sin\alpha_3 - F_G = 0 \quad \left(\frac{\sin\alpha_3}{\cos\alpha_3} = \tan\alpha_3\right)$$

$$F_G = F(\sin\alpha_2 - (1+\cos\alpha_2)\tan\alpha_3$$

$$F_G = 150\,\text{N}(\sin 130° - (1+\cos 130°)\tan 150° = 145{,}8\,\text{N}$$

b) Belastung F_p des Pendelstangenlagers:

aus Gleichung I. unter a):

$$F_p = \frac{-F(1+\cos\alpha_2)}{\cos\alpha_3} = \frac{-150\,\text{N}(1+\cos 130°)}{\cos 150°} = 61{,}87\,\text{N}$$

Trigonometrische Lösung:

Lageskizze

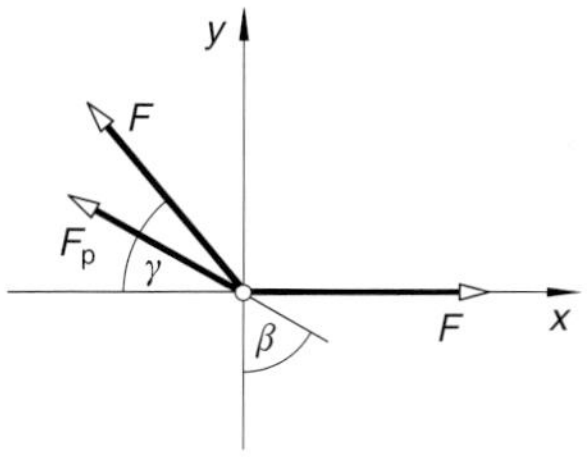

$\beta = 60°$

$\gamma = 50°$

Krafteckskizze

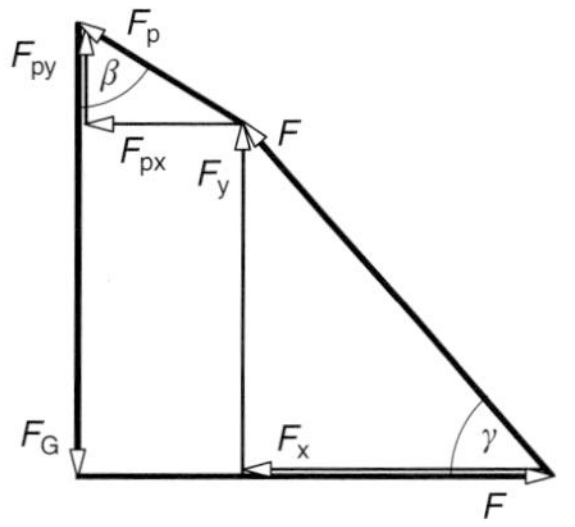

Komponenten der Kräfte F und F_p:

$F_x = F\cos\gamma, F_y = F\sin\gamma$

$F_{px} = F_p\sin\beta, F_{py} = F_p\cos\beta$

Berechnung der Kraft F_p (siehe Krafteckskizze):

$F_{px} = F - F_x = F - F\cos\gamma = F(1-\cos\gamma)$

$F_{px} = 150\,\text{N}(1-\cos 50°) = 53{,}58\,\text{N}$

$$\sin\beta = \frac{F_{px}}{F_p} \rightarrow F_p = \frac{F_{px}}{\sin\beta} = \frac{53{,}58\,\text{N}}{\sin 60°} = 61{,}87\,\text{N}$$

Berechnung der Gewichtskraft F_G des Spannkörpers (siehe Krafteckskizze):

$F_G = F_y + F_{py} = F\sin\gamma + F_p\cos\beta$

$F_G = 150\,\text{N}\cdot\sin 50° + 61{,}87\,\text{N}\cdot\cos 60° = 145{,}8\,\text{N}$

66.

Analytische Lösung:

Lageskizze (freigemachter Seilring)

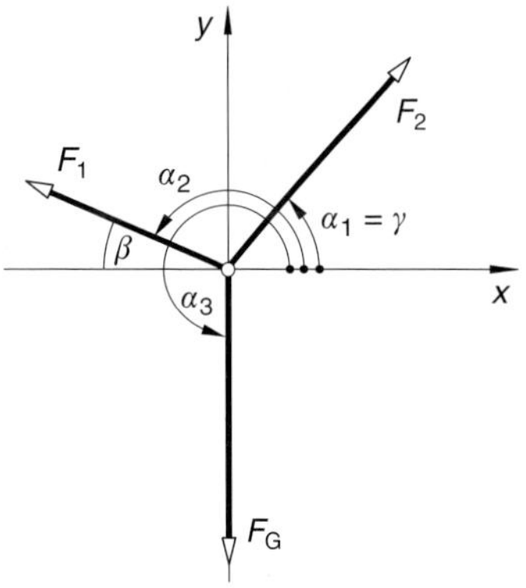

$F_G = 25\,\text{kN}$ $\alpha_1 = \gamma = 46{,}97°$

$\alpha_2 = 180° - \beta = 156{,}19°$

$\alpha_3 = 270°$

$\beta = 23{,}81°, \gamma = 46{,}97°$

Berechnung der Winkel β und γ siehe trigonometrische Lösung.

Lageskizze (Punkt B freigemacht)

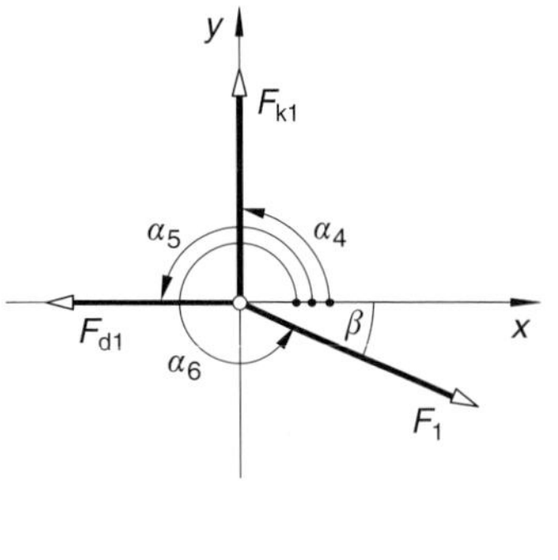

a) Zugkräfte in den Seilen S_1 und S_2

Gleichgewichtsbedingungen:

I. $\Sigma F_x = 0 = F_1\cos\alpha_2 + F_2\cos\alpha_1 + F_G\cos\alpha_3$

II. $\Sigma F_y = 0 = F_1\sin\alpha_2 + F_2\sin\alpha_1 + F_G\sin\alpha_3$

Auswertung der Gleichgewichtsbedingungen:

zu I. $F_G\cos\alpha_3 = 0$, weil $\cos\alpha_3 = \cos 270° = 0$

zu II. $F_G\sin\alpha_3 = -F_G$, weil $\sin\alpha_3 = \sin 270° = -1$

I. $F_1\cos\alpha_2 + F_2\cos\alpha_1 = 0$

II. $F_1\sin\alpha_2 + F_2\sin\alpha_1 - F_G = 0$

Gleichung I. nach F_1 umstellen:

$$F_1 = \frac{-F_2\cos\alpha_1}{\cos\alpha_2}$$

und in Gleichung II. einsetzen:

$$\frac{-F_2\cos\alpha_1}{\cos\alpha_2}\sin\alpha_2 + F_2\sin\alpha_1 - F_G = 0 \quad \left(\frac{\sin\alpha_2}{\cos\alpha_2} = \tan\alpha_2\right)$$

$F_2(\sin\alpha_1 - \cos\alpha_1\tan\alpha_2) = F_G$

$$F_2 = \frac{F_G}{\sin\alpha_1 - \cos\alpha_1\tan\alpha_2} = \frac{25\,\text{kN}}{\sin 46{,}97° - \cos 46{,}97°\tan 156{,}19°}$$

$F_2 = 24{,}22\,\text{kN}$

aus Gleichung I.:

$$F_1 = \frac{-F_2\cos\alpha_1}{\cos\alpha_2} = \frac{-24{,}22\,\text{kN}\cdot\cos 46{,}97°}{\cos 156{,}19°} = 18{,}06\,\text{kN}$$

b) Kettenzugkraft F_{k1} und Balkendruckkraft F_{d1} (Punkt B)

Gleichgewichtsbedingungen:

I. $\Sigma F_x = 0 = F_{k1}\cos\alpha_4 + F_{d1}\cos\alpha_5 + F_1\cos\alpha_6$

II. $\Sigma F_y = 0 = F_{k1}\sin\alpha_4 + F_{d1}\sin\alpha_5 + F_1\sin\alpha_6$

Auswertung der Gleichgewichtsbedingungen:

zu I.: $F_{k1}\cos\alpha_4 = 0$, weil $\cos\alpha_4 = \cos 90° = 0$

$F_{d1}\cos\alpha_5 = -F_{d1}$, weil $\cos\alpha_5 = \cos 180° = -1$

$\alpha_4 = 90°$

$\alpha_5 = 180°$

$\alpha_6 = 360° - \beta = 336{,}19°$

zu II.: $F_{k1} \sin\alpha_4 = F_{k1}$, weil $\sin\alpha_4 = \sin 90° = 1$

$F_{d1} \sin\alpha_5 = 0$, weil $\sin\alpha_5 = \sin 180° = 0$

I. $-F_{d1} + F_1 \cos\alpha_6 = 0$

II. $F_{k1} + F_1 \sin\alpha_6 = 0$

I. $F_{d1} = F_1 \cos\alpha_6 = 18{,}06\,\text{kN} \cdot \cos 336{,}19° = 16{,}52\,\text{kN}$

II. $F_{k1} = -F_1 \sin\alpha_6 = -18{,}06\,\text{kN} \cdot \sin 336{,}19° = 7{,}29\,\text{kN}$

c) Kettenzugkraft F_{k2} und Balkendruckkraft F_{d2} (Punkt C)

Der Lösungsweg für die Kräfte F_{k2} und F_{d2} entspricht dem unter b) für die Kräfte F_{k1} und F_{d1}. Da anders als bei der trigonometrischen Lösung hier auf die doppelten Kontrollmöglichkeiten verzichtet wird, vereinfacht sich die Berechnung der Kräfte F_{k2} und F_{d2} erheblich.

Kettenzugkraft F_{k2}[1)]

$\Sigma F_y = 0 = F_{k1} + F_{k2} - F_G$

$F_{k2} = F_G - F_{k1} = 25\text{ kN} - 7{,}29\text{ kN} = 17{,}71\text{ kN}$

Balkendruckkraft F_{d2}[1)]

$\Sigma F_x = 0 = F_{d1} - F_{d2}$

$F_{d2} = F_{d1} = 16{,}52\text{ kN}$

1) siehe auch Lageskizzen in den trigonometrischen Lösungen b) und c)

Trigonometrische Lösung:

a) Lageskizze (freigemachter Seilring)

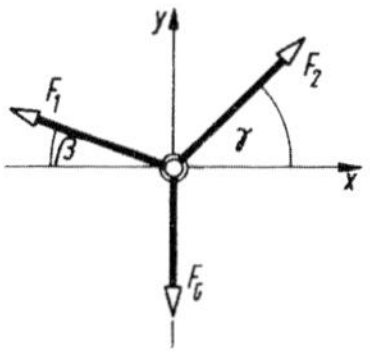

Berechnung der Winkel β und γ:

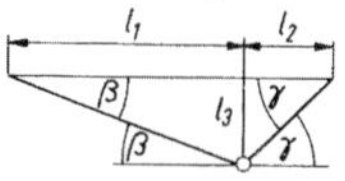

$$\beta = \arctan\frac{l_3}{l_1} = \arctan\frac{0{,}75\text{ m}}{1{,}7\text{ m}} = 23{,}81°$$

$$\gamma = \arctan\frac{l_3}{l_2} = \arctan\frac{0{,}75\text{ m}}{0{,}7\text{ m}} = 46{,}97°$$

Krafteckskizze

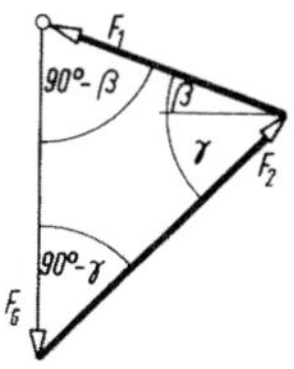

Sinussatz:

$$\frac{F_G}{\sin(\beta+\gamma)} = \frac{F_1}{\sin(90°-\gamma)} = \frac{F_2}{\sin(90°-\beta)}$$

$$F_1 = F_G\frac{\sin(90°-\gamma)}{\sin(\beta+\gamma)} = 25\text{ kN}\cdot\frac{\sin(90°-46{,}97°)}{\sin(23{,}81°+46{,}97°)}$$

$F_1 = 18{,}06\text{ kN}$

$$F_2 = F_G\frac{\sin(90°-\beta)}{\sin(\beta+\gamma)} = 25\text{ kN}\cdot\frac{\sin(90°-23{,}81°)}{\sin(23{,}81°+46{,}97°)}$$

$F_2 = 24{,}22\text{ kN}$

b) Lageskizze (Punkt B freigemacht) Krafteckskizze

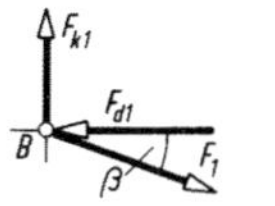

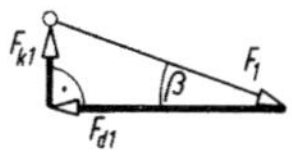

$F_{k1} = F_1 \sin\beta = 18{,}06\text{ kN} \cdot \sin 23{,}81° = 7{,}29\text{ kN}$

$F_{d1} = F_1 \cos\beta = 18{,}06\text{ kN} \cdot \cos 23{,}81° = 16{,}52\text{ kN}$

c) Lageskizze (Punkt C freigemacht) Krafteckskizze

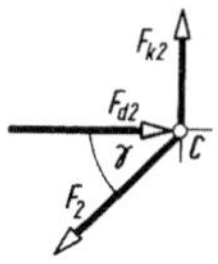

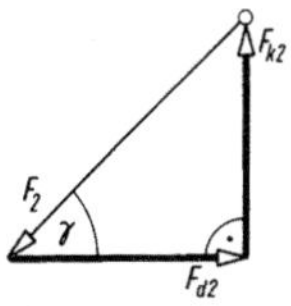

$F_{k2} = F_2 \sin\gamma = 24{,}22\text{ kN} \cdot \sin 46{,}97° = 17{,}71\text{ kN}$

$F_{d2} = F_2 \cos\gamma = 24{,}22\text{ kN} \cdot \cos 46{,}97° = 16{,}53\text{ kN}$

Hinweis: Hier ist eine doppelte Kontrolle für alle Ergebnisse möglich:

1. Die Balkendruckkräfte F_{d1} und F_{d2} sind innere Kräfte des Systems „Krangeschirr“; sie müssen also gleich groß und gegensinnig gerichtet sein. Diese Bedingung ist erfüllt: 16,53 kN = 16,53 kN.
2. Die Summe der beiden Kettenzugkräfte F_{k1} und F_{k2} muss der Gewichtskraft F_G das Gleichgewicht halten. Diese Bedingung ist auch erfüllt: $F_{k1} + F_{k2} = 7{,}29\text{ kN} + 17{,}71\text{ kN} = 25\text{ kN}$

67.

a) Frei gemachte zylindrische Körper:

Zylinder 1

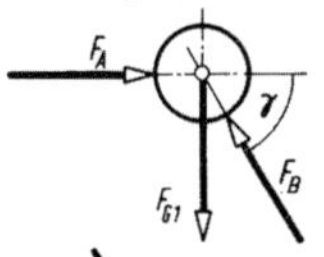

Zylinder 2

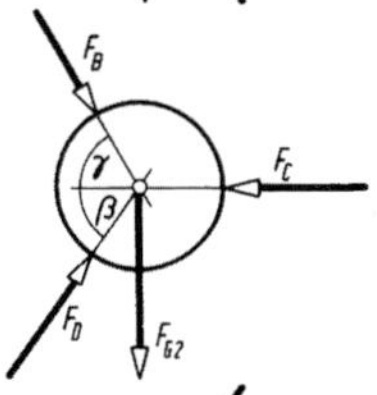

Zylinder 3

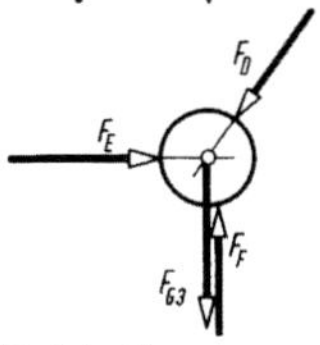

b) Berechnung der Kräfte F_A bis F_F

Zylinder 1

Lageskizze des Zylinders 1

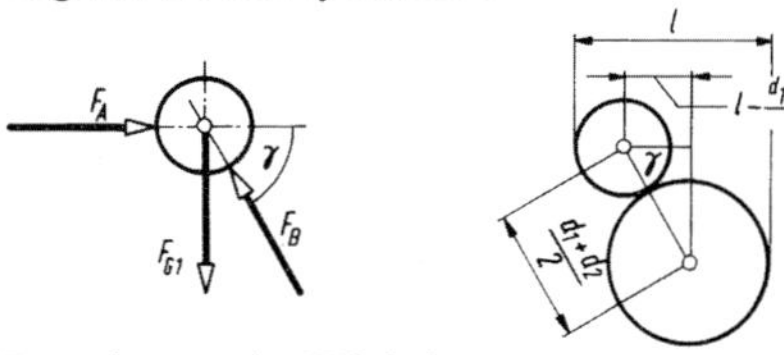

Berechnung des Winkels γ:

$$\gamma = \arccos\frac{l - \frac{d_1+d_2}{2}}{\frac{d_1+d_2}{2}} = \arccos\frac{2l-(d_1+d_2)}{d_1+d_2}$$

$$\gamma = \arccos\left(\frac{2l}{d_1+d_2} - 1\right) = \arccos\left(\frac{2\cdot 85\,\text{mm}}{50\,\text{mm}+70\,\text{mm}} - 1\right)$$

$$\gamma = 65{,}38^\circ$$

Krafteckskizze für die trigonometrische Lösung

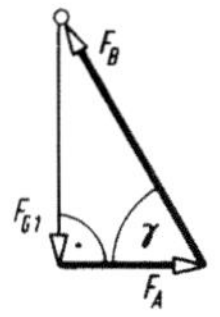

$$\tan\gamma = \frac{F_{G1}}{F_A} \rightarrow F_A = \frac{F_{G1}}{\tan\gamma} = \frac{3\,\text{N}}{\tan 65{,}38^\circ} = 1{,}375\,\text{N}$$

$$\sin\gamma = \frac{F_{G1}}{F_B} \rightarrow F_B = \frac{F_{G1}}{\sin\gamma} = \frac{3\,\text{N}}{\sin 65{,}38^\circ} = 3{,}3\,\text{N}$$

Zylinder 2

Lageskizze für die analytische Lösung

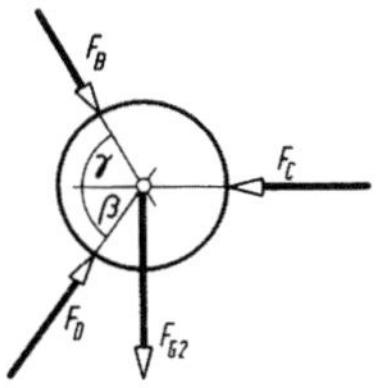

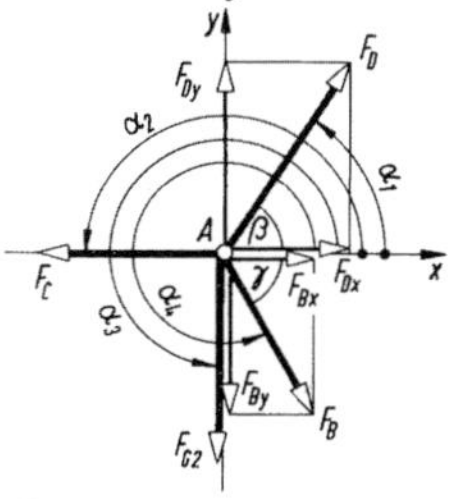

$$\alpha_1 = \beta = 56{,}94^\circ$$
$$\alpha_2 = 180^\circ$$
$$\alpha_3 = 270^\circ$$
$$\alpha_4 = 360^\circ - \gamma = 360^\circ - 65{,}38^\circ = 294{,}62^\circ$$

Berechnung des Winkels β:

$$\beta = \arccos\frac{l - \frac{d_2+d_3}{2}}{\frac{d_2+d_3}{2}} = \arccos\frac{2l-(d_2+d_3)}{d_2+d_3}$$

$$\beta = \arccos\left(\frac{2l}{d_2+d_3} - 1\right) = \arccos\left(\frac{2\cdot 85\,\text{mm}}{70\,\text{mm}+40\,\text{mm}} - 1\right)$$

$$\beta = 56{,}94^\circ$$

Gleichgewichtsbedingungen:

I. $\Sigma F_x = 0 = F_D\cos\alpha_1 + F_C\cos\alpha_2 + F_{G2}\cos\alpha_3 + F_B\cos\alpha_4$

II. $\Sigma F_y = 0 = F_D\sin\alpha_1 + F_C\sin\alpha_2 + F_{G2}\sin\alpha_3 + F_B\sin\alpha_4$

Auswertung der Gleichgewichtsbedingungen:

zu I. $F_C\cos\alpha_2 = -F_C$, weil $\cos\alpha_2 = \cos 180^\circ = -1$

$F_{G2}\cos\alpha_3 = 0$, weil $\cos\alpha_3 = \cos 270^\circ = 0$

zu II. $F_C\sin\alpha_2 = 0$, weil $\sin\alpha_2 = \sin 180^\circ = 0$

$F_{G2}\sin\alpha_3 = -F_{G2}$, weil $\sin\alpha_3 = \sin 270^\circ = -1$

I. $F_D\cos\alpha_1 - F_C + F_B\cos\alpha_4 = 0$

II. $F_D\sin\alpha_1 - F_{G2} + F_B\sin\alpha_4 = 0$

Gleichung I. nach F_D umstellen:

$$F_D = \frac{F_C - F_B\cos\alpha_4}{\cos\alpha_1}$$

und in Gleichung II. einsetzen:

$$\frac{F_C - F_B\cos\alpha_4}{\cos\alpha_1}\sin\alpha_1 - F_{G2} + F_B\sin\alpha_4 = 0$$

$$\left(\frac{\sin\alpha_1}{\cos\alpha_1} = \tan\alpha_1\right)$$

$$F_C\tan\alpha_1 - F_B\cos\alpha_4\tan\alpha_1 - F_{G2} + F_B\sin\alpha_4 = 0$$

$$F_C = \frac{F_{G2} + F_B\left(\cos\alpha_4 \tan\alpha_1 - \sin\alpha_4\right)}{\tan\alpha_1}$$

$$F_C = \frac{5\,\text{N} + 3{,}3\,\text{N}\left(\cos 294{,}62^\circ \tan 56{,}94^\circ - \sin 294{,}62^\circ\right)}{\tan 56{,}94^\circ}$$

$$F_C = 6{,}582\,\text{N}$$

aus Gleichung I.:

$$F_D = \frac{F_C - F_B\cos\alpha_4}{\cos\alpha_1} = \frac{6{,}582\,\text{N} - 3{,}3\,\text{N}\cdot\cos 294{,}62^\circ}{\cos 56{,}94^\circ}$$

$$F_D = 9{,}545\,\text{N}$$

Zylinder 3

Lageskizze für die analytische Lösung

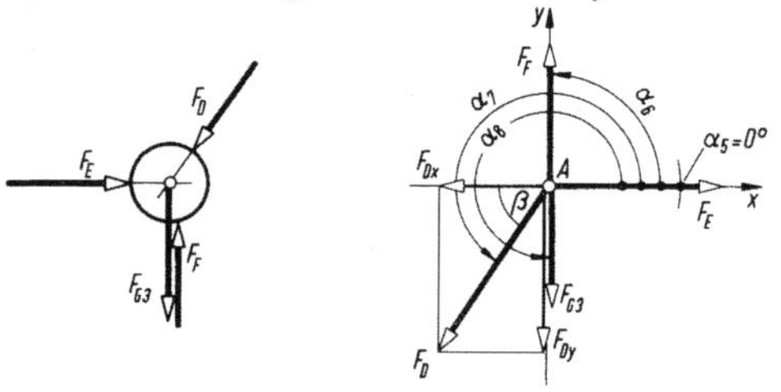

$$\alpha_5 = 0^\circ$$

$$\alpha_6 = 90^\circ$$

$$\alpha_7 = 180^\circ + \beta = 180^\circ + 56{,}94^\circ = 236{,}94^\circ$$

$$\alpha_8 = 270^\circ$$

Gleichgewichtsbedingungen:

I. $\Sigma F_x = 0 = F_E\cos\alpha_5 + F_F\cos\alpha_6 + F_D\cos\alpha_7 + F_{G3}\cos\alpha_8$

II. $\Sigma F_y = 0 = F_E\sin\alpha_5 + F_F\sin\alpha_6 + F_D\sin\alpha_7 + F_{G3}\sin\alpha_8$

Auswertung der Gleichgewichtsbedingungen:

zu I. $F_E\cos\alpha_5 = F_E$, weil $\cos\alpha_5 = \cos 0^\circ = 1$

$F_F\cos\alpha_6 = 0$, weil $\cos\alpha_6 = \cos 90^\circ = 0$

$F_{G3}\cos\alpha_8 = 0$, weil $\cos\alpha_8 = \cos 270^\circ = 0$

zu II. $F_E\sin\alpha_5 = 0$, weil $\sin\alpha_5 = \sin 0^\circ = 0$

$F_F\sin\alpha_6 = F_F$, weil $\sin\alpha_6 = \sin 90^\circ = 1$

$F_{G3}\cos\alpha_8 = -F_{G3}$, weil $\sin\alpha_8 = \sin 270^\circ = -1$

I. $F_E + F_D\cos\alpha_7 = 0$

II. $F_F + F_D\sin\alpha_7 - F_{G3} = 0$

I. $F_E = -F_D\cos\alpha_7 = -9{,}545\,\text{N}\cdot\cos 236{,}94^\circ$

$F_E = 5{,}207\,\text{N}$

II. $F_F = F_{G3} - F_D\sin\alpha_7 = 2\,\text{N} - 9{,}545\,\text{N}\cdot\sin 236{,}94^\circ$

$F_F = 10\,\text{N}$

Hinweis: Werden die drei Zylinder als ein gemeinsames System betrachtet, ist eine doppelte Kontrolle möglich:

1. Die senkrechte Stützkraft F_F muss mit der Summe der drei Gewichtskräfte im Gleichgewicht sein:

   $F_F = F_{G1} + F_{G2} + F_{G3} \Rightarrow 10\text{ N} = 3\text{ N} + 5\text{ N} + 2\text{ N}$

2. Die drei waagerechten Stützkräfte müssen ebenfalls im Gleichgewicht sein:

   $F_A + F_E = F_C \Rightarrow 1{,}375\text{ N} + 5{,}207\text{ N} = 6{,}582\text{ N}$

Zeichnerische Lösung:

Lageplan (M_L = 4 cm/cm) Kräftepläne für die Walzen 1, 2, 3 (M_K = 2,5 N/cm)

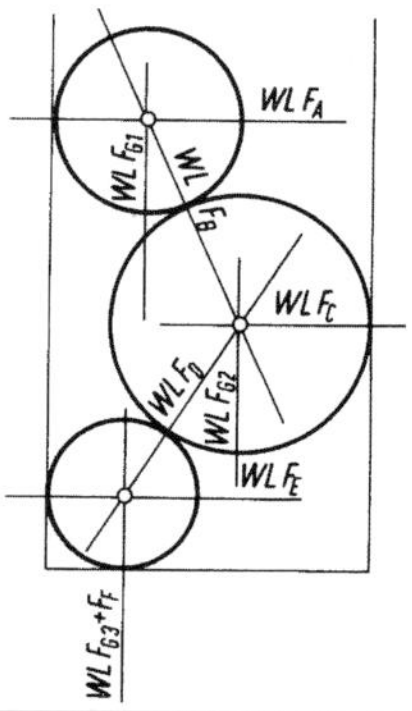

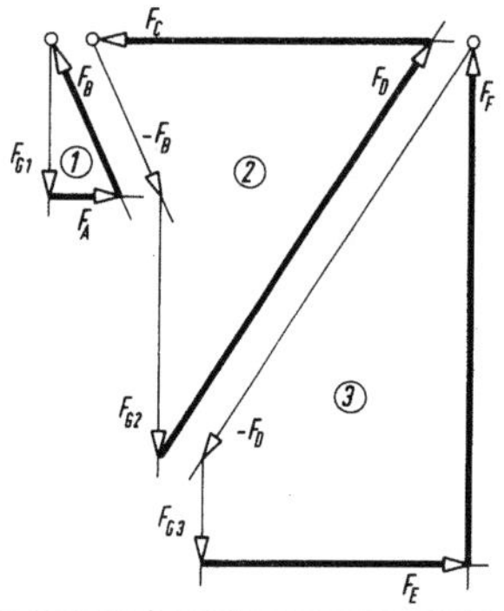

68.

a) Winkel β

Trigonometrische Lösung für den Winkel β:

Lageskizze (freigemachter Seilring)

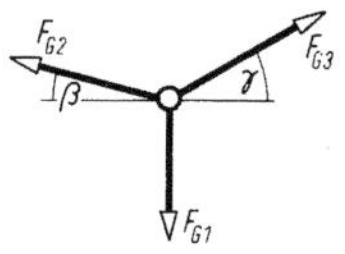

Sinussatz (siehe Krafteckskizze):

$$\overset{\text{I.}}{\frac{F_{G1}}{\sin(\beta+\gamma)}} = \overset{\text{II.}}{\frac{F_{G2}}{\sin(90^\circ-\gamma)}} = \overset{\text{III.}}{\frac{F_{G3}}{\sin(90^\circ-\beta)}}$$

I. = II.

$$\frac{F_{G1}}{\sin(\beta+\gamma)} = \frac{F_{G2}}{\sin(90^\circ-\gamma)}$$

$$\sin(\beta+\gamma) = \frac{F_{G1}}{F_{G2}}\sin(90^\circ-\gamma)$$

$$\beta+\gamma=\arcsin\left(\frac{F_{G1}}{F_{G2}}\sin\left(90^\circ-\gamma\right)\right)=\arcsin\left(\frac{20\,\text{N}}{25\,\text{N}}\cdot\sin\left(90^\circ-30^\circ\right)\right)$$

$$\beta+\gamma=43{,}85^\circ \rightarrow \beta=43{,}85^\circ-\gamma=13{,}85^\circ$$

b) Gewichtskraft F_{G3}

Trigonometrische Lösung für die Gewichtskraft F_{G3}:

Krafteckskizze

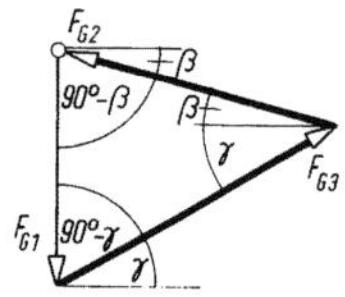

Sinussatz (siehe Krafteckskizze):

$$\overset{\text{I.}}{\frac{F_{G1}}{\sin\left(\beta+\gamma\right)}}=\overset{\text{II.}}{\frac{F_{G2}}{\sin\left(90^\circ-\gamma\right)}}=\overset{\text{III.}}{\frac{F_{G3}}{\sin\left(90^\circ-\beta\right)}}$$

II. = III.

$$\frac{F_{G2}}{\sin\left(90^\circ-\gamma\right)}=\frac{F_{G3}}{\sin\left(90^\circ-\beta\right)}$$

$$\frac{F_{G2}\cdot\sin\left(90^\circ-\beta\right)}{\sin\left(90^\circ-\gamma\right)}=\frac{25\,\text{N}\cdot\sin\left(90^\circ-13{,}85^\circ\right)}{\sin\left(90^\circ-30^\circ\right)}$$

$$F_{G3}=28{,}03\,\text{N}$$

Analytische Lösung für die Gewichtskraft F_{G3}:

Lageskizze (freigemachter Seilring)

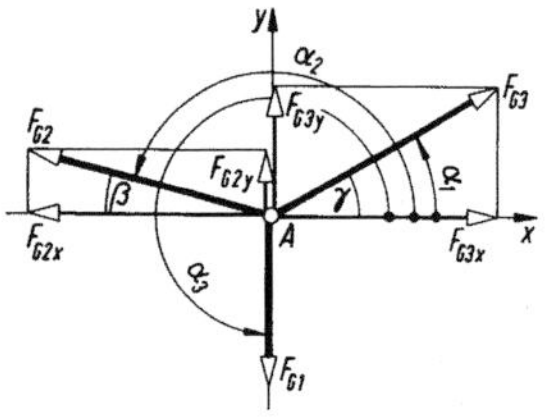

$\alpha_1=\gamma=30^\circ$

$\alpha_2=180^\circ-\beta=166{,}15^\circ$

$\alpha_3=270^\circ$

$\beta=13{,}85^\circ$

Berechnung des Winkels β siehe trigonometrische Lösung unter a).

Gleichgewichtsbedingungen:

I. $\Sigma F_x=0=F_{G3}\cos\alpha_1+F_{G2}\cos\alpha_2+F_{G1}\cos\alpha_3$

II. $\Sigma F_y=0=F_{G3}\sin\alpha_1+F_{G2}\sin\alpha_2+F_{G1}\sin\alpha_3$

Auswertung der Gleichgewichtsbedingungen:

zu I. $F_{G1}\cos\alpha_3=0$, weil $\cos\alpha_3=\cos 270^\circ=0$

zu II. $F_{G1}\sin\alpha_3=-F_{G1}$, weil $\sin\alpha_3=\sin 270^\circ=-1$

I. $F_{G3}\cos\alpha_1+F_{G2}\cos\alpha_2=0$

II. $F_{G3}\sin\alpha_1+F_{G2}\sin\alpha_2-F_{G1}=0$

Gleichung I. nach F_{G2} umstellen:

$$F_{G2}=\frac{-F_{G3}\cos\alpha_1}{\cos\alpha_2}$$

und in Gleichung II. einsetzen:

$$F_{G3}\sin\alpha_1-\frac{F_{G3}\cos\alpha_1}{\cos\alpha_2}\sin\alpha_2-F_{G1}=0\quad\left(\frac{\sin\alpha_2}{\cos\alpha_2}=\tan\alpha_2\right)$$

$$F_{G3}\left(\sin\alpha_1-\cos\alpha_1\tan\alpha_2\right)=F_{G1}$$

$$F_{G3}=\frac{F_{G1}}{\sin\alpha_1-\cos\alpha_1\tan\alpha_2}=\frac{20\,\text{N}}{\sin 30^\circ-\cos 30^\circ\tan 166{,}15^\circ}$$

$$F_{G3}=28{,}03\,\text{N}$$

Zeichnerische Lösung:

Lageplan

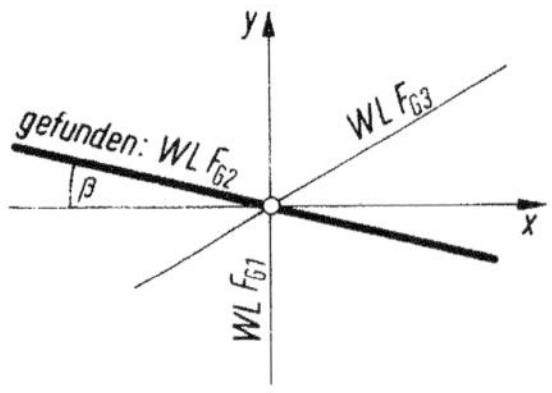

Kräfteplan ($M_K=10$ N/cm)

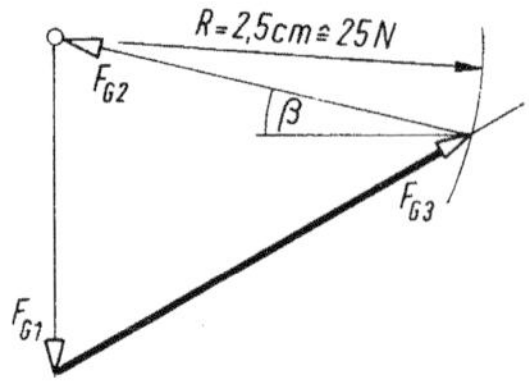

69.

Analytische Lösung:

Lageskizze

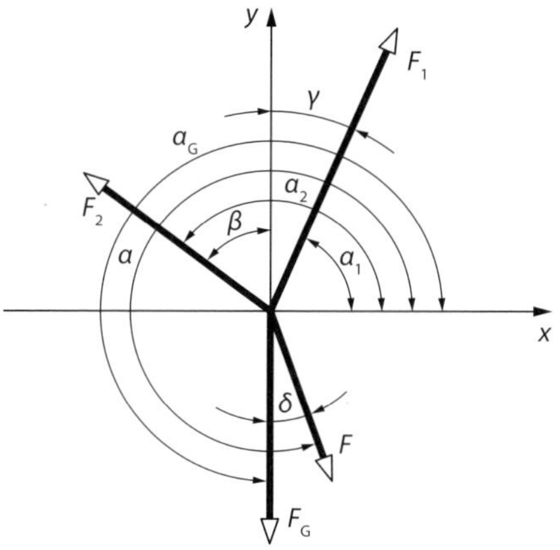

Berechnung der Winkel $\alpha, \alpha_1, \alpha_2, \alpha_G$

siehe Lehrbuch, 1.2.4.5

$\alpha = 270° + \delta = 270° + 20° = 290°$

$\alpha_1 = 180° - 90° - \gamma = 90° - 24° = 66°$

$\alpha_2 = 90° + \beta = 90° + 52° = 142°$

$\alpha_G = 270°$

Gleichgewichtsbedingungen

I. $\Sigma F_x = 0 = F_1 \cos\alpha_1 + F_2 \cos\alpha_2 + F_G \cos\alpha_G + F \cos\alpha$

II. $\Sigma F_y = 0 = F_1 \sin\alpha_1 + F_2 \sin\alpha_2 + F_G \sin\alpha_G + F \sin\alpha$

Auswertung der Gleichgewichtsbedingungen

I. $F_G \cos\alpha_G = 0$, weil $\cos 270° = 0$

II. $F_G \sin\alpha_G = -F_G$, weil $\sin 270° = -1$

Damit vereinfachen sich die Gleichgewichtsbedingungen:

I. $F_1 \cos\alpha_1 + F_2 \cos\alpha_2 + F \cos\alpha = 0$

II. $F_1 \sin\alpha_1 + F_2 \sin\alpha_2 + F \sin\alpha - F_G = 0$

I. nach F_1 auflösen:

$$F_1 = \frac{-(F_2 \cos\alpha_2 + F \cos\alpha)}{\cos\alpha_1} \quad \text{und in II. einsetzen}$$

II. $-\tan\alpha_1 (F_2 \cos\alpha_2 + F \cos\alpha) + F_2 \sin\alpha_2 + F \sin\alpha$
$- F_G = 0$

$$\frac{\sin\alpha_1}{\cos\alpha_1} = \tan\alpha_1 \quad \text{(F+T, 9.35)}$$

$-F_2 \cos\alpha_2 \tan\alpha_1 - F \cos\alpha \tan\alpha_1 + F_2 \sin\alpha_2 + F \sin\alpha$
$- F_G = 0$

$$F_2 = \frac{F_G - F(\sin\alpha - \cos\alpha \tan\alpha_1)}{\sin\alpha_2 - \cos\alpha_2 \tan\alpha_1}$$

$$F_2 = \frac{2{,}1\,\text{kN} - 0{,}8\,\text{kN}(\sin 290° - \cos 290° \cdot \tan 66°)}{\sin 142° - \cos 142° \cdot \tan 66°}$$

$F_2 = 1{,}453\,\text{kN} = 1453\,\text{N}$

aus I.

$$F_1 = \frac{-(F_2 \cos\alpha_2 + F \cos\alpha)}{\cos\alpha_1}$$

$$= \frac{-(1{,}453\,\text{kN} \cdot \cos 142° + 0{,}8\,\text{kN} \cdot \cos 290°)}{\cos 66°}$$

$F_1 = 2{,}142\,\text{kN} = 2142\,\text{N}$

Trigonometrische Lösung:

Krafteckskizze – mit den gegebenen Kräften F und F_G und deren Resultierenden F_{res}

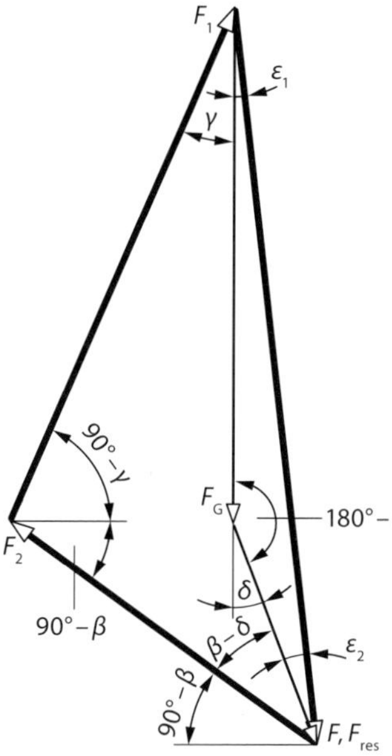

Berechnung der Größe der Resultierenden F_{res} der Kräfte F_G und F über den Kosinussatz für das Krafteck F_{res}, F_2, F_1:

$\sqrt{F_G^2 + F^2 - 2 F_G F \cos(180° - \delta)}$ (siehe F + T, 9.32b)

$$F_{res} = \sqrt{(2{,}1\,\text{kN})^2 + (0{,}8\,\text{kN})^2 - 2 \cdot 2{,}1\,\text{kN} \cdot 0{,}8\,\text{kN} \cdot \cos(180° - 20°)}$$

$F_{res} = 2{,}865\,\text{kN} = 2865\,\text{N}$

Berechnung der Winkel ε_1, ε_2 im Krafteck F_G, F, F_{res} über den Sinussatz (F + T, siehe 9.32a):

$$\frac{F}{\sin\varepsilon_1} = \frac{F_{res}}{\sin(180° - \delta)}$$

$$\sin\varepsilon_1 = \frac{F \cdot \sin(180° - \delta)}{F_{res}}$$

$$\arcsin\varepsilon_1 = \frac{0{,}8\,\text{kN} \cdot \sin(180° - 20°)}{2{,}865\,\text{kN}} = 5{,}48°$$

$$\frac{F_G}{\sin\varepsilon_2} = \frac{F_{res}}{\sin(180° - \delta)}$$

$$\sin\varepsilon_2 = \frac{F_G \cdot \sin(180° - \delta)}{F_{res}}$$

$$\arcsin\varepsilon_2 = \frac{2{,}1\,\text{kN} \cdot \sin(180° - 20°)}{2{,}865\,\text{kN}} = 14{,}52°$$

Berechnung der Stützkräfte F_1 und F_2 im Kräftedreieck F_{res}, F_2, F_1 über den Sinussatz (F + T, siehe 9.32a):

$$\frac{F_{res}}{\sin[(90° - \beta) + (90° - \gamma)]} = \frac{F_1}{\sin(\beta - \delta + \varepsilon_2)}$$

$$F_1 = \frac{F_{res} \cdot \sin(\beta - \delta + \varepsilon_2)}{\sin(180° - \beta - \gamma)}$$

$$F_1 = \frac{2{,}865\,\text{kN} \cdot \sin(52° - 20° + 14{,}52°)}{\sin(180° - 52° - 24°)}$$

$$= 2{,}142\,\text{kN} = 2142\,\text{N}$$

$$\frac{F_{res}}{\sin[(90° - \beta) + (90° - \gamma)]} = \frac{F_2}{\sin(\gamma + \varepsilon_1)}$$

$$F_2 = \frac{F_{res} \cdot \sin(\gamma + \varepsilon_1)}{\sin(180° - \beta - \gamma)}$$

$$F_2 = \frac{2{,}865\,\text{kN} \cdot \sin(24° + 5{,}48°)}{\sin(180° - 52° - 24°)} = 1{,}453\,\text{kN} = 1453\,\text{N}$$

Zeichnerische Lösung:

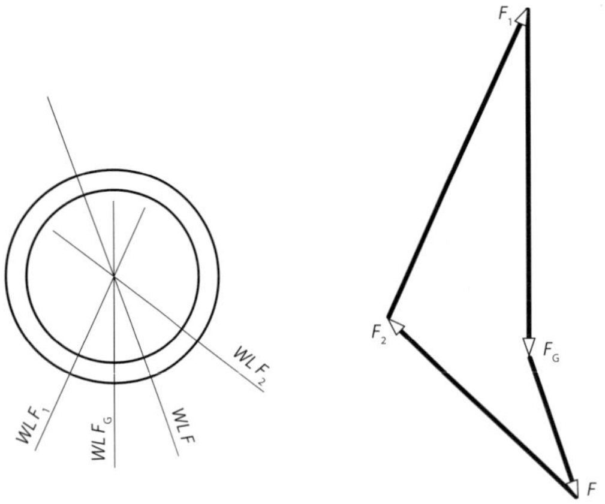

70.

Analytische Lösung:

Berechnung des Winkels β:

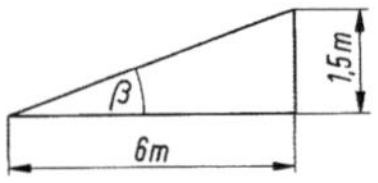

$$\beta = \arctan\frac{1{,}5\text{ m}}{6\text{ m}} = 14{,}04°$$

Lageskizze für den Knotenpunkt A (F_A, F_{S1}, F_{S2})

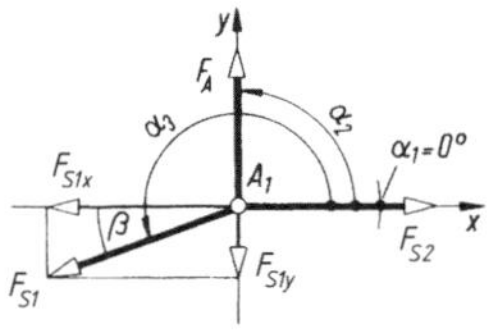

$\alpha_1 = 0°$

$\alpha_2 = 90°$

$\alpha_3 = 180° + \beta = 194{,}04°$

$\beta = 14{,}04°$

Hinweis: Die Stabkräfte werden mit dem Formelzeichen F_S bezeichnet.

Gleichgewichtsbedingungen:

I. $\Sigma F_x = 0 = F_{S2}\cos\alpha_1 + F_A\cos\alpha_2 + F_{S1}\cos\alpha_3$

II. $\Sigma F_y = 0 = F_{S2}\sin\alpha_1 + F_A\sin\alpha_2 + F_{S1}\sin\alpha_3$

Auswertung der Gleichgewichtsbedingungen:

zu I. $F_{S2}\cos\alpha_1 = F_{S2}$, weil $\cos\alpha_1 = \cos 0° = 1$

$F_A\cos\alpha_2 = 0$, weil $\cos\alpha_2 = \cos 90° = 0$

zu II. $F_{S2}\sin\alpha_1 = 0$, weil $\sin\alpha_1 = \sin 0° = 0$

$F_A\sin\alpha_2 = F_A$, weil $\sin\alpha_2 = \sin 90° = 1$

I. $F_{S2} + F_{S1}\cos\alpha_3 = 0$

II. $F_A + F_{S1}\sin\alpha_3 = 0$

Gleichung II. nach F_{S1} umstellen:

$$F_{S1} = -\frac{F_A}{\sin\alpha_3} = -\frac{18\,\text{kN}}{\sin 194{,}04°} = 74{,}2\,\text{kN}$$

und in Gleichung I. einsetzen:

(Druckstab, weil F_{S1} auf den Knotenpunkt A wirkt)

$F_{S2} = -F_{S1}\cos\alpha_3 = -74{,}2\,\text{kN} \cdot \cos 194{,}04° = 72\,\text{kN}$

(Zugstab, weil F_{S2} vom Knotenpunkt A weg wirkt)

Berechnung des Winkels γ:

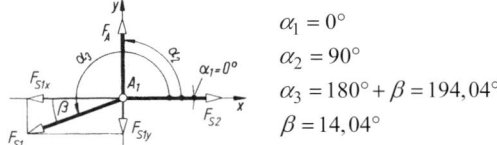

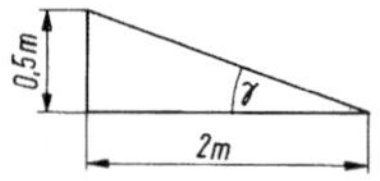

$$\gamma = \beta = \arctan\left(\frac{0{,}5\,\text{m}}{2\,\text{m}}\right) = 14{,}04°$$

Hinweis: Die *Stabkraft* F_{S1} ist nun eine bekannte Größe.

Sie wirkt als Druckkraft auf den Knoten zu, also nach rechts oben.

Lageskizze für den Knotenpunkt F_1 (F_1, F_{S1}, F_{S3}, F_{S4})

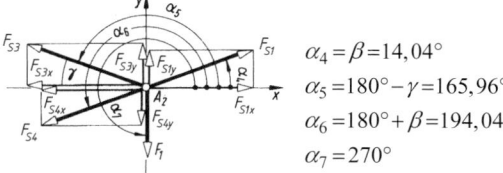

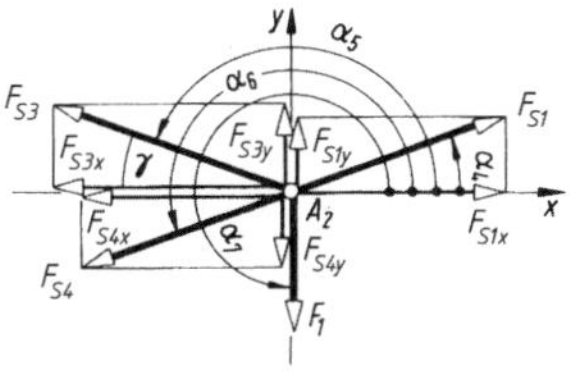

$\alpha_4 = \beta = 14{,}04°$

$\alpha_5 = 180° - \gamma = 165{,}96°$

$\alpha_6 = 180° + \beta = 194{,}04°$

$\alpha_7 = 270°$

Gleichgewichtsbedingungen:

$$\text{I. } \Sigma F_x = 0 = F_{S1} \cos\alpha_4 + F_{S3} \cos\alpha_5 + F_{S4} \cos\alpha_6 + F_1 \cos\alpha_7$$
$$\text{II. } \Sigma F_y = 0 = F_{S1} \sin\alpha_4 + F_{S3} \sin\alpha_5 + F_{S4} \sin\alpha_6 + F_1 \sin\alpha_7$$

Auswertung der Gleichgewichtsbedingungen:

zu I. $F_1 \cos\alpha_7 = 0$, weil $\cos\alpha_7 = \cos 270° = 0$

zu II. $F_1 \sin\alpha_7 = -F_1$, weil $\sin\alpha_7 = \sin 270° = -1$

$$\text{I. } F_{S1} \cos\alpha_4 + F_{S3} \cos\alpha_5 + F_{S4} \cos\alpha_6 = 0$$
$$\text{II. } F_{S1} \sin\alpha_4 + F_{S3} \sin\alpha_5 + F_{S4} \sin\alpha_6 - F_1 = 0$$

Gleichung I. nach F_{S3} umstellen:

$$F_{S3} = \frac{-F_{S1} \cos\alpha_4 - F_{S4} \cos\alpha_6}{\cos\alpha_5}$$

und in Gleichung II. einsetzen:

$$F_{S1} \sin\alpha_4 + \frac{-F_{S1} \cos\alpha_4 - F_{S4} \cos\alpha_6}{\cos\alpha_5} \sin\alpha_5 + F_{S4} \sin\alpha_6 - F_1 = 0 \quad \left(\frac{\sin\alpha_5}{\cos\alpha_5} = \tan\alpha_5 \right)$$

$$F_{S1} \sin\alpha_4 - F_{S1} \cos\alpha_4 \tan\alpha_5 - F_{S4} \cos\alpha_6 \tan\alpha_5 + F_{S4} \sin\alpha_6 - F_1 = 0$$

$$F_{S4} \left(\sin\alpha_6 - \cos\alpha_6 \tan\alpha_5 \right) = F_1 + F_{S1} \left(\cos\alpha_4 \tan\alpha_5 - \sin\alpha_4 \right)$$

$$F_{S4} = \frac{F_1 + F_{S1} \left(\cos\alpha_4 \tan\alpha_5 - \sin\alpha_4 \right)}{\sin\alpha_6 - \cos\alpha_6 \tan\alpha_5}$$

$$F_{S4} = \frac{15\,\text{kN} + 74{,}2\,\text{kN} \left(\cos 14{,}04° \cdot \tan 165{,}96° - \sin 14{,}04° \right)}{\sin 194{,}04° - \cos 194{,}04° \cdot \tan 165{,}96°}$$

$F_{S4} = 43{,}28\,\text{kN}$ (Druckstab)

aus Gleichung I.:

$$F_{S3} = -\frac{F_{S1} \cos\alpha_4 + F_{S4} \cos\alpha_6}{\cos\alpha_5}$$

$$F_{S3} = -\frac{74{,}2\,\text{kN} \cdot \cos 14{,}04° + 43{,}28\,\text{kN} \cdot \cos 194{,}04°}{\cos 165{,}96°}$$

$F_{S3} = 30{,}92\,\text{kN}$ (Druckstab)

Trigonometrische Lösung:

Lageskizze für den Knotenpunkt A

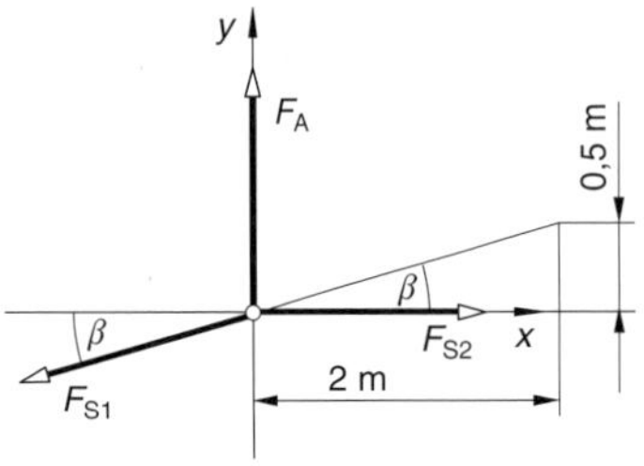

Krafteckskizze für den Knotenpunkt A

Berechnung des Winkels β:

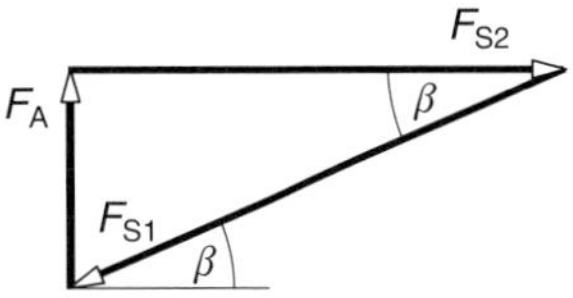

$$\beta = \arctan\left(\frac{0{,}5\,\text{m}}{2\,\text{m}}\right) = 14{,}04°$$

Lageskizze für den Angriffspunkt F_1 ($\beta = \gamma$)

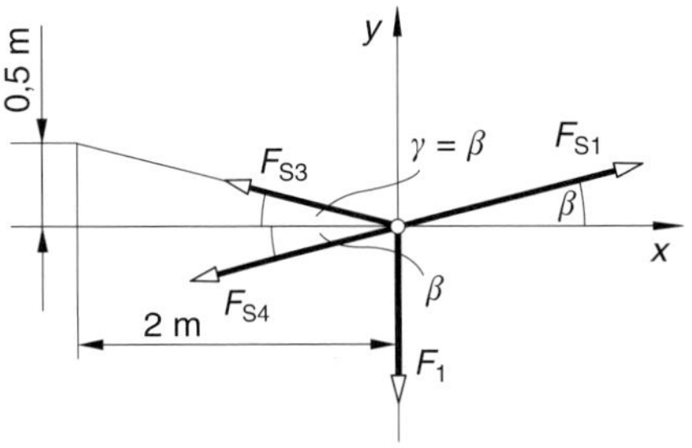

$$\sin\beta = \frac{F_A}{F_{S1}} \rightarrow F_{S1} = \frac{F_A}{\sin\beta} = \frac{18\,\text{kN}}{\sin 14{,}04°} = 74{,}2\,\text{kN}$$

$$\tan\beta = \frac{F_A}{F_{S2}} \rightarrow F_{S2} = \frac{F_A}{\tan\beta} = \frac{18\,\text{kN}}{\tan 14{,}04°} = 72\,\text{kN}$$

Krafteckskizze für den Angriffspunkt F_1 ($\beta = \gamma$)

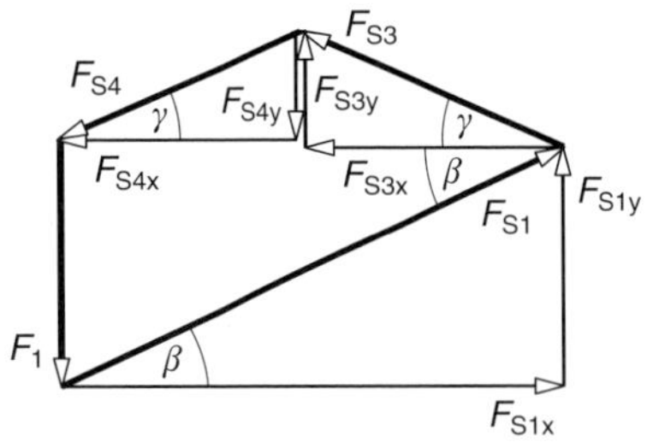

Auswertung der Krafteckskizze für den Angriffspunkt F_1

I. $F_{S3x} = F_{S1x} - F_{S4x}$

II. $F_{S3y} = F_1 + F_{S4y} - F_{S1y}$

I. $F_{S3}\cos\beta = F_{S1}\cos\beta - F_{S4}\cos\beta \mid :\cos\beta$

$F_{S3} = F_{S1} - F_{S4}$

II. $F_{S3}\sin\beta = F_1 + F_{S4}\sin\beta - F_{S1}\sin\beta \mid :\sin\beta$

$$F_{S3} = \frac{F_1}{\sin\beta} + F_{S4} - F_{S1}$$

Gleichung I. in II. einsetzen:

$$F_{S1} - F_{S4} = \frac{F_1}{\sin\beta} + F_{S4} - F_{S1}$$

$$2F_{S4} = 2F_{S1} - \frac{F_1}{\sin\beta} \mid :2$$

$$F_{S4} = F_{S1} - \frac{F_1}{2\sin\beta} = 74{,}2\,\text{kN} - \frac{15\,\text{kN}}{2\sin 14{,}04°}$$

$F_{S4} = 43{,}28\,\text{kN}$

$F_{S3} = F_{S1} - F_{S4} = 74{,}2\,\text{kN} - 43{,}28\,\text{kN}$

$F_{S3} = 30{,}92\,\text{kN}$

Zeichnerische Lösung:

Lageplan (M_L = 1 m/cm)

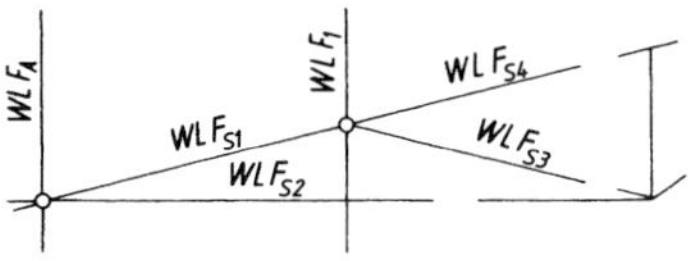

Kräfteplan (M_K = 25 N/cm)

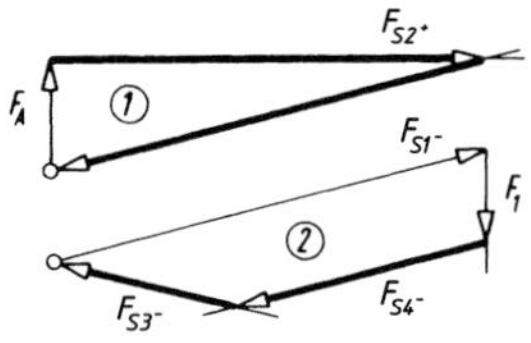

71.

Analytische Lösung:

Lageskizze für den Angriffspunkt $F/2$ (Stäbe 1,2)

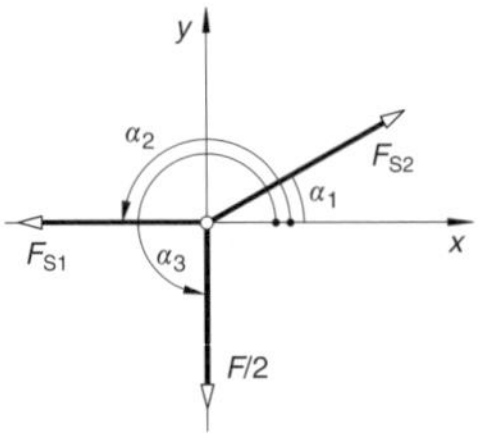

$\alpha_1 = \alpha = 23{,}96°$

Berechnung des Winkels α siehe trigonometrische Lösung.

$\alpha_2 = 180°$

$\alpha_3 = 270°$

Gleichgewichtsbedingungen:

$$\text{I. } \Sigma F_x = 0 = F_{S2}\cos\alpha_1 + F_{S1}\cos\alpha_2 + 0{,}5F\cos\alpha_3$$

$$\text{II. } \Sigma F_y = 0 = F_{S2}\sin\alpha_1 + F_{S1}\sin\alpha_2 + 0{,}5F\sin\alpha_3$$

Auswertung der Gleichgewichtsbedingungen:

zu I. $F_{S1}\cos\alpha_2 = -F_{S1}$, weil $\cos\alpha_2 = \cos 180° = -1$

$0{,}5F\cos\alpha_3 = 0$, weil $\cos\alpha_3 = \cos 270° = 0$

zu II. $F_{S1}\sin\alpha_2 = 0$, weil $\sin\alpha_2 = \sin 180° = 0$

$0{,}5F\sin\alpha_3 = -0{,}5F$, weil $\sin\alpha_3 = \sin 270° = -1$

$$\text{I. } F_{S2}\cos\alpha_1 - F_{S1} = 0$$

$$\text{II. } F_{S2}\sin\alpha_1 - 0{,}5F = 0$$

$$\text{II. } F_{S2} = \frac{0{,}5F}{\sin\alpha_1} = \frac{0{,}5 \cdot 10\text{ kN}}{\sin 23{,}96°} = 12{,}31\text{ kN (Zugstab)}$$

$$\text{I. } F_{S1} = F_{S2}\cos\alpha_1 = 12{,}31\text{ kN} \cdot \cos 23{,}96°$$

$$F_{S1} = 11{,}25\text{ kN (Druckstab)}$$

Hinweis: Die Stabkraft F_{S2} ist nun eine bekannte Größe.
Sie wirkt als Zugkraft vom Knoten weg, also nach links unten.

Lageskizze für den Angriffspunkt F (Stäbe 2, 3, 6)

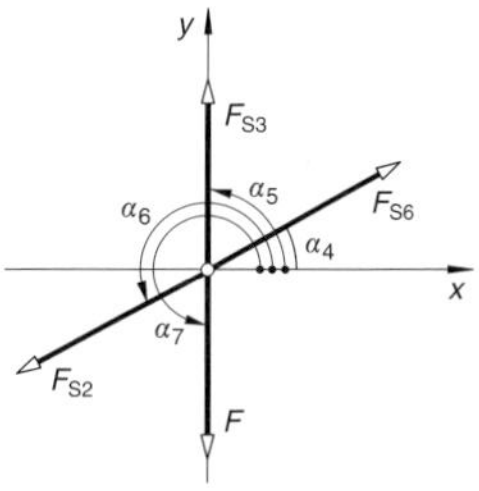

$$\alpha_4 = \alpha = 23{,}96°$$

$$\alpha_5 = 90°$$

$$\alpha_6 = 180° + \alpha = 203{,}96°$$

$$\alpha_7 = 270°$$

Gleichgewichtsbedingungen:

$$\text{I. } \Sigma F_x = 0 = F_{S6}\cos\alpha_4 + F_{S3}\cos\alpha_5 + F_{S2}\cos\alpha_6 + F\cos\alpha_7$$

$$\text{II. } \Sigma F_y = 0 = F_{S6}\sin\alpha_4 + F_{S3}\sin\alpha_5 + F_{S2}\sin\alpha_6 + F\sin\alpha_7$$

Auswertung der Gleichgewichtsbedingungen:

zu I. $F_{S3}\cos\alpha_5 = 0$, weil $\cos\alpha_5 = \cos 90° = 0$

$F\cos\alpha_7 = 0$, weil $\cos\alpha_7 = \cos 270° = 0$

zu II. $F_{S3}\sin\alpha_5 = F_{S3}$, weil $\sin\alpha_5 = \sin 90° = 1$

$F\sin\alpha_7 = -F$, weil $\sin\alpha_7 = \sin 270° = -1$

$$\text{I. } F_{S6}\cos\alpha_4 + F_{S2}\cos\alpha_6 = 0$$

$$\text{II. } F_{S6}\sin\alpha_4 + F_{S3} + F_{S2}\sin\alpha_6 - F = 0$$

aus Gleichung I.:

$$F_{S6} = \frac{-F_{S2}\cos\alpha_6}{\cos\alpha_4} = \frac{-12{,}31\text{ kN} \cdot \cos 203{,}96°}{\cos 23{,}96°}$$

$$F_{S6} = 12{,}31\text{ kN (Zugstab)}$$

aus Gleichung II.:

$$F_{S3} = F - F_{S2}\sin\alpha_6 - F_{S6}\sin\alpha_4$$

$$F_{S3} = 10\text{ kN} - 12{,}31\text{ kN} \cdot \sin 203{,}96° - 12{,}31\text{ kN} \cdot \sin 23{,}96°$$

$$F_{S3} = 10\text{ kN (Druckstab)}$$

Trigonometrische Lösung:
Lageskizze der linken Fachwerkecke

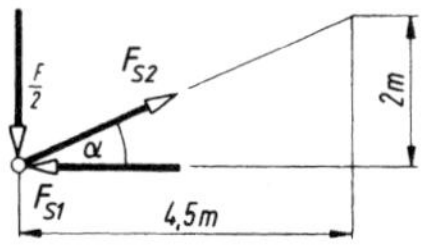

Berechnung des Winkels α:

$$\alpha = \arctan\frac{2\text{ m}}{4{,}5\text{ m}} = 23{,}96°$$

Krafteckskizze

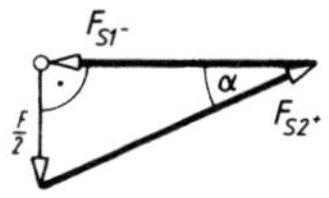

$$F_{S1} = \frac{F}{2\tan\alpha} = \frac{10\text{ kN}}{2 \cdot \tan 23{,}96°} = 11{,}25\text{ kN}$$

(Druckstab, weil F_{S1} auf den Knoten zu gerichtet ist)

$$F_{S2} = \frac{F}{2\sin\alpha} = \frac{10\text{ kN}}{2 \cdot \sin 23{,}96°} = 12{,}31\text{ kN}$$

(Zugstab, weil F_{S2} vom Knoten weg gerichtet ist)

Lageskizze des Knotens 2–3–6

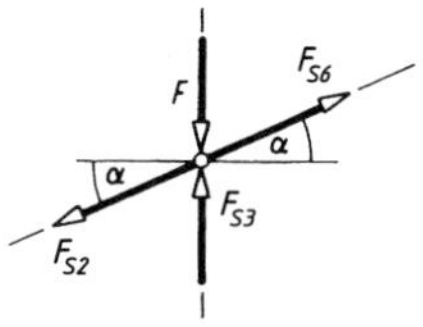

Hinweis: F_{S2} ist jetzt bekannt und wirkt als Zugstab vom Knoten weg (nach links unten).

Krafteckskizze

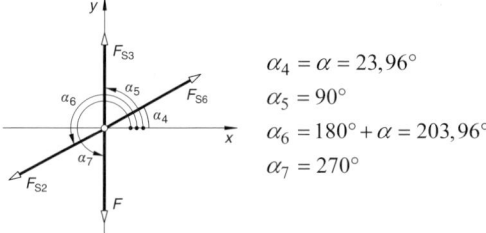

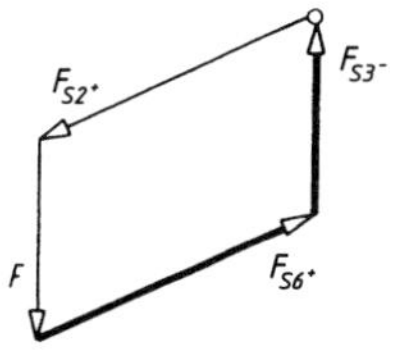

Das Krafteck ist ein Parallelogramm. Daraus kann direkt abgelesen werden:

$F_{S3} = F = 10$ kN (Druckstab)

$F_{S6} = F_{S2} = 12{,}31$ kN (Zugstab)

72.

Analytische Lösung:

Berechnung des Winkels β:

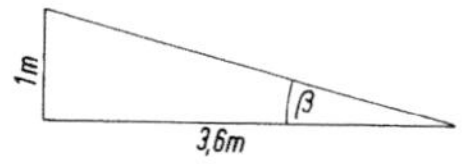

$$\beta = \arctan \frac{1\ \text{m}}{3{,}6\ \text{m}} = 15{,}52°$$

Lageskizze der rechten Fachwerkecke (Stäbe 1, 2)

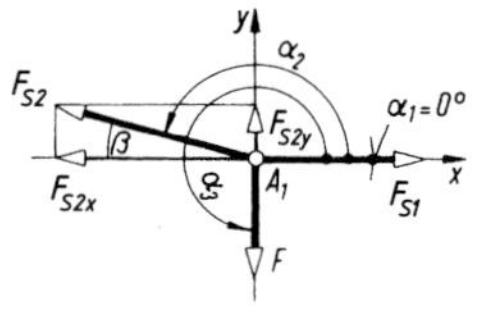

$\alpha_1 = 0°$
$\alpha_2 = 180° - \beta = 164{,}48°$
$\alpha_3 = 270°$
$\beta = 15{,}52°$

Gleichgewichtsbedingungen:

I. $\Sigma F_x = 0 = F_{S1} \cos \alpha_1 + F_{S2} \cos \alpha_2 + F \cos \alpha_3$

II. $\Sigma F_y = 0 = F_{S1} \sin \alpha_1 + F_{S2} \sin \alpha_2 + F \sin \alpha_3$

Auswertung der Gleichgewichtsbedingungen:

zu I. $F_{S1} \cos \alpha_1 = F_{S1}$, weil $\cos \alpha_1 = \cos 0° = 1$

$F \cos \alpha_3 = 0$, weil $\cos \alpha_3 = \cos 270° = 0$

zu II. $F_{S1} \sin \alpha_1 = 0$, weil $\sin \alpha_1 = \sin 0° = 0$

$F \sin \alpha_3 = -F$, weil $\sin \alpha_3 = \sin 270° = -1$

I. $F_{S1} + F_{S2} \cos \alpha_2 = 0$

II. $F_{S2} \sin \alpha_2 - F = 0$

Gleichung II. nach F_{S2} umstellen:

$$F_{S2} = \frac{F}{\sin \alpha_2} = \frac{10\ \text{kN}}{\sin 164{,}48°} = 37{,}37\ \text{kN (Zugstab)}$$

und in Gleichung I. einsetzen:

$F_{S1} = -F_{S2} \cos \alpha_2 = -37{,}37\ \text{kN} \cdot \cos 164{,}48°$

$F_{S1} = 36\ \text{kN}$ (Druckstab)

Lageskizze des Knotens mit den Stäben 2, 3, 6

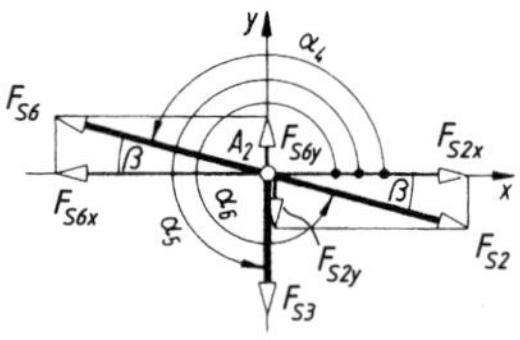

$\alpha_4 = 180° - \beta = 164{,}48°$
$\alpha_5 = 270°$
$\alpha_6 = 360° - \beta = 344{,}48°$

Gleichgewichtsbedingungen:

I. $\Sigma F_x = 0 = F_{S6} \cos \alpha_4 + F_{S3} \cos \alpha_5 + F_{S2} \cos \alpha_6$

II. $\Sigma F_y = 0 = F_{S6} \sin \alpha_4 + F_{S3} \sin \alpha_5 + F_{S2} \sin \alpha_6$

Auswertung der Gleichgewichtsbedingungen:

zu I. $F_{S3} \cos \alpha_5 = 0$, weil $\cos \alpha_5 = \cos 270° = 0$

zu II. $F_{S3} \sin \alpha_5 = -F_3$, weil $\sin \alpha_5 = \sin 270° = -1$

I. $F_{S6} \cos \alpha_4 + F_{S2} \cos \alpha_6 = 0$

II. $F_{S6} \sin \alpha_4 - F_{S3} + F_{S2} \sin \alpha_6 = 0$

Gleichung I. nach F_{S6} umstellen:

$$F_{S6} = \frac{-F_{S2} \cos \alpha_6}{\cos \alpha_4} = \frac{-37{,}37\ \text{kN} \cdot \cos 344{,}48°}{\cos 164{,}48°}$$

$F_{S6} = 37{,}37\ \text{kN (Zugstab)}$

und in Gleichung II. einsetzen:

$F_{S3} = F_{S6} \sin \alpha_4 + F_{S2} \sin \alpha_6$

$F_{S3} = 37{,}37\ \text{kN} (\sin 164{,}48° + \sin 344{,}48°)$

$F_{S3} = 0$ (Nullstab)

Lageskizze des Knotens mit den Stäben 1, 3, 4, 5 – die Stabkraft F_{S3} wird nicht eingezeichnet, weil sie gleich null ist.

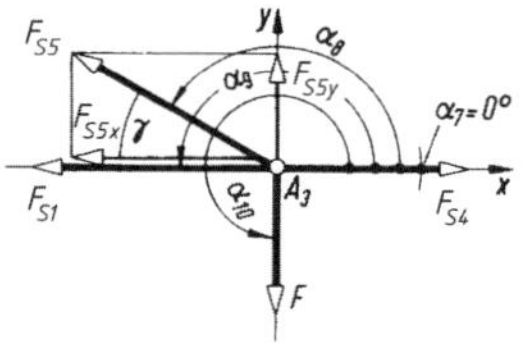

$\alpha_7 = 0°$
$\alpha_8 = 180° - \gamma = 150{,}95°$
$\alpha_9 = 180°$
$\alpha_{10} = 270°$

Berechnung des Winkels γ zwischen den Stäben 4 und 5:

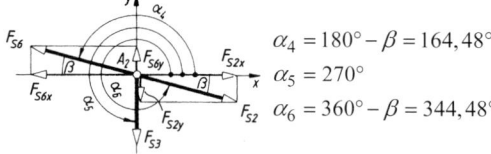

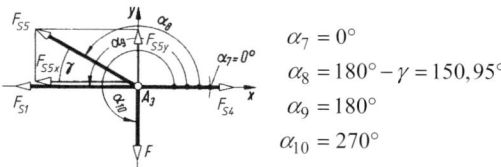

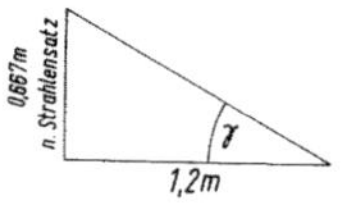

$$\gamma = \arctan \frac{\frac{2}{3}\ \text{m}}{1{,}2\ \text{m}} = 29{,}05°$$

Gleichgewichtsbedingungen:

I. $\Sigma F_x = 0 = F_{S4} \cos \alpha_7 + F_{S5} \cos \alpha_8 + F_{S1} \cos \alpha_9 + F \cos \alpha_{10}$

II. $\Sigma F_y = 0 = F_{S4} \sin \alpha_7 + F_{S5} \sin \alpha_8 + F_{S1} \sin \alpha_9 + F \sin \alpha_{10}$

Auswertung der Gleichgewichtsbedingungen:

zu I. $F_{S4} \cos \alpha_7 = F_{S4}$, weil $\cos \alpha_7 = \cos 0° = 1$

$F_{S1} \cos \alpha_9 = -F_{S1}$, weil $\cos \alpha_9 = \cos 180° = -1$

$F \cos \alpha_{10} = 0$, weil $\cos \alpha_{10} = \cos 270° = 0$

zu II. $F_{S4} \sin \alpha_7 = 0$, weil $\sin \alpha_7 = \sin 0° = 0$

$F_{S1} \sin \alpha_9 = 0$, weil $\sin \alpha_9 = \sin 180° = 0$

$F \cos \alpha_{10} = -F$, weil $\sin \alpha_{10} = \sin 270° = -1$

I. $F_{S4} + F_{S5} \cos \alpha_8 + F_{S1} = 0$

II. $F_{S5} \sin \alpha_8 - F = 0$

Gleichung II. nach F_{S5} umstellen:

$$F_{S5} = \frac{F}{\sin \alpha_8} = \frac{10\ \text{kN}}{\sin 150{,}95°} = 20{,}59\ \text{kN (Zugstab)}$$

und in Gleichung I. einsetzen:

$F_{S4} = F_{S1} - F_{S5} \cos \alpha_8$

$F_{S4} = 36\ \text{kN} - 20{,}59\ \text{kN} \cdot \cos 150{,}95° = 54\ \text{kN (Druckstab)}$

Stab 1	Stab 2	Stab 3
F_{S1} = 36 kN	F_{S2} = 37,37 kN	F_{S3} = 0 kN
Druckstab	Zugstab	Nullstab

Stab 4	Stab 5	Stab 6
F_{S4} = 54 kN	F_{S5} = 20,59 kN	F_{S6} = 37,37 kN
Druckstab	Zugstab	Zugstab

Trigonometrische Lösung:
Lageskizze der rechten Fachwerkecke

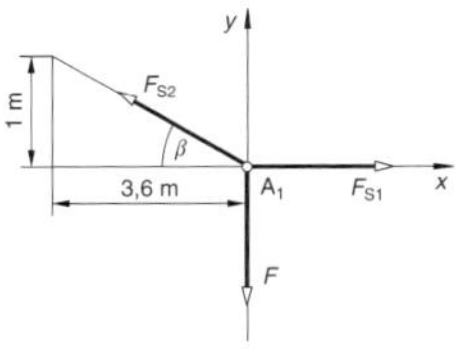

$$\beta = \arctan\left(\frac{1\,\text{m}}{3{,}6\,\text{m}}\right) = 15{,}52°$$

Krafteckskizze

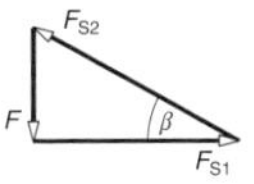

$$F_{S5y} = F = 10\,\text{kN}$$

$$\sin\gamma = \frac{F_{S5y}}{F_{S5}} \to F_{S5} = \frac{F_{S5y}}{\sin\gamma} = \frac{10\,\text{kN}}{\sin 29{,}05°} = 20{,}59\,\text{kN}$$

$$\sin\beta = \frac{F}{F_{S2}} \to F_{S2} = \frac{F}{\sin\beta} = \frac{10\,\text{kN}}{\sin 15{,}52°} = 37{,}37\,\text{kN}$$

Lageskizze des Knotens der Stäbe 2, 3, 6 — Krafteckskizze

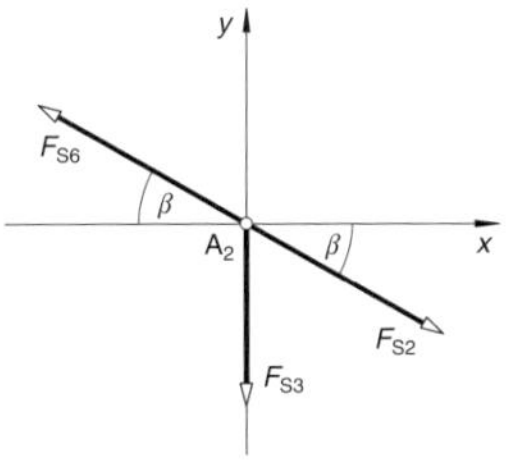

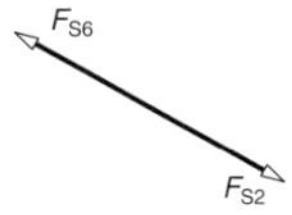

$$F_{S6} = F_{S2} = 37{,}37\,\text{kN}$$

Der Stab 3 ist ein Nullstab mit $F_{S3} = 0$.

Lageskizze des Knotens der Stäbe 1, 3, 4, 5 — Krafteckskizze

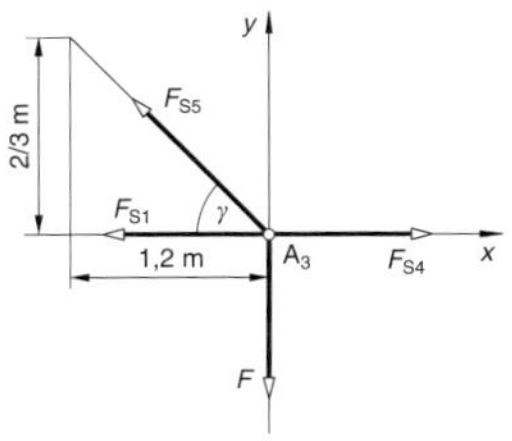

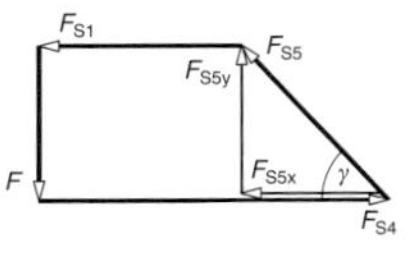

Berechnung des Winkels γ:

$$\gamma = \arctan\left(\frac{\frac{2}{3}\,\text{m}}{1{,}2\,\text{m}}\right) = 29{,}05°$$

Auswertung der Krafteckskizze:

$$\sin\gamma = \frac{F_{S5y}}{F_{S5}} \to F_{S5} = \frac{F_{S5y}}{\sin\gamma} = \frac{10\,\text{kN}}{\sin 29{,}05°} = 20{,}59\,\text{kN}$$

$$\tan\gamma = \frac{F}{F_{S5x}} \to F_{S5x} = \frac{F}{\tan\gamma} = \frac{10\,\text{kN}}{\tan 29{,}05°} = 18\,\text{kN}$$

$$F_{S4} = F_{S1} + F_{S5x} = 36\,\text{kN} + 18\,\text{kN} = 54\,\text{kN}$$

Ermittlung der Resultierenden im allgemeinen Kräftesystem, Seileckverfahren und Momentensatz

73.
Lösung (Momentensatz):
Lageskizze

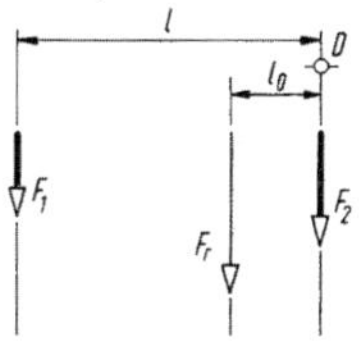

a) $F_r = -F_1 - F_2 = -16{,}5$ N
(Minus bedeutet hier: senkrecht nach unten gerichtet)

b) $+F_r\,l_0 = +F_1\,l$

$$l_0 = \frac{F_1}{F_r}\,l = \frac{5\text{ N}}{16{,}5\text{ N}} \cdot 18\text{ cm} = 5{,}455\text{ cm}$$

(positives Ergebnis bedeutet: Annahme der WL F_r links von WL F_2 war richtig)

Zeichnerische Lösung (Seileckverfahren):
Lageplan (M_L = 6 cm/cm) — Kräfteplan (M_K = 10 N/cm)

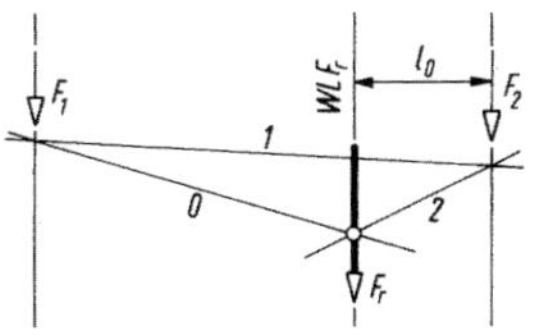

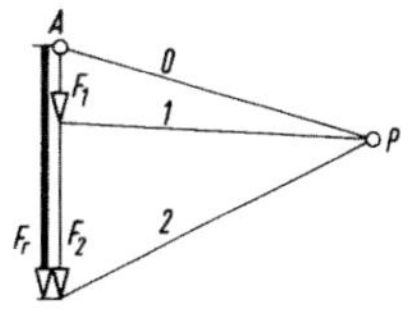

74.
Lösung:

Lageskizze

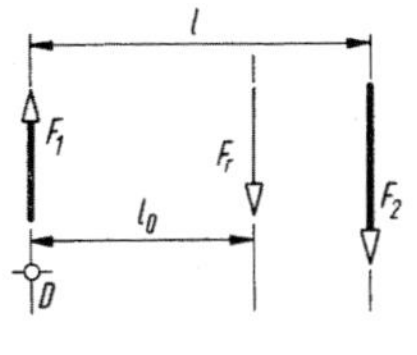

a) $F_r = +F_1 - F_2 = 180\text{ N} - 240\text{ N} = -60\text{ N}$

(Minus bedeutet hier: senkrecht nach unten gerichtet)

b) $-F_r\, l_0 = -F_2\, l$

$$l_0 = \frac{-F_2\, l}{-F_r} = \frac{240\text{ N}}{60\text{ N}} \cdot 0{,}78\text{ m} = 3{,}12\text{ m}$$

(d. h. F_r wirkt noch weit rechts von F_2)
(Kontrolle: Bezugspunkt D auf WL F_2 festlegen, neu rechnen)

c) Die Resultierende ist senkrecht nach unten gerichtet (siehe Lösung a).

Zeichnerische Lösung:
Lageplan ($M_L = 0{,}5$ m/cm)

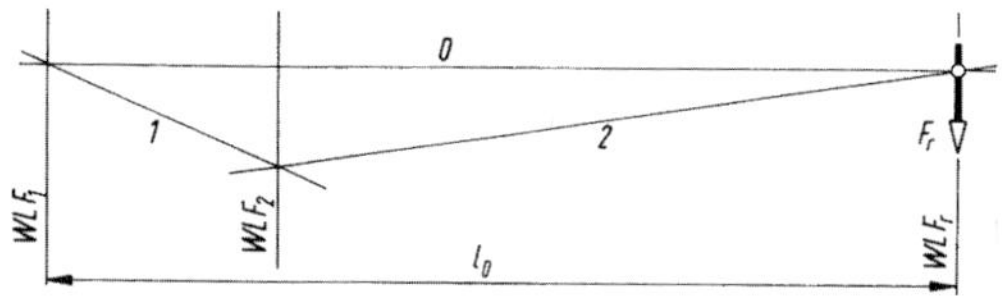

Kräfteplan ($M_K = 125$ N/cm)

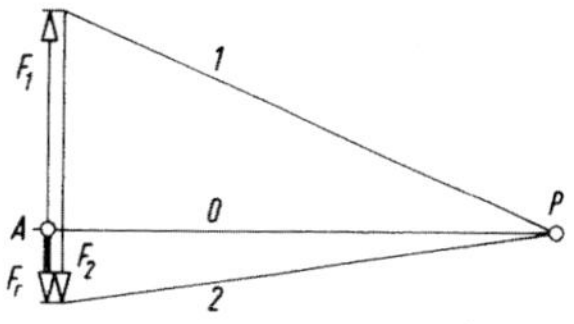

75.
Rechnerische Lösung:
Lageskizze

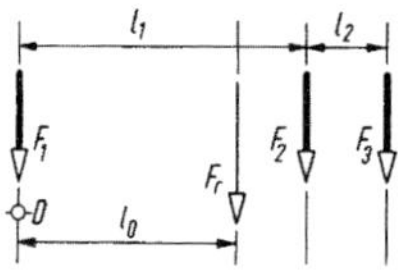

a) $F_r = -F_1 - F_2 - F_3 = -50\text{ kN} - 24{,}5\text{ kN} - 24{,}5\text{ kN}$

$F_r = -99\text{ kN}$

(Minus bedeutet hier: senkrecht nach unten gerichtet)

b) $-F_r\, l_0 = -F_2\, l_1 - F_3(l_1 + l_2)$

$$l_0 = \frac{F_2\, l_1 + F_3(l_1 + l_2)}{F_r}$$

$$l_0 = \frac{24{,}5\text{ kN} \cdot 4{,}5\text{ m} + 24{,}5\text{ kN} \cdot 5{,}9\text{ m}}{99\text{ kN}} = 2{,}574\text{ m}$$

76.
Rechnerische Lösung:
Lageskizze

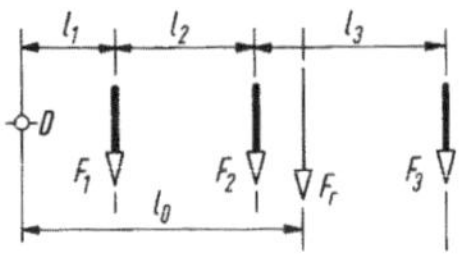

a) $F_r = -F_1 - F_2 - F_3 = -3{,}1\text{ kN}$

(Minus bedeutet hier: senkrecht nach unten gerichtet)

b) $-F_r\, l_0 = -F_1\, l_1 - F_2(l_1 + l_2) - F_3(l_1 + l_2 + l_3)$

$$l_0 = \frac{F_1\, l_1 + F_2(l_1 + l_2) + F_3(l_1 + l_2 + l_3)}{F_r}$$

$$l_0 = \frac{0{,}8\text{ kN} \cdot 1\text{ m} + 1{,}1\text{ kN} \cdot 2{,}5\text{ m} + 1{,}2\text{ kN} \cdot 4{,}5\text{ m}}{3{,}1\text{ kN}}$$

$l_0 = 2{,}887\text{ m}$

77.
Rechnerische Lösung:
Lageskizze

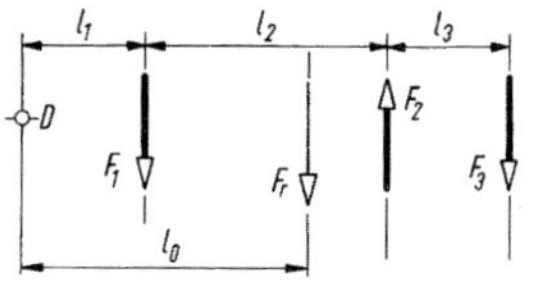

a) $F_r = -F_1 + F_2 - F_3 = -500\text{ N} + 800\text{ N} - 2100\text{ N}$

$F_r = -1800\text{ N}$

b) Die Resultierende wirkt senkrecht nach unten.

c) $-F_r\, l_0 = -F_1\, l_1 + F_2(l_1 + l_2) - F_3(l_1 + l_2 + l_3)$

$$l_0 = \frac{-F_1\, l_1 + F_2(l_1 + l_2) - F_3(l_1 + l_2 + l_3)}{-F_r}$$

$$l_0 = \frac{-500\text{ N} \cdot 0{,}15\text{ m} + 800\text{ N} \cdot 0{,}45\text{ m} - 2100\text{ N} \cdot 0{,}6\text{ m}}{-1800\text{ N}}$$

$l_0 = 0{,}5417\text{ m}$

Die Wirklinie der Resultierenden liegt zwischen den Kräften F_2 und F_3.

Zeichnerische Lösung:
Lageplan ($M_L = 200$ mm/cm)

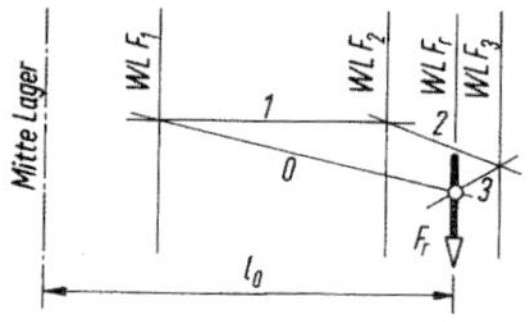

Kräfteplan ($M_K = 100$ N/cm)

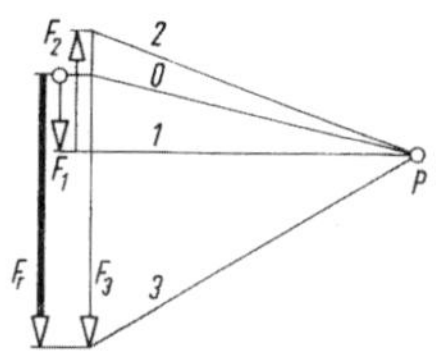

78.

Rechnerische Lösung:

Lageskizze des belasteten Krans

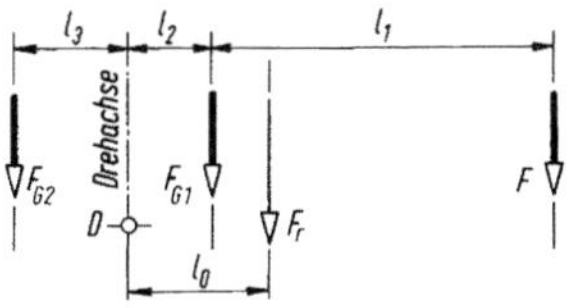

a) $F_r = -F - F_{G1} - F_{G2} = -10\text{ kN} - 9\text{ kN} - 16\text{ kN}$

$F_r = -35\text{ kN}$

(Minus bedeutet hier: senkrecht nach unten gerichtet)

b) $-F_r\, l_0 = -F(l_1 + l_2) - F_{G1}\, l_2 + F_{G2}\, l_3$

$$l_0 = \frac{-F(l_1 + l_2) - F_{G1}\, l_2 + F_{G2}\, l_3}{-F_r}$$

$$l_0 = \frac{-10\text{ kN} \cdot 4{,}5\text{ m} - 9\text{ kN} \cdot 0{,}9\text{ m} + 16\text{ kN} \cdot 1{,}2\text{ m}}{-35\text{ kN}}$$

$l_0 = 0{,}9686\text{ m} = 968{,}6\text{ mm}$

Lageskizze des unbelasteten Krans

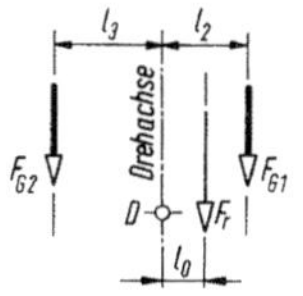

c) $F_r = -F_{G1} - F_{G2} = -9\text{ kN} - 16\text{ kN} = -25\text{ kN}$

(Minus bedeutet hier: senkrecht nach unten gerichtet)

d) $-F_r\, l_0 = +F_{G2}\, l_3 - F_{G1}\, l_2$

$$l_0 = \frac{+F_{G2}\, l_3 - F_{G1}\, l_2}{-F_r} = \frac{16\text{ kN} \cdot 1{,}2\text{ m} - 9\text{ kN} \cdot 0{,}9\text{ m}}{-25\text{ kN}}$$

$l_0 = -0{,}444\text{ m}$

(Minus bedeutet hier: Die Wirklinie der Resultierenden liegt auf der anderen Seite des Bezugspunkts D, also nicht rechts von der Drehachse des Krans, sondern links.)

79.

Rechnerische Lösung:

Lageskizze

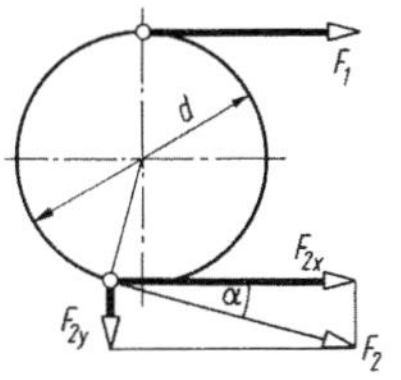

a) $F_{rx} = \Sigma F_{nx} = F_1 + F_{2x} = F_1 + F_2 \cos\alpha$

$F_{rx} = 1200\text{ N} + 350\text{ N} \cdot \cos 10° = 1544{,}7\text{ N}$

(nach rechts gerichtet)

$F_{ry} = -F_{2y} = -F_2 \sin\alpha = -350\text{ N} \cdot \sin 10°$

$F_{ry} = -60{,}78\text{ N}$

(nach unten gerichtet)

$$F_r = \sqrt{F_{rx}^2 + F_{ry}^2} = \sqrt{(1544{,}7\text{ N})^2 + (-60{,}78\text{ N})^2}$$

$F_r = 1546\text{ N}$

b) $\alpha_r = \arctan\dfrac{F_{ry}}{F_{rx}} = \arctan\dfrac{-60{,}78\text{ N}}{1544{,}7\text{ N}} = -2{,}25°$

c) Lageskizze für den Momentensatz

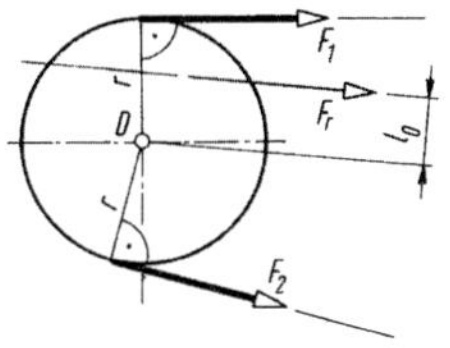

Als Momentenbezugspunkt D wird der Scheibenmittelpunkt festgelegt.

$-F_r\, l_0 = -F_1\, r + F_2\, r$

$$l_0 = \frac{(F_2 - F_1)\, r}{-F_r} = \frac{(-850\text{ N}) \cdot 0{,}24\text{ m}}{-1546\text{ N}} = 0{,}132\text{ m}$$

d) $M_{(D)} = -F_r\, l_0 = -1546\text{ N} \cdot 0{,}132\text{ m} = -204\text{ Nm}$

(Minus bedeutet hier: Rechtsdrehsinn)

e) $\Sigma M_{(D)} = -F_1\, r + F_2\, r = (F_2 - F_1)\, r = -850\text{ N} \cdot 0{,}24\text{ m}$

$\Sigma M_{(D)} = -204\text{ Nm}$

Das Drehmoment der Resultierenden ist gleich der Drehmomentensumme der beiden Riemenkräfte. Das ist zugleich die Kontrolle für die Teillösungen a), c) und d).

80.

Rechnerische Lösung (Momentensatz):

Lageskizze

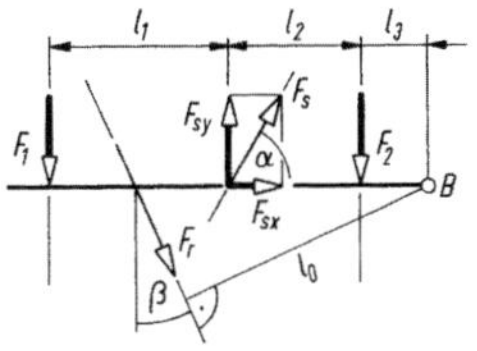

a) $F_{rx} = \Sigma F_{nx} = F_{sx} = F_s \cos\alpha = 25\text{ kN} \cdot \cos 60°$

$F_{rx} = +12{,}5\text{ kN}$

(Plus bedeutet: nach rechts gerichtet)

$F_{ry} = \Sigma F_{ny} = -F_1 + F_{sy} - F_2 = -F_1 + F_s \sin\alpha - F_2$

$F_{ry} = -30\text{ kN} + 25\text{ kN} \cdot \sin 60° - 20\text{ kN} = -28{,}35\text{ kN}$

(Minus bedeutet: nach unten gerichtet)

$$F_r = \sqrt{F_{rx}^2 + F_{ry}^2} = \sqrt{(12{,}5\text{ kN})^2 + (-28{,}35\text{ kN})^2}$$

$F_r = 30{,}98\text{ kN}$

b) $\beta = \arctan\frac{|F_{rx}|}{|F_{ry}|} = \arctan\frac{12{,}5\ \text{kN}}{28{,}35\ \text{kN}}$

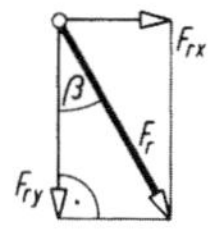

$\beta = 23{,}79°$

c) (Momentenbezugspunkt: Punkt B)

$F_r l_0 = F_1(l_1 + l_2 + l_3) - F_{sy}(l_2 + l_3) + F_2 l_3$

$$l_0 = \frac{F_1(l_1 + l_2 + l_3) - F_s \sin\alpha(l_2 + l_3) + F_2 l_3}{F_r}$$

$$l_0 = \frac{30\ \text{kN} \cdot 4{,}2\ \text{m} - 25\ \text{kN} \cdot \sin 60° \cdot 2{,}2\ \text{m} + 20\ \text{kN} \cdot 0{,}7\ \text{m}}{30{,}98\ \text{kN}}$$

$l_0 = 2{,}981\ \text{m}$

Zeichnerische Lösung (Seileckverfahren):

Lageplan (M_L = 1,5 m/cm)

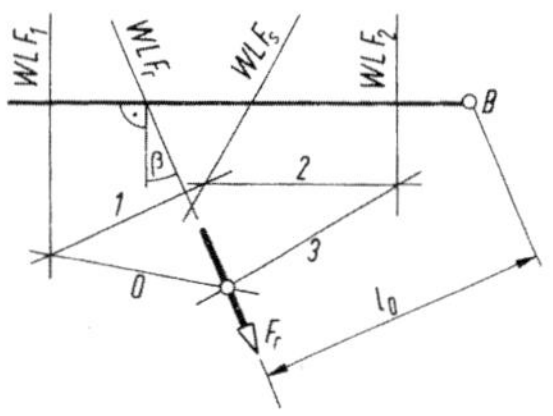

Kräfteplan (M_K = 10 kN/cm)

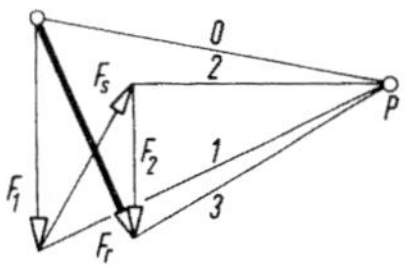

81.

Rechnerische Lösung:

Lageskizze

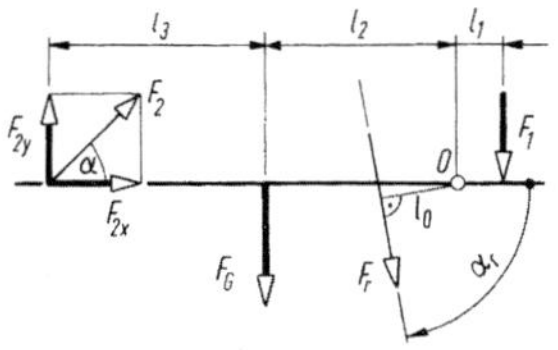

a) $F_{rx} = \Sigma F_{nx} = F_{2x} = F_2 \cos\alpha = 0{,}5\ \text{kN} \cdot \cos 45°$

$F_{rx} = 0{,}3536\ \text{kN}$

(positiv: nach rechts gerichtet)

$F_{ry} = \Sigma F_{ny} = F_{2y} - F_G - F_1 = F_2 \sin\alpha - F_G - F_1$

$F_{ry} = 0{,}5\ \text{kN} \cdot \sin 45° - 2\ \text{kN} - 1{,}5\ \text{kN} = -3{,}146\ \text{kN}$

(negativ: nach unten gerichtet)

$F_r = \sqrt{F_{rx}^2 + F_{ry}^2} = \sqrt{(0{,}3536\ \text{kN})^2 + (-3{,}146\ \text{kN})^2}$

$F_r = 3{,}166\ \text{kN}$

b) $\alpha_r = \arctan\frac{|F_{ry}|}{|F_{rx}|} = \arctan\frac{3{,}146\ \text{kN}}{0{,}3536\ \text{kN}} = 83{,}59°$

c) (Momentenbezugspunkt: Punkt 0)

$+F_r l_0 = -F_{2y}(l_2 + l_3) + F_G l_2 - F_1 l_1$

$$l_0 = \frac{-F_2 \sin\alpha(l_2 + l_3) + F_G l_2 - F_1 l_1}{F_r}$$

$$l_0 = \frac{-0{,}5\ \text{kN} \cdot \sin 45° \cdot 1{,}7\ \text{m} + 2\ \text{kN} \cdot 0{,}8\ \text{m}}{3{,}166\ \text{kN}} - \frac{1{,}5\ \text{kN} \cdot 0{,}2\ \text{m}}{3{,}166\ \text{kN}}$$

$l_0 = 0{,}2208\ \text{m}$

82.

Rechnerische Lösung:

Lageskizze

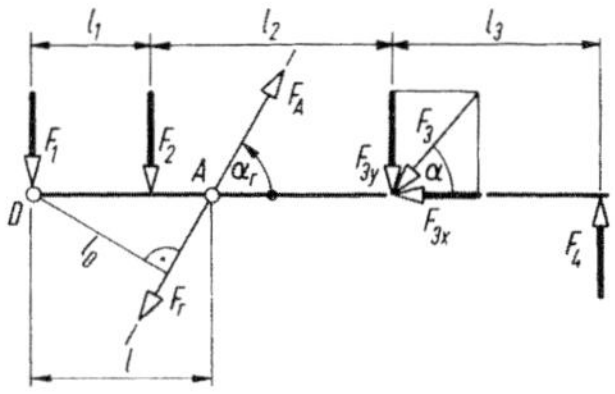

a) $F_{rx} = \Sigma F_{nx} = -F_{3x} = -F_3 \cos\alpha = -500\ \text{N} \cdot \cos 50°$

$F_{rx} = -321{,}4\ \text{N}$

(Minus bedeutet: nach links gerichtet)

$F_{ry} = \Sigma F_{ny} = -F_1 - F_2 - F_{3y} - F_4$

$F_{ry} = -300\ \text{N} - 200\ \text{N} - 500\ \text{N} \cdot \sin 50° + 100\ \text{N}$

$F_{ry} = -783\ \text{N}$

(Minus bedeutet: nach unten gerichtet)

$F_r = \sqrt{F_{rx}^2 + F_{ry}^2} = \sqrt{(-321{,}4\ \text{N})^2 + (-783\ \text{N})^2}$

$F_r = 846{,}4\ \text{N}$ (nach links unten gerichtet)

Die Stützkraft wirkt mit demselben Betrag im Lager A nach rechts oben.

b) $\alpha_r = \arctan\frac{|F_{ry}|}{|F_{rx}|} = \arctan\frac{783\ \text{N}}{321{,}4\ \text{N}} = 67{,}68°$

c) $-F_r l_0 = -F_2 l_1 - F_{3y}(l_1 + l_2) + F_4(l_1 + l_2 + l_3)$

$$l_0 = \frac{-F_2 l_1 - F_3 \sin\alpha(l_1 + l_2) + F_4(l_1 + l_2 + l_3)}{-F_r}$$

$$l_0 = \frac{-200\ \text{N} \cdot 2\ \text{m} - 500\ \text{N} \cdot \sin 50° \cdot 6\ \text{m}}{-846{,}4\ \text{N}} + \frac{100\ \text{N} \cdot 9{,}5\ \text{m}}{-846{,}4\ \text{N}}$$

$l_0 = 2{,}065\ \text{m}$

$l = \frac{l_0}{\sin\alpha_r} = \frac{2{,}065\ \text{m}}{\sin 67{,}68°} = 2{,}233\ \text{m}$

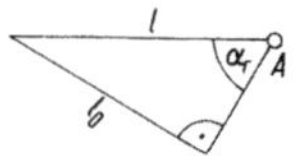

Der Abstand l kann auf folgende Weise auch unmittelbar berechnet werden:

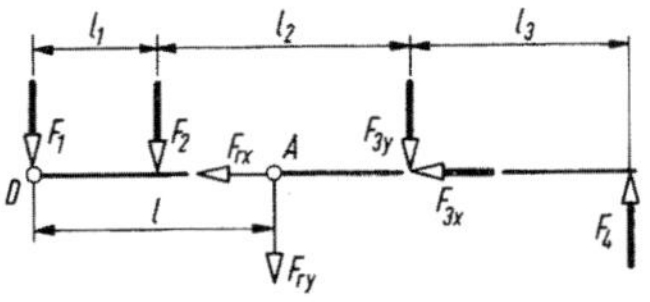

$$-F_{ry}\, l = -F_2\, l_1 - F_{3y}(l_1 + l_2) + F_4(l_1 + l_2 + l_3)$$

$$l = \frac{-F_2\, l_1 - F_3 \sin\alpha (l_1 + l_2) + F_4(l_1 + l_2 + l_3)}{-F_{ry}}$$

$$l = \frac{-200\ \text{N} \cdot 2\ \text{m} - 500\ \text{N} \cdot \sin 50° \cdot 6\ \text{m} + 100\ \text{N} \cdot 9{,}5\ \text{m}}{-783\ \text{N}}$$

$$l = 2{,}233\ \text{m}$$

83.

Rechnerische Lösung:

Lageskizze

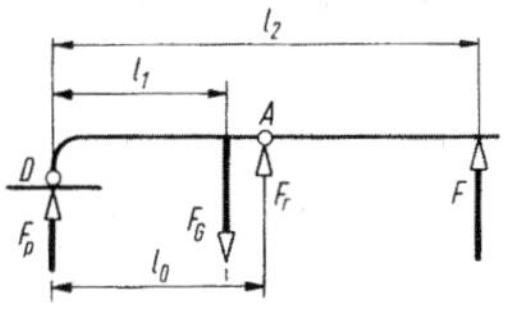

a) Die Druckkraft auf die Klappenfläche beträgt beim Öffnen:

$$F_p = p\,A = p\frac{\pi}{4}d^2$$

$$F_p = 6 \cdot 10^5 \frac{\text{N}}{\text{m}^2} \cdot \frac{\pi}{4} \cdot 400 \cdot 10^{-6}\ \text{m}^2 = 188{,}5\ \text{N}$$

Resultierende F_r = Kraft am Hebeldrehpunkt A:

$$F_r = F_p - F_G + F = 188{,}5\ \text{N} - 11\ \text{N} + 50\ \text{N}$$

$$F_r = +227{,}5\ \text{N}$$

(Plus bedeutet: nach oben gerichtet)

b) Momentensatz um D:

$$F_r\, l_0 = -F_G\, l_1 + F\, l_2$$

$$l_0 = \frac{-F_G\, l_1 + F\, l_2}{F_r} = \frac{-11\ \text{N} \cdot 90\ \text{mm} + 50\ \text{N} \cdot 225\ \text{mm}}{227{,}5\ \text{N}}$$

$$l_0 = 45{,}1\ \text{mm}$$

d. h. der Hebeldrehpunkt muss *links* von der Wirklinie F_G liegen.

Ermittlung unbekannter Kräfte im allgemeinen Kräftesystem

84.

Analytische Lösung:

Lageskizze 1

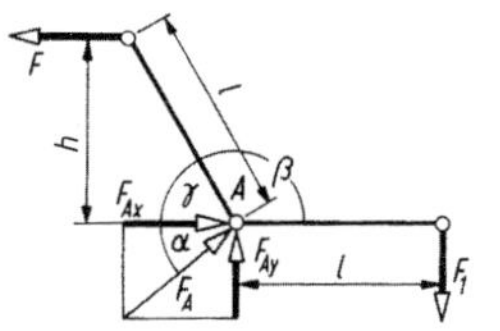

$$\gamma = 180° - \beta = 60°$$

$$h = l \sin\gamma$$

I. $\Sigma F_x = 0 = F_{Ax} - F$

II. $\Sigma F_y = 0 = F_{Ay} - F_1$

III. $\Sigma M_{(A)} = 0 = F\, l \sin\gamma - F_1\, l$

a) III. $F = F_1 \dfrac{l}{l \sin\gamma} = \dfrac{F_1}{\sin\gamma} = \dfrac{500\ \text{N}}{\sin 60°} = 577{,}4\ \text{N}$

b) I. $F_{Ax} = F = 577{,}4\ \text{N}$

II. $F_{Ay} = F_1 = 500\ \text{N}$

$$F_A = \sqrt{F_{Ax}^2 + F_{Ay}^2} = \sqrt{(577{,}4\ \text{N})^2 + (500\ \text{N})^2}$$

$$F_A = 763{,}8\ \text{N}$$

c) $\alpha = \arctan\dfrac{|F_{Ay}|}{|F_{Ax}|} = \arctan\dfrac{500\ \text{N}}{577{,}4\ \text{N}} = 40{,}89°$

$$\left(\text{Kontrolle: } \alpha = \arcsin\frac{|F_{Ay}|}{|F_A|} \text{ oder } \alpha = \arccos\frac{|F_{Ax}|}{|F_A|}\right)$$

Trigonometrische Lösung:

Lageskizze 2

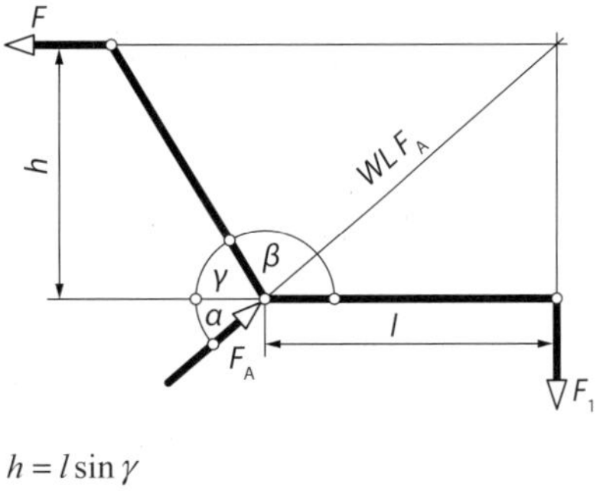

$$h = l \sin\gamma$$

Ermittlung des Winkels α (siehe Lageskizze 2):

$$\alpha = \arctan\frac{h}{l} = \arctan\frac{l \sin\gamma}{l} = \arctan(\sin\gamma)$$

$$\alpha = \arctan(\sin 60°) = 40{,}89°$$

Krafteckskizze

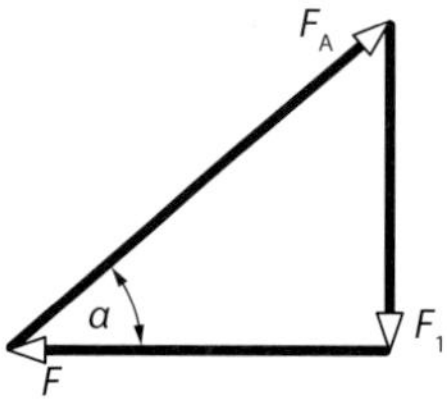

Auswertung der Krafteckskizze:

$$\tan\alpha = \frac{F_1}{F} \rightarrow F = \frac{F_1}{\tan\alpha} = \frac{500\,\text{N}}{\tan 40{,}89^\circ} = 577{,}4\,\text{N}$$

$$\sin\alpha = \frac{F_1}{F_A} \rightarrow F_A = \frac{F_1}{\sin\alpha} = \frac{500\,\text{N}}{\sin 40{,}89^\circ} = 763{,}8\,\text{N}$$

85.

Analytische Lösung:

Lageskizze 1
(Stange A–C freigemacht)

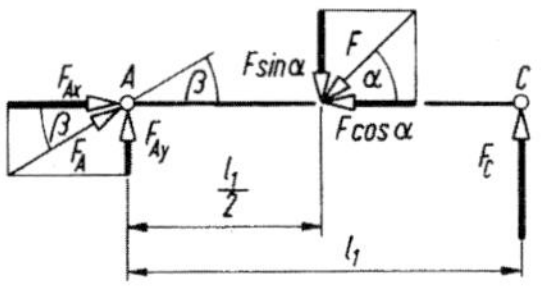

I. $\Sigma F_x = 0 = F_{Ax} - F\cos\alpha$

II. $\Sigma F_y = 0 = F_{Ay} - F\sin\alpha + F_C$

III. $\Sigma M_{(A)} = 0 = F_C l_1 - F\sin\alpha \dfrac{l_1}{2}$

a) III. $F_C = \dfrac{F\sin\alpha \dfrac{l_1}{2}}{l_1} = \dfrac{F\sin\alpha}{2} = \dfrac{1000\,\text{N}\cdot\sin 45^\circ}{2}$

$F_C = 353{,}6\,\text{N}$

b) I. $F_{Ax} = F\cos\alpha = 1000\,\text{N}\cdot\cos 45^\circ = 707{,}1\,\text{N}$

II. $F_{Ay} = F\sin\alpha - F_C = F\sin\alpha - \dfrac{F\sin\alpha}{2} = \dfrac{F\sin\alpha}{2}$

$F_{Ay} = 353{,}6\,\text{N}$

$F_A = \sqrt{F_{Ax}^2 + F_{Ay}^2} = \sqrt{(707{,}1\,\text{N})^2 + (353{,}6\,\text{N})^2}$

$F_A = 790{,}6\,\text{N}$

c) $\beta = \arctan\dfrac{|F_{Ay}|}{|F_{Ax}|} = \arctan\dfrac{353{,}6\,\text{N}}{707{,}1\,\text{N}} = 26{,}57^\circ$

Trigonometrische Lösung:

Lageskizze 2

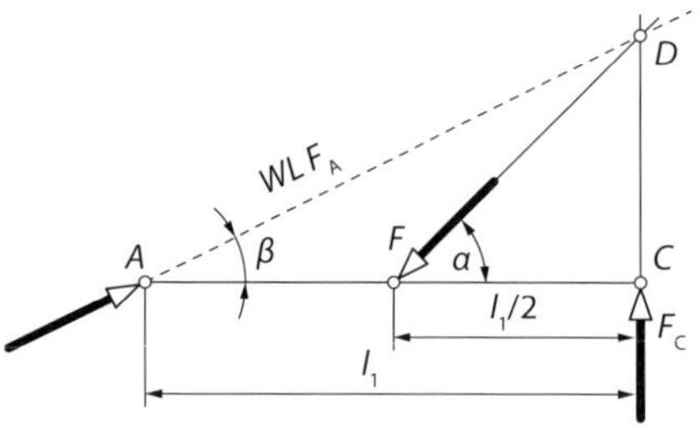

$\alpha = 45^\circ$

Ermittlung des Winkels β (siehe Lageskizze 2):

$$\tan\alpha = \frac{\overline{CD}}{\frac{l_1}{2}} \rightarrow \overline{CD} = \frac{l_1\tan\alpha}{2} = \frac{3\,\text{m}\cdot\tan 45^\circ}{2} = 1{,}5\,\text{m}$$

$$\beta = \arctan\frac{\overline{CD}}{l_1} = \arctan\frac{1{,}5\,\text{m}}{3\,\text{m}} = 26{,}57^\circ$$

Auswertung der Krafteckskizze:

Krafteckskizze

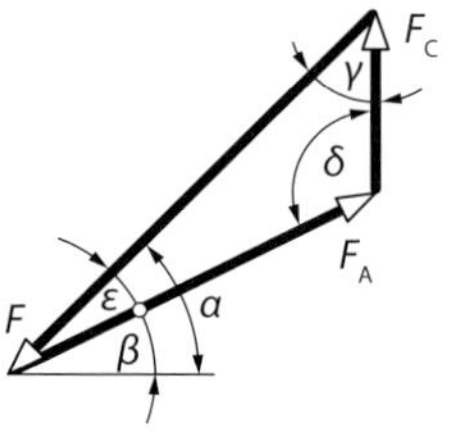

$\alpha = 45^\circ$ (gegeben)

$\beta = 26{,}57^\circ$ (siehe Lageskizze 2)

$\gamma = 180^\circ - \delta - \varepsilon$

$\gamma = 180^\circ - 18{,}43^\circ - 116{,}57^\circ = 45^\circ$

$\delta = 90^\circ + \beta = 90^\circ + 26{,}57^\circ = 116{,}57^\circ$

$\varepsilon = \alpha - \beta = 45^\circ - 26{,}57^\circ = 18{,}43^\circ$

Sinussatz:

$$\frac{F}{\sin\delta} = \frac{F_C}{\sin\varepsilon} \rightarrow F_C = \frac{F\sin\varepsilon}{\sin\delta}$$

$$F_C = \frac{1000\,\text{N}\cdot\sin 18{,}43^\circ}{\sin 116{,}57^\circ} = 353{,}5\,\text{N}$$

$$\frac{F_A}{\sin\gamma} = \frac{F}{\sin\delta} \rightarrow F_A = \frac{F\sin\gamma}{\sin\delta}$$

$$F_A = \frac{1000\,\text{N}\cdot\sin 45^\circ}{\sin 116{,}57^\circ} = 790{,}6\,\text{N}$$

Zeichnerische Lösung:

Lageplan (M_L = 1 m/cm)

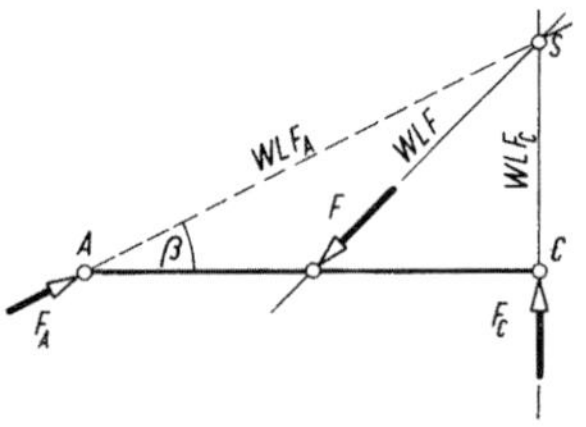

Kräfteplan (M_K = 400 N/cm)

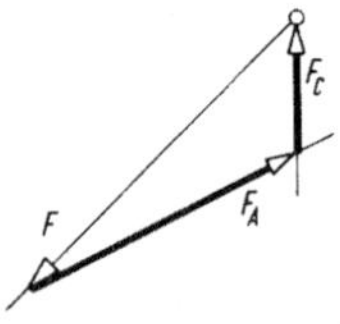

86.

Lageskizze
(freigemachte Tür)

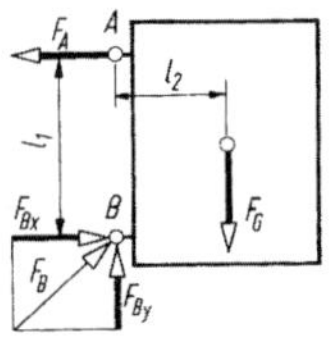

I. $\Sigma F_x = 0 = F_{Bx} - F_A$

II. $\Sigma F_y = 0 = F_{By} - F_G$

III. $\Sigma M_{(B)} = 0 = F_A l_1 - F_G l_2$

a) Die Wirklinie der Stützkraft F_A liegt waagerecht.

b) III. $F_A = \dfrac{F_G l_2}{l_1} = \dfrac{800\ \text{N} \cdot 0{,}6\ \text{m}}{1\ \text{m}} = 480\ \text{N}$

c) I. $F_{Bx} = F_A = 480\ \text{N}$

II. $F_{By} = F_G = 800\ \text{N}$

$F_B = \sqrt{F_{Bx}^2 + F_{By}^2} = \sqrt{(480\ \text{N})^2 + (800\ \text{N})^2} = 933\ \text{N}$

d) $F_{Bx} = 480\ \text{N}$; $F_{By} = 800\ \text{N}$ siehe Teillösung c)

87.

Lageskizze
(freigemachte Säule)

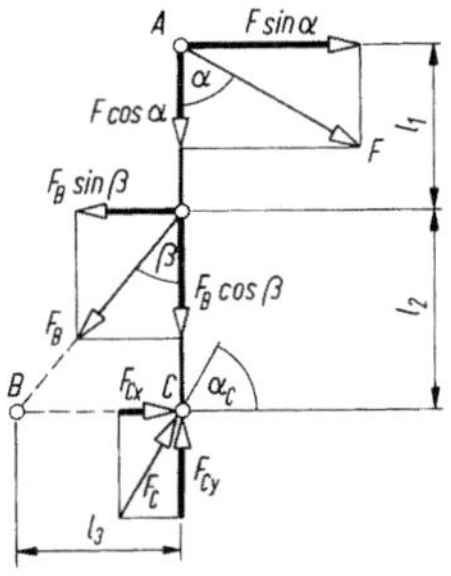

$\beta = \arctan \dfrac{l_3}{l_2} = \arctan \dfrac{0{,}9\ \text{m}}{1{,}1\ \text{m}}$

$\beta = 39{,}29°$

I. $\Sigma F_x = 0 = F \sin\alpha - F_B \sin\beta + F_{Cx}$

II. $\Sigma F_y = 0 = F_{Cy} - F_B \cos\beta - F \cos\alpha$

III. $\Sigma M_{(C)} = 0 = F_B \sin\beta\, l_2 - F \sin\alpha\,(l_1 + l_2)$

a) III. $F_B = \dfrac{F \sin\alpha\,(l_1 + l_2)}{l_2 \sin\beta} = \dfrac{2{,}2\ \text{kN} \cdot \sin 60° \cdot 2\ \text{m}}{1{,}1\ \text{m} \cdot \sin 39{,}29°}$

$F_B = 5{,}47\ \text{kN}$

b) I. $F_{Cx} = F_B \sin\beta - F \sin\alpha$

$F_{Cx} = 5{,}47\ \text{kN} \cdot \sin 39{,}29° - 2{,}2\ \text{kN} \cdot \sin 60°$

$F_{Cx} = 1{,}559\ \text{kN}$

II. $F_{Cy} = F_B \cos\beta + F \cos\alpha$

$F_{Cy} = 5{,}47\ \text{kN} \cdot \cos 39{,}29° + 2{,}2\ \text{kN} \cdot \cos 60°$

$F_{Cy} = 5{,}334\ \text{kN}$

$F_C = \sqrt{F_{Cx}^2 + F_{Cy}^2} = \sqrt{(1{,}559\ \text{kN})^2 + (5{,}334\ \text{kN})^2}$

$F_C = 5{,}557\ \text{kN}$

c) $\alpha_C = \arctan \dfrac{F_{Cy}}{F_{Cx}} = \arctan \dfrac{5{,}334\ \text{kN}}{1{,}559\ \text{kN}} = 73{,}71°$

Trigonometrische Lösung:

Lageskizze

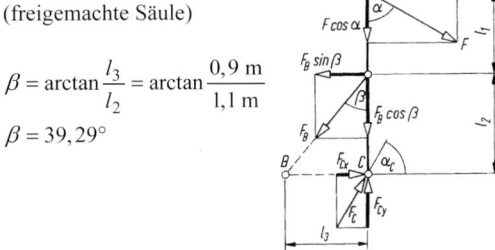

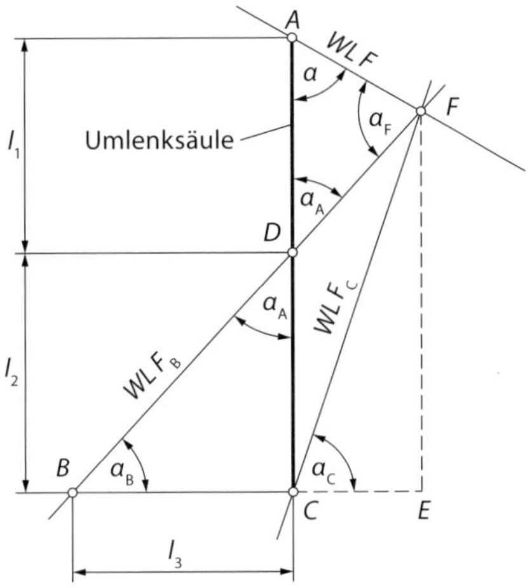

Auswertung der Lageskizze:

Bestimmung des Winkels α_C der Wirklinie von F_C

ΔBCD

$\alpha_B = \arctan \dfrac{l_2}{l_3} = \arctan \dfrac{1{,}1\,\text{m}}{0{,}9\,\text{m}} = 50{,}71°$

$\sin\alpha_B = \dfrac{\overline{CD}}{\overline{BD}} \quad (\overline{CD} = l_2 = 1{,}1\,\text{m})$

$\overline{BD} = \dfrac{l_2}{\sin\alpha_B} = \dfrac{1{,}1\,\text{m}}{\sin 50{,}71°} = 1{,}421\,\text{m}$

$\alpha_A = 90° - \alpha_B = 90° - 50{,}71° = 39{,}3°$

ΔADF

$\alpha_F = 180° - (\alpha + \alpha_A) = 180° - (60° + 39{,}3°)$

$\alpha_F = 80{,}7°$

Sinussatz

$\dfrac{\sin\alpha}{\overline{DF}} = \dfrac{\sin\alpha_F}{\overline{AD}} \quad (\overline{AD} = l_1 = 0{,}9\,\text{m})$

$\overline{DF} = \dfrac{l_1 \sin\alpha}{\sin\alpha_F} = \dfrac{0{,}9\,\text{m} \cdot \sin 60°}{\sin 80{,}7°} = 0{,}79\,\text{m}$

$\overline{BF} = \overline{BD} + \overline{DF} = 1{,}421\,\text{m} + 0{,}79\,\text{m} = 2{,}211\,\text{m}$

$\sin\alpha_B = \dfrac{\overline{EF}}{\overline{BF}} \rightarrow \overline{EF} = \overline{BF} \sin\alpha_B$

$\overline{EF} = 2{,}211\,\text{m} \cdot \sin 50{,}71° = 1{,}711\,\text{m}$

$\tan\alpha_B = \dfrac{\overline{EF}}{\overline{BE}} = \rightarrow \overline{BE} = \dfrac{\overline{EF}}{\tan\alpha_B}$

$\overline{BE} = \dfrac{1{,}711\,\text{m}}{\tan 50{,}71°} = 1{,}4\,\text{m}$

$\overline{CE} = \overline{BE} - \overline{BC} \quad (\overline{BC} = l_3 = 0{,}9\,\text{m})$

$\overline{CE} = 1{,}4\,\text{m} - 0{,}9\,\text{m} = 0{,}5\,\text{m}$

$$\alpha_C = \arctan\frac{\overline{EF}}{\overline{CE}} = \arctan\frac{1{,}711\,\text{m}}{0{,}5\,\text{m}}$$

$\alpha_C = 73{,}71°$

Auswertung der Krafteckskizze:

Krafteckskizze

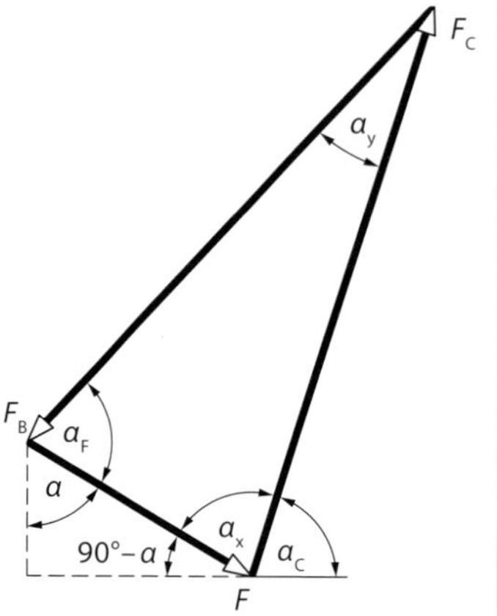

$\alpha_x = 180° - \alpha_C - (90° - \alpha)$

$\alpha_x = 180° - 73{,}71° - (90° - 60°) = 76{,}29°$

$\alpha_y = 180° - \alpha_F - \alpha_x = 180° - 80{,}7° - 76{,}29°$

$\alpha_y = 23{,}01°$

Sinussätze:

$$\frac{\sin\alpha_y}{F} = \frac{\sin\alpha_F}{F_C} \rightarrow F_C = \frac{F\sin\alpha_F}{\sin\alpha_y}$$

$$F_C = \frac{2{,}2\,\text{kN}\cdot\sin 80{,}7°}{\sin 23{,}01°} = 5{,}554\,\text{kN}$$

$$\frac{\sin\alpha_x}{F_B} = \frac{\sin\alpha_y}{F} \rightarrow F_B = \frac{F\sin\alpha_x}{\sin\alpha_y}$$

$$F_B = \frac{2{,}2\,\text{kN}\cdot\sin 76{,}29°}{\sin 23{,}01°} = 5{,}47\,\text{kN}$$

88.

Lageskizze
(freigemachter Ausleger)

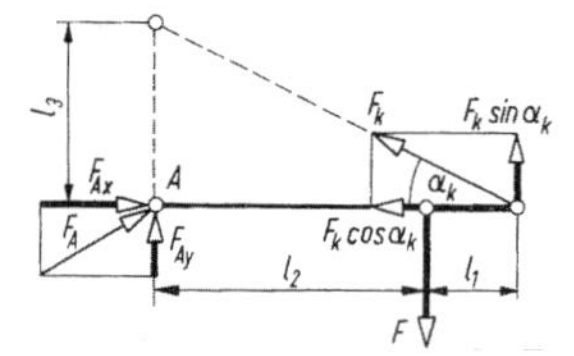

$$\alpha_k = \arctan\frac{l_3}{l_1 + l_2} = \arctan\frac{2\,\text{m}}{4\,\text{m}} = 26{,}57°$$

I. $\Sigma F_x = 0 = F_{Ax} - F_k\cos\alpha_k$

II. $\Sigma F_y = 0 = F_{Ay} - F + F_k\sin\alpha_k$

III. $\Sigma M_{(A)} = 0 = F_k\sin\alpha_k\,(l_1 + l_2) - F\,l_2$

a) III. $F_k = \dfrac{F\,l_2}{\sin\alpha_k\,(l_1 + l_2)} = \dfrac{8\,\text{kN}\cdot 3\,\text{m}}{\sin 26{,}57°\cdot 4\,\text{m}} = 13{,}42\,\text{kN}$

b) I. $F_{Ax} = F_k\cos\alpha_k = 13{,}42\,\text{kN}\cdot\cos 26{,}57° = 12\,\text{kN}$

II. $F_{Ay} = F - F_k\sin\alpha_k = 8\,\text{kN} - 13{,}42\,\text{kN}\cdot\sin 26{,}57°$

$F_{Ay} = 2\,\text{kN}$

(Kontrolle mit $\Sigma M_{(B)} = 0$)

$F_A = \sqrt{F_{Ax}^2 + F_{Ay}^2} = \sqrt{(12\,\text{kN})^2 + (2\,\text{kN})^2} = 12{,}17\,\text{kN}$

c) $F_{Ax} = 12\,\text{kN}$; $F_{Ay} = 2\,\text{kN}$ siehe Teillösung b)

89.

Lageskizze
(freigemachter Drehkran)

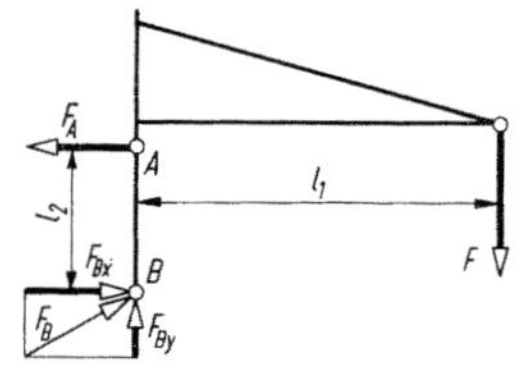

I. $\Sigma F_x = 0 = F_{Bx} - F_A$

II. $\Sigma F_y = 0 = F_{By} - F$

III. $\Sigma M_{(B)} = 0 = F_A\,l_2 - F\,l_1$

a) III. $F_A = F\dfrac{l_1}{l_2} = 7{,}5\,\text{kN}\cdot\dfrac{1{,}6\,\text{m}}{0{,}65\,\text{m}} = 18{,}46\,\text{kN}$

b) I. $F_{Bx} = F_A = 18{,}46\,\text{kN}$

II. $F_{By} = F = 7{,}5\,\text{kN}$

$F_B = \sqrt{F_{Bx}^2 + F_{By}^2} = \sqrt{(18{,}46\,\text{kN})^2 + (7{,}5\,\text{kN})^2}$

$F_B = 19{,}93\,\text{kN}$

c) $F_{Bx} = 18{,}46\,\text{kN}$; $F_{By} = 7{,}5\,\text{kN}$ siehe Teillösung b)

90.

Lageskizze
(freigemachte Säule)

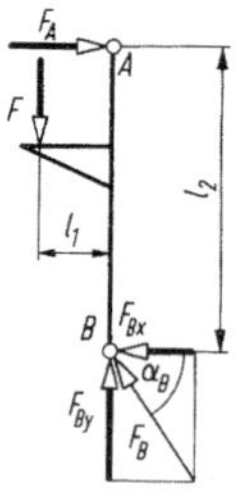

I. $\Sigma F_x = 0 = F_A - F_{Bx}$

II. $\Sigma F_y = 0 = F_{By} - F$

III. $\Sigma M_{(B)} = 0 = F\,l_1 - F_A\,l_2$

a) III. $F_A = F\dfrac{l_1}{l_2} = 6{,}3\,\text{kN}\cdot\dfrac{0{,}58\,\text{m}}{2{,}75\,\text{m}}$

$F_A = 1{,}329\,\text{kN}$

b) I. $F_{Bx} = F_A = 1{,}329\,\text{kN}$

II. $F_{By} = F = 6{,}3\,\text{kN}$

$F_B = \sqrt{F_{Bx}^2 + F_{By}^2} = \sqrt{(1{,}329\,\text{kN})^2 + (6{,}3\,\text{kN})^2}$

$F_B = 6{,}439\,\text{kN}$

c) $\alpha_B = \arctan\dfrac{F_{By}}{F_{Bx}} = \arctan\dfrac{6{,}3\,\text{kN}}{1{,}329\,\text{kN}} = 78{,}09°$

91.

Analytische Lösung:

Lageskizze (freigemachter Gittermast)

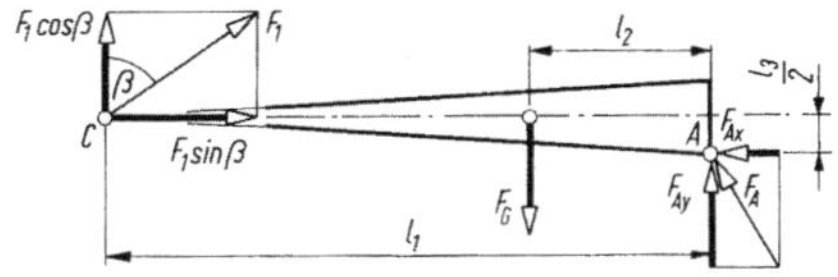

I. $\Sigma F_x = 0 = F_1 \sin\beta - F_{Ax}$

II. $\Sigma F_y = 0 = F_1 \cos\beta - F_G + F_{Ay}$

III. $\Sigma M_{(A)} = 0 = F_G\, l_2 - F_1 \cos\beta\, l_1 - F_1 \sin\beta \dfrac{l_3}{2}$

a) III. $F_1 = F_G \dfrac{l_2}{l_1 \cos\beta + \dfrac{l_3}{2}\sin\beta}$

$$F_1 = 29\ \text{kN} \cdot \frac{6{,}1\ \text{m}}{20\ \text{m} \cdot \cos 55^\circ + 0{,}65\ \text{m} \cdot \sin 55^\circ}$$

$F_1 = 14{,}74\ \text{kN}$

b) I. $F_{Ax} = F_1 \sin\beta = 14{,}74\ \text{kN} \cdot \sin 55^\circ = 12{,}07\ \text{kN}$

II. $F_{Ay} = F_G - F_1 \cos\beta = 29\ \text{kN} - 14{,}74\ \text{kN} \cdot \cos 55^\circ$

$F_{Ay} = 20{,}55\ \text{kN}$

$F_A = \sqrt{F_{Ax}^2 + F_{Ay}^2} = \sqrt{(12{,}07\ \text{kN})^2 + (20{,}55\ \text{kN})^2}$

$F_A = 23{,}83\ \text{kN}$

(Kontrolle: $\Sigma M_{(C)} = 0$)

c) $F_{Ax} = 12{,}07$ kN; $F_{Ay} = 20{,}55$ kN siehe Teillösung b)

d) Lageskizze (freigemachte Pendelstütze)

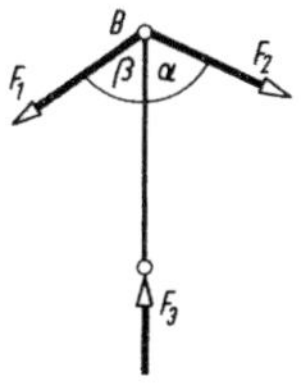

Die Pendelstütze ist ein Zweigelenkstab, denn sie wird nur in zwei Punkten belastet und ist in diesen Punkten „gelenkig gelagert“. Folglich bilden die Kräfte F_1, F_2, F_3 ein zentrales Kräftesystem mit dem Zentralpunkt B an der Spitze der Pendelstütze.

Lageskizze für das zentrale Kräftesystem

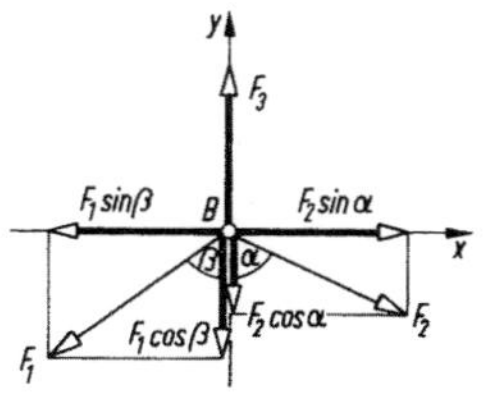

I. $\Sigma F_x = 0 = F_2 \sin\alpha - F_1 \sin\beta$

II. $\Sigma F_y = 0 = F_3 - F_1 \cos\beta - F_2 \cos\alpha$

I. $\alpha = \arcsin\left(\dfrac{F_1}{F_2}\sin\beta\right) = \arcsin\left(\dfrac{14{,}74\ \text{kN}}{13\ \text{kN}} \cdot \sin 55^\circ\right)$

$\alpha = 68{,}22^\circ$

e) II. $F_3 = F_1 \cos\beta + F_2 \cos\alpha$

$F_3 = 14{,}74\ \text{kN} \cdot \cos 55^\circ + 13\ \text{kN} \cdot \cos 68{,}22^\circ = 13{,}28\ \text{kN}$

Trigonometrische Lösung:

Lageskizze

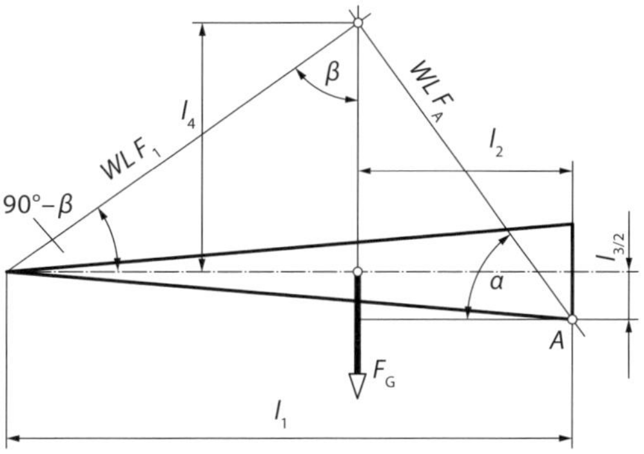

Berechnung der Länge l_4 (siehe Lageskizze):

$\tan\beta = \dfrac{l_1 - l_2}{l_4} \rightarrow l_4 = \dfrac{l_1 - l_2}{\tan\beta}$

$l_4 = \dfrac{(20 - 6{,}1)\,\text{m}}{\tan 55^\circ} = 9{,}733\,\text{m}$

Berechnung des Winkels γ (siehe Lageskizze):

$\gamma = \arctan \dfrac{l_4 + \dfrac{l_3}{2}}{l_2} = \dfrac{9{,}733\,\text{m} + \dfrac{1{,}3\,\text{m}}{2}}{6{,}1\,\text{m}}$

$\gamma = 59{,}57^\circ$

Krafteckskizze 1

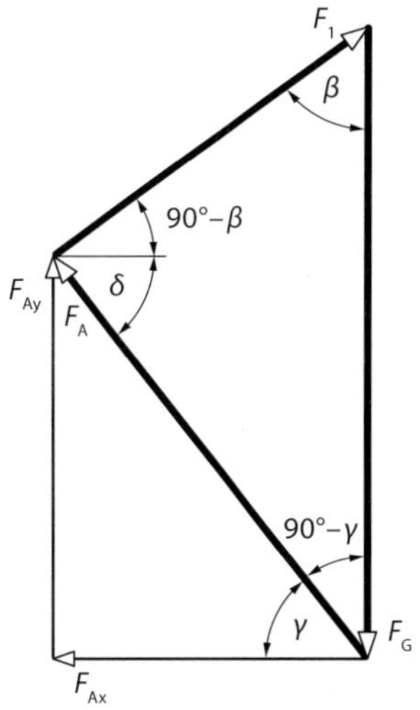

Ermittlung des Winkels δ (siehe Krafteckskizze 1):

$\delta = \gamma = 59{,}57^\circ$ (Stufenwinkel)

a) Zugkraft F_1 im Seil 1:
Sinussatz zur Berechnung der Seilkraft F_1:

$$\frac{\sin(90° - \beta + \delta)}{F_G} = \frac{\sin(90° - \gamma)}{F_1}$$

$$F_1 = \frac{F_G \sin(90° - \gamma)}{\sin(90° - \beta + \delta)}$$

$$F_1 = \frac{29\,\text{kN} \cdot \sin(90° - 59{,}57°)}{\sin(90° - 55° + 59{,}57°)} = 14{,}735\,\text{kN}$$

b) und c) Lagerkraft F_A mit den Komponenten F_{Ax}, F_{Ay}:

$$\sin\beta = \frac{F_{Ax}}{F_1} \rightarrow F_{Ax} = F_1 \sin\beta$$

$$F_{Ax} = 14{,}735\,\text{kN} \cdot \sin 55° = 12{,}07\,\text{kN}$$

$$\cos\gamma = \frac{F_{Ax}}{F_A} \rightarrow F_A = \frac{F_{Ax}}{\cos\gamma}$$

$$F_A = \frac{12{,}07\,\text{kN}}{\cos 59{,}57°} = 23{,}831\,\text{kN}$$

$$\tan\gamma = \frac{F_{Ay}}{F_{Ax}} \rightarrow F_{Ay} = F_{Ax} \tan\gamma$$

$$F_{Ay} = 12{,}07\,\text{kN} \cdot \tan 59{,}57° = 20{,}548\,\text{kN}$$

d) Ermittlung des Winkels α:

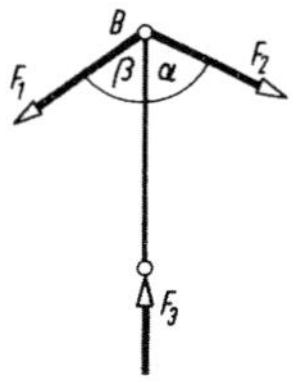

Lageskizze der freigemachten Pendelstütze, siehe auch in der analytischen Lösung, d).

Krafteckskizze 2

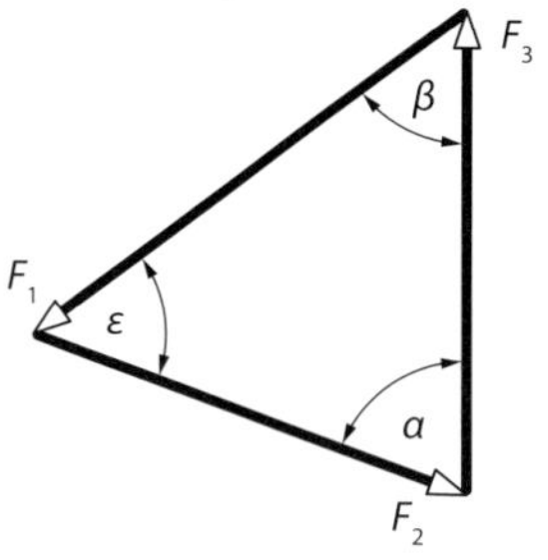

Sinussatz (siehe Krafteckskizze 2):

$$\frac{\sin\alpha}{F_1} = \frac{\sin\beta}{F_2} \qquad \alpha = \arcsin\frac{F_1 \sin\beta}{F_2}$$

$$\alpha = \arcsin\frac{14{,}735\,\text{kN} \cdot \sin 55°}{13\,\text{kN}}$$

$$\alpha = 68{,}2°$$

e) Druckkraft F_3 in der Pendelstütze:
Sinussatz (siehe Krafteckskizze 2):

$$\frac{\sin\beta}{F_2} = \frac{\sin\varepsilon}{F_3}$$

$$\varepsilon = 180° - (\alpha + \beta) = 180° - (68{,}2° + 55°)$$

$$\varepsilon = 56{,}8°$$

$$F_3 = \frac{F_2 \sin\varepsilon}{\sin\beta} = \frac{13\,\text{kN} \cdot \sin 56{,}8°}{\sin 55°}$$

$$F_3 = 13{,}28\,\text{kN}$$

92.

Lageskizze (freigemachter Klapptisch)

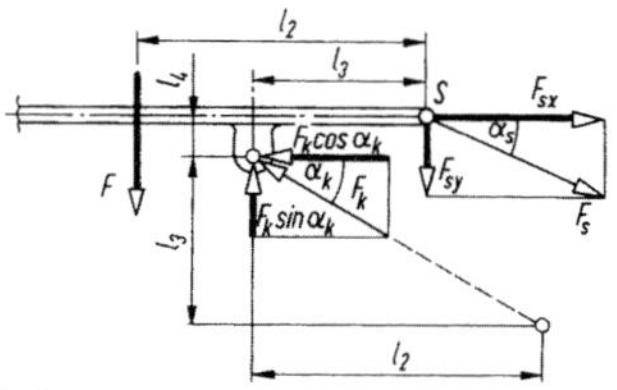

Berechnung der Winkels α_k:

$$\alpha_k = \arctan\frac{l_3}{l_2} = \arctan\frac{0{,}3\,\text{m}}{0{,}5\,\text{m}} = 30{,}96°$$

Gleichgewichtsbedingungen für den Klapptisch:

I. $\Sigma F_x = 0 = F_{sx} - F_k \cos\alpha_k$

II. $\Sigma F_y = 0 = F_k \sin\alpha_k - F - F_{sy}$

III. $\Sigma M_{(S)} = 0 = F\,l_2 - F_k \sin\alpha_k\, l_3 - F_k \cos\alpha_k\, l_4$

a) Kolbenkraft F_k

III. $F_k(\sin\alpha_k\, l_3 + \cos\alpha_k\, l_4) = F\,l_2$

$$F_k = \frac{F\,l_2}{l_3 \sin\alpha_k + l_4 \cos\alpha_k}$$

$$F_k = \frac{12\,\text{kN} \cdot 0{,}5\,\text{m}}{0{,}3\,\text{m} \cdot \sin 30{,}96° + 0{,}1\,\text{m} \cdot \cos 30{,}96°} = 24{,}99\,\text{kN}$$

b) Lagerkraft F_s

I. $F_{sx} = F_k \cos\alpha_k = 24{,}99\,\text{kN} \cdot \cos 30{,}96° = 21{,}43\,\text{kN}$

II. $F_{sy} = F_k \sin\alpha_k - F = 24{,}99\,\text{kN} \cdot \sin 30{,}96° - 12\,\text{kN}$

$F_{sy} = 0{,}8571\,\text{kN}$

$$F_s = \sqrt{F_{sx}^2 + F_{sy}^2} = \sqrt{(21{,}43\,\text{kN})^2 + (0{,}8571\,\text{kN})^2}$$

$$F_s = 21{,}45\,\text{kN}$$

c) Winkel α_s der Lagerkraft F_s

$$\alpha_s = \arctan\frac{F_{sy}}{F_{sx}} = \arctan\frac{0{,}8571\,\text{kN}}{21{,}43\,\text{kN}} = 2{,}29°$$

93.
Lageskizze
(freigemachte Leuchte)

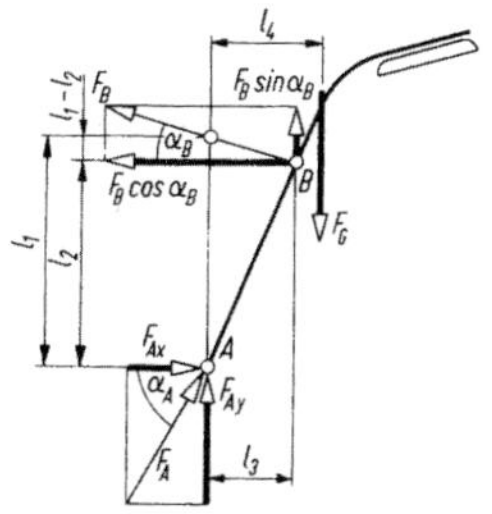

$$\alpha_B = \arctan\frac{l_1 - l_2}{l_3}$$

$$\alpha_B = \arctan\frac{0{,}3\ \text{m}}{1\ \text{m}}$$

$$\alpha_B = 16{,}7°$$

I. $\Sigma F_x = 0 = F_{Ax} - F_B \cos\alpha_B$

II. $\Sigma F_y = 0 = F_{Ay} + F_B \sin\alpha_B - F_G$

III. $\Sigma M_{(A)} = 0 = F_B \sin\alpha_B\, l_3 + F_B \cos\alpha_B\, l_2 - F_G\, l_4$

a) III. $F_B = F_G \dfrac{l_4}{l_3 \sin\alpha_B + l_2 \cos\alpha_B}$

$$F_B = 600\ \text{N} \cdot \frac{1{,}2\ \text{m}}{1\ \text{m} \cdot \sin 16{,}7° + 2{,}7\ \text{m} \cdot \cos 16{,}7°}$$

$$F_B = 250{,}6\ \text{N}$$

b) I. $F_{Ax} = F_B \cos\alpha_B = 250{,}6\ \text{N} \cdot \cos 16{,}7° = 240\ \text{N}$

II. $F_{Ay} = F_G - F_B \sin\alpha_B = 600\ \text{N} - 250{,}6\ \text{N} \cdot \sin 16{,}7°$

$F_{Ay} = 528\ \text{N}$

$$F_A = \sqrt{F_{Ax}^2 + F_{Ay}^2} = \sqrt{(240\ \text{N})^2 + (528\ \text{N})^2} = 580\ \text{N}$$

c) $\alpha_A = \arctan\dfrac{F_{Ay}}{F_{Ax}} = \arctan\dfrac{528\ \text{N}}{240\ \text{N}} = 65{,}56°$

94.
Lageskizze (freigemachte Lenksäule mit Vorderrad)

Es ist zweckmäßig die Längsachse der Lenksäule als y-Achse festzulegen.

Die Kraft F muss deshalb in ihre Komponenten $F \sin\alpha$ und $F \cos\alpha$ zerlegt werden.

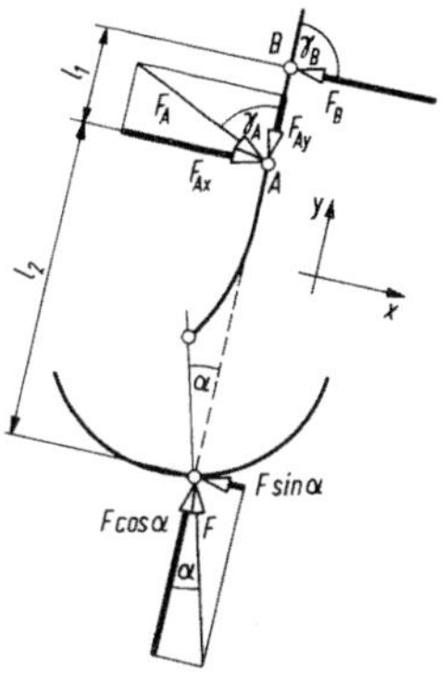

I. $\Sigma F_x = 0 = F_{Ax} - F_B - F \sin\alpha$

II. $\Sigma F_y = 0 = F \cos\alpha - F_{Ay}$

III. $\Sigma M_{(A)} = 0 = F_B\, l_1 - F \sin\alpha\, l_2$

a) III. $F_B = F \dfrac{l_2 \sin\alpha}{l_1} = 250\ \text{N} \cdot \dfrac{0{,}75\ \text{m} \cdot \sin 15°}{0{,}2\ \text{m}}$

$F_B = 242{,}6\ \text{N}$

b) I. $F_{Ax} = F_B + F \sin\alpha = 242{,}6\ \text{N} + 250\ \text{N} \cdot \sin 15°$

$F_{Ax} = 307{,}3\ \text{N}$

II. $F_{Ay} = F \cos\alpha = 250\ \text{N} \cdot \cos 15° = 241{,}5\ \text{N}$

$$F_A = \sqrt{F_{Ax}^2 + F_{Ay}^2} = \sqrt{(307{,}3\ \text{N})^2 + (241{,}5\ \text{N})^2}$$

$F_A = 390{,}9\ \text{N}$

c) F_B wirkt rechtwinklig zur Lenksäule (einwertiges Lager); $\gamma_B = 90°$

d) $\gamma_A = \arctan\dfrac{F_{Ax}}{F_{Ay}} = \arctan\dfrac{307{,}3\ \text{N}}{241{,}5\ \text{N}} = 51{,}84°$

95.
Lageskizze
(freigemachtes Bremspedal)

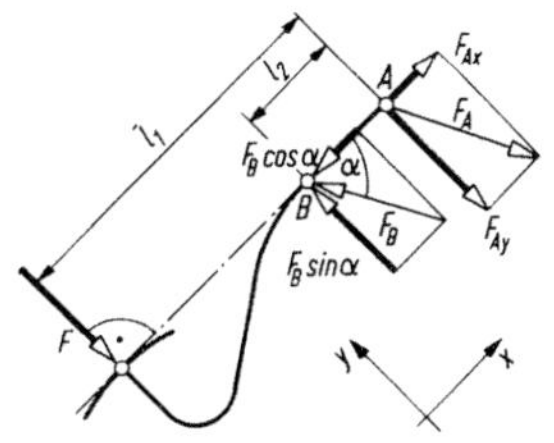

I. $\Sigma F_x = 0 = F_{Ax} - F_B \cos\alpha$

II. $\Sigma F_y = 0 = F_B \sin\alpha - F - F_{Ay}$

III. $\Sigma M_{(A)} = 0 = F\, l_1 - F_B \sin\alpha\, l_2$

a) III. $F_B = F \dfrac{l_1}{l_2 \sin\alpha} = 110\,\text{N} \cdot \dfrac{290\,\text{mm}}{45\,\text{mm} \cdot \sin 75°} = 733{,}9\,\text{N}$

b) I. $F_{Ax} = F_B \cos\alpha = 733{,}9\ \text{N} \cdot \cos 75° = 189{,}9\ \text{N}$

II. $F_{Ay} = F_B \sin\alpha - F = 733{,}9\ \text{N} \cdot \sin 75° - 110\ \text{N}$

$F_{Ay} = 598{,}9\ \text{N}$

$$F_A = \sqrt{F_{Ax}^2 + F_{Ay}^2} = \sqrt{(189{,}9\ \text{N})^2 + (598{,}9\ \text{N})^2}$$

$F_A = 628{,}3\ \text{N}$

96.
Lageskizze 1
(freigemachter Hubarm)

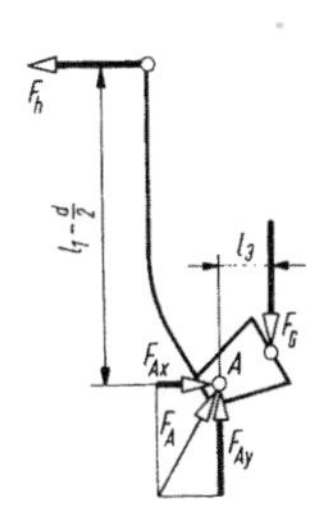

I. $\Sigma F_x = 0 = F_{Ax} - F_h$

II. $\Sigma F_y = 0 = F_{Ay} - F_G$

III. $\Sigma M_{(A)} = 0 = F_h \left(l_1 - \dfrac{d}{2}\right) - F_G\, l_3$

a) III. $F_h = F_G \dfrac{l_3}{l_1 - \dfrac{d}{2}} = 1{,}25\ \text{kN} \cdot \dfrac{0{,}21\ \text{m}}{1{,}3\ \text{m}} = 0{,}2019\ \text{kN}$

b) I. $F_{Ax} = F_h = 0{,}2019\ \text{kN}$

II. $F_{Ay} = F_G = 1{,}25\ \text{kN}$

$$F_A = \sqrt{F_{Ax}^2 + F_{Ay}^2} = \sqrt{(0{,}2019\ \text{kN})^2 + (1{,}25\ \text{kN})^2}$$

$$F_A = 1{,}266\ \text{kN}$$

Für die Teillösungen c) bis e) wird eines der beiden Räder freigemacht:

Lageskizze 2
(freigemachtes Rad)

Hinweis: Jedes Rad nimmt nur die Hälfte der Achslast F_A auf.

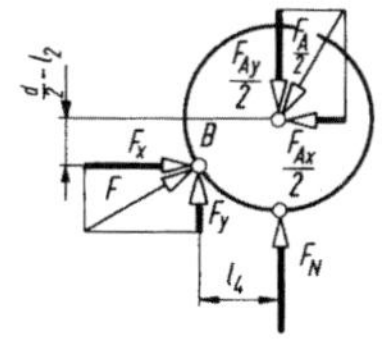

Berechnung des Abstands l_4:

$$l_4 = \sqrt{\left(\frac{d}{2}\right)^2 - \left(\frac{d}{2} - l_2\right)^2} = \sqrt{(0{,}3\ \text{m})^2 - (0{,}1\ \text{m})^2}$$

$$l_4 = 0{,}2828\ \text{m}$$

Gleichgewichtsbedingungen:

$$\text{I. } \Sigma F_x = 0 = F_x - \frac{F_{Ax}}{2}$$

$$\text{II. } \Sigma F_y = 0 = F_N + F_y - \frac{F_{Ay}}{2}$$

$$\text{III. } \Sigma M_{(B)} = 0 = F_N\, l_4 + \frac{F_{Ax}}{2}\left(\frac{d}{2} - l_2\right) - \frac{F_{Ay}}{2}\, l_4$$

$$\text{c) III. } F_N = \frac{\frac{F_{Ay}}{2} l_4 - \frac{F_{Ax}}{2}\left(\frac{d}{2} - l_2\right)}{l_4} = \frac{F_{Ay}}{2} - \frac{F_{Ax}}{2} \cdot \frac{\frac{d}{2} - l_2}{l_4}$$

$$F_N = 0{,}625\ \text{kN} - 0{,}101\ \text{kN} \cdot \frac{0{,}1\ \text{m}}{0{,}2828\ \text{m}} = 0{,}5893\ \text{kN}$$

$$\text{d) I. } F_x = \frac{F_{Ax}}{2} = 0{,}101\ \text{kN}$$

$$\text{II. } F_y = \frac{F_{Ay}}{2} - F_N = 0{,}625\ \text{kN} - 0{,}5893\ \text{kN} = 0{,}0357\ \text{kN}$$

$$F = \sqrt{F_x^2 + F_y^2} = \sqrt{(0{,}101\ \text{kN})^2 + (0{,}0357\ \text{kN})^2}$$

$$F = 0{,}1071\ \text{kN}$$

e) $F_x = 0{,}101$ kN; $F_y = 0{,}0357$ kN, siehe Teillösung d)

97.

Lageskizze
(freigemachter Hebel)
$\beta = 180° - \alpha = 60°$

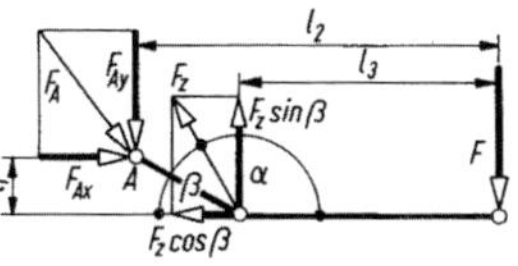

$$\text{I. } \Sigma F_x = 0 = F_{Ax} - F_z \cos\beta$$

$$\text{II. } \Sigma F_y = 0 = F_z \sin\beta - F_{Ay} - F$$

$$\text{III. } \Sigma M_{(A)} = 0 = F_z \sin\beta\,(l_2 - l_3) - F_z \cos\beta\, l_1 - F\, l_2$$

$$\text{a) III. } F_z = F \frac{l_2}{(l_2 - l_3)\sin\beta - l_1 \cos\beta}$$

$$F_z = 60\ \text{N} \cdot \frac{80\ \text{mm}}{15\ \text{mm} \cdot \sin 60° - 10\ \text{mm} \cdot \cos 60°}$$

$$F_z = 600{,}7\ \text{N}$$

$$\text{b) I. } F_{Ax} = F_z \cos\beta = 600{,}7\ \text{N} \cdot \cos 60° = 300{,}36\ \text{N}$$

$$\text{II. } F_{Ay} = F_z \sin\beta - F = 600{,}7\ \text{N} \cdot \sin 60° - 60\ \text{N}$$

$$F_{Ay} = 460{,}2\ \text{N}$$

$$F_A = \sqrt{F_{Ax}^2 + F_{Ay}^2} = \sqrt{(300{,}36\ \text{N})^2 + (460{,}2\ \text{N})^2}$$

$$F_A = 549{,}6\ \text{N}$$

98.

Lageskizze
(freigemachter Tisch)

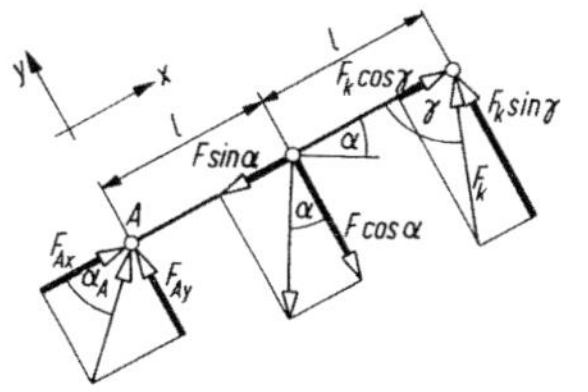

$\gamma = 180° - (\alpha + \beta) = 80°$

$$\text{I. } \Sigma F_x = 0 = F_{Ax} - F \sin\alpha + F_k \cos\gamma$$

$$\text{II. } \Sigma F_y = 0 = F_{Ay} - F \cos\alpha + F_k \sin\gamma$$

$$\text{III. } \Sigma M_{(A)} = 0 = F_k \sin\gamma \cdot 2l - F \cos\alpha\, l$$

$$\text{a) III. } F_k = F \frac{l \cos\alpha}{2 l \sin\gamma} = F \frac{\cos\alpha}{2 \sin\gamma}$$

$$F_k = 5{,}5\ \text{kN} \cdot \frac{\cos 30°}{2 \cdot \sin 80°} = 2{,}418\ \text{kN}$$

$$\text{b) I. } F_{Ax} = F \sin\alpha - F_k \cos\gamma$$

$$F_{Ax} = 5{,}5\ \text{kN} \cdot \sin 30° - 2{,}418\ \text{kN} \cdot \cos 80°$$

$$F_{Ax} = 2{,}33\ \text{kN}$$

$$\text{II. } F_{Ay} = F \cos\alpha - F_k \sin\gamma$$

$$F_{Ay} = 5{,}5\ \text{kN} \cdot \cos 30° - 2{,}418\ \text{kN} \cdot \sin 80°$$

$$F_{Ay} = 2{,}382\ \text{kN}$$

Hinweis: Dieses Teilergebnis enthält bereits eine Kontrolle der vorangegangenen Rechnungen: Weil die Belastung F in Tischmitte wirkt, müssen die *y*-Komponenten der Stützkräfte (F_{Ay} und $F_k \sin\gamma$) gleich groß und gleich der Hälfte der Komponente $F \cos\alpha$ sein.

$$F_A = \sqrt{F_{Ax}^2 + F_{Ay}^2} = \sqrt{(2{,}33\ \text{kN})^2 + (2{,}382\ \text{kN})^2}$$

$$F_A = 3{,}332\ \text{kN}$$

$$\text{c) } \alpha_A = \arctan \frac{F_{Ay}}{F_{Ax}} = \arctan \frac{2{,}382\ \text{kN}}{2{,}33\ \text{kN}} = 45{,}63°$$

99.

Lageskizze (freigemachter Spannkeil) Krafteckskizze

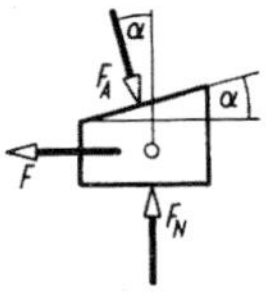

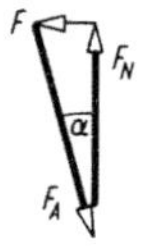

Nach Krafteckskizze ist:

a) $F_N = \dfrac{F}{\tan\alpha} = \dfrac{200\ \text{N}}{\tan 15°} = 746{,}4\ \text{N}$

b) $F_A = \dfrac{F}{\sin\alpha} = \dfrac{200\ \text{N}}{\sin 15°} = 772{,}7\ \text{N}$

Für die Teillösungen c) bis e) wird der Klemmhebel freigemacht.

Lageskizze (freigemachter Klemmhebel)

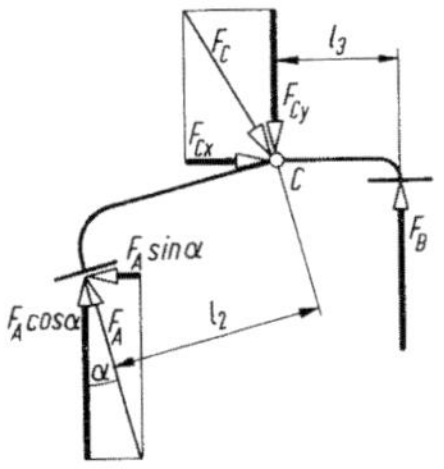

I. $\Sigma F_x = 0 = F_{Cx} - F_A \sin\alpha$

II. $\Sigma F_y = 0 = F_A \cos\alpha + F_B - F_{Cy}$

III. $\Sigma M_{(C)} = 0 = F_B l_3 - F_A l_2$

Hinweis: In der Momentengleichgewichtsbedingung (III) wird zweckmäßigerweise nicht mit den Komponenten $F_A \sin\alpha$ und $F_A \cos\alpha$, sondern mit der Kraft F_A gerechnet.

c) III. $F_B = F_A \dfrac{l_2}{l_3} = 772{,}7\ \text{N} \cdot \dfrac{35\ \text{mm}}{20\ \text{mm}} = 1352\ \text{N}$

d) I. $F_{Cx} = F_A \sin\alpha = 772{,}7\ \text{N} \cdot \sin 15° = 200\ \text{N}$

II. $F_{Cy} = F_A \cos\alpha + F_B$

$F_{Cy} = 772{,}7\ \text{N} \cdot \cos 15° + 1352\ \text{N} = 2099\ \text{N}$

$F_C = \sqrt{F_{Cx}^2 + F_{Cy}^2} = \sqrt{(200\ \text{N})^2 + (2099\ \text{N})^2}$

$F_C = 2108\ \text{N}$

e) $F_{Cx} = 200$ N; $F_{Cy} = 2099$ N, siehe Teillösung d)

100.

Lageskizze (freigemachter Schwinghebel)

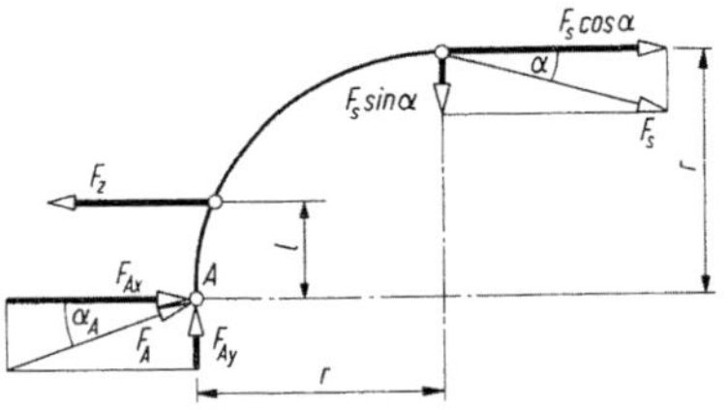

I. $\Sigma F_x = 0 = F_s \cos\alpha - F_z + F_{Ax}$

II. $\Sigma F_y = 0 = F_{Ay} - F_s \sin\alpha$

III. $\Sigma M_{(A)} = 0 = F_z l - F_s \sin\alpha\, r - F_s \cos\alpha\, r$

a) III. $F_s = F_z \dfrac{l}{r(\sin\alpha + \cos\alpha)}$

$F_s = 1\ \text{kN} \cdot \dfrac{100\ \text{mm}}{250\ \text{mm}(\sin 15° + \cos 15°)} = 0{,}3266\ \text{kN}$

b) I. $F_{Ax} = F_z - F_s \cos\alpha = 1\ \text{kN} - 0{,}3266\ \text{kN} \cdot \cos 15°$

$F_{Ax} = 0{,}6845\ \text{kN}$

II. $F_{Ay} = F_s \sin\alpha = 0{,}3266\ \text{kN} \cdot \sin 15° = 0{,}0845\ \text{kN}$

$F_A = \sqrt{F_{Ax}^2 + F_{Ay}^2} = \sqrt{(0{,}6845\ \text{kN})^2 + (0{,}0845\ \text{kN})^2}$

$F_A = 0{,}6897\ \text{kN}$

c) $\alpha_A = \arctan \dfrac{F_{Ay}}{F_{Ax}} = \arctan \dfrac{0{,}0845\ \text{kN}}{0{,}6845\ \text{kN}} = 7{,}04°$

101.

a) Lageskizze (freigemachte Stützrolle) Krafteckskizze

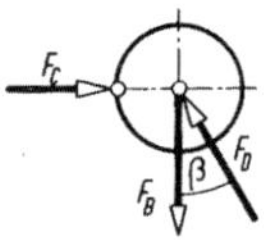

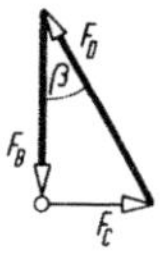

$F_B = \dfrac{F_C}{\tan\beta} = \dfrac{20\ \text{N}}{\tan 30°} = 34{,}64\ \text{N}$

$F_D = \dfrac{F_C}{\sin\beta} = \dfrac{20\ \text{N}}{\sin 30°} = 40\ \text{N}$

(Mit der gleichen Kraft drückt der Zweigelenkstab C–D auf das Lager D.)

b) Lageskizze (freigemachter Hebel)

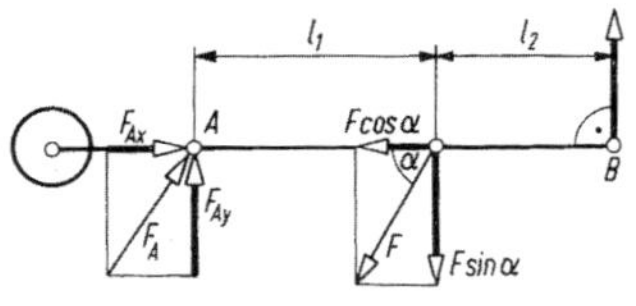

I. $\Sigma F_x = 0 = F_{Ax} - F\cos\alpha$

II. $\Sigma F_y = 0 = F_{Ay} - F\sin\alpha + F_B$

III. $\Sigma M_{(A)} = 0 = F_B(l_1 + l_2) - F\sin\alpha\, l_1$

III. $F = F_B \dfrac{l_1 + l_2}{l_1 \sin\alpha} = 34{,}64\,\text{N} \cdot \dfrac{90\,\text{mm}}{50\,\text{mm} \cdot \sin 60°} = 72\,\text{N}$

I. $F_{Ax} = F\cos\alpha = 72\ \text{N} \cdot \cos 60° = 36\ \text{N}$

II. $F_{Ay} = F\sin\alpha - F_B = 72\ \text{N} \cdot \sin 60° - 34{,}64\ \text{N}$

$F_{Ay} = 27{,}71\ \text{N}$

$F_A = \sqrt{F_{Ax}^2 + F_{Ay}^2} = \sqrt{(36\ \text{N})^2 + (27{,}71\ \text{N})^2}$

$F_A = 45{,}43\ \text{N}$

102.

a) Lageskizze (freigemachter Tisch)

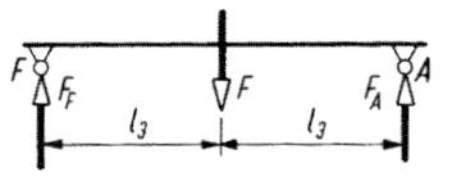

I. $\Sigma F_y = 0 = F_A + F_F - F$

II. $\Sigma M_{(F)} = 0 = F_A \cdot 2l_3 - F\, l_3$

II. $F_A = F \dfrac{l_3}{2l_3} = \dfrac{F}{2} = 1\ \text{kN}$

I. $F_F = F - F_A = 1\ \text{kN}$

Für die Teillösungen b) und c) wird der Winkelhebel A–B–C freigemacht:

Lageskizze

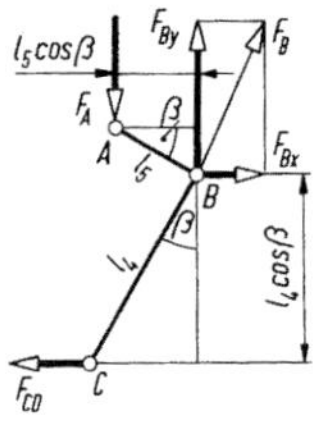

I. $\Sigma F_x = 0 = F_{Bx} - F_{CD}$

II. $\Sigma F_y = 0 = F_{By} - F_A$

III. $\Sigma M_{(B)} = 0 = F_A\, l_5 \cos\beta - F_{CD}\, l_4 \cos\beta$

b) III. $F_{CD} = F_A \dfrac{l_5 \cos\beta}{l_4 \cos\beta} = F_A \dfrac{l_5}{l_4} = 1\ \text{kN} \cdot \dfrac{40\ \text{mm}}{90\ \text{mm}}$

$F_{CD} = 0{,}4444\ \text{kN}$

c) I. $F_{Bx} = F_{CD} = 0{,}4444\ \text{kN}$

II. $F_{By} = F_A = 1\ \text{kN}$

$F_B = \sqrt{F_{Bx}^2 + F_{By}^2} = \sqrt{(0{,}4444\ \text{kN})^2 + (1\ \text{kN})^2}$

$F_B = 1{,}094\ \text{kN}$

Für die Teillösungen d) und e) wird der Winkelhebel D–E–F freigemacht:

Lageskizze

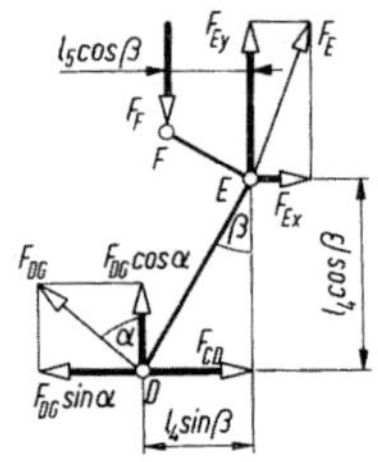

I. $\Sigma F_x = 0 = F_{Ex} + F_{CD} - F_{DG} \sin\alpha$

II. $\Sigma F_y = 0 = F_{DG} \cos\alpha + F_{Ey} - F_F$

III. $\Sigma M_{(E)} = 0 = F_F\, l_5 \cos\beta + F_{CD}\, l_4 \cos\beta -$

$- F_{DG} \sin\alpha\, l_4 \cos\beta - F_{DG} \cos\alpha\, l_4 \sin\beta$

d) III. $F_{DG} = \dfrac{F_F\, l_5 \cos\beta + F_{CD}\, l_4 \cos\beta}{l_4(\sin\alpha \cos\beta + \cos\alpha \sin\beta)}$

$F_{DG} = \dfrac{(F_F\, l_5 + F_{CD}\, l_4)\cos\beta}{l_4 \sin(\alpha + \beta)}$

$F_{DG} = \dfrac{(1\ \text{kN} \cdot 40\text{mm} + 0{,}4444\ \text{kN} \cdot 90\ \text{mm}) \cdot \cos 30°}{90\ \text{mm} \cdot \sin 80°}$

$F_{DG} = 0{,}7817\ \text{kN}$

e) I. $F_{Ex} = F_{DG} \sin\alpha - F_{CD}$

$F_{Ex} = 0{,}7817\ \text{kN} \cdot \sin 50° - 0{,}4444\ \text{kN} = 0{,}1544\ \text{kN}$

II. $F_{Ey} = F_F - F_{DG} \cos\alpha$

$F_{Ey} = 1\ \text{kN} - 0{,}7817\ \text{kN} \cdot \cos 50° = 0{,}4975\ \text{kN}$

$F_E = \sqrt{F_{Ex}^2 + F_{Ey}^2} = \sqrt{(0{,}1544\ \text{kN})^2 + (0{,}4975\ \text{kN})^2}$

$F_E = 0{,}5209\ \text{kN}$

Für die Teillösungen f) und g) wird die Deichsel freigemacht:

Lageskizze

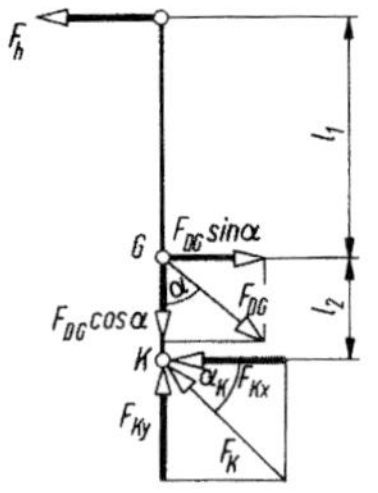

I. $\Sigma F_x = 0 = F_{DG} \sin\alpha - F_h - F_{Kx}$

II. $\Sigma F_y = 0 = F_{Ky} - F_{DG} \cos\alpha$

III. $\Sigma M_{(K)} = 0 = F_h(l_1 + l_2) - F_{DG} \sin\alpha\, l_2$

f) III. $F_h = F_{DG} \dfrac{l_2 \sin\alpha}{l_1 + l_2} = 0{,}7817\ \text{kN} \cdot \dfrac{180\ \text{mm} \cdot \sin 50°}{1280\ \text{mm}}$

$F_h = 0{,}0842\ \text{kN}$

g) I. $F_{Kx} = F_{DG} \sin\alpha - F_h$

$F_{Kx} = 0{,}7817\,\text{kN} \cdot \sin 50° - 0{,}0842\,\text{kN} = 0{,}5146\,\text{kN}$

II. $F_{Ky} = F_{DG} \cos\alpha = 0{,}7817\,\text{kN} \cdot \cos 50° = 0{,}5025\,\text{kN}$

$$F_K = \sqrt{F_{Kx}^2 + F_{Ky}^2} = \sqrt{(0{,}5146\text{ kN})^2 + (0{,}5025\text{ kN})^2}$$

$F_K = 0{,}7192\text{ kN}$

$$\alpha_K = \arctan\frac{F_{Ky}}{F_{Kx}} = \arctan\frac{502{,}5\text{ N}}{514{,}6\text{ N}} = 44{,}32°$$

103.

Lageskizze
(freigemachte Leiter)

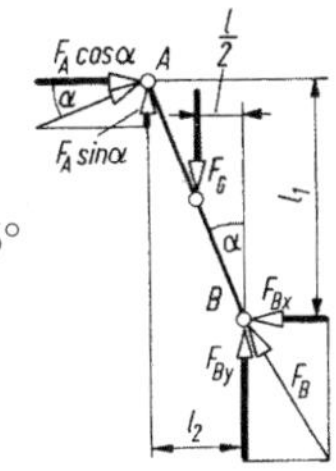

Berechnung des Winkels α:

$$\alpha = \arctan\frac{l_2}{l_1} = \arctan\frac{1{,}5\text{ m}}{4\text{ m}} = 20{,}56°$$

I. $\Sigma F_x = 0 = F_A \cos\alpha - F_{Bx}$

II. $\Sigma F_y = 0 = F_A \sin\alpha + F_{By} - F_G$

III. $\Sigma M_{(B)} = 0 = F_G \frac{l_2}{2} - F_A \sin\alpha\, l_2 - F_A \cos\alpha\, l_1$

a) III. $F_A = F_G \dfrac{l_2}{2(l_1 \cos\alpha + l_2 \sin\alpha)}$

$$F_A = 800\text{ N} \cdot \frac{1{,}5\text{ m}}{2(4\text{ m} \cdot \cos 20{,}56° + 1{,}5\text{ m} \cdot \sin 20{,}56°)}$$

$F_A = 140{,}4\text{ N}$

$F_{Ax} = F_A \cos\alpha = 140{,}4\text{ N} \cdot \cos 20{,}56° = 131{,}5\text{ N}$

$F_{Ay} = F_A \sin\alpha = 140{,}4\text{ N} \cdot \sin 20{,}56° = 49{,}32\text{ N}$

b) I. $F_{Bx} = F_A \cos\alpha = 131{,}5\text{ N}$

II. $F_{By} = F_G - F_A \sin\alpha = 800\text{ N} - 49{,}32\text{ N} = 750{,}7\text{ N}$

$$F_B = \sqrt{F_{Bx}^2 + F_{By}^2} = \sqrt{(131{,}5\text{ N})^2 + (750{,}7\text{ N})^2}$$

$F_B = 762{,}1\text{ N}$

104.

Lageskizze
(freigemachter Stab)

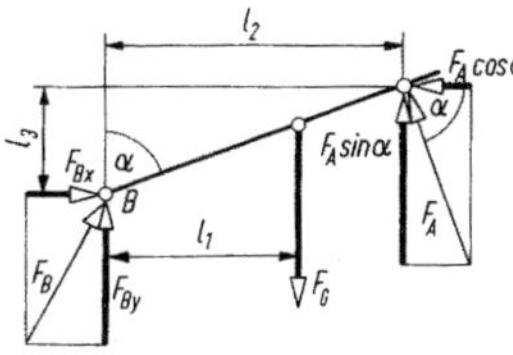

Berechnung des Winkels α:

$$\alpha = \arctan\frac{l_2}{l_3} = \arctan\frac{3\text{ m}}{1\text{ m}} = 71{,}57°$$

I. $\Sigma F_x = 0 = F_{Bx} - F_A \cos\alpha$

II. $\Sigma F_y = 0 = F_{By} - F_G + F_A \sin\alpha$

III. $\Sigma M_{(B)} = 0 = -F_G\, l_1 + F_A \sin\alpha\, l_2 + F_A \cos\alpha\, l_3$

a) III. $F_A = F_G \dfrac{l_1}{l_2 \sin\alpha + l_3 \cos\alpha}$

$$F_A = 100\text{ N} \cdot \frac{2\text{ m}}{3\text{ m} \cdot \sin 71{,}57° + 1\text{ m} \cdot \cos 71{,}57°}$$

$F_A = 63{,}25\text{ N}$

$F_{Ax} = F_A \cos\alpha = 63{,}25\text{ N} \cdot \cos 71{,}57° = 20\text{ N}$

$F_{Ay} = F_A \sin\alpha = 63{,}25\text{ N} \cdot \sin 71{,}57° = 60\text{ N}$

b) I. $F_{Bx} = F_A \cos\alpha = 63{,}25\text{ N} \cdot \cos 71{,}57° = 20\text{ N}$

II. $F_{By} = F_G - F_A \sin\alpha = 100\text{ N} - 60\text{ N} = 40\text{ N}$

$$F_B = \sqrt{F_{Bx}^2 + F_{By}^2} = \sqrt{(20\text{ N})^2 + (40\text{ N})^2}$$

$F_B = 44{,}72\text{ N}$

105.

*Rollenanordnung **a**:*

Gleichgewichtsbedingungen:

I. $\Sigma F_x = 0 = F_{Ax} - F_B \sin\alpha$

II. $\Sigma F_y = 0 = F_{Ay} - F_G + F_B \cos\alpha$

III. $\Sigma M_{(A)} = 0 = -F_G \frac{l_1}{2} \cos\alpha + F_B (l_1 - l_2)$

Hinweis:
Die Auflagekraft F_B ist einwertig, wirkt also senkrecht auf die Platte mit dem Wirkabstand ($l_1 - l_2$) zum Drehpunkt A in Gleichung III.

Lageskizze
(freigemachte Platte)

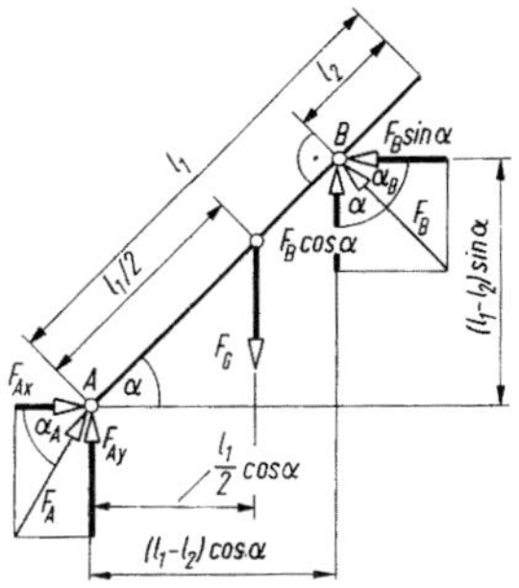

$l_1 = 2$ m, $l_2 = 0{,}5$ m

Ermittlung der Auflagekraft F_B über die Gleichung III.:

$$\text{III.} - F_G \frac{l_1}{2}\cos\alpha + F_B\left(l_1 - l_2\right) = 0$$

$$F_B = F_G \frac{l_1 \cos\alpha}{2\left(l_1 - l_2\right)} = 2{,}5\ \text{kN}\frac{2\ \text{m}\cdot\cos 45°}{2\cdot\left(2\ \text{m} - 0{,}5\ \text{m}\right)}$$

$$F_B = 1{,}179\,\text{kN}$$

Bei der Rollenanordnung a beträgt die Auflagekraft $F_B = 1{,}179\,\text{kN}$.

Ermittlung der Lagerkraft F_A über die Gleichungen I. und II.:

$$\text{I. } F_{Ax} - F_B \sin\alpha = 0$$

$$F_{Ax} = F_B \sin\alpha = 1{,}179\,\text{kN}\cdot\sin 45° = 0{,}833\,\text{kN}$$

$$\text{II. } F_{Ay} - F_G + F_B\cos\alpha = 0$$

$$F_{Ay} = F_G - F_B\cos\alpha = 2{,}5\,\text{kN} - 1{,}179\,\text{kN}\cdot\cos 45°$$

$$F_{Ay} = 1{,}667\,\text{kN}$$

$$F_A = \sqrt{\left(0{,}833\,\text{kN}\right)^2 + \left(1{,}667\,\text{kN}\right)^2} = 1{,}863\,\text{kN}$$

Bei der Rollenanordnung a beträgt die Lagerkraft $F_A = 1{,}863\,\text{kN}$

Ermittlung der Winkel α_A und α_B:

$$\tan\alpha_A = \frac{F_{Ay}}{F_{Ax}} \rightarrow \alpha_A = \arctan\frac{F_{Ay}}{F_{Ax}} = \arctan\frac{1{,}667\,\text{kN}}{0{,}833\,\text{kN}} = 63{,}45°$$

$\alpha_B = 45°$, weil das Rollenlager B nur Kräfte rechtwinklig zur Platte übertragen kann.

Rollenanordnung ***b****:*

Lageskizze (freigemachte Platte)

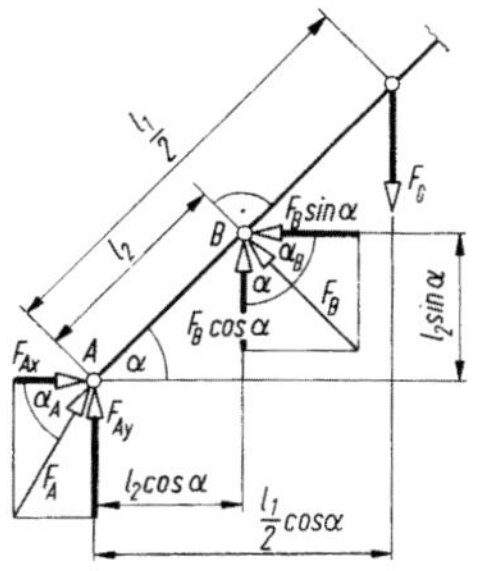

$l_1 = 2$ m, $l_2 = 0{,}5$ m

Gegenüber der Rollenanordnung **a** hat sich nur der Wirkabstand der Auflagekraft F_B zum Drehpunkt A von $l_1 - l_2$ auf l_2 reduziert.
Wird in die Gleichung III. zur Ermittlung der Auflagekraft F_B in der Rollenanordnung **a** statt $l_1 - l_2$ nun l_2 eingesetzt, kann die jetzt wirkende Auflagekraft F_B berechnet werden:

Ermittlung der Auflagekraft F_B über die Gleichung III. (s. o.):

$$\text{III.} - F_G \frac{l_1}{2}\cos\alpha + F_B l_2 = 0$$

$$F_B = F_G \frac{l_1\cos\alpha}{2 l_2} = 2{,}5\ \text{kN}\frac{2\ \text{m}\cdot\cos 45°}{2\cdot 0{,}5\ \text{m}}$$

$$F_B = 3{,}536\,\text{kN}$$

Bei der Rollenanordnung b beträgt die Auflagekraft $F_B = 3{,}536\,\text{kN}$.

Die Lagerkraft F_A wird wieder über die Gleichungen I. und II. aus der Rollenanordnung **a** mit der nun wirkenden Auflagekraft $F_B = 3{,}536$ kN berechnet:

Ermittlung der Lagerkraft F_A über die Gleichungen I. und II.:

$$\text{I. } F_{Ax} - F_B\sin\alpha = 0$$

$$F_{Ax} = F_B\sin\alpha = 3{,}536\,\text{kN}\cdot\sin 45° = 2{,}5\,\text{kN}$$

$$\text{II. } F_{Ay} - F_G + F_B\cos\alpha = 0$$

$$F_{Ay} = F_G - F_B\cos\alpha = 2{,}5\,\text{kN} - 3{,}536\,\text{kN}\cdot\cos 45°$$

$$F_{Ay} = 0\,\text{kN}$$

Hinweis:
Nur bei einem Neigungswinkel $\alpha = 45°$ der Platte sind die beiden Komponenten F_{Bx} und F_{By} der Auflagekraft F_B gleich groß. Wenn nun nach Gleichung I. $F_{Ax} = 2{,}5$ kN beträgt, dann muss in der Gleichung II. die Komponente $F_{Ay} = F_B \cos\alpha$ ebenfalls 2,5 kN betragen. Damit besteht in y-Richtung Gleichgewicht zwischen der Gewichtskraft F_G und der senkrechten Komponente F_{By} und die senkrechte Lagerkraftkomponente F_{Ay} wird null.

$F_A = F_{Ax} = 2{,}5$ kN

Bei der Rollenanordnung b beträgt die Lagerkraft $F_A = 2{,}5$ kN.
Ermittlung der Winkel α_A und α_B:

$\alpha_A = 0°$, weil die Lagerkraft F_A nur in horizontaler Richtung wirkt,

$\alpha_B = 45°$, weil - wie in der Anordnung a - die Auflagekraft F_B rechtwinklig zur Platte wirkt.

Ergebnisse im Überblick:

	F_A	F_B	α_A	α_B
Rollenanordnung **a**	1,863 kN	1,179 kN	63,45°	45°
Rollenanordnung **b**	2,5 kN	3,536 kN	0°	45°

106.

Lageskizze
(freigemachter Hebel)

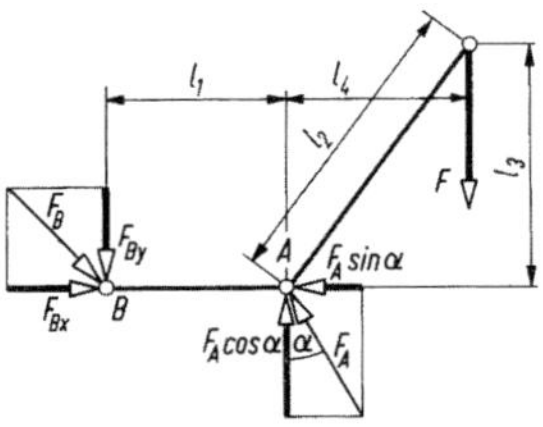

Berechnung des Abstands l_4:

$$l_4 = \sqrt{l_2^2 - l_3^2} = \sqrt{(0{,}5\text{ m})^2 - (0{,}4\text{ m})^2} = 0{,}3\text{ m}$$

I. $\Sigma F_x = 0 = F_{Bx} - F_A \sin\alpha$

II. $\Sigma F_y = 0 = -F_{By} + F_A \cos\alpha - F$

III. $\Sigma M_{(B)} = 0 = F_A \cos\alpha\, l_1 - F(l_1 + l_4)$

a) III. $F_A = F \dfrac{l_1 + l_4}{l_1 \cos\alpha} = 350\text{ N} \cdot \dfrac{0{,}3\text{ m} + 0{,}3\text{ m}}{0{,}3\text{ m} \cdot \cos 30°} = 808{,}3\text{ N}$

$F_{Ax} = F_A \sin\alpha = 808{,}3\text{ N} \cdot \sin 30° = 404{,}1\text{ N}$

$F_{Ay} = F_A \cos\alpha = 808{,}3\text{ N} \cdot \cos 30° = 700\text{ N}$

Hinweis: Hier ist α der Winkel zwischen F_A und der *Senkrechten*, daher andere Gleichungen für F_{Ax} und F_{Ay} als gewohnt.

b) I. $F_{Bx} = F_A \sin\alpha = 404{,}1\text{ N}$

II. $F_{By} = F_A \cos\alpha - F = 700\text{ N} - 350\text{ N} = 350\text{ N}$

$F_B = \sqrt{F_{Bx}^2 + F_{By}^2} = \sqrt{(404{,}1\text{ N})^2 + (350\text{ N})^2}$

$F_B = 534{,}6\text{ N}$

107.

Lageskizze
(freigemachte
Rampe)

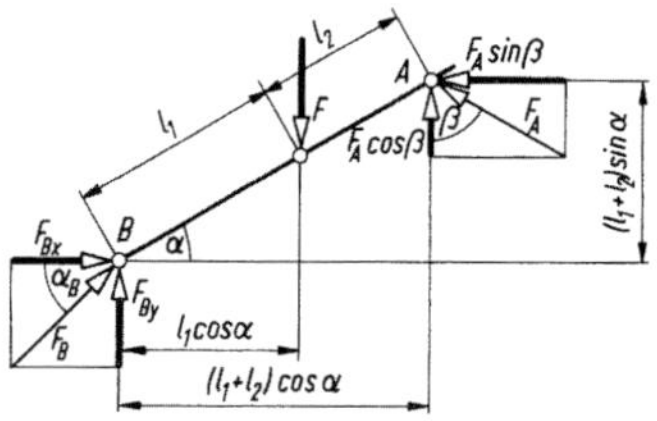

I. $\Sigma F_x = 0 = F_{Bx} - F_A \sin\beta$

II. $\Sigma F_y = 0 = F_{By} - F + F_A \cos\beta$

III. $\Sigma M_{(B)} = 0 = -F l_1 \cos\alpha + F_A \cos\beta (l_1 + l_2)\cos\alpha +$
$+ F_A \sin\beta (l_1 + l_2)\sin\alpha$

a) III. $F_A = F \dfrac{l_1 \cos\alpha}{(l_1 + l_2)(\cos\alpha \cos\beta + \sin\alpha \sin\beta)}$

$F_A = F \dfrac{l_1 \cos\alpha}{(l_1 + l_2)\cos(\alpha - \beta)}$

$F_A = 5\text{ kN} \cdot \dfrac{2\text{ m} \cdot \cos 20°}{3{,}5\text{ m} \cdot \cos(-40°)}$

$F_A = 3{,}505\text{ kN}$

b) I. $F_{Bx} = F_A \sin\beta = 3{,}505\text{ kN} \cdot \sin 60° = 3{,}035\text{ kN}$

II. $F_{By} = F - F_A \cos\beta = 5\text{ kN} - 3{,}505\text{ kN} \cdot \cos 60°$

$F_{By} = 3{,}248\text{ kN}$

$F_B = \sqrt{F_{Bx}^2 + F_{By}^2} = \sqrt{(3{,}035\text{ kN})^2 + (3{,}248\text{ kN})^2}$

$F_B = 4{,}445\text{ kN}$

c) $\alpha_B = \arctan \dfrac{F_{By}}{F_{Bx}} = \arctan \dfrac{3{,}248\text{ kN}}{3{,}035\text{ kN}} = 46{,}94°$

108.

Lageskizze
(freigemachter Drehkran)

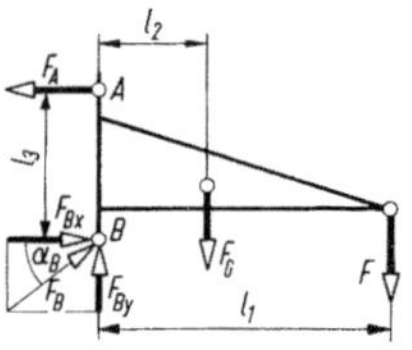

I. $\Sigma F_x = 0 = F_{Bx} - F_A$

II. $\Sigma F_y = 0 = F_{By} - F_G - F$

III. $\Sigma M_{(B)} = 0 = F_A l_3 - F_G l_2 - F l_1$

a) III. $F_A = \dfrac{F_G l_2 + F l_1}{l_3} = \dfrac{8\ \text{kN} \cdot 0{,}55\ \text{m} + 20\ \text{kN} \cdot 2{,}2\ \text{m}}{1{,}2\ \text{m}}$

$F_A = 40{,}33\ \text{kN}$

b) I. $F_{Bx} = F_A = 40{,}33\ \text{kN}$

II. $F_{By} = F_G + F = 8\ \text{kN} + 20\ \text{kN} = 28\ \text{kN}$

$F_B = \sqrt{F_{Bx}^2 + F_{By}^2} = \sqrt{(40{,}33\ \text{kN})^2 + (28\ \text{kN})^2}$

$F_B = 49{,}1\ \text{kN}$

c) $\alpha_B = \arctan \dfrac{F_{By}}{F_{Bx}} = \arctan \dfrac{28\ \text{kN}}{40{,}33\ \text{kN}} = 34{,}77°$

109.

Lageskizze 1
(freigemachte Spannrolle)

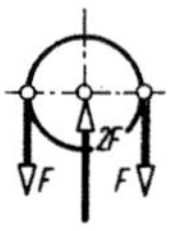

Lageskizze 2
(freigemachter Winkelhebel)

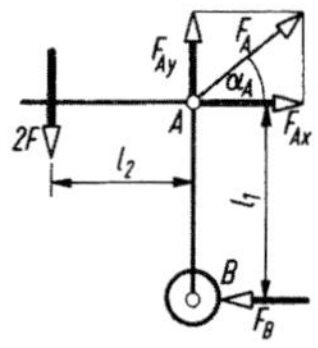

I. $\Sigma F_x = 0 = F_{Ax} - F_B$

II. $\Sigma F_y = 0 = F_{Ay} - 2F$

III. $\Sigma M_{(A)} = 0 = 2F l_2 - F_B l_1$

a) III. $F_B = 2F \dfrac{l_2}{l_1} = 2 \cdot 35\ \text{N} \cdot \dfrac{110\ \text{mm}}{135\ \text{mm}} = 57{,}04\ \text{N}$

b) I. $F_{Ax} = F_B = 57{,}04\ \text{N}$

II. $F_{Ay} = 2F = 2 \cdot 35\ \text{N} = 70\ \text{N}$

$F_A = \sqrt{F_{Ax}^2 + F_{Ay}^2} = \sqrt{(57{,}04\ \text{N})^2 + (70\ \text{N})^2}$

$F_A = 90{,}3\ \text{N}$

c) $\alpha_A = \arctan \dfrac{F_{Ay}}{F_{Ax}} = \arctan \dfrac{70\ \text{N}}{57{,}04\ \text{N}} = 50{,}83°$

110.

Lageskizze
(freigemachter Träger)

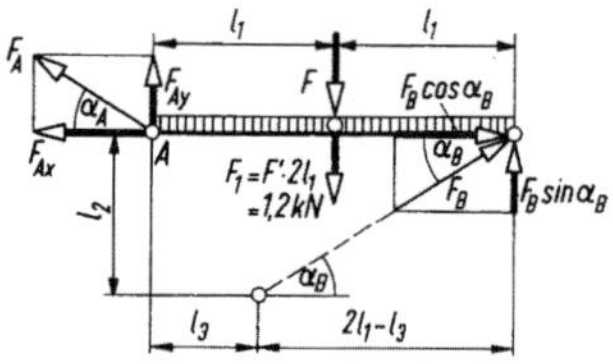

Berechnung des Winkels α_B:

$\alpha_B = \arctan \dfrac{l_2}{2l_1 - l_3} = \arctan \dfrac{0{,}7\ \text{m}}{0{,}85\ \text{m}} = 39{,}47°$

I. $\Sigma F_x = 0 = F_B \cos\alpha_B - F_{Ax}$

II. $\Sigma F_y = 0 = F_{Ay} - F - F_1 + F_B \sin\alpha_B$

III. $\Sigma M_{(A)} = 0 = -(F + F_1) l_1 + F_B \sin\alpha_B \cdot 2l_1$

a) III. $F_B = (F + F_1) \cdot \dfrac{l_1}{2l_1 \sin\alpha_B} = \dfrac{F + F_1}{2\sin\alpha_B} = 12{,}74\ \text{kN}$

b) I. $F_{Ax} = F_B \cos\alpha_B = 12{,}74\ \text{kN} \cdot \cos 39{,}47°$

$F_{Ax} = 9{,}836\ \text{kN}$

II. $F_{Ay} = F + F_1 - F_B \sin\alpha_B$

$F_{Ay} = 15\ \text{kN} + 1{,}2\ \text{kN} - 12{,}74\ \text{kN} \cdot \sin 39{,}47°$

$F_{Ay} = 8{,}1\ \text{kN}$

$F_A = \sqrt{F_{Ax}^2 + F_{Ay}^2} = \sqrt{(9{,}836\ \text{kN})^2 + (8{,}1\ \text{kN})^2}$

$F_A = 12{,}74\ \text{kN}$

c) $\alpha_A = \arctan \dfrac{F_{Ay}}{F_{Ax}} = \arctan \dfrac{8{,}1\ \text{kN}}{9{,}836\ \text{kN}} = 39{,}47°$

Hinweis: Wegen der Wirkliniensymmetrie müssen $F_A = F_B$ und $\alpha_A = \alpha_B$ sein (siehe Lageskizze). Die Teillösungen b) und c) enthalten also zugleich eine Kontrolle der Rechnungen.

111.

Rechnerische Lösung:

Lageskizze
(freigemachter Bogenträger)

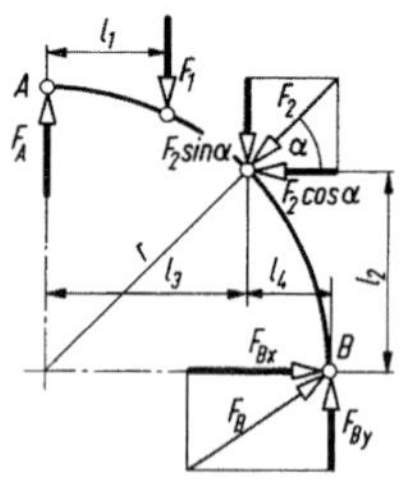

Berechnung des Abstands l_4:

$l_4 = r - l_3 = r - \sqrt{r^2 - l_2^2}$

$l_4 = 3{,}6\ \text{m} - \sqrt{(3{,}6\ \text{m})^2 - (2{,}55\ \text{m})^2} = 1{,}059\ \text{m}$

I. $\Sigma F_x = 0 = F_{Bx} - F_2 \cos\alpha$

II. $\Sigma F_y = 0 = F_A - F_1 - F_2 \sin\alpha + F_{By}$

III. $\Sigma M_{(B)} = 0 = -F_A\, r + F_1\,(r - l_1) +$

$+ F_2 \sin\alpha\, l_4 + F_2 \cos\alpha\, l_2$

a) III. $F_A = \dfrac{F_1(r - l_1) + F_2(l_4 \sin\alpha + l_2 \cos\alpha)}{r}$

$$F_A = \frac{21\ \text{kN} \cdot 2{,}2\ \text{m}}{3{,}6\ \text{m}} + \frac{18\ \text{kN}(1{,}059\ \text{m} \cdot \sin 45° + 2{,}55\ \text{m} \cdot \cos 45°)}{3{,}6\ \text{m}}$$

$F_A = 25{,}59$ kN

b) I. $F_{Bx} = F_2 \cos\alpha = 18\ \text{kN} \cdot \cos 45° = 12{,}73\ \text{kN}$

II. $F_{By} = F_1 + F_2 \sin\alpha - F_A$

$F_{By} = 21\ \text{kN} + 18\ \text{kN} \cdot \sin 45° - 25{,}59\ \text{kN}$

$F_{By} = 8{,}14$ kN

$F_B = \sqrt{F_{Bx}^2 + F_{By}^2} = \sqrt{(12{,}73\ \text{kN})^2 + (8{,}14\ \text{kN})^2}$

$F_B = 15{,}11$ kN

c) $F_{Bx} = 12{,}73$ kN, $F_{By} = 8{,}14$ kN, siehe Teillösung b)

Trigonometrische Lösung:

Lageskizze

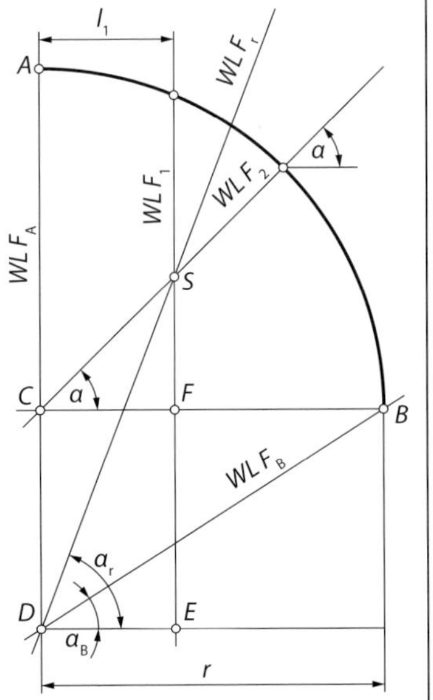

Krafteckskizze

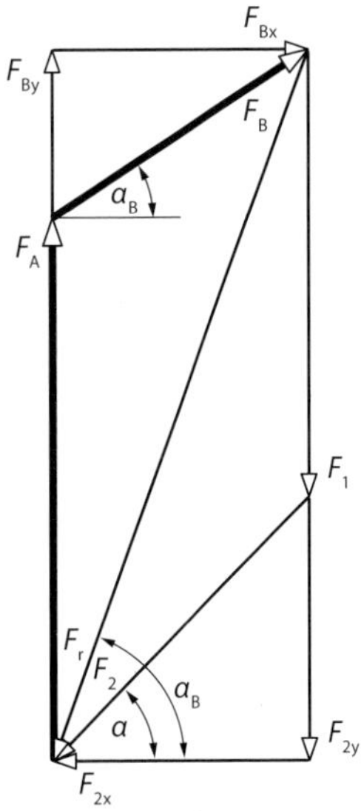

Auswertung der Krafteckskizze:
Zunächst werden die beiden bekannten Kräfte F_1 / F_2 zur Resultierenden F_r zusammengefasst und deren Lage durch den Winkel α_r ermittelt

$F_{2x} = F_{2y} = F_{Bx}$

$F_{2x} = F_2 \cos\alpha = 18\,\text{kN} \cdot \cos 45° = 12{,}728\,\text{kN} = F_{2y}$

$\alpha_r = \arctan\dfrac{F_1 + F_{2y}}{F_{2x}} = \arctan\dfrac{21\,\text{kN} + 12{,}728\,\text{kN}}{12{,}728\,\text{kN}}$

$\alpha_r = 69{,}3°$

Auswertung der Lageskizze:

Δ DES

$\tan\alpha_r = \dfrac{\overline{ES}}{l_1} \rightarrow \overline{ES} = l_1 \tan\alpha_r = 1{,}4\,\text{m} \cdot \tan 69{,}3°$

$= 3{,}705\,\text{m}$

$\overline{FS} = l_1 = 1{,}4\,\text{m}$, da $\alpha = 45°$

$\overline{EF} = \overline{ES} - \overline{FS} = (3{,}705 - 1{,}4)\,\text{m} = 2{,}305\,\text{m}$

$\alpha_B = \arctan\dfrac{\overline{EF}}{r} = \arctan\dfrac{2{,}305\,\text{m}}{3{,}6\,\text{m}} = 32{,}63°$

a) $F_A = F_1 + F_{2y} - F_{By}$

$\tan\alpha_B = \dfrac{F_{By}}{F_{Bx}} \quad (F_{Bx} = F_{2x})$

$F_{By} = F_{2y} \tan\alpha_B = 12{,}728\,\text{kN} \cdot \tan 32{,}63°$

$F_{By} = 8{,}149\,\text{kN}$

$F_A = 21\,\text{kN} + 12{,}728\,\text{kN} - 8{,}149\,\text{kN} = 25{,}579\,\text{kN}$

b) $\cos\alpha_B = \dfrac{F_{2x}}{F_B} \rightarrow F_B = \dfrac{F_{2x}}{\cos\alpha_B}$

$$F_B = \frac{12{,}728\,\text{kN}}{\cos 32{,}63°} = 15{,}113\,\text{kN}$$

c) $F_{Bx} = F_{2x} = 12{,}728\,\text{kN}$

$F_{By} = 8{,}149\,\text{kN}$ (siehe unter a))

Zeichnerische Lösung:

Anleitung: Im Lageplan WL F_1 und WL F_2 zum Schnitt bringen. Im Kräfteplan Resultierende F_r aus F_1 und F_2 ermitteln und parallel in den Punkt S im Lageplan verschieben. Dann 3-Kräfte-Verfahren mit den WL F_r, WL F_A und WL F_B anwenden.

Lageplan (M_L = 2 m/cm)

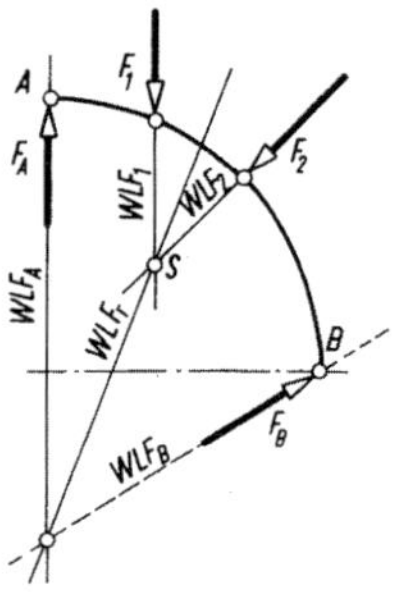

Kräfteplan (M_K = 10 kN/cm)

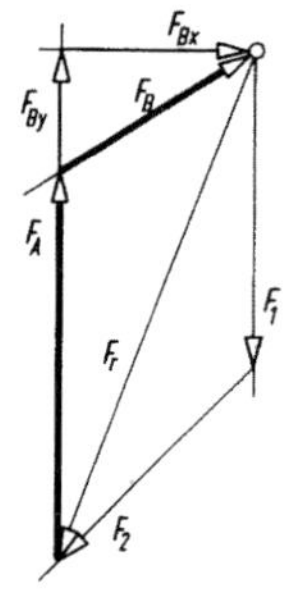

112.

Vorüberlegung:

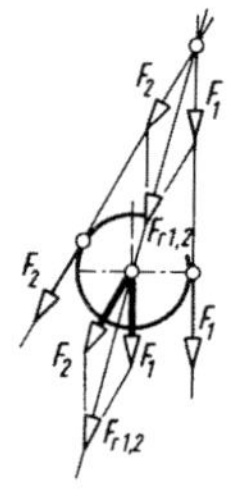

Die Zugkraft F_2 im linken Zugseil ist gleich der Belastung F_1 im rechten Zugseil. Beide Kräfte werden in den Schnittpunkt ihrer Wirklinien verschoben und dort durch ihre Resultierende $F_{r1,2}$ ersetzt. Deren Wirklinie verläuft durch den Seilrollenmittelpunkt. Dann wird die Resultierende in den Rollenmittelpunkt verschoben und wieder in ihre Komponenten F_1 und F_2 zerlegt.

Auf diese Weise erhält man für beide Kräfte einen Angriffspunkt, der durch die gegebenen Abmessungen genau festgelegt ist.

Lageskizze (freigemachter Ausleger)

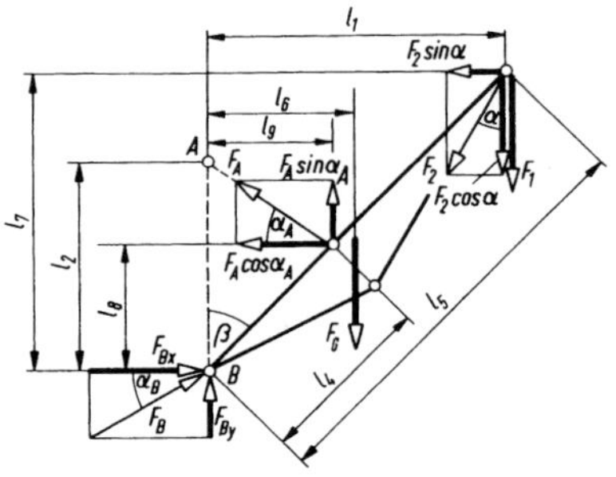

Bei der Lösung dieser Aufgabe ist zur Berechnung der Wirkabstände und Winkel ein verhältnismäßig großer trigonometrischer Aufwand erforderlich.

$$\beta = \arcsin\frac{l_1}{l_5} = \arcsin\frac{5\text{ m}}{7\text{ m}} = 45{,}58°$$

$$l_7 = \frac{l_1}{\tan\beta} = \frac{5\text{ m}}{\tan 45{,}58°} = 4{,}899\text{ m}$$

$$l_8 = l_4\cos\beta = 3\text{ m}\cdot\cos 45{,}58° = 2{,}1\text{ m}$$

$$l_9 = l_4\sin\beta = 3\text{ m}\cdot\sin 45{,}58° = 2{,}143\text{ m}$$

$$\alpha_A = \arctan\frac{l_2 - l_8}{l_9} = \arctan\frac{3{,}5\text{ m} - 2{,}1\text{ m}}{2{,}143\text{ m}} = 33{,}16°$$

Rechnungsansatz mit den Gleichgewichtsbedingungen:

I. $\Sigma F_x = 0 = F_{Bx} - F_A\cos\alpha_A - F_2\sin\alpha$

II. $\Sigma F_y = 0 = F_{By} + F_A\sin\alpha_A - F_G - F_2\cos\alpha - F_1$

III. $\Sigma M_{(B)} = 0 = F_A\cos\alpha_A\, l_8 + F_A\sin\alpha_A\, l_9 - F_G\, l_6 +$
$+ F_2\sin\alpha\, l_7 - F_2\cos\alpha\, l_1 - F_1\, l_1$

Für $F_2 = F_1$ gesetzt:

I. $F_{Bx} - F_A\cos\alpha_A - F_1\sin\alpha = 0$

II. $F_{By} + F_A\sin\alpha_A - F_G - F_1(1+\cos\alpha) = 0$

III. $F_A(l_8\cos\alpha_A + l_9\sin\alpha_A) - F_G\, l_6 +$
$+ F_1(l_7\sin\alpha - l_1\cos\alpha - l_1) = 0$

a) III. $F_A = \dfrac{F_G\, l_6 - F_1[l_7\sin\alpha - l_1(1+\cos\alpha)]}{l_8\cos\alpha_A + l_9\sin\alpha_A}$

$$F_A = \frac{9\text{ kN}\cdot 2{,}4\text{ m}}{2{,}1\text{ m}\cdot\cos 33{,}16° + 2{,}143\text{ m}\cdot\sin 33{,}16°} - \frac{30\text{ kN}[4{,}899\text{ m}\cdot\sin 25° - 5\text{ m}(1+\cos 25°)]}{2{,}1\text{ m}\cdot\cos 33{,}16° + 2{,}143\text{ m}\cdot\sin 33{,}16°}$$

$$F_A = 83{,}76\text{ kN}$$

b) I. $F_{Bx} = F_A \cos\alpha_A + F_1 \sin\alpha$

$F_{Bx} = 83{,}76\ \text{kN} \cdot \cos 33{,}16° + 30\ \text{kN} \cdot \sin 25°$

$F_{Bx} = 82{,}8\ \text{kN}$

II. $F_{By} = F_G + F_1(1 + \cos\alpha) - F_A \sin\alpha_A$

$F_{By} = 9\,\text{kN} + 30\,\text{kN}(1 + \cos 25°) -$

$- 83{,}76\,\text{kN} \cdot \sin 33{,}16°$

$F_{By} = 20{,}37\,\text{kN}$

$F_B = \sqrt{F_{Bx}^2 + F_{By}^2} = \sqrt{(82{,}8\ \text{kN})^2 + (20{,}37\ \text{kN})^2}$

$F_B = 85{,}27\ \text{kN}$

c) $\alpha_B = \arctan\dfrac{F_{By}}{F_{Bx}} = \arctan\dfrac{20{,}37\ \text{kN}}{82{,}8\ \text{kN}} = 13{,}82°$

113.

Nach der gleichen Vorüberlegung wie in Lösung 112 werden die Angriffspunkte der beiden Kettenspannkräfte $F_1 = 120$ N in den Mittelpunkt des Spannrads verschoben.

Lageskizze (freigemachter Spannhebel)

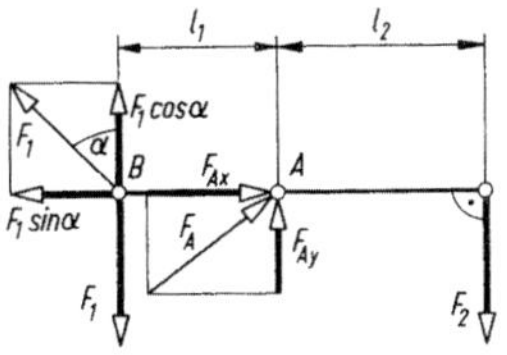

I. $\Sigma F_x = 0 = F_{Ax} - F_1 \sin\alpha$

II. $\Sigma F_y = 0 = -F_1 + F_1 \cos\alpha + F_{Ay} - F_2$

III. $\Sigma M_{(A)} = 0 = F_1 l_1 - F_1 \cos\alpha\, l_1 - F_2 l_2$

a) III. $F_2 = F_1(1 - \cos\alpha)\dfrac{l_1}{l_2}$

$F_2 = 120\ \text{N}(1 - \cos 45°)\dfrac{50\ \text{mm}}{85\ \text{mm}} = 20{,}67\ \text{N}$

b) I. $F_{Ax} = F_1 \sin\alpha = 120\ \text{N} \cdot \sin 45° = 84{,}85\ \text{N}$

II. $F_{Ay} = F_1(1 - \cos\alpha) + F_2$

$F_{Ay} = 120\ \text{N}(1 - \cos 45°) + 20{,}67\ \text{N} = 55{,}82\ \text{N}$

$F_A = \sqrt{F_{Ax}^2 + F_{Ay}^2} = \sqrt{(84{,}85\ \text{N})^2 + (55{,}82\ \text{N})^2}$

$F_A = 101{,}6\ \text{N}$

c) $F_{Ax} = 84{,}85$ N; $F_{Ay} = 55{,}82$ N, siehe Teillösung b)

114.

Lageskizze (freigemachtes Dach)

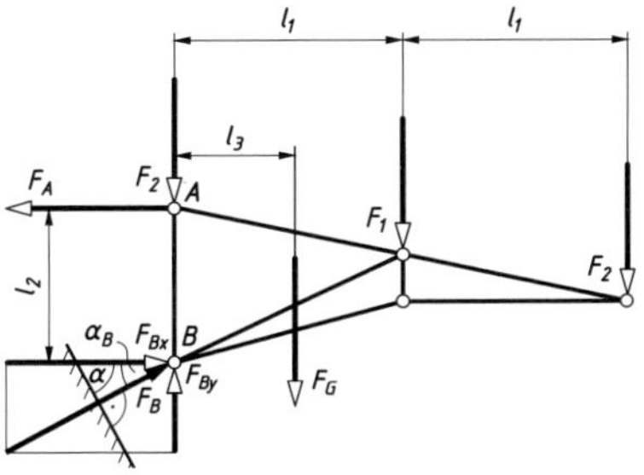

I. $\Sigma F_x = 0 = F_{Bx} - F_A$

II. $\Sigma F_y = 0 = F_{By} - F_G - F_1 - 2F_2$

III. $\Sigma M_{(B)} = 0 = F_A l_2 - F_G l_3 - F_1 l_1 - F_2 \cdot 2 l_1$

a) III. $F_A = \dfrac{F_G l_3 + (F_1 + 2F_2) l_1}{l_2}$

$F_A = \dfrac{1{,}3\ \text{kN} \cdot 0{,}9\ \text{m} + (5\ \text{kN} + 5\ \text{kN}) \cdot 1{,}5\ \text{m}}{1{,}1\ \text{m}}$

$F_A = 14{,}7\ \text{kN}$

b) I. $F_{Bx} = F_A = 14{,}7\ \text{kN}$

II. $F_{By} = F_G + F_1 + 2F_2$

$F_{By} = 1{,}3\ \text{kN} + 5\ \text{kN} + 2 \cdot 2{,}5\ \text{kN} = 11{,}3\ \text{kN}$

$F_B = \sqrt{F_{Bx}^2 + F_{By}^2} = \sqrt{(14{,}7\ \text{kN})^2 + (11{,}3\ \text{kN})^2}$

$F_B = 18{,}54\ \text{kN}$

c) $\alpha_B = \arctan\dfrac{F_{By}}{F_{Bx}} = \arctan\dfrac{11{,}3\ \text{kN}}{14{,}7\ \text{kN}} = 37{,}55°$

Winkel α ist Komplementwinkel zum Winkel α_B:
$\alpha = 90° - \alpha_B = 52{,}45°$

115.

Lageskizze (freigemachte Laufbühne)

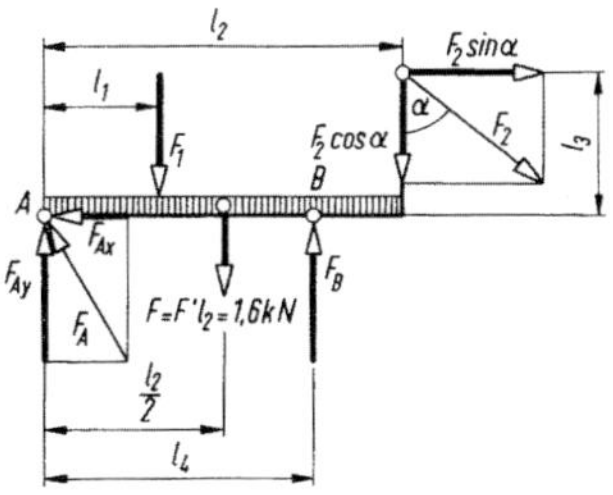

I. $\Sigma F_x = 0 = F_2 \sin\alpha - F_{Ax}$

II. $\Sigma F_y = 0 = F_{Ay} - F_1 - F + F_B - F_2 \cos\alpha$

III. $\Sigma M_{(A)} = 0 = -F_1 l_1 - F\dfrac{l_2}{2} + F_B l_4 -$

$- F_2 \cos\alpha\, l_2 - F_2 \sin\alpha\, l_3$

a) III. $F_B = \dfrac{F_1 l_1 + F\dfrac{l_2}{2} + F_2(l_2 \cos\alpha + l_3 \sin\alpha)}{l_4}$

$F_B = \dfrac{2{,}5\ \text{kN}\cdot 0{,}6\ \text{m} + 1{,}6\ \text{kN}\cdot 1\ \text{m}}{1{,}5\ \text{m}} +$

$+ \dfrac{0{,}5\ \text{kN}(2\ \text{m}\cdot\cos 52° + 0{,}8\text{m}\cdot\sin 52°)}{1{,}5\ \text{m}}$

$F_B = 2{,}687\ \text{kN}$

b) I. $F_{Ax} = F_2 \sin\alpha = 0{,}5\ \text{kN}\cdot\sin 52° = 0{,}394\ \text{kN}$

II. $F_{Ay} = F_1 + F + F_2 \cos\alpha - F_B$

$F_{Ay} = 2{,}5\text{kN} + 1{,}6\text{kN} + 0{,}5\text{kN}\cdot\cos 52° - 2{,}687\text{kN}$

$F_{Ay} = 1{,}721\text{kN}$

$F_A = \sqrt{F_{Ax}^2 + F_{Ay}^2} = \sqrt{(0{,}394\ \text{kN})^2 + (1{,}721\ \text{kN})^2}$

$F_A = 1{,}765\ \text{kN}$

c) $F_{Ax} = 0{,}394$ kN, $F_{Ay} = 1{,}721$ kN, siehe Teillösung b)

116.

Lageskizze
(freigemachte Schwinge mit Motor)

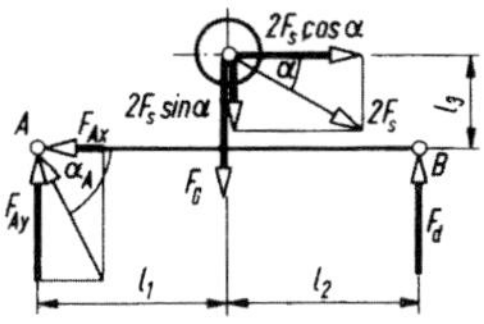

Vorüberlegung: Es dürfen die beiden parallelen Spannkräfte F_s durch die Resultierende $2F_s$, im Scheibenmittelpunkt angreifend, ersetzt werden.

I. $\Sigma F_x = 0 = 2F_s \cos\alpha - F_{Ax}$

II. $\Sigma F_y = 0 = F_{Ay} - 2F_s \sin\alpha - F_G + F_d$

III. $\Sigma M_{(A)} = 0 = F_d(l_1 + l_2) - F_G l_1 -$

$- 2F_2 \sin\alpha\, l_1 - 2F_2 \cos\alpha\, l_3$

a) III. $F_d = \dfrac{F_G l_1 + 2F_s(l_1 \sin\alpha + l_3 \cos\alpha)}{l_1 + l_2}$

$F_d = \dfrac{300\ \text{N}\cdot 0{,}35\ \text{m}}{0{,}65\ \text{m}} +$

$+ \dfrac{400\ \text{N}(0{,}35\ \text{m}\cdot\sin 30° + 0{,}17\ \text{m}\cdot\cos 30°)}{0{,}65\ \text{m}}$

$F_d = 359{,}8\ \text{N}$

b) I. $F_{Ax} = 2F_s \cos\alpha = 2\cdot 200\ \text{N}\cdot\cos 30° = 346{,}4\ \text{N}$

II. $F_{Ay} = 2F_s \sin\alpha + F_G - F_d$

$F_{Ay} = 2\cdot 200\ \text{N}\cdot\sin 30° + 300\ \text{N} - 359{,}8\ \text{N}$

$F_{Ay} = 140{,}2\ \text{N}$

(Kontrolle mit $\Sigma M_{(B)} = 0$)

$F_A = \sqrt{F_{Ax}^2 + F_{Ay}^2} = \sqrt{(346{,}4\ \text{N})^2 + (140{,}2\ \text{N})^2}$

$F_A = 373{,}7\ \text{N}$

c) $\alpha_A = \arctan\dfrac{F_{Ay}}{F_{Ax}} = \arctan\dfrac{140{,}2\ \text{N}}{346{,}4\ \text{N}} = 22{,}03°$

117.

Vorüberlegung wie in Lösung 112.

Lageskizze
(freigemachter Spannhebel)

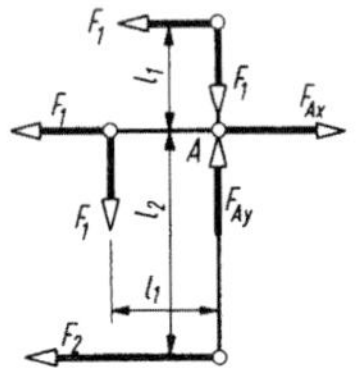

I. $\Sigma F_x = 0 = F_{Ax} - 2F_1 - F_2$

II. $\Sigma F_y = 0 = F_{Ay} - 2F_1$

III. $\Sigma M_{(A)} = 0 = F_1 l_1 + F_1 l_1 - F_2 l_2$

a) III. $F_2 = \dfrac{2F_1 l_1}{l_2} = F_1\dfrac{2l_1}{l_2} = 100\ \text{N}\cdot\dfrac{2\cdot 35\ \text{mm}}{110\ \text{mm}}$

$F_2 = 63{,}64\ \text{N}$

b) I. $F_{Ax} = 2F_1 + F_2 = 2\cdot 100\ \text{N} + 63{,}64\ \text{N} = 263{,}64\ \text{N}$

II. $F_{Ay} = 2F_1 = 200\ \text{N}$

$F_A = \sqrt{F_{Ax}^2 + F_{Ay}^2} = \sqrt{(263{,}64\ \text{N})^2 + (200\ \text{N})^2}$

$F_A = 330{,}9\ \text{N}$

c) $F_{Ax} = 263{,}64$ N, $F_{Ay} = 200$ N, siehe Teillösung b)

4-Kräfte-Verfahren und Gleichgewichtsbedingungen

118.

Rechnerische Lösung:

Lageskizze
(freigemachtes Mantelrohr mit Ausleger)

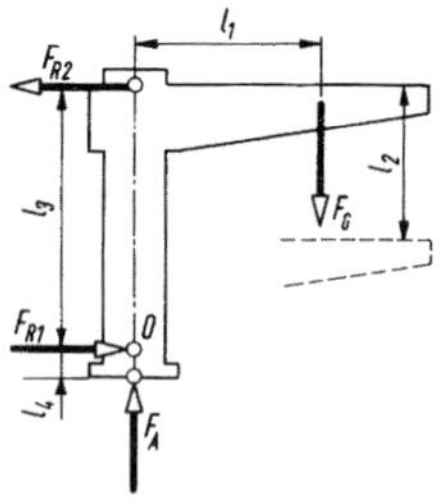

I. $\Sigma F_x = 0 = F_{R1} - F_{R2}$

II. $\Sigma F_y = 0 = F_A - F_G$

III. $\Sigma M_{(O)} = 0 = F_{R2} l_3 - F_G l_1$

a) Stützkräfte in oberster Stellung

III. $F_{R2} = F_G\dfrac{l_1}{l_3} = 24\ \text{kN}\cdot\dfrac{1{,}6\ \text{m}}{2{,}4\ \text{m}} = 16\ \text{kN}$

I. $F_{R1} = F_{R2} = 16\ \text{kN}$

II. $F_A = F_G = 24\ \text{kN}$

b) Stützkräfte in unterster Stellung

Beim Senken des Auslegers verändert keine der vier Wirklinien ihre Lage. Folglich bleiben auch die Stützkräfte F_A, F_{R1} und F_{R2} unverändert.

Zeichnerische Lösung:

Lageplan (M_L = 1 m/cm)

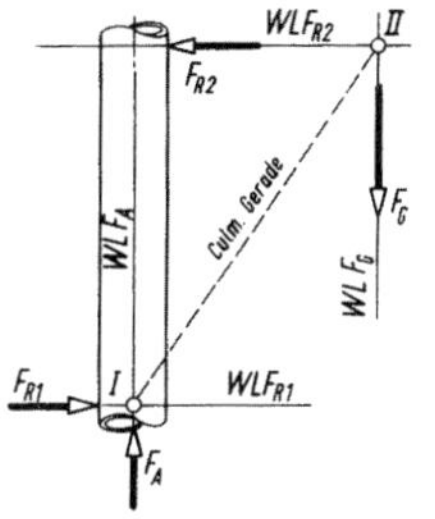

Kräfteplan (M_K = 10 kN/cm)

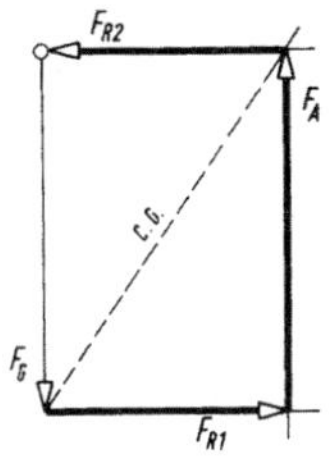

119.

Lageskizze (freigemachter Kran)

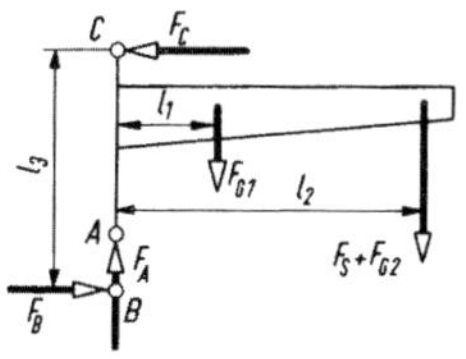

I. $\Sigma F_x = 0 = F_B - F_C$

II. $\Sigma F_y = 0 = F_A - F_{G1} - (F_s + F_{G2})$

III. $\Sigma M_{(B)} = 0 = F_C l_3 - F_{G1} l_1 - (F_s + F_{G2}) l_2$

$$\text{III. } F_C = \frac{F_{G1} l_1 + (F_s + F_{G2}) l_2}{l_3}$$

$$F_C = \frac{34\text{ kN} \cdot 1{,}1\text{ m} + 32\text{ kN} \cdot 4\text{ m}}{2{,}8\text{ m}} = 59{,}07\text{ kN}$$

I. $F_B = F_C = 59{,}07$ kN

II. $F_A = F_{G1} + F_s + F_{G2} = 66$ kN

120.

Lageskizze (freigemachter Anhänger)

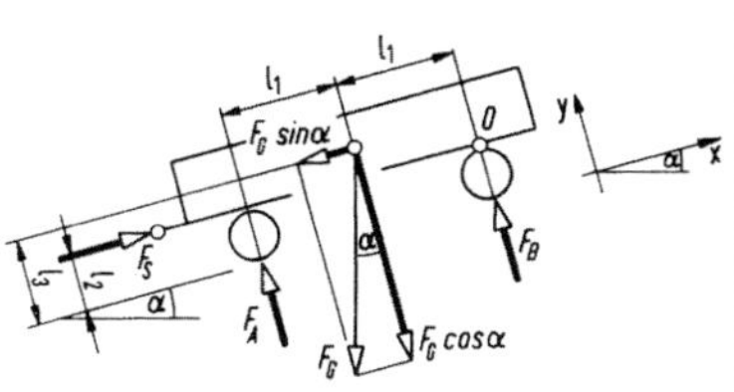

I. $\Sigma F_x = 0 = F_s - F_G \sin\alpha$

II. $\Sigma F_y = 0 = F_A + F_B - F_G \cos\alpha$

III. $\Sigma M_{(O)} = 0 = F_G \sin\alpha (l_3 - l_2) + F_G \cos\alpha\, l_1 - F_A \cdot 2 l_1$

a) „20 % Gefälle" bedeutet: der Neigungswinkel hat einen Tangens von 0,2.

$\alpha = \arctan 0{,}2 = 11{,}31°$

b) I. $F_s = F_G \sin\alpha = 100\text{ kN} \cdot \sin 11{,}31° = 19{,}61\text{ kN}$

$$\text{c) III. } F_A = F_G \frac{(l_3 - l_2)\sin\alpha + l_1 \cos\alpha}{2 l_1}$$

$$F_A = 100\text{ kN} \cdot \frac{0{,}5\text{ m} \cdot \sin 11{,}31° + 2\text{ m} \cdot \cos 11{,}31°}{2 \cdot 2\text{ m}}$$

$F_A = 51{,}48$ kN

II. $F_B = F_G \cos\alpha - F_A$

$F_B = 100\text{ kN} \cdot \cos 11{,}31° - 51{,}48\text{ kN}$

$F_B = 46{,}58$ kN

121.

Lageskizze (freigemachter Wagen ohne Zugstange)

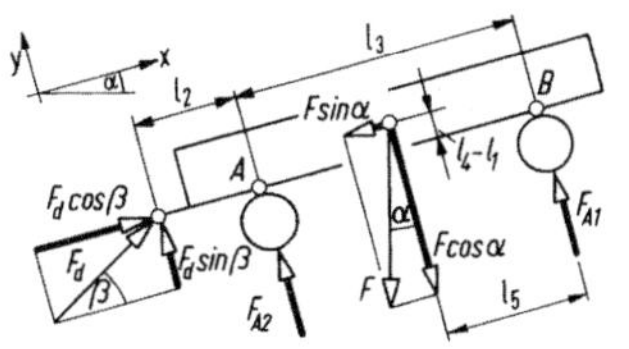

I. $\Sigma F_x = 0 = F_d \cos\beta - F \sin\alpha$

II. $\Sigma F_y = 0 = F_d \sin\beta + F_{A2} - F\cos\alpha + F_{A1}$

III. $\Sigma M_{(A)} = 0 = -F_d \sin\beta\, l_2 + F \sin\alpha (l_4 - l_1) -$
$- F \cos\alpha (l_3 - l_5) + F_{A1} l_3$

$$\text{I. } F_d = F \frac{\sin\alpha}{\cos\beta} = 38\text{ kN} \cdot \frac{\sin 10°}{\cos 30°} = 7{,}619\text{ kN}$$

$$\text{III. } F_{A1} = \frac{F_d l_2 \sin\beta + F[(l_3 - l_5)\cos\alpha - (l_4 - l_1)\sin\alpha]}{l_3}$$

$$F_{A1} = \frac{7{,}619\text{ kN} \cdot 1{,}1\text{ m} \cdot \sin 30°}{3{,}2\text{ m}} +$$

$$+ \frac{38\text{ kN}(1{,}6\text{ m} \cdot \cos 10° - 0{,}2\text{ m} \cdot \sin 10°)}{3{,}2\text{ m}}$$

$F_{A1} = 19{,}61$ kN

II. $F_{A2} = F\cos\alpha - F_d \sin\beta - F_{A1}$

$F_{A2} = 38\text{ kN} \cdot \cos 10° - 7{,}618\text{ kN} \cdot \sin 30° - 19{,}61\text{ kN}$

$F_{A2} = 14$ kN

(Kontrolle mit $\Sigma M_{(B)} = 0$)

122.

Lageskizze
(freigemachte Arbeitsbühne)

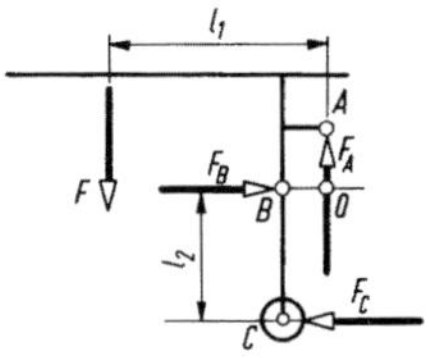

$$\text{I. } \Sigma F_x = 0 = F_B - F_C$$
$$\text{II. } \Sigma F_y = 0 = F_A - F$$
$$\text{III. } \Sigma M_{(O)} = 0 = F\,l_1 - F_C\,l_2$$

a) II. $F_A = F = 4{,}2\ \text{kN}$

b) III. $F_C = F\dfrac{l_1}{l_2} = 4{,}2\ \text{kN}\cdot\dfrac{1{,}2\ \text{m}}{0{,}75\ \text{m}} = 6{,}72\ \text{kN}$

I. $F_B = F_C = 6{,}72\ \text{kN}$

123.

Rechnerische Lösung:

Lageskizze (freigemachte Laufkatze)

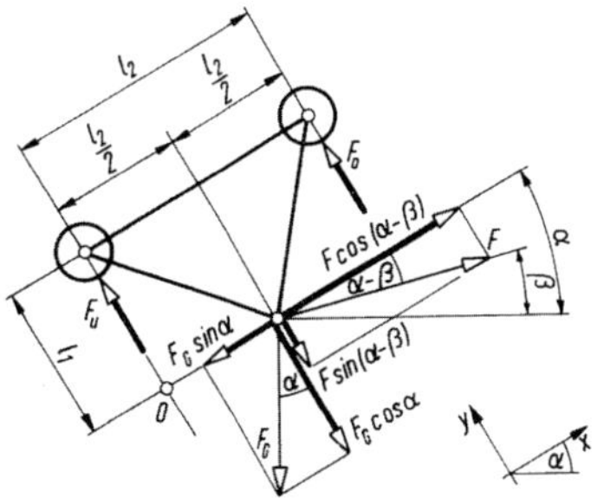

$$\text{I. } \Sigma F_x = 0 = F\cos(\alpha-\beta) - F_G\sin\alpha$$
$$\text{II. } \Sigma F_y = 0 = F_u + F_o - F_G\cos\alpha - F\sin(\alpha-\beta)$$
$$\text{III. } \Sigma M_{(O)} = 0 = F_o\,l_2 - [F_G\cos\alpha + F\sin(\alpha-\beta)]\frac{l_2}{2}$$

a) I. $F = F_G\dfrac{\sin\alpha}{\cos(\alpha-\beta)} = 18\ \text{kN}\cdot\dfrac{\sin 30°}{\cos 15°} = 9{,}317\ \text{kN}$

b) III. $F_o = \dfrac{F_G\cos\alpha + F\sin(\alpha-\beta)}{2}$

$$F_o = \frac{18\ \text{kN}\cdot\cos 30° + 9{,}317\ \text{kN}\cdot\sin 15°}{2} = 9\ \text{kN}$$

II. $F_u = F_G\cos\alpha + F\sin(\alpha-\beta) - F_o$

$$F_u = 18\ \text{kN}\cdot\cos 30° + 9{,}317\ \text{kN}\cdot\sin 15° - 9\ \text{kN}$$
$$F_u = 9\ \text{kN}$$

Zeichnerische Lösung:

Lageplan ($M_L = 0{,}2$ m/cm) — Kräfteplan ($M_K = 6$ kN/cm)

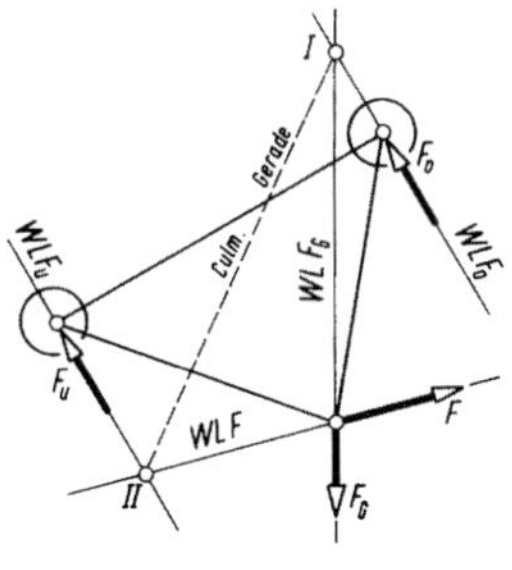

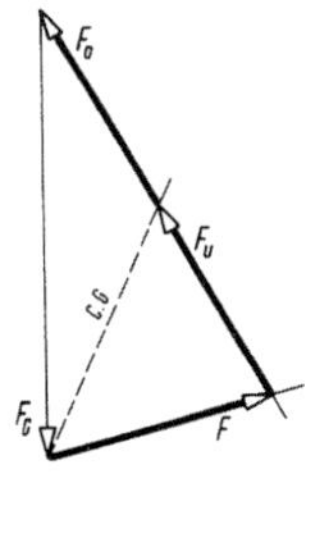

124.

Lageskizze
(freigemachte Stange)

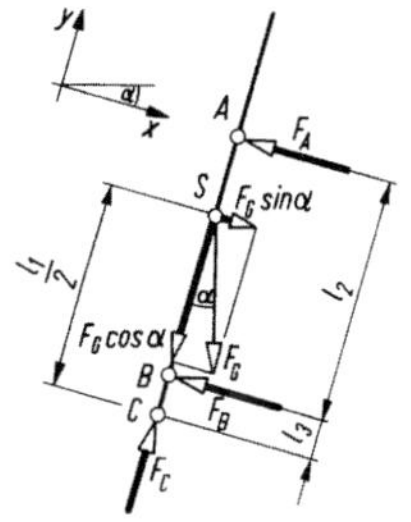

$$\text{I. } \Sigma F_x = 0 = F_G\sin\alpha - F_A - F_B$$
$$\text{II. } \Sigma F_y = 0 = F_C - F_G\cos\alpha$$
$$\text{III. } \Sigma M_{(B)} = 0 = F_A\,l_2 - F_G\sin\alpha\left(\frac{l_1}{2} - l_3\right)$$

$$\text{III. } F_A = F_G\frac{\left(\frac{l_1}{2} - l_3\right)\sin\alpha}{l_2} = 750\ \text{N}\cdot\frac{1{,}3\ \text{m}\cdot\sin 12°}{1{,}7\ \text{m}}$$

$$F_A = 119{,}2\ \text{N}$$

I. $F_B = F_G\sin\alpha - F_A = 750\ \text{N}\cdot\sin 12° - 119{,}2\ \text{N}$

$$F_B = 36{,}69\ \text{N}$$

(Kontrolle mit $\Sigma M_{(A)} = 0$)

II. $F_C = F_G\cos\alpha = 750\ \text{N}\cdot\cos 12° = 733{,}6\ \text{N}$

125.

Lageskizze
(freigemachte Leiter)

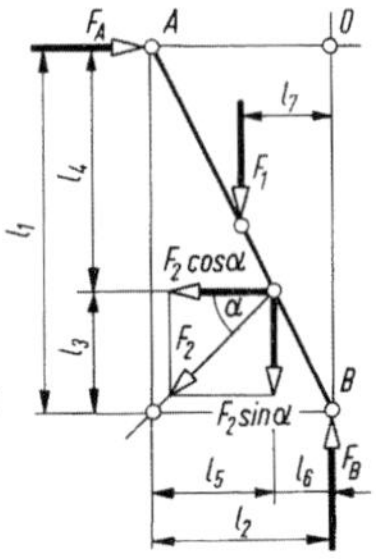

Berechnung der Abstände und des Winkels α:

Nach dem 2. Strahlensatz ist

$\dfrac{l_4}{l_1} = \dfrac{l_5}{l_2}$; umgestellt nach l_5:

$$l_5 = \frac{l_4\,l_2}{l_1} = \frac{(l_1 - l_3)\,l_2}{l_1}$$

$$l_5 = \frac{4\text{ m}\cdot 3\text{ m}}{6\text{ m}} = 2\text{ m}$$

$$l_6 = l_2 - l_5 = 1\text{ m}$$

$$l_4 = l_1 - l_3 = 4\text{ m}$$

$l_7 = \frac{l_2}{2} = 1{,}5$ m, ebenfalls nach dem Strahlensatz.

$$\alpha = \arctan\frac{l_3}{l_5} = \arctan\frac{2\text{ m}}{2\text{ m}} = 45°$$

Gleichgewichtsbedingungen:

I. $\Sigma F_x = 0 = F_A - F_2 \cos\alpha$

II. $\Sigma F_y = 0 = F_B - F_1 - F_2 \sin\alpha$

III. $\Sigma M_{(O)} = 0 = F_1 l_7 + F_2 \sin\alpha\, l_6 - F_2 \cos\alpha\, l_4$

III. $F_2 = F_1 \dfrac{l_7}{l_4 \cos\alpha - l_6 \sin\alpha}$

$$F_2 = 800\text{ N}\cdot\frac{1{,}5\text{ m}}{4\text{ m}\cdot\cos 45° - 1\text{ m}\cdot\sin 45°} = 565{,}7\text{ N}$$

I. $F_A = F_2 \cos\alpha = 565{,}7\text{ N}\cdot\cos 45° = 400\text{ N}$

II. $F_B = F_1 + F_2 \sin\alpha = 800\text{ N} + 565{,}7\text{ N}\cdot\sin 45°$

$F_B = 1200\text{ N}$

126.

Analytische Lösung:

Lageskizze für die analytische Lösung

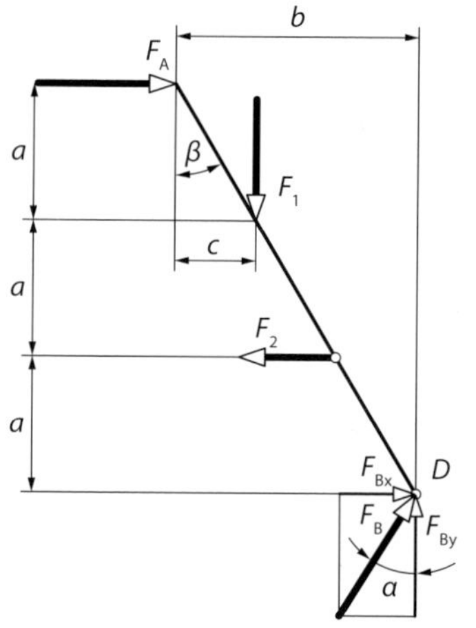

$F_{Bx} = F_B \sin\alpha$ $\quad$ $F_{By} = F_B \cos\alpha$

Berechnung des Winkels β und des Abstands c:

$$\arctan\beta = \frac{b}{3a} = \frac{4\text{m}}{3\cdot 2\text{m}}$$

$$\beta = 33{,}69°$$

$$\tan\beta = \frac{c}{a}$$

$$c = a\tan\beta = 2\text{m}\cdot\tan 33{,}69° = 1{,}333\text{m}$$

Gleichgewichtsbedingungen

I. $\Sigma F_x = 0 = F_A - F_2 + F_B \sin\alpha$

II. $\Sigma F_y = 0 = F_B \cos\alpha - F_1$

III. $\Sigma M_{(D)} = 0 = F_1(b-c) + F_2\, a - F_A\, 3a$

II. $F_B = \dfrac{F_1}{\cos\alpha} = \dfrac{800\text{N}}{\cos 15°} = 828{,}22\text{N}$

I. = III., beide aufgelöst nach F_A:

$$F_2 - F_B \sin\alpha = \frac{F_1(b-c) + F_2\, a}{3a}$$

$$F_2\cdot 3a - F_B\cdot 3a\cdot\sin\alpha = F_1(b-c) + F_2\, a$$

$$F_2 = \frac{F_1(b-c) + F_B\cdot 3a\cdot\sin\alpha}{2a}$$

$$F_2 = \frac{800\text{N}(4-1{,}333)\text{m} + 828{,}22\text{N}\cdot 3\cdot 2\text{m}\cdot\sin 15°}{2\cdot 2\text{m}}$$

$$F_2 = 854{,}94\text{N}$$

I. $F_A = F_2 - F_B \sin\alpha = 854{,}94\text{N} - 828{,}22\text{N}\cdot\sin 15°$
$= 640{,}58\text{N}$

Trigonometrische Lösung:

Vorüberlegung:

Die Kraft F_1 ist vollständig bestimmt. Von den zu berechnenden Kräften F_2, F_A, F_B sind nur die Lagen der Wirklinien und deren Richtungen festgelegt (siehe Krafteckskizze für die trigonometrische Lösung). Damit kann das Krafteck aus vier Kräften nicht eindeutig bestimmt werden. Über die Resultierenden $F_{r\,1A}$ (aus F_1, F_A) und $F_{r\,2B}$ (aus F_2, F_B) lässt sich über den Winkel γ ein eindeutiges Krafteck bestimmen (siehe Krafteckskizze). Der Winkel γ kann aus der Lageskizze für die trigonometrische Lösung ermittelt werden.

Lageskizze für die trigonometrische Lösung

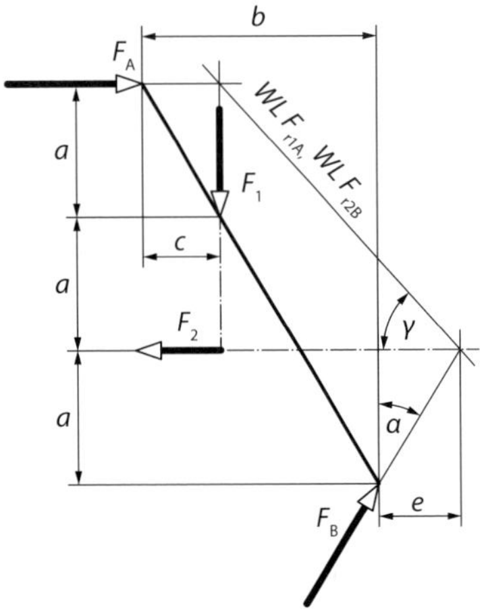

Berechnung des Abstands e:

$$\tan\alpha = \frac{e}{a}$$

$$e = a\tan\alpha = 2\,\text{m}\cdot\tan 15° = 0{,}536\,\text{m}$$

$$c = 1{,}33\overline{3}\,\text{m}\,(\text{siehe analytische Lösung})$$

$$\arctan\gamma = \frac{2a}{b-c+e} = \frac{2\cdot 2\,\text{m}}{4\,\text{m}-1{,}333\,\text{m}+0{,}536\,\text{m}}$$

$$\gamma = 51{,}31°$$

Krafteckskizze für die trigonometrische Lösung

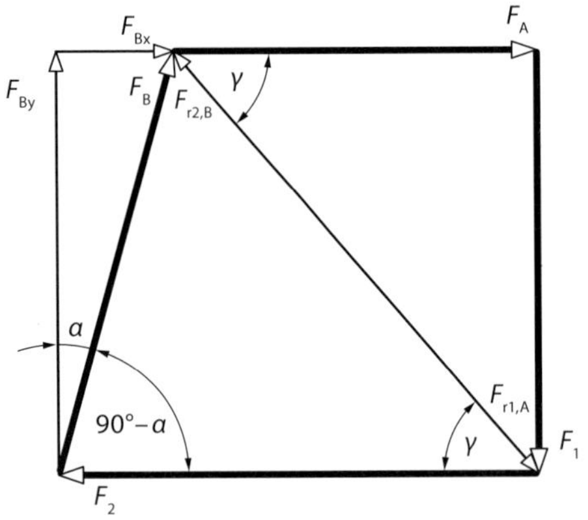

$$\tan\gamma = \frac{F_1}{F_A}$$

$$F_A = \frac{F_1}{\tan\gamma} = \frac{800\,\text{N}}{\tan 51{,}31°} = 640{,}69\,\text{N}$$

$$F_{By} = F = 800\,\text{N}$$

$$\cos\alpha = \frac{F_{By}}{F_B}$$

$$F_B = \frac{F_{By}}{\cos\alpha} = \frac{800\,\text{N}}{\cos 15°} = 828{,}22\,\text{N}$$

$$\tan\alpha = \frac{F_{Bx}}{F_{By}}$$

$$F_{Bx} = F_{By}\cdot\tan\alpha = 800\,\text{N}\cdot\tan 15° = 214{,}36\,\text{N}$$

$$F_2 = F_{Bx} + F_A = 214{,}36\,\text{N} + 640{,}69\,\text{N} = 855{,}05\,\text{N}$$

Zeichnerische Lösung:

Lage- und Kräfteplan stammen aus dem Lehrbuch, 1.2.5.5 b). Dort wird das Vier-Kräfte-Verfahren mit der Entwicklung der Culmann'schen Gerade sehr ausführlich erläutert.

Lageplan für die zeichnerische Lösung

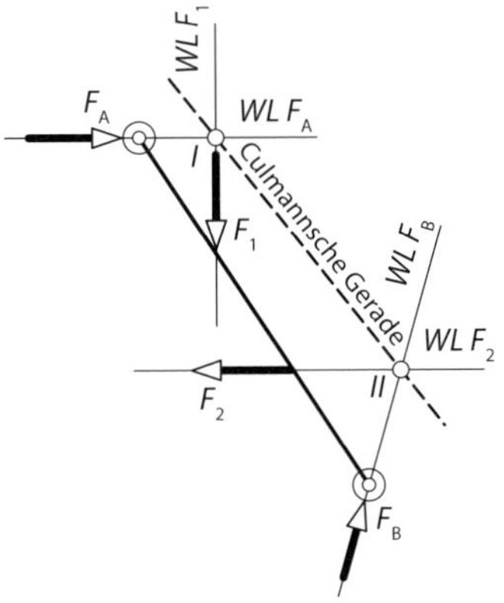

Kräfteplan für die zeichnerische Lösung

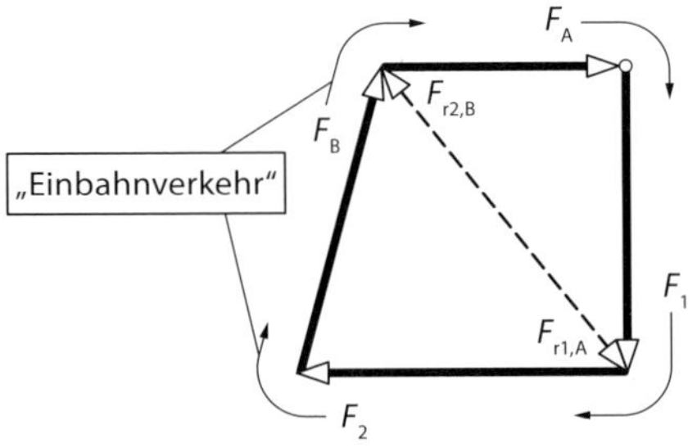

Werden Lage- und Kräfteplan mit einem einfachen CAD-Programm erstellt, entsprechen die Ergebnisse den Werten der analytischen bzw. trigonometrischen Lösung vollkommen.

127.

Vorüberlegung:

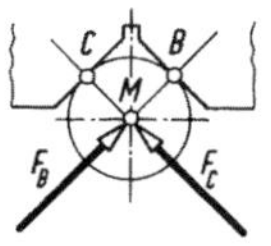

Die beiden Radialkräfte F_B und F_C an der Kugel werden in den Kugelmittelpunkt M (Wirklinienschnittpunkt) verschoben (siehe Lösung 112).

Dieser Punkt wird als Angriffspunkt der beiden Reaktionskräfte F_B und F_C an der Führungsschiene des Tischs angenommen.

Lageskizze (freigemachter Tisch)

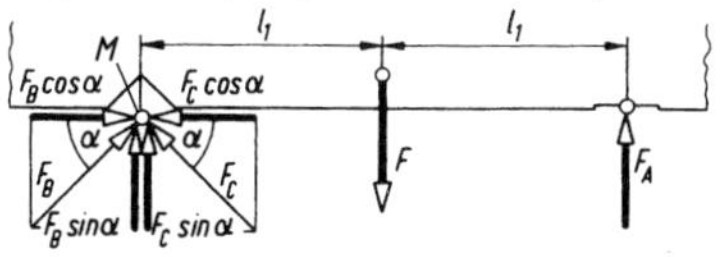

Hinweis: $\alpha = \frac{90°}{2} = 45°$

I. $\Sigma F_x = 0 = F_B \cos\alpha - F_C \cos\alpha$

II. $\Sigma F_y = 0 = F_B \sin\alpha + F_C \sin\alpha - F + F_A$

III. $\Sigma M_{(M)} = 0 = F_A \cdot 2l_1 - F l_1$

III. $F_A = F \frac{l_1}{2l_1} = \frac{F}{2} = 225\ \text{N}$

I. $F_C = F_B \frac{\cos\alpha}{\cos\alpha} = F_B$ in Gleichung II eingesetzt:

II. $F_B = \frac{F - F_A}{2\sin\alpha} = \frac{225\ \text{N}}{2 \cdot \sin 45°} = 159{,}1\ \text{N}$

I. $F_C = F_B = 159{,}1\ \text{N}$

128.

Lageskizze (freigemachter Werkzeugschlitten)

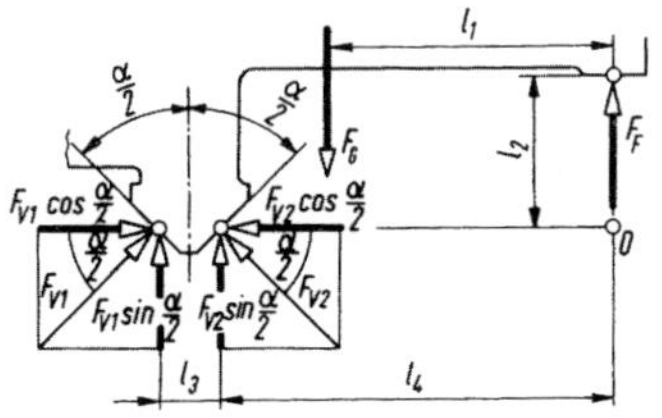

I. $\Sigma F_x = 0 = F_{V1} \cos\frac{\alpha}{2} - F_{V2} \cos\frac{\alpha}{2}$

II. $\Sigma F_y = 0 = F_{V1} \sin\frac{\alpha}{2} + F_{V2} \sin\frac{\alpha}{2} - F_G + F_F$

III. $\Sigma M_{(O)} = 0 = F_G l_1 - F_{V1} \sin\frac{\alpha}{2}(l_3 + l_4) - F_{V2} \sin\frac{\alpha}{2} l_4$

I. $F_{V2} = F_{V1} \frac{\cos\frac{\alpha}{2}}{\cos\frac{\alpha}{2}} = F_{V1}$; in Gleichung III eingesetzt:

III. $F_{V1} = F_G \frac{l_1}{(l_3 + 2l_4)\sin\frac{\alpha}{2}}$

$F_{V1} = 1{,}5\ \text{kN} \cdot \frac{380\ \text{mm}}{960\ \text{mm} \cdot \sin 45°} = 0{,}8397\ \text{kN}$

I. $F_{V2} = F_{V1} = 0{,}8397\ \text{kN}$

II. $F_F = F_G - 2F_{V1} \sin\frac{\alpha}{2}$

$F_F = 1{,}5\ \text{kN} - 2 \cdot 0{,}8397\ \text{kN} \cdot \sin 45° = 0{,}3125\ \text{kN}$

129.

Lageskizze (freigemachter Bettschlitten)

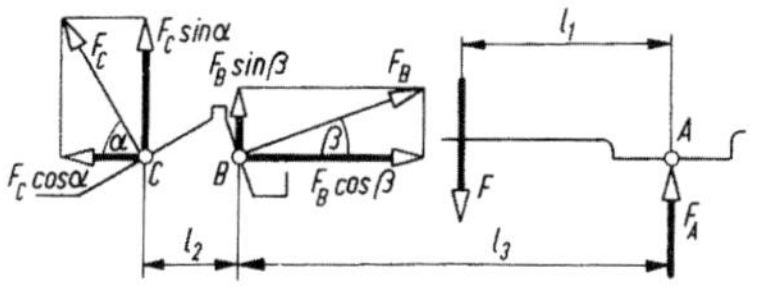

I. $\Sigma F_x = 0 = F_B \cos\beta - F_C \cos\alpha$

II. $\Sigma F_y = 0 = F_A - F + F_B \sin\beta + F_C \sin\alpha$

III. $\Sigma M_{(A)} = 0 = F l_1 - F_B \sin\beta\, l_3 - F_C \sin\alpha (l_2 + l_3)$

I. $F_C = F_B \frac{\cos\beta}{\cos\alpha}$; in Gleichung III eingesetzt:

III. $F l_1 - F_B l_3 \sin\beta - F_B \frac{\cos\beta}{\cos\alpha} \cdot \sin\alpha (l_2 + l_3) = 0$

$F_B = F \frac{l_1}{l_3 \sin\beta + (l_2 + l_3)\cos\beta \tan\alpha}$

$F_B = 18\ \text{kN} \cdot \frac{0{,}6\ \text{m}}{0{,}78\ \text{m} \cdot \sin 20° + 0{,}92\ \text{m} \cdot \cos 20° \cdot \tan 60°}$

$F_B = 6{,}122\ \text{kN}$

I. $F_C = F_B \frac{\cos\beta}{\cos\alpha} = 6{,}122\ \text{kN} \cdot \frac{\cos 20°}{\cos 60°} = 11{,}51\ \text{kN}$

II. $F_A = F - F_B \sin\beta - F_C \sin\alpha$

$F_A = 18\ \text{kN} - 6{,}122\ \text{kN} \cdot \sin 20° - 11{,}51\ \text{kN} \cdot \sin 60°$

$F_A = 5{,}942\ \text{kN}$

130.

Lageskizze (freigemachter Bettschlitten)

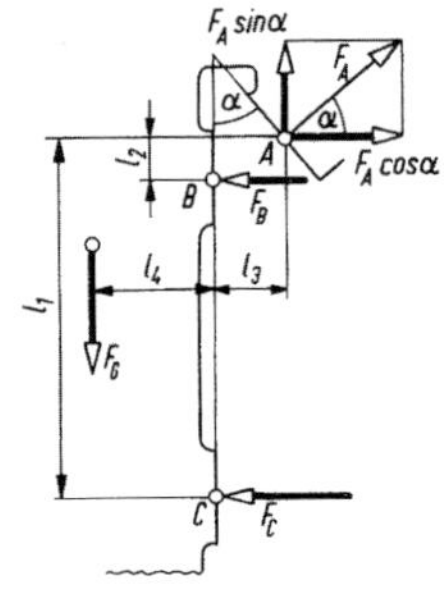

I. $\Sigma F_x = 0 = F_A \cos\alpha - F_B - F_C$

II. $\Sigma F_y = 0 = F_A \sin\alpha - F_G$

III. $\Sigma M_{(C)} = 0 = F_B (l_1 - l_2) + F_G l_4 + F_A \sin\alpha\, l_3 - F_A \cos\alpha\, l_1$

II. $F_A = \dfrac{F_G}{\sin\alpha} = \dfrac{1{,}8\ \text{kN}}{\sin 40^\circ} = 2{,}8\ \text{kN}$

III. $F_B = \dfrac{F_A l_1 \cos\alpha - F_A l_3 \sin\alpha - F_G l_4}{l_1 - l_2}$

$$F_B = \frac{F_A (l_1 \cos\alpha - l_3 \sin\alpha) - F_G l_4}{l_1 - l_2}$$

$$F_B = \frac{2{,}8\ \text{kN}\,(0{,}28\ \text{m}\cdot\cos 40^\circ - 0{,}05\ \text{m}\cdot\sin 40^\circ)}{0{,}25\ \text{m}} - \frac{1{,}8\ \text{kN}\cdot 0{,}09\ \text{m}}{0{,}25\ \text{m}}$$

$F_B = 1{,}394\ \text{kN}$

I. $F_C = F_A \cos\alpha - F_B$

$F_C = 2{,}8\ \text{kN}\cdot\cos 40^\circ - 1{,}394\text{kN} = 0{,}7508\ \text{kN}$

(Kontrolle mit $\Sigma M_{(B)} = 0$)

131.

Analytische Lösung:

Lageskizze (freigemachter Reitstock)

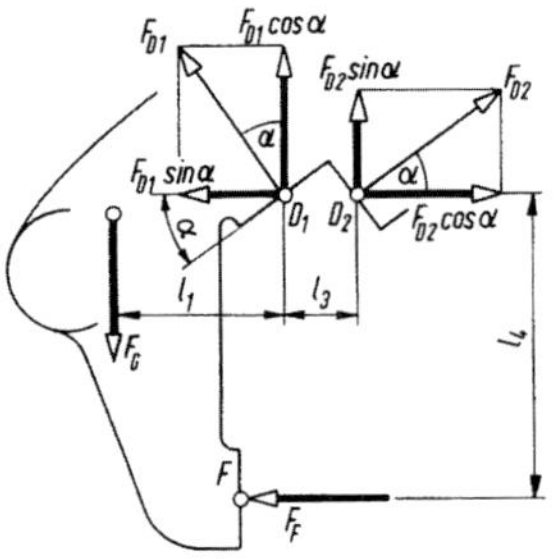

Gleichgewichtsbedingungen:

I. $\Sigma F_x = 0 = F_{D2} \cos\alpha - F_{D1} \sin\alpha - F_F$

II. $\Sigma F_y = 0 = F_{D1} \cos\alpha + F_{D2} \sin\alpha - F_G$

III. $\Sigma M_{(D1)} = 0 = F_G l_1 - F_F l_4 + F_{D2} \sin\alpha\, l_3$

Gleichung III. nach F_{D2} auflösen:

III. $F_{D2} = \dfrac{F_F l_4 - F_G l_1}{l_3 \sin\alpha}$

und den Term in Gleichung I. einsetzen:

I. $\dfrac{F_F l_4 - F_G l_1}{l_3 \sin\alpha}\cdot\cos\alpha - F_{D1}\sin\alpha - F_F = 0$

Gleichung I. nach F_{D1} auflösen:

$$F_{D1} = \frac{\dfrac{F_F l_4 - F_G l_1}{l_3 \sin\alpha} - F_F}{\sin\alpha} = \frac{F_F l_4 - F_G l_1}{l_3 \sin\alpha \tan\alpha} - \frac{F_F}{\sin\alpha}$$

$$F_{D1} = \frac{F_F l_4 - F_G l_1 - F_F l_3 \tan\alpha}{l_3 \sin\alpha \tan\alpha} = \frac{F_F (l_4 - l_3 \tan\alpha) - F_G l_1}{l_3 \sin\alpha \tan\alpha}$$

in Gleichung II. F_{D1} und F_{D2} ersetzen:

II. $\dfrac{F_F l_4 - F_G l_1 - F_F l_3 \tan\alpha}{l_3 \sin\alpha \tan\alpha}\cdot\cos\alpha + \dfrac{F_F l_4 - F_G l_1}{l_3 \sin\alpha}\cdot\sin\alpha - F_G = 0$

$$\frac{F_F l_4 - F_F l_3 \tan\alpha - F_G l_1}{l_3 \tan^2\alpha} + \frac{F_F l_4 - F_G l_1}{l_3} = F_G$$

$$F_F l_4 - F_F l_3 \tan\alpha - F_G l_1 + F_F l_4 \tan^2\alpha - F_G l_1 \tan^2\alpha = F_G l_3 \tan^2\alpha$$

$$F_F l_4 - F_F l_3 \tan\alpha + F_F l_4 \tan^2\alpha = F_G l_3 \tan^2\alpha + F_G l_1 + F_G l_1 \tan^2\alpha$$

$$F_F \left(l_4 - l_3 \tan\alpha + l_4 \tan^2\alpha\right) = F_G \left(l_3 \tan^2\alpha + l_1 + l_1 \tan^2\alpha\right)$$

$$F_F = \frac{F_G\left[l_3 \tan^2 \alpha + l_1\left(1+\tan^2 \alpha\right)\right]}{\left[l_4\left(1+\tan^2 \alpha\right) - l_3 \tan \alpha\right]}$$

$$F_F = \frac{3{,}2\,\text{kN}\left[120\,\text{mm} \cdot \tan^2 35° + 275\,\text{mm}\left(1+\tan^2 35°\right)\right]}{500\,\text{mm}\left(1+\tan^2 35°\right) - 120\,\text{mm} \cdot \tan 35°}$$

$$F_F = 2{,}268\,\text{kN}$$

$$\text{III. } F_{D2} = \frac{F_F\,l_4 - F_G\,l_1}{l_3 \sin \alpha} = \frac{2{,}268\,\text{kN} \cdot 500\text{ mm} - 3{,}2\,\text{kN} \cdot 275\text{ mm}}{120\text{ mm} \cdot \sin 35°}$$

$$F_{D2} = 3{,}69\,\text{kN}$$

$$\text{I. } F_{D1} = \frac{F_F\left(l_4 - l_3 \tan \alpha\right) - F_G\,l_1}{l_3 \sin \alpha \tan \alpha}$$

$$F_{D1} = \frac{2{,}268\,\text{kN}\left(500\text{ mm} - 120\text{ mm} \cdot \tan 35°\right) - 3{,}2\,\text{kN} \cdot 275\text{ mm}}{120\text{ mm} \cdot \sin 35° \cdot \tan 35°}$$

$$F_{D1} = 1{,}32\,\text{kN}$$

Trigonometrische Lösung:

Lageskizze

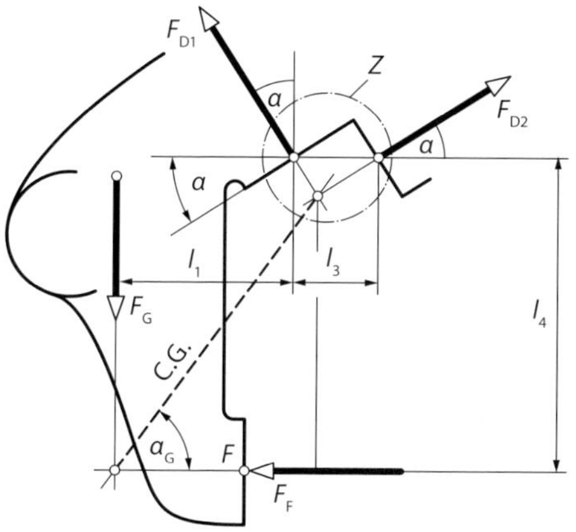

C.G. Culmannsche Gerade
F Flachführung

Einzelheit Z

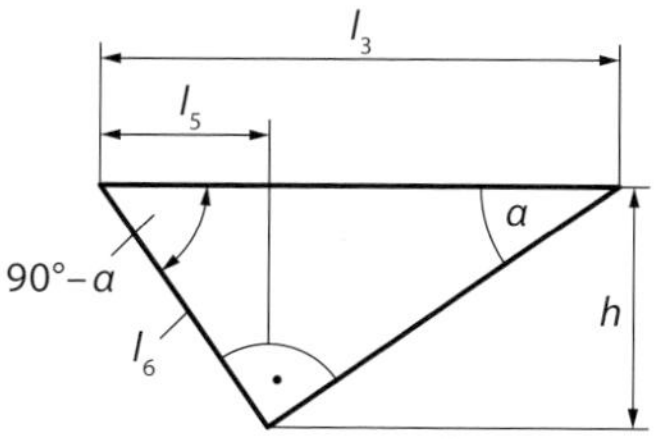

Aus der Aufgabenstellung geht hervor, dass von den vier am Reitstock wirkenden Kräften nur die Kraft F_G vollständig bekannt ist und die Lageskizze zeigt, dass von den Kräften F_{D1}, F_{D2} und F_F nur die Lage der Wirklinien bekannt ist. Bei diesen Voraussetzungen sollte die Culmann'sche Gerade nach dem Vier-Kräfte-Verfahren angewendet werden (siehe Lehrbuch, 1.2.5.5 b) und die Verständnisübung „Reibung ruhender und bewegter Körper").

Auswertung der Lageskizze:

Ermittlung des Winkels α_C der Culmann'schen Gerade (siehe auch Einzelheit Z):

$$\alpha_C = \arctan \frac{l_4 - h}{l_1 + l_5}$$

$$\sin \alpha = \frac{l_6}{l_3} \rightarrow l_6 = l_3 \sin \alpha$$

$$l_6 = 120\,\text{mm} \cdot \sin 35° = 68{,}8\,\text{mm}$$

$$\sin\left(90° - \alpha\right) = \frac{h}{l_6} \rightarrow h = l_6 \sin\left(90° - \alpha\right)$$

$$h = 68{,}8\,\text{mm} \cdot \sin\left(90° - 35°\right) = 56{,}4\,\text{mm}$$

$$\cos\left(90° - \alpha\right) = \frac{l_5}{l_6} \rightarrow l_5 = l_6 \cos\left(90° - \alpha\right)$$

$$l_5 = 68{,}8\,\text{mm} \cdot \cos\left(90° - 35°\right) = 39{,}5\,\text{mm}$$

$$\alpha_C = \arctan \frac{\left(500 - 56{,}4\right)\text{mm}}{\left(275 + 39{,}5\right)\text{mm}} = 54{,}7°$$

Auswertung der Krafteckskizze:

$$\beta = 90° - \alpha = 90° - 35° = 55°$$

$$\delta = 90° - \alpha_C = 90° - 54{,}7° = 35{,}3°$$

$$\gamma = 90° - \left(\beta - \delta\right) = 90° - \left(55° - 35{,}3°\right) = 70{,}3°$$

Krafteckskizze

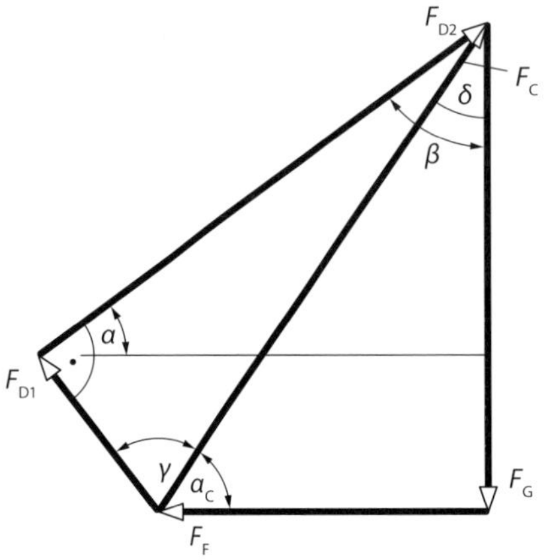

F_C „Culmann'sche Kraft"

Bestimmung der Kräfte F_F, F_C:

$$\tan\delta = \frac{F_F}{F_G} \rightarrow F_F = F_G \tan\delta$$

$$F_F = 3{,}2\,\text{kN} \cdot \tan 35{,}3° = 2{,}266\,\text{kN}$$

$$\cos\delta = \frac{F_G}{F_C} \rightarrow F_C = \frac{F_G}{\cos\delta}$$

$$F_C = \frac{3{,}2\,\text{kN}}{\cos 35{,}3°} = 3{,}921\,\text{kN}$$

Bestimmung der Kräfte F_{D1}, F_{D2}:

$$\cos\gamma = \frac{F_{D1}}{F_C} \rightarrow F_{D1} = F_C \cos\gamma$$

$$F_{D1} = 3{,}921\,\text{kN} \cdot \cos 70{,}3° = 1{,}322\,\text{kN}$$

$$\sin\gamma = \frac{F_{D2}}{F_C} \rightarrow F_{D2} = F_C \sin\gamma$$

$$F_{D2} = 3{,}921\,\text{kN} \cdot \sin 70{,}3° = 3{,}692\,\text{kN}$$

132.

a) Zur Statikuntersuchung kann die skizzierte Konstruktion in fünf Teile zerlegt werden: den Motor, das Gestänge mit Tragplatte und Rolle, die Nockenwelle und die beiden Gleitbuchsen A und B.

Zum Freimachen beginnt man immer mit dem Bauteil an dem die bekannte Kraft F angreift. Das ist hier die Tragplatte für den Motor mit dem Gestänge.

In die Lageskizze des freigemachten Gestänges sind einzutragen:

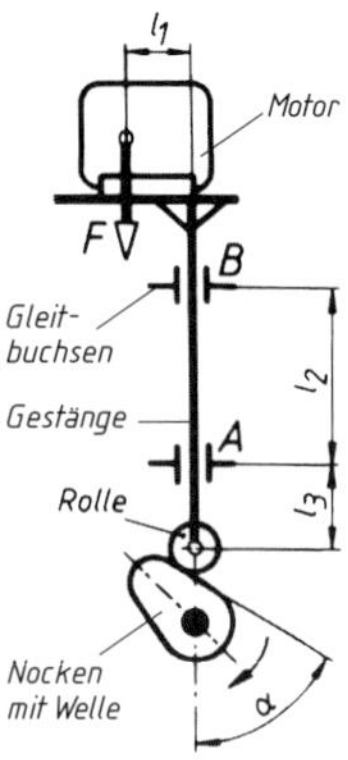

Aufgabenskizze

Die gegebene Kraft F = 350 N in negativer y-Richtung, die von der Nockenwelle auf die Rolle wirkende Normalkraft F_N mit ihren Komponenten $F_N \sin\alpha$ und $F_N \cos\alpha$, die beiden rechtwinklig zu den Gleitflächen wirkenden Lagerkräfte F_A und F_B, von denen zunächst nur die Lage ihrer Wirklinien bekannt sind.

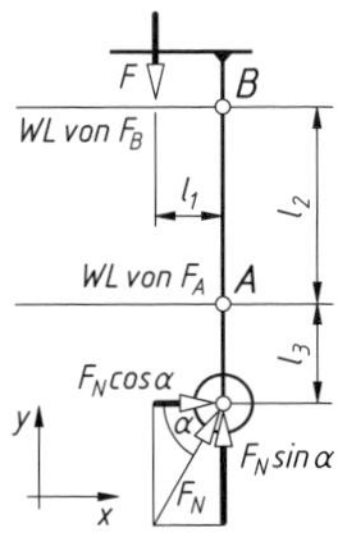

Freigemachtes Gestänge

Hinweis:

Der Richtungssinn der beiden Lagerkräfte F_A und F_B kann beliebig in positiver oder negativer x-Richtung angenommen werden.

Ergibt sich bei der Berechnung aus den drei Gleichgewichtsbedingungen die Kraft mit negativem Vorzeichen, war der angenommene Richtungssinn falsch, die Kraft wirkt also in entgegengesetzter Richtung.

Für die weitere Rechnung gilt:

Entweder wird das negative Vorzeichen in die Folgerechnungen mitgenommen oder man setzt die Gleichgewichtsbedingungen mit dem geänderten Richtungssinn neu an. Zum Nachweis, dass es gleichgültig ist welcher Richtungssinn für F_A und F_B angenommen wird, folgen hier die Berechnungen für die vier Möglichkeiten mit den Annahmen 1 bis 4.

Annahme 1:

Die Kräfte F_A und F_B wirken in negativer x-Richtung.

Freigemachtes Gestänge, gegebene Belastungskraft F, Lagerkräfte F_A und F_B und Normalkraft F_N mit den Komponenten $F_N \cos\alpha$ und $F_N \sin\alpha$.

Lageskizze

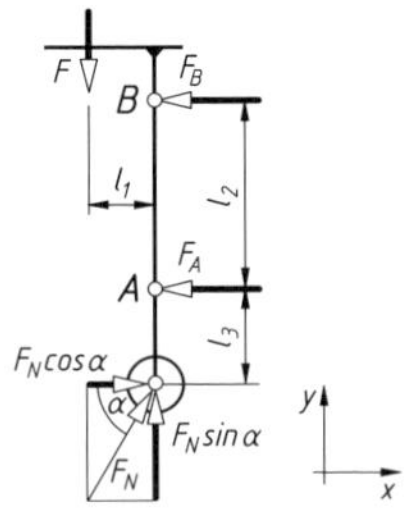

$$\text{I. } \Sigma F_x = 0 = -F_B - F_A + F_N \cos\alpha$$

$$\text{II. } \Sigma F_y = 0 = F_N \sin\alpha - F$$

$$\text{III. } \Sigma M_{(A)} = 0 = F\,l_1 - F_B\,l_2 + F_N \cos\alpha\,l_3$$

$$\text{II. } F_N = \frac{F}{\sin\alpha} = \frac{350\,\text{N}}{\sin 60°} = 404{,}1\,\text{N}$$

$$\text{III. } F_B = \frac{-F\,l_1 - F_N\,l_3 \cos\alpha}{l_2}$$

$$F_B = \frac{-350\text{ N}\cdot 0{,}11\text{ m} - 404{,}1\text{ N}\cdot 0{,}16\text{ m}\cdot\cos 60^\circ}{0{,}32\text{ m}}$$

$$F_B = -221{,}3\text{ N}$$

$$\text{I. } F_A = -F_B + F_N\cos\alpha$$

$$F_A = -(-221{,}3\text{ N}) + 404{,}1\text{ N}\cdot\cos 60^\circ$$

$$F_A = 423{,}4\text{ N}$$

Auswertung der Ergebnisse für die Annahme 1:
F_A hat ein positives Vorzeichen:
Richtungsannahme richtig.
F_B hat ein negatives Vorzeichen:
Richtungsannahme falsch.
F_N hat ein positives Vorzeichen:
Richtungsannahme richtig.

Annahme 2:

Die Kräfte F_A und F_B wirken in positiver x-Richtung.

Lageskizze

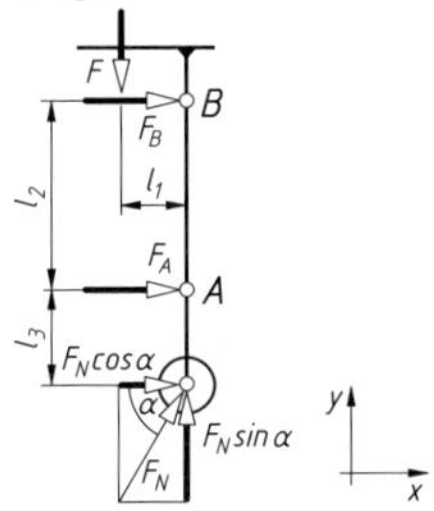

$$\text{I. } \Sigma F_x = 0 = F_B + F_A + F_N\cos\alpha$$

$$\text{II. } \Sigma F_y = 0 = F_N\sin\alpha - F$$

$$\text{III. } \Sigma M_{(A)} = 0 = F\,l_1 - F_B\,l_2 + F_N\cos\alpha\,l_3$$

$$\text{II. } F_N = \frac{F}{\sin\alpha} = \frac{350\text{ N}}{\sin 60^\circ} = 404{,}1\text{ N}$$

$$\text{III. } F_B = \frac{F\,l_1 + F_N\,l_3\cos\alpha}{l_2}$$

$$F_B = \frac{350\text{ N}\cdot 0{,}11\text{ m} + 404{,}1\text{ N}\cdot 0{,}16\text{ m}\cdot\cos 60^\circ}{0{,}32\text{ m}}$$

$$F_B = 221{,}3\text{ N}$$

$$\text{I. } F_A = -F_B - F_N\cos\alpha$$

$$F_A = -221{,}3\text{ N} - 404{,}1\text{ N}\cdot\cos 60^\circ$$

$$F_A = -423{,}4\text{ N}$$

Auswertung der Ergebnisse für die Annahme 2:
F_A hat ein negatives Vorzeichen:
Richtungsannahme falsch.
F_B hat ein positives Vorzeichen:
Richtungsannahme richtig.
F_N hat ein positives Vorzeichen:
Richtungsannahme richtig.

Annahme 3:

Kraft F_A wirkt in positiver x-Richtung und Kraft F_B wirkt in negativer x-Richtung.

Lageskizze

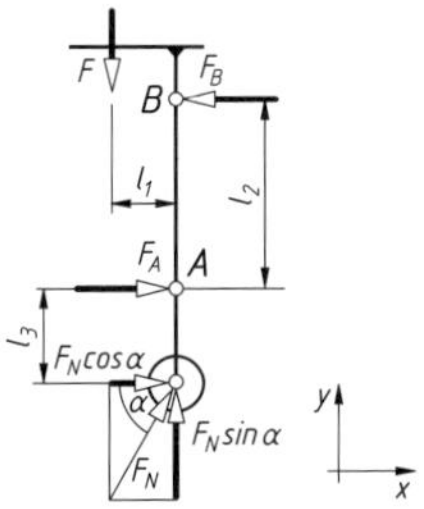

$$\text{I. } \Sigma F_x = 0 = -F_B + F_A + F_N\cos\alpha$$

$$\text{II. } \Sigma F_y = 0 = F_N\sin\alpha - F$$

$$\text{III. } \Sigma M_{(A)} = 0 = F\,l_1 + F_B\,l_2 + F_N\cos\alpha\,l_3$$

$$\text{II. } F_N = \frac{F}{\sin\alpha} = \frac{350\text{ N}}{\sin 60^\circ} = 404{,}1\text{ N}$$

$$\text{III. } F_B = \frac{-F\,l_1 - F_N\,l_3\cos\alpha}{l_2}$$

$$F_B = \frac{-350\text{ N}\cdot 0{,}11\text{ m} - 404{,}1\text{ N}\cdot 0{,}16\text{ m}\cdot\cos 60^\circ}{0{,}32\text{ m}}$$

$$F_B = -221{,}3\text{ N}$$

$$\text{I. } F_A = -F_B - F_N\cos\alpha$$

$$F_A = -221{,}3\text{ N} - 404{,}1\text{ N}\cdot\cos 60^\circ$$

$$F_A = -423{,}4\text{ N}$$

Auswertung der Ergebnisse für die Annahme 3:
F_A hat ein negatives Vorzeichen:
Richtungsannahme falsch.
F_B hat ein negatives Vorzeichen:
Richtungsannahme falsch.
F_N hat ein positives Vorzeichen:
Richtungsannahme richtig.

Annahme 4:

Kraft F_A wirkt in negativer x-Richtung und Kraft F_B wirkt in positiver x-Richtung.

Lageskizze

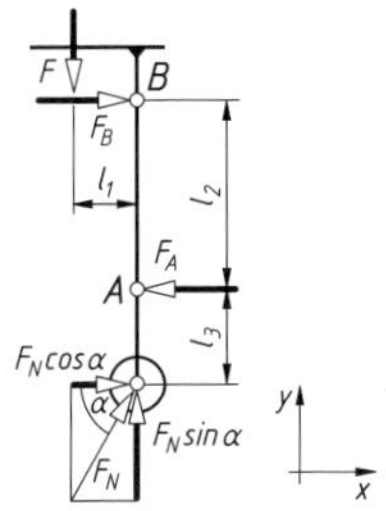

$$\text{I. } \Sigma F_x = 0 = F_B - F_A + F_N \cos\alpha$$
$$\text{II. } \Sigma F_y = 0 = F_N \sin\alpha - F$$
$$\text{III. } \Sigma M_{(A)} = 0 = F\,l_1 - F_B\,l_2 + F_N \cos\alpha\,l_3$$

$$\text{II. } F_N = \frac{F}{\sin\alpha} = \frac{350\text{ N}}{\sin 60°} = 404{,}1\text{ N}$$

$$\text{III. } F_B = \frac{F\,l_1 + F_N\,l_3 \cos\alpha}{l_2}$$

$$F_B = \frac{350\text{ N}\cdot 0{,}11\text{ m} + 404{,}1\text{ N}\cdot 0{,}16\text{ m}\cdot\cos 60°}{0{,}32\text{ m}}$$

$$F_B = 221{,}3\text{ N}$$

$$\text{I. } F_A = F_B + F_N \cos\alpha$$
$$F_A = 221{,}3\text{ N} + 404{,}1\text{ N}\cdot\cos 60°$$
$$F_A = 423{,}4\text{ N}$$

Auswertung der Ergebnisse für die Annahme 4:
F_A hat ein positives Vorzeichen:
Richtungsannahme richtig.
F_B hat ein positives Vorzeichen:
Richtungsannahme richtig.
F_N hat ein positives Vorzeichen:
Richtungsannahme richtig.

b) Lageskizze

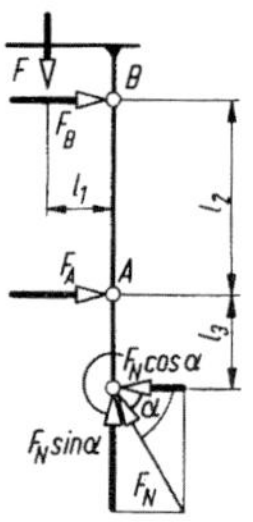

$$\text{I. } \Sigma F_x = 0 = F_A + F_B - F_N \cos\alpha$$
$$\text{II. } \Sigma F_y = 0 = F_N \sin\alpha - F$$
$$\text{III. } \Sigma M_{(A)} = 0 = F\,l_1 - F_B\,l_2 - F_N \cos\alpha\,l_3$$

$$\text{II. } F_N = \frac{F}{\sin\alpha} = \frac{350\text{ N}}{\sin 60°} = 404{,}1\text{ N}$$

$$\text{III. } F_B = \frac{F\,l_1 - F_N\,l_3 \cos\alpha}{l_2}$$

$$F_B = \frac{350\text{ N}\cdot 0{,}11\text{ m} - 404{,}1\text{ N}\cdot 0{,}16\text{ m}\cdot\cos 60°}{0{,}32\text{ m}}$$

$$F_B = 19{,}28\text{ N}$$

$$\text{I. } F_A = F_N \cos\alpha - F_B$$
$$F_A = 404{,}1\text{ N}\cdot\cos 60° - 19{,}28\text{ N}$$
$$F_A = 182{,}8\text{ N}$$

(Kontrolle mit $\Sigma M_{(B)} = 0$)

c) Lageskizze

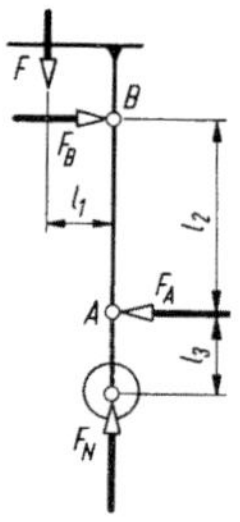

$$\text{I. } \Sigma F_x = 0 = F_B - F_A$$
$$\text{II. } \Sigma F_y = 0 = F_N - F$$
$$\text{III. } \Sigma M_{(A)} = 0 = F\,l_1 - F_B\,l_2$$

$$\text{II. } F_N = F = 350\text{ N}$$

$$\text{III. } F_B = F\frac{l_1}{l_2} = 350\text{ N}\cdot\frac{0{,}11\text{ m}}{0{,}32\text{ m}} = 120{,}3\text{ N}$$

$$\text{I. } F_A = F_B = 120{,}3\text{ N}$$

133.

Rechnerische Lösung:

a) Lageskizze 1
(freigemachte Leiter)

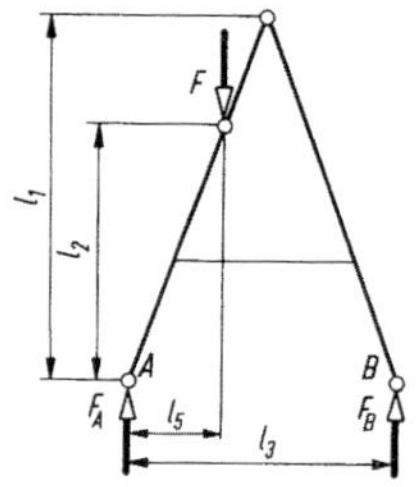

Nach dem 1. Strahlensatz ist

$$\frac{l_2}{l_1} = \frac{l_5}{\frac{l_3}{2}}\text{, und daraus:}$$

$$l_5 = \frac{l_2\cdot l_3}{2l_1} = \frac{1{,}8\text{ m}\cdot 1{,}4\text{ m}}{2\cdot 2{,}5\text{ m}} = 0{,}504\text{ m}$$

$$\text{I. } \Sigma F_x = 0:\ \text{keine } x\text{-Kräfte vorhanden}$$
$$\text{II. } \Sigma F_y = 0 = F_A + F_B - F$$
$$\text{III. } \Sigma M_{(A)} = 0 = -F\,l_5 + F_B\,l_3$$

$$\text{III. } F_B = F\frac{l_5}{l_3} = 850\text{ N}\cdot\frac{0{,}504\text{ m}}{1{,}4\text{ m}} = 306\text{ N}$$

$$\text{II. } F_A = F - F_B = 850\text{ N} - 306\text{ N} = 544\text{ N}$$

Lageskizze 2
zu den Teillösungen b) und c)
(linke Leiterhälfte freigemacht)

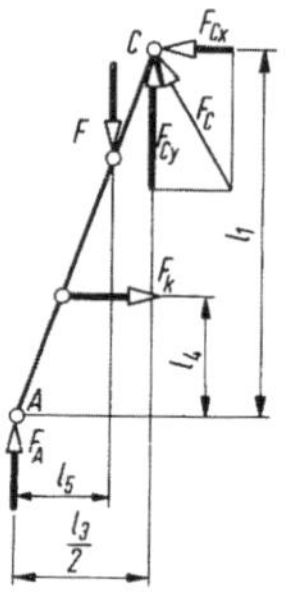

I. $\Sigma F_x = 0 = F_k - F_{Cx}$

II. $\Sigma F_y = 0 = F_A - F + F_{Cy}$

III. $\Sigma M_{(C)} = 0 = F\left(\frac{l_3}{2} - l_5\right) + F_k(l_1 - l_4) - F_A\frac{l_3}{2}$

b) III. $F_k = \dfrac{F_A\frac{l_3}{2} - F\left(\frac{l_3}{2} - l_5\right)}{l_1 - l_4}$

$$F_k = \frac{544\ \text{N}\cdot 0{,}7\ \text{m} - 850\ \text{N}\cdot 0{,}196\ \text{m}}{1{,}7\ \text{m}} = 126\ \text{N}$$

c) I. $F_{Cx} = F_k = 126\ \text{N}$

II. $F_{Cy} = F - F_A = 850\ \text{N} - 544\ \text{N} = 306\ \text{N}$

$$F_C = \sqrt{F_{Cx}^2 + F_{Cy}^2} = \sqrt{(126\ \text{N})^2 + (306\ \text{N})^2}$$

$$F_C = 330{,}9\ \text{N}$$

Zeichnerische Lösung:

Lageplan (M_L = 1 m/cm)

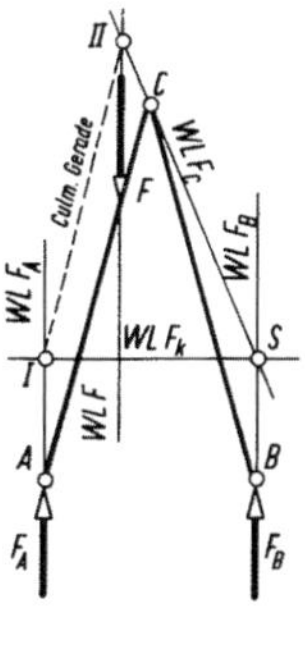

Kräfteplan (M_K = 250 N/cm)

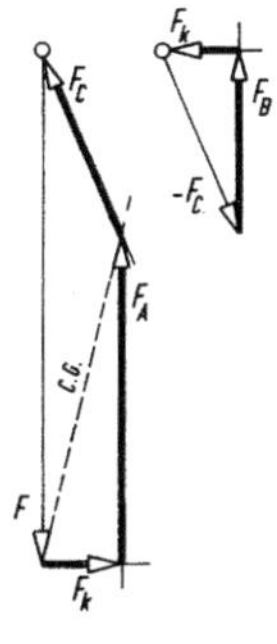

Anleitung: Auf die rechte Hälfte der Leiter wirken drei Kräfte: F_B, F_k und F_C. WL F_k und WL F_B werden zum Schnitt *S* gebracht; Gerade *SC* ist Wirklinie von F_C (3-Kräfte-Verfahren). Nun kann an der linken Leiterhälfte das 4-Kräfte-Verfahren mit den Wirklinien von *F*, F_A, F_k und F_C angewendet werden.

134.

a) siehe Lageskizze 1 in Lösung 133. Die Kraft *F* wirkt jetzt in Höhe der Kette, so dass lediglich die Länge l_5 kürzer wird.

Nach dem 1. Strahlensatz ist

$$\frac{l_2}{l_1} = \frac{l_5}{\frac{l_3}{2}}, \text{ und daraus:}$$

$$l_5 = \frac{l_2 \cdot l_3}{2l_1} = \frac{0{,}8\ \text{m}\cdot 1{,}4\ \text{m}}{2\cdot 2{,}5\ \text{m}} = 0{,}224\ \text{m}$$

II. $\Sigma F_y = 0 = F_A + F_B - F$

III. $\Sigma M_{(A)} = 0 = -F\,l_5 + F_B\,l_3$

III. $F_B = F\dfrac{l_5}{l_2} = 850\ \text{N}\cdot\dfrac{0{,}224\ \text{m}}{1{,}4\ \text{m}} = 136\ \text{N}$

II. $F_A = F - F_B = 850\ \text{N} - 136\ \text{N} = 714\ \text{N}$

b) und c) siehe Lageskizze 2 in Lösung 133

I. $\Sigma F_x = 0 = F_k - F_{Cx}$

II. $\Sigma F_y = 0 = F_A - F + F_{Cy}$

III. $\Sigma M_{(C)} = 0 = F\left(\frac{l_3}{2} - l_5\right) + F_k(l_1 - l_4) - F_A\frac{l_3}{2}$

b) III. $F_k = \dfrac{F_A\frac{l_3}{2} - F\left(\frac{l_3}{2} - l_5\right)}{l_1 - l_4}$

$$F_k = \frac{714\ \text{N}\cdot 0{,}7\ \text{m} - 850\ \text{N}\cdot 0{,}476\ \text{m}}{1{,}7\ \text{m}} = 56\ \text{N}$$

c) I. $F_{Cx} = F_k = 56\ \text{N}$

II. $F_{Cy} = F - F_A = 850\ \text{N} - 714\ \text{N} = 136\ \text{N}$

$$F_C = \sqrt{F_{Cx}^2 + F_{Cy}^2} = \sqrt{(56\ \text{N})^2 + (136\ \text{N})^2} = 147{,}1\ \text{N}$$

135.

Aufgabenskizze

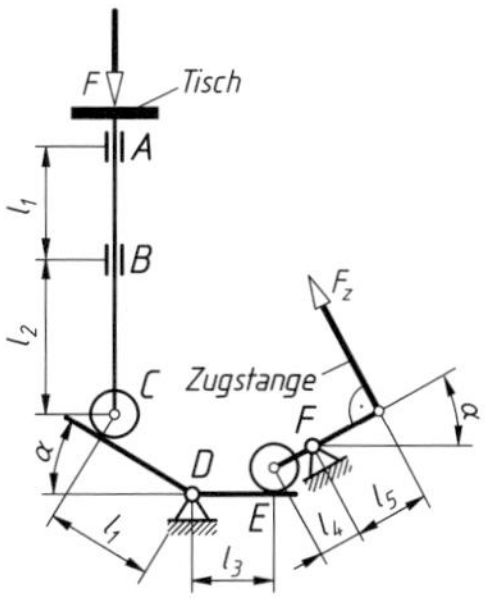

Die Lösung der Aufgabe 135 wird eingehend schrittweise erläutert. Ziel ist es, die immer wieder auftretenden Verständnislücken vorzustellen und aufzufüllen. Die erarbeiteten Erkenntnisse können dann bei allen weiteren Statikaufgaben vorteilhaft eingesetzt werden.

Als Erstes sollte grundsätzlich jede Aufgabe eingehend analysiert werden. Dazu beginnt man mit einer Aufgabenskizze, die hier als Hebelkonstruktion aus drei Teilen besteht:

Dem Hubtisch mit der in Gleitbuchsen (Loslager) A und B gelagerten Druckstange mit Rolle, den beiden Hebeln, die in den Festlagern D und F gelagert sind und der Zugstange. Mit dieser soll der Hubtisch gehoben und gesenkt werden.

Der nächste Lösungsschritt ist der wichtigste: Das exakte Freimachen der drei Konstruktionsteile. Jeder Fehler beim Freimachen führt zu falschen Ergebnissen. Bei Unsicherheiten helfen die Erläuterungen aus dem Lehrbuchabschnitt 1.1.7.

Das Freimachen beginnt immer mit dem Konstruktionsteil, an dem mindestens eine der dort angreifenden Kräfte bekannt ist (Betrag, Wirklinie und Richtungssinn). Das ist in dieser Aufgabe die in negativer y-Richtung auftretende gegebene Kraft $F = 2500$ N an der Druckstange.

Freigemachte Konstruktionsteile zur Statikanalyse

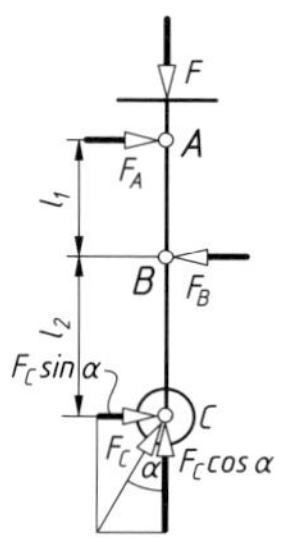

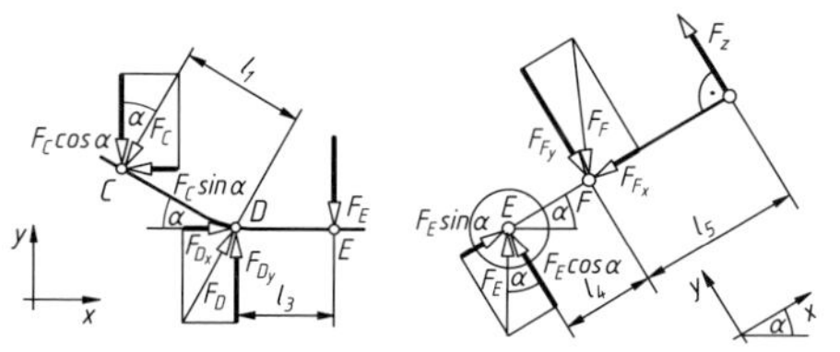

Beim Zeichnen der Lageskizze zum Hubtisch mit Druckstange stellt sich sofort die Frage nach dem einzutragenden Richtungssinn der Lagerkräfte in A und B. Hier wird gezeigt, dass jede Annahme zu einem richtigen Ergebnis führt.

Man skizziert zunächst das Konstruktionsteil Hubtisch mit Druckstange und Rolle und trägt die gegebene Belastungskraft F als Kraftpfeil ein.

Die beiden Gleitbuchsen übertragen nur Kräfte rechtwinklig zur Gleitfläche. Damit sind die beiden Wirklinien für die Lagerkräfte F_A und F_B bekannt, nicht aber deren Richtungssinn. Die beiden Pfeile werden nun in Annahme 1 in negativer x-Richtung eingezeichnet. Das Festlager C hat eine Lagerkraft F_C zu übertragen von der nur bekannt ist, dass ihre Wirklinie durch den Berührungspunkt zwischen Rollenstützfläche und Rollenmittelpunkt C geht und zwar unter dem Richtungswinkel α zur y-Achse. Die Lagerkraft F_C drückt von der Stützfläche aus auf den Berührungspunkt mit der Rolle. Damit lassen sich die Pfeile für die Stützkraftkomponenten $F_{Cx} = F_C \sin\alpha$ und $F_{Cy} = F_C \cos\alpha$ einzeichnen.

Hinweise zur Berechnung der Lagerkräfte F_A, F_B und F_C:

Zur Berechnung stehen die drei Gleichgewichtsbedingungen $\Sigma F_x = 0$, $\Sigma F_y = 0$ und $\Sigma M_{(B)} = 0$ zur Verfügung.

In x-Richtung des rechtwinkligen Achsenkreuzes wirken die Lagerkräfte F_A, F_B und die Lagerkraftkomponente $F_{Cx} = F_C \sin\alpha$. In y-Richtung wirken die Druckkraft F und die Lagerkraftkomponente $F_{Cy} = F_C \cos\alpha$.

Für die Momenten-Gleichgewichtsbedingung kann jeder beliebige Punkt in der Zeichenebene festgelegt werden. Um die Anzahl der unbekannten Größen F_A, F_B und F_C (F_{Cx}, F_{Cy}) zu verringern, legt man den Drehpunkt (O) für die Momenten-Gleichgewichtsbedingung immer auf die Wirklinie einer der noch unbekannten Kräfte. Hier wird die Lagerkraft F_B gewählt, weil damit die Momentenwirkung der noch unbekannten Lagerkraft F_B gleich null wird und sich dadurch eine Gleichung mit nur zwei Unbekannten ergibt.

Ist der Betrag der zu berechnenden Kraft negativ (–), war die Richtungsannahme falsch. Der wahre Richtungssinn liegt um 180° entgegengesetzt. Zur Kennzeichnung zeichnet man in der Lageskizze den Kraftpfeil entgegengesetzt ein. In der weiteren algebraischen Entwicklung sind zwei Wege möglich:

1. Man rechnet mit dem positiven Kraftbetrag nach der neuen Lageskizze weiter, oder
2. man behält die alte Lageskizze bei und nimmt das Vorzeichen bei der weiteren Rechnung mit, z. B. $F = (-800\text{ N})$.

Hier wurde in den Berechnungen der Weg 2 gewählt, siehe auch Lehrbuch, Abschnitt 1.2.5.3.

Annahme 1:

Die Kräfte F_A und F_B wirken beide in negativer x-Richtung.

Lageskizze 1
Freigemachter Hubtisch mit Druckstange, Rolle, der gegebenen Belastungskraft F, den Führungskräften F_A und F_B und den Komponenten der Lagerkraft F_C, $F_C \sin\alpha$ und $F_C \cos\alpha$.

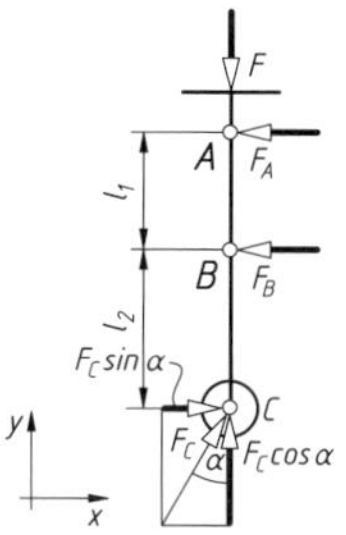

$$\text{I. } \Sigma F_x = 0 = -F_A - F_B + F_C \sin\alpha$$

$$\text{II. } \Sigma F_y = 0 = F_C \cos\alpha - F$$

$$\text{III. } \Sigma M_{(B)} = 0 = F_C \sin\alpha\, l_2 + F_A\, l_1$$

$$\text{II. } F_C = \frac{F}{\cos\alpha} = \frac{2500\text{ N}}{\cos 30^\circ} = 2886{,}8\text{ N}$$

$$\text{III. } F_A = \frac{-F_C \sin\alpha\, l_2}{l_1} = \frac{-2886{,}8\text{ N} \cdot \sin 30^\circ \cdot 7\text{ cm}}{5\text{ cm}}$$

$$F_A = -2020{,}8\text{ N}$$

I. $F_B = -F_A + F_C \sin\alpha$

$F_B = -(-2020{,}8\ \text{N}) + 2886{,}8\ \text{N} \cdot \sin 30°$

$F_B = 3464{,}2\ \text{N}$

Auswertung der Ergebnisse für die Annahme 1:

F_A hat ein negatives Vorzeichen: Richtungsannahme falsch.

F_B hat ein positives Vorzeichen: Richtungsannahme richtig.

F_C hat ein positives Vorzeichen: Richtungsannahme richtig.

Annahme 2:

Die Kräfte F_A und F_B wirken beide in positiver x-Richtung.

Lageskizze 1

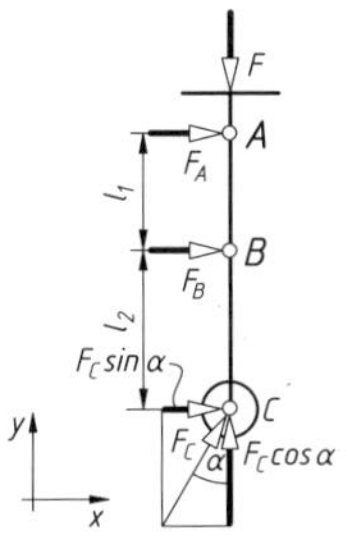

I. $\Sigma F_x = 0 = F_A + F_B + F_C \sin\alpha$

II. $\Sigma F_y = 0 = F_C \cos\alpha - F$

III. $\Sigma M_{(B)} = 0 = F_C \sin\alpha\, l_2 - F_A\, l_1$

II. $F_C = \dfrac{F}{\cos\alpha} = \dfrac{2500\ \text{N}}{\cos 30°} = 2886{,}8\ \text{N}$

III. $F_A = \dfrac{F_C \sin\alpha\, l_2}{l_1} = \dfrac{2886{,}8\ \text{N} \cdot \sin 30° \cdot 7\ \text{cm}}{5\ \text{cm}}$

$F_A = 2020{,}8\ \text{N}$

I. $F_B = -F_A - F_C \sin\alpha$

$F_B = -2020{,}8\ \text{N} - 2886{,}8\ \text{N} \cdot \sin 30°$

$F_B = -3464{,}2\ \text{N}$

Auswertung der Ergebnisse für die Annahme 2:

F_A hat ein positives Vorzeichen: Richtungsannahme richtig.

F_B hat ein negatives Vorzeichen: Richtungsannahme falsch.

F_C hat ein positives Vorzeichen: Richtungsannahme richtig.

Annahme 3:

Kraft F_A wirkt in negativer x-Richtung und Kraft F_B in positiver x-Richtung.

Lageskizze 1

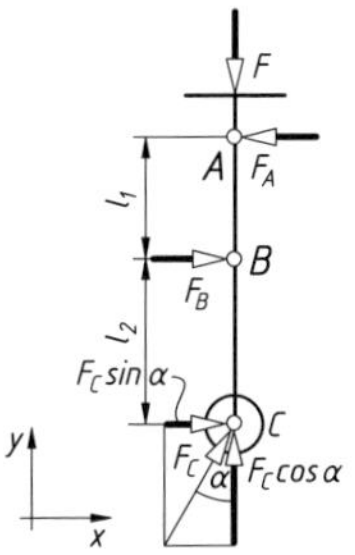

I. $\Sigma F_x = 0 = -F_A + F_B + F_C \sin\alpha$

II. $\Sigma F_y = 0 = F_C \cos\alpha - F$

III. $\Sigma M_{(B)} = 0 = F_C \sin\alpha\, l_2 + F_A\, l_1$

II. $F_C = \dfrac{F}{\cos\alpha} = \dfrac{2500\ \text{N}}{\cos 30°} = 2886{,}8\ \text{N}$

III. $F_A = \dfrac{-F_C \sin\alpha\, l_2}{l_1} = \dfrac{-2886{,}8\ \text{N} \cdot \sin 30° \cdot 7\ \text{cm}}{5\ \text{cm}}$

$F_A = -2020{,}8\ \text{N}$

I. $F_B = F_A - F_C \sin\alpha$

$F_B = +(-2020{,}8\ \text{N}) - 2886{,}8\ \text{N} \cdot \sin 30°$

$F_B = -3464{,}2\ \text{N}$

Auswertung der Ergebnisse für die Annahme 3:

F_A hat ein negatives Vorzeichen: Richtungsannahme falsch.

F_B hat ein negatives Vorzeichen: Richtungsannahme falsch.

F_C hat ein positives Vorzeichen: Richtungsannahme richtig.

Annahme 4:

Kraft F_A wirkt in positiver x-Richtung und Kraft F_B in negativer x-Richtung.

Lageskizze 1

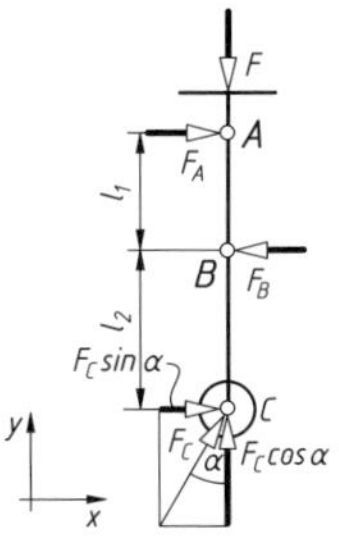

I. $\Sigma F_x = 0 = F_A - F_B + F_C \sin\alpha$

II. $\Sigma F_y = 0 = F_C \cos\alpha - F$

III. $\Sigma M_{(B)} = 0 = F_C \sin\alpha\, l_2 - F_A\, l_1$

II. $F_C = \dfrac{F}{\cos\alpha} = \dfrac{2500\ \text{N}}{\cos 30°} = 2886{,}8\ \text{N}$

III. $F_A = \dfrac{F_C \sin\alpha\, l_2}{l_1} = \dfrac{2886{,}8\ \text{N} \cdot \sin 30° \cdot 7\ \text{cm}}{5\ \text{cm}}$

$F_A = 2020{,}8\ \text{N}$

I. $F_B = F_A + F_C \sin\alpha$

$F_B = 2020{,}8\ \text{N} + 2886{,}8\ \text{N} \cdot \sin 30°$

$F_B = 3464{,}2\ \text{N}$

Auswertung der Ergebnisse für die Annahme 4:

F_A hat ein positives Vorzeichen: Richtungsannahme richtig.

F_B hat ein positives Vorzeichen: Richtungsannahme richtig.

F_C hat ein positives Vorzeichen: Richtungsannahme richtig.

Lageskizze 2
(freigemachter Winkelhebel)

Hinweis: Bekannte Kraft ist jetzt die Reaktionskraft der vorher ermittelten Kraft F_C.

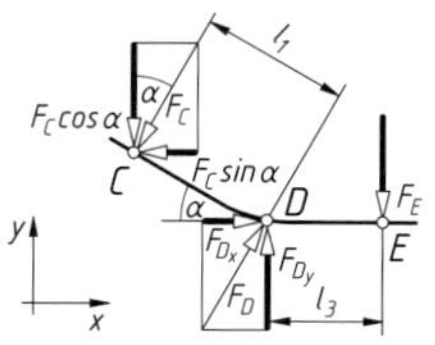

I. $\Sigma F_x = 0 = F_{Dx} - F_C \sin\alpha$

II. $\Sigma F_y = 0 = F_{Dy} - F_C \cos\alpha - F_E$

III. $\Sigma M_{(D)} = 0 = F_C\, l_1 - F_E\, l_3$

III. $F_E = F_C \dfrac{l_1}{l_3} = 2886{,}8\ \text{N} \dfrac{5\ \text{cm}}{4\ \text{cm}} = 3608{,}5\ \text{N}$

I. $F_{Dx} = F_C \sin\alpha = 2886{,}8\ \text{N} \cdot \sin 30° = 1443{,}4\ \text{N}$

II. $F_{Dy} = F_C \sin\alpha + F_E$

$F_{Dy} = 2886{,}8\ \text{N} \cdot \cos 30° + 3608{,}5\ \text{N}$

$F_{Dy} = 6108{,}5\ \text{N}$

$F_D = \sqrt{F_{Dx}^2 + F_{Dy}^2} = \sqrt{(1443{,}4\ \text{N})^2 + (6108{,}5\ \text{N})^2}$

$F_D = 6276{,}7\ \text{N}$

Lageskizze 3
(freigemachter Hebel mit Rolle E)

Hinweis: Bekannte Kraft ist jetzt die Reaktionskraft der vorher ermittelten Kraft F_E.

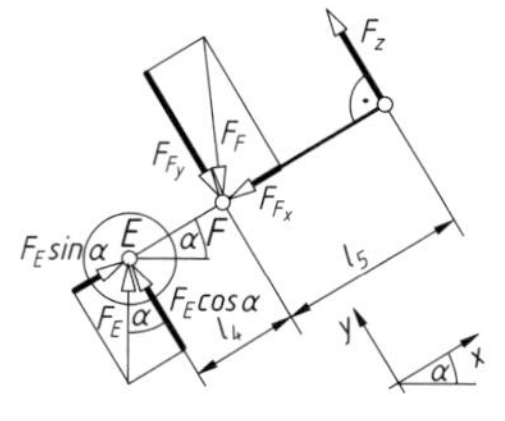

I. $\Sigma F_x = 0 = F_E \sin\alpha - F_{Fx}$

II. $\Sigma F_y = 0 = F_E \cos\alpha - F_{Fy} + F_Z$

III. $\Sigma M_{(F)} = 0 = F_Z\, l_5 - F_E \cos\alpha\, l_4$

III. $F_Z = F_E \dfrac{l_4 \cos\alpha}{l_5}$

$F_Z = 3608{,}5\ \text{N} \dfrac{2\ \text{cm} \cdot \cos 30°}{3{,}5\ \text{cm}} = 1785{,}7\ \text{N}$

I. $F_{Fx} = F_E \sin\alpha = 3608{,}5\ \text{N} \cdot \sin 30° = 1804{,}3\ \text{N}$

II. $F_{Fy} = F_E \sin\alpha + F_Z$

$F_{Fy} = 3608{,}5\ \text{N} \cdot \cos 30° + 1785{,}7\ \text{N}$

$F_{Fy} = 4910{,}8\ \text{N}$

$F_F = \sqrt{F_{Fx}^2 + F_{Fy}^2} = \sqrt{(1804{,}3\ \text{N})^2 + (4910{,}8\ \text{N})^2}$

$F_F = 5231{,}8\ \text{N}$

136.

Analytische Lösung:
Lageskizze 1
(freigemachter Tisch)

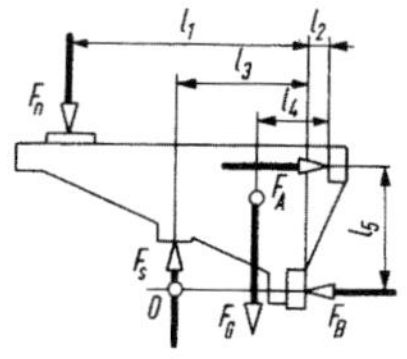

I. $\Sigma F_x = 0 = F_A - F_B$

II. $\Sigma F_y = 0 = F_s - F_n - F_G$

III. $\Sigma M_{(O)} = 0 = F_n (l_1 - l_3) - F_A\, l_5 - F_G (l_2 + l_3 - l_4)$

III. $F_A = \dfrac{F_n (l_1 - l_3) - F_G (l_2 + l_3 - l_4)}{l_5}$

$F_A = \dfrac{3{,}2\ \text{kN} \cdot 18\ \text{cm} - 0{,}8\ \text{kN} \cdot 13\ \text{cm}}{21\ \text{cm}} = 2{,}248\ \text{kN}$

I. $F_B = F_A = 2{,}248\ \text{kN}$

II. $F_s = F_n + F_G = 3{,}2\ \text{kN} + 0{,}8\ \text{kN} = 4\ \text{kN}$

Trigonometrische Lösung:
Lageskizze 2

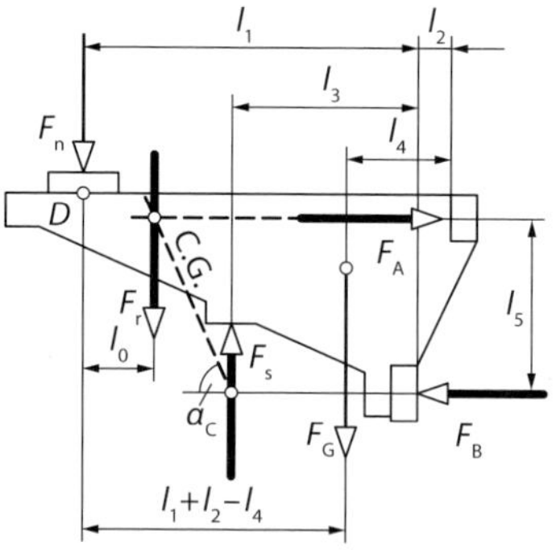

C.G. Culmannsche Gerade

Die Kräfte F_n/F_G werden über den Momentensatz zu der Resultierenden F_r reduziert (siehe F + T, 1.2). Mit F_r als bekannter Kraft werden dann die Kräfte F_A, F_B, F_s nach dem 4-Kräfte-Verfahren trigonometrisch ermittelt.

Momentensatz (siehe Lageskizze 2):

$$l_0 = \frac{-F_G\left(l_1 + l_2 - l_4\right)}{-F_r}$$

$$F_r = -F_n - F_G = -3{,}2\,\text{kN} - 0{,}8\,\text{kN} = -4\,\text{kN}$$

$$l_0 = \frac{-0{,}8\,\text{kN}\left(400 + 30 - 120\right)\text{mm}}{-4\,\text{kN}} = 62\,\text{mm}$$

Auswertung der Lageskizze:
Ermittlung des Winkels α_C der Culmann'schen Gerade:

$$\alpha_C = \arctan\frac{l_5}{l_1 - l_3 - l_0}$$

$$\alpha_C = \arctan\frac{210\,\text{mm}}{\left(400 - 220 - 62\right)\text{mm}} = 60{,}67°$$

Krafteckskizze

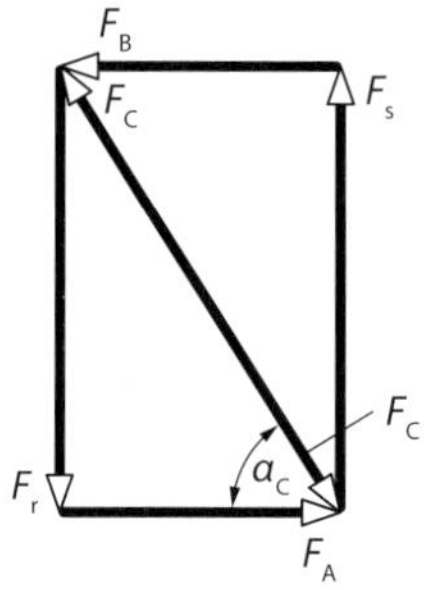

F_C Culmann'sche Kraft

Auswertung der Krafteckskizze:
Ermittlung der Kräfte F_A, F_B, F_s:

$$\tan\alpha_C = \frac{F_r}{F_A}$$

$$\frac{F_r}{\alpha_C} = \frac{4\,\text{kN}}{\tan 60{,}67°} = 2{,}247\,\text{kN}$$

$$F_B = F_A = 2{,}247\,\text{kN}$$

$$F_s = F_r = 4\,\text{kN}$$

137.

Lageskizze 1
(freigemachter Spannrollenhebel; siehe auch Lösung 109, Lageskizze 1)

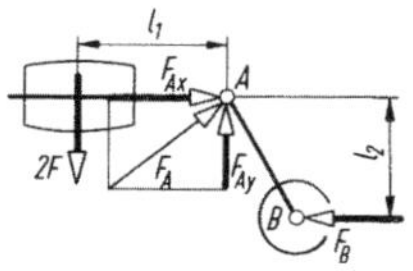

I. $\Sigma F_x = 0 = F_{Ax} - F_B$

II. $\Sigma F_y = 0 = F_{Ay} - 2F$

III. $\Sigma M_{(A)} = 0 = 2F\,l_1 - F_B\,l_2$

a) III. $F_B = 2F\dfrac{l_1}{l_2} = 2 \cdot 50\,\text{N} \cdot \dfrac{120\,\text{mm}}{100\,\text{mm}} = 120\,\text{N}$

I. $F_{Ax} = F_B = 120\,\text{N}$

II. $F_{Ay} = 2F = 100\,\text{N}$

$$F_A = \sqrt{F_{Ax}^2 + F_{Ay}^2} = \sqrt{(120\,\text{N})^2 + (100\,\text{N})^2}$$

$$F_A = 156{,}2\,\text{N}$$

Lageskizze 2 für die Teillösungen b) und c)
(freigemachte Spannstange)

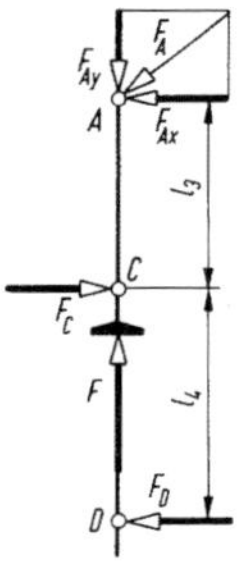

Hinweis: Bekannte Kraft ist jetzt die Reaktionskraft der vorher ermittelten Kraft F_A.

I. $\Sigma F_x = 0 = F_C - F_{Ax} - F_D$

II. $\Sigma F_y = 0 = F - F_{Ay}$

III. $\Sigma M_{(C)} = 0 = F_{Ax}\,l_3 - F_D\,l_4$

b) II. $F = F_{Ay} = 100\,\text{N}$

c) III. $F_D = F_{Ax}\dfrac{l_3}{l_4} = 120\,\text{N} \cdot \dfrac{180\,\text{mm}}{220\,\text{mm}} = 98{,}18\,\text{N}$

I. $F_C = F_{Ax} + F_D = 120\,\text{N} + 98{,}18\,\text{N} = 218{,}2\,\text{N}$

138.

Analytische Lösung:

a) F, F_A, F_B bei Rechtslauf des Motors
Lageskizze
(freigemachte Fußplatte mit Motor)

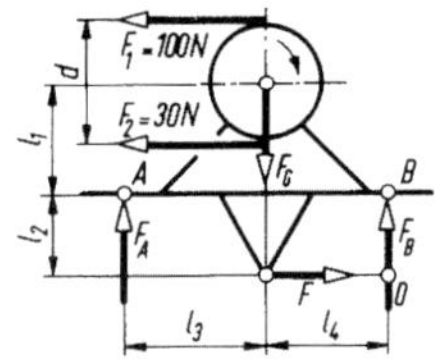

I. $\Sigma F_x = 0 = F - F_1 - F_2$

II. $\Sigma F_y = 0 = F_A - F_G + F_B$

III. $\Sigma M_{(O)} = 0 = -F_A\,(l_3 + l_4) + F_1\left(l_1 + l_2 + \dfrac{d}{2}\right) +$

$+ F_2\left(l_1 + l_2 - \dfrac{d}{2}\right) + F_G\,l_4$

I. $F = F_1 + F_2 = 100\,\text{N} + 30\,\text{N} = 130\,\text{N}$

III. $F_A = \dfrac{F_1\left(l_1 + l_2 + \dfrac{d}{2}\right) + F_2\left(l_1 + l_2 - \dfrac{d}{2}\right) + F_G\,l_4}{l_3 + l_4}$

$$F_A = \frac{100\,\text{N} \cdot 0{,}21\,\text{m} + 30\,\text{N} \cdot 0{,}11\,\text{m} + 80\,\text{N} \cdot 0{,}1\,\text{m}}{0{,}22\,\text{m}}$$

$$F_A = 146{,}8\,\text{N}$$

II. $F_B = F_G - F_A = 80\,\text{N} - 146{,}8\,\text{N} = -66{,}8\,\text{N}$

(Minus bedeutet: Die Kraft F_B wirkt nicht wie angenommen nach oben auf die Fußplatte, sondern nach unten.)

Zeichnerische Lösung:

F_1, F_2 und F_G werden zur Resultierenden F_r reduziert (Seileckverfahren). Dann werden mit F_r als bekannter Kraft die Kräfte F, F_A, F_B nach dem 4-Kräfte-Verfahren ermittelt.

b) F, F_A, F_B bei Linkslauf des Motors

I. $\Sigma F_x = 0 = F - F_1 - F_2$

II. $\Sigma F_y = 0 = F_A - F_G + F_B$

$$\text{III. } \Sigma M_{(O)} = 0 = -F_A\,(l_3 + l_4) + F_1\left(l_1 + l_2 - \frac{d}{2}\right) + F_2\left(l_1 + l_2 + \frac{d}{2}\right) + F_G\, l_4$$

I. $F = F_1 + F_2 = 100\text{ N} + 30\text{ N} = 130\text{ N}$

$$\text{III. } F_A = \frac{F_1\left(l_1 + l_2 - \frac{d}{2}\right) + F_2\left(l_1 + l_2 + \frac{d}{2}\right) + F_G\, l_4}{l_3 + l_4}$$

$$F_A = \frac{100\text{ N}\cdot 0{,}11\text{ m} + 30\text{ N}\cdot 0{,}21\text{ m} + 80\text{ N}\cdot 0{,}1\text{ m}}{0{,}22\text{ m}}$$

$F_A = 115\text{ N}$

II. $F_B = F_G - F_A = 80\text{ N} - 115\text{ N} = -35\text{ N}$

(Minus bedeutet: Die Kraft F_B wirkt dem angenommen Richtungssinn entgegen nach unten.)

Trigonometrische Lösung:

a) F, F_A, F_B bei Rechtslauf des Motors

Lageskizze 1 bei Rechtslauf

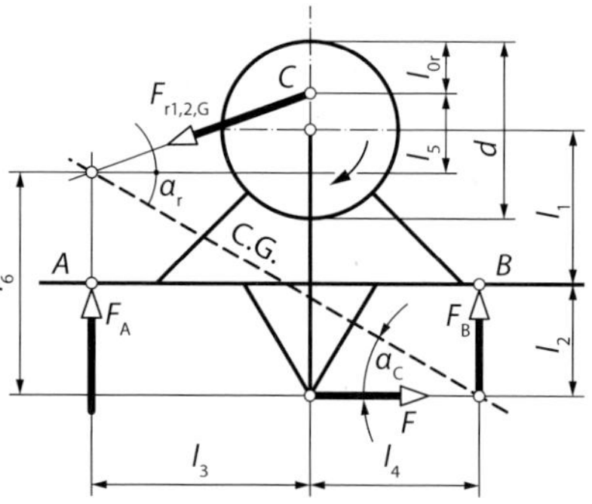

C.G. Culmannsche Gerade

Die bekannten Kräfte F_1/F_2 werden über den Momentensatz zu der resultierenden Kraft $F_{r\,1,2}$ reduziert (siehe F + T, 1.2). Anschließend wird aus der Resultierenden $F_{r\,1,2}$ und der Gewichtskraft F_G die Gesamtresultierende $F_{r\,1,2,G}$ aller drei Kräfte gebildet. Damit werden dann die gesuchten Kräfte F, F_A, F_B nach dem 4-Kräfte-Verfahren trigonometrisch ermittelt.

Momentensatz für die Lage der Resultierenden $F_{r\,1,2}$:

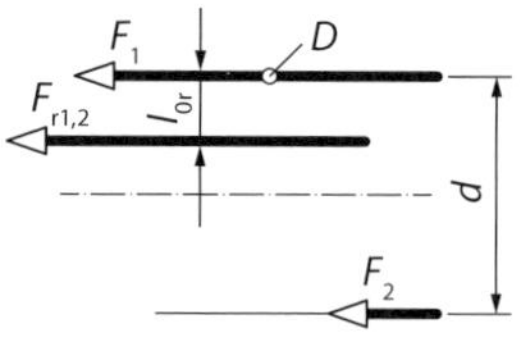

$$l_{0r} = \frac{-F_2\, d}{-F_{r\,1,2}}$$

$$F_{r\,1,2} = -(F_1 + F_2) = -(100 + 30)\text{ N} = -130\text{ N}$$

$$l_{0r} = \frac{-30\text{ N}\cdot 100\text{ mm}}{-130\text{ N}} = 23{,}1\text{ mm}$$

Bestimmung der Gesamtresultierenden $F_{r\,1,2,G}$:

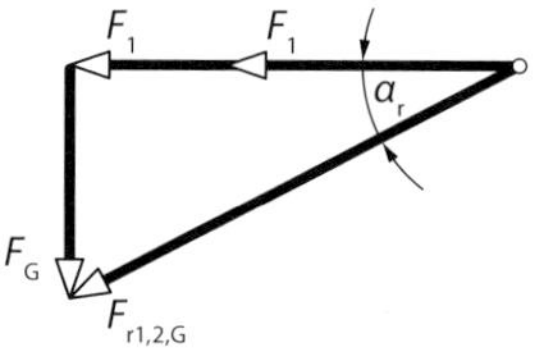

$$\alpha_r = \arctan\frac{F_G}{F_{r\,1,2}} = \arctan\frac{80\text{ N}}{130\text{ N}}$$

$\alpha_r = 31{,}61°$

$$\sin\alpha_r = \frac{F_G}{F_{r\,1,2,G}} \rightarrow F_{r\,1,2,G} = \frac{F_G}{\sin\alpha_r} = \frac{80\text{ N}}{\sin 31{,}61°}$$

$F_{r\,1,2,G} = 152{,}6\text{ N}$

Auswertung der Lageskizze 1 bei Rechtslauf:

Berechnung der Länge l_5:

$$\tan\alpha_r = \frac{l_5}{l_3} \rightarrow l_5 = l_3 \tan\alpha_r$$

$l_5 = 120\text{ mm}\cdot\tan 31{,}61° = 73{,}9\text{ mm}$

Berechnung der Länge l_6:

$$l_6 = l_1 + l_2 + \frac{d}{2} - (l_5 + l_{0r})$$

$$l_6 = \left(90 + 70 + \frac{100}{2}\right)\text{mm} - (73{,}9 + 23{,}1)\text{ mm}$$

$l_6 = 113\text{ mm}$

Ermittlung des Winkels α_C der Culmann'schen Gerade:

$$\alpha_C = \arctan\frac{l_6}{l_3 + l_4}$$

$$\alpha_C = \arctan\frac{113\text{ mm}}{(120 + 100)\text{ mm}} = 27{,}2°$$

Auswertung der Krafteckskizze bei Rechtslauf:

Krafteckskizze bei Rechtslauf

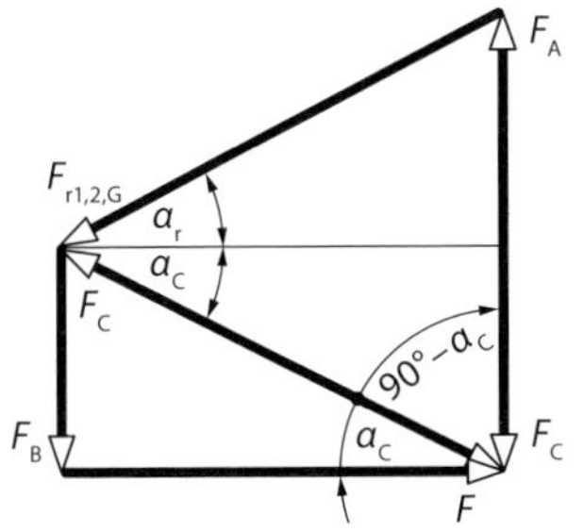

F_C „Culmann'sche Kraft"

Ermittlung der Kräfte F, F_A, F_B:

$$\cos\alpha_r = \frac{F}{F_{r\,1,2,G}} \rightarrow F = F_{r\,1,2,G}\cos\alpha_r$$

$$F = 152{,}6\,\text{N}\cdot\cos 31{,}61^\circ = 130\,\text{N}$$

$$\tan\alpha_C = \frac{F_B}{F} \rightarrow F_B = F\tan\alpha_C$$

$$F_B = 130\,\text{N}\cdot\tan 27{,}2^\circ = 66{,}8\,\text{N}$$

Hinweis: Die Richtungsumkehr der in der Lageskizze zur analytischen Lösung nach *oben* angenommenen Kraft F_B ergibt sich bei der trigonometrischen Lösung schon bei der Konstruktion der Krafteckskizze durch den „Einbahnverkehr" der Kräfte $F_{r\,1,2,G}$ / F_B / F / F_A.

Sinussatz zur Ermittlung der Kraft F_A:

$$\frac{\sin(90^\circ-\alpha_C)}{F_{r\,1,2,G}} = \frac{\sin(\alpha_r+\alpha_C)}{F_A}$$

$$F_A = \frac{F_{r\,1,2,G}\sin(\alpha_r+\alpha_C)}{\sin(90^\circ-\alpha_C)}$$

$$= \frac{152{,}6\,\text{N}\cdot\sin(31{,}61^\circ+27{,}2^\circ)}{\sin(90^\circ-27{,}2^\circ)}$$

$$F_A = 146{,}8\,\text{N}$$

b) F, F_A, F_B bei Linkslauf des Motors

Durch das Vertauschen der Riemenkräfte F_1 und F_2 ergibt sich ein anderer Angriffspunkt für die Gesamtresultierende $F_{r\,1,2,G}$ (vergleiche auch die Skizzen zu den Momentensätzen der trigonometrischen Lösungen in a) und b)).

Lageskizze 2 bei Linkslauf

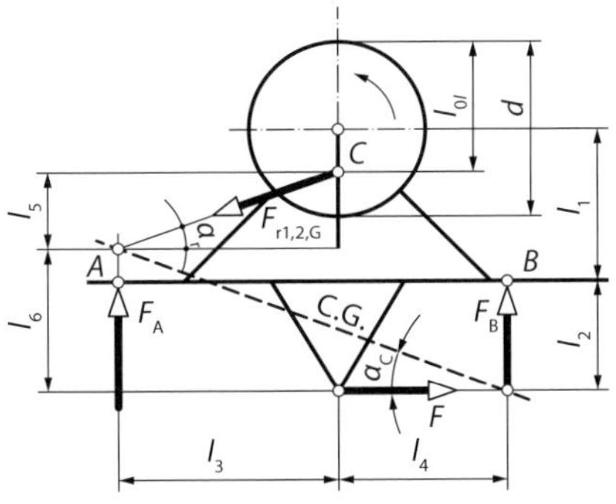

C.G. Culmannsche Gerade

Momentensatz für die Lage der Resultierenden $F_{r\,1,2}$:

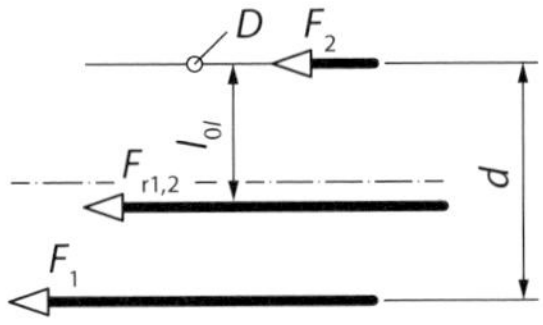

$$l_{0l} = \frac{-F_1\,d}{-F_{r\,1,2}} \quad | \; F_{r\,1,2} = -130\,\text{N (siehe Lösung a))}$$

$$l_{0l} = \frac{-100\,\text{N}\cdot 100\,\text{mm}}{-130\,\text{N}} = 76{,}9\,\text{mm}$$

Die Größen des Winkels $\alpha_r = 31{,}61^\circ$ und der Gesamtresultierenden $F_{r\,1,2,G} = 152{,}6$ N werden aus der Lösung a) übernommen, weil $F_{r\,1,2}$ und F_G gleich groß bleiben.

Auswertung der Lageskizze 2 bei Linkslauf:

Berechnung der Länge l_6:

$l_5 = 73{,}9\,\text{mm}$ (siehe Lösung a))

$$l_6 == l_1 + l_2 + \frac{d}{2} - (l_5 + l_{0l})$$

$$l_6 = \left(90 + 70 + \frac{100}{2}\right)\text{mm} - (73{,}9 + 76{,}9)\,\text{mm}$$

$$l_6 = 59{,}2\,\text{mm}$$

Ermittlung des Winkels α_C der Culmann'schen Gerade:

$$\alpha_C = \arctan\frac{l_6}{l_3 + l_4}$$

$$\alpha_C = \arctan\frac{59{,}2\,\text{mm}}{(120+100)\,\text{mm}} = 15{,}1^\circ$$

Auswertung der Krafteckskizze bei Linkslauf:

Krafteckskizze bei Linkslauf

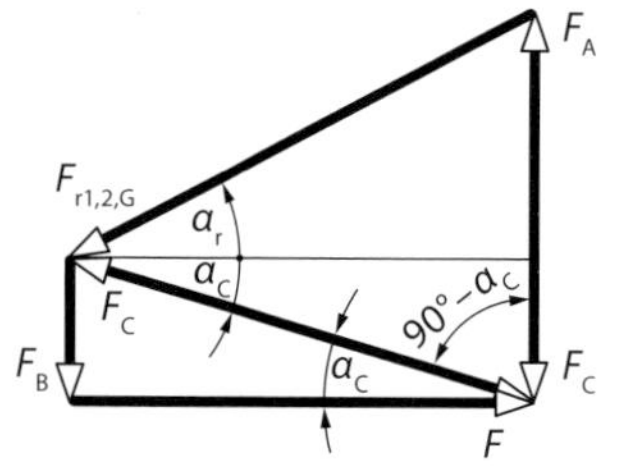

F_C „Culmann'sche Kraft"

Ermittlung der Kräfte F, F_A, F_B:

$F = 130\,\text{N}$ (siehe Lösung a))

$$\tan\alpha_C = \frac{F_B}{F} \rightarrow F_B = F\tan\alpha_C$$

$$F_B = 130\,\text{N}\cdot\tan 15{,}1° = 35{,}1\,\text{N}$$

(siehe Hinweis in der Lösung a))

Sinussatz zur Ermittlung der Kraft F_A:

$$\frac{\sin(90° - \alpha_C)}{F_{r\,1,2,G}} = \frac{\sin(\alpha_r + \alpha_C)}{F_A}$$

$$F_A = \frac{F_{r\,1,2,G}\sin(\alpha_r + \alpha_C)}{\sin(90° - \alpha_C)}$$

$$= \frac{152{,}6\,\text{N}\cdot\sin(31{,}61° + 15{,}1°)}{\sin(90° - 15{,}1°)}$$

$$F_A = 115\,\text{N}$$

139.

Rechnerische Lösung:

Lageskizze

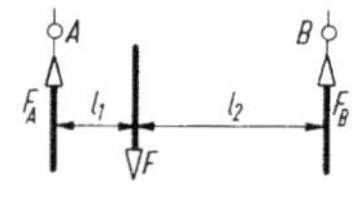

I. $\Sigma F_x = 0$: keine x-Kräfte vorhanden

II. $\Sigma F_y = 0 = F_A - F + F_B$

III. $\Sigma M_{(B)} = 0 = F l_2 - F_A(l_1 + l_2)$

III. $F_A = F\dfrac{l_2}{l_1 + l_2} = 1250\,\text{N}\cdot\dfrac{3{,}15\,\text{m}}{1{,}3\,\text{m} + 3{,}15\,\text{m}} = 884{,}8\,\text{N}$

II. $F_B = F - F_A = 1250\,\text{N} - 884{,}8\,\text{N} = 365{,}2\,\text{N}$

Zeichnerische Lösung:

Lageplan (M_L = 2,5 m/cm)

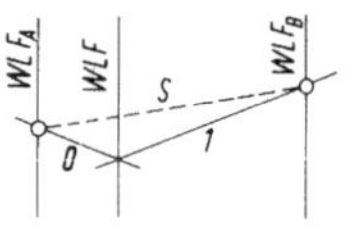

Kräfteplan (M_K = 1000 N/cm)

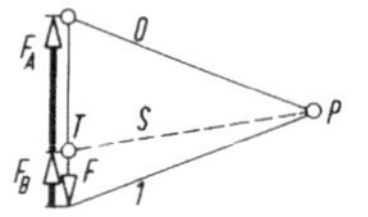

140.

Rechnerische Lösung:

Lageskizze

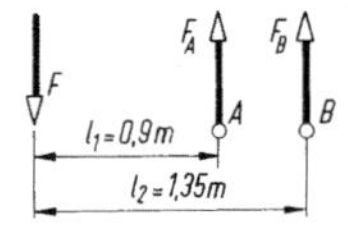

I. $\Sigma F_x = 0$: keine x-Kräfte vorhanden

II. $\Sigma F_y = 0 = F_A + F_B - F$

III. $\Sigma M_{(B)} = 0 = F l_2 - F_A(l_2 - l_1)$

a) III. $F_A = F\dfrac{l_2}{l_2 - l_1} = 690\,\text{N}\cdot\dfrac{1{,}35\,\text{m}}{0{,}45\,\text{m}} = 2070\,\text{N}$

II. $F_B = F - F_A = 690\,\text{N} - 2070\,\text{N} = -1380\,\text{N}$

b) Die Kraft F_A wirkt gegensinnig zu F, die Kraft F_B gleichsinnig (Minuszeichen bedeutet: umgekehrter Richtungssinn als angenommen).

Zeichnerische Lösung:

Lageplan (M_L = 0,5 m/cm)

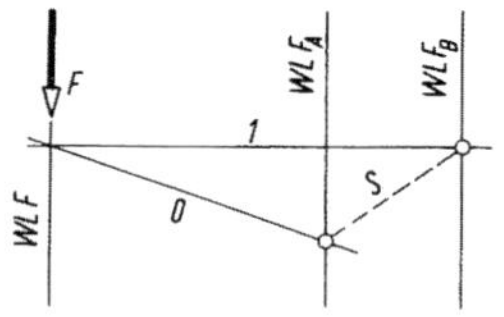

Kräfteplan (M_K = 1000 N/cm)

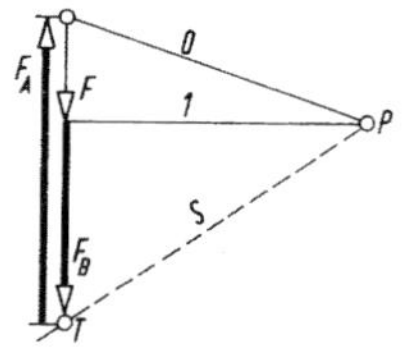

141.

Lageskizze (freigemachter Fräserdorn)

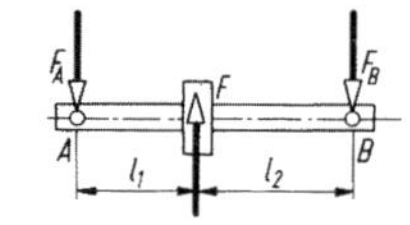

I. $\Sigma F_x = 0$: keine x-Kräfte vorhanden

II. $\Sigma F_y = 0 = F - F_A - F_B$

III. $\Sigma M_{(B)} = 0 = F_A(l_1 + l_2) - F l_2$

III. $F_A = F\dfrac{l_2}{l_1 + l_2} = 5\,\text{kN}\cdot\dfrac{170\,\text{mm}}{300\,\text{mm}} = 2{,}833\,\text{kN}$

II. $F_B = F - F_A = 5\,\text{kN} - 2{,}833\,\text{kN} = 2{,}167\,\text{kN}$

142.

Lageskizze (freigemachter Support)

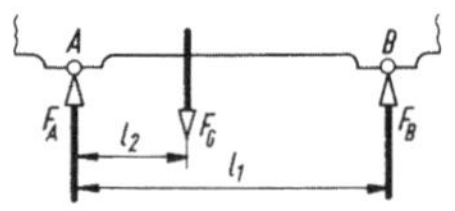

I. $\Sigma F_x = 0$: keine x-Kräfte vorhanden

II. $\Sigma F_y = 0 = F_A - F_G + F_B$

III. $\Sigma M_{(A)} = 0 = -F_G l_2 + F_B l_1$

III. $F_B = F_G\dfrac{l_2}{l_1} = 2{,}2\,\text{kN}\cdot\dfrac{180\,\text{mm}}{520\,\text{mm}} = 0{,}7615\,\text{kN}$

II. $F_A = F_G - F_B = 2{,}2\,\text{kN} - 0{,}7615\,\text{kN} = 1{,}438\,\text{kN}$

143.

Lageskizze
(freigemachter Hebel)

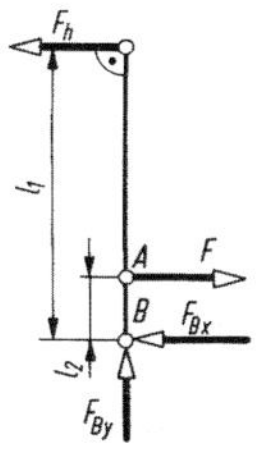

I. $\Sigma F_x = 0 = F - F_h - F_{Bx}$

II. $\Sigma F_y = 0 = F_{By}$

III. $\Sigma M_{(B)} = 0 = F_h\, l_1 - F\, l_2$

a) III. $F_h = F\dfrac{l_2}{l_1} = 1{,}8\ \text{kN} \cdot \dfrac{0{,}095\ \text{m}}{1{,}12\ \text{m}} = 0{,}1527\ \text{kN}$

b) I. $F_{Bx} = F - F_h = 1{,}8\ \text{kN} - 0{,}1527\ \text{kN} = 1{,}647\ \text{kN}$

II. $F_{By} = 0$;

d. h., es wirkt im Lager B keine y-Komponente, folglich ist $F_B = F_{Bx} = 1{,}647$ kN

144.

Lageskizze
(freigemachter Hängeschuh)

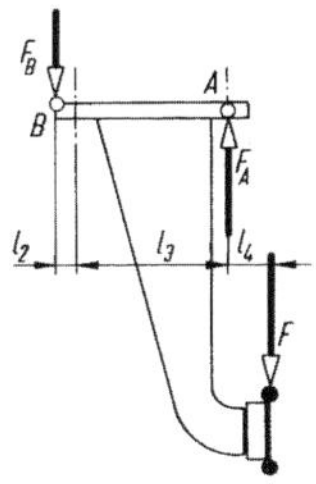

I. $\Sigma F_x = 0$: keine x-Kräfte vorhanden

II. $\Sigma F_y = 0 = F_A - F_B - F$

III. $\Sigma M_{(B)} = 0 = F_A\,(l_2 + l_3) - F\,(l_2 + l_3 + l_4)$

a) III. $F_A = F\dfrac{l_2 + l_3 + l_4}{l_2 + l_3} = 14\ \text{kN} \cdot \dfrac{350\ \text{mm}}{280\ \text{mm}} = 17{,}5\ \text{kN}$

b) II. $F_B = F_A - F = 17{,}5\ \text{kN} - 14\ \text{kN} = 3{,}5\ \text{kN}$

145.

Lageskizze
(freigemachte Welle)

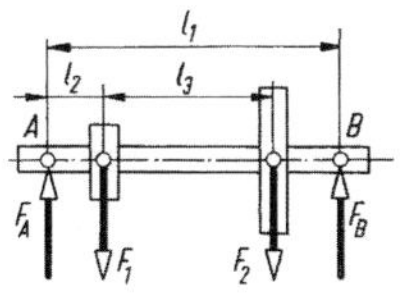

I. $\Sigma F_x = 0$: keine x-Kräfte vorhanden

II. $\Sigma F_y = 0 = F_A - F_1 - F_2 + F_B$

III. $\Sigma M_{(A)} = 0 = -F_1\, l_2 - F_2\,(l_2 + l_3) + F_B\, l_1$

III. $F_B = \dfrac{F_1\, l_2 + F_2\,(l_2 + l_3)}{l_1}$

$F_B = \dfrac{6{,}5\,\text{kN} \cdot 0{,}22\,\text{m} + 2\,\text{kN} \cdot (0{,}22\,\text{m} + 0{,}69\,\text{m})}{1{,}2\,\text{m}}$

$F_B = 2{,}708\,\text{kN}$

II. $F_A = F_1 + F_2 - F_B = 6{,}5\ \text{kN} + 2\ \text{kN} - 2{,}708\ \text{kN}$

$F_A = 5{,}792\ \text{kN}$

146.

Lageskizze
(freigemachter Kragträger)

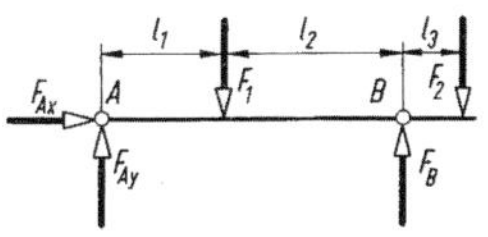

I. $\Sigma F_x = 0 = F_{Ax}$

II. $\Sigma F_y = 0 = F_{Ay} - F_1 + F_B - F_2$

III. $\Sigma M_{(A)} = 0 = -F_1\, l_1 + F_B\,(l_1 + l_2) - F_2\,(l_1 + l_2 + l_3)$

III. $F_B = \dfrac{F_1\, l_1 + F_2\,(l_1 + l_2 + l_3)}{l_1 + l_2}$

$F_B = \dfrac{30\ \text{kN} \cdot 2\ \text{m} + 20\ \text{kN} \cdot 6\ \text{m}}{5\ \text{m}} = 36\ \text{kN}$

II. $F_{Ay} = F_1 + F_2 - F_B = 30\ \text{kN} + 20\ \text{kN} - 36\ \text{kN}$

$F_{Ay} = 14\ \text{kN}$

I. $F_{Ax} = 0$; d. h., Stützkraft $F_A = F_{Ay} = 14$ kN

147.

a) Lageskizze (freigemachter Drehausleger)

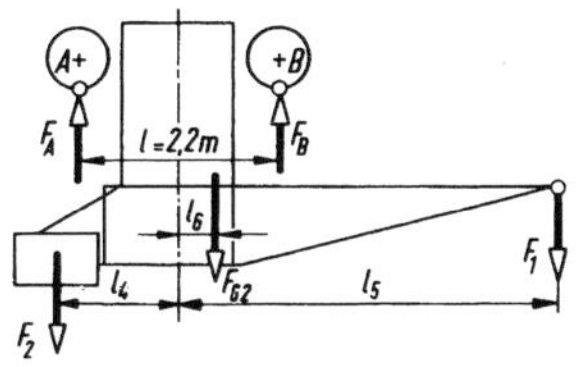

I. $\Sigma F_x = 0$: keine x-Kräfte vorhanden

II. $\Sigma F_y = 0 = F_A + F_B - F_1 - F_2 - F_{G2}$

III. $\Sigma M_{(B)} = 0 = F_2\left(\dfrac{l}{2} + l_4\right) + F_{G2}\left(\dfrac{l}{2} - l_6\right) -$

$- F_1\left(l_5 - \dfrac{l}{2}\right) - F_A\, l$

III. $F_A = \dfrac{F_2\left(\dfrac{l}{2} + l_4\right) + F_{G2}\left(\dfrac{l}{2} - l_6\right) - F_1\left(l_5 - \dfrac{l}{2}\right)}{l}$

$F_A = \dfrac{96\ \text{kN} \cdot 2{,}4\ \text{m} + 40\ \text{kN} \cdot 0{,}7\ \text{m} - 60\ \text{kN} \cdot 3{,}1\ \text{m}}{2{,}2\ \text{m}}$

$F_A = \dfrac{72{,}4\ \text{kNm}}{2{,}2\ \text{m}} = 32{,}91\ \text{kN}$

II. $F_B = F_1 + F_2 + F_{G2} - F_A$

$F_B = 60\ \text{kN} + 96\ \text{kN} + 40\ \text{kN} - 32{,}91\ \text{kN}$

$F_B = 163{,}1\ \text{kN}$

b) Lageskizze (freigemachte Kranbrücke mit Drehausleger)

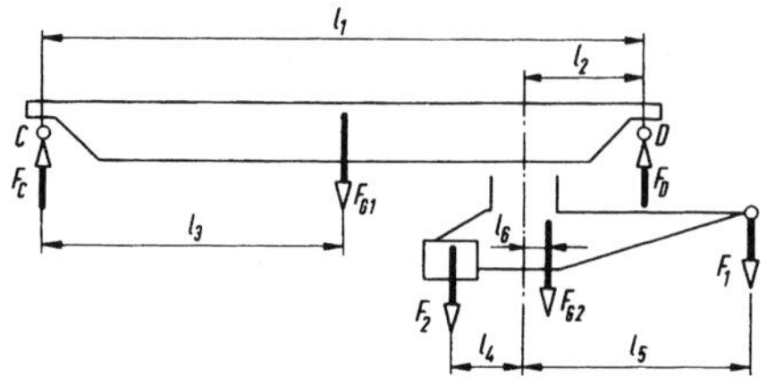

I. $\Sigma F_x = 0$: keine x-Kräfte vorhanden

II. $\Sigma F_y = 0 = F_C + F_D - F_{G1} - F_{G2} - F_1 - F_2$

III. $\Sigma M_{(D)} = 0 = -F_C l_1 + F_{G1}(l_1 - l_3) + F_2(l_2 + l_4) + {}$
$+ F_{G2}(l_2 - l_6) - F_1(l_5 - l_2)$

III. $F_C = \dfrac{F_{G1}(l_1 - l_3) + F_2(l_2 + l_4)}{l_1} +$
$+ \dfrac{F_{G2}(l_2 - l_6) - F_1(l_5 - l_2)}{l_1}$

$F_C = \dfrac{97\ \text{kN} \cdot 5{,}6\ \text{m} + 96\ \text{kN} \cdot 3{,}5\ \text{m}}{11{,}2\ \text{m}} +$
$+ \dfrac{40\ \text{kN} \cdot 1{,}8\ \text{m} - 60\ \text{kN} \cdot 2\ \text{m}}{11{,}2\ \text{m}}$

$F_C = 74{,}21\ \text{kN}$

II. $F_D = F_{G1} + F_{G2} + F_1 + F_2 - F_C$
$F_D = 97\ \text{kN} + 40\ \text{kN} + 60\ \text{kN} + 96\ \text{kN} - 74{,}21\ \text{kN}$
$F_D = 218{,}8\ \text{kN}$

c) Lageskizze (freigemachter Drehausleger)

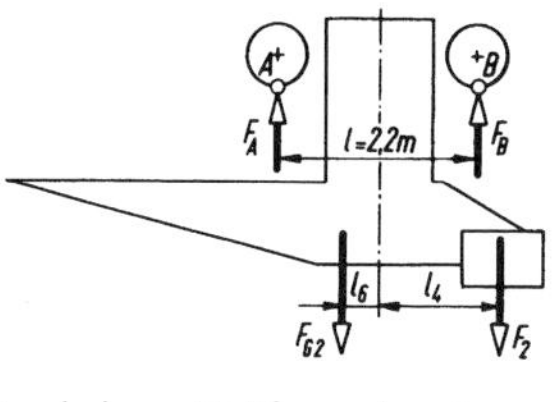

I. $\Sigma F_x = 0$: keine x-Kräfte vorhanden

II. $\Sigma F_y = 0 = F_A + F_B - F_2 - F_{G2}$

III. $\Sigma M_{(A)} = 0 = F_B l - F_{G2}\left(\dfrac{l}{2} - l_6\right) - F_2\left(\dfrac{l}{2} + l_4\right)$

III. $F_B = \dfrac{F_{G2}\left(\dfrac{l}{2} - l_6\right) + F_2\left(\dfrac{l}{2} + l_4\right)}{l}$

$F_B = \dfrac{40\ \text{kN} \cdot 0{,}7\ \text{m} + 96\ \text{kN} \cdot 2{,}4\ \text{m}}{2{,}2\ \text{m}} = 117{,}5\ \text{kN}$

II. $F_A = F_2 + F_{G2} - F_B$
$F_A = 96\ \text{kN} + 40\ \text{kN} - 117{,}5\ \text{kN} = 18{,}55\ \text{kN}$

Lageskizze (freigemachte Kranbrücke mit Drehausleger)

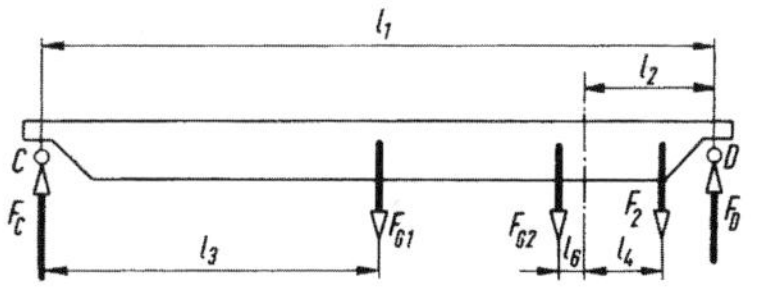

I. $\Sigma F_x = 0$: keine x-Kräfte vorhanden

II. $\Sigma F_y = 0 = F_C + F_D - F_{G1} - F_{G2} - F_2$

III. $\Sigma M_{(D)} = 0 = -F_C l_1 + F_{G1}(l_1 - l_3) + F_{G2}(l_2 + l_6) + {}$
$+ F_2(l_2 - l_4)$

III. $F_C = \dfrac{F_{G1}(l_1 - l_3) + F_{G2}(l_2 + l_6) + F_2(l_2 - l_4)}{l_1}$

$F_C = \dfrac{97\ \text{kN} \cdot 5{,}6\ \text{m} + 40\ \text{kN} \cdot 2{,}6\ \text{m} + 96\ \text{kN} \cdot 0{,}9\ \text{m}}{11{,}2\ \text{m}}$

$F_C = 65{,}5\ \text{kN}$

II. $F_D = F_{G1} + F_{G2} + F_2 - F_C$
$F_D = 97\ \text{kN} + 40\ \text{kN} + 96\ \text{kN} - 65{,}5\ \text{kN} = 167{,}5\ \text{kN}$

148.

Rechnerische Lösung:
Lageskizze
(freigemachter Kragträger)

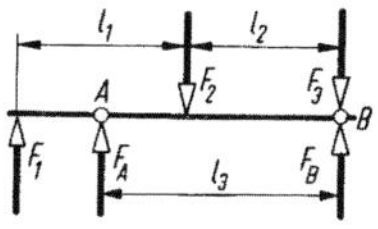

I. $\Sigma F_x = 0$: keine x-Kräfte vorhanden

II. $\Sigma F_y = 0 = F_1 + F_A + F_B - F_2 - F_3$

III. $\Sigma M_{(B)} = 0 = -F_1(l_1 + l_2) - F_A l_3 + F_2 l_2$

III. $F_A = \dfrac{-F_1(l_1 + l_2) + F_2 l_2}{l_3}$

$F_A = \dfrac{-15\ \text{kN} \cdot 4{,}3\ \text{m} + 20\ \text{kN} \cdot 2\ \text{m}}{3{,}2\ \text{m}} = -7{,}656\ \text{kN}$

(Minus bedeutet: nach unten gerichtet)

II. $F_B = F_2 + F_3 - F_1 - F_A$
$F_B = 20\ \text{kN} + 12\ \text{kN} - 15\ \text{kN} - (-7{,}656\ \text{kN})$
$F_B = 24{,}656\ \text{kN}$

Zeichnerische Lösung:

Lageplan
(M_L = 1,5 m/cm)

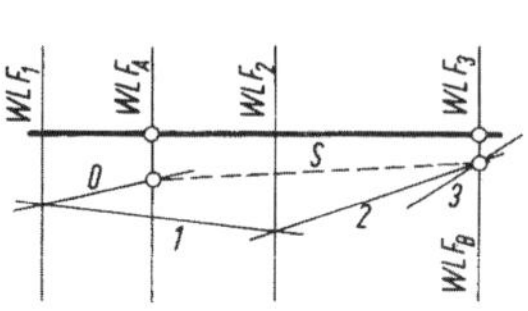

Kräfteplan
(M_K = 20 kN/cm)

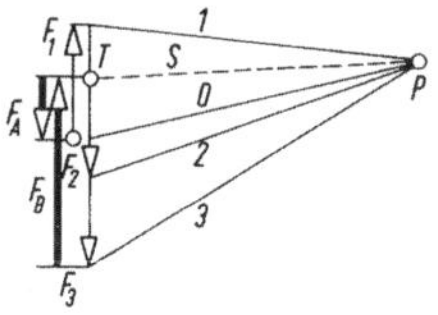

149.

Lageskizze
(freigemachte Getriebewelle)

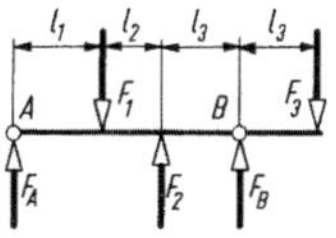

I. $\Sigma F_x = 0$: keine x-Kräfte vorhanden

II. $\Sigma F_y = 0 = F_A + F_2 + F_B - F_1 - F_3$

III. $\Sigma M_{(A)} = 0 = -F_1 l_1 + F_2 (l_1 + l_2) + F_B (l_1 + l_2 + l_3) - - F_3 (l_1 + l_2 + 2 l_3)$

III. $F_B = \dfrac{F_1 l_1 - F_2 (l_1 + l_2) + F_3 (l_1 + l_2 + 2 l_3)}{l_1 + l_2 + l_3}$

$F_B = \dfrac{2\ \text{kN} \cdot 0{,}25\ \text{m} - 5\ \text{kN} \cdot 0{,}4\ \text{m} + 1{,}5\ \text{kN} \cdot 0{,}8\ \text{m}}{0{,}6\ \text{m}}$

$F_B = -0{,}5\ \text{kN}$

(Minus bedeutet: nach unten gerichtet)

II. $F_A = F_1 + F_3 - F_2 - F_B$

$F_A = 2\ \text{kN} + 1{,}5\ \text{kN} - 5\ \text{kN} - (-0{,}5\ \text{kN}) = -1\ \text{kN}$

(Minus bedeutet: nach unten gerichtet)

150.

Lageskizze
(freigemachter Balken)

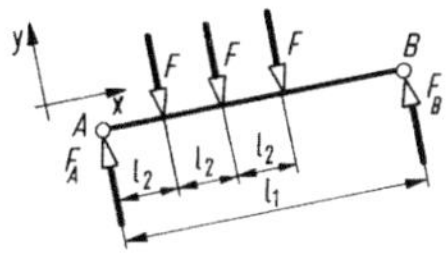

I. $\Sigma F_x = 0$: keine x-Kräfte vorhanden

II. $\Sigma F_y = 0 = F_A + F_B - F - F - F$

III. $\Sigma M_{(A)} = 0 = -F l_2 - F \cdot 2 l_2 - F \cdot 3 l_2 + F_B l_1$

III. $F_B = \dfrac{F (l_2 + 2 l_2 + 3 l_2)}{l_1} = \dfrac{6 F l_2}{l_1} = \dfrac{6 \cdot 10\ \text{kN} \cdot 1\ \text{m}}{5\ \text{m}}$

$F_B = 12\ \text{kN}$

II. $F_A = 3F - F_B = 3 \cdot 10\ \text{kN} - 12\ \text{kN} = 18\ \text{kN}$

151.

Lageskizze
(freigemachter Werkstattkran)

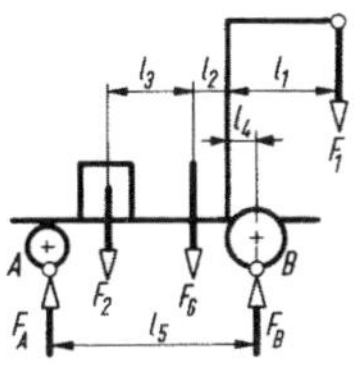

I. $\Sigma F_x = 0$: keine x-Kräfte vorhanden

II. $\Sigma F_y = 0 = F_A + F_B - F_G - F_1 - F_2$

III. $\Sigma M_{(B)} = 0 = -F_A l_5 + F_2 (l_2 + l_3 + l_4) + + F_G (l_2 + l_4) - F_1 (l_1 - l_4)$

III. $F_A = \dfrac{F_2 (l_2 + l_3 + l_4) + F_G (l_2 + l_4) - F_1 (l_1 - l_4)}{l_5}$

$F_A = \dfrac{7\ \text{kN} \cdot 1{,}2\ \text{m} + 3{,}6\ \text{kN} \cdot 0{,}5\ \text{m} - 7{,}5\ \text{kN} \cdot 0{,}7\ \text{m}}{1{,}7\ \text{m}}$

$F_A = 2{,}912\ \text{kN}$

II. $F_B = F_G + F_1 + F_2 - F_A$

$F_B = 3{,}6\ \text{kN} + 7{,}5\ \text{kN} + 7\ \text{kN} - 2{,}912\ \text{kN}$

$F_B = 15{,}19\ \text{kN}$

152.

Lageskizze
(freigemachte Rollleiter)

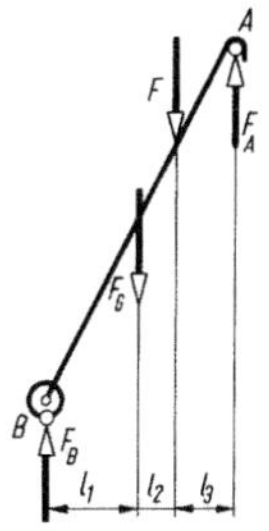

I. $\Sigma F_x = 0$: keine x-Kräfte vorhanden

II. $\Sigma F_y = 0 = F_A + F_B - F_G - F$

III. $\Sigma M_{(B)} = 0 = F_A (l_1 + l_2 + l_3) - F (l_1 + l_2) - F_G l_1$

III. $F_A = \dfrac{F (l_1 + l_2) + F_G l_1}{l_1 + l_2 + l_3}$

$F_A = \dfrac{750\ \text{N} \cdot 1{,}1\ \text{m} + 150\ \text{N} \cdot 0{,}8\ \text{m}}{1{,}6\ \text{m}} = 590{,}6\ \text{N}$

II. $F_B = F_G + F - F_A$

$F_B = 150\ \text{N} + 750\ \text{N} - 590{,}6\ \text{N} = 309{,}4\ \text{N}$

153.

Lageskizze
(freigemachter Pkw)

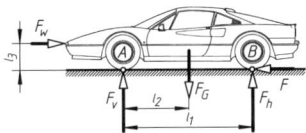

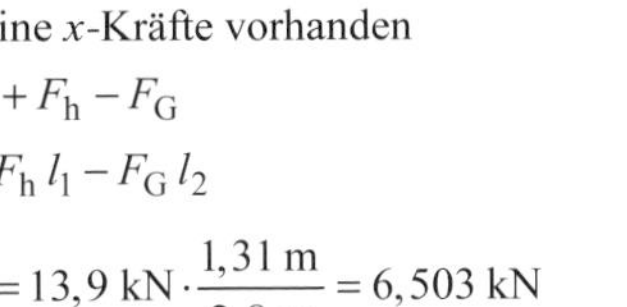

Hinweis: Bei stehendem Pkw entfallen die Kräfte F_w und F.

a) I. $\Sigma F_x = 0$: keine x-Kräfte vorhanden

II. $\Sigma F_y = 0 = F_v + F_h - F_G$

III. $\Sigma M_{(A)} = 0 = F_h l_1 - F_G l_2$

III. $F_h = F_G \dfrac{l_2}{l_1} = 13{,}9\ \text{kN} \cdot \dfrac{1{,}31\ \text{m}}{2{,}8\ \text{m}} = 6{,}503\ \text{kN}$

II. $F_v = F_G - F_h = 13{,}9\ \text{kN} - 6{,}503\ \text{kN} = 7{,}397\ \text{kN}$

b) I. $\Sigma F_x = 0 = F_w - F$

II. $\Sigma F_y = 0 = F_v + F_h - F_G$

III. $\Sigma M_{(B)} = 0 = F_G (l_1 - l_2) - F_v l_1 - F_w l_3$

I. $F = F_w = 1{,}2\ \text{kN}$

III. $F_v = \dfrac{F_G (l_1 - l_2) - F_w l_3}{l_1}$

$F_v = \dfrac{13{,}9\ \text{kN} \cdot 1{,}49\ \text{m} - 1{,}2\ \text{kN} \cdot 0{,}75\ \text{m}}{2{,}8\ \text{m}}$

$F_v = 7{,}075\ \text{kN}$

II. $F_h = F_G - F_v = 13{,}9\ \text{kN} - 7{,}075\ \text{kN} = 6{,}825\ \text{kN}$

154.

Lageskizze 1
(freigemachte Welle)

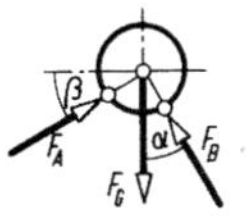

Hinweis: Die rechte Stützkraft an der Welle wird von 2 Brechstangen aufgebracht. Bezeichnet man die Stützkraft an jeder Brechstange mit F_B, dann beträgt die Gesamtstützkraft 2 F_B.

Ermittlung des Winkels β:

$\beta = \arcsin \dfrac{l_3}{\frac{d}{2}} = \arcsin \dfrac{2 l_3}{d}$

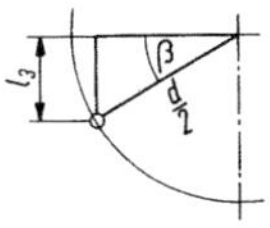

$\beta = \arcsin \dfrac{2 \cdot 30\ \text{mm}}{120\ \text{mm}} = 30°$

Die Kräfte F_A und 2 F_B werden am einfachsten nach der trigonometrischen Methode berechnet.

Krafteckskizze

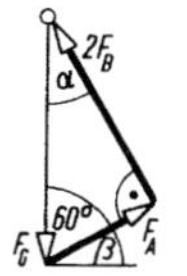

a) $F_A = F_G \sin \alpha = 3{,}6\ \text{kN} \cdot \sin 30°$

$F_A = 1{,}8\ \text{kN}$

b) $2 F_B = F_G \cos \alpha$

$2 F_B = 3{,}6\ \text{kN} \cdot \cos 30° = 3{,}118\ \text{kN}$

$F_B = 1{,}559\ \text{kN}$

Lageskizze 2
(freigemachte
Brechstange)

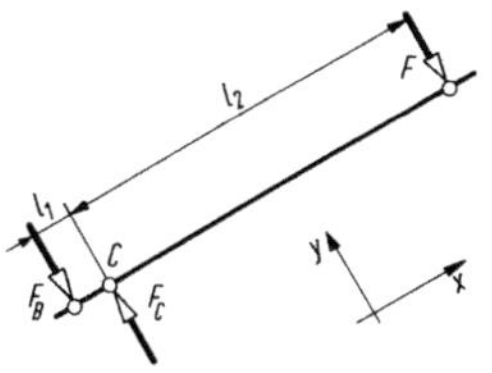

I. $\Sigma F_x = 0:$ keine x-Kräfte vorhanden

II. $\Sigma F_y = 0 = F_C - F_B - F$

III. $\Sigma M_{(C)} = 0 = F_B l_1 - F l_2$

c) III. $F = \dfrac{F_B l_1}{l_2} = \dfrac{1{,}559\ \text{kN} \cdot 110\ \text{mm}}{1340\ \text{mm}} = 0{,}128\ \text{kN}$

d) II. $F_C = F_B + F = 1{,}559\ \text{kN} + 0{,}128\ \text{kN} = 1{,}687\ \text{kN}$

e) $F_{Cx} = F_C \sin \alpha = 1{,}687\ \text{kN} \cdot \sin 30°$

$F_{Cx} = 0{,}8434\ \text{kN}$

$F_{Cy} = F_C \cos \alpha = 1{,}687\ \text{kN} \cdot \cos 30°$

$F_{Cy} = 1{,}461\ \text{kN}$

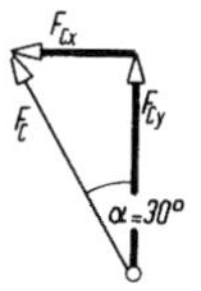

155.

a) Lageskizze 1
(freigemachte
Transportkarre)

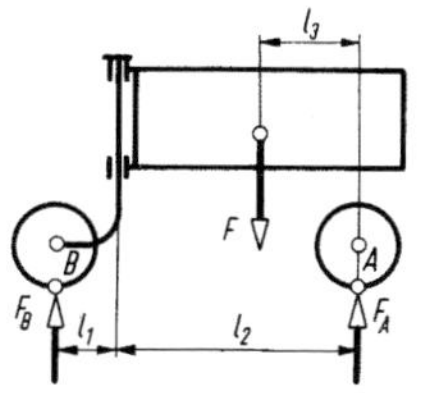

I. $\Sigma F_x = 0:$ keine x-Kräfte vorhanden

II. $\Sigma F_y = 0 = F_A + F_B - F$

III. $\Sigma M_{(A)} = 0 = -F_B (l_1 + l_2) + F l_3$

III. $F_B = \dfrac{F l_3}{l_1 + l_2} = \dfrac{5\ \text{kN} \cdot 0{,}4\ \text{m}}{1{,}25\ \text{m}} = 1{,}6\ \text{kN}$

II. $F_A = F - F_B = 5\ \text{kN} - 1{,}6\ \text{kN} = 3{,}4\ \text{kN}$

b) Lageskizze 2
(freigemachter Schwenkarm)

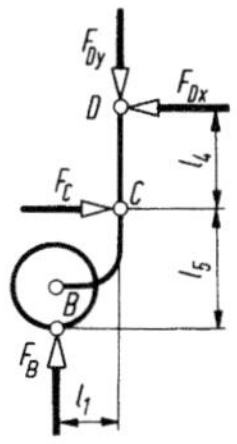

I. $\Sigma F_x = 0 = F_C - F_{Dx}$

II. $\Sigma F_y = 0 = F_B - F_{Dy}$

III. $\Sigma M_{(D)} = 0 = F_C l_4 - F_B l_1$

III. $F_C = \dfrac{F_B l_1}{l_4} = \dfrac{1{,}6\ \text{kN} \cdot 0{,}25\ \text{m}}{0{,}4\ \text{m}} = 1\ \text{kN}$

I. $F_{Dx} = F_C = 1\ \text{kN}$

II. $F_{Dy} = F_B = 1{,}6\ \text{kN}$

$F_D = \sqrt{F_{Dx}^2 + F_{Dy}^2} = \sqrt{(1\ \text{kN})^2 + (1{,}6\ \text{kN})^2}$

$F_D = 1{,}887\ \text{kN}$

c) $F_{Dx} = 1\ \text{kN}$; $F_{Dy} = 1{,}6\ \text{kN}$, siehe Teillösung b)

156.

a) Lageskizze 1 (freigemachte Transportkarre)

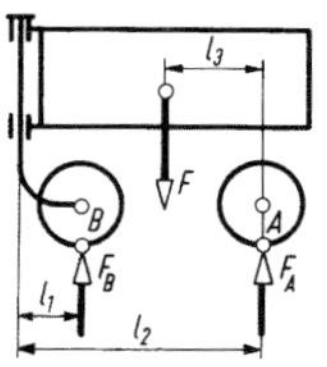

I. $\Sigma F_x = 0$: keine x-Kräfte vorhanden

II. $\Sigma F_y = 0 = F_A + F_B - F$

III. $\Sigma M_{(A)} = 0 = F\,l_3 - F_B\,(l_2 - l_1)$

III. $F_B = \dfrac{F\,l_3}{l_2 - l_1} = \dfrac{5\text{ kN}\cdot 0{,}4\text{ m}}{0{,}75\text{ m}} = 2{,}667\text{ kN}$

II. $F_A = F - F_B = 5\text{ kN} - 2{,}667\text{ kN} = 2{,}333\text{ kN}$

b) Lageskizze 2 (freigemachter Schwenkarm)

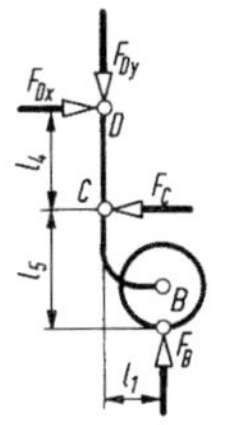

I. $\Sigma F_x = 0 = F_{Dx} - F_C$

II. $\Sigma F_y = 0 = F_B - F_{Dy}$

III. $\Sigma M_{(C)} = 0 = F_B\,l_1 - F_{Dx}\,l_4$

III. $F_{Dx} = \dfrac{F_B\,l_1}{l_4} = \dfrac{2{,}667\text{ kN}\cdot 0{,}25\text{ m}}{0{,}4\text{ m}} = 1{,}667\text{ kN}$

I. $F_C = F_{Dx} = 1{,}667\text{ kN}$

II. $F_{Dy} = F_B = 2{,}667\text{ kN}$

$F_D = \sqrt{F_{Dx}^2 + F_{Dy}^2} = \sqrt{(1{,}667\text{ kN})^2 + (2{,}667\text{ kN})^2}$

$F_D = 3{,}145\text{ kN}$

c) $F_{Dx} = 1{,}667$ kN; $F_{Dy} = 2{,}667$ kN, siehe Teillösung b)

157.

Zuerst wird die Druckkraft F berechnet, die beim Öffnen des Ventils auf den Ventilteller wirkt.

$F = p\,A = p\cdot\dfrac{\pi}{4}d^2$

$F = 3\cdot 10^5\,\dfrac{\text{N}}{\text{m}^2}\cdot\dfrac{\pi}{4}\cdot 60^2\,\text{mm}^2$

$F = 3\cdot 10^{-1}\,\dfrac{\text{N}}{\text{mm}^2}\cdot\dfrac{\pi}{4}\cdot 60^2\text{ mm}^2 = 848{,}2\text{ N}$

Lageskizze (freigemachter Hebel mit Ventilkörper)

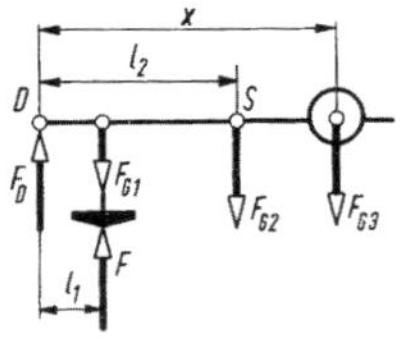

I. $\Sigma F_x = 0$: keine x-Kräfte vorhanden

II. $\Sigma F_y = 0 = F_D + F - F_{G1} - F_{G2} - F_{G3}$

III. $\Sigma M_{(D)} = 0 = F\,l_1 - F_{G1}\,l_1 - F_{G2}\,l_2 - F_{G3}\,x$

a)

III. $x = \dfrac{F\,l_1 - F_{G1}\,l_1 - F_{G2}\,l_2}{F_{G3}}$

$x = \dfrac{848{,}2\text{ N}\cdot 75\text{ mm} - 8\text{ N}\cdot 75\text{ mm} - 15\text{ N}\cdot 320\text{ mm}}{120\text{ N}}$

$x = 485{,}1\text{ mm}$

b) II. $F_D = F_{G1} + F_{G2} + F_{G3} - F$

$F_D = 8\text{ N} + 15\text{ N} + 120\text{ N} - 848{,}2\text{ N} = -705{,}2\text{ N}$

(Minus bedeutet: F_D wirkt nach unten)

c) Lageskizze (freigemachter Hebel mit Ventilkörper)

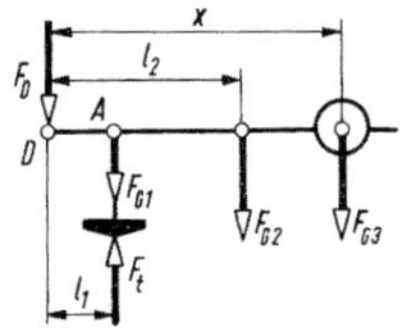

Hinweis: Stützkraft F_t am Ventilteller mit einbeziehen.

I. $\Sigma F_x = 0$: keine x-Kräfte vorhanden

II. $\Sigma F_y = 0 = F_t - F_D - F_{G1} - F_{G2} - F_{G3}$

III. $\Sigma M_{(A)} = 0 = F_D\,l_1 - F_{G2}\,(l_2 - l_1) - F_{G3}\,(x - l_1)$

III. $F_D = \dfrac{F_{G2}\,(l_2 - l_1) + F_{G3}\,(x - l_1)}{l_1}$

$F_D = \dfrac{15\text{ N}\cdot 245\text{ mm} + 120\text{ N}\cdot 410{,}1\text{ mm}}{75\text{ mm}}$

$F_D = 705{,}2\text{ N}$

Erkenntnis: Bei zunehmendem Dampfdruck wird die Stützkraft des Ventilsitzes auf den Ventilteller immer kleiner, bis sie beim Öffnen des Ventils null ist: Der Ventilteller stützt sich dann statt auf dem Ventilsitz auf dem Dampf ab.

158.

Rechnerische Lösung:

Lageskizze (freigemachter Balken)

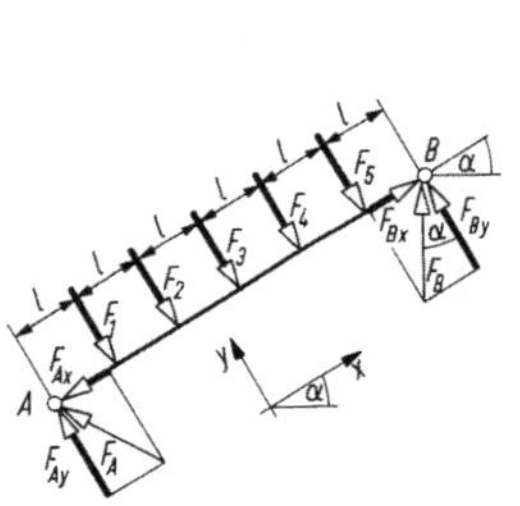

I. $\Sigma F_x = 0 = F_{Bx} - F_{Ax}$

II. $\Sigma F_y = 0 = F_{Ay} + F_{By} - F_1 - F_2 - F_3 - F_4 - F_5$

III. $\Sigma M_{(A)} = 0 = F_{By} \cdot 6l - F_1 l - F_2 \cdot 2l - F_3 \cdot 3l - F_4 \cdot 4l - F_5 \cdot 5l$

III. $F_{By} = \dfrac{F_1 + 2F_2 + 3F_3 + 4F_4 + 5F_5}{6}$

$F_{By} = \dfrac{4\text{ kN} + 2 \cdot 2\text{ kN} + 3 \cdot 1\text{ kN} + 4 \cdot 3\text{ kN} + 5 \cdot 1\text{ kN}}{6}$

$F_{By} = 4{,}667\text{ kN}$

II. $F_{Ay} = F_1 + F_2 + F_3 + F_4 + F_5 - F_{By}$

$F_{Ay} = 4\text{ kN} + 2\text{ kN} + 1\text{ kN} + 3\text{ kN} + 1\text{ kN} - 4{,}667\text{ kN}$

$F_{Ay} = 6{,}333\text{ kN}$

Aus dem Zerlegungsdreieck für F_B ergibt sich:

$F_{Bx} = F_{By} \tan\alpha = 4{,}667\text{ kN} \cdot \tan 30° = 2{,}694\text{ kN}$

$F_B = \dfrac{F_{By}}{\cos\alpha} = \dfrac{4{,}667\text{ kN}}{\cos 30°} = 5{,}389\text{ kN}$

Aus der I. Ansatzgleichung ergibt sich:

$F_{Ax} = F_{Bx} = 2{,}694\text{ kN}$, und damit

$F_A = \sqrt{F_{Ax}^2 + F_{Ay}^2} = \sqrt{(2{,}694\text{ kN})^2 + (6{,}333\text{ kN})^2}$

$F_A = 6{,}883\text{ kN}$

Zeichnerische Lösung:

Lageplan (M_L = 2 m/cm)

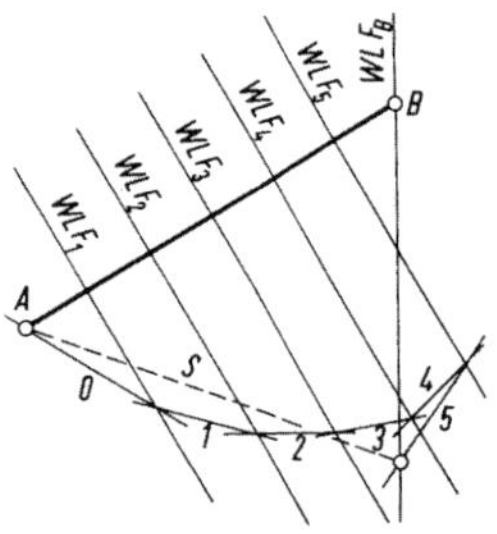

Kräfteplan (M_K = 3 kN/cm)

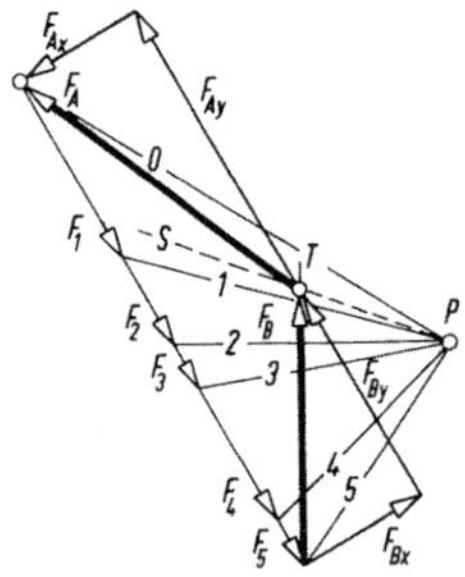

159.

Rechnerische Lösung:

Lageskizze (freigemachtes Sprungbrett)

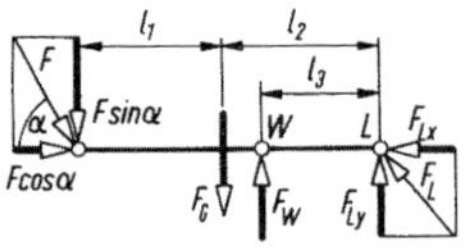

I. $\Sigma F_x = 0 = F\cos\alpha - F_{Lx}$

II. $\Sigma F_y = 0 = F_W + F_{Ly} - F_G - F\sin\alpha$

III. $\Sigma M_{(L)} = 0 = F\sin\alpha(l_1 + l_2) + F_G l_2 - F_W l_3$

a) III. $F_W = \dfrac{F\sin\alpha(l_1 + l_2) + F_G l_2}{l_3}$

$F_W = \dfrac{900\text{ N} \cdot \sin 60° \cdot 5\text{ m} + 300\text{ N} \cdot 2{,}4\text{ m}}{2{,}1\text{ m}}$

$F_W = 2199\text{ N}$

b) I. $F_{Lx} = F\cos\alpha = 900\text{ N} \cdot \cos 60° = 450\text{ N}$

II. $F_{Ly} = F\sin\alpha + F_G - F_W$

$F_{Ly} = 900\text{ N} \cdot \sin 60° + 300\text{ N} - 2199\text{ N}$

$F_{Ly} = -1119\text{ N}$

(Minuszeichen bedeutet: F_{Ly} wirkt dem angenommenen Richtungssinn entgegen, also nach unten.)

$F_L = \sqrt{F_{Lx}^2 + F_{Ly}^2} = \sqrt{(450\text{ N})^2 + (1119\text{ N})^2}$

$F_L = 1206\text{ N}$

c) $\alpha_L = \arctan\dfrac{|F_{Ly}|}{|F_{Lx}|} = \arctan\dfrac{1119\text{ N}}{450\text{ N}} = 68{,}1°$

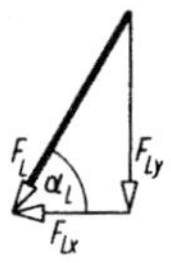

Zeichnerische Lösung:

Lageplan (M_L = 2 m/cm)

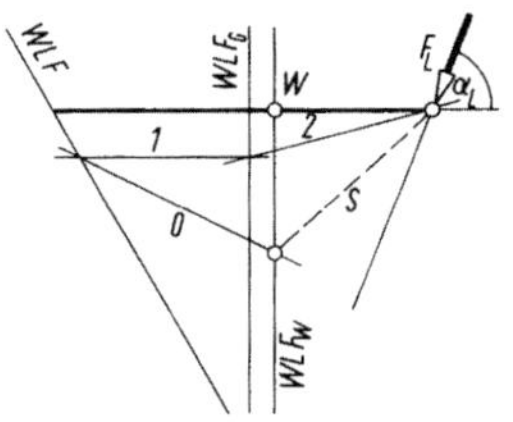

Kräfteplan (M_K = 600 N/cm)

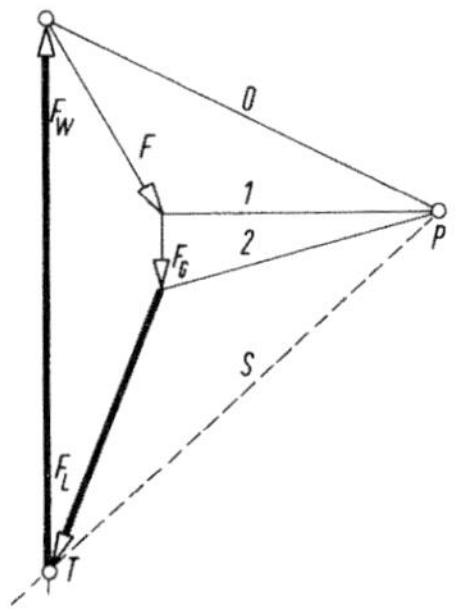

160.

Lageskizze (freigemachte Bühne)

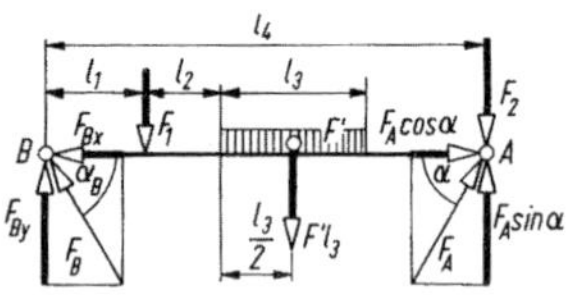

Die Streckenlast wird durch die Einzellast $F' l_3$ im Streckenlastschwerpunkt ersetzt.

I. $\Sigma F_x = 0 = F_A \cos\alpha - F_{Bx}$

II. $\Sigma F_y = 0 = F_{By} + F_A \sin\alpha - F_1 - F' l_3 - F_2$

III. $\Sigma M_{(B)} = 0 = F_A \sin\alpha \cdot l_4 - F_1 l_1 - F' l_3 \left(l_1 + l_2 + \dfrac{l_3}{2}\right) - F_2 l_4$

a) III. $F_A = \dfrac{F_1 l_1 + F' l_3 \left(l_1 + l_2 + \dfrac{l_3}{2} \right) + F_2 l_4}{l_4 \sin\alpha}$

$$F_A = \frac{9\,\text{kN} \cdot 0{,}4\,\text{m} + 6\,\dfrac{\text{kN}}{\text{m}} \cdot 0{,}6\,\text{m} \cdot 1\,\text{m} + 6{,}5\,\text{kN} \cdot 1{,}8\,\text{m}}{1{,}8\,\text{m} \cdot \sin 75^\circ}$$

$F_A = 10{,}87\,\text{kN}$

b) I. $F_{Bx} = F_A \cos\alpha = 10{,}87\,\text{kN} \cdot \cos 75^\circ = 2{,}813\,\text{kN}$

II. $F_{By} = F_1 + F_2 + F' l_3 - F_A \sin\alpha$

$$F_{By} = 9\,\text{kN} + 6{,}5\,\text{kN} + 6\,\frac{\text{kN}}{\text{m}} \cdot 0{,}6\,\text{m} - 10{,}87\,\text{kN} \cdot \sin 75^\circ$$

$F_{By} = 8{,}6\,\text{kN}$

(Kontrolle mit $\Sigma M_{(A)} = 0$)

$$F_B = \sqrt{F_{Bx}^2 + F_{By}^2} = \sqrt{(2{,}813\,\text{kN})^2 + (8{,}6\,\text{kN})^2}$$

$F_B = 9{,}049\,\text{kN}$

c) $\alpha_B = \arctan \dfrac{F_{By}}{F_{Bx}} = \arctan \dfrac{8{,}6\,\text{kN}}{2{,}813\,\text{kN}} = 71{,}88^\circ$

161.

Rechnerische Lösung:

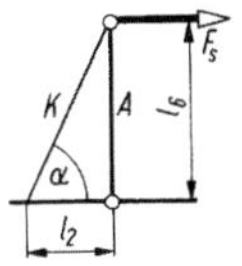

a) $\alpha = \arctan \dfrac{l_6}{l_2} = \arctan \dfrac{1{,}5\,\text{m}}{0{,}7\,\text{m}}$

$\alpha = 64{,}98^\circ$

b) und c)

Lageskizze 1
(freigemachter Angriffspunkt der Kraft F_s)

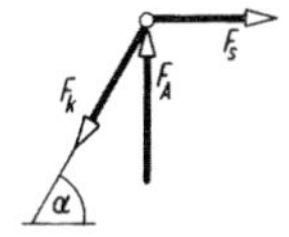

Zentrales Kräftesystem:
Lösung am einfachsten nach der trigonometrischen Methode.

Krafteckskizze

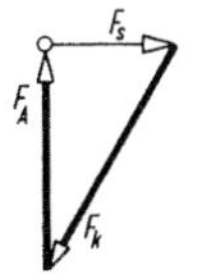

$F_A = F_s \tan\alpha$

$F_A = 2{,}1\,\text{kN} \cdot \tan 64{,}98^\circ$

$F_A = 4{,}5\,\text{kN}$

c) $F_k = \dfrac{F_s}{\cos\alpha} = \dfrac{2{,}1\,\text{kN}}{\cos 64{,}98^\circ} = 4{,}966\,\text{kN}$

Lageskizze 2
zu d) und e)
(freigemachter Stützträger mit Kette und Pendelstütze)

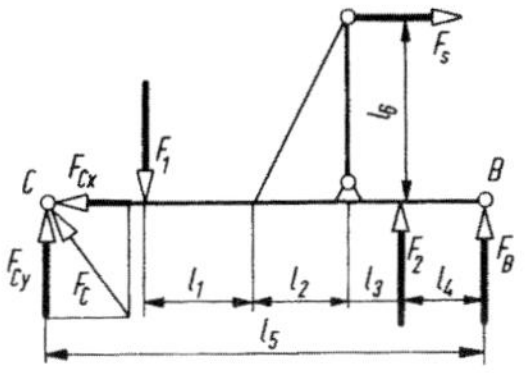

I. $\Sigma F_x = 0 = F_s - F_{Cx}$

II. $\Sigma F_y = 0 = F_B + F_{Cy} + F_2 - F_1$

III. $\Sigma M_{(C)} = 0 = -F_1 [l_5 - (l_1 + l_2 + l_3 + l_4)] + $
$+ F_2 (l_5 - l_4) + F_B l_5 - F_s l_6$

d) III. $F_B = \dfrac{F_1 [l_5 - (l_1 + l_2 + l_3 + l_4)] - F_2 (l_5 - l_4) + F_s l_6}{l_5}$

$$F_B = \frac{3{,}8\,\text{kN} \cdot 0{,}7\,\text{m} - 3\,\text{kN} \cdot 2{,}6\,\text{m} + 2{,}1\,\text{kN} \cdot 1{,}5\,\text{m}}{3{,}2\,\text{m}}$$

$$F_B = \frac{2{,}66\,\text{kNm} - 7{,}8\,\text{kNm} + 3{,}15\,\text{kNm}}{3{,}2\,\text{m}}$$

$$F_B = \frac{-1{,}99\,\text{kNm}}{3{,}2\,\text{m}} = -0{,}6219\,\text{kN}$$

(Minuszeichen bedeutet: F_B wirkt dem angenommenen Richtungssinn entgegen, also nach unten.)

e) I. $F_{Cx} = F_s = 2{,}1\,\text{kN}$

II. $F_{Cy} = F_1 - F_B - F_2$

$F_{Cy} = 3{,}8\,\text{kN} - (-0{,}6219\,\text{kN}) - 3\,\text{kN} = 1{,}422\,\text{kN}$

$$F_C = \sqrt{F_{Cx}^2 + F_{Cy}^2} = \sqrt{(2{,}1\,\text{kN})^2 + (1{,}422\,\text{kN})^2}$$

$F_C = 2{,}536\,\text{kN}$

f) $F_{Cx} = 2{,}1\,\text{kN}$; $F_{Cy} = 1{,}422\,\text{kN}$, siehe Teillösung e)

Zeichnerische Lösung der Teilaufgaben d), e) und f):

Lageplan ($M_L = 1{,}25$ m/cm)

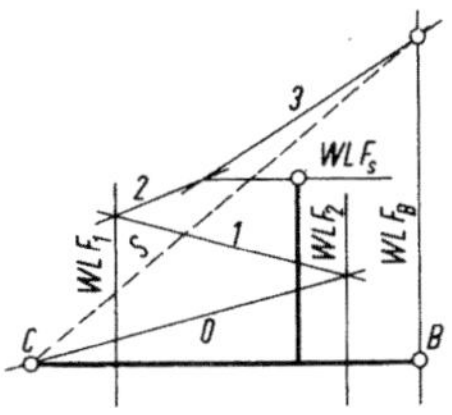

Kräfteplan ($M_K = 2{,}5$ kN/cm)

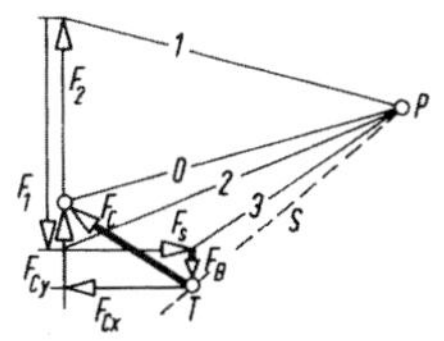

Statik der ebenen Fachwerke

Knotenschnittverfahren, Ritter'sches Schnittverfahren

162.

a) Stabkräfte nach dem Knotenschnittverfahren

Berechnung der Stützkräfte

Der Dachbinder ist symmetrisch aufgebaut und symmetrisch belastet und alle Kräfte einschließlich der Stützkräfte wirken parallel. Folglich sind die Stützkräfte gleich groß:

Lageskizze

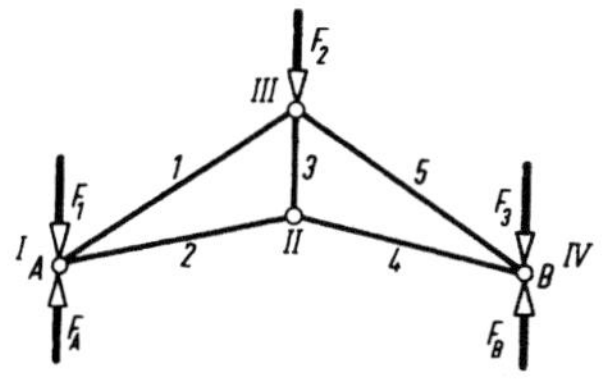

$$F_A = F_B = \frac{F_1 + F_2 + F_3}{2} = 8\text{ kN}$$

Berechnung der Stabwinkel

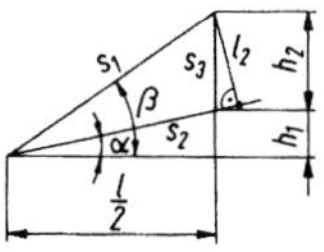

$$\alpha = \arctan\frac{2h_1}{l} = \arctan\frac{2\cdot 0{,}4\text{ m}}{3{,}5\text{ m}} = 12{,}875°$$

$$\beta = \arctan\frac{2(h_1 + h_2)}{l} = \arctan\frac{2\cdot 1{,}2\text{ m}}{3{,}5\text{ m}} = 34{,}439°$$

Knoten I

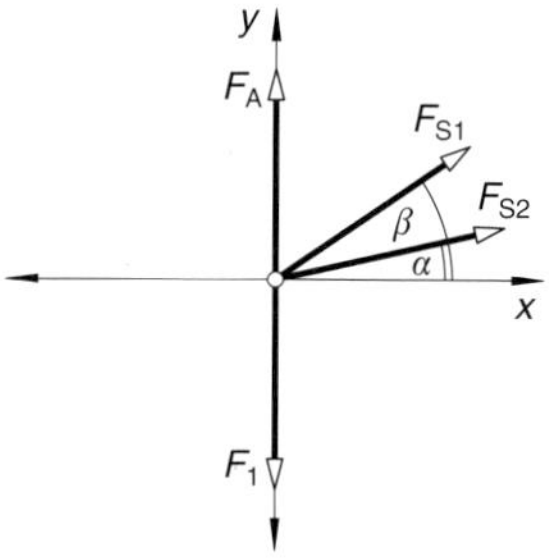

I. $\Sigma F_x = 0 = F_{S1}\cdot\cos\beta + F_{S2}\cdot\cos\alpha$

II. $\Sigma F_y = 0 = F_A + F_{S1}\cdot\sin\beta + F_{S2}\cdot\sin\alpha - F_1$

I. und II.

$$F_{S2} = \frac{F_1 - F_A}{\sin\alpha - \cos\alpha\cdot\tan\beta}$$

$$F_{S2} = \frac{4\text{ kN} - 8\text{ kN}}{\sin 12{,}875° - \cos 12{,}875°\cdot\tan 34{,}439°}$$

$F_{S2} = +8{,}976$ kN (Zugstab) $= F_{S4}$

aus I.

$$F_{S1} = \frac{-F_{S2}\cdot\cos\alpha}{\cos\beta} = \frac{-8{,}976\text{ kN}\cdot\cos 12{,}875°}{\cos 34{,}439°}$$

$F_{S1} = -10{,}61$ kN (Druckstab) $= F_{S5}$

Knoten II

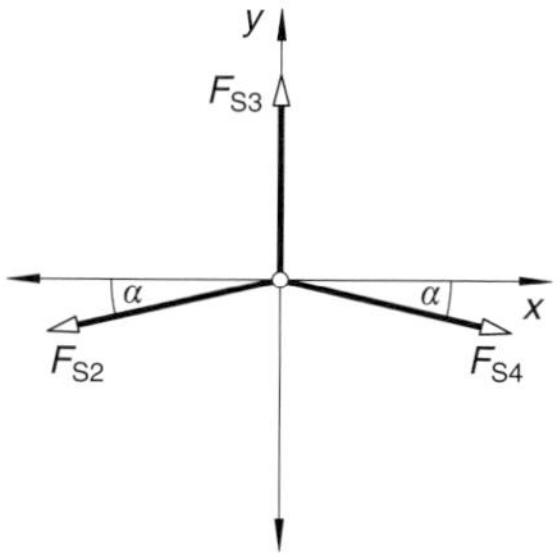

I. $\Sigma F_x = 0 = F_{S4}\cdot\cos\alpha - F_{S2}\cdot\cos\alpha$

II. $\Sigma F_y = 0 = F_{S3} - F_{S2}\cdot\sin\alpha - F_{S4}\cdot\sin\alpha$

aus II.

$F_{S3} = \sin\alpha(F_{S2} + F_{S4})$

$F_{S3} = \sin 12{,}875°\cdot(8{,}976\text{ kN} + 8{,}976\text{ kN})$

$F_{S3} = +4$ kN (Zugstab)

Die Berechnung der Knoten III und IV ist nicht erforderlich, weil durch die Symmetrie des Fachwerks und dessen Belastungen alle Stabkräfte bekannt sind.

Kräftetabelle (Kräfte in kN)

Stab	Zug	Druck
1	–	10,61
2	8,976	–
3	4	–
4	8,976	–
5	–	10,61

b) Nachprüfung nach Ritter

Lageskizze

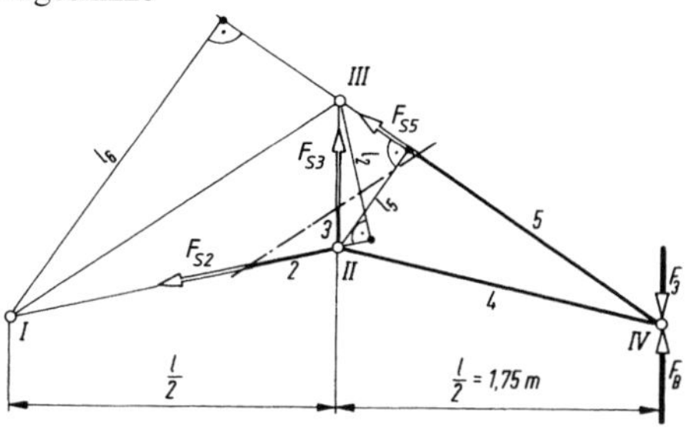

$$\Sigma M_{(III)} = 0 = F_B\cdot\frac{l}{2} - F_3\frac{l}{2} - F_{S2}l_2$$

$$F_{S2} = \frac{(F_B - F_3)l}{2l_2}$$

Berechnung von l_2
(Stablängen sind mit s bezeichnet):

$$s_1 = \sqrt{\left(\frac{l}{2}\right)^2 + (h_1 + h_2)^2} = \sqrt{(1{,}75\ \text{m})^2 + (1{,}2\ \text{m})^2}$$

$$s_1 = 2{,}122\ \text{m}$$

$$l_2 = s_1 \sin\gamma = 2{,}122\ \text{m} \cdot \sin 21{,}56° = 0{,}7799\ \text{m}$$

$$F_{S2} = \frac{(8\ \text{kN} - 4\ \text{kN}) \cdot 3{,}5\ \text{m}}{2 \cdot 0{,}7799\ \text{m}} = +8{,}976\ \text{kN}\ \text{(Zugstab)}$$

$$\Sigma M_{(\text{II})} = 0 = F_B \frac{l}{2} - F_3 \frac{l}{2} + F_{S5}\, l_5$$

$$F_{S5} = \frac{(F_3 - F_B)l}{2 l_5}$$

Berechnung von l_5:

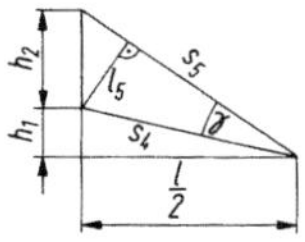

$$s_4 = \sqrt{\left(\frac{l}{2}\right)^2 + h_1^2} = \sqrt{(1{,}75\,\text{m})^2 + (0{,}4\,\text{m})^2} = 1{,}795\,\text{m}$$

$$l_5 = s_4 \sin\gamma = 1{,}795\,\text{m} \cdot \sin 21{,}56° = 0{,}6598\,\text{m}$$

$$F_{S5} = \frac{(4\ \text{kN} - 8\ \text{kN}) \cdot 3{,}5\ \text{m}}{2 \cdot 0{,}6598\ \text{m}} = -10{,}61\ \text{kN}\ \text{(Druckstab)}$$

$$\Sigma M_{(\text{I})} = 0 = F_B l - F_3 l + F_{S3} \frac{l}{2} + F_{S5}\, l_6$$

$$F_{S3} = \frac{(F_3 - F_B)l - F_{S5}\, l_6}{\frac{l}{2}}$$

Berechnung von l_6:

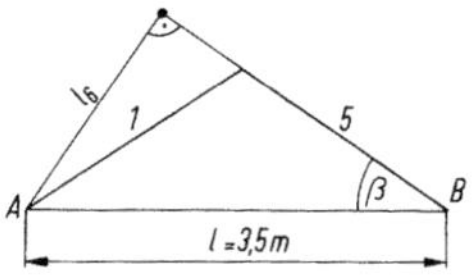

$$l_6 = l \sin\beta = 3{,}5\ \text{m} \cdot \sin 34{,}44° = 1{,}979\ \text{m}$$

$$F_{S3} = \frac{-4\ \text{kN} \cdot 3{,}5\ \text{m} - (-10{,}61\ \text{kN}) \cdot 1{,}979\ \text{m}}{1{,}75\ \text{m}} = 4\ \text{kN}$$

(Zugstab)

163.

a) Stabkräfte nach dem Knotenschnittverfahren
Berechnung der Stützkräfte
(siehe Erläuterung zu 162a)

Lageskizze

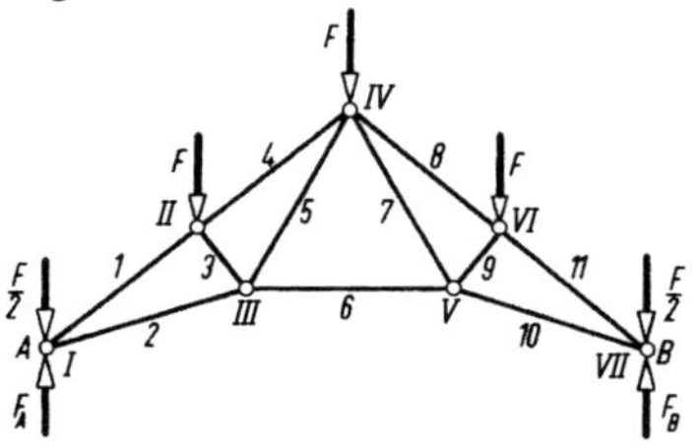

$$F_A = F_B = \frac{4F}{2} = 12\ \text{kN}$$

Berechnung der Stabwinkel siehe b)
Nachprüfung nach Ritter

$\alpha = 38{,}66°$

$\beta = 21{,}804°$

$\gamma = (\alpha - \beta) = 16{,}856°$

$\delta = (90° - \alpha) = 51{,}34°$

$\varepsilon = (\alpha + \beta) = 60{,}464°$

<u>Knoten I</u>

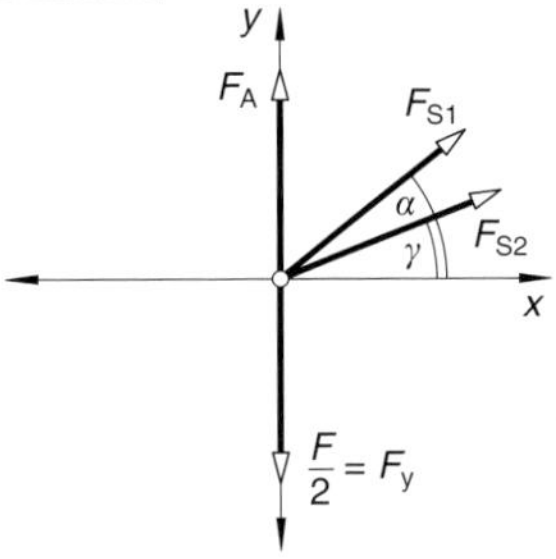

I. $\Sigma F_x = 0 = F_{S1} \cdot \cos\alpha + F_{S2} \cdot \cos\gamma$

II. $\Sigma F_y = 0 = F_A - F_y + F_{S1} \cdot \sin\alpha + F_{S2} \cdot \sin\gamma$

I. und II. $\quad \dfrac{-F_{S2}\cos\gamma}{\cos\alpha} = \dfrac{F_y - F_A - F_{S2}\sin\gamma}{\sin\alpha}$

$$F_{S2} = \frac{F_y - F_A}{\sin\gamma - \cos\gamma \tan\alpha}$$

$$F_{S2} = \frac{3\ \text{kN} - 12\ \text{kN}}{\sin 16{,}856° - \cos 16{,}856° \tan 38{,}66°}$$

$$F_{S2} = 18{,}921\ \text{kN}\ \text{(Zugstab)} = F_{S10}$$

aus I.

$$F_{S1} = \frac{-F_{S2} \cdot \cos\gamma}{\cos\alpha} = \frac{-18{,}921\ \text{kN} \cdot \cos 16{,}856°}{\cos 38{,}66°}$$

$$F_{S1} = -23{,}19\ \text{kN}\ \text{(Druckstab)} = F_{S11}$$

Knoten II

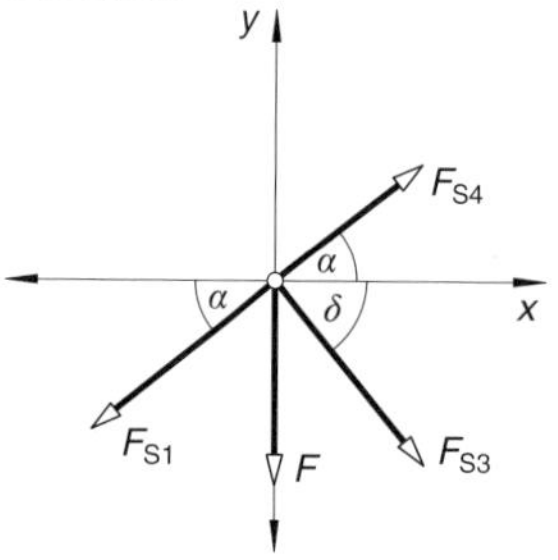

I. $\Sigma F_x = 0 = F_{S4} \cdot \cos\alpha - F_{S1} \cdot \cos\,\alpha + F_{S3} \cdot \cos\delta$

II. $\Sigma F_y = 0 = F_{S4} \cdot \sin\alpha - F_{S1} \cdot \sin\,\alpha - F - F_{S3} \cdot \sin\delta$

aus I. $F_{S3} = \dfrac{F_{S1}\cos\,\alpha - F_{S4}\cos\,\alpha}{\cos\,\delta}$

aus II. $F_{S3} = \dfrac{F_{S4}\sin\,\alpha - F_{S1}\sin\,\alpha - F}{\sin\,\delta}$

I. und II.

$F_{S4}\,\sin\delta\,\cos\alpha + F_{S4}\,\sin\alpha\,\cos\delta =$

$= F_{S1}\,\cos\delta\,\sin\alpha + F_{S1}\,\sin\delta\,\cos\alpha + F\,\cos\delta$

$F_{S4}\,[\sin(\delta+\alpha)] = F_{S1}\,[\sin(\delta+\alpha)] + F\,\cos\delta$

$F_{S4} = F_{S1} + F\,\cos\delta = -23{,}19\text{ kN} + 6\text{ kN} \cdot \cos 51{,}34^\circ$

$F_{S4} = -19{,}442$ kN (Druckstab) $= F_{S8}$

mit I.

$F_{S3} = \dfrac{-23{,}19\text{ kN} \cdot \cos 38{,}66^\circ + 19{,}442\text{ kN} \cdot \cos 38{,}66^\circ}{\cos 51{,}34^\circ}$

$F_{S3} = -4{,}685$ kN (Druckstab) $= F_{S9}$

Knoten III

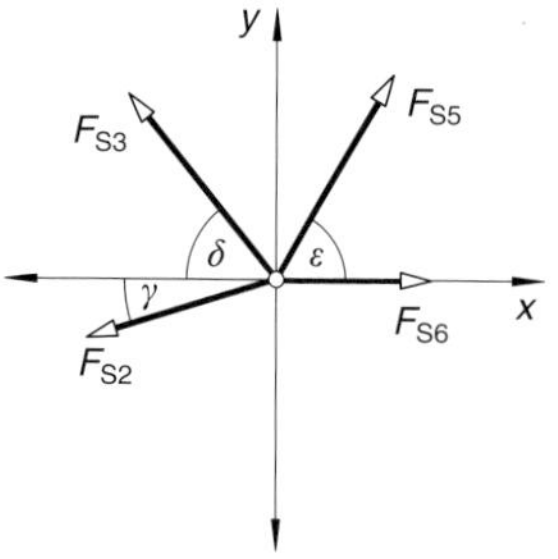

I. $\Sigma F_x = 0 = F_{S6} + F_{S5} \cdot \cos\varepsilon - F_{S3}\,\cos\delta - F_{S2}\,\cos\gamma$

II. $\Sigma F_y = 0 = F_{S5} \cdot \sin\varepsilon + F_{S3}\,\sin\delta - F_{S2}\,\sin\gamma$

aus I. $F_{S5} = \dfrac{F_{S3}\,\cos\delta + F_{S2}\,\cos\gamma - F_{S6}}{\cos\varepsilon}$

aus II. $F_{S5} = \dfrac{F_{S2}\,\sin\gamma - F_{S3}\,\sin\delta}{\sin\varepsilon}$

I. und II.

$F_{S3}\,\sin\varepsilon\,\cos\delta + F_{S2}\,\sin\varepsilon\,\cos\gamma - F_{S6}\,\sin\varepsilon =$

$= F_{S2}\,\sin\gamma\,\cos\varepsilon - F_{S3}\,\sin\delta\,\cos\varepsilon$

$F_{S6} = \dfrac{F_{S2}[\sin(\varepsilon-\gamma)] + F_{S3}[\sin(\varepsilon+\delta)]}{\sin\varepsilon}$

$F_{S6} = \dfrac{18{,}921\text{ kN} \cdot \sin(60{,}464^\circ - 16{,}856^\circ)}{\sin 60{,}464^\circ} +$

$+ \dfrac{(-4{,}685\text{ kN}) \cdot \sin(60{,}464^\circ + 51{,}34^\circ)}{\sin 60{,}464^\circ}$

$F_{S6} = 9{,}999$ kN (Zugstab)

mit II.

$F_{S5} = \dfrac{18{,}921\text{ kN} \cdot \sin 16{,}856^\circ + 4{,}685\text{ kN} \cdot \sin 51{,}34^\circ}{\sin 60{,}464^\circ}$

$F_{S5} = 10{,}511$ kN (Zugstab) $= F_{S7}$

Kräftetabelle (Kräfte in kN)

Stab	Zug	Druck
1	–	23,19
2	18,921	–
3	–	4,685
4	–	19,442
5	10,511	–
6	9,999	–
7	10,511	–
8	–	19,442
9	–	4,685
10	18,921	–
11	–	23,19

b) Nachprüfung nach Ritter

Lageskizze (Stablängen sind mit s bezeichnet)

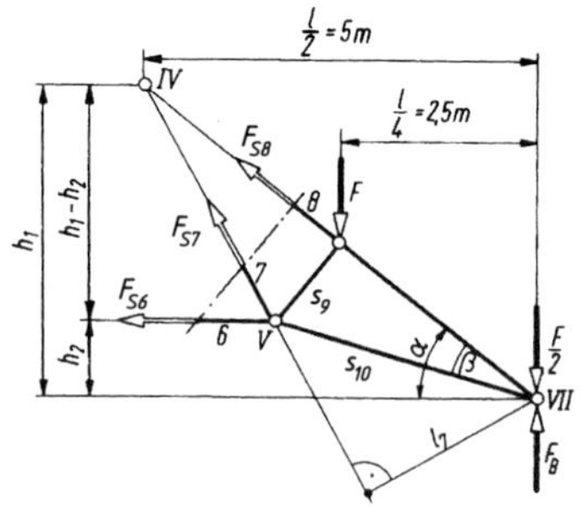

$$\Sigma M_{(\mathrm{IV})} = 0 = F_\mathrm{B}\frac{l}{2} - \frac{F}{2}\cdot\frac{l}{2} - F\frac{l}{4} - F_\mathrm{S6}(h_1 - h_2)$$

$$F_\mathrm{S6} = \frac{F_\mathrm{B}\frac{l}{2} - F\frac{l}{4} - F\frac{l}{4}}{h_1 - h_2} = \frac{(F_\mathrm{B} - F)l}{2(h_1 - h_2)}$$

$$F_\mathrm{S6} = \frac{6\ \mathrm{kN}\cdot 10\ \mathrm{m}}{2\cdot 3\ \mathrm{m}} = 10\ \mathrm{kN}\ (\text{Zugstab})$$

$$\Sigma M_{(\mathrm{VII})} = 0 = F\frac{l}{4} + F_\mathrm{S6}\,h_2 - F_\mathrm{S7}\,l_7$$

$$F_\mathrm{S7} = \frac{F\frac{l}{4} + F_\mathrm{S6}\,h_2}{l_7}$$

Berechnung von l_7:

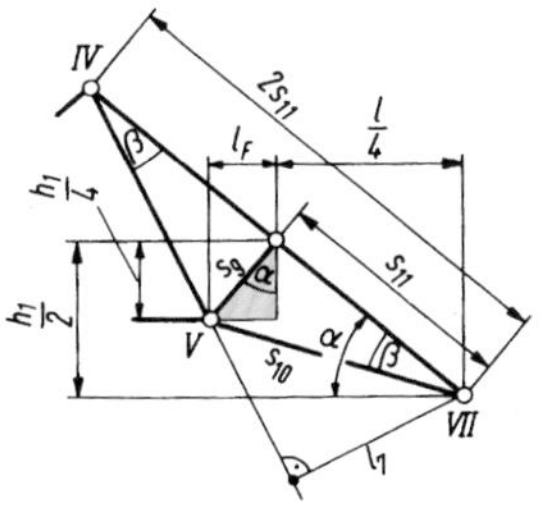

$$\alpha = \arctan\frac{\frac{h_1}{2}}{\frac{l}{4}}$$

$$\alpha = \arctan\frac{2\ \mathrm{m}}{2{,}5\ \mathrm{m}}$$

$$\alpha = 38{,}66^\circ$$

$$s_9 = \frac{\frac{h_1}{4}}{\cos\alpha} = \frac{1\ \mathrm{m}}{\cos 38{,}66^\circ} = 1{,}2806\ \mathrm{m}$$

$$s_{11} = \sqrt{\left(\frac{l}{4}\right)^2 + \left(\frac{h_1}{2}\right)^2} = \sqrt{(2{,}5\ \mathrm{m})^2 + (2\ \mathrm{m})^2}$$

$$s_{11} = 3{,}2016\ \mathrm{m}$$

$$\beta = \arctan\frac{s_9}{s_{11}} = \arctan\frac{1{,}2806\ \mathrm{m}}{3{,}2016\ \mathrm{m}} = 21{,}80^\circ$$

$$l_7 = 2\,s_{11}\sin\beta = 2\cdot 3{,}2016\ \mathrm{m}\cdot\sin 21{,}80^\circ = 2{,}378\ \mathrm{m}$$

$$F_\mathrm{S7} = \frac{6\ \mathrm{kN}\cdot 2{,}5\ \mathrm{m} + 10\ \mathrm{kN}\cdot 1\ \mathrm{m}}{2{,}378\ \mathrm{m}} = +10{,}51\ \mathrm{kN}\ (\text{Zugstab})$$

$$\Sigma M_{(\mathrm{V})} = F_\mathrm{B}\left(\frac{l}{4} + l_\mathrm{F}\right) - \frac{F}{2}\left(\frac{l}{4} + l_\mathrm{F}\right) - F\,l_\mathrm{F} + F_\mathrm{S8}\,s_9$$

$$F_\mathrm{S8} = \frac{\left(\frac{F}{2} - F_\mathrm{B}\right)\cdot\left(\frac{l}{4} + l_\mathrm{F}\right) + F\,l_\mathrm{F}}{s_9}$$

Berechnung von l_F (Skizze oben, dunkles Dreieck):

$$l_\mathrm{F} = s_9\sin\alpha = 1{,}2806\ \mathrm{m}\cdot\sin 38{,}66^\circ = 0{,}8\ \mathrm{m}$$

$$F_\mathrm{S8} = \frac{(3\ \mathrm{kN} - 12\ \mathrm{kN})\cdot(2{,}5\ \mathrm{m} + 0{,}8\ \mathrm{m}) + 6\ \mathrm{kN}\cdot 0{,}8\ \mathrm{m}}{1{,}2806\ \mathrm{m}}$$

$$F_\mathrm{S8} = -19{,}44\ \mathrm{kN}\ (\text{Druckstab})$$

164.

a) Stabkräfte nach dem Knotenschnittverfahren

Berechnung der Stützkräfte
(siehe Erläuterung zu 162a)

Lageskizze

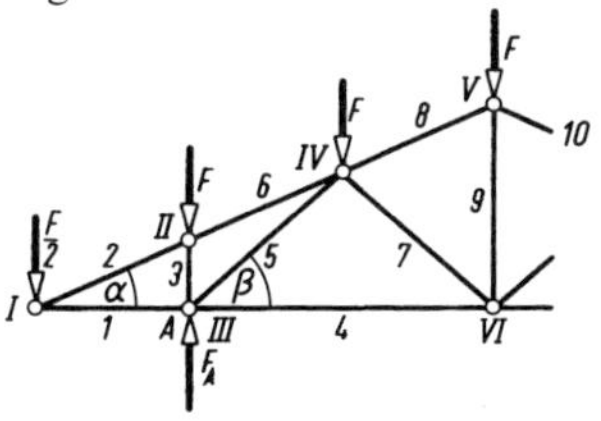

$$F_\mathrm{A} = F_\mathrm{B} = \frac{6F}{2} = 3F = 60\ \mathrm{kN}$$

Berechnung der Stabwinkel siehe b). Nachprüfung nach Ritter

$\alpha = 23{,}962^\circ$

$\beta = 41{,}634^\circ$

Knoten I

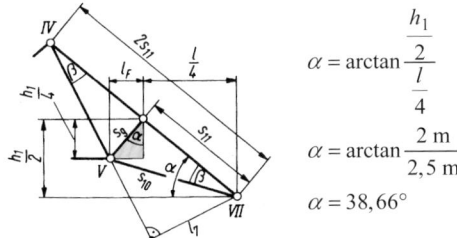

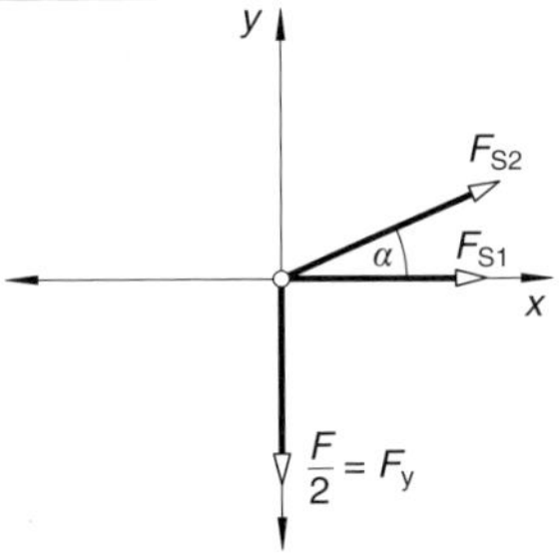

I. $\Sigma F_\mathrm{x} = 0 = F_\mathrm{S1} + F_\mathrm{S2}\cos\alpha$

II. $\Sigma F_\mathrm{y} = 0 = F_\mathrm{S2}\sin\alpha - F_\mathrm{y}$

aus II.

$$F_\mathrm{S2} = \frac{F_\mathrm{y}}{\sin\alpha} = \frac{10\ \mathrm{kN}}{\sin 23{,}962^\circ}$$

$$F_\mathrm{S2} = 24{,}623\ \mathrm{kN}\ (\text{Zugstab}) = F_\mathrm{S16}$$

aus I.

$$F_\mathrm{S1} = -F_\mathrm{S2}\cos\alpha = -(24{,}623\ \mathrm{kN})\cos 23{,}962^\circ$$

$$F_\mathrm{S1} = -22{,}5\ \mathrm{kN}\ (\text{Druckstab}) = F_\mathrm{S17}$$

Knoten II

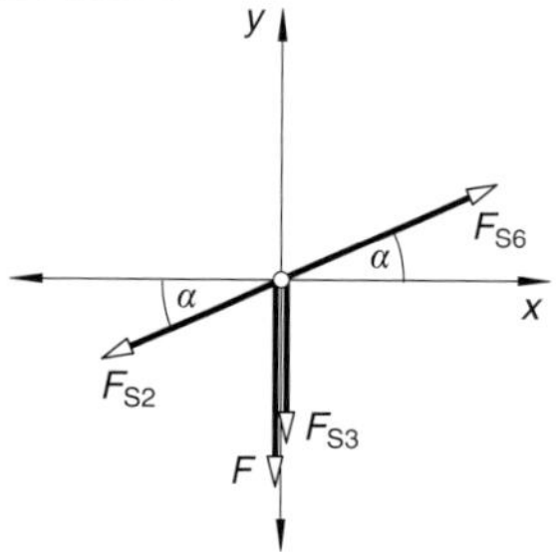

I. $\Sigma F_x = 0 = F_{S6}\cos\alpha - F_{S2}\cos\alpha$

II. $\Sigma F_y = 0 = F_{S6}\sin\alpha - F - F_{S2}\sin\alpha - F_{S3}$

aus I.

$F_{S6} = F_{S2} = 24{,}623$ kN (Zugstab) $= F_{S12}$

aus II.

$F_{S3} = -F = -20$ kN (Druckstab) $= F_{S15}$

Knoten III

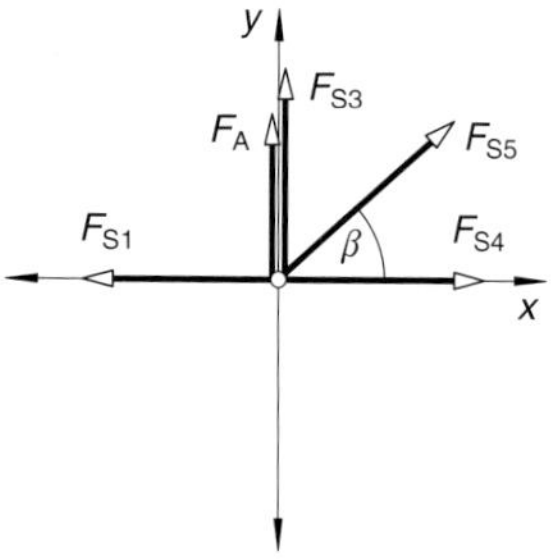

I. $\Sigma F_x = 0 = F_{S4} + F_{S5}\cos\beta - F_{S1}$

II. $\Sigma F_y = 0 = F_{S5}\sin\beta + F_{S3} + F_A$

aus II.

$$F_{S5} = \frac{-F_{S3} - F_A}{\sin\beta} = \frac{-(-20\text{ kN}) - 60\text{ kN}}{\sin 41{,}634°}$$

$F_{S5} = -60{,}207$ kN (Druckstab) $= F_{S13}$

aus I.

$F_{S4} = -F_{S5}\cos\beta + F_{S1}$

$F_{S4} = -(-60{,}207\text{ kN})\cdot\cos 41{,}634° + (-22{,}5\text{ kN})$

$F_{S4} = 22{,}499$ kN (Zugstab) $= F_{S14}$

Knoten IV

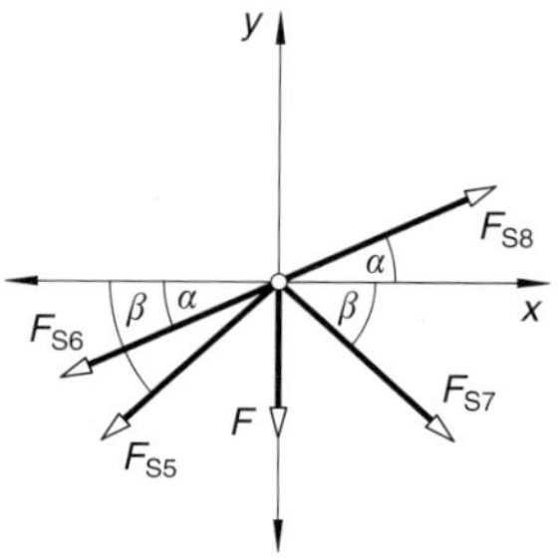

I. $\Sigma F_x = 0 = F_{S8}\cos\alpha - F_{S6}\cos\alpha - F_{S5}\cos\beta +$
$+ F_{S7}\cos\beta$

II. $\Sigma F_y = 0 = F_{S8}\sin\alpha - F_{S6}\sin\alpha - F_{S5}\sin\beta -$
$- F_{S7}\sin\beta - F$

aus I. $F_{S7} = \dfrac{-F_{S8}\cos\alpha + F_{S6}\cos\alpha + F_{S5}\cos\beta}{\cos\beta}$

aus II. $F_{S7} = \dfrac{F_{S8}\sin\alpha - F_{S6}\sin\alpha - F_{S5}\sin\beta - F}{\sin\beta}$

I. und II.

$F_{S8}\cos\alpha\sin\beta + F_{S8}\sin\alpha\cos\beta = F_{S6}\cos\alpha\sin\beta +$
$+ F_{S5}\cos\beta\sin\beta + F_{S8}\sin\alpha\cos\beta +$
$+ F_{S5}\sin\beta\cos\beta + F\cos\beta$

$$F_{S8} = \frac{F_{S6}[\sin(\alpha+\beta)] + 2(F_{S5}\cos\beta\sin\beta) + F\cos\beta}{\sin(\alpha+\beta)}$$

$$F_{S8} = \frac{24{,}623\text{ kN}\cdot\sin 65{,}596°}{\sin 65{,}596°} + \frac{2(-60{,}207\text{ kN}\cdot\cos 41{,}634°\cdot\sin 41{,}634°)}{\sin 65{,}596°} + \frac{20\text{ kN}\cdot\cos 41{,}634°}{\sin 65{,}596°}$$

$F_{S8} = -24{,}621$ kN (Druckstab) $= F_{S10}$

mit I.

$$F_{S7} = \frac{-(-24{,}621\text{ kN})\cdot\cos 23{,}962°}{\cos 41{,}634°} + \frac{24{,}623\text{ kN}\cdot\cos 23{,}962°}{\cos 41{,}634°} + \frac{(-60{,}207\text{ kN})\cdot\cos 41{,}634°}{\cos 41{,}634°}$$

$F_{S7} = 0$ kN (Nullstab)

Knoten V

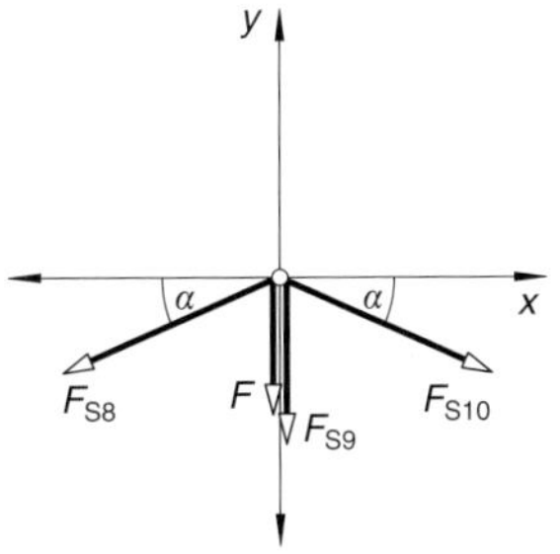

I. $\Sigma F_x = 0 = F_{S10} \cos\alpha - F_{S8} \cos\alpha$

II. $\Sigma F_y = 0 = -F_{S10} \sin\alpha - F_{S8} \sin\alpha - F - F_{S9}$

aus I.

$$F_{S10} = \frac{F_{S8} \cdot \cos\alpha}{\cos\alpha} = F_{S8} = -24{,}621 \text{ kN (Druckstab)}$$

aus II.

$$F_{S9} = -F_{S10} \sin\alpha - F_{S8} \sin\alpha - F$$

$$F_{S9} = -2(-24{,}621 \text{ kN}) \cdot \sin 23{,}962° - 20 \text{ kN}$$

$$F_{S9} = 0 \text{ kN (Nullstab)}$$

Kräftetabelle (Kräfte in kN)

Stab	Zug	Druck	Stab
1	–	22,5	17
2	24,623	–	16
3	–	20	15
4	22,499	–	14
5	–	60,207	13
6	24,623	–	12
7	–	–	11
8	–	24,621	10
9	–	–	9

b) Nachprüfung nach Ritter

Lageskizze

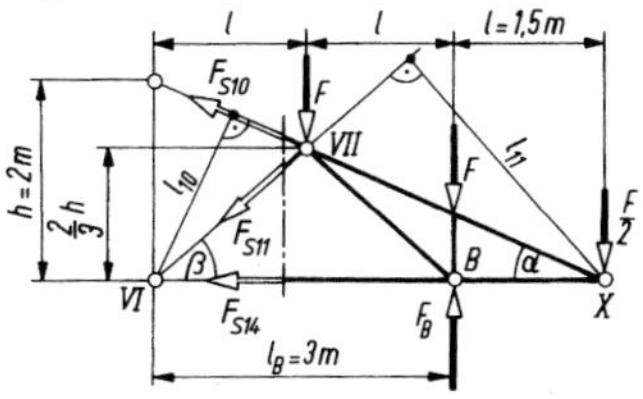

$$\Sigma M_{(VI)} = 0 = F_{S10} l_{10} - F l - F \cdot 2l + F_B \cdot 2l - \frac{F}{2} \cdot 3l$$

$$F_{S10} = \frac{F l + (F - F_B) \cdot 2l + \frac{F}{2} \cdot 3l}{l_{10}}$$

Berechnung von l_{10}:

$$\alpha = \arctan \frac{h}{l_B + l} = \arctan \frac{2 \text{ m}}{4{,}5 \text{ m}} = 23{,}962°$$

$$l_{10} = (l_B + l) \sin\alpha = 4{,}5 \text{ m} \cdot \sin 23{,}962° = 1{,}828 \text{ m}$$

$$F_{S10} = \frac{20 \text{ kN} \cdot 1{,}5 \text{ m} + (-40 \text{ kN} \cdot 3 \text{ m}) + 10 \text{ kN} \cdot 4{,}5 \text{ m}}{1{,}828 \text{ m}}$$

$$F_{S10} = -24{,}62 \text{ kN (Druckstab)}$$

$$\Sigma M_{(X)} = 0 = F l - F_B l + F \cdot 2l + F_{S11} l_{11}$$

$$F_{S11} = \frac{(F_B - F) l - F \cdot 2l}{l_{11}}$$

Berechnung von l_{11} (s. Lageskizze):

$$\beta = \arctan \frac{\frac{2}{3} h}{l} = \arctan \frac{1{,}333 \text{ m}}{1{,}5 \text{ m}} = 41{,}634°$$

$$l_{11} = (l_B + l) \sin\beta = 4{,}5 \text{ m} \cdot \sin 41{,}634° = 2{,}99 \text{ m}$$

$$F_{S11} = \frac{40 \text{ kN} \cdot 1{,}5 \text{ m} - 20 \text{ kN} \cdot 3 \text{ m}}{2{,}99 \text{ m}} = 0 \text{ (Nullstab)}$$

$$\Sigma M_{(VII)} = 0 = F_{S14} \frac{2h}{3} - F l + F_B l - \frac{F}{2} \cdot 2l$$

$$F_{S14} = \frac{(F_B - F) l - F l}{\frac{2}{3} h} = \frac{40 \text{ kN} \cdot 1{,}5 \text{ m} - 20 \text{ kN} \cdot 1{,}5 \text{ m}}{1{,}333 \text{ m}}$$

$$F_{S14} = +22{,}5 \text{ kN (Zugstab)}$$

165.

a) Stabkräfte nach dem Knotenschnittverfahren
Berechnung der Stützkräfte
(siehe Erläuterung zu 162a)

Lageskizze

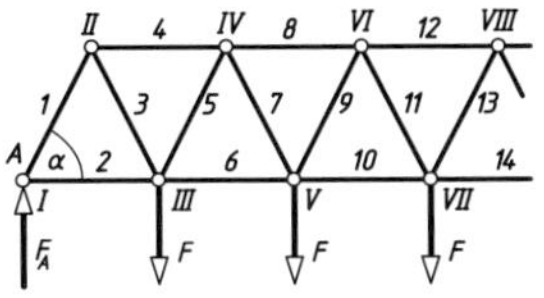

$$F_A = F_B = \frac{6F}{2} = 84 \text{ kN}$$

Berechnung der Stabwinkel

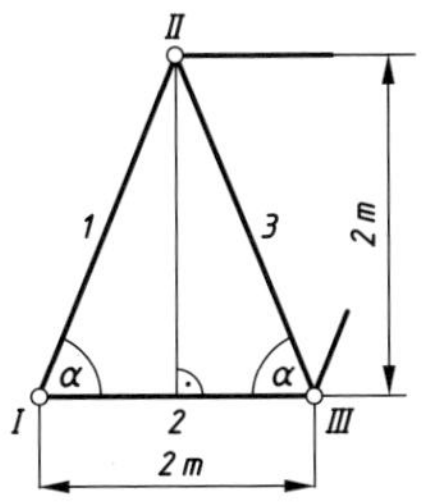

$$\alpha = \arctan \frac{2 \text{ m}}{1 \text{ m}} = 63{,}435°$$

Knoten I

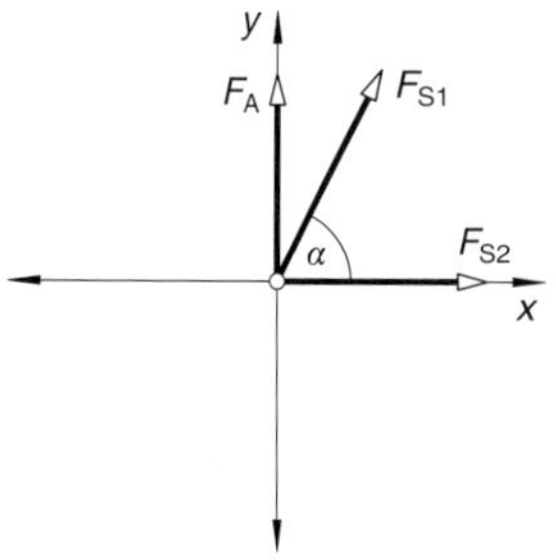

$$\text{I. } \Sigma F_x = 0 = F_{S2} + F_{S1}\cos\alpha$$
$$\text{II. } \Sigma F_y = 0 = F_{S1}\sin\alpha + F_A$$

aus II.

$$F_{S1} = \frac{-F_A}{\sin\alpha} = \frac{-84\ \text{kN}}{\sin 63{,}435°}$$
$$F_{S1} = -93{,}915\ \text{kN (Druckstab)} = F_{S27}$$

aus I.

$$F_{S2} = -F_{S1}\cos\alpha = -(-93{,}915\ \text{kN}) \cdot \cos 63{,}435°$$
$$F_{S2} = 42\ \text{kN (Zugstab)} = F_{S26}$$

Knoten II

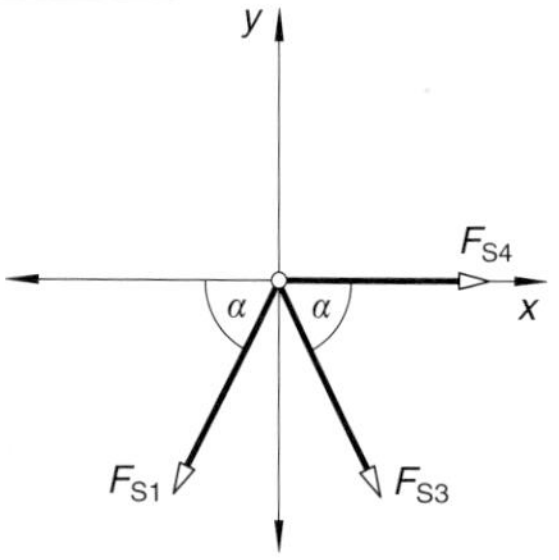

$$\text{I. } \Sigma F_x = 0 = F_{S4} + F_{S3}\cos\alpha - F_{S1}\cos\alpha$$
$$\text{II. } \Sigma F_y = 0 = -F_{S1}\sin\alpha - F_{S3}\sin\alpha$$

aus II.

$$F_{S3} = -F_{S1} = 93{,}915\ \text{kN (Zugstab)} = F_{S25}$$

aus I.

$$F_{S4} = -2(93{,}915\ \text{kN} \cdot \cos 63{,}435°)$$
$$F_{S4} = -84\ \text{kN (Druckstab)} = F_{S24}$$

Knoten III

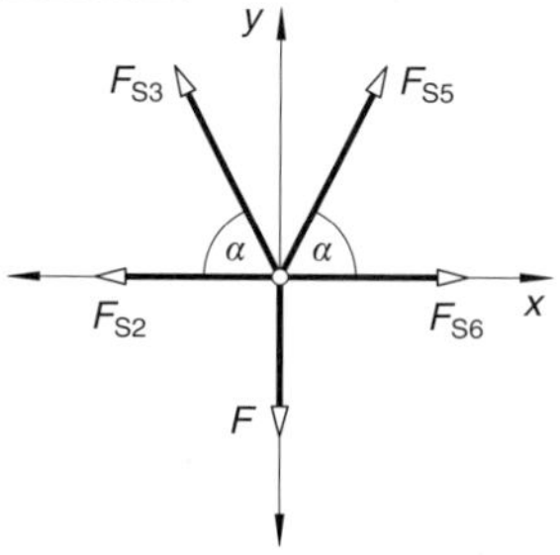

$$\text{I. } \Sigma F_x = 0 = F_{S5}\cos\alpha - F_{S3}\cos\alpha - F_{S2} + F_{S6}$$
$$\text{II. } \Sigma F_y = 0 = F_{S5}\sin\alpha + F_{S3}\sin\alpha - F$$

aus II.

$$F_{S5} = \frac{F - F_{S3}\sin\alpha}{\sin\alpha} = \frac{28\ \text{kN} - 93{,}915\ \text{kN} \cdot \sin 63{,}435°}{\sin 63{,}435°}$$
$$F_{S5} = -62{,}61\ \text{kN (Druckstab)} = F_{S23}$$

aus I.

$$F_{S6} = -(-62{,}61\ \text{kN}) \cdot \cos 63{,}435° +$$
$$+ 93{,}915\ \text{kN} \cdot \cos 63{,}435° + 42\ \text{kN}$$
$$F_{S6} = 112\ \text{kN (Zugstab)} = F_{S22}$$

Knoten IV

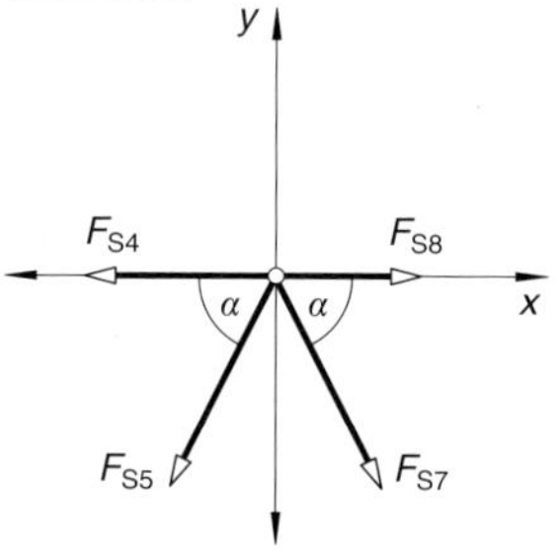

$$\text{I. } \Sigma F_x = 0 = F_{S8} - F_{S4} - F_{S5}\cos\alpha + F_{S7}\cos\alpha$$
$$\text{II. } \Sigma F_y = 0 = -F_{S5}\sin\alpha - F_{S7}\sin\alpha$$

aus II.

$$F_{S7} = -F_{S5} = 62{,}61\ \text{kN (Zugstab)} = F_{S21}$$

aus I.

$$F_{S8} = -84\ \text{kN} + (-62{,}61\ \text{kN}) \cdot \cos 63{,}435° -$$
$$-(-62{,}61\ \text{kN}) \cdot \cos 63{,}435°$$
$$F_{S8} = -140\ \text{kN (Druckstab)} = F_{S20}$$

Knoten V

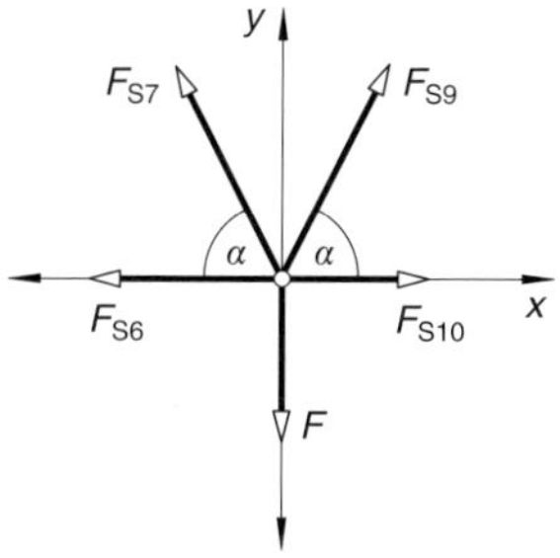

I. $\Sigma F_x = 0 = F_{S10} + F_{S9}\cos\alpha - F_{S7}\cos\alpha - F_{S6}$

II. $\Sigma F_y = 0 = F_{S9}\sin\alpha + F_{S7}\sin\alpha - F$

aus II.

$$F_{S9} = \frac{F - F_{S7}\sin\alpha}{\sin\alpha} = \frac{84\text{ kN} - 62{,}61\text{ kN}\cdot\sin 63{,}435°}{\sin 63{,}435°}$$

$F_{S9} = -31{,}305\text{ kN}$ (Druckstab) $= F_{S19}$

aus I.

$F_{S10} = -F_{S9}\cos\alpha + F_{S7}\cos\alpha + F_{S6}$

$F_{S10} = -(-31{,}305\text{ kN})\cdot\cos 63{,}435° +$
$+ 62{,}61\text{ kN}\cdot\cos 63{,}435° + 112\text{ kN}$

$F_{S10} = 154\text{ kN}$ (Zugstab) $= F_{S18}$

Kräftetabelle (Kräfte in kN)

Stab	Zug	Druck	Stab
1	–	93,915	27
2	42	–	26
3	93,915	–	25
4	–	84	24
5	–	62,61	23
6	112	–	22
7	62,61	–	21
8	–	140	20
9	–	31,305	19
10	154	–	18

166.

a) Stabkräfte nach dem Knotenschnittverfahren
Berechnung der Stützkräfte siehe Erläuterung zu 162a)

Lageskizze

$F_A = F_B = 84\text{ kN}$

siehe Lösung 164a)

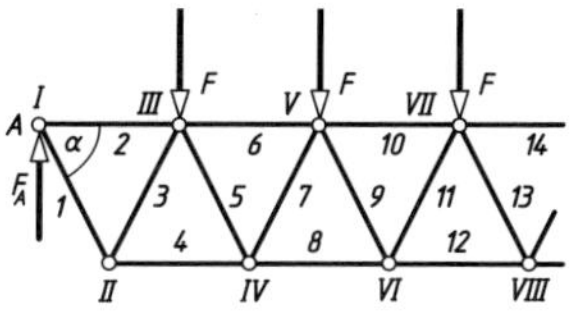

Berechnung der Stabwinkel siehe Lösung 165a):
$\alpha = 63{,}435°$

Knoten I

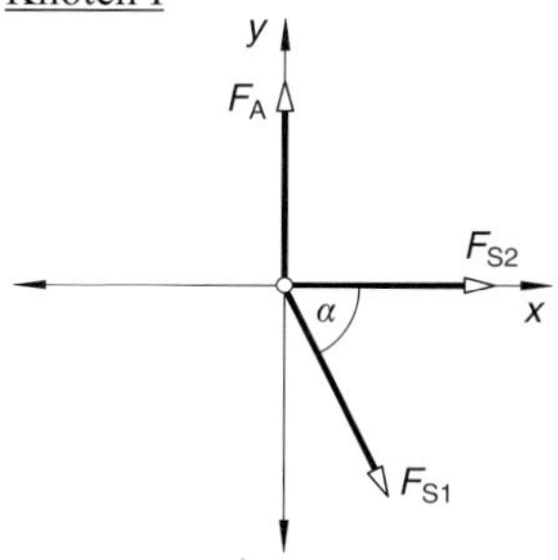

I. $\Sigma F_x = 0 = F_{S2} + F_{S1}\cos\alpha$

II. $\Sigma F_y = 0 = F_A - F_{S1}\sin\alpha$

aus II.

$$F_{S1} = \frac{F_A}{\sin\alpha} = \frac{84\text{ kN}}{\sin 63{,}435°} = 93{,}915\text{ kN}$$

$F_{S1} = 93{,}915\text{ kN}$ (Zugstab) $= F_{S27}$

aus I.

$F_{S2} = -F_{S1}\cos\alpha = -93{,}915\text{ kN}\cdot\cos 63{,}435°$

$F_{S2} = -42\text{ kN}$ (Druckstab) $= F_{S26}$

Knoten II

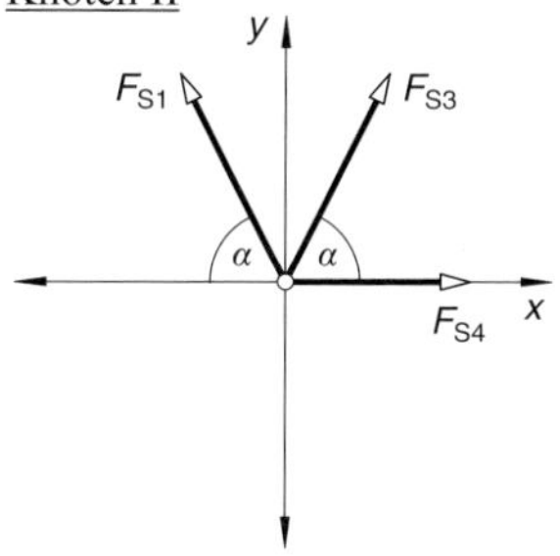

I. $\Sigma F_x = 0 = F_{S4} + F_{S3}\cos\alpha - F_{S1}\cos\alpha$

II. $\Sigma F_y = 0 = F_{S3}\sin\alpha + F_{S1}\sin\alpha$

aus II.

$F_{S3} = -F_{S1} = -93{,}915\text{ kN}$ (Druckstab) $= F_{S25}$

aus I.

$F_{S4} = -F_{S3}\cos\alpha + F_{S1}\cos\alpha = \cos\alpha(-F_{S3} + F_{S1})$

$F_{S4} = \cos 63{,}435°(-(-93{,}915\text{ kN}) + 93{,}915\text{ kN}))$

$F_{S4} = 84\text{ kN}$ (Zugstab) $= F_{S24}$

Knoten III

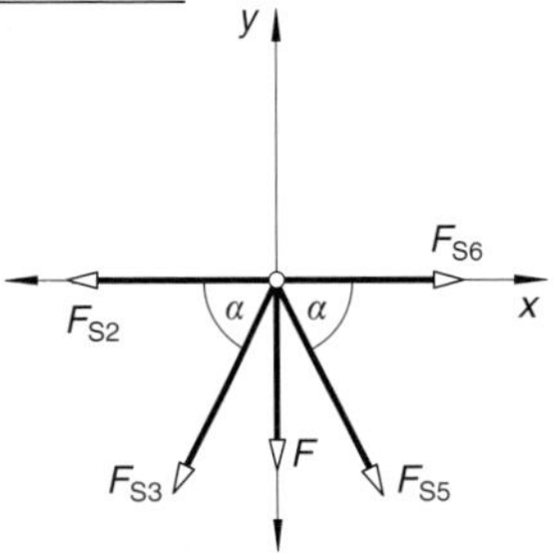

$$\text{I. } \Sigma F_x = 0 = F_{S6} + F_{S5}\cos\alpha - F_{S3}\cos\alpha - F_{S2}$$
$$\text{II. } \Sigma F_y = 0 = -F_{S5}\sin\alpha - F_{S3}\sin\alpha - F$$

aus II.

$$F_{S5} = \frac{-F - F_{S3}\sin\alpha}{\sin\alpha}$$
$$F_{S5} = \frac{-28\ \text{kN} - (-93{,}915\ \text{kN})\cdot\sin 63{,}435^\circ}{\sin 63{,}435^\circ}$$
$$F_{S5} = 62{,}61\ \text{kN (Zugstab)} = F_{S23}$$

aus I.

$$F_{S6} = -F_{S5}\cos\alpha + F_{S3}\cos\alpha + F_{S2}$$
$$F_{S6} = -62{,}61\ \text{kN}\cdot\cos 63{,}435^\circ +$$
$$+ (-93{,}915\ \text{kN})\cdot\cos 63{,}435^\circ + (-42\ \text{kN})$$
$$F_{S6} = -112\ \text{kN (Druckstab)} = F_{S22}$$

Alle Stäbe haben die gleichen Ergebnisse wie in Lösung 165, nur mit umgekehrten Vorzeichen.

Kräftetabelle (Kräfte in kN)

Stab	Zug	Druck	Stab
1	93,915	–	27
2	–	42	26
3	–	93,915	25
4	84	–	24
5	62,61	–	23
6	–	112	22

167.

a) Stabkräfte nach dem Knotenschnittverfahren
Berechnung der Stützkräfte (siehe Erläuterung zu 162a)

Lageskizze

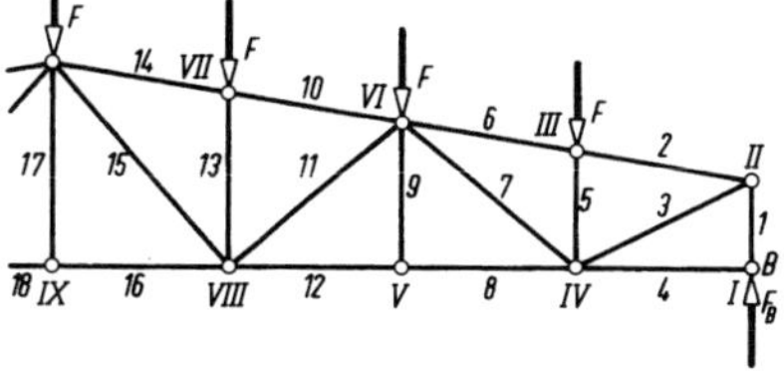

$$F_A = F_B = \frac{7F}{2} = 14\ \text{kN}$$

Berechnung der Stabwinkel

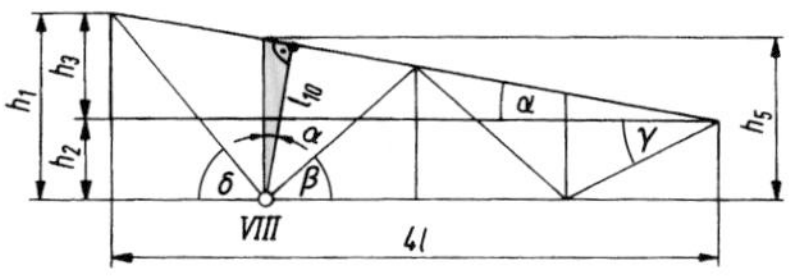

$$\alpha = \arctan\frac{h_1 - h_2}{4l} = \arctan\frac{1{,}4\ \text{m} - 0{,}6\ \text{m}}{4\cdot 1{,}2\ \text{m}} = 9{,}462^\circ$$

$$\beta = \arctan\frac{h_2 + \frac{h_3}{2}}{l} = \arctan\frac{0{,}6\ \text{m} + 0{,}4\ \text{m}}{1{,}2\ \text{m}} = 39{,}806^\circ$$

$$\gamma = \arctan\frac{h_2}{l} = \arctan\frac{0{,}6\ \text{m}}{1{,}2\ \text{m}} = 26{,}565^\circ$$

$$\delta = \arctan\frac{h_1}{l} = \arctan\frac{1{,}4\ \text{m}}{1{,}2\ \text{m}} = 49{,}4^\circ$$

Knoten I

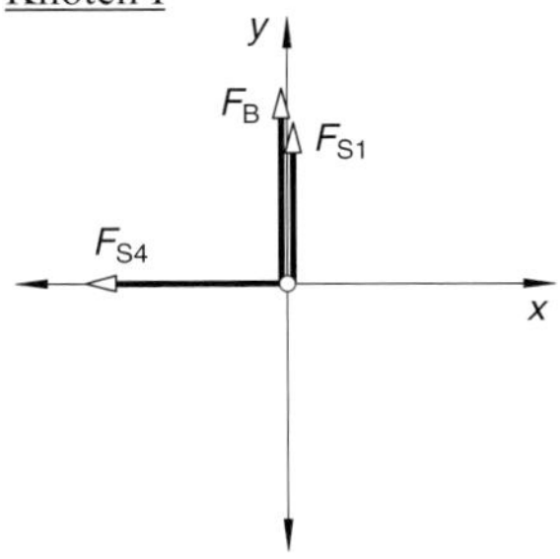

$$\text{I. } \Sigma F_x = 0 = -F_{S4}$$
$$\text{II. } \Sigma F_y = 0 = F_B + F_{S1}$$

aus I. $F_{S4} = 0\ \text{kN}$ (Nullstab)

aus II. $F_{S1} = -14\ \text{kN}$ (Druckstab)

Knoten II

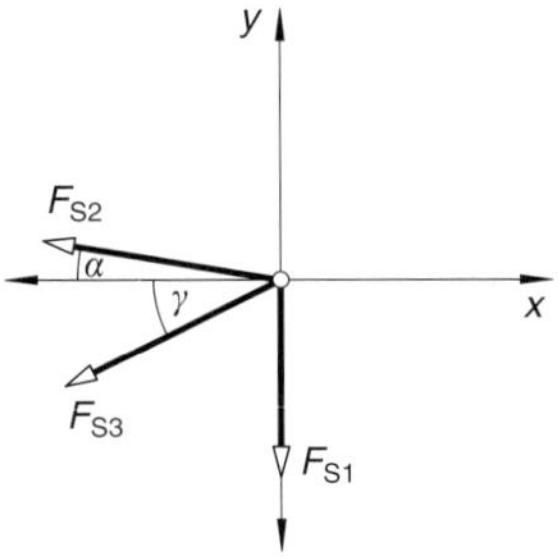

I. $\Sigma F_x = 0 = -F_{S2}\cos\alpha - F_{S3}\cos\gamma$
II. $\Sigma F_y = 0 = F_{S2}\sin\alpha - F_{S3}\sin\gamma - F_{S1}$

aus I. $F_{S2} = \dfrac{-F_{S3}\cos\gamma}{\cos\alpha}$

aus II. $F_{S2} = \dfrac{F_{S3}\sin\gamma + F_{S1}}{\sin\alpha}$

I. und II. $-F_{S3}\cos\gamma\sin\alpha = F_{S3}\sin\gamma\cos\alpha + F_{S1}\cos\alpha$

$$F_{S3} = \frac{-F_{S1}\cos\alpha}{\sin(\gamma+\alpha)} = \frac{-(-14\text{ kN})\cdot\cos 9{,}462°}{\sin 36{,}027°}$$

$F_{S3} = 23{,}479$ kN (Zugstab)

mit I.

$$F_{S2} = \frac{-F_{S3}\cdot\cos\gamma}{\cos\alpha} = \frac{-23{,}479\text{ kN}\cdot\cos 26{,}565°}{\cos 9{,}462°}$$

$F_{S2} = -21{,}29$ kN (Druckstab)

Knoten III

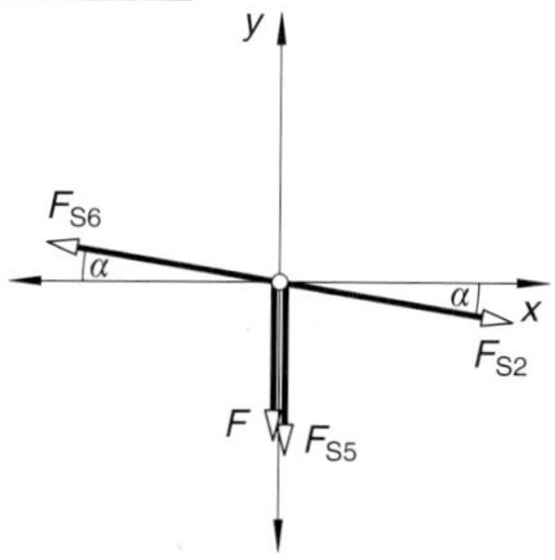

I. $\Sigma F_x = 0 = F_{S2}\cos\alpha - F_{S6}\cos\alpha$
II. $\Sigma F_y = 0 = -F + F_{S6}\sin\alpha - F_{S5} - F_{S2}\sin\alpha$

aus I.
$F_{S6} = F_{S2} = -21{,}29$ kN (Druckstab)

aus II.
$F_{S5} = -F = -4$ kN (Druckstab)

Knoten IV

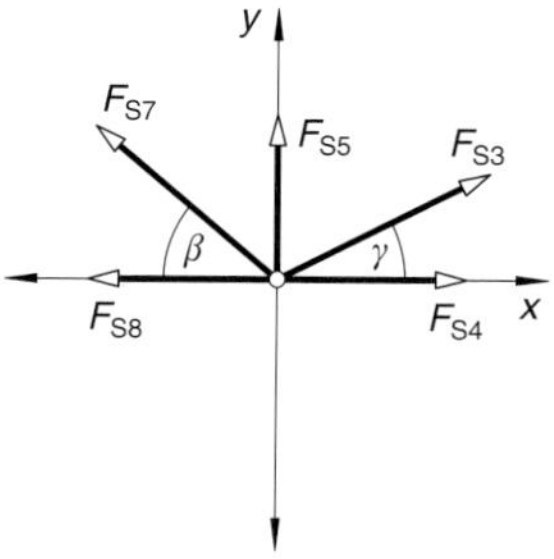

I. $\Sigma F_x = 0 = F_{S4} + F_{S3}\cos\gamma - F_{S7}\cos\beta - F_{S8}$
II. $\Sigma F_y = 0 = F_{S3}\sin\gamma + F_{S5} + F_{S7}\sin\beta$

aus II.

$$F_{S7} = \frac{-F_{S3}\sin\gamma - F_{S5}}{\sin\beta}$$

$$F_{S7} = \frac{-23{,}479\text{ kN}\cdot\sin 26{,}565° - (-4\text{kN})}{\sin 39{,}806°}$$

$F_{S7} = -10{,}153$ kN (Druckstab)

aus I.
$F_{S8} = F_{S4} + F_{S3}\cos\gamma - F_{S7}\cos\beta$
$F_{S8} = 0\text{ kN} + 23{,}479\text{ kN}\cdot\cos 26{,}565° -$
$\quad -(-10{,}153\text{ kN})\cdot\cos 39{,}806°$
$F_{S8} = 28{,}8$ kN (Zugstab)

Knoten V

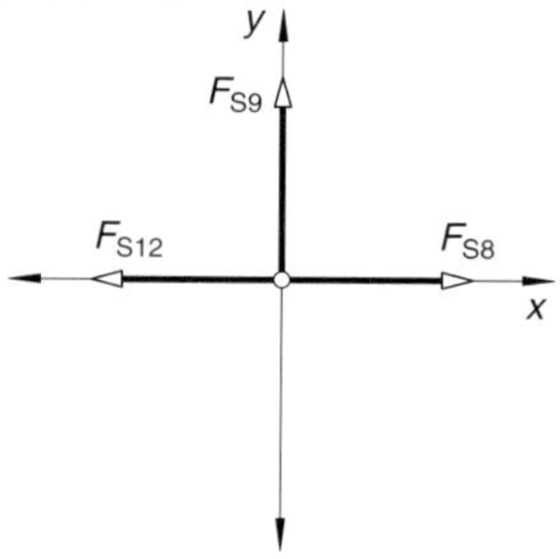

I. $\Sigma F_x = 0 = F_{S8} - F_{S12}$
II. $\Sigma F_y = 0 = F_{S9}$

aus I.
$F_{S12} = F_{S8} = 28{,}8$ kN (Zugstab)

aus II.
$F_{S9} = 0$ kN (Nullstab)

Kräftetabelle (Kräfte in kN)

Stab	Zug	Druck
1	–	14
2	–	21,29
3	23,479	–
4	–	–
5	–	4
6	–	21,29
7	–	10,153
8	28,8	–
9	–	–
10	–	30,414
11	1,562	–
12	28,8	–

b) Nachprüfung nach Ritter

Lageskizze

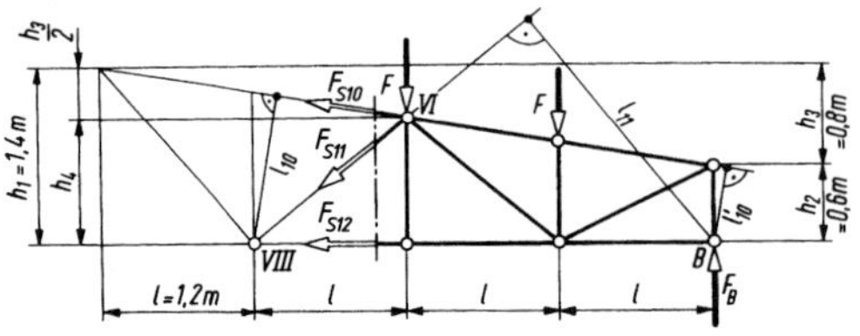

$$\Sigma M_{(VIII)} = 0 = F_{S10}\, l_{10} - F\,l - F\cdot 2l + F_B\cdot 3l$$

$$F_{S10} = \frac{(F - F_B)\cdot 3l}{l_{10}}$$

Berechnung von l_{10}:

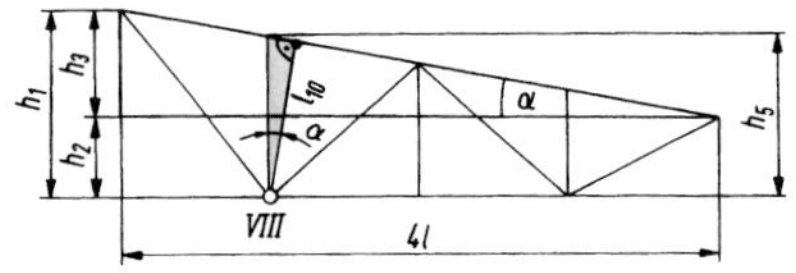

$$\alpha = \arctan\frac{h_3}{4l} = \arctan\frac{h_1 - h_2}{4l}$$

$$\alpha = \arctan\frac{1,4\text{ m} - 0,6\text{ m}}{4\cdot 1,2\text{ m}}$$

$$\alpha = 9,46^\circ$$

$$h_5 = h_2 + 0,75\,h_3 = 0,6\text{ m} + 0,6\text{ m} = 1,2\text{ m}$$

($0,75\,h_3$ nach Strahlensatz)

$$l_{10} = h_5\,\cos\alpha = 1,2\text{ m}\cdot\cos 9,46^\circ = 1,184\text{ m}$$

(dunkles Dreieck)

$$F_{S10} = \frac{(4\text{ kN} - 14\text{ kN})\cdot 3\cdot 1,2\text{ m}}{1,184\text{ m}}$$

$$F_{S10} = -30,414\text{ kN}\quad\text{(Druckstab)}$$

$$\Sigma M_{(B)} = 0 = F_{S11}\,l_{11} + F_{S10}\,l'_{10} + F\,l + F\cdot 2l$$

$$F_{S11} = \frac{-F_{S10}\,l'_{10} - F\cdot 3l}{l_{11}}$$

Berechnung von l'_{10} und l_{11}:

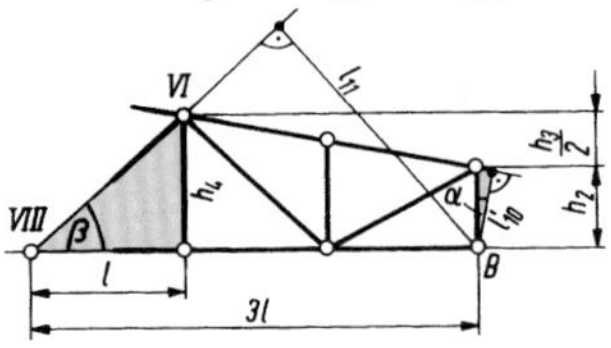

$$l'_{10} = h_2\,\cos\alpha = 0,6\text{ m}\cdot\cos 9,46^\circ = 0,5918\text{ m}$$

(kleines dunkles Dreieck, rechts)

$$h_4 = h_2 + \frac{h_3}{2} = 0,6\text{ m} + 0,4\text{ m} = 1\text{ m}$$

$$\beta = \arctan\frac{h_4}{l} = \arctan\frac{1,0\text{ m}}{1,2\text{ m}} = 39,81^\circ$$

(großes dunkles Dreieck, links)

$$l_{11} = 3l\,\sin\beta = 3\cdot 1,2\text{ m}\cdot\sin 39,81^\circ = 2,305\text{ m}$$

$$F_{S11} = \frac{-(-30,41\text{ kN})\cdot 0,5918\text{ m} - 4\text{ kN}\cdot 3,6\text{ m}}{2,305\text{ m}}$$

$$F_{S11} = 1,562\text{ kN (Zugstab)}$$

$$\Sigma M_{(VI)} = 0 = F_B\cdot 2l - F\,l - F_{S12}h_4$$

$$F_{S12} = \frac{F_B\cdot 2l - F\,l}{h_4} = \frac{14\text{ kN}\cdot 2,4\text{ m} - 4\text{ kN}\cdot 1,2\text{ m}}{1\text{ m}}$$

$$F_{S12} = 28,8\text{ kN (Zugstab)}$$

168.

a) Stabkräfte nach dem Knotenschnittverfahren
Berechnung der Stützkräfte

Die Tragkonstruktion wird symmetrisch belastet und alle Kräfte einschließlich der Stützkräfte haben parallele Wirklinien. Folglich sind die Stützkräfte F_A und F_B gleich groß.

Lageskizze

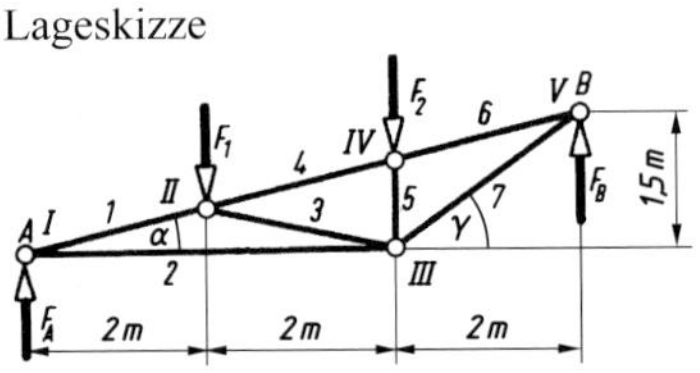

$$F_A = F_B = \frac{F_1 + F_2}{2} = 20\text{ kN}$$

Berechnung der Stabwinkel

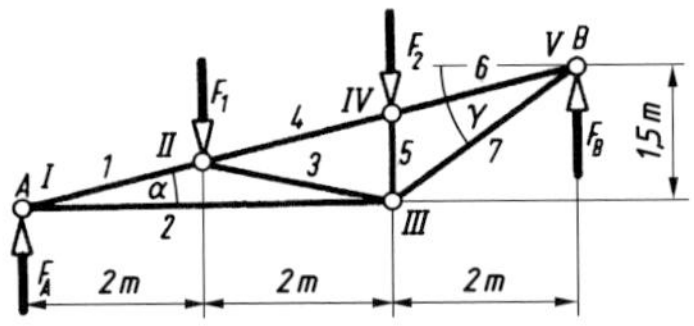

$$\alpha = \arctan\frac{1,5\text{ m}}{6\text{ m}} = 14,036^\circ$$

$$\gamma = \arctan\frac{1,5\text{ m}}{2\text{ m}} = 36,87^\circ$$

Knoten I

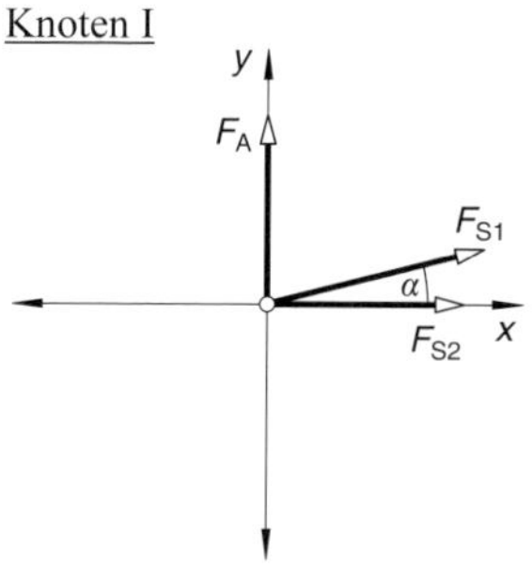

I. $\Sigma F_x = 0 = F_{S2} + F_{S1} \cos\alpha$

II. $\Sigma F_y = 0 = F_{S1} \sin\alpha + F_A$

aus II.

$$F_{S1} = \frac{-F_A}{\sin\alpha} = \frac{-20 \text{ kN}}{\sin 14{,}036°}$$

$F_{S1} = -82{,}464$ kN (Druckstab)

aus I.

$F_{S2} = -F_{S1} \cdot \cos\alpha = -(-82{,}464 \text{ kN}) \cdot \cos 14{,}036°$

$F_{S2} = 80{,}002$ kN (Zugstab)

Knoten II

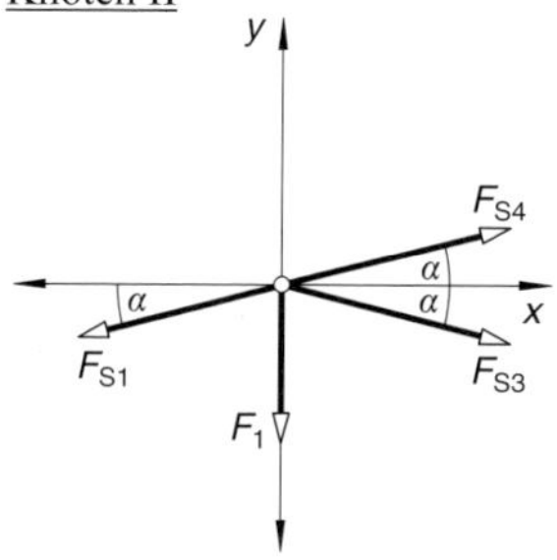

I. $\Sigma F_x = 0 = F_{S4} \cos\alpha - F_{S1} \cos\alpha + F_{S3} \cos\alpha$

II. $\Sigma F_y = 0 = F_{S4} \sin\alpha - F_{S1} \sin\alpha - F_1 - F_{S3} \sin\alpha$

aus I. $F_{S4} = \dfrac{F_{S1} \cos\alpha - F_{S3} \cos\alpha}{\cos\alpha}$

aus II. $F_{S4} = \dfrac{F_{S1} \sin\alpha + F_1 + F_{S3} \sin\alpha}{\sin\alpha}$

I. und II.

$F_{S3} \sin\alpha \cos\alpha + F_{S3} \cos\alpha \sin\alpha =$

$= -F_{S1} \sin\alpha \cos\alpha + F_{S1} \cos\alpha \sin\alpha - F_1 \cos\alpha$

$$F_{S3} = \frac{-F_1 \cos\alpha}{\sin 2\alpha} = \frac{-20 \text{ kN} \cdot \cos 14{,}036°}{\sin(2 \cdot 14{,}036°)}$$

$F_{S3} = -41{,}232$ kN (Druckstab)

mit I.

$$F_{S4} = \frac{\cos\alpha\,(F_{S1} - F_{S3})}{\cos\alpha}$$

$F_{S4} = F_{S1} - F_{S3} = -82{,}464 \text{ kN} - (-41{,}232 \text{ kN})$

$F_{S4} = -41{,}232$ kN (Druckstab)

Knoten IV

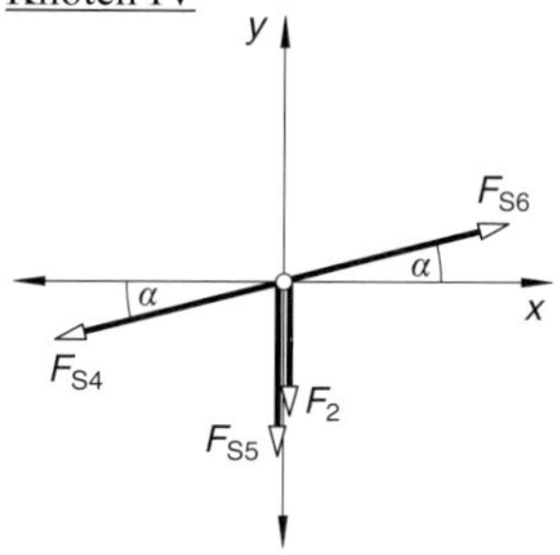

I. $\Sigma F_x = 0 = F_{S6} \cos\alpha - F_{S4} \cos\alpha$

II. $\Sigma F_y = 0 = F_{S6} \sin\alpha - F_2 - F_{S4} \sin\alpha - F_{S5}$

aus I.

$$F_{S6} = \frac{F_{S4} \cos\alpha}{\cos\alpha}$$

$F_{S6} = F_{S4} = -41{,}232$ kN (Druckstab)

aus II.

$F_{S5} = -F_2 = -20$ kN (Druckstab)

Knoten V

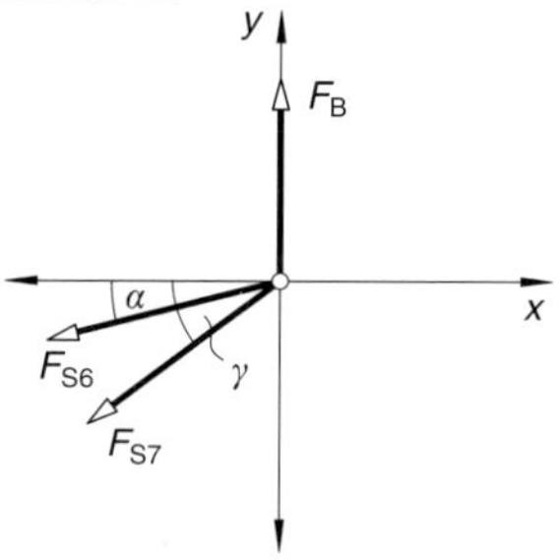

I. $\Sigma F_x = 0 = -F_{S6} \cos\alpha - F_{S7} \cos\gamma$

II. $\Sigma F_y = 0 = F_B - F_{S6} \sin\alpha - F_{S7} \sin\gamma$

aus I.

$$F_{S7} = \frac{-F_{S6} \cos\alpha}{\cos\gamma} = \frac{-(-41{,}236 \text{ kN}) \cdot \cos 14{,}036°}{\cos 36{,}87°}$$

$F_{S7} = 50{,}006$ kN (Zugstab)

Kräftetabelle (Kräfte in kN)

Stab	Zug	Druck
1	–	82,464
2	80,002	–
3	–	41,232
4	–	41,232
5	–	20
6	–	41,232
7	50,006	–

b) Nachprüfung der Stäbe 2, 3, 4 nach Ritter

Lageskizze 1

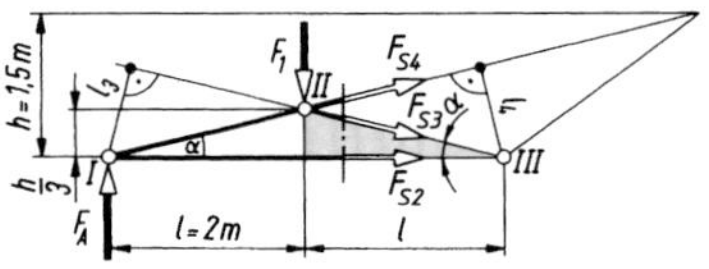

$$\Sigma M_{(\mathrm{II})} = 0 = F_{\mathrm{S2}}\frac{h}{3} - F_{\mathrm{A}}\,l$$

$$F_{\mathrm{S2}} = \frac{3\,F_{\mathrm{A}}\,l}{h} = \frac{3 \cdot 20\ \mathrm{kN} \cdot 2\ \mathrm{m}}{1{,}5\ \mathrm{m}} = +80\ \mathrm{kN}\ \text{(Zugstab)}$$

$$\Sigma M_{(\mathrm{I})} = 0 = -F_1\,l - F_{\mathrm{S3}}\,l_3$$

$$F_{\mathrm{S3}} = \frac{-F_1\,l}{l_3}$$

Berechnung von l_3 (siehe Lageskizze 1):

$$\alpha = \arctan\frac{\frac{h}{3}}{l} = \arctan\frac{0{,}5\ \mathrm{m}}{2\ \mathrm{m}} = 14{,}036°$$

(siehe dunkles Dreieck)

$$l_3 = 2l\sin\alpha = 4\ \mathrm{m} \cdot \sin 14{,}036° = 0{,}97\ \mathrm{m}$$

$$F_{\mathrm{S3}} = \frac{-20\ \mathrm{kN} \cdot 2\ \mathrm{m}}{0{,}97\ \mathrm{m}} = -41{,}23\ \mathrm{kN}\ \text{(Druckstab)}$$

$$\Sigma M_{(\mathrm{III})} = 0 = -F_{\mathrm{S4}}\,l_4 + F_1\,l - F_{\mathrm{A}} \cdot 2l$$

$$F_{\mathrm{S4}} = \frac{(F_1 - 2F_{\mathrm{A}})l}{l_4} = \frac{-20\ \mathrm{kN} \cdot 2\ \mathrm{m}}{0{,}97\ \mathrm{m}}$$

$$F_{\mathrm{S4}} = -41{,}23\ \mathrm{kN}\ \text{(Druckstab)}$$

(*Hinweis:* Wegen Symmetrie ist $l_4 = l_3$; siehe Lageskizze 1)

Nachprüfung der Stäbe 4, 5, 7 nach Ritter

Lageskizze 2

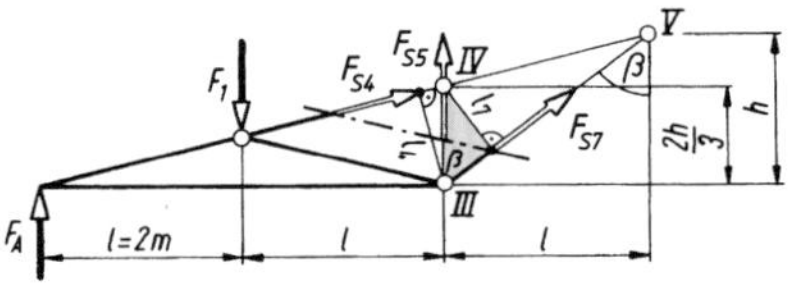

$$\Sigma M_{(\mathrm{III})} = 0 = F_1\,l - F_{\mathrm{A}} \cdot 2l - F_{\mathrm{S4}}\,l_4$$

$$F_{\mathrm{S4}} = \frac{(F_1 - 2F_{\mathrm{A}})l}{l_4} = \frac{-20\ \mathrm{kN} \cdot 2\ \mathrm{m}}{0{,}97\ \mathrm{m}}$$

$$F_{\mathrm{S4}} = -41{,}23\ \mathrm{kN}\ \text{(Druckstab)}$$

$$\Sigma M_{(\mathrm{V})} = 0 = F_1 \cdot 2l - F_{\mathrm{A}} \cdot 3l - F_{\mathrm{S5}}\,l$$

$$F_{\mathrm{S5}} = \frac{(2F_1 - 3F_{\mathrm{A}})l}{l} = 2 \cdot 20\ \mathrm{kN} - 3 \cdot 20\ \mathrm{kN}$$

$$F_{\mathrm{S5}} = -20\ \mathrm{kN}\ \text{(Druckstab)}$$

$$\Sigma M_{(\mathrm{IV})} = 0 = F_1\,l - F_{\mathrm{A}} \cdot 2l + F_{\mathrm{S7}}\,l_7$$

$$F_{\mathrm{S7}} = \frac{(2F_{\mathrm{A}} - F_1)l}{l_7}$$

Berechnung von l_7 (siehe Lageskizze 2):

$$\beta = \arctan\frac{l}{h} = \arctan\frac{2\ \mathrm{m}}{1{,}5\ \mathrm{m}} = 53{,}13°$$

$$l_7 = \frac{2}{3}h\sin\beta = 1\ \mathrm{m} \cdot \sin 53{,}13° = 0{,}8\ \mathrm{m}$$

(siehe dunkles Dreieck)

$$F_{\mathrm{S7}} = \frac{20\ \mathrm{kN} \cdot 2\ \mathrm{m}}{0{,}8\ \mathrm{m}} = +50\ \mathrm{kN}\ \text{(Zugstab)}$$

169.

a) Stabkräfte nach dem Knotenschnittverfahren

Berechnung der Stützkräfte

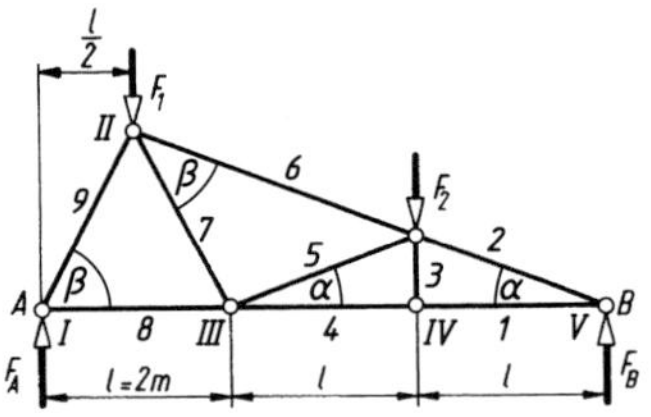

Lageskizze

I. $\Sigma F_{\mathrm{x}} = 0$: keine x-Kräfte vorhanden

II. $\Sigma F_{\mathrm{y}} = 0 = F_{\mathrm{A}} + F_{\mathrm{B}} - F_1 - F_2$

III. $\Sigma M_{(\mathrm{A})} = 0 = -F_1\dfrac{l}{2} - F_2 \cdot 2l + F_{\mathrm{B}} \cdot 3l$

aus III. $F_{\mathrm{B}} = \dfrac{\left(\dfrac{F_1}{2} + 2F_2\right)l}{3l} = \dfrac{\dfrac{F_1}{2} + 2F_2}{3}$

$$F_{\mathrm{B}} = \frac{15\ \mathrm{kN} + 20\ \mathrm{kN}}{3} = 11{,}667\ \mathrm{kN}$$

aus II. $F_A = F_1 + F_2 - F_B = 30\ \text{kN} + 10\ \text{kN} - 11{,}667\ \text{kN}$

$F_A = 28{,}333\ \text{kN}$

Berechnung der Stabwinkel

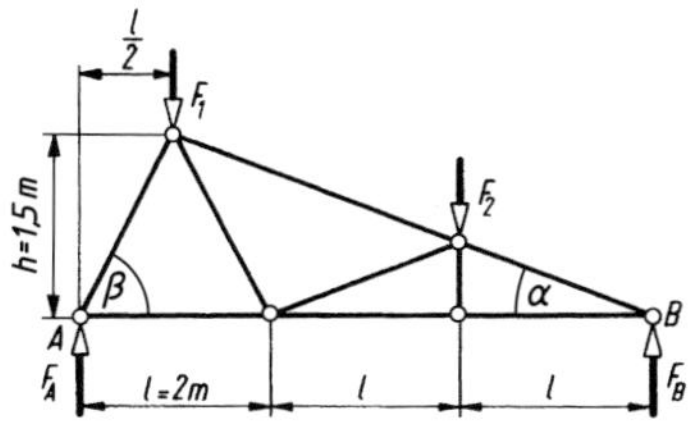

$$\alpha = \arctan\frac{1{,}5\ \text{m}}{5\ \text{m}} = 16{,}699°$$

$$\beta = \arctan\frac{1{,}5\ \text{m}}{1\ \text{m}} = 56{,}31°$$

Knoten I

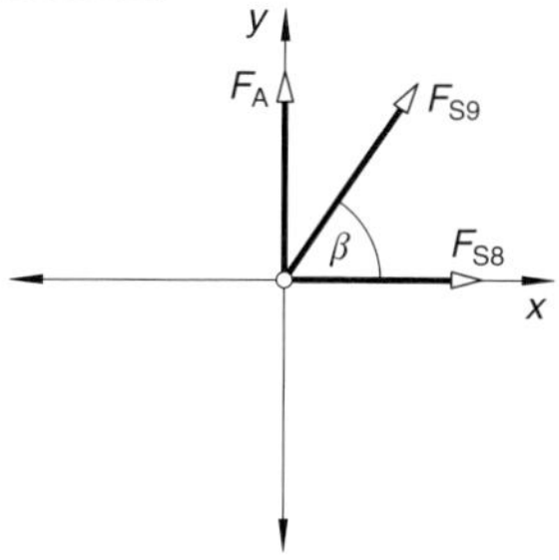

I. $\Sigma F_x = 0 = F_{S8} + F_{S9}\cos\beta$

II. $\Sigma F_y = 0 = F_A + F_{S9}\sin\beta$

aus II.

$$F_{S9} = \frac{-F_A}{\sin\beta} = -34{,}052\ \text{kN (Druckstab)}$$

aus I.

$F_{S8} = -F_{S9}\cos\beta = 18{,}887\ \text{kN (Zugstab)}$

Knoten II

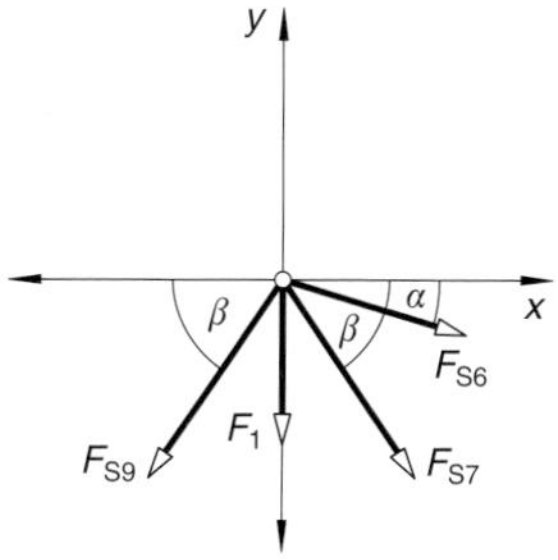

I. $\Sigma F_x = 0 = -F_{S9}\cos\beta + F_{S7}\cos\beta + F_{S6}\cos\alpha$

II. $\Sigma F_y = 0 = -F_{S9}\sin\beta - F_1 - F_{S7}\sin\beta - F_{S6}\sin\alpha$

aus I.

$$F_{S6} = \frac{F_{S9}\cos\beta - F_{S7}\cos\beta}{\cos\alpha}$$

aus II.

$$F_{S6} = \frac{-F_{S9}\sin\beta - F_1 - F_{S7}\sin\beta}{\sin\alpha}$$

I. und II.

$$F_{S9}\cos\beta\sin\alpha - F_{S7}\cos\beta\sin\alpha = -F_{S9}\sin\beta\cos\alpha - F_1\cos\alpha - F_{S7}\sin\beta\cos\alpha$$

$$F_{S7}\sin\beta\cos\alpha - F_{S7}\cos\beta\sin\alpha = -F_{S9}\sin\beta\cos\alpha - F_{S9}\cos\beta\sin\alpha - F_1\cos\alpha$$

$$F_{S7}[\sin(\beta-\alpha)] = -F_{S9}[\sin(\beta+\alpha)] - F_1\cos\alpha$$

$$F_{S7} = \frac{-F_{S9}[\sin(\beta+\alpha)] - F_1\cos\alpha}{\sin(\beta-\alpha)}$$

$$F_{S7} = \frac{34{,}052\ \text{kN}\cdot\sin 73{,}009° - 30\ \text{kN}\cdot\cos 16{,}699°}{\sin 39{,}611°}$$

$F_{S7} = 6{,}008\ \text{kN (Zugstab)}$

mit I.

$$F_{S6} = \frac{-34{,}052\ \text{kN}\cdot\cos 56{,}31° - 6{,}008\ \text{kN}\cdot\cos 56{,}31°}{\cos 16{,}699°}$$

$F_{S6} = -23{,}2\ \text{kN (Druckstab)}$

Knoten III

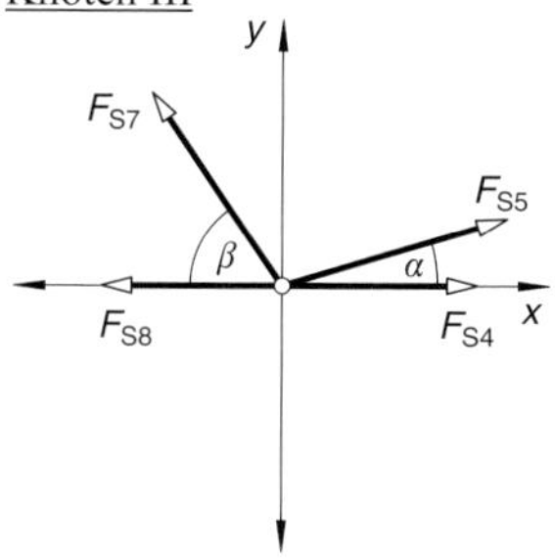

I. $\Sigma F_x = 0 = -F_{S8} - F_{S7}\cos\beta + F_{S5}\cos\alpha + F_{S4}$

II. $\Sigma F_y = 0 = F_{S7}\sin\beta + F_{S5}\sin\alpha$

aus II.

$$F_{S5} = \frac{-F_{S7}\sin\beta}{\sin\alpha} = \frac{-6{,}008\ \text{kN}\cdot\sin 56{,}31°}{\sin 16{,}699°}$$

$F_{S5} = -17{,}397\ \text{kN (Druckstab)}$

aus I.

$F_{S4} = F_{S8} + F_{S7} \cos\beta - F_{S5} \cos\alpha$

$F_{S4} = 18{,}887 \text{ kN} + 6{,}008 \text{ kN} \cdot \cos 56{,}31° -$
$-(-17{,}397 \text{ kN}) \cdot \cos 16{,}699°$

$F_{S4} = 38{,}883 \text{ kN}$ (Zugstab)

Knoten IV

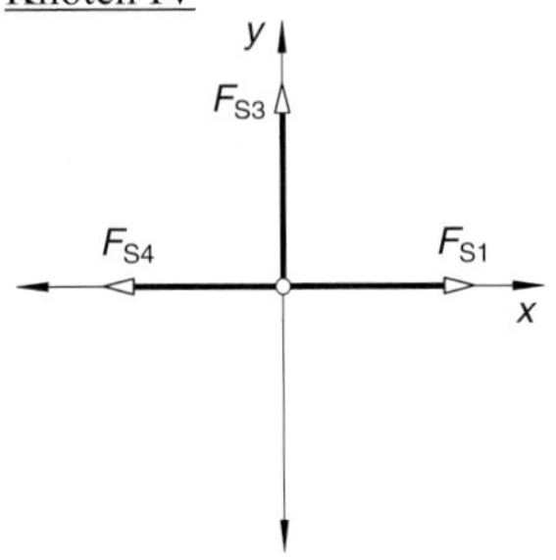

I. $\Sigma F_x = 0 = F_{S1} - F_{S4}$

II. $\Sigma F_y = 0 = F_{S3}$

aus I.

$F_{S1} = F_{S4} = 38{,}883 \text{ kN}$ (Zugstab)

aus II.

$F_{S3} = 0 \text{ kN}$ (Nullstab)

Knoten V

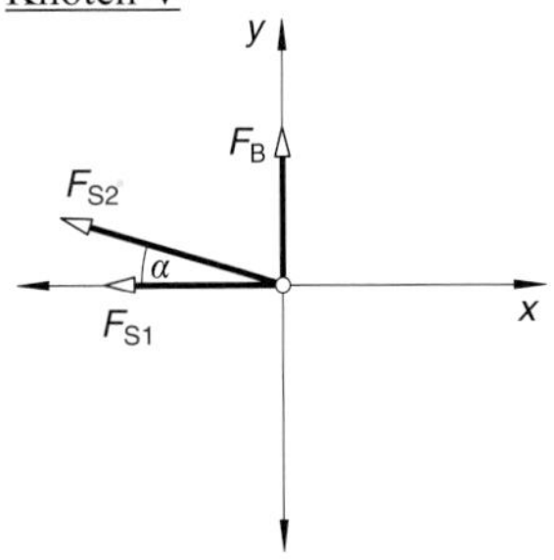

I. $\Sigma F_x = 0 = -F_{S2} \cos\alpha - F_{S1}$

II. $\Sigma F_y = 0 = F_B + F_{S2} \sin\alpha$

aus I.

$F_{S2} = \dfrac{-F_{S1}}{\cos\alpha} = -40{,}595 \text{ kN}$ (Druckstab)

Kräftetabelle (Kräfte in kN)

Stab	Zug	Druck
1	38,883	–
2	–	40,595
3	–	–
4	38,883	–
5	–	17,397
6	–	23,2
7	6,008	–
8	18,887	–
9	–	34,052

b) Nachprüfung nach Ritter

Lageskizze (Stablängen sind mit s bezeichnet)

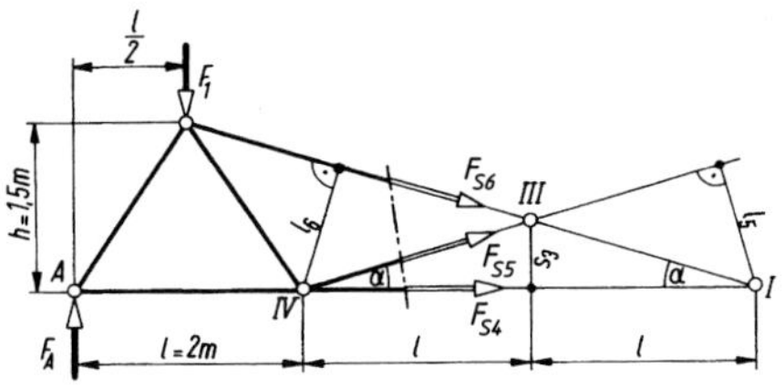

$$\Sigma M_{(III)} = 0 = F_1 \frac{3l}{2} - F_A \cdot 2l + F_{S4} s_3$$

$$F_{S4} = \frac{(2\,F_A - 1{,}5\,F_1)\,l}{s_3}$$

Berechnung von s_3 (siehe Lageskizze):

$$\frac{s_3}{h} = \frac{l}{2{,}5l} \quad \text{(Strahlensatz)}$$

$$s_3 = \frac{h}{2{,}5} = \frac{1{,}5 \text{ m}}{2{,}5} = 0{,}6 \text{ m}$$

$$F_{S4} = \frac{(2 \cdot 28{,}333 \text{ kN} - 1{,}5 \cdot 30 \text{ kN}) \cdot 2 \text{ m}}{0{,}6 \text{ m}}$$

$F_{S4} = +38{,}89 \text{ kN}$ (Zugstab)

$$\Sigma M_{(I)} = 0 = F_1 \cdot \frac{5}{2} l - F_A \cdot 3l - F_{S5} l_5$$

$$F_{S5} = \frac{(2{,}5 F_1 - 3 F_A)\,l}{l_5}$$

Berechnung von l_5 (siehe Lageskizze):

$$\alpha = \arctan \frac{h}{2{,}5l} = \arctan \frac{1{,}5 \text{ m}}{2{,}5 \cdot 2 \text{ m}} = 16{,}7°$$

$$l_5 = 2l \sin\alpha = 2 \cdot 2 \text{ m} \cdot \sin 16{,}7° = 1{,}149 \text{ m}$$

$$F_{S5} = \frac{(2{,}5 \cdot 30 \text{ kN} - 3 \cdot 28{,}333 \text{ kN}) \cdot 2 \text{ m}}{1{,}149 \text{ m}}$$

$F_{S5} = -17{,}4 \text{ kN}$ (Druckstab)

$$\Sigma M_{(IV)} = 0 = F_1 \frac{l}{2} - F_A l - F_{S6} l_6$$

$$F_{S6} = \frac{(0{,}5 F_1 - F_A) l}{l_6} = \frac{(0{,}5 \cdot 30 \text{ kN} - 28{,}333 \text{ kN}) \cdot 2 \text{ m}}{1{,}149 \text{ m}}$$

$F_{S6} = -23{,}2$ kN (Druckstab)

Hinweis: $l_6 = l_5$ wegen Symmetrie (siehe Lageskizze).

170.

a) Stabkräfte nach dem Knotenschnittverfahren
Berechnung der Stützkräfte

Lageskizze

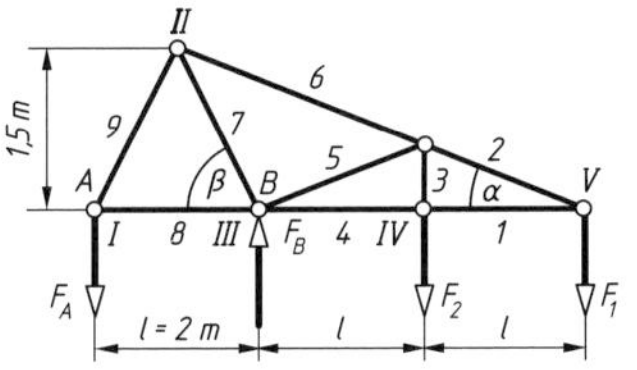

I. $\Sigma F_x = 0$: keine x-Kräfte vorhanden

II. $\Sigma F_y = 0 = F_B - F_A - F_1 - F_2$

III. $\Sigma M_{(B)} = 0 = F_A l - F_2 l - F_1 \cdot 2l$

aus III.

$$F_A = \frac{(F_2 + 2F_1) l}{l} = F_2 + 2F_1 = 10 \text{ kN} + 2 \cdot 30 \text{ kN}$$

$F_A = 70$ kN

aus II.

$F_B = F_A + F_1 + F_2 = 70 \text{ kN} + 30 \text{ kN} + 10 \text{ kN} = 110$ kN

Berechnung der Stabwinkel wie in Lösung 169.

$\alpha = 16{,}699°$

$\beta = 56{,}31°$

Knoten I

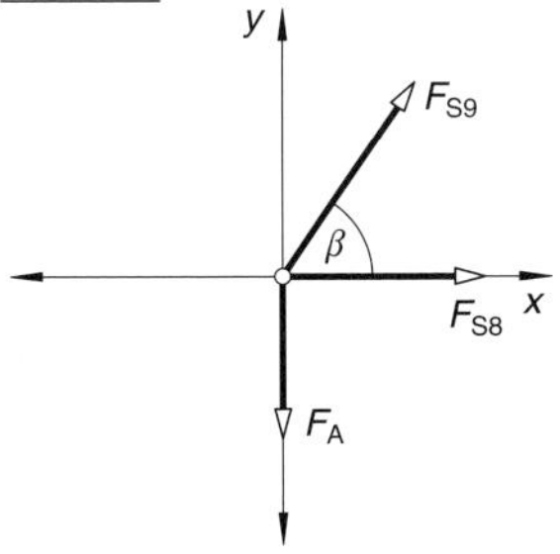

I. $\Sigma F_x = 0 = F_{S8} + F_{S9} \cdot \cos\beta$

II. $\Sigma F_y = 0 = -F_A + F_{S9} \cdot \sin\beta$

aus II.

$$F_{S9} = \frac{F_A}{\sin\beta} = \frac{70 \text{ kN}}{\sin 56{,}31°} = 84{,}129 \text{ kN (Zugstab)}$$

aus I.

$F_{S8} = -F_{S9} \cdot \cos\beta = -84{,}129 \text{ kN} \cdot \cos 56{,}31°$

$F_{S8} = -46{,}666$ kN (Druckstab)

Knoten II

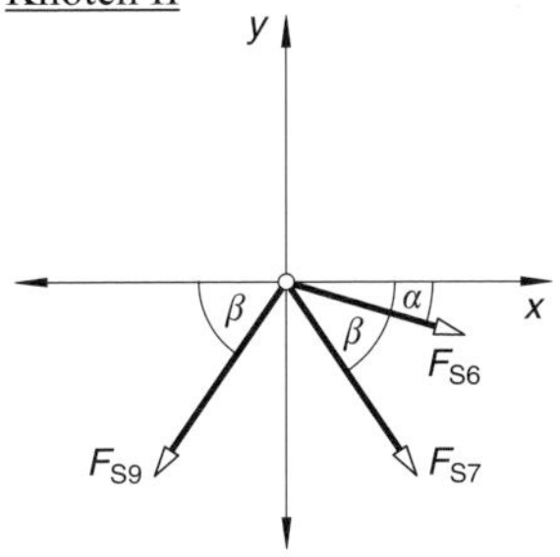

I. $\Sigma F_x = 0 = -F_{S9} \cdot \cos\beta + F_{S7} \cdot \cos\beta + F_{S6} \cdot \cos\alpha$

II. $\Sigma F_y = 0 = -F_{S9} \cdot \sin\beta - F_{S7} \cdot \sin\beta - F_{S6} \cdot \sin\alpha$

I. und II.

$$\frac{F_{S9} \cdot \cos\beta - F_{S7} \cdot \cos\beta}{\cos\alpha} = \frac{-F_{S9} \cdot \sin\beta - F_{S7} \cdot \sin\beta}{\sin\alpha}$$

$$F_{S9} \cdot \sin\alpha \cos\beta - F_{S7} \cdot \sin\alpha \cos\beta =$$
$$= -F_{S9} \cdot \cos\alpha \sin\beta - F_{S7} \cdot \cos\alpha \sin\beta$$

$$F_{S7} = \frac{-F_{S9}(\cos\alpha \sin\beta + \sin\alpha \cos\beta)}{\cos\alpha \sin\beta - \sin\alpha \cos\beta}$$

$$F_{S7} = \frac{-F_{S9} \cdot \sin(\alpha + \beta)}{\sin(\beta - \alpha)}$$

$$F_{S7} = \frac{-84{,}129 \text{ kN} \cdot \sin(16{,}699° + 56{,}31°)}{\sin(56{,}31° - 16{,}699°)}$$

$F_{S7} = -126{,}193$ kN (Druckstab)

aus I.

$$F_{S6} = \frac{F_{S9} \cdot \cos\beta - F_{S7} \cdot \cos\beta}{\cos\alpha} = \frac{\cos\beta (F_{S9} - F_{S7})}{\cos\alpha}$$

$$F_{S6} = \frac{\cos 56{,}31° (84{,}129 \text{ kN} - (-126{,}193 \text{ kN}))}{\cos 16{,}699°}$$

$F_{S6} = 121{,}802$ kN (Zugstab)

Knoten III

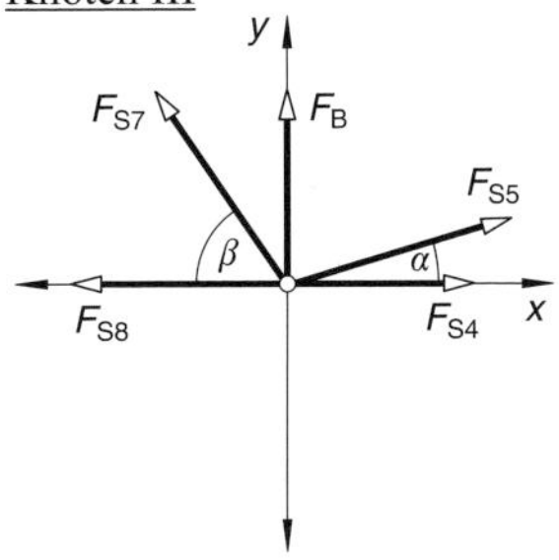

I. $\Sigma F_x = 0 = F_{S5} \cos\alpha - F_{S7} \cos\beta + F_{S4} - F_{S8}$

II. $\Sigma F_y = 0 = F_{S5} \sin\alpha + F_{S7} \sin\beta + F_B$

aus II.

$$F_{S5} = \frac{-F_{S7} \sin\beta - F_B}{\sin\alpha}$$

$$F_{S5} = \frac{-(-126{,}193 \text{ kN}) \cdot \sin 56{,}31° - 110 \text{ kN}}{\sin 16{,}699°}$$

$F_{S5} = -17{,}404$ kN (Druckstab)

aus I.

$F_{S4} = F_{S8} + F_{S7} \cos\beta - F_{S5} \cos\alpha$

$F_{S4} = -46{,}666 \text{ kN} + (-126{,}193 \text{ kN}) \cdot \cos 56{,}31° -$
$- (-17{,}404 \text{ kN}) \cdot \cos 16{,}699°$

$F_{S4} = -99{,}995$ kN (Druckstab)

Knoten IV

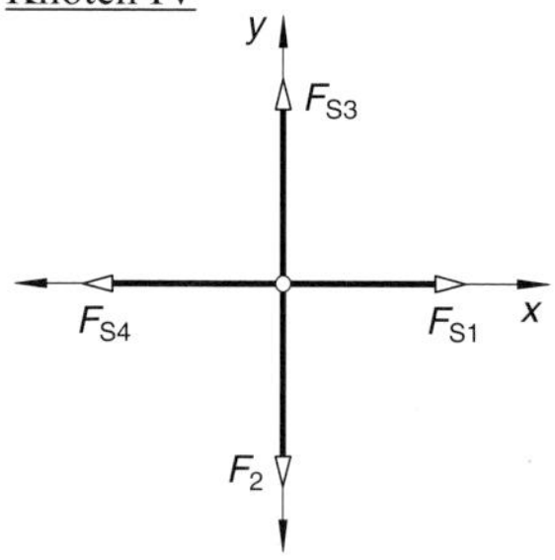

I. $\Sigma F_x = 0 = F_{S1} - F_{S4}$

II. $\Sigma F_y = 0 = F_{S3} - F_2$

aus I.

$F_{S1} = -F_{S4} = -99{,}995$ kN (Druckstab)

aus II.

$F_{S3} = F_2 = 10$ kN (Zugstab)

Knoten V

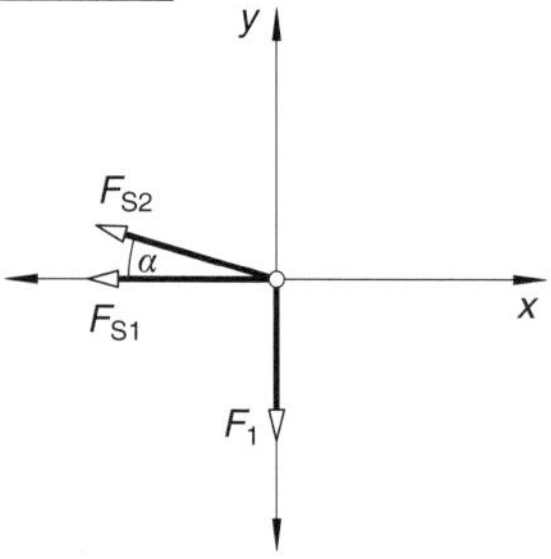

I. $\Sigma F_x = 0 = -F_{S1} - F_{S2} \cos\alpha$

II. $\Sigma F_y = 0 = -F_1 + F_{S2} \sin\alpha$

aus II.

$$F_{S2} = \frac{F_1}{\sin\alpha} = 104{,}405 \text{ kN (Zugstab)}$$

Kräftetabelle (Kräfte in kN)

Stab	Zug	Druck
1	–	99,995
2	104,405	–
3	10	–
4	–	99,995
5	–	17,404
6	121,802	–
7	–	126,193
8	–	46,666
9	84,129	–

171.

a) Stabkräfte nach dem Knotenschnittverfahren
Berechnung der Stützkräfte

Lageskizze

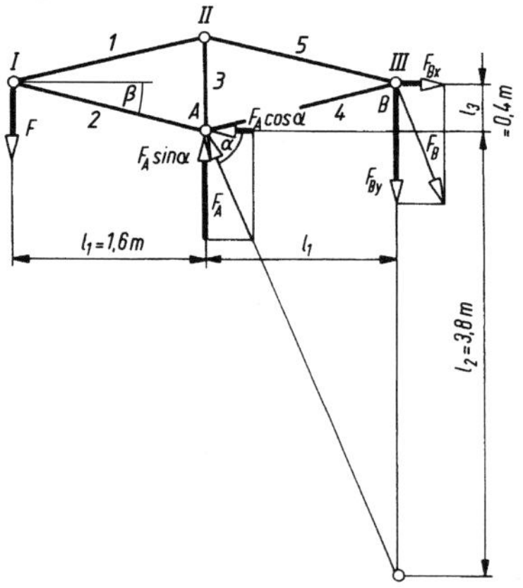

I. $\Sigma F_x = 0 = F_{Bx} - F_A \cos\alpha$

II. $\Sigma F_y = 0 = F_A \sin\alpha - F - F_{By}$

III. $\Sigma M_{(B)} = 0 = F \cdot 2l_1 - F_A \sin\alpha\, l_1 - F_A \cos\alpha\, l_3$

aus III:

$$F_A = \frac{F \cdot 2l_1}{l_1 \sin\alpha + l_3 \cos\alpha}$$

$$F_A = \frac{30 \text{ kN} \cdot 2 \cdot 1{,}6 \text{ m}}{1{,}6 \text{ m} \cdot \sin 67{,}166° + 0{,}4 \text{ m} \cdot \cos 67{,}166°}$$

$F_A = 58{,}902$ kN

I. $F_{Bx} = F_A \cos\alpha = 58{,}902 \text{ kN} \cdot \cos 67{,}166°$

$F_{Bx} = 22{,}858$ kN

II. $F_{By} = F_A \sin\alpha - F = 58{,}902\,\text{kN} \cdot \sin 67{,}166° - 30\,\text{kN}$

$F_{By} = 24{,}286\,\text{kN}$

$F_B = \sqrt{F_{Bx}^2 + F_{By}^2} = \sqrt{(22{,}858\,\text{kN})^2 + (24{,}286\,\text{kN})^2}$

$F_B = 33{,}351\,\text{kN}$

Berechnung der Stabwinkel
(Lage der Winkel siehe Lageskizze)

$$\alpha = \arctan\frac{l_2}{l_1} = \arctan\frac{3{,}8\ \text{m}}{1{,}6\ \text{m}} = 67{,}166°$$

$$\beta = \arctan\frac{l_3}{l_1} = \arctan\frac{0{,}4\ \text{m}}{1{,}6\ \text{m}} = 14{,}036°$$

Knoten I

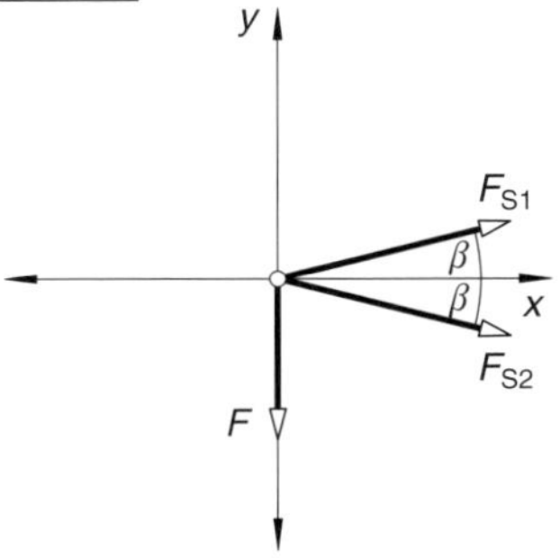

I. $\Sigma F_x = 0 = F_{S1} \cdot \cos\beta + F_{S2} \cdot \cos\beta$

II. $\Sigma F_y = 0 = F_{S1} \cdot \sin\beta - F_{S2} \cdot \sin\beta - F$

I. und II.

$F_{S2} \cdot \sin\beta + F = -F_{S2} \cdot \sin\beta$

$$F_{S2} = \frac{-F}{2 \cdot \sin\beta} = \frac{-30\ \text{kN}}{2 \cdot \sin 14{,}036°}$$

$F_{S2} = -61{,}848\ \text{kN}$ (Druckstab)

aus I.

$F_{S1} = -F_{S2} = -(-61{,}848\ \text{kN}) = 61{,}848\ \text{kN}$ (Zugstab)

Knoten II

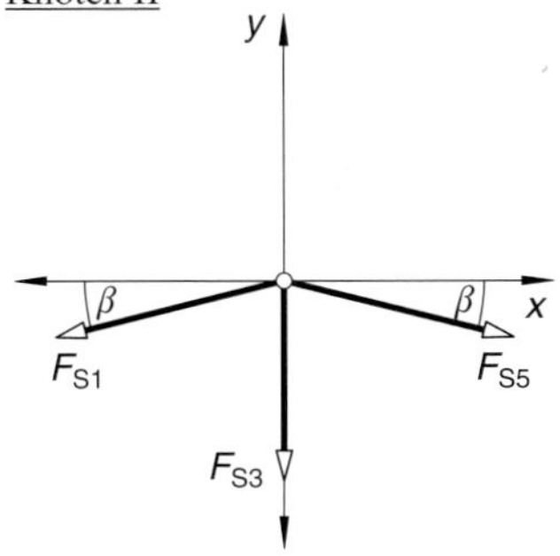

I. $\Sigma F_x = 0 = -F_{S1} \cdot \cos\beta + F_{S5} \cdot \cos\beta$

II. $\Sigma F_y = 0 = -F_{S1} \cdot \sin\beta - F_{S5} \cdot \sin\beta - F_{S3}$

aus I.

$$F_{S5} = \frac{F_{S1} \cdot \cos\beta}{\cos\beta} = F_{S1} = 61{,}848\ \text{kN (Zugstab)}$$

aus II.

$F_{S3} = -F_{S1} \cdot \sin\beta - F_{S5} \cdot \sin\beta = -2 \cdot F_{S1} \cdot \sin\beta$

$F_{S3} = -2 \cdot 61{,}848\ \text{kN} \cdot \sin 14{,}036° = -30\ \text{kN}$ (Druckstab)

Knoten III

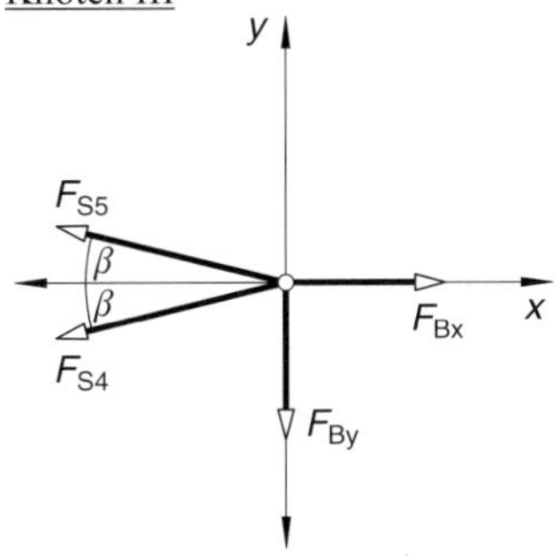

I. $\Sigma F_x = 0 = -F_{S5} \cdot \cos\beta - F_{S4} \cdot \cos\beta + F_{Bx}$

II. $\Sigma F_y = 0 = F_{S5} \cdot \sin\beta - F_{S4} \cdot \sin\beta - F_{By}$

aus II.

$$F_{S4} = \frac{F_{S5} \cdot \sin\beta - F_{By}}{\sin\beta}$$

$$F_{S4} = \frac{61{,}848\ \text{kN} \cdot \sin 14{,}036° - 24{,}286\ \text{kN}}{\sin 14{,}036°}$$

$F_{S4} = -38{,}287\ \text{kN}$ (Druckstab)

Kräftetabelle (Kräfte in kN)

Stab	Zug	Druck
1	61,848	–
2	–	61,848
3	–	30
4	–	38,287
5	61,848	–

b) Nachprüfung der Stäbe 1, 3, 4 nach Ritter

Lageskizze (Stablängen sind mit s bezeichnet)

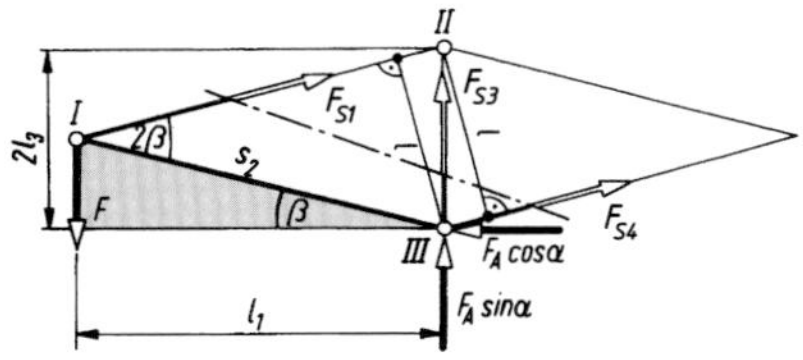

$$\Sigma M_{(III)} = 0 = F\,l_1 - F_{S1}\,l$$

$$F_{S1} = \frac{F\,l_1}{l}$$

Berechnung von l:

$$s_2 = \sqrt{l_1^2 + l_3^2} = \sqrt{(1{,}6\text{ m})^2 + (0{,}4\text{ m})^2} = 1{,}649\text{ m}$$

$$\beta = \arctan\frac{l_3}{l_1} = \arctan\frac{0{,}4\text{ m}}{1{,}6\text{ m}} = 14{,}036°$$

$$l = s_2\,\sin 2\beta = 1{,}649\text{ m}\cdot\sin 28{,}07° = 0{,}776\text{ m}$$

$$F_{S1} = \frac{30\text{ kN}\cdot 1{,}6\text{ m}}{0{,}776\text{ m}} = +61{,}85\text{ kN (Zugstab)}$$

$$\Sigma M_{(II)} = 0 = F\,l_1 + F_{S4}\,l - F_A\,\cos\alpha\cdot 2l_3$$

$$F_{S4} = \frac{-Fl_1 + F_A\,\cos\alpha\cdot 2l_3}{l}$$

$$F_{S4} = \frac{-30\text{ kN}\cdot 1{,}6\text{ m} + 58{,}9\text{ kN}\cdot\cos 67{,}17°\cdot 0{,}8\text{ m}}{0{,}776\text{ m}}$$

$$F_{S4} = -38{,}29\text{ kN (Druckstab)}$$

$$\Sigma M_{(I)} = 0 = F_{S3}\,l_1 + F_{S4}\,l + F_A\,\sin\alpha\,l_1 - F_A\,\cos\alpha\,l_3$$

$$F_{S3} = \frac{F_A(l_3\,\cos\alpha - l_1\,\sin\alpha) - F_{S4}\,l}{l_1}$$

$$F_{S3} = \frac{58{,}9\,\text{kN}\,(0{,}4\,\text{m}\cdot\cos 67{,}17° - 1{,}6\,\text{m}\cdot\sin 67{,}17°)}{1{,}6\,\text{m}} - \frac{(-38{,}29\,\text{kN})\cdot 0{,}776\,\text{m}}{1{,}6\,\text{m}}$$

$$F_{S3} = -30\text{ kN (Druckstab)}$$

172.

a) Stabkräfte nach dem Knotenschnittverfahren

Berechnung der Stützkräfte einschließlich der Resultierenden F_r

Lageskizze 1

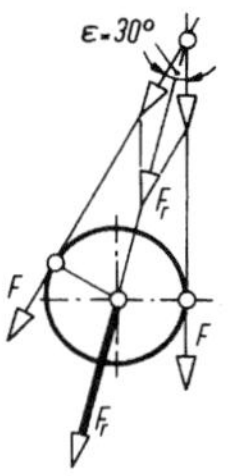

Krafteckskizze

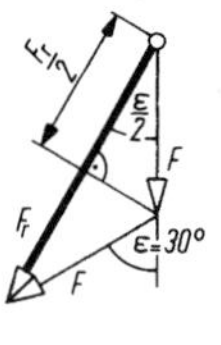

Hinweis: Seilzugkraft und Last F sind gleich groß.

$$\cos\frac{\varepsilon}{2} = \frac{F_r}{2F}$$

$$F_r = 2F\,\cos\frac{\varepsilon}{2} = 2\cdot 15\text{ kN}\cdot\cos 15°$$

$$F_r = 28{,}978\text{ kN}$$

Lageskizze 2 (Stablängen sind mit s bezeichnet)

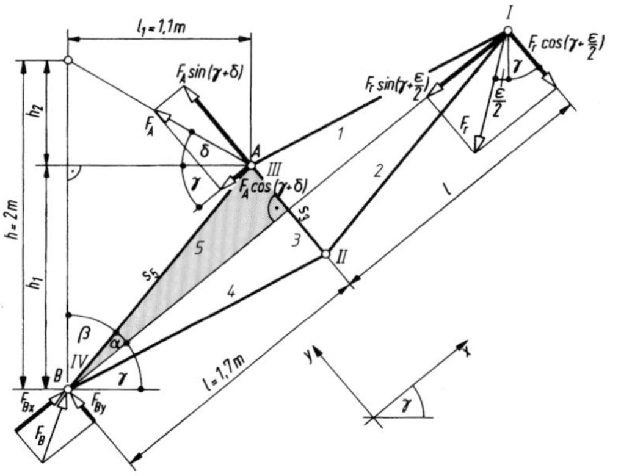

Die x-Achse für die Berechnung der Stützkräfte wird um den Winkel γ in die Längsachse des Auslegers gedreht.

Berechnung des Winkels γ

$$s_5 = \sqrt{l^2 + \left(\frac{s_3}{2}\right)^2} = \sqrt{(1{,}7\text{ m})^2 + (0{,}35\text{ m})^2} = 1{,}736\text{ m}$$

$$\alpha = \arctan\frac{s_3}{2l} = \arctan\frac{0{,}7\text{ m}}{2\cdot 1{,}7\text{ m}} = 11{,}634°$$

(siehe dunkles Dreieck)

$$\beta = \arcsin\frac{l_1}{s_5} = \arcsin\frac{1{,}1\text{ m}}{1{,}736\text{ m}} = 39{,}319°$$

$$\gamma = 90° - (\alpha + \beta) = 39{,}047°$$

$$h_1 = \frac{l_1}{\tan\beta} = \frac{1{,}1\text{ m}}{\tan 39{,}319°} = 1{,}343\text{ m}$$

$$h_2 = h - h_1 = 0{,}657\text{ m}$$

$$\delta = \arctan\frac{h_2}{l_1} = \arctan\frac{0{,}657\text{ m}}{1{,}1\text{ m}} = 30{,}849°$$

$$\gamma + \delta = 39{,}047° + 30{,}849° = 69{,}90°$$

Berechnung der Stützkräfte

$$\text{I. } \Sigma F_x = 0 = F_{Bx} - F_A\,\cos(\gamma+\delta) - F_r\,\sin\left(\gamma + \frac{\varepsilon}{2}\right)$$

$$\text{II. } \Sigma F_y = 0 = F_{By} + F_A\,\sin(\gamma+\delta) - F_r\,\cos\left(\gamma + \frac{\varepsilon}{2}\right)$$

$$\text{III. } \Sigma M_{(B)} = 0 = F_A\,\sin(\gamma+\delta)\,l + F_A\,\cos(\gamma+\delta)\frac{s_3}{2} - F_r\,\cos\left(\gamma + \frac{\varepsilon}{2}\right)\cdot 2l$$

aus III. $F_A = \dfrac{F_r \cos\left(\gamma + \dfrac{\varepsilon}{2}\right) 2l}{l \sin(\gamma+\delta) + \dfrac{s_3}{2}\cos(\gamma+\delta)}$

$$F_A = \frac{28{,}978 \text{ kN} \cdot \cos 54{,}047° \cdot 3{,}4 \text{ m}}{1{,}7 \text{ m} \cdot \sin 69{,}90° + 0{,}35 \text{ m} \cdot \cos 69{,}90°}$$

$$F_A = 33{,}7 \text{ kN}$$

aus I. $F_{Bx} = F_A \cos(\gamma+\delta) + F_r \sin\left(\gamma + \dfrac{\varepsilon}{2}\right)$

$$F_{Bx} = 33{,}7 \text{kN} \cdot \cos 69{,}90° + 28{,}978 \text{kN} \cdot \sin 54{,}047°$$

$$F_{Bx} = 35{,}039 \text{kN}$$

aus II. $F_{By} = F_r \cos\left(\gamma + \dfrac{\varepsilon}{2}\right) - F_A \sin(\gamma+\delta)$

$$F_{By} = 28{,}978 \text{kN} \cdot \cos 54{,}047° - 33{,}7 \text{kN} \cdot \sin 69{,}90°$$

$$F_{By} = -14{,}634 \text{kN}$$

(Minus bedeutet: F_{By} wirkt entgegen dem angenommenen Richtungssinn nach rechts unten.)

$$F_B = \sqrt{F_{Bx}^2 + F_{By}^2} = \sqrt{(35{,}039 \text{ kN})^2 + (14{,}634 \text{ kN})^2}$$

$$F_B = 37{,}972 \text{ kN}$$

Berechnung der Stabwinkel siehe unter Berechnung der Stützkräfte

$\alpha = 11{,}634°$

$\beta = 39{,}319°$

$\gamma = 39{,}047°$

$\delta = 30{,}849°$

$\gamma_1 = (\gamma - \alpha) = 27{,}413°$

$\gamma_2 = (90° - \gamma) = 50{,}953°$

$\beta_1 = (90° - \beta) = 50{,}681°$

Knoten I

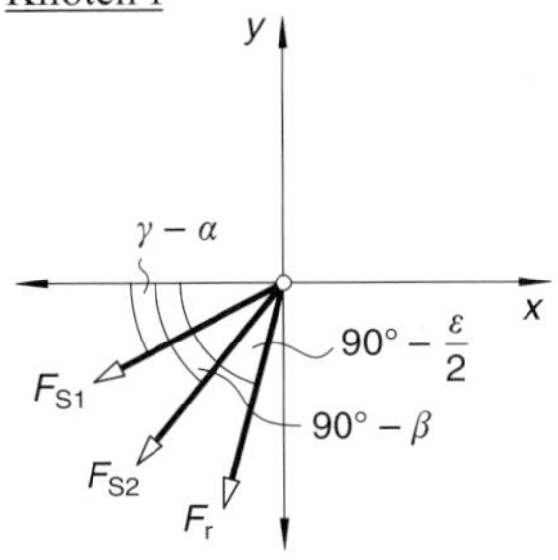

I. $\Sigma F_x = 0 = -F_r \cdot \cos\left(90° - \dfrac{\varepsilon}{2}\right) - F_{S2} \cdot \cos(90° - \beta) - F_{S1} \cdot \cos(\gamma - \alpha)$

II. $\Sigma F_y = 0 = -F_r \cdot \sin\left(90° - \dfrac{\varepsilon}{2}\right) - F_{S2} \cdot \sin(90° - \beta) - F_{S1} \cdot \sin(\gamma - \alpha)$

aus I.

$$F_{S1} = \frac{-F_r \cdot \cos\left(90° - \dfrac{\varepsilon}{2}\right) - F_{S2} \cdot \cos(90° - \beta)}{\cos(\gamma - \alpha)}$$

aus II.

$$F_{S1} = \frac{-F_r \cdot \sin\left(90° - \dfrac{\varepsilon}{2}\right) - F_{S2} \cdot \sin(90° - \beta)}{\sin(\gamma - \alpha)}$$

I. und II.

$$F_{S2} = \frac{-F_r \cdot \sin\left[\left(90° - \dfrac{\varepsilon}{2}\right) - (\gamma - \alpha)\right]}{\sin\left[(90° - \beta) - (\gamma - \alpha)\right]}$$

$$F_{S2} = \frac{-28{,}978 \text{ kN} \cdot \sin(75° - 27{,}413°)}{\sin(50{,}681° - 27{,}413°)}$$

$F_{S2} = -54{,}159$ kN (Druckstab)

mit I.

$$F_{S1} = \frac{-28{,}978 \text{ kN} \cdot \cos 75° - (-54{,}159 \text{ kN}) \cdot \cos 50{,}681°}{\cos 27{,}413°}$$

$F_{S1} = 30{,}209$ kN (Zugstab)

Knoten II

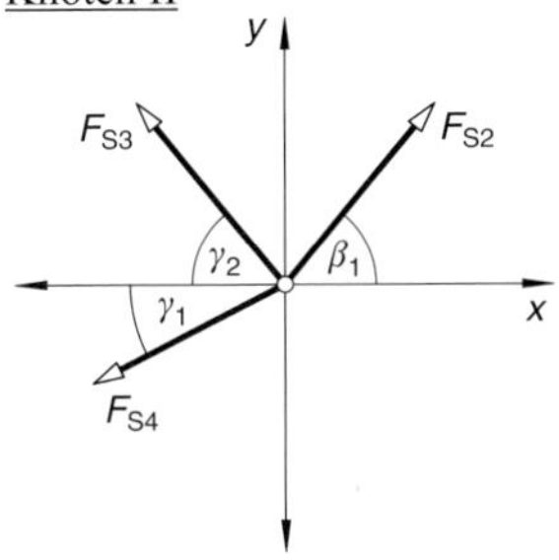

I. $\Sigma F_x = 0 = -F_{S3} \cos\gamma_2 - F_{S4} \cos\gamma_1 + F_{S2} \cos\beta_1$

II. $\Sigma F_y = 0 = F_{S3} \sin\gamma_2 - F_{S4} \sin\gamma_1 + F_{S2} \sin\beta_1$

aus I.

$$F_{S3} = \frac{-F_{S4} \cos\gamma_1 + F_{S2} \cdot \cos\beta_1}{\cos\gamma_2}$$

aus II.

$$F_{S3} = \frac{F_{S4} \sin\gamma_1 - F_{S2} \sin\beta_1}{\sin\gamma_2}$$

I. und II.

$$F_{S4} \sin\gamma_1 \cos\gamma_2 - F_{S2} \sin\beta_1 \cos\gamma_2 = -F_{S4} \cos\gamma_1 \sin\gamma_2 + F_{S2} \cos\beta_1 \sin\gamma_2$$

$$F_{S4} \sin\gamma_1 \cos\gamma_2 + F_{S4} \cos\gamma_1 \sin\gamma_2 = F_{S2} \cos\beta_1 \sin\gamma_2 + F_{S2} \sin\beta_1 \cos\gamma_2$$

$$F_{S4} = \frac{F_{S2}\left[\sin(\beta_1+\gamma_2)\right]}{\sin(\gamma_1+\gamma_2)} = \frac{-54{,}159\ \text{kN}\cdot\sin 101{,}634°}{\sin 78{,}366°}$$

$F_{S4} = -54{,}159$ kN (Druckstab)

mit II.

$$F_{S3} = \frac{-54{,}159\ \text{kN}\cdot\sin 27{,}413° + 54{,}159\ \text{kN}\cdot\sin 50{,}681°}{\sin 50{,}953°}$$

$F_{S3} = 21{,}843$ kN (Zugstab)

Knoten III

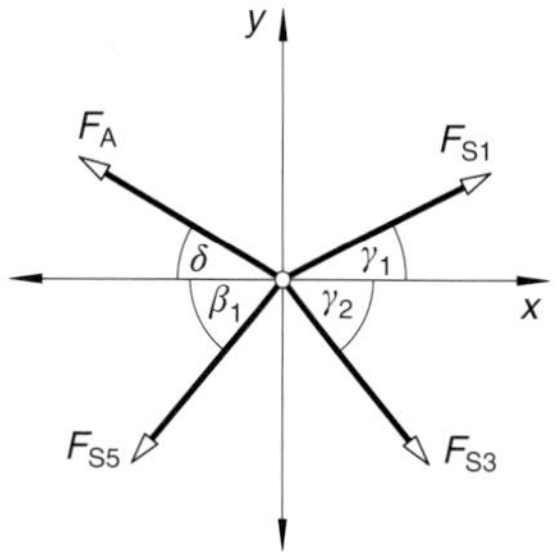

$$\text{I. } \Sigma F_x = 0 = F_{S1}\cos\gamma_1 - F_{S5}\cdot\cos\beta_1 + + F_{S3}\cos\gamma_2 - F_A\cos\delta$$

$$\text{II. } \Sigma F_y = 0 = F_{S1}\sin\gamma_1 - F_{S5}\sin\beta_1 - - F_{S3}\sin\gamma_2 + F_A\sin\delta$$

aus I.

$$F_{S5} = \frac{F_{S1}\cos\gamma_1 + F_{S3}\cos\gamma_2 - F_A\cos\delta}{\cos\beta_1}$$

$$F_{S5} = \frac{30{,}209\,\text{kN}\cdot\cos 27{,}413° + 21{,}843\,\text{kN}\cdot\cos 50{,}953°}{\cos 50{,}681°} - \frac{33{,}695\,\text{kN}\cdot\cos 30{,}849°}{\cos 50{,}681°}$$

$F_{S5} = 18{,}385$ kN (Zugstab)

Kräftetabelle (Kräfte in kN)

Stab	Zug	Druck
1	30,209	–
2	–	54,159
3	21,843	–
4	–	54,159
5	18,385	–

b) Nachprüfung der Stäbe 2,3,5 nach Ritter

Lageskizze 3

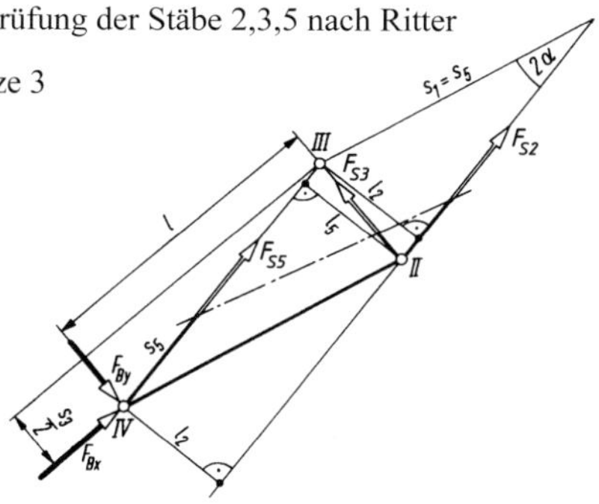

$$\Sigma M_{(III)} = 0 = F_{S2}\,l_2 + F_{By}\,l + F_{Bx}\,\frac{s_3}{2}$$

$$F_{S2} = \frac{-F_{By}\,l - F_{Bx}\,\frac{s_3}{2}}{l_2}$$

Berechnung von l_2:

$l_2 = s_1 \sin 2\alpha = 1{,}736\ \text{m}\cdot\sin 23{,}27° = 0{,}6856$ m

$$F_{S2} = \frac{-14{,}63\ \text{kN}\cdot 1{,}7\ \text{m} - 35{,}04\ \text{kN}\cdot 0{,}35\ \text{m}}{0{,}6856\ \text{m}}$$

$F_{S2} = -54{,}16$ kN (Druckstab)

$$\Sigma M_{(II)} = 0 = -F_{S5}\,l_5 + F_{By}\,l - F_{Bx}\,\frac{s_3}{2}$$

$$F_{S5} = \frac{F_{By}\,l - F_{Bx}\,\frac{s_3}{2}}{l_5}$$

$$F_{S5} = \frac{14{,}63\ \text{kN}\cdot 1{,}7\ \text{m} - 35{,}04\ \text{kN}\cdot 0{,}35\ \text{m}}{0{,}6856\ \text{m}}$$

$F_{S5} = +18{,}39$ kN (Zugstab)

(*Hinweis:* Wegen Kongruenz ist $l_5 = l_2$)

$$\Sigma M_{(IV)} = 0 = F_{S3}\,l + F_{S2}\,l_2$$

$$F_{S3} = \frac{-F_{S2}\,l_2}{l} = \frac{-(-54{,}16\ \text{kN}\cdot 0{,}6856\ \text{m})}{1{,}7\ \text{m}}$$

$F_{S3} = +21{,}84$ kN (Zugstab)

173.

a) Stabkräfte nach dem Knotenschnittverfahren
Berechnung der Stützkräfte

Lageskizze

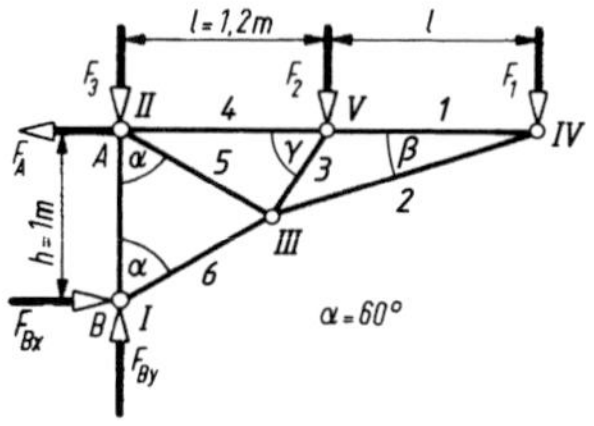

I. $\Sigma F_x = 0 = F_{Bx} - F_A$

II. $\Sigma F_y = 0 = F_{By} - F_1 - F_2 - F_3$

III. $\Sigma M_{(B)} = 0 = F_A h - F_2 l - F_1 \cdot 2l$

aus III. $F_A = \dfrac{(F_2 + 2F_1)\, l}{h} = \dfrac{(10\text{ kN} + 2 \cdot 5\text{ kN}) \cdot 1{,}2\text{ m}}{1\text{ m}}$

$F_A = 24\text{ kN}$

aus I. $F_{Bx} = F_A = 24\text{ kN}$

aus II. $F_{By} = F_1 + F_2 + F_3 = 5\text{ kN} + 10\text{ kN} + 5\text{ kN} = 20\text{ kN}$

$F_B = \sqrt{F_{Bx}^2 + F_{By}^2} = \sqrt{(24\text{ kN})^2 + (20\text{ kN})^2}$

$F_B = 31{,}24\text{ kN}$

Berechnung der Stabwinkel siehe b)

Nachprüfung der Stäbe nach Ritter

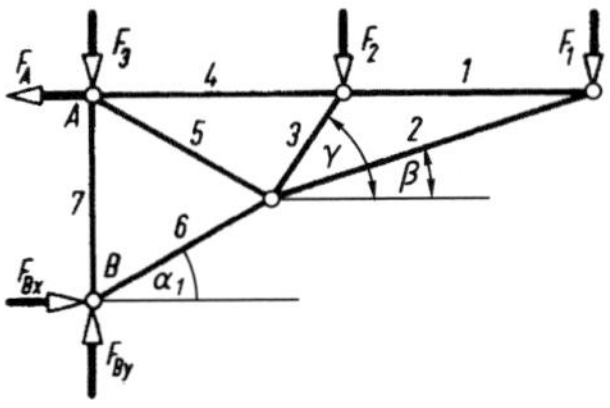

$\alpha = 60°$

$\alpha_1 = (90° - \alpha) = 30°$

$\beta = 18{,}053°$

$\gamma = 56{,}257°$

Knoten I

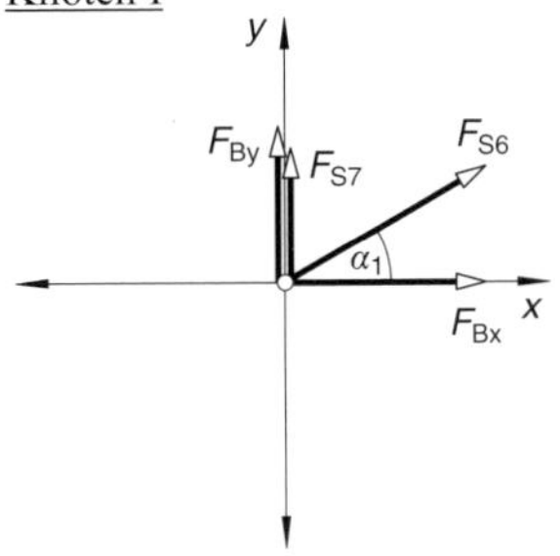

I. $\Sigma F_x = 0 = F_{Bx} + F_{S6} \cos\alpha_1$

II. $\Sigma F_y = 0 = F_{By} + F_{S7} + F_{S6} \sin\alpha_1$

aus I.

$F_{S6} = \dfrac{-F_{Bx}}{\cos\alpha_1} = \dfrac{-24\text{ kN}}{\cos 30°} = -27{,}713\text{ kN}$ (Druckstab)

aus II.

$F_{S7} = -F_{By} - F_{S6} \sin\alpha_1$

$F_{S7} = -20\text{ kN} - (-27{,}713\text{ kN}) \cdot \sin 30°$

$F_{S7} = -6{,}144\text{ kN}$ (Druckstab)

Knoten II

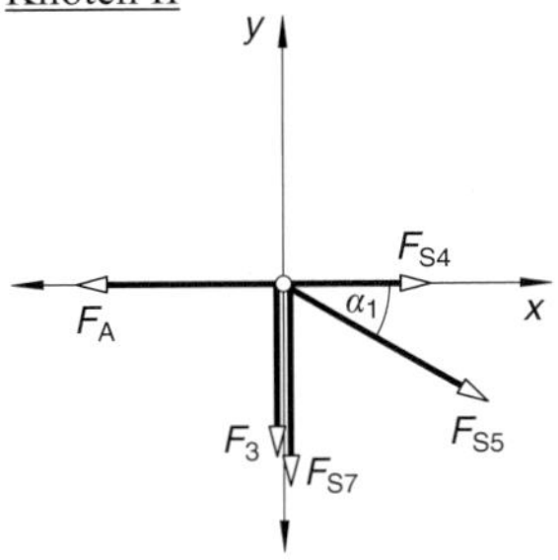

I. $\Sigma F_x = 0 = -F_A + F_{S4} + F_{S5} \cos\alpha_1$

II. $\Sigma F_y = 0 = -F_3 - F_{S7} - F_{S5} \sin\alpha_1$

aus II.

$F_{S5} = \dfrac{-F_3 - F_{S7}}{\sin\alpha_1} = \dfrac{-5\text{ kN} - (-6{,}144\text{ kN})}{\sin 30°}$

$F_{S5} = 2{,}288\text{ kN}$ (Zugstab)

aus I.

$F_{S4} = F_A - F_{S5} \cos\alpha_1 = 24\text{ kN} - 2{,}288\text{ kN} \cdot \cos 30°$

$F_{S4} = 22{,}019\text{ kN}$ (Zugstab)

Knoten III

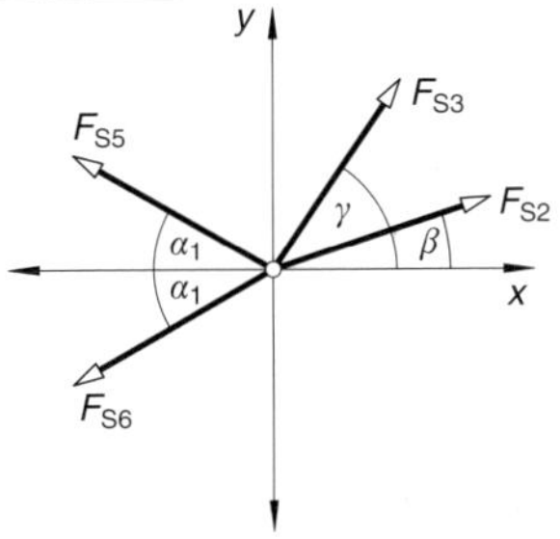

I. $\Sigma F_x = 0 = -F_{S5} \cos\alpha_1 - F_{S6} \cos\alpha_1 + F_{S3} \cos\gamma +$
$+ F_{S2} \cos\beta$

II. $\Sigma F_y = 0 = F_{S5} \sin\alpha_1 - F_{S6} \sin\alpha_1 + F_{S3} \sin\gamma +$
$+ F_{S2} \sin\beta$

aus I.

$F_{S2} = \dfrac{F_{S5} \cos\alpha_1 + F_{S6} \cos\alpha_1 - F_{S3} \cos\gamma}{\cos\beta}$

aus II.

$F_{S2} = \dfrac{-F_{S5} \sin\alpha_1 + F_{S6} \sin\alpha_1 - F_{S3} \sin\gamma}{\sin\beta}$

I. und II.

$$F_{S5}\cos\alpha_1\sin\beta + F_{S6}\cos\alpha_1\sin\beta - F_{S3}\cos\gamma\sin\beta =$$
$$= -F_{S5}\sin\alpha_1\cos\beta + F_{S6}\sin\alpha_1\cos\beta - F_{S3}\sin\gamma\cos\beta$$

$$F_{S3}\sin\gamma\cos\beta - F_{S3}\cos\gamma\sin\beta = F_{S6}\sin(\alpha_1-\beta) -$$
$$- F_{S5}\sin(\alpha_1+\beta)$$

$$F_{S3} = \frac{F_{S6}\sin(\alpha_1-\beta) - F_{S5}\sin(\alpha_1+\beta)}{\sin(\gamma-\beta)}$$

$$F_{S3} = \frac{-27{,}713\,\text{kN}\cdot\sin(30°-18{,}053°)}{\sin(56{,}257°-18{,}053°)} -$$
$$- \frac{2{,}288\,\text{kN}\cdot\sin(30°+18{,}053°)}{\sin(56{,}257°-18{,}053°)}$$

$F_{S3} = -12{,}027\,\text{kN}$ (Druckstab)

mit I.

$$F_{S2} = \frac{-2{,}288\text{ kN}\cdot\cos 30° + (-27{,}713\text{ kN})\cdot\cos 30°}{\cos 18{,}053°} -$$
$$- \frac{(-12{,}027\text{ kN})\cdot\cos 56{,}257°}{\cos 18{,}053°}$$

$F_{S2} = -16{,}132$ kN (Druckstab)

Knoten IV

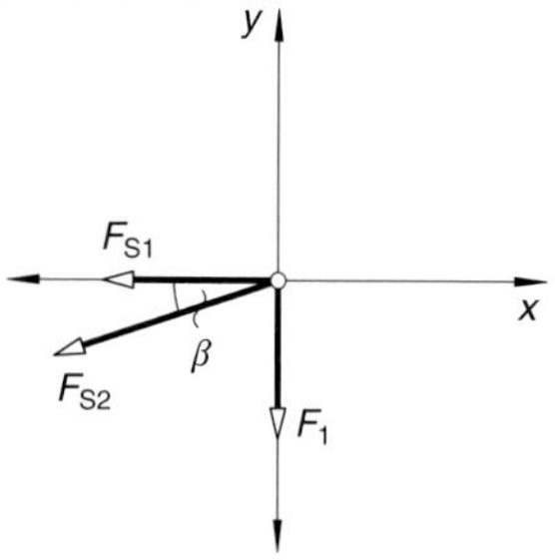

I. $\Sigma F_x = 0 = -F_{S1} - F_{S2}\cos\beta$

II. $\Sigma F_y = 0 = -F_1 - F_{S2}\sin\beta$

aus I.

I. $F_{S1} = -F_{S2}\cos\beta = 15{,}339$ kN (Zugstab)

Kräftetabelle (Kräfte in kN)

Stab	Zug	Druck
1	15,339	–
2	–	16,132
3	–	12,027
4	22,019	–
5	2,288	–
6	–	27,713
7	–	6,144

b) Nachprüfung der Stäbe 2, 3, 4 nach Ritter

Lageskizze

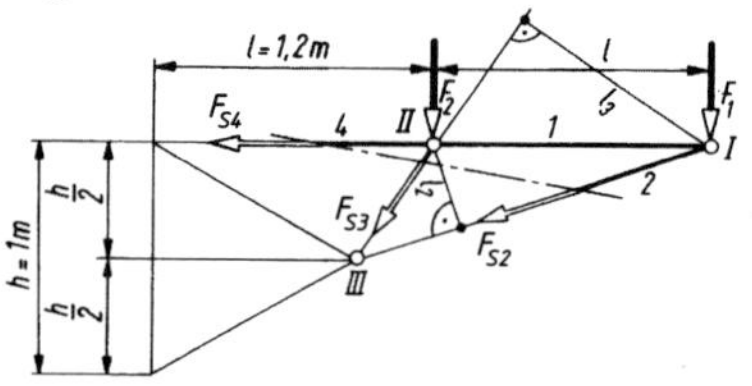

$$\Sigma M_{(II)} = 0 = -F_1\,l - F_{S2}\,l_2$$

$$F_{S2} = \frac{-F_1\,l}{l_2}$$

Berechnung von l_2:

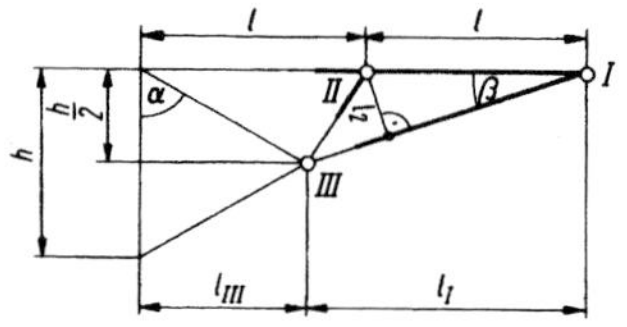

$$l_{III} = \frac{h}{2}\tan\alpha = 0{,}5\text{ m}\cdot\tan 60° = 0{,}866\text{ m}$$

$$l_I = 2l - l_{III} = 2{,}4\text{ m} - 0{,}866\text{ m} = 1{,}534\text{ m}$$

$$\beta = \arctan\frac{\frac{h}{2}}{l_I} = \arctan\frac{0{,}5\text{ m}}{1{,}534\text{ m}} = 18{,}053°$$

$$l_2 = l\sin\beta = 1{,}2\text{ m}\cdot\sin 18{,}053° = 0{,}372\text{ m}$$

$$F_{S2} = \frac{-5\text{ kN}\cdot 1{,}2\text{ m}}{0{,}372\text{ m}} = -16{,}13\text{ kN (Druckstab)}$$

$$\Sigma M_{(I)} = 0 = F_2\,l + F_{S3}\,l_3$$

$$F_{S3} = \frac{-F_2\,l}{l_3}$$

Berechnung von l_3:

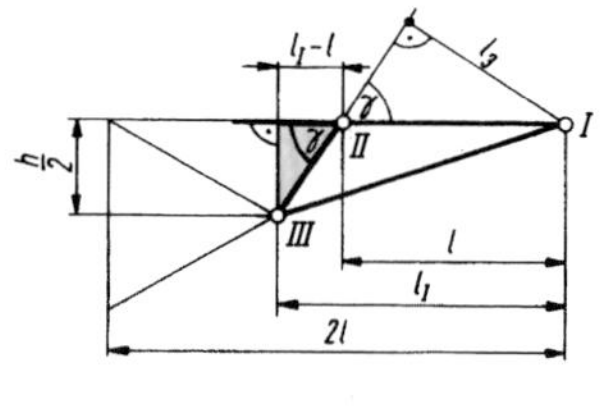

$$\gamma = \arctan\frac{\frac{h}{2}}{l_I - l} = \arctan\frac{0{,}5\text{ m}}{1{,}534\text{ m} - 1{,}2\text{ m}}$$

$$\gamma = 56{,}257°$$

$$l_3 = l\sin\gamma = 1{,}2\text{ m}\cdot\sin 56{,}257° = 0{,}998\text{ m}$$

$$F_{S3} = \frac{-10\text{ kN}\cdot 1{,}2\text{ m}}{0{,}998\text{ m}} = -12{,}03\text{ kN (Druckstab)}$$

$$\Sigma M_{(\mathrm{III})} = 0 = -F_1\, l_\mathrm{I} - F_2 (l_\mathrm{I} - l) + F_{\mathrm{S4}} \frac{h}{2}$$

$$F_{\mathrm{S4}} = \frac{F_1\, l_\mathrm{I} + F_2 (l_\mathrm{I} - l)}{\frac{h}{2}} = \frac{5\,\mathrm{kN}\cdot 1{,}534\,\mathrm{m} + 10\,\mathrm{kN}\cdot 0{,}334\,\mathrm{m}}{0{,}5\,\mathrm{m}}$$

$$F_{\mathrm{S4}} = +22{,}02\,\mathrm{kN}\ \text{(Zugstab)}$$

174.

a) Stabkräfte nach dem Knotenschnittverfahren

Berechnung der Stützkräfte einschließlich des Winkels α_A zur Waagerechten

Lageskizze

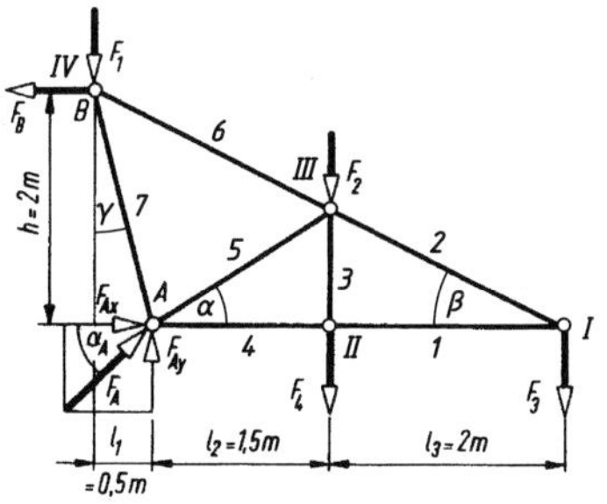

I. $\Sigma F_\mathrm{x} = 0 = F_{\mathrm{Ax}} - F_\mathrm{B}$

II. $\Sigma F_\mathrm{y} = 0 = F_{\mathrm{Ay}} - F_1 - F_2 - F_3 - F_4$

III. $\Sigma M_{(\mathrm{A})} = 0 = F_\mathrm{B}\, h + F_1\, l_1 - F_2\, l_2 - F_4\, l_2 - F_3\,(l_2 + l_3)$

aus III.

$$F_\mathrm{B} = \frac{(F_2 + F_4)\, l_2 + F_3 (l_2 + l_3) - F_1\, l_1}{h}$$

$$F_\mathrm{B} = \frac{17\ \mathrm{kN}\cdot 1{,}5\ \mathrm{m} + 17\ \mathrm{kN}\cdot(1{,}5\ \mathrm{m} + 2\ \mathrm{m}) - 6\ \mathrm{kN}\cdot 0{,}5\ \mathrm{m}}{2\ \mathrm{m}}$$

$$F_\mathrm{B} = 41\ \mathrm{kN}$$

aus I.

$$F_{\mathrm{Ax}} = F_\mathrm{B} = 41\ \mathrm{kN}$$

aus II.

$$F_{\mathrm{Ay}} = F_1 + F_2 + F_3 + F_4 = 6\ \mathrm{kN} + 12\ \mathrm{kN} + 17\ \mathrm{kN} + 5\ \mathrm{kN}$$

$$F_{\mathrm{Ay}} = 40\ \mathrm{kN}$$

$$F_\mathrm{A} = \sqrt{F_{\mathrm{Ax}}^2 + F_{\mathrm{Ay}}^2} = \sqrt{(41\ \mathrm{kN})^2 + (40\ \mathrm{kN})^2} = 57{,}28\ \mathrm{kN}$$

$$\alpha_\mathrm{A} = \arctan \frac{F_{\mathrm{Ay}}}{F_{\mathrm{Ax}}} = \arctan \frac{40\ \mathrm{kN}}{41\ \mathrm{kN}} = 44{,}29^\circ$$

Berechnung der Stabwinkel:

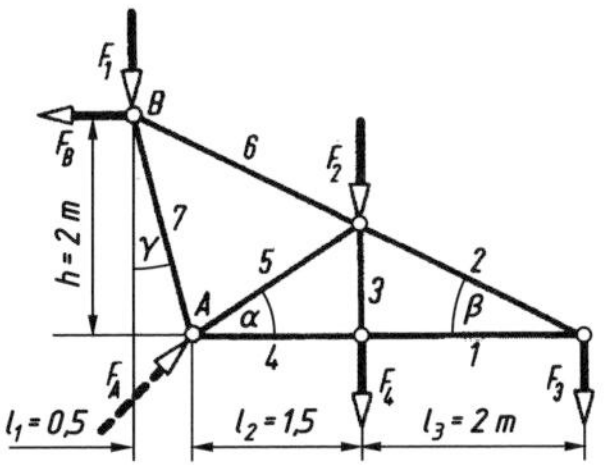

$$\alpha = \arctan \frac{\frac{h}{2}}{l_2} = \arctan \frac{1\ \mathrm{m}}{1{,}5\ \mathrm{m}} = 33{,}69^\circ$$

$$\beta = \arctan \frac{\frac{h}{2}}{l_3} = \arctan \frac{1\ \mathrm{m}}{2\ \mathrm{m}} = 26{,}565^\circ$$

$$\gamma = \arctan \frac{l_1}{h} = \arctan \frac{0{,}5\ \mathrm{m}}{2\ \mathrm{m}} = 14{,}036^\circ$$

<u>Knoten I</u>

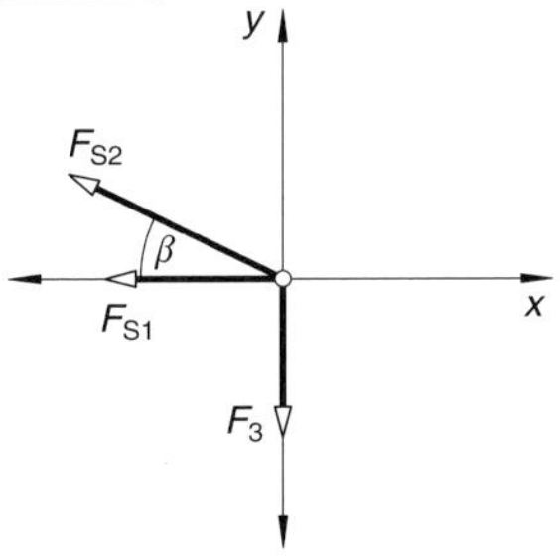

I. $\Sigma F_\mathrm{x} = 0 = -F_{\mathrm{S2}} \cdot \cos\beta - F_{\mathrm{S1}}$

II. $\Sigma F_\mathrm{y} = 0 = F_{\mathrm{S2}} \cdot \sin\beta - F_3$

aus II.

$$F_{\mathrm{S2}} = \frac{F_3}{\sin\beta} = \frac{17\ \mathrm{kN}}{\sin 26{,}565^\circ} = 38{,}013\ \mathrm{kN}\ \text{(Zugstab)}$$

aus I.

$$F_{\mathrm{S1}} = -F_{\mathrm{S2}} \cdot \cos\beta = -38{,}013\ \mathrm{kN} \cdot \cos 26{,}565^\circ$$

$$F_{\mathrm{S1}} = -34\ \mathrm{kN}\ \ \text{(Druckstab)}$$

<u>Knoten II</u>

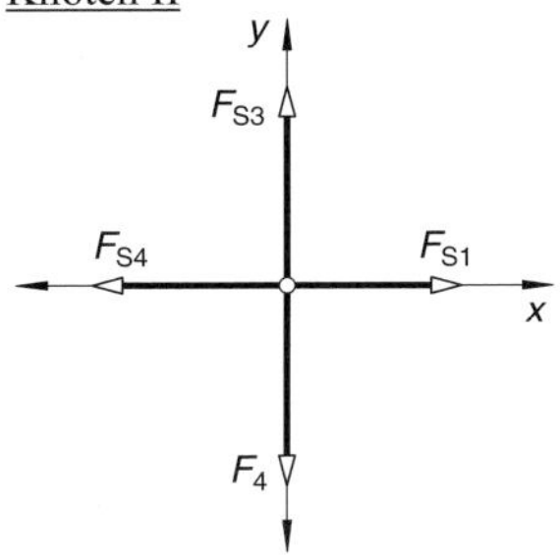

$$\text{I. } \Sigma F_x = 0 = -F_{S4} + F_{S1}$$
$$\text{II. } \Sigma F_y = 0 = F_{S3} - F_4$$

aus II.

$F_{S3} = F_4 = 5\text{ kN}$ (Zugstab)

aus I.

$F_{S4} = F_{S1} = -34\text{ kN}$ (Druckstab)

Knoten III

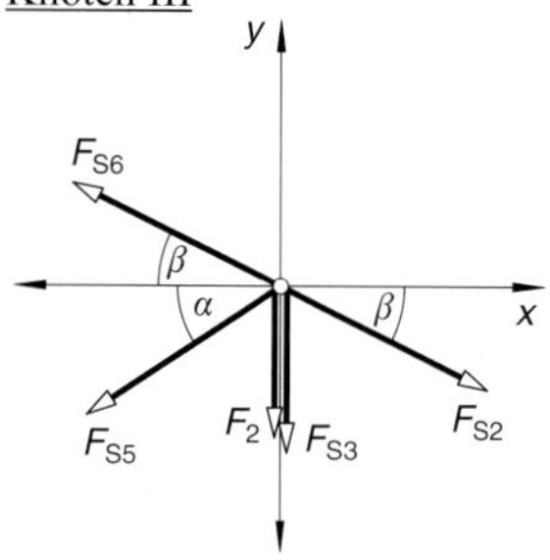

$$\text{I. } \Sigma F_x = 0 = -F_{S6} \cdot \cos\beta - F_{S5} \cdot \cos\alpha + F_{S2} \cdot \cos\beta$$
$$\text{II. } \Sigma F_y = 0 = -F_2 + F_{S6} \cdot \sin\beta - F_{S5} \cdot \sin\alpha - F_{S3} - F_{S2} \cdot \sin\beta$$

aus I.

$$F_{S6} = \frac{-F_{S5} \cdot \cos\alpha + F_{S2} \cdot \cos\beta}{\cos\beta}$$

aus II.

$$F_{S6} = \frac{F_2 + F_{S5} \cdot \sin\alpha + F_{S3} + F_{S2} \cdot \sin\beta}{\sin\beta}$$

I. und II.

$$F_{S5} = \frac{-F_{S3} \cdot \cos\beta - F_2 \cdot \cos\beta}{\sin(\alpha + \beta)}$$

$$F_{S5} = \frac{-5\text{kN} \cdot \cos 26{,}565° - 12\text{ kN} \cdot \cos 26{,}565°}{\sin(33{,}69° + 26{,}565°)}$$

$F_{S5} = -17{,}513\text{ kN}$ (Druckstab)

mit I.

$$F_{S6} = \frac{-F_{S5} \cdot \cos\alpha + F_{S2} \cdot \cos\beta}{\cos\beta}$$

$$F_{S6} = \frac{-(-17{,}513\text{kN}) \cdot \cos 33{,}69° + 38{,}013\text{kN} \cdot \cos 26{,}565°}{\cos 26{,}565°}$$

$F_{S6} = 54{,}305\text{kN}$ (Zugstab)

Knoten IV

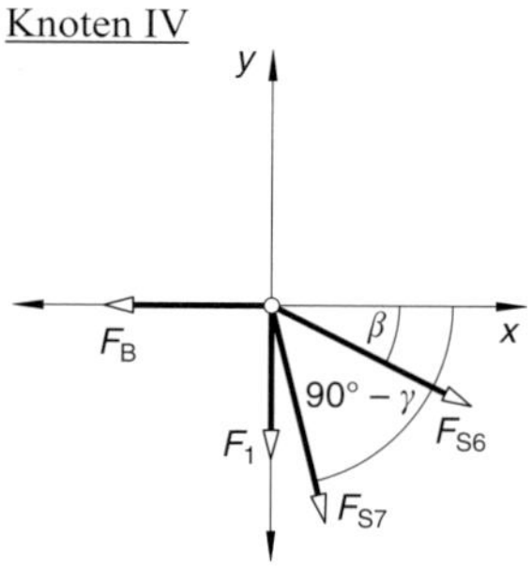

$$\text{I. } \Sigma F_x = 0 = -F_B + F_{S7} \cdot \cos(90° - \gamma) + F_{S6} \cdot \cos\beta$$
$$\text{II. } \Sigma F_y = 0 = -F_1 - F_{S7} \cdot \sin(90° - \gamma) - F_{S6} \cdot \sin\beta$$

aus I.

$$F_{S7} = \frac{F_B - F_{S6} \cdot \cos\beta}{\cos(90° - \gamma)}$$

$$F_{S7} = \frac{41\text{ kN} - 54{,}305\text{ kN} \cdot \cos 26{,}565°}{\cos(90° - 14{,}036°)}$$

$F_{S7} = -31{,}22\text{ kN}$ (Druckstab)

Kräftetabelle (Kräfte in kN)

Stab	Zug	Druck
1	–	34
2	38,013	–
3	5	–
4	–	34
5	–	17,513
6	54,305	–
7	–	31,22

b) Nachprüfung der Stäbe 4, 5, 6 nach Ritter

Lageskizze

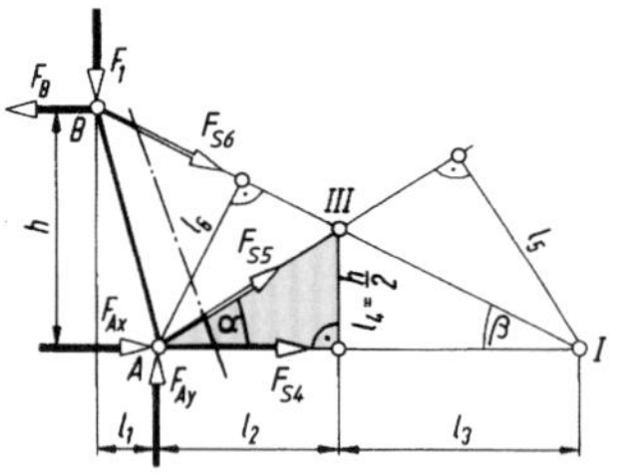

$$\Sigma M_{(\text{III})} = 0 = F_{S4}\frac{h}{2} + F_{Ax}\frac{h}{2} - F_{Ay}\, l_2 + F_B\frac{h}{2} + F_1(l_1 + l_2)$$

$$F_{S4} = \frac{F_{Ay}\, l_2 - (F_{Ax} + F_B)\dfrac{h}{2} - F_1(l_1 + l_2)}{\dfrac{h}{2}}$$

$$F_{S4} = \frac{40\text{ kN} \cdot 1{,}5\text{ m} - 82\text{ kN} \cdot 1\text{ m} - 6\text{ kN} \cdot 2\text{ m}}{1\text{ m}}$$

$F_{S4} = -34\text{ kN}$ (Druckstab)

$$\Sigma M_{(\mathrm{I})} = 0 = -F_{S5} l_5 - F_{Ay}(l_2 + l_3) + F_B h + F_1(l_1 + l_2 + l_3)$$

$$F_{S5} = \frac{F_B h + F_1(l_1 + l_2 + l_3) - F_{Ay}(l_2 + l_3)}{l_5}$$

Berechnung von l_5:

$$\alpha = \arctan \frac{\frac{h}{2}}{l_2} = \arctan \frac{1\ \mathrm{m}}{1{,}5\ \mathrm{m}} = 33{,}69^\circ$$

(siehe Lageskizze, dunkles Dreieck)

$$l_5 = (l_2 + l_3)\sin\alpha = 3{,}5\ \mathrm{m} \cdot \sin 33{,}69^\circ = 1{,}941\ \mathrm{m}$$

$$F_{S5} = \frac{41\,\mathrm{kN} \cdot 2\,\mathrm{m} + 6\,\mathrm{kN} \cdot 4\,\mathrm{m} - 40\,\mathrm{kN} \cdot 3{,}5\,\mathrm{m}}{1{,}941\ \mathrm{m}}$$

$F_{S5} = -17{,}51\,\mathrm{kN}$ (Druckstab)

$$\Sigma M_{(\mathrm{A})} = 0 = -F_{S6} l_6 + F_B h + F_1 l_1$$

$$F_{S6} = \frac{F_B h + F_1 l_1}{l_6}$$

Berechnung von l_6 (siehe Lageskizze)

$$\beta = \arctan \frac{h}{l_1 + l_2 + l_3} = \arctan \frac{2\ \mathrm{m}}{0{,}5\ \mathrm{m} + 1{,}5\ \mathrm{m} + 2\ \mathrm{m}}$$

$$\beta = 26{,}57^\circ$$

$$l_6 = (l_2 + l_3)\sin\beta = 3{,}5\ \mathrm{m} \cdot \sin 26{,}57^\circ = 1{,}565\ \mathrm{m}$$

$$F_{S6} = \frac{41\ \mathrm{kN} \cdot 2\ \mathrm{m} + 6\ \mathrm{kN} \cdot 0{,}5\ \mathrm{m}}{1{,}565\ \mathrm{m}} = +54{,}3\ \mathrm{kN}\ \text{(Zugstab)}$$

175.

Berechnung der Stützkräfte

Lageskizze

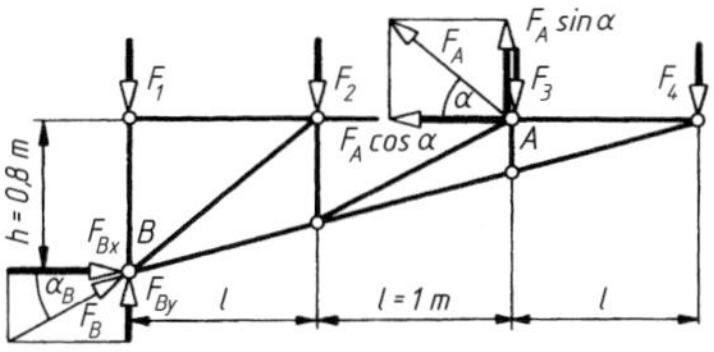

I. $\Sigma F_x = 0 = F_{Bx} - F_A \cos\alpha$

II. $\Sigma F_y = 0 = F_{By} + F_A \sin\alpha - F_1 - F_2 - F_3 - F_4$

III. $\Sigma M_{(\mathrm{B})} = 0 = -F_2 l - F_3 \cdot 2l - F_4 \cdot 3l + {}$
$+ F_A \cos\alpha \cdot h + F_A \sin\alpha \cdot 2l$

a) aus III.

$$F_A = \frac{(F_2 + 2F_3 + 3F_4)\, l}{h \cos\alpha + 2l \sin\alpha}$$

$$F_A = \frac{73\ \mathrm{kN} \cdot 1\ \mathrm{m}}{0{,}8\ \mathrm{m} \cdot \cos 40^\circ + 2\ \mathrm{m} \cdot \sin 40^\circ} = 38{,}453\ \mathrm{kN}$$

b) aus I.

$$F_{Bx} = F_A \cos\alpha = 38{,}453\ \mathrm{kN} \cdot \cos 40^\circ = 29{,}457\ \mathrm{kN}$$

aus II.

$$F_{By} = F_1 + F_2 + F_3 + F_4 - F_A \sin\alpha$$

$$F_{By} = 6\ \mathrm{kN} + 10\ \mathrm{kN} + 9\ \mathrm{kN} + 15\ \mathrm{kN} - 38{,}453\ \mathrm{kN} \cdot \sin 40^\circ$$

$$F_{By} = 15{,}283\ \mathrm{kN}$$

$$F_B = \sqrt{F_{Bx}^2 + F_{By}^2} = \sqrt{(29{,}457\ \mathrm{kN})^2 + (15{,}283\ \mathrm{kN})^2}$$

$$F_B = 33{,}186\ \mathrm{kN}$$

c) $\alpha_B = \arctan \dfrac{F_{By}}{F_{Bx}} = \arctan \dfrac{15{,}283\ \mathrm{kN}}{29{,}457\ \mathrm{kN}} = 27{,}421^\circ$

d) Stabkräfte nach dem Knotenschnittverfahren

Berechnung der Stabwinkel β und γ
siehe e) Nachprüfung der Stäbe nach Ritter

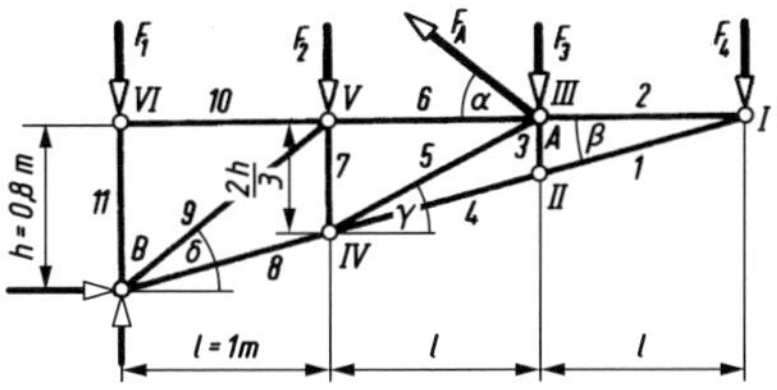

$$\beta = 14{,}931^\circ$$

$$\gamma = 28{,}072^\circ$$

$$\delta = \arctan \frac{h}{l} = \arctan \frac{0{,}8\ \mathrm{m}}{1\ \mathrm{m}} = 38{,}66^\circ$$

<u>Knoten I</u>

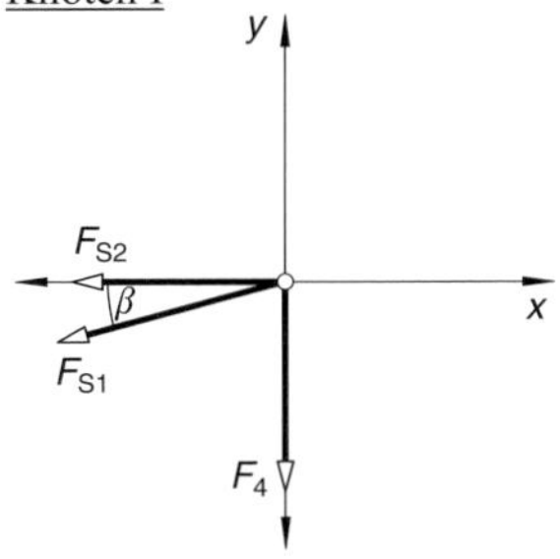

I. $\Sigma F_x = 0 = -F_{S2} - F_{S1} \cdot \cos\beta$

II. $\Sigma F_y = 0 = -F_4 - F_{S1} \cdot \sin\beta$

aus II.

$$F_{S1} = \frac{-F_4}{\sin\beta} = \frac{-15\ \mathrm{kN}}{\sin 14{,}931^\circ} = -58{,}217\ \mathrm{kN}\ \text{(Druckstab)}$$

aus I.

$$F_{S2} = -F_{S1} \cdot \cos\beta = -(-58{,}217\ \mathrm{kN}) \cdot \cos 14{,}931^\circ$$

$$F_{S2} = 56{,}251\ \mathrm{kN}\ \text{(Zugstab)}$$

Knoten II

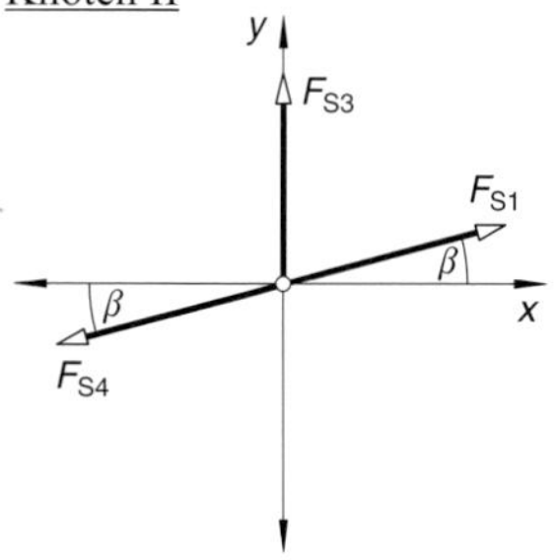

I. $\Sigma F_x = 0 = -F_{S4}\cos\beta + F_{S1}\cos\beta$

II. $\Sigma F_y = 0 = F_{S3} - F_{S4}\sin\beta + F_{S1}\sin\beta$

aus I.

$F_{S4} = F_{S1} = -58{,}217\,\text{kN}$ (Druckstab)

$F_{S3} = F_{S4}\sin\beta - F_{S1}\sin\beta$

$F_{S3} = -58{,}217\,\text{kN}\cdot\sin 14{,}931° - (-58{,}217\,\text{kN})\cdot\sin 14{,}913°$

$F_{S3} = 0\,\text{kN}$ (Nullstab)

Knoten III

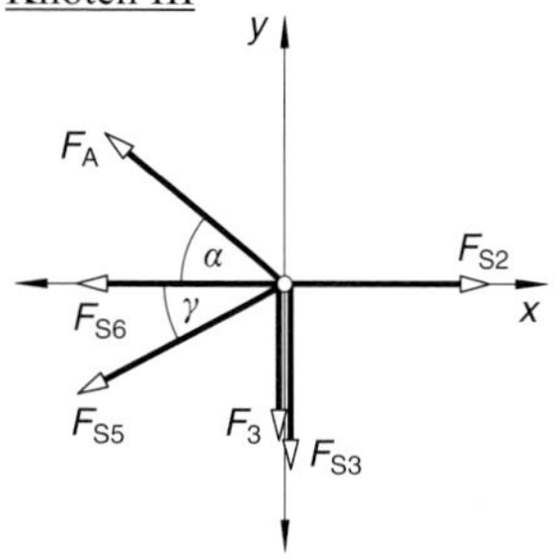

I. $\Sigma F_x = 0 = -F_{S6} - F_{S5}\cdot\cos\gamma + F_{S2} - F_A\cdot\cos\alpha$

II. $\Sigma F_y = 0 = -F_3 - F_{S5}\cdot\sin\gamma - F_{S3} + F_A\cdot\sin\alpha$

aus II.

$$F_{S5} = \frac{-F_3 - F_{S3} + F_A\cdot\sin\alpha}{\sin\gamma}$$

$$F_{S5} = \frac{-9\,\text{kN} - 0\,\text{kN} + 38{,}453\,\text{kN}\cdot\sin 40°}{\sin 28{,}072°}$$

$F_{S5} = 33{,}4\,\text{kN}$ (Zugstab)

aus I.

$F_{S6} = -F_{S5}\cdot\cos\gamma + F_{S2} - F_A\cdot\cos\alpha$

$F_{S6} = -33{,}4\,\text{kN}\cdot\cos 28{,}072° + 56{,}251\,\text{kN} -$

$- 38{,}453\,\text{kN}\cdot\cos 40°$

$F_{S6} = -2{,}676\,\text{kN}$ (Druckstab)

Knoten IV

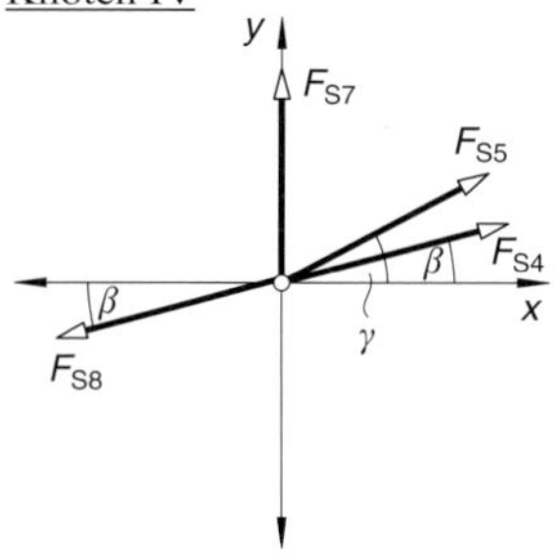

I. $\Sigma F_x = 0 = -F_{S8}\cos\beta + F_{S4}\cos\beta + F_{S5}\cos\gamma$

II. $\Sigma F_y = 0 = -F_{S8}\sin\beta + F_{S4}\sin\beta + F_{S5}\sin\gamma + F_{S7}$

aus I.

$$F_{S8} = \frac{F_{S4}\cos\beta + F_{S5}\cos\gamma}{\cos\beta}$$

$$F_{S8} = \frac{-58{,}217\,\text{kN}\cdot\cos 14{,}931° + 33{,}4\,\text{kN}\cdot\cos 28{,}072°}{\cos 14{,}931°}$$

$F_{S8} = -27{,}716\,\text{kN}$ (Druckstab)

aus II.

$F_{S7} = F_{S8}\sin\beta - F_{S4}\sin\beta - F_{S5}\sin\gamma$

$F_{S7} = -27{,}716\,\text{kN}\cdot\sin 14{,}931° -$

$-(-58{,}217\,\text{kN})\cdot\sin 14{,}931° -$

$-33{,}4\,\text{kN}\cdot\sin 28{,}072°$

$F_{S7} = -7{,}859\,\text{kN}$ (Druckstab)

Knoten V

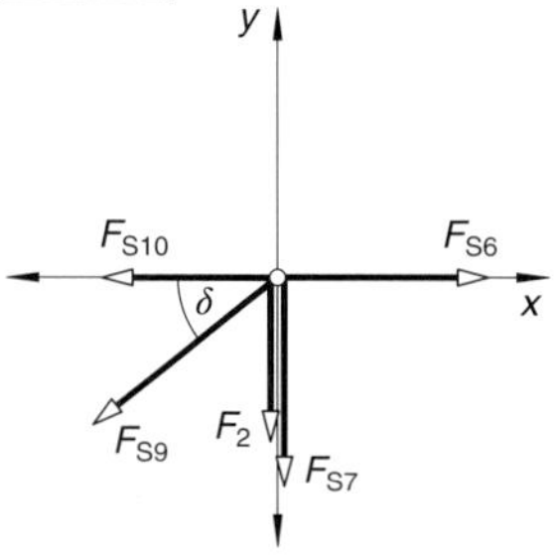

I. $\Sigma F_x = 0 = -F_{S10} - F_{S9}\cos\delta + F_{S6}$

II. $\Sigma F_y = 0 = -F_2 - F_{S9}\sin\delta - F_{S7}$

aus II.

$$F_{S9} = \frac{-F_2 - F_{S7}}{\sin\delta} = \frac{-10\,\text{kN} - (-7{,}859\,\text{kN})}{\sin 38{,}66°}$$

$F_{S9} = -3{,}427\,\text{kN}$ (Druckstab)

aus I.

$F_{S10} = -(-3{,}427\text{kN})\cdot\cos 38{,}66° + (-2{,}676\,\text{kN})$

$F_{S10} = 0\,\text{kN}$ (Nullstab)

Knoten VI

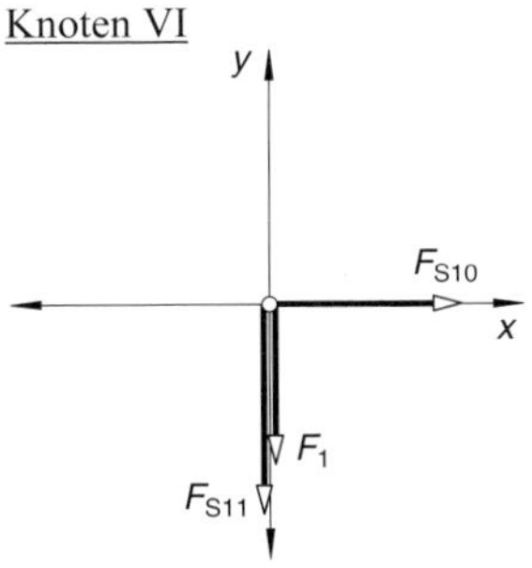

I. $\Sigma F_x = 0 = F_{S10}$
II. $\Sigma F_y = 0 = -F_{S11} - F_1$

aus II.
$F_{S11} = -F_1 = -6$ kN (Druckstab)

Kräftetabelle (Kräfte in kN)

Stab	Zug	Druck
1	–	58,217
2	56,251	–
3	–	–
4	–	58,217
5	33,4	–
6	–	2,676
7	–	7,859
8	–	27,716
9	–	3,427
10	–	–
11	–	6

e) Nachprüfung der Stäbe 4, 5, 6 nach Ritter

Lageskizze

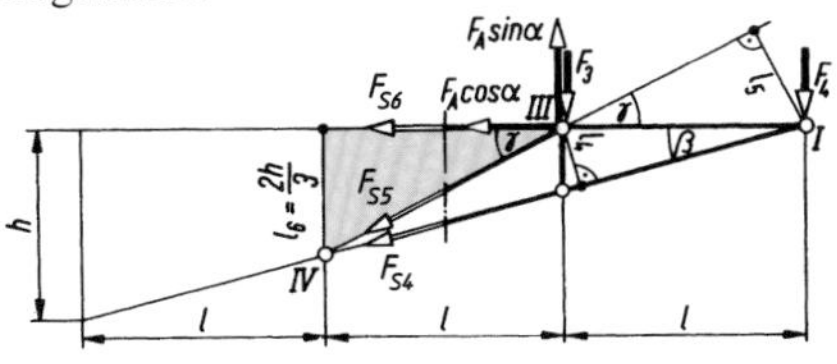

$\Sigma M_{(III)} = 0 = -F_{S4}\, l_4 - F_4\, l$

$$F_{S4} = \frac{-F_4\, l}{l_4}$$

Berechnung von l_4 (siehe Lageskizze):

$$\beta = \arctan\frac{h}{3l} = \arctan\frac{0{,}8 \text{ m}}{3 \text{ m}} = 14{,}931°$$

$$l_4 = l \sin\beta = 1 \text{ m} \cdot \sin 14{,}931° = 0{,}2578 \text{ m}$$

$$F_{S4} = \frac{-15 \text{ kN} \cdot 1 \text{ m}}{0{,}2578 \text{ m}} = -58{,}22 \text{ kN (Druckstab)}$$

$$\Sigma M_{(I)} = 0 = F_{S5}\, l_5 - F_A \sin\alpha \cdot l + F_3\, l$$

$$F_{S5} = \frac{(F_A \sin\alpha - F_3)\, l}{l_5}$$

Berechnung von l_5
(siehe Lageskizze, dunkles Dreieck):

$$\gamma = \arctan\frac{\frac{2h}{3}}{l} = \arctan\frac{2 \cdot 0{,}8 \text{ m}}{3 \cdot 1 \text{ m}} = 28{,}072°$$

$$l_5 = l \sin\gamma = 1 \text{ m} \cdot \sin 28{,}072° = 0{,}471 \text{ m}$$

$$F_{S5} = \frac{(38{,}45 \text{ kN} \cdot \sin 40° - 9 \text{kN}) \cdot 1 \text{ m}}{0{,}471 \text{ m}}$$

$F_{S5} = +33{,}4$ kN (Zugstab)

$$\Sigma M_{(IV)} = 0 = F_{S6}\, l_6 + F_A \cos\alpha\, l_6 + F_A \sin\alpha \cdot l - F_3\, l - F_4 \cdot 2l$$

$$F_{S6} = \frac{(F_3 + 2F_4)\, l - F_A (l_6 \cos\alpha + l \sin\alpha)}{l_6}$$

Berechnung von l_6 (siehe Lageskizze):

$$l_6 = \frac{2}{3} h = \frac{2}{3} \cdot 0{,}8 \text{ m} = 0{,}5333 \text{ m}$$

$$F_{S6} = \frac{39 \text{ kN} \cdot 1 \text{ m}}{0{,}5333 \text{ m}} - \frac{38{,}45 \text{ kN} \cdot (0{,}5333 \text{ m} \cdot \cos 40° + 1 \text{ m} \cdot \sin 40°)}{0{,}5333 \text{ m}}$$

$F_{S6} = -2{,}677$ kN (Druckstab)

176.

a) Stabkräfte nach dem Knotenschnittverfahren

Berechnung der Stabwinkel

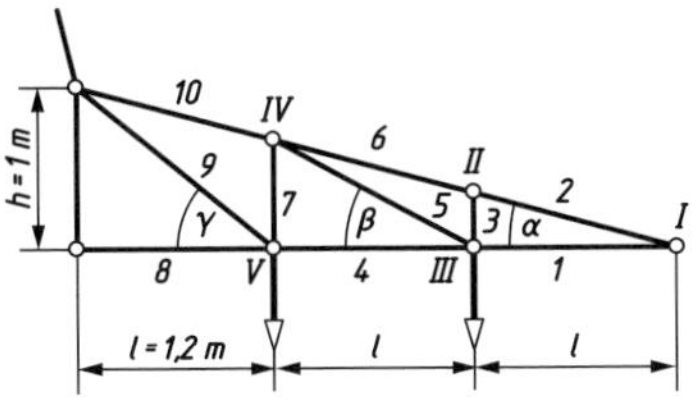

Stablänge s_7:

$$\frac{2l}{s_7} = \frac{3l}{h} \rightarrow s_7 = \frac{2h}{3}$$

$$\alpha = \arctan\frac{h}{3l} = \arctan\frac{1 \text{ m}}{3{,}6 \text{ m}} = 15{,}524°$$

$$\beta = \arctan\frac{2h}{3l} = \arctan\frac{2 \cdot 1\ \text{m}}{3{,}6\ \text{m}} = 29{,}055°$$

$$\gamma = \arctan\frac{h}{l} = \arctan\frac{1\ \text{m}}{1{,}2\ \text{m}} = 39{,}806°$$

<u>Knoten I</u>

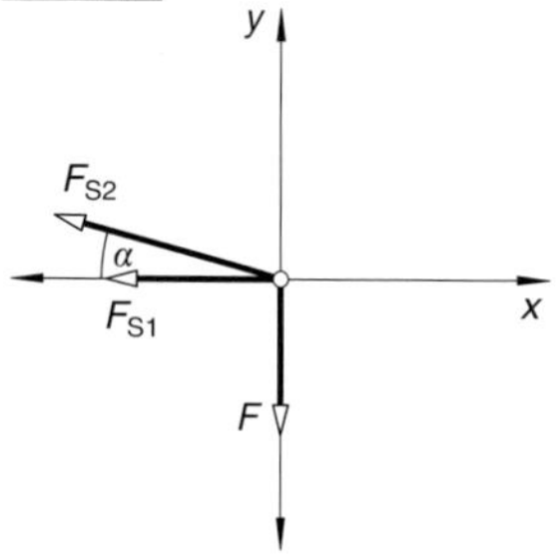

I. $\Sigma F_x = 0 = -F_{S2} \cdot \cos\alpha - F_{S1}$

II. $\Sigma F_y = 0 = F_{S2} \cdot \sin\alpha - F$

aus II.

$$F_{S2} = \frac{F}{\sin\alpha} = \frac{5{,}6\ \text{kN}}{\sin 15{,}524°} = 20{,}923\ \text{kN (Zugstab)}$$

aus I.

$F_{S1} = -F_{S2} \cdot \cos\alpha = -20{,}923\ \text{kN} \cdot \cos 15{,}524°$

$F_{S1} = -20{,}16\ \text{kN}$ (Druckstab)

<u>Knoten II</u>

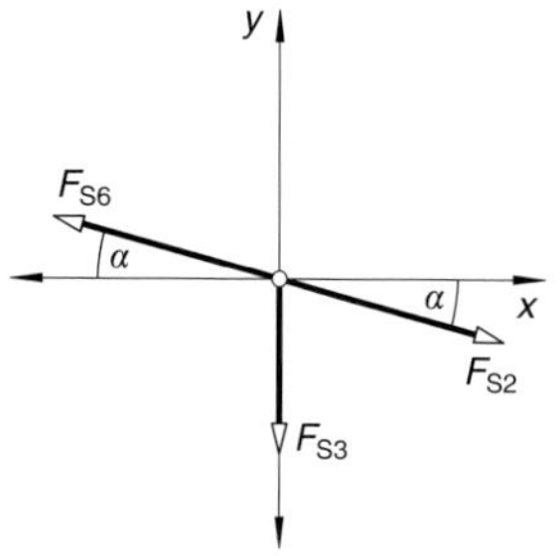

I. $\Sigma F_x = 0 = -F_{S6} \cdot \cos\alpha + F_{S2} \cdot \cos\alpha$

II. $\Sigma F_y = 0 = F_{S6} \cdot \sin\alpha - F_{S3} - F_{S2} \cdot \sin\alpha$

aus I.

$F_{S6} = F_{S2} = 20{,}923\ \text{kN}$ (Zugstab)

aus II.

$F_{S3} = F_{S6} \cdot \sin\alpha - F_{S2} \cdot \sin\alpha = 0\ \text{kN}$ (Nullstab)

<u>Knoten III</u>

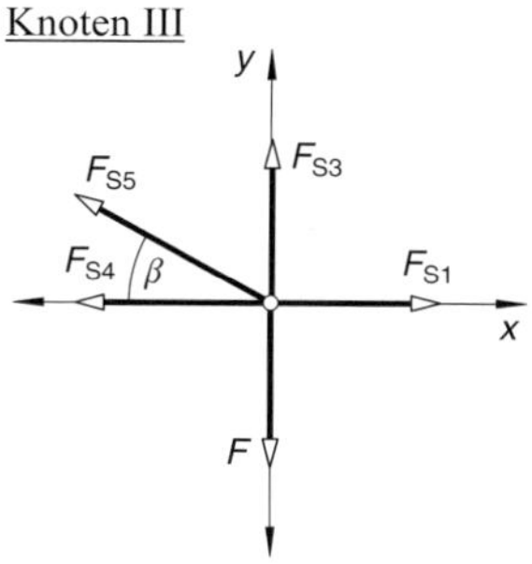

I. $\Sigma F_x = 0 = -F_{S5} \cos\beta - F_{S4} + F_{S1}$

II. $\Sigma F_y = 0 = F_{S3} + F_{S5} \sin\beta - F$

aus II.

$$F_{S5} = \frac{-F_{S3} + F}{\sin\beta} = \frac{5{,}6\ \text{kN}}{\sin 29{,}055°}$$

$F_{S5} = 11{,}531\ \text{kN}$ (Zugstab)

aus I.

$F_{S4} = F_{S1} - F_{S5} \cos\beta$

$F_{S4} = -20{,}16\ \text{kN} - 11{,}531\ \text{kN} \cdot \cos 29{,}055°$

$F_{S4} = -30{,}24\ \text{kN}$ (Druckstab)

<u>Knoten IV</u>

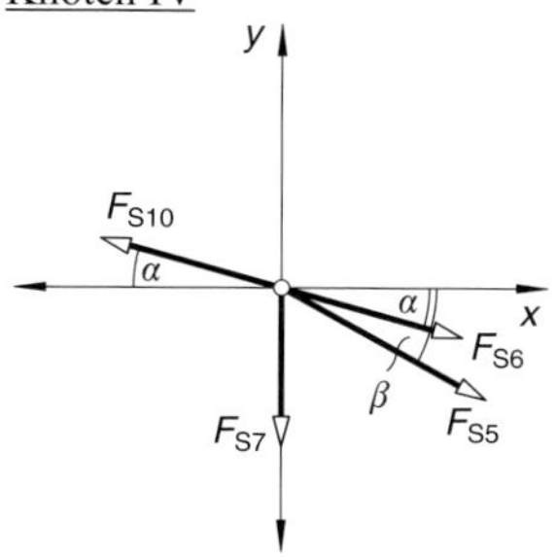

I. $\Sigma F_x = 0 = -F_{S10} \cdot \cos\alpha + F_{S5} \cdot \cos\beta + F_{S6} \cdot \cos\alpha$

II. $\Sigma F_y = 0 = F_{S10} \cdot \sin\alpha - F_{S7} - F_{S5} \cdot \sin\beta - F_{S6} \cdot \sin\alpha$

aus I.

$$F_{S10} = \frac{F_{S5} \cdot \cos\beta + F_{S6} \cdot \cos\alpha}{\cos\alpha}$$

$$F_{S10} = \frac{11{,}531\ \text{kN} \cdot \cos 29{,}055° + 20{,}923\ \text{kN} \cdot \cos 15{,}524°}{\cos 15{,}524°}$$

$F_{S10} = 31{,}385\ \text{kN}$ (Zugstab)

aus II.

$F_{S7} = F_{S10} \cdot \sin\alpha - F_{S5} \cdot \sin\beta - F_{S6} \cdot \sin\alpha$

$F_{S7} = 31{,}385\ \text{kN} \cdot \sin 15{,}524° - 11{,}531\ \text{kN} \cdot \sin 29{,}055° -$

$- 20{,}923\ \text{kN} \cdot \sin 15{,}524°$

$F_{S7} = -2{,}8\ \text{kN}$ (Druckstab)

Knoten V

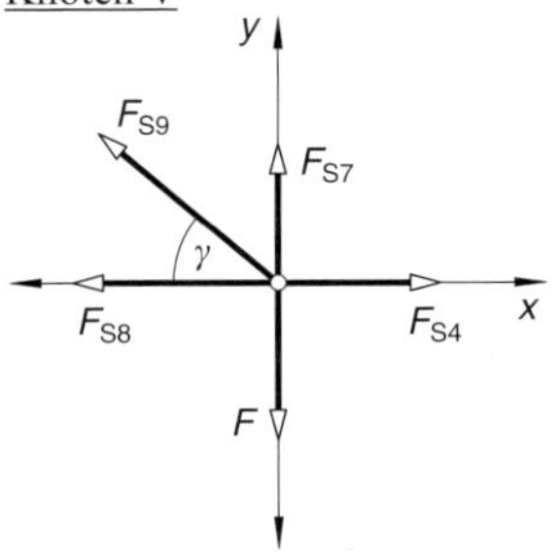

I. $\Sigma F_x = 0 = -F_{S9} \cos\gamma - F_{S8} + F_{S4}$

II. $\Sigma F_y = 0 = F_{S7} + F_{S9} \sin\gamma - F$

aus II.

$$F_{S9} = \frac{F - F_{S7}}{\sin\gamma} = \frac{5{,}6 \text{ kN} - (-2{,}8 \text{ kN})}{\sin 39{,}806°}$$

$F_{S9} = 13{,}121$ kN (Zugstab)

aus I.

$F_{S8} = F_{S4} - F_{S9} \cos\gamma$

$F_{S8} = -30{,}24 \text{ kN} - 13{,}121 \text{ kN} \cdot \cos 39{,}806°$

$F_{S8} = -40{,}32$ kN (Druckstab)

Kräftetabelle (Kräfte in kN)

Stab	Zug	Druck
1	–	20,16
2	20,923	–
3	–	–
4	–	30,24
5	11,531	–
6	20,923	–
7	–	2,8
8	–	40,32
9	13,121	–
10	31,385	–

b) Nachprüfung der Stäbe 4, 7, 10 nach Ritter

Lageskizze

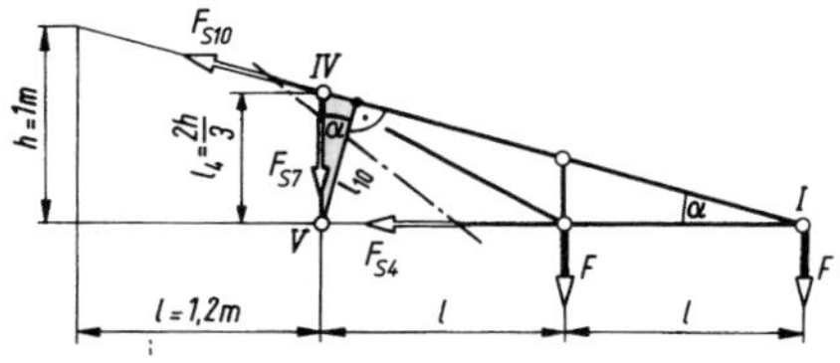

$\Sigma M_{(IV)} = 0 = F_{S4}\, l_4 - F\,l - F \cdot 2l$

$$F_{S4} = \frac{-3F\,l}{l_4} = \frac{-(3 \cdot 5{,}6 \text{ kN} \cdot 1{,}2 \text{ m})}{0{,}6667 \text{ m}}$$

$F_{S4} = -30{,}24$ kN (Druckstab)

$\Sigma M_{(I)} = 0 = F_{S7} \cdot 2l + F\,l$

$$F_{S7} = \frac{-F\,l}{2l} = -\frac{F}{2} = -2{,}8 \text{ kN (Druckstab)}$$

$\Sigma M_{(V)} = 0 = F_{S10}\, l_{10} - F\,l - F \cdot 2l$

$$F_{S10} = \frac{3F\,l}{l_{10}}$$

Berechnung von l_{10} (siehe Lageskizze):

$$\alpha = \arctan\frac{h}{3\,l} = \arctan\frac{1 \text{ m}}{3{,}6 \text{ m}} = 15{,}524°$$

$$l_{10} = \frac{2h}{3} \cdot \cos\alpha = \frac{2 \cdot 1 \text{ m}}{3} \cdot \cos 15{,}524° = 0{,}6423 \text{ m}$$

$$F_{S10} = \frac{3 \cdot 5{,}6 \text{ kN} \cdot 1{,}2 \text{ m}}{0{,}6423 \text{ m}} = +31{,}38 \text{ kN (Zugstab)}$$

177.

a) Stabkräfte nach dem Knotenschnittverfahren
Berechnung der Stützkräfte

Lageskizze

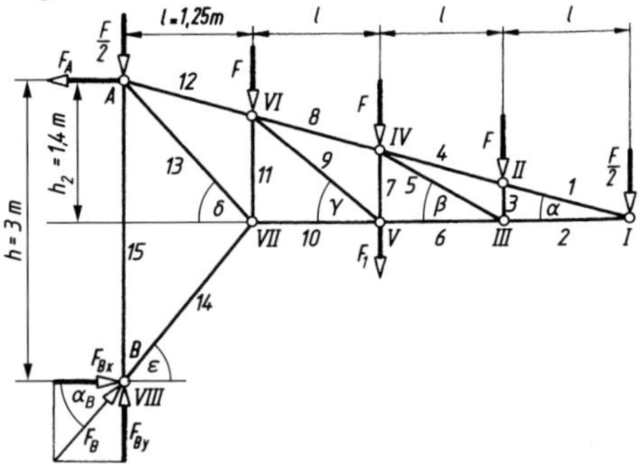

I. $\Sigma F_x = 0 = F_{Bx} - F_A$

II. $\Sigma F_y = 0 = F_{By} - F_1 - 2\frac{F}{2} - 3F$

III. $\Sigma M_{(B)} = 0 = F_A\, h - F_1 \cdot 2l - F\,l - F \cdot 2l -$

$- F \cdot 3l - \frac{F}{2} 4l$

aus III.

$$F_A = \frac{(2F_1 + 8F)\,l}{h} = \frac{(2 \cdot 20 \text{ kN} + 8 \cdot 12 \text{ kN}) \cdot 1{,}25 \text{ m}}{3 \text{ m}}$$

$F_A = 56{,}67$ kN

aus I.

$F_{Bx} = F_A = 56{,}67$ kN

aus II.

$F_{By} = F_1 + 4F = 20 \text{ kN} + 4 \cdot 12 \text{ kN} = 68 \text{ kN}$

$F_B = \sqrt{F_{Bx}^2 + F_{By}^2} = \sqrt{(56{,}67 \text{ kN})^2 + (68 \text{ kN})^2}$

$F_B = 88{,}52$ kN

$$\alpha_B = \arctan\frac{F_{By}}{F_{Bx}} = \arctan\frac{68\ \text{kN}}{56,67\ \text{kN}} = 50,193°$$

Berechnung der Stabwinkel

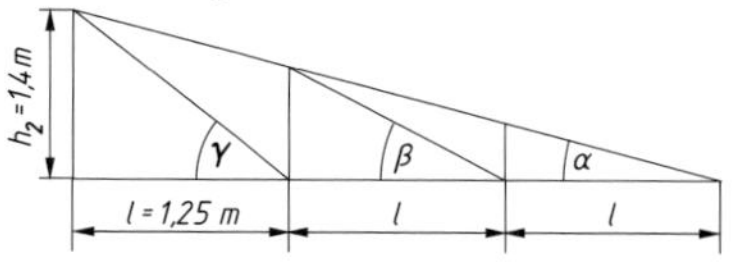

$$\alpha = \arctan\frac{h_2}{4l} = \arctan\frac{1,4\text{m}}{4\cdot 1,25\text{m}} = 15,642°$$

$$\beta = \arctan\frac{\frac{h_2}{2}}{l} = \arctan\frac{1,4\text{m}}{2\cdot 1,25\text{m}} = 29,249°$$

$$\gamma = \arctan\frac{\frac{3h_2}{4}}{l} = \arctan\frac{3\cdot 1,4\text{m}}{4\cdot 1,25\text{m}} = 40,03°$$

Knoten I

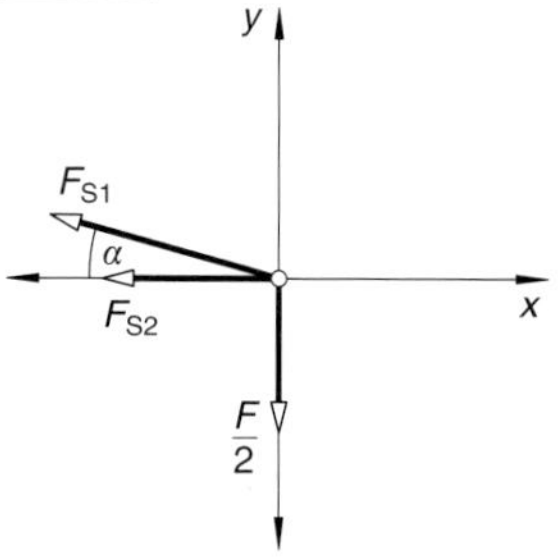

I. $\Sigma F_x = 0 = -F_{S2} - F_{S1}\cdot\cos\alpha$

II. $\Sigma F_y = 0 = -\frac{F}{2} + F_{S1}\cdot\sin\alpha$

aus II.

$$F_{S1} = \frac{\frac{F}{2}}{\sin\alpha} = \frac{6\ \text{kN}}{\sin 15,642°} = 22,253\ \text{kN (Zugstab)}$$

aus I.

$F_{S2} = -F_{S1}\cdot\cos\alpha = -22,253\ \text{kN}\cdot\cos 15,642°$

$F_{S2} = -21,429\ \text{kN}$ (Druckstab)

Knoten II

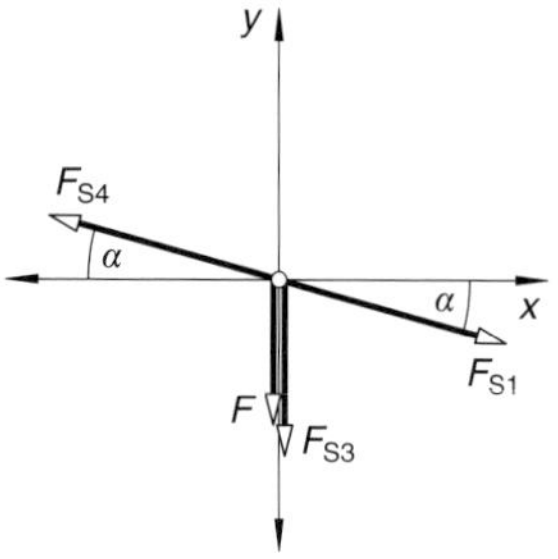

I. $\Sigma F_x = 0 = -F_{S4}\cdot\cos\alpha + F_{S1}\cdot\cos\alpha$

II. $\Sigma F_y = 0 = -F + F_{S4}\cdot\sin\alpha - F_{S3} - F_{S1}\cdot\sin\alpha$

aus I.

$F_{S4} = F_{S1} = 22,253\ \text{kN}$ (Zugstab)

aus II.

$F_{S3} = -F + F_{S4}\cdot\sin\alpha - F_{S1}\cdot\sin\alpha$

$F_{S3} = -12\ \text{kN} + 22,253\ \text{kN}\cdot\sin 15,642° -$

$\quad - 22,253\ \text{kN}\cdot\sin 15,642°$

$F_{S3} = -12\ \text{kN}$ (Druckstab)

Knoten III

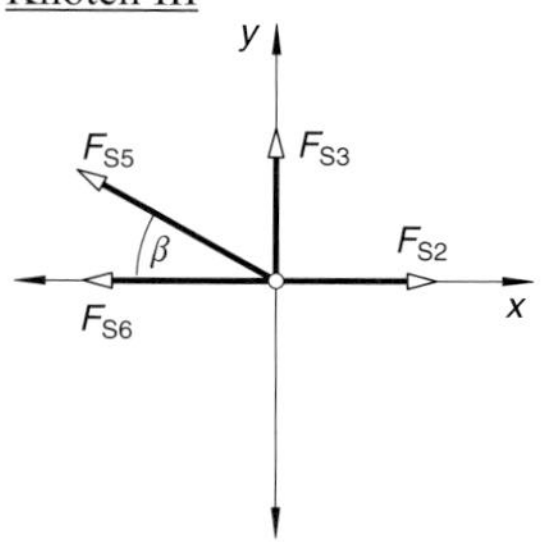

I. $\Sigma F_x = 0 = -F_{S6} - F_{S5}\cos\beta + F_{S2}$

II. $\Sigma F_y = 0 = F_{S5}\sin\beta + F_{S3}$

aus II.

$$F_{S5} = \frac{-F_{S3}}{\sin\beta} = \frac{12\ \text{kN}}{\sin 29,249°} = 24,56\ \text{kN (Zugstab)}$$

aus I.

$F_{S6} = -F_{S5}\cos\beta + F_{S2}$

$F_{S6} = -24,56\ \text{kN}\cdot\cos 29,249° + (-21,429\text{kN})$

$F_{S6} = -42,858$ (Druckstab)

Knoten IV

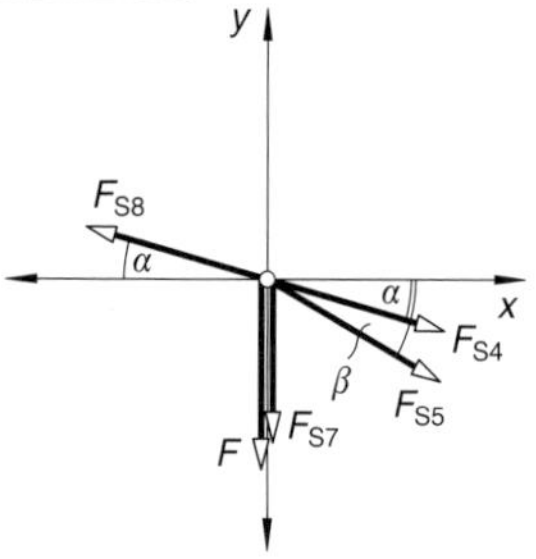

I. $\Sigma F_x = 0 = -F_{S8}\cdot\cos\alpha + F_{S5}\cdot\cos\beta + F_{S4}\cdot\cos\alpha$

II. $\Sigma F_y = 0 = -F + F_{S8}\cdot\sin\alpha - F_{S7} - F_{S5}\cdot\sin\beta - F_{S4}\cdot\sin\alpha$

aus I.

$$F_{S8} = \frac{F_{S5} \cdot \cos\beta + F_{S4} \cdot \cos\alpha}{\cos\alpha}$$

$$F_{S8} = \frac{24,56 \text{ kN} \cdot \cos 29,249° + 22,253 \text{ kN} \cdot \cos 15,642°}{\cos 15,642°}$$

$F_{S8} = 44,506$ kN (Zugstab)

aus II.

$F_{S7} = -F + F_{S8} \cdot \sin\alpha - F_{S5} \cdot \sin\beta - F_{S4} \cdot \sin\alpha$

$F_{S7} = -12 \text{ kN} + 44,506 \text{ kN} \cdot \sin 15,642° -$
$- 24,56 \text{ kN} \cdot \sin 29,249° -$
$- 22,253 \text{ kN} \cdot \sin 15,642°$

$F_{S7} = -18$ kN (Druckstab)

Knoten V

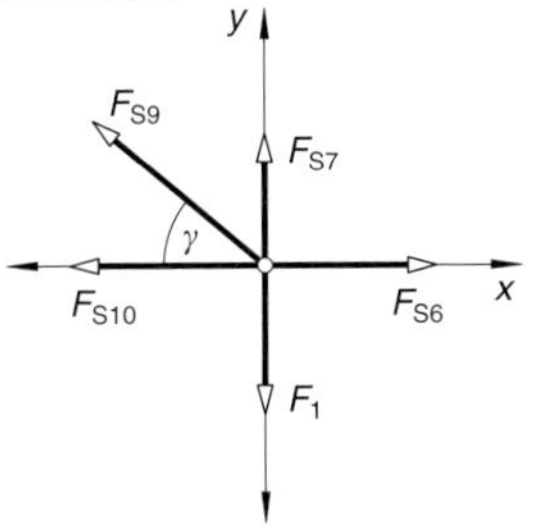

I. $\Sigma F_x = 0 = -F_{S9} \cos\gamma - F_{S10} + F_{S6}$

II. $\Sigma F_y = 0 = F_{S7} + F_{S9} \sin\gamma - F_1$

aus II.

$$F_{S9} = \frac{F_{S7} + F_1}{\sin\gamma} = \frac{18 \text{ kN} + 20 \text{ kN}}{\sin 40,03°} = 59,081 \text{ kN (Zugstab)}$$

aus I.

$F_{S10} = -F_{S9} \cos\gamma + F_{S6}$

$F_{S10} = -59,081 \text{ kN} \cdot \cos 40,03° - 42,858 \text{ kN}$

$F_{S10} = -88,097$ kN (Druckstab)

Kräftetabelle (Kräfte in kN)

Stab	Zug	Druck
1	22,253	–
2	–	21,429
3	–	12
4	22,253	–
5	24,56	–
6	–	42,858
7	–	18
8	44,506	–
9	59,081	–
10	–	88,097

b) Nachprüfung der Stäbe 6, 7, 8 nach Ritter

Lageskizze

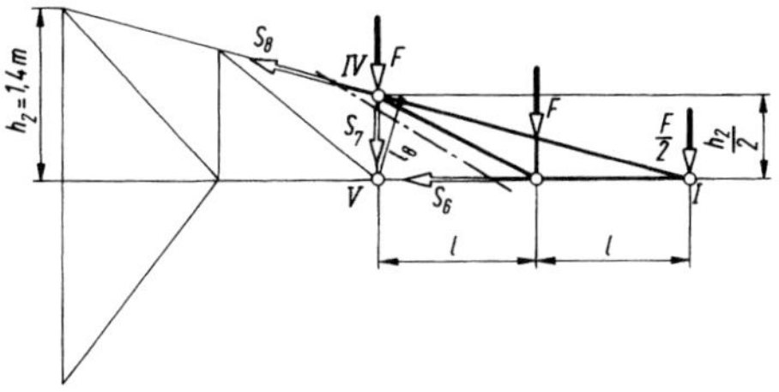

$$\Sigma M_{(IV)} = 0 = -F_{S6}\frac{h_2}{2} - F\,l - \frac{F}{2}2l$$

$$F_{S6} = \frac{-2F\,l}{\frac{h_2}{2}} = \frac{-2 \cdot 12 \text{ kN} \cdot 1,25 \text{ m}}{0,7 \text{ m}}$$

$F_{S6} = -42,86$ kN (Druckstab)

$$\Sigma M_{(I)} = 0 = F \cdot 2l + F\,l + F_{S7} \cdot 2l$$

$$F_{S7} = \frac{-3F\,l}{2l} = -\frac{3F}{2} = -\frac{3 \cdot 12 \text{ kN}}{2}$$

$F_{S7} = -18$ kN (Druckstab)

$$\Sigma M_{(V)} = 0 = F_{S8}\,l_8 - F\,l - \frac{F}{2} \cdot 2l$$

$$F_{S8} = \frac{2F\,l}{l_8}$$

Berechnung von l_8:

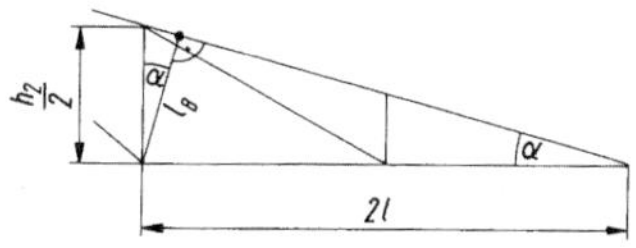

$$\alpha = \arctan\frac{\frac{h_2}{2}}{2l} = \arctan\frac{h_2}{4l} = \arctan\frac{1,4 \text{ m}}{4 \cdot 1,25 \text{ m}}$$

$\alpha = 15,64°$

$$l_8 = \frac{h_2}{2}\cos\alpha = 0,7 \text{ m} \cdot \cos 15,64° = 0,6741 \text{ m}$$

$$F_{S8} = \frac{2 \cdot 12 \text{ kN} \cdot 1,25 \text{ m}}{0,6741 \text{ m}} = +44,51 \text{ kN (Zugstab)}$$

2 Schwerpunktslehre

Flächenschwerpunkt

Musterlösung in **212.**

201.

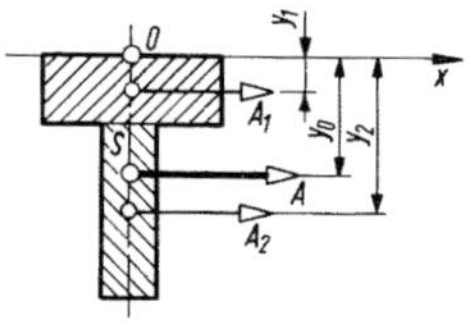

Teilflächen $A_{1\text{-}2}$

$$A_1 = (50 \cdot 18)\,\text{mm}^2 = 900\,\text{mm}^2$$

$$A_2 = [(65-18)\cdot 15]\,\text{mm}^2 = 705\,\text{mm}^2$$

Schwerpunktsabstände $y_{1\text{-}2}$ der Teilflächen $A_{1\text{-}2}$

$$y_1 = \frac{18\,\text{mm}}{2} = 9\,\text{mm}$$

$$y_2 = \left(\frac{65-18}{2} + 18\right)\text{mm} = 41{,}5\,\text{mm}$$

Schwerpunktsabstand y_0

Zusammenfassung der Ergebnisse:

n	$A_n\,[\text{mm}^2]$	$y_n\,[\text{mm}]$	$A_n\,y_n\,[\text{mm}^3]$
1	900	9	8100
2	705	41,5	29257,5
	$\Sigma A_n = 1605$		$\Sigma A_n\,y_n = 37357{,}5$

$$\Sigma A_n\,y_0 = \Sigma A_n\,y_n$$

$$y_0 = \frac{\Sigma A_n\,y_n}{\Sigma A_n} = \frac{37357{,}5\,\text{mm}^3}{1605\,\text{mm}^2} = 23{,}28\,\text{mm}$$

202.

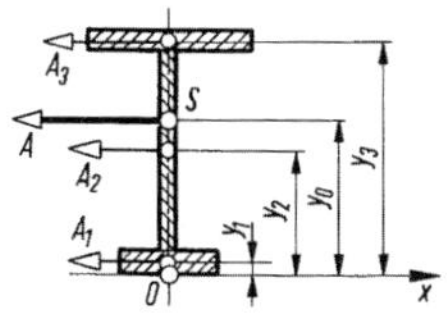

Teilflächen $A_{1\text{-}3}$

$$A_1 = (250 \cdot 20)\,\text{mm}^2 = 5000\,\text{mm}^2$$

$$A_2 = [(600-20-15)\cdot 12]\,\text{mm}^2 = 6780\,\text{mm}^2$$

$$A_3 = (400 \cdot 15)\,\text{mm}^2 = 6000\,\text{mm}^2$$

Schwerpunktsabstände $y_{1\text{-}3}$ der Teilflächen $A_{1\text{-}3}$

$$y_1 = \frac{20\,\text{mm}}{2} = 10\,\text{mm}$$

$$y_2 = \left(\frac{600-20-15}{2} + 20\right)\text{mm} = 302{,}5\,\text{mm}$$

$$y_3 = \left(600 - \frac{15}{2}\right)\text{mm} = 592{,}5\,\text{mm}$$

Schwerpunktsabstand y_0

Zusammenfassung der Ergebnisse:

n	$A_n\,[\text{mm}^2]$	$y_n\,[\text{mm}]$	$A_n\,y_n\,[\text{mm}^3]$
1	5000	10	50000
2	6780	302,5	2050950
3	6000	592,5	3555000
	$\Sigma A_n = 17780$		$\Sigma A_n\,y_n = 5655950$

$$\Sigma A_n\,y_0 = \Sigma A_n\,y_n$$

$$y_0 = \frac{\Sigma A_n\,y_n}{\Sigma A_n} = \frac{5655950\,\text{mm}^3}{17780\,\text{mm}^2} = 318{,}1\,\text{mm}$$

203.

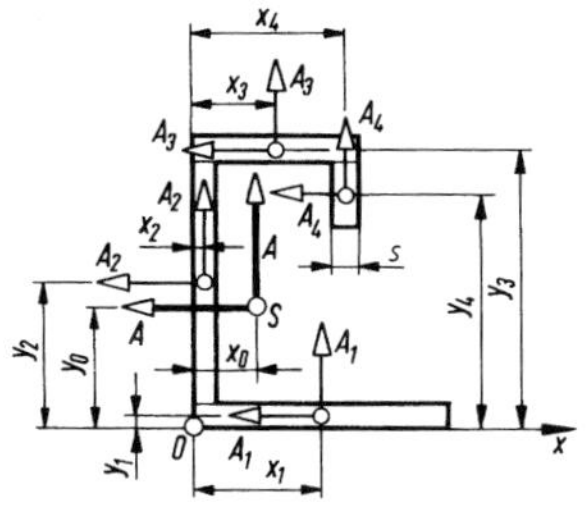

Teilflächen $A_{1\text{-}4}$

$$A_1 = (28 \cdot 1{,}5)\,\text{mm}^2 = 42\,\text{mm}^2$$

$$A_2 = [(32 - 2\cdot 1{,}5)\cdot 1{,}5]\,\text{mm}^2 = 43{,}5\,\text{mm}^2$$

$$A_3 = (18 \cdot 1{,}5)\,\text{mm}^2 = 27\,\text{mm}^2$$

$$A_4 = [(10-1{,}5)\cdot 1{,}5]\,\text{mm}^2 = 12{,}75\,\text{mm}^2$$

Schwerpunktsabstände $x_{1\text{-}4}$, $y_{1\text{-}4}$ der Teilflächen $A_{1\text{-}4}$

$$x_1 = \frac{28\,\text{mm}}{2} = 14\,\text{mm}$$

$$y_1 = \frac{1{,}5\,\text{mm}}{2} = 0{,}75\,\text{mm}$$

$$x_2 = \frac{1{,}5\,\text{mm}}{2} = 0{,}75\,\text{mm}$$

$$y_2 = \left(\frac{32 - 2\cdot 1{,}5}{2} + 1{,}5\right)\text{mm} = 16\,\text{mm}$$

$$x_3 = \frac{18\,\text{mm}}{2} = 9\,\text{mm}$$

$$y_3 = (32 - 0{,}75\,\text{mm}) = 31{,}25\,\text{mm}$$

$$x_4 = (18 - 0{,}75)\,\text{mm} = 17{,}25\,\text{mm}$$

$$y_4 = \left(32 - 1{,}5 - \frac{10-1{,}5}{2}\right)\text{mm} = 26{,}25\,\text{mm}$$

A. Böge, W. Böge, *Lösungen zur Aufgabensammlung Technische Mechanik*, https://doi.org/10.1007/978-3-658-44426-6_2

Schwerpunktsabstand x_0, y_0

Zusammenfassung der Ergebnisse:

n	$A_n\,[\mathrm{mm}^2]$	$x_n\,[\mathrm{mm}]$	$y_n\,[\mathrm{mm}]$	$A_n\,x_n\,[\mathrm{mm}^3]$	$A_n\,y_n\,[\mathrm{mm}^3]$
1	42	14	0,75	588	31,5
2	43,5	0,75	16	32,63	696
3	27	9	31,25	243	843,8
4	12,75	17,25	26,25	219,9	334,7
	$\Sigma A_n = 125,25$			$\Sigma A_n\,x_n = 1083,53$	$\Sigma A_n\,y_n = 1906$

$$A\,x_0 = \Sigma A_n\,x_n$$

$$x_0 = \frac{\Sigma A_n\,x_n}{\Sigma A_n} = \frac{1083,53\,\mathrm{mm}^3}{125,25\,\mathrm{mm}^2} = 8,65\,\mathrm{mm}$$

$$A\,y_0 = \Sigma A_n\,y_n$$

$$y_0 = \frac{\Sigma A_n\,y_n}{\Sigma A_n} = \frac{1906\,\mathrm{mm}^3}{125,25\,\mathrm{mm}^2} = 15,22\,\mathrm{mm}$$

204.

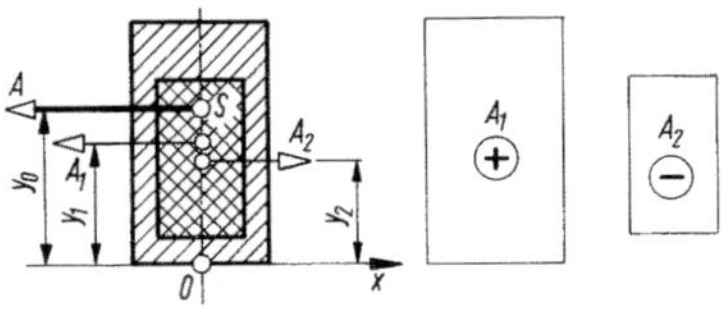

Teilflächen $A_{1\text{-}2}$

$$A_1 = (360\cdot 200)\,\mathrm{mm}^2 = 72000\,\mathrm{mm}^2$$

$$A_2 = -(240\cdot 140)\,\mathrm{mm}^2 = -33600\,\mathrm{mm}^2$$

Schwerpunktsabstände $y_{1\text{-}2}$ der Teilflächen $A_{1\text{-}2}$

$$y_1 = \frac{360\,\mathrm{mm}}{2} = 180\,\mathrm{mm}$$

$$y_2 = \frac{240\,\mathrm{mm}}{2} + (360 - 90 - 240)\,\mathrm{mm}$$

$$y_2 = 150\,\mathrm{mm}$$

Schwerpunktsabstand y_0

Zusammenfassung der Ergebnisse:

n	$A_n\,[\mathrm{mm}^2]$	$y_n\,[\mathrm{mm}]$	$A_n\,y_n\,[\mathrm{mm}^3]$
1	72000	180	12960000
2	-33600	150	-5040000
	$\Sigma A_n = 38400$		$\Sigma A_n\,y_n = 7920000$

$$\Sigma A_n\,y_0 = \Sigma A_n\,y_n$$

$$y_0 = \frac{\Sigma A_n\,y_n}{\Sigma A_n} = \frac{7920000\,\mathrm{mm}^3}{38400\,\mathrm{mm}^2} = 206,3\,\mathrm{mm}$$

205.

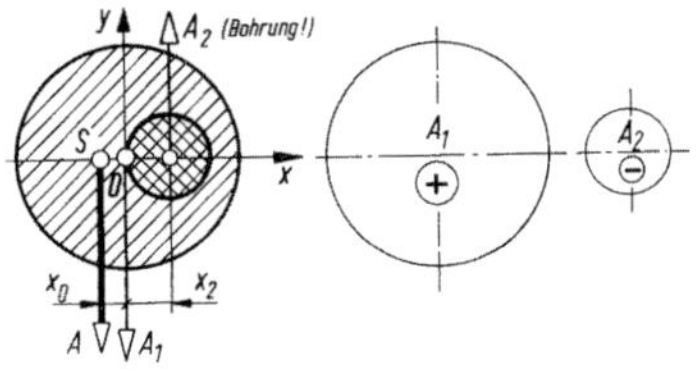

Teilflächen $A_{1\text{-}2}$

$$A_1 = \frac{\pi}{4}D^2 = \frac{\pi}{4}\cdot(55\,\mathrm{mm})^2 = 2375,8\,\mathrm{mm}^2$$

$$A_2 = \frac{\pi}{4}d^2 = \frac{\pi}{4}\cdot(22\,\mathrm{mm})^2 = 380,1\,\mathrm{mm}^2$$

Schwerpunktsabstände $x_{1\text{-}2}$ der Teilflächen $A_{1\text{-}2}$

$$x_1 = 0$$

$$x_2 = \frac{d}{2} = \frac{22\,\mathrm{mm}}{2} = 11\,\mathrm{mm}$$

Schwerpunktsabstand x_0

Zusammenfassung der Ergebnisse:

n	$A_n\,[\mathrm{mm}^2]$	$x_n\,[\mathrm{mm}]$	$A_n\,x_n\,[\mathrm{mm}^3]$
1	2375,8	0	0
2	-380,1	11	4181,1
	$\Sigma A_n = 1995,7$		$\Sigma A_n\,x_n = 4181,1$

$$\Sigma A_n\,x_0 = \Sigma A_n\,x_n$$

$$x_0 = \frac{\Sigma A_n\,x_n}{\Sigma A_n} = \frac{4181,1\,\mathrm{mm}^3}{1995,7\,\mathrm{mm}^2} = 2,1\,\mathrm{mm}$$

206.

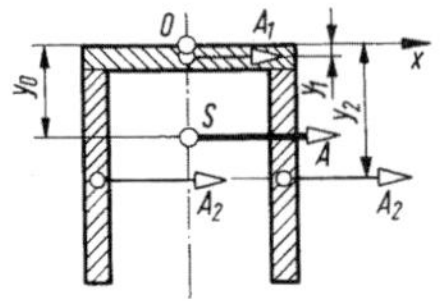

Teilflächen $A_{1\text{-}2}$

$A_1 = (280 \cdot 14)\,\text{mm}^2 = 3920\,\text{mm}^2$

$A_2 = [(320 - 14) \cdot 14]\,\text{mm}^2 = 4284\,\text{mm}^2$

$2A_2 = 8568\,\text{mm}^2$

Schwerpunktsabstände $y_{1\text{-}2}$ der Teilflächen $A_{1\text{-}2}$

$$y_1 = \frac{14\,\text{mm}}{2} = 7\,\text{mm}$$

$$y_2 = \left(\frac{320 - 14}{2} + 14\right)\text{mm} = 167\,\text{mm}$$

Schwerpunktsabstand y_0

Zusammenfassung der Ergebnisse:

n	$A_n\,[\text{mm}^2]$	$y_n\,[\text{mm}]$	$A_n\,y_n\,[\text{mm}^3]$
1	3920	7	27440
2	8568	167	1430856
	$\Sigma A_n = 12488$		$\Sigma A_n\,y_n = 1458296$

$\Sigma A_n\,y_0 = \Sigma A_n\,y_n$

$$y_0 = \frac{\Sigma A_n\,y_n}{\Sigma A_n} = \frac{1458296\,\text{mm}^3}{12488\,\text{mm}^2} = 116{,}8\,\text{mm}$$

207.

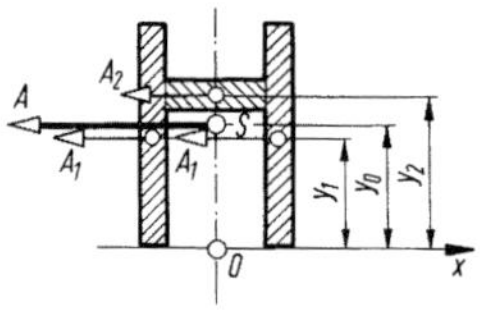

Teilflächen $A_{1\text{-}2}$

$A_1 = (300 \cdot 20)\,\text{mm}^2 = 6000\,\text{mm}^2$

$2A_1 = 12000\,\text{mm}^2$

$A_2 = [(200 - 2 \cdot 20) \cdot 25]\,\text{mm}^2 = 4000\,\text{mm}^2$

Schwerpunktsabstände $y_{1\text{-}2}$ der Teilflächen $A_{1\text{-}2}$

$$y_1 = \frac{300\,\text{mm}}{2} = 150\,\text{mm}$$

$$y_2 = \left(300 - 70 - \frac{25}{2}\right)\text{mm} = 217{,}5\,\text{mm}$$

Schwerpunktsabstand y_0

Zusammenfassung der Ergebnisse:

n	$A_n\,[\text{mm}^2]$	$y_n\,[\text{mm}]$	$A_n\,y_n\,[\text{mm}^3]$
1	12000	150	1800000
2	4000	217,5	870000
	$\Sigma A_n = 16000$		$\Sigma A_n\,y_n = 2670000$

$\Sigma A_n\,y_0 = \Sigma A_n\,y_n$

$$y_0 = \frac{\Sigma A_n\,y_n}{\Sigma A_n} = \frac{2670000\,\text{mm}^3}{16000\,\text{mm}^2} = 166{,}9\,\text{mm}$$

208.

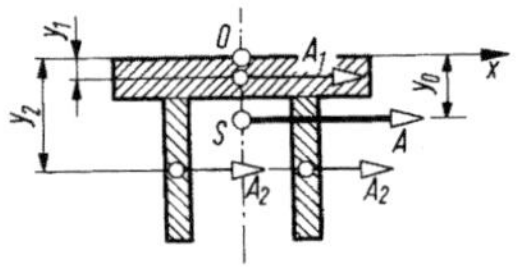

Teilflächen $A_{1\text{-}2}$

$A_1 = (420 \cdot 65)\,\text{mm}^2 = 27300\,\text{mm}^2$

$A_2 = [(300 - 65) \cdot 35]\,\text{mm}^2 = 8225\,\text{mm}^2$

$2A_2 = 16450\,\text{mm}^2$

Schwerpunktsabstände $y_{1\text{-}2}$ der Teilflächen $A_{1\text{-}2}$

$$y_1 = \frac{65\,\text{mm}}{2} = 32{,}5\,\text{mm}$$

$$y_2 = \left(65 + \frac{300 - 65}{2}\right)\text{mm} = 182{,}5\,\text{mm}$$

Schwerpunktsabstand y_0

Zusammenfassung der Ergebnisse:

n	$A_n\,[\text{mm}^2]$	$y_n\,[\text{mm}]$	$A_n\,y_n\,[\text{mm}^3]$
1	27300	32,5	887250
2	16450	182,5	3002125
	$\Sigma A_n = 43750$		$\Sigma A_n\,y_n = 3889375$

$\Sigma A_n\,y_0 = \Sigma A_n\,y_n$

$$y_0 = \frac{\Sigma A_n\,y_n}{\Sigma A_n} = \frac{3889375\,\text{mm}^3}{43750\,\text{mm}^2} = 88{,}9\,\text{mm}$$

209.

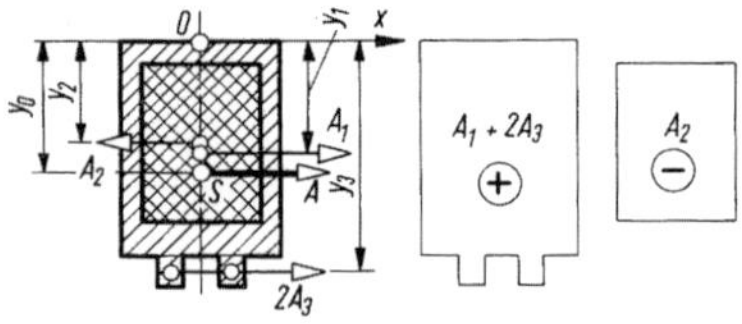

Teilflächen $A_{1\text{-}3}$

$A_1 = (650 \cdot 450)\,\text{mm}^2 = 292500\,\text{mm}^2$

$A_2 = -(565 \cdot 390)\,\text{mm}^2 = -220350\,\text{mm}^2$

$A_3 = 2 \cdot (50 \cdot 40)\,\text{mm}^2 = 4000\,\text{mm}^2$

Schwerpunktsabstände $y_{1\text{-}3}$ der Teilflächen $A_{1\text{-}3}$

$$y_1 = \frac{650\,\text{mm}}{2} = 325\,\text{mm}$$

$$y_2 = \frac{565\,\text{mm}}{2} + \left[650 - (565 + 50)\right]\text{mm} = 317{,}5\,\text{mm}$$

$$y_3 = \left(650 + \frac{50}{2}\right)\text{mm} = 675\,\text{mm}$$

Schwerpunktsabstand y_0

Zusammenfassung der Ergebnisse:

n	$A_n\,[\text{mm}^2]$	$y_n\,[\text{mm}]$	$A_n\,y_n\,[\text{mm}^3]$
1	292500	325	95062500
2	-220350	317,5	-69961125
3	4000	675	2700000
	$\Sigma A_n = 76150$		$\Sigma A_n\,y_n = 27801375$

$$\Sigma A_n\,y_0 = \Sigma A_n\,y_n$$

$$y_0 = \frac{\Sigma A_n\,y_n}{\Sigma A_n} = \frac{27801375\,\text{mm}^3}{76150\,\text{mm}^2} = 365{,}1\,\text{mm}$$

210.

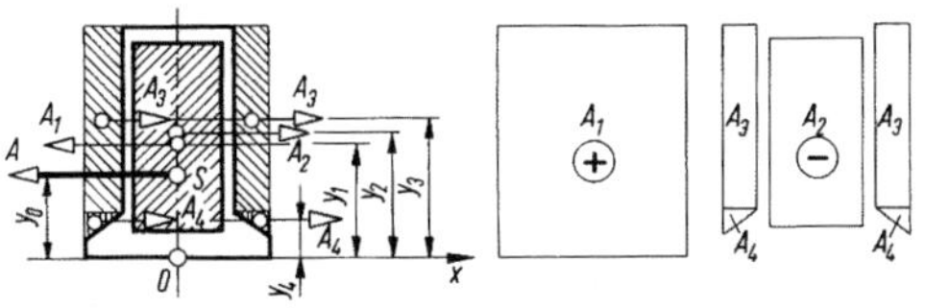

Teilflächen $A_{1\text{-}4}$

$$A_1 = (600 \cdot 460)\,\text{mm}^2 = 276000\,\text{mm}^2$$

$$A_2 = -(510 \cdot 240)\,\text{mm}^2 = -122400\,\text{mm}^2$$

$$A_3 = (600 - 70 - 50)\,\text{mm} \cdot \frac{(460 - 300)\,\text{mm}}{2} = -38400\,\text{mm}^2$$

$$2\,A_3 = -76800\,\text{mm}^2$$

$$A_4 = \frac{50\,\text{mm}}{2} \cdot \left(\frac{460 - 300}{2}\right)\text{mm} = -2000\,\text{mm}^2$$

$$2\,A_4 = -4000\,\text{mm}^2$$

Schwerpunktsabstände $y_{1\text{-}4}$ der Teilflächen $A_{1\text{-}4}$

$$y_1 = \frac{600\,\text{mm}}{2} = 300\,\text{mm}$$

$$y_2 = \frac{510\,\text{mm}}{2} + 55\,\text{mm} = 310\,\text{mm}$$

$$y_3 = \frac{(600 - 70 - 50)\,\text{mm}}{2} + (70 + 50)\,\text{mm} = 360\,\text{mm}$$

$$y_4 = (50 + 70)\,\text{mm} - y_{04}$$

$$y_{04} = \frac{h}{3} = \frac{50\,\text{mm}}{3} = 16{,}7\,\text{mm} \quad (\text{F + T, 2.2})$$

$$y_4 = (50 + 70 - 16{,}7)\,\text{mm} = 103{,}3\,\text{mm}$$

Schwerpunktsabstand y_0

Zusammenfassung der Ergebnisse:

n	$A_n\,[\text{mm}^2]$	$y_n\,[\text{mm}]$	$A_n\,y_n\,[\text{mm}^3]$
1	276000	300	82800000
2	-122400	310	-37944000
3	-76800	360	-27648000
4	-4000	103,3	-413200
	$\Sigma A_n = 72800$		$\Sigma A_n\,y_n = 16794800$

$$\Sigma A_n\,y_0 = \Sigma A_n\,y_n$$

$$y_0 = \frac{\Sigma A_n\,y_n}{\Sigma A_n} = \frac{16794800\,\text{mm}^3}{72800\,\text{mm}^2} = 230{,}7\,\text{mm}$$

211.

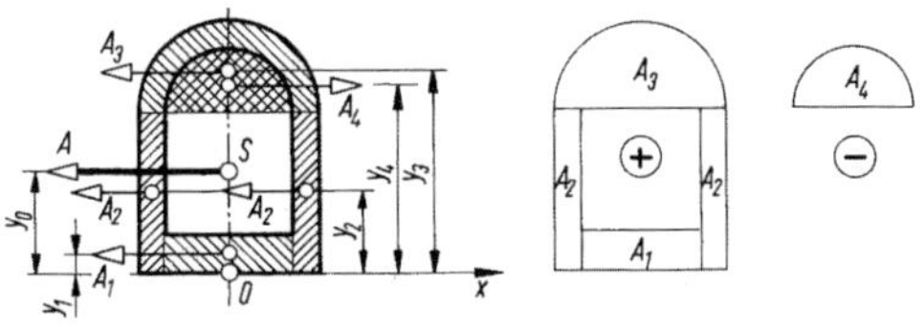

Teilflächen $A_{1\text{-}4}$

$$A_1 = (230 \cdot 35)\,\text{mm}^2 = 8050\,\text{mm}^2$$

$$A_2 = 2 \cdot \left(280 \cdot \frac{280 - 230}{2}\right)\text{mm}^2 = 14000\,\text{mm}^2$$

$$A_3 = \frac{\pi D^2}{8} = \frac{\pi \cdot (280\,\text{mm})^2}{8} = 30788\,\text{mm}^2$$

$$A_4 = \frac{\pi d^2}{8} = \frac{\pi \cdot (230\,\text{mm})^2}{8} = -20774\,\text{mm}^2$$

Schwerpunktsabstände $y_{1\text{-}4}$ der Teilflächen $A_{1\text{-}4}$

$$y_1 = \frac{35\,\text{mm}}{2} = 17{,}5\,\text{mm}$$

$$y_2 = \frac{280\,\text{mm}}{2} = 140\,\text{mm}$$

$$y_3 = 280\,\text{mm} + y_{03}$$

$$y_{03} = 0{,}4244 \cdot R \quad (\text{F + T, 2.2})$$

$$y_{03} = 0{,}4244 \cdot 140\,\text{mm} = 59{,}4\,\text{mm}$$

$$y_3 = 280\,\text{mm} + 59{,}4\,\text{mm} = 339{,}4\,\text{mm}$$

$$y_4 = 280\,\text{mm} + y_{04}$$

$$y_{04} = 0{,}4244 \cdot r = 0{,}4244 \cdot 115\,\text{mm} = 48{,}8\,\text{mm}$$

$$y_4 = 280\,\text{mm} + 48{,}8\,\text{mm} = 328{,}8\,\text{mm}$$

Schwerpunktsabstand y_0

Zusammenfassung der Ergebnisse:

n	$A_n\left[mm^2\right]$	$y_n\left[mm\right]$	$A_n\,y_n\left[mm^3\right]$
1	8050	17,5	140875
2	14000	140	1960000
3	30788	339,4	10449447
4	-20774	328,8	-6830491
	$\Sigma A_n = 32064$		$\Sigma A_n\,y_n = 5719831$

$\Sigma A_n\,y_0 = \Sigma A_n\,y_n$

$$y_0 = \frac{\Sigma A_n\,y_n}{\Sigma A_n} = \frac{5719831\,mm^3}{32064\,mm^2} = 178,4\,mm$$

212.

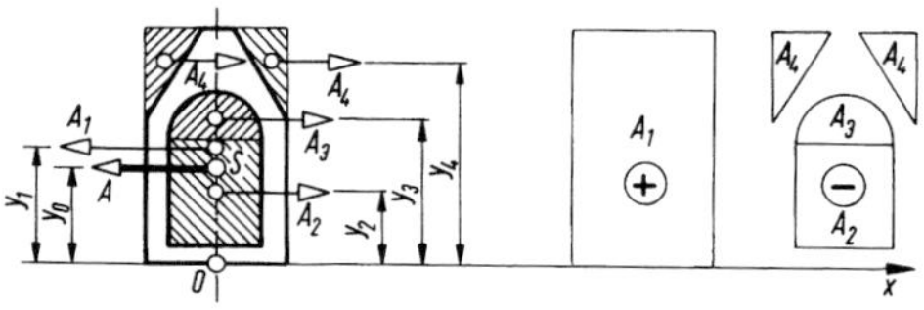

Teilflächen $A_{1\text{-}4}$

$A_1 = (300\cdot 160)\,mm^2 = 48000\,mm^2$

$A_2 = \left[(160-20)\cdot 130\right]mm^2 = (140\cdot 130)\,mm^2$

$A_2 = 18200\,mm^2$

$$A_3 = \frac{\pi r^2}{2} = \frac{\pi\cdot(65\,mm)^2}{2} = 6636,6\,mm^2$$

$$2A_4 = 2\frac{a\,h}{2} = 2\frac{\frac{(160-40)\,mm}{2}\cdot(300-180)\,mm}{2}$$

$2A_4 = (60\cdot 120)\,mm^2 = 7200\,mm^2$

Schwerpunktsabstände $y_{1\text{-}4}$ der Teilflächen $A_{1\text{-}4}$

$$y_1 = \frac{300\,mm}{2} = 150\,mm$$

$$y_2 = \left(\frac{(160-20)\,mm}{2} + 20\right)mm = 90\,mm$$

$y_3 = 160 + y_{03}\,mm$

$y_{03} = 0,4244\cdot R$ (F + T, 2.2)

$y_{03} = 0,4244\cdot 65\,mm = 27,59\,mm$

$y_3 = (160 + 27,59)\,mm = 187,59\,mm$

$y_4 = 300\,mm - y_{04}$

$$y_{04} = \frac{h_4}{3} = \frac{(300-180)\,mm}{3}$$

$y_{04} = 40\,mm$

$y_4 = (300-40)\,mm = 260\,mm$

Schwerpunktsabstand y_0

Zusammenfassung der Ergebnisse:

n	$A_n\left[mm^2\right]$	$y_n\left[mm\right]$	$A_n\,y_n\left[mm^3\right]$
1	48000	150	7200000
2	-18200	90	-1638000
3	-6636,6	187,59	-1244959,8
4	-7200	260	-1872000
	$\Sigma A_n = 15963,4$		$\Sigma A_n\,y_n = 2445040,2$

$\Sigma A_n\,y_0 = \Sigma A_n\,y_n$

$$y_0 = \frac{\Sigma A_n\,y_n}{\Sigma A_n} = \frac{2445040,2\,mm^3}{15963,4\,mm^2} = 153,2\,mm$$

213.

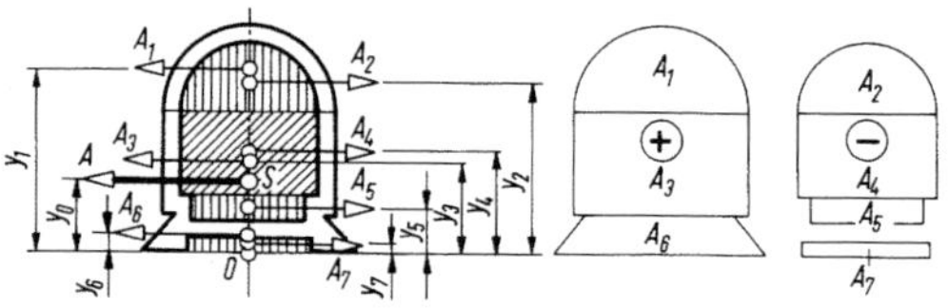

Teilflächen $A_{1\text{-}7}$

$$A_1 = \frac{\pi R^2}{2};\; R = (320-150-50)\,mm = 120\,mm$$

$$A_1 = \frac{\pi(120\,mm)^2}{2} = 22619,5\,mm^2$$

$$A_2 = \frac{\pi r^2}{2};\; r = R - 14\,mm = 106\,mm$$

$$A_2 = \frac{\pi(106\,mm)^2}{2} = 17649,5\,mm^2$$

$A_3 = (240\cdot 150)\,mm^2 = 36000\,mm^2$

$A_4 = (212\cdot 135)\,mm^2 = 28620\,mm^2$

$A_5 = (160\cdot 40)\,mm^2 = 6400\,mm^2$

$$A_6 = \frac{a+b}{2}\cdot h$$

$$A_6 = \left(\frac{300+210}{2}\cdot 50\right)mm^2 = 12750\,mm^2$$

$A_7 = (180\cdot 10)\,mm^2 = 1800\,mm^2$

Schwerpunktsabstände der Teilflächen $y_{1\text{-}7}$

$y_1 = (150+50)\,mm + y_{01}$

$y_{01} = 0,4244\cdot R$ (F + T, 2.2)

$y_{01} = 0,4244\cdot 120\,mm = 50,9\,mm$

$y_1 = (200+50,9)\,mm = 250,9\,mm$

$y_2 = (150+50)\,mm + y_{02}$

$y_{02} = 0,4244\cdot r$ (F + T, 2.2)

$y_{02} = 0,4244\cdot 106\,mm = 45\,mm$

$y_2 = (200+45)\,mm = 245\,mm$

$$y_3 = \left(\frac{150}{2} + 50\right)\text{mm} = 125\,\text{mm}$$

$$y_4 = \left[\frac{135}{2} + (150 + 50 - 135)\right]\text{mm} = 132{,}5\,\text{mm}$$

$$y_5 = (150 + 50 - 135 - 40)\,\text{mm} + y_{05}$$

$$y_{05} = \frac{40}{2}\,\text{mm} = 20\,\text{mm}$$

$$y_5 = (25 + 20)\,\text{mm} = 45\,\text{mm}$$

$$y_6 = y_{06} = \frac{h}{3} \cdot \frac{a + 2b}{a + b} \quad (\text{F + T, 2.2})$$

$$y_6 = \left(\frac{50}{3} \cdot \frac{300 + 2 \cdot 210}{300} + 210\right)\text{mm}$$

$$y_6 = 23{,}53\,\text{mm}$$

$$y_7 = \frac{10}{2}\,\text{mm} = 5\,\text{mm}$$

Schwerpunktsabstand y_0

Zusammenfassung der Ergebnisse:

n	$A_n\,[\text{mm}^2]$	$y_n\,[\text{mm}]$	$A_n\,y_n\,[\text{mm}^3]$
1	22619,5	250,9	5675232,6
2	-17649,5	245	-4324127,5
3	36000	125	4500000
4	-28620	132,5	-3792150
5	-6400	45	-288000
6	12750	23,53	300007,5
	-1800	5	-9000
	$\Sigma A_n = 16900$		$\Sigma A_n\,y_n = 2061962{,}6$

$$\Sigma A_n\,y_0 = \Sigma A_n\,y_n$$

$$y_0 = \frac{\Sigma A_n\,y_n}{\Sigma A_n} = \frac{2061962{,}6\,\text{mm}^3}{16900\,\text{mm}^2} = 122\,\text{mm}$$

214.

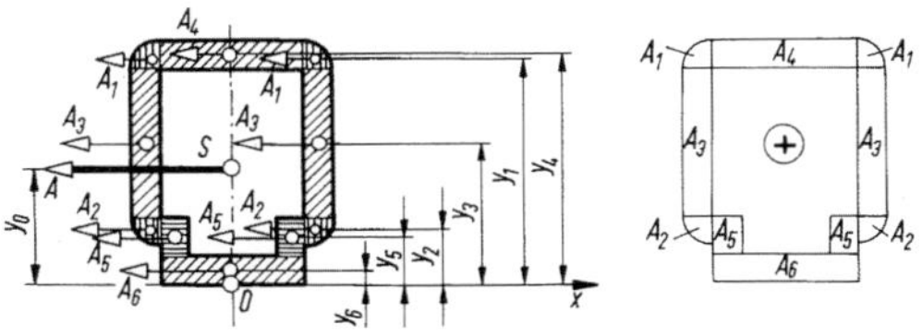

Teilflächen $A_{1\text{-}6}$

$$A_1 = A_2 = \frac{\pi R^2}{4} = \frac{\pi (22\,\text{mm})^2}{4} = 380\,\text{mm}^2$$

$$2A_1 = 2A_2 = 760\,\text{mm}^2$$

$$A_3 = (366 \cdot 22)\,\text{mm}^2 = 8052\,\text{mm}^2, 2\,A_3 = 16104\,\text{mm}^2$$

$$A_4 = [(350 - 2 \cdot 22) \cdot 22]\,\text{mm}^2 = 6732\,\text{mm}^2$$

$$A_5 = \left(\frac{306 - 260}{2} \cdot 30\right)\text{mm}^2 = 690\,\text{mm}^2$$

$$2A_5 = 1380\,\text{mm}^2$$

$$A_6 = A_4 = [(440 - 22 - 366 - 30) \cdot 306]\,\text{mm}^2 = 6732\,\text{mm}^2$$

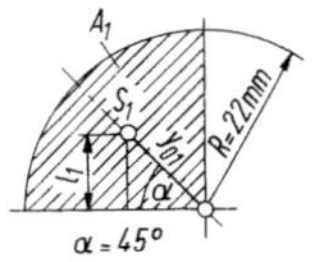

Schwerpunktsabstände der Teilflächen $y_{1\text{-}6}$

$$y_1 = (440 - 22)\,\text{mm} + l_1$$

$$l_1 = y_{01} \cdot \sin\alpha = 0{,}6002 \cdot R \cdot \sin 45° \quad (\text{F + T, 2.2})$$

$$l_1 = 0{,}6002 \cdot 22\,\text{mm} \cdot \sin 45° = 9{,}337\,\text{mm}$$

$$y_1 = (440 - 22)\,\text{mm} + 9{,}337\,\text{mm} = 427{,}3\,\text{mm}$$

$$y_2 = (30 + 22)\,\text{mm} - l_1$$

$l_1 = 9{,}337\,\text{mm}$ (siehe Berechnung y_1)

$$y_2 = 42{,}66\,\text{mm}$$

$$y_3 = \left(\frac{366}{2} + 30 + 22\right)\text{mm} = 235\,\text{mm}$$

$$y_4 = \left(440 - \frac{22}{2}\right)\text{mm} = 429\,\text{mm}$$

$$y_5 = \left(\frac{30}{2} + 22\right)\text{mm} = 37\,\text{mm}$$

$$y_6 = \frac{22}{2}\,\text{mm} = 11\,\text{mm}$$

Schwerpunktsabstand y_0

Zusammenfassung der Ergebnisse:

n	$A_n\,[\text{mm}^2]$	$y_n\,[\text{mm}]$	$A_n\,y_n\,[\text{mm}^3]$
1	760	427,3	324748
2	760	42,66	32422
3	16104	235	3784440
4	6732	429	2888028
5	1380	37	51060
6	6732	11	74052
	$\Sigma A_n = 32468$		$\Sigma A_n\,y_n = 7154750$

$$\Sigma A_n\,y_0 = \Sigma A_n\,y_n$$

$$y_0 = \frac{\Sigma A_n\,y_n}{\Sigma A_n} = \frac{7154750\,\text{mm}^3}{32468\,\text{mm}^2} = 220{,}4\,\text{mm}$$

215.

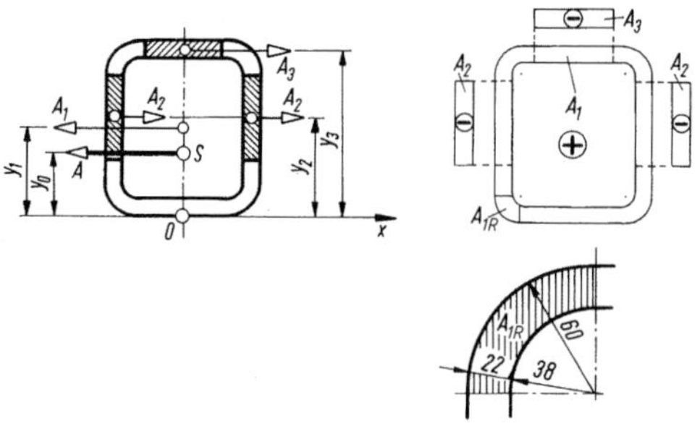

Teilflächen $A_{1\text{-}3}$

$$A_1 = 4 \cdot A_{1R} + \begin{Bmatrix} [2(360-2\cdot 60)\cdot 22]+ \\ +[2(400-2\cdot 60)\cdot 22] \end{Bmatrix} \text{mm}^2$$

$$A_{1R} = \frac{\pi\alpha^\circ (R^2 - r^2)}{180^\circ} \quad \text{(siehe F + T, 2.2)}$$

$$A_{1R} = \frac{\pi \cdot 45^\circ (60^2 - 38^2)\,\text{mm}^2}{180^\circ} = 1693{,}3\,\text{mm}^2$$

$$A_1 = (4\cdot 1693{,}3 + 2\cdot 240\cdot 22 + 2\cdot 280\cdot 22)\,\text{mm}^2$$

$$A_1 = 29653\,\text{mm}^2$$

$$2A_2 = 2\cdot(200\cdot 22)\,\text{mm}^2 = 8800\,\text{mm}^2$$

$$A_3 = (180\cdot 22)\,\text{mm}^2 = 3960\,\text{mm}^2$$

Schwerpunktsabstände der Teilflächen $y_{1\text{-}3}$

$$y_1 = \frac{400\,\text{mm}}{2} = 200\,\text{mm}$$

$$y_2 = \left(130 + \frac{200}{2}\right)\text{mm} = 230\,\text{mm}$$

$$y_3 = \left(400 - \frac{22}{2}\right)\text{mm} = 389\,\text{mm}$$

Schwerpunktsabstand y_0

Zusammenfassung der Ergebnisse:

n	$A_n\,[\text{mm}^2]$	$y_n\,[\text{mm}]$	$A_n\,y_n\,[\text{mm}^3]$
1	29653	200	5930600
2	-8800	230	-2024000
3	-3960	389	-1540440
	$\Sigma A_n = 16893$		$\Sigma A_n\,y_n = 2366160$

$$\Sigma A_n\, y_0 = \Sigma A_n\, y_n$$

$$y_0 = \frac{\Sigma A_n\, y_n}{\Sigma A_n} = \frac{2366160\,\text{mm}^3}{16893\,\text{mm}^2} = 140{,}1\,\text{mm}$$

216.

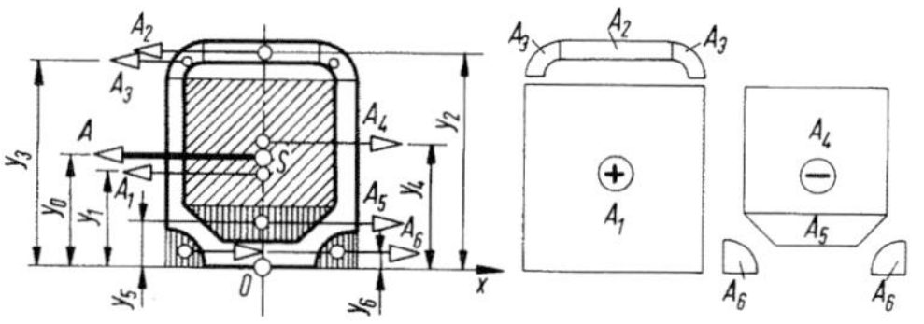

Teilflächen $A_{1\text{-}6}$

$$A_1 = [320\cdot(380-60)]\,\text{mm}^2 = 102400\,\text{mm}^2$$

$$A_2 = [(320-2\cdot 60)\cdot 20]\,\text{mm}^2 = 4000\,\text{mm}^2$$

$$2A_3 = 2\frac{90^\circ\cdot\pi}{360^\circ}(R^2 - r^2) = \frac{\pi}{2}(60^2 - 40^2)\,\text{mm}^2$$

$$2A_3 = 3141{,}6\,\text{mm}^2$$

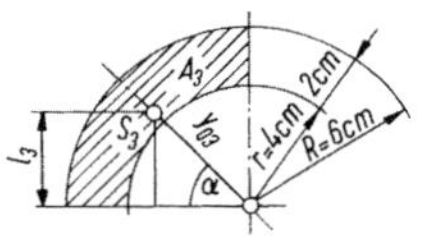

$$A_4 = -[(320-2\cdot 20)\cdot(270-40)]\,\text{mm}^2 = -64400\,\text{mm}^2$$

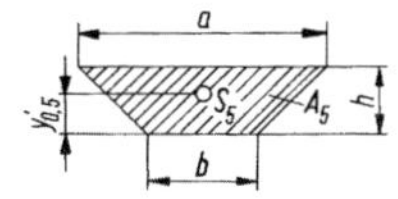

$$A_5 = \frac{a+b}{2}h = -\frac{[(320-2\cdot 20)+150]\,\text{mm}}{2}\cdot(380-270-2\cdot 20)\,\text{mm}$$

$$A_5 = -15050\,\text{mm}^2$$

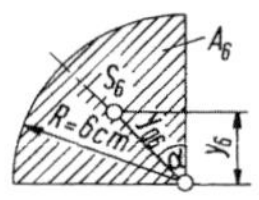

$$2A_6 = -2\frac{\pi R^2}{4} = -\frac{\pi\cdot(60\,\text{mm})^2}{2} = -5654{,}9\,\text{mm}^2$$

Schwerpunktsabstände der Teilflächen $y_{1\text{-}6}$

$$y_1 = \frac{(380-60)\,\text{mm}}{2} = 160\,\text{mm}$$

$$y_2 = 380\,\text{mm} - 10\,\text{mm} = 370\,\text{mm}$$

$$y_{03} = 38{,}197\frac{\left(R^3 - r^3\right)\sin\alpha}{\left(R^2 - r^2\right)\alpha^\circ} \quad \text{(siehe F + T, 2.2)}$$

$$y_{03} = 38{,}197\frac{\left(60^3 - 40^3\right)\text{mm}^3 \cdot \sin 45^\circ}{\left(60^2 - 40^2\right)\text{mm}^2 \cdot 45^\circ} = 45{,}62\,\text{mm}$$

$$\sin\alpha = \frac{l_3}{y_{03}} \rightarrow l_3 = y_{03}\sin\alpha$$

$$y_3 = 320\,\text{mm} + l_3 = 320\,\text{mm} + y_{03}\sin\alpha$$

$$y_3 = 320\,\text{mm} + 45{,}62\,\text{mm}\cdot\sin 45^\circ = 352{,}26\,\text{mm}$$

$$y_4 = \left[\frac{(270-40)}{2} + 70 + 20\right]\text{mm} = 205\,\text{mm}$$

$$y_5 = 20\,\text{mm} + y'_{05} = 20\,\text{mm} + \frac{h}{3}\cdot\frac{2a+b}{a+b}$$
(siehe F + T, 2.2)

$$y_5 = \left[20 + \frac{70}{3}\cdot\frac{2\cdot 280 + 150}{(280+150)}\right]\text{mm} = 58{,}53\,\text{mm}$$

$$y_{06} = 0{,}6002\cdot R = 0{,}6002\cdot 60\,\text{mm} = 36{,}01\,\text{mm}$$
(siehe F + T, 2.2)

$$y_6 = y_{06}\cdot\cos\alpha = 36{,}01\,\text{mm}\cdot\cos 45^\circ$$

$$y_6 = 25{,}46\,\text{mm}$$

Schwerpunktsabstand y_0

Zusammenfassung der Ergebnisse:

n	$A_n\,[\text{mm}^2]$	$y_n\,[\text{mm}]$	$A_n\,y_n\,[\text{mm}^3]$
1	102400	160	16384000
2	4000	370	1480000
3	3141,6	352,26	1106660
4	-64400	205	-13202000
5	-15050	58,53	-880877
6	-5654,9	25,46	-143974
	$\Sigma A_n = 24436{,}7$		$\Sigma A_n\,y_n = 4743809$

$$\Sigma A_n\,y_0 = \Sigma A_n\,y_n$$

$$y_0 = \frac{\Sigma A_n\,y_n}{\Sigma A_n} = \frac{4743809\,\text{mm}^3}{24436{,}7\,\text{mm}^2} = 194{,}1\,\text{mm}$$

217.

a)

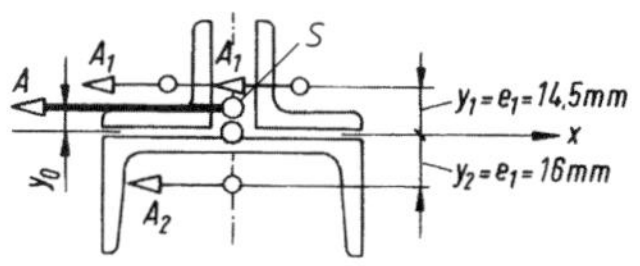

Teilflächen $A_{1\text{-}2}$

Winkelstahl L 50 x 6 DIN1028

$$A_1 = 569\,\text{mm}^2 \quad \text{(siehe F + T, 7.6)}$$

$$2\cdot A_1 = 2\cdot 569\,\text{mm}^2 = 1138\,\text{mm}^2$$

U-Stahl U 120 DIN EN 10025-4

$$A_2 = 1700\,\text{mm}^2 \quad \text{(siehe F + T, 7.8)}$$

Schwerpunktsabstände der Teilflächen $y_{1\text{-}2}$

$$y_1 = e_1 = 14{,}5\,\text{mm} \quad \text{(siehe F + T, 7.8)}$$

$$y_2 = e_1 = 16\,\text{mm} \quad \text{(siehe F + T, 7.6)}$$

Schwerpunktsabstand y_0

Zusammenfassung der Ergebnisse:

n	$A_n\,[\text{mm}^2]$	$y_n\,[\text{mm}]$	$A_n\,y_n\,[\text{mm}^3]$
1	1138	14,5	16501
2	1700	16	-27200
	$\Sigma A_n = 2838$		$\Sigma A_n\,y_n = -10699$

$$\Sigma A_n\,y_0 = \Sigma A_n\,y_n$$

$$y_0 = \frac{\Sigma A_n\,y_n}{\Sigma A_n} = \frac{-10699\,\text{mm}^3}{2838\,\text{mm}^2} = -3{,}77\,\text{mm}$$

b) Das Minuszeichen zeigt, dass der Gesamtschwerpunkt S nicht oberhalb, sondern unterhalb der Bezugsachse liegt, also im U 120 - Profil.

218.

a)

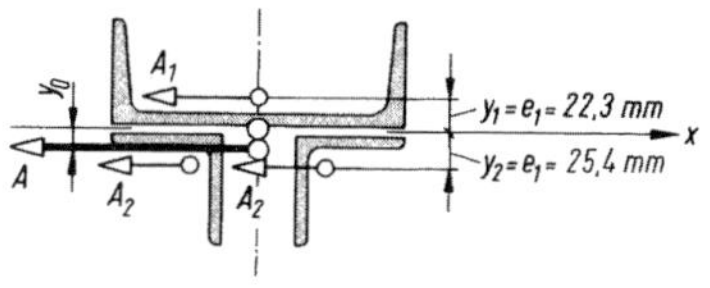

Teilflächen $A_{1\text{-}2}$

U-Stahl U 240 DIN EN 10025-4

$$A_1 = 4230\,\text{mm}^2 \quad \text{(siehe F + T, 7.8)}$$

Winkelstahl L 90 x 9 DIN1028

$$A_2 = 1550\,\text{mm}^2 \quad \text{(siehe F + T, 7.6)}$$

$$2\cdot A_2 = 2\cdot 1550\,\text{mm}^2 = 3100\,\text{mm}^2$$

Schwerpunktsabstände der Teilflächen $y_{1\text{-}2}$

$$y_1 = e_1 = 22{,}3\,\text{mm} \quad \text{(siehe F + T, 7.8)}$$

$$y_2 = e_1 = 25{,}4\,\text{mm} \quad \text{(siehe F + T, 7.6)}$$

Schwerpunktsabstand y_0

Zusammenfassung der Ergebnisse:

n	$A_n\left[mm^2\right]$	$y_n\left[mm\right]$	$A_n\,y_n\left[mm^3\right]$
1	4230	22,3	94329
2	3100	25,4	-78740
	$\Sigma A_n = 7330$		$\Sigma A_n\,y_n = 15589$

$$\Sigma A_n\,y_0 = \Sigma A_n\,y_n$$

$$y_0 = \frac{\Sigma A_n\,y_n}{\Sigma A_n} = \frac{15589\,mm^3}{7330\,mm^2} = 2{,}13\,mm$$

b) Der Gesamtschwerpunkt S liegt nicht, wie angenommen, unterhalb der Stegaußenkante des U-Stahls U 240, sondern im Abstand $y_0 = 2{,}13$ mm oberhalb davon.

219.

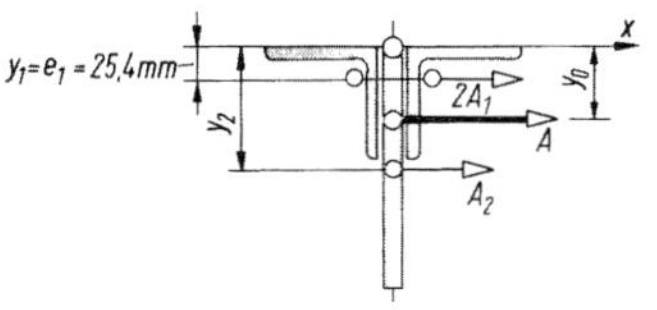

Teilflächen $A_{1\text{-}2}$

Gleichschenkliger Winkelstahl

L 90 x 9 DIN 1028 (siehe F + T, 7.3)

$$2 \cdot A_1 = 2 \cdot 1550\,mm^2 = 3100\,mm^2$$

Stegblech $b = 12\,mm, h = 200\,mm$

$$A_2 = b \cdot h = 12\,mm \cdot 200\,mm = 2400\,mm^2$$

Schwerpunktsabstände der Teilflächen $y_{1\text{-}2}$

$$y_1 = e_1 = 25{,}4\,mm\,mm$$

$$y_2 = \frac{h}{2} = \frac{200\,mm}{2} = 100\,mm$$

Schwerpunktsabstand y_0

Zusammenfassung der Ergebnisse:

n	$A_n\left[mm^2\right]$	$y_n\left[mm\right]$	$A_n\,y_n\left[mm^3\right]$
1	3100	25,4	78740
2	2400	100	240000
	$\Sigma A_n = 5500$		$\Sigma A_n\,y_n = 318740$

$$y_0 = \frac{\Sigma A_n\,y_n}{\Sigma A_n} = \frac{318740\,mm^3}{5500\,mm^2} = 58\,mm$$

Linienschwerpunkt

Lösungshinweis für die Aufgaben 220 bis 238:

Der Richtungssinn für die Teillinien („Teilkräfte") sollte so festgelegt werden, dass sich nach Möglichkeit positive (d. h. linksdrehende) Momente um den Bezugspunkt 0 ergeben. Bei allen Lösungen wird nach dieser Empfehlung verfahren, und auf die Pfeile für die Teillinien wird deshalb verzichtet.

Die Längen der Teillinien mit gleichem Schwerpunktsabstand von der Bezugsachse werden zu einer Teillänge zusammengefasst (z. B. l_2, l_3, l_4 in Aufgabe 220).

220.

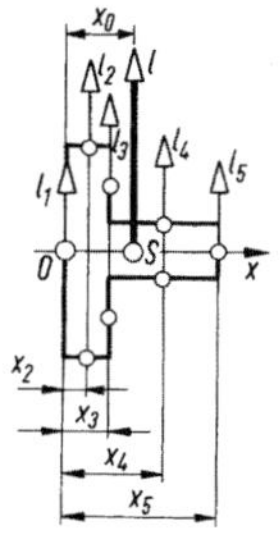

Linienlängen $l_{1\text{-}5}$

$$l_1 = 50\,mm$$

$$l_{2\,ges} = 2 \cdot l_2 = 2 \cdot 10\,mm = 20\,mm$$

$$l_{3\,ges} = 2 \cdot l_3 = 2 \cdot \frac{l_1 - l_5}{2} = l_1 - l_5 = (50 - 12)\,mm = 38\,mm$$

$$l_{4\,ges} = 2 \cdot l_4 = 2 \cdot (35 - 10)\,mm = 50\,mm$$

$$l_5 = 12\,mm$$

Schwerpunktsabstände $x_{1\text{-}5}$

$$x_1 = 0, x_2 = \frac{l_2}{2} = 5\,mm,\ x_3 = l_2 = 10\,mm$$

$$x_4 = l_2 + \frac{l_4}{2} = \left(10 + \frac{25}{2}\right)mm = 22{,}5\,mm$$

$$x_5 = 35\,mm$$

Schwerpunktsabstand x_0

Zusammenfassung der Ergebnisse:

n	$l_n\left[mm\right]$	$x_n\left[mm\right]$	$l_n\,x_n\left[mm^2\right]$
1	50	0	0
2	20	5	100
3	38	10	380
4	50	22,5	1125
5	12	35	420
	$\Sigma l_n = 170$		$\Sigma l_n\,x_n = 2025$

$$l\,x_0 = \Sigma l_n\,x_n$$

$$x_0 = \frac{\Sigma l_n\,x_n}{\Sigma l_n} = \frac{2025\,mm^2}{170\,mm} = 11{,}91\,mm$$

221.

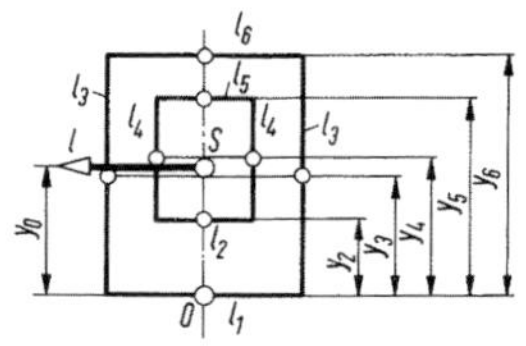

Linienlängen $l_{1\text{-}6}$

$l_1 = 32\,\text{mm},\ l_2 = 16\,\text{mm}$

$l_{3\,\text{ges}} = 2 \cdot l_3 = 2 \cdot 42\,\text{mm} = 84\,\text{mm}$

$l_{4\,\text{ges}} = 2 \cdot l_4 = 2 \cdot 20\,\text{mm} = 40\,\text{mm}$

$l_5 = l_2 = 16\,\text{mm},\ l_6 = l_1 = 32\,\text{mm}$

Schwerpunktsabstände $y_{1\text{-}6}$

$y_1 = 0,\ y_2 = (42 - 20 - 8)\,\text{mm} = 14\,\text{mm}$

$$y_3 = \frac{l_3}{2} = \frac{42\,\text{mm}}{2} = 21\,\text{mm}$$

$$y_4 = \frac{l_4}{2} + y_2 = \frac{20\,\text{mm}}{2} + 14\,\text{mm} = 24\,\text{mm}$$

$y_5 = l_3 - 8\,\text{mm} = 34\,\text{mm}$

$y_6 = l_3 = 42\,\text{mm}$

Schwerpunktsabstand y_0

Zusammenfassung der Ergebnisse:

n	$l_n\,[\text{mm}]$	$y_n\,[\text{mm}]$	$l_n\,y_n\,[\text{mm}^2]$
1	32	0	0
2	16	14	224
3	84	21	1764
4	40	24	960
5	16	34	544
6	32	42	1344
	$\Sigma l_n = 220$		$\Sigma l_n\,y_n = 4836$

$l\,y_0 = \Sigma l_n\,y_n$

$$y_0 = \frac{\Sigma l_n\,y_n}{\Sigma l_n} = \frac{4836\,\text{mm}^2}{220\,\text{mm}} = 21{,}98\,\text{mm}$$

222.

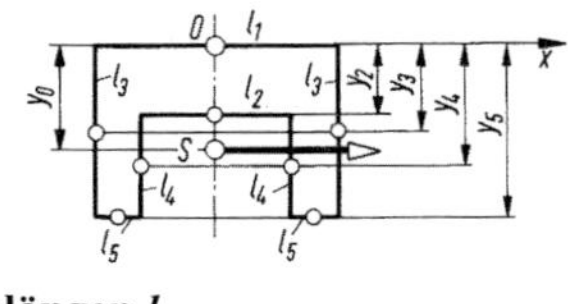

Linienlängen $l_{1\text{-}5}$

$l_1 = 80\,\text{mm},\ l_2 = 50\,\text{mm}$

$l_{3\,\text{ges}} = 2 \cdot l_3 = 2 \cdot 56\,\text{mm} = 112\,\text{mm}$

$l_{4\,\text{ges}} = 2 \cdot l_4 = 2 \cdot (56 - 22)\,\text{mm} = 2 \cdot 34\,\text{mm} = 68\,\text{mm}$

$$l_{5\,\text{ges}} = 2 \cdot l_5 = 2 \cdot \frac{(80 - 50)\,\text{mm}}{2} = 30\,\text{mm}$$

Schwerpunktsabstände $y_{1\text{-}5}$

$y_1 = 0,\ y_2 = 22\,\text{mm}$

$$y_3 = \frac{l_3}{2} = \frac{56\,\text{mm}}{2} = 28\,\text{mm}$$

$$y_4 = \frac{l_4}{2} + y_2 = \frac{34\,\text{mm}}{2} + 22\,\text{mm} = 39\,\text{mm}$$

$y_5 = 56\,\text{mm}$

Schwerpunktsabstand y_0

Zusammenfassung der Ergebnisse:

n	$l_n\,[\text{mm}]$	$y_n\,[\text{mm}]$	$l_n\,y_n\,[\text{mm}^2]$
1	80	0	0
2	50	22	1100
3	112	28	3136
4	68	39	2652
5	30	56	1680
	$\Sigma l_n = 340$		$\Sigma l_n\,y_n = 8568$

$l\,y_0 = \Sigma l_n\,y_n$

$$y_0 = \frac{\Sigma l_n\,y_n}{\Sigma l_n} = \frac{8568\,\text{mm}^2}{340\,\text{mm}} = 25{,}2\,\text{mm}$$

223.

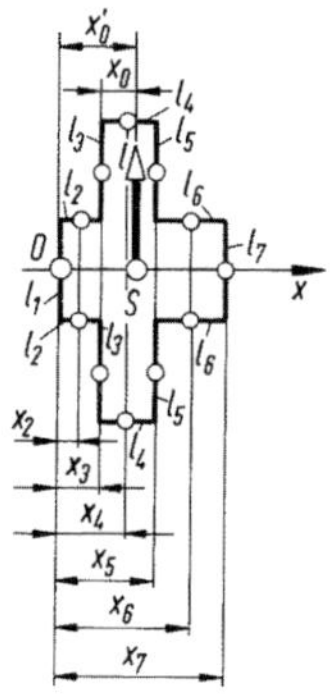

Linienlängen $l_{1\text{-}7}$

$l_1 = 15\,\text{mm}$

$l_{2\,\text{ges}} = 2 \cdot l_2 = 2 \cdot 6\,\text{mm} = 12\,\text{mm}$

$l_{3\,\text{ges}} = 2 \cdot l_3 = 2 \cdot 15\,\text{mm} = 30\,\text{mm}$

$l_{4\,\text{ges}} = 2 \cdot l_4 = 2 \cdot 8\,\text{mm} = 16\,\text{mm}$

$l_{5\,\text{ges}} = l_{3\,\text{ges}} = 30\,\text{mm}$

$l_{6\,\text{ges}} = 2 \cdot l_6 = 2 \cdot [25 - (6 + 8)\,\text{mm}] = 22\,\text{mm}$

$l_7 = l_1 = 15\,\text{mm}$

Schwerpunktsabstände $x_{1\text{-}7}$

$$x_1 = 0, x_2 = \frac{l_2}{2} = 3\,\text{mm}, x_3 = l_2 = 6\,\text{mm}$$

$$x_4 = l_2 + \frac{l_4}{2} = \left(6 + \frac{8}{2}\right)\text{mm} = 10\,\text{mm}$$

$$x_5 = l_2 + l_4 = (6+8)\,\text{mm} = 14\,\text{mm}$$

$$x_6 = l_2 + l_4 + \frac{l_6}{2} = \left(6 + 8 + \frac{11}{2}\right)\text{mm} = 19{,}5\,\text{mm}$$

$$x_7 = l_2 + l_4 + l_6 = (6+8+11)\,\text{mm} = 25\,\text{mm}$$

Schwerpunktsabstand x_0

Zusammenfassung der Ergebnisse:

n	l_n [mm]	x_n [mm]	$l_n x_n$ [mm^2]
1	15	0	0
2	12	3	36
3	30	6	180
4	16	10	160
5	30	14	420
6	22	19,5	429
7	15	25	375
	$\Sigma l_n = 140$		$\Sigma l_n x_n = 1600$

$$l x_0' = \Sigma l_n x_n$$

$$x_0' = \frac{\Sigma l_n x_n}{\Sigma l_n} = \frac{1600\,\text{mm}^2}{140\,\text{mm}} = 11{,}43\,\text{mm}$$

$$x_0 = x_0' - 6\,\text{mm} = 5{,}43\,\text{mm}$$

224.

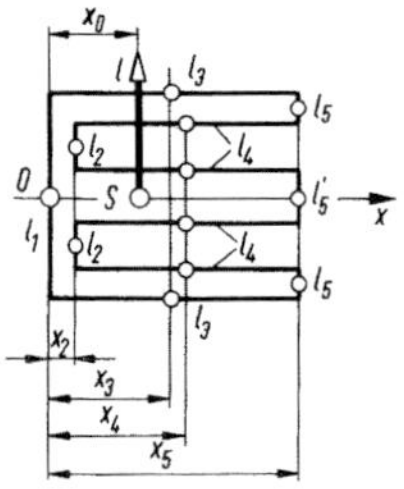

Linienlängen $l_{1\text{-}5}$

$$l_1 = 56\,\text{mm}$$

$$l_{2\text{ges}} = 2 \cdot l_2 = 2 \cdot \frac{(56 - 14 - 2 \cdot 8)\,\text{mm}}{2} = 26\,\text{mm}$$

$$l_{3\text{ges}} = 2 \cdot l_3 = 2 \cdot 70\,\text{mm} = 140\,\text{mm}$$

$$l_{4\text{ges}} = 4 \cdot l_4 = 4 \cdot (70 - 7)\,\text{mm} = 252\,\text{mm}$$

$$l_{5\text{ges}} = 2 \cdot l_5 + l_5' = 2 \cdot 8\,\text{mm} + 14\,\text{mm} = 30\,\text{mm}$$

Schwerpunktsabstände $x_{1\text{-}5}$

$$x_1 = 0, x_2 = 7\,\text{mm} = 23\,\text{mm}, x_3 = 35\,\text{mm}$$

$$x_4 = \left(70 - \frac{l_4}{2}\right)\text{mm} = \left(70 - \frac{63\,\text{mm}}{2}\right)\text{mm} = 38{,}5\,\text{mm}$$

$$x_5 = 70\,\text{mm}$$

Schwerpunktsabstand x_0

Zusammenfassung der Ergebnisse:

n	l_n [mm]	x_n [mm]	$l_n x_n$ [mm^2]
1	56	0	0
2	26	7	182
3	140	35	4900
4	252	38,5	9702
5	30	70	2100
	$\Sigma l_n = 504$		$\Sigma l_n x_n = 16884$

$$l x_0 = \Sigma l_n x_n$$

$$x_0 = \frac{\Sigma l_n x_n}{\Sigma l_n} = \frac{16884\,\text{mm}^2}{504\,\text{mm}} = 33{,}5\,\text{mm}$$

225.

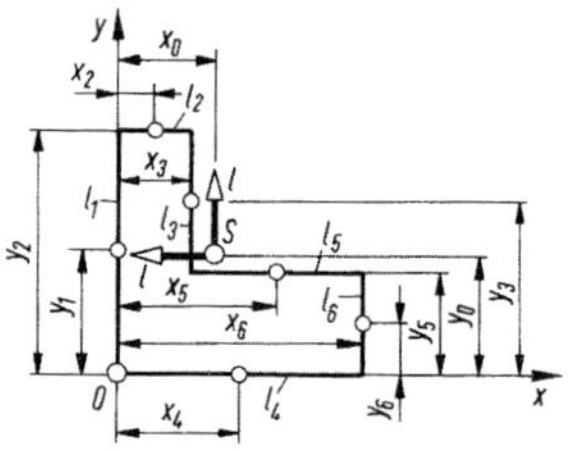

Linienlängen $l_{1\text{-}6}$

$$l_1 = 28\,\text{mm}, l_2 = 8\,\text{mm}, l_3 = (28 - 12)\,\text{mm} = 16\,\text{mm}$$

$$l_4 = 28\,\text{mm}, l_5 = (28 - 8)\,\text{mm} = 20\,\text{mm}, l_6 = 12\,\text{mm}$$

Schwerpunktsabstände $x_{1\text{-}6}$, $y_{1\text{-}6}$

$$x_1 = 0, y_1 = \frac{l_1}{2} = 14\,\text{mm}$$

$$x_2 = \frac{l_2}{2} = 4\,\text{mm}, y_2 = l_1 = 28\,\text{mm}$$

$$x_3 = l_2 = 8\,\text{mm}$$

$$y_3 = l_1 - \frac{l_3}{2} = \left(28 - \frac{16}{2}\right)\text{mm} = 20\,\text{mm}$$

$$x_4 = \frac{l_4}{2} = 14\,\text{mm}, y_4 = 0$$

$$x_5 = l_4 - \frac{l_5}{2} = \left(28 - \frac{20}{2}\right)\text{mm} = 18\,\text{mm}$$

$$y_5 = l_1 - l_3 = (28 - 16)\,\text{mm} = 12\,\text{mm}$$

$$x_6 = l_4 = 28\,\text{mm}, y_6 = \frac{l_6}{2} = 6\,\text{mm}$$

Schwerpunktsabstand x_0, y_0

Zusammenfassung der Ergebnisse:

n	$l_n\,[\text{mm}]$	$x_n\,[\text{mm}]$	$y_n\,[\text{mm}]$	$l_n\,x_n\,[\text{mm}^2]$	$l_n\,y_n\,[\text{mm}^2]$
1	28	0	14	0	392
2	8	4	28	32	224
3	16	8	20	128	320
4	28	14	0	392	0
5	20	18	12	360	240
6	12	28	6	336	72
	$\Sigma l_n = 112$			$\Sigma l_n\,x_n = 1248$	$\Sigma l_n\,y_n = 1248$

$$l\,x_0 = \Sigma l_n\,x_n$$

$$x_0 = \frac{\Sigma l_n\,x_n}{\Sigma l_n} = \frac{1248\,\text{mm}^2}{112\,\text{mm}} = 11{,}14\,\text{mm}$$

$$l\,y_0 = \Sigma l_n\,y_n$$

$$y_0 = \frac{\Sigma l_n\,y_n}{\Sigma l_n} = \frac{1248\,\text{mm}^2}{112\,\text{mm}} = 11{,}14\,\text{mm}$$

226.

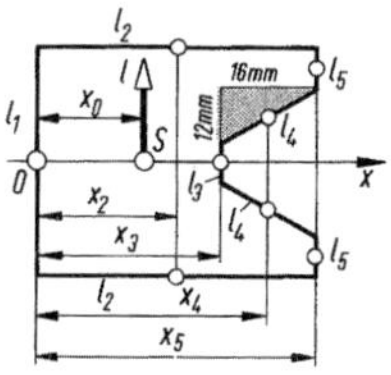

Linienlängen $l_{1\text{-}5}$

$l_1 = 38\,\text{mm}$, $l_2 = 2 \cdot 46\,\text{mm} = 92\,\text{mm}$

$l_3 = 4\,\text{mm}$

$$l_4 = 2 \cdot \sqrt{(16^2 + 12^2)\,\text{mm}^2} = 40\,\text{mm}$$

$l_5 = 2 \cdot 5\,\text{mm} = 10\,\text{mm}$

Schwerpunktsabstände $x_{1\text{-}5}$

$$x_1 = 0, x_2 = \frac{46\,\text{mm}}{2} = 23\,\text{mm}$$

$$x_3 = (46 - 16)\,\text{mm} = 30\,\text{mm}$$

$$x_4 = \left(46 - \frac{16}{2}\right)\text{mm} = 38\,\text{mm}$$

$$x_5 = 46\,\text{mm}$$

Schwerpunktsabstand x_0

Zusammenfassung der Ergebnisse:

n	$l_n\,[\text{mm}]$	$x_n\,[\text{mm}]$	$l_n\,x_n\,[\text{mm}^2]$
1	38	0	0
2	92	23	2116
3	4	30	120
4	40	38	1520
5	10	46	460
	$\Sigma l_n = 184$		$\Sigma l_n\,x_n = 4216$

$$l\,x_0 = \Sigma l_n\,x_n$$

$$x_0 = \frac{\Sigma l_n\,x_n}{\Sigma l_n} = \frac{4216\,\text{mm}^2}{184\,\text{mm}} = 22{,}91\,\text{mm}$$

227.

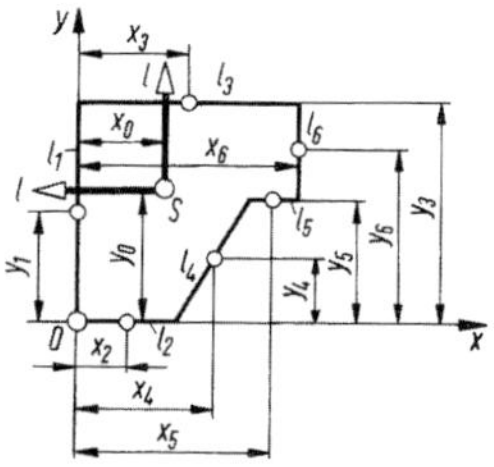

Linienlängen $l_{1\text{-}6}$

$l_1 = 18\,\text{mm}$, $l_2 = 8\,\text{mm}$, $l_3 = 18\,\text{mm}$

$$l_4 = \sqrt{(18-8)^2\,\text{mm}^2 + (18-8-4)^2\,\text{mm}^2}$$

$l_4 = 11{,}66\,\text{mm}$

$l_5 = 4\,\text{mm}$, $l_6 = 8\,\text{mm}$

Schwerpunktsabstände $x_{1\text{-}6}$, $y_{1\text{-}6}$

$$x_1 = 0, y_1 = \frac{18\,\text{mm}}{2} = 9\,\text{mm}$$

$$x_2 = \frac{8\,\text{mm}}{2} = 4\,\text{mm}, y_2 = 0$$

$$x_3 = \frac{18\,\text{mm}}{2} = 9\,\text{mm}, y_3 = 18\,\text{mm}$$

$$x_4 = 8\,\text{mm} + \frac{(18-8-4)\,\text{mm}}{2} = 11\,\text{mm}$$

$$y_4 = \frac{(18-8)\,\text{mm}}{2} = 5\,\text{mm}$$

$$x_5 = \left(18 - \frac{4}{2}\right)\text{mm} = 16\,\text{mm},$$

$$y_5 = (18 - 8)\,\text{mm} = 10\,\text{mm}$$

$$x_6 = 18\,\text{mm},\ y_6 = \left(18 - \frac{8}{2}\right)\text{mm} = 14\,\text{mm}$$

Schwerpunktsabstand x_0, y_0

Zusammenfassung der Ergebnisse:

n	l_n [mm]	x_n [mm]	y_n [mm]	$l_n x_n$ [mm^2]	$l_n y_n$ [mm^2]
1	18	0	9	0	162
2	8	4	0	32	0
3	18	9	18	162	324
4	11,66	11	5	128,26	58,3
5	4	16	10	64	40
6	8	18	14	144	112
	$\Sigma l_n = 67{,}66$			$\Sigma l_n x_n = 530{,}26$	$\Sigma l_n y_n = 696{,}3$

$$l\,x_0 = \Sigma l_n\,x_n$$

$$x_0 = \frac{\Sigma l_n\,x_n}{\Sigma l_n} = \frac{530{,}26\,\text{mm}^2}{67{,}66\,\text{mm}} = 7{,}84\,\text{mm}$$

$$l\,y_0 = \Sigma l_n\,y_n$$

$$y_0 = \frac{\Sigma l_n\,y_n}{\Sigma l_n} = \frac{696{,}3\,\text{mm}^2}{67{,}66\,\text{mm}} = 10{,}29\,\text{mm}$$

228.

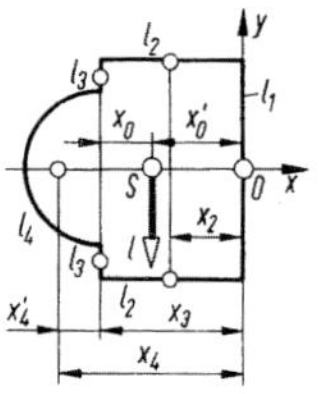

Linienlängen $l_{1\text{-}4}$

$$l_1 = 30\,\text{mm}$$

$$l_2 = 2 \cdot 20\,\text{mm} = 40\,\text{mm}$$

$$l_3 = 30\,\text{mm} - 2R = 10\,\text{mm}$$

$$l_4 = \frac{\pi \cdot 2R}{2} = \pi \cdot R = \pi \cdot 10\,\text{mm} = 31{,}42\,\text{mm}$$

Schwerpunktsabstände $x_{1\text{-}4}$

$$x_1 = 0$$

$$x_2 = 10\,\text{mm}$$

$$x_3 = 20\,\text{mm}$$

$$x_4 = 20\,\text{mm} + x_4'$$

$$x_4' = 0{,}6366 \cdot R = 0{,}6366 \cdot 10\,\text{mm} = 6{,}366\,\text{mm}$$

$$x_4 = (20 + 6{,}366)\,\text{mm} = 26{,}366\,\text{mm}$$

Schwerpunktsabstand x_0

Zusammenfassung der Ergebnisse:

n	l_n [mm]	x_n [mm]	$l_n x_n$ [mm^2]
1	30	0	0
2	40	10	400
3	10	20	200
4	31,42	26,366	828,42
	$\Sigma l_n = 111{,}42$		$\Sigma l_n x_n = 1428{,}42$

$$l\,x_0' = \Sigma l_n\,x_n$$

$$x_0' = \frac{\Sigma l_n\,x_n}{\Sigma l_n} = \frac{1428{,}42\,\text{mm}^2}{111{,}42\,\text{mm}} = 12{,}82\,\text{mm}$$

$$x_0 = 20\,\text{mm} - x_0' = (20 - 12{,}82)\,\text{mm} = 7{,}18\,\text{mm}$$

229.

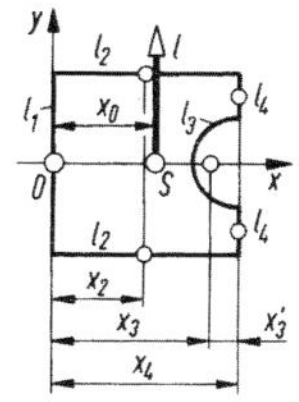

Linienlängen $l_{1\text{-}4}$

$l_1 = 20\,\text{mm}$

$l_2 = 2 \cdot 20\,\text{mm} = 40\,\text{mm}$

$l_3 = \dfrac{\pi \cdot 10\,\text{mm}}{2} = 15{,}708\,\text{mm}$

$l_4 = (20 - 10)\,\text{mm} = 10\,\text{mm}$

Schwerpunktsabstände $x_{1\text{-}4}$

$x_1 = 0$

$x_2 = \dfrac{20\,\text{mm}}{2} = 10\,\text{mm}$

$x_3 = 20\,\text{mm} - x_3'$

$x_3' = 0{,}6366 \cdot R = 0{,}6366 \cdot 5\,\text{mm} = 3{,}183\,\text{mm}$

$x_3 = 20\,\text{mm} - 3{,}183\,\text{mm} = 16{,}817\,\text{mm}$

$x_4 = 20\,\text{mm}$

Schwerpunktsabstand x_0

Zusammenfassung der Ergebnisse:

n	l_n [mm]	x_n [mm]	$l_n x_n$ [mm²]
1	20	0	0
2	40	10	400
3	15,708	16,817	264,161
4	10	20	200
	$\Sigma l_n = 85{,}708$		$\Sigma l_n x_n = 864{,}161$

$l x_0 = \Sigma l_n x_n$

$x_0 = \dfrac{\Sigma l_n x_n}{\Sigma l_n} = \dfrac{864{,}161\,\text{mm}^2}{85{,}708\,\text{mm}} = 10{,}08\,\text{mm}$

230.

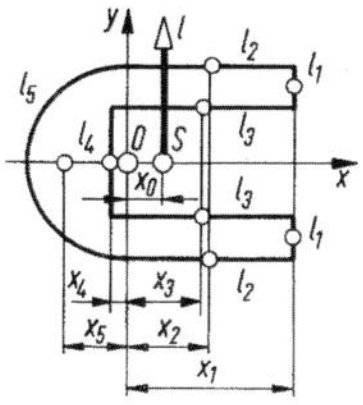

Linienlängen $l_{1\text{-}5}$

$l_1 = (22 - 12)\,\text{mm} = 10\,\text{mm}$

$l_2 = 2 \cdot 18\,\text{mm} = 36\,\text{mm}$

$l_3 = 2 \cdot 20\,\text{mm} = 40\,\text{mm}$

$l_4 = 12\,\text{mm}$

$l_5 = \dfrac{\pi \cdot 22\,\text{mm}}{2} = 34{,}558\,\text{mm}$

Schwerpunktsabstände $x_{1\text{-}5}$

$x_1 = 18\,\text{mm}$

$x_2 = \dfrac{18\,\text{mm}}{2} = 9\,\text{mm}$

$x_3 = \dfrac{20\,\text{mm}}{2} - (20 - 18)\,\text{mm} = 8\,\text{mm}$

$x_4 = (18 - 20)\,\text{mm} = -2\,\text{mm}$

$x_5 = 0{,}6366 \cdot R = 0{,}6366 \cdot 11\,\text{mm} = -7{,}003\,\text{mm}$

(Halbkreisbogen, F + T, 2.3)

Schwerpunktsabstand x_0

Zusammenfassung der Ergebnisse:

n	l_n [mm]	x_n [mm]	$l_n x_n$ [mm²]
1	10	18	180
2	36	9	324
3	40	8	320
4	12	-2	-24
5	34,558	-7	-241,91
	$\Sigma l_n = 132{,}558$		$\Sigma l_n x_n = 558{,}09$

$l x_0 = \Sigma l_n x_n$

$x_0 = \dfrac{\Sigma l_n x_n}{\Sigma l_n} = \dfrac{558{,}09\,\text{mm}^2}{132{,}558\,\text{mm}} = 4{,}21\,\text{mm}$

231.

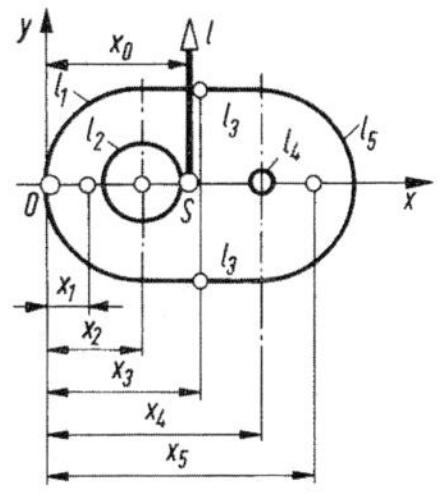

Linienlängen $l_{1\text{-}5}$

$l_1 = \dfrac{\pi \cdot 12\,\text{mm}}{2} = 18{,}85\,\text{mm}$

$l_2 = \pi \cdot 8\,\text{mm} = 25{,}13\,\text{mm}$

$l_3 = 2(28 - 2 \cdot 6)\,\text{mm} = 32\,\text{mm}$

$l_4 = \pi \cdot 2\,\text{mm} = 6{,}283\,\text{mm}$

$l_5 = l_1 = 18{,}85\,\text{mm}$

Schwerpunktsabstände $x_{1\text{-}5}$

$x_1 = 6\,\text{mm} - x_{01}$

$x_{01} = 0{,}6366 \cdot 6\,\text{mm} = 3{,}82\,\text{mm}$

$x_1 = (6 - 3{,}82)\,\text{mm} = 2{,}18\,\text{mm}$ (F + T, 2.3)

$x_2 = 6\,\text{mm}$

$x_3 = \dfrac{28\,\text{mm}}{2} = 14\,\text{mm}$

$x_4 = 28\,\text{mm} - 6\,\text{mm} = 22\,\text{mm}$

$x_5 = (28 - 6 + 0{,}6366 \cdot 6)\,\text{mm} = 25{,}82\,\text{mm}$

Schwerpunktsabstand x_0

Zusammenfassung der Ergebnisse:

n	l_n [mm]	x_n [mm]	$l_n x_n$ [mm²]
1	18,85	2,18	41,1
2	25,13	6	150,78
3	32	14	448
4	6,283	22	138,23
5	18,85	25,82	486,71
	$\Sigma l_n = 101{,}11$		$\Sigma l_n x_n = 1264{,}82$

$l x_0 = \Sigma l_n x_n$

$x_0 = \dfrac{\Sigma l_n x_n}{\Sigma l_n} = \dfrac{1264{,}82\,\text{mm}^2}{101{,}11\,\text{mm}} = 12{,}51\,\text{mm}$

232.

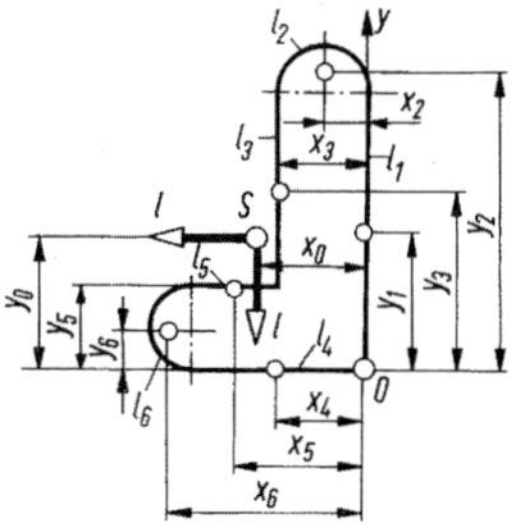

Linienlängen $l_{1\text{-}6}$

$$l_1 = (24-3)\,\text{mm} = 21\,\text{mm}$$

$$l_2 = \frac{\pi \cdot 6\,\text{mm}}{2} = 9{,}425\,\text{mm}$$

$$l_3 = 24\,\text{mm} - (6+3)\,\text{mm} = 15\,\text{mm}$$

$$l_4 = (16-3)\,\text{mm} = 13\,\text{mm}$$

$$l_5 = 16\,\text{mm} - (6+3)\,\text{mm} = 7\,\text{mm}$$

$$l_6 = l_2 = 9{,}425\,\text{mm}$$

Schwerpunktsabstände $x_{1\text{-}6}$, $y_{1\text{-}6}$

$$x_1 = 0,\ y_1 = \frac{21\,\text{mm}}{2} = 10{,}5\,\text{mm}$$

$$x_2 = \frac{6\,\text{mm}}{2} = 3\,\text{mm}$$

$$y_2 = l_1 + y_{02} = l_1 + 0{,}6366\,R \quad \text{(siehe F + T, 2.3)}$$

$$y_2 = 21\,\text{mm} + 0{,}6366 \cdot 3\,\text{mm} = 22{,}91\,\text{mm}$$

$$x_3 = 6\,\text{mm},\ y_3 = \frac{l_3}{2} + 6\,\text{mm} = \frac{15\,\text{mm}}{2} + 6\,\text{mm} = 13{,}5\,\text{mm}$$

$$x_4 = \frac{l_4}{2} = \frac{13\,\text{mm}}{2} = 6{,}5\,\text{mm},\ y_4 = 0$$

$$x_5 = \frac{l_5}{2} + 6\,\text{mm} = \frac{7\,\text{mm}}{2} + 6\,\text{mm} = 9{,}5\,\text{mm},\ y_5 = 6\,\text{mm}$$

$$x_6 = l_4 + 0{,}6366\,R = 13\,\text{mm} + 0{,}6366 \cdot 3\,\text{mm} = 14{,}91\,\text{mm}$$

$$y_6 = 3\,\text{mm}$$

Schwerpunktsabstand x_0, y_0

Zusammenfassung der Ergebnisse:

n	$l_n\,[\text{mm}]$	$x_n\,[\text{mm}]$	$y_n\,[\text{mm}]$	$l_n\,x_n\,[\text{mm}^2]$	$l_n\,y_n\,[\text{mm}^2]$
1	21	0	10,5	0	220,5
2	9,425	3	22,91	28,275	215,927
3	15	6	13,5	90	202,5
4	13	6,5	0	84,5	0
5	7	9,5	6	66,5	42
6	9,425	14,91	3	140,527	28,275
	$\Sigma l_n = 74{,}85$			$\Sigma l_n\,x_n = 409{,}802$	$\Sigma l_n\,y_n = 709{,}202$

$$l\,x_0 = \Sigma l_n\,x_n$$

$$x_0 = \frac{\Sigma l_n\,x_n}{\Sigma l_n} = \frac{409{,}802\,\text{mm}^2}{74{,}85\,\text{mm}} = 5{,}47\,\text{mm}$$

$$l\,y_0 = \Sigma l_n\,y_n\ \text{mm}^4$$

$$y_0 = \frac{\Sigma l_n\,y_n}{\Sigma l_n} = \frac{709{,}202\,\text{mm}^2}{74{,}85\,\text{mm}} = 9{,}47\,\text{mm}$$

233.

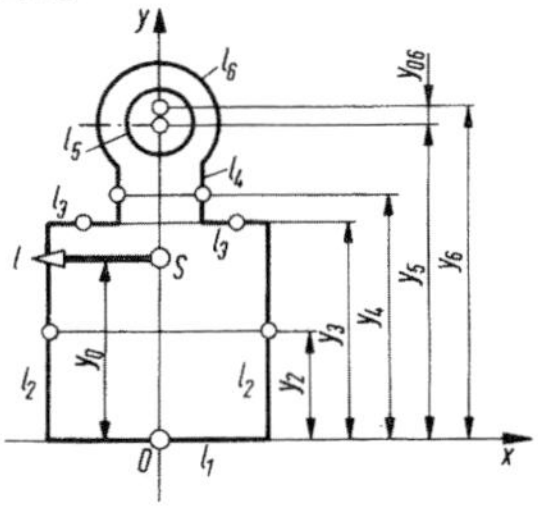

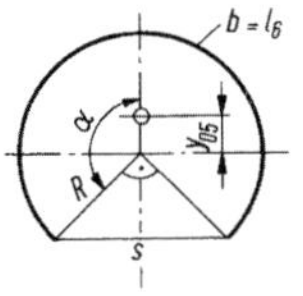

Linienlängen $l_{1\text{-}6}$

$l_1 = 18\,\text{mm}$

$l_2 = 2 \cdot 18\,\text{mm} = 36\,\text{mm}$

$$l_3 = \frac{(18-7)\,\text{mm}}{2} \cdot 2 = 11\,\text{mm}$$

$l_4 = 2 \cdot 4{,}5\,\text{mm} = 9\,\text{mm}$

$l_5 = \pi \cdot 5\,\text{mm} = 15{,}71\,\text{mm}$

$$l_6 = \pi \cdot 10\,\text{mm} \cdot \frac{270^\circ}{360^\circ} = 23{,}27\,\text{mm}$$

Schwerpunktsabstände $y_{1\text{-}6}$

$y_1 = 0$

$$y_2 = \frac{l_2}{2} = \frac{18\,\text{mm}}{2} = 9\,\text{mm}$$

$y_3 = 18\,\text{mm}$

$$y_4 = \left(18 + \frac{4{,}5}{2}\right)\text{mm} = 20{,}25\,\text{mm}$$

$y_5 = 26\,\text{mm}$

y_6 (siehe Bild zur Länge l_6)

$y_6 = 26\,\text{mm} + y_{06}$

$$y_{06} = \frac{R \sin\alpha \cdot 180^\circ}{\pi \alpha^\circ}$$

$$y_{06} = \frac{5\,\text{mm} \cdot \sin 135^\circ \cdot 180^\circ}{\pi \cdot 135^\circ} = 1{,}5\,\text{mm}$$

$y_6 = (26 + 1{,}5)\,\text{mm} = 27{,}5\,\text{mm}$

Schwerpunktsabstand y_0

Zusammenfassung der Ergebnisse:

n	l_n [mm]	y_n [mm]	$l_n\,y_n$ [mm²]
1	18	0	0
2	36	9	324
3	11	18	198
4	9	20,25	182,25
5	15,71	26	408,46
6	23,56	27,5	647,9
	$\Sigma l_n = 113{,}27$		$\Sigma l_n\,y_n = 1760{,}61$

$l\,y_0 = \Sigma l_n\,y_n$

$$y_0 = \frac{\Sigma l_n\,y_n}{\Sigma l_n} = \frac{1760{,}61\,\text{mm}^2}{113{,}27\,\text{mm}} = 15{,}54\,\text{mm}$$

234.

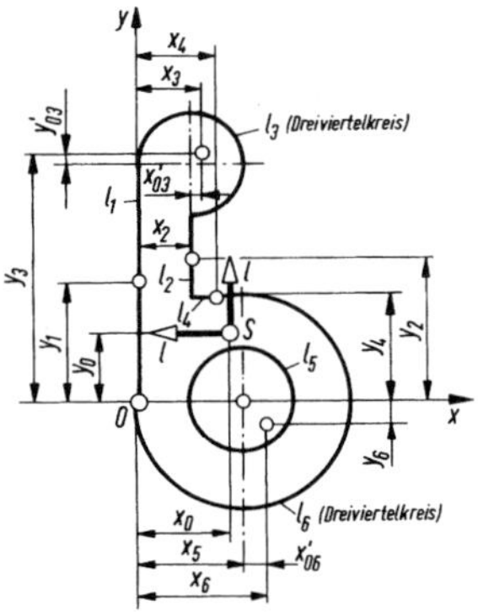

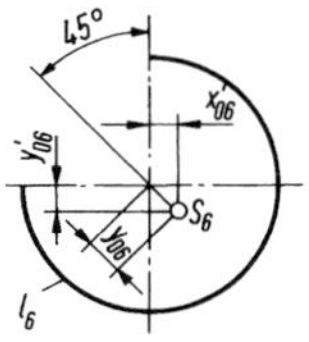

Linienlängen $l_{1\text{-}6}$

$l_1 = 18\,\text{mm}$

$$l_2 = \left(18 - \frac{16}{2} - \frac{8}{2}\right)\text{mm} = 6\,\text{mm}$$

$$l_3 = \pi \cdot 8\,\text{mm} \cdot \frac{270^\circ}{360^\circ} = 18{,}85\,\text{mm}$$

$$l_4 = \left(16 - \frac{16}{2} - \frac{8}{2}\right)\text{mm} = 4\,\text{mm}$$

$l_5 = \pi \cdot 8\,\text{mm} = 25{,}13\,\text{mm}$

$$l_6 = \pi \cdot 16\,\text{mm} \cdot \frac{270^\circ}{360^\circ} = 37{,}7\,\text{mm}$$

Schwerpunktsabstände $x_{1\text{-}6}$, $y_{1\text{-}6}$

$$x_1 = 0,\ y_1 = \frac{18\,\text{mm}}{2} = 9\,\text{mm}$$

$$x_2 = 4\,\text{mm},\ y_2 = \frac{16\,\text{mm}}{2} + \frac{l_2}{2} = 11\,\text{mm}$$

x_3, y_3 (siehe Bild zur Länge l_6)

$$y_{03} = \frac{R \sin\alpha \cdot 180^\circ}{\pi \alpha^\circ} = \frac{R \sin 135^\circ \cdot 180^\circ}{\pi \cdot 135^\circ} \quad \text{(F + T, 2.3)}$$

$y_{03} = 0{,}3001\,R = 0{,}3001 \cdot 4\,\text{mm} = 1{,}2\,\text{mm}$

$y'_{03} = x'_{03} = y_{03} \cdot \sin 45^\circ = 1{,}2\,\text{mm} \cdot \sin 45^\circ = 0{,}8485\,\text{mm}$

$x_3 = 4\,\text{mm} + x'_{03} = (4 + 0{,}8485)\,\text{mm} = 4{,}849\,\text{mm}$

$y_3 = 18\,\text{mm} + y'_{03} = (18 + 0{,}8485)\,\text{mm} = 18{,}849\,\text{mm}$

$$x_4 = 4\,\text{mm} + \frac{l_4}{2} = 6\,\text{mm},\ y_4 = \frac{16\,\text{mm}}{2} = 8\,\text{mm}$$

$$x_5 = \frac{16\,\text{mm}}{2} = 8\,\text{mm},\ y_5 = 0$$

x_6, y_6 (siehe Bild zur Länge l_6)

$$y_{06} = \frac{R \sin\alpha \cdot 180^\circ}{\alpha^\circ \pi} = \frac{R \sin 135^\circ \cdot 180^\circ}{\pi \cdot 135^\circ} \quad \text{(F + T, 2.3)}$$

$y_{06} = 0{,}3001\,R = 0{,}3001 \cdot 8\,\text{mm} = 2{,}4\,\text{mm}$

$y'_{06} = x'_{06} = y_{06} \cdot \sin 45^\circ = 2{,}4\,\text{mm} \cdot \sin 45^\circ = 1{,}697\,\text{mm}$

$x_6 = 8\,\text{mm} + x'_{06} = 8\,\text{mm} + 1{,}697\,\text{mm} = 9{,}697\,\text{mm}$

$y_6 = y'_{06} = 1{,}697\,\text{mm}$

Schwerpunktsabstand x_0, y_0

Zusammenfassung der Ergebnisse:

n	$l_n\,[\text{mm}]$	$x_n\,[\text{mm}]$	$y_n\,[\text{mm}]$	$l_n x_n\,[\text{mm}^2]$	$l_n y_n\,[\text{mm}^2]$
1	18	0	9	0	162
2	6	4	11	24	66
3	18,85	4,849	18,849	91,4	355,3
4	4	6	8	24	32
5	25,13	8	0	201,04	0
6	37,7	9,697	1,697	365,6	-64
	$\Sigma l_n = 109{,}68$			$\Sigma l_n x_n = 706{,}04$	$\Sigma l_n y_n = 551{,}3$

Hinweis:
Der Schwerpunkt des Dreiviertelkreises l_6 liegt unterhalb der x – Achse. Dadurch wird das Längenmoment $l_6\,y_6$ negativ (rechtsdrehend).

$l\,x_0 = \Sigma l_n\,x_n$

$$x_0 = \frac{\Sigma l_n\,x_n}{\Sigma l_n} = \frac{706{,}04\,\text{mm}^2}{109{,}68\,\text{mm}} = 6{,}44\,\text{mm}$$

$l\,y_0 = \Sigma l_n\,y_n$

$$y_0 = \frac{\Sigma l_n\,y_n}{\Sigma l_n} = \frac{551{,}3\,\text{mm}^2}{109{,}68\,\text{mm}} = 5{,}03\,\text{mm}$$

235.

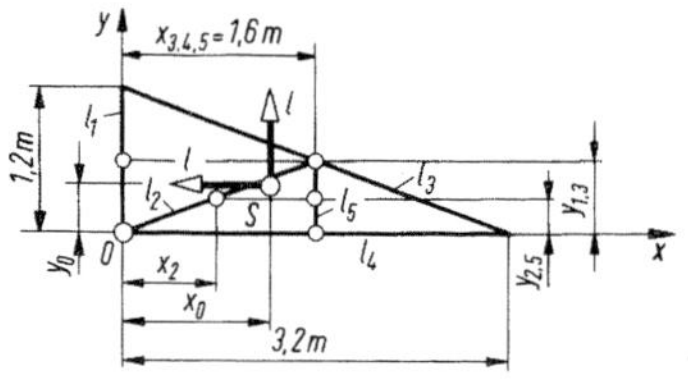

Linienlängen $l_{1\text{-}5}$

$l_1 = 1{,}2\,\text{m}$

$$l_2 = \sqrt{(1{,}6\,\text{m})^2 + \left(\frac{1{,}2\,\text{m}}{2}\right)^2} = 1{,}7088\,\text{m}$$

$$l_3 = \sqrt{(3{,}2\,\text{m})^2 + (1{,}2\,\text{m})^2} = 3{,}4176\,\text{m}$$

$l_4 = 3{,}2\,\text{m}$

$$l_5 = \frac{l_1}{2} = \frac{1{,}2\,\text{m}}{2} = 0{,}6\,\text{m}$$

Schwerpunktsabstände $x_{1\text{-}5}$, $y_{1\text{-}5}$

$x_1 = 0,\ y_1 = 0{,}6\,\text{m}$

$$x_2 = \frac{1{,}6\,\text{m}}{2} = 0{,}8\,\text{m},\ y_2 = \frac{\frac{1{,}2\,\text{m}}{2}}{2} = \frac{1{,}2\,\text{m}}{4} = 0{,}3\,\text{m}$$

$$x_3 = 1{,}6\,\text{m},\ y_3 = \frac{1{,}2\,\text{m}}{2} = 0{,}6\,\text{m}$$

$x_4 = 1{,}6\,\text{m},\ y_4 = 0$

$x_5 = 1{,}6\,\text{m},\ y_5 = y_2 = 0{,}3\,\text{m}$

Schwerpunktsabstand x_0, y_0

Zusammenfassung der Ergebnisse:

n	$l_n\,[\text{m}]$	$x_n\,[\text{m}]$	$y_n\,[\text{m}]$	$l_n x_n\,[\text{m}^2]$	$l_n y_n\,[\text{m}^2]$
1	1,2	0	0,6	0	0,72
2	1,7088	0,8	0,3	1,367	0,5126
3	3,4176	1,6	0,6	5,4681	2,0506
4	3,2	1,6	0	5,12	0
5	0,6	1,6	0,3	0,96	0,18
	$\Sigma l_n = 10{,}1264$			$\Sigma l_n x_n = 12{,}9151$	$\Sigma l_n y_n = 3{,}4632$

$$l\,x_0 = \Sigma l_n\,x_n$$

$$x_0 = \frac{\Sigma l_n\,x_n}{\Sigma l_n} = \frac{12{,}9151\,\text{m}^2}{10{,}1264\,\text{m}} = 1{,}2754\,\text{m}$$

$$l\,y_0 = \Sigma l_n\,y_n$$

$$y_0 = \frac{\Sigma l_n\,y_n}{\Sigma l_n} = \frac{3{,}4632\,\text{m}^2}{10{,}1264\,\text{m}} = 0{,}342\,\text{m}$$

236.

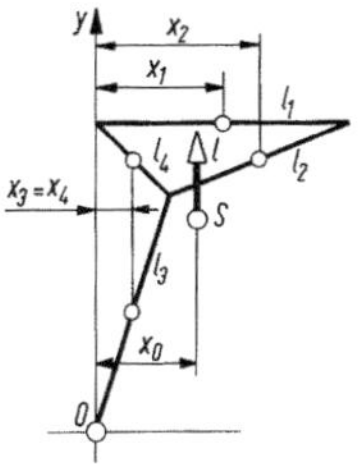

Stablängen $l_{1\text{-}4}$

$$l_1 = 2{,}8\,\text{m}$$

$$l_2 = \sqrt{(2{,}8-0{,}8)^2\,\text{m}^2 + (0{,}8\,\text{m})^2} = 2{,}1541\,\text{m}$$

$$l_3 = \sqrt{(3{,}4-0{,}8)^2\,\text{m}^2 + (0{,}8\,\text{m})^2} = 2{,}7202\,\text{m}$$

$$l_4 = \sqrt{2}\cdot 0{,}8\,\text{m} = 1{,}1314\,\text{m}$$

Schwerpunktsabstände $x_{1\text{-}4}$ der Stäbe 1-4 von der y – Achse

$$x_1 = \frac{l_1}{2} = \frac{2{,}8\,\text{m}}{2} = 1{,}4\,\text{m}$$

$$x_2 = \frac{l_1 - 0{,}8\,\text{m}}{2} + 0{,}8\,\text{m} = \frac{2{,}8\,\text{m} - 0{,}8\,\text{m}}{2} + 0{,}8\,\text{m} = 1{,}8\,\text{m}$$

$$x_3 = x_4 = \frac{0{,}8\,\text{m}}{2} = 0{,}4\,\text{m}$$

Schwerpunktsabstand x_0

Zusammenfassung der Ergebnisse:

n	$l_n\,[\text{m}]$	$x_n\,[\text{m}]$	$l_n\,x_n\,[\text{m}^2]$
1	2,8	1,4	3,92
2	2,1541	1,8	3,8774
3	2,7202	0,4	1,0881
4	1,1314	0,4	0,4526
	$\Sigma l_n = 8{,}8057$		$\Sigma l_n\,y_n = 9{,}3381$

$$l\,x_0 = \Sigma l_n\,x_n$$

$$x_0 = \frac{\Sigma l_n\,x_n}{\Sigma l_n} = \frac{9{,}3381\,\text{m}^2}{8{,}8057\,\text{m}} = 1{,}06\,\text{m}$$

237.

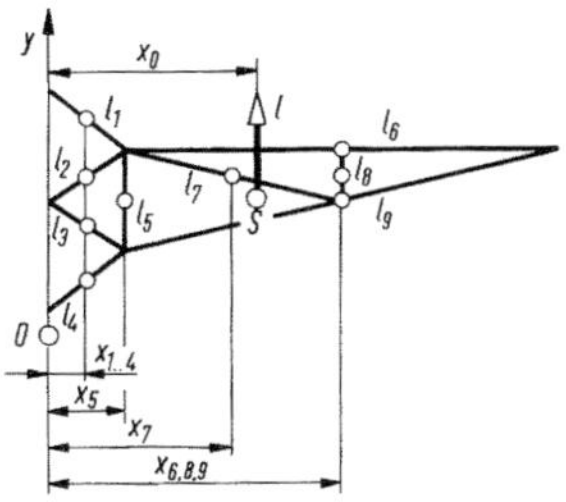

Stablängen $l_{1\text{-}9}$

$$l_1 = \sqrt{(0{,}6\,\text{m})^2 + (0{,}5\,\text{m})^2} = 0{,}781\,\text{m}$$

$$l_2 = \sqrt{(0{,}6\,\text{m})^2 + (0{,}9-0{,}5)^2\,\text{m}^2} = 0{,}721\,\text{m}$$

$l_3 = 0{,}721\,\text{m}$ (Symmetrie zwischen Stab 2 und 3)

$l_4 = 0{,}781\,\text{m}$ (Symmetrie zwischen Stab 1 und 4)

$$l_5 = 0{,}8\,\text{m}$$

$$l_6 = 2\cdot 1{,}8\,\text{m} = 3{,}6\,\text{m}$$

$$l_7 = \sqrt{(1{,}8\,\text{m})^2 + \left(\frac{0{,}8\,\text{m}}{2}\right)^2} = 1{,}844\,\text{m}$$

$$l_8 = \frac{0{,}8\,\text{m}}{2} = 0{,}4\,\text{m}$$

$$l_9 = \sqrt{(2\cdot 1{,}8\,\text{m})^2 + (0{,}8\,\text{m})^2} = 3{,}688\,\text{m}$$

Schwerpunktsabstände $x_{1\text{-}9}$ der Stäbe 1-9 von der y – Achse

$$x_1 = x_2 = x_3 = x_4 = 0{,}3\,\text{m}$$

$$x_5 = 0{,}6\,\text{m}$$

$$x_6 = (1{,}8 + 0{,}6)\,\text{m} = 2{,}4\,\text{m}$$

$$x_7 = \left(0{,}6 + \frac{1{,}8}{2}\right)\text{m} = 1{,}5\,\text{m}$$

$$x_8 = x_6 = x_9 = 2{,}4\,\text{m}$$

Schwerpunktsabstand x_0

Zusammenfassung der Ergebnisse:

n	$l_n\,[\text{m}]$	$x_n\,[\text{m}]$	$l_n\,x_n\,[\text{m}^2]$
1	0,781	0,3	0,2343
2	0,721	0,3	0,2163
3	0,721	0,3	0,2163
4	0,781	0,3	0,2343
5	0,8	0,6	0,48
6	3,6	2,4	8,64
7	1,844	1,5	2,766
8	0,4	2,4	0,96
9	3,688	2,4	8,8512
	$\Sigma l_n = 13{,}34$		$\Sigma l_n\,y_n = 22{,}6$

$$l\,x_0 = \Sigma l_n\,x_n$$

$$x_0 = \frac{\Sigma l_n\,x_n}{\Sigma l_n} = \frac{22{,}6\,\text{m}^2}{13{,}34\,\text{m}} = 1{,}694\,\text{m}$$

238.

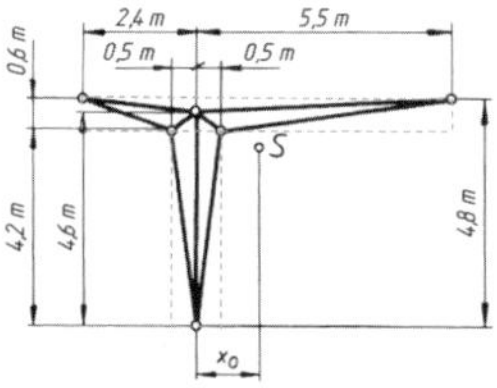

Aufgabenskizze

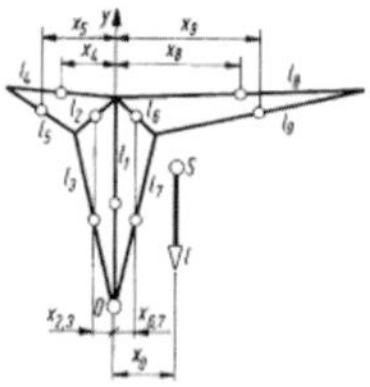

Lösungsskizze

Stablängen $l_{1\text{-}9}$

$l_1 = 4,6\,\text{m}$

$l_2 = \sqrt{(4,6-4,2)^2\,\text{m}^2 + (0,5\,\text{m})^2} = 0,6403\,\text{m}$

$l_3 = \sqrt{(4,2\,\text{m})^2 + (0,5\,\text{m})^2} = 4,2297\,\text{m}$

$l_4 = \sqrt{(2,4\,\text{m})^2 + (4,8-4,6)^2\,\text{m}^2} = 2,4083\,\text{m}$

$l_5 = \sqrt{(2,4-0,5)^2\,\text{m}^2 + (0,6\,\text{m})^2} = 1,9925\,\text{m}$

$l_6 = l_2 = 0,6403\,\text{m}$

$l_7 = l_3 = 4,2297\,\text{m}$

$l_8 = \sqrt{(5,5\,\text{m})^2 + (0,2\,\text{m})^2} = 5,5036\,\text{m}$

$l_9 = \sqrt{(5,5-0,5)^2\,\text{m}^2 + (4,8-4,2)^2\,\text{m}^2} = 5,0358\,\text{m}$

Schwerpunktsabstände $x_{1\text{-}9}$ der Stäbe 1-9 von der y – Achse

$x_1 = 0$

$x_2 = x_3 = x_6 = x_7 = \frac{0,5\,\text{m}}{2} = 0,25\,\text{m}$

$x_4 = \frac{2,4\,\text{m}}{2} = 1,2\,\text{m}$

$x_5 = \left(\frac{2,4-0,5}{2}\right)\text{m} + 0,5\,\text{m} = 1,45\,\text{m}$

$x_8 = \frac{5,5\,\text{m}}{2} = 2,75\,\text{m}$

$x_9 = \left(\frac{5,5-0,5}{2}\right)\text{m} + 0,5\,\text{m} = 3\,\text{m}$

Schwerpunktsabstand x_0

Zusammenfassung der Ergebnisse:

n	$l_n\,[\text{m}]$	$x_n\,[\text{m}]$	$l_n\,x_n\,[\text{m}^2]$
1	4,6	0	0
2	0,6403	0,25	0,16
3	4,2297	0,25	1,0574
4	2,4083	1,2	2,89
5	1,9925	1,45	2,8891
6	0,6403	0,25	-0,16
7	4,2297	0,25	-1,0574
8	5,5036	2,75	-15,1349
9	5,0358	3	-15,1074
	$\Sigma l_n = 29,2802$		$\Sigma l_n\,y_n = -24,4632$

Hinweis:
Die Längenmomente der Längen l_6 bis l_9 sind rechtsdrehend, also negativ. Dasselbe gilt auch für das Moment der Gesamtlänge.

$-l\,x_0 = \Sigma l_n\,x_n$

$x_0 = \frac{\Sigma l_n\,x_n}{-\Sigma l_n} = \frac{-24,4632\,\text{m}^2}{-29,2802\,\text{m}} = 0,8355\,\text{m}$

Guldin'sche Regeln

Guldin'sche Oberflächenregel

239.

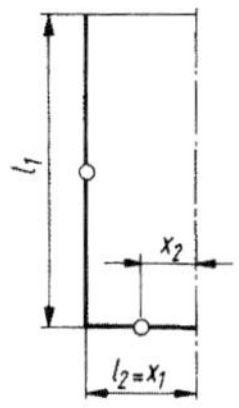

Linienlängen $l_{1\text{-}2}$

$l_1 = 865\,\text{mm}$

$l_2 = \frac{d}{2} = \frac{420\,\text{mm}}{2} = 210\,\text{mm}$

Schwerpunktsabstände $x_{1\text{-}2}$

$x_1 = \frac{d}{2} = \frac{420\,\text{mm}}{2} = 210\,\text{mm}$

$x_2 = \frac{\frac{d}{2}}{2} = \frac{d}{4} = \frac{420\,\text{mm}}{4} = 105\,\text{mm}$

Oberfläche A

$A = A_1 + A_2 = 2\pi\Sigma l_n\,x_n$

$A = 2\pi(l_1 x_1 + l_2 x_2)$

$A = 2\pi(865\cdot 210 + 210\cdot 105)\,\text{mm}^2$

$A = 1279885\,\text{mm}^2 = 1,2799\,\text{m}^2$

240.

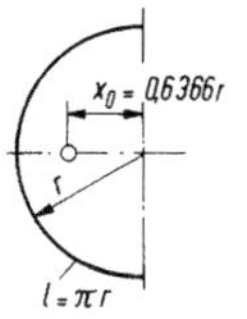

Linienlänge l_1

$l = \pi\cdot r$ (F + T, 2.3)

$l = \pi\cdot\frac{d}{2} = \pi\cdot\frac{125\,\text{mm}}{2} = 196,3\,\text{mm}$

Schwerpunktsabstand x_1

$x_0 = 0,6366\cdot r$ (F + T, 2.3)

$x_0 = 0,6366\cdot 62,5\,\text{mm} = 39,8\,\text{mm}$

Oberfläche A

$A = l\,2\pi\,x_0 = 196,3\,\text{mm}\cdot 2\pi\cdot 39,8\,\text{mm}$

$A = 49089\,\text{mm}^2 = 0,0491\,\text{mm}^2$

241.

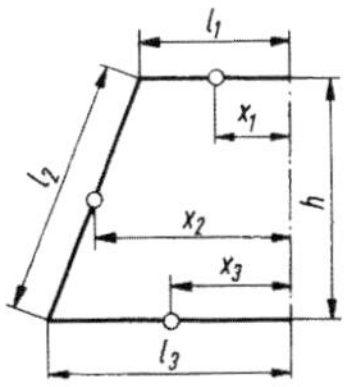

Linienlängen $l_{1\text{-}3}$

$$l_1 = \frac{d}{2} = \frac{500\,\text{mm}}{2} = 250\,\text{mm}$$

$$l_2 = \sqrt{h^2 + (l_3 - l_1)^2}$$

$$l_2 = \sqrt{(400\,\text{mm})^2 + [(400-250)\,\text{mm}]^2}$$

$$l_2 = 427{,}2\,\text{mm}$$

$$l_3 = \frac{D}{2} = \frac{800\,\text{mm}}{2} = 400\,\text{mm}$$

Schwerpunktsabstände $x_{1\text{-}3}$

$$x_1 = \frac{l_1}{2} = \frac{250\,\text{mm}}{2} = 125\,\text{mm}$$

$$x_2 = l_1 + \frac{l_3 - l_1}{2} = 250\,\text{mm} + \frac{(400-250)\,\text{mm}}{2}$$

$$x_2 = 325\,\text{mm}$$

$$x_3 = \frac{l_3}{2} = \frac{400\,\text{mm}}{2} = 200\,\text{mm}$$

Oberfläche A

$$A = A_1 + A_2 + A_3 = 2\pi\Sigma l_n\,x_n$$

$$A = 2\pi(l_1x_1 + l_2x_2 + l_3x_3)$$

$$A = 2\pi(250\cdot 125 + 427{,}2\cdot 325 + 400\cdot 200)\,\text{mm}^2$$

$$A = 1571362\,\text{mm}^2 = 1{,}571\,\text{m}^2$$

242.

a) Oberfläche A

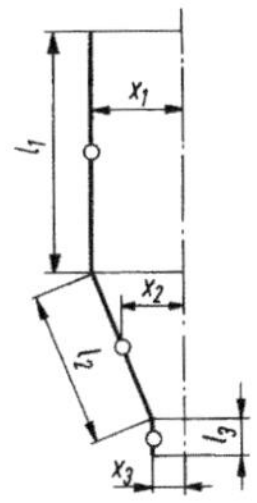

Linienlängen $l_{1\text{-}3}$

$$l_1 = 2100\,\text{mm}$$

$$l_2 = \sqrt{\left[1200^2 + (x_1 - x_3)^2\right]\text{mm}^2}$$

$$l_2 = \sqrt{\left[1200^2 + (675-140)^2\right]\text{mm}^2}$$

$$l_2 = 1314\,\text{mm}$$

$$l_3 = 180\,\text{mm}$$

Schwerpunktsabstände $x_{1\text{-}3}$

$$x_1 = \frac{D}{2} = \frac{1350\,\text{mm}}{2} = 675\,\text{mm}$$

$$x_2 = \frac{x_1 - \frac{d}{2}}{2} + \frac{d}{2} = \frac{2x_1 - d + 2d}{4}$$

$$x_2 = \frac{2x_1 + d}{4} = \frac{(2\cdot 675 + 280)\,\text{mm}}{4}$$

$$x_2 = 407{,}5\,\text{mm}$$

$$x_3 = \frac{d}{2} = \frac{280\,\text{mm}}{2} = 140\,\text{mm}$$

Oberfläche A

$$A = A_1 + A_2 + A_3 = 2\pi\Sigma l_n\,x_n$$

$$A = 2\pi(l_1x_1 + l_2x_2 + l_3x_3)$$

$$A = 2\pi(2100\cdot 675 + 1314\cdot 407{,}5 + 180\cdot 140)\,\text{mm}^2$$

$$A = 12429114\,\text{mm}^2 = 12{,}429\,\text{m}^2$$

b) $m = V\varrho = A s \varrho$

$$m = 12{,}429\,\text{m}^2\cdot 3\cdot 10^{-3}\,\text{m}\cdot 7850\,\frac{\text{kg}}{\text{m}^3} = 292{,}7\,\text{kg}$$

243.

a) Oberfläche A

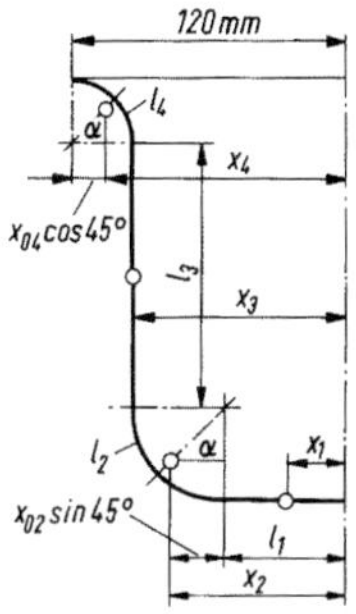

Linienlängen $l_{1\text{-}4}$

$$l_1 = \frac{d_{220}}{2} - R_{20} = \frac{220\,\text{mm}}{2} - 20\,\text{mm} = 90\,\text{mm}$$

$$l_2 = \frac{\pi}{2}\cdot R_{20} = \frac{\pi}{2}\cdot 20\,\text{mm} = 31{,}42\,\text{mm}$$

$$l_3 = l_{175} - R_{20} - R_{10} = (175-20-10)\,\text{mm}$$

$$l_3 = 145\,\text{mm}$$

$$l_4 = \frac{\pi}{2}\cdot R_{10} = \frac{\pi}{2}\cdot 10\,\text{mm} = 15{,}71\,\text{mm}$$

Schwerpunktsabstände $x_{1\text{-}4}$

$$x_1 = \frac{l_1}{2} = \frac{90\,\text{mm}}{2} = 45\,\text{mm}$$

$$x_2 = l_1 + x_{02}\cdot\sin 45°$$

$$x_{02} = 0{,}9003\cdot R_{20} \quad (\text{F + T, 2.3})$$

$$x_{02} = 0{,}9003\cdot 20\,\text{mm} = 18\,\text{mm}$$

$$x_2 = 90\,\text{mm} + 18\,\text{mm}\cdot\sin 45° = 102{,}73\,\text{mm}$$

$$x_3 = \frac{d_{220}}{2} = \frac{220\,\text{mm}}{2} = 110\,\text{mm}$$

$$x_4 = 120\,\text{mm} - x_{04} \cdot \cos 45^\circ$$

$$x_{04} = 0{,}9003 \cdot R_{10}$$

$$x_{04} = 0{,}9003 \cdot 10\,\text{mm} = 9\,\text{mm}$$

$$x_4 = 120\,\text{mm} - 9\,\text{mm} \cdot \cos 45^\circ = 113{,}64\,\text{mm}$$

Oberfläche A

$$A = A_1 + A_2 + A_3 + A_4 = 2\pi \Sigma l_n\, x_n$$

$$A = 2\pi\left(l_1 x_1 + l_2 x_2 + l_3 x_3 + l_4 x_4\right)$$

$$A = 2\pi(90 \cdot 45 + 31{,}42 \cdot 102{,}73 + $$

$$+ 145 \cdot 110 + 15{,}71 \cdot 113{,}64)\,\text{mm}^2$$

$$A = 157162\,\text{mm}^2 = 0{,}1572\,\text{m}^2$$

b) Masse m des Napfs

$$m = m' A = 2{,}6 \frac{\text{kg}}{\text{m}^2} \cdot 0{,}1572\,\text{m}^2 = 0{,}4087\,\text{kg}$$

244.

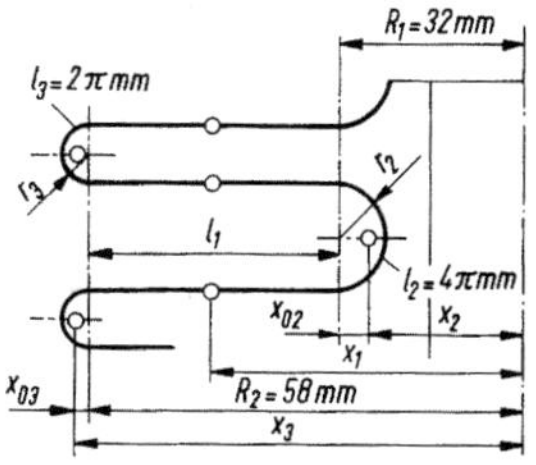

Linienlängen $l_{1\text{-}3}$

$$10 l_1 = 10\left(R_2 - R_1\right)$$

$$R_1 = \frac{d_{56}}{2} + r_2 = \frac{56\,\text{mm}}{2} + 4\,\text{mm} = 32\,\text{mm}$$

$$R_2 = \frac{d_{120}}{2} - r_3 = \frac{120\,\text{mm}}{2} - 2\,\text{mm} = 58\,\text{mm}$$

$$10 l_1 = 10\left(58 - 32\right)\text{mm} = 260\,\text{mm}$$

$$5 l_2 = 5 \cdot \pi \cdot r_2 = 5 \cdot \pi \cdot 4\,\text{mm} = 62{,}83\,\text{mm}$$

$$5 l_3 = 5 \cdot \pi \cdot r_3 = 5 \cdot \pi \cdot 2\,\text{mm} = 31{,}42\,\text{mm}$$

Schwerpunktsabstände $x_{1\text{-}3}$

$$x_1 = \frac{l_1}{2} + R_1 = \frac{26\,\text{mm}}{2} + 32\,\text{mm} = 45\,\text{mm}$$

$$x_2 = R_1 - x_{02}$$

$$x_{02} = 0{,}6366 \cdot r_2 \quad (\text{F} + \text{T}, 2.3)$$

$$x_{02} = 0{,}6366 \cdot 4\,\text{mm} = 2{,}546\,\text{mm}$$

$$x_2 = \left(32 - 2{,}546\right)\text{mm} = 29{,}454\,\text{mm}$$

$$x_3 = R_2 + x_{03}$$

$$x_{03} = 0{,}6366 \cdot r_3 = 0{,}6366 \cdot 2\,\text{mm} = 1{,}273\,\text{mm}$$

$$x_3 = \left(58 + 1{,}273\right)\text{mm} = 59{,}273\,\text{mm}$$

Oberfläche A

$$A = A_1 + A_2 + A_3 = 2\pi \Sigma l_n\, x_n$$

$$A = 2\pi\left(10 l_1 x_1 + 5 l_2 x_2 + 5 l_3 x_3\right)$$

$$A = 2\pi(260 \cdot 45 + 62{,}83 \cdot 29{,}454 + $$

$$+ 31{,}42 \cdot 59{,}273)\,\text{mm}^2$$

$$A = 96842\,\text{mm}^2 = 0{,}09684\,\text{m}^2$$

245.

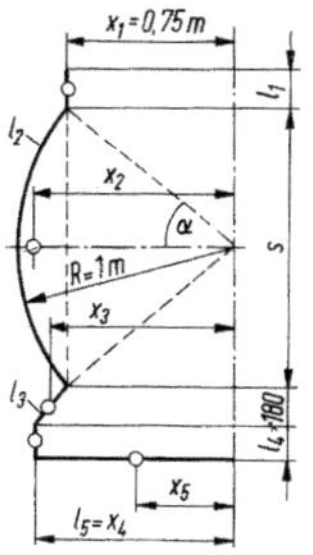

Linienlängen $l_{1\text{-}5}$

$$l_1 = 0{,}16\,\text{m}$$

$$l_2 = \frac{2 R \alpha^\circ \pi}{180^\circ} \quad (\text{F} + \text{T}, 2.3)$$

$$\alpha^\circ = \arcsin \frac{s}{2R} = \arcsin \frac{1{,}322\,\text{m}}{2 \cdot 1\,\text{m}} = 41{,}38^\circ$$

$$l_2 = \frac{2\pi \cdot 1\,\text{m} \cdot 41{,}38^\circ}{180^\circ} = 1{,}444\,\text{m}$$

$$l_3 = \sqrt{\left(\frac{1{,}8 - 1{,}5}{2}\right)^2 \text{m}^2 + \left(0{,}18\right)^2 \text{m}^2} = 0{,}2343\,\text{m}$$

$$l_4 = 0{,}12\,\text{m}$$

$$l_5 = \frac{1{,}8\,\text{m}}{2} = 0{,}9\,\text{m}$$

Schwerpunktsabstände $x_{1\text{-}5}$

$$x_1 = \frac{1{,}5\,\text{m}}{2} = 0{,}75\,\text{mm}$$

$$x_2 = \frac{R s}{b} = \frac{R s}{l_2} \quad (\text{F} + \text{T}, 2.3)$$

$$x_2 = \frac{\left(1 \cdot 1{,}322\right)\text{m}^2}{1{,}444\,\text{m}} = 0{,}9155\,\text{m}$$

$$x_3 = x_1 + \frac{l_5 - x_1}{2} = 0{,}75\,\text{m} + \frac{(0{,}9 - 0{,}75)\,\text{m}}{2} = 0{,}825\,\text{m}$$

$$x_4 = l_5 = 0{,}9\,\text{m}$$

$$x_5 = \frac{l_5}{2} = \frac{0{,}9\,\text{m}}{2} = 0{,}45\,\text{m}$$

Oberfläche A

$$A = A_1 + A_2 + A_3 + A_4 + A_5 = 2\pi \Sigma l_n\, x_n$$

$$A = 2\pi\left(l_1 x_1 + \ldots + l_5 x_5\right)$$

$$A = 2\pi(0{,}16 \cdot 0{,}75 + 1{,}444 \cdot 0{,}9155 + $$

$$+ 0{,}2343 \cdot 0{,}825 + 0{,}12 \cdot 0{,}9 + 0{,}9 \cdot 0{,}45)\,\text{m}^2$$

$$A = 13{,}498\,\text{m}^2$$

Guldin'sche Volumenregel

246.

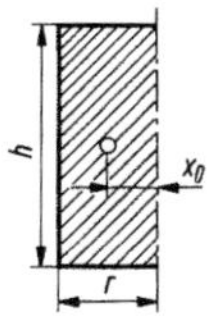

Fläche A

$$\frac{d}{2} = r = \frac{360\,\text{mm}}{2} = 180\,\text{mm}, h = 680\,\text{mm}$$

$$A = r \cdot h = (180 \cdot 680)\,\text{mm}^2 = 122400\,\text{mm}^2$$

Schwerpunktsabstand x_0

$$x_0 = \frac{r}{2} = \frac{180\,\text{mm}}{2} = 90\,\text{mm}$$

Volumen V

$$V = 2\pi A x_0$$

$$V = 2\pi \cdot (122400 \cdot 90)\,\text{mm}^3$$

$$V = 69215569\,\text{mm}^3 = 0{,}069216\,\text{m}^3$$

247.

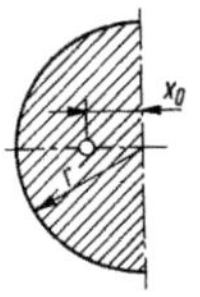

Fläche A

$$\frac{d}{2} = r = \frac{450\,\text{mm}}{2} = 225\,\text{mm}$$

$$A = \frac{\pi}{2} \cdot r^2 = \frac{\pi}{2} \cdot (225\,\text{mm})^2 = 79522\,\text{mm}^2$$

Schwerpunktsabstand x_0

$$x_0 = 0{,}4244 \cdot r \quad (\text{F} + \text{T}, 2.2)$$

$$x_0 = 0{,}4244 \cdot 225\,\text{mm} = 95{,}5\,\text{mm}$$

Volumen V

$$V = 2\pi A x_0$$

$$V = 2\pi \cdot (79522 \cdot 95{,}5)\,\text{mm}^3$$

$$V = 47716715\,\text{mm}^3 = 0{,}04772\,\text{m}^3$$

248.

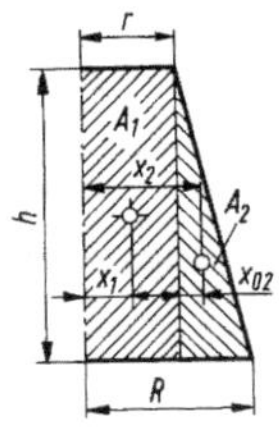

Teilflächen $A_{1,2}$

$$\frac{d}{2} = r = \frac{100\,\text{mm}}{2} = 50\,\text{mm}, \frac{D}{2} = R = \frac{180\,\text{mm}}{2} = 90\,\text{mm}$$

$$h = 680\,\text{mm}$$

$$A_1 = r \cdot h = (50 \cdot 160)\,\text{mm}^2 = 8000\,\text{mm}^2$$

$$A_2 = \frac{1}{2}(R - r)h = \frac{1}{2}(90 - 50)\,\text{mm} \cdot 160\,\text{mm}$$

$$A_2 = 3200\,\text{mm}^2$$

Schwerpunktsabstände $x_{1,2}$

$$x_1 = \frac{r}{2} = \frac{50\,\text{mm}}{2} = 25\,\text{mm}$$

$$x_2 = r + x_{02}$$

$$x_{02} = \frac{R - r}{3} \quad (\text{F} + \text{T}, 2.2)$$

$$x_{02} = \frac{(90 - 50)\,\text{mm}}{3} = 13{,}33\,\text{mm}$$

$$x_2 = (50 + 13{,}33)\,\text{mm} = 63{,}33\,\text{mm}$$

Volumen V

$$V = V_1 + V_2 = 2\pi \Sigma A_n x_n$$

$$V = 2\pi \cdot (A_1 x_1 + A_2 x_2)$$

$$V = 2\pi \cdot (8000 \cdot 25 + 3200 \cdot 63{,}33)\,\text{mm}^3$$

$$V = 2529962\,\text{mm}^3 = 2530\,\text{cm}^3$$

249.

a) Volumen V

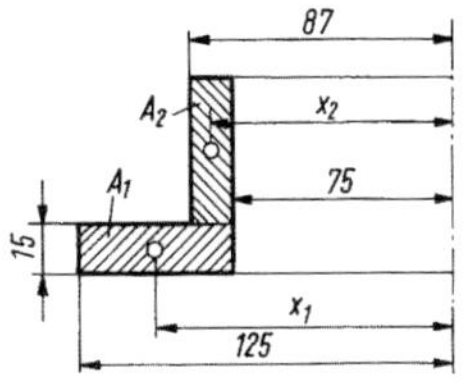

Teilflächen $A_{1,2}$

$$A_1 = (125 - 75)\,\text{mm} \cdot 15\,\text{mm} = 750\,\text{mm}^2$$

$$A_2 = (87 - 75)\,\text{mm} \cdot (65 - 15)\,\text{mm} = 600\,\text{mm}^2$$

Schwerpunktsabstände $x_{1,2}$

$$x_1 = \frac{(125 - 75)\,\text{mm}}{2} + 75\,\text{mm} = 100\,\text{mm}$$

$$x_2 = \frac{(87 - 75)\,\text{mm}}{2} + 75\,\text{mm} = 81\,\text{mm}$$

Volumen V **des Flanschs**

$$V = V_1 + V_2 = 2\pi \Sigma A_n x_n$$

$$V = 2\pi \cdot (A_1 x_1 + A_2 x_2)$$

$$V = 2\pi \cdot (750 \cdot 100 + 600 \cdot 81)\,\text{mm}^3$$

$$V = 776602\,\text{mm}^3 = 0{,}7766 \cdot 10^{-3}\,\text{m}^3$$

b) Masse m

$$m = V\rho = 0{,}7766 \cdot 10^{-3}\,\frac{\text{kg}}{\text{m}^3} = 6{,}096\,\text{kg}$$

250.

a) Volumen V

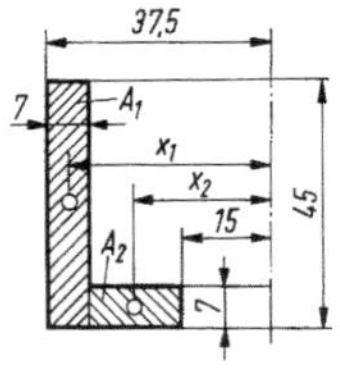

Teilflächen $A_{1,2}$

$$A_1 = (45 \cdot 7)\,\text{mm}^2 = 315\,\text{mm}^2$$

$$A_2 = (37{,}5 - 7 - 15)\,\text{mm} \cdot 7\,\text{mm}$$

$$A_2 = (15{,}5 \cdot 7)\,\text{mm}^2 = 108{,}5\,\text{mm}^2$$

Schwerpunktsabstände $x_{1,2}$

$$x_1 = \left(37{,}5 - \frac{7}{2}\right)\text{mm} = 34\,\text{mm}$$

$$x_2 = \left(15 + \frac{15{,}5}{2}\right)\text{mm} = 22{,}75\,\text{mm}$$

Volumen V der Topfmanschette

$$V = V_1 + V_2 = 2\pi\Sigma A_n\,x_n$$

$$V = 2\pi\cdot(A_1x_1 + A_2x_2)$$

$$V = 2\pi\cdot(315\cdot 34 + 108{,}5\cdot 22{,}75)\,\text{mm}^3$$

$$V = 82802\,\text{mm}^3 = 82{,}8\,\text{cm}^3 = 0{,}0828\cdot 10^{-3}\,\text{m}^3$$

b) Masse m

$$m = V\rho = 0{,}0828\cdot 10^{-3}\,\text{m}^3\cdot 1{,}2\cdot 10^3\,\frac{\text{kg}}{\text{m}^3}$$

$$m = 0{,}09936\,\text{kg} = 99{,}36\,\text{g}$$

251.

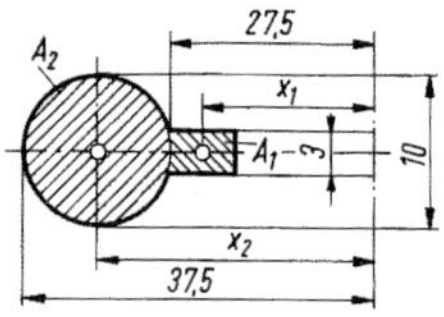

a) Volumen V der Dichtung

Teilflächen $A_{1,2}$

Die Fläche A_1 kann als Rechteck angesehen werden.

$$A_1 = (27{,}7 - 22{,}5)\,\text{mm}\cdot 3\,\text{mm} = (5\cdot 3)\,\text{mm}^2 = 15\,\text{mm}^2$$

$$A_2 = \frac{\pi}{4}d^2 = \frac{\pi}{4}(10\,\text{mm})^2 = 78{,}54\,\text{mm}^2$$

Schwerpunktsabstände $x_{1,2}$

$$x_1 = \frac{5\,\text{mm}}{2} + 22{,}5\,\text{mm} = 25\,\text{mm}$$

$$x_2 = \frac{(75 - 2\cdot 5)\,\text{mm}}{2} = 32{,}5\,\text{mm}$$

Volumen V

$$V = V_1 + V_2 = 2\pi\Sigma A_n\,x_n$$

$$V = 2\pi\cdot(A_1x_1 + A_2x_2)$$

$$V = 2\pi\cdot(15\cdot 25 + 78{,}54\cdot 32{,}5)\,\text{mm}^3$$

$$V = 18394\,\text{mm}^3 = 18{,}394\,\text{cm}^3 = 18{,}394\cdot 10^{-6}\,\text{m}^3$$

b) Masse m

$$m_{\text{ges}} = V\rho n = 18{,}394\cdot 10^{-6}\,\text{m}^3\cdot 1{,}15\cdot 10^3\,\frac{\text{kg}}{\text{m}^3}\cdot 10^2$$

$$m_{\text{ges}} = 2{,}115\,\text{kg}$$

252.

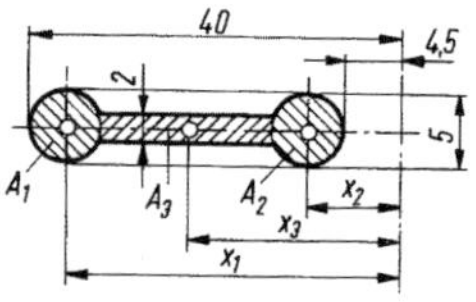

Teilflächen $A_{1\text{-}3}$

Die Fläche A_1 darf als Rechteck angesehen werden.

$$A_1 = A_2 = \frac{\pi}{4}(5\,\text{mm})^2 = 19{,}63\,\text{mm}^2$$

$$A_3 = (40 - 4{,}5 - 2\cdot 5)\,\text{mm}\cdot 2\,\text{mm} = (25{,}5\cdot 2)\,\text{mm}$$

$$A_3 = 51\,\text{mm}^2$$

Schwerpunktsabstände $x_{1\text{-}3}$

$$x_1 = (40 - 2{,}5)\,\text{mm} = 37{,}5\,\text{mm}$$

$$x_2 = (4{,}5 + 2{,}5)\,\text{mm} = 7\,\text{mm}$$

$$x_3 = \left(\frac{25{,}5}{2} + 5 + 4{,}5\right)\text{mm} = 22{,}25\,\text{mm}$$

Volumen V der Kunststoffmembran

$$V = V_1 + V_2 + V_3 = 2\pi\Sigma A_n\,x_n$$

$$V = 2\pi\cdot(A_1x_1 + A_2x_2 + A_3x_3)$$

$$V = 2\pi\cdot(19{,}63\cdot 37{,}5 + 19{,}63\cdot 7 + 51\cdot 22{,}25)\,\text{mm}^3$$

$$V = 12618{,}4\,\text{mm}^3 = 12{,}62\,\text{cm}^3$$

253.

a) Volumen V der Dichtung

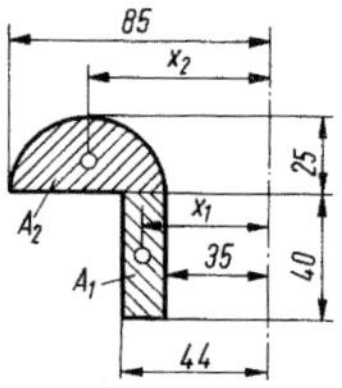

Teilflächen $A_{1,2}$

$$A_1 = [40\cdot(44 - 35)]\,\text{mm}^2 = (40\cdot 9)\,\text{mm}^2 = 360\,\text{mm}^2$$

$$A_2 = \frac{\pi}{8}(85 - 35)^2\,\text{mm}^2 = \frac{\pi}{8}(50\,\text{mm})^2\,\text{mm}^2 = 981{,}7\,\text{mm}^2$$

Schwerpunktsabstände $x_{1,2}$

$$x_1 = \left(35 + \frac{9}{2}\right)\text{mm} = 39{,}5\,\text{mm}$$

$$x_2 = \left(35 + \frac{50}{2}\right)\text{mm} = 60\,\text{mm}$$

Volumen V

$$V = V_1 + V_2 = 2\pi\Sigma A_n\,x_n$$

$$V = 2\pi\cdot(A_1x_1 + A_2x_2)$$

$$V = 2\pi\cdot(360\cdot 39{,}5 + 981{,}7\cdot 60)\,\text{mm}^3$$

$$V = 459439\,\text{mm}^3 = 459{,}4\,\text{cm}^3 = 0{,}4594\cdot 10^{-3}\,\text{m}^3$$

b) Masse m

$$m_{\text{ges}} = V\rho = 0{,}4594\cdot 10^{-3}\,\text{m}^3\cdot 1{,}35\cdot 10^3\,\frac{\text{kg}}{\text{m}^3}\cdot 10^2$$

$$m_{\text{ges}} = 0{,}6202\,\text{kg}$$

254.

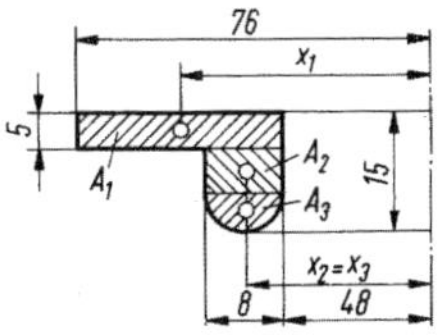

Teilflächen $A_{1\text{-}3}$

$A_1 = (76-48)\,\text{mm} \cdot 5\,\text{mm} = (28 \cdot 5)\,\text{mm}^2 = 140\,\text{mm}^2$

$A_2 = (15-5-4)\,\text{mm} \cdot 8\,\text{mm} = (6 \cdot 8)\,\text{mm}^2 = 48\,\text{mm}^2$

$A_3 = \frac{\pi}{8}(8\,\text{mm})^2 = 25{,}13\,\text{mm}^2$

Schwerpunktsabstände $x_{1\text{-}3}$

$x_1 = \left(48 + \frac{28}{2}\right)\text{mm} = 62\,\text{mm}$

$x_2 = x_3 = \left(48 + \frac{8}{2}\right)\text{mm} = 52\,\text{mm}$

Volumen V

$V = V_1 + V_2 + V_3 = 2\pi \Sigma A_n\, x_n$

$V = 2\pi \cdot (A_1 x_1 + A_2 x_2 + A_3 x_3)$

$V = 2\pi \cdot (140 \cdot 62 + 48 \cdot 52 + 25{,}13 \cdot 52)\,\text{mm}^3$

$V = 78431\,\text{mm}^3 = 78{,}43\,\text{cm}^3$

255.

a) Volumen V

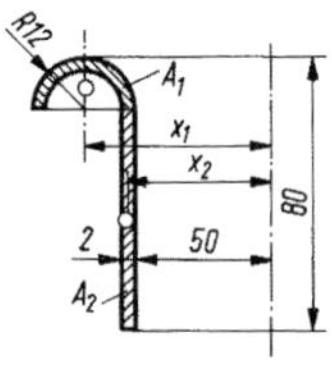

Teilflächen $A_{1,2}$

$A_1 = \frac{\pi}{2}(12^2 - 10^2)\,\text{mm}^2 = 69{,}12\,\text{mm}^2$

$A_2 = (80-12)\,\text{mm} \cdot 2\,\text{mm} = (68 \cdot 2)\,\text{mm}^2 = 136\,\text{mm}^2$

Schwerpunktsabstände $x_{1,2}$

$x_1 = (50+12)\,\text{mm} = 62\,\text{mm}$

$x_2 = (50+1)\,\text{mm} = 51\,\text{mm}$

Volumen V

$V = V_1 + V_2 = 2\pi \Sigma A_n\, x_n$

$V = 2\pi \cdot (A_1 x_1 + A_2 x_2)$

$V = 2\pi \cdot (69{,}12 \cdot 62 + 136 \cdot 51)\,\text{mm}^3$

$V = 70506\,\text{mm}^3 = 70{,}51\,\text{cm}^3 = 0{,}07051 \cdot 10^{-3}\,\text{m}^3$

b) Masse m

$m = V\rho = 0{,}07051 \cdot 10^{-3}\,\text{m}^3 \cdot 8{,}73 \cdot 10^3\,\frac{\text{kg}}{\text{m}^3} = 0{,}616\,\text{kg}$

256.

a) Volumen V

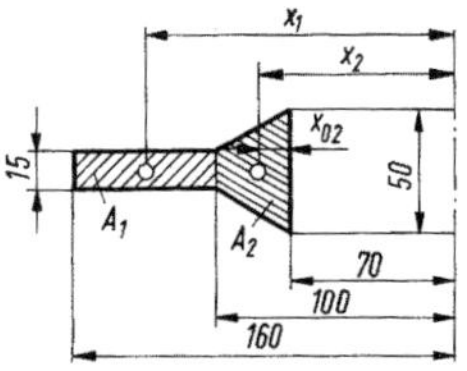

Teilflächen $A_{1,2}$

$A_1 = (160-100)\,\text{mm} \cdot 15\,\text{mm} = (60 \cdot 15)\,\text{mm}^2 = 900\,\text{mm}^2$

$A_2 = \frac{a+b}{2} h = \frac{(50+15)\,\text{mm}}{2} \cdot (100-70)\,\text{mm} = 975\,\text{mm}^2$

Schwerpunktsabstände $x_{1,2}$

$x_1 = \left(100 + \frac{60}{2}\right)\text{mm} = 130\,\text{mm}$

$x_2 = 70\,\text{mm} + x_{02}$

$x_{02} = \frac{h}{3} \cdot \frac{a+2b}{a+b}$ (F + T, 2.2)

$x_{02} = \frac{30\,\text{mm}}{3} \cdot \frac{(50+2 \cdot 15)\,\text{mm}}{(50+15)\,\text{mm}} = 12{,}31\,\text{mm}$

$x_2 = (70+12{,}31)\,\text{mm} = 82{,}31\,\text{mm}$

Volumen V

$V = V_1 + V_2 = 2\pi \Sigma A_n\, x_n$

$V = 2\pi \cdot (A_1 x_1 + A_2 x_2)$

$V = 2\pi \cdot (900 \cdot 130 + 975 \cdot 82{,}31)\,\text{mm}^3$

$V = 1239372\,\text{mm}^3 = 1239\,\text{cm}^3 = 1{,}239 \cdot 10^{-3}\,\text{m}^3$

b) Masse m

$m = V\rho == 1{,}239 \cdot 10^{-3}\,\text{m}^3 \cdot 7{,}3 \cdot 10^3\,\frac{\text{kg}}{\text{m}^3} = 9{,}045\,\text{kg}$

257.

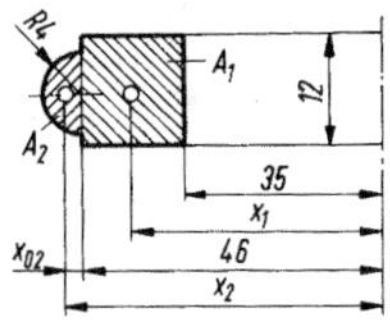

Teilflächen $A_{1,2}$

$A_1 = (46-35)\,\text{mm} \cdot 12\,\text{mm} = (11 \cdot 12)\,\text{mm}^2 = 132\,\text{mm}^2$

$A_2 = \frac{\pi}{2}(4\,\text{mm})^2 = 25{,}13\,\text{mm}^2$

Schwerpunktsabstände $x_{1,2}$

$x_1 = \left(35 + \frac{11}{2}\right)\text{mm} = 40{,}5\,\text{mm}$

$x_2 = 46\,\text{mm} + x_{02}$

$x_{02} = 0{,}4244 \cdot R$ (F + T, 2.2)

$x_{02} = 0{,}4244 \cdot 4\,\text{mm} = 1{,}7\,\text{mm}$

$x_2 = 47{,}7\,\text{mm}$

Volumen V

$V = V_1 + V_2 = 2\pi \Sigma A_n\, x_n$

$V = 2\pi \cdot (A_1 x_1 + A_2 x_2)$

$V = 2\pi \cdot (132 \cdot 40{,}5 + 25{,}13 \cdot 47{,}4)\,\text{mm}^3$

$V = 41122\,\text{mm}^3 = 41{,}12\,\text{cm}^3$

258.

a) Volumen V des Rings

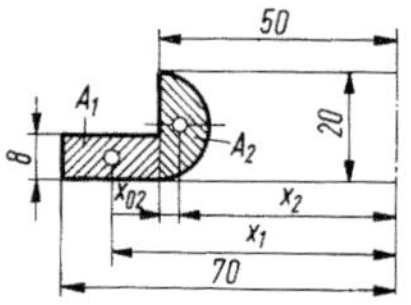

Teilflächen $A_{1,2}$

$A_1 = (70 - 50)\,\text{mm} \cdot 8\,\text{mm} = (20 \cdot 8)\,\text{mm}^2 = 160\,\text{mm}^2$

$A_2 = \frac{\pi}{2} \cdot R^2 = \frac{\pi}{2}(10\,\text{mm})^2 = 157{,}1\,\text{mm}^2$

Schwerpunktsabstände $x_{1,2}$

$x_1 = \left(50 + \frac{20}{2}\right)\text{mm} = 60\,\text{mm}$

$x_2 = 50\,\text{mm} - x_{02}$

$x_{02} = 0{,}4244 \cdot R$ (F + T, 2.2)

$x_{02} = 0{,}4244 \cdot 10\,\text{mm} = 4{,}244\,\text{mm}$

$x_2 = (50 - 4{,}244)\,\text{mm} = 45{,}76\,\text{mm}$

Volumen V

$V = V_1 + V_2 = 2\pi \Sigma A_n\, x_n$

$V = 2\pi \cdot (A_1 x_1 + A_2 x_2)$

$V = 2\pi \cdot (160 \cdot 60 + 157{,}1 \cdot 45{,}76)\,\text{mm}^3$

$V = 105488\,\text{mm}^3 = 105{,}5\,\text{cm}^3 = 0{,}1055 \cdot 10^{-3}\,\text{m}^3$

b) Masse m

$m = V\rho = 0{,}1055 \cdot 10^{-3}\,\text{m}^3 \cdot 2{,}5 \cdot 10^3\,\frac{\text{kg}}{\text{m}^3} \cdot 10^2$

$m = 0{,}2638\,\text{kg}$

259.

a) Volumen V – Behälter randvoll

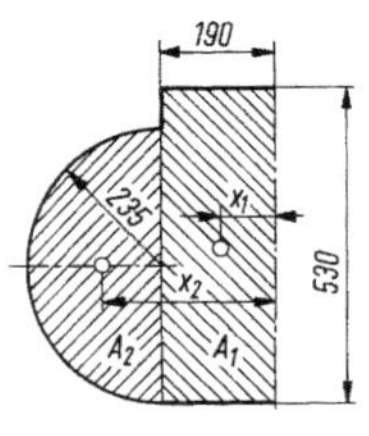

Teilflächen $A_{1,2}$

$A_1 = (190 \cdot 530)\,\text{mm}^2 = 100700\,\text{mm}^2$

$A_2 = \frac{\pi}{2} \cdot R^2 = \frac{\pi}{2}(235\,\text{mm})^2 = 86747\,\text{mm}^2$

Schwerpunktsabstände $x_{1,2}$

$x_1 = \frac{190\,\text{mm}}{2} = 95\,\text{mm}$

$x_2 = 190\,\text{mm} + x_{02}$

$x_{02} = 0{,}4244 \cdot R$ (F + T, 2.2)

$x_{02} = 0{,}4244 \cdot 235\,\text{mm} = 99{,}7\,\text{mm}$

$x_2 = (190 + 99{,}7)\,\text{mm} = 289{,}7\,\text{mm}$

Volumen V

$V = V_1 + V_2 = 2\pi \Sigma A_n\, x_n$

$V = 2\pi \cdot (A_1 x_1 + A_2 x_2)$

$V = 2\pi \cdot (100700 \cdot 95 + 86747 \cdot 289{,}7)\,\text{mm}^3$

$V = 218008346\,\text{mm}^3 = 218\,\text{Liter}$

b) Volumen V_{235} – Behälterfüllhöhe $h = 235$ mm

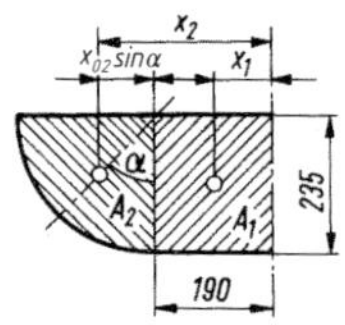

Teilflächen $A_{1,2}$

$A_1 = (190 \cdot 235)\,\text{mm}^2 = 44650\,\text{mm}^2$

$A_2 = \frac{\pi}{4} \cdot R^2 = \frac{\pi}{4}(235\,\text{mm})^2 = 43374\,\text{mm}^2$

Schwerpunktsabstände $x_{1,2}$

$x_1 = \frac{190\,\text{mm}}{2} = 95\,\text{mm}$

$x_2 = 289{,}7\,\text{mm}$

Hinweis:

Der Schwerpunktsabstand $x_2 = 289{,}7$ mm ist genau so groß wie unter a), weil der Halbkreisschwerpunkt auf der Verbindungsgeraden beider Viertelkreisschwerpunkte liegt.

Überprüfung von $x_2 = 289{,}7$ mm:

x_{02} für den Viertelkreis:

$x_{02} = 0{,}6002 \cdot R$ (F + T, 2.2)

$x_{02} = 6002 \cdot 235\,\text{mm} = 141\,\text{mm}$

$x_{02} \sin\alpha = 141\,\text{mm} \cdot \sin 45° = 99{,}7\,\text{mm}$

$x_2 = (190 + 99{,}7)\,\text{mm} = 289{,}7\,\text{mm}$

Volumen V_{235}

$V_{235} = V_{1\,235} + V_{2\,235} = 2\pi \Sigma A_n\, x_n$

$V_{235} = 2\pi \cdot (A_1 x_1 + A_2 x_2)$

$V_{235} = 2\pi \cdot (44650 \cdot 95 + 43374 \cdot 289{,}7)\,\text{mm}^3$

$V_{235} = 105602738\,\text{mm}^3 = 105{,}6\,\text{Liter}$

260.

a) Volumen V des Profilrings

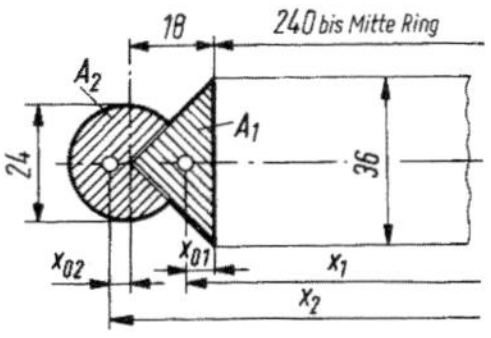

Teilflächen $A_{1,2}$

$$A_1 = \frac{(36 \cdot 18)\,\text{mm}^2}{2} = 324\,\text{mm}^2$$

$$A_2 = \frac{\pi \cdot 270^\circ}{4 \cdot 360^\circ} d^2 = \frac{\pi \cdot 270^\circ}{4 \cdot 360^\circ} \cdot (24\,\text{mm})^2 = 339{,}3\,\text{mm}^2$$

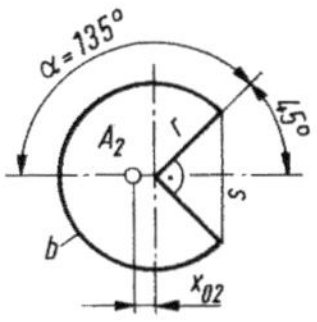

Schwerpunktsabstände $x_{1,2}$

$$x_1 = 240\,\text{mm} + x_{01}$$

$$x_{01} = \frac{h}{3} = \frac{18\,\text{mm}}{3} = 6\,\text{mm} \quad \text{(F + T, 2.2)}$$

$$x_1 = 240\,\text{mm} + 6\,\text{mm} = 246\,\text{mm}$$

$$x_2 = (240 + 18 + x_{02})\,\text{mm}$$

$$x_{02} = \frac{2}{3} \cdot \frac{R \cdot \sin\alpha \cdot 180^\circ}{\pi \cdot \alpha^\circ} \quad \text{(F + T, 2.2)}$$

$$x_{02} = \frac{2}{3} \cdot \frac{12\,\text{mm} \cdot \sin 135^\circ \cdot 180^\circ}{\pi \cdot 135^\circ} = 2{,}4\,\text{mm}$$

$$x_2 = (240 + 18 + 2{,}4)\,\text{mm} = 260{,}4\,\text{mm}$$

Volumen V

$$V = V_1 + V_2 = 2\pi \Sigma A_n\, x_n$$

$$V = 2\pi \cdot (A_1 x_1 + A_2 x_2)$$

$$V = 2\pi \cdot (324 \cdot 246 + 339{,}3 \cdot 260{,}4)\,\text{mm}^3$$

$$V = 1055938\,\text{mm}^3 = 1056\,\text{cm}^3 = 1{,}056 \cdot 10^{-3}\,\text{m}^3$$

b) Masse m

$$m_{\text{ges}} = V\rho = 1{,}056 \cdot 10^{-3}\,\text{m}^3 \cdot 7{,}85 \cdot 10^3 \frac{\text{kg}}{\text{m}^3}$$

$$m_{\text{ges}} = 8{,}289\,\text{kg}$$

261.

a) Werkstoffvolumen V des Rohrstutzens

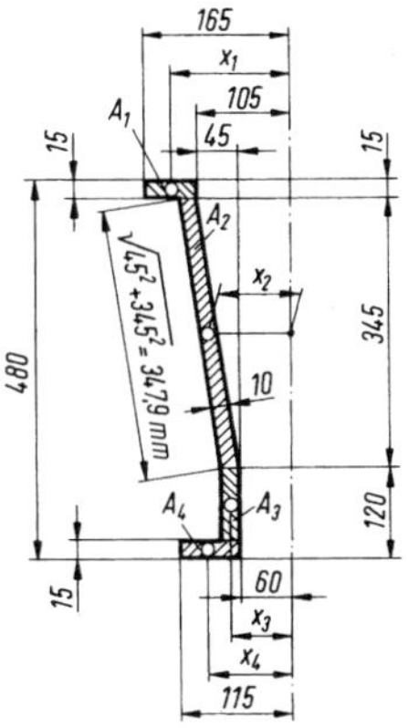

Teilflächen $A_{1\text{-}4}$

$$A_1 = (165 - 105)\,\text{mm} \cdot 15\,\text{mm} = (60 \cdot 15)\,\text{mm}^2 = 900\,\text{mm}^2$$

$$A_2 = \sqrt{(45^2 + 345^2)\,\text{mm}^2} \cdot 10\,\text{mm} = 3479\,\text{mm}^2$$

$$A_3 = (120 - 15)\,\text{mm} \cdot 10\,\text{mm} = (105 \cdot 10)\,\text{mm}^2 = 1050\,\text{mm}^2$$

$$A_4 = (115 - 60)\,\text{mm} \cdot 15\,\text{mm} = (55 \cdot 15)\,\text{mm}^2 = 825\,\text{mm}^2$$

Schwerpunktsabstände $x_{1\text{-}4}$

$$x_1 = \left(\frac{60}{2} + 105\right)\text{mm} = 135\,\text{mm}$$

$$x_2 = \frac{(105 + 60)\,\text{mm}}{2} + \frac{10}{2}\,\text{mm} = 87{,}5\,\text{mm}.$$

Hinweis zu x_2:

Im 2. Glied der Summe $\left(\frac{10}{2}\,\text{mm}\right)$ kann die geringfügig größere Breite des Horizontalabschnits durch den kegeligen Teil (10,08 mm gegenüber 10 mm) vernachlässigt werden.

$$x_3 = \left(60 + \frac{10}{2}\right)\text{mm} = 65\,\text{mm}$$

$$x_4 = \left(60 + \frac{55}{2}\right)\text{mm} = 87{,}5\,\text{mm}$$

Volumen V

$$V = V_1 + \ldots + V_4 = 2\pi \Sigma A_n\, x_n$$

$$V = 2\pi \cdot (A_1 x_1 + \ldots + A_4 x_4)$$

$$V = 2\pi \cdot (900 \cdot 135 + 3479 \cdot 87{,}5 + 1050 \cdot 65 + {}$$

$$+ 825 \cdot 87{,}5)\,\text{mm}^3$$

$$V = 3558482\,\text{mm}^3 = 3559\,\text{cm}^3 = 3{,}559 \cdot 10^{-3}\,\text{m}^3$$

b) Werkstoffmasse m

$$m = V\rho = 3{,}559 \cdot 10^{-3}\,\text{m}^3 \cdot 7{,}2 \cdot 10^3 \frac{\text{kg}}{\text{m}^3}$$

$$m = 25{,}625\,\text{kg}$$

c) Kernvolumen V_{Kern}

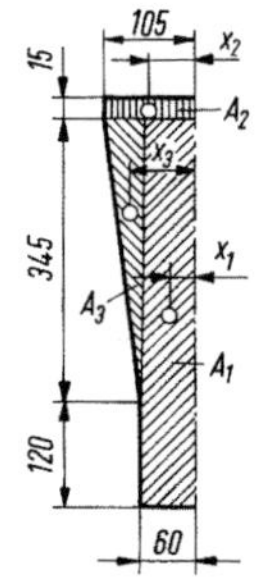

Teilflächen A_{1-3}

$A_1 = (345 + 120)\,\text{mm} \cdot 60\,\text{mm} = (465 \cdot 60)\,\text{mm}^2$

$A_1 = 27900\,\text{mm}^3$

$A_2 = (105 \cdot 15)\,\text{mm}^2 = 1575\,\text{mm}^2$

$$A_3 = \frac{[345 \cdot (105 - 60)]\,\text{mm}^2}{2} = 7763\,\text{mm}^2$$

Schwerpunktsabstände x_{1-3}

$$x_1 = \frac{60\,\text{mm}}{2} = 30\,\text{mm}$$

$$x_2 = \frac{105\,\text{mm}}{2} = 52{,}5\,\text{mm}$$

$$x_3 = 60\,\text{mm} + \frac{h}{3} \quad (\text{F + T, 2.2})$$

$$x_3 = 60\,\text{mm} + \frac{(105 - 60)\,\text{mm}}{3} = 75\,\text{mm}$$

Kernvolumen V_{Kern}

$V = V_1 + V_2 + V_3 = 2\pi\Sigma A_n\, x_n$

$V = 2\pi \cdot (A_1 x_1 + A_2 x_2 + A_3 x_3)$

$V = 2\pi \cdot (27900 \cdot 30 + 1575 \cdot 52{,}5 + 7763 \cdot 75)$

$V = 9436795\,\text{mm}^3 = 9437\,\text{cm}^3 = 9{,}437 \cdot 10^{-3}\,\text{m}^3$

262.

Volumen V des Zementsilos

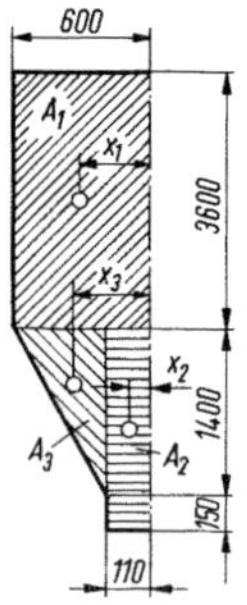

Teilflächen A_{1-3}

$A_1 = (3600 \cdot 600)\,\text{mm}^2 = 2{,}16 \cdot 10^6\,\text{mm}^2 = 2{,}16\,\text{m}^2$

$A_2 = (1400 + 150)\,\text{mm} \cdot 110\,\text{mm} = (1550 \cdot 110)\,\text{mm}^2$

$A_2 = 0{,}1705 \cdot 10^6\,\text{mm}^2 = 0{,}1705\,\text{m}^2$

$$A_3 = \frac{[1400 \cdot (600 - 110)]\,\text{mm}^2}{2} = 0{,}343 \cdot 10^6\,\text{mm}^2$$

$A_3 = 0{,}343\,\text{m}^2$

Schwerpunktsabstände x_{1-3}

$$x_1 = \frac{600\,\text{mm}}{2} = 300\,\text{mm} = 0{,}3\,\text{m}$$

$$x_2 = \frac{110\,\text{mm}}{2} = 55\,\text{mm} = 0{,}055\,\text{m}$$

$$x_3 = 110\,\text{mm} + \frac{h}{3} \quad (\text{F + T, 2.2})$$

$$x_3 = 110\,\text{mm} + \frac{(600 - 110)\,\text{mm}}{3} = 273{,}3\,\text{mm} = 0{,}273\,\text{m}$$

Volumen V

$V = V_1 + \ldots + V_3 = 2\pi\Sigma A_n\, x_n$

$V = 2\pi \cdot (A_1 x_1 + \ldots + A_3 x_3)$

$V = 2\pi \cdot (2{,}16 \cdot 0{,}3 + 0{,}1705 \cdot 0{,}055 + 0{,}343 \cdot 0{,}273)\,\text{m}^3$

$V = 4{,}719\,\text{m}^3$

Masse m des Zements

$$m = V\rho = 4{,}719 \cdot 10^{-3}\,\text{m}^3 \cdot 3{,}1 \cdot 10^3\,\frac{\text{kg}}{\text{m}^3}$$

$m = 14629\,\text{kg}$

263.

Volumen V des Behälters

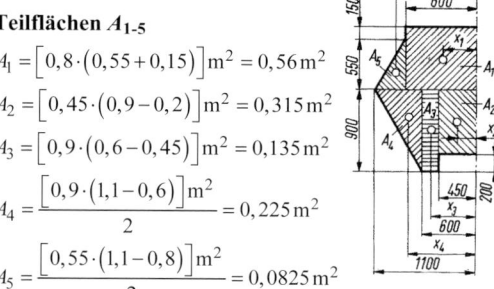

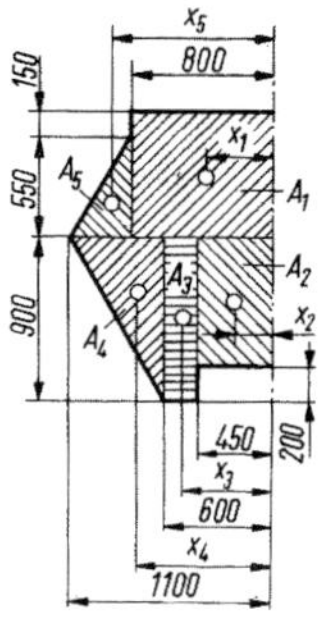

Teilflächen A_{1-5}

$A_1 = [0{,}8 \cdot (0{,}55 + 0{,}15)]\,\text{m}^2 = 0{,}56\,\text{m}^2$

$A_2 = [0{,}45 \cdot (0{,}9 - 0{,}2)]\,\text{m}^2 = 0{,}315\,\text{m}^2$

$A_3 = [0{,}9 \cdot (0{,}6 - 0{,}45)]\,\text{m}^2 = 0{,}135\,\text{m}^2$

$$A_4 = \frac{[0{,}9 \cdot (1{,}1 - 0{,}6)]\,\text{m}^2}{2} = 0{,}225\,\text{m}^2$$

$$A_5 = \frac{[0{,}55 \cdot (1{,}1 - 0{,}8)]\,\text{m}^2}{2} = 0{,}0825\,\text{m}^2$$

Schwerpunktsabstände x_{1-5}

$$x_1 = \frac{0{,}8\,\text{m}}{2} = 0{,}4\,\text{m}$$

$$x_2 = \frac{0{,}45\,\text{m}}{2} = 0{,}225\,\text{m}$$

$$x_3 = 0{,}45\,\text{m} + \frac{0{,}15\,\text{m}}{2} = 0{,}525\,\text{m}$$

$x_4 = 0{,}6\,\text{m} + x_{04}$

$$x_{04} = \frac{0{,}5\,\text{m}}{3} = 0{,}167\,\text{m} \quad (\text{F + T, 2.2})$$

$x_4 = 0{,}6\,\text{m} + 0{,}167\,\text{m} = 0{,}767\,\text{m}$

$$x_5 = 0{,}8\,\text{m} + \frac{0{,}3\,\text{m}}{3} = 0{,}9\,\text{m}$$

Volumen V

$$V = V_1 + ... + V_5 = 2\pi \Sigma A_n x_n$$

$$V = 2\pi \cdot (A_1 x_1 + ... + A_5 x_5)$$

$$V = 2\pi \cdot (0{,}56 \cdot 0{,}4 + 0{,}315 \cdot 0{,}225 + 0{,}135 \cdot 0{,}525 + \\ + 0{,}225 \cdot 0{,}767 + 0{,}0825 \cdot 0{,}9)\,\text{m}^3$$

$$V = 3{,}849\,\text{m}^3$$

264.

Volumen V_{450} des Behälters

Hinweis:

Die Teilflächen A_2, A_3 und A_4 sowie ihre Schwerpunktsabstände x_2, x_3 und x_4 sind gegenüber der Aufgabe 263 unverändert und damit auch ihre Flächenmomente $A_2\,x_2$, $A_3\,x_3$ und $A_4\,x_4$.

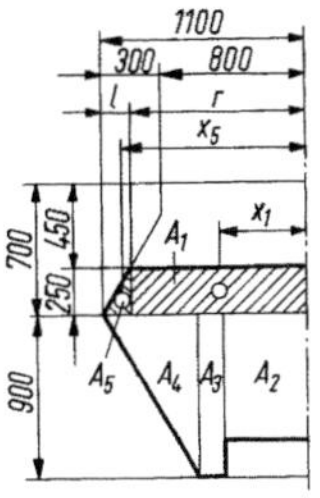

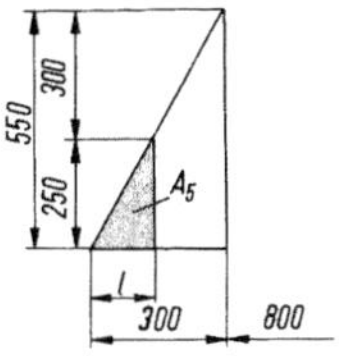

Teilflächen $A_{1\text{-}5}$

Strahlensatz zur Berechnung der Längen r und l:

$$\frac{l}{300\,\text{mm}} = \frac{250\,\text{mm}}{550\,\text{mm}} \rightarrow l = \frac{(300 \cdot 250)\,\text{mm}^2}{550\,\text{mm}}$$

$$l = 136{,}4\,\text{mm} = 0{,}1364\,\text{m}$$

$$r = (1100 - 136{,}4)\,\text{mm} = 963{,}6\,\text{mm} = 0{,}964\,\text{m}$$

$$A_1 = (0{,}964 \cdot 0{,}25)\,\text{m}^2 = 0{,}241\,\text{m}^2$$

$$A_2 = 0{,}315\,\text{m}^2, A_3 = 0{,}135\,\text{m}^2, A_4 = 0{,}225\,\text{m}^2$$

$$A_5 = \frac{(0{,}25 \cdot 0{,}1364)\,\text{m}^2}{2} = 0{,}017\,\text{m}^2$$

Schwerpunktsabstände $x_{1\text{-}5}$

$$x_1 = \frac{r}{2} = \frac{0{,}964\,\text{m}}{2} = 0{,}482\,\text{m}$$

$$x_2 = 0{,}225\,\text{m}, x_3 = 0{,}525\,\text{m}, x_4 = 0{,}767\,\text{m}$$

$$x_5 = r + \frac{l}{3} \quad \text{(F + T, 2.2)}$$

$$x_5 = 0{,}964\,\text{m} + \frac{0{,}1364\,\text{m}}{3} = 1{,}009\,\text{m}$$

Volumen V_{450}

$$V_{450} = V_1 + ... + V_5 = 2\pi \Sigma A_n x_n$$

$$V_{450} = 2\pi \cdot (A_1 x_1 + ... + A_5 x_5)$$

$$V_{450} = 2\pi \cdot (0{,}241 \cdot 0{,}482 + 0{,}315 \cdot 0{,}225 + 0{,}135 \cdot 0{,}525 + \\ + 0{,}225 \cdot 0{,}767 + 0{,}017 \cdot 1{,}009)\,\text{m}^3$$

$$V_{450} = 2813\,\text{m}^3$$

Standsicherheit

265.

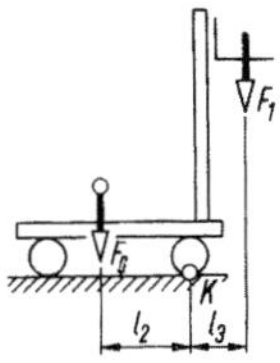

$$S = \frac{M_s}{M_k} = \frac{F_G\,l_2}{F_1\,l_3}$$

$$S = \frac{7{,}5\text{ kN} \cdot 1{,}02\text{ m}}{10\text{ kN} \cdot 0{,}6\text{ m}} = 1{,}275$$

266.

$$S = \frac{M_s}{M_k} = \frac{F_G \frac{d}{2}}{F_w\,h} = \frac{2 \cdot 10^6\text{ N} \cdot 2\text{ m}}{0{,}16 \cdot 10^6\text{ N} \cdot 18\text{ m}} = 1{,}389$$

267.

Beim Ankippen ist die Standsicherheit $S = 1$. Kippkante ist die Vorderachse.

$$S = \frac{M_s}{M_k} = \frac{F_G\,(l_2 - l_1)}{F_{max}\,l_3} = 1$$

$$F_{max} = F_G \frac{l_2 - l_1}{l_3} = 12\text{ kN} \cdot \frac{1{,}01\text{ m}}{1{,}8\text{ m}} = 6{,}733\text{ kN}$$

268.

a)

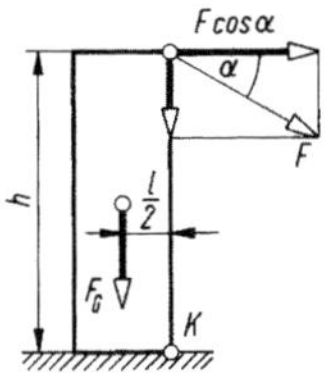

Beim Ankippen ist die Standsicherheit $S = 1$. Kippend wirkt die Komponente $F\cos\alpha$ mit dem Wirkabstand h.

$$S = \frac{M_s}{M_k} = \frac{F_G \frac{l}{2}}{F\cos\alpha \cdot h} = 1$$

$$F = \frac{F_G\,l}{2h\cos\alpha} = \frac{16\text{ kN} \cdot 0{,}5\text{ m}}{2 \cdot 2\text{ m} \cdot \cos 30°} = 2{,}309\text{ kN}$$

b)

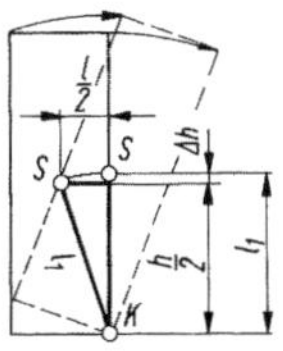

Die Mauer beginnt von selbst zu kippen, sobald der Schwerpunkt lotrecht über der Kippkante K liegt. Die Kipparbeit ist das Produkt aus der Gewichtskraft F_G und der Höhendifferenz Δh (Hubarbeit).

Berechnung der Höhendifferenz Δh:

$$l_1 = \sqrt{\left(\frac{l}{2}\right)^2 + \left(\frac{h}{2}\right)^2} = \sqrt{(0,25\ \text{m})^2 + (1\ \text{m})^2}$$

$$l_1 = 1,03078\ \text{m}$$

$$\Delta h = l_1 - \frac{h}{2} = 0,03078\ \text{m}$$

$$W = F_G\,\Delta h = 16 \cdot 10^3\ \text{N} \cdot 30,78 \cdot 10^{-3}\,\text{m} = 492,4\ \text{J}$$

269.

Beim Ankippen ist die Standsicherheit $S = 1$.

$$S = \frac{M_s}{M_k} = \frac{F_G \cdot 675\ \text{mm}}{F \cdot 540\ \text{mm}} = 1$$

$$F = F_G \cdot \frac{675\ \text{mm}}{540\ \text{mm}} = 12,8\ \text{kN} \cdot 1,25 = 16\ \text{kN}$$

270.

a) $$S = \frac{M_s}{M_k} = \frac{F_G \cdot 250\ \text{mm}}{F \cdot 1100\ \text{mm}} = 1$$

$$F = F_G \cdot \frac{250\ \text{mm}}{1100\ \text{mm}} = 0,4545\ \text{kN}$$

$$S = \frac{F_G \cdot 400\ \text{mm}}{F \cdot 1100\ \text{mm}} = 1$$

$$F = F_G \cdot \frac{400\ \text{mm}}{1100\ \text{mm}} = 0,7273\ \text{kN}$$

b) $$S = \frac{F_G \cdot 250\ \text{mm}}{F \cdot 800\ \text{mm}} = 1$$

$$F = F_G \cdot \frac{250\ \text{mm}}{800\ \text{mm}} = 0,625\ \text{kN}$$

$$S = \frac{F_G \cdot 550\ \text{mm}}{F \cdot 800\ \text{mm}} = 1$$

$$F = F_G \cdot \frac{550\ \text{mm}}{800\ \text{mm}} = 1,375\ \text{kN}$$

c) $$S = \frac{F_G \cdot 400\ \text{mm}}{F \cdot 500\ \text{mm}} = 1$$

$$F = F_G \cdot \frac{400\ \text{mm}}{500\ \text{mm}} = 1,6\ \text{kN}$$

$$S = \frac{F_G \cdot 550\ \text{mm}}{F \cdot 500\ \text{mm}} = 1$$

$$F = F_G \cdot \frac{550\ \text{mm}}{500\ \text{mm}} = 2,2\ \text{kN}$$

271.

a) Volumen V der Schwungscheibe

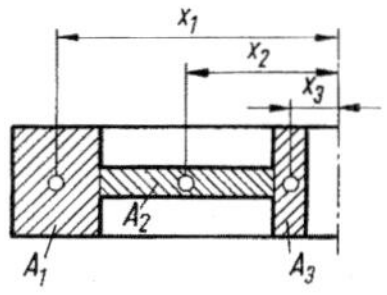

$$V = 2\pi \Sigma A_n\, x_n = 2\pi\left(A_1\, x_1 + A_2\, x_2 + A_3\, x_3\right)$$

$$x_1 = \frac{d_1}{2} - \frac{\frac{d_1 - d_4}{2}}{2} = \frac{d_1 + d_4}{4} = \frac{690\,\text{mm} + 510\,\text{mm}}{4}$$

$$x_1 = 300\,\text{mm} = 3 \cdot 10^{-1}\,\text{m}$$

$$x_2 = \frac{d_4}{2} - \frac{\frac{d_4 - d_3}{2}}{2} = \frac{d_4 + d_3}{4} = \frac{510\,\text{mm} + 140\,\text{mm}}{4}$$

$$x_2 = 162,5\,\text{mm} = 1,625 \cdot 10^{-1}\,\text{m}$$

$$x_3 = \frac{d_3}{2} - \frac{\frac{d_3 - d_2}{2}}{2} = \frac{d_3 + d_2}{4} = \frac{140\,\text{mm} + 70\,\text{mm}}{4}$$

$$x_3 = 52,5\,\text{mm} = 0,525 \cdot 10^{-1}\,\text{m}$$

$$A_1 = \frac{d_1 - d_4}{2} \cdot h_1 = \frac{690\,\text{mm} - 510\,\text{mm}}{2} \cdot 120\,\text{mm}$$

$$A_1 = 10800\,\text{mm}^2 = 1,08 \cdot 10^{-2}\,\text{m}^2$$

$$A_2 = \frac{d_4 - d_3}{2} \cdot h_2 = \frac{510\,\text{mm} - 140\,\text{mm}}{2} \cdot 30\,\text{mm}$$

$$A_2 = 5550\,\text{mm}^2 = 0,555 \cdot 10^{-2}\,\text{m}^2$$

$$A_3 = \frac{d_3 - d_2}{2} \cdot h_1 = \frac{140\,\text{mm} - 70\,\text{mm}}{2} \cdot 120\,\text{mm}$$

$$A_3 = 4200\,\text{mm}^2 = 0,42 \cdot 10^{-2}\,\text{m}^2$$

$$V = 2\pi \begin{pmatrix} 1,08 \cdot 10^{-2} \cdot 3 + 0,555 \cdot 10^{-2} \cdot 1,625 + \\ +0,42 \cdot 0,525 \end{pmatrix} \cdot 10^{-2}\,\text{m}^2$$

$$V = 27,41 \cdot 10^{-3}\,\text{m}^3$$

b) Masse m der Schwungscheibe

$$m = V\rho = 27,41 \cdot 10^{-3}\,\text{m}^3 \cdot 7,2 \cdot 10^3\,\frac{\text{kg}}{\text{m}^3} = 197,35\,\text{kg}$$

c) Wirkabstand l der Kippkraft F

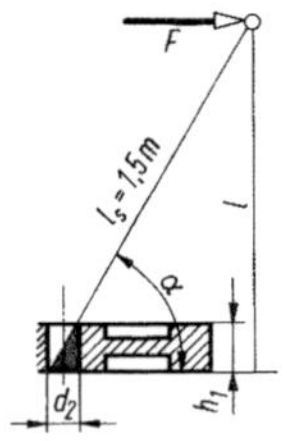

$$\alpha = \arctan\frac{h_1}{d_2} = \arctan\frac{120\,\text{mm}}{70\,\text{mm}} = 59,74°$$

$$l = l_s \sin\alpha = 1,5\,\text{m} \cdot \sin 59,74°$$

$$l = 1,296\,\text{m}$$

d) erforderliche Kippkraft F

Kippkante ist die rechte untere Kante des Radkranzes, Standsicherheit $S = 1$.

$$S = \frac{M_s}{M_k} = \frac{F_G \frac{d_1}{2}}{F\,l} = 1$$

$$F = F_G \frac{d_1}{2l} = m\,g \frac{d_1}{2l}$$

$$F = 197{,}35\,\text{kg} \cdot 9{,}81 \frac{\text{m}}{\text{s}^2} \cdot \frac{0{,}69\,\text{m}}{2 \cdot 1{,}296\,\text{m}}$$

$$F = 515{,}4\,\text{N}$$

e) Kipparbeit W (siehe Lösung 268 b))

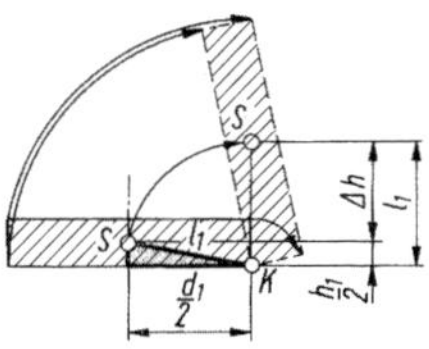

Pythagoras:

$$l_1^2 = \left(\frac{h_1}{2}\right)^2 + \left(\frac{d_1}{2}\right)^2$$

$$l_1 = \sqrt{\left(\frac{h_1}{2}\right)^2 + \left(\frac{d_1}{2}\right)^2} = \sqrt{\left(\frac{120\,\text{mm}}{2}\right)^2 + \left(\frac{690\,\text{mm}}{2}\right)^2}$$

$$l_1 = 350{,}2\,\text{mm} = 0{,}3502\,\text{m}$$

$$\Delta h = l_1 - \frac{h_1}{2} = 0{,}3502\,\text{m} - 0{,}06\,\text{m} = 0{,}2902\,\text{m}$$

$$W = F_G\,\Delta h = m\,g\,\Delta h$$

$$W = 197{,}35\,\text{kg} \cdot 9{,}81 \frac{\text{m}}{\text{s}^2} \cdot 0{,}2902\,\text{m}$$

$$W = 561{,}8\,J$$

f) wirkliche Kippkraft F'

Die Kippkraft F' wird kleiner, weil die Stange in Wirklichkeit einen Stangendurchmesser hat und dadurch steiler steht. Damit wird der Wirkabstand l' größer (siehe Lösung d)).
Die kleinste Kraft F' zum Ankippen ergibt sich, wenn die Stange annähernd der Durchmesser der Schwungscheibenbohrung $d_2 = 70$ mm hat. Dann steht die Stange senkrecht und der Wirkabstand beträgt
$l' = l_s = 1{,}5$ m.

$$F' = F_G \frac{d_1}{2l'} = m\,g \frac{d_1}{2l'} \quad \text{(siehe Lösung d))}$$

$$F' = 197{,}35\,\text{kg} \cdot 9{,}81 \frac{\text{m}}{\text{s}^2} \cdot \frac{0{,}69\,\text{m}}{2 \cdot 1{,}5\,\text{m}}$$

$$F = 445{,}3\,\text{N}$$

272.

a)

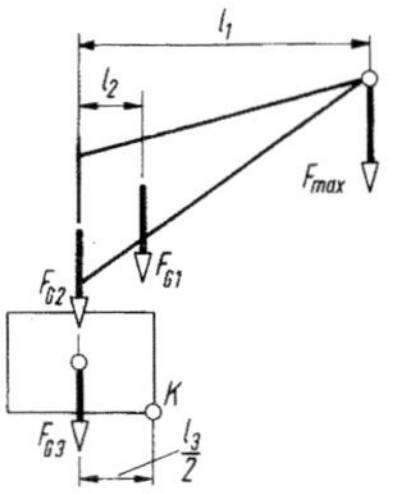

$$S = \frac{M_s}{M_k} = \frac{F_{G1}\left(\frac{l_3}{2} - l_2\right) + F_{G2}\frac{l_3}{2} + F_{G3}\frac{l_3}{2}}{F_{max}\left(l_1 - \frac{l_3}{2}\right)}$$

$$F_{G3} = \frac{S\,F_{max}\left(l_1 - \frac{l_3}{2}\right) - F_{G1}\left(\frac{l_3}{2} - l_2\right) - F_{G2}\frac{l_3}{2}}{\frac{l_3}{2}}$$

$$F_{G3} = \frac{2 \cdot 30\,\text{kN} \cdot 4{,}6\,\text{m} - 22\,\text{kN} \cdot 0{,}1\,\text{m} - 9\,\text{kN} \cdot 1{,}4\,\text{m}}{1{,}4\,\text{m}}$$

$$F_{G3} = 186{,}6\,\text{kN}$$

b) $F_{G3} = m\,g = V\,\varrho\,g$

(m Masse; V Volumen des Fundamentklotzes)

$$F_{G3} = l_3^2\,h\,\varrho\,g$$

$$h = \frac{F_{G3}}{l_3^2\,\varrho\,g} = \frac{186{,}6 \cdot 10^3\,\text{N}}{2{,}8^2\,\text{m}^2 \cdot 2{,}2 \cdot 10^3\,\frac{\text{kg}}{\text{m}^3} \cdot 9{,}81\,\frac{\text{m}}{\text{s}^2}}$$

$$h = 1{,}103\,\text{m}$$

273.

Kippkante ist die Hinterachse.

$$S = \frac{M_s}{M_k} = \frac{F_{G1}(l_4 - l_1)}{F_{G2}\,l_2 + F\,l_3}$$

$$F_{G2}\,l_2 + F\,l_3 = \frac{F_{G1}(l_4 - l_1)}{S}$$

$$F = \frac{F_{G1}(l_4 - l_1) - S\,F_{G2}\,l_2}{S\,l_3}$$

$$F = \frac{18\,\text{kN} \cdot 0{,}84\,\text{m} - 1{,}3 \cdot 4{,}2\,\text{kN} \cdot 1{,}39\,\text{m}}{1{,}3 \cdot 2{,}3\,\text{m}} = 2{,}519\,\text{kN}$$

274.

Kippkante ist die vordere (rechte) Radachse.

$$S = \frac{M_s}{M_k} = \frac{F_G(l_3 - l_2) + F_2 l_3}{F_1(l_1 - l_3)}$$

$$S F_1 l_1 - S F_1 l_3 = F_G l_3 - F_G l_2 + F_2 l_3$$

$$(F_G + F_2 + S F_1) l_3 = S F_1 l_1 + F_G l_2$$

$$l_3 = \frac{S F_1 l_1 + F_G l_2}{F_G + F_2 + S F_1}$$

$$l_3 = \frac{1{,}3 \cdot 16\ \text{kN} \cdot 2{,}5\ \text{m} + 7{,}5\ \text{kN} \cdot 0{,}9\ \text{m}}{7{,}5\ \text{kN} + 5\ \text{kN} + 1{,}3 \cdot 16\ \text{kN}} = 1{,}764\ \text{m}$$

275.

a) Kippkante ist die rechte Achse.

$$S = \frac{M_s}{M_k} = \frac{F_{G1}(l_4 - l_1) + F_{G3}(l_3 + l_4)}{F_{G2}(l_2 - l_4)}$$

$$S F_{G2} l_2 - S F_{G2} l_4 = F_{G1} l_4 - F_{G1} l_1 + F_{G3} l_3 + F_{G3} l_4$$

$$(F_{G1} + F_{G3} + S F_{G2}) l_4 = F_{G1} l_1 - F_{G3} l_3 + S F_{G2} l_2$$

$$l_4 = \frac{F_{G1} l_1 - F_{G3} l_3 + S F_{G2} l_2}{F_{G1} + F_{G3} + S F_{G2}}$$

$$l_4 = \frac{95\ \text{kN} \cdot 0{,}35\ \text{m} - 85\ \text{kN} \cdot 2{,}2\ \text{m} + 1{,}5 \cdot 50\ \text{kN} \cdot 6\ \text{m}}{95\ \text{kN} + 85\ \text{kN} + 1{,}5 \cdot 50\ \text{kN}}$$

$$l_4 = 1{,}162\ \text{m}$$

Radstand $2\,l_4 = 2{,}324$ m

b) Kippkante ist die linke Achse.

$$S = \frac{M_s}{M_k} = \frac{F_{G1}(l_1 + l_4)}{F_{G3}(l_3 - l_4)} = \frac{95\ \text{kN} \cdot 1{,}512\ \text{m}}{85\ \text{kN} \cdot 1{,}038\ \text{m}} = 1{,}628$$

c) und d) Lageskizze

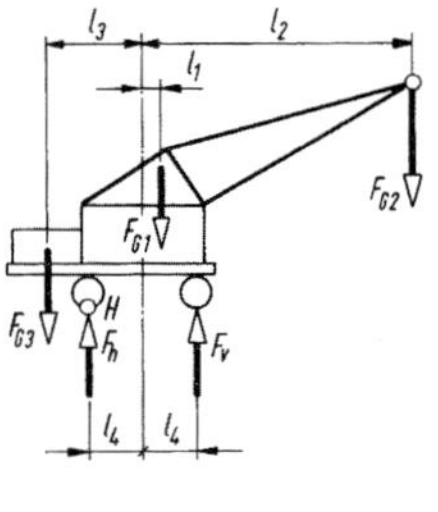

belasteter Kran:

II. $\Sigma F_y = 0 = F_h + F_v - F_{G1} - F_{G2} - F_{G3}$

III. $\Sigma M_{(H)} = 0 = F_{G3}(l_3 - l_4) + F_v \cdot 2 l_4 - F_{G1}(l_4 + l_1) - F_{G2}(l_4 + l_2)$

III. $$F_v = \frac{F_{G1}(l_4 + l_1) + F_{G2}(l_4 + l_2) - F_{G3}(l_3 - l_4)}{2 l_4}$$

$$F_v = \frac{95\ \text{kN} \cdot 1{,}512\ \text{m} + 50\ \text{kN} \cdot 7{,}162\ \text{m}}{2{,}324\ \text{m}} - \frac{85\ \text{kN} \cdot 1{,}038\ \text{m}}{2{,}324\ \text{m}}$$

$$F_v = 177{,}93\ \text{kN}$$

II. $F_h = F_{G1} + F_{G2} + F_{G3} - F_v$

$F_h = 95\ \text{kN} + 50\ \text{kN} + 85\ \text{kN} - 177{,}93\ \text{kN}$

$F_h = 52{,}07\ \text{kN}$

unbelasteter Kran:

II. $\Sigma F_y = 0 = F_h + F_v - F_{G1} - F_{G3}$

III. $\Sigma M_{(H)} = 0 = F_{G3}(l_3 - l_4) + F_v \cdot 2 l_4 - F_{G1}(l_4 + l_1)$

III. $$F_v = \frac{F_{G1}(l_4 + l_1) - F_{G3}(l_3 - l_4)}{2 l_4}$$

$$F_v = \frac{95\ \text{kN} \cdot 1{,}512\ \text{m} - 85\ \text{kN} \cdot 1{,}038\ \text{m}}{2{,}324\ \text{m}} = 23{,}84\ \text{kN}$$

II. $F_h = F_{G1} + F_{G3} - F_v$

$F_h = 95\ \text{kN} + 85\ \text{kN} - 23{,}84\ \text{kN} = 156{,}16\ \text{kN}$

276.

Kippkante K ist die Radachse.

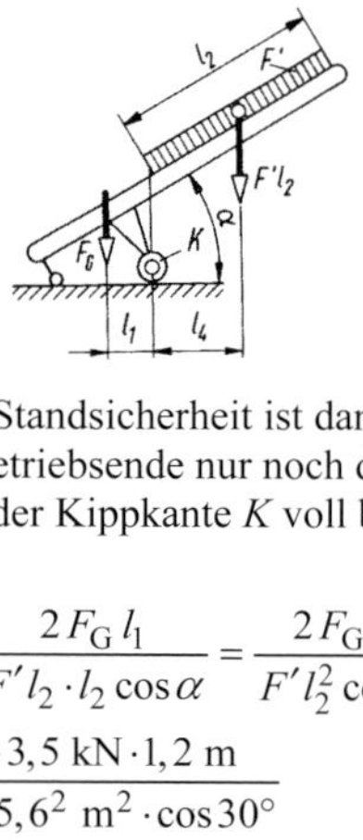

Lösungshinweis: Die Standsicherheit ist dann am kleinsten, wenn bei Betriebsende nur noch das freie Bandende rechts von der Kippkante K voll belastet ist.

$$S = \frac{M_s}{M_k} = \frac{F_G l_1}{F' l_2 l_4} = \frac{2 F_G l_1}{F' l_2 \cdot l_2 \cos\alpha} = \frac{2 F_G l_1}{F' l_2^2 \cos\alpha}$$

$$F' = \frac{2 F_G l_1}{S l_2^2 \cos\alpha} = \frac{2 \cdot 3{,}5\ \text{kN} \cdot 1{,}2\ \text{m}}{1{,}8 \cdot 5{,}6^2\ \text{m}^2 \cdot \cos 30°}$$

$$F' = 0{,}1718\ \frac{\text{kN}}{\text{m}} = 171{,}8\ \frac{\text{N}}{\text{m}}$$

277.

a) Der Radlader kippt, wenn die Standsicherheit $S = 1$ ist.

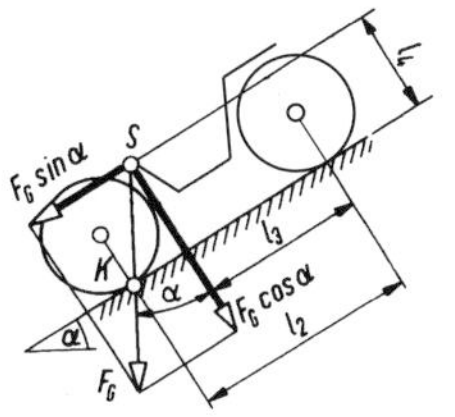

$$S = \frac{M_s}{M_k} = \frac{F_G \cos\alpha (l_2 - l_3)}{F_G \sin\alpha \cdot l_4}$$

$$\frac{\sin\alpha}{\cos\alpha} = \tan\alpha = \frac{l_2 - l_3}{l_4}$$

$$\alpha = \arctan\frac{0,76\ \text{m}}{0,71\ \text{m}} = 46,95°$$

b) $$S = \frac{F_G \cos\alpha (l_2 - l_3)}{F_G \sin\alpha \cdot l_4}$$

$$\frac{\sin\alpha}{\cos\alpha} = \tan\alpha = \frac{l_2 - l_3}{S \cdot l_4}$$

$$\alpha = \arctan\frac{0,76\ \text{m}}{2 \cdot 0,71\ \text{m}} = 28,16°$$

c) Die Gewichtskraft kürzt sich aus der Bestimmungsgleichung für den Winkel α heraus. Sie hat also keinen Einfluss.

278.

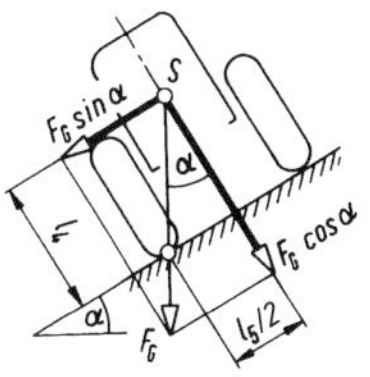

a) $$S = \frac{M_s}{M_k} = \frac{F_G \cos\alpha \cdot \frac{l_5}{2}}{F_G \sin\alpha \cdot l_4}$$

$$S = \frac{l_5}{2 \cdot l_4 \tan a} = \frac{1,25\,\text{m}}{2 \cdot 0,71\,\text{m} \cdot \tan 18°}$$

$$S = 2,709$$

b) Er kippt, wenn $S = 1$ ist.

$$S = \frac{l_5}{2 \cdot l_4 \tan\alpha} = 1$$

$$\alpha = \arctan\frac{l_5}{2 \cdot l_4} = \arctan\frac{1,25\,\text{m}}{2 \cdot 0,71\,\text{m}} = 41,36°$$

279.

a) Böschungswinkel α

Lösung I – Übernahme aller Größen

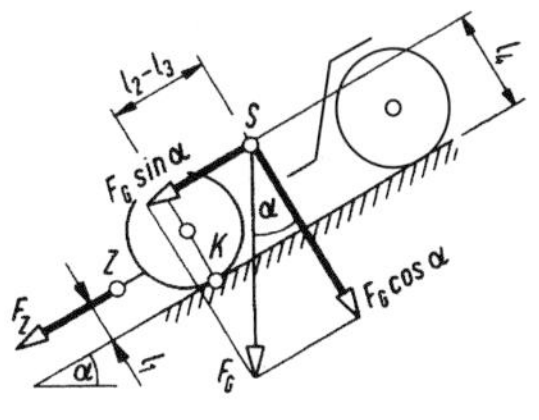

Standsicherheitsgleichung (siehe Lehrbuch, 2.5.2)

$$S = \frac{M_s}{M_k} = \frac{F_G \cos\alpha\left(l_2 - l_3\right)}{F_G \sin\alpha \cdot l_4 + F_Z l_1} = 1$$

$$\cos\alpha\left(l_2 - l_3\right) = \sin\alpha \cdot l_4 + \frac{F_Z}{F_G} l_1 \quad | \quad \cos\alpha = \sqrt{1 - \sin^2\alpha}$$

Ersetzen von Winkelfunktionen siehe F + T, 9.36

$$\left(l_2 - l_3\right)\sqrt{1 - \sin^2\alpha} = l_4 \cdot \sin\alpha + \frac{F_Z}{F_G} l_1 \quad (\ )^2$$

$$\left(l_2 - l_3\right)^2\left(1 - \sin^2\alpha\right) = l_4^2 \cdot \sin^2\alpha + 2 \cdot l_4 \sin\alpha \cdot \frac{F_Z}{F_G} l_1 + \left(\frac{F_Z}{F_G} l_1\right)^2 \quad \text{(Binomen siehe F + T, 9.3)}$$

$$\left(l_2 - l_3\right)^2 - \left(l_2 - l_3\right)^2 \sin^2\alpha = l_4^2 \cdot \sin^2\alpha + 2 \cdot l_4 \sin\alpha \cdot \frac{F_Z}{F_G} l_1 + \left(\frac{F_Z}{F_G} l_1\right)^2$$

$$\left[l_4^2 + \left(\left(l_2 - l_3\right)^2\right)\right]\sin^2\alpha + 2 \cdot l_4 \sin\alpha \cdot \frac{F_Z}{F_G} l_1 + \left(\frac{F_Z}{F_G} l_1\right)^2 - \left(l_2 - l_3\right)^2 = 0 \ | : \left[l_4^2 + \left(\left(l_2 - l_3\right)^2\right)\right]$$

Normalform der quadratischen Gleichung siehe F + T, 9.12

$$\sin^2\alpha + \frac{2\cdot F_Z l_1 l_4}{F_G\left[l_4^2+\left((l_2-l_3)^2\right)\right]}\sin\alpha + \frac{\left(\frac{F_Z}{F_G}l_1\right)^2-(l_2-l_3)^2}{l_4^2+\left((l_2-l_3)^2\right)}=0$$

$$\sin\alpha_{1,2} = -\frac{F_Z l_1 l_4}{F_G\left[l_4^2+\left((l_2-l_3)^2\right)\right]} \pm \sqrt{\left(\frac{F_Z l_1 l_4}{F_G\left[l_4^2+\left((l_2-l_3)^2\right)\right]}\right)^2 - \frac{\left(\frac{F_Z}{F_G}l_1\right)^2-(l_2-l_3)^2}{l_4^2+\left((l_2-l_3)^2\right)}}$$

$$\sin\alpha_{1,2} = -\frac{8\,\text{kN}\cdot 0{,}4\,\text{m}\cdot 0{,}71\,\text{m}}{14\,\text{kN}\left(0{,}71^2+0{,}76^2\right)\text{m}^2} \pm \sqrt{\left(\frac{8\,\text{kN}\cdot 0{,}4\,\text{m}\cdot 0{,}71\,\text{m}}{14\,\text{kN}\left(0{,}71^2+0{,}76^2\right)\text{m}^2}\right)^2 - \frac{\left(\frac{8\,\text{kN}}{14\,\text{kN}}\cdot 0{,}4\,\text{m}\right)^2-(0{,}76\,\text{m})^2}{(0{,}71\,\text{m})^2+(0{,}76\,\text{m})^2}}$$

$$\sin\alpha_{1,2} = -0{,}15 \pm \sqrt{0{,}02251-(-0{,}48568)} = -0{,}15 \pm 0{,}713$$

$$\alpha_1 = \arcsin 0{,}563 = 34{,}26°$$

$$\alpha_2 = \arcsin(-0{,}863) = -59{,}66°$$

Hinweis:

$\alpha_2 = -59{,}66°$ bedeutet, dass die Böschung nach rechts unten geneigt ist. Diese Neigung entspricht aber nicht den Bedingungen der Aufgabenstellung.

Lösung II - (zugeschnittene Größengleichungen)
Standsicherheitsgleichung (siehe Lehrbuch, 2.5.2)

$$S = \frac{M_s}{M_k} = \frac{F_G\cos\alpha(l_2-l_3)}{F_G\sin\alpha\cdot l_4 + \frac{F_Z}{F_G}l_1} = 1$$

$$\cos\alpha(l_2-l_3) = \sin\alpha\cdot l_4 + \frac{F_Z}{F_G}l_1$$

Einsetzen der bekannten Größen:

$$\cos\alpha(1{,}8-1{,}04)\,\text{m} = \sin\alpha\cdot 0{,}71\,\text{m} + \frac{8\,\text{kN}}{14\,\text{kN}}\cdot 0{,}4\,\text{m}$$

$$\cos\alpha\cdot 0{,}76\,\text{m} = \sin\alpha\cdot 0{,}71\,\text{m} + 0{,}229\,\text{m} \quad |:0{,}76\,\text{m}$$

$$\cos\alpha = \sin\alpha\cdot 0{,}934 + 0{,}3$$

Ersetzen von Winkelfunktionen siehe F + T, 9.36

$$\cos\alpha = \sqrt{1-\sin^2\alpha}$$

$$\sqrt{1-\sin^2\alpha} = 0{,}934\cdot\sin\alpha + 0{,}3 \quad (\ )^2$$

$$1-\sin^2\alpha = 0{,}872\cdot\sin^2\alpha + 2\cdot 0{,}934\cdot\sin\alpha\cdot 0{,}3 + 0{,}3^2 \quad \text{(siehe F + T, 9.3)}$$

$$1{,}872\cdot\sin^2\alpha + 0{,}56\cdot\sin\alpha - 0{,}91 = 0 \quad |:1{,}872$$

$$\sin^2\alpha + 0{,}3\cdot\sin\alpha - 0{,}486 = 0 \quad \text{(siehe F + T, 9.12)}$$

$$\sin\alpha_{1,2} = -\frac{0{,}3}{2} \pm \sqrt{\left(\frac{0{,}3}{2}\right)^2 + 0{,}486} \quad \text{(siehe F + T, 9.13)}$$

$$\sin\alpha_1 = -\frac{0{,}3}{2} + \sqrt{\left(\frac{0{,}3}{2}\right)^2 + 0{,}486} = 0{,}563$$

$$\alpha_1 = \arcsin\alpha_1 = \arcsin 0{,}563 = 34{,}26°$$

$\alpha_2 = \arcsin\alpha_2 = \arcsin(-0{,}863) = -59{,}66°$ (nicht realistisch, siehe Hinweis in Lösung I)

b) Einfluss der Gewichtskraft F_G des Radladers
Ja, die Gewichtskraft F_G des Radladers beeinflusst nun die Größe des maximalen Böschungswinkels α: Je größer die Gewichtskraft ist, desto größer darf der Böschungswinkel sein, ehe der Radlader kippt. Erhöht sich zum Beispiel das Gewicht des Radladers auf $F_G = 25$ kN, dann beträgt der maximale Böschungswinkel $\alpha = 39{,}57°$.
Hinweis:
Berechnet über das Lösungsschema II in der Lösung 279 a).

Lösung der Verständnisfrage zur Aufgabe 279

Der Böschungswinkel α' wird bei einer Vergrößerung der Höhe $l_1 = 0{,}4\,\text{m}$ auf $l_1' = 0{,}5\,\text{m}$ kleiner werden $(\alpha' < \alpha = 34{,}26°)$.

1. Begründung
In der Lösung 279 a) ist in der Lageskizze des Radladers erkennbar, dass $F_Z\,l_1$ ein Teil des gesamten Kippmoments $M_k = F_G \sin\alpha + F_Z\,l_1$ ist. Mit $F_Z\,l_1'$ vergrößert sich nun das Kippmoment M_k $\left(l_1' = 0{,}5\,\text{m} > l_1 = 0{,}4\,\text{m}\right)$.
Folge: Bei dem unter 279 a) ermittelten Böschungswinkel $\alpha = 34{,}26°$ würde der Lader nun bei einem größeren Abstand der Kupplung vom Boden auf jeden Fall kippen, weil die Standsicherheit $S < 1$ ist. Also muss der Böschungswinkel α' kleiner werden, damit die Standsicherheit wieder $S = 1$ wird.

2. Begründung
Unter der Lösung 279 a) in der zweiten Zeile $\cos\alpha\left(l_2 - l_3\right) = \sin\alpha \cdot l_4 + \frac{F_Z}{F_G} l_1$ wird der Term $\frac{F_Z}{F_G} l_1'$ größer und damit die gesamte rechte Seite der Gleichung. Dann muss auch die linke Seite der Gleichung größer werden. Da $\left(l_2 - l_3\right)$ gleich bleibt, kann nur $\cos\alpha$ größer werden. Ein größerer Funktionswert $\cos\alpha$ ergibt jedoch einen kleineren Winkel α.

Die Berechnung über das Lösungsschema in der Lösung 279 a) - Lösung II - ergibt folgende Werte:

$\alpha_1' = \arcsin \alpha_1' = \arcsin 0{,}534 = 32{,}28° < \alpha_1 = 34{,}26°$

$\alpha_2' = \arcsin \alpha_2' = \arcsin(-0{,}904) = -64{,}69°$ (nicht realistisch, siehe Hinweis in Lösung I)

3 Reibung

Gleitreibung und Haftreibung

Reibungswinkel und Reibungszahl

301.

Hinweis: Normalkraft F_N = Gewichtskraft F_G und Reibungskraft F_R (F_{R0max}) = Zugkraft F.

$$\mu_0 = \frac{F_{R0\,max}}{F_N} = \frac{F}{F_G} = \frac{34\text{ N}}{180\text{ N}} = 0{,}189$$

$$\mu = \frac{F_R}{F_N} = \frac{32\text{ N}}{180\text{ N}} = 0{,}178$$

302.

Siehe Lösung 301.

$$\mu_0 = \frac{F_{R0\,max}}{F_N} = \frac{250\text{ N}}{500\text{ N}} = 0{,}5$$

$$\mu = \frac{F_R}{F_N} = \frac{150\text{ N}}{500\text{ N}} = 0{,}3$$

303.

Hinweis: Neigungswinkel α = Reibungswinkel ϱ (ϱ_0).

$$\mu_0 = \tan\varrho_0 = \tan\alpha_0 = \tan 19° = 0{,}344$$

$$\mu = \tan\varrho = \tan\alpha = \tan 13° = 0{,}231$$

304.

a) $\mu = \tan\alpha = \tan 25° = 0{,}466$

b) Die ermittelte Größe ist die Gleitreibungszahl μ.

305.

$$\tan\alpha = \tan\varrho = \mu = 0{,}4$$

$$\alpha = \arctan\mu = \arctan 0{,}4 = 21{,}8°$$

306.

$$\tan\alpha = \tan\varrho_0 = \mu_0 = 0{,}51$$

$$\alpha = \arctan\mu_0 = \arctan 0{,}51 = 27°$$

307.

Die gesuchten Haftreibungszahlen μ_0 sind die Tangensfunktionen der gegebenen Winkel.

308.

Die gegebenen Gleitreibungszahlen μ sind die Tangensfunktionen der gesuchten Winkel.

Reibung bei geradliniger Bewegung und bei Drehbewegung – der Reibungskegel

309.

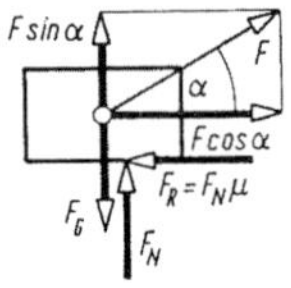

a) I. $\Sigma F_x = 0 = F\cos\alpha - \overbrace{F_R}^{F_N\mu}$

II. $\Sigma F_y = 0 = F_N + F\sin\alpha - F_G$

$$F_N = F_G - F\sin\alpha$$

I. $F\cos\alpha - (F_G - F\sin\alpha)\mu = 0$

$$F\cos\alpha + F\sin\alpha\,\mu - F_G\,\mu = 0$$

$$F = F_G\frac{\mu}{\cos\alpha + \mu\sin\alpha}$$

b) $F = 1000\text{ N}\,\dfrac{0{,}15}{\cos 30° + 0{,}15\cdot\sin 30°} = 159{,}4\text{ N}$

310.

a) $F = F_{R0\,max} = F_N\,\mu_0 = F_G\,\mu_0 = 1\text{ kN}\cdot 0{,}3 = 300\text{ N}$

b) $F_1 = F_R = F_N\,\mu = F_G\,\mu_0 = 1\text{ kN}\cdot 0{,}26 = 260\text{ N}$

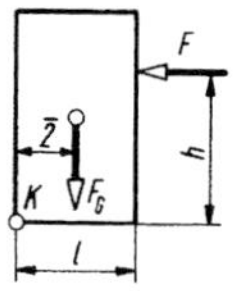

c) $S = \dfrac{M_s}{M_k} = \dfrac{F_G\,l}{2F\,h} = 1$

$$h = \frac{F_G\,l}{2F} = \frac{1\text{ kN}\cdot 1\text{ m}}{2\cdot 0{,}3\text{ kN}} = 1{,}667\text{ m}$$

d) $h_1 = \dfrac{F_G\,l}{2F_1} = \dfrac{1\text{ kN}\cdot 1\text{ m}}{2\cdot 0{,}26\text{ kN}} = 1{,}923\text{ m}$

e) $W = F_R\,s = 260\text{ N}\cdot 4{,}2\text{ m} = 1092\text{ J}$

311.

Verschiebekraft = Summe beider Reibungskräfte

$$F = F_{RA} + F_{RB} = F_{NA}\mu + F_{NB}\mu = \mu(F_{NA} + F_{NB})$$

$$F_{NA} + F_{NB} = F_G$$

$$F = \mu F_G = 0{,}11\cdot 1650\text{ N} = 181{,}5\text{ N}$$

312.

Die maximale Bremskraft $F_{b\,max}$ ist gleich der Summe der Reibungskräfte zwischen den Rädern und der Fahrbahn.

a) $F_{b\,max} = (F_v + F_h)\mu_0 = 80\text{ kN}\cdot 0{,}5 = 40\text{ kN}$

b) $F_{b\,max} = (F_v + F_h)\mu = 80\text{ kN}\cdot 0{,}41 = 32{,}8\text{ kN}$

c) $F_{b\,max} = F_h\mu_0 = 24\text{ kN}$

d) $F_{b\,max} = F_h\mu = 19{,}68\text{ kN}$

A. Böge, W. Böge, *Lösungen zur Aufgabensammlung Technische Mechanik*, https://doi.org/10.1007/978-3-658-44426-6_3

313.

Die Zugkraft F_{max} kann nicht größer sein als die Summe der Reibungskräfte, die an den Treibrädern abgestützt werden können.

a) $F_{max\,a} = 3F_N\mu_0 = 3 \cdot 160\text{ kN} \cdot 0{,}15 = 72\text{ kN}$

b) $F_{max\,b} = 3F_N\mu = 3 \cdot 160\text{ kN} \cdot 0{,}12 = 57{,}6\text{ kN}$

c) $M_a = \dfrac{F_{max\,a}}{3} \cdot \dfrac{d}{2} = \dfrac{72 \cdot 10^3\text{ N} \cdot 1{,}5\text{ m}}{6} = 18000\text{ Nm}$

$M_b = \dfrac{F_{max\,b}}{3} \cdot \dfrac{d}{2} = \dfrac{57{,}6 \cdot 10^3\text{ N} \cdot 1{,}5\text{ m}}{6} = 14400\text{ Nm}$

314.

a) $F_{NA} = F \sin\alpha$

$F_{NA} = 4{,}1\text{ kN} \cdot \sin 12° = 852{,}4\text{ N}$

$F_{NB} = F \cos\alpha$

$F_{NB} = 4{,}1\text{ kN} \cdot \cos 12° = 4010\text{ N}$

Lageskizze

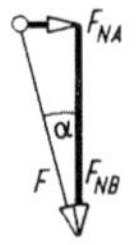

b) $F_{NA} = F \sin 47° = 4{,}1\text{ kN} \cdot \sin 47°$

$F_{NA} = 2999\text{ N}$

$F_{NB} = F \sin 43° = 4{,}1\text{ kN} \cdot \sin 43°$

$F_{NB} = 2796\text{ N}$

Lageskizze

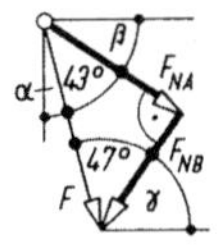

c) $F_{RA} = F_{NA}\mu = 852{,}4\text{ N} \cdot 0{,}12 = 102{,}3\text{ N}$

$F_{RB} = F_{NB}\mu = 4010\text{ N} \cdot 0{,}12 = 481{,}2\text{ N}$

d) $F_{RA} = F_{NA}\mu = 2999\text{ N} \cdot 0{,}12 = 359{,}9\text{ N}$

$F_{RB} = F_{NB}\mu = 2796\text{ N} \cdot 0{,}12 = 335{,}5\text{ N}$

e) $F_{vI} = F_{RA} + F_{RB} = 102{,}3\text{ N} + 481{,}2\text{ N} = 583{,}5\text{ N}$

$F_{vII} = F_{RA} + F_{RB} = 359{,}9\text{ N} + 335{,}5\text{ N} = 695{,}4\text{ N}$

315.

$F = F_R = 8F_N\mu = 8 \cdot 100\text{ N} \cdot 0{,}06 = 48\text{ N}$

316.

a) $F = pA = 10^6\,\dfrac{\text{N}}{\text{m}^2} \cdot 0{,}12566\text{ m}^2 = 125{,}66\text{ kN}$

b) I. $\Sigma F_x = 0 = F_N - F_p \sin\alpha$

II. $\Sigma F_y = 0 = F_N\mu + F_p \cos\alpha - F$

I. $F_p = \dfrac{F_N}{\sin\alpha}$ in II. eingesetzt:

II. $F_N\mu + F_N\dfrac{\cos\alpha}{\sin\alpha} - F = 0$

Lageskizze

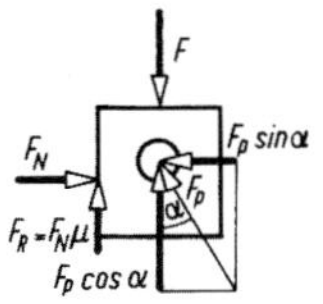

$F_N = \dfrac{F}{\mu + \dfrac{\cos\alpha}{\sin\alpha}} = \dfrac{125{,}66\text{ kN}}{0{,}1 + \dfrac{\cos 12°}{\sin 12°}} = 26{,}154\text{ kN}$

c) $F_R = F_N\mu = 26{,}154\text{ kN} \cdot 0{,}1 = 2{,}615\text{ kN}$

d) I. $F_p = \dfrac{F_N}{\sin\alpha} = \dfrac{26{,}154\text{ kN}}{\sin 12°} = 125{,}8\text{ kN}$

317.

a) I. $\Sigma F_x = 0 = F \cos\alpha - F_N\mu_0$

II. $\Sigma F_y = 0 = F_N - F \sin\alpha - F_G$

II. $F_N = F \sin\alpha + F_G$

in I. eingesetzt:

I. $F \cos\alpha - F\mu_0 \sin\alpha - F_G\mu_0 = 0$

$F = \dfrac{F_G\mu_0}{\cos\alpha - \mu_0 \sin\alpha} = \dfrac{80\text{ N} \cdot 0{,}35}{\cos 30° + 0{,}35 \cdot \sin 30°}$

$F = 26{,}9\text{ N}$

Lageskizze

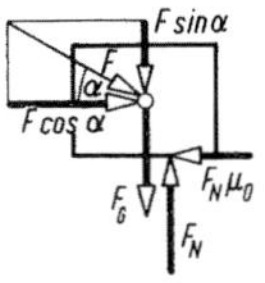

b) I. $\Sigma F_x = 0 = F \cos\alpha - F_N\mu_0$

II. $\Sigma F_y = 0 = F_N + F \sin\alpha - F_G$

II. $F_N = F_G - F \sin\alpha$

in I. eingesetzt:

I. $F \cos\alpha - F_G\mu_0 + F\mu_0 \sin\alpha = 0$

$F = \dfrac{F_G\mu_0}{\cos\alpha + \mu_0 \sin\alpha} = \dfrac{80\text{ N} \cdot 0{,}35}{\cos 30° + 0{,}35 \cdot \sin 30°}$

$F = 26{,}9\text{ N}$

Lageskizze

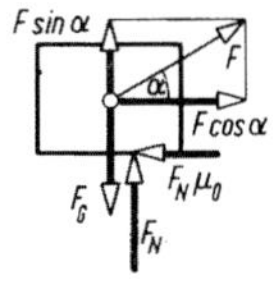

318.

a) $F_R = F_N\mu = (F_{G1} + F)\mu = (15\text{ kN} + 22\text{ kN}) \cdot 0{,}1$

$F_R = 3{,}7\text{ kN}$

b) $F_v = F_R + F_s = 3{,}7\text{ kN} + 18\text{ kN} = 21{,}7\text{ kN}$

c) $\dfrac{F_R}{F_v} \cdot 100\,\% = \dfrac{3{,}7\text{ kN}}{21{,}7\text{ kN}} \cdot 100\,\% = 17{,}05\,\%$

d) $P = \dfrac{F_v v_a}{\eta} = \dfrac{21{,}7 \cdot 10^3\text{ N} \cdot 50\,\dfrac{\text{m}}{\text{s}}}{0{,}8 \cdot 60} = 22{,}6 \cdot 10^3\text{ W}$

$P = 22{,}6\text{ kW}$

e) Reibungskraft beim Rückhub $F_R = F_N\mu$

$F_R = (F_{G1} + F_{G2})\mu = 31\text{ kN} \cdot 0{,}1 = 3{,}1\text{ kN}$

$P = \dfrac{F_R v_R}{\eta} = \dfrac{3{,}1 \cdot 10^3\text{ N} \cdot 61\,\dfrac{\text{m}}{\text{s}}}{0{,}8 \cdot 60} = 3{,}939\text{ kW}$

319.

Lageskizze

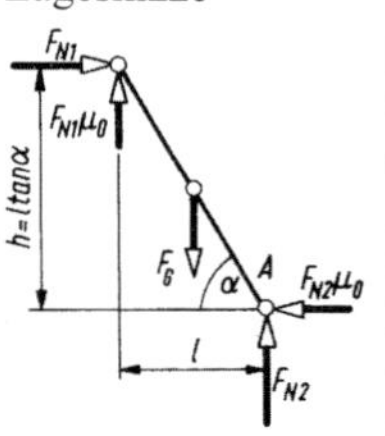

$$\text{I. } \Sigma F_x = 0 = F_{N1} - F_{N2}\mu_0$$

$$\text{II. } \Sigma F_y = 0 = F_{N2} + F_{N1}\mu_0 - F_G$$

$$\text{III. } \Sigma M_{(A)} = 0 = F_G \frac{l}{2} - F_{N1}\, l \tan\alpha - F_{N1}\mu_0\, l$$

$$\text{I. } F_{N2} = \frac{F_{N1}}{\mu_0} \quad \text{in II. eingesetzt:}$$

$$\text{II. } \frac{F_{N1}}{\mu_0} + F_{N1}\,\mu_0 = F_G$$

$$F_{N1} = \frac{F_G\mu_0}{1+\mu_0^2} \quad \text{in III. eingesetzt:}$$

$$\text{III. } F_G \frac{l}{2} - \frac{F_G\mu_0\, l\tan\alpha}{1+\mu_0^2} - \frac{F_G\mu_0^2\, l}{1+\mu_0^2} = 0 \,\Big|: F_G\, l$$

$$\frac{1}{2} - \frac{\mu_0\tan\alpha}{1+\mu_0^2} - \frac{\mu_0^2}{1+\mu_0^2} = 0$$

$$\frac{1 - 2\mu_0\tan\alpha - \mu_0^2}{2(1+\mu_0^2)} = 0$$

$$1 - 2\mu_0\tan\alpha - \mu_0^2 = 0$$

$$\tan\alpha = \frac{1-\mu_0^2}{2\mu_0}$$

$$\alpha = \arctan\frac{1-\mu_0^2}{2\mu_0} = \arctan\frac{1-0{,}19^2}{2\cdot 0{,}19}$$

$\alpha = 68{,}48°$, d. h. $\alpha = 90° - 2\varrho_0$

320.

a)

Lageskizze

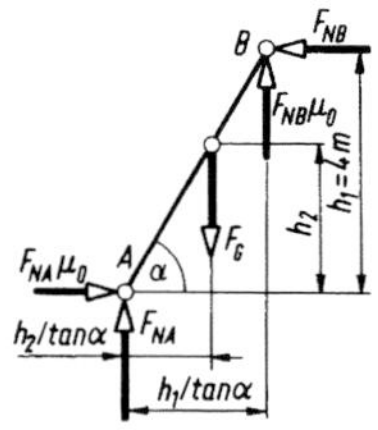

$$\text{I. } \Sigma F_x = 0 = F_{NA}\mu_0 - F_{NB}$$

$$\text{II. } \Sigma F_y = 0 = F_{NA} + F_{NB}\mu_0 - F_G$$

$$\text{III. } \Sigma M_{(A)} = 0 = F_{NB}\, h_1 + \frac{F_{NB}\mu_0\, h_1}{\tan\alpha} - \frac{F_G\, h_2}{\tan\alpha}$$

$$\text{I. } F_{NA} = \frac{F_{NB}}{\mu_0} \quad \text{in II. eingesetzt:}$$

$$\text{II. } \frac{F_{NB}}{\mu_0} + F_{NB}\mu_0 = F_G$$

$$F_{NB} = \frac{F_G\mu_0}{1+\mu_0^2} \quad \text{in III. eingesetzt:}$$

$$\text{III. } \Sigma M_{(A)} = 0 = \frac{F_G\mu_0\, h_1}{1+\mu_0^2} + \frac{F_G\mu_0^2\, h_1}{(1+\mu_0^2)\tan\alpha} - \frac{F_G\, h_2}{\tan\alpha} \,\Big|: F_G$$

$$\frac{h_1\,\mu_0\tan\alpha + \mu_0^2\, h_1}{(1+\mu_0^2)\tan\alpha} = \frac{h_2}{\tan\alpha}$$

$$h_1\,\mu_0(\tan\alpha + \mu_0) = h_2(1+\mu_0^2)$$

$$h_2 = \frac{h_1\,\mu_0(\tan\alpha+\mu_0)}{(1+\mu_0^2)} = \frac{4\text{ m}\cdot 0{,}28(\tan 65° + 0{,}28)}{(1+0{,}28^2)}$$

$$h_2 = 2{,}518\text{ m}$$

b) In der Bestimmungsgleichung für die Höhe h_2 erscheint die Gewichtskraft nicht. Sie hat also keinen Einfluss auf die Höhe.

c) $h_2 = h_1 \dfrac{\mu_0(\mu_0 + \tan\alpha)}{1+\mu_0^2} = h_1$,

denn die Steighöhe h_2 soll die Anstellhöhe h_1 sein. Daraus folgt:

$$\mu_0(\mu_0 + \tan\alpha) = 1 + \mu_0^2$$

$$\mu_0\tan\alpha = 1 + \mu_0^2 - \mu_0^2 = 1$$

$$\tan\alpha = \frac{1}{\mu_0}$$

$$\alpha = \arctan\frac{1}{\mu_0} = \arctan\frac{1}{0{,}28} = 74{,}36°,$$

das heißt, der Anstellwinkel ist der Komplementwinkel des Haftreibungswinkels:

$$\alpha = 90° - \varrho_0 = 90° - 15{,}64° = 74{,}36°$$

321.

a)

Lageskizze

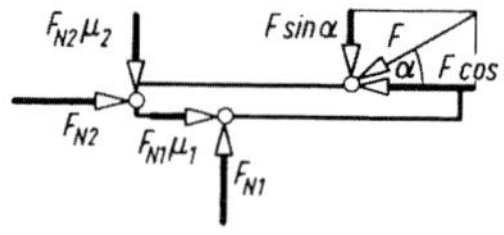

$$\text{I. } \Sigma F_x = 0 = F_{N2} + F_{N1}\mu_1 - F\cos\alpha$$

$$\text{II. } \Sigma F_y = 0 = F_{N1} - F_{N2}\mu_2 - F\sin\alpha$$

$$\text{I.} = \text{II. } F_{N2} = F\cos\alpha - F_{N1}\,\mu_1 = \frac{F_{N1} - F\sin\alpha}{\mu_2}$$

$$F\mu_2\cos\alpha - F_{N1}\,\mu_1\mu_2 = F_{N1} - F\sin\alpha$$

$$F_{N1} = \frac{F(\sin\alpha + \mu_2\cos\alpha)}{1+\mu_1\mu_2}$$

$$F_{N1} = 200\text{ N}\frac{\sin 15° + 0{,}6\cdot\cos 15°}{1 + 0{,}2\cdot 0{,}6} = 149{,}7\text{ N}$$

$$F_{R1} = F_{N1}\mu_1 = 29{,}94\text{ N}$$

b) I. $F_{N2} = F\cos\alpha - F_{N1}\mu_1$

$F_{N2} = 200\ \text{N}\cdot\cos 15° - 29{,}94\ \text{N} = 163{,}2\ \text{N}$

$F_{R2} = F_{N2}\mu_2 = 97{,}92\ \text{N}$

c) $P = \dfrac{M\,n}{9550} = \dfrac{F_{R2}\dfrac{d}{2}n}{9550} = \dfrac{97{,}92\cdot 0{,}15\cdot 1400}{9550}\ \text{kW}$

$P = 2{,}153\ \text{kW}$

322.

a) Lageskizze 1

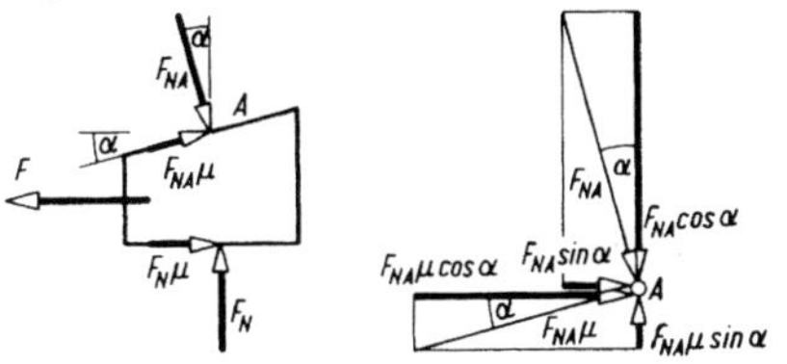

I. $\Sigma F_x = 0 = F_N\mu + F_{NA}\sin\alpha + F_{NA}\mu\cos\alpha - F$

II. $\Sigma F_y = 0 = F_N + F_{NA}\mu\sin\alpha - F_{NA}\cos\alpha$

I. = II. $F_{NA} = \dfrac{F - F_N\mu}{\sin\alpha + \mu\cos\alpha} = \dfrac{F_N}{\cos\alpha - \mu\sin\alpha}$

$F(\cos\alpha - \mu\sin\alpha) - F_N\mu(\cos\alpha - \mu\sin\alpha) =$

$= F_N(\sin\alpha + \mu\cos\alpha)$

$F_N = \dfrac{F(\cos\alpha - \mu\sin\alpha)}{\mu(\cos\alpha - \mu\sin\alpha) + (\sin\alpha + \mu\cos\alpha)}$

$F_N = \dfrac{F(\cos\alpha - \mu\sin\alpha)}{\mu(2\cos\alpha - \mu\sin\alpha) + \sin\alpha}$

$F_N = \dfrac{200\ \text{N}(\cos 15° - 0{,}11\cdot\sin 15°)}{0{,}11(2\cdot\cos 15° - 0{,}11\cdot\sin 15°) + \sin 15°}$

$F_N = 400{,}5\ \text{N}$

$F_R = F_N\mu = 400{,}5\ \text{N}\cdot 0{,}11 = 44{,}06\ \text{N}$

b) II. $F_{NA} = \dfrac{F_N}{\cos\alpha - \mu\sin\alpha} = \dfrac{400{,}5\ \text{N}}{\cos 15° - 0{,}11\cdot\sin 15°}$

$F_{NA} = 427{,}2\ \text{N}$

$F_{RA} = F_{NA}\,\mu = 427{,}2\cdot 0{,}11 = 46{,}99\ \text{N}$

c) Lageskizze 2

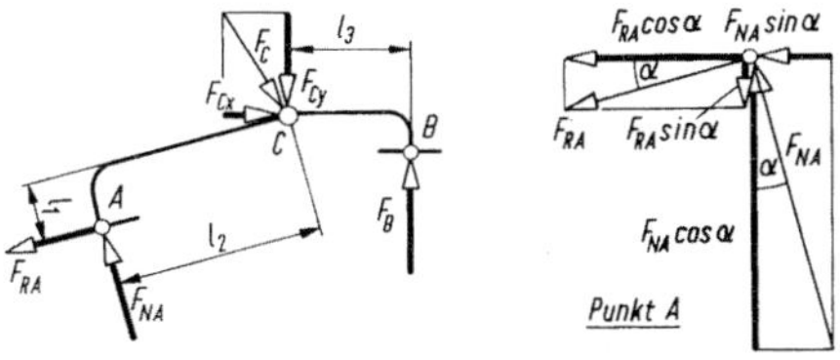

I. $\Sigma F_x = 0 = F_{Cx} - F_{NA}\sin\alpha - F_{RA}\cos\alpha$

II. $\Sigma F_y = 0 = F_B + F_{NA}\cos\alpha - F_{RA}\sin\alpha - F_{Cy}$

III. $\Sigma M_{(C)} = 0 = F_B l_3 - F_{NA} l_2 - F_{RA} l_1$

III. $F_B = \dfrac{F_{NA} l_2 + F_{RA} l_1}{l_3}$

$F_B = \dfrac{427{,}2\ \text{N}\cdot 35\ \text{mm} + 46{,}99\ \text{N}\cdot 10\ \text{mm}}{20\ \text{mm}}$

$F_B = 771{,}1\ \text{N}$

d) I. $F_{Cx} = F_{NA}\sin\alpha + F_{RA}\cos\alpha$

$F_{Cx} = 427{,}2\ \text{N}\cdot\sin 15° + 46{,}99\ \text{N}\cdot\cos 15°$

$F_{Cx} = 156\ \text{N}$

II. $F_{Cy} = F_B + F_{NA}\cos\alpha - F_{RA}\sin\alpha$

$F_{Cy} = 771{,}1\ \text{N} + 427{,}2\ \text{N}\cdot\cos 15° - 46{,}99\ \text{N}\cdot\sin 15°$

$F_{Cy} = 1171{,}6\ \text{N}$

$F_C = \sqrt{F_{Cx}^2 + F_{Cy}^2} = \sqrt{(156^2 + 1171{,}6^2)\ \text{N}^2} = 1181{,}9\ \text{N}$

323.

a) Lageskizze 1
(freigemachte Hülse)

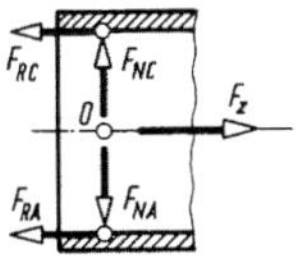

Aus der Gleichgewichtsbedingung $\Sigma M_{(0)}$ ergibt sich, dass $F_{RA} = F_{RC}$ ist.

$\Sigma F_x = 0 = F - F_{RA} - F_{RC} = F - 2F_{RA}$

$F_{RA} = \dfrac{F}{2} = 8{,}75\ \text{N}$

b) $F_{NA} = \dfrac{F_{RA}}{\mu_0} = \dfrac{8{,}75\ \text{N}}{0{,}22} = 39{,}77\ \text{N}$

c) Lageskizze 2 (freigemachter Klemmhebel)

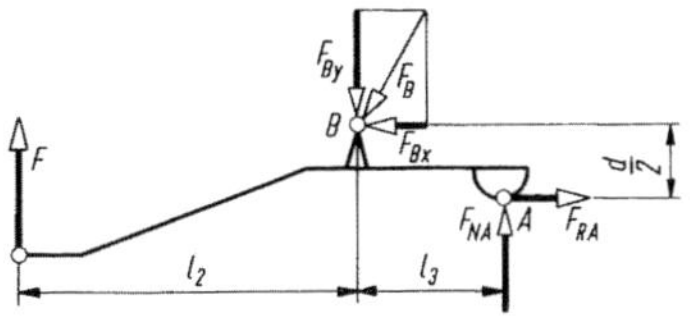

I. $\Sigma F_x = 0 = F_{RA} - F_{Bx}$

II. $\Sigma F_y = 0 = F + F_{NA} - F_{By}$

III. $\Sigma M_{(B)} = 0 = F_{NA} l_3 + F_{RA}\dfrac{d}{2} - F\,l_2$

III. $F = \dfrac{F_{NA} l_3 + F_{RA}\dfrac{d}{2}}{l_2}$

$F = \dfrac{39{,}77\ \text{N}\cdot 12\ \text{mm} + 8{,}75\ \text{N}\cdot 6\ \text{mm}}{28\ \text{mm}}$

$F = 18{,}92\ \text{N}$

Das Ergebnis ist positiv, also ist der angenommene Richtungssinn richtig. Folglich muss eine Zugfeder eingebaut werden.

d) I. $F_{Bx} = F_{RA} = 8{,}75 \text{ N}$

II. $F_{By} = F + F_{NA} = 18{,}92 \text{ N} + 39{,}77 \text{ N} = 58{,}69 \text{ N}$

$$F_B = \sqrt{F_{Bx}^2 + F_{By}^2} = \sqrt{(8{,}75^2 + 58{,}69^2)\ \text{N}^2}$$

$$F_B = 59{,}34 \text{ N}$$

324.

a) $\mu = 0{,}25$, weil der Berechnung die *kleinste* zu erwartende Reibungskraft zugrunde zu legen ist.

b) Lageskizze 1 (freigemachter Kettenring) Krafteckskizze

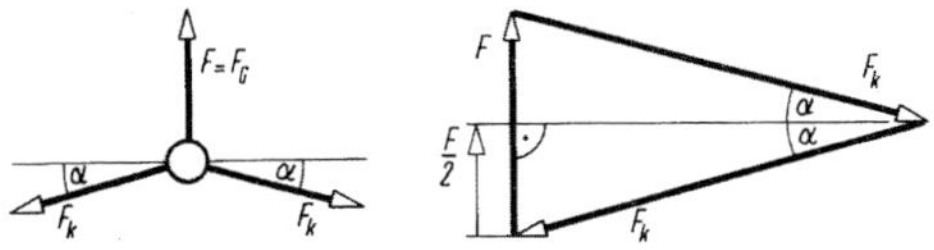

$$\sin\alpha = \frac{F}{2F_k} = \frac{F_G}{2F_k}$$

$$F_k = \frac{F_G}{2\sin\alpha} = \frac{12 \text{ kN}}{2\sin 15^\circ} = 23{,}182 \text{ kN}$$

c) Lageskizze 2 (freigemachter Zangenarm)

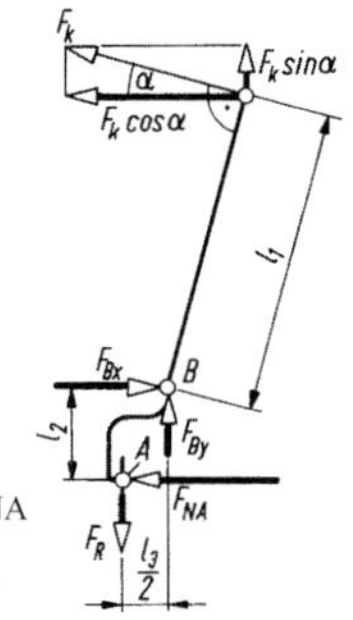

$$\text{I. } \Sigma F_x = 0 = F_{Bx} - F_k\cos\alpha - F_{NA}$$

$$\text{II. } \Sigma F_y = 0 = F_k\sin\alpha + F_{By} - F_R$$

$$\text{III. } \Sigma M_{(B)} = 0 = F_k\, l_1 + F_R\frac{l_3}{2} - F_{NA}\, l_2$$

$$\text{III. } F_{NA} = \frac{F_k\, l_1 + F_R\dfrac{l_3}{2}}{l_2}$$

Lageskizze 3 (freigemachter Block)

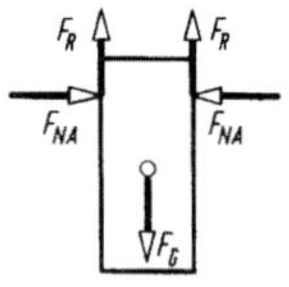

Wichtiger Lösungshinweis: Um den Block zwischen den beiden Klemmflächen A festzuhalten, ist an jeder Klemmfläche die Reibungskraft

$$F_R = \frac{F_G}{2}$$

erforderlich. Wenn die Zange den Block mit Sicherheit festhalten soll, muss diese Reibungskraft F_R kleiner sein als die größtmögliche Haftreibungskraft $F_{R0\,max} = F_{NA}\,\mu_0$.

Setzt man für $F_k = \dfrac{F_G}{2\sin\alpha}$ (siehe Lösung b)), dann wird

$$F_{NA} = \frac{\dfrac{F_G\, l_1}{2\sin\alpha} + \dfrac{F_G}{2}\cdot\dfrac{l_3}{2}}{l_2} = \frac{F_G}{2}\cdot\frac{\dfrac{l_1}{\sin\alpha} + \dfrac{l_3}{2}}{l_2}$$

$$F_{NA} = F_G\,\frac{l_1 + \dfrac{l_3}{2}\sin\alpha}{2 l_2 \sin\alpha}$$

$$F_{NA} = 12 \text{ kN}\cdot\frac{1 \text{ m} + 0{,}15 \text{ m}\cdot\sin 15^\circ}{2\cdot 0{,}3 \text{ m}\cdot\sin 15^\circ} = 80{,}274 \text{ kN}$$

d) $F_{R0\,max} = F_{NA}\mu_0 = 80{,}274 \text{ kN}\cdot 0{,}25 = 20{,}069 \text{ kN}$

e) Die Tragsicherheit ist das Verhältnis zwischen der größten Haftreibungskraft $F_{R0\,max}$, die an den Klemmflächen wirken kann, und der wirklich erforderlichen Reibungskraft F_R:

$$S = \frac{F_{R0\,max}}{F_R} = \frac{F_{NA}\mu_0}{\dfrac{F_G}{2}} = \frac{\dfrac{F_G}{2}\cdot\dfrac{l_1 + \dfrac{l_3}{2}\sin\alpha}{l_2\sin\alpha}\cdot\mu_0}{\dfrac{F_G}{2}}$$

$$S == \frac{l_1 + \dfrac{l_3}{2}\sin\alpha}{l_2\sin\alpha}\cdot\mu_0 = \frac{1 \text{ m} + 0{,}15 \text{ m}\cdot\sin 15^\circ}{0{,}3 \text{ m}\cdot\sin 15^\circ}\cdot 0{,}25$$

$$S = 3{,}345$$

f) siehe Lösung c), Gleichgewichtsbedingungen I. und II., Lageskizze 2 und 3:

I. $F_{Bx} = F_k\cos\alpha + F_{NA}$

$F_{Bx} = 23{,}182 \text{ kN}\cdot\cos 15^\circ + 80{,}274 \text{ kN} = 102{,}666 \text{ kN}$;

II. $F_{By} = F_R - F_k\sin\alpha$

aus Lösung c) $F_R = \dfrac{F_G}{2}$ und $F_k = \dfrac{F_G}{2\sin\alpha}$ eingesetzt:

II. $F_{By} = \dfrac{F_G}{2} - \dfrac{F_G}{2\sin\alpha}\sin\alpha = 0$

mit $F_{By} = 0$ ist $F_B = F_{Bx} = 102{,}666 \text{ kN}$

g) nach Lösung e) ist die Tragsicherheit nur von den Abmessungen l_1, l_2, l_3, dem Winkel α und der Haftreibungszahl abhängig. Die Gewichtskraft F_G des Blocks hat also keinen Einfluss.

h) $$\mu_{0\,min} = \frac{F_R}{F_{NA}} = \frac{\dfrac{F_G}{2}}{\dfrac{F_G}{2}\cdot\dfrac{l_1 + \dfrac{l_3}{2}\cdot\sin\alpha}{l_2\sin\alpha}}$$ (siehe Lösung c))

$$\mu_{0\,min} = \frac{l_2\sin\alpha}{l_1 + \dfrac{l_3}{2}\cdot\sin\alpha} = \frac{0{,}3 \text{ m}\cdot\sin 15^\circ}{1 \text{ m} + 0{,}15 \text{ m}\cdot\sin 15^\circ}$$

$$\mu_{0\,min} = 0{,}0747$$

325.

a) *Analytische Lösung:*

Lageskizze

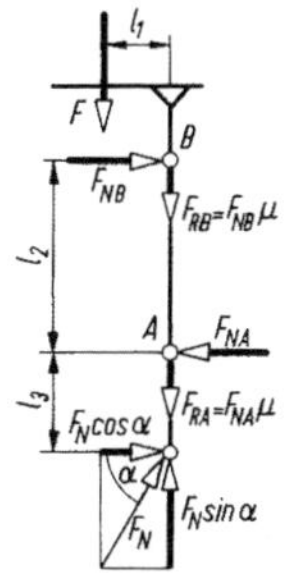

Gleichgewichtsbedingungen

I. $\Sigma F_x = 0 = F_{NB} - F_{NA} + F_N \cos\alpha$

II. $\Sigma F_y = 0 = F_N \sin\alpha - F - F_{NA}\,\mu - F_{NB}\,\mu$

III. $\Sigma M_{(B)} = 0 = F\,l_1 + F_N \cos\alpha(l_2 + l_3) - F_{NA}\,l_2$

I. = II., nach F_{NB} aufgelöst:

$$F_{NA} - F_N \cos\alpha = \frac{F_N \sin\alpha - F - F_{NA}\,\mu}{\mu}$$

$$F_{NA}\mu - F_N\mu\cos\alpha = F_N \sin\alpha - F - F_{NA}\,\mu$$

$$2\,F_{NA}\mu = F_N(\sin\alpha + \mu\cos\alpha) - F$$

$$F_{NA} = \frac{F_N(\sin\alpha + \mu\cos\alpha) - F}{2\mu}$$

$$k = \sin\alpha + \mu\cos\alpha = 0{,}936$$

in Gleichung III. eingesetzt:

$$\text{III.}\ F\,l_1 + F_N \cos\alpha(l_2 + l_3) - \frac{l_2(k\,F_N - F)}{2\mu} = 0$$

$$\frac{+2F_N\mu\cos\alpha(l_2 + l_3) - k\,F_N l_2 + F l_2}{2\mu} = 0 \quad |\cdot 2\mu$$

$$2F_N\mu\cos\alpha(l_2 + l_3) - k\,F_N l_2 = -F l_2 - 2F\,\mu l_1 \quad |\cdot(-1)$$

$$F_N = \frac{F(l_2 + 2\,\mu\,l_1)}{k\,l_2 - 2\mu\cos\alpha(l_2 + l_3)}$$

$$F_N = \frac{350\,\text{N}\cdot(320\,\text{mm} + 2\cdot 0{,}14\cdot 110\,\text{mm})}{0{,}936\cdot 320\,\text{mm} - 2\cdot 0{,}14\cdot\cos 60°\cdot(320 + 160)\,\text{mm}}$$

$$F_N = 528{,}5\,\text{N}$$

$$F_{NA} = \frac{k\,F_N - F}{2\mu} = \frac{0{,}936\cdot 528{,}5\,\text{N} - 350\,\text{N}}{2\cdot 0{,}14} = 516{,}7\,\text{N}$$

$$F_{RA} = F_{NA}\mu = 516{,}7\,\text{N}\cdot 0{,}14 = 72{,}34\,\text{N}$$

$$\text{I.}\ F_{NB} = F_{NA} - F_N \cos\alpha$$

$$F_{NB} = 516{,}7\,\text{N} - 528{,}5\,\text{N}\cdot\cos 60°\cdot 0{,}14$$

$$F_{NB} = 252{,}45\,\text{N}$$

$$F_{RB} = F_{NB}\mu = 252{,}45\,\text{N}\cdot 0{,}14 = 35{,}34\,\text{N}$$

Zeichnerische Lösung:

Lageplan (M_L = 25 cm/cm)

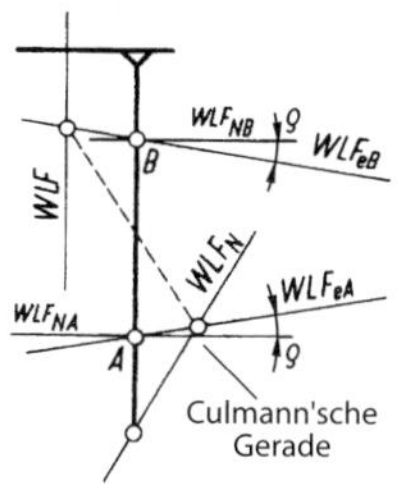

Kräfteplan (M_K = 250 N/cm)

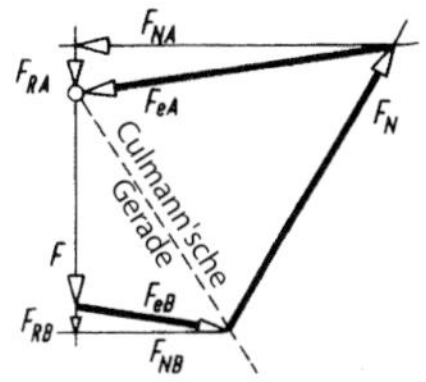

b) *Analytische Lösung:*

Lageskizze

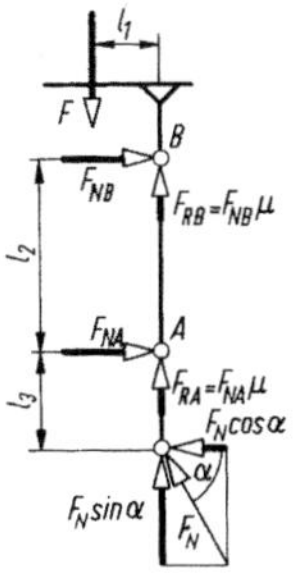

Gleichgewichtsbedingungen

I. $\Sigma F_x = 0 = F_{NA} + F_{NB} - F_N \cos\alpha$

II. $\Sigma F_y = 0 = F_N \sin\alpha + F_{NA}\,\mu + F_{NB}\,\mu - F$

III. $\Sigma M_{(B)} = 0 = F\,l - F_{NB}\,l_2 - F_N \cos\alpha l_3$

I. = II., nach F_N aufgelöst:

$$F_{NA} = F_N \cos\alpha - F_{NB} = \frac{F - F_{NB}\,\mu - F_N \sin\alpha}{\mu}$$

$$F_N\mu\cos\alpha - F_{NB}\mu = F - F_{NB}\,\mu - F_N \sin\alpha$$

$$F_N(\sin\alpha + \mu\cos\alpha) = F$$

$$k = \sin\alpha + \mu\cos\alpha = 0{,}936$$

$$F_N = \frac{F}{k} = \frac{350\,\text{N}}{0{,}936} = 373{,}9\,\text{N}$$

$$\text{III.}\ F_{NB} = \frac{F l_1 - F_N\,l_3\cos\alpha}{l_2}$$

$$F_{NB} = \frac{350\,\text{N}\cdot 110\,\text{mm} - 373{,}9\,\text{N}\cdot 160\,\text{mm}\cdot\cos 60°}{320\,\text{mm}}$$

$$F_{NB} = 26{,}84\,\text{N}$$

$$F_{RB} = F_{NB}\cdot\mu = 26{,}84\,\text{N}\cdot 0{,}14 = 3{,}76\,\text{N}$$

$$F_{NA} = F_N \cos\alpha - F_{NB}$$

$$F_{NA} = 373{,}9\,\text{N}\cdot\cos 60° - 26{,}84\,\text{N} = 160{,}11\,\text{N}$$

$$F_{RA} = F_{NA}\mu = 160{,}11\,\text{N}\cdot 0{,}14 = 22{,}42\,\text{N}$$

Zeichnerische Lösung:

Lageplan (M_L = 25 cm/cm)

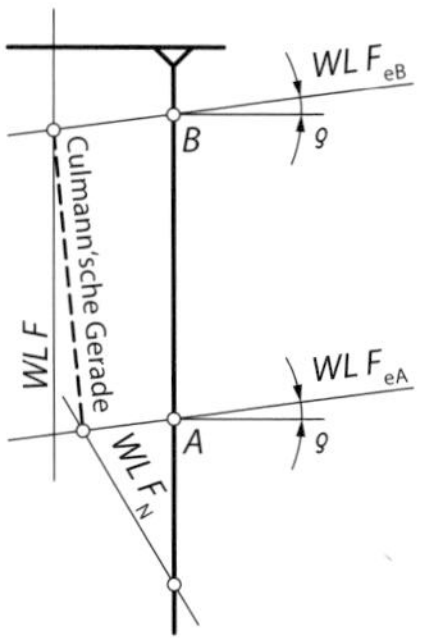

Kräfteplan (M_K = 250 N/cm)

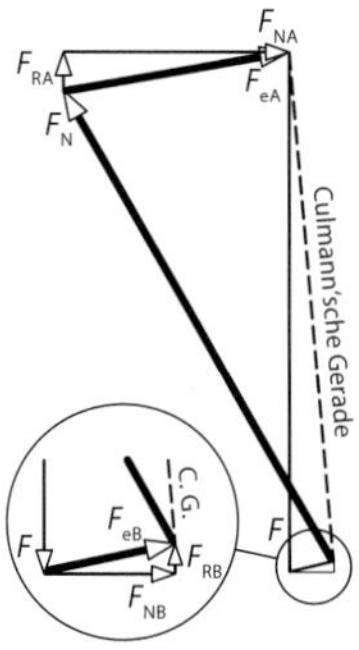

c) Lageskizze

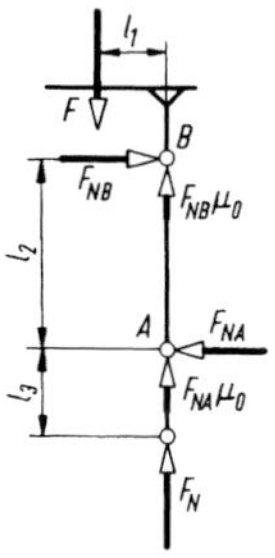

I. $\Sigma F_x = 0 = F_{NB} - F_{NA}$

II. $\Sigma F_y = 0 = F_N + F_{NA}\mu_0 + F_{NB}\mu_0 - F$

III. $\Sigma M_{(B)} = 0 = F\,l_1 - F_{NA}\,l_2$

III. $F_{NA} = \dfrac{F\,l_1}{l_2} = \dfrac{350\ \text{N}\cdot 110\ \text{mm}}{320\ \text{mm}} = 120{,}3\ \text{N}$

I. $F_{NB} = F_{NA} = 120{,}3\ \text{N}$

$F_{R0\,\max A} = F_{R0\,\max B} = F_{NA}\mu_0$

$F_{NA}\mu_0 = 120{,}3\ \text{N}\cdot 0{,}16 = 19{,}25\ \text{N}$

II. $F_N = F - F_{NA}\mu_0 - F_{NB}\mu_0 = 350\ \text{N} - 2\cdot 19{,}25\ \text{N}$

$F_N = 311{,}5\ \text{N}$

326.

Lageskizze

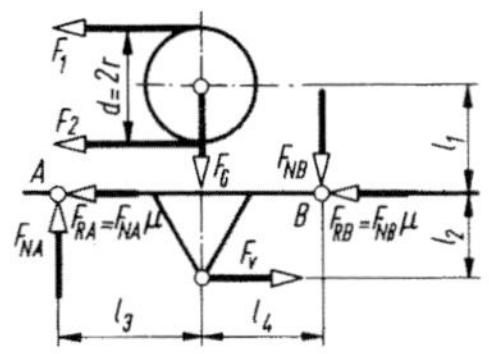

I. $\Sigma F_x = 0 = F_v - F_1 - F_2 - F_{NA}\mu - F_{NB}\mu$

II. $\Sigma F_y = 0 = F_{NA} - F_G - F_{NB}$

III. $\Sigma M_{(B)} = 0 = F_1\,(l_1 + r) + F_2\,(l_1 - r) + F_v\,l_2 +$
$+ F_G\,l_4 - F_{NA}\,(l_3 + l_4)$

a) II. $F_{NB} = F_{NA} - F_G$ in I. eingesetzt:

I. $F_v = F_1 + F_2 + F_{NA}\mu + F_{NA}\mu - F_G\mu$

III. $F_v = \dfrac{F_{NA}\,(l_3 + l_4) - F_1\,(l_1 + r) - F_2\,(l_1 - r) - F_G\,l_4}{l_2}$

I. = III. gesetzt:

$F_1\,l_2 + F_2\,l_2 + 2F_{NA}\mu\,l_2 - F_G\mu\,l_2 =$

$= F_{NA}(l_3 + l_4) - F_1(l_1 + r) - F_2(l_1 - r) - F_G\,l_4$

$F_{NA}(l_3 + l_4 - 2\mu\,l_2) = F_1(l_1 + l_2 + r) + F_2(l_1 + l_2 - r) +$
$+ F_G\,(l_4 - \mu\,l_2)$

$$F_{NA} = \frac{F_1(l_1 + l_2 + r) + F_2(l_1 + l_2 - r) + F_G\,(l_4 - \mu\,l_2)}{l_3 + l_4 - 2\mu\,l_2}$$

$$F_{NA} = \frac{180\ \text{N}\cdot 210\ \text{mm} + 60\ \text{N}\cdot 110\ \text{mm}}{120\ \text{mm} + 100\ \text{mm} - 2\cdot 0{,}22\cdot 70\ \text{mm}} + \frac{150\ \text{N}\cdot(100\ \text{mm} - 0{,}22\cdot 70\ \text{mm})}{120\ \text{mm} + 100\ \text{mm} - 2\cdot 0{,}22\cdot 70\ \text{mm}}$$

$F_{NA} = 301{,}7\ \text{N}$

$F_{RA} = F_{NA}\mu = 301{,}7\ \text{N}\cdot 0{,}22 = 66{,}37\ \text{N}$

b) II. $F_{NB} = F_{NA} - F_G = 301{,}7\ \text{N} - 150\ \text{N} = 151{,}7\ \text{N}$

$F_{RB} = F_{NB}\mu = 151{,}7\ \text{N}\cdot 0{,}22 = 33{,}37\ \text{N}$

c) I. $F_v = F_1 + F_2 + F_{NA}\mu + F_{NB}\mu$

$F_v = 180\ \text{N} + 60\ \text{N} + 66{,}37\ \text{N} + 33{,}37\ \text{N} = 339{,}7\ \text{N}$

327.

a) Lageskizze 1 (freigemachter Spannrollenhebel)

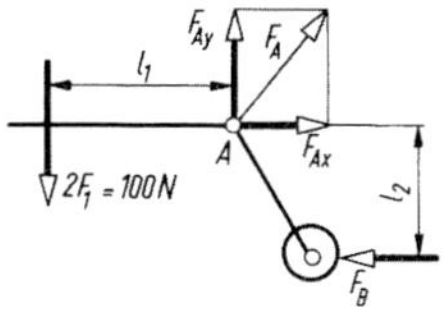

Lageskizze 2 (freigemachte Spannrolle)

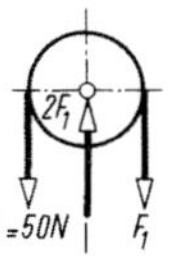

I. $\Sigma F_x = 0 = F_{Ax} - F_B$

II. $\Sigma F_y = 0 = F_{Ay} - 2F_1$

III. $\Sigma M_{(A)} = 0 = 2F_1\,l_1 - F_B\,l_2$

III. $F_B = \dfrac{2F_1\,l_1}{l_2} = \dfrac{2\cdot 50\ \text{N}\cdot 120\ \text{mm}}{100\ \text{mm}} = 120\ \text{N}$

II. $F_{Ay} = 2F_1 = 100\ \text{N}$

I. $F_{Ax} = F_B = 120\ \text{N}$

$F_A = \sqrt{F_{Ax}^2 + F_{Ay}^2} = \sqrt{(120\ \text{N})^2 + (100\ \text{N})^2}$

$F_A = 156{,}2\ \text{N}$

b) Lageskizze 3
(freigemachte Hubstange)

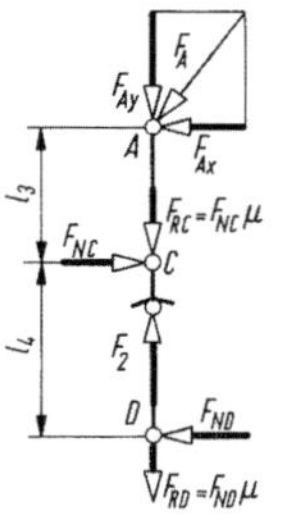

I. $\Sigma F_x = 0 = F_{NC} - F_{ND} - F_{Ax}$

II. $\Sigma F_y = 0 = F_2 - F_{Ay} - F_{NC}\mu - F_{ND}\mu$

III. $\Sigma M_{(D)} = 0 = F_{Ax}(l_3 + l_4) - F_{NC}\, l_4$

III. $F_{NC} = \dfrac{F_{Ax}(l_3 + l_4)}{l_4} = \dfrac{120\text{ N}\cdot 400\text{ mm}}{220\text{ mm}}$

$F_{NC} = 218{,}2\text{ N}$

$F_{RC} = F_{NC}\mu = 218{,}2\text{ N}\cdot 0{,}19 = 41{,}46\text{ N}$

c) I. $F_{ND} = F_{NC} - F_{Ax} = 218{,}2\text{ N} - 120\text{ N} = 98{,}2\text{ N}$

$F_{RD} = F_{ND}\mu = 98{,}2\text{ N}\cdot 0{,}19 = 18{,}66\text{ N}$

d) II. $F_2 = F_{Ay} + F_{NC}\mu + F_{ND}\mu$

$F_2 = 100\text{ N} + 41{,}46\text{ N} + 18{,}66\text{ N}$

$F_2 = 160{,}1\text{ N}$

328.

a) Lageskizze
(freigemachte
Kupplungshülse)

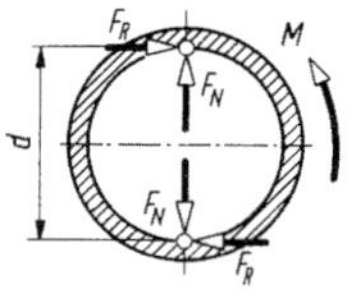

$M = F_R d$

$F_R = \dfrac{M}{d} = \dfrac{10\cdot 10^3\text{ Nmm}}{1{,}1\cdot 10^2\text{ mm}} = 90{,}91\text{ N}$

b) Lageskizze
(freigemachte Reibbacke)

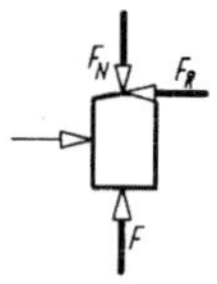

$F = F_N = \dfrac{F_R}{\mu} = \dfrac{90{,}91\text{ N}}{0{,}15} = 606{,}1\text{ N}$

329.

a) Lageskizze
(freigemachte
Mitnehmerscheibe)

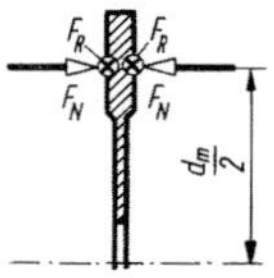

An jeder der vier Mitnehmerscheiben wirkt die Anpresskraft $F_N = 400$ N auf beiden Seiten. Die Reibungskraft $F_R = F_N\,\mu$ wirkt also an acht Flächen.

$F_{R\,ges} = 8F_N\,\mu = 8\cdot 400\text{ N}\cdot 0{,}09 = 288\text{ N}$

b) $M = F_{R\,ges}\dfrac{d_m}{2} = 288\text{ N}\cdot 0{,}058\text{ m} = 16{,}7\text{ Nm}$

330.

a) (siehe Lageskizze Lösung 329)

$$M = 2F_R\frac{d_m}{2} = F_R\, d_m$$

$$F_R = \frac{M}{d_m} = \frac{120\cdot 10^3\text{ Nmm}}{240\text{ mm}} = 500\text{ N}$$

b) $F_N = \dfrac{F_R}{\mu} = \dfrac{500\text{ N}}{0{,}42} = 1190{,}5\text{ N}$

331.

a) $M = 9550\dfrac{P_{rot}}{n} = 9550\cdot\dfrac{14{,}7}{120}\text{ Nm} = 1170\text{ Nm}$

b)

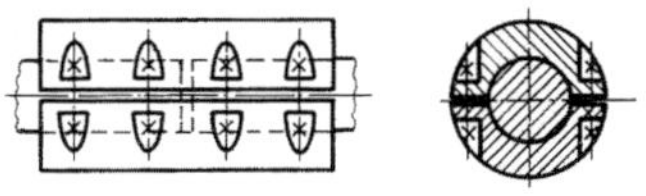

Lageskizze 1
(freigemachte
Kupplungshälfte)

Lageskizze 2
(freigemachte
Welle)

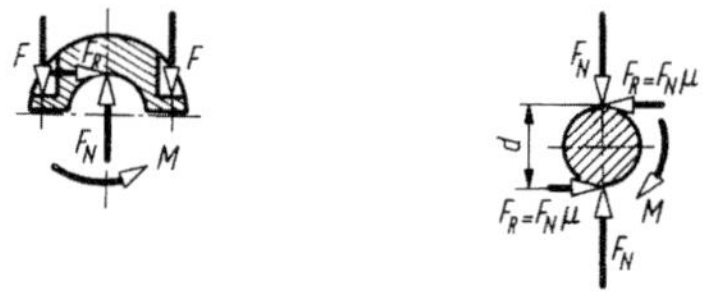

Hinweis: Die Kupplungsschalen werden auf jedes Wellenende durch je vier Schrauben gepresst.

$M = F_R d = F_N \mu d = 4F\mu d$

$$F = \frac{M}{4\mu d} = \frac{1170\cdot 10^2\text{ Ncm}}{4\cdot 0{,}2\cdot 8\text{ cm}} = 18281\text{ N}$$

332.

a) $M = 9550\dfrac{P_{rot}}{n} = 9550\cdot\dfrac{18{,}4}{220}\text{ Nm} = 798{,}7\text{ Nm}$

b) $M = F_{R\,ges}\dfrac{d}{2}$

$$F_{R\,ges} = \frac{2M}{d} = \frac{2\cdot 798{,}7\text{ Nm}}{0{,}14\text{ m}} = 11410\text{ N}$$

c) Schraubenlängskraft F entspricht der von ihr hervorgerufenen Normalkraft F_N.

$F_{R\,ges} = 6F_N\mu = 6F\mu$

$$F = \frac{F_{R\,ges}}{6\mu} = \frac{11410\text{ N}}{6\cdot 0{,}22} = 8644\text{ N}$$

333.

Lageskizze (freigemachte Welle)

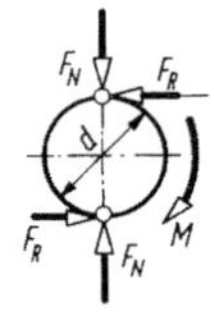

$$M = 9550\frac{P_{rot}}{n} = 9550\cdot\frac{11}{250}\ \text{Nm}$$

$$M = 420{,}2\ \text{Nm}$$

$$M = F_R\, d = F_N\, \mu\, d$$

$$F_N = \frac{M}{\mu d} = \frac{420{,}2\cdot 10^3\ \text{Nmm}}{0{,}15\cdot 60\ \text{mm}} = 46{,}69\cdot 10^3\ \text{N}$$

334.

a) $M = 9550\frac{P_{rot}}{n} = 9550\cdot\frac{1{,}5}{630}\ \text{Nm} = 22{,}74\ \text{Nm}$

b) $M = F_R\frac{d}{2} = F_N\,\mu\frac{d}{2}$

$$F_N = \frac{2M}{\mu d} = \frac{2\cdot 2274\ \text{Ncm}}{0{,}33\cdot 18\ \text{cm}} = 765{,}7\ \text{N}$$

c) $F = F_N \sin\alpha$

$F = 765{,}7\ \text{N}\cdot\sin 55°$

$F = 627{,}2\ \text{N}$

Lageskizze

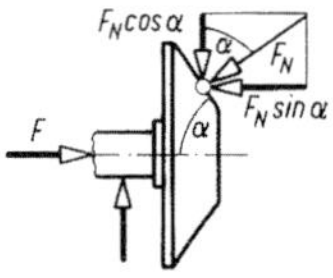

Reibung auf der schiefen Ebene

335.

a) 1.Grundfall, Lehrbuch, Kap. 3.3.1.2 und F + T, 3.2

$F = F_G(\sin\alpha + \mu_0\cos\alpha)$

$F = 8\ \text{kN}(\sin 22° + 0{,}2\cdot\cos 22°) = 4{,}48\ \text{kN}$

b) 1.Grundfall, Lehrbuch, Kap. 3.3.1.2 und F + T, 3.2

$F = F_G(\sin\alpha + \mu\cos\alpha)$

$F = 8\ \text{kN}(\sin 22° + 0{,}1\cdot\cos 22°) = 3{,}739\ \text{kN}$

c) 2.Grundfall, Lehrbuch, Kap. 3.3.2.2 und F + T, 3.2

$F = F_G(\sin\alpha - \mu\cos\alpha)$

$F = 8\ \text{kN}(\sin 22° - 0{,}1\cdot\cos 22°) = 2{,}255\ \text{kN}$

336.

a) 3.Grundfall, Lehrbuch, Kap. 3.3.3.2

$F = F_G(\mu_0\cos\alpha - \sin\alpha)$

$F = 7{,}5\cdot 10^6\ \text{kg}\cdot 9{,}81\frac{\text{m}}{\text{s}^2}(0{,}13\cdot\cos 4° - \sin 4°)$

$F = 4{,}409\cdot 10^6\ \text{N} = 4{,}409\ \text{MN}$

b) $F_{res} = F_G\sin\alpha - F_N\mu$

$F_{res} = m\,g\sin\alpha - m\,g\cos\alpha\,\mu$

$F_{res} = m\,g\,(\sin\alpha - \mu\cos\alpha)$

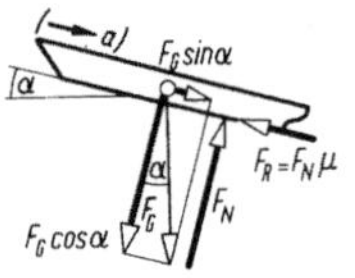

$F_{res} = 7{,}5\cdot 10^6\ \text{kg}\cdot 9{,}81\frac{\text{m}}{\text{s}^2}\cdot(\sin 4° - 0{,}06\cdot\cos 4°)$

$F_{res} = 0{,}7286\cdot 10^6\ \text{N} = 728{,}6\ \text{kN}$

c) $F_{res} = m\,a = m\,g(\sin\alpha - \mu\cos\alpha)$

$a = g\,(\sin\alpha - \mu\cos\alpha)$

$a = 9{,}81\frac{\text{m}}{\text{s}^2}\cdot(\sin 4° - 0{,}06\cdot\cos 4°) = 0{,}0971\frac{\text{m}}{\text{s}^2}$

337.

1.Grundfall, Lehrbuch, Kap. 3.3.1.3

$F_u = F\tan(\alpha + \varrho)$

$F_u = 180\ \text{N}\cdot\tan(15° + 6{,}843°) = 72{,}15\ \text{N}$

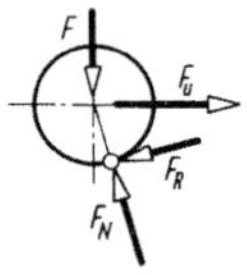

338.

a) 1.Grundfall, Lehrbuch, Kap. 3.3.1.3

$F = F_G\tan(\alpha + \varrho) = 1\ \text{kN}\cdot\tan(7° + 9{,}09°) = 288{,}5\ \text{N}$

b) 3.Grundfall, Lehrbuch, Kap. 3.3.3.3

$F = F_G\tan(\varrho - \alpha) = 1\ \text{kN}\cdot\tan(9{,}09° - 7°) = 36{,}5\ \text{N}$

c) Da $\varrho_0 = \arctan 0{,}19 = 10{,}76° > \alpha$ ist, liegt Selbsthemmung vor. Der Körper bleibt ohne Haltekraft in Ruhe.

339.

Trigonometrische Lösung:

a) Lageskizze

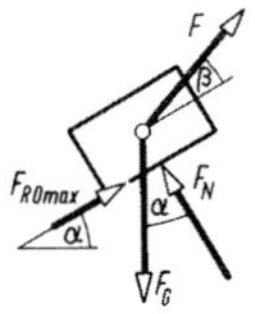

Krafteckskizze

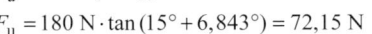

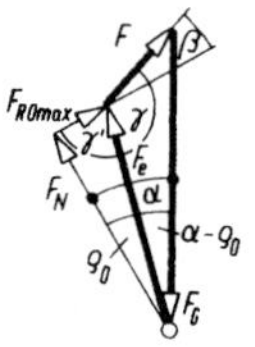

Ermittlung des Winkels γ:

Zur Bestimmung des Winkel γ wird zunächst in dem rechtwinkligen Dreieck $F_N - F_{R0\,max} - F_e$ der Winkel γ' bestimmt:

$\gamma' = 180° - 90° - \varrho_0 = 90° - \varrho_0$

Dann ist, da γ und γ' mit einem Schenkel auf derselben Gerade liegen:

$\gamma = 180° - \gamma' + \beta = 180° - (90° - \varrho_0) + \beta$

$\gamma = 90° + \varrho_0 + \beta = 90° + 16{,}17° + 14°$

$\gamma = 120{,}17°$

$\alpha - \varrho_0 = 19° - 16{,}17° = 2{,}83°$

Sinussatz:

$$\frac{F_1}{\sin(\alpha-\varrho_0)}=\frac{F_G}{\sin\gamma} \Rightarrow F_1=F_G\frac{\sin(\alpha-\varrho_0)}{\sin\gamma}$$

$$F_1=6{,}9\,\text{kN}\cdot\frac{\sin 2{,}83^\circ}{\sin 120{,}17^\circ}=394{,}1\,\text{N}$$

b) Lageskizze

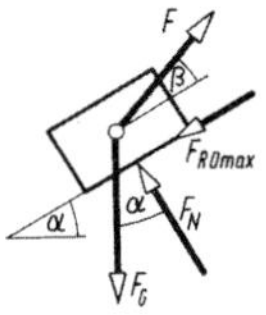

Krafteckskizze

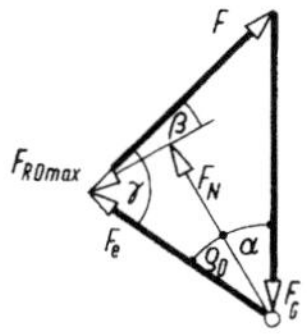

$$\gamma=90^\circ-\varrho_0+\beta=87{,}83^\circ$$

$$\alpha+\varrho_0=35{,}17^\circ$$

$$\frac{F_2}{\sin(\alpha+\varrho_0)}=\frac{F_G}{\sin\gamma} \Rightarrow F_2=F_G\frac{\sin(\alpha+\varrho_0)}{\sin\gamma}$$

$$F_2=6{,}9\,\text{kN}\cdot\frac{\sin 35{,}17^\circ}{\sin 87{,}38^\circ}=3{,}979\,\text{kN}$$

c) Lageskizze und Krafteckskizze wie Teillösung b).
An die Stelle von $F_{R0\,max}$ und ϱ_0 treten F_R und ϱ.
$\gamma=90^\circ-\varrho+\beta=92{,}14^\circ$; $\alpha+\varrho=30{,}86^\circ$

$$F_3=F_G\frac{\sin(\alpha+\varrho)}{\sin\gamma}=6{,}9\,\text{kN}\cdot\frac{\sin 30{,}86^\circ}{\sin 92{,}14^\circ}=3{,}542\,\text{kN}$$

d) Lageskizze und Krafteckskizze wie Teillösung a).
An die Stelle von $F_{R0\,max}$ und ϱ_0 treten F_R und ϱ.
$\gamma=90^\circ+\varrho+\beta=115{,}86^\circ$; $\alpha-\varrho=7{,}14^\circ$

$$F_4=F_G\frac{\sin(\alpha-\varrho)}{\sin\gamma}=6{,}9\,\text{kN}\cdot\frac{\sin 7{,}14^\circ}{\sin 115{,}86^\circ}=953{,}3\,\text{N}$$

340.

a) Ermittlung der Grenzwinkel β und γ
$F_G = 2$ kN, $F = 1{,}2$ kN, $\alpha = 5^\circ$, $\mu_0 = 0{,}23$

Analytische Lösung zur Ermittlung des Grenzwinkels β

Gleichgewichtsbedingungen:

Lageskizze 1

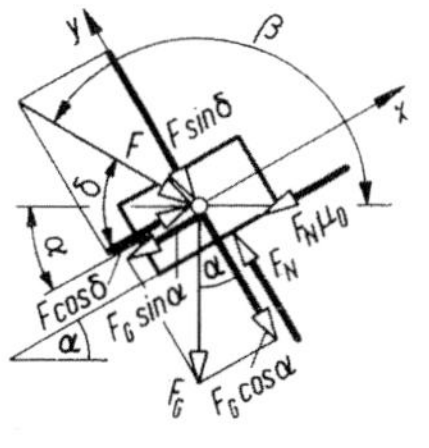

I. $\Sigma F_x = 0 = F\cos\delta - F_N\,\mu_0 - F_G\sin\alpha$

II. $\Sigma F_y = 0 = F_N - F\sin\delta - F_G\cos\alpha$

I. = II. Beide Gleichungen nach F_N auflösen und gleich setzen:

$$F_N=\frac{F\cos\delta-F_G\sin\alpha}{\mu_0}=F\sin\delta+F_G\cos\alpha\mid\cdot\mu_0$$

$$F\cos\delta-F\mu_0\sin\delta=F_G\sin\alpha+F_G\mu_0\cos\alpha$$

F und F_G ausklammern:

$$\cos\delta-\mu_0\sin\delta=\frac{F_G}{F}(\sin\alpha+\mu_0\cos\alpha)$$

Haftreibungszahl μ_0 ersetzen durch den Haftreibungswinkel ϱ_0 :

$$\mu_0=\tan\varrho_0=\frac{\sin\varrho_0}{\cos\varrho_0},\ \varrho_0=\arctan\mu_0=\arctan 0{,}23=12{,}95^\circ$$

$$\cos\delta-\frac{\sin\varrho_0\sin\delta}{\cos\varrho_0}=\frac{F_G}{F}\left(\sin\alpha+\frac{\sin\varrho_0\cos\alpha}{\cos\varrho_0}\right)$$

$$\frac{\cos\delta\cos\varrho_0-\sin\delta\sin\varrho_0}{\cos\varrho_0}=\frac{F_G}{F}\left(\frac{\sin\alpha\cos\varrho_0+\cos\alpha\sin\varrho_0}{\cos\varrho_0}\right)$$

Bildung von Additionstheoremen siehe F + T, 9.37

$$\cos(\delta+\varrho_0)=\frac{F_G}{F}\sin(\alpha+\varrho_0) \qquad \text{Gleichung 1}$$

$$\cos(\delta+\varrho_0)=\frac{2\,\text{kN}}{1{,}2\,\text{kN}}\cdot\sin(5^\circ+12{,}95^\circ)=0{,}65136$$

$$\arccos(\delta+12{,}95^\circ)=\arccos 0{,}5136=59{,}1^\circ$$

$$\delta+12{,}95^\circ=59{,}1^\circ \rightarrow \delta=59{,}1^\circ-12{,}95^\circ=46{,}15^\circ$$

nach Lageskizze 1 ist

$\delta = 180° + \alpha - \beta = 185° - \beta$

$\beta = 185° - \delta = 185° - 46{,}15° = 138{,}85°$

Trigonometrische Lösung zur Ermittlung des Grenzwinkels β:

Berechnung der Winkel:

$\delta = 180° + \alpha - \beta = 185° - \beta$

δ_1 aus dem Dreieck $F_N - F_N\mu_0 - F_e$:

$\delta_1 = 180° - 90° - \varrho_0 = 90° - 12{,}95° = 77{,}05°$

$\varrho_0 = \arctan \mu_0 = \arctan 0{,}23 = 12{,}95°$

$\delta_3 = \varrho_0 + \alpha = 12{,}95° + 5° = 17{,}95°$

$\delta_4 = 90° - \alpha = 90° - 5° = 85°$

Sinussatz für die Berechnung des Winkels δ_2:

$$\frac{F_G}{\sin\delta_2} = \frac{F}{\sin\delta_3}$$

$$\sin\delta_2 = \frac{F_G}{F}\sin\delta_3 = \frac{2\,\text{kN}}{1{,}2\,\text{kN}} \cdot \sin 17{,}95° = 0{,}5136$$

$\delta_2 = \arcsin \delta_2 = \arcsin 0{,}5136 = 30{,}9°$

nach Krafteckskizze 1 ist

$\delta = 180° - (\delta_2 + \delta_3 + \delta_4) = 180° - (30{,}9° + 17{,}95° + 85°)$

$\delta = 46{,}15°$

$\delta = 185° - \beta$

$\beta = 185° - \delta = 185° - 46{,}15° = 138{,}85°$

Krafteckskizze 1

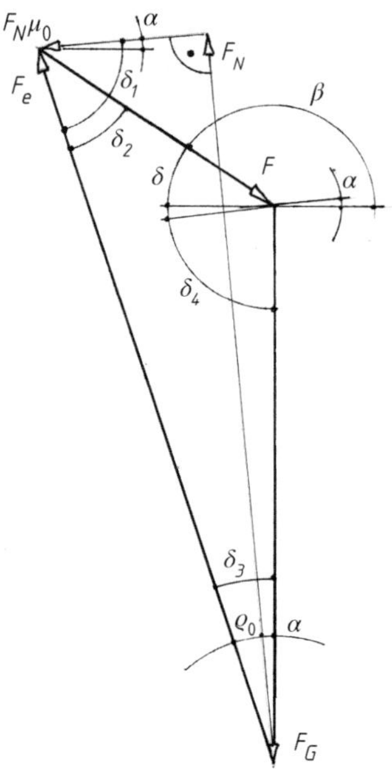

Analytische Lösung zur Ermittlung des Grenzwinkels γ:

Gleichgewichtsbedingungen:

$\text{I. } \Sigma F_x = 0 = F_N\,\mu_0 - F_G \sin\alpha - F\cos\varepsilon$

$\text{II. } \Sigma F_y = 0 = F_N - F_G \cos\alpha - F\sin\varepsilon$

I. = II. Beide Gleichungen nach F_N auflösen und gleich setzen:

Lageskizze 2

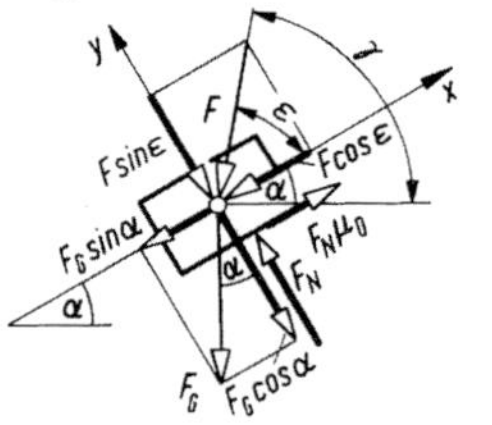

$$F_N = \frac{F\cos\varepsilon + F_G\sin\alpha}{\mu_0} = F\sin\varepsilon + F_G\cos\alpha \mid \cdot\mu_0$$

$F\cos\varepsilon - F\mu_0\sin\varepsilon = F_G\mu_0\cos\alpha - F_G\sin\alpha$

F und F_G ausklammern:

$$\cos\varepsilon - \mu_0\sin\varepsilon = \frac{F_G}{F}(\mu_0\cos\alpha - \sin\alpha)$$

Haftreibungszahl μ_0 ersetzen durch den Haftreibungswinkel ϱ_0:

$$\mu_0 = \tan\varrho_0 = \frac{\sin\varrho_0}{\cos\varrho_0}, \varrho_0 = \arctan\mu_0 = \arctan 0{,}23 = 12{,}95°$$

$$\cos\varepsilon - \frac{\sin\varrho_0\sin\varepsilon}{\cos\varrho_0} = \frac{F_G}{F}\left(\frac{\sin\varrho_0\cos\alpha}{\cos\varrho_0} - \sin\alpha\right)$$

$$\frac{\cos\varepsilon\cos\varrho_0 - \sin\varepsilon\sin\varrho_0}{\cos\varrho_0} = \frac{F_G}{F}\left(\frac{\sin\varrho_0\cos\alpha - \cos\varrho_0\sin\alpha}{\cos\varrho_0}\right)$$

Bildung von Additionstheoremen siehe F + T, 9.37

$$\cos(\varepsilon + \varrho_0) = \frac{F_G}{F} \sin(\varrho_0 - \alpha) \qquad \text{Gleichung 2}$$

$$\cos(\varepsilon + \varrho_0) = \frac{2\,\text{kN}}{1,2\,\text{kN}} \cdot \sin(12,95° - 5°) = 0,2305$$

$$\arccos(\varepsilon + 12,95°) = \arccos 0,2305 = 76,67°$$

$$\varepsilon + 12,95° = 76,67° \rightarrow \varepsilon = 76,67° - 12,95° = 63,72°$$

nach Lageskizze 2 ist

$$\varepsilon = \gamma - \alpha$$

$$\gamma = \varepsilon + \alpha = 63,72° + 5° = 68,72°$$

Trigonometrische Lösung zur Ermittlung des Grenzwinkels γ:

Berechnung der Winkel:

ε_1 aus dem Dreieck $F_e, F_N\,\mu_0, F_N$:

$$\varepsilon = \gamma - \alpha = \gamma - 5°$$

$$\varepsilon_1 = 180° - 90° - \varrho_0 = 90° - 12,95° = 77,05°$$

$$\varrho_0 = \arctan \mu_0 = \arctan 0,23 = 12,95°$$

Sinussatz für die Berechnung des Winkels ε_2 :

$$\frac{F_G}{\sin \varepsilon_2} = \frac{F}{\sin(\varrho_0 - \alpha)}$$

$$\sin \varepsilon_2 = \frac{F_G}{F} \sin(\varrho_0 - \alpha) = \frac{2\,\text{kN}}{1,2\,\text{kN}} \cdot \sin(12,95° - 5°) = 0,2305$$

$$\varepsilon_2 = \arcsin \varepsilon_2 = \arcsin 0,2305 = 13,33°$$

$$\varepsilon_3 = 90°$$

nach Krafteckskizze 2 ist

$$\varepsilon = 180° - (\varrho_0 - \alpha) - \varepsilon_2 - \varepsilon_3 - \alpha$$

$$\varepsilon = 180° - (12,95° - 5°) - 13,33° - 90° - 5°$$

$$\varepsilon = 63,72°$$

$$\gamma = \varepsilon + \alpha = 63,72° + 5° = 68,72°$$

Krafteckskizze 2

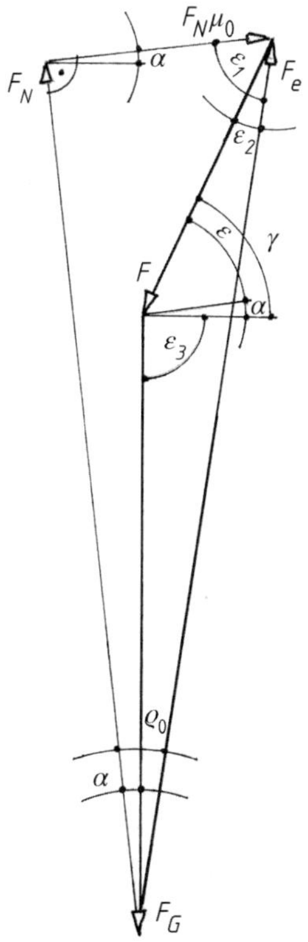

b) Einfluss der Gewichtskraft F_G auf die Grenzwinkel β und γ

Der Einfluss der Gewichtskraft F_G auf die Grenzwinkel β und γ ist in der Gleichung 1 für den Grenzwinkel β und in der Gleichung 2 für den Grenzwinkel γ erkennbar.
Beispielsweise ist der Grenzwinkel β bei einer größeren Gewichtskraft F_G größer und der Grenzwinkel γ kleiner.

c) Einfluss der Kraft F auf die Grenzwinkel β und γ

Der Einfluss der Kraft F auf die Grenzwinkel β und γ ist in der Gleichung 1 für den Grenzwinkel β und in der Gleichung 2 für den Grenzwinkel γ erkennbar.
Der Grenzwinkel β wird bei einer größeren Kraft F kleiner und der Grenzwinkel γ größer.

Reibung an Maschinenteilen

Symmetrische Prismenführung, Zylinderführung

345.

a) $\mu' = \dfrac{\mu}{\sin\alpha} = \dfrac{0{,}11}{\sin 45°} = 0{,}1556$

b) Lageskizze 1
(Ausführung nach 311.)

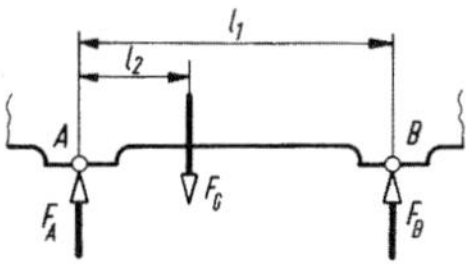

$$\text{II. } \Sigma F_y = 0 = F_A + F_B - F_G$$

$$\text{III. } \Sigma M_{(A)} = 0 = F_B\, l_1 - F_G\, l_2$$

$$\text{III. } F_B = F_G \frac{l_2}{l_1} = 1650\ \text{N} \cdot \frac{180\ \text{mm}}{520\ \text{mm}} = 571{,}2\ \text{N}$$

$$\text{II. } F_A = F_G - F_B = 1650\ \text{N} - 571{,}2\ \text{N} = 1078{,}8\ \text{N}$$

Lageskizze 2
(Führungsbahn A, neu)

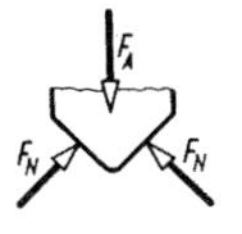

$F_{RA} = F_A \mu' = 1078{,}8\ \text{N} \cdot 0{,}1556$

$F_{RA} = 167{,}86\ \text{N}$

Verschiebekraft F:

$F = F_{RA} + F_{RB} = F_{RA} + F_B \mu$

$F = 167{,}86\ \text{N} + 571{,}2\ \text{N} \cdot 0{,}11 = 230{,}7\ \text{N}$

346.

Rechnerische Lösung:

a) Lageskizze

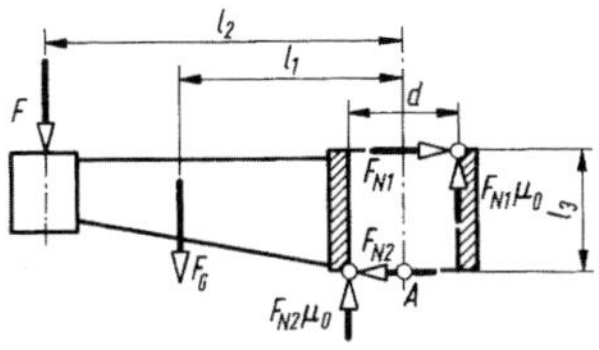

$$\text{I. } \Sigma F_x = 0 = F_{N1} - F_{N2} \Rightarrow F_{N1} = F_{N2} = F_N$$

$$\text{II. } \Sigma F_y = 0 = 2F_N\mu_0 - F_G - F$$

$$\text{III. } \Sigma M_{(A)} = 0 = F_G\, l_1 + F\, l_2 - F_N\, l_3 - F_N\mu_0 \frac{d}{2} + F_N\mu_0 \frac{d}{2}$$

$$\text{II. } F_N = \frac{F_G + F}{2\mu_0} \quad \text{in III. eingesetzt:}$$

$$\text{III. } 0 = F_G\, l_1 + F\, l_2 - \frac{F_G + F}{2\mu_0} l_3$$

$$l_3 = 2\mu_0 \frac{F_G\, l_1 + F\, l_2}{F_G + F}$$

$$l_3 = 2 \cdot 0{,}15 \cdot \frac{400\ \text{N} \cdot 250\ \text{mm} + 350\ \text{N} \cdot 400\ \text{mm}}{400\ \text{N} + 350\ \text{N}}$$

$$l_3 = 96\ \text{mm}$$

b) $l_3 = 2\mu_0 \dfrac{F_G\, l_1 + 0}{F_G + 0} = 2\mu_0\, l_1 = 2 \cdot 0{,}15 \cdot 250\ \text{mm} = 75\ \text{mm}$

Die Buchse ist mit 96 mm zu lang für Selbsthemmung, also rutscht der Tisch.

c) Je länger die Führungsbuchse ist, desto leichter gleitet sie.

Zeichnerische Lösung:

Lageplan ($M_L = 10$ cm/cm)

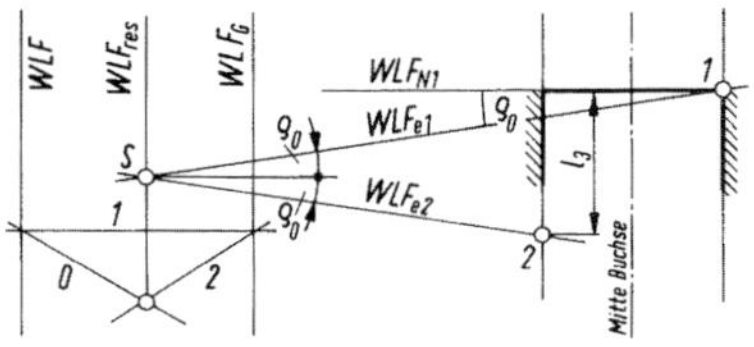

Kräfteplan ($M_K = 500$ N/cm)

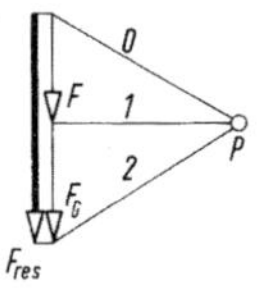

Lösungsweg:

Mitte der Buchse festlegen.

Buchsen-Innenwände, WL F_G und WL F maßstäblich zeichnen.

Kräfteplan zeichnen, mit Seileckverfahren WL F_{res} ermitteln.

Punkt 1 auf der rechten Innenwand beliebig festlegen (hier Oberkante Buchse).

WL F_{N1} durch Punkt 1 legen.

Unter $\varrho_0 = 8{,}53°$ dazu WL F_{e1} durch Punkt 1 legen und mit WL F_{res} zum Schnitt S bringen.

WL F_{e2} unter dem Winkel ϱ_0 zur Waagerechten durch S legen und zum Schnitt 2 mit der linken Innenwand bringen.

347.

a) Lageskizze

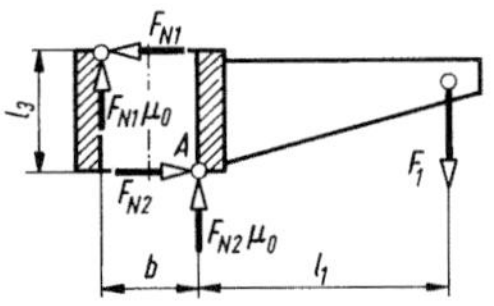

$$\text{I. } \Sigma F_x = 0 = F_{N2} - F_{N1} \Rightarrow F_{N1} = F_{N2} = F_N$$

$$\text{II. } \Sigma F_y = 0 = 2F_N\mu_0 - F_1$$

$$\text{III. } \Sigma M_{(A)} = 0 = F_N\, l_3 - F_N\, \mu_0\, b - F_1\, l_1$$

$$\text{II. } F_N = \frac{F_1}{2\mu_0} \quad \text{in III. eingesetzt:}$$

$$\text{III. } 0 = F_1 \frac{l_3}{2\mu_0} - F_1 \frac{\mu_0\, b}{2\mu_0} - F_1\, l_1 \quad \Big| : F_1$$

$$0 = \frac{l_3}{2\mu_0} - \frac{b}{2} - l_1$$

$$l_1 = \frac{l_3 - \mu_0\, b}{2\mu_0} = \frac{50\ \text{mm} - 0{,}15 \cdot 30\ \text{mm}}{2 \cdot 0{,}15} = 151{,}7\ \text{mm}$$

b) Lageskizze

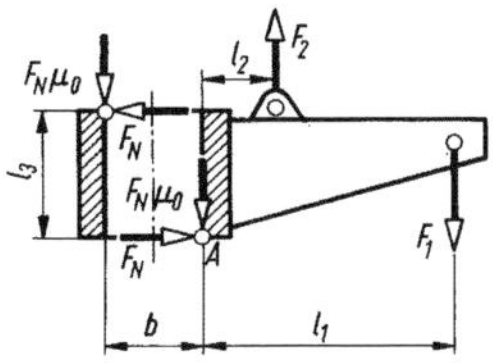

Wie in Lösung a) sind beide Normalkräfte F_N gleich groß. Die Reibungskräfte wirken beim Anheben nach unten.

$$\text{II. } \Sigma F_y = 0 = F_2 - F_1 - 2F_N\mu_0$$

$$\text{III. } \Sigma M_{(A)} = 0 = F_2\, l_2 + F_N\, l_3 + F_N\, \mu_0\, b - F_1\, l_1$$

$$\text{II. } F_N = \frac{F_2 - F_1}{2\mu_0} \quad \text{in III. eingesetzt:}$$

$$\text{III. } 0 = F_2\, l_2 + (F_2 - F_1)\frac{l_3}{2\mu_0} + (F_2 - F_1)\frac{b}{2} - F_1\, l_1$$

$$0 = F_2\, l_2 + F_2\frac{l_3}{2\mu_0} - F_1\frac{l_3}{2\mu_0} + F_2\frac{b}{2} - F_1\frac{b}{2} - F_1\, l_1$$

$$F_2\left(l_2 + \frac{l_3}{2\mu_0} + \frac{b}{2}\right) = F_1\left(l_1 + \frac{l_3}{2\mu_0} + \frac{b}{2}\right) =$$

$$= F_1\left(\frac{l_3 - \mu_0\, b}{2\mu_0} + \frac{l_3}{2\mu_0} + \frac{b}{2}\right)$$

$$F_2 = F_1\frac{2l_3}{2\mu_0\, l_2 + l_3 + \mu_0\, b}$$

$$F_2 = 500\text{ N}\cdot\frac{2\cdot 50\text{ mm}}{2\cdot 0{,}15\cdot 20\text{ mm} + 50\text{ mm} + 0{,}15\cdot 30\text{ mm}}$$

$$F_2 = 826{,}4\text{ N}$$

Tragzapfen (Querlager)

349.

a) Lagerkräfte F_A, F_B

Lageskizze

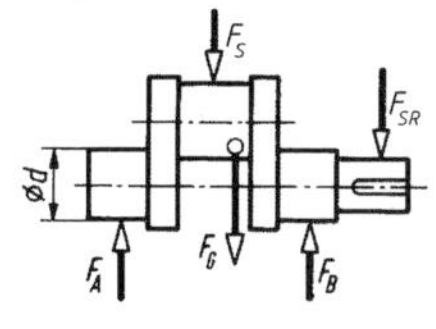

Gleichgewichtsbedingungen:

$$\text{II. } \Sigma F_y = 0 = F_A + F_B - F_S - F_G - F_{SR}$$

$$\text{III. } \Sigma M_{(A)} = 0 = -F_S\, l_1 - F_G\, l_2 + F_B\, l_3 - F_{SR}\, l_4$$

F_B aus III.:

$$F_B = \frac{F_S\, l_1 + F_G\, l_2 + F_{SR}\, l_4}{l_3}$$

$$F_B = \frac{13\,\text{kN}\cdot 0{,}56\,\text{m} + 24\,\text{kN}\cdot 0{,}72\,\text{m} + 26\,\text{kN}\cdot 1{,}59\,\text{m}}{1{,}13\,\text{m}}$$

$$F_B = 58{,}319\,\text{kN}$$

F_A aus II.:

$$F_A = F_S + F_G + F_{SR} - F_B = (13 + 24 + 26 - 58{,}319)\,\text{kN}$$

$$F_A = 4{,}681\,\text{kN}$$

b) Reibungskräfte F_{RA}, F_{RB}

$$F_{RA} = F_A\cdot\mu = 4{,}681\,\text{kN}\cdot 0{,}08 = 0{,}374\,\text{kN}$$

$$F_{RB} = F_B\cdot\mu = 58{,}319\,\text{kN}\cdot 0{,}08 = 4{,}666\,\text{kN}$$

c) Gesamtdrehmoment $M_{R\,ges}$

Hinweis:
Da beide Lagerzapfen den gleichen Durchmesser $d = 410$ mm haben, können die Zapfenreibungskräfte F_{RA} und F_{RB} zur Gesamtreibungskraft $F_{R\,ges}$ zusammengefasst werden.

$$F_{R\,ges} = F_{RA} + F_{RB} = 0{,}374\,\text{kN} + 4{,}666\,\text{kN} = 5{,}04\,\text{kN}$$

$$M_{R\,ges} = F_{R\,ges}\frac{d}{2} = 5{,}04\,\text{kN}\cdot\frac{0{,}41\,\text{m}}{2} = 1{,}033\,\text{kNm}$$

$$= 1033\,\text{Nm}$$

350.

a) $M_R = F_{ges}\, r = 4F\mu r$

$$M_R = 4\cdot 1{,}5\cdot 10^3\text{ N}\cdot 9\cdot 10^{-3}\cdot 0{,}036\text{ m} = 1{,}944\text{ Nm}$$

b) $P_{rot} = \dfrac{M\, n}{9550} = \dfrac{1{,}944\cdot 3200}{9550}\text{ kW} = 0{,}6514\text{ kW}$

c) $P = \dfrac{W}{t} = \dfrac{P_{rot}}{4}$

$$Q = \frac{P_{rot}\, t}{4} = \frac{651{,}4\text{ W}\cdot 60\text{ s}}{4} = 9771\text{ J}$$

351.

a) $P_{ab} = P_{an}\,\eta = 150\text{ kW}\cdot 0{,}989 = 148{,}35\text{ kW}$

$$P_R = P_{an} - P_{ab} = 150\text{ kW} - 148{,}35\text{ kW} = 1{,}65\text{ kW}$$

b) $M_R = 9550\dfrac{P_R}{n} = 9550\cdot\dfrac{1{,}65}{355} = 44{,}39\text{ Nm}$

c) Lageskizze

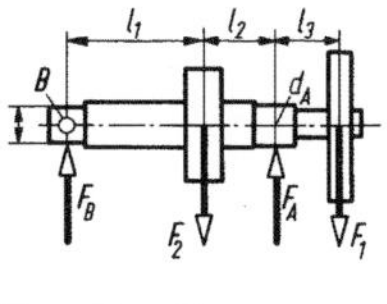

$$\text{II. } \Sigma F_y = 0 = F_A + F_B - F_1 - F_2$$

$$\text{III. } \Sigma M_{(B)} = 0 = F_A\,(l_1 + l_2) - F_1\,(l_1 + l_2 + l_3) - F_2\, l_1$$

$$\text{III. } F_A = \frac{F_1\,(l_1 + l_2 + l_3) + F_2\, l_1}{l_1 + l_2}$$

$$F_A = \frac{10{,}2\text{ kN}\cdot 0{,}46\text{ m} + 25\text{ kN}\cdot 0{,}23\text{ m}}{0{,}35\text{ m}}$$

$$F_A = 29{,}834\text{ kN}$$

II. $F_B = F_1 + F_2 - F_A = 10{,}2\,\text{kN} + 25\,\text{kN} - 29{,}834\,\text{kN}$

$F_B = 5{,}366\,\text{kN}$

d) $r_A = \dfrac{d_A}{2} = \dfrac{60\,\text{mm}}{2} = 30\,\text{mm}$

$r_B = \dfrac{d_B}{2} = \dfrac{50\,\text{mm}}{2} = 25\,\text{mm}$

$M_R = M_{RA} + M_{RB} = F_{RA}\,r_A + F_{RB}\,r_B$

$M_R = F_A\mu r_A + F_B\mu r_B = \mu(F_A r_A + F_B r_B)$

$$\mu = \frac{M_R}{F_A r_A + F_B r_B}$$

$$\mu = \frac{44{,}39\cdot 10^3\ \text{Nmm}}{29{,}834\cdot 10^3\ \text{N}\cdot 30\ \text{mm} + 5{,}366\cdot 10^3\ \text{N}\cdot 25\ \text{mm}}$$

$\mu = 0{,}04313$

e) $M_{RA} = F_A\,\mu r_A = 29{,}834\cdot 10^3\,\text{N}\cdot 0{,}04313\cdot 30\cdot 10^{-3}\,\text{m}$

$M_{RA} = 38{,}6\,\text{Nm}$

$M_{RB} = F_B\,\mu r_B = 5{,}366\cdot 10^3\,\text{N}\cdot 0{,}04313\cdot 25\cdot 10^{-3}\,\text{m}$

$M_{RB} = 5{,}786\,\text{Nm}$

f) $Q_A = M_{RA}\varphi = M_{RA}\cdot 2\pi z$

$Q_A = 38{,}60\ \text{Nm}\cdot 2\pi\cdot 355 = 86098\ \text{J}$

$Q_B = M_{RB}\cdot 2\pi z = 5{,}786\ \text{Nm}\cdot 2\pi\cdot 355 = 12906\ \text{J}$

352.

a) Reibungsmoment M_R, Reibungskraft F_R

$M_R = 9550\dfrac{P}{n} = 9550\cdot\dfrac{3}{2860} = 10{,}02\,\text{Nm}$

$F_R = \dfrac{2M_R}{d_1} = \dfrac{2\cdot 10{,}02\,\text{Nm}}{0{,}14\,\text{m}} = 143{,}1\,\text{N}$

b) Normalkraft F_N

$F_R = F_N\,\mu \Rightarrow F_N = \dfrac{F_R}{\mu} = \dfrac{143{,}1\,\text{N}}{0{,}175} = 817{,}8\,\text{N}$

c) Spannkraft F_f

Lageskizzen für die Lösungen c) und d)

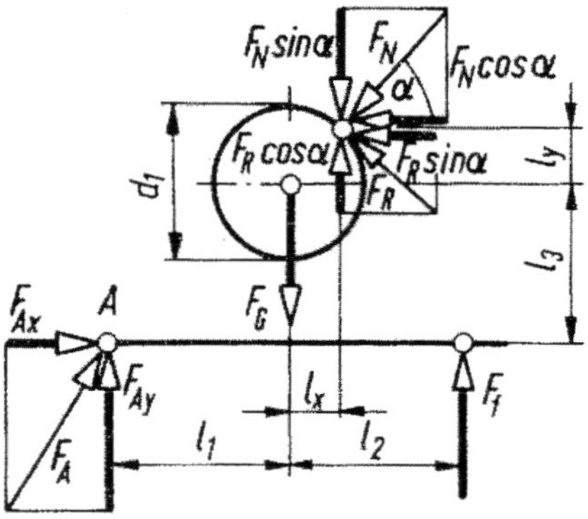

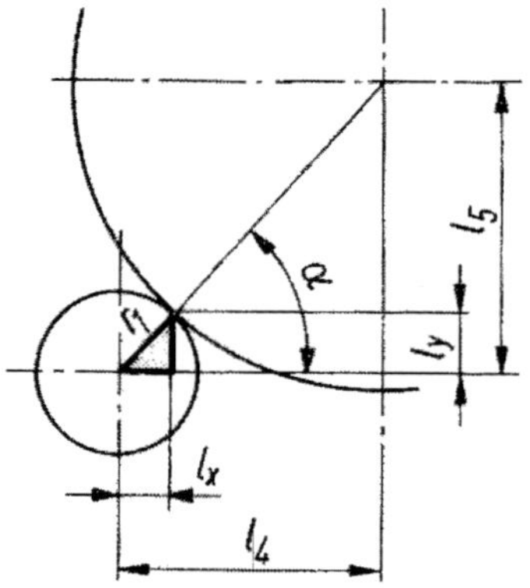

$\alpha = \arctan\dfrac{l_5}{l_4} = \arctan\dfrac{230\,\text{mm}}{185\,\text{mm}} = 51{,}19°$

$l_x = \dfrac{d_1}{2}\cos\alpha = \dfrac{140\,\text{mm}}{2}\cos 51{,}19° = 43{,}87\,\text{mm}$

$l_y = \dfrac{d_1}{2}\sin\alpha = \dfrac{140\,\text{mm}}{2}\sin 51{,}19° = 54{,}55\,\text{mm}$

Gleichgewichtsbedingungen:

I. $\Sigma F_x = 0 = F_{Ax} - F_N\cos\alpha - F_R\sin\alpha$

II. $\Sigma F_y = 0 = F_{Ay} + F_f - F_G - F_N\sin\alpha + F_R\cos\alpha$

III. $\Sigma M_{(A)} = 0 = F_f\,(l_1 + l_2) + F_R\cos\alpha(l_1 + l_x) +$
$+ F_R\sin\alpha(l_3 + l_y) + F_N\cos\alpha(l_3 + l_y) -$
$- F_G\,l_1 - F_N\sin\alpha(l_1 + l_x)$

III. $F_f\,(l_1 + l_2) = F_G\,l_1 + F_N\sin\alpha(l_1 + l_x) -$
$- F_N\cos\alpha(l_3 + l_y) - F_R\cos\alpha(l_1 + l_x) -$
$- F_R\sin\alpha(l_3 + l_y)$

Berechnung der Faktoren:

$l_1 + l_2 = 0{,}31\,\text{m}$

$\sin\alpha(l_1 + l_x) = 0{,}159\,\text{m}$ $\cos\alpha(l_1 + l_x) = 0{,}128\,\text{m}$

$\sin\alpha(l_3 + l_y) = 0{,}152\,\text{m}$ $\cos\alpha(l_3 + l_y) = 0{,}122\,\text{m}$

$$F_f = \frac{430\,\text{N}\cdot 0{,}16\,\text{m} + 817{,}8\,\text{N}(0{,}159\,\text{m} - 0{,}122\,\text{m})}{0{,}31\,\text{m}} - \frac{143{,}1\,\text{N}(0{,}128\,\text{m} + 0{,}152\,\text{m})}{0{,}31\,\text{m}}$$

$F_f = 190{,}3\,\text{N}$

d) Lagerkraft F_A mit den Komponenten F_{Ax} und F_{Ay}

I. $F_{Ax} = F_N\cos\alpha + F_R\sin\alpha$

$F_{Ax} = 817{,}8\,\text{N}\cdot\cos 51{,}19° + 143{,}1\,\text{N}\cdot\sin 51{,}19°$

$F_{Ax} = 624{,}1\,\text{N}$

II. $F_{Ay} = F_G + F_N \sin\alpha - F_f - F_R \cos\alpha$

$$F_{Ay} = 430\,\text{N} + 817{,}8\,\text{N} \cdot \sin 51{,}19° - 190{,}3\,\text{N} - 143{,}1\,\text{N} \cdot \cos 51{,}19°$$

$$F_{Ay} = 787{,}3\,\text{N}$$

$$F_A = \sqrt{F_{Ax}^2 + F_{Ay}^2} = \sqrt{(624{,}1\,\text{N})^2 + (787{,}3\,\text{N})^2}$$

$$F_A = 1004{,}7\,\text{N}$$

e) Drehzahl n_2

$$i = \frac{n_1}{n_2} = \frac{d_2}{d_1}$$

$$n_2 = n_1 \frac{d_1}{d_2} = 2860\,\text{min}^{-1} \cdot \frac{140\,\text{mm}}{450\,\text{mm}} = 889{,}8\,\text{min}^{-1}$$

f) Zapfenreibungsmoment M_R

In den Lagern der Gegenradwelle wird die Resultierende F_{res} aus der Normalkraft F_N und der Reibungskraft F_R abgestützt:

$$F_{res} = \sqrt{F_N^2 + F_R^2} = \sqrt{(817{,}8\,\text{N})^2 + (143{,}1\,\text{N})^2}$$

$$F_{res} = 830{,}2\,\text{N}$$

$$M_R = F_{res}\mu \frac{d_3}{2} = 830{,}2\,\text{N} \cdot 0{,}06 \cdot \frac{0{,}04\,\text{m}}{2}$$

$$M_R = 0{,}9962\,\text{Nm}$$

g) Reibungsleistung P_R

$$P_R = \frac{M_R\, n_2}{9550} = \frac{0{,}9962 \cdot 889{,}8}{9550} = 0{,}09282\,\text{kW}$$

$$P_R = 92{,}82\,\text{W}$$

h) Leistungsverlust

$$\frac{P_R}{P} \cdot 100\,\% = \frac{92{,}82\,\text{W}}{3000\,\text{W}} \cdot 100\,\% = 3{,}094\,\%$$

Spurzapfen (Längslager)

353.

a) $P_R = \dfrac{M_R\, n}{9550} = \dfrac{F \mu r_m\, n}{9550}$

$$P_R = \frac{160 \cdot 10^3\,\text{N} \cdot 0{,}06 \cdot 0{,}165\,\text{m} \cdot 120}{9550}\,\text{kW} = 19{,}9\,\text{kW}$$

b) $\dfrac{P_R}{P} \cdot 100\,\% = \dfrac{19{,}9\,\text{kW}}{1320\,\text{kW}} \cdot 100\,\% = 1{,}508\,\%$

354.

a) $M_R = F \mu r_m = 20000\,\text{N} \cdot 0{,}08 \cdot 0{,}04\,\text{m} = 64\,\text{Nm}$

b) $P_R = \dfrac{M_R\, n}{9550} = \dfrac{64 \cdot 150}{9550}\,\text{kW} = 1{,}005\,\text{kW}$

c) $Q = P_R\, t = 1005\,\text{W} \cdot 60\,\text{s} = 60300\,\text{J} = 60{,}3\,\text{kJ}$

355.

a) $M_R = F \mu r_m = 4500\,\text{N} \cdot 0{,}07 \cdot 0{,}025\,\text{m} = 7{,}875\,\text{Nm}$

b) $P_R = \dfrac{M_R\, n}{9550} = \dfrac{7{,}875 \cdot 355}{9550} = 0{,}2927\,\text{kW}$

c) $Q = P_R\, t = 0{,}2927\,\text{kW} \cdot 3600\,\text{s} = 1054\,\text{kJ} = 1{,}054\,\text{MJ}$

356.

Lageskizze

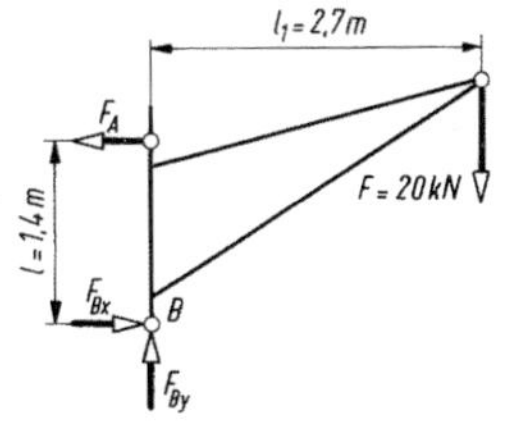

I. $\Sigma F_x = 0 = F_{Bx} - F_A$

II. $\Sigma F_y = 0 = F_{By} - F$

III. $\Sigma M_{(B)} = 0 = F_A\, l - F\, l_1$

a) III. $F_A = \dfrac{F\, l_1}{l} = \dfrac{20\,\text{kN} \cdot 2{,}7\,\text{m}}{1{,}4\,\text{m}} = 38{,}57\,\text{kN}$

b) I. $F_{Bx} = F_A = 38{,}57\,\text{kN}$; II. $F_{By} = F = 20\,\text{kN}$

c) $F_{RA} = F_A\, \mu = 38{,}57\,\text{kN} \cdot 0{,}12 = 4{,}628\,\text{kN}$

$F_{R\,Bx} = F_{Bx}\, \mu = 38{,}57\,\text{kN} \cdot 0{,}12 = 4{,}628\,\text{kN}$

$F_{R\,By} = F_{By}\, \mu = 20\,\text{kN} \cdot 0{,}12 = 2{,}4\,\text{kN}$

d) $M_A = F_{RA}\, r = 4628\,\text{N} \cdot 0{,}04\,\text{m} = 185{,}1\,\text{Nm}$

$M_{Bx} = M_A = 185{,}1\,\text{Nm}$

$M_{By} = F_{R\,By}\, r_m = 2400\,\text{N} \cdot 0{,}02\,\text{m} = 48\,\text{Nm}$

e) $M = M_A + M_{Bx} + M_{By} = 418{,}2\,\text{Nm}$

f) $M = F_z\, l_1 \Rightarrow F_z = \dfrac{M}{l_1}$

$$F_z = \frac{418{,}2\,\text{Nm}}{2{,}7\,\text{m}} = 154{,}9\,\text{N}$$

Bewegungsschraube

357.

a) $\varrho' = \arctan \mu' = \arctan 0{,}08 = 4{,}574°$

b) $M_A = F_T \dfrac{D}{2} = \dfrac{400\,\text{N} \cdot 86\,\text{cm}}{2} = 17200\,\text{Ncm}$

$$\alpha = \arctan \frac{P}{2\pi r_2} = \arctan \frac{10\,\text{mm}}{2\pi \cdot 37{,}5\,\text{mm}}$$

$$\alpha = 2{,}43°$$

$$M_{RG} = F\, r_2 \tan(\alpha + \varrho') = M_A$$

$$F = \frac{M_A}{r_2 \tan(\alpha + \varrho')} = \frac{17200\,\text{Ncm}}{3{,}75\,\text{cm} \cdot \tan(2{,}43° + 4{,}574°)}$$

$$F = 37334\,\text{N}$$

358.

a) $\mu' = \dfrac{\mu}{\cos\dfrac{\beta}{2}} = \dfrac{0{,}12}{\cos 15°} = 0{,}1242$

$\varrho' = \arctan \mu' = \arctan 0{,}1242 = 7{,}082°$

b) $F = p\,A = 25 \cdot 10^5\ \dfrac{\text{N}}{\text{m}^2} \cdot \dfrac{\pi}{4} \cdot 8^2 \cdot 10^{-4}\ \text{m}^2 = 12566\ \text{N}$

c) $M_{\text{RG}} = F\,r_2 \tan(\alpha + \varrho') = F_\text{h}\,\dfrac{d_\text{kr}}{2}$

$\alpha = \arctan \dfrac{P}{2\pi r_2} = \arctan \dfrac{5\ \text{mm}}{2\pi \cdot 12{,}75\ \text{mm}}$

$\alpha = 3{,}571°$

$F_\text{h} = \dfrac{2F\,r_2 \tan(\alpha + \varrho')}{d_\text{kr}}$

$F_\text{h} = \dfrac{2 \cdot 12566\ \text{N} \cdot 12{,}75\ \text{mm} \cdot \tan(3{,}571° + 7{,}082°)}{225\ \text{mm}}$

$F_\text{h} = 267{,}9\ \text{N}$

d) $F_\text{h} = \dfrac{2F\,r_2 \tan(\alpha - \varrho')}{d_\text{kr}}$

$F_\text{h} = \dfrac{2 \cdot 12566\ \text{N} \cdot 12{,}75\ \text{mm} \cdot \tan(3{,}571° - 7{,}082°)}{225\ \text{mm}}$

$F_\text{h} = -87{,}38\ \text{N}$

(Minusvorzeichen wegen Selbsthemmung)

359.

a) $\mu' = \dfrac{\mu}{\cos\dfrac{\beta}{2}} = \dfrac{0{,}12}{\cos 15°} = 0{,}1242$

$\varrho' = \arctan \mu' = \arctan 0{,}1242 = 7{,}082°$

b) $\alpha = \arctan \dfrac{P}{2\pi r_2} = \arctan \dfrac{7\ \text{mm}}{2\pi \cdot 18{,}25\ \text{mm}} = 3{,}493°$

$M_{\text{RG}} = F\,r_2 \tan(\alpha + \varrho')$

$M_{\text{RG}} = 11 \cdot 10^3\ \text{N} \cdot 18{,}25 \cdot 10^{-3}\,\text{m} \cdot \tan(3{,}493° + 7{,}082°)$

$M_{\text{RG}} = 37{,}48\ \text{Nm}$

c) $M_{\text{RA}} = F\,\mu_\text{a}\,r_\text{a} = 11 \cdot 10^3\ \text{N} \cdot 0{,}12 \cdot 30 \cdot 10^{-3}\,\text{m}$

$M_{\text{RA}} = 39{,}6\ \text{Nm}$

d) $M_\text{A} = M_{\text{RG}} + M_{\text{RA}} = 37{,}48\ \text{Nm} + 39{,}6\ \text{Nm}$

$M_\text{A} = 77{,}08\ \text{Nm}$

e) $M_\text{A} = F_\text{h}\,r_\text{h}$

$F_\text{h} = \dfrac{M_\text{A}}{r_\text{h}} = \dfrac{77{,}08\ \text{Nm}}{0{,}38\ \text{m}} = 202{,}8\ \text{N}$

360.

a) $\mu' = \dfrac{\mu}{\cos\dfrac{\beta}{2}} = \dfrac{0{,}08}{\cos 15°} = 0{,}0828$

$\varrho' = \arctan \mu' = \arctan 0{,}0828 = 4{,}735°$

b) $\alpha = \arctan \dfrac{3P}{2\pi r_2} = \arctan \dfrac{3 \cdot 12\ \text{mm}}{2\pi \cdot 52\ \text{mm}}$

$\alpha = 6{,}288°$ (*Hinweis:* das Gewinde ist 3-gängig.)

$M_{\text{RG}} = F_1\,r_2 \tan(\alpha + \varrho')$

$M_{\text{RG}} = 240 \cdot 10^3\ \text{N} \cdot 52 \cdot 10^{-3}\,\text{m} \cdot \tan(6{,}288° + 4{,}735°)$

$M_{\text{RG}} = 2431\ \text{Nm}$

c) $M_\text{A} = M_{\text{RG}} = F_{\text{R2}}\,\dfrac{d}{2} \;\Rightarrow\; F_{\text{R2}} = \dfrac{2M_{\text{RG}}}{d}$

$F_{\text{R2}} = \dfrac{2 \cdot 2431\ \text{Nm}}{0{,}85\ \text{m}} = 5720\ \text{N}$

d) $F_2 = \dfrac{F_{\text{R2}}}{\mu} = \dfrac{5720\ \text{N}}{0{,}28} = 20429\ \text{N}$

e) $\eta = \dfrac{\tan\alpha}{\tan(\alpha + \varrho')}$

$\eta = \dfrac{\tan 6{,}288°}{\tan(6{,}288° + 4{,}735°)} = 0{,}5657$

f) Nein, weil der Reibungswinkel ϱ' kleiner als der Steigungswinkel α ist ($\varrho' = 4{,}735° < \alpha = 6{,}288°$).

361.

a) $\mu' = \dfrac{\mu}{\cos\dfrac{\beta}{2}} = \dfrac{0{,}12}{\cos 15°} = 0{,}1242$

$\varrho' = \arctan \mu' = \arctan 0{,}1242 = 7{,}082°$

b) $\alpha = \arctan \dfrac{2P}{2\pi r_2} = \arctan \dfrac{2 \cdot 10\ \text{mm}}{2\pi \cdot 35\ \text{mm}} = 5{,}197°$

$M_{\text{RG}} = F\,r_2 \tan(\alpha + \varrho')$

$M_{\text{RG}} = 25 \cdot 10^3\ \text{N} \cdot 35 \cdot 10^{-3}\,\text{m} \cdot \tan(5{,}197° + 7{,}082°)$

$M_{\text{RG}} = 190{,}4\ \text{Nm}$

c) $F_\text{u} = F \tan(\alpha + \varrho') = 25000\ \text{N} \cdot \tan(5{,}197° + 7{,}082°)$

$F_\text{u} = 5441\ \text{N}$

d) $\eta = \dfrac{\tan\alpha}{\tan(\alpha + \varrho')} = \dfrac{\tan 5{,}197°}{\tan(5{,}197° + 7{,}082°)} = 0{,}4179$

e) $M_\text{A} = F\,[r_2 \tan(\alpha + \varrho') + \mu_\text{a}\,r_\text{a}]$

$M_\text{A} = 25 \cdot 10^3\ \text{N} \cdot [35 \cdot 10^{-3}\,\text{m} \cdot \tan 12{,}279° +$

$+ 0{,}15 \cdot 70 \cdot 10^{-3}\ \text{m}]$

$M_\text{A} = 452{,}9\ \text{Nm}$

f) Der Wirkungsgrad von Schraube und Auflage ist das Verhältnis der Hubarbeit je Umdrehung (Nutzarbeit) zur Dreharbeit an der Spindel je Umdrehung (aufgewendete Arbeit):

$$\eta_{S+A} = \frac{F \cdot 2P}{M_A \cdot 2\pi} = \frac{25 \cdot 10^3\ \text{N} \cdot 2 \cdot 10 \cdot 10^{-3}\ \text{m}}{452{,}9\ \text{Nm} \cdot 2\pi\ \text{rad}}$$

$$\eta_{S+A} = 0{,}1757$$

g) $\eta_{ges} = \eta_{Getr} \cdot \eta_{S+A} = 0{,}65 \cdot 0{,}1757 = 0{,}1142$

h) Hubleistung = Hubkraft × Hubgeschwindigkeit:

$$P_h = 4 F v = 4 \cdot 25 \cdot 10^3\ \text{N} \cdot \frac{1}{60}\,\frac{\text{m}}{\text{s}} = 1{,}667\ \text{kW}$$

i) $\eta_{ges} = \dfrac{P_h}{P_{mot}} \Rightarrow P_{mot} = \dfrac{P_h}{\eta_{ges}} = \dfrac{1{,}667\ \text{kW}}{0{,}1142}$

$$P_{mot} = 14{,}597\ \text{kW}$$

Befestigungsschraube

362.

a) $F = 2 F_R = 2 F_N \mu$

$$F_N = \frac{F}{2\mu} = \frac{4\ \text{kN}}{2 \cdot 0{,}15} = 13{,}33\ \text{kN}$$

b) $M_A = F_N [r_2 \tan(\alpha + \varrho') + \mu_a r_a]$

$$\alpha = \arctan\frac{P}{2\pi r_2} = \arctan\frac{1{,}75\ \text{mm}}{2\pi \cdot 5{,}4315\ \text{mm}} = 2{,}935°$$

$$\varrho' = \arctan \mu' = \arctan 0{,}25 = 14{,}036°$$

$$r_a = 0{,}7 d = 0{,}7 \cdot 12\ \text{mm} = 8{,}4\ \text{mm}$$

$$M_A = 13{,}33 \cdot 10^3\ \text{N} \cdot [5{,}4315 \cdot 10^{-3}\ \text{m} \cdot \tan 16{,}971° + {} + 0{,}15 \cdot 8{,}4 \cdot 10^{-3}\ \text{m}]$$

$$M_A = 38{,}89\ \text{Nm}$$

363.

$$M_A = F [r_2 \tan(\alpha + \varrho') + \mu_a r_a]$$

$$\alpha = \arctan\frac{P}{2\pi r_2} = \arctan\frac{1{,}5\ \text{mm}}{2\pi \cdot 4{,}513\ \text{mm}} = 3{,}028°$$

$$\varrho' = \arctan \mu' = \arctan 0{,}25 = 14{,}036°$$

$$r_a = 0{,}7 d = 0{,}7 \cdot 10\ \text{mm} = 7\ \text{mm}$$

$$F = \frac{M_A}{r_2 \tan(\alpha + \varrho') + \mu_a r_a}$$

$$F = \frac{60\ \text{Nm}}{4{,}513 \cdot 10^{-3}\ \text{m} \cdot \tan 17{,}064° + 0{,}15 \cdot 7 \cdot 10^{-3}\ \text{m}}$$

$$F = 24{,}636 \cdot 10^3\ \text{N} = 24{,}636\ \text{kN}$$

Seilreibung

364.

a) $e^{\mu\alpha} = e^{0{,}55\pi} = 5{,}629$

b) Lageskizze 1

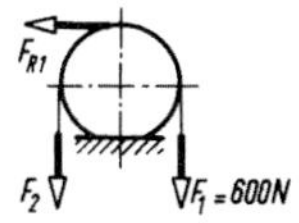

$$F_2 = \frac{F_1}{e^{\mu\alpha}} = \frac{600\ \text{N}}{5{,}629} = 106{,}6\ \text{N}$$

Lageskizze 2

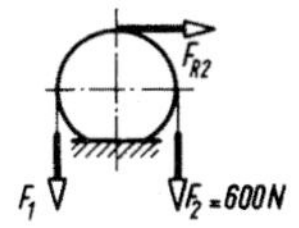

$$F_1 = F_2\, e^{\mu\alpha} = 600\ \text{N} \cdot 5{,}629$$

$$F_1 = 3377\ \text{N}$$

c) $F_{R1} = F_1 - F_2 = 600\ \text{N} - 106{,}6\ \text{N} = 493{,}4\ \text{N}$

$F_{R2} = F_1 - F_2 = 3377\ \text{N} - 600\ \text{N} = 2777\ \text{N}$

365.

a) $e^{\mu\alpha} = e^{0{,}3 \cdot 2{,}792} = 2{,}311$

b) $F_2 = \dfrac{F_1}{e^{\mu\alpha}} = \dfrac{890\ \text{N}}{2{,}311} = 385{,}1\ \text{N}$

c) $F_R = F_1 - F_2 = 890\ \text{N} - 385{,}1\ \text{N} = 504{,}9\ \text{N}$

d) $P = F_R\, v = 504{,}9\ \text{N} \cdot 18{,}8\,\dfrac{\text{m}}{\text{s}} = 9492\ \text{W}$

366.

a) Erforderliche Reibungskraft:

$$F_R = \frac{P}{v} = \frac{11500\ \text{W}}{18{,}8\,\frac{\text{m}}{\text{s}}} = 611{,}7\ \text{N}$$

Spannkraft im ablaufenden Trum:

$$F_2 = F_1 - F_R = 890\ \text{N} - 611{,}7\ \text{N} = 278{,}3\ \text{N}$$

b) $e^{\mu\alpha} = \dfrac{F_1}{F_2} = \dfrac{890\ \text{N}}{278{,}3\ \text{N}} = 3{,}198$

$$\ln e^{\mu\alpha} = \mu\alpha \ln e \Rightarrow \alpha = \frac{\ln e^{\mu\alpha}}{\mu \ln e}$$

$$\alpha = \frac{\ln 3{,}198}{0{,}3} = 3{,}875\ \text{rad}$$

$$\alpha = 3{,}875\ \text{rad} \cdot \frac{180°}{\pi\ \text{rad}} = 222°$$

367.

a) $\alpha = 2\pi\ \text{rad} \Rightarrow e^{\mu\alpha} = 2{,}566$

$$F_2 = \frac{F_1}{e^{\mu\alpha}} = \frac{25\ \text{kN}}{2{,}566} = 9{,}743\ \text{kN}$$

b) $\alpha = 6\pi\ \text{rad} \Rightarrow e^{\mu\alpha} = 16{,}9$

$$F_2 = \frac{25\ \text{kN}}{16{,}9} = 1{,}479\ \text{kN}$$

c) $\alpha = 10\pi \text{ rad} \Rightarrow e^{\mu\alpha} = 111{,}32$

$$F_2 = \frac{25 \text{ kN}}{111{,}32} = 0{,}2246 \text{ kN}$$

368.

a) $\alpha = 4\pi \text{ rad} = 12{,}57 \text{ rad}$

$$e^{\mu\alpha} = e^{0{,}18 \cdot 4\pi} = 9{,}6$$

b) $F_2 = \dfrac{F_1}{e^{\mu\alpha}} = \dfrac{1600 \text{ N}}{9{,}6} = 166{,}7 \text{ N}$

369.

a) Lageskizze

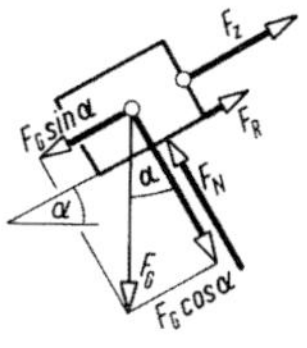

$$\Sigma F_y = 0 = F_N - F_G \cos\alpha$$

$$F_N = F_G \cos\alpha = 36 \text{ kN} \cdot \cos 30°$$

$$F_N = 31{,}18 \text{ kN}$$

b) $\Sigma F_x = 0 = F_z - F_G \sin\alpha + F_G \mu_r \cos\alpha$

$$F_z = F_G(\sin\alpha - \mu_r \cos\alpha)$$

$$F_z = 36 \text{ kN}(\sin 30° - 0{,}18 \cdot \cos 30°) = 12{,}388 \text{ kN}$$

c) $e^{\mu\alpha} = \dfrac{F_1}{F_2} = \dfrac{F_z}{F_2} = \dfrac{12388 \text{ N}}{400 \text{ N}} = 30{,}97$

d) $\ln e^{\mu\alpha} = \mu_s \alpha \ln e$

$$\alpha = \frac{\ln e^{\mu\alpha}}{\mu_s \ln e} = \frac{\ln 30{,}97}{0{,}22} = 15{,}6 \text{ rad}$$

$$\alpha = 15{,}6 \text{ rad} \cdot \frac{180°}{\pi \text{ rad}} = 893{,}8°$$

e) $z = \dfrac{\alpha}{2\pi} = \dfrac{15{,}6 \text{ rad}}{2\pi \text{ rad}} = 2{,}483 \text{ Windungen}$

Backenbremse

370.

a) Lageskizze (freigemachter Bremshebel)

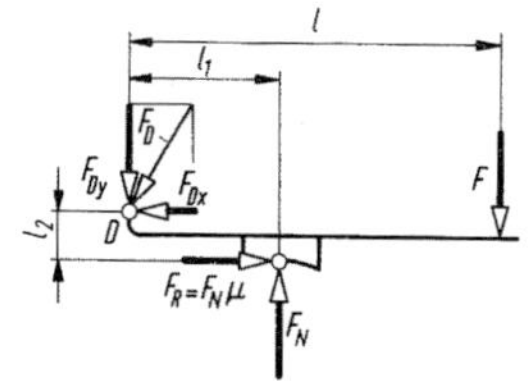

$$\text{I. } \Sigma F_x = 0 = F_N\mu - F_{Dx}$$

$$\text{II. } \Sigma F_y = 0 = F_N - F - F_{Dy}$$

$$\text{III. } \Sigma M_{(D)} = 0 = F_N l_1 + F_N \mu l_2 - F l$$

$$\text{III. } F_N = F\frac{l}{l_1 + \mu l_2}$$

$$F_N = 150 \text{ N} \cdot \frac{620 \text{ mm}}{250 \text{ mm} + 0{,}4 \cdot 80 \text{ mm}} = 329{,}8 \text{ N}$$

$$F_R = F_N \mu = 329{,}8 \text{ N} \cdot 0{,}4 = 131{,}9 \text{ N}$$

$$\text{I. } F_{Dx} = F_N \mu = 131{,}9 \text{ N}$$

$$\text{II. } F_{Dy} = F_N - F = 329{,}8 \text{ N} - 150 \text{ N} = 179{,}8 \text{ N}$$

$$F_D = \sqrt{F_{Dx}^2 + F_{Dy}^2} = \sqrt{(131{,}9 \text{ N})^2 + (179{,}8 \text{ N})^2}$$

$$F_D = 223 \text{ N}$$

b) $M = F_R \dfrac{d}{2} = 131{,}9 \text{ N} \cdot 0{,}15 \text{ m} = 19{,}79 \text{ Nm}$

c) Lageskizze (freigemachter Bremshebel)

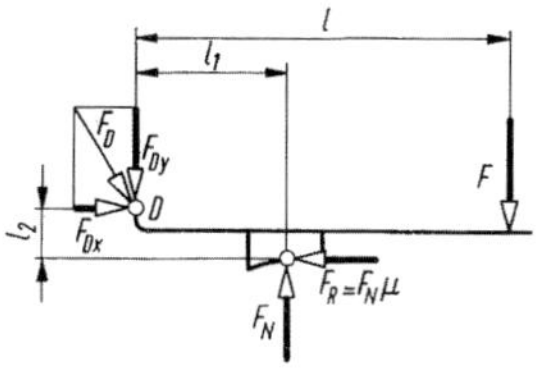

$$\text{I. } \Sigma F_x = 0 = F_{Dx} - F_N\mu$$

$$\text{II. } \Sigma F_y = 0 = F_N - F - F_{Dy}$$

$$\text{III. } \Sigma M_{(D)} = 0 = F_N l_1 - F_N \mu l_2 - F l$$

$$\text{III. } F_N = F\frac{l}{l_1 - \mu l_2}$$

$$F_N = 150 \text{ N} \cdot \frac{620 \text{ mm}}{250 \text{ mm} - 0{,}4 \cdot 80 \text{ mm}} = 426{,}6 \text{ N}$$

$$F_R = F_N \mu = 426{,}6 \text{ N} \cdot 0{,}4 = 170{,}6 \text{ N}$$

$$\text{I. } F_{Dx} = F_N \mu = 170{,}6 \text{ N}$$

$$\text{II. } F_{Dy} = F_N - F = 426{,}6 \text{ N} - 150 \text{ N} = 276{,}6 \text{ N}$$

$$F_D = \sqrt{F_{Dx}^2 + F_{Dy}^2} = \sqrt{(170{,}6 \text{ N})^2 + (276{,}6 \text{ N})^2}$$

$$F_D = 325 \text{ N}$$

d) $M = F_R \dfrac{d}{2} = 170{,}6 \text{ N} \cdot 0{,}15 \text{ m} = 25{,}6 \text{ Nm}$

e) $l_2 = 0$ (Backenbremse mit tangentialem Drehpunkt)

f) $l_1 \le \mu l_2$

$$l_2 \ge \frac{l_1}{\mu} = \frac{250 \text{ mm}}{0{,}4} = 625 \text{ mm}$$

371.

a) $M_R = 9550\dfrac{P}{n} = 9550 \cdot \dfrac{1}{400} \text{ Nm} = 23{,}88 \text{ Nm}$

b) $F_R = \dfrac{M_R}{\frac{d}{2}} = \dfrac{23{,}88 \text{ Nm}}{0{,}19 \text{ m}} = 125{,}7 \text{ N}$

c) $F_N = \dfrac{F_R}{\mu} = \dfrac{125,7\ \text{N}}{0,5} = 251,4\ \text{N}$

d) Lageskizze

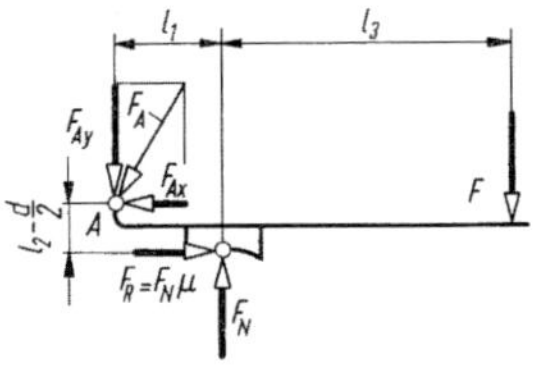

$\text{I.}\ \Sigma F_x = 0 = F_N\mu - F_{Ax}$

$\text{II.}\ \Sigma F_y = 0 = F_N - F_{Ay} - F$

$\text{III.}\ \Sigma M_{(A)} = 0 = F_N l_1 + F_N\mu\left(l_2 - \dfrac{d}{2}\right) - F(l_1 + l_3)$

$$\text{III.}\ F = F_N \frac{l_1 + \mu\left(l_2 - \dfrac{d}{2}\right)}{l_1 + l_3}$$

$$F = 251,4\ \text{N} \cdot \frac{120\ \text{mm} + 0,5 \cdot 80\ \text{mm}}{870\ \text{mm}} = 46,23\ \text{N}$$

$\text{I.}\ F_{Ax} = F_N\,\mu = F_R = 125,7\ \text{N}$

$\text{II.}\ F_{Ay} = F_N - F = 251,4\ \text{N} - 46,23\ \text{N} = 205,2\ \text{N}$

$F_A = \sqrt{F_{Ax}^2 + F_{Ay}^2} = \sqrt{(125,7\ \text{N})^2 + (205,2\ \text{N})^2}$

$F_A = 240,6\ \text{N}$

372.

Lageskizze

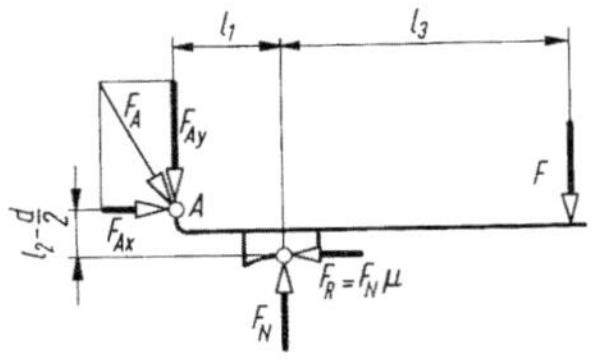

$\text{I.}\ \Sigma F_x = 0 = F_{Ax} - F_N\mu$

$\text{II.}\ \Sigma F_y = 0 = F_N - F - F_{Ay}$

$\text{III.}\ \Sigma M_{(A)} = 0 = F_N l_1 - F_N\mu\left(l_2 - \dfrac{d}{2}\right) - F(l_1 + l_3)$

a) $$\text{III.}\ F_N = F \frac{l_1 + l_3}{l_1 - \mu\left(l_2 - \dfrac{d}{2}\right)}$$

$$F_N = 46,22\ \text{N} \cdot \frac{870\ \text{mm}}{120\ \text{mm} - 0,5 \cdot 80\ \text{mm}} = 502,6\ \text{N}$$

$F_R = F_N\,\mu = 502,6\ \text{N} \cdot 0,5 = 251,3\ \text{N}$

b) $\text{I.}\ F_{Ax} = F_N\,\mu = 251,3\ \text{N}$

$\text{II.}\ F_{Ay} = F_N - F = 502,6\ \text{N} - 46,22\ \text{N} = 456,4\ \text{N}$

$F_A = \sqrt{F_{Ax}^2 + F_{Ay}^2} = \sqrt{(251,3\ \text{N})^2 + (456,4\ \text{N})^2}$

$F_A = 521\ \text{N}$

c) $M = F_R \dfrac{d}{2} = 251,3\ \text{N} \cdot 0,19\ \text{m} = 47,75\ \text{Nm}$

d) $P = \dfrac{M\,n}{9550} = \dfrac{47,75 \cdot 400}{9550}\ \text{kW} = 2\ \text{kW}$

373.

a) $M = F_R\,r \Rightarrow F_R = \dfrac{M}{r} = \dfrac{80 \cdot 10^3\ \text{Nmm}}{60\ \text{mm}} = 1333\ \text{N}$

b) $F_N = \dfrac{F_R}{\mu} = \dfrac{1,333\ \text{kN}}{0,1} = 13,33\ \text{kN}$

c) Die Belastung der Gehäusewelle ist gleich der Ersatzkraft F_e aus Reibungskraft und Normalkraft:

$F_e = \sqrt{F_N^2 + F_R^2} = \sqrt{(13,33\ \text{kN})^2 + (1,333\ \text{kN})^2}$

$F_e = 13,4\ \text{kN}$

d) Lageskizze (freigemachter Klemmhebel)

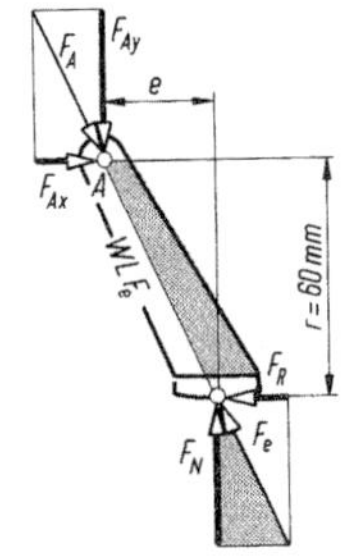

Die Ersatzkraft F_e aus Normalkraft F_N und Reibungskraft F_R darf am Klemmhebel kein lösendes (linksdrehendes) Moment hervorrufen, d. h. ihre Wirklinie darf nicht *rechts* vom Hebeldrehpunkt A liegen.

Bei Selbsthemmung muss ihre Wirklinie durch den Drehpunkt A verlaufen (Grenzfall, $M = 0$) oder *links* davon liegen. Aus der Ähnlichkeit der dunklen Dreiecke ergibt sich:

$\dfrac{e}{r} = \dfrac{F_R}{F_N} \Rightarrow e = r\dfrac{F_R}{F_N} = r\mu = 60\ \text{mm} \cdot 0,1 = 6\ \text{mm}$

e) Die Stützkraft F_A am Hebelbolzen ist gleich der Ersatzkraft aus Normalkraft F_N und Reibungskraft F_R:

$F_A = F_e = 13,4\ \text{kN}$ (siehe Teillösung c))

f) Aus Teillösung d) ($e = r\,\mu$) folgt, dass die Selbsthemmung nur vom Gehäuseradius und der Reibungszahl beeinflusst wird, also *nicht* vom Bremsmoment.

374.

a) Lageskizze (oberer Bremshebel)

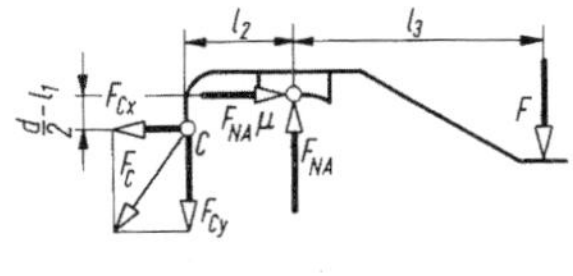

$\text{I.}\ \Sigma F_x = 0 = F_{NA}\mu - F_{Cx}$

$\text{II.}\ \Sigma F_y = 0 = F_{NA} - F - F_{Cy}$

$\text{III.}\ \Sigma M_{(C)} = 0 = F_{NA} l_2 - F_{NA}\mu\left(\dfrac{d}{2} - l_1\right) - F(l_2 + l_3)$

III. $F_{NA} = F \dfrac{l_2 + l_3}{l_2 - \mu\left(\dfrac{d}{2} - l_1\right)}$

$$F_{NA} = 500\,\text{N} \cdot \frac{600\,\text{mm}}{180\,\text{mm} - 0{,}48 \cdot 50\,\text{mm}} = 1923\,\text{N}$$

$$F_{RA} = F_{NA}\,\mu = 1923\,\text{N} \cdot 0{,}48 = 923\,\text{N}$$

I. $F_{Cx} = F_{NA}\,\mu = 923\,\text{N}$

II. $F_{Cy} = F_{NA} - F = 1923\,\text{N} - 500\,\text{N} = 1423\,\text{N}$

$$F_C = \sqrt{F_{Cx}^2 + F_{Cy}^2} = \sqrt{(923\,\text{N})^2 + (1423\,\text{N})^2}$$

$$F_C = 1696\,\text{N}$$

b) Lageskizze (unterer Bremshebel)

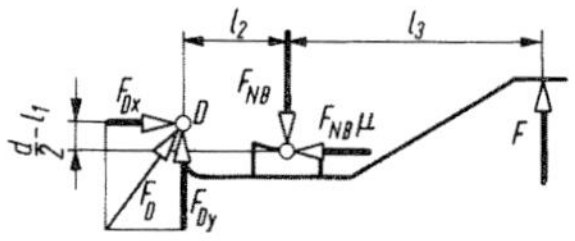

I. $\Sigma F_x = 0 = F_{Dx} - F_{NB}\mu$

II. $\Sigma F_y = 0 = F_{Dy} + F - F_{NB}$

III. $\Sigma M_{(D)} = 0 = F\,(l_2 + l_3) - F_{NB}\,l_2 - F_{NB}\mu\left(\dfrac{d}{2} - l_1\right)$

III. $F_{NB} = F \dfrac{l_2 + l_3}{l_2 + \mu\left(\dfrac{d}{2} - l_1\right)}$

$$F_{NB} = 500\,\text{N} \cdot \frac{600\,\text{mm}}{180\,\text{mm} + 0{,}48 \cdot 50\,\text{mm}} = 1471\,\text{N}$$

$$F_{RB} = F_{NB}\,\mu = 1471\,\text{N} \cdot 0{,}48 = 706{,}1\,\text{N}$$

I. $F_{Dx} = F_{NB}\,\mu = 706{,}1\,\text{N}$

II. $F_{Dy} = F_{NB} - F = 1471\,\text{N} - 500\,\text{N} = 971\,\text{N}$

$$F_D = \sqrt{F_{Dx}^2 + F_{Dy}^2} = \sqrt{(706{,}1\,\text{N})^2 + (971\,\text{N})^2}$$

$$F_D = 1201\,\text{N}$$

c) $M_A = F_{RA} \dfrac{d}{2} = 923\,\text{N} \cdot 0{,}16\,\text{m} = 147{,}7\,\text{Nm}$

$$M_B = F_{RB} \frac{d}{2} = 706{,}1\,\text{N} \cdot 0{,}16\,\text{m} = 113\,\text{Nm}$$

d) $M_{ges} = M_A + M_B = 260{,}7\,\text{Nm}$

e) Sowohl die Normalkräfte als auch die Reibungskräfte sind an den Bremsbacken A und B verschieden groß, und demzufolge auch die Ersatzkräfte F_{eA} und F_{eB}. Die Bremsscheibenwelle wird mit der Differenz der beiden Ersatzkräfte belastet.

$$F_{eA} = \sqrt{F_{NA}^2 + F_{RA}^2} = \sqrt{(1923\,\text{N})^2 + (923\,\text{N})^2}$$

$$F_{eA} = 2133\,\text{N}$$

$$F_{eB} = \sqrt{F_{NB}^2 + F_{RB}^2} = \sqrt{(1471\,\text{N})^2 + (706{,}1\,\text{N})^2}$$

$$F_{eB} = 1631{,}7\,\text{N}$$

$$F_w = F_{eA} - F_{eB} = 501{,}3\,\text{N}$$

375.

a) *Lösungshinweis:* Die Bremsscheibe sitzt auf der Antriebwelle des Hubgetriebes. Beim Lasthalten sind Antriebs- und Abtriebsseite vertauscht: Das Lastdrehmoment ist das Antriebsmoment $M_1 = 3700$ Nm, das Übersetzungsverhältnis kehrt sich um:

$$i_r = \frac{1}{i} = \frac{1}{34{,}2}$$

$$M_2 = M_B = M_1\,i_r\,\eta$$

$$M_B = 3700\,\text{Nm} \cdot \frac{1}{34{,}2} \cdot 0{,}86 = 93{,}04\,\text{Nm}$$

b) $M_{B\,max} = v\,M_B = 3 \cdot 93{,}04\,\text{Nm} = 279{,}12\,\text{Nm}$

c) $M_{B\,max} = F_R\,d \;\Rightarrow\; F_R = \dfrac{M_{B\,max}}{d}$

$$F_R = \frac{279{,}12\,\text{Nm}}{0{,}32\,\text{m}} = 872{,}25\,\text{N}$$

d) $F_N = \dfrac{F_R}{\mu} = \dfrac{872{,}25\,\text{Nm}}{0{,}5} = 1744{,}5\,\text{N}$

e) Lageskizze

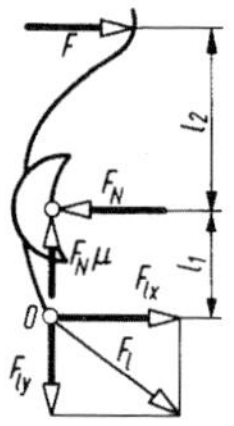

I. $\Sigma F_x = 0 = F - F_N + F_{lx}$

II. $\Sigma F_y = 0 = F_N\mu - F_{ly}$

III. $\Sigma M_{(0)} = 0 = F_N\,l_1 - F\,(l_1 + l_2)$

III. $F = F_N \dfrac{l_1}{(l_1 + l_2)} = 1744{,}4\,\text{N} \cdot \dfrac{180\,\text{mm}}{(180 + 300)\,\text{mm}}$

$$F = 654{,}2\,\text{N}$$

f) I. $F_{lx} = F_N - F = 1744{,}5\,\text{N} - 654{,}2\,\text{N} = 1090{,}3\,\text{N}$

II. $F_{ly} = F_N\mu = 1744{,}5\,\text{N} \cdot 0{,}5 = 872{,}25\,\text{N}$

$$F_l = \sqrt{F_{lx}^2 + F_{ly}^2} = \sqrt{(1090{,}3\,\text{N})^2 + (872{,}25\,\text{N})^2}$$

$$F_l = 1396\,\text{N}$$

Bandbremse

376.

a) $\alpha = \dfrac{180° + \alpha_1}{360°} \cdot 2\pi\,\text{rad} = \dfrac{180° + 45°}{360°} \cdot 2\pi\,\text{rad} = 3{,}927\,\text{rad}$

b) $e^{\mu\alpha} = e^{0{,}3 \cdot 3{,}927} = 3{,}248$

c) Lageskizze (freigemachter Bremshebel)

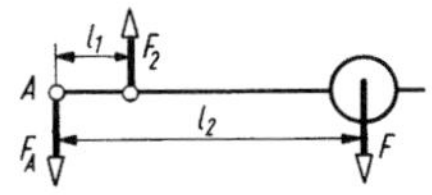

$$\Sigma M_{(A)} = 0 = F_2 l_1 - F l_2$$

$$F_2 = F\frac{l_2}{l_1} = 150\ \text{N} \cdot \frac{500\ \text{mm}}{120\ \text{mm}} = 625\ \text{N}$$

d) $F_1 = F_2 e^{\mu\alpha} = 625\ \text{N} \cdot 3,248 = 2030\ \text{N}$

e) $F_R = F_1 - F_2 = 2030\ \text{N} - 625\ \text{N} = 1405\ \text{N}$

f) $M = F_R \dfrac{d}{2} = 1405\ \text{N} \cdot \dfrac{0,3\ \text{m}}{2} = 210,8\ \text{Nm}$

377.

a) $M = F_R r \Rightarrow F_R = \dfrac{M}{r} = \dfrac{70\ \text{Nm}}{0,15\ \text{m}} = 466,7\ \text{N}$

b) $\alpha = \dfrac{270° \cdot \pi\ \text{rad}}{180°} = 4,712\ \text{rad}$

$$e^{\mu\alpha} = e^{0,25 \cdot 4,712} = 3,248$$

c) $F_1 = F_R \dfrac{e^{\mu\alpha}}{e^{\mu\alpha} - 1} = 466,7\ \text{N} \cdot \dfrac{3,248}{3,248 - 1} = 674,3\ \text{N}$

d) $F_2 = F_1 - F_R = 674,3\ \text{N} - 466,7\ \text{N} = 207,6\ \text{N}$

e) $F_R = F \dfrac{l}{l_1} \cdot \dfrac{e^{\mu\alpha} - 1}{e^{\mu\alpha} + 1}$

$$F = F_R \frac{l_1}{l} \cdot \frac{e^{\mu\alpha} + 1}{e^{\mu\alpha} - 1} = 466,7\ \text{N} \cdot \frac{100\ \text{mm}}{450\ \text{mm}} \cdot \frac{4,248}{2,248}$$

$$F = 196\ \text{N}$$

f) Lageskizze (freigemachter Bremshebel)

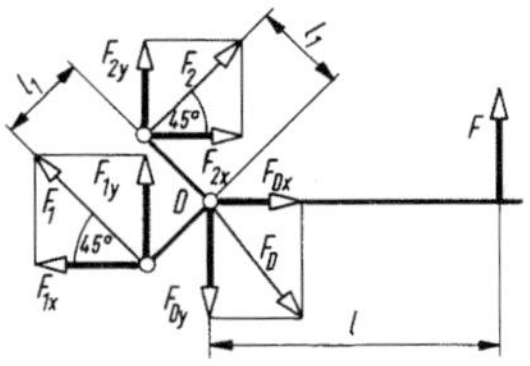

$$\text{I. } \Sigma F_x = 0 = F_{2x} - F_{1x} + F_{Dx}$$

$$\text{II. } \Sigma F_y = 0 = F + F_{1y} + F_{2y} - F_{Dy}$$

$$\text{I. } F_{Dx} = F_{1x} - F_{2x} = F_1 \cos 45° - F_2 \cos 45°$$

$$F_{Dx} = (674,3\ \text{N} - 207,6\ \text{N}) \cdot \cos 45° = 330\ \text{N}$$

$$\text{II. } F_{Dy} = F + F_{1y} + F_{2y} = F + F_1 \sin 45° + F_2 \sin 45°$$

$$F_{Dy} = 196\ \text{N} + 674,3\ \text{N} \cdot \sin 45° + 207,6\ \text{N} \cdot \sin 45°$$

$$F_{Dy} = 819,6\ \text{N}$$

$$F_D = \sqrt{F_{Dx}^2 + F_{Dy}^2} = \sqrt{(330\ \text{N})^2 + (819,6\ \text{N})^2}$$

$$F_D = 883,5\ \text{N}$$

g) Die Drehrichtung der Bremsscheibe hat keinen Einfluss auf die Bremswirkung.

378.

a) $\hat{\alpha} = \dfrac{\alpha}{360°} \cdot 2\pi\ \text{rad} = \dfrac{215°}{360°} \cdot 2\pi\ \text{rad} = 3,752\ \text{rad}$

$$e^{\mu\alpha} = e^{0,18 \cdot 3,752} = 1,965$$

b) Lageskizze

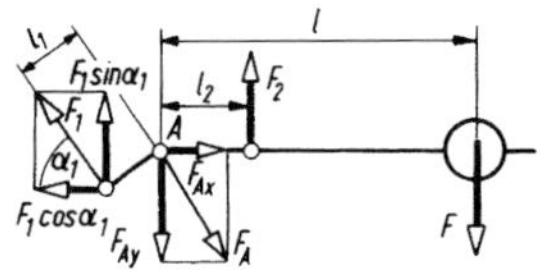

$$\text{I. } \Sigma F_x = 0 = F_{Ax} - F_1 \cos\alpha_1$$

$$\text{II. } \Sigma F_y = 0 = F_2 + F_1 \sin\alpha_1 - F_{Ay} - F$$

$$\text{III. } \Sigma M_{(A)} = 0 = F_2 l_2 - F l - F_1 l_1$$

$$F_1 = F_2 e^{\mu\alpha} \quad \rightarrow \quad F_2 = \frac{F_1}{e^{\mu\alpha}}$$

$$\text{III. } 0 = \frac{F_1}{e^{\mu\alpha}} l_2 - F l - F_1 l_1$$

$$F_1 = F \frac{l e^{\mu\alpha}}{l_2 - l_1 e^{\mu\alpha}} = 100\ \text{N} \cdot \frac{350\ \text{mm} \cdot 1,965}{90\ \text{mm} - 30\ \text{mm} \cdot 1,965}$$

$$F_1 = 2215\ \text{N}$$

$$F_2 = \frac{F_1}{e^{\mu\alpha}} = \frac{2215\ \text{N}}{1,965} = 1127\ \text{N}$$

c) $F_R = F_1 - F_2 = 2215\ \text{N} - 1127\ \text{N} = 1088\ \text{N}$

d) $M = F_R \dfrac{d}{2} = 1088\ \text{N} \cdot \dfrac{0,2\ \text{m}}{2} = 108,8\ \text{Nm}$

e) I. $F_{Ax} = F_1 \cos\alpha_1 = 2215\ \text{N} \cdot \cos 55° = 1270\ \text{N}$

II. $F_{Ay} = F_2 + F_1 \sin\alpha_1 - F$

$$F_{Ay} = 1127\ \text{N} + 2215\ \text{N} \cdot \sin 55° - 100\ \text{N} = 2841\ \text{N}$$

$$F_A = \sqrt{F_{Ax}^2 + F_{Ay}^2} = \sqrt{(1270\ \text{N})^2 + (2841\ \text{N})^2}$$

$$F_A = 3112\ \text{N}$$

f) $M = F \dfrac{d}{2} l \dfrac{e^{\mu\alpha} - 1}{l_2 - l_1 e^{\mu\alpha}}$

$$F = \frac{M(l_2 - l_1 e^{\mu\alpha})}{\frac{d}{2} l (e^{\mu\alpha} - 1)}$$

$$F = \frac{70\ \text{Nm}\ (90\ \text{mm} - 30\ \text{mm} \cdot 1,965)}{0,1\ \text{m} \cdot 350\ \text{mm} \cdot 0,965} = 64,4\ \text{N}$$

Rollwiderstand (Rollreibung)

379.

a) Lageskizze

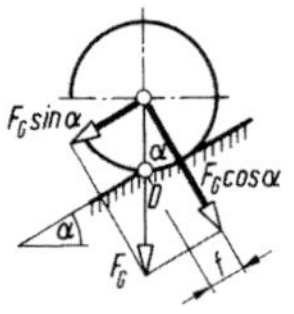

$$\Sigma M_{(D)} = 0 = F_G \sin\alpha \cdot r - F_G \cos\alpha \cdot f$$

$$f = r \frac{F_G \sin\alpha}{F_G \cos\alpha} = r \tan\alpha = 50\,\text{mm} \cdot \tan 1{,}1° = 0{,}96\,\text{mm}$$

b) $f = r \tan\alpha \;\Rightarrow\; \tan\alpha = \dfrac{f}{r}$

$$\alpha = \arctan\frac{f}{r} = \arctan\frac{0{,}96\ \text{mm}}{25\ \text{mm}} = 2{,}199°$$

380.

$$F_S = F\frac{f}{r} = 2\ \text{kN} \cdot \frac{0{,}06\ \text{cm}}{20\ \text{cm}} = 0{,}006\ \text{kN} = 6\ \text{N}$$

381.

a) Lageskizze

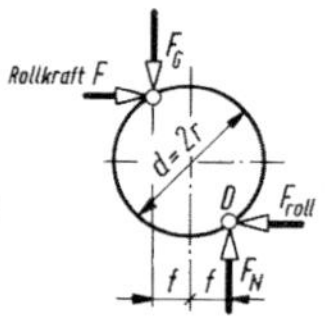

$$F_G \cdot 2f = F \cdot 2r$$

$$F = F_G \frac{f}{r} = 3800\ \text{N} \cdot \frac{0{,}07\ \text{cm}}{1\ \text{cm}}$$

$$F = 266\ \text{N}$$

b) Die Auswertung der Gleichung

$$F = F_G \frac{f}{r}$$

ergibt für einen kleineren Rollenradius r eine größere Verschiebekraft F.

382.

a) siehe Lösung 381 a)

$$F_{\text{roll}} = F_G \frac{f}{r} = 4200\ \text{N} \cdot \frac{0{,}005\ \text{cm}}{0{,}6\ \text{cm}} = 35\ \text{N}$$

b) $M = F_{\text{roll}} \dfrac{d}{2} = 35\ \text{N} \cdot 0{,}34\ \text{m} = 11{,}9\ \text{Nm}$

383.

a) $M_R = F_R \dfrac{d_1}{2} = F\mu \dfrac{d_1}{2} = 30000\ \text{N} \cdot 0{,}12 \cdot 0{,}025\ \text{m}$

$$M_R = 90\ \text{Nm}$$

b) $M_{\text{roll}} = F_{\text{roll}} \dfrac{d_1}{2} = F \dfrac{f}{r} \cdot \dfrac{d_1}{2}$

$$M_{\text{roll}} = 30000\ \text{N} \cdot \frac{0{,}05\ \text{cm}}{0{,}5\ \text{cm}} \cdot 0{,}025\ \text{m} = 75\ \text{Nm}$$

384.

a) Lageskizze

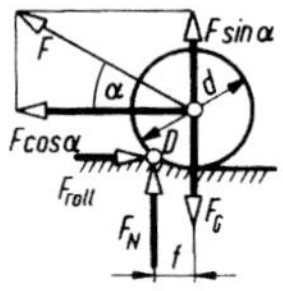

$$\Sigma M_{(D)} = 0 = F \sin\alpha\ f + F \cos\alpha\ r - F_G\ f$$

$$F_G = F \frac{f \sin\alpha + r \cos\alpha}{f}$$

$$F_G = 500\ \text{N} \cdot \frac{5{,}4\ \text{cm} \cdot \sin 30° + 25\ \text{cm} \cdot \cos 30°}{5{,}4\ \text{cm}}$$

$$F_G = 2255\ \text{N}$$

b) siehe Ansatzgleichung in Teillösung a)

$$F \cos\alpha\ r = F_G\ f - F \sin\alpha\ f$$

$$r = f \frac{F_G - F \sin\alpha}{F \cos\alpha} = 5{,}4\ \text{cm} \cdot \frac{3000\ \text{N} - 500\ \text{N} \cdot \sin 30°}{500\ \text{N} \cdot \cos 30°}$$

$$r = 34{,}3\ \text{cm}$$

$$d = 2r = 686\ \text{mm}$$

385.

a) Lageskizze

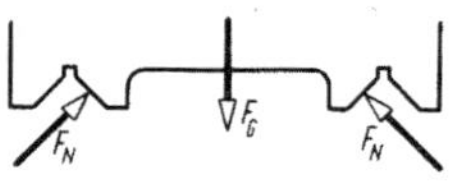

Krafteckskizze

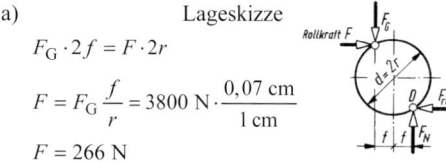

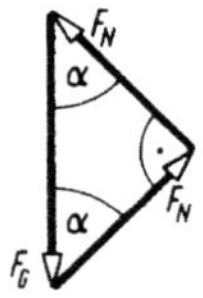

$$F_N = F_G \sin\alpha = 18\ \text{kN} \cdot \sin 45° = 12{,}73\ \text{kN}$$

b) $F = 2F_N \dfrac{f}{r} = 2 \cdot 12730\ \text{N} \cdot \dfrac{0{,}07\ \text{cm}}{1{,}8\ \text{cm}} = 990\ \text{N}$

4 Dynamik

Allgemeine Bewegungslehre

Geschwindigkeit-Zeit-Diagramm (v,t-Diagramm)

400.

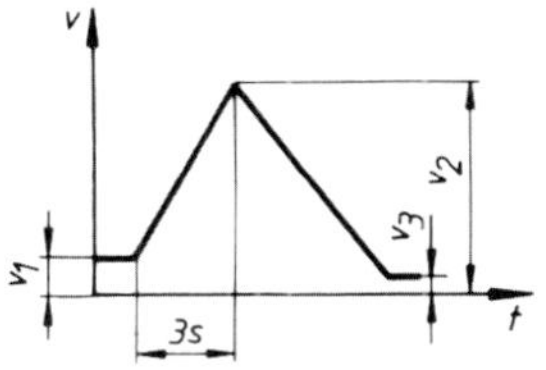

401.

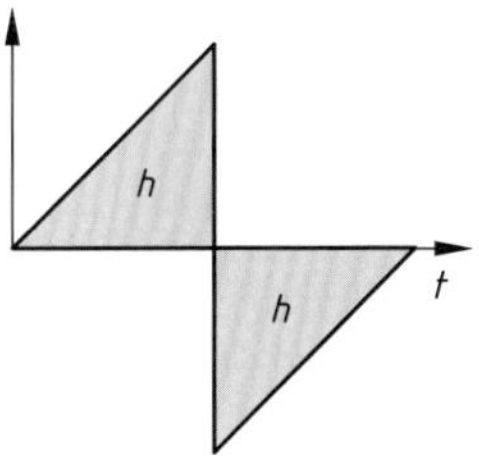

402.

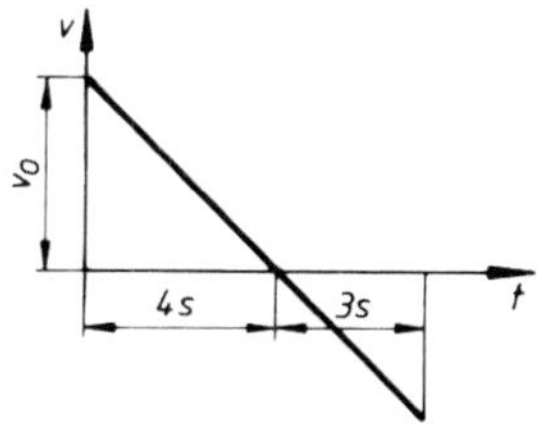

403.

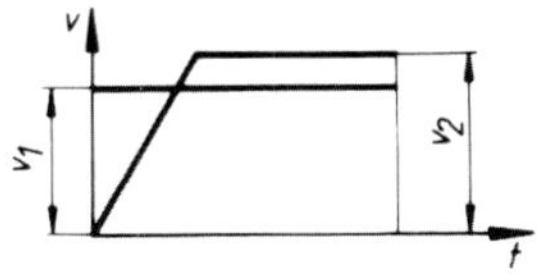

404.

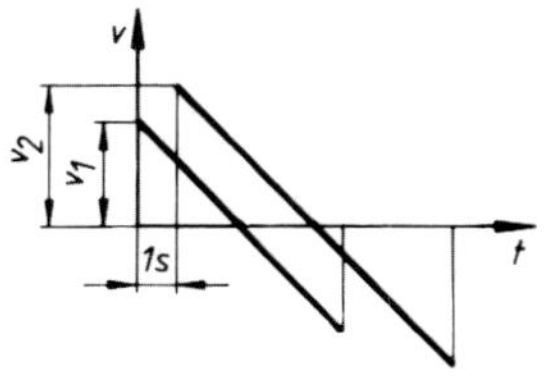

Gleichförmig geradlinige Bewegung

405.

$$v = \frac{\Delta s}{\Delta t} = \frac{1500\ \text{sm} \cdot 1{,}852\ \dfrac{\text{km}}{\text{sm}}}{7 \cdot 24\ \text{h} + 19\ \text{h} + 0{,}2\ \text{h}}$$

$$v = 14{,}84\ \frac{\text{km}}{\text{h}} = 4{,}122\ \frac{\text{m}}{\text{s}}$$

(sm Seemeile)

406.

$$v = \frac{\Delta s}{\Delta t} = \frac{h}{\sin\alpha\ \Delta t} = \frac{40\ \text{m}}{\sin 60° \cdot 45\ \text{s}} = 1{,}026\ \frac{\text{m}}{\text{s}}$$

407.

$$v = \frac{\Delta s}{\Delta t} = \frac{92\ \text{m}}{138\ \text{s}} = 0{,}6667\ \frac{\text{m}}{\text{s}} = 40\ \frac{\text{m}}{\text{min}}$$

408.

$$c = 2{,}998 \cdot 10^8\ \frac{\text{m}}{\text{s}}$$

$$c = \frac{\Delta s}{\Delta t} \Rightarrow \Delta t = \frac{\Delta s}{c} = \frac{1{,}5 \cdot 10^9\ \text{m}}{2{,}998 \cdot 10^8\ \dfrac{\text{m}}{\text{s}}} = 5{,}003\ \text{s}$$

409.

a) $v = \dfrac{\Delta s}{\Delta t} = \dfrac{1\ \text{m}}{12\ \text{min}} = 0{,}0833\ \dfrac{\text{m}}{\text{min}}$

b) $\Delta t = \dfrac{\Delta s}{v} = \dfrac{3{,}75\ \text{m}}{0{,}0833\ \dfrac{\text{m}}{\text{min}}} = 45\ \text{min}$

410.

$$\dot V = \frac{\pi d^2}{4} v \Rightarrow v = \frac{4\dot V}{\pi d^2}$$

($\dot V$ Volumenstrom, siehe Lehrbuch, Kap. 6.2.1)

$$v = \frac{4 \cdot 4{,}8 \cdot 10^2\ \dfrac{\text{m}^3}{\text{h}}}{\pi(0{,}4\ \text{m})^2} = 3819{,}7\ \frac{\text{m}}{\text{h}} = 1{,}061\ \frac{\text{m}}{\text{s}}$$

A. Böge, W. Böge, *Lösungen zur Aufgabensammlung Technische Mechanik*, https://doi.org/10.1007/978-3-658-44426-6_4

411.

$$v = \frac{2\Delta s}{\Delta t} \Rightarrow \Delta s = \frac{v\,\Delta t}{2} = \frac{3 \cdot 10^5 \,\frac{\text{km}}{\text{s}} \cdot 200 \cdot 10^{-6}\,\text{s}}{2}$$

$$\Delta s = 30\,\text{km}$$

412.

a) $V = A\,l = \frac{\pi d_B^2\, l_B}{4} \Rightarrow l = \frac{\pi d_B^2\, l_B}{4A}$

(l_B = Rohblocklänge)

$$l = \frac{\pi (30\,\text{cm})^2 \cdot 60\,\text{cm}}{4 \cdot 25\,\text{cm}^2} = 1696{,}5\,\text{cm} = 16{,}965\,\text{m}$$

b) $v = \frac{l}{\Delta t} \Rightarrow \Delta t = \frac{l}{v} = \frac{16{,}965\,\text{m}}{1{,}3\,\frac{\text{m}}{\text{min}}} = 13{,}05\,\text{min}$

c) $v = \frac{l_B}{\Delta t} = \frac{0{,}6\,\text{m}}{13{,}05\,\text{min}} = 0{,}046\,\frac{\text{m}}{\text{min}}$

413.

$$\frac{\pi d_2^2}{4} v_2 = \frac{\pi d_1^2}{4} v_1$$

$$v_2 = v_1 \frac{d_1^2}{d_2^2} = 2\,\frac{\text{m}}{\text{s}} \cdot \left(\frac{2{,}5\,\text{mm}}{2\,\text{mm}}\right)^2 = 3{,}125\,\frac{\text{m}}{\text{s}}$$

$$\frac{\pi d_3^2}{4} v_3 = \frac{\pi d_1^2}{4} v_1$$

$$v_3 = v_1 \frac{d_1^2}{d_3^2} = 2\,\frac{\text{m}}{\text{s}} \cdot \left(\frac{2{,}5\,\text{mm}}{1{,}6\,\text{mm}}\right)^2 = 4{,}883\,\frac{\text{m}}{\text{s}}$$

414.

a) $m = V\varrho = A\,l\,\varrho \Rightarrow l = \frac{m}{A\varrho}$

$$l = \frac{60\,000\,\text{kg}}{(0{,}11\,\text{m})^2 \cdot 7850\,\frac{\text{kg}}{\text{m}^3}} = 631{,}7\,\text{m}$$

b) $v = \frac{l}{8\Delta t} = \frac{631{,}7\,\text{m}}{8 \cdot 50\,\text{min}} = 1{,}579\,\frac{\text{m}}{\text{min}}$

415.

In dieser Aufgabe werden zwei voneinander getrennte Bewegungsabläufe mit demselben Startpunkt beschrieben. Für jeden der beiden Bewegungsabläufe kann zunächst ein v,t-Diagramm skizziert werden. Anschließend werden beide v,t-Diagramme überlagert, um die Zusammenhänge beider Abläufe erkennen zu können.

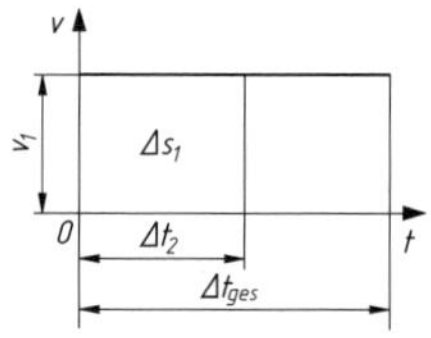

v,t-Diagramm des Radfahrers

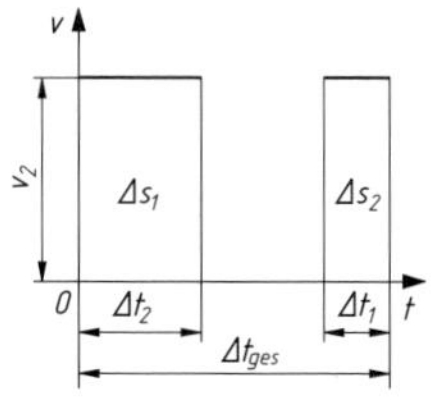

v,t-Diagramm des Mopedfahrers

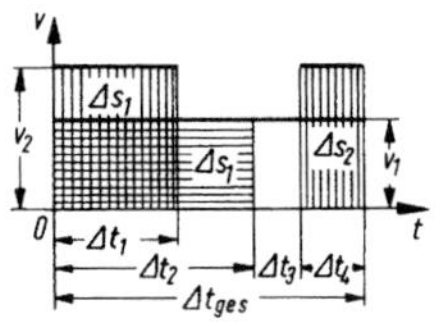

Der Radfahrer bewegt sich mit konstanter Geschwindigkeit v = 18 km/h den gesamten Weg Δs = 30 km hinweg in der Zeit Δt_{ges}. Den Rastplatz erreicht der Radfahrer in der Zeit Δt_2. Der Mopedfahrer fährt mit der größeren konstanten Geschwindigkeit v_2 = 30 km/h und erreicht den Rastplatz nach der Zeit Δt_1. Dann macht er eine Pause, die genau so lange dauert, dass er nach der Weiterfahrt zum gleichen Zeitpunkt den Gesamtweg Δs = 30 km zurückgelegt hat wie der Radfahrer. Die Überlagerung beider v,t-Diagramme zeigt deutlich, dass der Radfahrer durch die geringere Geschindigkeit ($v_1 < v_2$) eine größere Zeit Δt_2 braucht ($\Delta t_2 > \Delta t_1$), um denselben Weg Δs_1 bis zum Rastplatz zurückzulegen.

a) Die Zeit Δt_1, die der Mopedfahrer bis zum Rastplatz benötigt, lässt sich über die Weggleichung für den Weg Δs_1 ermitteln (Rechteckfläche im v,t-Diagramm). Umgestellt nach Δt_1 ergibt sich eine Zeit Δt_1 = 40 min.

$$\Delta s_1 = v_2\,\Delta t_1$$

$$\Delta t_1 = \frac{\Delta s_1}{v_2} = \frac{20\,\text{km}}{30\,\frac{\text{km}}{\text{h}}} = \frac{2}{3}\,\text{h} = 40\,\text{min}$$

b) Auch die Zeit – jetzt Δt_2 – die der Radfahrer bis zum Rastplatz benötigt, lässt sich über die Weggleichung für den Weg Δs_1 ermitteln. Die Weggleichung umgestellt nach Δt_2 ergibt eine Fahrzeit Δt_2 = 66,67 min.

$$\Delta s_1 = v_1\,\Delta t_2$$

$$\Delta t_2 = \frac{\Delta s_1}{v_1} = \frac{20\,\text{km}}{18\,\frac{\text{km}}{\text{h}}} = 1{,}111\,\text{h} = 66{,}67\,\text{min}$$

c) Aus dem überlagerten v,t-Diagramm für den Moped- und den Radfahrer ergibt sich die noch mögliche Rastzeit Δt_3 des Mopedfahrers als Differenz aus der gesamten Fahrzeit Δt_{ges} minus der noch erforderlichen Zeit Δt_4 minus der bisherigen Fahrzeit Δt_2 des Radfahrers.

Die Zeit Δt_4 ergibt sich durch die Umstellung der Weggleichung Δs_2 für den Mopedfahrer zu $\Delta t_4 = 20$ min.

Die noch nicht bekannte Gesamtzeit Δt_{ges} wird – wieder durch Umstellung – aus der Weggleichung Δs_{ges} für den Radfahrer errechnet: $\Delta t_{ges} = 100$ min.

Damit ergibt sich die noch mögliche Rastzeit für den Mopedfahrer: $\Delta t_3 = 13{,}33$ min.

$$\Delta t_3 = \Delta t_{ges} - \Delta t_2 - \Delta t_4$$

$$\Delta t_4 = \frac{\Delta s_2}{v_2} = \frac{10\ \text{km}}{30\ \frac{\text{km}}{\text{h}}} = \frac{1}{3}\ \text{h} = 20\ \text{min}$$

$$\Delta t_{ges} = \frac{\Delta s_{ges}}{v_1} = \frac{30\ \text{km}}{18\ \frac{\text{km}}{\text{h}}} = 1{,}667\ \text{h} = 100\ \text{min}$$

$$\Delta t_3 = 100\ \text{min} - 66{,}67\ \text{min} - 20\ \text{min} = 13{,}33\ \text{min}$$

416.

Wagen 2 muss in der Zeit Δt einen um $\Delta s = 2 \cdot 50\ \text{m} = 100\ \text{m}$ längeren Weg zurücklegen.

$$\Delta s_2 = \Delta s_1 + \Delta s$$

$$v_2\,\Delta t = v_1\,\Delta t + \Delta s \;\Rightarrow\; \Delta t = \frac{\Delta s}{v_2 - v_1}$$

$$\Delta t = \frac{0{,}1\ \text{km}}{5\ \frac{\text{km}}{\text{h}}} = 0{,}02\ \text{h} = 72\ \text{s}$$

Gleichmäßig beschleunigte oder verzögerte Bewegung

417.

$$\Delta s = \frac{\Delta v \cdot \Delta t}{2} = \frac{6\ \frac{\text{m}}{\text{s}} \cdot 12\ \text{s}}{2} = 36\ \text{m}$$

418.

$$\Delta s = \frac{\Delta v\,\Delta t}{2} \;\Rightarrow\; \Delta t = \frac{2\,\Delta s}{\Delta v} = \frac{2 \cdot 100\ \text{m}}{10\ \frac{\text{m}}{\text{s}}} = 20\ \text{s}$$

419.

$$a = \frac{\Delta v}{\frac{\Delta t}{2}} = \frac{18\ \frac{\text{m}}{\text{min}}}{0{,}25\ \text{s}} = \frac{0{,}3\ \frac{\text{m}}{\text{s}}}{0{,}25\ \text{s}}$$

$$a = 1{,}2\ \frac{\text{m}}{\text{s}^2}$$

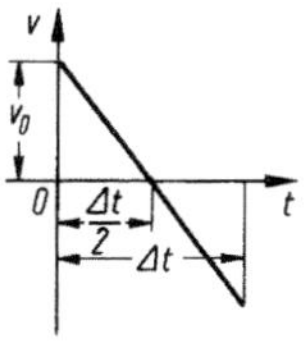

420.

$$\text{I. } a = \frac{\Delta v}{\Delta t} = \frac{v_0}{\Delta t}$$

$$\text{II. } \Delta s = \frac{v_0\,\Delta t}{2}$$

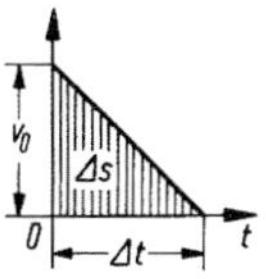

a) $\text{I. } v_0 = a\,\Delta t = 3{,}3\ \frac{\text{m}}{\text{s}^2} \cdot 8{,}8\ \text{s} = 29{,}04\ \frac{\text{m}}{\text{s}} = 104{,}5\ \frac{\text{km}}{\text{h}}$

b) $\text{I. in II. } \Delta s = \frac{a(\Delta t)^2}{2} = \frac{3{,}3\ \frac{\text{m}}{\text{s}^2} \cdot (8{,}8\ \text{s})^2}{2} = 127{,}8\ \text{m}$

421.

$$\text{I. } a = g = \frac{\Delta v}{\Delta t} = \frac{v_0}{\Delta t} \;\Rightarrow\; v_0 = g\,\Delta t$$

$$\text{II. } \Delta s = h = \frac{v_0\,\Delta t}{2} \;\Rightarrow\; \Delta t = \frac{2h}{v_0}$$

$$\text{II. in I. } v_0 = g\,\frac{2h}{v_0} \;\Rightarrow\; v_0^2 = 2\,g\,h$$

$$v_0 = \sqrt{2\,g\,h} = \sqrt{2 \cdot 9{,}81\ \frac{\text{m}}{\text{s}^2} \cdot 30\ \text{m}} = 24{,}26\ \frac{\text{m}}{\text{s}}$$

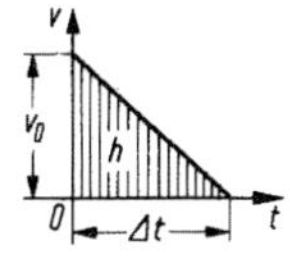

422.

$$a = \frac{\Delta v}{\Delta t} = \frac{v_t}{\Delta t}$$

$$\Delta t = \frac{v_t}{a} = \frac{\frac{70}{3{,}6}\ \frac{\text{m}}{\text{s}}}{0{,}18\ \frac{\text{m}}{\text{s}^2}} = 108\ \text{s}$$

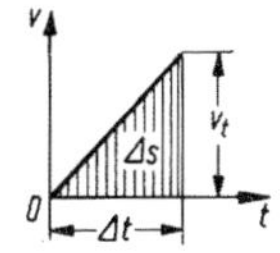

423.

v,t-Diagramm siehe Lösung 420.

$$\text{I. } a = \frac{\Delta v}{\Delta t} = \frac{v_0}{\Delta t}$$

$$\text{II. } \Delta s = \frac{v_0\,\Delta t}{2} \;\Rightarrow\; \Delta t = \frac{2\,\Delta s}{v_0}$$

$$\text{II. in I. } a = \frac{v_0^2}{2\,\Delta s} = \frac{1\ \frac{\text{m}^2}{\text{s}^2}}{2 \cdot 0{,}5\ \text{m}} = 1\ \frac{\text{m}}{\text{s}^2}$$

424.

$$\text{I. } a = \frac{\Delta v}{\Delta t} = \frac{v_0 - v_t}{\Delta t}$$

$$\text{II. } \Delta s = \frac{(v_0 + v_t)\Delta t}{2}$$

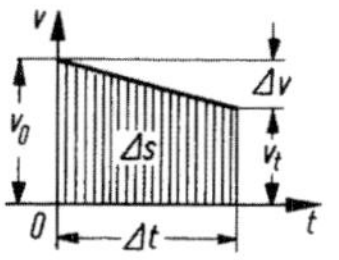

a) $\text{II. } v_t = \frac{2\Delta s}{\Delta t} - v_0$

$$v_t = \frac{2 \cdot 5\text{ m}}{2{,}5\text{ s}} - 3{,}167\,\frac{\text{m}}{\text{s}} = 0{,}8333\,\frac{\text{m}}{\text{s}} = 3\,\frac{\text{km}}{\text{h}}$$

b) $\text{II. in I. } a = \frac{v_0 - \left(\frac{2\Delta s}{\Delta t} - v_0\right)}{\Delta t} = \frac{2(v_0\,\Delta t - \Delta s)}{(\Delta t)^2}$

$$a = \frac{2\left(3{,}167\,\frac{\text{m}}{\text{s}} \cdot 2{,}5\text{ s} - 5\text{ m}\right)}{(2{,}5\text{ s})^2} = 0{,}9336\,\frac{\text{m}}{\text{s}^2}$$

425.

$$\text{I. } a = g = \frac{\Delta v}{\Delta t} = \frac{v_t}{\Delta t}$$

$$\text{II. } h = \frac{v_t\,\Delta t}{2}$$

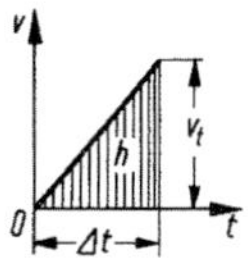

a) $\text{I. } \Delta t = \frac{v_t}{g} = \frac{40\,\frac{\text{m}}{\text{s}}}{9{,}81\,\frac{\text{m}}{\text{s}^2}} = 4{,}077\text{ s}$

b) $\text{II. } h = \frac{40\,\frac{\text{m}}{\text{s}} \cdot 4{,}077\text{ s}}{2} = 81{,}55\text{ m}$

426.

$$\text{I. } a = g = \frac{\Delta v}{\Delta t} = \frac{v_0}{\Delta t}$$

$$\text{II. } g = \frac{v_0 - v_t}{\Delta t_1}$$

$$\text{III. } h = \frac{v_0\,\Delta t}{2}$$

$$\text{IV. } h_1 = \frac{(v_0 + v_t)\Delta t_1}{2}$$

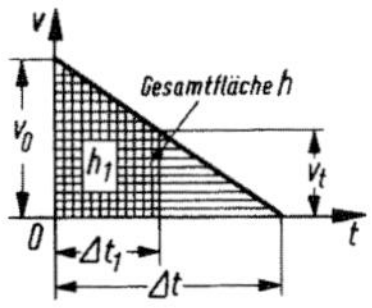

a) $\text{I. in III. } h = \frac{v_0^2}{2g} = \frac{\left(1200\,\frac{\text{m}}{\text{s}}\right)^2}{2 \cdot 9{,}81\,\frac{\text{m}}{\text{s}^2}} = 73395\text{ m}$

b) $\text{I. } \Delta t = \frac{v_0}{g} = \frac{1200\,\frac{\text{m}}{\text{s}}}{9{,}81\,\frac{\text{m}}{\text{s}^2}} = 122{,}3\text{ s}$

c) $\text{II. } v_t = v_0 - g\,\Delta t_1 \quad \text{in IV. } h_1 = v_0\,\Delta t_1 - \frac{g\,(\Delta t_1)^2}{2}$

$$(\Delta t_1)^2 - \frac{2v_0}{g}\Delta t_1 + \frac{2h_1}{g} = 0$$

$$(\Delta t_1)^2 - 244{,}65\text{ s} \cdot \Delta t_1 + 2038{,}74\text{ s}^2 = 0$$

Lösungsformel der gemischt-quadratischen Gleichung siehe F + T, 9.13

$$\Delta t_{1,2} = \frac{244{,}65\text{ s}}{2} \pm \sqrt{\left(\frac{244{,}65\text{ s}}{2}\right)^2 - 2038{,}74\text{ s}^2}$$

$\Delta t_1 = 8{,}64$ s und $\Delta t_2 = 236$ s

Beide Ergebnisse sind richtig, denn nach 8,64 s erreicht das Geschoss die Höhe von 10 000 m beim Steigen, und nach 236 s befindet es sich beim Fallen wieder in 10 000 m Höhe.

427.

$$\text{I. } a = \frac{\Delta v}{\Delta t} = \frac{v_t - v_0}{\Delta t}$$

$$\text{II. } \Delta s = \frac{(v_0 + v_t)\Delta t}{2}$$

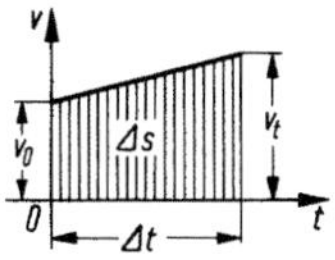

a) Nach Δt auflösen und gleichsetzen:

$$\text{I.} = \text{II. } \Delta t = \frac{v_t - v_0}{a} = \frac{2\Delta s}{v_0 + v_t}$$

$$v_t = \sqrt{v_0^2 + 2a\,\Delta s}$$

$$v_t = \sqrt{\left(\frac{30}{3{,}6}\,\frac{\text{m}}{\text{s}}\right)^2 + 2 \cdot 1{,}1\,\frac{\text{m}}{\text{s}^2} \cdot 400\text{ m}}$$

$$v_t = 30{,}81\,\frac{\text{m}}{\text{s}} = 110{,}93\,\frac{\text{km}}{\text{h}}$$

b) $\text{I. } \Delta t = \frac{v_t - v_0}{a} = \frac{30{,}81\,\frac{\text{m}}{\text{s}} - \frac{30}{3{,}6}\,\frac{\text{m}}{\text{s}}}{1{,}1\,\frac{\text{m}}{\text{s}^2}} = 20{,}43\text{ s}$

428.

v,t-Diagramm siehe Lösung 424.

$$\text{I. } a = \frac{\Delta v}{\Delta t} = \frac{v_0 - v_t}{\Delta t}$$

$$\text{II. } \Delta s = \frac{(v_0 + v_t)\Delta t}{2}$$

a) $\text{I. } \Delta t = \frac{v_0 - v_t}{a} = \frac{1{,}4\,\frac{\text{m}}{\text{s}} - 0{,}3\,\frac{\text{m}}{\text{s}}}{0{,}8\,\frac{\text{m}}{\text{s}^2}} = 1{,}375\text{ s}$

b) $\text{II. } l = \Delta s = \frac{\left(1{,}4\,\frac{\text{m}}{\text{s}} + 0{,}3\,\frac{\text{m}}{\text{s}}\right)1{,}375\text{ s}}{2} = 1{,}169\text{ m}$

429.

v,t-Diagramm siehe Lösung 424.

$$\text{I. } a = \frac{\Delta v}{\Delta t} = \frac{v_0 - v_t}{\Delta t}$$

$$\text{II. } \Delta s = \frac{(v_0 + v_t)\Delta t}{2}$$

a) $\text{I. } a = \dfrac{v_0 - v_t}{\Delta t} = \dfrac{1{,}5\,\frac{\text{m}}{\text{s}} - 0{,}3\,\frac{\text{m}}{\text{s}}}{2{,}222\ \text{s}} = 0{,}54\,\dfrac{\text{m}}{\text{s}^2}$

b) $\text{II. } \Delta t = \dfrac{2\,\Delta s}{v_0 + v_t} = \dfrac{2 \cdot 2\ \text{m}}{1{,}5\,\frac{\text{m}}{\text{s}} + 0{,}3\,\frac{\text{m}}{\text{s}}} = 2{,}222\ \text{s}$

430.

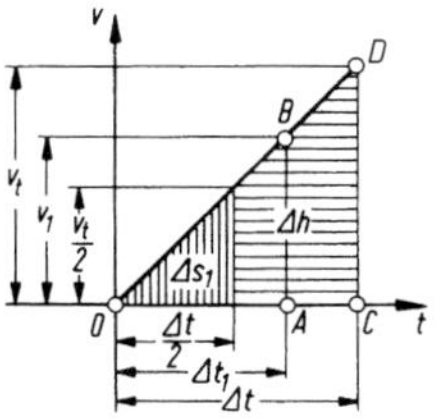

$$\text{I. } a = g = \frac{\Delta v}{\Delta t} = \frac{v_t}{\Delta t}$$

$$\text{II. } h = \frac{v_t\,\Delta t}{2}$$

a) $\text{I. } v_t = g\,\Delta t$

$$\text{I. in II. } h = \frac{g\,(\Delta t)^2}{2} \Rightarrow \Delta t = \sqrt{\frac{2h}{g}}$$

$$\Delta t = \sqrt{\frac{2 \cdot 45\ \text{m}}{9{,}81\,\frac{\text{m}}{\text{s}^2}}} = \sqrt{9{,}174\ \text{s}^2} = 3{,}029\ \text{s}$$

b) $\text{I. } v_t = 9{,}81\,\dfrac{\text{m}}{\text{s}^2} \cdot 3{,}029\ \text{s} = 29{,}71\,\dfrac{\text{m}}{\text{s}}$

c) Nach der halben Fallzeit $\Delta t/2$ ist der Weg Δs_1 (senkrecht schraffiert) zurückgelegt. Die Höhe Δh über dem Boden entspricht der rechts davon liegenden Trapezfläche (waagerecht schraffiert).

$$\text{III. } \Delta h = \frac{(v_t + 0{,}5\,v_t)}{2} \cdot \frac{\Delta t}{2} = \frac{1{,}5\,v_t\,\Delta t}{4}$$

$$\Delta h = \frac{1{,}5 \cdot 29{,}71\,\frac{\text{m}}{\text{s}} \cdot 3{,}029\ \text{s}}{4} = 33{,}75\ \text{m}$$

d) wie c) nach v,t-Diagramm

e) Nach Δt_1 ist der zurückgelegte Weg (Dreieck 0–A–B) gleich dem Abstand zum Boden (Trapez A–C–D–B).

$$g = \frac{v_1}{\Delta t_1} \Rightarrow v_1 = g\,\Delta t_1$$

$$\frac{h}{2} = \frac{v_1\,\Delta t_1}{2} \Rightarrow h = g\,(\Delta t_1)^2$$

$$\Delta t_1 = \sqrt{\frac{h}{g}} = \sqrt{\frac{45\ \text{m}}{9{,}81\,\frac{\text{m}}{\text{s}^2}}} = 2{,}142\ \text{s}$$

431.

v,t-Diagramm siehe Lösung 427.

$$\text{I. } a = g = \frac{\Delta v}{\Delta t} = \frac{v_t - v_0}{\Delta t} \Rightarrow v_0 = v_t - g\,\Delta t$$

$$\text{II. } \Delta s = \frac{(v_t + v_0)\Delta t}{2} \Rightarrow v_0 = \frac{2\,\Delta s}{\Delta t} - v_t$$

a) $\text{I.} = \text{II. } v_t = \dfrac{\Delta s}{\Delta t} + \dfrac{g\,\Delta t}{2} = \dfrac{28\ \text{m}}{1{,}5\ \text{s}} + \dfrac{9{,}81\,\frac{\text{m}}{\text{s}^2} \cdot 1{,}5\ \text{s}}{2}$

$$v_t = 26{,}02\,\frac{\text{m}}{\text{s}}$$

b) $\text{I. } v_0 = v_t - g\,\Delta t = 26{,}02\,\dfrac{\text{m}}{\text{s}} - 9{,}81\,\dfrac{\text{m}}{\text{s}^2} \cdot 1{,}5\ \text{s}$

$$v_0 = 11{,}31\,\frac{\text{m}}{\text{s}}$$

432.

$$\text{I. } a = g = \frac{\Delta v}{\frac{\Delta t}{2}} = \frac{2 v_0}{\Delta t}$$

$$\text{II. } h = \frac{v_0\,\Delta t}{4}$$

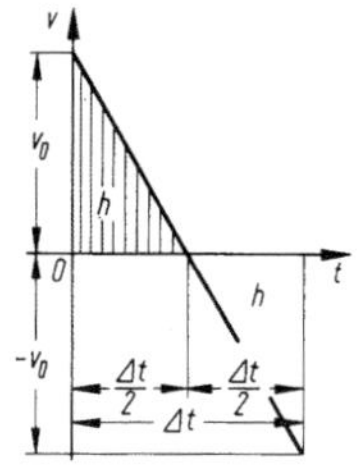

a) $\text{I. } v_0 = \dfrac{g\,\Delta t}{2} = \dfrac{9{,}81\,\frac{\text{m}}{\text{s}^2} \cdot 8\ \text{s}}{2}$

$$v_0 = 39{,}24\,\frac{\text{m}}{\text{s}}$$

b) $\text{II. } h = \dfrac{39{,}24\,\frac{\text{m}}{\text{s}} \cdot 8\ \text{s}}{4} = 78{,}48\ \text{m}$

433.

$$\text{I. } a = \frac{\Delta v}{\Delta t_1} \Rightarrow \Delta t_1 = \frac{v}{a}$$

$$\text{II. } \Delta s_{ges} = v\,\Delta t_{ges} - \Delta s_1 - \Delta s_3$$

$$\text{III. } \Delta s_1 = \frac{v\,\Delta t_1}{2}$$

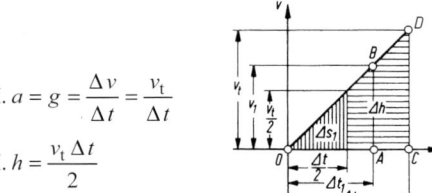

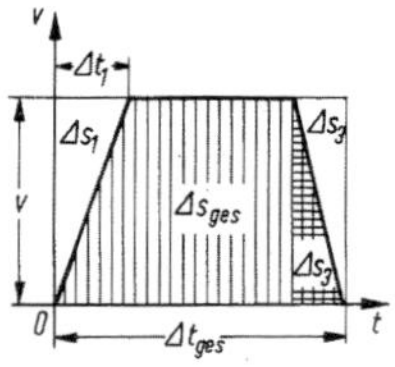

I. in III. $\Delta s_1 = \dfrac{v^2}{2a}$

II. $\Delta s_{ges} = v\,\Delta t_{ges} - \dfrac{v^2}{2a} - \Delta s_3$

$$\frac{v^2}{2a} - v\,\Delta t_{ges} + \Delta s_{ges} + \Delta s_3 = 0$$

$$v^2 - 2a\,\Delta t_{ges}\,v + 2a(\Delta s_{ges} + \Delta s_3) = 0$$

$$v^2 - 144\,\frac{m}{s}\cdot v + 2200\,\frac{m^2}{s^2} = 0$$

Lösungsformel (p, q-Formel) zur quadratischen Gleichung:

$$\Delta v_{1,2} = \frac{144}{2}\,\frac{m}{s} \pm \sqrt{\left(\frac{144}{2}\,\frac{m}{s}\right)^2 - 2200\,\frac{m^2}{s^2}}$$

$$\Delta v_1 = 126{,}626\,\frac{m}{s} = 455{,}85\,\frac{km}{h} \quad \text{(nicht realistisch)}$$

$$\Delta v_2 = 17{,}374\,\frac{m}{s} = 62{,}55\,\frac{km}{h}$$

434.

Vorüberlegung:

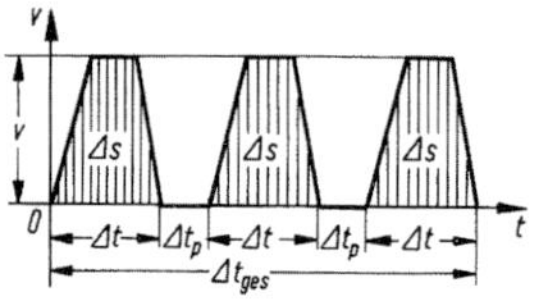

$$\Delta t_{ges} = 3\,\Delta t + 2\,\Delta t_p$$

$$\Delta t = \frac{\Delta t_{ges} - 2\,\Delta t_p}{3}$$

$$\Delta t = \frac{60\text{ min} - 6\text{ min}}{3} = 18\text{ min} = 1080\text{ s}$$

Teilstrecke $\Delta s = \dfrac{60\text{ km}}{3} = 20\text{ km}$

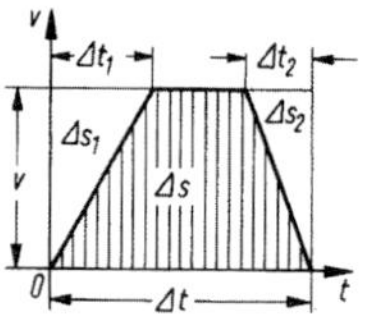

I. $a_1 = \dfrac{v}{\Delta t_1}$

II. $a_2 = \dfrac{v}{\Delta t_2}$

III. $\Delta s = v\,\Delta t - \Delta s_1 - \Delta s_2$

IV. $\Delta s_1 = \dfrac{v\,\Delta t_1}{2} = \dfrac{v^2}{2a_1}$

V. $\Delta s_2 = \dfrac{v\,\Delta t_2}{2} = \dfrac{v^2}{2a_2}$

IV. und V. in III.: $\Delta s = v\,\Delta t - \dfrac{v^2}{2a_1} - \dfrac{v^2}{2a_2}$

$$v^2\left(\frac{a_2 + a_1}{2a_1 a_2}\right) - v\,\Delta t + \Delta s = 0 \;\Big|\; \cdot \frac{2a_1 a_2}{a_1 + a_2}$$

$$v^2 - \frac{2\Delta t\,a_1 a_2}{a_1 + a_2}\,v + \frac{2a_1 a_2\,\Delta s}{a_1 + a_2} = 0$$

$$v^2 - 243\,\frac{m}{s}\,v + 4500\,\frac{m^2}{s^2} = 0$$

Lösungsformel (p, q-Formel) zur quadratischen Gleichung:

$$\Delta v_{1,2} = \frac{243}{2}\,\frac{m}{s} \pm \sqrt{\left(\frac{243}{2}\,\frac{m}{s}\right)^2 - 4500\,\frac{m^2}{s^2}}$$

$$\Delta v_1 = 222{,}8\,\frac{m}{s} = 802{,}08\,\frac{km}{h} \quad \text{(nicht realistisch)}$$

$$\Delta v_2 = 20{,}2\,\frac{m}{s} = 72{,}72\,\frac{km}{h}$$

435.

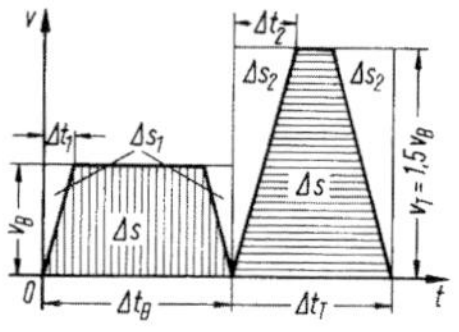

I. $a = \dfrac{\Delta v}{\Delta t} = \dfrac{v_B}{\Delta t_1} \;\Rightarrow\; \Delta t_1 = \dfrac{v_B}{a}$

II. $\Delta s = v_B\,\Delta t_B - 2\,\Delta s_1$

III. $\Delta s_1 = \dfrac{v_B\,\Delta t_1}{2}$ I. in III. $\Delta s_1 = \dfrac{v_B^2}{2a}$

a) III. in II. $\Delta s = v_B\,\Delta t_B - \dfrac{v_B^2}{a}$

$$\Delta t_B = \frac{\Delta s + \dfrac{v_B^2}{a}}{v_B} = \frac{\Delta s}{v_B} + \frac{v_B}{a}$$

$$\Delta t_B = \frac{200\text{ m}}{1\,\dfrac{m}{s}} + \frac{1\,\dfrac{m}{s}}{0{,}1\,\dfrac{m}{s^2}} = 210\text{ s}$$

b) Talfahrt entspricht der rechten Trapezfläche, Auswertung erfolgt in gleicher Weise:

$$\Delta s_2 = \frac{v_T^2}{2a} \qquad \Delta s = v_T\,\Delta t_T - 2\,\Delta s_2 = v_T\,\Delta t_T - \frac{v_T^2}{a}$$

$$\Delta t_T = \frac{\Delta s}{v_T} + \frac{v_T}{a} = \frac{200\text{ m}}{1{,}5\,\dfrac{m}{s}} + \frac{1{,}5\,\dfrac{m}{s}}{0{,}1\,\dfrac{m}{s^2}} = 148{,}3\text{ s}$$

436.

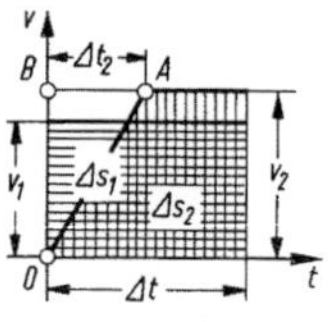

I. $a = \dfrac{\Delta v}{\Delta t} = \dfrac{v_2}{\Delta t_2} \;\Rightarrow\; \Delta t_2 = \dfrac{v_2}{a}$

II. $\Delta s_1 = v_1\,\Delta t$

III. $\Delta s_2 = v_2\,\Delta t - \Delta s_3$

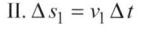

Die Wege Δs_1 (Rechteck) und Δs_2 (Trapez) sind gleich groß.

$$\text{IV. } \Delta s_3 = \frac{v_2\,\Delta t}{2} = \frac{v_2^2}{2a} \quad \text{(Dreieck 0–A–B)}$$

a) IV. in III. $\Delta s_2 = v_2\,\Delta t - \dfrac{v_2^2}{2a}$

II. = III. $v_1\,\Delta t = v_2\,\Delta t - \dfrac{v_2^2}{2a}$

$$\Delta t = \frac{v_2^2}{2a(v_2 - v_1)}$$

$$\Delta t = \frac{\left(55{,}56\,\frac{\text{m}}{\text{s}}\right)^2}{2\cdot 3{,}8\,\frac{\text{m}}{\text{s}^2}\left(55{,}56\,\frac{\text{m}}{\text{s}} - 50\,\frac{\text{m}}{\text{s}}\right)} = 73{,}1\ \text{s}$$

b) II. $\Delta s_1 = \Delta s_2 = v_1\,\Delta t = 50\,\dfrac{\text{m}}{\text{s}}\cdot 73{,}1\ \text{s} = 3655\ \text{m}$

437.

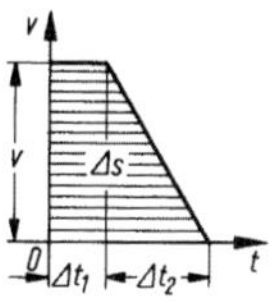

I. $a = \dfrac{\Delta v}{\Delta t} = \dfrac{v}{\Delta t_2} \Rightarrow \Delta t_2 = \dfrac{v}{a}$

II. $\Delta s = v\,\Delta t_1 + \dfrac{v\,\Delta t_2}{2}$

I. in II. $\Delta s = v\,\Delta t_1 + \dfrac{v^2}{2a}$

$$v^2 + 2a\,\Delta t_1\,v - 2a\,\Delta s = 0$$

$$v^2 + 6{,}12\,\frac{\text{m}}{\text{s}}\,v - 408\,\frac{\text{m}^2}{\text{s}^2} = 0$$

Lösungsformel (p, q-Formel) zur quadratischen Gleichung:

$$\Delta v_{1,2} = -\frac{6{,}12}{2}\,\frac{\text{m}}{\text{s}} \pm \sqrt{\left(\frac{6{,}12}{2}\,\frac{\text{m}}{\text{s}}\right)^2 + 408\,\frac{\text{m}^2}{\text{s}^2}}$$

$$\Delta v_1 = 17{,}37\,\frac{\text{m}}{\text{s}} = 62{,}53\,\frac{\text{km}}{\text{h}}$$

$$\Delta v_2 = -23{,}49\,\frac{\text{m}}{\text{s}} \quad \text{(nicht möglich)}$$

438.

$$v_1 = 72\,\frac{\text{km}}{\text{h}} = 20\,\frac{\text{m}}{\text{s}},\ v_2 = 90\,\frac{\text{km}}{\text{h}} = 25\,\frac{\text{m}}{\text{s}}$$

Auswertung des v, t – Diagramms:

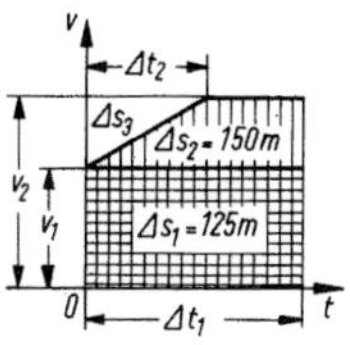

I. $a = \dfrac{\Delta v}{\Delta t} = \dfrac{v_2 - v_1}{\Delta t_2}$

II. $\Delta s_1 = v_1\,\Delta t_1$

III. $\Delta s_3 = \dfrac{(v_2 - v_1)\,\Delta t_2}{2}$

IV. $\Delta s_2 = v_2\,\Delta t_1 - \Delta s_3$

a) Dauer Δt_1 des Überholvorgangs aus Gleichung II. Δt_1 berechnen:

$$\Delta t_1 = \frac{\Delta s_1}{v_1} = \frac{125\,\text{m}}{20\,\frac{\text{m}}{\text{s}}} = 6{,}25\,\text{s}$$

b) Beschleunigung a des PKW aus Gleichung IV. Δs_3 berechnen:

$$\Delta s_3 = v_2\,\Delta t_1 - \Delta s_2 = 25\,\frac{\text{m}}{\text{s}}\cdot 6{,}25\,\text{s} - 150\,\text{m} = 6{,}25\,\text{m}$$

aus Gleichung III. Δt_2 berechnen:

$$\Delta t_2 = \frac{2\cdot\Delta s_3}{v_2 - v_1} = \frac{2\cdot 6{,}25\,\text{m}}{25\,\frac{\text{m}}{\text{s}} - 20\,\frac{\text{m}}{\text{s}}} = 2{,}5\,\text{s}$$

aus Gleichung I. die Beschleunigung a bestimmen:

$$a = \frac{v_2 - v_1}{\Delta t_2} = \frac{25\,\frac{\text{m}}{\text{s}} - 20\,\frac{\text{m}}{\text{s}}}{2{,}5\,\text{s}} = 2\,\frac{\text{m}}{\text{s}^2}$$

439.

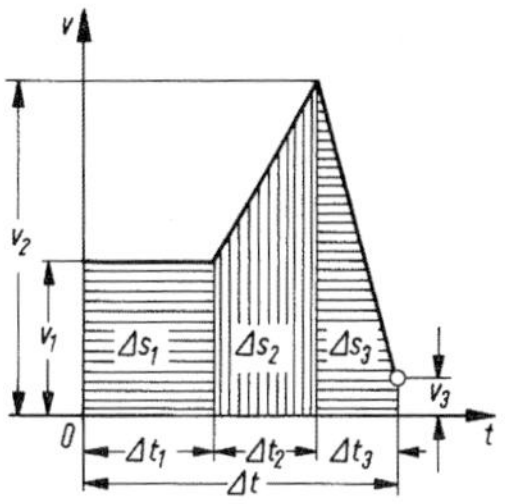

I. $a_2 = \dfrac{\Delta v}{\Delta t} = \dfrac{v_2 - v_1}{\Delta t_2}$

II. $a_3 = \dfrac{\Delta v}{\Delta t} = \dfrac{v_2 - v_3}{\Delta t_3}$

III. $\Delta s_1 = v_1\,\Delta t_1$

IV. $\Delta s_2 = \dfrac{v_1 + v_2}{2}\,\Delta t_2$

V. $\Delta s_3 = \dfrac{v_2 + v_3}{2}\,\Delta t_3$

a) I. $\Delta t_2 = \dfrac{v_2 - v_1}{a_2}$

in IV. $\Delta s_2 = \dfrac{(v_2 + v_1)(v_2 - v_1)}{2a_2} = \dfrac{v_2^2 - v_1^2}{2a_2}$

$$v_2 = \sqrt{2a_2\,\Delta s_2 + v_1^2} = \sqrt{2\cdot 2\,\frac{\text{m}}{\text{s}^2}\cdot 7\,\text{m} + \left(1{,}2\,\frac{\text{m}}{\text{s}}\right)^2}$$

$$v_2 = 5{,}426\,\frac{\text{m}}{\text{s}}$$

b) II. $\Delta t_3 = \dfrac{v_2 - v_3}{a_3}$

in V. $\Delta s_3 = \dfrac{(v_2 + v_3)(v_2 - v_3)}{2a_3} = \dfrac{v_2^2 - v_3^2}{2a_3}$

$$\Delta s_3 = \frac{\left(5{,}426\,\frac{\text{m}}{\text{s}}\right)^2 - \left(0{,}2\,\frac{\text{m}}{\text{s}}\right)^2}{2\cdot 3\,\frac{\text{m}}{\text{s}^2}} = 4{,}9\ \text{m}$$

c) $\Delta t = \Delta t_1 + \Delta t_2 + \Delta t_3$

$$\text{III. } \Delta t_1 = \frac{\Delta s_1}{v_1} = \frac{36\text{ m}}{1{,}2\,\frac{\text{m}}{\text{s}}} = 30\text{ s}$$

$$\text{I. } \Delta t_2 = \frac{v_2 - v_1}{a_2} = \frac{5{,}426\,\frac{\text{m}}{\text{s}} - 1{,}2\,\frac{\text{m}}{\text{s}}}{2\,\frac{\text{m}}{\text{s}^2}} = 2{,}113\text{ s}$$

$$\text{II. } \Delta t_3 = \frac{v_2 - v_3}{a_3} = \frac{5{,}426\,\frac{\text{m}}{\text{s}} - 0{,}2\,\frac{\text{m}}{\text{s}}}{3\,\frac{\text{m}}{\text{s}^2}} = 1{,}742\text{ s}$$

$$\Delta t = 30\text{ s} + 2{,}113\text{ s} + 1{,}742\text{ s} = 33{,}855\text{ s}$$

440.

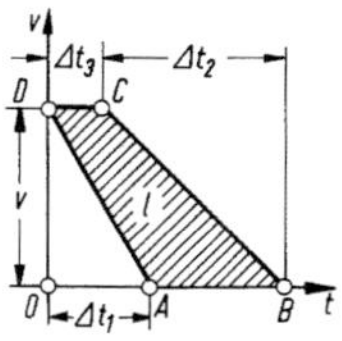

Abstand $l = \Delta s_2 - \Delta s_1$

Bremsweg Δs_1 (Fläche 0–A–D):

$$\text{I. } a_1 = \frac{\Delta v}{\Delta t} = \frac{v}{\Delta t_1} \Rightarrow \Delta t_1 = \frac{v}{a_1}$$

$$\text{II. } \Delta s_1 = \frac{v\,\Delta t_1}{2} = \frac{v^2}{2a_1} = \frac{\left(16{,}67\,\frac{\text{m}}{\text{s}}\right)^2}{2\cdot 5\,\frac{\text{m}}{\text{s}^2}} = 27{,}78\text{ m}$$

Bremsweg Δs_2 (Fläche 0–B–C– D):

$$\text{I. } a_2 = \frac{\Delta v}{\Delta t} = \frac{v}{\Delta t_2} \Rightarrow \Delta t_2 = \frac{v}{a_2}$$

$$\text{II. } \Delta s_2 = v\,\Delta t_3 + \frac{v\,\Delta t_2}{2}$$

$$\text{I. in II. } \Delta s_2 = v\,\Delta t_3 + \frac{v^2}{2a_2}$$

$$\Delta s_2 = 16{,}67\,\frac{\text{m}}{\text{s}}\cdot 1\text{ s} + \frac{\left(16{,}67\,\frac{\text{m}}{\text{s}}\right)^2}{2\cdot 3{,}5\,\frac{\text{m}}{\text{s}^2}} = 56{,}37\text{ m}$$

$$l = \Delta s_2 - \Delta s_1 = 56{,}37\text{ m} - 27{,}78\text{ m} = 28{,}59\text{ m}$$

441.

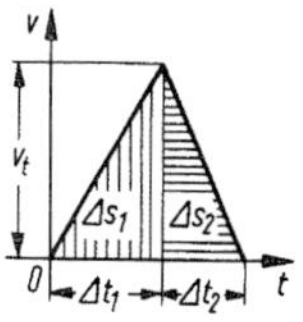

$$\text{I. } a_1 = g = \frac{\Delta v}{\Delta t} = \frac{v_t}{\Delta t_1}$$

$$\text{II. } a_2 = \frac{v_t}{\Delta t_2}$$

$$\text{III. } \Delta s_1 = \frac{v_t\,\Delta t_1}{2}$$

$$\text{IV. } \Delta s_2 = \frac{v_t\,\Delta t_2}{2}$$

V. $\Delta s_2 = h - \Delta s_1$; Summe beider Wege = Fallhöhe h

I. $\Delta t_1 = \dfrac{v_t}{g}$ in III. $\Delta s_1 = \dfrac{v_t^2}{2g}$ in V. einsetzen

V. $\Delta s_2 = h - \dfrac{v_t^2}{2g}$ v_t^2 durch II. und IV. ersetzen

II. $\Delta t_2 = \dfrac{v_t}{a_2}$ in IV. $\Delta s_2 = \dfrac{v_t^2}{2a_2} \Rightarrow v_t^2 = 2a_2\,\Delta s_2$

in V. einsetzen:

$$\text{V. } \Delta s_2 = h - \frac{2a_2\,\Delta s_2}{2g} \Rightarrow \Delta s_2\left(1 + \frac{a_2}{g}\right) = h$$

$$\Delta s_2 = \frac{h}{1 + \frac{a_2}{g}} = \frac{18\text{ m}}{1 + \frac{40\,\frac{\text{m}}{\text{s}^2}}{9{,}81\,\frac{\text{m}}{\text{s}^2}}} = 3{,}545\text{ m}$$

442.

I. $g = \dfrac{v_0}{\Delta t_1}$	×		×		
II. $g = \dfrac{v_t - v_0}{\Delta t_2}$		×	×	×	
III. $\Delta s_1 = \dfrac{v_0\,\Delta t_1}{2}$	×		×		×
IV. $\Delta s_2 = \dfrac{v_0 + v_t}{2}\Delta t_2$		×	×	×	
V. $\Delta t = 2\Delta t_1 + \Delta t_2$	×	×			
5 Unbekannte:	Δt_1	Δt_2	v_0	v_t	Δs_1

Die Tabelle zeigt, dass II. und IV. die gleichen Variablen enthalten und dass v_0 am häufigsten (in I., II., III. und IV.) auftritt.

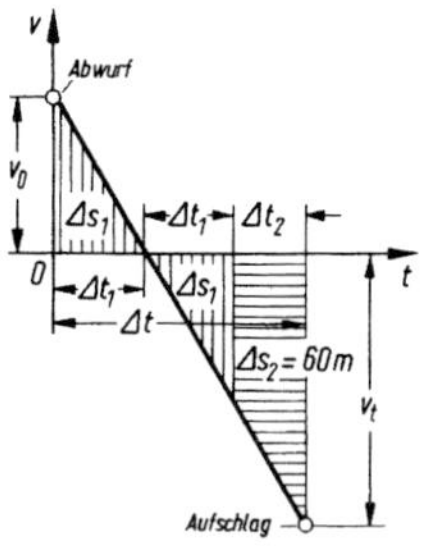

Folgerung: II. und IV. müssen übrigbleiben, nachdem Δt_2 mit Hilfe der anderen Gleichungen substituiert wurde. Als erste Variable ist v_0 zu bestimmen. III. kann zunächst nicht verwendet werden, da sie die Variable Δs_1 enthält, die in keiner anderen Gleichung auftritt.

I. $\Delta t_1 = \dfrac{v_0}{g}$ in V. einsetzen:

$$\text{V. } \Delta t = \frac{2v_0}{g} + \Delta t_2 \Rightarrow \Delta t_2 = \Delta t - \frac{2v_0}{g}$$

in II. und IV. einsetzen:

II. $g = \dfrac{v_t - v_0}{\Delta t - \dfrac{2v_0}{g}} \Rightarrow v_t = g\,\Delta t - v_0$ in IV. einsetzen

$$\text{IV. } \Delta s_2 = \frac{v_0 + g\,\Delta t - v_0}{2}\left(\Delta t - \frac{2\,v_0}{g}\right)$$

$$\Delta s_2 = \frac{g\,\Delta t}{2}\left(\Delta t - \frac{2\,v_0}{g}\right) = \frac{g\,\Delta t^2}{2} - v_0\,\Delta t$$

a) $$\text{IV. } v_0 = \frac{g\,\Delta t}{2} - \frac{\Delta s_2}{\Delta t} = \frac{9{,}81\,\frac{\text{m}}{\text{s}^2}\cdot 6\text{ s}}{2} - \frac{60\text{ m}}{6\text{ s}}$$

$$v_0 = 19{,}43\,\frac{\text{m}}{\text{s}}$$

b) $$\text{II. } v_t = g\,\Delta t - v_0 = 9{,}81\,\frac{\text{m}}{\text{s}^2}\cdot 6\text{ s} - 19{,}43\,\frac{\text{m}}{\text{s}}$$

$$v_t = 39{,}43\,\frac{\text{m}}{\text{s}}$$

c) $h = \Delta s_1 + \Delta s_2$

$$\text{III. } \Delta s_1 = \frac{v_0^2}{2g} = \frac{\left(19{,}43\,\frac{\text{m}}{\text{s}}\right)^2}{2\cdot 9{,}81\,\frac{\text{m}}{\text{s}^2}} = 19{,}24\text{ m}$$

$$h = 19{,}24\text{ m} + 60\text{ m} = 79{,}24\text{ m}$$

443.

Steigen:

$$\text{I. } g = \frac{\Delta v}{\Delta t} = \frac{v_0}{\Delta t_1}$$

$$\text{II. } \Delta s_1 = \frac{v_0\,\Delta t_1}{2}$$

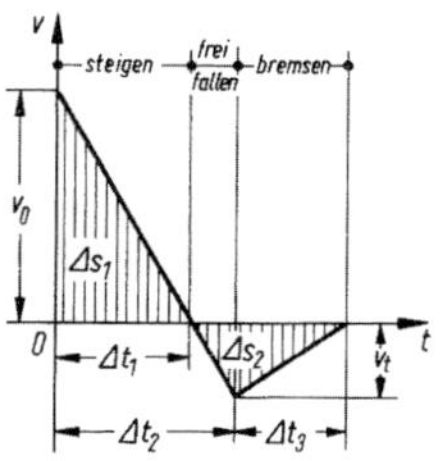

a) $$\text{I. } \Delta t_1 = \frac{v_0}{g} = \frac{4\,\frac{\text{m}}{\text{s}}}{9{,}81\,\frac{\text{m}}{\text{s}^2}}$$

$$\Delta t_1 = 0{,}4077\text{ s}$$

$$\text{II. } \Delta s_1 = \frac{4\,\frac{\text{m}}{\text{s}}\cdot 0{,}4077\text{ s}}{2} = 0{,}8155\text{ m}$$

Fallen:

b) $$g = \frac{\Delta v}{\Delta t} = \frac{v_t}{\Delta t_2 - \Delta t_1}$$

$$v_t = g\,(\Delta t_2 - \Delta t_1) = 9{,}81\,\frac{\text{m}}{\text{s}^2}(0{,}5\text{ s} - 0{,}4077\text{ s})$$

$$v_t = 0{,}905\,\frac{\text{m}}{\text{s}} \quad \text{(abwärts)}$$

c) $$\Delta s_2 = \frac{v_t\,(\Delta t_2 + \Delta t_3 - \Delta t_1)}{2} = \frac{0{,}905\,\frac{\text{m}}{\text{s}}\cdot 0{,}3423\text{ s}}{2}$$

$$\Delta s_2 = 0{,}1549\text{ m}$$

Waagerechter Wurf

444.

$$\text{I. } g = \frac{\Delta v}{\Delta t} = \frac{v_y}{\Delta t}$$

$$\text{II. } h = \frac{v_y\,\Delta t}{2}$$

$$\text{III. } s_x = v_x\,\Delta t$$

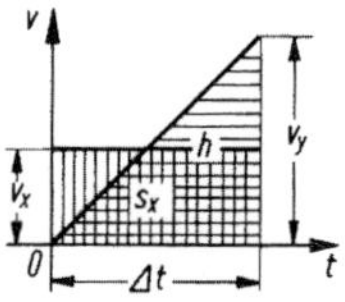

a) $\text{III. } \Delta t = \frac{s_x}{v_x}$ in I. und II. eingesetzt:

$$\text{I. } v_y = \frac{g\,s_x}{v_x}$$

$$\text{II. } h = \frac{v_y\,s_x}{2\,v_x}$$

$$\text{I. in II. } h = \frac{g\,s_x^2}{2\,v_x^2} = \frac{g}{2}\left(\frac{s_x}{v_x}\right)^2$$

$$h = \frac{9{,}81\,\frac{\text{m}}{\text{s}^2}}{2}\cdot\left(\frac{100\text{ m}}{500\,\frac{\text{m}}{\text{s}}}\right)^2 = 0{,}1962\text{ m}$$

b) $$h' = \frac{g}{2}\left(\frac{s_x}{2\,v_x}\right)^2 = \frac{g}{8}\left(\frac{s_x}{v_x}\right)^2 = \frac{1}{4}h = 0{,}049\text{ m}$$

Der Abstand h' beträgt nur noch ein Viertel des vorher berechneten Abstands h.

445.

$$\text{I. } g = \frac{\Delta v}{\Delta t} = \frac{v_y}{\Delta t}$$

$$\text{II. } h = \frac{v_y\,\Delta t}{2}$$

$$\text{III. } s_x = v_x\,\Delta t$$

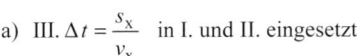

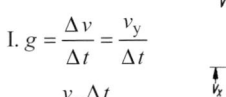

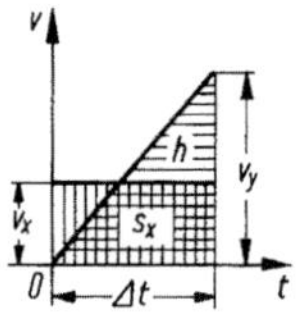

$$\text{I. in II. } v_y = g\,\Delta t = \frac{2h}{\Delta t} \Rightarrow \Delta t = \sqrt{\frac{2h}{g}}$$

a) $$\text{III. } s_x = v_x\,\Delta t = v_x\sqrt{\frac{2h}{g}} = 2\,\frac{\text{m}}{\text{s}}\cdot\sqrt{\frac{2\cdot 4\text{ m}}{9{,}81\,\frac{\text{m}}{\text{s}^2}}}$$

$$s_x = 1{,}806\text{ m}$$

b) $l_2 = l_1 - s_x = 4\text{ m} - 1{,}806\text{ m} = 2{,}194\text{ m}$

446.

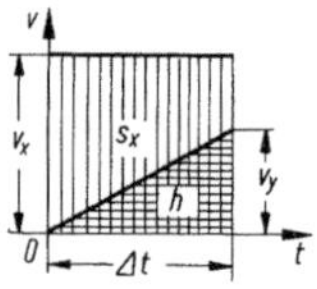

$$\text{I. } g = \frac{\Delta v}{\Delta t} = \frac{v_y}{\Delta t} \Rightarrow v_y = g\,\Delta t$$

$$\text{II. } h = \frac{v_y\,\Delta t}{2}$$

$$\text{III. } s_x = v_x\,\Delta t$$

$$\text{I. in II. } h = \frac{g(\Delta t)^2}{2} \Rightarrow \Delta t = \sqrt{\frac{2h}{g}}$$

a) $$\text{III. } s_x = v_x\sqrt{\frac{2h}{g}} = \frac{250\text{ m}}{3{,}6\text{ s}}\cdot\sqrt{\frac{2\cdot 50\text{ m}}{9{,}81\,\frac{\text{m}}{\text{s}^2}}} = 221{,}7\text{ m}$$

b) $$\text{I. } v_y = g\,\Delta t = g\sqrt{\frac{2h}{g}} = \sqrt{2gh}$$

$$v_y = \sqrt{2\cdot 9{,}81\,\frac{\text{m}}{\text{s}^2}\cdot 50\text{ m}} = 31{,}32\,\frac{\text{m}}{\text{s}}$$

$$v = \sqrt{v_x^2 + v_y^2} = \sqrt{\left(69{,}44\,\frac{\text{m}}{\text{s}}\right)^2 + \left(31{,}32\,\frac{\text{m}}{\text{s}}\right)^2}$$

$$v = 76{,}18\,\frac{\text{m}}{\text{s}} = 274{,}25\,\frac{\text{km}}{\text{h}}$$

$$\tan\alpha = \frac{v_y}{v_x} = \frac{31{,}32\,\frac{\text{m}}{\text{s}}}{69{,}44\,\frac{\text{m}}{\text{s}}} = 0{,}4510 \Rightarrow \alpha = 24{,}28°$$

447.

v,t-Diagramm siehe Lösung 445.

$$\text{I. } g = \frac{\Delta v}{\Delta t} = \frac{v_y}{\Delta t}$$

$$\text{II. } h = \frac{v_y\,\Delta t}{2}$$

$$\text{III. } s_x = v_x\,\Delta t$$

Δt in III. durch I. und II. ersetzen:

$$\text{I. } v_y = g\,\Delta t \quad \text{II. } v_y = \frac{2h}{\Delta t}$$

$$\text{I. = II. } g\,\Delta t = \frac{2h}{\Delta t} \Rightarrow \Delta t = \sqrt{\frac{2h}{g}}$$

a) $$\text{III. } v_x = \frac{s_x}{\Delta t} = \frac{s_x}{\sqrt{\frac{2h}{g}}} = s_x\sqrt{\frac{g}{2h}}$$

$$v_x = 0{,}6\text{ m}\cdot\sqrt{\frac{9{,}81\,\frac{\text{m}}{\text{s}^2}}{2\cdot 1\text{ m}}} = 1{,}329\,\frac{\text{m}}{\text{s}}$$

b) $$v_x = \sqrt{2gh_2} \Rightarrow h_2 = \frac{v_x^2}{2g} = \frac{\left(1{,}329\,\frac{\text{m}}{\text{s}}\right)^2}{2\cdot 9{,}81\,\frac{\text{m}}{\text{s}^2}}$$

$$h_2 = 0{,}09\text{ m} = 9\text{ cm}$$

Schräger Wurf

448.

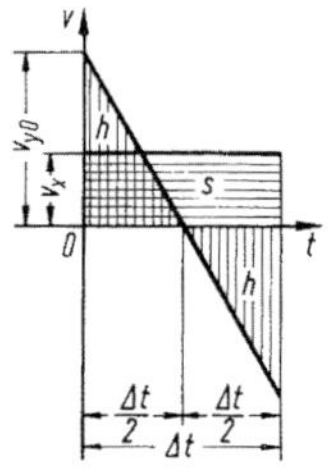

$$\text{I. } g = \frac{\Delta v}{\Delta t} = \frac{v_{y0}}{\frac{\Delta t}{2}} = \frac{2v_{y0}}{\Delta t}$$

$$\text{II. } s = v_x\,\Delta t$$

gleiche Zeit Δt für beide Bewegungen.

$$\text{I. } \Delta t = \frac{2v_{y0}}{g} \qquad \text{II. } \Delta t = \frac{s}{v_x}$$

$$\text{I. = II. } \frac{2v_{y0}}{g} = \frac{s}{v_x} \qquad \left.\begin{aligned} v_x &= v_0\cos\alpha \\ v_{y0} &= v_0\sin\alpha \end{aligned}\right\}\text{ einsetzen}$$

$$2v_0^2\sin\alpha\cos\alpha = g\,s \qquad \text{III. } 2\sin\alpha\cos\alpha = \sin 2\alpha$$

$$\text{III. in I. = II. } \sin 2\alpha = \frac{g\,s}{v_0^2}$$

$$2\alpha = \arcsin\left(\frac{g\,s}{v_0^2}\right) = \arcsin\left(\frac{9{,}81\,\frac{\text{m}}{\text{s}^2}\cdot 5\text{ m}}{225\,\frac{\text{m}^2}{\text{s}^2}}\right)$$

$$2\alpha = \arcsin 0{,}218 = 12{,}6° \text{ und } 167{,}4°$$

$$\alpha = 6{,}3° \text{ und } \alpha_2 = 83{,}7°$$

Lösung ist $\alpha_2 = 83{,}7°$, der kleinere Winkel ist die zweite Lösung der goniometrischen Gleichung, aber keine Lösung des physikalischen Problems.

449.

$$s_{max} = \frac{v_0^2\sin 2\alpha}{g}$$

$$v_0 = \sqrt{\frac{g\,s_{max}}{\sin 2\alpha}} = \sqrt{\frac{9{,}81\,\frac{\text{m}}{\text{s}^2}\cdot 90\text{ m}}{\sin 80°}} = 29{,}94\,\frac{\text{m}}{\text{s}}$$

450.

$l_1 = s_x - l_2$

$$l_2 = \frac{h}{\tan\alpha} = 1455{,}88\ \text{m}$$

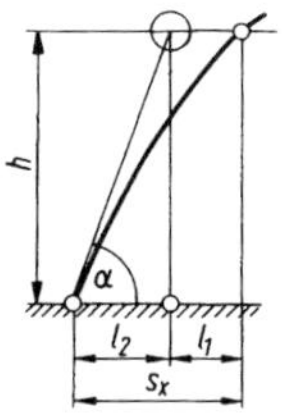

$$\text{I. } g = \frac{\Delta v}{\Delta t} = \frac{v_{y0} - v_y}{\Delta t}$$

$$\text{II. } h = \frac{v_{y0} + v_y}{2}\Delta t$$

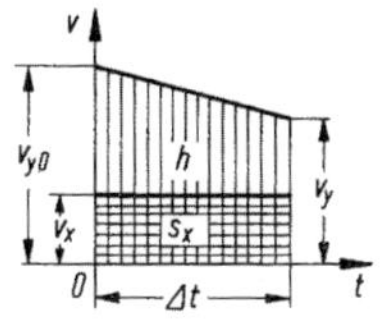

$$\text{III. } s_x = v_x\,\Delta t$$

$$\text{I.} = \text{II. } v_y = v_{y0} - g\,\Delta t = \frac{2h}{\Delta t} - v_{y0}$$

$$(\Delta t)^2 - \frac{2v_{y0}}{g}\Delta t + \frac{2h}{g} = 0$$

$$\Delta t = \frac{v_{y0}}{g} - \sqrt{\left(\frac{v_{y0}}{g}\right)^2 - \frac{2h}{g}} = \frac{v_{y0} - \sqrt{v_{y0}^2 - 2gh}}{g}$$

in III. eingesetzt:

$$\text{III. } s_x = \frac{v_0\cos\alpha}{g}\left(v_0\sin\alpha - \sqrt{v_0^2\sin^2\alpha - 2gh}\right)$$

$$s_x = \frac{600\,\frac{\text{m}}{\text{s}}\cdot\cos 70°}{9{,}81\,\frac{\text{m}}{\text{s}^2}}\cdot\left(600\,\frac{\text{m}}{\text{s}}\cdot\sin 70° - \sqrt{\left(600\,\frac{\text{m}}{\text{s}}\right)^2\cdot\sin^2 70° - 2\cdot 9{,}81\,\frac{\text{m}}{\text{s}^2}\cdot 4000\ \text{m}}\right)$$

$$s_x = 1558{,}9\ \text{m}$$

$$l_1 = s_x - l_2 = 1558{,}9\ \text{m} - 1455{,}88\ \text{m} = 103\ \text{m}$$

451.

a) $s_x = v_x\,\Delta t_{ges} = v_0\cos\alpha\,\Delta t_{ges}$

$$s_x = 100\,\frac{\text{m}}{\text{s}}\cdot\cos 60°\cdot 15\ \text{s}$$

$$s_x = 750\ \text{m}$$

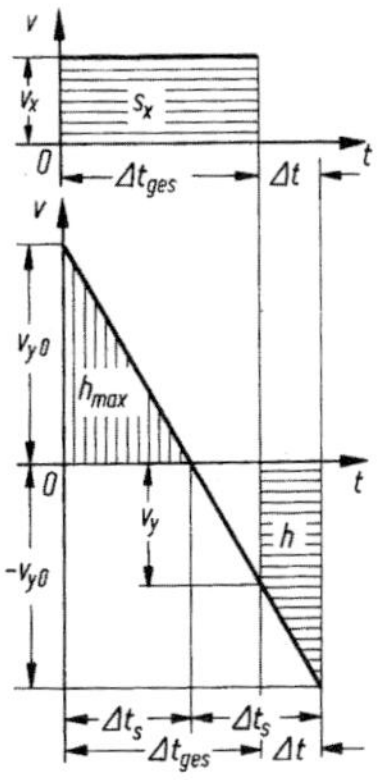

b)

I. $g = \frac{\Delta v}{\Delta t} = \frac{v_{y0}}{\Delta t_s}$	×			×	
II. $g = \frac{v_{y0} - v_y}{\Delta t}$	×	×			×
III. $h = \frac{(v_{y0} + v_y)\Delta t}{2}$	×	×	×		×
IV. $v_{y0} = v_0\sin\alpha$	×				
V. $\Delta t_{ges} + \Delta t = 2\Delta t_s$				×	×
5 Unbekannte:	v_{y0}	v_y	h	Δt_s	Δt

Zielgröße h ist nur in III. enthalten: Hauptgleichung; weitere unbekannte Größen mit Hilfe der anderen Gleichungen ausdrücken. IV. enthält nur v_{y0} und kann in I., II. und III. eingesetzt werden. V. liefert mit I. einen Ausdruck für Δt, der in II. und III. eingesetzt wird.

$$\text{I. } \Delta t_s = \frac{v_0\sin\alpha}{g} \quad \text{in V.:} \quad \Delta t = 2\Delta t_s - \Delta t_{ges}$$

$$\Delta t = \frac{2v_0\sin\alpha}{g} - \Delta t_{ges} \quad \text{in II., III. einsetzen:}$$

$$\text{II. } v_y = v_0\sin\alpha - g\,\Delta t = v_0\sin\alpha - g\left(\frac{2v_0\sin\alpha}{g} - \Delta t_{ges}\right)$$

$$v_y = g\,\Delta t_{ges} - v_0\sin\alpha \quad \text{in III. einsetzen:}$$

$$\text{III. } h = \frac{v_0\sin\alpha + g\,\Delta t_{ges} - v_0\sin\alpha}{2}\cdot\left(\frac{2v_0\sin\alpha}{g} - \Delta t_{ges}\right)$$

$$h = v_0\sin\alpha\,\Delta t_{ges} - \frac{g}{2}(\Delta t_{ges})^2$$

$$h = 100\,\frac{\text{m}}{\text{s}}\cdot\sin 60°\cdot 15\ \text{s} - \frac{9{,}81\,\frac{\text{m}}{\text{s}^2}\cdot(15\ \text{s})^2}{2}$$

$$h = 195{,}4\ \text{m}$$

452.

a) Wurfweite w

$$w = \frac{v_1^2\sin 2\alpha}{g} = \frac{\left(20\,\frac{\text{m}}{\text{s}}\right)^2\cdot\sin(2\cdot 40°)}{9{,}81\,\frac{\text{m}}{\text{s}^2}}$$

$$w = 40{,}155\,\text{m}$$

b) Wurfdauer t

$$t = \frac{2v_1\sin\alpha}{g} = \frac{2\cdot 20\,\frac{\text{m}}{\text{s}}\cdot\sin 40°}{9{,}81\,\frac{\text{m}}{\text{s}^2}}$$

$$t = 2{,}62\,\text{s}$$

c) Wurfhöhe h

$$h = \frac{v_1^2 \sin^2 \alpha}{2g} = \frac{\left(20\,\frac{\text{m}}{\text{s}}\right)^2 \cdot \sin^2 40°}{2 \cdot 9{,}81\,\frac{\text{m}}{\text{s}^2}}$$

$$h = 8{,}424\,\text{m}$$

d) Geschwindigkeiten v_x, v_y

$$v_x = v_1 \cdot \cos\alpha = 20\,\frac{\text{m}}{\text{s}} \cdot \cos 40° = 15{,}321\,\frac{\text{m}}{\text{s}}$$

$$v_y = v_1 \cdot \sin\alpha - g\,t$$

$$v_y = 20\,\frac{\text{m}}{\text{s}} \cdot \sin 40° - 9{,}81\,\frac{\text{m}}{\text{s}^2} \cdot 2{,}62\,\text{s}$$

$$v_y = -12{,}846\,\frac{\text{m}}{\text{s}}$$

Gleichförmige Drehbewegung

453.

$$v_u = \pi\,d\,n = \pi \cdot 0{,}035\ \text{m} \cdot 2800\ \text{min}^{-1} = 307{,}9\,\frac{\text{m}}{\text{min}}$$

$$v_u = 5{,}131\,\frac{\text{m}}{\text{s}}$$

454.

$$v_u = 2\pi\,r\,n \qquad n = \frac{z}{\Delta t} = \frac{1}{24\ \text{h}} = \frac{1}{24 \cdot 3600\ \text{s}}$$

$$v_u = 2\pi \cdot 6{,}371 \cdot 10^6\ \text{m} \cdot \frac{1}{24 \cdot 3600\ \text{s}} = 463{,}3\,\frac{\text{m}}{\text{s}}$$

455.

$$v_u = \pi\,d\,n = \pi \cdot 1{,}65\ \text{m} \cdot 3000\ \text{min}^{-1} = 15550{,}9\,\frac{\text{m}}{\text{min}}$$

$$v_u = 259{,}2\,\frac{\text{m}}{\text{s}}$$

456.

a) Die Umfangsgeschwindigkeit v_u ist gleich der Mittelpunktsgeschwindigkeit v_M:

$$v_u = v_M = 25\,\frac{\text{km}}{\text{h}} = 25 \cdot \frac{10^3\ \text{m}}{3{,}6 \cdot 10^3\ \text{s}} = 6{,}944\,\frac{\text{m}}{\text{s}}$$

b) $v_u = 2\pi\,r\,n = \pi\,d\,n \qquad 1'' = 25{,}4\ \text{mm} = 0{,}0254\ \text{m}$

$$n = \frac{v_u}{\pi\,d} = \frac{6{,}944\,\frac{\text{m}}{\text{s}}}{\pi \cdot 28'' \cdot \frac{0{,}0254\ \text{m}}{1''}} = 3{,}108\,\frac{1}{\text{s}} = 186{,}5\ \text{min}^{-1}$$

457.

$$v_u = \frac{\pi\,d\,n}{1000} \Rightarrow d = \frac{1000\,v}{\pi\,n} = \frac{1000 \cdot 37}{\pi \cdot 250}\ \text{mm} = 47{,}11\ \text{mm}$$

458.

$$v_u = \frac{\pi\,d\,n}{60\,000} \Rightarrow d = \frac{60\,000\,v}{\pi\,n} = \frac{60\,000 \cdot 40}{\pi \cdot 2800}\ \text{mm}$$

$$d = 272{,}8\ \text{mm}$$

459.

a) $V_{nutz} = 2V_{teil}$

$$\frac{\pi s}{4}\left(d_a^2 - d_i^2\right) = 2\frac{\pi s}{4}\left(d_m^2 - d_i^2\right)$$

$$d_m = \sqrt{\frac{d_a^2 + d_i^2}{2}} = \sqrt{\frac{(400\ \text{mm})^2 + (180\ \text{mm})^2}{2}}$$

$$d_m = 310\ \text{mm}$$

b) $v = \dfrac{\pi\,d\,n}{60\,000}$

$$n_1 = \frac{60\,000\,v}{\pi\,d_a} = \frac{60\,000 \cdot 30}{\pi \cdot 400}\ \text{min}^{-1} = 1432\ \text{min}^{-1}$$

$$n_2 = \frac{60\,000\,v}{\pi\,d_m} = \frac{60\,000 \cdot 30}{\pi \cdot 310}\ \text{min}^{-1} = 1848\ \text{min}^{-1}$$

460.

$$\omega_1 = \frac{\Delta\varphi}{\Delta t} = \frac{2\pi\,\text{rad}}{12\ \text{h}} = 0{,}5236\,\frac{\text{rad}}{\text{h}} = 1{,}454 \cdot 10^{-4}\,\frac{\text{rad}}{\text{s}}$$

$$\omega_2 = \frac{2\pi\,\text{rad}}{1\ \text{h}} = 1{,}745 \cdot 10^{-3}\,\frac{\text{rad}}{\text{s}}$$

$$\omega_3 = \frac{2\pi\,\text{rad}}{60\ \text{s}} = 1{,}047 \cdot 10^{-1}\,\frac{\text{rad}}{\text{s}}$$

461.

$$v_{u1} = r_1\,\omega = 0{,}06\ \text{m} \cdot 18{,}7\,\frac{1}{\text{s}} = 1{,}122\,\frac{\text{m}}{\text{s}}$$

$$v_{u2} = r_2\,\omega = 0{,}09\ \text{m} \cdot 18{,}7\,\frac{1}{\text{s}} = 1{,}683\,\frac{\text{m}}{\text{s}}$$

$$v_{u3} = r_3\,\omega = 0{,}12\ \text{m} \cdot 18{,}7\,\frac{1}{\text{s}} = 2{,}244\,\frac{\text{m}}{\text{s}}$$

462.

a) $v_M = v_u = \dfrac{120}{3{,}6}\,\dfrac{\text{m}}{\text{s}} = 33{,}33\,\dfrac{\text{m}}{\text{s}}$

$$v_u = \pi d n \Rightarrow n = \frac{v_u}{\pi d}$$

$$n = \frac{33{,}33\,\frac{m}{s}}{\pi \cdot 0{,}62\text{ m}} = 17{,}11\,\frac{1}{s} = 1027\text{ min}^{-1}$$

b) $$\omega = \frac{v_u}{r} = \frac{33{,}33\,\frac{m}{s}}{0{,}31\text{ m}} = 107{,}5\,\frac{1}{s} = 107{,}5\,\frac{rad}{s}$$

463.

a) $$v_u = v_M = \frac{\Delta s}{\Delta t} = \frac{3600\text{ m}}{4 \cdot 60\text{ s}} = 15\,\frac{m}{s} = 54\,\frac{km}{h}$$

b) $$\Delta s = \pi d z \Rightarrow d = \frac{\Delta s}{\pi z} = \frac{3600\text{ m}}{\pi \cdot 1750} = 0{,}6548\text{ m}$$

c) $$\omega = \frac{v_u}{r} = \frac{15\,\frac{m}{s}}{0{,}3274\text{ m}} = 45{,}81\,\frac{rad}{s}$$

464.

a) $$n = \frac{z}{\Delta t} = \frac{0{,}5}{8\text{ s}} = 0{,}0625\,\frac{1}{s} = 3{,}75\text{ min}^{-1}$$

b) $$\omega = \frac{\Delta\varphi}{\Delta t} = \frac{\pi\,\text{rad}}{8\text{ s}} = 0{,}3927\,\frac{rad}{s}$$

c) $$v_u = \omega r = 0{,}3927\,\frac{1}{s} \cdot 5{,}4\text{ m} = 2{,}121\,\frac{m}{s}$$

465.

a) $$\omega_k = \frac{\pi n}{30} = \frac{\pi \cdot 24}{30}\,\frac{rad}{s} = 2{,}513\,\frac{rad}{s}$$

b) $$v_u = \omega_k\, r = 2{,}513\,\frac{1}{s} \cdot 0{,}15\text{ m} = 0{,}377\,\frac{m}{s}$$

c) $$\omega_a = \frac{v_u}{l_2 + r} = \frac{0{,}377\,\frac{m}{s}}{0{,}6\text{ m} + 0{,}15\text{ m}} = 0{,}5027\,\frac{1}{s} = 0{,}5027\,\frac{rad}{s}$$

$$\omega_r = \frac{v_u}{l_2 - r} = \frac{0{,}377\,\frac{m}{s}}{0{,}6\text{ m} - 0{,}15\text{ m}} = 0{,}8378\,\frac{1}{s} = 0{,}8378\,\frac{rad}{s}$$

d) Strahlensatz: $$\frac{v_s}{v_u} = \frac{l_1}{l_2 + r}$$

$$v_s = \frac{0{,}377\,\frac{m}{s} \cdot 0{,}9\text{ m}}{0{,}75\text{ m}}$$

$$v_s = 0{,}4524\,\frac{m}{s} = 27{,}144\,\frac{m}{min}$$

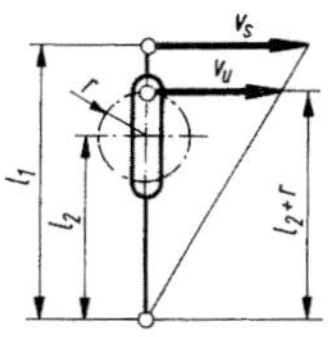

466.

a) $$v_r = v_u = \pi d_1 n_1 = \pi \cdot 0{,}111\text{ m} \cdot 900\,\frac{1}{min} = 313{,}85\,\frac{m}{min}$$

$$v_r = 5{,}231\,\frac{m}{s}$$

b) $$\omega_1 = \frac{v_u}{r_1} = \frac{2 v_u}{d_1} = \frac{2 \cdot 5{,}231\,\frac{m}{s}}{0{,}111\text{ m}} = 94{,}25\,\frac{1}{s} = 94{,}25\,\frac{rad}{s}$$

c) $$i = \frac{n_1}{n_2} = \frac{d_2}{d_1} \Rightarrow d_2 = d_1 \frac{n_1}{n_2} = \frac{0{,}111\text{ m} \cdot 900\text{ min}^{-1}}{225\text{ min}^{-1}}$$

$$d_2 = 0{,}444\text{ m} = 444\text{ mm}$$

467.

a) $$v_u = \pi d n \Rightarrow n_{Sch} = \frac{v_u}{\pi d} = \frac{26\,\frac{m}{s}}{\pi \cdot 0{,}28\text{ m}} = 29{,}56\,\frac{1}{s}$$

$$n_{Sch} = 1774\,\frac{1}{min} = 1774\text{ min}^{-1}$$

b) $$i = \frac{n_M}{n_{Sch}} = \frac{d_2}{d_1} \Rightarrow d_1 = d_2 \frac{n_{Sch}}{n_M}$$

$$d_1 = \frac{100\text{ mm} \cdot 1774\text{ min}^{-1}}{960\text{ min}^{-1}} = 184{,}8\text{ mm}$$

c) $$v_r = v_u = \pi d_1 n_M = \pi \cdot 0{,}1848\text{ m} \cdot 960\,\frac{1}{min}$$

$$v_r = 557{,}3\,\frac{m}{min} = 9{,}288\,\frac{m}{s}$$

468.

a) $$i = \frac{n_1}{n_2} = \frac{d_2}{d_1} \Rightarrow n_2 = \frac{n_1}{i} = \frac{1420\text{ min}^{-1}}{3{,}5} = 405{,}7\text{ min}^{-1}$$

b) $$d_1 = \frac{d_2}{i} = \frac{320\text{ mm}}{3{,}5} = 91{,}43\text{ mm}$$

c) $$v_r = v_u = \pi d_1 n_1 = \pi \cdot 0{,}09143\text{ m} \cdot 1420\,\frac{1}{min}$$

$$v_r = 407{,}9\,\frac{m}{min} = 6{,}798\,\frac{m}{s}$$

469.

$$i = \frac{z_k}{z_s} = \frac{u_s}{u_k}$$ (z Zähnezahlen, u Umdrehungen)

$$u_s = \frac{80°}{360°} = 0{,}2222$$

$$z_s = 85 \cdot 4 = 340$$ (für vollen Zahnkranz)

$$u_k = u_s \cdot \frac{z_s}{z_k} = \frac{0{,}2222 \cdot 340}{14} = 5{,}396\text{ Kurbelumdrehungen}$$

470.

$$i = \frac{n_M}{n_{1,2,3}} = \frac{d_T}{d_{1,2,3}}$$

$$d_1 = \frac{d_T}{n_M} \cdot n_1 = \frac{200\text{ mm}}{1500\,\frac{1}{\text{min}}} \cdot 33,33\,\frac{1}{\text{min}}$$

$$d_1 = 0,1333\text{ mm} \cdot \text{min} \cdot 33,33\,\frac{1}{\text{min}} = 4,443\text{ mm}$$

$$d_2 = 0,1333\text{ mm} \cdot \text{min} \cdot 45\,\frac{1}{\text{min}} = 6\text{ mm}$$

$$d_3 = 0,1333\text{ mm} \cdot \text{min} \cdot 78\,\frac{1}{\text{min}} = 10,4\text{ mm}$$

471.

$$v = v_u = \pi d\, n_4 \Rightarrow n_4 = \frac{v}{\pi d} = \frac{180\,\frac{\text{m}}{\text{min}}}{\pi \cdot 0,6\text{ m}} = 95,49\text{ min}^{-1}$$

$$i_{ges} = \frac{z_2\, z_4}{z_1\, z_3} = \frac{n_1}{n_4} \Rightarrow z_2 = \frac{n_1\, z_1\, z_3}{n_4\, z_4}$$

$$z_2 = \frac{1430\text{ min}^{-1} \cdot 17 \cdot 17}{95,49\text{ min}^{-1} \cdot 86} = 50,32 \approx 50\text{ Zähne}$$

472.

a) $i = \frac{z_2\, z_4}{z_1\, z_3} = \frac{60 \cdot 80}{15 \cdot 20} = 16$

b) $i = \frac{n_M}{n_T} \Rightarrow n_T = \frac{n_M}{i} = \frac{960\text{ min}^{-1}}{16} = 60\text{ min}^{-1}$

c) $v = v_{uT} = \pi d_T\, n_T = \pi \cdot 0,3\text{ m} \cdot 60\,\frac{1}{\text{min}} = 56,55\,\frac{\text{m}}{\text{min}}$

473.

a) $v = v_u = \pi d\, n$

$$n = \frac{v}{\pi d} = \frac{\frac{22}{3,6}\,\frac{\text{m}}{\text{s}}}{\pi \cdot 0,78\text{ m}} = 2,494\,\frac{1}{\text{s}} = 149,6\text{ min}^{-1}$$

b) $v_u = \pi d_2\, n = \pi \cdot 0,525\text{ m} \cdot 149,6\,\frac{1}{\text{min}}$

$$v_u = 246,74\,\frac{\text{m}}{\text{min}} = 4,112\,\frac{\text{m}}{\text{s}}$$

$$\omega_2 = \frac{v_u}{\frac{d_2}{2}} = \frac{4,112\,\frac{\text{m}}{\text{s}}}{\frac{0,525\text{ m}}{2}} = 15,66\,\frac{1}{\text{s}} = 15,66\,\frac{\text{rad}}{\text{s}}$$

$$\omega_1 = \frac{v_u}{\frac{d_1}{2}} = \frac{4,112\,\frac{\text{m}}{\text{s}}}{\frac{0,15\text{ m}}{2}} = 54,83\,\frac{1}{\text{s}} = 54,83\,\frac{\text{rad}}{\text{s}}$$

c) $v_u = \pi d_1\, n_M$

$$n_M = \frac{v_u}{\pi d_1} = \frac{4,112\,\frac{\text{m}}{\text{s}}}{\pi \cdot 0,15\text{ m}} = 8,726\,\frac{1}{\text{s}} = 523,56\text{ min}^{-1}$$

d) $i = \frac{d_2}{d_1} = \frac{525\text{ mm}}{150\text{ mm}} = 3,5$

Kontrolle der Drehzahlen:

$$i = \frac{n_M}{n} = \frac{523,56\text{ min}^{-1}}{149,6\text{ min}^{-1}} = 3,50$$

474.

$$i = \frac{d_2}{d_1} = \frac{200\text{ mm}}{40\text{ mm}} = 5$$

$$z_2 = \frac{h}{P} = \frac{350\text{ mm}}{9\text{ mm}} = 38,89$$

(z_2 Anzahl der Spindelumdrehungen)

$$i = \frac{z_1}{z_2} \Rightarrow z_1 = i\, z_2 = 5 \cdot 38,89 = 194,5$$

(z_1 Anzahl der Kurbelumdrehungen)

475.

$$u = n P \Rightarrow n = \frac{u}{P} = \frac{420\,\frac{\text{mm}}{\text{min}}}{4\text{ mm}} = 105\,\frac{1}{\text{min}} = 105\text{ min}^{-1}$$

476.

$$u = s\, n = 0,05\text{ mm} \cdot 1420\,\frac{1}{\text{min}} = 71\,\frac{\text{mm}}{\text{min}}$$

477.

a) $v = \frac{\pi d\, n}{1000}$

$$n = \frac{1000\, v}{\pi d} = \frac{1000 \cdot 18}{\pi \cdot 25}\text{ min}^{-1} = 229,2\text{ min}^{-1}$$

b) $u = s\, n = 0,35\text{ mm} \cdot 229,2\,\frac{1}{\text{min}} = 80,22\,\frac{\text{mm}}{\text{min}}$

478.

a) $v = \frac{\pi d\, n}{1000} = \frac{\pi \cdot 100 \cdot 630}{1000}\,\frac{\text{m}}{\text{min}} = 197,9\,\frac{\text{m}}{\text{min}}$

b) $u = s\, n = 0,8\text{ mm} \cdot 630\,\frac{1}{\text{min}} = 504\,\frac{\text{mm}}{\text{min}}$

c) $u = \frac{l}{\Delta t} \Rightarrow \Delta t = \frac{l}{u} = \frac{160\text{ mm}}{504\,\frac{\text{mm}}{\text{min}}} = 0,3175\text{ min}$

$$\Delta t = 19,05\text{ s}$$

479.

a) $v = \frac{\pi d n}{1000} \Rightarrow n = \frac{1000 v}{\pi d} = \frac{1000 \cdot 40}{\pi \cdot 38} \text{ min}^{-1}$

$n = 335{,}1 \text{ min}^{-1}$

b) $s = \frac{u}{n} = \frac{\frac{l}{\Delta t}}{n} = \frac{l}{\Delta t\, n}$

$s = \frac{280 \text{ mm}}{7 \text{ min} \cdot 335{,}1 \frac{1}{\text{min}}} = 0{,}1194 \text{ mm}$

480.

$u = \frac{l}{\Delta t} \Rightarrow \Delta t = \frac{l}{u} = \frac{l}{s n} = \frac{l}{s \frac{v}{\pi d}}$

$\Delta t = \frac{\pi l d}{s v} = \frac{\pi \cdot 280 \text{ mm} \cdot 85 \text{ mm}}{0{,}25 \text{ mm} \cdot 55\,000 \frac{\text{mm}}{\text{min}}}$

$\Delta t = 5{,}438 \text{ min} = 326{,}3 \text{ s}$

Mittlere Geschwindigkeit

481.

a) $v_u = \pi d n = \pi \cdot 0{,}33 \text{ m} \cdot 500 \frac{1}{\text{min}} \quad (l_n = d)$

$v_u = 518{,}4 \frac{\text{m}}{\text{min}} = 8{,}638 \frac{\text{m}}{\text{s}}$

b) $v_m = \frac{\Delta s}{\Delta t} = \frac{2 l_h z}{\Delta t} = \frac{2 \cdot 0{,}33 \text{ m} \cdot 500}{60 \text{ s}} = 5{,}5 \frac{\text{m}}{\text{s}}$

482.

a) $v_u = \pi d n = \pi \cdot 0{,}095 \text{ m} \cdot 3300 \frac{1}{\text{min}}$

$v_u = 984{,}9 \frac{\text{m}}{\text{min}} = 16{,}41 \frac{\text{m}}{\text{s}}$

b) $v_m = \frac{2 l_h z}{\Delta t} = \frac{2 \cdot 0{,}095 \text{ m} \cdot 3300}{60 \text{ s}} = 10{,}45 \frac{\text{m}}{\text{s}}$

483.

$v_m = \frac{2 l_h z}{\Delta t}$

$l_h = \frac{v_m \Delta t}{2 z} = \frac{7 \frac{\text{m}}{\text{s}} \cdot 60 \text{ s}}{2 \cdot 4000} = 0{,}0525 \text{ m} = 52{,}5 \text{ mm}$

484.

a) $\gamma = \arcsin \frac{r}{l_2} = \arcsin \frac{150 \text{ mm}}{600 \text{ mm}}$

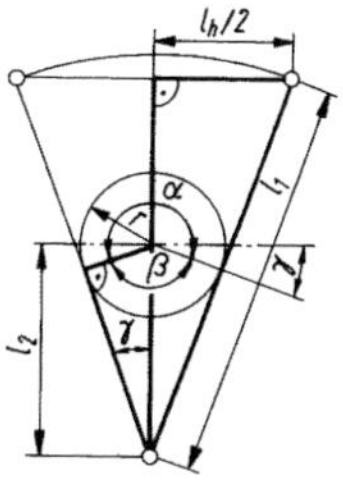

$\gamma = 14{,}48°$

$\alpha = 180° + 2\gamma = 208{,}96°$

$\beta = 180° - 2\gamma = 151°$

b) $\sin \gamma = \frac{l_h}{2 l_1} \Rightarrow l_h = 2 l_1 \sin \gamma = 2 \cdot 900 \text{ mm} \cdot \sin 14{,}48°$

$l_h = 450 \text{ mm}$

c) $v_{ma} = \frac{l_h}{\Delta t_a}$ $\quad \Delta t_a$ Zeit für Kurbeldrehwinkel α

$T = \frac{1}{n}$ Zeit für 1 Umdrehung

$\frac{\Delta t_a}{T} = \frac{\alpha}{360°} \Rightarrow \Delta t_a = T \frac{\alpha}{360°}$

$\Delta t_a = \frac{\alpha}{n \cdot 360°} = \frac{208{,}96°}{24 \frac{1}{\text{min}} \cdot 360°} = 0{,}02419 \text{ min}$

$v_{ma} = \frac{0{,}45 \text{ m}}{0{,}02419 \text{ min}} = 18{,}6 \frac{\text{m}}{\text{min}}$

d) $\Delta t_r = \frac{\beta}{n \cdot 360°} = \frac{151°}{24 \frac{1}{\text{min}} \cdot 360°} = 0{,}01748 \text{ min}$

$v_{mr} = \frac{0{,}45 \text{ m}}{0{,}01748 \text{ min}} = 25{,}74 \frac{\text{m}}{\text{min}}$

485.

a) $\sin \gamma = \frac{r}{l_2} = \frac{l_h}{2 l_1}$ (siehe Lösung 484 a) und c))

$r = \frac{l_2 l_h}{2 l_1} = \frac{600 \text{ mm} \cdot 300 \text{ mm}}{2 \cdot 900 \text{ mm}} = 100 \text{ mm}$

b) $v_{ma} = \frac{l_h}{\Delta t_a} = \frac{l_h \cdot n \cdot 360°}{\alpha} \Rightarrow n = \frac{\alpha v_{ma}}{360° l_h}$

$\alpha = 180° + 2\gamma \quad \sin \gamma = \frac{r}{l_2}$

$\gamma = \arcsin \frac{r}{l_2} = \arcsin \frac{100 \text{ mm}}{600 \text{ mm}} = 9{,}6°$

$\alpha = 180° + 2 \cdot 9{,}6° = 199{,}2°$

$n = \frac{199{,}2° \cdot 20 \frac{\text{m}}{\text{min}}}{360° \cdot 0{,}3 \text{ m}} = 36{,}89 \frac{1}{\text{min}} = 36{,}89 \text{ min}^{-1}$

Gleichmäßig beschleunigte oder verzögerte Drehbewegung

486.

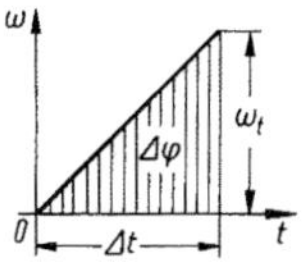

I. $\alpha = \dfrac{\Delta\omega}{\Delta t} = \dfrac{\omega_t}{\Delta t}$

II. $\Delta\varphi = \dfrac{\omega_t\,\Delta t}{2} = 2\pi z$

a) $\omega_t = \dfrac{\pi n}{30} = \dfrac{\pi \cdot 1200}{30}\,\dfrac{\text{rad}}{\text{s}} = 125{,}7\,\dfrac{\text{rad}}{\text{s}}$

I. $\alpha = \dfrac{125{,}7\,\dfrac{\text{rad}}{\text{s}}}{5\,\text{s}} = 25{,}14\,\dfrac{\text{rad}}{\text{s}^2}$

b) $\alpha_T = \alpha r = 25{,}14\,\dfrac{\text{rad}}{\text{s}^2} \cdot 0{,}1\,\text{m} = 2{,}514\,\dfrac{\text{m}}{\text{s}^2}$

c) II. $z = \dfrac{\omega_t\,\Delta t}{4\pi} = \dfrac{125{,}7\,\dfrac{\text{rad}}{\text{s}} \cdot 5\,\text{s}}{4\pi\,\text{rad}} = 50$ Umdrehungen

487.

a) I. $\alpha = \dfrac{\Delta\omega}{\Delta t} = \dfrac{\omega_t}{\Delta t} \Rightarrow \omega_t = \alpha\,\Delta t$

$\omega_t = 2{,}3\,\dfrac{\text{rad}}{\text{s}^2} \cdot 15\,\text{s} = 34{,}5\,\dfrac{\text{rad}}{\text{s}}$

$\omega_t = \dfrac{\pi n}{30} \Rightarrow n = \dfrac{30\,\omega_t}{\pi} = \dfrac{30 \cdot 34{,}5}{\pi}$

$n = 329{,}5\,\dfrac{1}{\text{min}} = 329{,}5\,\text{min}^{-1}$

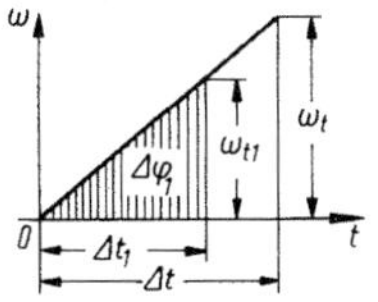

b) I. $\alpha = \dfrac{\omega_{t1}}{\Delta t_1}$

II. $\Delta\varphi_1 = 2\pi z_1 = \dfrac{\omega_{t1}\,\Delta t_1}{2}$

I. $\Delta t_1 = \dfrac{\omega_{t1}}{\alpha}$ in II. eingesetzt: $2\pi z_1 = \dfrac{\omega_{t1}^2}{2\alpha}$

II. $\omega_{t1} = \sqrt{4\pi\alpha z_1} = \sqrt{4\pi\,\text{rad} \cdot 2{,}3\,\dfrac{\text{rad}}{\text{s}^2} \cdot 10} = 17\,\dfrac{\text{rad}}{\text{s}}$

488.

a) $\omega_t = \dfrac{\pi n}{30} = \dfrac{3000\,\pi}{30} = 314{,}2\,\dfrac{\text{rad}}{\text{s}}$

b) $\alpha = \dfrac{\Delta\omega}{\Delta t} = \dfrac{\omega_t}{\Delta t} \Rightarrow \Delta t = \dfrac{\omega_t}{\alpha} = \dfrac{314{,}2\,\dfrac{\text{rad}}{\text{s}}}{11{,}2\,\dfrac{\text{rad}}{\text{s}^2}} = 28{,}05\,\text{s}$

489.

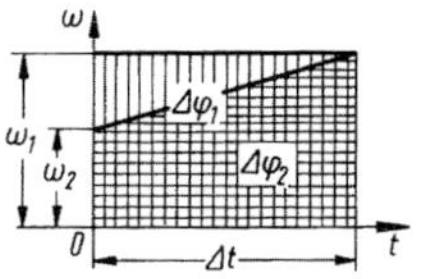

I. $\alpha = \dfrac{\Delta\omega}{\Delta t} = \dfrac{\omega_1 - \omega_2}{\Delta t}$

II. $\Delta\varphi_2 = \dfrac{(\omega_1 + \omega_2)\,\Delta t}{2}$

III. $\Delta\varphi_1 = \omega_1\,\Delta t$

a) $\omega_1 = \dfrac{\pi n_1}{30} = 90{,}06\,\dfrac{\text{rad}}{\text{s}}$

$\omega_2 = \dfrac{\pi n_2}{30} = 60\,\dfrac{\text{rad}}{\text{s}}$

I. $\Delta t = \dfrac{\omega_1 - \omega_2}{\alpha} = \dfrac{30{,}06\,\dfrac{\text{rad}}{\text{s}}}{15\,\dfrac{\text{rad}}{\text{s}^2}} = 2{,}004\,\text{s}$

b) III. $\Delta\varphi_1 = 90{,}06\,\dfrac{\text{rad}}{\text{s}} \cdot 2{,}004\,\text{s} = 180{,}5\,\text{rad}$

c) II. $\Delta\varphi_2 = \dfrac{150{,}06\,\dfrac{\text{rad}}{\text{s}}}{2} \cdot 2{,}004\,\text{s} = 150{,}4\,\text{rad}$

d) $\Delta\varphi = \Delta\varphi_1 - \Delta\varphi_2 = 30{,}1\,\text{rad}$

490.

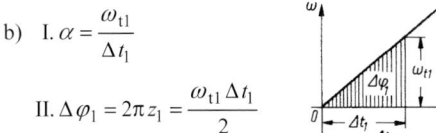

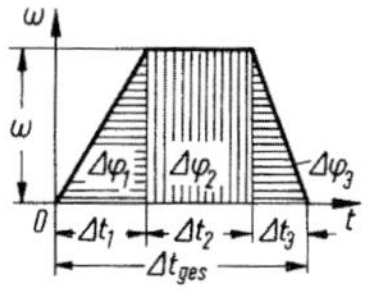

I. $\alpha_1 = \dfrac{\Delta\omega}{\Delta t} = \dfrac{\omega}{\Delta t_1}$

II. $\alpha_3 = \dfrac{\omega}{\Delta t_3}$

III. $\Delta\varphi_1 = \dfrac{\omega\,\Delta t_1}{2}$

IV. $\Delta\varphi_2 = \omega\,\Delta t_2$

V. $\Delta\varphi_3 = \dfrac{\omega\,\Delta t_3}{2}$

VI. $\Delta\varphi = \Delta\varphi_1 + \Delta\varphi_2 + \Delta\varphi_3$

VII. $\Delta t_2 = \Delta t_{ges} - \Delta t_1 - \Delta t_3$

$\Delta t_2 = 42\,\text{s} - 4\,\text{s} - 3\,\text{s} = 35\,\text{s}$

a) III., IV., V. in VI. eingesetzt:

$\Delta\varphi = \dfrac{\omega\,\Delta t_1}{2} + \omega\,\Delta t_2 + \dfrac{\omega\,\Delta t_3}{2}$

$\omega = \dfrac{\Delta\varphi}{\dfrac{\Delta t_1}{2} + \Delta t_2 + \dfrac{\Delta t_3}{2}}$

$\omega = \dfrac{\pi\,\text{rad}}{2\,\text{s} + 35\,\text{s} + 1{,}5\,\text{s}} = 0{,}0816\,\dfrac{\text{rad}}{\text{s}}$

b) $\text{I. } \alpha_1 = \dfrac{0{,}0816\,\dfrac{\text{rad}}{\text{s}}}{4\text{ s}} = 0{,}0204\,\dfrac{\text{rad}}{\text{s}^2}$

$\text{II. } \alpha_3 = \dfrac{0{,}0816\,\dfrac{\text{rad}}{\text{s}}}{3\text{ s}} = 0{,}0272\,\dfrac{\text{rad}}{\text{s}^2}$

491.

ω,t-Diagramm siehe Lösung 490.

$\text{I. } \alpha_1 = \dfrac{\Delta\omega}{\Delta t} = \dfrac{\omega}{\Delta t_1}$

$\text{II. } \alpha_3 = \dfrac{\Delta\omega}{\Delta t} = \dfrac{\omega}{\Delta t_3}$

$\text{III. } \Delta\varphi_1 = \dfrac{\omega\Delta t_1}{2}$

$\text{IV. } \Delta\varphi_2 = \omega\Delta t_2$

$\text{V. } \Delta\varphi_3 = \dfrac{\omega\Delta t_3}{2}$

$\text{VI. } \Delta\varphi_{\text{ges}} = \Delta\varphi_1 + \Delta\varphi_2 + \Delta\varphi_3$

$\text{VII. } \Delta t_{\text{ges}} = \Delta t_1 + \Delta t_2 + \Delta t_3$

a) $\omega = \dfrac{v_u}{r} = \dfrac{15\,\dfrac{\text{m}}{\text{s}}}{2{,}5\text{ m}} = 6\,\dfrac{1}{\text{s}} = 6\,\dfrac{\text{rad}}{\text{s}}$

b) $\Delta\varphi_1 = 10 \cdot 2\pi \text{ rad} = 62{,}83\text{ rad}$

$\text{III. } \Delta t_1 = \dfrac{2\Delta\varphi_1}{\omega}$ in I. eingesetzt:

$\text{I. } \alpha_1 = \dfrac{\omega^2}{2\Delta\varphi_1} = \dfrac{36\,\dfrac{\text{rad}^2}{\text{s}^2}}{2 \cdot 62{,}83\text{ rad}} = 0{,}2865\,\dfrac{\text{rad}}{\text{s}^2}$

$\text{III. } \Delta t_1 = \dfrac{2 \cdot 62{,}83\text{ rad}}{6\,\dfrac{\text{rad}}{\text{s}}} = 20{,}94\text{ s}$

c) $\Delta\varphi_3 = 7 \cdot 2\pi \text{ rad} = 43{,}98\text{ rad}$

$\text{V. } \Delta t_3 = \dfrac{2\Delta\varphi_3}{\omega}$ in II. eingesetzt:

$\text{II. } \alpha_3 = \dfrac{\omega^2}{2\Delta\varphi_3} = \dfrac{36\,\dfrac{\text{rad}^2}{\text{s}^2}}{2 \cdot 43{,}98\text{ rad}} = 0{,}4093\,\dfrac{\text{rad}}{\text{s}^2}$

$\text{V. } \Delta t_3 = \dfrac{2 \cdot 43{,}98\text{ rad}}{6\,\dfrac{\text{rad}}{\text{s}}} = 14{,}66\text{ s}$

d) $\text{VII. } \Delta t_2 = \Delta t_{\text{ges}} - \Delta t_1 - \Delta t_3$

$\Delta t_2 = 45\text{ s} - 20{,}94\text{ s} - 14{,}66\text{ s} = 9{,}4\text{ s}$

$\text{IV. } \Delta\varphi_2 = \omega\Delta t_2 = 6\,\dfrac{\text{rad}}{\text{s}} \cdot 9{,}4\text{ s} = 56{,}4\text{ rad}$

$\text{VI. } \Delta\varphi_{\text{ges}} = 62{,}83\text{ rad} + 56{,}4\text{ rad} + 43{,}98\text{ rad}$

$\Delta\varphi_{\text{ges}} = 163{,}2\text{ rad}$

e) Förderhöhe = Umfangsweg der Treibscheibe

$h = \Delta s = r\Delta\varphi_{\text{ges}} = 2{,}5\text{ m} \cdot 163{,}2\text{ rad} = 408\text{ m}$

492.

ω,t-Diagramm siehe Lösung 486.

a) $\alpha = \dfrac{a_t}{r} = \dfrac{1\,\dfrac{\text{m}}{\text{s}^2}}{0{,}4\text{ m}} = 2{,}5\,\dfrac{1}{\text{s}^2} = 2{,}5\,\dfrac{\text{rad}}{\text{s}^2}$

b) $\alpha = \dfrac{\Delta\omega}{\Delta t} = \dfrac{\omega_t}{\Delta t}$

$\omega_t = \alpha\Delta t = 2{,}5\,\dfrac{\text{rad}}{\text{s}^2} \cdot 10\text{ s} = 25\,\dfrac{\text{rad}}{\text{s}}$

c) $v_M = v_u = \omega_t r = 25\,\dfrac{\text{rad}}{\text{s}} \cdot 0{,}4\text{ m} = 10\,\dfrac{\text{m}}{\text{s}}$

493.

ω,t-Diagramm siehe Lösung 486.

a) $\omega_t = \dfrac{v}{r} = \dfrac{\dfrac{70}{3{,}6}\,\dfrac{\text{m}}{\text{s}}}{0{,}3\text{ m}} = 64{,}81\,\dfrac{1}{\text{s}} = 64{,}81\,\dfrac{\text{rad}}{\text{s}}$

b) $\Delta\varphi = 2\pi z = 2\pi \text{ rad} \cdot 65 = 408{,}4\text{ rad}$

c) $\text{I. } \alpha = \dfrac{\Delta\omega}{\Delta t} = \dfrac{\omega_t}{\Delta t}$

$\text{II. } \Delta\varphi = \dfrac{\omega_t \Delta t}{2} \Rightarrow \Delta t = \dfrac{2\Delta\varphi}{\omega_t}$

$\text{II. in I. } \alpha = \dfrac{\omega_t^2}{2\Delta\varphi} = \dfrac{\left(64{,}81\,\dfrac{\text{rad}}{\text{s}}\right)^2}{2 \cdot 408{,}4\text{ rad}} = 5{,}142\,\dfrac{\text{rad}}{\text{s}^2}$

d) $\text{II. } \Delta t = \dfrac{2\Delta\varphi}{\omega_t} = \dfrac{2 \cdot 408{,}4\text{ rad}}{64{,}81\,\dfrac{\text{rad}}{\text{s}}} = 12{,}6\text{ s}$

Dynamisches Grundgesetz und Prinzip von d'Alembert

495.

a) $F_{res} = ma \Rightarrow a = \dfrac{F_{res}}{m}$

$F_{res} = 10$ kN, da keine weiteren Kräfte in Verzögerungsrichtung wirken.

$$a = \frac{10\,000\,\dfrac{\text{kgm}}{\text{s}^2}}{28\,000\text{ kg}} = 0{,}3571\,\frac{\text{m}}{\text{s}^2}$$

b) I. $a = \dfrac{\Delta v}{\Delta t} = \dfrac{v_0 - v_t}{\Delta t}$

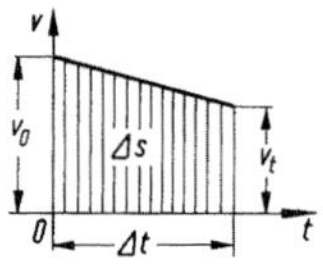

II. $\Delta s = \dfrac{v_0 + v_t}{2}\Delta t$

I. = II. $\Delta t = \dfrac{v_0 - v_t}{a} = \dfrac{2\Delta s}{v_0 + v_t} \Rightarrow v_t = \sqrt{v_0^2 - 2a\Delta s}$

$$v_t = \sqrt{\left(3{,}8\,\frac{\text{m}}{\text{s}}\right)^2 - 2\cdot 0{,}3571\,\frac{\text{m}}{\text{s}^2}\cdot 10\text{ m}} = 2{,}702\,\frac{\text{m}}{\text{s}}$$

496.

a) I. $a = \dfrac{\Delta v}{\Delta t} = \dfrac{v_0}{\Delta t}$

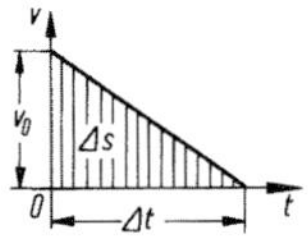

II. $\Delta s = \dfrac{v_0\,\Delta t}{2} \Rightarrow \Delta t = \dfrac{2\Delta s}{v_0}$

II. in I. $a = \dfrac{v_0^2}{2\Delta s} = \dfrac{\left(\dfrac{60}{3{,}6}\,\dfrac{\text{m}}{\text{s}}\right)^2}{2\cdot 2\text{ m}} = 69{,}44\,\dfrac{\text{m}}{\text{s}^2}$

b) $F = ma = 75\text{ kg}\cdot 69{,}44\,\dfrac{\text{m}}{\text{s}^2} = 5208$ N

497.

$F_{res} = ma \Rightarrow a = \dfrac{F_{res}}{m}$

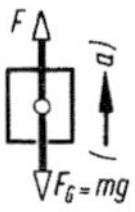

$$a = \frac{F - F_G}{m} = \frac{(F - F_G)g}{mg} = \frac{(F - F_G)g}{F_G}$$

$$a = \frac{(65\text{ N} - 50\text{ N})\cdot 9{,}81\,\dfrac{\text{m}}{\text{s}^2}}{50\text{ N}} = 2{,}943\,\frac{\text{m}}{\text{s}^2}$$

498.

Lageskizze Krafteckskizze

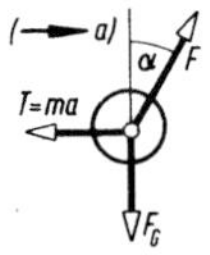

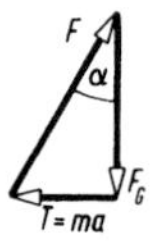

$$\tan\alpha = \frac{T}{F_G} = \frac{ma}{mg} = \frac{a}{g}$$

$$a = g\tan\alpha = 9{,}81\,\frac{\text{m}}{\text{s}^2}\cdot\tan 18° = 3{,}187\,\frac{\text{m}}{\text{s}^2}$$

499.

v,t-Diagramm, siehe Lösung 496.

I. $a = \dfrac{\Delta v}{\Delta t} = \dfrac{v_0}{\Delta t}$ II. $\Delta s = \dfrac{v_0\,\Delta t}{2}$

a) II. $\Delta t = \dfrac{2\Delta s}{v_0}$ in I. eingesetzt:

$$\text{I. } a = \frac{v_0^2}{2\Delta s} = \frac{\left(0{,}05\,\dfrac{\text{m}}{\text{s}}\right)^2}{2\cdot 0{,}1\text{ m}} = 0{,}0125\,\frac{\text{m}}{\text{s}^2}$$

b) $F_{res} = ma = 1250\cdot 10^3\text{ kg}\cdot 0{,}0125\,\dfrac{\text{m}}{\text{s}^2} = 15{,}625$ kN

500.

a) $F_{res} = ma \Rightarrow a = \dfrac{F_{res}}{m} = \dfrac{1000\,\dfrac{\text{kgm}}{\text{s}^2}}{3800\text{ kg}} = 0{,}2632\,\dfrac{\text{m}}{\text{s}^2}$

b) I. $a = \dfrac{\Delta v}{\Delta t} = \dfrac{v_t}{\Delta t}$

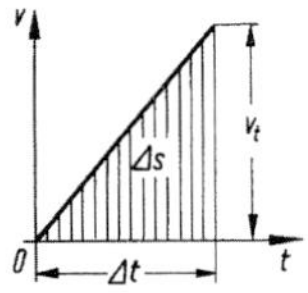

II. $\Delta s = \dfrac{v_t\,\Delta t}{2}$

I. $\Delta t = \dfrac{v_t}{a}$ II. $\Delta s = \dfrac{v_t^2}{2a}$

$$v_t = \sqrt{2a\Delta s} = \sqrt{2\cdot 0{,}2632\,\frac{\text{m}}{\text{s}^2}\cdot 1\text{ m}} = 0{,}7255\,\frac{\text{m}}{\text{s}}$$

501.

$$S = \frac{M_s}{M_k} = \frac{mg\dfrac{b}{2}}{ma\dfrac{h}{2}} = 1$$

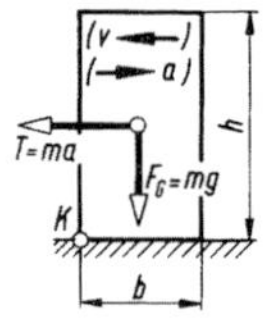

(S Standsicherheit)

$$a = \frac{gb}{Sh} = \frac{9{,}81\,\dfrac{\text{m}}{\text{s}^2}\cdot 0{,}8\text{ m}}{1\cdot 2\text{ m}} = 3{,}924\,\frac{\text{m}}{\text{s}^2}$$

502.

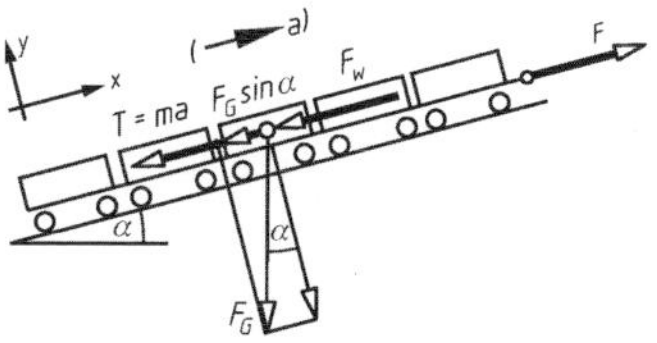

$$\Sigma F_x = 0 = F - F_G \sin\alpha - F_w\, m - T$$
$$T = m\,a = F - m\,g \sin\alpha - F_w\, m$$
$$a = \frac{F}{m} - (g \sin\alpha + F_w)$$

$$\sin\alpha \approx \tan\alpha = \frac{30}{1000} = 0{,}03$$
$$F_w = \frac{40\text{ N}}{1000\text{ kg}} = 0{,}04\,\frac{\text{m}}{\text{s}^2}$$

$$a = \frac{280\,000\,\frac{\text{kgm}}{\text{s}^2}}{580\,000\text{ kg}} - \left(9{,}81\,\frac{\text{m}}{\text{s}^2}\cdot 0{,}03 + 0{,}04\,\frac{\text{m}}{\text{s}^2}\right)$$
$$a = 0{,}1485\,\frac{\text{m}}{\text{s}^2}$$

503.

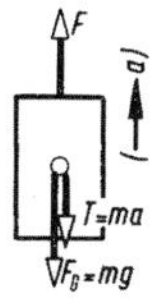

Lösung nach d'Alembert

$$\text{I. } \Sigma F_y = 0 = F - m\,g - m\,a$$
$$F = m(g + a)$$

v,t-Diagramm siehe Lösung 496.

$$\text{II. } a = \frac{\Delta v}{\Delta t} = \frac{v_0}{\Delta t}$$
$$\text{III. } \Delta s = \frac{v_0\,\Delta t}{2} \Rightarrow \Delta t = \frac{2\Delta s}{v_0}$$
$$\text{III in II. } a = \frac{v_0^2}{2\Delta s} = \frac{\left(18\,\frac{\text{m}}{\text{s}}\right)^2}{2\cdot 40\text{ m}} = 4{,}05\,\frac{\text{m}}{\text{s}^2}$$
$$F = 11\,000\text{ kg}\left(9{,}81\,\frac{\text{m}}{\text{s}^2} + 4{,}05\,\frac{\text{m}}{\text{s}^2}\right) = 152\,460\text{ N}$$

Ansatz nach dem Dynamischen Grundgesetz:

$$F_{res} = F - F_G = m\,a$$
$$F = F_G + m\,a = m\,g + m\,a = m(g + a)$$

504.

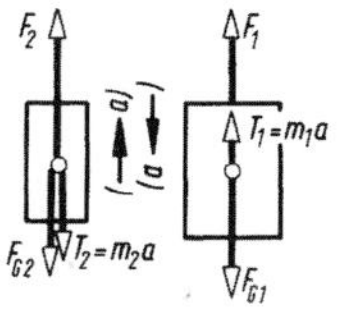

Rolle und Seil masselos und reibungsfrei bedeutet: Seilkräfte F_1 und F_2 haben den gleichen Betrag: $F_1 = F_2$

Körper 1: $\Sigma F_y = 0 = F_1 + T_1 - F_{G1}$

$$F_1 = F_{G1} - T_1 = m_1\,g - m_1\,a$$

Körper 2: $\Sigma F_y = 0 = F_2 - F_{G2} - T_2$

$$F_2 = F_{G2} + T_2 = m_2\,g + m_2\,a$$
$$m_1\,g - m_1\,a = m_2\,g + m_2\,a$$
$$m_2\,a + m_1\,a = m_1\,g - m_2\,g$$
$$m_1 = 4\,m_2$$
$$a = g\,\frac{m_1 - m_2}{m_1 + m_2} = g\,\frac{4\,m_2 - m_2}{4\,m_2 + m_2} = g\,\frac{3\,m_2}{5\,m_2} = 5{,}886\,\frac{\text{m}}{\text{s}^2}$$

505.

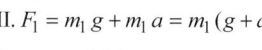

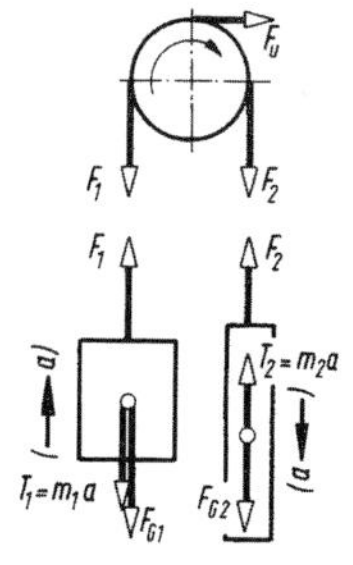

a) Lösung nach d'Alembert

Trommel:

$$F_1 = F_2 + F_u$$
$$\text{I. } F_u = F_1 - F_2$$

Fahrkorb:

$$\Sigma F_y = 0 = F_1 - F_{G1} - m_1\,a$$
$$\text{II. } F_1 = m_1\,g + m_1\,a = m_1(g + a)$$

Gegengewicht:

$$\Sigma F_y = 0 = F_2 + m_2\,a - F_{G2}$$
$$\text{III. } F_2 = m_2\,g - m_2\,a = m_2(g - a)$$

III. und II. in I. eingesetzt:

$$F_u = m_1(g + a) - m_2(g - a)$$
$$F_u = g(m_1 - m_2) + a(m_1 + m_2)$$

$$\text{Beschleunigung } a = \frac{\Delta v}{\Delta t} = \frac{1\,\frac{\text{m}}{\text{s}}}{1{,}25\text{ s}} = 0{,}8\,\frac{\text{m}}{\text{s}^2}$$

$$F_u = 9{,}81\,\frac{\text{m}}{\text{s}^2}(3000\text{ kg} - 1800\text{ kg}) +$$
$$+\,0{,}8\,\frac{\text{m}}{\text{s}^2}(3000\text{ kg} + 1800\text{ kg})$$
$$F_u = 15\,612\text{ N}$$

b) Lösung mit dem Dynamischen Grundgesetz:
Fahrkorb abwärts: F_{G1} wirkt in Richtung der Beschleunigung;
Gegengewicht aufwärts: F_{G2} wirkt der Beschleunigung entgegen.

$$F_{res} = F_{G1} - F_{G2} = g(m_1 - m_2)$$

Die resultierende Kraft muss die Masse beider Körper beschleunigen:

$$F_{res} = m\,a$$
$$a = \frac{F_{res}}{m} = \frac{g(m_1 - m_2)}{(m_1 + m_2)} = g\,\frac{1200\text{ kg}}{4800\text{ kg}} = \frac{g}{4}$$
$$a = \frac{9{,}81\,\frac{\text{m}}{\text{s}^2}}{4} = 2{,}453\,\frac{\text{m}}{\text{s}^2}$$

506.

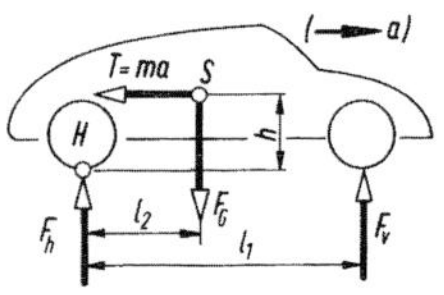

a) $\Sigma M_{(H)} = 0 = F_v l_1 - F_G l_2$

$$F_v = \frac{F_G l_2}{l_1} = 1100\ \text{kg} \cdot 9{,}81\ \frac{\text{m}}{\text{s}^2} \cdot \frac{0{,}95\ \text{m}}{2{,}35\ \text{m}} = 4362\ \text{N}$$

$$\Sigma F_y = 0 = F_h + F_v - F_G$$

$$F_h = F_G - F_v = 10791\ \text{N} - 4362\ \text{N} = 6429\ \text{N}$$

b) Lösung nach d'Alembert

$$\Sigma M_{(H)} = 0 = F_v l_1 + m a h - F_G l_2$$

$$F_v = \frac{F_G l_2 - m a h}{l_1} = \frac{m}{l_1}(g l_2 - a h)$$

$$a = \frac{\Delta v}{\Delta t} = \frac{\frac{20}{3{,}6}\ \frac{\text{m}}{\text{s}}}{1{,}8\ \text{s}} = 3{,}086\ \frac{\text{m}}{\text{s}^2}$$

$$F_v = \frac{1100\ \text{kg}}{2{,}35\ \text{m}}\left(9{,}81\ \frac{\text{m}}{\text{s}^2} \cdot 0{,}95\ \text{m} - 3{,}086\ \frac{\text{m}}{\text{s}^2} \cdot 0{,}58\ \text{m}\right)$$

$$F_v = 3525\ \text{N}$$

$$F_h = F_G - F_v = 7266\ \text{N}$$

507.

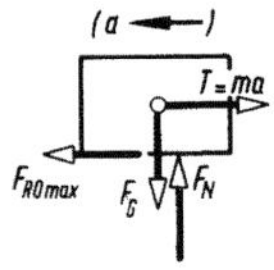

a) $\Sigma F_x = 0 = m a - F_{R0\,max}$

$$m a = F_N \mu_0 = F_G \mu_0$$

$$a = \frac{m g \mu_0}{m} = \mu_0 g$$

$$a = 0{,}3 \cdot 9{,}81\ \frac{\text{m}}{\text{s}^2} = 2{,}943\ \frac{\text{m}}{\text{s}^2}$$

b) $\Sigma F_x = 0 = F_{R0\,max} - F_{Gx} - m a$

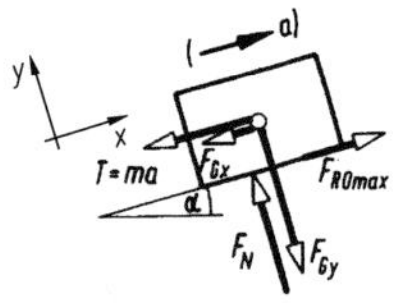

$$m a = F_{R0\,max} - F_{Gx}$$

I. $m a = F_N \mu_0 - m g \sin\alpha$

$$\Sigma F_y = 0 = F_N - F_{Gy}$$

II. $F_N = F_{Gy} = m g \cos\alpha$

II, in I. $m a = m g \mu_0 \cos\alpha - m g \sin\alpha$

$$\alpha = \arctan 0{,}1 = 5{,}71°$$

$$a = g(\mu_0 \cos\alpha - \sin\alpha)$$

$$a = 9{,}81\ \frac{\text{m}}{\text{s}^2}(0{,}3 \cdot \cos 5{,}71° - \sin 5{,}71°) = 1{,}952\ \frac{\text{m}}{\text{s}^2}$$

508.

a) Stützkräfte F_A und F_B bei Abbremsung von Vorder- und Hinterachse

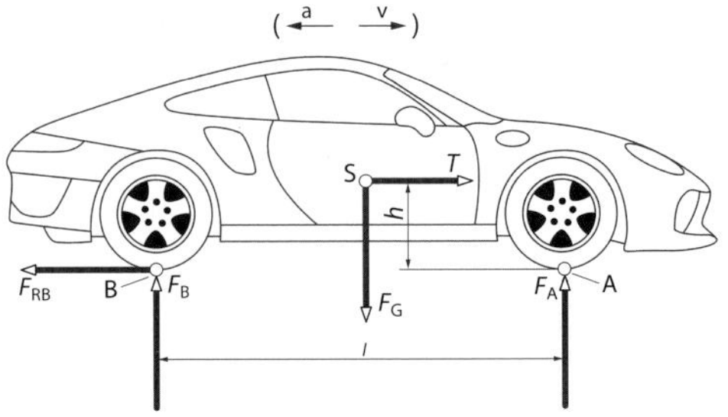

Gleichgewichtsbedingungen:

$$F_{RA} = F_A \mu, F_{RB} = F_B \mu, F_G = m g, T = m a$$

I. $\Sigma F_x = 0 = m a - F_A \mu - F_B \mu$

II. $\Sigma F_y = 0 = -m g + F_A + F_B$

III. $\Sigma M_{(B)} = 0 = F_A l - m a h - m g \frac{l}{2}$

III. nach F_A umgestellt

$$F_A = \frac{m\left(a h + g \frac{l}{2}\right)}{l}$$

$$F_A = \frac{1700\,\text{kg}\left(5 \frac{\text{m}}{\text{s}^2} \cdot 0{,}55\,\text{m} + 9{,}81 \frac{\text{m}}{\text{s}^2} \cdot \frac{3{,}2\,\text{m}}{2}\right)}{3{,}2\,\text{m}}$$

$$F_A = 9799\,\text{N}$$

II. nach F_B umgestellt

$$F_B = m g - F_A = 1700\,\text{kg} \cdot 9{,}81 \frac{\text{m}}{\text{s}^2} - 9799\,\text{N}$$

$$F_B = 6878\,\text{N}$$

b) Veränderung der Stützkräfte F_A und F_B bei Abbremsung der Vorder- bzw. Hinterachse

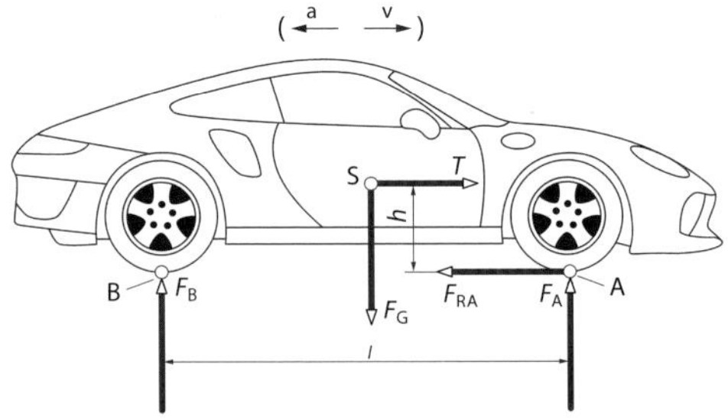

Wenn nur die Vorder- bzw. Hinterachse abgebremst wird, verändern sich die Beträge der Stützkräfte F_A und F_B gegenüber dem Abbremsen beider Achsen nicht.

Erklärung: Durch die Einführung einer Trägheitskraft T nach d'Alembert (Lehrbuch, 4.4.6) wird dadurch aus einer Dynamik- eine Statikaufgabe. So können die Gleichgewichtsbedingungen angewendet werden, die für alle drei möglichen Bremszustände die gleichen Beträge für die Stützkräfte F_A und F_B liefern.

509.

Lösung nach d'Alembert

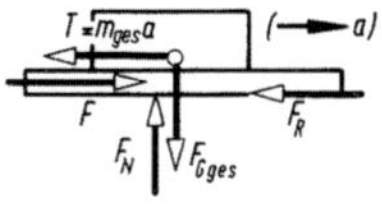

$$a = \frac{\Delta v}{\Delta t} = \frac{v_r}{\Delta t} = \frac{0{,}5\,\frac{\text{m}}{\text{s}}}{1\,\text{s}} = 0{,}5\,\frac{\text{m}}{\text{s}^2}$$

Tisch und Werkstück können als *ein* Körper mit der Masse $m_{ges} = m_1 + m_2$ und der Gewichtskraft $F_{Gges} = F_{G1} + F_{G2} = m_{ges}\,g$ betrachtet werden.

$\Sigma F_x = 0 = F - m_{ges}\,a - F_R$

$F_R = F_N \mu = (F_{G1} + F_{G2})\mu$

$$F = m_{ges}\,a + F_R = m_{ges}\,a + m_{ges}\,g\mu = (m_1 + m_2)(a + \mu g)$$

$$F = 5000\,\text{kg}\left(0{,}5\,\frac{\text{m}}{\text{s}^2} + 0{,}08 \cdot 9{,}81\,\frac{\text{m}}{\text{s}^2}\right) = 6424\,\text{N}$$

510.

Lösung mit dem Dynamischen Grundgesetz:

$F_{res} = m\,a$

F_{res} = Summe aller Kräfte, die längs des Seils wirken: Gewichtskraft F_G des rechten Körpers beschleunigend (+), Reibungskraft $F_R = F_G\,\mu$ des linken Körpers verzögernd (–). F_{res} muss beide Körper mit der Gesamtmasse $2m$ beschleunigen.

$$a = \frac{F_{res}}{m} = \frac{F_G - F_R}{2m} = \frac{m\,g - m\,g\mu}{2m} = g\,\frac{1-\mu}{2}$$

$$a = 9{,}81\,\frac{\text{m}}{\text{s}^2} \cdot \frac{1-0{,}15}{2} = 4{,}169\,\frac{\text{m}}{\text{s}^2}$$

511.

a) $\Sigma F_x = 0 = F - F_w$

$$F = F_w = F'_w\,m = 350\,\frac{\text{N}}{\text{t}} \cdot 3{,}6\,\text{t} = 1260\,\text{N}$$

b) $\Sigma F_x = 0 = F - F_w - m\,a$

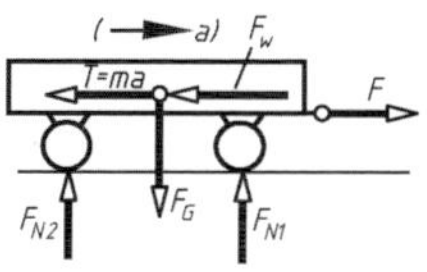

$F = F_w + m\,a$

$F = F'_w\,m + m\,a$

$F = m(F'_w + a)$

Beschleunigung a nach Lösung 423:

$$a = \frac{v^2}{2\Delta s} = \frac{\left(\frac{15}{3{,}6}\,\frac{\text{m}}{\text{s}}\right)^2}{2 \cdot 6\,\text{m}} = 1{,}447\,\frac{\text{m}}{\text{s}^2}$$

$$F = 3600\,\text{kg}\left(\frac{350\,\frac{\text{kgm}}{\text{s}^2}}{1000\,\text{kg}} + 1{,}447\,\frac{\text{m}}{\text{s}^2}\right) = 6469\,\text{N}$$

512.

Standsicherheit beim Ankippen $S = 1$

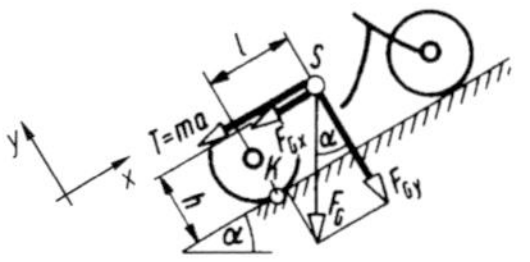

$$S = \frac{M_s}{M_k} = \frac{F_{Gy}\,l}{(m\,a + F_{Gx})h} = \frac{m\,g\,l\cos\alpha}{m\,a\,h + m\,g\,h\sin\alpha} = 1$$

$$m\,a\,h = m(g\,l\cos\alpha - g\,h\sin\alpha)$$

$$a = g\,\frac{l\cos\alpha - h\sin\alpha}{h} = g\left(\frac{l}{h}\cos\alpha - \sin\alpha\right)$$

$$a = 9{,}81\,\frac{\text{m}}{\text{s}^2}\left(\frac{0{,}7\,\text{m}}{0{,}5\,\text{m}} \cdot \cos 35^\circ - \sin 35^\circ\right) = 5{,}623\,\frac{\text{m}}{\text{s}^2}$$

513.

Lösung nach d'Alembert

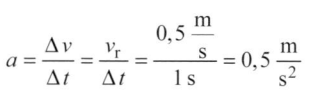

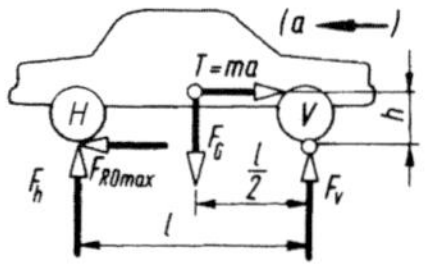

I. $\Sigma F_x = 0 = m\,a - F_{R0\,max} = ma - F_h \mu_0$

II. $\Sigma F_y = 0 = F_v + F_h - F_G$

III. $\Sigma M_{(V)} = 0 = F_G \cdot \frac{l}{2} - ma\,h - F_h\,l$

$$\text{I.} = \text{III.}\quad F_h = \frac{m\,a}{\mu_0} = \frac{m\,g\,\frac{l}{2} - m\,a\,h}{l}$$

$$m\,a\,l = m\,g\mu_0\,\frac{l}{2} - m\,a\,\mu_0\,h$$

$$a = \frac{g\mu_0\,\frac{l}{2}}{l + \mu_0\,h} = g\,\frac{\mu_0\,l}{2(l + \mu_0\,h)}$$

$$a = 9{,}81\,\frac{\text{m}}{\text{s}^2} \cdot \frac{0{,}6 \cdot 3\,\text{m}}{2(3\,\text{m} + 0{,}6 \cdot 0{,}6\,\text{m})} = 2{,}628\,\frac{\text{m}}{\text{s}^2}$$

514.

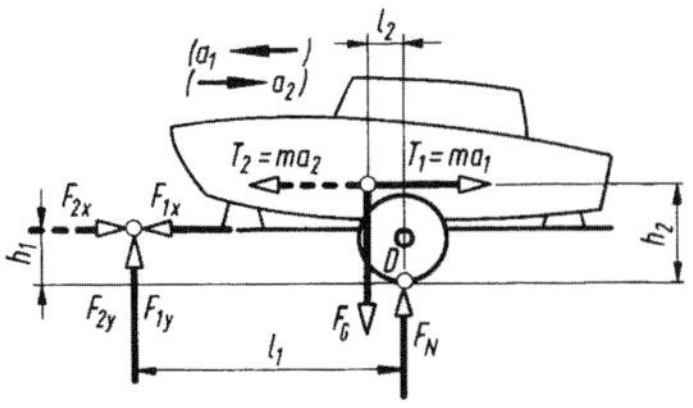

a) $\Sigma M_{(D)} = 0 = F_G\, l_2 - F_{1y}\, l_1$

(Waagerechte Kräfte treten im Stillstand nicht auf.)

$$F_{1y} = \frac{F_G\, l_2}{l_1} = \frac{10^3\ \text{kg} \cdot 9{,}81\ \dfrac{\text{m}}{\text{s}^2} \cdot 0{,}1\ \text{m}}{3\ \text{m}} = 327\ \text{N}$$

Richtungssinn auf Pkw ↓ (Reaktion)

b) Lösung nach d'Alembert.
Es gelten die Kräfte mit dem Index 1.

$$\Sigma F_x = 0 = m a_1 - F_{1x}$$

$$F_{1x} = m a_1 = 1000\ \text{kg} \cdot 2\ \frac{\text{m}}{\text{s}^2} = 2000\ \text{N}$$

Richtungssinn auf Pkw → (Reaktion)

$$\Sigma M_{(D)} = 0 = F_G\, l_2 + F_{1x}\, h_1 - m a_1 h_2 - F_{1y}\, l_1$$

$$F_{1y} = \frac{m g l_2 + m a_1 h_1 - m a_1 h_2}{l_1} = \frac{m}{l_1}\left[g l_2 - a_1 (h_2 - h_1)\right]$$

$$F_{1y} = \frac{10^3\ \text{kg}}{3\ \text{m}}\left[9{,}81\ \frac{\text{m}}{\text{s}^2} \cdot 0{,}1\ \text{m} - 2\ \frac{\text{m}}{\text{s}^2}(1\ \text{m} - 0{,}4\ \text{m})\right]$$

$$F_{1y} = -73\ \text{N}$$

Richtungssinn in der Skizze falsch angenommen;
Richtungssinn auf Pkw ↑ (Reaktion).

c) Es gelten die Kräfte mit dem Index 2.

$$\Sigma F_x = 0 = F_{2x} - m a_2$$

$$F_{2x} = m a_2 = 1000\ \text{kg} \cdot 5\ \frac{\text{m}}{\text{s}^2} = 5000\ \text{N}$$

Richtungssinn auf Pkw ← (Reaktion)

$$\Sigma M_{(D)} = 0 = F_G\, l_2 + m a_2 h_2 - F_{2x}\, h_1 - F_{2y}\, l_1$$

$$F_{2y} = \frac{m g l_2 + m a_2 h_2 - m a_2 h_1}{l_1} = \frac{m}{l_1}\left[g l_2 + a_2 (h_2 - h_1)\right]$$

$$F_{2y} = \frac{10^3\ \text{kg}}{3\ \text{m}}\left[9{,}81\ \frac{\text{m}}{\text{s}^2} \cdot 0{,}1\ \text{m} + 5\ \frac{\text{m}}{\text{s}^2} \cdot 0{,}6\ \text{m}\right] = 1327\ \text{N}$$

Richtungssinn auf Pkw ↓ (Reaktion).

515.

a) Lösung nach d'Alembert

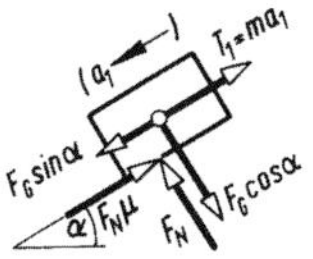

$$\text{I. } \Sigma F_x = 0 = m a_1 + F_N \mu - F_G \sin\alpha$$

$$m a_1 = m g \sin\alpha - F_N \mu$$

$$\text{II. } \Sigma F_y = 0 = F_N - F_G \cos\alpha$$

$$F_N = m g \cos\alpha$$

$$\text{II. in I. } m a_1 = m g \sin\alpha - m g \mu \cos\alpha$$

$$a_1 = g(\sin\alpha - \mu \cos\alpha)$$

$$a_1 = 9{,}81\ \frac{\text{m}}{\text{s}^2}(\sin 30° - 0{,}3 \cdot \cos 30°) = 2{,}356\ \frac{\text{m}}{\text{s}^2}$$

b) $\text{I. } \Sigma F_x = 0 = F_N \mu - m a_2$

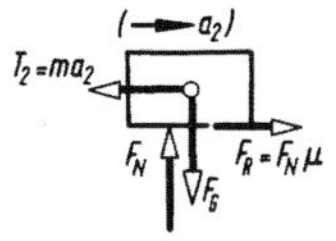

$$m \alpha_2 = F_N \mu$$

$$\text{II. } \Sigma F_y = 0 = F_N - F_G$$

$$F_N = F_G = m g$$

$$\text{I.} = \text{II. } m a_2 = m g \mu$$

$$a_2 = \mu g = 0{,}3 \cdot 9{,}81\ \frac{\text{m}}{\text{s}^2} = 2{,}943\ \frac{\text{m}}{\text{s}^2}$$

c) Vergleich mit der Lösung 427.: Beschleunigte Bewegung mit Anfangsgeschwindigkeit $v_1 = 1{,}2$ m/s und Beschleunigung $a_1 = 2{,}356\ \text{m/s}^2$ längs des Weges Δs.

$$l_1 = \frac{h}{\sin\alpha} = \frac{4\ \text{m}}{\sin 30°} = 8\ \text{m}$$

$$v_t = \sqrt{v_1^2 + 2 a_1 l_1}$$

$$v_t = \sqrt{1{,}44\ \frac{\text{m}^2}{\text{s}^2} + 2 \cdot 2{,}356\ \frac{\text{m}}{\text{s}^2} \cdot 8\ \text{m}} = 6{,}256\ \frac{\text{m}}{\text{s}}$$

d) Länge l aus den Größen v_t, a_2 und v_2 mit Hilfe eines v,t-Diagramms wie in der Lösung 424.

$$\text{I.} \quad a_2 = \frac{\Delta v}{\Delta t} = \frac{v_1 - v_2}{\Delta t} \Rightarrow \Delta t = \frac{v_1 - v_2}{a_2}$$

$$\text{II.} \quad l = \frac{v_1 + v_2}{2} \Delta t$$

$$\text{I. in II.} \quad l = \frac{v_1 + v_2}{2} \cdot \frac{v_1 - v_2}{a_2}$$

$$l = \frac{v_t^2 - v_2^2}{2 a_2} = \frac{\left(6{,}256\ \dfrac{\text{m}}{\text{s}}\right)^2 - \left(1\ \dfrac{\text{m}}{\text{s}}\right)^2}{2 \cdot 2{,}943\ \dfrac{\text{m}}{\text{s}^2}} = 6{,}479\ \text{m}$$

Impuls

516.

$F_{res}\,\Delta t = m\,\Delta v$

$$\Delta t = \frac{m\,\Delta v}{F_{res}} = \frac{2 \cdot 18\,000\ \text{kg} \cdot 2\ \frac{\text{m}}{\text{s}}}{6000\ \frac{\text{kgm}}{\text{s}^2}} = 12\ \text{s}$$

517.

a) Weg Δs entspricht der Dreiecksfläche im v,t-Diagramm:

$$\Delta s = \frac{\Delta v\,\Delta t}{2}$$

$$\Delta t = \frac{2\Delta s}{\Delta v} = \frac{2 \cdot 6{,}5\ \text{m}}{800\ \frac{\text{m}}{\text{s}}} = 0{,}01625\ \text{s}$$

b) $F_{res}\,\Delta t = m\,\Delta v \Rightarrow F_{res} = \frac{m\,\Delta v}{\Delta t}$

$$F_{res} = \frac{15\ \text{kg} \cdot 800\ \frac{\text{m}}{\text{s}}}{0{,}01625\ \text{s}} = 738\,461\ \text{N} = 738{,}461\ \text{kN}$$

518.

a) $F_{res}\,\Delta t = m\,\Delta v \Rightarrow F_{res} = \frac{m\,\Delta v}{\Delta t}$

$$F_{res} = \frac{5000\ \text{kg} \cdot \frac{40}{3{,}6}\ \frac{\text{m}}{\text{s}}}{6\ \text{s}} = 9259\ \text{N}$$

b) Der Bremsweg entspricht der Dreiecksfläche im v,t-Diagramm:

$$\Delta s = \frac{\Delta v\,\Delta t}{2} = \frac{\frac{40}{3{,}6}\ \frac{\text{m}}{\text{s}} \cdot 6\ \text{s}}{2} = 33{,}33\ \text{m}$$

519.

a) $F_{res}\,\Delta t = m\,\Delta v \qquad F_{res} = F - F_G$

$$\Delta v = \frac{(F - F_G)\,\Delta t}{m} = \frac{(F - m\,g)\,\Delta t}{m}$$

$$\Delta v = \frac{\left(600\ \frac{\text{kgm}}{\text{s}^2} - 40\ \text{kg} \cdot 9{,}81\ \frac{\text{m}}{\text{s}^2}\right) \cdot 100\ \text{s}}{40\ \text{kg}}$$

$$\Delta v = 519\ \frac{\text{m}}{\text{s}}$$

b) $F_{res} = m\,a \Rightarrow a = \frac{F_{res}}{m} = \frac{207{,}6\ \frac{\text{kgm}}{\text{s}^2}}{40\ \text{kg}}$

$$a = 5{,}19\ \frac{\text{m}}{\text{s}^2} \quad \left(\text{Kontrolle mit } a = \frac{\Delta v}{\Delta t}\right)$$

c) Die Steighöhe h entspricht der Dreiecksfläche im v,t-Diagramm:

$$h = \frac{\Delta v\,\Delta t}{2} = \frac{519\ \frac{\text{m}}{\text{s}} \cdot 100\ \text{s}}{2} = 25\,950\ \text{m} = 25{,}95\ \text{km}$$

520.

a) $F_{res}\,\Delta t = m\,\Delta v \qquad F_{res} = F_w$

$$\Delta t = \frac{m\,\Delta v}{F_w} = \frac{100\ \text{kg} \cdot \frac{43}{3{,}6}\ \frac{\text{m}}{\text{s}}}{20\ \frac{\text{kgm}}{\text{s}^2}} = 59{,}72\ \text{s}$$

b) Der Ausrollweg Δs entspricht der Dreiecksfläche im v,t-Diagramm:

$$\Delta s = \frac{\Delta v\,\Delta t}{2} = \frac{\frac{43}{3{,}6}\ \frac{\text{m}}{\text{s}} \cdot 59{,}72\ \text{s}}{2} = 356{,}7\ \text{m}$$

521.

$F_{res}\,\Delta t = m\,\Delta v \qquad F_{res} = F_{br}$

$$\Delta v = \frac{F_{br}\,\Delta t}{m} = \frac{12\,000\ \frac{\text{kgm}}{\text{s}^2} \cdot 4\ \text{s}}{10\,000\ \text{kg}} = 4{,}8\ \frac{\text{m}}{\text{s}} = 17{,}28\ \frac{\text{km}}{\text{h}}$$

$$v_t = v_0 - \Delta v = 30\ \frac{\text{km}}{\text{h}} - 17{,}28\ \frac{\text{km}}{\text{h}}$$

$$v_t = 12{,}72\ \frac{\text{km}}{\text{h}} = 3{,}533\ \frac{\text{m}}{\text{s}}$$

522.

a) $F_{res}\,\Delta t = m\,\Delta v \qquad F_{res} = F_z$

$$F_z = \frac{m\,\Delta v}{\Delta t} = \frac{210\,000\ \text{kg} \cdot \frac{72}{3{,}6}\ \frac{\text{m}}{\text{s}}}{60\ \text{s}} = 70\ \text{kN}$$

b) $a = \frac{\Delta v}{\Delta t} = \frac{\frac{72}{3{,}6}\ \frac{\text{m}}{\text{s}}}{60\ \text{s}} = 0{,}3333\ \frac{\text{m}}{\text{s}^2}$

c) Der Weg Δs entspricht der Dreiecksfläche im v,t-Diagramm:

$$\Delta s = \frac{\Delta v\,\Delta t}{2} = \frac{\frac{72}{3{,}6}\ \frac{\text{m}}{\text{s}} \cdot 60\ \text{s}}{2} = 600\ \text{m}$$

523.

a) $a = \dfrac{\Delta v}{\Delta t_1} \Rightarrow \Delta v = a\,\Delta t_1 = 4\,\dfrac{\text{m}}{\text{s}^2}\cdot 2{,}5\text{ s} = 10\,\dfrac{\text{m}}{\text{s}}$

b) I. $F_{\text{res}}\,\Delta t_2 = m\,\Delta v$

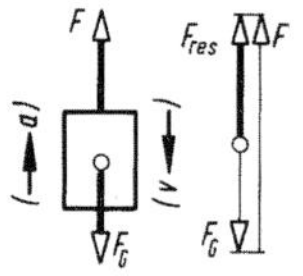

II. $F_{\text{res}} = F - F_G$

I. = II. $\dfrac{m\,\Delta v}{\Delta t_2} = F - F_G$

$$F = m\left(\frac{\Delta v}{\Delta t_2} + g\right) = 150\text{ kg}\left(\frac{10\,\frac{\text{m}}{\text{s}}}{1\text{ s}} + 9{,}81\,\frac{\text{m}}{\text{s}^2}\right)$$

$F = 2971{,}5$ N

524.

a) v,t-Diagramm siehe Lösung 500.

I. $g = \dfrac{\Delta v}{\Delta t} = \dfrac{v_t}{\Delta t}$

II. $\Delta s = \dfrac{v_t\,\Delta t}{2}$

I. $v_t = g\,\Delta t$ II. $v_t = \dfrac{2\Delta s}{\Delta t}$

I. = II. $g\,\Delta t = \dfrac{2\Delta s}{\Delta t} \Rightarrow \Delta t = \sqrt{\dfrac{2\Delta s}{g}} = \Delta t_f$

$$\Delta t_f = \sqrt{\frac{2\cdot 1{,}6\text{ m}}{9{,}81\,\frac{\text{m}}{\text{s}^2}}} = 0{,}5711\text{ s}$$

b) $F_{\text{res}}\,\Delta t_b = m\,\Delta v = m\,v_u$

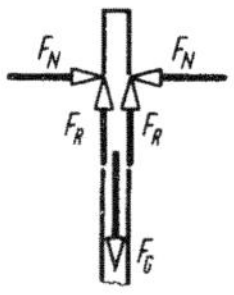

$F_{\text{res}} = 2F_R - F_G = 2F_N\mu - m\,g$

$\Delta t_b = \dfrac{m\,v_u}{2F_N\mu - m\,g}$

$$\Delta t_b = \frac{1000\text{ kg}\cdot 3\,\frac{\text{m}}{\text{s}}}{2\cdot 20000\,\frac{\text{kgm}}{\text{s}^2}\cdot 0{,}4 - 1000\text{ kg}\cdot 9{,}81\,\frac{\text{m}}{\text{s}^2}}$$

$\Delta t_b = 0{,}4847$ s

c) Senkrechter Wurf mit $v = 3$ m/s als Anfangsgeschwindigkeit.

$$g = \frac{\Delta v}{\Delta t} = \frac{v_u}{\Delta t_v} \Rightarrow \Delta t_v = \frac{v_u}{g} = \frac{3\,\frac{\text{m}}{\text{s}}}{9{,}81\,\frac{\text{m}}{\text{s}^2}} = 0{,}3058\text{ s}$$

d) Zeit Δt_{ges} für ein Arbeitsspiel. Teilzeiten sind bis auf Δt_h bekannt.

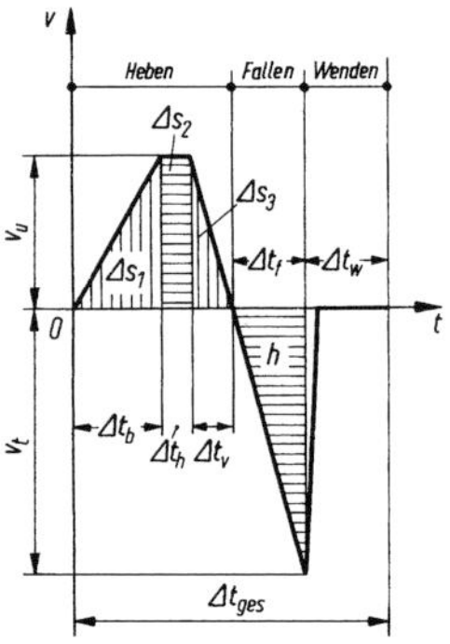

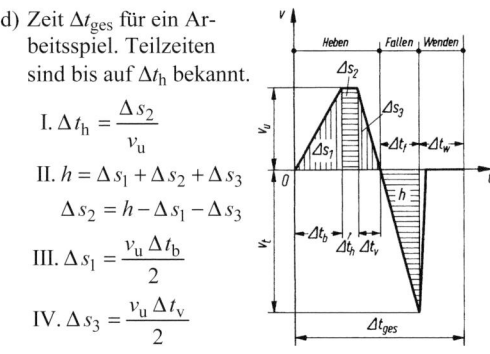

I. $\Delta t_h = \dfrac{\Delta s_2}{v_u}$

II. $h = \Delta s_1 + \Delta s_2 + \Delta s_3$

$\Delta s_2 = h - \Delta s_1 - \Delta s_3$

III. $\Delta s_1 = \dfrac{v_u\,\Delta t_b}{2}$

IV. $\Delta s_3 = \dfrac{v_u\,\Delta t_v}{2}$

III. und IV. in II. $\Delta s_2 = h - \dfrac{v_u}{2}(\Delta t_b + \Delta t_v)$

in I. eingesetzt:

$$\text{I. } \Delta t_h = \frac{h - \frac{v_u}{2}(\Delta t_b + \Delta t_v)}{v_u} = \frac{h}{v_u} - \frac{\Delta t_b + \Delta t_v}{2}$$

$$\Delta t_h = \frac{1{,}6\text{ m}}{3\,\frac{\text{m}}{\text{s}}} - \frac{0{,}4847\text{ s} + 0{,}3058\text{ s}}{2} = 0{,}1381\text{ s}$$

$\Delta t_{\text{ges}} = \Delta t_b + \Delta t_h + \Delta t_v + \Delta t_f + \Delta t_w$

$\Delta t_{\text{ges}} = 0{,}4847\text{ s} + 0{,}1381\text{ s} + 0{,}3058\text{ s} + 0{,}5711\text{ s} + 0{,}5\text{ s}$

$\Delta t_{\text{ges}} = 1{,}9997$ s

$$n = \frac{1}{\Delta t_{\text{ges}}} = \frac{1}{2\text{ s}} = 0{,}5\,\frac{1}{\text{s}} = 30\,\frac{1}{\text{min}} = 30\text{ min}^{-1}$$

(n Schlagzahl)

Arbeit, Leistung und Wirkungsgrad bei geradliniger Bewegung

526.

Lageskizze

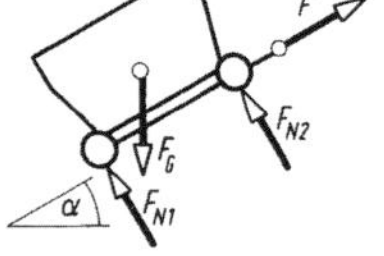

Krafteckskizze

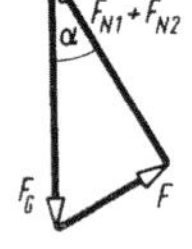

a) $\sin\alpha = \dfrac{F}{F_G} \Rightarrow F = m\,g\sin\alpha$

$F = 2500\text{ kg}\cdot 9{,}81\,\dfrac{\text{m}}{\text{s}^2}\cdot\sin 23° = 9583$ N

b) $W = F\,s = 9{,}583\text{ kN}\cdot 38\text{ m} = 364{,}2$ kJ

527.

a) $R = \dfrac{\Delta F}{\Delta s} \Rightarrow F = R \Delta s$

$$F = 8 \frac{\text{N}}{\text{mm}} \cdot 70 \text{ mm} = 560 \text{ N}$$

b) W_f entspricht der Dreiecksfläche

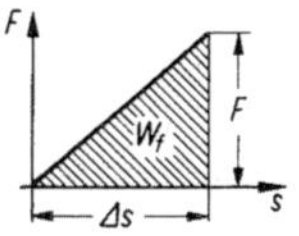

$$W_f = \frac{F \Delta s}{2} = \frac{R(\Delta s)^2}{2}$$

$$W_f = \frac{8 \frac{\text{N}}{\text{mm}} \cdot (70 \text{ mm})^2}{2} = 19600 \text{ Nmm} = 19{,}6 \text{ J}$$

528.

Lageskizze

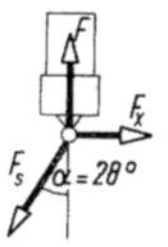

Krafteckskizze

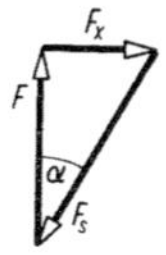

$$\cos\alpha = \frac{F}{F_s} \Rightarrow F = F_s \cos\alpha$$

$$F = 8000 \text{ N} \cdot \cos 28° = 7{,}064 \text{ kN}$$

a) $W = F s = 7{,}064 \text{ kN} \cdot 3000 \text{ m}$

$W = 21192 \text{ kJ} = 21{,}192 \text{ MJ}$

b) $P = F v = 7064 \text{ N} \cdot \dfrac{9}{3{,}6} \dfrac{\text{m}}{\text{s}}$

$$P = 17660 \frac{\text{Nm}}{\text{s}} = 17{,}66 \text{ kW}$$

529.

a) $W = F s = z F_z l = 3 \cdot 120000 \text{ N} \cdot 20 \text{ m}$

$W = 7200000 \text{ Nm} = 7{,}2 \text{ MJ}$

b) $P = \dfrac{W}{\Delta t} = \dfrac{7200000 \text{ Nm}}{30 \text{ s}} = 240000 \text{ W} = 240 \text{ kW}$

530.

$P = F v$

Antriebskraft F = Hangabtriebskomponente $F_G \sin\alpha$

$$v = \frac{P}{F} = \frac{P}{m g \sin\alpha} \qquad \alpha = \arctan 0{,}12 = 6{,}892°$$

$$v = \frac{4500 \frac{\text{Nm}}{\text{s}}}{1800 \text{ kg} \cdot 9{,}81 \frac{\text{m}}{\text{s}^2} \cdot \sin 6{,}892°} = 2{,}124 \frac{\text{m}}{\text{s}}$$

531.

$$P = \frac{W_h}{\Delta t} = \frac{F_G h}{\Delta t} = \frac{m g h}{\Delta t} = \frac{V \varrho g h}{\Delta t} \qquad (W_h \text{ Hubarbeit})$$

$$P = \frac{160 \text{ m}^3 \cdot 1200 \frac{\text{kg}}{\text{m}^3} \cdot 9{,}81 \frac{\text{m}}{\text{s}^2} \cdot 12 \text{ m}}{3600 \text{ s}}$$

$$P = 6278 \frac{\text{Nm}}{\text{s}} = 6278 \text{ W} = 6{,}278 \text{ kW}$$

532.

$$P_h = \frac{W_h}{\Delta t} = \frac{m g h}{\Delta t} = \frac{10000 \text{ kg} \cdot 9{,}81 \frac{\text{m}}{\text{s}^2} \cdot 1050 \text{ m}}{95 \text{ s}}$$

$$P_h = 1084000 \frac{\text{Nm}}{\text{s}} = 1084 \text{ kW}$$

533.

a) $P_n = F_w v \qquad P_n = P_a \eta$

$$F_w = \frac{P_n}{v} = \frac{P_a \eta}{v} = \frac{25000 \frac{\text{Nm}}{\text{s}} \cdot 0{,}83}{\frac{30}{3{,}6} \frac{\text{m}}{\text{s}}} = 2490 \text{ N}$$

b) Steigung 4 % entspricht
$\tan\alpha = 0{,}04$
$\sin\alpha \approx \tan\alpha = 0{,}04$

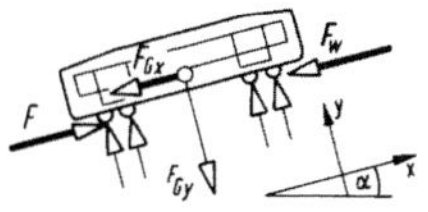

$$P_a = \frac{F v}{\eta}$$

$$\Sigma F_x = 0 = F - F_{Gx} - F_w$$

$$F = F_{Gx} + F_w = m g \sin\alpha + F_w$$

$$P_a = \frac{(m g \sin\alpha + F_w) v}{\eta}$$

$$P_a = \frac{\left(10000 \text{ kg} \cdot 9{,}81 \frac{\text{m}}{\text{s}^2} \cdot 0{,}04 + 2490 \text{ N}\right) \cdot \frac{30}{3{,}6} \frac{\text{m}}{\text{s}}}{0{,}83}$$

$$P_a = 64398 \frac{\text{Nm}}{\text{s}} = 64{,}398 \text{ kW}$$

534.

a) $P_R = F_R v = (F_{GT} + F_{GW}) \mu v$

$P_R = (m_T + m_W) g \mu v$

$$P_R = (2600 + 1800) \text{ kg} \cdot 9{,}81 \frac{\text{m}}{\text{s}^2} \cdot 0{,}15 \cdot 0{,}25 \frac{\text{m}}{\text{s}}$$

$$P_R = 1619 \frac{\text{Nm}}{\text{s}} = 1{,}619 \text{ kW}$$

b) $P_s = F_s v = 20\text{ kN} \cdot 0{,}25 \frac{\text{m}}{\text{s}} = 5\text{ kW}$

c) $P_{mot} = \frac{P_n}{\eta} = \frac{P_R + P_s}{\eta} = \frac{1{,}619\text{ kW} + 5\text{ kW}}{0{,}96}$

$P_{mot} = 6{,}895\text{ kW}$

535.

$P_h = P_{mot}\,\eta = m\,g\,v \Rightarrow v = \frac{P_{mot}\,\eta}{m\,g}$ (P_h Hubleistung)

$$v = \frac{445000 \frac{\text{Nm}}{\text{s}} \cdot 0{,}78}{30000\text{ kg} \cdot 9{,}81 \frac{\text{m}}{\text{s}^2}} = 1{,}179 \frac{\text{m}}{\text{s}} = 70{,}76 \frac{\text{m}}{\text{min}}$$

536.

$$P_h = P_{mot}\,\eta = \frac{W_h}{\Delta t} = \frac{F_G\,h}{\Delta t} = \frac{m\,g\,h}{\Delta t} = \frac{V\,\varrho\,g\,h}{\Delta t}$$

$$P_{mot} = \frac{V\,\varrho\,g\,h}{\eta\,\Delta t} = \frac{1250\text{ m}^3 \cdot 1000 \frac{\text{kg}}{\text{m}^3} \cdot 9{,}81 \frac{\text{m}}{\text{s}^2} \cdot 830\text{ m}}{0{,}72 \cdot 86400\text{ s}}$$

$P_{mot} = 163610 \frac{\text{Nm}}{\text{s}} = 163{,}61\text{ kW}$

537.

$$P_h = P_{mot}\,\eta = \frac{W_h}{\Delta t} \Rightarrow P_{mot} = \frac{m\,g\,h}{\eta\,\Delta t}$$

$$P_{mot} = \frac{5000\text{ kg} \cdot 9{,}81 \frac{\text{m}}{\text{s}^2} \cdot 4{,}5\text{ m}}{0{,}96 \cdot 12\text{ s}} = 19160 \frac{\text{Nm}}{\text{s}} = 19{,}16\text{ kW}$$

538.

$$P_h = P_a\,\eta = \frac{W_h}{\Delta t} = \frac{m\,g\,h}{\Delta t} = \frac{V\,\varrho\,g\,h}{\Delta t}$$

$$V = \frac{P_a\,\eta\,\Delta t}{\varrho\,g\,h} = \frac{44000 \frac{\text{Nm}}{\text{s}} \cdot 0{,}77 \cdot 3600\text{ s}}{1000 \frac{\text{kg}}{\text{m}^3} \cdot 9{,}81 \frac{\text{m}}{\text{s}^2} \cdot 50\text{ m}} = 248{,}661\text{ m}^3$$

539.

a) $P_n = P_{mot}\,\eta = F\,v$

Antriebskraft F = Hangabtriebskomponente $F_G \sin\alpha$ des Fördergutes

$F = m\,g\sin\alpha$

$$P_{mot}\,\eta = m\,g\sin\alpha \cdot v \Rightarrow m = \frac{P_{mot}\,\eta}{v\,g\sin\alpha}$$

$$m = \frac{4400 \frac{\text{Nm}}{\text{s}} \cdot 0{,}65}{1{,}8 \frac{\text{m}}{\text{s}} \cdot 9{,}81 \frac{\text{m}}{\text{s}^2} \cdot \sin 12^\circ} = 779\text{ kg}$$

b) $\dot{m} = m'\,v = \frac{m\,v}{l} = \frac{779\text{ kg} \cdot 1{,}8 \frac{\text{m}}{\text{s}}}{10\text{ m}}$

(m' Masse je Meter Bandlänge = m/l)

$\dot{m} = 140{,}22 \frac{\text{kg}}{\text{s}} = 504792 \frac{\text{kg}}{\text{h}} = 504{,}792 \frac{\text{t}}{\text{h}}$

540.

a) $P_s = F_s\,v = 6500\text{ N} \cdot \frac{34}{60} \frac{\text{m}}{\text{s}}$

$P_s = 3683 \frac{\text{Nm}}{\text{s}} = 3{,}683\text{ kW}$

b) $\eta = \frac{P_n}{P_a} = \frac{P_s}{P_{mot}} = \frac{3{,}683\text{ kW}}{4\text{ kW}} = 0{,}9208$

541.

a) $P_n = P_{mot}\,\eta = F\,v_s \Rightarrow F = \frac{P_{mot}\,\eta}{v_s}$

$$F = \frac{10000 \frac{\text{Nm}}{\text{s}} \cdot 0{,}55}{\frac{16}{60} \frac{\text{m}}{\text{s}}} = 20625\text{ N} = 20{,}625\text{ kN}$$

b) $v_{max} = \frac{P_n}{F} = \frac{P_{mot}\,\eta}{F} = \frac{10000 \frac{\text{Nm}}{\text{s}} \cdot 0{,}55}{13800\text{ N}}$

$v_{max} = 0{,}3986 \frac{\text{m}}{\text{s}} = 23{,}91 \frac{\text{m}}{\text{min}}$

542.

a) $\eta_{ges} = \frac{P_n}{P_a} = \frac{F_G\,h}{\Delta t\,P_a} = \frac{m\,g\,h}{\Delta t\,P_a} = \frac{V\,\varrho\,g\,h}{\Delta t\,P_a}$

$$\eta_{ges} = \frac{60\text{ m}^3 \cdot 1000 \frac{\text{kg}}{\text{m}^3} \cdot 9{,}81 \frac{\text{m}}{\text{s}^2} \cdot 7\text{ m}}{600\text{ s} \cdot 11500 \frac{\text{Nm}}{\text{s}}} = 0{,}5971$$

b) $\eta_{ges} = \eta_{mot}\,\eta_P \Rightarrow \eta_P = \frac{\eta_{ges}}{\eta_{mot}} = \frac{0{,}5971}{0{,}85} = 0{,}7025$

Arbeit, Leistung und Wirkungsgrad bei Drehbewegung

543.

a) $W_{rot} = M\varphi = M 2\pi z$

$W_{rot} = 45\ \text{Nm} \cdot 2\pi \cdot 127{,}5\ \text{rad} = 36050\ \text{J} = 36{,}05\ \text{kJ}$

b) $W_h = W_{rot} = F_s s \Rightarrow F_s = \dfrac{W_{rot}}{s}$

$F_s = \dfrac{36{,}05\ \text{kJ}}{25\ \text{m}} = 1{,}442\ \text{kN}$

544.

a) $i = \dfrac{M_2}{M_1} = \dfrac{M_{tr}}{M_k} \Rightarrow M_{tr} = i M_k$

$M_{tr} = F_G \dfrac{d}{2} \Rightarrow F_G = \dfrac{2M_{tr}}{d} = m g$

$m = \dfrac{2 i M_k}{d g} = \dfrac{2 \cdot 6 \cdot 40\ \text{Nm}}{0{,}24\ \text{m} \cdot 9{,}81\ \dfrac{\text{m}}{\text{s}^2}} = 203{,}9\ \text{kg}$

b) Dreharbeit = Hubarbeit

$M_k \varphi = F_G h$

$\varphi = 2\pi z = \dfrac{F_G h}{M_k}$

$z = \dfrac{F_G h}{2\pi M_k} = \dfrac{2000\ \text{N} \cdot 10\ \text{m}}{2\pi \cdot 40\ \text{Nm}} = 79{,}58$ Umdrehungen

545.

a) $\eta = \dfrac{M_2}{M_1} \cdot \dfrac{1}{i}$

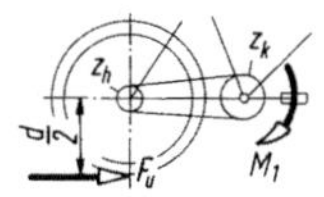

$i = \dfrac{z_h}{z_k}$ (i<1, ins Schnelle)

$M_2 = F_u \dfrac{d}{2} = i\eta M_1 = \dfrac{z_h \eta M_1}{z_k}$

$F_u = \dfrac{2 z_h \eta M_1}{d z_k} = \dfrac{2 \cdot 23 \cdot 0{,}7 \cdot 18\ \text{Nm}}{0{,}65\ \text{m} \cdot 48} = 18{,}58\ \text{N}$

b) $\Sigma F_x = 0 = F_u - F_w - F_G \sin\alpha$

$m g \sin\alpha = F_u - F_w$

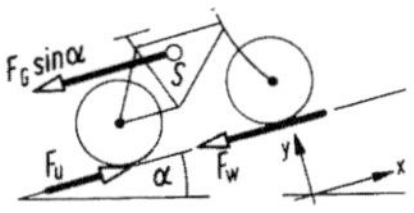

$\sin\alpha = \dfrac{F_u - F_w}{m g}$

$\sin\alpha = \dfrac{18{,}58\ \text{N} - 10\ \text{N}}{100\ \text{kg} \cdot 9{,}81\ \dfrac{\text{m}}{\text{s}^2}}$

$\sin\alpha = 0{,}008746 \approx \tan\alpha$

Steigung 8,7 : 1000 = 0,87 %

546.

a) $\omega_1 = \dfrac{\pi n_1}{30} = \dfrac{\pi \cdot 1500}{30} \dfrac{\text{rad}}{\text{s}} = 157{,}08\ \dfrac{\text{rad}}{\text{s}}$

$\Delta\varphi = \dfrac{\omega_1 \Delta t}{2} = \dfrac{157{,}08\ \dfrac{\text{rad}}{\text{s}} \cdot 10\ \text{s}}{2}$

$\Delta\varphi = 785{,}4\ \text{rad}$

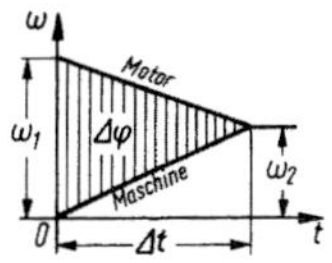

b) $W_R = M_R \Delta\varphi = 100\ \text{Nm} \cdot 785{,}4\ \text{rad}$

$W_R = 78540\ \text{J} = 78{,}54\ \text{kJ}$

547.

$P_{rot} = \dfrac{M n}{9550} = \dfrac{F_s \dfrac{d}{2} n}{9550}$

$P_{rot} = \dfrac{1800 \cdot 0{,}03 \cdot 250}{9550}\ \text{kW} = 1{,}414\ \text{kW}$

548.

$P_{rot} = M\omega = M \dfrac{\Delta\varphi}{\Delta t}$

$P_{rot} = \dfrac{30000\ \text{Nm} \cdot \pi\ \text{rad}}{40\ \text{s}} = 2356\ \dfrac{\text{Nm}}{\text{s}} = 2{,}356\ \text{kW}$

549.

$P_{rot} = \dfrac{M n}{9550} = \dfrac{F_u \dfrac{d}{2} n}{9550}$

$F_u = \dfrac{9550 \cdot P_{rot} \cdot 2}{d n} = \dfrac{9550 \cdot 22 \cdot 2}{0{,}3 \cdot 120}\ \text{N} = 11672\ \text{N}$

550.

$P_{rot} = \dfrac{M n}{9550} = \dfrac{F_u \dfrac{d}{2} n}{9550}$

$F_u = \dfrac{9550 \cdot P_{rot} \cdot 2}{d n} = \dfrac{9550 \cdot 900 \cdot 2}{12 \cdot 3{,}8}\ \text{N} = 376974\ \text{N}$

$F_u \approx 377\ \text{kN}$

551.

$P_{rot} = \dfrac{M n}{9550}$

$P_{rot1} = \dfrac{100 \cdot 1800}{9550}\ \text{kW} = 18{,}85\ \text{kW}$

$P_{rot2} = \dfrac{100 \cdot 2800}{9550}\ \text{kW} = 29{,}32\ \text{kW}$

552.

$$i_{\mathrm{I,II,III}} = \frac{n_{\mathrm{mot}}}{n_{\mathrm{I,II,III}}} \Rightarrow n_{\mathrm{I}} = \frac{n_{\mathrm{mot}}}{i_{\mathrm{I}}}$$

$$n_{\mathrm{I}} = \frac{3600\ \mathrm{min}^{-1}}{3{,}5} = 1029\ \mathrm{min}^{-1}$$

$$n_{\mathrm{II}} = \frac{n_{\mathrm{mot}}}{i_{\mathrm{II}}} = \frac{3600\ \mathrm{min}^{-1}}{2{,}2} = 1636\ \mathrm{min}^{-1}$$

$$n_{\mathrm{III}} = n_{\mathrm{mot}} = 3600\ \mathrm{min}^{-1}$$

$$P = M_{\mathrm{mot}}\,\omega \qquad \omega = \frac{\pi n}{30} = \frac{3600\pi}{30}\,\frac{\mathrm{rad}}{\mathrm{s}} = 377\,\frac{\mathrm{rad}}{\mathrm{s}}$$

$$M_{\mathrm{mot}} = \frac{P}{\omega} = \frac{65\,000\,\frac{\mathrm{Nm}}{\mathrm{s}}}{377\,\frac{\mathrm{rad}}{\mathrm{s}}} = 172{,}4\ \mathrm{Nm} = M_{\mathrm{III}}$$

Die Momente verhalten sich umgekehrt wie die Drehzahlen:

$$\frac{M_{\mathrm{I}}}{M_{\mathrm{mot}}} = \frac{n_{\mathrm{mot}}}{n_{\mathrm{I}}} \Rightarrow M_{\mathrm{I}} = M_{\mathrm{mot}}\frac{n_{\mathrm{mot}}}{n_{\mathrm{I}}} = M_{\mathrm{mot}}\, i_{\mathrm{I}}$$

$$M_{\mathrm{I}} = 172{,}4\ \mathrm{Nm}\cdot 3{,}5 = 603{,}4\ \mathrm{Nm}$$

$$M_{\mathrm{II}} = 172{,}4\ \mathrm{Nm}\cdot 2{,}2 = 379{,}3\ \mathrm{Nm}$$

553.

a) $$v_{\mathrm{s}} = \frac{\pi d n}{1000}$$

$$n = \frac{1000\,v_{\mathrm{s}}}{\pi d} = \frac{1000\cdot 78{,}6}{\pi\cdot 50}\ \mathrm{min}^{-1} = 500{,}4\ \mathrm{min}^{-1}$$

b) $$P_{\mathrm{s}} = F_{\mathrm{s}}\, v_{\mathrm{s}} = 12\,000\ \mathrm{N}\cdot 78{,}6\,\frac{\mathrm{m}}{\mathrm{min}} = 943\,200\,\frac{\mathrm{Nm}}{\mathrm{min}}$$

$$P_{\mathrm{s}} = 15\,720\,\frac{\mathrm{Nm}}{\mathrm{s}} = 15{,}72\ \mathrm{kW}$$

c) $$P_{\mathrm{v}} = F_{\mathrm{v}}\, u = \frac{F_{\mathrm{s}}}{4} f n$$

$$P_{\mathrm{v}} = 3000\ \mathrm{N}\cdot 0{,}2\ \mathrm{mm}\cdot 500{,}4\,\frac{1}{\mathrm{min}} = 300\,240\,\frac{\mathrm{Nmm}}{\mathrm{min}}$$

$$P_{\mathrm{v}} = 5004\,\frac{\mathrm{Nmm}}{\mathrm{s}} = 5{,}004\,\frac{\mathrm{Nm}}{\mathrm{s}} = 5{,}004\ \mathrm{W}$$

554.

a) $$P_{\mathrm{n}} = \frac{M n}{9550} = \frac{F_{\mathrm{u}}\frac{d}{2}n}{9550}$$

$$P_{\mathrm{n}} = \frac{150\cdot 0{,}07\cdot 1400}{9550}\ \mathrm{kW} = 1{,}539\ \mathrm{kW}$$

b) $$\eta_{\mathrm{m}} = \frac{P_{\mathrm{n}}}{P_{\mathrm{a}}} = \frac{1{,}539\ \mathrm{kW}}{2\ \mathrm{kW}} = 0{,}7695$$

555.

$$\eta = \frac{P_{\mathrm{n}}}{P_{\mathrm{a}}} = \frac{M\omega}{P_{\mathrm{mot}}} \qquad \omega = \frac{\pi n}{30} = \frac{125\pi}{30}\,\frac{\mathrm{rad}}{\mathrm{s}} = 13{,}09\,\frac{\mathrm{rad}}{\mathrm{s}}$$

$$\eta = \frac{700\ \mathrm{Nm}\cdot 13{,}09\,\frac{\mathrm{rad}}{\mathrm{s}}}{11000\,\frac{\mathrm{Nm}}{\mathrm{s}}} = 0{,}833$$

556.

a) $$i_{\mathrm{ges}} = i_1\cdot i_2\cdot i_3 = 15\cdot 3{,}1\cdot 4{,}5 = 209{,}25$$

b) $$\eta_{\mathrm{ges}} = \eta_1\cdot\eta_2\cdot\eta_3 = 0{,}73\cdot 0{,}95\cdot 0{,}95 = 0{,}6588$$

c) $$M_{\mathrm{I}} = \frac{9550\,P_{\mathrm{rot}}}{n_{\mathrm{m}}} = \frac{9550\cdot 0{,}85}{1420}\ \mathrm{Nm} = 5{,}717\ \mathrm{Nm}$$

$$M_{\mathrm{II}} = M_{\mathrm{I}}\, i_1\, \eta_1 = 5{,}717\ \mathrm{Nm}\cdot 15\cdot 0{,}73 = 62{,}6\ \mathrm{Nm}$$

$$n_{\mathrm{II}} = \frac{n_{\mathrm{m}}}{i_1} = \frac{1420\ \mathrm{min}^{-1}}{15} = 94{,}67\ \mathrm{min}^{-1}$$

$$M_{\mathrm{III}} = M_{\mathrm{I}}\, i_1\, i_2\, \eta_1\, \eta_2 = 5{,}717\ \mathrm{Nm}\cdot 15\cdot 3{,}1\cdot 0{,}73\cdot 0{,}95$$

$$M_{\mathrm{III}} = 184{,}36\ \mathrm{Nm}$$

$$n_{\mathrm{III}} = \frac{n_{\mathrm{m}}}{i_1\, i_2} = \frac{1420\ \mathrm{min}^{-1}}{15\cdot 3{,}1} = 30{,}54\ \mathrm{min}^{-1}$$

$$M_{\mathrm{IV}} = M_{\mathrm{I}}\, i_{\mathrm{ges}}\, \eta_{\mathrm{ges}} = 5{,}717\ \mathrm{Nm}\cdot 209{,}25\cdot 0{,}6588$$

$$M_{\mathrm{IV}} = 788{,}1\ \mathrm{Nm}$$

$$n_{\mathrm{IV}} = \frac{n_{\mathrm{m}}}{i_{\mathrm{ges}}} = \frac{1420\ \mathrm{min}^{-1}}{209{,}25} = 6{,}786\ \mathrm{min}^{-1}$$

557.

a) $$\eta = \frac{P_{\mathrm{n}}}{P_{\mathrm{a}}} \Rightarrow P_{\mathrm{a}} = \frac{P_{\mathrm{n}}}{\eta} = \frac{1\ \mathrm{kW}}{0{,}8} = 1{,}25\ \mathrm{kW}$$

b) $$P_{\mathrm{n}} = \frac{M n}{9550} = \frac{F_{\mathrm{u}}\frac{d}{2}n}{9550}$$

$$F_{\mathrm{u}} = \frac{2\cdot 9550\cdot P_{\mathrm{n}}}{d n} = \frac{2\cdot 9550\cdot 1}{0{,}16\cdot 1000}\ \mathrm{N} = 119{,}4\ \mathrm{N}$$

558.

a) $$M_{\mathrm{mot}} = 9550\,\frac{P_{\mathrm{mot}}}{n_{\mathrm{mot}}} = 9550\cdot\frac{2{,}6}{1420}\ \mathrm{Nm} = 17{,}49\ \mathrm{Nm}$$

$$M_{\mathrm{tr}} = F_{\mathrm{s}}\frac{d}{2} = 3000\ \mathrm{N}\cdot 0{,}2\ \mathrm{m} = 600\ \mathrm{Nm}$$

b) $$i = \frac{M_{\mathrm{tr}}}{M_{\mathrm{mot}}\,\eta} = \frac{600\ \mathrm{Nm}}{17{,}49\ \mathrm{Nm}\cdot 0{,}96} = 35{,}7$$

559.

$v = v_M = v_u = \pi d_r n_r$ (Index r: Räder)

Raddrehzahl $n_r = \dfrac{v}{\pi d_r}$

$i = \dfrac{n_k}{n_r} \Rightarrow n_k = i n_r$ (Index k: Kegelrad)

a) $n_k = \dfrac{i v}{\pi d_r} = \dfrac{5{,}2 \cdot \dfrac{20}{3{,}6} \dfrac{\text{m}}{\text{s}}}{\pi \cdot 1{,}05\ \text{m}} = 8{,}758\ \dfrac{1}{\text{s}} = 525{,}5\ \dfrac{1}{\text{min}}$

$n_k = 525{,}5\ \text{min}^{-1}$

b) $M = F_u \dfrac{d_k}{2} = 9550 \dfrac{P_n}{n_k} = 9550 \dfrac{P_{mot}\,\eta}{n_k}$

$F_u = \dfrac{2 \cdot 9550 \cdot P_{mot}\,\eta}{d_k\, n_k}$

$F_u = \dfrac{2 \cdot 9550 \cdot 66 \cdot 0{,}7}{0{,}06 \cdot 525{,}5}\ \text{N} = 27\,987\ \text{N} = 27{,}987\ \text{kN}$

560.

a) $i = \dfrac{n_{mot}}{n_r}$

n_r aus $v = v_M = v_u = \pi d n_r$

$n_r = \dfrac{v_u}{\pi d} = \dfrac{\dfrac{20}{3{,}6} \dfrac{\text{m}}{\text{s}}}{\pi \cdot 0{,}65\ \text{m}} = 2{,}72\ \dfrac{1}{\text{s}}$

$n_r = 163{,}2\ \dfrac{1}{\text{min}} = 163{,}2\ \text{min}^{-1}$

$i = \dfrac{3600\ \text{min}^{-1}}{163{,}2\ \text{min}^{-1}} = 22{,}06$

b) „Steigung 8 %" bedeutet: $\tan\alpha = 0{,}08$, $\alpha = 4{,}574°$
$\sin\alpha = 0{,}07975$

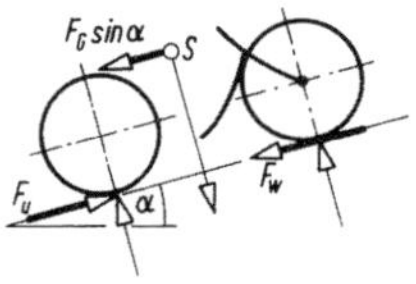

$\Sigma F_x = 0 = F_u - F_G \sin\alpha - F_w$

$F_u = F_w + F_G \sin\alpha = F_w + m g \sin\alpha$

$F_u = 20\ \text{N} + 100\ \text{kg} \cdot 9{,}81\ \dfrac{\text{m}}{\text{s}^2} \cdot \sin 4{,}574° = 98{,}23\ \text{N}$

c) $\eta = \dfrac{M_n}{i M_{mot}} = \dfrac{F_u \dfrac{d}{2}}{i M_{mot}}$

$M_{mot} = \dfrac{F_u d}{2 \eta i} = \dfrac{98{,}23\ \text{N} \cdot 0{,}65\ \text{m}}{2 \cdot 0{,}7 \cdot 22{,}05} = 2{,}068\ \text{Nm}$

d) $P_{mot} = \dfrac{M_{mot}\, n_{mot}}{9550} = \dfrac{2{,}068 \cdot 3600}{9550}\ \text{kW} = 0{,}7796\ \text{kW}$

Energie und Energieerhaltungssatz

561.

a) $\Delta E_{kin} = \dfrac{m}{2}(v_1^2 - v_2^2)$

$\Delta E_{kin} = \dfrac{8000\ \text{kg}}{2} \left[\left(\dfrac{80}{3{,}6} \dfrac{\text{m}}{\text{s}} \right)^2 - \left(\dfrac{30}{3{,}6} \dfrac{\text{m}}{\text{s}} \right)^2 \right]$

$\Delta E_{kin} = 1\,698\,000\ \text{kg} \dfrac{\text{m}^2}{\text{s}^2} = 1{,}698\ \text{MJ}$

b) $\Delta E_{kin} = W_a = F_u s \Rightarrow F_u = \dfrac{\Delta E_{kin}}{s}$

$F_u = \dfrac{1\,698\,000\ \dfrac{\text{kgm}^2}{\text{s}^2}}{150\ \text{m}} = 11\,320\ \dfrac{\text{kgm}}{\text{s}^2} = 11{,}32\ \text{kN}$

562.

a) Schlagarbeit $W = E_{pot} = m g h$

$h = \dfrac{E_{pot}}{m g} = \dfrac{70\,000\ \text{Nm}}{1500\ \text{kg} \cdot 9{,}81\ \dfrac{\text{m}}{\text{s}^2}} = 4{,}757\ \text{m}$

b) $v = \sqrt{2 g h} = \sqrt{2 \cdot 9{,}81\ \dfrac{\text{m}}{\text{s}^2} \cdot 4{,}757\ \text{m}} = 9{,}661\ \dfrac{\text{m}}{\text{s}}$

563.

a) $E_E = E_A - W_{ab}$

$0 = \dfrac{m v^2}{2} - F_w s$

b) $s = \dfrac{m v^2}{2 F_w} = \dfrac{m v^2}{2 F'_w m} = \dfrac{v^2}{2 F'_w}$

$s = \dfrac{\left(\dfrac{9{,}5}{3{,}6} \dfrac{\text{m}}{\text{s}} \right)^2}{2 \cdot \dfrac{40\ \text{N}}{1000\ \text{kg}}} = 87{,}05\ \text{m}$

564.

$E_E = E_A - W_{ab}$

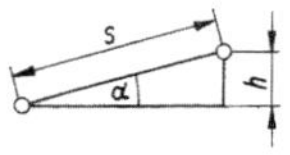

$E_E = E_{pot} = m g h = m g s \sin\alpha$

$\tan\alpha = 0{,}003 \approx \sin\alpha$

$E_A = \dfrac{m v^2}{2} \qquad W_{ab} = F_w s$

$$m\,g\,s\sin\alpha = \frac{m\,v^2}{2} - F_w\,s$$

$$s\,(m\,g\sin\alpha + F_w) = \frac{m\,v^2}{2}$$

$$s = \frac{m\,v^2}{2\,(m\,g\sin\alpha + F_w)}$$

$$s = \frac{34000\text{kg}\cdot\left(\frac{10}{3{,}6}\,\frac{\text{m}}{\text{s}}\right)^2}{2\left(34000\text{ kg}\cdot 9{,}81\,\frac{\text{m}}{\text{s}^2}\cdot 0{,}003 + 1360\,\frac{\text{kgm}}{\text{s}^2}\right)}$$

$$s = 55{,}57\text{ m}$$

565.

a) $W = E_{\text{pot}} + F\,h$

$$W = m\,g\,h + F\,h = h(m\,g + F)$$

$$W = 1{,}5\text{ m}\left(500\text{ kg}\cdot 9{,}81\,\frac{\text{m}}{\text{s}^2} + 65000\text{ N}\right)$$

$$W = 104858\text{ J} = 104{,}858\text{ kJ}$$

b) $E_E = E_A + W_{\text{zu}}$

$$\frac{m\,v^2}{2} = m\,g\,h + F\,h$$

$$v = \sqrt{\frac{2h}{m}(m\,g + F)}$$

$$v = \sqrt{\frac{3\text{ m}}{500\text{ kg}}\left(500\text{ kg}\cdot 9{,}81\,\frac{\text{m}}{\text{s}^2} + 65000\text{ N}\right)}$$

$$v = 20{,}48\,\frac{\text{m}}{\text{s}}$$

566.

$$E_E = E_A - W_{\text{ab}}$$

$0 = \frac{m\,v^2}{2} - 2W_f$ (W_f Federarbeit für einen Puffer)

$$W_f = \frac{R}{2}(s_2^2 - s_1^2) = \frac{R\,s^2}{2} \qquad (s_1 = 0)$$

$$0 = \frac{m\,v^2}{2} - R\,s^2 \Rightarrow v^2 = \frac{2R\,s^2}{m}$$

$$v = s\sqrt{\frac{2R}{m}} \qquad R = 3\,\frac{\text{kN}}{\text{cm}} = \frac{3000\text{ N}}{0{,}01\text{ m}} = 3\cdot 10^5\,\frac{\text{N}}{\text{m}}$$

$$v = 0{,}08\text{ m}\cdot\sqrt{\frac{2\cdot 3\cdot 10^5\,\frac{\text{kg}}{\text{s}^2}}{25000\text{ kg}}} = 0{,}3919\,\frac{\text{m}}{\text{s}} = 1{,}411\,\frac{\text{km}}{\text{h}}$$

567.

$$R = 2\,\frac{\text{N}}{\text{mm}} = 2000\,\frac{\text{N}}{\text{m}} = 2000\,\frac{\text{kg}}{\text{s}^2}$$

a) Federkraft F_f = Gewichtskraft F_G

$$F_f = R\,\Delta s = m\,g$$

$$\Delta s = \frac{m\,g}{R} = \frac{10\text{ kg}\cdot 9{,}81\,\frac{\text{m}}{\text{s}^2}}{2000\,\frac{\text{kg}}{\text{s}^2}}$$

$$\Delta s = 0{,}04905\text{ m} = 4{,}905\text{ cm}$$

b) $E_E = E_A - W_{\text{ab}} \qquad (W_{\text{ab}} = W_f)$

$$0 = m\,g\,\Delta s - \frac{R\,\Delta s^2}{2}$$

quadratische Gleichung ohne absolutes Glied

$$0 = \Delta s\left(m\,g - \frac{R\,\Delta s}{2}\right)$$

$$\Delta s = 0 \quad \text{oder} \quad m\,g - \frac{R\,\Delta s}{2} = 0$$

$$\Delta s = \frac{2m\,g}{R} = \frac{2\cdot 10\text{ kg}\cdot 9{,}81\,\frac{\text{m}}{\text{s}^2}}{2000\,\frac{\text{kg}}{\text{s}^2}} = 0{,}0981\text{ m}$$

$\Delta s = 9{,}81$ cm (doppelt so groß wie bei a))

568.

$$E_E = E_A - W_{\text{ab}}$$

$$E_E = 0 \quad E_A = m\,g\,h = m\,g\,s_1\sin\alpha$$

$$W_{\text{ab}} = W_{r1} + W_{r2} + W_f$$

$$W_{r1} = m\,g\,\mu\,s_1\cos\alpha$$

($m\,g\cos\alpha$ Normalkraftkomponente der Gewichtskraft F_G)

$$W_{r2} = m\,g\,\mu(s_2 + \Delta s)$$

$$W_f = \frac{R(\Delta s)^2}{2}$$

$$0 = m\,g\,s_1\sin\alpha - m\,g\,\mu\,s_1\cos\alpha - m\,g\,\mu(s_2 + \Delta s) - \frac{R(\Delta s)^2}{2}$$

$$s_1\,(m\,g\sin\alpha - m\,g\,\mu\cos\alpha) = m\,g\,\mu(s_2 + \Delta s) + \frac{R(\Delta s)^2}{2}$$

$$s_1 = \frac{2m\,g\,\mu(s_2 + \Delta s) + R(\Delta s)^2}{2m\,g(\sin\alpha - \mu\cos\alpha)}$$

$$s_1 = \frac{\mu(s_2 + \Delta s) + \frac{R(\Delta s)^2}{2m\,g}}{\sin\alpha - \mu\cos\alpha}$$

569.

Energieerhaltungssatz allgemein:

$E_E = E_A - W_{l1} - W_{l2}$

Energie E_E am Ende des Vorgangs:

$$E_E = \frac{m v_2^2}{2}$$

Energie E_A am Anfang des Vorgangs:

$$E_A = \frac{m v_1^2}{2} + m g h$$

Reibungsarbeit W_{l1} auf der Rutsche:

$$W_{l1} = m g \mu \cos\alpha \frac{h}{\sin\alpha} = m g \mu \frac{h}{\tan\alpha}$$

$$\left(\frac{h}{\sin\alpha} \mathrel{\hat{=}} \text{Länge } l_1 \text{ der Rutsche}\right)$$

Reibungsarbeit W_l im Auslauf:

$W_l = m g \mu l$

Energieerhaltungssatz:

$$\frac{m v_2^2}{2} = \frac{m v_1^2}{2} + m g h - m g \mu \frac{h}{\tan\alpha} - m g \mu l \;\Big|\; : m$$

$$g \mu l = \frac{v_1^2 - v_2^2}{2} + g h - g \mu \frac{h}{\tan\alpha}$$

$$l = \frac{v_1^2 - v_2^2}{2 \mu g} + \frac{h}{\mu} - \frac{h}{\tan\alpha} = \frac{v_1^2 - v_2^2}{2 \mu g} + h\left(\frac{1}{\mu} - \frac{1}{\tan\alpha}\right)$$

$$l = \frac{\left(1{,}2\,\frac{\text{m}}{\text{s}}\right)^2 - \left(1\,\frac{\text{m}}{\text{s}}\right)^2}{2 \cdot 0{,}3 \cdot 9{,}81\,\frac{\text{m}}{\text{s}^2}} + 4\,\text{m}\left(\frac{1}{0{,}3} - \frac{1}{\tan 30^\circ}\right) = 6{,}48\,\text{m}$$

Wenn ein Paket den Auslauf der Rutsche mit einer Geschwindigkeit $v_2 = 1\,\frac{\text{m}}{\text{s}}$ verlassen soll, muss die Auslauflänge $l = 6{,}48$ m betragen.

570.

a) $\alpha_1 = \alpha - 90^\circ = 61^\circ$

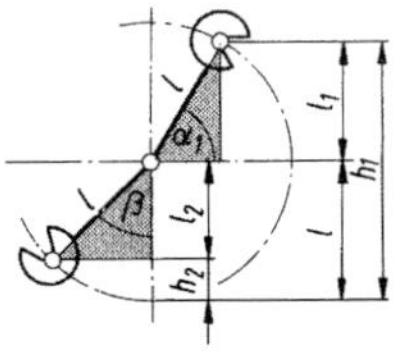

$h_1 = l + l_1 = l + l \sin\alpha_1$

$h_1 = l(1 + \sin\alpha_1)$

$h_1 = 0{,}655\,\text{m}(1 + \sin 61^\circ)$

$h_1 = 1{,}228\,\text{m}$

$h_2 = l - l_2 = l - l\cos\beta = l(1 - \cos\beta)$

$h_2 = 0{,}655\,\text{m}(1 - \cos 48{,}5^\circ) = 0{,}221\,\text{m}$

b) $E_A = F_G h_1 = m g h_1$

$$E_A = 8{,}2\,\text{kg} \cdot 9{,}81\,\frac{\text{m}}{\text{s}^2} \cdot 1{,}228\,\text{m} = 98{,}78\,\text{J}$$

c) $W = E_A - E_E$

$$E_E = m g h_2 = 8{,}2\,\text{kg} \cdot 9{,}81\,\frac{\text{m}}{\text{s}^2} \cdot 0{,}221\,\text{m} = 17{,}78\,\text{J}$$

$W = 98{,}78\,\text{J} - 17{,}78\,\text{J} = 81\,\text{J}$

571.

$E_E = E_A \pm 0$ (reibungsfrei)

$$\frac{m v^2}{2} + m g h = m g l$$

$v^2 = 2 g l - 2 g h$

$v = \sqrt{2 g (l - h)}$

572.

$E = E_{pot}\,\eta = m g h \eta$ (*Hinweis:* 1 kWh = 3,6 · 10⁶ Ws)

$$m = \frac{E}{g h \eta} = \frac{3{,}6 \cdot 10^{10}\,\text{Ws}\left(= \frac{\text{kgm}^2}{\text{s}^2}\right)}{9{,}81\,\frac{\text{m}}{\text{s}^2} \cdot 24\,\text{m} \cdot 0{,}87}$$

$m = 175{,}753 \cdot 10^6\,\text{kg} = 175\,753\,\text{t}$

$V = 175\,753\,\text{m}^3$

573.

Energieerhaltungssatz für das durchströmende Wasser je Minute:

$E_E = E_A - W_a$

$$\frac{m v_2^2}{2} = \frac{m v_1^2}{2} - W_a$$

$$W_a = \frac{m}{2}(v_1^2 - v_2^2) = \frac{45\,000\,\text{kg}}{2}\left(225\,\frac{\text{m}^2}{\text{s}^2} - 4\,\frac{\text{m}^2}{\text{s}^2}\right)$$

$$W_a = 4\,972\,500\,\text{J} \Rightarrow P_a = 4\,972\,500\,\frac{\text{J}}{\text{min}} = 82\,875\,\frac{\text{J}}{\text{s}}$$

$P_n = P_a\,\eta = 82{,}875\,\text{kW} \cdot 0{,}84 = 69{,}615\,\text{kW}$

574.

$$\eta = \frac{W_n}{Q} = \frac{1\,\text{kWh}}{10{,}4\,\text{MJ}} = \frac{3{,}6 \cdot 10^6\,\text{Ws}}{10{,}4 \cdot 10^6\,\text{J}} = 0{,}3462$$

(*Hinweis:* 1 Ws = 1 J)

575.

$$\eta = \frac{W_n}{W_a} = \frac{P_n\,\Delta t}{m H} \Rightarrow m = \frac{P_n\,\Delta t}{\eta \text{H}}$$

$$m = \frac{120 \cdot 10^3\,\frac{\text{Nm}}{\text{s}} \cdot 45 \cdot 60\,\text{s}}{0{,}35 \cdot 42 \cdot 10^6\,\frac{\text{Nm}}{\text{kg}}} = 22{,}041\,\text{kg}$$

576.

$$\eta = \frac{W_n}{W_a} = \frac{W_n}{m H}$$

$$\eta = \frac{3{,}6 \cdot 10^6 \text{ Ws}}{0{,}224 \text{ kg} \cdot 42 \cdot 10^6 \frac{\text{J}}{\text{kg}}} = 0{,}3827 \qquad (1 \text{ Ws} = 1 \text{ J})$$

Gerader, zentrischer Stoß

577.

a) $c_1 = 0 = \dfrac{m_1 v_1 + m_2 v_2 - m_2 (v_1 - v_2) k}{m_1 + m_2}$

$$v_2 (m_2 k + m_2) = v_1 (m_2 k - m_1)$$

$$v_2 = v_1 \frac{m_2 k - m_1}{m_2 k + m_2} = v_1 \frac{m_2 k - m_1}{m_2 (k+1)}$$

$$v_2 = 0{,}5 \frac{\text{m}}{\text{s}} \cdot \frac{20 \text{ g} \cdot 0{,}7 - 100 \text{ g}}{20 \text{ g} (0{,}7 + 1)} = -1{,}265 \frac{\text{m}}{\text{s}}$$

(v_2 ist *gegen* v_1 gerichtet)

b) $c_1 = 0 = \dfrac{(m_1 - m_2) v_1 + 2 m_2 v_2}{m_1 + m_2}$

$$v_2 = v_1 \frac{m_2 - m_1}{2 m_2} = 0{,}5 \frac{\text{m}}{\text{s}} \cdot \frac{20 \text{ g} - 100 \text{ g}}{40 \text{ g}} = -1 \frac{\text{m}}{\text{s}}$$

c) $c = 0 = \dfrac{m_1 v_1 + m_2 v_2}{m_1 + m_2}$

$$v_2 = -v_1 \frac{m_1}{m_2} = -0{,}5 \frac{\text{m}}{\text{s}} \cdot \frac{100 \text{ g}}{20 \text{ g}} = -2{,}5 \frac{\text{m}}{\text{s}}$$

578.

Unelastischer Stoß mit $v_2 = 0$. Beide Körper schwingen mit der Geschwindigkeit c aus der Ruhelage des Sandsacks in die Endlage.

$E_E = E_A$

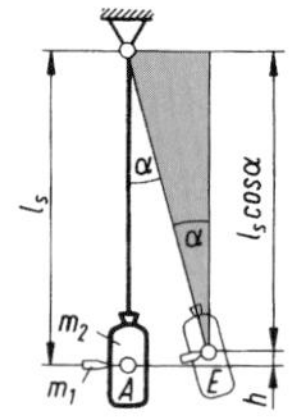

$$(m_1 + m_2) g h = \frac{(m_1 + m_2) c^2}{2}$$

$$h = l_s - l_s \cos\alpha = l_s (1 - \cos\alpha)$$

$$c^2 = 2 g h = 2 g l_s (1 - \cos\alpha)$$

$$c = \sqrt{2 g l_s (1 - \cos\alpha)}$$

c aus unelastischem Stoß:

$$c = \frac{m_1 v_1 + m_2 v_2}{m_1 + m_2} = \frac{m_1 v_1}{m_1 + m_2} \qquad (v_2 = 0)$$

$$v_1 = c \frac{m_1 + m_2}{m_1} = \sqrt{2 g l_s (1 - \cos\alpha)} \frac{m_1 + m_2}{m_1}$$

$$v_1 = \sqrt{2 \cdot 9{,}81 \frac{\text{m}}{\text{s}^2} \cdot 2{,}5 \text{ m} (1 - \cos 10°)} \frac{10{,}01 \text{kg}}{0{,}01 \text{kg}} = 864{,}1 \frac{\text{m}}{\text{s}}$$

579.

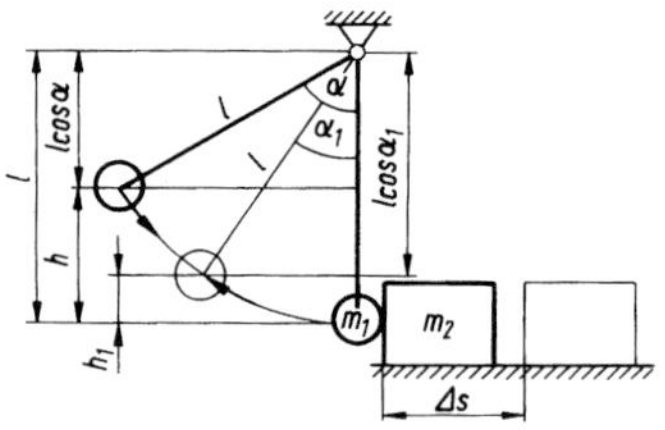

a) $v_1 = \sqrt{2 g h} = \sqrt{2 g (l - l \cos\alpha)} = \sqrt{2 g l (1 - \cos\alpha)}$

$$v_1 = \sqrt{2 \cdot 9{,}81 \frac{\text{m}}{\text{s}^2} \cdot 1 \text{ m} (1 - \cos 60°)} = 3{,}132 \frac{\text{m}}{\text{s}}$$

b) $c_1 = \dfrac{(m_1 - m_2) v_1 + 2 m_2 v_2}{m_1 + m_2} \qquad (v_2 = 0)$

$$c_1 = \frac{(m_1 - m_2) v_1}{m_1 + m_2} = \frac{m_1 - 4 m_1}{5 m_1} v_1 = -\frac{3}{5} v_1$$

$$c_1 = -0{,}6 \cdot 3{,}132 \frac{\text{m}}{\text{s}} = -1{,}879 \frac{\text{m}}{\text{s}}$$

$$c_2 = \frac{(m_2 - m_1) v_2 + 2 m_1 v_1}{m_1 + m_2} \qquad (v_2 = 0)$$

$$c_2 = \frac{2 m_1 v_1}{m_1 + m_2} = \frac{2 m_1 v_1}{m_1 + 4 m_1} = \frac{2}{5} v_1$$

$$c_2 = 0{,}4 \cdot 3{,}132 \frac{\text{m}}{\text{s}} = 1{,}253 \frac{\text{m}}{\text{s}}$$

c) Energieerhaltungssatz für den Rückprall der Kugel:
$E_E = E_A$

$$m_1 g h_1 = \frac{m_1 c_1^2}{2} \Rightarrow h_1 = \frac{c_1^2}{2g} = \frac{(0{,}6 v_1)^2}{2g}$$

$$h_1 = \frac{0{,}36 \cdot 2 g l (1 - \cos\alpha)}{2g} = 0{,}36 \, l (1 - \cos\alpha)$$

$$h_1 = 0{,}36 \cdot 1 \text{ m} (1 - \cos 60°) = 0{,}18 \text{ m}$$

$$h_1 = l (1 - \cos\alpha_1) \Rightarrow \cos\alpha_1 = 1 - \frac{h_1}{l}$$

$$\alpha_1 = \arccos\left(1 - \frac{h_1}{l}\right) = \arccos\left(1 - \frac{0{,}18 \text{ m}}{1 \text{ m}}\right) = 34{,}92°$$

d) $m_2 \dfrac{c_2^2}{2} = m_2 g \mu \Delta s$

$$\Delta s = \frac{m_2 c_2^2}{2 m_2 g \mu} = \frac{c_2^2}{2 g \mu}$$

$$\Delta s = \frac{(0{,}4 v_1)^2}{2 g \mu} = \frac{0{,}16 \cdot 2 g h}{2 g \mu} = \frac{0{,}16 h}{\mu}$$

$h = l (1 - \cos\alpha)$ eingesetzt:

$$\Delta s = \frac{0{,}16 \, l (1 - \cos\alpha)}{\mu} = \frac{0{,}16 \cdot 1 \text{ m} (1 - \cos 60°)}{0{,}15}$$

$$\Delta s = 0{,}5333 \text{ m}$$

e) Energieerhaltungssatz für beide Körper als Probe:

$m_1 g h_1 = m_1 g h - m_2 g \mu \Delta s$

$m_1 g h_1 = m_1 g h - 4 m_1 g \mu \Delta s$

$h_1 = h - 4\mu \Delta s$

$0{,}18\ \text{m} = 0{,}5\ \text{m} - 4 \cdot 0{,}15 \cdot 0{,}5333\ \text{m}$

$0{,}18\ \text{m} = 0{,}18\ \text{m}$

580.

a) $v_1 = \sqrt{2 g h} = \sqrt{2 \cdot 9{,}81 \frac{\text{m}}{\text{s}^2} \cdot 3\ \text{m}} = 7{,}672 \frac{\text{m}}{\text{s}}$

b) $c = \frac{m_1 v_1 + m_2 v_2}{m_1 + m_2} = \frac{m_1 v_1}{m_1 + m_2} \quad (v_2 = 0)$

$$c = \frac{3000\ \text{kg} \cdot 7{,}672 \frac{\text{m}}{\text{s}}}{3600\ \text{kg}} = 6{,}393 \frac{\text{m}}{\text{s}}$$

c) $\Delta W = \frac{m_1 m_2 v_1^2}{2(m_1 + m_2)} \quad (v_2 = 0)$

$$\Delta W = \frac{3000\ \text{kg} \cdot 600\ \text{kg} \cdot 7{,}672^2 \frac{\text{m}^2}{\text{s}^2}}{2 \cdot 3600\ \text{kg}}$$

$$\Delta W = 14715 \frac{\text{kgm}^2}{\text{s}^2} = 14{,}715\ \text{kJ}$$

d) Energieerhaltungssatz für beide Körper vom Ende des ersten Stoßabschnitts bis zum Stillstand:

$$0 = (m_1 + m_2)\frac{c^2}{2} + (m_1 + m_2) g \Delta s - F_R \Delta s$$

$$F_R = \frac{(m_1 + m_2) \cdot \left(\frac{c^2}{2} + g \Delta s\right)}{\Delta s}$$

$$F_R = \frac{3600\ \text{kg}\left(20{,}435 \frac{\text{m}^2}{\text{s}^2} + 9{,}81 \frac{\text{m}}{\text{s}^2} \cdot 0{,}3\ \text{m}\right)}{0{,}3\ \text{m}}$$

$$F_R = 280536 \frac{\text{kgm}}{\text{s}^2} = 280{,}536\ \text{kN}$$

e) $\eta = \frac{1}{1 + \frac{m_2}{m_1}}$

$$\eta = \frac{1}{1 + \frac{600\ \text{kg}}{3000\ \text{kg}}} = 0{,}833 = 83{,}33\ \%$$

581.

a) Arbeitsvermögen = Energieabnahme beim unelastischen Stoß.

$$\Delta W = \frac{m_1 m_2}{2(m_1 + m_2)} v_1^2 \quad (v_2 = 0)$$

$$m_1 = \frac{2 \Delta W m_2}{m_2 v_1^2 - 2\Delta W} = \frac{2 \Delta W m_2}{2 m_2 g h - 2\Delta W} = \frac{\Delta W m_2}{g h m_2 - \Delta W}$$

$$m_1 = \frac{10^3\ \text{Nm} \cdot 10^3\ \text{kg}}{10^3\ \text{kg} \cdot 9{,}81 \frac{\text{m}}{\text{s}^2} \cdot 1{,}8\ \text{m} - 10^3\ \text{Nm}} = 60{,}03\ \text{kg}$$

b) $\eta = \frac{1}{1 + \frac{m_1}{m_2}} = \frac{1}{1 + \frac{60{,}03\ \text{kg}}{1000\ \text{kg}}}$

$\eta = 0{,}9434 = 94{,}34\ \%$

Dynamik der Drehbewegung

582.

a) $\alpha = \frac{\Delta \omega}{\Delta t} = \frac{20\pi \frac{\text{rad}}{\text{s}}}{2{,}6 \cdot 60\ \text{s}} = 0{,}4028 \frac{\text{rad}}{\text{s}^2}$

b) $M_R = M_{res} = J \alpha$

$M_R = 3\ \text{kgm}^2 \cdot 0{,}4028 \frac{\text{rad}}{\text{s}^2} = 1{,}208\ \text{Nm}$

583.

Bremsmoment = resultierendes Moment

$M_{res} \Delta t = J \Delta \omega \Rightarrow J = \frac{M_{res} \Delta t}{\Delta \omega}$

$$\Delta \omega = \frac{\pi n}{30} = \frac{\pi \cdot 300}{30} \frac{\text{rad}}{\text{s}} = 10\pi \frac{\text{rad}}{\text{s}}$$

$$J = \frac{100\ \text{Nm} \cdot 100\ \text{s}}{10\pi \frac{\text{rad}}{\text{s}}} = 318{,}31\ \text{kgm}^2$$

584.

a) $\alpha = \frac{\Delta \omega}{\Delta t} \qquad \Delta \omega = \frac{\pi n}{30} = \frac{\pi \cdot 1500}{30} \frac{\text{rad}}{\text{s}} = 50\pi \frac{\text{rad}}{\text{s}}$

$$\alpha = \frac{50\pi \frac{\text{rad}}{\text{s}}}{10\ \text{s}} = 15{,}71 \frac{\text{rad}}{\text{s}^2}$$

b) $M_{mot} = M_{res} = J \alpha$

$M_{mot} = 15\ \text{kgm}^2 \cdot 15{,}71 \frac{\text{rad}}{\text{s}^2} = 235{,}5\ \text{Nm}$

585.

a) $\alpha = \dfrac{\Delta\omega}{\Delta t} = \dfrac{12\pi \dfrac{\text{rad}}{\text{s}}}{5\text{ s}} = 7{,}54\,\dfrac{\text{rad}}{\text{s}^2}$

b) $M_{\text{res}} = M_{\text{a}} - M_{\text{R}} \Rightarrow M_{\text{a}} = M_{\text{res}} + M_{\text{R}}$

$$M_{\text{a}} = J\alpha + M_{\text{R}} = 3{,}5\text{ kgm}^2 \cdot 7{,}54\,\frac{\text{rad}}{\text{s}^2} + 0{,}5\text{ Nm}$$

$$M_{\text{a}} = 26{,}89\text{ Nm}$$

c) $P = M_{\text{a}}\,\omega = 26{,}89\text{ Nm}\cdot 12\pi\,\dfrac{\text{rad}}{\text{s}}$

$$P = 1014\,\frac{\text{Nm}}{\text{s}} = 1{,}014\text{ kW}$$

586.

a) Bremsmoment = resultierendes Moment aus dem Impulserhaltungssatz

$$M_{\text{res}}\,\Delta t = J\,\Delta\omega \Rightarrow M_{\text{res}} = \frac{J\,\Delta\omega}{\Delta t}$$

$$\Delta\omega = \frac{\pi n}{30} = \frac{1500\pi}{30}\,\frac{\text{rad}}{\text{s}} = 50\pi\,\frac{\text{rad}}{\text{s}}$$

$$M_{\text{res}} = M_{\text{R}} = \frac{0{,}18\text{ kgm}^2\cdot 50\pi\,\dfrac{\text{rad}}{\text{s}}}{235\text{ s}} = 0{,}1203\text{ Nm}$$

b) $M_{\text{R}} = F_{\text{G}}\mu\dfrac{d}{2} = m g \mu \dfrac{d}{2} \Rightarrow \mu = \dfrac{2M_{\text{R}}}{m g d}$

$$\mu = \frac{2\cdot 0{,}1203\text{ Nm}}{10\text{ kg}\cdot 9{,}81\,\dfrac{\text{m}}{\text{s}^2}\cdot 0{,}020\text{ m}} = 0{,}1226$$

587.

a) $M_{\text{res}} = F\dfrac{l}{2} = J\alpha \Rightarrow \alpha = \dfrac{F l}{2J}$

$$\alpha = \frac{400\text{ N}\cdot 40\text{ m}}{2\cdot 10^7\text{ kgm}^2} = 8\cdot 10^{-4}\,\frac{\text{rad}}{\text{s}^2}$$

b) $\alpha = \dfrac{\Delta\omega}{\Delta t} = \dfrac{\omega_{\text{t}}}{\Delta t} \Rightarrow \omega_{\text{t}} = \alpha\,\Delta t$

$$\omega_{\text{t}} = 8\cdot 10^{-4}\,\frac{\text{rad}}{\text{s}^2}\cdot 30\text{ s} = 2{,}4\cdot 10^{-2}\,\frac{\text{rad}}{\text{s}}$$

c) Bremskraft F_1 aus

$$M_{\text{res}} = F_1\frac{d}{2} = J\alpha_1 \Rightarrow F_1 = \frac{2J\alpha_1}{d}$$

I. $\alpha_1 = \dfrac{\omega_{\text{t}}}{\Delta t}$ II. $\Delta\varphi = \dfrac{\omega_{\text{t}}\,\Delta t}{2}$

ω,t-Diagramm siehe Lösung 486.

I. $\Delta t = \dfrac{\omega_{\text{t}}}{\alpha_1}$ in II. eingesetzt: $\Delta\varphi = \dfrac{\omega_{\text{t}}^2}{2\alpha_1}$

$$\alpha_1 = \frac{\omega_{\text{t}}^2}{2\Delta\varphi} = \frac{\left(2{,}4\cdot 10^{-2}\,\dfrac{\text{rad}}{\text{s}}\right)^2}{2\left(\dfrac{5\text{ m}}{20\text{ m}}\right)\text{rad}} = 11{,}52\cdot 10^{-4}\,\frac{\text{rad}}{\text{s}^2}$$

$$F_1 = \frac{2\cdot 10^7\text{ kgm}^2\cdot 11{,}52\cdot 10^{-4}\,\dfrac{\text{rad}}{\text{s}^2}}{40\text{ m}} = 576\text{ N}$$

oder mit dem Energieerhaltungssatz für den Bremsvorgang:

$$E_{\text{rot E}} = E_{\text{rot A}} - W_{\text{ab}}$$

$$0 = E_{\text{rot A}} - F_1\,\Delta s \Rightarrow F_1 = \frac{E_{\text{rot A}}}{\Delta s}$$

$$F_1 = \frac{J\omega_{\text{t}}^2}{2\Delta s} = \frac{10^7\text{kgm}^2\left(2{,}4\cdot 10^{-2}\,\dfrac{\text{rad}}{\text{s}}\right)^2}{2\cdot 5\text{ m}} = 576\text{ N}$$

588.

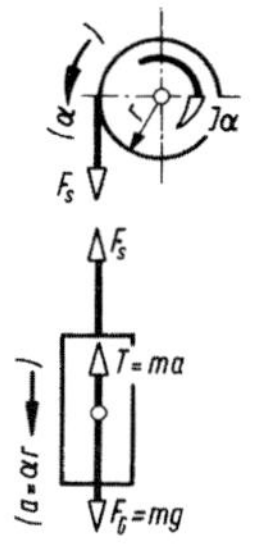

a) Trommel:

$$\Sigma M = 0 = F_{\text{s}}\,r - J\alpha$$

$$F_{\text{s}} = \frac{J\alpha}{r}$$

Last:

$$\Sigma F_{\text{y}} = 0 = F_{\text{s}} + m a - m g$$

$$F_{\text{s}} = m g - m a = m g - m\alpha r$$

$$F_{\text{s}} = \frac{J\alpha}{r} = m g - m\alpha r$$

$$\alpha = \frac{m g r}{J + m r^2}$$

$$\alpha = \frac{2500\text{ kg}\cdot 9{,}81\,\dfrac{\text{m}}{\text{s}^2}\cdot 0{,}2\text{ m}}{4{,}8\text{ kgm}^2 + 2500\text{ kg}\cdot(0{,}2\text{ m})^2} = 46{,}8\,\frac{\text{rad}}{\text{s}^2}$$

b) $a = \alpha r = 46{,}8\,\dfrac{\text{rad}}{\text{s}^2}\cdot 0{,}2\text{ m} = 9{,}36\,\dfrac{\text{m}}{\text{s}^2}$

c) $v = \sqrt{2a\Delta s} = \sqrt{2\cdot 9{,}36\,\dfrac{\text{m}}{\text{s}^2}\cdot 3\text{ m}} = 7{,}494\,\dfrac{\text{m}}{\text{s}}$

589.

a) $M_{\text{res}} = \Sigma M_{(\text{M})} = J\,\alpha - F_{\text{R0}\max}\, r$

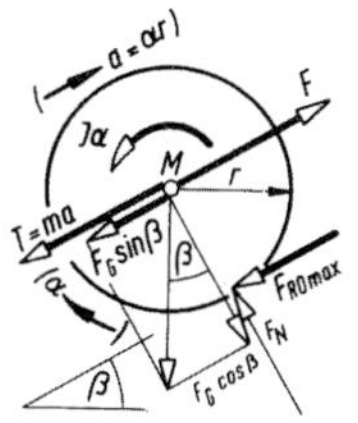

$$\alpha = \frac{a}{r}$$

$$\frac{a}{r} = \frac{F_{\text{R0}\max}\, r}{J}$$

$$a = \frac{F_{\text{R0}\max}\, r^2}{J}$$

$$a = \frac{m\, g \cos\beta\, \mu_0\, r^2}{\frac{m\, r^2}{2}} = 2\, g\, \mu_0 \cos\beta$$

$$a = 2 \cdot 9{,}81\,\frac{\text{m}}{\text{s}^2} \cdot 0{,}2 \cdot \cos 30° = 3{,}398\,\frac{\text{m}}{\text{s}^2}$$

b) $F_{\text{res}} = \Sigma F_{\text{x}} = F - F_{\text{G}} \sin\beta - m\, a - F_{\text{R0}\max}$

$$F = F_{\text{G}} \sin\beta + m\, a + F_{\text{R0}\max}$$

$$F = m\, g \sin\beta + m\, a + m\, g\, \mu_0 \cos\beta$$

$$F = m[a + g\,(\sin\beta + \mu_0 \cos\beta)]$$

$$F = 10\ \text{kg}\left[3{,}398\,\frac{\text{m}}{\text{s}^2} + 9{,}81\,\frac{\text{m}}{\text{s}^2}\left(\sin 30° + 0{,}2 \cdot \cos 30°\right)\right]$$

$$F = 100\ \text{N}$$

590.

a) $m_{2\,\text{red}} = \dfrac{J_2}{r_2^2}$

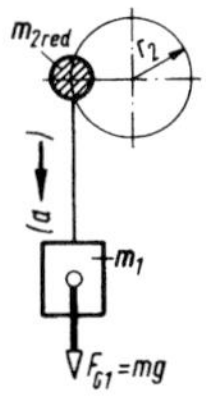

$$m_{2\,\text{red}} = \frac{0{,}05\ \text{kgm}^2}{(0{,}1\ \text{m})^2} = 5\ \text{kg}$$

b) $m_{\text{ges}} = m_1 + m_{2\,\text{red}} = 7\ \text{kg}$

c) $F_{\text{res}} = F_{\text{G1}} = m_1\, g = 2\ \text{kg} \cdot 9{,}81\,\dfrac{\text{m}}{\text{s}^2} = 19{,}62\ \text{N}$

d) $F_{\text{res}} = m_{\text{ges}}\, a \Rightarrow a = \dfrac{F_{\text{res}}}{m_{\text{ges}}}$

$$a = \frac{m_1\, g}{m_1 + \frac{J_2}{r_2^2}} = g\,\frac{m_1\, r_2^2}{m_1\, r_2^2 + J_2}$$

$$a = 9{,}81\,\frac{\text{m}}{\text{s}^2} \cdot \frac{2\ \text{kg} \cdot (0{,}1\ \text{m})^2}{2\ \text{kg} \cdot (0{,}1\ \text{m})^2 + 0{,}05\ \text{kgm}^2} = 2{,}803\,\frac{\text{m}}{\text{s}^2}$$

Wird nach der Kraft F_{S} im Seil während des Beschleunigungsvorgangs mit $a = 2{,}803\ \text{m/s}^2$ gefragt, führt ein gedachter Schnitt unterhalb der (eingezeichneten) reduzierten Masse $m_{2\,\text{red}}$ zum Ziel. Mit dem Dynamischen Grundgesetz gilt dann:

$$F_{\text{S}} = m_{2\,\text{red}} \cdot a$$

$$F_{\text{S}} = 5\ \text{kg} \cdot 2{,}803\,\frac{\text{m}}{\text{s}^2} = 14{,}015\,\frac{\text{kgm}}{\text{s}^2} = 14{,}015\ \text{N}$$

591.

a) $J = \dfrac{m\, r^2}{2} = \dfrac{V\varrho\, R^2}{2} = \dfrac{\pi R^2 s\, \varrho\, R^2}{2}$

$$J = \frac{\pi R^4 s\varrho}{2} = \frac{\pi (0{,}15\ \text{m})^4 \cdot 0{,}002\ \text{m} \cdot 7850\,\frac{\text{kg}}{\text{m}^3}}{2}$$

$$J = 0{,}012\,485\ \text{kgm}^2$$

$$i = \sqrt{\frac{R^2}{2}} = \sqrt{\frac{(0{,}15\ \text{m})^2}{2}} = 0{,}1061\ \text{m} = 106{,}1\ \text{mm}$$

b) $J = \dfrac{m}{2}(R^2 + r^2) = \dfrac{(R^2 + r^2)\pi s\, \varrho (R^2 - r^2)}{2}$

$$J = \frac{\pi s\, \varrho}{2}(R^4 - r^4)$$

$$J = \frac{\pi \cdot 0{,}002\ \text{m} \cdot 7850\,\frac{\text{kg}}{\text{m}^3}}{2}(0{,}15^4 - 0{,}02^4)\ \text{m}^4$$

$$J = 0{,}012\,481\ \text{kgm}^2$$

(d. h., die Bohrung ist vernachlässigbar)

$$i = \sqrt{\frac{R^2 + r^2}{2}} = \sqrt{\frac{(0{,}15\ \text{m})^2 + (0{,}02\ \text{m})^2}{2}} = 0{,}107\ \text{m}$$

$$i = 107\ \text{mm}$$

592.

Einteilung:

Teil	Anzahl / Bezeichnung	Abmessungen
1	1 große Scheibe	Ø 0,2 m × 0,02 m
2	1 kleine Scheibe	Ø 0,1 m × 0,02 m
3	1 Wellenrest	Ø 0,02 m × 0,05 m

$$J = \frac{m\, r^2}{2} \qquad m = \pi\varrho\, r^2 h \Rightarrow J = \frac{1}{2}(\pi\varrho\, r^4 h)$$

Teil 1: $J_1 = \dfrac{1}{2}\left(\pi \cdot 7850\,\dfrac{\text{kg}}{\text{m}^3} \cdot 0{,}1^4\ \text{m}^4 \cdot 0{,}02\ \text{m}\right)$

$$J_1 = 246{,}6 \cdot 10^{-4}\,\text{kgm}^2$$

Teil 2: $J_2 = \dfrac{1}{2}\left(\pi \cdot 7850\,\dfrac{\text{kg}}{\text{m}^3} \cdot 0{,}05^4\text{m}^4 \cdot 0{,}02\ \text{m}\right)$

$$J_2 = 15{,}41 \cdot 10^{-4}\ \text{kgm}^2$$

Teil 3: $J_3 = \dfrac{1}{2}\left(\pi \cdot 7850\,\dfrac{\text{kg}}{\text{m}^3} \cdot 0{,}01^4\ \text{m}^4 \cdot 0{,}05\ \text{m}\right)$

$$J_3 = 0{,}062 \cdot 10^{-4}\ \text{kgm}^2$$

$$J_{\text{ges}} = J_1 + J_2 + J_3$$

$$J_{\text{ges}} = (246{,}61 + 15{,}41 + 0{,}062) \cdot 10^{-4}\ \text{kgm}^2$$

$$J_{\text{ges}} = 262{,}1 \cdot 10^{-4}\ \text{kgm}^2 = 2{,}621 \cdot 10^{-2}\ \text{kgm}^2$$

593.

a) Einteilung:

Teil	Anzahl/Bezeichnung	Abmessungen
1	1 Außenzylinder	Ø 2 m × 0,9 m
2	2 Vollscheiben	Ø 1,97 m × 0,02 m
3	1 Wellenmittelstück	Ø 0,2 m × 0,6 m
4	2 Lagerzapfen	Ø 0,16 m × 0,3 m
5	2 Bohrungen	Ø 0,16 m × 0,02 m
6	1 Innenzylinder	Ø 1,97 m × 0,9 m

$$J = \frac{m r^2}{2} \qquad m = \pi \varrho r^2 h \Rightarrow J = \frac{1}{2}(\pi \mathrm{r} r^4 h)$$

Teil 1: $J_1 = \frac{1}{2}\left(\pi \cdot 7850 \,\frac{\text{kg}}{\text{m}^3} \cdot 1^4 \text{ m}^4 \cdot 0{,}9 \text{ m}\right)$

$J_1 = 11097{,}7 \text{ kgm}^2$

Teil 2: $J_2 = \pi \cdot 7850 \,\frac{\text{kg}}{\text{m}^3} \cdot 0{,}985^4 \text{ m}^4 \cdot 0{,}02 \text{ m}$

$J_2 = 464{,}3 \text{ kgm}^2$

Teil 3: $J_3 = \frac{1}{2}\left(\pi \cdot 7850 \,\frac{\text{kg}}{\text{m}^3} \cdot 0{,}1^4 \text{ m}^4 \cdot 0{,}6 \text{ m}\right)$

$J_3 = 0{,}74 \text{ kgm}^2$

Teil 4: $J_4 = \pi \cdot 7850 \,\frac{\text{kg}}{\text{m}^3} \cdot 0{,}08^4 \text{ m}^4 \cdot 0{,}3 \text{ m}$

$J_4 = 0{,}3 \text{ kgm}^2$

Teil 5: $J_5 = \pi \cdot 7850 \,\frac{\text{kg}}{\text{m}^3} \cdot 0{,}08^4 \text{ m}^4 \cdot 0{,}02 \text{ m}$

$J_5 = 0{,}02 \text{ kgm}^2$

Teil 6: $J_6 = \frac{1}{2}\left(\pi \cdot 7850 \,\frac{\text{kg}}{\text{m}^3} \cdot 0{,}985^4 \text{ m}^4 \cdot 0{,}9 \text{ m}\right)$

$J_6 = 10446{,}6 \text{ kgm}^2$

$J_{\text{ges}} = J_1 + J_2 + J_3 + J_4 - J_5 - J_6$

$J_{\text{ges}} = (11097{,}7 + 464{,}3 + 0{,}74 + 0{,}3 - 0{,}02 - 10446{,}6) \text{ kgm}^2$

$J_{\text{ges}} = 1116{,}4 \text{ kgm}^2$

b) $m_{\text{ges}} = m_1 + 2m_2 + m_3 + 2m_4 - 2m_5 - m_6$

$m_1 = \pi \varrho r_1^2 h_1 = \pi \cdot 7850 \,\frac{\text{kg}}{\text{m}^3} \cdot 1^2 \text{ m}^2 \cdot 0{,}9 \text{ m}$

$m_1 = 22195{,}35 \text{ kg}$

$m_2 = \pi \varrho r_2^2 h_2 = \pi \cdot 7850 \,\frac{\text{kg}}{\text{m}^3} \cdot 0{,}985^2 \text{ m}^2 \cdot 0{,}02 \text{ m}$

$m_2 = 478{,}544 \text{ kg}$

$m_3 = \pi \varrho r_3^2 h_3 = \pi \cdot 7850 \,\frac{\text{kg}}{\text{m}^3} \cdot 0{,}1^2 \text{ m}^2 \cdot 0{,}6 \text{ m}$

$m_3 = 147{,}969 \text{ kg}$

$m_4 = \pi \varrho r_4^2 h_4 = \pi \cdot 7850 \,\frac{\text{kg}}{\text{m}^3} \cdot 0{,}08^2 \text{ m}^2 \cdot 0{,}3 \text{ m}$

$m_4 = 47{,}35 \text{ kg}$

$m_5 = \pi \varrho r_5^2 h_5 = \pi \cdot 7850 \,\frac{\text{kg}}{\text{m}^3} \cdot 0{,}08^2 \text{ m}^2 \cdot 0{,}02 \text{ m}$

$m_5 = 3{,}157 \text{ kg}$

$m_6 = \pi \varrho r_6^2 h_6 = \pi \cdot 7850 \,\frac{\text{kg}}{\text{m}^3} \cdot 0{,}985^2 \text{ m}^2 \cdot 0{,}9 \text{ m}$

$m_6 = 21534{,}483 \text{ kg}$

$m_{\text{ges}} = (22195{,}35 + 2 \cdot 478{,}544 + 147{,}969 +$
$\quad + 2 \cdot 47{,}35 - 2 \cdot 3{,}157 - 21534{,}483) \text{ kg}$

$m_{\text{ges}} = 1854{,}31 \text{ kg}$

c) $i = \sqrt{\frac{J_{\text{ges}}}{m_{\text{ges}}}} = \sqrt{\frac{1116{,}4 \text{ kgm}^2}{1854{,}31 \text{ kg}}} = 0{,}776 \text{ m}$

594.

a) Einteilung:

Teil	Anzahl/Bezeichnung	Abmessungen
1	1 Vollscheibe	Ø 0,5 m × 0,06 m
2	1 Vollzylinder	Ø 0,5 m × 0,14 m
3	1 Vollzylinder	Ø 0,19 m × 0,24 m
4	1 Zylinder	Ø 0,46 m × 0,14 m
5	1 Bohrung	Ø 0,1 m × 0,3 m
6	6 Bohrungen	Ø 0,06 m × 0,06 m

$$J = \frac{m r^2}{2} \qquad m = \pi \varrho r^2 h \Rightarrow J = \frac{1}{2}(\pi \varrho r^4 h)$$

Teil 1: $J_1 = \frac{1}{2}\left(\pi \cdot 7850 \,\frac{\text{kg}}{\text{m}^3} \cdot 0{,}25^4 \text{ m}^4 \cdot 0{,}06 \text{ m}\right)$

$J_1 = 2{,}89 \text{ kgm}^2$

Teil 2: $J_2 = \frac{1}{2}\left(\pi \cdot 7850 \,\frac{\text{kg}}{\text{m}^3} \cdot 0{,}25^4 \text{ m}^4 \cdot 0{,}14 \text{ m}\right)$

$J_2 = 6{,}7434 \text{ kgm}^2$

Teil 3: $J_3 = \frac{1}{2}\left(\pi \cdot 7850 \,\frac{\text{kg}}{\text{m}^3} \cdot 0{,}095^4 \text{ m}^4 \cdot 0{,}24 \text{ m}\right)$

$J_3 = 0{,}241 \text{ kgm}^2$

Teil 4: $J_4 = \frac{1}{2}\left(\pi \cdot 7850 \,\frac{\text{kg}}{\text{m}^3} \cdot 0{,}23^4 \text{ m}^4 \cdot 0{,}14 \text{ m}\right)$

$J_4 = 4{,}8309 \text{ kgm}^2$

Teil 5: $J_5 = \frac{1}{2}\left(\pi \cdot 7850 \,\frac{\text{kg}}{\text{m}^3} \cdot 0{,}05^4 \text{ m}^4 \cdot 0{,}3 \text{ m}\right)$

$J_5 = 0{,}0231 \text{ kgm}^2$

Teil 6: $J_6 = (\pi \varrho r^2 \cdot 6 \cdot h)\left(\frac{r^2}{2} + l^2\right)$

Steiner'scher Verschiebesatz:

$$J_6 = \left(\pi \cdot 7850 \,\frac{\text{kg}}{\text{m}^3} \cdot 0{,}04^2 \text{ m}^2 \cdot 6 \cdot 0{,}06 \text{ m}\right) \cdot \left(\frac{0{,}04^2 \text{ m}^2}{2} + 0{,}165^2 \text{ m}^2\right)$$

$$J_6 = 0{,}3981 \text{ kgm}^2$$

$$J_{\text{ges}} = J_1 + J_2 + J_3 - J_4 - J_5 - J_6$$

$$J_{\text{ges}} = (2{,}89 + 6{,}7434 + 0{,}241 - 4{,}8309 - 0{,}0231 - 0{,}3981) \text{ kgm}^2 = 4{,}6223 \text{ kgm}^2$$

b) $m_{\text{ges}} = m_1 + m_2 + m_3 - m_4 - m_5 - 6 \cdot m_6$

$$m_1 = \pi \varrho r_1^2 h_1 = \pi \cdot 7850 \,\frac{\text{kg}}{\text{m}^3} \cdot 0{,}25^2 \text{ m}^2 \cdot 0{,}06 \text{ m}$$

$$m_1 = 92{,}48 \text{ kg}$$

$$m_2 = \pi \varrho r_2^2 h_2 = \pi \cdot 7850 \,\frac{\text{kg}}{\text{m}^3} \cdot 0{,}25^2 \text{ m}^2 \cdot 0{,}14 \text{ m}$$

$$m_2 = 215{,}79 \text{ kg}$$

$$m_3 = \pi \varrho r_3^2 h_3 = \pi \cdot 7850 \,\frac{\text{kg}}{\text{m}^3} \cdot 0{,}095^2 \text{ m}^2 \cdot 0{,}24 \text{ m}$$

$$m_3 = 53{,}42 \text{ kg}$$

$$m_4 = \pi \varrho r_4^2 h_4 = \pi \cdot 7850 \,\frac{\text{kg}}{\text{m}^3} \cdot 0{,}23^2 \text{ m}^2 \cdot 0{,}14 \text{ m}$$

$$m_4 = 182{,}64 \text{ kg}$$

$$m_5 = \pi \varrho r_5^2 h_5 = \pi \cdot 7850 \,\frac{\text{kg}}{\text{m}^3} \cdot 0{,}05^2 \text{ m}^2 \cdot 0{,}3 \text{ m}$$

$$m_5 = 18{,}5 \text{ kg}$$

$$m_6 = 6 \cdot \pi \varrho r_6^2 h_6 = 6 \cdot \pi \cdot 7850 \,\frac{\text{kg}}{\text{m}^3} \cdot 0{,}04^2 \text{ m}^2 \cdot 0{,}06 \text{ m}$$

$$m_6 = 14{,}21 \text{ kg}$$

$$m_{\text{ges}} = (92{,}48 + 215{,}79 + 53{,}42 - 182{,}64 - 18{,}5 - 14{,}21) \text{ kg}$$

$$m_{\text{ges}} = 146{,}34 \text{ kg}$$

c) $i = \sqrt{\dfrac{J_{\text{ges}}}{m_{\text{ges}}}} = \sqrt{\dfrac{4{,}6223 \text{ kgm}^2}{146{,}34 \text{ kg}}}$

$$i = 0{,}1777 \text{ m} = 177{,}7 \text{ mm}$$

595.

Einteilung:

Teil	Anzahl/Bezeichnung	Abmessungen
1	1 Vollscheibe	Ø 0,18 m × 0,03 m
2	1 Zentralbohrung	Ø 0,04 m × 0,03 m
3	3 exzentrische Bohrungen	Ø 0,05 m × 0,03 m

$$J = \frac{m r^2}{2} \qquad m = \pi \varrho r^2 h \Rightarrow J = \frac{1}{2}(\pi \varrho r^4 h)$$

Teil 1: $J_1 = \dfrac{1}{2}\left(\pi \cdot 7850 \,\dfrac{\text{kg}}{\text{m}^3} \cdot 0{,}09^4 \text{ m}^4 \cdot 0{,}03 \text{ m}\right)$

$$J_1 = 242{,}71 \cdot 10^{-4} \text{ kgm}^2$$

Teil 2: $J_2 = \dfrac{1}{2}\left(\pi \cdot 7850 \,\dfrac{\text{kg}}{\text{m}^3} \cdot 0{,}02^4 \text{ m}^4 \cdot 0{,}03 \text{ m}\right)$

$$J_2 = 0{,}592 \cdot 10^{-4} \text{ kgm}^2$$

$$J_3 = (\pi \varrho r^2 \cdot 3 \cdot h)\left(\frac{r^2}{2} + l^2\right)$$

Steiner'scher Verschiebesatz:

Teil 3: $J_3 = \left(\pi \cdot 7850 \,\dfrac{\text{kg}}{\text{m}^3} \cdot 0{,}025^2 \text{ m}^2 \cdot 3 \cdot 0{,}03 \text{ m}\right) \cdot \left(\dfrac{0{,}025^2 \text{ m}^2}{2} + 0{,}055^2 \text{ m}^2\right)$

$$J_3 = 46{,}298 \cdot 10^{-4} \text{ kgm}^2$$

$$J_{\text{ges}} = J_1 - J_2 - J_3$$

$$J_{\text{ges}} = (242{,}71 - 0{,}592 - 46{,}298) \cdot 10^{-4} \text{ kgm}^2$$

$$J_{\text{ges}} = 195{,}82 \cdot 10^{-4} \text{ kgm}^2 = 0{,}019582 \text{ kgm}^2$$

596.

Einteilung:
Nabe 1, Segmentstück 2

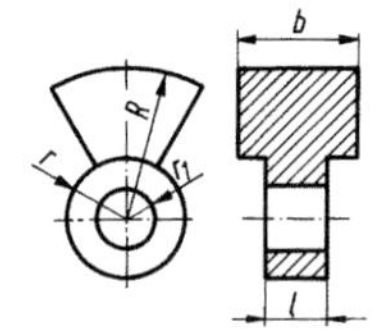

$$m_1 = \pi l \varrho (r^2 - r_1^2)$$

$$m_1 = \pi \cdot 0{,}02 \text{ m} \cdot 7850 \,\frac{\text{kg}}{\text{m}^3}(0{,}02^2 - 0{,}0125^2) \text{ m}^2$$

$$m_1 = 0{,}1202 \text{ kg}$$

$$J_1 = m\frac{r^2 + r_1^2}{2} = 0{,}1202 \text{ kg}\,\frac{(2^2 + 1{,}25^2) \cdot 10^{-4} \text{ m}^2}{2}$$

$$J_1 = 0{,}3343 \cdot 10^{-4} \text{ kgm}^2$$

$$m_2 = \frac{\pi b \varrho (R^2 - r^2)}{6} \quad \left(\tfrac{1}{6} \text{ Hohlzylinder}\right)$$

$$m_2 = \frac{\pi \cdot 0{,}04 \text{ m} \cdot 7850 \,\frac{\text{kg}}{\text{m}^3}(0{,}06^2 - 0{,}02^2) \text{ m}^2}{6}$$

$$m_2 = 0{,}5261 \text{ kg}$$

$$J_2 = m_2 \frac{R^2 + r^2}{2} = 0{,}5261 \text{ kg}\,\frac{(6^2 + 2^2) \cdot 10^{-4} \text{ m}^2}{2}$$

$$J_2 = 10{,}52 \cdot 10^{-4} \text{ kgm}^2$$

$$J_{\text{ges}} = J_1 + J_2 = (0{,}3343 + 10{,}52) \cdot 10^{-4} \text{ kgm}^2$$

$$J_{\text{ges}} = 10{,}85 \cdot 10^{-4} \text{ kgm}^2 = 0{,}001085 \text{ kgm}^2$$

Energie bei Drehbewegung

597.

$$\Delta E_{rot} = \frac{J}{2}(\omega_1^2 - \omega_2^2)$$

$$\omega_1 = \frac{\pi n_1}{30} = \frac{\pi \cdot 2800}{30} \frac{rad}{s} = 293{,}2 \frac{rad}{s}$$

$$\omega_2^2 = \frac{J\omega_1^2 - 2\Delta E_{rot}}{J}$$

$$\omega_2 = \sqrt{\frac{145\ kgm^2 \cdot \left(293{,}2 \frac{rad}{s}\right)^2 - 2 \cdot 1{,}2 \cdot 10^6\ Nm}{145\ kgm^2}}$$

$$\omega_2 = 263{,}5 \frac{rad}{s}$$

$$n_2 = \frac{30\omega_2}{\pi} = 2516 \frac{1}{min} = 2516\ min^{-1}$$

598.

a) $\Delta E_{rot} = \frac{J}{2}(\omega_1^2 - \omega_2^2)$

$$\omega_1 = \frac{\pi n_1}{30} = 100\pi \frac{rad}{s} \qquad \omega_2 = \frac{\pi n_2}{30} = 66{,}67\pi \frac{rad}{s}$$

$$J = \frac{2\Delta E_{rot}}{\omega_1^2 - \omega_2^2} = \frac{2 \cdot 10^5\ Nm}{\pi^2(100^2 - 66{,}67^2)\frac{rad^2}{s^2}}$$

$$J = 7{,}3\ kgm^2$$

b) $J_k = 0{,}9 J = m\frac{R^2 + r^2}{2}$

$$m = \frac{2 \cdot 0{,}9 J}{R^2 + r^2} = \frac{2 \cdot 0{,}9 \cdot 7{,}3\ kgm^2}{(0{,}4\ m)^2 + (0{,}38\ m)^2} = 43{,}167\ kg$$

599.

a) $E_E = E_A - W_{ab}$

$$0 = \frac{mv^2}{2} - F'_w m \Delta s$$

(F'_w Fahrwiderstand in N je t Waggonmasse)

$$\Delta s = \frac{mv^2}{2F'_w m} = \frac{v^2}{2F'_w}$$

$$F'_w = \frac{40\ N}{10^3\ kg} = \frac{40\ kgm}{1000\ kgs^2} = 0{,}04 \frac{m}{s^2}$$

$$\Delta s = \frac{\left(\frac{18}{3{,}6} \frac{m}{s}\right)^2}{2 \cdot 0{,}04 \frac{m}{s^2}} = 312{,}5\ m$$

b) $0 = \frac{mv^2}{2} + \frac{J\omega^2}{2} - F'_w m \Delta s$

$$J = \frac{m_r r^2}{2} \qquad \omega^2 = \frac{v^2}{r^2}$$

$$0 = \frac{mv^2}{2} + \frac{m_r r^2 v^2}{2 \cdot 2 r^2} - F'_w m \Delta s$$

$$\Delta s = \frac{v^2}{2F'_w} + \frac{m_r \cdot v^2}{4 \cdot F'_w m} = \frac{v^2}{2F'_w}\left(1 + \frac{m_r}{2m}\right)$$

Masse m_r für 4 Räder:

$$m_r = \frac{4\pi d^2 s \varrho}{4} = \pi \cdot (0{,}9\ m)^2 \cdot 0{,}1\ m \cdot 7850 \frac{kg}{m^3}$$

$$m_r = 1997{,}582\ kg$$

$$\Delta s = \frac{\left(5 \frac{m}{s}\right)^2}{2 \cdot 0{,}04 \frac{m}{s^2}}\left(1 + \frac{1{,}998\ t}{2 \cdot 40\ t}\right) = 320{,}3\ m$$

600.

Energie der Kugel an der Ablaufkante = Energie am Startpunkt:

$E_E = E_A$ E_E mit $v_x = 1{,}329$ m/s nach Lösung 447. berechnet.

$$\frac{mv_x^2}{2} + \frac{J\omega^2}{2} = mgh_2$$

$$\frac{mv_x^2}{2} + \frac{2mr^2}{2 \cdot 5} \cdot \frac{v_x^2}{r^2} = mgh_2$$

$$\frac{v_x^2}{2} + \frac{v_x^2}{5} = gh_2$$

$$h_2 = \frac{7v_x^2}{10g} = 0{,}7\frac{v_x^2}{g}$$

$$h_2 = 0{,}7 \frac{\left(1{,}329 \frac{m}{s}\right)^2}{9{,}81 \frac{m}{s^2}} = 0{,}126\ m$$

Rechnung ohne Kenntnis des Betrags von v_x: Kugel fällt während Δt im freien Fall $h = 1$ m tief, gleichzeitig legt sie gleichförmig den Weg $s_x = 0{,}6$ m zurück.

$$s_x = v_x\sqrt{\frac{2h}{g}}$$

$$s_x^2 = v_x^2 \frac{2h}{g} \Rightarrow v_x^2 = s_x^2 \frac{g}{2h}$$

(weiter wie oben, vorletzte Zeile:)

$$h_2 = \frac{0{,}7 g s_x^2}{2gh} = \frac{0{,}7 s_x^2}{2h} = \frac{0{,}7 \cdot (0{,}6\ m)^2}{2 \cdot 1\ m} = 0{,}126\ m$$

601.

a) $E_E = E_A \pm 0$

$$\frac{m_1 v^2}{2} + \frac{J_2 \omega^2}{2} = m_1 g h$$

b) $\omega = \frac{v}{r_2}$ eingesetzt

$$v^2 \left(\frac{m_1}{2} + \frac{J_2}{2 r_2^2} \right) = m_1 g h$$

$$v = \sqrt{\frac{2 m_1 g h}{m_1 + \frac{J_2}{r_2^2}}} = \sqrt{\frac{2 \cdot 2\ \text{kg} \cdot 9{,}81\ \frac{\text{m}}{\text{s}^2} \cdot 1\ \text{m}}{2\ \text{kg} + \frac{0{,}05\ \text{kgm}^2}{(0{,}1\ \text{m})^2}}}$$

$$v = 2{,}368\ \frac{\text{m}}{\text{s}}$$

602.

a) $E_E = E_A \pm 0$

$$\frac{J_1 \omega^2}{2} + \frac{J_2 \omega^2}{2} + m g \left(l + \frac{l}{2} \right) = 3 m g l$$

$$J_1 = \frac{m l^2}{12} + m \left(\frac{l}{2} \right)^2 = \frac{m l^2}{3}$$

$$J_2 = \frac{2 m \cdot (2l)^2}{12} + 2 m \cdot \left(\frac{2l}{2} \right)^2 = \frac{8 m l^2}{3}$$

$$\frac{\omega^2}{2} \left(\frac{m l^2}{3} + \frac{2 m (2l)^2}{3} \right) = m g \left(3l - l - \frac{l}{2} \right)$$

$$\frac{m \omega^2}{2} \left(\frac{l^2}{3} + \frac{8 l^2}{3} \right) = \frac{3}{2} m g l$$

$$\frac{3 \omega^2 l^2}{2} = \frac{3 g l}{2} \Rightarrow \omega = \sqrt{\frac{g}{l}}$$

b) $v_u = 2 l \omega = 2 l \sqrt{\frac{g}{l}} = 2 \sqrt{g l}$

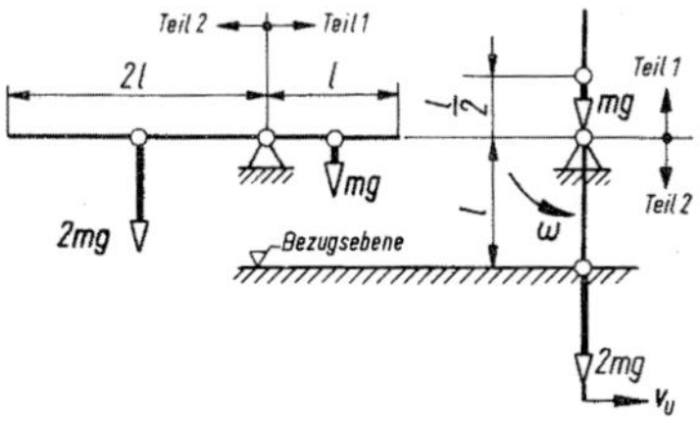

603.

a) $E_E = E_A + W_{zu}$

$$\frac{J \omega_2^2}{2} = 0 + M_k \Delta\varphi$$

b) $M_k = F r \qquad \Delta\varphi = 2\pi z$

$$\frac{J \omega_2^2}{2} = 2\pi z F r$$

$$z = \frac{J \omega_2^2}{4\pi F r} \qquad \omega = \frac{1000\,\pi}{30}\ \frac{\text{rad}}{\text{s}} = 33{,}33\,\pi\ \frac{\text{rad}}{\text{s}}$$

$$z = \frac{3\ \text{kgm}^2 \left(33{,}33\,\pi\ \frac{\text{rad}}{\text{s}} \right)^2}{4\pi \cdot 150\ \text{N} \cdot 0{,}4\ \text{m}} = 43{,}63\ \text{Kurbelumläufe}$$

c) $M_2 \Delta t = J \Delta\omega \qquad i = \frac{n_1}{n_2} = \frac{M_2}{M_k} \Rightarrow M_2 = i M_k$

$$\Delta t = \frac{J \omega_2}{i M_k} = \frac{3\ \text{kgm}^2 \cdot 33{,}33\,\pi\ \frac{\text{rad}}{\text{s}}}{0{,}1 \cdot 150\ \text{N} \cdot 0{,}4\ \text{m}} = 52{,}36\ \text{s}$$

604.

a) $\Delta W = \frac{J}{2} (\omega_1^2 - \omega_2^2)$

$$n_1 = \frac{n_{mot}}{i} = \frac{960\ \text{min}^{-1}}{8} = 120\ \text{min}^{-1}$$

$$\omega_1 = \frac{\pi n_1}{30} = \frac{\pi \cdot 120}{30}\ \frac{\text{rad}}{\text{s}} = 4\pi\ \frac{\text{rad}}{\text{s}}$$

$$\omega_2 = \frac{\pi n_2}{30} = \frac{\pi \cdot 100}{30}\ \frac{\text{rad}}{\text{s}} = 3{,}333\,\pi\ \frac{\text{rad}}{\text{s}}$$

$$\Delta W = 8\ \text{kgm}^2 \cdot \pi^2 \left[\left(4\ \frac{\text{rad}}{\text{s}} \right)^2 - \left(3{,}333\ \frac{\text{rad}}{\text{s}} \right)^2 \right]$$

$$\Delta W = 386{,}2\ \text{J}$$

b) $P_{mot} = M_{mot}\, \omega_{mot}$

$$\omega_{mot} = \frac{\pi n_{mot}}{30} = \frac{\pi \cdot 960}{30}\ \frac{\text{rad}}{\text{s}} = 32\pi\ \frac{\text{rad}}{\text{s}}$$

$$M_{mot} = \frac{P_{mot}}{\omega_{mot}} = \frac{1000\ \frac{\text{Nm}}{\text{s}}}{32\pi\ \frac{\text{rad}}{\text{s}}} = 9{,}947\ \text{Nm}$$

$$M_s = i M_{mot} = 8 \cdot 9{,}947\ \text{Nm} = 79{,}58\ \text{Nm}$$

c) $M_s \Delta t = J \Delta\omega$

$$\Delta t = \frac{J (\omega_1 - \omega_2)}{M_s} = \frac{16\ \text{kgm}^2 \cdot \pi \left(4\ \frac{\text{rad}}{\text{s}} - 3{,}333\ \frac{\text{rad}}{\text{s}} \right)}{79{,}58\ \text{Nm}}$$

$$\Delta t = 0{,}4213\ \text{s}$$

605.

a) $M_{res}\,\Delta t = J\,\Delta\omega \;\Rightarrow\; \Delta t = \dfrac{J\,\omega}{M_{res}}$

$$\Delta t = \frac{0{,}8\ \text{kgm}^2 \cdot 33{,}33\pi\ \dfrac{\text{rad}}{\text{s}}}{50\ \text{Nm}} = 1{,}675\ \text{s}$$

b) $\Delta\varphi = \dfrac{\omega\,\Delta t}{2} = 2\pi z$

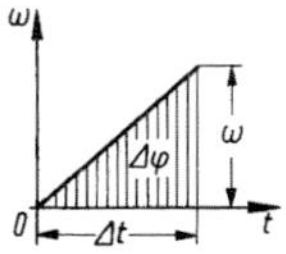

$$z = \frac{\omega\,\Delta t}{2\cdot 2\pi} = \frac{33{,}33\pi\ \dfrac{\text{rad}}{\text{s}}\cdot 1{,}675\ \text{s}}{4\pi}$$

$z = 13{,}96$ Umdrehungen

c) $W_R = M_R\,\Delta\varphi = 2\pi z\,M_{res}$

$W_R = 2\cdot 13{,}96\cdot \pi\ \text{rad}\cdot 50\ \text{Nm} = 4386\ \text{J}$

d) $Q = 4386\ \text{J}\cdot 40\ \dfrac{1}{\text{h}} = 175{,}44\ \dfrac{\text{kJ}}{\text{h}}$

Fliehkraft

610.

a) $v_u = r_s\,\omega = 0{,}42\ \text{m}\cdot\dfrac{80\pi}{30}\dfrac{\text{rad}}{\text{s}} = 3{,}519\ \dfrac{\text{m}}{\text{s}}$

b) $F_z = m\,r_s\,\omega^2 = m\dfrac{v_u^2}{r_s} = 110\ \text{kg}\cdot\dfrac{\left(3{,}519\ \dfrac{\text{m}}{\text{s}}\right)^2}{0{,}42\ \text{m}}$

$F_z = 3243\ \text{N}$

611.

$F_z = m\,r\,\omega^2 = 1300\ \text{kg}\cdot 7{,}2\ \text{m}\left(\dfrac{250\pi}{30}\ \dfrac{\text{rad}}{\text{s}}\right)^2$

$F_z = 6\,415\,000\ \text{N} = 6{,}415\ \text{MN}$

612.

$F_z = \dfrac{m\,r_s\,\omega^2}{2} \qquad r_s = \dfrac{2\,r_m}{\pi}$

$F_z = \dfrac{m\cdot 2\,r_m\,\omega^2}{2\pi} = \dfrac{m\,r_m\,\omega^2}{\pi}$

$F_z = \dfrac{120\ \text{kg}\cdot 0{,}5\ \text{m}}{\pi}\cdot\left(20\pi\ \dfrac{\text{rad}}{\text{s}}\right)^2$

$F_z = 75398\ \text{N} = 75{,}4\ \text{kN}$

613.

$\Sigma F_y = 0 = F_s - F_G - F_z$

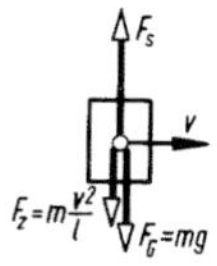

$F_s = m\,g + \dfrac{m\,v^2}{l}$

$F_s = m\left(g + \dfrac{v^2}{l}\right)$

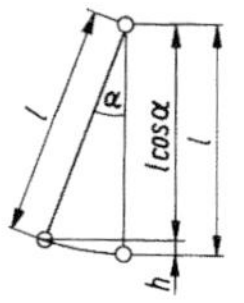

$v = \sqrt{2\,g\,h}$

$h = l - l\cos\alpha$

$v = \sqrt{2\,g\,l\,(1-\cos\alpha)}$

$F_s = m\left(g + \dfrac{2\,g\,l\,(1-\cos\alpha)}{l}\right) = m[g + 2\,g\,(1-\cos\alpha)]$

$F_s = m\,g\,(3-2\cos\alpha) = 2000\ \text{kg}\cdot 9{,}81\ \dfrac{\text{m}}{\text{s}^2}(3-2\cdot\cos 20°)$

$F_s = 21986\ \text{N} = 21{,}99\ \text{kN}$

614.

I. $\Sigma F_y = 0 = F_{R0\,max} - F_G$

II. $\Sigma F_x = 0 = F_z - F_N$

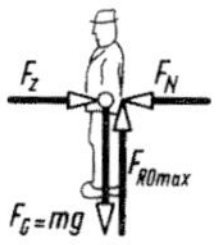

I. $F_{R0\,max} = F_N\mu_0 = F_G$

II. $F_N = F_z = m\,r\,\omega^2$ in I. eingesetzt:

$F_{R0\,max} = m\,r\,\omega^2\mu_0 = F_G$

$m\,r\,\omega^2\mu_0 = m\,g \;\Rightarrow\; \omega = \sqrt{\dfrac{g}{r\,\mu_0}}$

$n = \dfrac{30\,\omega}{\pi} = \dfrac{30}{\pi}\sqrt{\dfrac{2\,g}{d\,\mu_0}}$

n	g	d	μ_0
min^{-1}	$\dfrac{\text{m}}{\text{s}^2}$	m	1

(Zahlenwertgleichung)

$n = \dfrac{30}{\pi}\sqrt{\dfrac{2\cdot 9{,}81}{3\cdot 0{,}4}}\ \text{min}^{-1} = 38{,}61\ \text{min}^{-1}$

615.

a) $F_z = \dfrac{m\,v^2}{r_s}$

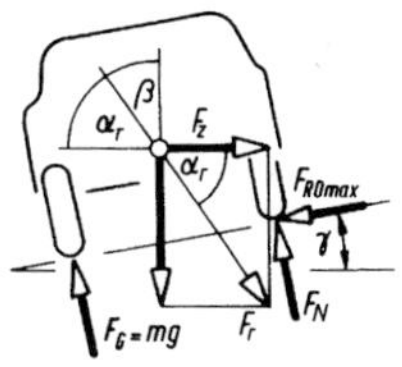

$F_z = \dfrac{900\ \text{kg}\left(\dfrac{40}{3{,}6}\ \dfrac{\text{m}}{\text{s}}\right)^2}{20\ \text{m}}$

$F_z = 5556\ \text{N}$

b) $F_r = \sqrt{F_G^2 + F_Z^2} = m\sqrt{g^2 + \left(\dfrac{v^2}{r_s}\right)^2}$

$$F_r = 900\text{ kg}\cdot\sqrt{\left(9{,}81\,\frac{\text{m}}{\text{s}^2}\right)^2 + \left(\frac{123{,}5\,\frac{\text{m}^2}{\text{s}^2}}{20\text{ m}}\right)^2}$$

$$F_r = 10{,}432\text{ kN}$$

$$\tan\alpha_r = \frac{F_G}{F_z} = \frac{mg}{\frac{mv^2}{r_s}} = \frac{g\,r_s}{v^2}$$

$$\alpha_r = \arctan\frac{g\,r_s}{v^2} = \arctan\frac{9{,}81\,\frac{\text{m}}{\text{s}^2}\cdot 20\text{ m}}{\left(\frac{40}{3{,}6}\,\frac{\text{m}}{\text{s}}\right)^2}$$

$$\alpha_r = 57{,}82° \Rightarrow \beta = 32{,}18°$$

c) $\rho_0 = \beta - \gamma = 32{,}18° - 4° = 28{,}18°$

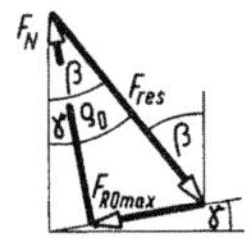

$\mu_0 = \tan\rho_0 = \tan 28{,}18° = 0{,}5357$

$\mu_0 \geq 0{,}5357$

616.

a) Die Wirklinie der Resultierenden aus F_G und F_z verläuft durch die Kippkante K.

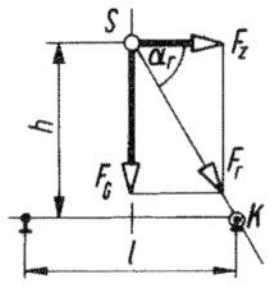

$$\tan\alpha_r = \frac{F_G}{F_z} = \frac{2h}{l}$$

$$F_z = \frac{F_G\,l}{2h} = \frac{mgl}{2h}$$

$$\frac{mv^2}{r_s} = \frac{mgl}{2h} \Rightarrow v = \sqrt{\frac{g\,l\,r_s}{2h}}$$

$$v = \sqrt{\frac{9{,}81\,\frac{\text{m}}{\text{s}^2}\cdot 1{,}435\text{ m}\cdot 200\text{ m}}{2\cdot 1{,}35\text{ m}}}$$

$$v = 32{,}29\,\frac{\text{m}}{\text{s}} = 116{,}251\,\frac{\text{km}}{\text{h}}$$

b) Überhöhungswinkel α tritt zwischen den WL der Kraft F_G und der Resultierenden aus F_G und F_z auf.

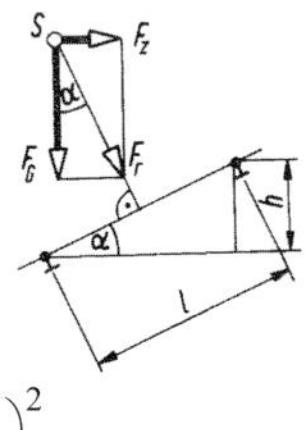

$$\tan\alpha = \frac{F_z}{F_G} = \frac{mv^2}{mg\,r_s} = \frac{v^2}{r_s}$$

$$\alpha = \arctan\frac{v^2}{g\,r_s} = \arctan\frac{\left(\frac{50}{3{,}6}\,\frac{\text{m}}{\text{s}}\right)^2}{9{,}81\,\frac{\text{m}}{\text{s}^2}\cdot 200\text{ m}} = 5{,}615°$$

$$\sin\alpha = \frac{h}{l} \Rightarrow h = l\sin\alpha = 1{,}435\text{ m}\cdot\sin 5{,}615°$$

$$h = 0{,}1404\text{ m} = 140{,}4\text{ mm}$$

617.

a) $\beta = \alpha + \gamma$

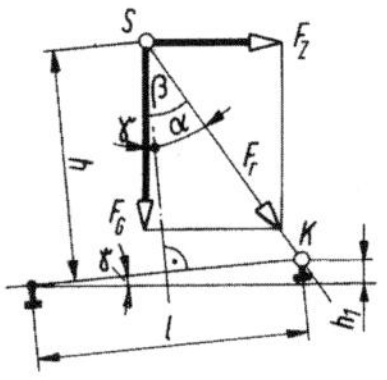

$$\tan\alpha = \frac{l}{2h} = \frac{1{,}5\text{ m}}{2\cdot 1{,}5\text{ m}} = 0{,}5$$

$$\alpha = \arctan 0{,}5 = 26{,}57°$$

$$\sin\gamma = \frac{h_1}{l}$$

$$\gamma = \arcsin\frac{h_1}{l} = \arcsin\frac{30\text{ mm}}{1500\text{ mm}} = 1{,}146°$$

$$\beta = \alpha + \gamma = 27{,}72°$$

b) $\tan\beta = \dfrac{F_z}{F_G} = \dfrac{m\,a_z}{mg} = \dfrac{a_z}{g}$

$$a_z = g\tan\beta = 9{,}81\,\frac{\text{m}}{\text{s}^2}\cdot\tan 27{,}72° = 5{,}155\,\frac{\text{m}}{\text{s}^2}$$

c) $a_z = \dfrac{v^2}{r_s} \Rightarrow v = \sqrt{a_z\,r_s}$

$$v = \sqrt{5{,}155\,\frac{\text{m}}{\text{s}^2}\cdot 150\text{ m}} = 27{,}8\,\frac{\text{m}}{\text{s}} = 100{,}1\,\frac{\text{km}}{\text{h}}$$

618.

a) $\Sigma F_y = 0 = F_z - F_G = \dfrac{m v_o^2}{r_s} - mg$

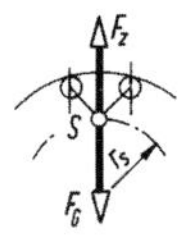

$$\frac{m v_o^2}{r_s} = mg$$

$$v_o = \sqrt{g\,r_s}$$

$$v_o = \sqrt{9{,}81\,\frac{\text{m}}{\text{s}^2}\cdot 2{,}9\text{ m}} = 5{,}334\,\frac{\text{m}}{\text{s}} = 19{,}2\,\frac{\text{km}}{\text{h}}$$

b) $E_E = E_A \pm 0$

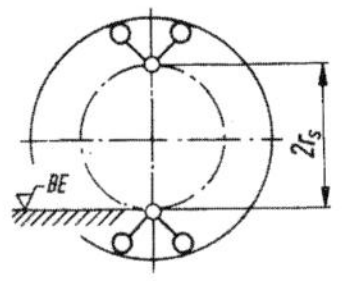

$$E_{\text{pot o}} + E_{\text{kin o}} = E_{\text{kin u}}$$

$$mg\,2r_s + \frac{m v_o^2}{2} = \frac{m v_u^2}{2}$$

$$v_u^2 = 4g\,r_s + v_o^2 = 4g\,r_s + g\,r_s$$

$$v_u = \sqrt{5g\,r_s} = \sqrt{5\cdot 9{,}81\,\frac{\text{m}}{\text{s}^2}\cdot 2{,}9\text{ m}}$$

$$v_u = 11{,}93\,\frac{\text{m}}{\text{s}} = 42{,}94\,\frac{\text{km}}{\text{h}}$$

c) $v_u = \sqrt{2gh} \Rightarrow h = \dfrac{v_u^2}{2g} = \dfrac{5g\,r_s}{2g}$

$$h = 2{,}5\,r_s = 2{,}5\cdot 2{,}9\text{ m} = 7{,}25\text{ m}$$

619.

a) $\Sigma M_{(A)} = 0 = F_B(l_1 + l_2) - F_G l_1$

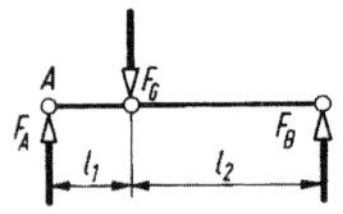

$$F_B = \frac{F_G l_1}{l_1 + l_2}$$

$$F_G = mg = 1100\,\text{kg} \cdot 9{,}81\,\text{N} = 10\,791\,\text{N}$$

$$F_B = \frac{10\,791\,\text{N} \cdot 0{,}45\,\text{m}}{0{,}45\,\text{m} + 1{,}05\,\text{m}} = 3237\,\text{N} = 3{,}237\,\text{kN}$$

$$\Sigma F_y = 0 = F_A + F_B - F_G \Rightarrow F_A = F_G - F_B$$

$$F_A = 10\,791\,\text{N} - 3237\,\text{N} = 7554\,\text{N} = 7{,}554\,\text{kN}$$

b) $F_z = m r_s \omega^2 \qquad \omega = \dfrac{\pi n}{30} = \dfrac{\pi \cdot 180}{30}\,\dfrac{\text{rad}}{\text{s}} = 6\pi\,\dfrac{\text{rad}}{\text{s}}$

$$F_z = 1100\,\text{kg} \cdot 0{,}0023\,\text{m}\left(6\pi\,\frac{\text{rad}}{\text{s}}\right)^2 = 898{,}9\,\text{N}$$

c)

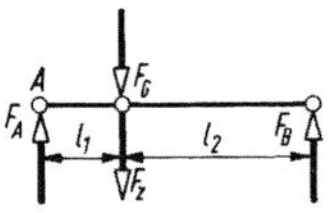

$$\Sigma M_{(A)} = 0 = F_B(l_1 + l_2) - (F_G + F_z)l_1$$

$$F_B = \frac{(F_G + F_z)l_1}{l_1 + l_2} = \frac{(10{,}791 + 0{,}8989)\,\text{kN} \cdot 0{,}45\,\text{m}}{1{,}5\,\text{m}}$$

$$F_B = 3{,}507\,\text{kN}$$

$$\Sigma F_y = 0 = F_A + F_B - F_G - F_z$$

$$F_A = F_G + F_z - F_B$$

$$F_A = 10{,}791\,\text{kN} + 0{,}8989\,\text{kN} - 3{,}507\,\text{kN} = 8{,}183\,\text{kN}$$

d)

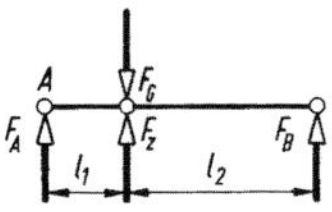

$$\Sigma M_{(A)} = 0 = F_B(l_1 + l_2) + (F_G - F_z)l_1$$

$$F_B = \frac{(F_G - F_z)l_1}{l_1 + l_2} = \frac{(10{,}791 - 0{,}8989)\,\text{kN} \cdot 0{,}45\,\text{m}}{1{,}5\,\text{m}}$$

$$F_B = 2{,}968\,\text{kN}$$

$$\Sigma F_y = 0 = F_A + F_B - F_G + F_z$$

$$F_A = F_G - F_B - F_z$$

$$F_A = 10{,}791\,\text{kN} - 2{,}968\,\text{kN} - 0{,}8989\,\text{kN} = 6{,}924\,\text{kN}$$

Beide Stützkräfte sind, wie in der Skizze angenommen, nach oben gerichtet.

620.

a) $\omega = \dfrac{\pi n}{30} = \dfrac{\pi \cdot 250}{30}\,\dfrac{\text{rad}}{\text{s}} = 26{,}18\,\dfrac{\text{rad}}{\text{s}}$

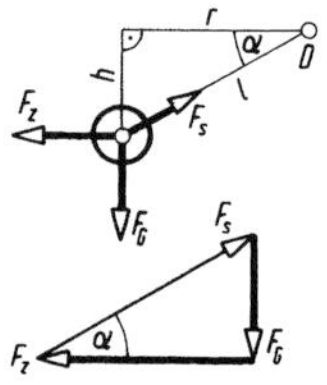

$$\tan\alpha = \frac{F_G}{F_z} = \frac{mg}{mr\omega^2} = \frac{h}{r}$$

$$h = \frac{g}{\omega^2} = \frac{9{,}81\,\frac{\text{m}}{\text{s}^2}}{\left(26{,}18\,\frac{\text{rad}}{\text{s}}\right)^2}$$

$$h = 0{,}01431\,\text{m} = 14{,}31\,\text{mm}$$

b) $\omega^2 = \dfrac{g}{h} \Rightarrow \omega = \sqrt{\dfrac{g}{h}}$

$$\omega = \sqrt{\frac{9{,}81\,\frac{\text{m}}{\text{s}^2}}{0{,}1\,\text{m}}} = 9{,}9045\,\frac{\text{rad}}{\text{s}}$$

$$n = \frac{30\omega}{\pi} = \frac{30 \cdot 9{,}9045}{\pi}\,\text{min}^{-1} = 94{,}58\,\text{min}^{-1}$$

c) $\tan\beta = \dfrac{F_G}{F_z} = \dfrac{mg}{m r_0 \omega_0^2} = \dfrac{g}{r_0 \omega_0^2}$

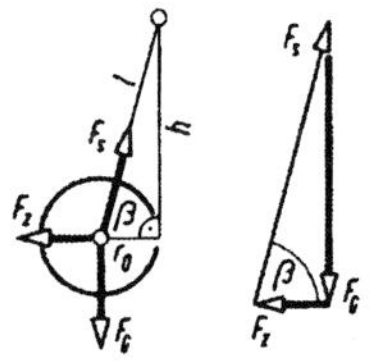

$$\omega_0 = \sqrt{\frac{g}{r_0 \tan\beta}}$$

Mit den gegebenen Längen l und r_0 kann im Dreieck die cos-Funktion angesetzt werden.

$$\cos\beta = \frac{r_0}{l}$$

Jetzt muss $\tan\beta$ mit Hilfe von $\cos\beta$ ausgedrückt werden.

$$\tan\beta = \frac{\sin\beta}{\cos\beta} = \frac{\sqrt{1 - \cos^2\beta}}{\cos\beta} = \frac{\sqrt{1 - \left(\frac{r_0}{l}\right)^2}}{\frac{r_0}{l}}$$

$$\tan\beta = \frac{l}{r_0}\sqrt{\frac{l^2 - r_0^2}{l^2}} = \frac{1}{r_0}\sqrt{l^2 - r_0^2}$$

$$r_0 \tan\beta = \sqrt{l^2 - r_0^2}$$

$$\omega_0 = \sqrt{\frac{g}{\sqrt{l^2 - r_0^2}}} = \sqrt{\frac{9{,}81\,\frac{\text{m}}{\text{s}^2}}{\sqrt{(0{,}2\,\text{m})^2 - (0{,}05\,\text{m})^2}}}$$

$$\omega_0 = 7{,}117\,\frac{\text{rad}}{\text{s}}$$

$$n_0 = \frac{30\omega_0}{\pi} = \frac{30 \cdot 7{,}117}{\pi}\,\text{min}^{-1} = 67{,}97\,\text{min}^{-1}$$

Mechanische Schwingungen

621.

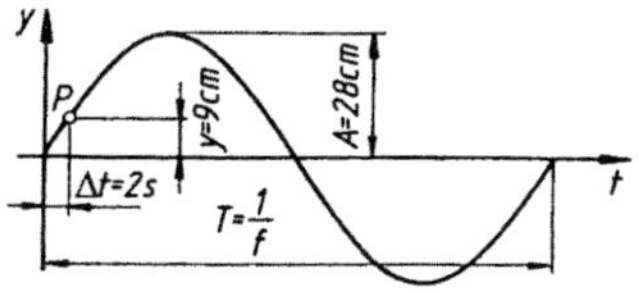

a) $y = A \sin \Delta\varphi = A \sin\left(2\pi f \Delta t \cdot \frac{180°}{\pi}\right)$

$\sin \Delta\varphi = \frac{y}{A} = \frac{9\text{ cm}}{28\text{ cm}} = 0{,}321 \Rightarrow \Delta\varphi = 18{,}72°$

$2\pi f \Delta t \cdot \frac{180°}{\pi} = 18{,}75°$

$T = \frac{1}{f} = 38{,}46\text{ s}$

b) $f = \frac{18{,}75°}{2 \cdot 180° \cdot 2\text{ s}} = 0{,}026\,\frac{1}{\text{s}}$

622.

a) $T = \frac{\Delta t}{z} = \frac{10\text{ s}}{25} = 0{,}4\text{ s}$

b) $f = \frac{z}{\Delta t} = \frac{1}{T} = 2{,}5\,\frac{1}{\text{s}} = 2{,}5\text{ Hz}$

c) $\omega = 2\pi f = 2\pi \cdot 2{,}5\,\frac{1}{\text{s}} = 15{,}71\,\frac{1}{\text{s}}$

623.

a) $y = A \sin(2\pi f \Delta t) = 30\,\text{mm} \cdot \sin\left(2\pi \cdot 50\frac{1}{\text{s}} \cdot 2 \cdot 10^{-2}\text{ s}\right)$

$y = 30\text{ mm} \cdot \sin(2\pi)$

$y = 30\text{ mm} \cdot \sin 360° = 30\text{ mm} \cdot 0 = 0$ (Nulllage)

b) $v_y = A\omega \cos(2\pi f t)$

$\omega = 2\pi f = 2\pi \cdot 50\,\frac{1}{\text{s}} = 100\pi\,\frac{1}{\text{s}}$

$v_y = 30\text{ mm} \cdot 100\pi\,\frac{1}{\text{s}} \cdot \cos\left(2\pi \cdot 50\,\frac{1}{\text{s}} \cdot 2 \cdot 10^{-2}\text{ s}\right)$

$v_y = 30\text{ mm} \cdot 100\pi\,\frac{1}{\text{s}} \cdot \cos 2\pi = 9{,}368\,\frac{\text{m}}{\text{s}}$

c) $a_y = -y\omega^2 = -0 \cdot \omega^2 = 0$

624.

Aus dem Bild der harmonischen Schwingung kann abgelesen werden:

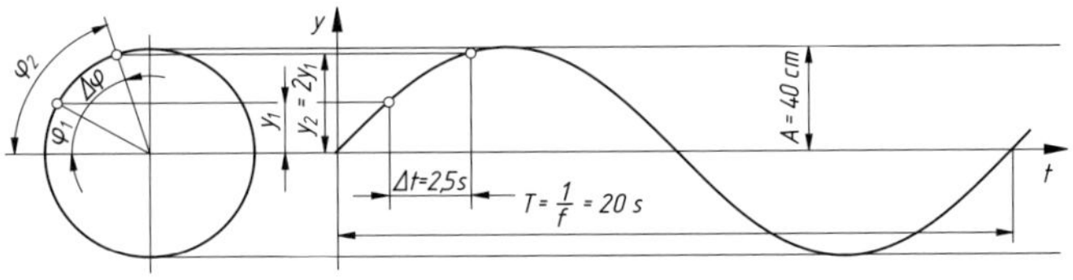

$y_2 = 2y_1$

$A \sin\varphi_2 = 2A \sin\varphi_1 \qquad \varphi_2 = \varphi_1 + \Delta\varphi$

$\sin(\varphi_1 + \Delta\varphi) = 2 \sin\varphi_1$

$\sin\varphi_1 \cos\Delta\varphi + \cos\varphi_1 \sin\Delta\varphi = 2\sin\varphi_1 \;\Big|\; : \sin\varphi_1$

$\cos\Delta\varphi + \frac{1}{\tan\varphi_1} \sin\Delta\varphi = 2 \qquad \tan\varphi_1 = \frac{\sin\Delta\varphi}{2 - \cos\Delta\varphi}$

$\sin\Delta\varphi$ und $\cos\Delta\varphi$ sind gegebene Größen, denn es ist

$$\sin\Delta\varphi = \sin\left(2\pi \frac{\Delta t}{T}\right) = \sin\left(2\pi \frac{2{,}5\text{ s}}{20\text{ s}} \cdot \frac{180°}{\pi}\right) = \sin 45° = 0{,}707 = \cos 45°$$

Damit wird

$$\tan\varphi_1 = \frac{\sin\Delta\varphi}{2 - \cos\Delta\varphi} = \frac{0{,}707}{2 - 0{,}707} = 0{,}5468 \Rightarrow \varphi_1 = 28{,}7°$$

$y_1 = A \sin\varphi_1 = A \sin 28{,}7° = 40\text{ cm} \cdot 0{,}48 = 19{,}2\text{ cm}$

$y_2 = A \sin(\varphi_1 + \Delta\varphi) = 40\text{ cm} \cdot \sin(28{,}7° + 45°) = 38{,}4\text{ cm} = 2\,y_1$

625.

a) $T = 2\pi\sqrt{\frac{m}{R}} = 2\pi\sqrt{\frac{6{,}5\ \text{kg}\cdot\text{s}^2\cdot\text{m}}{0{,}8\cdot 10^4\ \text{kg}\cdot\text{m}}} = 0{,}179\ \text{s}$

b) $f = \frac{1}{T} = \frac{1}{0{,}179\ \text{s}} = 5{,}587\ \frac{1}{\text{s}} = 5{,}587\ \text{Hz}$

c) $v_0 = A\sqrt{\frac{R}{m}} = 0{,}25\ \text{m}\sqrt{\frac{0{,}8\cdot 10^4\ \text{kgm}}{6{,}5\ \text{kg}\,\text{s}^2\,\text{m}}} = 8{,}771\frac{\text{m}}{\text{s}}$

626.

a) $R_0 = \frac{F_G}{\Delta s} = \frac{m g}{\Delta s} = \frac{225\ \text{kg}\cdot 9{,}81\ \frac{\text{m}}{\text{s}^2}}{22\cdot 10^{-3}\ \text{m}} = 10{,}03\cdot 10^4\ \frac{\text{N}}{\text{m}}$

b) $f_0 = \frac{1}{T} = \frac{1}{2\pi}\sqrt{\frac{R_0}{m}} = \frac{1}{2\pi}\sqrt{\frac{m g}{m \Delta s}}$

$$f_0 = \frac{1}{2\pi}\sqrt{\frac{9{,}81\ \frac{\text{m}}{\text{s}^2}}{22\cdot 10^{-3}\ \text{m}}} = 3{,}361\ \text{Hz}$$

627.

Für hintereinander geschaltete Federn wird die resultierende Federrate R_0 berechnet aus:

$$\frac{1}{R_0} = \frac{1}{R_2 + R_2} + \frac{1}{R_1} = \frac{1}{2R_2} + \frac{1}{R_1} = \frac{1\cdot\text{cm}}{190\ \text{N}} + \frac{1\cdot\text{cm}}{60\ \text{N}}$$

$$\frac{1}{R_0} = 0{,}02193\ \frac{\text{cm}}{\text{N}} \Rightarrow R_0 = 45{,}6\ \frac{\text{N}}{\text{cm}}$$

Für die Periodendauer T gilt damit:

$$T = 2\pi\sqrt{\frac{m}{R_0}} = 2\pi\sqrt{\frac{15\ \text{kg}\cdot\text{s}^2\cdot 10^{-2}\ \text{m}}{45{,}6\ \text{kgm}}} = 0{,}36\ \text{s}$$

Die Anzahl z der Perioden ist dann:

$$z = \frac{\Delta t}{T} = \frac{60\ \text{s}}{0{,}36\ \text{s}} = 166{,}7$$

628.

$$T_1 = 2\pi\sqrt{\frac{m_1}{R_{01}}} \qquad T_2 = 2\pi\sqrt{\frac{m_2}{R_{02}}}$$

Bei hintereinander geschalteten Federn gilt für die resultierende Federrate R_{01}:

$$R_{01} = \frac{R_1 R_2}{R_1 + R_2} = \frac{2R_1^2}{3R_1} = \frac{2}{3}R_1 \text{ (mit } R_2 = 2R_1)$$

Für parallel geschaltete Federn ist

$$R_{02} = R_1 + R_2 = 3R_1$$

Setzt man $T_1 = T_2 = T$ und dividiert beide Gleichungen durcheinander, so ergibt sich:

$$\frac{T^2}{T^2} = \frac{4\pi^2\cdot m_1\cdot 3R_1}{4\pi^2\cdot\frac{2}{3}R_1\cdot m_2} = \frac{9}{2}\cdot\frac{m_1}{m_2} \qquad m_1 : m_2 = 2:9$$

629.

Die Periodendauer T eines Schwingkörpers mit dem Trägheitsmoment J beträgt beim Torsionsfederpendel

$$T = 2\pi\sqrt{\frac{J}{R}}$$

Mit dem Quotienten aus der Periodendauer für beide Schwingungsvorgänge erhält man eine Gleichung zur Berechnung des gesuchten Trägheitsmoments:

$$\frac{T_1^2}{T_{KS}^2} = \frac{4\pi^2\cdot\frac{J_1}{R}}{4\pi^2\,\frac{J_1 + J_{KS}}{R}} = \frac{J_1}{J_1 + J_{KS}} \quad \text{und daraus}$$

$$J_{KS} = J_1\frac{T_{KS}^2 - T_1^2}{T_1^2} = 4{,}622\ \text{kgm}^2\cdot\frac{0{,}8^2\ \text{s}^2 - 0{,}5^2\ \text{s}^2}{0{,}5^2\ \text{s}^2}$$

$$J_{KS} = 7{,}21032\ \text{kgm}^2$$

630.

Die Federrate R des Torsionsstabs ist der Quotient aus dem Rückstellmoment M_R und dem Drehwinkel $\Delta\varphi$:

$$R = \frac{M_R}{\Delta\varphi}$$

Mit den in der Festigkeitslehre im Lehrbuch (Kapitel 5.8.3) hergeleiteten Beziehungen kann eine Gleichung für die Federrate R des Torsionsstabs entwickelt werden:

$$R = \frac{M_R}{\Delta\varphi} = \frac{M_T}{\Delta\varphi} \qquad M_T = \frac{\Delta\varphi I_p G}{l} \qquad I_p = \frac{\pi d^4}{32}$$

$R = \frac{\pi d^4 G}{32\cdot l}$ und mit Gleitmodul $G = 80\,000\ \text{N/mm}^2$:

$$R = \frac{\pi(4\ \text{mm})^4\cdot 8\cdot 10^4\ \text{N}}{32\cdot 1\cdot 10^3\ \text{mm}\cdot\text{mm}^2}$$

$$R = 2010{,}62\ \text{Nmm} = 2{,}011\ \frac{\text{kgm}^2}{\text{s}^2}$$

(*Hinweis:* $1\ \text{N} = 1\ \text{kg m/s}^2$)

Mit der Gleichung für die Periodendauer T des Torsionsfederpendels kann nun das Trägheitsmoment berechnet werden:

$$J_{RS} = \frac{R T^2}{4\pi^2}$$

$$J_{RS} = \frac{2{,}011\ \frac{\text{kgm}^2}{\text{s}^2}\cdot 0{,}2^2\ \text{s}^2}{4\pi^2} = 2{,}038\cdot 10^{-3}\ \text{kgm}^2$$

631.

$$\text{I. } T_1^2 = 4\pi^2 \frac{l_1}{g} \Rightarrow l_1 = \frac{T_1^2 g}{4\pi^2}$$

$$\text{II. } T_2^2 = 4\pi^2 \frac{l_1 - \Delta l}{g} = \frac{4\pi^2}{g}\left(\frac{T_1^2 g}{4\pi^2} - \Delta l\right)$$

$$T_2 = \sqrt{T_1^2 - \frac{4\pi^2 \Delta l}{g}} = \sqrt{2^2\ \text{s}^2 - \frac{4\pi^2 \cdot 0{,}4\ \text{m}}{9{,}81\ \frac{\text{m}}{\text{s}^2}}} = 1{,}55\ \text{s}$$

632.

a) $T = 2\pi\sqrt{\frac{l}{g}} = 2\pi\sqrt{\frac{8\ \text{m}}{9{,}81\ \frac{\text{m}}{\text{s}^2}}} = 5{,}674\ \text{s}$

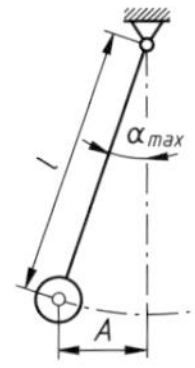

b) $f = \frac{1}{T} = 0{,}176\ \text{Hz}$

c) $\arcsin \alpha_{\max} = \arcsin \frac{A}{l} = \arcsin \frac{1{,}5\ \text{m}}{8\ \text{m}} = 10{,}8°$

$\cos \alpha_{\max} = 0{,}9823$

$v_0 = \sqrt{2gl(1 - \cos \alpha_{\max})} = 1{,}67\ \frac{\text{m}}{\text{s}}$

d) Es gilt mit $y = y_{\max} = A$ und $\omega = \frac{2\pi}{T}$

$\omega = \frac{2\pi}{5{,}674\ \text{s}} = 1{,}107\ \frac{1}{\text{s}}$

$a_{\max} = A\omega^2 = 1{,}5\ \text{m} \cdot 1{,}107^2\ \frac{1}{\text{s}^2} = 1{,}838\ \frac{\text{m}}{\text{s}^2}$

e) $y_1 = A \sin \frac{2\pi t_1 \cdot 180°}{T \cdot \pi} = 1{,}5\ \text{m} \cdot \sin \frac{2 \cdot 2{,}5\ \text{s} \cdot 180°}{5{,}674\ \text{s}}$

$y_1 = 0{,}547\ \text{m}$

633.

Es gilt

$T_1 = 2\pi\sqrt{\frac{l_1}{g}}$ und $T_2 = 2\pi\sqrt{\frac{l_2}{g}}$ also auch

$$\frac{T_1}{T_2} = \frac{\sqrt{4}}{\sqrt{5}} = 0{,}8944 = \frac{f_2}{f_1}$$

Mit z_1, z_2 als Anzahl der Perioden und $\Delta t = 60$ s wird

$$f_1 = \frac{z_1}{\Delta t} \quad f_2 = \frac{z_2}{\Delta t} = \frac{z_1 - 20}{\Delta t} \quad \frac{f_2}{f_1} = \frac{z_1 - 20}{z_1} = 0{,}8944$$

daraus

$$z_1 = \frac{20}{0{,}1056} = 189{,}4\ \text{Perioden}$$

$$z_2 = z_1 - 20 = 169{,}4\ \text{Perioden}$$

$$f_1 = \frac{z_1}{\Delta t} = \frac{189{,}4}{60\ \text{s}} = 3{,}157\ \text{Hz}$$

$$f_2 = \frac{z_2}{\Delta t} = \frac{169{,}4}{60\ \text{s}} = 2{,}823\ \text{Hz}$$

634.

Beim U-Rohr ist die Periodendauer T unabhängig von der Art der Flüssigkeit (Dichte ϱ), sie ist an ein und demselben Ort nur abhängig von der Länge l der Flüssigkeitssäule.

$$T = 2\pi\sqrt{\frac{l}{2g}} = 2\pi\sqrt{\frac{0{,}2\ \text{m}}{2 \cdot 9{,}81\ \frac{\text{m}}{\text{s}^2}}} = 0{,}634\ \text{s}$$

635.

$$E_\text{p} = \frac{R}{2} A^2 = E_\text{th} = m_\text{F} \cdot c_\text{Stahl}\, \Delta T$$

Hinweis: R ist die Federrate, $c_\text{Stahl} = 461\ \text{J/(kg K)}$ ist die spezifische Wärmekapazität.

$$\Delta T = \frac{R A^2}{2 \cdot m_\text{F}\, c_\text{Stahl}}$$

$$\Delta T = \frac{36{,}5\ \frac{\text{N}}{\text{m}} \cdot 0{,}12^2\ \text{m}^2}{2 \cdot 0{,}18\ \text{kg} \cdot 461\ \frac{\text{J}}{\text{kg K}}} = 0{,}32 \cdot 10^{-2}\ \text{K}$$

Die Periodendauer erhöht nicht die Temperatur des Federwerkstoffs.

636.

Für die Eigenfrequenz eines Federpendels gilt:

$$f_0 = \frac{1}{T} = \frac{1}{2\pi}\sqrt{\frac{R_0}{m}}$$

m Masse des Schwingers, R_0 resultierende Federrate

Für Biegeträger ist:

$$R = \frac{F}{f} = \frac{48 \cdot E \cdot I}{l^3} \qquad E = 2{,}1 \cdot 10^7\ \frac{\text{N}}{\text{cm}^2}$$

$$I = I_\text{y} = 43{,}2\ \text{cm}^4$$

Für zwei parallel geschaltete „Federn" wird die resultierende Federrate:

$$R_0 = 2R = 2 \cdot \frac{48 \cdot E \cdot I}{l^3} = 10886\ \frac{\text{N}}{\text{cm}}$$

Damit wird die Eigenfrequenz f_0:

$$f_0 = \frac{1}{2\pi}\sqrt{\frac{10886 \cdot 10^2\ \frac{\text{N}}{\text{m}}}{500\ \text{kg}}} = \frac{1}{2\pi}\sqrt{2177\ \text{s}^{-2}} = 7{,}426\ \frac{1}{\text{s}}$$

$$n_\text{krit} = 60 f_0 = 445{,}6\ \text{min}^{-1}$$

637.

a) Eigenperiodendauer T_0

Für Torsionsschwingungen gilt:

$$T = 2\pi\sqrt{\frac{J}{R}}$$

T Periodendauer in s

J Trägheitsmoment der Schwungscheibe in kgm²

$R = R_0$ resultierende Federrate in Ncm

Trägheitsmoment der Schwungscheibe:

$$J = \frac{1}{2}\varrho\pi r^4 b = 0{,}5 \cdot 7850\,\frac{\text{kg}}{\text{m}^3} \cdot \pi \cdot 0{,}25^4\ \text{m}^4 \cdot 0{,}06\ \text{m}$$

$$J = 2{,}89\ \text{kgm}^2$$

Federraten R_1, R_2, R_3:

$$R_1 = \frac{\pi \cdot d_1^4 \cdot G}{32 \cdot l}$$

$$R_1 = \frac{\pi \cdot 5^4\ \text{cm}^4 \cdot 8 \cdot 10^6\ \frac{\text{N}}{\text{cm}^2}}{32 \cdot 20\ \text{cm}} = 2{,}454 \cdot 10^7\ \text{Ncm}$$

G Schubmodul in $\frac{\text{N}}{\text{cm}^2}$

$$R_2 = 10{,}179 \cdot 10^7\ \text{Ncm}$$

$$R_3 = 3{,}351 \cdot 10^7\ \text{Ncm}$$

Für hintereinander geschaltete Federn gilt:

$$\frac{1}{R_0} = \left(\frac{1}{R_1} + \frac{1}{R_2} + \frac{1}{R_3}\right)$$

$$\frac{1}{R_0} = \left(\frac{1}{2{,}454} + \frac{1}{10{,}179} + \frac{1}{3{,}351}\right) \cdot 10^{-7}\ \frac{1}{\text{Ncm}}$$

$$R_0 = 1{,}244 \cdot 10^7\ \text{Ncm} = 1{,}244 \cdot 10^5\ \text{Nm}$$

Damit wird die Eigenperiodendauer T_0:

$$T_0 = 2\pi \cdot \sqrt{\frac{J}{R_0}} = 2\pi \cdot \sqrt{\frac{2{,}89\ \text{kgm}^2}{1{,}244 \cdot 10^5\ \text{Nm}}} = 0{,}0303\ \text{s}$$

b) Periodenzahl z in einer Minute:

$$z = \frac{t}{T_0} = \frac{60\ \text{s}}{0{,}0303\ \text{s}} = 1980\ \text{Perioden}$$

c) Eigenfrequenz f_0:

$$f_0 = \frac{1}{T_0} = \frac{1}{0{,}0303\ \text{s}} = 33\,\frac{1}{\text{s}} = 33\ \text{Hz}$$

d) kritische Drehzahl n_{krit}

Die kritische Drehzahl n_{krit} entspricht der Anzahl z der Eigenperioden pro Minute:

$$n_{\text{krit}} = 60\,f_0 = (60 \cdot 33)\ \text{min}^{-1} = 1980\ \text{min}^{-1}$$

5 Festigkeitslehre

Inneres Kräftesystem und Beanspruchungsarten

651.

Schnitt A–B hat zu übertragen:

eine im Schnitt liegende Querkraft $F_q = F_s = 12\,000$ N; sie erzeugt Schubspannungen τ (Abscherspannung τ_a),

ein rechtwinklig auf der Schnittebene stehendes Biegemoment $M_b = F_s\, l = 12\,000\ \text{N} \cdot 40\ \text{mm} = 48 \cdot 10^4$ Nmm; es erzeugt Normalspannungen σ (Biegespannung σ_b).

652.

Schnitt A–B hat zu übertragen:

eine rechtwinklig zum Schnitt stehende Normalkraft $F_N = 5640$ N; sie erzeugt Normalspannungen σ (Zugspannungen σ_z),

eine im Schnitt liegende Querkraft $F_q = 2050$ N; sie erzeugt Schubspannungen τ (Abscherspannungen τ_a),

ein rechtwinklig zum Schnitt stehendes Biegemoment $M_b = F_y\, l = 2050\ \text{N} \cdot 60\ \text{mm} = 12{,}3 \cdot 10^4$ Nmm es erzeugt Normalspannungen σ (Biegespannungen σ_b).

653.

Schnitt x–x hat zu übertragen:

eine rechtwinklig zum Schnitt stehende Normalkraft $F_N = 5000$ N; sie erzeugt Normalspannungen σ (Zugspannungen σ_z).

Schnitt y–y hat zu übertragen:

eine rechtwinklig zum Schnitt stehende Normalkraft $F_N = 5000$ N; sie erzeugt Normalspannungen σ (Zugspannungen σ_z) und

ein rechtwinklig zum Schnitt stehendes Biegemoment $M_b = F\, l = 5000\ \text{N} \cdot 50\ \text{mm} = 25 \cdot 10^4$ Nmm; es erzeugt Normalspannungen σ (Biegespannungen σ_b).

654.

a) eine rechtwinklig zum Schnitt stehende Normalkraft $F_N = F_{Lx} = 1000$ N; sie erzeugt Normalspannungen σ (Druckspannungen σ_d),

eine im Schnitt liegende Querkraft $F_q = F_{Ly} = 2463$ N; sie erzeugt Schubspannungen τ (Abscherspannungen τ_a),

ein rechtwinklig zum Schnitt stehendes Biegemoment $M_b = F_q\, l_3/2 = 2463\ \text{N} \cdot 1{,}05\ \text{m} = 2586$ Nm; es erzeugt Normalspannungen σ (Biegespannungen σ_b).

b) eine rechtwinklig zum Schnitt stehende Normalkraft $F_N = F_{2x} = 1000$ N; sie erzeugt Normalspannungen σ (Druckspannungen σ_d),

eine im Schnitt liegende Querkraft $F_q = F_{2y} = 1732$ N; sie erzeugt Schubspannungen τ (Abscherspannungen τ_a),

ein rechtwinklig zum Schnitt stehendes Biegemoment $M_b = F_q\, l_1/2 = 1732\ \text{N} \cdot 1{,}3\ \text{m} = 2252$ Nm; es erzeugt Normalspannungen σ (Biegespannungen σ_b).

655.

Schnitt x–x hat zu übertragen:

eine in der Schnittfläche liegende Querkraft $F_q = 5$ kN; sie erzeugt Schubspannungen τ (Abscherspannungen τ_a),

eine rechtwinklig auf der Schnittfläche stehende Normalkraft $F_N = 10$ kN; sie erzeugt Normalspannungen σ (Druckspannungen σ_d),

ein rechtwinklig auf der Schnittfläche stehendes Biegemoment $M_b = 10^4$ Nm; es erzeugt Normalspannungen σ (Biegespannungen σ_b).

656.

Es überträgt Schnitt A – B:

eine rechtwinklig zum Schnitt stehende Normalkraft $F_N = 900$ N; sie erzeugt Normalspannungen σ (Zugspannungen σ_z).

Schnitt C – D:

eine rechtwinklig zum Schnitt stehende Normalkraft $F_N = 900$ N; sie erzeugt Normalspannungen σ (Zugspannungen σ_z),

ein rechtwinklig zum Schnitt stehendes Biegemoment $M_b = 18$ Nm; es erzeugt Normalspannungen σ (Biegespannungen σ_b).

Schnitt E – F:

wie Schnitt C–D

Schnitt G – H:

eine im Schnitt liegende Querkraft $F_q = 900$ N; sie erzeugt Schubspannungen τ (Abscherspannung τ_a),

ein rechtwinklig zum Schnitt stehendes Biegemoment $M_b = 15{,}75$ Nm; es erzeugt Normalspannungen σ (Biegespannungen σ_b).

A. Böge, W. Böge, *Lösungen zur Aufgabensammlung Technische Mechanik*, https://doi.org/10.1007/978-3-658-44426-6_5

Beanspruchung auf Zug

661.

$$\sigma_{z\,vorh} = \frac{F}{A} = \frac{12\,000\text{ N}}{60\text{ mm}\cdot 6\text{ mm}} = 33{,}3\,\frac{\text{N}}{\text{mm}^2}$$

662.

$$A_{erf} = \frac{F}{\sigma_{z\,zul}} = \frac{25\,000\text{ N}}{140\,\frac{\text{N}}{\text{mm}^2}} = 178{,}57\text{ mm}^2$$

$d_{erf} = 15{,}1$ mm

ausgeführt $d = 16$ mm (Normmaß) oder zusammenfassend:

$$\sigma_z = \frac{F}{A} = \frac{F}{\frac{\pi d^2}{4}} = \frac{4F}{\pi d^2}$$

$$d_{erf} = \sqrt{\frac{4F}{\pi \sigma_{z\,zul}}} = \sqrt{\frac{4\cdot 25\,000\text{ N}}{\pi\cdot 140\,\frac{\text{N}}{\text{mm}^2}}} = 15{,}1\text{ mm}$$

ausgeführt $d = 16$ mm (Normmaß)

663.

Spannungsquerschnitt $A_S = 157\text{ mm}^2$

$$F_{max} = \sigma_{z\,zul}\,A_S = 90\,\frac{\text{N}}{\text{mm}^2}\cdot 157\text{ mm}^2 = 14\,130\text{ N}$$

664.

$$A_{erf} = \frac{F}{\sigma_{z\,zul}} = \frac{4800\text{ N}}{70\,\frac{\text{N}}{\text{mm}^2}} = 68{,}57\text{ mm}^2$$

ausgeführt M 12 mit $A_S = 84{,}3\text{ mm}^2$

665.

$$\sigma_z = \frac{F}{A} = \frac{F}{n\cdot\frac{\pi d^2}{4}}$$

n Anzahl der Drähte

$$n_{erf} = \frac{4F}{\pi d^2\,\sigma_{z\,zul}}$$

$$n_{erf} = \frac{4\cdot 90\,000\text{ N}}{\pi\cdot 1{,}6^2\text{ mm}^2\cdot 200\,\frac{\text{N}}{\text{mm}^2}} = 224\text{ Drähte}$$

666.

$$\sigma_z = \frac{F+F_G}{A}$$

$$F_G = m\,g = V\varrho\,g = A\,l\,\varrho\,g = n\frac{\pi d^2}{4}\,l\,\varrho\,g$$

$$\sigma_z = \frac{F + n\frac{\pi d^2}{4}\,l\,\varrho\,g}{n\frac{\pi d^2}{4}}$$

n Anzahl der Drähte
ϱ Dichte des Werkstoffs (7850 kg/m³ für Stahl)
g Fallbeschleunigung (9,81 m/s²)

$$\sigma_z n\pi d^2 = 4F + n\pi d^2\,l\,\varrho\,g$$

$$d^2(n\sigma_z\pi - n\pi l\,\varrho\,g) = 4F$$

$$d_{erf} = \sqrt{\frac{4F}{\pi n(\sigma_{z\,zul} - l\,\varrho\,g)}}$$

$$\sigma_{z\,zul} = \frac{1600\,\frac{\text{N}}{\text{mm}^2}}{8} = 200\cdot 10^6\,\frac{\text{N}}{\text{m}^2}$$

$$d_{erf} = \sqrt{\frac{4\cdot 40\,000\text{ N}}{\pi\cdot 222\left(200\cdot 10^6\,\frac{\text{N}}{\text{m}^2} - 600\text{ m}\cdot 7{,}85\cdot 10^3\,\frac{\text{kg}}{\text{m}^3}\cdot 9{,}81\,\frac{\text{m}}{\text{s}^2}\right)}}$$

$$d_{erf} = 1{,}22\cdot 10^{-3}\text{ m} = 1{,}22\text{ mm}$$

ausgeführt $d = 1{,}4$ mm (Normmaß)

667.

$$\sigma_z = \frac{F}{A} = \frac{F}{n\frac{\pi d^2}{4}} = \frac{4F}{\pi n d^2}$$

$$F = \frac{\pi n d^2\,\sigma_{z\,vorh}}{4} = \frac{\pi\cdot 114\cdot 1\text{ mm}^2\cdot 300\,\frac{\text{N}}{\text{mm}^2}}{4}$$

$$F = 26\,861\text{ N}$$

668.

$$\sigma_z = \frac{F}{A} = \frac{F}{2\frac{\pi d^2}{4}} = \frac{2F}{\pi d^2}$$

$$d_{erf} = \sqrt{\frac{2F}{\pi\sigma_{z\,zul}}} = \sqrt{\frac{2\cdot 20\,000\text{ N}}{\pi\cdot 50\,\frac{\text{N}}{\text{mm}^2}}}$$

$$d_{erf} = 15{,}96\text{ mm}$$

ausgeführt $d = 16$ mm (Normmaß)

669.

$$A_{erf} = \frac{F}{\sigma_{z\,zul}} = \frac{40\,000\text{ N}}{65\,\frac{\text{N}}{\text{mm}^2}} = 615{,}4\text{ mm}^2$$

ausgeführt M 33 mit $A_S = 694\text{ mm}^2$

670.

$$\sigma_z = \frac{F}{A} = \frac{F}{A_1 - 4 d_1 s}$$

$A_1 = 2850\ \text{mm}^2 \quad d_1 = 17\ \text{mm} \quad s = 5{,}6\ \text{mm}$

$$F_{max} = \sigma_{z\,zul} (A_1 - 4 d_1 s)$$

$$F_{max} = 140\ \frac{\text{N}}{\text{mm}^2} (2850\ \text{mm}^2 - 4 \cdot 17\ \text{mm} \cdot 5{,}6\ \text{mm})$$

$$F_{max} = 345\,700\ \text{N} = 345{,}7\ \text{kN}$$

671.

$$P = F_R\, v_R \Rightarrow F_R = \frac{P}{v_R}$$

(F_R Riemenzugkraft; v_R Riemengeschwindigkeit)

$$\sigma_z = \frac{F_R}{A_R} = \frac{P}{v_R\, A_R} = \frac{7350\ \frac{\text{Nm}}{\text{s}}}{8\ \frac{\text{m}}{\text{s}} \cdot 0{,}12\ \text{m} \cdot 0{,}006\ \text{m}}$$

$$\sigma_z = 1{,}276 \cdot 10^6\ \frac{\text{N}}{\text{m}^2} = 1{,}276\ \frac{\text{N}}{\text{mm}^2}$$

672.

$$F_{vorh} = \sigma_{z\,zul}\, A \qquad A = 2 \cdot 32{,}2 \cdot 10^2\ \text{mm}^2$$

$$F_{vorh} = 100\ \frac{\text{N}}{\text{mm}^2} \cdot 6440\ \text{mm}^2 = 644\ \text{kN}$$

673.

$$\sigma_{z\,vorh} = \frac{F}{A} = \frac{F}{2\frac{\pi d^2}{4}} = \frac{2F}{\pi d^2} = \frac{2 \cdot 5000\ \text{N}}{\pi \cdot 64\ \text{mm}^2}$$

$$\sigma_{z\,vorh} = 49{,}74\ \frac{\text{N}}{\text{mm}^2}$$

674.

$$F_K = p\,A = p\frac{\pi d^2}{4}$$

(F_K Kolbenkraft; p Dampfdruck; A Zylinderfläche)

$1\ \text{Pa} = 1\ \text{N/m}^2$

$$F_K = 20 \cdot 10^5\ \text{Pa} \cdot \frac{\pi}{4} \cdot (0{,}38\ \text{m})^2$$

$$F_K = 20 \cdot 10^5\ \frac{\text{N}}{\text{m}^2} \cdot \frac{\pi}{4} (0{,}38\ \text{m})^2 = 226823\ \text{N}$$

$$F_B = 1{,}5\, F_K$$

$$A_{erf} = \frac{F_B}{16\,\sigma_{z\,zul}} = \frac{1{,}5 \cdot 226823\ \text{N}}{16 \cdot 60\ \frac{\text{N}}{\text{mm}^2}}$$

$$A_{erf} = 354{,}4\ \text{mm}^2$$

ausgeführt M 24 mit $A_S = 353\ \text{mm}^2$ (ist nur geringfügig kleiner als A_{erf})

675.

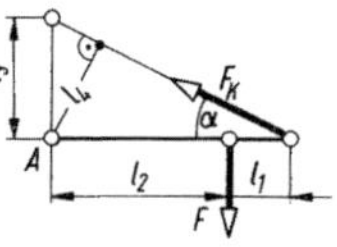

$$\tan\alpha = \frac{l_3}{l_1 + l_2} = \frac{2\ \text{m}}{4\ \text{m}} = 0{,}5$$

$$\alpha = \arctan 0{,}5 = 26{,}57°$$

$$l_4 = (l_1 + l_2) \cdot \sin\alpha = 4\ \text{m} \cdot \sin 26{,}57° = 1{,}7889\ \text{m}$$

$$\Sigma M_{(A)} = 0 = F_K\, l_4 - F\, l_2$$

$$F_K = \frac{F\, l_2}{l_4} = \frac{8000\ \text{N} \cdot 3\ \text{m}}{1{,}7889\ \text{m}} = 13416\ \text{N}$$

$$\sigma_z = \frac{F_N}{A} = \frac{F_K}{2 \cdot \frac{\pi d^2}{4}} = \frac{2 F_K}{\pi d^2}$$

$$d_{erf} = \sqrt{\frac{2 F_K}{\pi \sigma_{z\,zul}}} = \sqrt{\frac{2 \cdot 13416\ \text{N}}{\pi \cdot 60\ \frac{\text{N}}{\text{mm}^2}}} = 11{,}9\ \text{mm}$$

ausgeführt $d = 12$ mm (Normmaß)

676.

a) $F_{max1} = \sigma_{z\,zul}\, A_{\rfloor\lfloor,voll} = 140\ \frac{\text{N}}{\text{mm}^2} \cdot 3020\ \text{mm}^2$

$F_{max1} = 422800\ \text{N} = 422{,}8\ \text{kN}$

b) $F_{max2} = \sigma_{z\,zul}\, A_{\rfloor\lfloor\,geschwächt}$

$F_{max\,2} = 140\ \frac{\text{N}}{\text{mm}^2} \cdot (3020 - 4 \cdot 17 \cdot 10)\ \text{mm}^2$

$F_{max\,2} = 327\,600\ \text{N} = 327{,}6\ \text{kN}$

677.

a) $\Sigma M_{(D)} = 0 = F_z\, l_2 \cos\alpha - F\, l_1$

$F_z = \frac{F\, l_1}{l_2 \cos\alpha} = \frac{50\ \text{N} \cdot 80\ \text{mm}}{25\ \text{mm} \cdot \cos 20°} = 170{,}3\ \text{N}$

b) $\sigma_{z\,vorh} = \frac{F_z}{A} = \frac{F_z}{\frac{\pi d^2}{4}} = \frac{4 F_z}{\pi d^2} = \frac{4 \cdot 170{,}3\ \text{N}}{\pi \cdot 2{,}25\ \text{mm}^2}$

$\sigma_{z\,vorh} = 96{,}4\ \frac{\text{N}}{\text{mm}^2}$

678.

$$\sigma_z = \frac{F}{A} = \frac{F}{b\,s}$$

$$b_{erf} = \frac{F}{s\,\sigma_{z\,zul}} = \frac{3200\ \text{N}}{8\ \text{mm} \cdot 2{,}5\ \frac{\text{N}}{\text{mm}^2}} = 160\ \text{mm}$$

679.

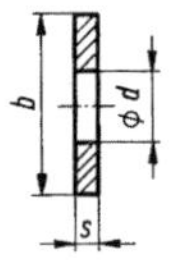

$A_{\text{gef}} = s(b-d)$

entweder $b = 10\,s$ oder $s = b/10$ einsetzen:

$$A_{\text{gef}} = \frac{b}{10}(b-d)$$

$$\sigma_z = \frac{F}{A_{\text{gef}}} = \frac{F}{\frac{b}{10}(b-d)} = \frac{10F}{b^2 - bd}$$

$$(b^2 - bd)\sigma_z - 10F = 0 \;\Big|\; :\sigma_z$$

$$b^2 - bd - \frac{10F}{\sigma_z} = 0$$

$$b_{\text{erf}} = \frac{d}{2} \pm \sqrt{\left(\frac{d}{2}\right)^2 + \frac{10F}{\sigma_{z\,\text{zul}}}}$$

$$b_{\text{erf}} = 12{,}5\text{ mm} \pm \sqrt{156{,}25\text{ mm}^2 + 2000\text{ mm}^2}$$

$$b_{\text{erf}} = 12{,}5\text{ mm} + 46\text{ mm} = 58{,}5\text{ mm}$$

ausgeführt ▭ 60 × 6

Spannungsnachweis:

$$\sigma_{z\,\text{vorh}} = \frac{F}{A} = \frac{F}{s(b-d)} = 85{,}7\,\frac{\text{N}}{\text{mm}^2} < \sigma_{\text{zul}} = 90\,\frac{\text{N}}{\text{mm}^2}$$

680.

Die Lösung der Aufgabe 680 wird schrittweise erläutert. Ziel ist es, die Form des gefährdeten Querschnitts richtig zu erkennen.

Die in der Aufgabenstellung skizzierte Querkeilverbindung wird auf Zug beansprucht. Um die auftretenden Spannungen sowohl in der Hülse als auch im Zapfen ermitteln zu können, wird mit der Zug-Hauptgleichung

$$\sigma_z = \frac{F}{A}$$

gearbeitet. Da die Zugkraft $F = 14{,}5$ kN gegeben ist, müssen zur Ermittlung der Zugspannungen die jeweils in die Zug-Hauptgleichung einzusetzenden Querschnittsflächen bestimmt und berechnet werden.

a) Spannung im kreisförmigen Querschnitt

Die Größe der tatsächlich vorhandenen Zugspannung im kreisförmigen Zapfenquerschnitt mit dem Durchmesser $d_1 = 25$ mm im (gedachten) Schnitt x–x wird über die Zug-Hauptgleichung

$$\sigma_{z\,\text{vorh}} = \frac{F}{A} \text{ ermittelt.}$$

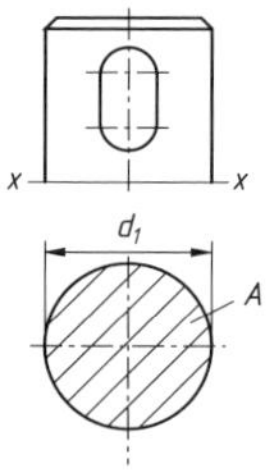

$$\sigma_{z\,\text{vorh}} = \frac{F}{A} = \frac{F}{\frac{\pi}{4}d_1^2} = \frac{4F}{\pi d_1^2}$$

$$\sigma_{z\,\text{vorh}} = \frac{4 \cdot 14500\text{ N}}{\pi \cdot (25\text{ mm})^2} = 29{,}54\,\frac{\text{N}}{\text{mm}^2}$$

b) Spannung im dem durch die Keilnut geschwächtem Zapfenquerschnitt

Diese Zugspannung tritt im (gedachten) Zapfenquerschnitt y–y auf. Die Querschnittsfläche A besteht nun aus zwei Kreisabschnitten. Obwohl nicht ganz genau, ermittelt man vereinfacht die gefährdete Querschnittsfläche A_{gef} aus der Kreisfläche (mit dem Durchmesser d_1) minus der Rechteckfläche $b \cdot d$.

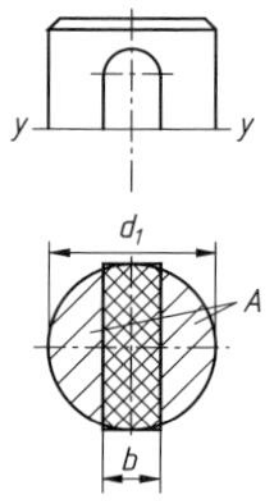

$$A_{\text{gef}} = \frac{\pi}{4}d_1^2 - b \cdot d_1$$

$$A_{\text{gef}} = \frac{\pi}{4}(25\text{ mm})^2 - 6\text{ mm} \cdot 25\text{mm}$$

$$A_{\text{gef}} = 340{,}87\,\frac{\text{N}}{\text{mm}^2}$$

$$\sigma_{z\,\text{vorh}} = \frac{F}{A_{\text{erf}}} = \frac{14500\text{ N}}{340{,}87\text{ mm}^2}$$

$$\sigma_{z\,\text{vorh}} = 42{,}54\,\frac{\text{N}}{\text{mm}^2}$$

c) Spannung im gefährdeten Querschnitt der Hülse

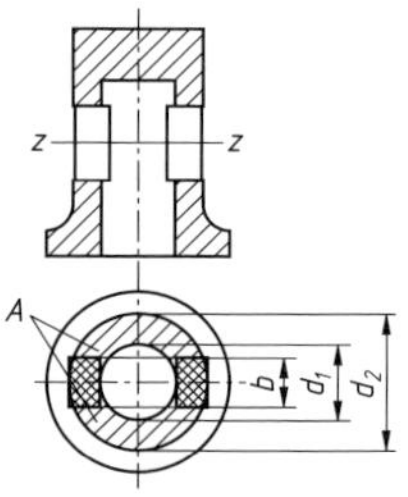

Die größte Zugspannung tritt immer da auf, wo der Querschnitt am kleinsten ist. Das ist der „gefährdete" Querschnitt im Schnitt z–z. Auch hier wird die Querschnittsfläche nicht als Summe der beiden Kreisringabschnitte, sondern – wieder vereinfacht – aus der Kreisringfläche minus der zwei Rechteckflächen $b\,(d_2 - d_1)$ ermittelt.

$$A_{\text{gef}} = \frac{\pi}{4}\left(d_2^2 - d_1^2\right) - b \cdot (d_2 - d_1)$$

$$A_{\text{gef}} = \frac{\pi}{4}\left(45^2\text{ mm}^2 - 25^2\text{ mm}^2\right) -$$
$$- 6\text{ mm}(45\text{ mm} - 25\text{ mm})$$

$$A_{\text{gef}} = 979{,}56\text{ mm}^2$$

$$\sigma_{z\,\text{vorh}} = \frac{F}{A_{\text{erf}}} = \frac{14500\text{ N}}{979{,}56\text{ mm}^2} = 14{,}8\,\frac{\text{N}}{\text{mm}^2}$$

Ergebnisbetrachtung:
Die größte Zugspannung mit

$$\sigma_{z\,vorh} = 42{,}54\,\frac{N}{mm^2}$$

tritt in dem durch die Keilnut geschwächten Zapfenquerschnitt im Schnitt y–y auf, weil hier der gefährdete Querschnitt mit

$$A_{gef} = 340{,}87\,\frac{N}{mm^2}$$ am kleinsten ist.

681.

a) $\sigma_z = \dfrac{F}{A} = \dfrac{F}{hs}$ $\quad h = 4s$ eingesetzt

$$\sigma_z = \frac{F}{4s \cdot s} = \frac{F}{4s^2}$$

$$s_{erf} = \sqrt{\frac{F}{4\sigma_{z\,zul}}} = \sqrt{\frac{16000\ N}{4 \cdot 40\,\frac{N}{mm^2}}} = 10\ mm$$

b) $h = 4s = 4 \cdot 10\ mm = 40\ mm$

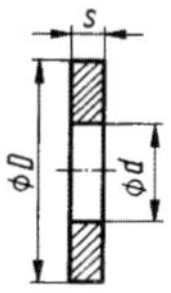

c) $A_{gef} = Ds - ds = s(D-d)$

$$\sigma_z = \frac{F}{A_{gef}} = \frac{F}{s(D-d)}$$

$$D - d = \frac{F}{s\sigma_z}$$

$$D_{erf} = \frac{F}{s\sigma_{z\,zul}} + d$$

$$D_{erf} = \frac{16000\ N}{10\ mm \cdot 40\,\frac{N}{mm^2}} + 30\ mm = 70\ mm$$

682.

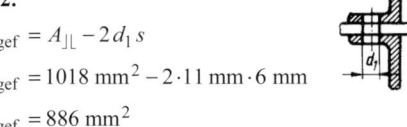

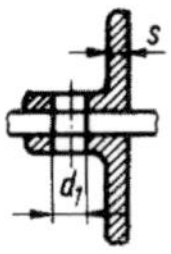

$$A_{gef} = A_{\rfloor\lfloor} - 2d_1 s$$

$$A_{gef} = 1018\ mm^2 - 2 \cdot 11\ mm \cdot 6\ mm$$

$$A_{gef} = 886\ mm^2$$

$$\sigma_{z\,vorh} = \frac{F}{A_{gef}} = \frac{85 \cdot 10^3\ N}{0{,}886 \cdot 10^3\ mm^2} = 95{,}94\,\frac{N}{mm^2}$$

683.

a) $\sigma_z = \dfrac{F}{\nu A_{\rfloor\lfloor}} = \dfrac{F}{\nu \cdot 2A_{\lfloor}}$

$$A_{\lfloor\,erf} = \frac{F}{2\nu\sigma_{z\,zul}} = \frac{120000\ N}{2 \cdot 0{,}8 \cdot 160\,\frac{N}{mm^2}} = 468{,}75\ mm^2$$

ausgeführt $\lfloor\ 45 \times 6$ mit $A_{\lfloor} = 509\ mm^2$

b) *Spannungsnachweis:*

$$\sigma_{z\,vorh} = \frac{F}{A_{\rfloor\lfloor} - 2d_1 s} = \frac{120000\ N}{1018\ mm^2 - 2 \cdot 13\ m \cdot 6\ mm}$$

$$\sigma_{z\,vorh} = 139\,\frac{N}{mm^2} < \sigma_{zul} = 160\,\frac{N}{mm^2}$$

684.

$$\sigma_z = \frac{F}{A} = \frac{F}{\frac{\pi}{4}(D^2 - d^2)} = \frac{4F}{\pi(D^2 - d^2)}$$

$$D^2 - d^2 = \frac{4F}{\pi\sigma_z}$$

$$d_{erf} = \sqrt{D^2 - \frac{4F}{\pi \cdot \sigma_{z\,zul}}}$$

$$d_{erf} = \sqrt{400\ mm^2 - \frac{4 \cdot 13500\ N}{\pi \cdot 80\,\frac{N}{mm^2}}} = 13{,}6\ mm$$

ausgeführt $d = 13$ mm

685.

a) $\sigma_{z\,vorh} = \dfrac{F}{A} = \dfrac{F}{\frac{\pi}{4}d^2} = \dfrac{4F}{\pi d^2}$

$$\sigma_{z\,vorh} = \frac{4 \cdot 20000\ N}{\pi \cdot 18^2\ mm^2} = 78{,}6\,\frac{N}{mm^2}$$

b) Sicherheit

$$\nu = \frac{R_m}{\sigma_{z\,vorh}} = \frac{420\,\frac{N}{mm^2}}{78{,}6\,\frac{N}{mm^2}} = 5{,}3$$

686.

$$R_m = \frac{F_{max}}{A} = \frac{153000\ N}{\frac{\pi}{4}(20\ mm)^2} = 487\,\frac{N}{mm^2}$$

687.

Sicherheit

$$\nu = \frac{R_m}{\sigma_{z\,vorh}} = \frac{R_m}{\frac{F}{A}} = \frac{R_m A}{F}$$

$$\nu = \frac{420\,\frac{N}{mm^2} \cdot (120 \cdot 12)\ mm^2}{150000\ N} = 4$$

688.

$$\sigma_z = \frac{F}{A} = \frac{F_G}{A} = \frac{mg}{A} \qquad m = V\varrho = Al\varrho$$

$$\sigma_z = \frac{Al\varrho g}{A} = l\varrho g$$

$$R_m = 340\,\frac{N}{mm^2} = 340\cdot 10^6\,\frac{N}{m^2}$$

$$l_{zB} = \frac{R_m}{\varrho g} = \frac{340\cdot 10^6\,\frac{N}{m^2}}{7{,}85\cdot 10^3\,\frac{kg}{m^3}\cdot 9{,}81\,\frac{m}{s^2}} \qquad 1\,N = 1\,\frac{kgm}{s^2}$$

$$l_{zB} = \frac{340\cdot 10^6}{7{,}85\cdot 10^3\cdot 9{,}81}\,\frac{\frac{kgm}{s^2m^2}}{\frac{kg}{m^3}\cdot\frac{m}{s^2}} = 4415\,\frac{kgm\cdot m^3\cdot s^2}{kg\cdot m\cdot s^2\cdot m^2}$$

$$l_{zB} = 4415\,m = 4{,}415\,km$$

689.

Reißlänge $l_r = 10^3\,\frac{R_m}{\varrho g}$ (siehe F + T, 3.1)

Hinweis: Die Formel für die Reißlänge ist eine Zahlenwertgleichung.

a) $l_r = 10^3\,\frac{R_m}{\varrho g} = 10^3\,\frac{360}{7850\cdot 9{,}81} = 4{,}675\,km$

b) $l_r = 10^3\,\frac{R_m}{\varrho g} = 10^3\,\frac{1900}{7850\cdot 9{,}81} = 24{,}673\,km$

c) $l_r = 10^3\,\frac{R_m}{\varrho g} = 10^3\,\frac{290}{2700\cdot 9{,}81} = 10{,}949\,km$

690.

$$\sigma_z = \frac{F}{A} = \frac{F_{Nutz} + F_G}{A} \qquad F_G = mg = V\varrho g = Al\varrho g$$

$$F_{Nutz} = \sigma_{z\,zul}\,A - Al\varrho g = A(\sigma_{z\,zul} - l\varrho g)$$

$$F_{Nutz} = 320\cdot 10^{-6}\,m^2\left(180\cdot 10^6\,\frac{N}{m^2} - 900\,m\cdot 7{,}85\cdot 10^3\,\frac{kg}{m^3}\cdot 9{,}81\,\frac{m}{s^2}\right)$$

Hinweis für die Klammer:

$$\frac{N}{m^2} = \frac{kgm}{s^2m^2} = \frac{kg}{s^2m}$$

d. h., beide Glieder haben dieselbe Einheit.

$$F_{Nutz} = 320\cdot 10^{-6}\,m^2\left(180\cdot 10^6\,\frac{kg}{s^2m} - 69{,}31\cdot 10^6\,\frac{kg}{s^2m}\right)$$

$$F_{Nutz} = 35\,421\,N = 35{,}421\,kN$$

691.

a) Reibungskraft $F_R = F_N\mu = F = 3{,}5\,kN$

$$F_N = \frac{F_R}{\mu} = \frac{F}{\mu} = \frac{3500\,N}{0{,}15} = 23\,333\,N$$

Schraubenzugkraft

$$F_S = \frac{F_N}{4} = 5833\,N \text{ je Schraube}$$

Spannungsquerschnitt

$$A_{S\,erf} = \frac{F_S}{\sigma_{z,zul}} = \frac{5833\,N}{80\,\frac{N}{mm^2}} = 72{,}9\,mm^2$$

ausgeführt M 12 mit $A_S = 84{,}3\,mm^2$

b) $\sigma_{z\,vorh} = \frac{F}{A} = \frac{F}{bs - 2ds} \qquad d = 13\,mm$ für M 12

$$\sigma_{z\,vorh} = \frac{3500\,N}{1\,mm\,(60\,mm - 26\,mm)} = 103\,\frac{N}{mm^2}$$

692.

a) Reibungskraft $F_R = F_N\mu = F = 5\,kN$

$$F_N = \frac{F_R}{\mu} = \frac{F}{\mu}$$

Schraubenzugkraft

$$F_S = \frac{F_N}{2} = \frac{F}{2\mu} = \frac{5000\,N}{2\cdot 0{,}15} = 16\,667\,N = 16{,}667\,kN$$

b) $A_{S\,erf} = \frac{F_S}{\sigma_{z\,zul}} = \frac{16\,667\,N}{60\,\frac{N}{mm^2}} = 278\,mm^2$

ausgeführt M 22 mit $A_S = 303\,mm^2$

c) $\sigma_z = \frac{F}{A} = \frac{F}{bs - ds} \qquad d = 23\,mm$ für M 22, $b = 6s$ eingesetzt

$$\sigma_z = \frac{F}{6s\cdot s - ds} = \frac{F}{6s^2 - ds}$$

$$(6s^2 - ds)\sigma_z - F = 0 \;\Big|\; :\sigma_z$$

$$6s^2 - ds - \frac{F}{\sigma_z} = 0 \;\Big|\; :6$$

$$s^2 - \frac{d}{6}s - \frac{F}{6\sigma_z} = 0$$

$$s_{erf} = \frac{d}{12} \pm \sqrt{\left(\frac{d}{12}\right)^2 + \frac{F}{6\sigma_{z\,zul}}}$$

$$s_{erf} = 1{,}92\,mm \pm \sqrt{3{,}69\,mm^2 + \frac{5000\,N}{6\cdot 60\,\frac{N}{mm^2}}}$$

$$s_{erf} = 6{,}12\,mm$$

ausgeführt ▭ 40 × 6

Spannungsnachweis:

$$\sigma_{z\,vorh} = \frac{F}{b\,s - d\,s}$$

$$\sigma_{z\,vorh} = \frac{5000\ \text{N}}{(240 - 138)\ \text{mm}^2}$$

$$\sigma_{z\,vorh} = 49\ \frac{\text{N}}{\text{mm}^2} < \sigma_{z\,zul} = 60\ \frac{\text{N}}{\text{mm}^2}$$

693.

Lageskizze

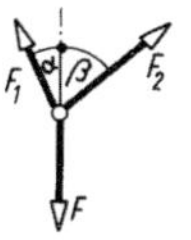

Krafteckskizze

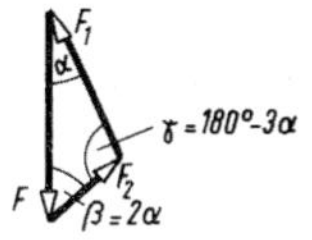

Sinussatz nach Krafteckskizze:

$$\frac{F}{\sin\gamma} = \frac{F_1}{\sin 2\alpha} \qquad \frac{F}{\sin\gamma} = \frac{F_2}{\sin\alpha}$$

$$F_1 = F\frac{\sin 2\alpha}{\sin\gamma} = 20\,000\ \text{N}\frac{\sin 50^\circ}{\sin 105^\circ} = 15861\ \text{N}$$

$$F_2 = F\frac{\sin\alpha}{\sin\gamma} = 20\,000\ \text{N}\frac{\sin 25^\circ}{\sin 105^\circ} = 8751\ \text{N}$$

$$\sigma_{z1\,vorh} = \frac{F_1}{\frac{\pi}{4}d^2} = \frac{4F_1}{\pi d^2} = \frac{4 \cdot 15861\ \text{N}}{\pi \cdot (16\ \text{mm})^2} = 78{,}9\ \frac{\text{N}}{\text{mm}^2}$$

$$\sigma_{z2\,vorh} = \frac{4F_2}{\pi d^2} = \frac{4 \cdot 8751\ \text{N}}{\pi \cdot (16\ \text{mm})^2} = 43{,}5\ \frac{\text{N}}{\text{mm}^2}$$

694.

a) $$\sigma_{z\,vorh} = \frac{4F}{\pi d^2} = \frac{4 \cdot 100\,000\ \text{N}}{\pi \cdot (72\ \text{mm})^2} = 24{,}6\ \frac{\text{N}}{\text{mm}^2}$$

b) $\sigma_{z\,vorh} = \dfrac{F}{A_S}$ $\quad A_S = 3060\ \text{mm}^2$ für M 68

$$\sigma_{z\,vorh} = \frac{100\,000\ \text{N}}{3060\ \text{mm}^2} = 32{,}7\ \frac{\text{N}}{\text{mm}^2}$$

695.

a) $$\sigma_{z\,zul} = \frac{\sigma_{zSch}\,b_1\,b_2}{\nu\,\beta_k}$$

Zug-Schwellfestigkeit $\sigma_{zSch} = 300\ \dfrac{\text{N}}{\text{mm}^2}$

Oberflächenbeiwert $b_1 = 0{,}95$

Größenbeiwert $b_2 = 1$

Sicherheit $\nu = 1{,}5$

$$\sigma_{z\,zul} = \frac{300\ \frac{\text{N}}{\text{mm}^2} \cdot 0{,}95 \cdot 1}{1{,}5 \cdot 2{,}8} = 67{,}9\ \frac{\text{N}}{\text{mm}^2}$$

b) $$F_{max} = \sigma_{z\,zul}\,A = \sigma_{z\,zul}\left(\frac{\pi}{4}d^2 - d\,d_1\right)$$

$d = 8\ \text{mm} \quad d_1 = 2\ \text{mm}$

$$F_{max} = 67{,}9\ \frac{\text{N}}{\text{mm}^2}\left(\frac{\pi}{4}8^2\ \text{mm}^2 - (8 \cdot 2)\ \text{mm}^2\right)$$

$$F_{max} = 2327\ \text{N}$$

696.

$$\sigma_{z\,zul} = \frac{F_{S2}}{A_2} \rightarrow A_2 = \frac{F_{S2}}{\sigma_{z\,zul}}$$

$$A_2 = \frac{100{,}606 \cdot 10^3\ \text{N}}{300\ \frac{\text{N}}{\text{mm}^2}} = 335{,}35\ \text{mm}^2$$

$$A_2 = n \cdot A_{2n} = n \cdot \frac{\pi \cdot d_{2n}^2}{4}$$

$$d_{2n} = \sqrt{\frac{4 \cdot A_2}{\pi \cdot n}} = \sqrt{\frac{4 \cdot 335{,}35\ \text{mm}^2}{\pi \cdot 22}} = 4{,}41\ \text{mm}$$

ausgeführt $d_{2n} = 4{,}5$ mm

$$\sigma_{z\,zul} = \frac{F_{S1}}{A_1} \rightarrow A_1 = \frac{F_{S1}}{\sigma_{z\,zul}}$$

$$A_1 = \frac{75 \cdot 10^3\ \text{N}}{300\ \frac{\text{N}}{\text{mm}^2}} = 250\ \text{mm}^2$$

$$A_1 = n \cdot A_{1n} = n \cdot \frac{\pi \cdot d_{1n}^2}{4}$$

$$d_{1n} = \sqrt{\frac{4 \cdot A_1}{\pi \cdot n}} = \sqrt{\frac{4 \cdot 250\ \text{mm}^2}{\pi \cdot 22}} = 3{,}804\ \text{mm}$$

ausgeführt $d_{1n} = 4$ mm

Hooke'sches Gesetz

697.

a) $$\sigma_{z\,vorh} = \frac{F}{A} = \frac{4F_1}{\pi d^2} = \frac{4 \cdot 60\ \text{N}}{\pi \cdot (0{,}8\ \text{mm})^2} = 119{,}4\ \frac{\text{N}}{\text{mm}^2}$$

b) $$\varepsilon = \frac{\sigma_z}{E} = \frac{119{,}4\ \frac{\text{N}}{\text{mm}^2}}{2{,}1 \cdot 10^5\ \frac{\text{N}}{\text{mm}^2}} = 56{,}9 \cdot 10^{-5}$$

$$\varepsilon \approx 0{,}0569 \cdot 10^{-2} = 0{,}0569\ \%$$

c) $$\varepsilon = \frac{\Delta l}{l_0} \Rightarrow \Delta l = \varepsilon\,l_0$$

$$\Delta l = 56{,}9 \cdot 10^{-5} \cdot 120\ \text{mm} = 0{,}068\ \text{mm}$$

698.

$$\sigma_z = \varepsilon E = \frac{\Delta l}{l_0} E$$

$$\Delta l = \frac{\sigma_{z\,vorh}\, l_0}{E} = \frac{100\,\frac{N}{mm^2} \cdot 6 \cdot 10^3\ mm}{2{,}1 \cdot 10^5\,\frac{N}{mm^2}} = 2{,}857\ mm$$

699.

a) $\sigma_z = \frac{F}{A} = \frac{F}{\frac{\pi}{4} d^2} = \frac{4F}{\pi d^2}$

$$d_{erf} = \sqrt{\frac{4F}{\pi \sigma_{z\,zul}}} = \sqrt{\frac{4 \cdot 40\,000\ N}{\pi \cdot 100\,\frac{N}{mm^2}}} = 22{,}6\ mm$$

ausgeführt $d = 30$ mm

b) $\sigma_{z\,vorh} = \frac{F + F_G}{A} = \frac{F + A l \varrho g}{A} = 57{,}1\,\frac{N}{mm^2}$

c) $\varepsilon = \frac{\sigma_{z\,vorh}}{E}$

$$\varepsilon = \frac{57{,}1\,\frac{N}{mm^2}}{2{,}1 \cdot 10^5\,\frac{N}{mm^2}} = 27{,}2 \cdot 10^{-5} = 0{,}0272\ \%$$

d) $\Delta l = \varepsilon l_0$

$\Delta l = 27{,}2 \cdot 10^{-5} \cdot 6 \cdot 10^3\ mm = 1{,}632\ mm$

e) $W_f = \frac{F \Delta l}{2}$

$$W_f = \frac{40\,000\ N \cdot 1{,}632 \cdot 10^{-3}\ m}{2} = 32{,}64\ J$$

700.

a) $\varepsilon = \frac{2\Delta l}{l_0} = \frac{160\ mm}{2 \cdot 2000\ mm + \pi \cdot 600\ mm} = 0{,}0272$

b) $\sigma_{z\,vorh} = \varepsilon E = 0{,}0272 \cdot 60\,\frac{N}{mm^2} = 1{,}632\,\frac{N}{mm^2}$

c) $F_{vorh} = \sigma_{z\,vorh} A = 1{,}632\,\frac{N}{mm^2} \cdot 500\ mm^2 = 816\ N$

701.

a) $\sigma_{d\,vorh} = \varepsilon E = \frac{\Delta l}{l_0} E = \frac{l_0 - l_1}{l_0} E$

$$\sigma_{d\,vorh} = \frac{5\ mm}{30\ mm} \cdot 5\,\frac{N}{mm^2} = 0{,}833\,\frac{N}{mm^2}$$

b) $d_{erf} = \sqrt{\frac{4F}{\pi \sigma_{d\,vorh}}} = \sqrt{\frac{4 \cdot 500\ N}{\pi \cdot 0{,}833\,\frac{N}{mm^2}}} = 27{,}7\ mm$

ausgeführt $d = 28$ mm

c) $W_f = \frac{F \Delta l}{2} = \frac{500\ N \cdot 5\ mm}{2}$

$W_f = 1250\ Nmm = 1{,}25\ Nm = 1{,}25\ J$

702.

a) $\sigma_{z\,vorh} = \varepsilon E = \frac{\Delta l}{l_0} E$

$$\sigma_{z\,vorh} = \frac{6\ mm}{9200\ mm} \cdot 2{,}1 \cdot 10^5\,\frac{N}{mm^2} = 137\,\frac{N}{mm^2}$$

b) $F_{max} = \sigma_{z\,vorh} A_{][} \qquad A_{][} = 6440\ mm^2$

$F_{max} = 137\,\frac{N}{mm^2} \cdot 6440\ mm^2$

$F_{max} = 882\,280\ N = 882{,}28\ kN$

703.

a) $\sigma_{z\,vorh} = \varepsilon E = \frac{\Delta l}{l_0} E$

$$\sigma_{z\,vorh} = \frac{0{,}25\ mm}{400\ mm} \cdot 2{,}1 \cdot 10^5\,\frac{N}{mm^2} = 131\,\frac{N}{mm^2}$$

b) $\varepsilon = \frac{\Delta l}{l_0} = \frac{0{,}25\ mm}{400\ mm} = 0{,}625 \cdot 10^{-3}$

704.

a) $\varepsilon = \frac{\Delta l}{l_0} = \frac{4\ mm}{2 \cdot 10^3\ mm} = 2 \cdot 10^{-3}$

b) $\sigma_{z\,vorh} = \varepsilon E = 2 \cdot 10^{-3} \cdot 2{,}1 \cdot 10^5\,\frac{N}{mm^2} = 420\,\frac{N}{mm^2}$

c) $F_{vorh} = \sigma_{z\,vorh} A = 420\,\frac{N}{mm^2} \cdot 0{,}2\ mm^2 = 84\ N$

705.

a) $\sigma_{z\,vorh} = \frac{F}{A} = \frac{50\ N}{0{,}4\ mm^2} = 125\,\frac{N}{mm^2}$

b) $\sigma = \varepsilon E = \frac{\Delta l}{l_0} E$

$$\Delta l = \frac{\sigma_{z\,vorh}\, l_0}{E} = \frac{125\,\frac{N}{mm^2} \cdot 800\ mm}{2{,}1 \cdot 10^5\,\frac{N}{mm^2}} = 0{,}476\ mm$$

706.

$$\sigma_{\text{z vorh}} = \frac{F}{A} = \frac{4F}{\pi d^2} = \frac{4 \cdot 10000 \text{ N}}{\pi \cdot 144 \text{ mm}^2} = 88,4 \frac{\text{N}}{\text{mm}^2}$$

$$\sigma_z = \frac{\Delta l}{l_0} E \Rightarrow \Delta l = \frac{\sigma_{\text{z vorh}} l_0}{E}$$

$$\Delta l = \frac{88,4 \frac{\text{N}}{\text{mm}^2} \cdot 8 \cdot 10^3 \text{ mm}}{2,1 \cdot 10^5 \frac{\text{N}}{\text{mm}^2}} = 3,368 \text{ mm}$$

707.

a) $F_{\text{vorh}} = \sigma_{\text{z vorh}} A$

$$F_{\text{vorh}} = 140 \frac{\text{N}}{\text{mm}^2} \cdot \frac{\pi}{4} \cdot 50^2 \text{ mm}^2 = 274,9 \text{ kN}$$

b) $\varepsilon_{\text{vorh}} = \dfrac{\sigma_{\text{z vorh}}}{E}$

$$\varepsilon_{\text{vorh}} = \frac{140 \frac{\text{N}}{\text{mm}^2}}{2,1 \cdot 10^5 \frac{\text{N}}{\text{mm}^2}} = 0,67 \cdot 10^{-3} = 0,067 \text{ \%}$$

c) $\varepsilon = \dfrac{\Delta l}{l_0}$

$$\Delta l_{\text{vorh}} = \varepsilon_{\text{vorh}} l_0 = 0,67 \cdot 10^{-3} \cdot 8 \cdot 10^3 \text{ mm} = 5,36 \text{ mm}$$

d) $W_f = \dfrac{F_{\text{vorh}} \cdot \Delta l_{\text{vorh}}}{2}$

$$W_f = \frac{274,9 \cdot 10^3 \text{ N} \cdot 5,36 \cdot 10^{-3} \text{ m}}{2} = 736,7 \text{ J}$$

708.

a) $\varepsilon = \dfrac{\Delta l}{l_0} = \dfrac{400 \text{ mm}}{600 \text{ mm}} = 0,667 = 66,7 \text{ \%}$

b) $\sigma_{\text{z vorh}} = \dfrac{F}{A} = \dfrac{5 \text{ N}}{2 \text{ mm}^2} = 2,5 \dfrac{\text{N}}{\text{mm}^2}$

c) $E = \dfrac{\sigma_{\text{z vorh}}}{\varepsilon} = \dfrac{2,5 \frac{\text{N}}{\text{mm}^2}}{0,667} = 3,75 \dfrac{\text{N}}{\text{mm}^2}$

709.

a) $\sigma_{\text{z vorh}} = \varepsilon E = \dfrac{\Delta l}{l_0} E = \dfrac{1 \text{ m}}{5 \text{ m}} \cdot 8 \dfrac{\text{N}}{\text{mm}^2} = 1,6 \dfrac{\text{N}}{\text{mm}^2}$

b) $\sigma_z = \dfrac{F}{A} = \dfrac{F}{\frac{\pi}{4} d^2} = \dfrac{4F}{\pi d^2}$

$$d_{\text{vorh}} = \sqrt{\frac{4F}{\pi \sigma_{\text{z vorh}}}} = \sqrt{\frac{4 \cdot 1000 \text{ N}}{\pi \cdot 1,6 \frac{\text{N}}{\text{mm}^2}}} = 28,2 \text{ mm}$$

c) $W_f = \dfrac{F \cdot \Delta l}{2} = \dfrac{1000 \text{ N} \cdot 1 \text{ m}}{2} = 500 \text{ J}$

710.

a) $F_{\max} = \sigma_{\text{z zul}} A = \dfrac{R_m}{\nu} n \dfrac{\pi}{4} d^2$

$$F_{\max} = \frac{1600 \frac{\text{N}}{\text{mm}^2}}{6} \cdot 86 \cdot \frac{\pi}{4} \cdot 1,2^2 \text{ mm}^2$$

$$F_{\max} = 25937 \text{ N} = 25,937 \text{ kN}$$

b) $\sigma_z = \varepsilon E = \dfrac{\Delta l}{l_0} E$

$$\Delta l_{\text{vorh}} = \frac{\sigma_{\text{z zul}} l_0}{E}$$

$$\Delta l_{\text{vorh}} = \frac{\frac{1600}{6} \frac{\text{N}}{\text{mm}^2} \cdot 22 \cdot 10^3 \text{ mm}}{2,1 \cdot 10^5 \frac{\text{N}}{\text{mm}^2}} = 27,9 \text{ mm}$$

711.

a) $\sigma_{\text{z vorh u}} = \dfrac{F}{A} = \dfrac{4F}{\pi d^2} = \dfrac{4 \cdot 22000 \text{ N}}{\pi \cdot 256 \text{ mm}^2} = 109,4 \dfrac{\text{N}}{\text{mm}^2}$

$$\sigma_{\text{z vorh o}} = \frac{F + F_G}{A}$$

$$F_G = m g = V \varrho g = A l \varrho g = \frac{\pi}{4} d^2 l \varrho g$$

$$\sigma_{\text{z vorh o}} = \frac{22000 \text{ N}}{\frac{\pi}{4} \cdot 16^2 \text{ mm}^2} + \frac{\frac{\pi}{4} \cdot 256 \cdot 10^{-6} \text{ m}^2 \cdot 80 \text{ m} \cdot 7,85 \cdot 10^3 \frac{\text{kg}}{\text{m}^3} \cdot 9,81 \frac{\text{m}}{\text{s}^2}}{\frac{\pi}{4} \cdot 16^2 \text{ mm}^2}$$

$$\sigma_{\text{z vorh o}} = 115,6 \frac{\text{N}}{\text{mm}^2}$$

b) $\sigma_{\text{z mittl}} = \dfrac{\Delta l}{l_0} E = \dfrac{\sigma_{\text{z vorh o}} + \sigma_{\text{z vorh u}}}{2} = 112,5 \dfrac{\text{N}}{\text{mm}^2}$

$$\Delta l = \frac{\sigma_{\text{z mittl}} l_0}{E}$$

$$\Delta l = \frac{112,5 \frac{\text{N}}{\text{mm}^2} \cdot 80 \cdot 10^3 \text{ mm}}{2,1 \cdot 10^5 \frac{\text{N}}{\text{mm}^2}} = 42,86 \text{ mm}$$

712.

a) Lageskizze Krafteckskizze

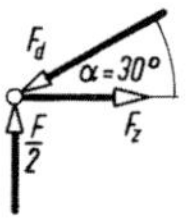

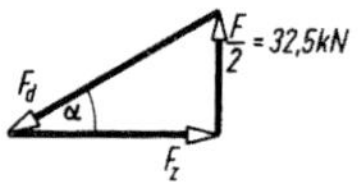

$$\tan\alpha = \frac{\frac{F}{2}}{F_z} \Rightarrow F_z = \frac{F}{2\tan\alpha}$$

$$F_z = \frac{65\,000\ \text{N}}{2\tan 30°} = 56\,287\ \text{N} = 56{,}287\ \text{kN}$$

b) $A_{\text{erf}} = \frac{F_z}{\sigma_{\text{z zul}}\,v} = \frac{56\,287\ \text{N}}{120\ \frac{\text{N}}{\text{mm}^2}\cdot 0{,}8} = 586{,}3\ \text{mm}^2$

ausgeführt ⌊ 35×5 mit $A = 328\ \text{mm}^2$,

also $A_{\rfloor\lfloor} = 656\ \text{mm}^2$

c) $\sigma_{\text{z vorh}} = \frac{F_z}{A_{\rfloor\lfloor} - 2d_1 s} = \frac{56\,287\ \text{N}}{656\ \text{mm}^2 - 2\cdot 11\ \text{mm}\cdot 5\ \text{mm}}$

$\sigma_{\text{z vorh}} = 103\ \frac{\text{N}}{\text{mm}^2} < \sigma_{\text{z zul}} = 120\ \frac{\text{N}}{\text{mm}^2}$

d) $\sigma_z = \frac{\Delta l}{l_0}E \quad \sigma_{\text{z vorh}} = \frac{F_z}{A_{\rfloor\lfloor}} = \frac{56\,287\ \text{N}}{656\ \text{mm}^2} = 85{,}8\ \frac{\text{N}}{\text{mm}^2}$

$$\Delta l_{\text{vorh}} = \frac{\sigma_{\text{z vorh}}\, l_0}{E}$$

$$\Delta l_{\text{vorh}} = \frac{85{,}8\ \frac{\text{N}}{\text{mm}^2}\cdot 3\cdot 10^3\ \text{mm}}{2{,}1\cdot 10^5\ \frac{\text{N}}{\text{mm}^2}} = 1{,}226\ \text{mm}$$

713.

Es liegt ein statisch unbestimmtes System vor, weil drei Unbekannten (Stabkräfte F_1, F_2, F_3 bzw. die entsprechenden Spannungen) nur zwei Gleichungen gegenüberstehen:

$\Sigma F_x = 0 = +F_3 \sin\alpha - F_1 \sin\alpha$

$\Sigma F_y = 0 = +F_2 + 2F_1\cos\alpha - F$, also

$F = F_2 + 2F_1\cos\alpha$

Wegen Symmetrie ist $F_1 = F_3$

Fehlende dritte Gleichung ist das Hooke'sche Gesetz für Zugbeanspruchung:

$$\sigma = \varepsilon E = \frac{F}{A}$$

Für Stab 2 ist $\varepsilon_2 = \frac{\Delta l}{l_0}$, für Stab 1 ist $\varepsilon_1 = \frac{\Delta l \cos\alpha}{\frac{l_0}{\cos\alpha}}$

Damit wird:

$F = F_2 + 2F_1\cos\alpha = \varepsilon_2\, E\, A + 2\varepsilon_1\, E\, A\cos\alpha$

$F = \frac{\Delta l}{l_0} E\, A\,(1 + 2\cos^3\alpha)$ und daraus

$$\frac{\Delta l}{l_0} = \frac{F}{E\, A(1 + 2\cos^3\alpha)}$$

$\sigma_2 = \frac{F_2}{A} = \frac{\Delta l}{l_0}E \qquad \sigma_1 = \sigma_3 = \frac{F_1}{A} = \frac{\Delta l}{l_0}E\cos^2\alpha$

$\sigma_2 = \frac{\Delta l}{l_0}E = \frac{F}{A(1 + 2\cos^3\alpha)}$ (E kürzt sich heraus)

$$\sigma_2 = \frac{40\,000\ \text{N}}{314\ \text{mm}^2(1 + 2\cdot\cos^3 30°)} = 55{,}4\ \frac{\text{N}}{\text{mm}^2}$$

$$\sigma_1 = \sigma_3 = \frac{F}{A(1 + 2\cos^3\alpha)}\cdot\cos^2\alpha = 41{,}6\ \frac{\text{N}}{\text{mm}^2}$$

714.

Lageskizze Krafteckskizze

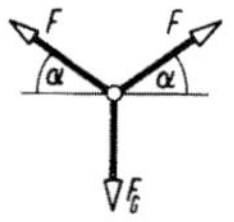

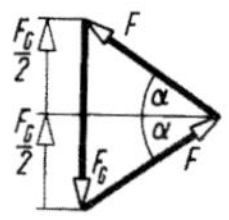

$F_G = F'_G\, l + 0{,}1F'_G\, l + F_{\text{G Wasser}}$

$F_G = 1{,}1F'_G\, l + \frac{\pi}{4}d_R^2\cdot l\cdot\varrho_{\text{Wasser}}\cdot g$

$F_G = 1{,}1\cdot 94{,}6\ \frac{\text{N}}{\text{m}}\cdot 10\,\text{m} +$

$+\frac{\pi}{4}(0{,}1\,\text{m})^2\cdot 10\,\text{m}\cdot 10^3\ \frac{\text{kg}}{\text{m}^3}\cdot 9{,}81\frac{\text{m}}{\text{s}^2}$

$F_G = 1811\ \text{N}$

$$\tan\alpha = \frac{l_2 - l_1}{\frac{l}{2}} \rightarrow \alpha = \arctan\frac{(3{,}5-1)\,\text{m}}{5\,\text{m}} = 26{,}6°$$

$$\sin\alpha = \frac{\frac{F_G}{2}}{F} \rightarrow F = \frac{\frac{F_G}{2}}{\sin\alpha} = \frac{905{,}5\ \text{N}}{\sin 26{,}6°} = 2022\ \text{N}$$

a) $\sigma_z = \frac{F}{A} = \frac{F}{n\frac{\pi}{4}d^2} = \frac{4F}{n\pi d^2}$ (n Anzahl der Drähte)

$$n_{\text{erf}} = \frac{4F}{\pi d^2\sigma_{\text{z zul}}} = \frac{4\cdot 2022\ \text{N}}{\pi\cdot 1\ \text{mm}^2\cdot 100\ \frac{\text{N}}{\text{mm}^2}} = 25{,}7$$

ausgeführt $n = 26$ Drähte

b) *Annahme:* Winkel α bleibt bei Senkung konstant, also $\alpha = 26{,}6°$. Berechnung der halben Ursprungslänge l_0 des Seils nach dem Pythagoras:

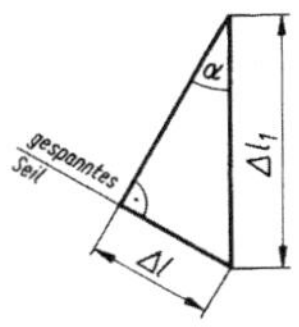

$$l_0 = \sqrt{\left(\frac{l}{2}\right)^2 + \left(l_2 - l_1\right)^2}$$

$$l_0 = \sqrt{(5\,\text{m})^2 + (3{,}5\,\text{m} - 1\,\text{m})^2}$$

$$l_0 = 5590\,\text{mm}$$

Damit kann das Hooke'sche Gesetz nach Δl aufgelöst werden:

$$\Delta l = \frac{l_0 F}{A E}$$

$$\Delta l = \frac{5590\text{ mm} \cdot 2022\text{ N}}{26 \cdot \frac{\pi}{4} \cdot 1^2\text{ mm}^2 \cdot 2{,}1 \cdot 10^5 \frac{\text{N}}{\text{mm}^2}} = 2{,}636\text{ mm}$$

$$\Delta l_1 = \frac{\Delta l}{\sin\alpha} = \frac{2{,}636\text{ mm}}{\sin 26{,}6°} \approx 5{,}9\text{ mm}$$

715.[1)]

Wärmespannung

$$\sigma_\vartheta = \alpha_l\,\Delta T\,E = \alpha_l\left(T_2 - T_1\right)E$$

$\alpha_l = 12 \cdot 10^{-6}\,\text{K}^{-1}$ (F + T, 5.1)

$T_1 = 16\,°\text{C}$, $T_2 = -22\,°\text{C}$ bzw. $38°\text{C}$

$E = 2{,}1 \cdot 10^5 \frac{\text{N}}{\text{mm}^2}$ (F + T, 5.1)

a) $\sigma_\vartheta = 12 \cdot 10^{-6}\,\text{K}^{-1} \cdot (-22 - 16)\,\text{K} \cdot 2{,}1 \cdot 10^5 \frac{\text{N}}{\text{mm}^2}$

$\sigma_\vartheta = -95{,}8 \frac{\text{N}}{\text{mm}^2}$ (Zugspannung)

b) $\sigma_\vartheta = 12 \cdot 10^{-6}\,\text{K}^{-1} \cdot (38 - 16)\,\text{K} \cdot 2{,}1 \cdot 10^5 \frac{\text{N}}{\text{mm}^2}$

$\sigma_\vartheta = 55{,}4 \frac{\text{N}}{\text{mm}^2}$ (Druckspannung)

716.[2)]

Formel für die Länge l nach der Erwärmung:

$l = l_0\left[1 + \alpha_l\left(T_2 - T_1\right)\right]$ (siehe F + T, 5.1)

umgeschrieben auf die Größen in der Aufgabe:

$$d_a + 2s = d_i\left[1 + \alpha_l\left(T_2 - T_1\right)\right]$$

$$d_a + 2s = d_i + d_i\alpha_l\left(T_2 - T_1\right)$$

$$T_2 - T_1 = \frac{d_a + 2s - d_i}{d_i\alpha_l}$$

$$T_2 = \frac{d_a + 2s - d_i}{d_i\alpha_l} + T_1$$

$\alpha_l = 12 \cdot 10^{-6}\,\text{K}^{-1}$ (siehe F + T, 5.1)

$$T_2 = \frac{(800 + 2 \cdot 1 - 798)\,\text{mm}}{798\,\text{mm} \cdot 12 \cdot 10^{-6}\,\text{K}^{-1}} = 437{,}7\,\text{K} = 437{,}7\,°\text{C}$$

717.[3)]

$$V_\text{Tank} = V_\text{Öl}$$

$$V_\text{Tank}\left[1 + 3\alpha_{l\,\text{St}}\left(T_2 - T\right)\right] = V_\text{Öl}\left[1 + \alpha_{\text{v}\,\text{Öl}}\left(T_2 - T_1\right)\right]$$

mit den bekannten Größen:

$V_\text{Tank} = 1\,\text{m}^3, V_\text{Öl} = 0{,}98\,\text{m}^3, T = 0\,°\text{C}, T_1 = 20\,°\text{C}$

$\alpha_{l\text{St}} = 12 \cdot 10^{-6}\,\text{K}^{-1}, \alpha_{\text{vÖl}} = 7{,}2 \cdot 10^{-4}\,\text{K}^{-1}$

$$V_\text{Tank} + V_\text{Tank}\,3\alpha_{l\,\text{St}}T_2 = V_\text{Öl} + V_\text{Öl}\,\alpha_{\text{vÖl}}T_2 - V_\text{Öl}\,\alpha_{\text{vÖl}}T_1$$

$$V_\text{Tank}\,3\alpha_{l\,\text{St}}T_2 - V_\text{Öl}\,\alpha_{\text{vÖl}}T_2 = V_\text{Öl} - V_\text{Öl}\,\alpha_{\text{vÖl}}T_1 - V_\text{Tank}$$

$$T_2\left(V_\text{Tank}\,3\alpha_{l\,\text{St}} - V_\text{Öl}\alpha_{\text{vÖl}}\right) = V_\text{Öl}\left(1 - \alpha_{\text{vÖl}}T_1\right) - V_\text{Tank}$$

$$T_2 = \frac{V_\text{Öl}\left(1 - \alpha_{\text{vÖl}}T_1\right) - V_\text{Tank}}{V_\text{Tank}\,3\alpha_{l\,\text{St}} - V_\text{Öl}\alpha_{\text{vÖl}}}$$

$$T_2 = \frac{0{,}98\,\text{m}^3\left(1 - 7{,}2 \cdot 10^{-4}\,\text{K}^{-1} \cdot 20\,°\text{C}\right) - 1\,\text{m}^3}{1\,\text{m}^3 \cdot 3 \cdot 12 \cdot 10^{-6}\,\text{K}^{-1} - 0{,}98\,\text{m}^3 \cdot 7{,}2 \cdot 10^{-4}\,\text{K}^{-1}}$$

$$T_2 = 50{,}9\,\text{K} = 50{,}9\,°\text{C}$$

Beanspruchung auf Druck und Flächenpressung

718.

$$p = \frac{F_\text{N}}{A} = \frac{F}{a^2}$$

$$a_\text{erf} = \sqrt{\frac{F}{p_\text{zul}}} = \sqrt{\frac{16 \cdot 10^4\,\text{N}}{4 \frac{\text{N}}{\text{mm}^2}}} = 200\text{ mm}$$

719.

$$p = \frac{F_\text{N}}{A} = \frac{F}{bl} = \frac{F}{b \cdot 1{,}6b} = \frac{F}{1{,}6b^2}$$

$$b_\text{erf} = \sqrt{\frac{F}{1{,}6p_\text{zul}}} = \sqrt{\frac{20 \cdot 10^4\,\text{N}}{1{,}6 \cdot 1{,}2 \frac{\text{N}}{\text{mm}^2}}} = 322\text{ mm}$$

$l = 1{,}6b = 1{,}6 \cdot 322\text{ mm} = 515\text{ mm}$

ausgeführt □ 320 × 520

---

1) Diese Lösung wurde entwickelt von Herrn Dr. sc. nat. ETH Stephan Bucher.

2) Diese Lösung wurde entwickelt von Stephan Bucher.

3) Diese Lösung wurde entwickelt von Stephan Bucher.

720.

$$p = \frac{F}{A_{proj}} = \frac{F}{d\,l} = \frac{F}{\dfrac{l}{1{,}6}\,l} = \frac{1{,}6\,F}{l^2}$$

$$l_{erf} = \sqrt{\frac{1{,}6\,F}{p_{zul}}} = \sqrt{\frac{1{,}6 \cdot 12\,500\ \text{N}}{10\ \dfrac{\text{N}}{\text{mm}^2}}} = 44{,}7\ \text{mm}$$

ausgeführt $l = 45$ mm, damit ist

$$d = \frac{l}{1{,}6} = \frac{45\ \text{mm}}{1{,}6} \approx 28\ \text{mm}$$

721.

a) $p = \dfrac{F}{A_{proj}} = \dfrac{F}{d\,l}$

$$l_{erf} = \frac{F}{d\,p_{zul}} = \frac{18\,000\ \text{N}}{30\ \text{mm} \cdot 10\ \dfrac{\text{N}}{\text{mm}^2}} = 60\ \text{mm}$$

b) $p_{vorh} = \dfrac{F}{A_{proj}} = \dfrac{F}{2\,d\,s}$

$$p_{vorh} = \frac{18\,000\ \text{N}}{2 \cdot 30\ \text{mm} \cdot 6\ \text{mm}} = 50\ \frac{\text{N}}{\text{mm}^2}$$

722.

$$p = \frac{F_N}{A} = \frac{F}{\dfrac{\pi}{4}(D^2 - d^2)} = \frac{4\,F}{\pi(D^2 - d^2)}$$

$$D^2 - d^2 = \frac{4\,F}{\pi\,p}$$

$$D_{erf} = \sqrt{\frac{4\,F}{\pi\,p_{zul}} + d^2} = \sqrt{\frac{4 \cdot 8000\ \text{N}}{\pi \cdot 6\ \dfrac{\text{N}}{\text{mm}^2}} + 40^2\ \text{mm}^2}$$

$D_{erf} = 57{,}4$ mm

ausgeführt $D = 58$ mm

723.

a) $d_{erf} = \sqrt{\dfrac{4\,F}{\pi\,\sigma_{z\,zul}}} = \sqrt{\dfrac{4 \cdot 30\,000\ \text{N}}{\pi \cdot 80\ \dfrac{\text{N}}{\text{mm}^2}}} = 21{,}9\ \text{mm}$

ausgeführt $d = 22$ mm

b) $D_{erf} = \sqrt{\dfrac{4\,F}{\pi\,p_{zul}} + d^2}$ (siehe Herleitung in 722.)

$$D_{erf} = \sqrt{\frac{4 \cdot 30\,000\ \text{N}}{\pi \cdot 60\ \dfrac{\text{N}}{\text{mm}^2}} + 22^2\ \text{mm}^2} = 33{,}5\ \text{mm}$$

ausgeführt $D = 34$ mm

724.

$$p = \frac{F}{A_{proj}} = \frac{F}{d\,l} = \frac{F}{d \cdot 1{,}2\,d} = \frac{F}{1{,}2\,d^2}$$

$$d_{erf} = \sqrt{\frac{F}{1{,}2\,p_{zul}}} = \sqrt{\frac{16\,000\ \text{N}}{1{,}2 \cdot 6\ \dfrac{\text{N}}{\text{mm}^2}}} = 47{,}1\ \text{mm}$$

ausgeführt $d = 48$ mm,

$l_{erf} = 1{,}2\,d = 1{,}2 \cdot 48\ \text{mm} = 57{,}6\ \text{mm}$

ausgeführt $l = 58$ mm

$D_{erf} = \sqrt{\dfrac{4\,F}{\pi\,p_{zul}} + d^2}$ (siehe Herleitung in 722.)

$$D_{erf} = \sqrt{\frac{4 \cdot 7500\ \text{N}}{\pi \cdot 6\ \dfrac{\text{N}}{\text{mm}^2}} + 48^2\ \text{mm}^2} = 62{,}4\ \text{mm}$$

ausgeführt $D = 63$ mm

725.

a) $p = \dfrac{F}{A_{proj}} = \dfrac{F}{\dfrac{\pi}{4}(D^2 - d^2)} = \dfrac{4\,F}{\pi(D^2 - d^2)}$

$$F_a = \frac{p_{zul}\,\pi(D^2 - d^2)}{4}$$

$$F_a = \frac{50\ \dfrac{\text{N}}{\text{mm}^2} \cdot \pi \cdot (60^2 - 44^2)\ \text{mm}^2}{4} = 65\,345\ \text{N}$$

b) $A_{S\,erf} = \dfrac{F_{max}}{\sigma_{z\,zul}} = \dfrac{65\,345\ \text{N}}{80\ \dfrac{\text{N}}{\text{mm}^2}} = 816{,}8\ \text{mm}^2$

ausgeführt M 36 mit $A_S = 817\ \text{mm}^2$

726.

a) $F_{max} = \sigma_{z\,zul}\,A_3$

(A_3 Kernquerschnitt Trapezgewinde)

$F_{max} = 120\ \dfrac{\text{N}}{\text{mm}^2} \cdot 398\ \text{mm}^2 = 47\,760\ \text{N}$

b) $m_{erf} = \dfrac{F_{max}\,P}{\pi\,d_2\,H_1\,p_{zul}}$

(P Steigung, d_2 Flankendurchmesser, H_1 Tragtiefe des Trapezgewindes)

$$m_{erf} = \frac{47\,760\ \text{N} \cdot 5\ \text{mm}}{\pi \cdot 25{,}5\ \text{mm} \cdot 2{,}5\ \text{mm} \cdot 30\ \dfrac{\text{N}}{\text{mm}^2}} = 39{,}75\ \text{mm}$$

ausgeführt $m = 40$ mm

727.

a) $A_{3\,erf} = \dfrac{F}{\sigma_{z\,zul}} = \dfrac{36\,000\ \text{N}}{100\ \dfrac{\text{N}}{\text{mm}^2}} = 360\ \text{mm}^2$

ausgeführt Tr 28 × 5 mit $A_3 = 398\ \text{mm}^2$

b) $m_{\text{erf}} = \dfrac{F\,P}{\pi\, d_2\, H_1\, p_{\text{zul}}}$

$$m_{\text{erf}} = \frac{36\,000\ \text{N} \cdot 5\ \text{mm}}{\pi \cdot 25{,}5\ \text{mm} \cdot 2{,}5\ \text{mm} \cdot 12\ \dfrac{\text{N}}{\text{mm}^2}} = 74{,}9\ \text{mm}$$

ausgeführt $m = 75$ mm

728.

a) $\sigma_{\text{d vorh}} = \dfrac{F}{A} = \dfrac{F}{A_3}$

$$\sigma_{\text{d vorh}} = \frac{100 \cdot 10^3\ \text{N}}{2734\ \text{mm}^2} = 36{,}6\ \frac{\text{N}}{\text{mm}^2}$$

b) $m_{\text{erf}} = \dfrac{F\,P}{\pi\, d_2\, H_1\, p_{\text{zul}}}$

$$m_{\text{erf}} = \frac{100\ \text{kN} \cdot 10\ \text{mm}}{\pi \cdot 65\ \text{mm} \cdot 5\ \text{mm} \cdot 10\ \dfrac{\text{N}}{\text{mm}^2}} = 97{,}9\ \text{mm}$$

ausgeführt $m = 98$ mm

729.

a) $A_{3\,\text{erf}} = \dfrac{F}{\dfrac{R_{\text{m}}}{\nu}} = \dfrac{F\,\nu}{R_{\text{m}}} = \dfrac{200\ \text{kN} \cdot 4}{600\ \dfrac{\text{N}}{\text{mm}^2}} = 1333\ \text{mm}^2$

ausgeführt Tr 52 × 8 mit $A_3 = 1452\ \text{mm}^2$

b) $m_{\text{erf}} = \dfrac{F\,P}{\pi\, d_2\, H_1\, p_{\text{zul}}}$

$$m_{\text{erf}} = \frac{200 \cdot 10^3\ \text{N} \cdot 8\ \text{mm}}{\pi \cdot 48\ \text{mm} \cdot 4\ \text{mm} \cdot 8\ \dfrac{\text{N}}{\text{mm}^2}} = 331{,}6\ \text{mm}$$

ausgeführt $m = 332$ mm

730.

a) $F_{\max} = \sigma_{\text{z zul}}\, A_{\text{S}}$

$$F_{\max} = 45\ \frac{\text{N}}{\text{mm}^2} \cdot 245\ \text{mm}^2 = 11\,025\ \text{N}$$

b) $p_{\text{vorh}} = \dfrac{F\,P}{\pi\, d_2\, H_1\, m} = \dfrac{F\,P}{\pi\, d_2\, H_1 \cdot 0{,}8\, d}$

$$p_{\text{vorh}} = \frac{11\,025\ \text{N} \cdot 2{,}5\ \text{mm}}{\pi \cdot 18{,}376\ \text{mm} \cdot 1{,}353\ \text{mm} \cdot 0{,}8 \cdot 20\ \text{mm}}$$

$$p_{\text{vorh}} = 22{,}1\ \frac{\text{N}}{\text{mm}^2}$$

731.

Lageskizze Krafteckskizze

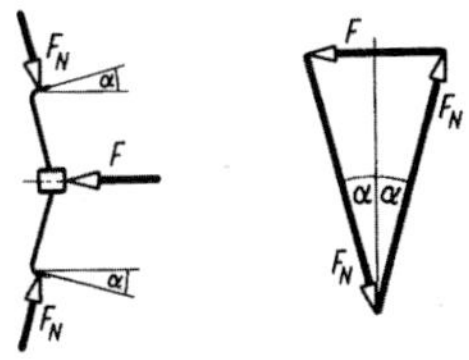

$$\sin\alpha = \frac{\dfrac{F}{2}}{F_{\text{N}}} = \frac{F}{2\,F_{\text{N}}}$$

$$F_{\text{N}} = \frac{F}{2\sin\alpha}$$

$$M = F_{\text{R}}\, d = F_{\text{N}}\,\mu\, d$$

$$M = \frac{F}{2\sin\alpha}\,\mu\, d$$

$$F = \frac{2M\sin\alpha}{\mu\, d} = \frac{2 \cdot 110\ \text{Nm} \cdot \sin 15^\circ}{0{,}1 \cdot 0{,}4\ \text{m}} = 1424\ \text{N}$$

$$p_{\text{vorh}} = \frac{F}{\pi\, d\, b \sin\alpha}$$

$$p_{\text{vorh}} = \frac{1424\ \text{N}}{\pi \cdot 400\ \text{mm} \cdot 30\ \text{mm} \cdot \sin 15^\circ} = 0{,}146\ \frac{\text{N}}{\text{mm}^2}$$

732.

a) $A_{\text{s erf}} = \dfrac{F}{\sigma_{\text{z zul}}} = \dfrac{5000\ \text{N}}{80\ \dfrac{\text{N}}{\text{mm}^2}} = 62{,}5\ \text{mm}^2$

ausgeführt M 12 mit $A_{\text{s}} = 84{,}3\ \text{mm}^2$

b) $\sigma = \dfrac{F}{A} = \dfrac{\Delta l}{l_0} E$

$$\Delta l_{\text{vorh}} = \frac{F\, l_0}{A\, E} = \frac{5000\ \text{N} \cdot 350\ \text{mm}}{\dfrac{\pi}{4} \cdot (12\ \text{mm})^2 \cdot 2{,}1 \cdot 10^5\ \dfrac{\text{N}}{\text{mm}^2}}$$

$$\Delta l_{\text{vorh}} = 0{,}074\ \text{mm} \approx 0{,}1\ \text{mm}$$

c) $d_{\text{erf}} = \sqrt{\dfrac{4F}{\pi\, p_{\text{zul}}} + d_{\text{i}}^2}$

(Herleitung in 718.)

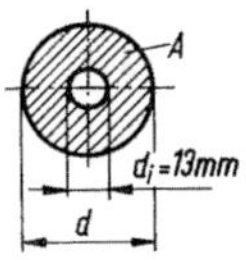

$$d_{\text{erf}} = \sqrt{\frac{4 \cdot 5000\ \text{N}}{\pi \cdot 5\ \dfrac{\text{N}}{\text{mm}^2}} + 13^2\ \text{mm}^2} = 38\ \text{mm}$$

d) $m_{\text{erf}} = \dfrac{F\,P}{\pi\, d_2\, H_1\, p_{\text{zul}}}$

$$m_{\text{erf}} = \frac{5000\ \text{N} \cdot 1{,}75\ \text{mm}}{\pi \cdot 10{,}863\ \text{mm} \cdot 0{,}947\ \text{mm} \cdot 5\ \dfrac{\text{N}}{\text{mm}^2}} = 54{,}15\ \text{mm}$$

ausgeführt $m = 55$ mm

733.

a) $\sigma_{\text{d}} = \dfrac{F}{A} = \dfrac{F}{\dfrac{\pi}{4}(d_{\text{a}}^2 - d_{\text{i}}^2)} = \dfrac{4F}{\pi(d_{\text{a}}^2 - d_{\text{i}}^2)}$

$$d_a^2 - d_i^2 = \frac{4F}{\pi\sigma_d}$$

$$d_{i\,erf} = \sqrt{d_a^2 - \frac{4F}{\pi \cdot \sigma_{d\,zul}}}$$

$$d_{i\,erf} = \sqrt{(200\ \text{mm})^2 - \frac{4 \cdot 320\,000\ \text{N}}{\pi \cdot 80\ \frac{\text{N}}{\text{mm}^2}}} = 186{,}85\ \text{mm}$$

ausgeführt $d_i = 186$ mm

b) Gewichtskraft ohne Fuß und Rippen:

$$F_G = mg = V\varrho g = Ah\varrho g$$

$$\varrho_{GG} = 7{,}3 \cdot 10^3\ \frac{\text{kg}}{\text{m}^3} \text{ angenommen}$$

$$F_G = \frac{\pi}{4}(d_a^2 - d_i^2)h\varrho g$$

$$F_G = \frac{\pi}{4}(0{,}2^2 - 0{,}186^2)\ \text{m}^2 \cdot 6\ \text{m} \cdot 7300\ \frac{\text{kg}}{\text{m}^3} \cdot 9{,}81\ \frac{\text{m}}{\text{s}^2}$$

$$F_G = 1824\ \text{N}$$

$$p = \frac{F + F_G}{A} = \frac{F + F_G}{\frac{\pi}{4}(d_f^2 - d_i^2)}$$

$$d_{f\,erf} = \sqrt{\frac{4(F + F_G)}{\pi p_{zul}} + d_i^2}$$

$$d_{f\,erf} = \sqrt{\frac{4(320 + 1{,}824) \cdot 10^3\ \text{N}}{\pi \cdot 2{,}5\ \frac{\text{N}}{\text{mm}^2}} + 186^2\ \text{mm}^2}$$

$$d_{f\,erf} = 445{,}5\ \text{mm}$$

ausgeführt $d_f = 446$ mm

734.

a) $$d_{i\,erf} = \sqrt{d_a^2 - \frac{4F}{\pi \cdot \sigma_{d\,zul}}} \quad \text{(Herleitung in 729.)}$$

$$d_{i\,erf} = \sqrt{400^2\ \text{mm}^2 - \frac{4 \cdot 1500 \cdot 10^3\ \text{N}}{\pi \cdot 65\ \frac{\text{N}}{\text{mm}^2}}} = 360{,}2\ \text{mm}$$

ausgeführt $d_i = 360$ mm, $s = 20$ mm

b) Annahme: Wegen der großen Belastung ($F = 1500$ kN) kann die Gewichtskraft vernachlässigt werden.

$$p = \frac{F_N}{A} = \frac{F}{a^2}$$

$$a_{erf} = \sqrt{\frac{F}{p_{zul}}} = \sqrt{\frac{150 \cdot 10^4\ \text{N}}{4\ \frac{\text{N}}{\text{mm}^2}}} = 612\ \text{mm}$$

735.

Mit dem Wasserdruck $p_W = 8{,}5 \cdot 10^5\ \text{N/m}^2$ wird die Druckkraft

$F = \frac{\pi}{4} d_a^2\, p_W$, damit die Flächenpressung

$$p = \frac{F}{A_{proj}} = \frac{\frac{\pi}{4} d_a^2\, p_W}{\frac{\pi}{4}(d_a^2 - d_i^2)} = \frac{d_a^2\, p_W}{d_a^2 - d_i^2} = \frac{p_W}{1 - \frac{d_i^2}{d_a^2}}$$

$$p = \frac{8{,}5 \cdot 10^5\ \frac{\text{N}}{\text{m}^2}}{1 - \frac{65^2\ \text{mm}^2}{80^2\ \text{mm}^2}} = 25 \cdot 10^5\ \frac{\text{N}}{\text{m}^2} = 2{,}5\ \frac{\text{N}}{\text{mm}^2}$$

736.

$$D_{erf} = \sqrt{\frac{4F}{\pi \cdot p_{zul}} + d^2} \quad \text{(Herleitung in 718.)}$$

$$D_{erf} = \sqrt{\frac{4 \cdot 5000\ \text{N}}{\pi \cdot 2{,}5\ \frac{\text{N}}{\text{mm}^2}} + 6400\ \text{mm}^2} = 94{,}6\ \text{mm}$$

ausgeführt $D = 95$ mm

737.

a) $$p = \frac{F_N}{A} = \frac{F}{\frac{\pi}{4}d^2} = \frac{4F}{\pi d^2}$$

$$d_{erf} = \sqrt{\frac{4F}{\pi \cdot p_{zul}}} = \sqrt{\frac{4 \cdot 10000\ \text{N}}{\pi \cdot 5\ \frac{\text{N}}{\text{mm}^2}}} = 50{,}45\ \text{mm}$$

ausgeführt $d = 50$ mm

b) $$\sigma_{d\,vorh} = \frac{F}{A} = \frac{4F}{\pi d^2} = \frac{4 \cdot 10000\ \text{N}}{\pi \cdot (50\ \text{mm})^2} = 5{,}1\ \frac{\text{N}}{\text{mm}^2}$$

738.

a) $$p = \frac{F_N}{A} = \frac{4F}{\pi(D^2 - d^2)}$$

$$p = \frac{4F}{\pi\left[D^2 - \left(\frac{D}{2{,}8}\right)^2\right]} = \frac{4F}{\pi \cdot D^2\left(1 - \frac{1}{2{,}8^2}\right)}$$

$$D_{erf} = \sqrt{\frac{4F}{\pi \cdot \left(1 - \frac{1}{2{,}8^2}\right) p_{zul}}}$$

$$D_{erf} = \sqrt{\frac{4 \cdot 20000\ \text{N}}{\pi \cdot \left(1 - \frac{1}{2{,}8^2}\right) \cdot 2{,}5\ \frac{\text{N}}{\text{mm}^2}}} \approx 108\ \text{mm}$$

$$D \approx 108 \text{ mm}, \quad \text{also } d = \frac{108 \text{ mm}}{2{,}8} = 38{,}6 \text{ mm}$$

ausgeführt $d = 38$ mm

b) $$\sigma_{\text{d vorh}} = \frac{F}{A} = \frac{4F}{\pi(D^2 - d^2)}$$

$$\sigma_{\text{d vorh}} = \frac{4 \cdot 20000 \text{ N}}{\pi(108^2 - 38^2) \text{ mm}^2} \approx 2{,}5 \frac{\text{N}}{\text{mm}^2}$$

739.

$$\sigma_{\text{d vorh}} = \frac{F}{A} = \frac{4F}{A_{][} - 4 d_1 s} \qquad A_{][} = 4080 \text{ mm}^2 \quad s = 7 \text{ mm}$$

$$\sigma_{\text{d vorh}} = \frac{48000 \text{ N}}{4080 \text{ mm}^2 - 4 \cdot 17 \text{ mm} \cdot 7 \text{ mm}} = 13{,}3 \frac{\text{N}}{\text{mm}^2}$$

740.

$$p = \frac{F_N}{A} = \frac{4F}{z \cdot \pi d_m b} = \frac{F}{\pi z d_m \cdot 0{,}15 d}$$

$$d_m = d + b = d + 0{,}15d = d(1 + 0{,}15) = 1{,}15d$$

$$p = \frac{F}{\pi z \cdot 1{,}15 d \cdot 0{,}15 d} = \frac{F}{0{,}1725 \pi z d^2}$$

$$z_{\text{erf}} = \frac{F}{0{,}1725 \pi d^2 p_{\text{zul}}}$$

$$z_{\text{erf}} = \frac{12000 \text{ N}}{0{,}1725 \cdot \pi \cdot 70^2 \text{ mm}^2 \cdot 1{,}5 \frac{\text{N}}{\text{mm}^2}} = 3{,}01$$

ausgeführt $z = 3$ Kämme
(die Erhöhung der Flächenpressung wegen $z = 3 < 3{,}01$ ist vertretbar gering)

741.

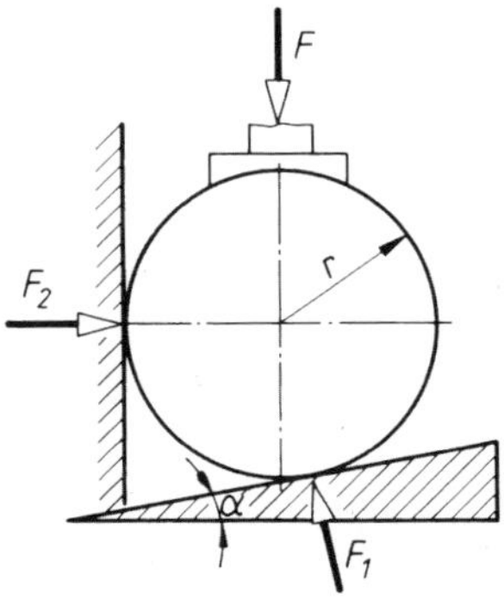

Walze frei gemacht

Trigonometrische Lösung:

Lageskizze

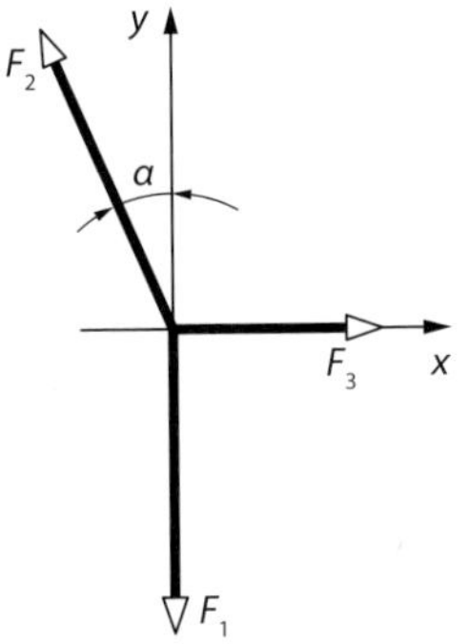

Krafteckskizze

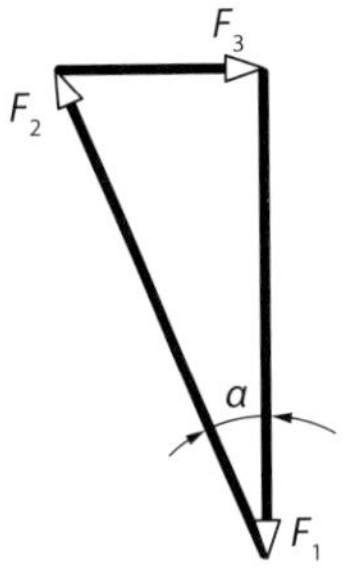

$$\cos\alpha = \frac{F_1}{F_2} \rightarrow F_2 = \frac{F_1}{\cos\alpha}$$

$$F_2 = \frac{8500 \text{ N}}{\cos 22^\circ} = 9168 \text{ N}$$

$$\tan\alpha = \frac{F_3}{F_1} \rightarrow F_3 = F_1 \tan\alpha$$

$$F_3 = 8500 \text{ N} \tan 22^\circ = 3434 \text{ N}$$

$$p_{\max} = 0{,}418 \sqrt{\frac{F_1 E}{r l}}$$

$$p_{\max} = 0{,}418 \sqrt{\frac{8500 \text{ N} \cdot 2{,}1 \cdot 10^5 \frac{\text{N}}{\text{mm}^2}}{12 \text{ mm} \cdot 85 \text{ mm}}}$$

$$p_{\max} = 553 \frac{\text{N}}{\text{mm}^2}$$

Als Stahlsorte kann Stahl 42CrMo4 mit

$$p_0 = 553 \frac{\text{N}}{\text{mm}^2} < p_{\text{zul}} = 650 \frac{\text{N}}{\text{mm}^2}$$

eingesetzt werden.

Hinweis: Hertz'sche Pressung zwischen Zylinder und Ebene siehe F + T, 5.3

Analytische Lösung:
(siehe Lageskizze oben)

I. $\Sigma F_x = 0 = F_3 - F_2 \sin\alpha$

II. $\Sigma F_y = 0 = F_2 \cos\alpha - F_1$

II. $$F_2 = \frac{F_1}{\cos\alpha} = \frac{8500 \text{ N}}{\cos 22^\circ} = 9168 \text{ N}$$

I. $F_3 = F_2 \sin\alpha = 9168 \text{ N} \cdot \sin 22^\circ$

$F_3 = 3434$ N

Berechnung der Hertz'schen Pressung und Auswahl der Stahlsorte siehe trigonometrische Lösung.

Beanspruchung auf Abscheren

742.

$$F_{min} = \tau_{aB} A = \tau_{aB} \pi d s$$

$$F_{min} = 310 \frac{N}{mm^2} \cdot \pi \cdot 30 \text{ mm} \cdot 2 \text{ mm} = 58{,}4 \text{ kN}$$

743.

$$\tau_a = \frac{F_{max}}{A} = \frac{\sigma_{d\,zul} A_{st}}{A_L} = \frac{\sigma_{d\,zul} \frac{\pi}{4} d^2}{\pi d s} = \frac{\sigma_{d\,zul}\, d}{4s}$$

$$s_{max} = \frac{\sigma_{d\,zul}\, d}{4\tau_{aB}} = \frac{600 \frac{N}{mm^2} \cdot 25 \text{ mm}}{4 \cdot 390 \frac{N}{mm^2}} = 9{,}6 \text{ mm}$$

744.

$$F_{min} = \tau_{aB} A = \tau_{aB} 4 a s$$

$$F_{min} = 425 \frac{N}{mm^2} \cdot 4 \cdot 20 \text{ mm} \cdot 6 \text{ mm} = 204 \text{ kN}$$

745.

a) $F_{max} = \sigma_{d\,zul} A = \sigma_{d\,zul} \frac{\pi}{4} d^2$

$$F_{max} = \frac{600 \frac{N}{mm^2} \cdot \pi \cdot 30^2 \text{ mm}^2}{4} = 424{,}1 \text{ kN}$$

b) $\tau_a = \frac{F}{A} = \frac{F}{\pi d s}$ $\quad \tau_{aB} = 0{,}85\, R_m$

$$s_{max} = \frac{F_{max}}{\pi d \cdot 0{,}85 R_m}$$

$$s_{max} = \frac{424100 \text{ N}}{\pi \cdot 30 \text{ mm} \cdot 0{,}85 \cdot 360 \frac{N}{mm^2}}$$

$$s_{max} = 14{,}705 \text{ mm} \approx 15 \text{ mm}$$

746.

a) $\tau_a = \frac{F}{A} = \frac{F}{\pi d k} = \frac{F}{\pi d \cdot 0{,}7 d} = \frac{F}{\pi \cdot 0{,}7 d^2}$

$$F = \sigma_{z\,vorh} \frac{\pi}{4} d^2$$

$$\tau_{a\,vorh} = \frac{\sigma_{z\,vorh} \frac{\pi}{4} d^2}{\pi \cdot 0{,}7 d^2} = \frac{\sigma_{z\,vorh}}{4 \cdot 0{,}7}$$

$$\tau_{a\,vorh} = \frac{80 \frac{N}{mm^2}}{2{,}8} = 28{,}6 \frac{N}{mm^2}$$

b) $p = \frac{F_N}{A} = \frac{F}{\frac{\pi}{4}(D^2 - d^2)} = \frac{4F}{\pi(D^2 - d^2)}$

$$D_{erf} = \sqrt{\frac{4F}{\pi \cdot p_{zul}} + d^2} = \sqrt{\frac{4 \cdot \sigma_{z\,vorh} \frac{\pi}{4} d^2}{\pi \cdot p_{zul}} + d^2}$$

$$D_{erf} = \sqrt{d^2 \left(\frac{\sigma_{z\,vorh}}{p_{zul}} + 1 \right)}$$

$$D_{erf} = d \sqrt{\frac{\sigma_{z\,vorh}}{p_{zul}} + 1} = 20 \text{ mm} \cdot \sqrt{\frac{80 \frac{N}{mm^2}}{20 \frac{N}{mm^2}} + 1}$$

$$D_{erf} = 44{,}8 \text{ mm}$$

ausgeführt $D = 45$ mm

747.

$$\tau_a = \frac{F}{A} = \frac{F}{2 \frac{\pi}{4} d^2} = \frac{2F}{\pi d^2} \quad \textit{Hinweis: } A_{gef} = 2 \cdot \frac{\pi}{4} d^2$$

$$d_{erf} = \sqrt{\frac{2F}{\pi \cdot \tau_{a\,zul}}} = \sqrt{\frac{2 \cdot 1900 \text{ N}}{\pi \cdot 60 \frac{N}{mm^2}}} = 4{,}489 \text{ mm}$$

ausgeführt $d = 4{,}5$ mm

748.

a) $A_{gef} = b s - d s = s(b - d)$

$$\sigma_{z\,vorh} = \frac{\frac{F}{2}}{A_{gef}} = \frac{F}{2 s (b - d)}$$

$$\sigma_{z\,vorh} = \frac{7000 \text{ N}}{2 \cdot 1{,}5 \text{ mm} \cdot (10 - 4) \text{ mm}} = 389 \frac{N}{mm^2}$$

b) $\tau_a = \frac{F}{A} = \frac{F}{m \frac{\pi}{4} d^2} = \frac{4F}{m \pi d^2}$

(m Schnittzahl, hier ist $m = 2$)

$$\tau_{a\,vorh} = \frac{4F}{m \pi d^2} = \frac{4 \cdot 7000 \text{ N}}{2 \cdot \pi \cdot 4^2 \text{ mm}^2} = 278{,}5 \frac{N}{mm^2}$$

c) $\sigma_{l\,vorh} = \frac{F}{2 d s} = \frac{7000 \text{ N}}{2 \cdot 4 \text{ mm} \cdot 1{,}5 \text{ mm}} = 583 \frac{N}{mm^2}$

749.

a) $\Sigma M_{(D)} = 0 = -F_G\, r_{Kurbel} + F_z\, r_{Kettenrad}$

$$F_z = \frac{F_G\, r_{Kurbel}}{r_{Kettenrad}} = \frac{1000 \text{ N} \cdot 160 \text{ mm}}{45 \text{ mm}} = 3556 \text{ N}$$

b) $\sigma_{\text{z vorh}} = \dfrac{F_z}{A} = \dfrac{F_z}{2bs}$

$$\sigma_{\text{z vorh}} = \frac{3556\ \text{N}}{2 \cdot 5\ \text{mm} \cdot 0{,}8\ \text{mm}} = 444\ \frac{\text{N}}{\text{mm}^2}$$

c) $p_{\text{vorh}} = \dfrac{F_z}{A_{\text{proj}}} = \dfrac{F_z}{2ds}$

$$p_{\text{vorh}} = \frac{3556\ \text{N}}{2 \cdot 3{,}5\ \text{mm} \cdot 0{,}8\ \text{mm}} = 635\ \frac{\text{N}}{\text{mm}^2}$$

d) $\tau_{\text{a vorh}} = \dfrac{F_z}{m\dfrac{\pi}{4}d^2} = \dfrac{4 \cdot 3556\ \text{N}}{2 \cdot \pi \cdot 3{,}5^2\ \text{mm}^2} = 184{,}8\ \dfrac{\text{N}}{\text{mm}^2}$

750.

$F_{\text{min}} = \tau_{\text{aB}} A_{\text{L}} \qquad A_{\text{L}} = 691\ \text{mm}^2$

$$F_{\text{min}} = 450\ \frac{\text{N}}{\text{mm}^2} \cdot 691\ \text{mm}^2 \quad 311\ \text{kN}$$

751.

Lageskizze

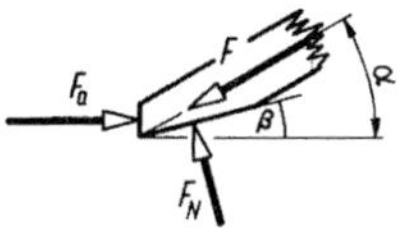

Krafteckskizze (gleichschenkliges Dreieck)

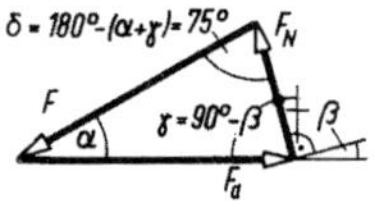

Sinussatz nach Krafteckskizze:

$$\frac{F}{\sin(90° - \beta)} = \frac{F_N}{\sin\alpha} \qquad \frac{F}{\sin(90° - \beta)} = \frac{F_a}{\sin\delta}$$

$$F_N = F\frac{\sin\alpha}{\sin(90° - \beta)} = F\frac{\sin 30°}{\sin 75°}$$

$$F_N = 20\ \text{kN} \cdot \frac{\sin 30°}{\sin 75°} = 10{,}353\ \text{kN}$$

$$F_a = F\frac{\sin\delta}{\sin(90° - \beta)} = F\frac{\sin 75°}{\sin 75°} = F = 20\ \text{kN}$$

a) $\tau_a = \dfrac{F_a}{A} = \dfrac{F_a}{l_v b + 2 l_v a} = \dfrac{F_a}{l_v(b + 2a)}$

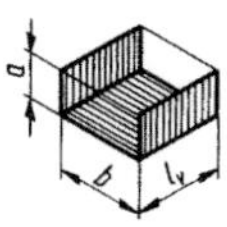

$$l_{\text{v erf}} = \frac{F_a}{\tau_{\text{a zul}}(b + 2a)}$$

$$l_{\text{v erf}} = \frac{20\,000\ \text{N}}{1\ \frac{\text{N}}{\text{mm}^2} \cdot (120 + 80)\ \text{mm}} = 100\ \text{mm}$$

b) $p_{\text{vorh}} = \dfrac{F_N}{A} = \dfrac{F_a}{ab} = \dfrac{20\,000\ \text{N}}{(40 \cdot 120)\ \text{mm}^2} = 4{,}17\ \dfrac{\text{N}}{\text{mm}^2}$

Hinweis: Nachdem aus der Krafteckskizze erkannt wurde, dass ein gleichschenkliges Dreieck vorliegt, könnte man sofort $F_a = F = 20$ kN schreiben. Die Berechnung von F_N war nach der Aufgabenstellung nicht erforderlich; grundsätzlich wird man sich aber über *alle* Größen orientieren müssen.

752.

a) $A_{\text{gef}} = 2\left[s(h - s) + \dfrac{\pi}{4}s^2\right]$

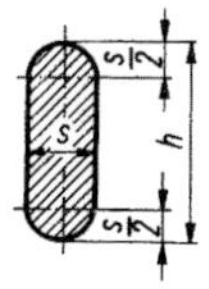

$h = 3s$ eingesetzt

$$A_{\text{gef}} = 4s^2 + \frac{\pi}{2}s^2 = 5{,}5708 s^2$$

$$\tau_a = \frac{F}{A_{\text{gef}}} = \frac{F}{5{,}5708 s^2}$$

$$s_{\text{erf}} = \sqrt{\frac{F}{5{,}5708\,\tau_{\text{a zul}}}}$$

$$s_{\text{erf}} = \sqrt{\frac{13\,000\ \text{N}}{5{,}5708 \cdot 30\ \frac{\text{N}}{\text{mm}^2}}} = 8{,}82\ \text{mm}$$

ausgeführt $s = 10$ mm, damit
$h = 3 \cdot 10\ \text{mm} = 30\ \text{mm}$

b) $A_{\text{gef, Zug}} = \dfrac{\pi}{4}d^2 - ds$

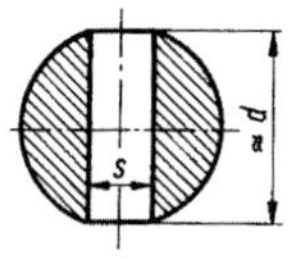

$A_{\text{proj}} = ds$

$$\sigma_z = \frac{F}{A_{\text{gef, Zug}}} = \frac{F}{\frac{\pi}{4}d^2 - ds}$$

$$p = \frac{F}{A_{\text{proj}}} = \frac{F}{ds}$$

$$\frac{F}{\frac{\pi}{4}d^2 - ds} = \frac{F}{ds}$$

($\sigma_{\text{z vorh}}$ soll gleich p_{vorh} sein)

$$\frac{\pi}{4}d^2 - ds = ds$$

$$\frac{\pi}{4}d^2 - 2ds = 0$$

$$d\left(\frac{\pi}{4}d - 2s\right) = 0$$

da $d \neq 0$ ist, muss $\dfrac{\pi}{4}d - 2s = 0$ sein:

$$\frac{\pi}{4}d = 2s$$

$$d = \frac{8s}{\pi} = \frac{8 \cdot 10\ \text{mm}}{\pi} = 25{,}46\ \text{mm}$$

ausgeführt $d = 25$ mm

753.

$$\Sigma M_{(D)} = 0 = F\frac{d_2}{2} - F_s\frac{d_1}{2}$$

$$F_s = F\frac{d_2}{d_1} = 20\text{ kN}\cdot\frac{350\text{ mm}}{450\text{ mm}} = 15{,}556\text{ kN}$$

$$\tau_a = \frac{F_s}{3\cdot\frac{\pi}{4}(d_a^2 - d_i^2)} = \frac{4F_s}{3\pi(d_a^2 - d_i^2)}$$

$$d_a^2 = \frac{4F_s}{3\pi\tau_a} + d_i^2$$

$$d_{a\,erf} = \sqrt{\frac{4F_s}{3\pi\tau_{a\,zul}} + d_i^2} = \sqrt{\frac{4\cdot 15556\text{ N}}{3\pi\cdot 50\frac{\text{N}}{\text{mm}^2}} + 12^2\text{ mm}^2}$$

$$d_{a\,erf} = 16{,}6\text{ mm}$$

ausgeführt $d_a = 17$ mm, also $s = \frac{d_a - d_i}{2} = 2{,}5$ mm

754.

a) $F_{max} = \tau_{a\,zul}\,A = 70\frac{\text{N}}{\text{mm}^2}\cdot 5\text{ mm}\cdot 18\text{ mm} = 6300\text{ N}$

b) $\left.\begin{aligned}\tau_{aB} &= \frac{F_{max}}{bl}\\ R_m &= \frac{F_{max}}{sl}\end{aligned}\right\}\quad \frac{\tau_{aB}}{R_m} = \frac{F_{max}\,sl}{F_{max}\,bl} = \frac{s}{b}$

$$b_{erf} = \frac{R_m}{\tau_{aB}}s = \frac{410\frac{\text{N}}{\text{mm}^2}}{140\frac{\text{N}}{\text{mm}^2}}\cdot 2\text{ mm} = 5{,}86\text{ mm}$$

ausgeführt $b = 6$ mm

755.

a) $\tau_a = \frac{F}{mnA_1}$

m Schnittzahl der Nietverbindung
n Anzahl der Niete

$A_1 = \frac{\pi}{4}d_1^2$ Fläche des geschlagenen Nietes

$$A_{1\,erf} = \frac{F}{mn\tau_{a\,zul}} = \frac{30000\text{ N}}{1\cdot 2\cdot 140\frac{\text{N}}{\text{mm}^2}} = 107\text{ mm}^2$$

ausgeführt $d_1 = 13$ mm ($A_1 = 133\text{ mm}^2$)

b) $\sigma_l = \frac{F}{nd_1 s}$

n Anzahl der Niete
d_1 Durchmesser des geschlagenen Nietes
s kleinste Blechdickensumme in einer Kraftrichtung

$$\sigma_{l\,vorh} = \frac{F}{nd_1 s} = \frac{30000\text{ N}}{2\cdot 13\text{ mm}\cdot 8\text{ mm}} = 144\frac{\text{N}}{\text{mm}^2}$$

c) $\sigma_z = \frac{F}{A} = \frac{F}{bs - d_1 s}$

$$b_{erf} = \frac{\frac{F}{\sigma_{z\,zul}} + d_1 s}{s} = 39{,}8\text{ mm}$$

ausgeführt $b = 40$ mm

756.

a) $A_{1\,erf} = \frac{F}{mn\tau_{a\,zul}}$ (siehe 755.)

$$A_{1\,erf} = \frac{8000\text{ N}}{1\cdot 1\cdot 40\frac{\text{N}}{\text{mm}^2}} = 200\text{ mm}^2$$

ausgeführt $d_1 = 17$ mm ($A_1 = 227\text{ mm}^2$)

b) $\sigma_{l\,vorh} = \frac{F}{nd_1 s}$ (siehe 755.)

$$\sigma_{l\,vorh} = \frac{8000\text{ N}}{1\cdot 17\text{ mm}\cdot 8\text{ mm}} = 58{,}8\frac{\text{N}}{\text{mm}^2}$$

c) $\tau_a = \frac{F}{A} = \frac{F}{2as}$

$$a_{erf} = \frac{F}{2s\tau_{a\,zul}} = \frac{8000\text{ N}}{2\cdot 8\text{ mm}\cdot 40\frac{\text{N}}{\text{mm}^2}} = 12{,}5\text{ mm}$$

757.

$F = \tau_{a\,zul}\,mnA_1$ (siehe 755.)

$$F = 120\frac{\text{N}}{\text{mm}^2}\cdot 2\cdot 1\cdot 227\text{ mm}^2 = 54480\text{ N} \approx 54{,}5\text{ kN}$$

758.

a) $A_{1\,erf} = \frac{F}{mn\tau_{a\,zul}}$ (siehe 755.)

$$A_{1\,erf} = \frac{23000\text{ N}}{1\cdot 2\cdot 80\frac{\text{N}}{\text{mm}^2}} = 143{,}75\text{ mm}^2$$

ausgeführt $d = 14$ mm
($d_1 = 15$ mm, $A_1 = 177\text{ mm}^2$)

b) $\sigma_z = \frac{F}{A} = \frac{F}{bs - d_1 s} = \frac{F}{6s\cdot s - d_1 s}$

($b = 6\,s$ eingesetzt)

$$6s^2 - d_1 s = \frac{F}{\sigma_z} \quad \Big| :6$$

$$s^2 - \frac{d_1}{6} s - \frac{F}{6\sigma_z} = 0$$

$$s_{erf} = \frac{d_1}{12} \pm \sqrt{\left(\frac{d_1}{12}\right)^2 + \frac{F}{6\sigma_{z\,zul}}}$$

$$s_{erf} = \frac{15\text{ mm}}{12} \pm \sqrt{\left(\frac{15\text{ mm}}{12}\right)^2 + \frac{23000\text{ N}}{6 \cdot 120 \frac{\text{N}}{\text{mm}^2}}}$$

$$s_{erf} = 7{,}05\text{ mm}$$

$$b_{erf} = 6 s_{erf} = 42{,}3\text{ mm}$$

ausgeführt ▭ 45 × 8

c) $\sigma_{l\,vorh} = \dfrac{F}{n d_1 s}$ (siehe 755.)

$$\sigma_{l\,vorh} = \frac{23000\text{ N}}{2 \cdot 15\text{ mm} \cdot 8\text{ mm}} = 95{,}8\frac{\text{N}}{\text{mm}^2}$$

d) $\tau_{a\,vorh} = \dfrac{F}{m n A_1} = \dfrac{23000\text{ N}}{1 \cdot 2 \cdot 177\text{ mm}^2} = 65\dfrac{\text{N}}{\text{mm}^2}$

e) $\sigma_{z\,vorh} = \dfrac{F}{bs - d_1 s} = \dfrac{F}{s(b - d_1)}$ (siehe unter b))

$$\sigma_{z\,vorh} = \frac{23000\text{ N}}{8\text{ mm} \cdot (45 - 15)\text{ mm}} = 95{,}8\frac{\text{N}}{\text{mm}^2}$$

759.

a) $\tau_{a\,vorh} = \dfrac{F}{m n A_1}$ (siehe 755.)

$$\tau_{a\,vorh} = \frac{40000\text{ N}}{2 \cdot 2 \cdot 95\text{ mm}^2} = 105\frac{\text{N}}{\text{mm}^2}$$

b) $\sigma_{l\,vorh} = \dfrac{F}{n d_1 s} = \dfrac{40000\text{ N}}{2 \cdot 11\text{ mm} \cdot 6\text{ mm}} = 303\dfrac{\text{N}}{\text{mm}^2}$

c) $\sigma_{z\,vorh} = \dfrac{F}{A} = \dfrac{F}{s(b - d_1)}$

$$\sigma_{z\,vorh} = \frac{40000\text{ N}}{6\text{ mm} \cdot (60 - 11)\text{ mm}} = 136\frac{\text{N}}{\text{mm}^2}$$

760.

$$F_{z\max} = \sigma_{z\,zul} A = \sigma_{z\,zul} s_1 (b - d_1)$$

$$F_{z\max} = 140\frac{\text{N}}{\text{mm}^2} \cdot 12\text{ mm} \cdot (50 - 21)\text{ mm} = 48\,720\text{ N}$$

$F_{a\max} = \tau_{a\,zul} m n A_1$ (siehe 755.)

$$F_{a\max} = 100\frac{\text{N}}{\text{mm}^2} \cdot 2 \cdot 1 \cdot 346\text{ mm}^2 = 69\,200\text{ N}$$

$F_{l\max} = \sigma_{l\,zul} n d_1 s_1$ (siehe 755.)

s_1 ist die kleinste Blechdickensumme in einer Kraftrichtung.

$$F_{l\max} = 240\frac{\text{N}}{\text{mm}^2} \cdot 1 \cdot 21\text{ mm} \cdot 12\text{ mm} = 60\,480\text{ N}$$

Die drei Rechnungen zeigen $F_{z\max} < F_{l\max} < F_{a\max}$, folglich darf $F_{z\max} = 48\,720\text{ N} \approx 48{,}7\text{ kN}$ nicht überschritten werden.

761.

a) $\tau_{a\,vorh} = \dfrac{F}{m n A_1} = \dfrac{80000\text{ N}}{2 \cdot 4 \cdot 227\text{ mm}^2} = 44\dfrac{\text{N}}{\text{mm}^2}$

b) $\sigma_{l\,vorh} = \dfrac{F}{n d_1 s_1} = \dfrac{80000\text{ N}}{4 \cdot 17\text{ mm} \cdot 8\text{ mm}} = 147\dfrac{\text{N}}{\text{mm}^2}$

c) $\sigma_z = \dfrac{F}{s_1(b - 2d_1)}$

$$b_{erf} = \frac{F}{\sigma_{z\,zul} s_1} + 2d_1 = \frac{80000\text{ N}}{120\frac{\text{N}}{\text{mm}^2} \cdot 8\text{ mm}} + 34\text{ mm}$$

$$b_{erf} = 117{,}3\text{ mm}$$

ausgeführt $b = 120$ mm

762.

a) $A_{erf} = \dfrac{F}{\sigma_{z\,zul} v}$

$$A_{erf} = \frac{120000\text{ N}}{140\frac{\text{N}}{\text{mm}^2} \cdot 0{,}75} = 1143\text{ mm}^2$$

b) $b_{erf} = \dfrac{A_{erf}}{s} = \dfrac{1143\text{ mm}^2}{8\text{ mm}} = 142{,}9\text{ mm}$

ausgeführt $b = 145$ mm

c) $n_{a\,erf} = \dfrac{F}{\tau_{a\,zul} m A_1} = \dfrac{120000\text{ N}}{110\frac{\text{N}}{\text{mm}^2} \cdot 2 \cdot 227\text{ mm}^2} = 2{,}4$

$n_a = 3$ Niete

d) $n_{l\,erf} = \dfrac{F}{\sigma_{l\,zul} d_1 s} = \dfrac{120000\text{ N}}{280\frac{\text{N}}{\text{mm}^2} \cdot 17\text{ mm} \cdot 8\text{ mm}} = 3{,}15$

$n_l = 4$ Niete

e) $\sigma_{z\,vorh} = \dfrac{F}{s(b - 4d_1)} = \dfrac{120000\text{ N}}{8\text{ mm} \cdot (145 - 4 \cdot 17)\text{ mm}}$

$$\sigma_{z\,vorh} = 195\,\frac{N}{mm^2} > \sigma_{z\,zul} = 140\,\frac{N}{mm^2}$$

f) $$\tau_{a\,vorh} = \frac{F}{m\,n\,A_1} = \frac{120\,000\text{ N}}{2 \cdot 4 \cdot 227\text{ mm}^2}$$

$$\tau_{a\,vorh} = 66\,\frac{N}{mm^2} < \tau_{a\,zul} = 110\,\frac{N}{mm^2}$$

g) $$\sigma_{l\,vorh} = \frac{F}{n\,d_1\,s} = \frac{120\,000\text{ N}}{4 \cdot 17\text{ mm} \cdot 8\text{ mm}}$$

$$\sigma_{l\,vorh} = 221\,\frac{N}{mm^2} < \sigma_{l\,zul} = 280\,\frac{N}{mm^2}$$

Hinweis:
zu d): 4 Niete 17 Ø würden eine größere Breite *b* erfordern (Nietabstände nach DIN 9119). Einfacher wäre es, die Niete je Seite zweireihig anzuordnen.

zu e): Die vorhandene Zugspannung ist größer als die zulässige. Bei der unter d) vorgeschlagenen Ausführung (zweireihige Nietung) ist der Lochabzug geringer und damit die vorhandene Zugspannung kleiner als die zulässige.

763.

a) Lageskizze

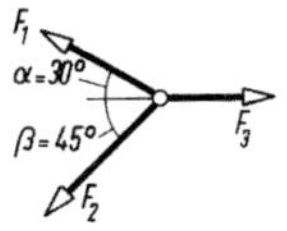

Krafteckskizze

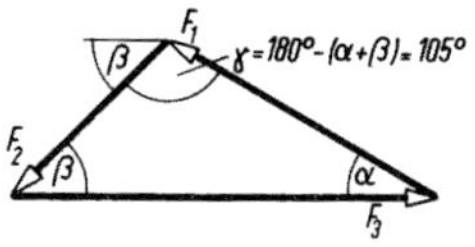

Sinussatz:

$$\frac{F_2}{\sin\alpha} = \frac{F_1}{\sin\beta} \qquad \frac{F_2}{\sin\alpha} = \frac{F_3}{\sin\gamma}$$

$$F_1 = F_2\,\frac{\sin\beta}{\sin\alpha} = 65\,000\text{ N} \cdot \frac{\sin 45^\circ}{\sin 30^\circ} = 91\,924\text{ N}$$

$$F_3 = F_2\,\frac{\sin\gamma}{\sin\alpha} = 65\,000\text{ N} \cdot \frac{\sin 105^\circ}{\sin 30^\circ} = 125\,570\text{ N}$$

b) $$A_{1\,erf} = \frac{F_1}{\sigma_{z\,zul}\,v} = \frac{91\,924\text{ N}}{140\,\frac{N}{mm^2} \cdot 0{,}8} = 821\text{ mm}^2$$

ausgeführt JL 40 × 6

mit $A_{JL} = 2 \cdot 448\text{ mm}^2 = 896\text{ mm}^2$

$$A_{2\,erf} = \frac{F_2}{\sigma_{z\,zul}\,v} = \frac{65\,000\text{ N}}{140\,\frac{N}{mm^2} \cdot 0{,}8} = 580\text{ mm}^2$$

ausgefürt JL 35 × 5

mit $A_{JL} = 2 \cdot 328\text{ mm}^2 = 656\text{ mm}^2$

$$A_{3\,erf} = \frac{F_3}{\sigma_{z\,zul}\,v} = \frac{125\,570\text{ N}}{140\,\frac{N}{mm^2} \cdot 0{,}8} = 1121\text{ mm}^2$$

ausgeführt JL 50 × 6

mit $A_{JL} = 2 \cdot 569\text{ mm}^2 = 1138\text{ mm}^2$

c) $$n_{1\,erf} = \frac{F_1}{\tau_{a\,zul}\,m\,A_1} = \frac{91\,924\text{ N}}{120\,\frac{N}{mm^2} \cdot 2 \cdot 133\text{ mm}^2} = 2{,}9$$

$n_1 = 3$ Niete $\quad d = 12$ mm

$$n_{2\,erf} = \frac{F_2}{\tau_{a\,zul}\,m\,A_2} = \frac{65\,000\text{ N}}{120\,\frac{N}{mm^2} \cdot 2 \cdot 95\text{ mm}^2} = 2{,}85$$

$n_2 = 3$ Niete $\quad d = 10$ mm

$$n_{3\,erf} = \frac{F_3}{\tau_{a\,zul}\,m\,A_3} = \frac{125\,570\text{ N}}{120\,\frac{N}{mm^2} \cdot 2 \cdot 133\text{ mm}^2} = 3{,}93$$

$n_3 = 4$ Niete $\quad d = 12$ mm

d) $$\sigma_{l1\,vorh} = \frac{F_1}{n_1\,d_1\,s} = \frac{91\,924\text{ N}}{3 \cdot 13\text{ mm} \cdot 8\text{ mm}} = 295\,\frac{N}{mm^2}$$

$$\sigma_{l2\,vorh} = \frac{F_2}{n_2\,d_1\,s} = \frac{65\,000\text{ N}}{3 \cdot 11\text{ mm} \cdot 8\text{ mm}} = 246\,\frac{N}{mm^2}$$

$$\sigma_{l3\,vorh} = \frac{F_3}{n_3\,d_1\,s} = \frac{125\,570\text{ N}}{4 \cdot 13\text{ mm} \cdot 8\text{ mm}} = 302\,\frac{N}{mm^2}$$

$$\sigma_{l3\,vorh} = \sigma_{l\,max}$$

Hinweis: Für den Stahlhochbau und Kranbau sind die zulässigen Spannungen vorgeschrieben, z. B. der Lochleibungsdruck für Niete im Stahlhochbau nach DIN 1050, Tabelle b, $\sigma_{l\,zul} = 275\text{ N/mm}^2$. In diesem Fall müssten die Stäbe 1 und 3 je einen Niet mehr erhalten ($n_1 = 4$ Niete und $n_3 = 5$ Niete).

764.

a) $$A_{erf} = \frac{F_1}{\sigma_{z\,zul}} = \frac{100\,000\text{ N}}{160\,\frac{N}{mm^2}} = 625\text{ mm}^2$$

ausgeführt JL 35 × 5

mit $A_{JL} = 2 \cdot 328\text{ mm}^2 = 656\text{ mm}^2 \quad (d_1 = 11\text{ mm})$

b) $$A_{erf} = \frac{F_2}{\sigma_{z\,zul}} = \frac{240\,000\text{ N}}{160\,\frac{N}{mm^2}} = 1500\text{ mm}^2$$

ausgeführt JL 65 × 8

mit $A_{JL} = 2 \cdot 985\text{ mm}^2 = 1970\text{ mm}^2 \quad (d_1 = 17\text{ mm})$

c) $$n_{1\,erf} = \frac{F_1}{\tau_{a\,zul}\,m\,A_1} = \frac{100\,000\text{ N}}{140\,\frac{N}{mm^2} \cdot 2 \cdot 95\text{ mm}^2} = 3{,}75$$

$n_1 = 4$ Niete; $d = 10$ mm

d) $n_{2\,\text{erf}} = \dfrac{F_2}{\tau_{\text{a zul}}\, m\, A_2} = \dfrac{240000\ \text{N}}{140\ \dfrac{\text{N}}{\text{mm}^2} \cdot 2 \cdot 227\ \text{mm}^2} = 3{,}8$

$n_2 = 4$ Niete; $d = 16$ mm

e) $\sigma_{l1\,\text{vorh}} = \dfrac{F_1}{n_1\, d_1\, s} = \dfrac{100000\ \text{N}}{4 \cdot 11\ \text{mm} \cdot 10\ \text{mm}} = 227\ \dfrac{\text{N}}{\text{mm}^2}$

$\sigma_{l2\,\text{vorh}} = \dfrac{F_2}{n_2\, d_1\, s} = \dfrac{240000\ \text{N}}{4 \cdot 17\ \text{mm} \cdot 12\ \text{mm}} = 294\ \dfrac{\text{N}}{\text{mm}^2}$

f) $\sigma_{\text{z1 vorh}} = \dfrac{F_1}{A_{\rfloor\lfloor} - 2 d_1 s}$

$\sigma_{\text{z1 vorh}} = \dfrac{100000\ \text{N}}{656\ \text{mm}^2 - 2 \cdot 11\ \text{mm} \cdot 5\ \text{mm}} = 183\ \dfrac{\text{N}}{\text{mm}^2}$

$\sigma_{\text{z2 vorh}} = \dfrac{F_2}{A_{\rfloor\lfloor} - 2 d_1 s}$

$\sigma_{\text{z2 vorh}} = \dfrac{240000\ \text{N}}{1970\ \text{mm}^2 - 2 \cdot 17\ \text{mm} \cdot 8\ \text{mm}} = 141\ \dfrac{\text{N}}{\text{mm}^2}$

g)

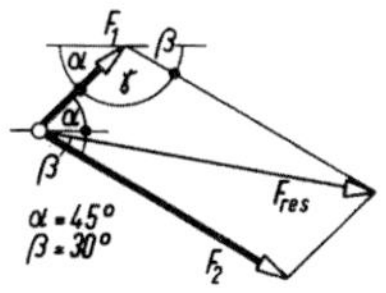

Rechnerische Lösung mit Hilfe des Kosinussatzes:

$F_{\text{res}} = \sqrt{F_1^2 + F_2^2 - 2 F_1 F_2 \cos\gamma}$

$\cos\gamma = \cos[180° - (\alpha + \beta)] = \cos 105°$

$F_{\text{res}} = \sqrt{(100\,\text{kN})^2 + (240\,\text{kN})^2 - 2(100 \cdot 240)\,\text{kN}^2 \cdot \cos 105°}$

$F_{\text{res}} = 283$ kN

$n_{\text{a erf}} = \dfrac{F_{\text{res}}}{\tau_{\text{a zul}}\, m\, A_1} = \dfrac{283000\ \text{N}}{140\ \dfrac{\text{N}}{\text{mm}^2} \cdot 2 \cdot 491\ \text{mm}^2} = 2{,}1$

$n = 3$ Niete $d = 24$ mm

$n_{l\,\text{erf}} = \dfrac{F_{\text{res}}}{\sigma_{l\,\text{zul}}\, d_1\, s} = \dfrac{283000\ \text{N}}{280\ \dfrac{\text{N}}{\text{mm}^2} \cdot 25\ \text{mm} \cdot 12\ \text{mm}} = 3{,}4$

$n = 4$ Niete $d = 24$ mm

Ausführung mit $n = 4$ Nieten mit dem zulässigen Lochleibungsdruck.

765.

a) $A_{\text{erf}} = \dfrac{F}{\sigma_{\text{z zul}}} = \dfrac{180000\ \text{N}}{160\ \dfrac{\text{N}}{\text{mm}^2}} = 1125\ \text{mm}^2$

ausgeführt $\rfloor\lfloor$ 50×8

mit $A_{\rfloor\lfloor} = 2 \cdot 741\ \text{mm}^2 = 1482\ \text{mm}^2$

b) $\sigma_{\text{z vorh}} = \dfrac{F}{A_{\rfloor\lfloor} - 2 d_1 s}$

$\sigma_{\text{z vorh}} = \dfrac{180000\ \text{N}}{1482\ \text{mm}^2 - 2 \cdot 17\ \text{mm} \cdot 8\ \text{mm}} = 149\ \dfrac{\text{N}}{\text{mm}^2}$

c) $\sigma_z = \varepsilon E = \dfrac{\Delta l}{l_0} E$ $\quad l_0 = l = 4000$ mm

$\Delta l_{\text{vorh}} = \dfrac{\sigma_{\text{z vorh}}\, l_0}{E} = \dfrac{149\ \dfrac{\text{N}}{\text{mm}^2} \cdot 4000\ \text{mm}}{2{,}1 \cdot 10^5\ \dfrac{\text{N}}{\text{mm}^2}} = 2{,}84\ \text{mm}$

d) $n_{\text{a erf}} = \dfrac{F}{\tau_{\text{a zul}}\, m\, A_1} = \dfrac{180000\ \text{N}}{160\ \dfrac{\text{N}}{\text{mm}^2} \cdot 2 \cdot 227\ \text{mm}^2} = 2{,}5$

$n_a = 3$ Niete $d = 16$ mm

$n_{l\,\text{erf}} = \dfrac{F}{\sigma_{l\,\text{zul}}\, d_1\, s} = \dfrac{180000\ \text{N}}{320\ \dfrac{\text{N}}{\text{mm}^2} \cdot 17\ \text{mm} \cdot 12\ \text{mm}} = 2{,}8$

$n_l = n_a = 3$ Niete; $d = 16$ mm

766.

a) Die Herleitung der rechnerischen Beziehungen wird in der Verständnisübung „Nietverbindung II“ gezeigt. Mit den dort verwendeten Bezeichnungen erhält man hier:

$F_1 = \dfrac{F l}{3a + \dfrac{a}{3}} = \dfrac{200\ \text{kN} \cdot 80\ \text{mm}}{3 \cdot 75\ \text{mm} + 25\ \text{mm}} = 64\ \text{kN}$

$F_{\max} = \sqrt{F_1^2 + \left(\dfrac{F}{4}\right)^2}$

$F_{\max} = \sqrt{(64^2 + 50^2)\ \text{kN}^2} = 81{,}2\ \text{kN}$

$\tau_{\text{a max}} = \dfrac{F_{\max}}{m n A_1} = \dfrac{81200\ \text{N}}{2 \cdot 1 \cdot 491\ \text{mm}^2} = 82{,}7\ \dfrac{\text{N}}{\text{mm}^2}$

b) $\sigma_{l\max} = \dfrac{F_{\max}}{n d_1 s} = \dfrac{81200\ \text{N}}{1 \cdot 25\ \text{mm} \cdot 8{,}6\ \text{mm}} = 378\ \dfrac{\text{N}}{\text{mm}^2}$

767.

a) $\sin\alpha = \dfrac{F}{F_1} \Rightarrow F_1 = \dfrac{F}{\sin\alpha}$

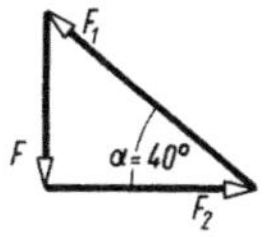

$F_1 = \dfrac{86\ \text{kN}}{\sin 40°} = 133{,}792\ \text{kN}$

$\tan\alpha = \dfrac{F}{F_2} \Rightarrow F_2 = \dfrac{F}{\tan\alpha} = \dfrac{86\ \text{kN}}{\tan 40°} = 102{,}491\ \text{kN}$

b) $\sigma_z = \dfrac{F_1}{2 \cdot b s} = \dfrac{F_1}{2 \cdot b \cdot \dfrac{b}{10}} = \dfrac{5 F_1}{b^2}$

$$b_{\text{erf}} = \sqrt{\frac{5F_1}{\sigma_{\text{z zul}}}} = \sqrt{\frac{5\cdot 133{,}792\cdot 10^3\ \text{N}}{140\ \dfrac{\text{N}}{\text{mm}^2}}} = 69{,}1\ \text{mm}$$

ausgeführt 2 ⊏ 70 × 7

c) $$\tau_{\text{schw}} = \frac{\dfrac{F_1}{2}}{2a(l-2a)} = \frac{F_1}{4a(l-2a)}$$

$$l_{\text{erf}} = \frac{F_1}{\tau_{\text{schw zul}}\,4a} + 2a = \frac{133792\ \text{N}}{90\ \dfrac{\text{N}}{\text{mm}^2}\cdot 4\cdot 5\ \text{mm}} + 10\ \text{mm}$$

$$l_{\text{erf}} = 84{,}3\ \text{mm}$$

ausgeführt $l = 85$ mm

d) $$\tau_a = \frac{F_1}{m\,n\,A}$$

$$A = \frac{\pi}{4}d^2 = \frac{\pi}{4}(20\ \text{mm})^2 = 314\ \text{mm}^2$$

(A Schaftquerschnitt)

$$n_{\text{a erf}} = \frac{F_1}{\tau_{\text{a zul}}\,m\,A} = \frac{133792\ \text{N}}{70\ \dfrac{\text{N}}{\text{mm}^2}\cdot 2\cdot 314\ \text{mm}^2} = 3$$

$$\sigma_l = \frac{F_1}{n\,d\,s}$$

$$n_{l\,\text{erf}} = \frac{F_1}{\sigma_{l\,\text{zul}}\,d\,s} = \frac{133792\ \text{N}}{160\ \dfrac{\text{N}}{\text{mm}^2}\cdot 20\ \text{mm}\cdot 8\ \text{mm}} = 5{,}2$$

ausgeführt $n = 6$ Schrauben M 20

768.

a) $$\sigma_{\text{z vorh}} = \frac{F}{b\,s} = \frac{50000\ \text{N}}{100\ \text{mm}\cdot 12\ \text{mm}} = 41{,}7\ \frac{\text{N}}{\text{mm}^2}$$

b) $$\tau_{\text{schw}} = \frac{F}{A_{\text{schw}}} = \frac{F}{a(l-4a)}$$

$$\tau_{\text{schw}} = \frac{50000\ \text{N}}{6\ \text{mm}\cdot(500-4\cdot 6)\ \text{mm}} = 17{,}5\ \frac{\text{N}}{\text{mm}^2}$$

769.

$$\tau_a = \frac{F}{A} = \frac{F}{\dfrac{\pi}{4}d_2^2} = \frac{4F}{\pi d_2^2} \qquad M = F\,d_1 \text{ (Kräftepaar)}$$

$$\tau_a = \frac{4\dfrac{M}{d_1}}{\pi d_2^2} = \frac{4M}{\pi d_2^2\,d_1}$$

$$d_{2\,\text{erf}} = \sqrt{\frac{4M}{\tau_{\text{a zul}}\,\pi\,d_1}} = \sqrt{\frac{4\cdot 7500\ \text{Nmm}}{50\ \dfrac{\text{N}}{\text{mm}^2}\cdot\pi\cdot 14\ \text{mm}}} = 3{,}7$$

ausgeführt $d = 4$ mm

Flächenmomente 2. Grades und Widerstandsmomente

770.

a) $$A = \frac{\pi}{4}d^2 = 2827\ \text{mm}^2$$

$$W_p = \frac{\pi}{16}d^3 = 42{,}4\cdot 10^3\ \text{mm}^3$$

b) $$A = \frac{\pi}{4}(D^2-d^2) = \frac{\pi}{4}\left[\left(\frac{10}{8}d\right)^2 - d^2\right]$$

$$A = \frac{\pi}{4}\left(\frac{100}{64}d^2 - \frac{64}{64}d^2\right) = \frac{\pi}{256}d^2(100-64)$$

$$A = \frac{\pi\cdot 36}{256}d^2$$

$$d = \sqrt{\frac{256\cdot A}{36\pi}} = \sqrt{\frac{256\cdot 2827\ \text{mm}^2}{36\cdot\pi}} = 80\ \text{mm}$$

$$D = \frac{10}{8}d = 100\ \text{mm}$$

c) $$W_p = \frac{\pi}{16}\left(\frac{D^4-d^4}{D}\right)$$

$$W_p = \frac{\pi}{16}\left(\frac{10^4\ \text{cm}^4 - 8^4\ \text{cm}^4}{10\ \text{cm}}\right) = 115{,}9\ \text{cm}^3$$

$$W_p = 115{,}9\cdot 10^3\ \text{mm}^3$$

771.

a) $$W = \frac{b\,h^2}{6} = \frac{160\ \text{mm}\cdot(40\ \text{mm})^2}{6} = 42{,}7\cdot 10^3\ \text{mm}^3$$

b) $$W = \frac{h^3}{6} = \frac{(80\ \text{mm})^3}{6} = 85{,}3\cdot 10^3\ \text{mm}^3$$

c) $$W = \frac{b\,h^2}{6} = \frac{40\ \text{mm}\cdot(160\ \text{mm})^2}{6} = 170{,}7\cdot 10^3\ \text{mm}^3$$

d) $$W = \frac{b\,h^2}{6} = \frac{20\ \text{mm}\cdot(320\ \text{mm})^2}{6} = 341{,}3\cdot 10^3\ \text{mm}^3$$

e) $$W = \frac{B\,H^3 - b\,h^3}{6H}$$

$$W = \frac{80\ \text{mm}\cdot(110\ \text{mm})^3 - 48\ \text{mm}\cdot(50\ \text{mm})^3}{6\cdot 110\ \text{mm}}$$

$$W = 152{,}2\cdot 10^3\ \text{mm}^3$$

f) $$W = \frac{90\ \text{mm}\cdot(320\ \text{mm})^3 - 80\ \text{mm}\cdot(280\ \text{mm})^3}{6\cdot 320\ \text{mm}}$$

$$W = 621{,}4\cdot 10^3\ \text{mm}^3$$

772.

a) $I_x = \dfrac{BH^3 + bh^3}{12}$

$I_x = \dfrac{80\text{ mm}\cdot(240\text{ mm})^3 + 100\text{ mm}\cdot(30\text{ mm})^3}{12}$

$I_x = \dfrac{(1106\cdot10^6 + 2{,}7\cdot10^6)\text{ mm}^4}{12} = 92{,}4\cdot10^6\text{ mm}^4$

b) $W_x = \dfrac{I_x}{\frac{H}{2}} = \dfrac{92{,}4\cdot10^6\text{ mm}^4}{120\text{ mm}} = 770\cdot10^3\text{ mm}^3$

Hinweis: Um die großen Zahlenwerte zu vermeiden, kann man in cm rechnen:

$I_x = \dfrac{BH^3 + bh^3}{12} = \dfrac{8\text{ cm}\cdot(24\text{ cm})^3 + 10\text{ cm}\cdot(3\text{ cm})^3}{12}$

$I_x = 9{,}24\cdot10^3\text{ cm}^4 = 9{,}24\cdot10^3\cdot10^4\text{ mm}^4$

$I_x = 92{,}4\cdot10^6\text{ mm}^4$ (wie oben)

773.

a) $I_x = \dfrac{BH^3 + bh^3}{12}$

$I_x = \dfrac{30\text{ mm}\cdot(50\text{ mm})^3 + 50\text{ mm}\cdot(10\text{ mm})^3}{12}$

$I_x = 31{,}7\cdot10^4\text{ mm}^4$

$I_y = \dfrac{BH^3 - bh^3}{12}$

$I_y = \dfrac{50\text{ mm}\cdot(80\text{ mm})^3 - 40\text{ mm}\cdot(50\text{ mm})^3}{12}$

$I_y = 171{,}7\cdot10^4\text{ mm}^4$

b) $W_x = \dfrac{I_x}{\frac{H}{2}} = \dfrac{31{,}7\cdot10^4\text{ mm}^4}{25\text{ mm}} = 12{,}7\cdot10^3\text{ mm}^3$

$W_y = \dfrac{I_y}{\frac{H}{2}} = \dfrac{171{,}7\cdot10^4\text{ mm}^4}{40\text{ mm}} = 42{,}9\cdot10^3\text{ mm}^3$

774.

a) $I_x = I_y = I_{\square} - I_{\bigcirc} = \dfrac{h^4}{12} - \dfrac{\pi}{64}d^4$

$I_x = \dfrac{(60\text{ mm})^4}{12} - \dfrac{\pi}{64}\cdot(50\text{ mm})^4$

$I_x = I_y = 77{,}3\cdot10^4\text{ mm}^4$

b) $W_x = W_y = \dfrac{I_x}{\frac{h}{2}} = \dfrac{77{,}3\cdot10^4\text{ mm}^4}{30\text{ mm}} = 25{,}8\cdot10^3\text{ mm}^3$

775.

a) $I_x = \dfrac{BH^3 + bh^3}{12}$

$I_x = \dfrac{5\text{ mm}\cdot(40\text{ mm})^3 + 25\text{ mm}\cdot(5\text{ mm})^3}{12}$

$I_x = 2{,}693\cdot10^4\text{ mm}^4$

Mit denselben Bezeichnungen am um 90° gedrehten Profil:

$I_y = \dfrac{5\text{ mm}\cdot(30\text{ mm})^3 + 35\text{ mm}\cdot(5\text{ mm})^3}{12}$

$I_y = 1{,}1615\cdot10^4\text{ mm}^4$

b) $W_x = \dfrac{I_x}{\frac{H}{2}} = \dfrac{2{,}693\cdot10^4\text{ mm}^4}{20\text{ mm}} = 1{,}346\cdot10^3\text{ mm}^3$

$W_y = \dfrac{I_y}{\frac{H}{2}} = \dfrac{11{,}615\cdot10^3\text{ mm}^4}{15\text{ mm}} = 0{,}774\cdot10^3\text{ mm}^3$

776.

a) $I_{\circledcirc} = \dfrac{\pi}{64}(D^4 - d^4)$

$I_{\circledcirc} = \dfrac{\pi}{64}\left[(100\text{ mm})^4 - (80\text{ mm})^4\right] = 2898117\text{ mm}^4$

$I_{\square} = \dfrac{b}{12}(H^3 - h^3)$

$I_{\square} = \dfrac{10\text{ mm}}{12}\left[(400\text{ mm})^3 - (100\text{ mm})^3\right]$

$I_{\square} = 52\,500\,000\text{ mm}^4$

Nach dem Verschiebesatz von Steiner wird:

$I_x = I_{\square} + 2(I_{\circledcirc} + A_{\circledcirc}\, l^2)$

$A_{\circledcirc} = \dfrac{\pi}{4}(D^2 - d^2)$

$A_{\circledcirc} = \dfrac{\pi}{4}\left[(100\text{ mm})^2 - (80\text{ mm})^2\right]$

$A_{\circledcirc} = 2827\text{ mm}^2$

$l^2 = 250^2\text{ mm}^2 = 62\,500\text{ mm}^2$

$I_x = [52\,500\,000 + 2(2\,898\,117 + 2827\cdot62\,500)]\text{ mm}^4$

$I_x = 4{,}1\cdot10^8\text{ mm}^4$

b) $W_x = \dfrac{I_x}{\frac{h}{2}} = \dfrac{4{,}1\cdot10^8\text{ mm}^4}{300\text{ mm}} = 1{,}37\cdot10^6\text{ mm}^3$

777.

a) $I_x = \frac{H^4}{12} - \frac{h^4}{12} = \frac{(80\text{ mm})^4}{12} - \frac{(60\text{ mm})^4}{12}$

$I_x = 233 \cdot 10^4\text{ mm}^4$

b) $W_x = \frac{I_x}{e}$

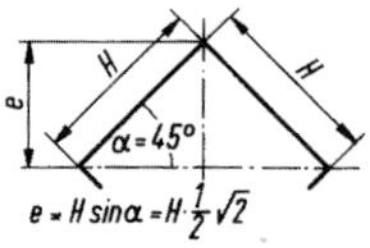

(e Randfaserabstand)

$\alpha = 45° \quad e = H \sin\alpha$

$$W_x = \frac{I_x}{H \sin\alpha} = \frac{233 \cdot 10^4\text{ mm}^4}{80\text{ mm} \cdot \sin 45°} = 41{,}2 \cdot 10^3\text{ mm}^3$$

778.

a) $A e_1 = A_1 y_1 - A_2 y_2$

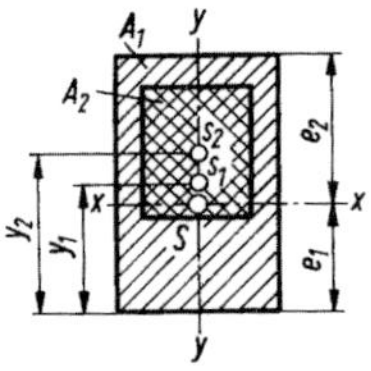

$A_1 = (80 \cdot 50)\text{ mm}^2$

$A_1 = 4000\text{ mm}^2$

$A_2 = (40 \cdot 34)\text{ mm}^2 = 1360\text{ mm}^2$

$A = A_1 - A_2 = (4000 - 1360)\text{ mm}^2 = 2640\text{ mm}^2$

$y_1 = 40\text{ mm} \quad y_2 = 50\text{ mm}$

$$e_1 = \frac{A_1 y_1 - A_2 y_2}{A}$$

$$e_1 = \frac{4000\text{ mm}^2 \cdot 40\text{ mm} - 1360\text{ mm}^2 \cdot 50\text{ mm}}{2640\text{ mm}^2}$$

$e_1 = 34{,}8\text{ mm}$

$e_2 = 80\text{ mm} - 34{,}8\text{ mm} = 45{,}2\text{ mm}$

b) $I_x = I_{x1} + A_1 l_1^2 - \left(I_{x2} + A_2 l_2^2\right)$ (Steiner'scher Satz)

$$I_{x1} = \frac{b h^3}{12} = \frac{50\text{ mm} \cdot 80^3\text{ mm}^3}{12} = 213{,}3 \cdot 10^4\text{ mm}^4$$

$$I_{x2} = \frac{b h^3}{12} = \frac{34\text{ mm} \cdot 40^3\text{ mm}^3}{12} = 18{,}13 \cdot 10^4\text{ mm}^4$$

$l_1 = y_1 - e_1 = (40 - 34{,}8)\text{ mm} = 5{,}2\text{ mm}$

$l_1^2 \quad 27\text{ mm}^2$

$l_2 = y_2 - e_1 = (50 - 34{,}8)\text{ mm} = 15{,}2\text{ mm}$

$l_2^2 \quad 231\text{ mm}^2$

$I_x = 213{,}3 \cdot 10^4\text{ mm}^4 + 0{,}4 \cdot 10^4\text{ mm}^2 \cdot 27\text{ mm}^2 -$

$- 18{,}13 \cdot 10^4\text{ mm}^4 - 0{,}136 \cdot 10^4\text{ mm}^4 \cdot 231\text{ mm}^2$

$I_x = 174{,}6 \cdot 10^4\text{ mm}^4$

$I_y = I_{y1} - I_{y2}$

$$I_{y1} = \frac{b h^3}{12} = \frac{80\text{ mm} \cdot 50^3\text{ mm}^3}{12} = 83{,}3 \cdot 10^4\text{ mm}^4$$

$$I_{y2} = \frac{b h^3}{12} = \frac{40\text{ mm} \cdot 34^3\text{ mm}^3}{12} = 13{,}1 \cdot 10^4\text{ mm}^4$$

$I_y = (83{,}3 - 13{,}1) \cdot 10^4\text{ mm}^4 = 70{,}2 \cdot 10^4\text{ mm}^4$

c) $W_{x1} = \frac{I_x}{e_1} = \frac{1746 \cdot 10^3\text{ mm}^4}{34{,}8\text{ mm}} = 50{,}2 \cdot 10^3\text{ mm}^3$

$$W_{x2} = \frac{I_x}{e_2} = \frac{1746 \cdot 10^3\text{ mm}^4}{45{,}2\text{ mm}} = 38{,}6 \cdot 10^3\text{ mm}^3$$

$$W_y = \frac{I_y}{e} = \frac{702 \cdot 10^3\text{ mm}^4}{25\text{ mm}} = 28{,}1 \cdot 10^3\text{ mm}^3$$

779.

a) $A e_1 = A_1 y_1 + A_2 y_2$

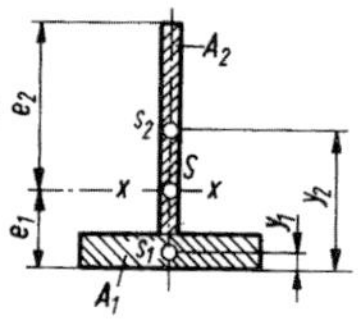

$A_1 = (50 \cdot 12)\text{ mm}^2 = 600\text{ mm}^2$

$A_2 = (88 \cdot 5)\text{ mm}^2 = 440\text{ mm}^2$

$A = A_1 + A_2 = 1040\text{ mm}^2$

$y_1 = 6\text{ mm} \quad y_2 = 56\text{ mm}$

$$e_1 = \frac{A_1 y_1 + A_2 y_2}{A}$$

$$e_1 = \frac{(600 \cdot 6 + 440 \cdot 56)\text{ mm}^3}{1040\text{ mm}^2} = 27{,}15\text{ mm}$$

$e_2 = 100\text{ mm} - 27{,}15\text{ mm} = 72{,}85\text{ mm}$

b) $I_x = I_{x1} + A_1 l_1^2 + I_{x2} + A_2 l_2^2$

$$I_{x1} = \frac{b h^3}{12} = \frac{50\text{ mm} \cdot 12^3\text{ mm}^3}{12} = 7200\text{ mm}^4$$

$$I_{x2} = \frac{b h^3}{12} = \frac{5\text{ mm} \cdot 88^3\text{ mm}^3}{12} = 283947\text{ mm}^4$$

$l_1 = e_1 - y_1 = (27{,}15 - 6)\text{ mm} = 21{,}15\text{ mm}$

$l_1^2 = 447{,}3\text{ mm}^2$

$l_2 = y_2 - e_1 = (56 - 27{,}15)\text{ mm} = 28{,}85\text{ mm}$

$l_2^2 = 832{,}3\text{ mm}^2$

$I_x = (7200 + 600 \cdot 447{,}3 + 283947 + 440 \cdot 832{,}3)\text{ mm}^4$

$I_x = 925739\text{ mm}^4 \approx 92{,}6 \cdot 10^4\text{ mm}^4$

$I_y = I_{y1} + I_{y2}$

$$I_y = \frac{12\text{ mm} \cdot 50^3\text{ mm}^3}{12} + \frac{88\text{ mm} \cdot 5^3\text{ mm}^3}{12}$$

$I_y = 12{,}6 \cdot 10^4\text{ mm}^4$

c) $W_{x1} = \frac{I_x}{e_1} = \frac{926 \cdot 10^3\text{ mm}^4}{27{,}15\text{ mm}} = 34{,}1 \cdot 10^3\text{ mm}^3$

$$W_{x2} = \frac{I_x}{e_2} = \frac{926 \cdot 10^3 \text{ mm}^4}{72,85 \text{ mm}} = 12,7 \cdot 10^3 \text{ mm}^3$$

$$W_y = \frac{I_y}{e} = \frac{126 \cdot 10^3 \text{ mm}^4}{25 \text{ mm}} = 5,04 \cdot 10^3 \text{ mm}^3$$

780.

a) $I_x = I_{\square} - I_{\bigcirc} - I_{\sqsubset}$

$$I_{\square} = \frac{120 \text{ mm} \cdot 70^3 \text{ mm}^3}{12} = 343 \cdot 10^4 \text{ mm}^4$$

$$I_{\bigcirc} = \frac{\pi \cdot 30^4 \text{ mm}^4}{64} = 3,976 \cdot 10^4 \text{ mm}^4$$

$$I_{\sqsubset} = \frac{60 \text{ mm} \cdot 30^3 \text{ mm}^3}{12} = 13,5 \cdot 10^4 \text{ mm}^4$$

$$I_x = (343 - 3,976 - 13,5) \cdot 10^4 \text{ mm}^4$$

$$I_x = 325,5 \cdot 10^4 \text{ mm}^4$$

$$I_y = I_{\square} - 2(I_{\triangle} + A_{\triangle}) - I_{\shortmid}$$

$$I_{\square} = \frac{70 \text{ mm} \cdot 120^3 \text{ mm}^3}{12} = 1008 \cdot 10^4 \text{ mm}^4$$

$$I_{\triangle} = 0,0068\,d^4 = 0,0068 \cdot 30^4 \text{ mm}^4$$

$$I_{\triangle} = 0,5508 \cdot 10^4 \text{ mm}^4$$

$$I_{\shortmid} = \frac{30 \text{ mm} \cdot 60^3 \text{ mm}^3}{12} = 54 \cdot 10^4 \text{ mm}^4$$

$$A_{\triangle} = \frac{\pi}{8} d^2 = \frac{\pi}{8} 30^2 \text{ mm}^2 = 353,4 \text{ mm}^2$$

$$e_1 = \frac{4r}{3\pi} = \frac{4 \cdot 15 \text{ mm}}{3\pi} = 6,366 \text{ mm}$$

$$l = 30 \text{ mm} + e_1 = 36,366 \text{ mm} \quad l^2 = 0,1322 \cdot 10^4 \text{ mm}^2$$

$$I_y = [1008 - 2(0,5508 + 46,7195) - 54] \cdot 10^4 \text{ mm}^4$$

$$I_y = 859,5 \cdot 10^4 \text{ mm}^4$$

b) $$W_x = \frac{I_x}{e_x} = \frac{3255 \cdot 10^3 \text{ mm}^4}{35 \text{ mm}} = 93 \cdot 10^3 \text{ mm}^3$$

$$W_y = \frac{I_y}{e_y} = \frac{8595 \cdot 10^3 \text{ mm}^4}{60 \text{ mm}} = 143 \cdot 10^3 \text{ mm}^3$$

781.

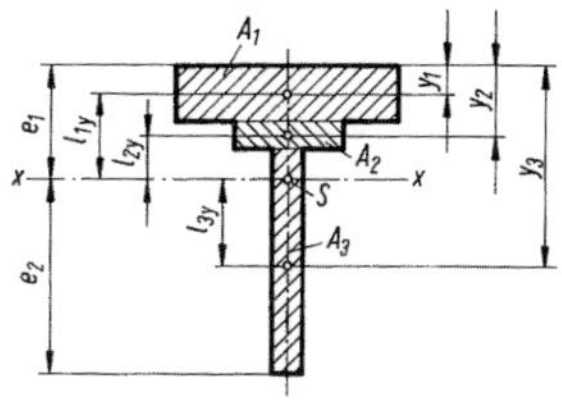

a) $A e_1 = A_1 y_1 + A_2 y_2 + A_3 y_3$

$$A_1 = (200 \cdot 60) \text{ mm}^2 = 12\,000 \text{ mm}^2$$

$$A_2 = (100 \cdot 20) \text{ mm}^2 = 2000 \text{ mm}^2$$

$$A_3 = (20 \cdot 320) \text{ mm}^2 = 6400 \text{ mm}^2$$

$$A = 20\,400 \text{ mm}^2$$

$$y_1 = 30 \text{ mm}$$

$$y_2 = 70 \text{ mm}$$

$$y_3 = 240 \text{ mm}$$

$$e_1 = \frac{12\,000 \cdot 30 + 2000 \cdot 70 + 6400 \cdot 240}{20\,400} \text{ mm}$$

$$e_1 = 99,8 \text{ mm}$$

$$e_2 = 400 \text{ mm} - e_1 = 300,2 \text{ mm}$$

b) $$I_{x1} = \frac{200 \cdot 60^3}{12} \text{ mm}^4 = 36 \cdot 10^5 \text{ mm}^4$$

$$I_{x2} = \frac{100 \cdot 20^3}{12} \text{ mm}^4 = 66\,667 \text{ mm}^4$$

$$I_{x3} = \frac{20 \cdot 320^3}{12} \text{ mm}^4 = 54\,613\,333 \text{ mm}^4$$

$$l_{1y} = e_1 - y_1 = 69,8 \text{ mm}$$

$$l_{2y} = e_1 - y_2 = 29,8 \text{ mm}$$

$$l_{3y} = e_1 - y_3 = -140,2 \text{ mm}$$

$$I_x = I_{x1} + A_1 l_{1y}^2 + I_{x2} + A_2 l_{2y}^2 + I_{x3} + A_3 l_{3y}^2$$

$$I_x = 2,44 \cdot 10^8 \text{ mm}^4$$

c) $$W_{x1} = \frac{I_x}{e_1} = \frac{2,44 \cdot 10^8 \text{ mm}^4}{99,8 \text{ mm}} = 2,44 \cdot 10^6 \text{ mm}^3$$

$$W_{x2} = \frac{I_x}{e_2} = \frac{2,44 \cdot 10^8 \text{ mm}^4}{300,2 \text{ mm}} = 812,8 \cdot 10^3 \text{ mm}^3$$

782.

a) $A e_1 = A_1 y_1 + A_2 y_2 + A_3 y_3 + A_4 y_4$

$$A_1 = (450 \cdot 60) \text{ mm}^2 = 27\,000 \text{ mm}^2$$

$$A_2 = (35 \cdot 50) \text{ mm}^2 = 1750 \text{ mm}^2$$

$$A_3 = (35 \cdot 40) \text{ mm}^2 = 1400 \text{ mm}^2$$

$$A_4 = (120 \cdot 40) \text{ mm}^2 = 4800 \text{ mm}^2$$

$$A = 34\,950 \text{ mm}^2$$

$$y_1 = 30 \text{ mm}$$

$$y_2 = 85 \text{ mm}$$

$$y_3 = 480 \text{ mm}$$

$$y_4 = 520 \text{ mm}$$

$$e_1 = \frac{27000 \cdot 30 + 1750 \cdot 85 + 1400 \cdot 480 + 4800 \cdot 520}{34950} \text{ mm}$$

$e_1 = 118$ mm

$e_2 = 540 \text{ mm} - e_1 = 422$ mm

b) $I_{x1} = \dfrac{450 \cdot 60^3}{12} \text{ mm}^4 = 81 \cdot 10^5 \text{ mm}^4$

$I_{x2} = \dfrac{35 \cdot 50^3}{12} \text{ mm}^4 = 364583 \text{ mm}^4$

$I_{x3} = \dfrac{35 \cdot 40^3}{12} \text{ mm}^4 = 186667 \text{ mm}^4$

$I_{x4} = \dfrac{120 \cdot 40^3}{12} \text{ mm}^4 = 64 \cdot 10^4 \text{ mm}^4$

$l_{1y} = e_1 - y_1 = 88$ mm

$l_{2y} = e_1 - y_2 = 33$ mm

$l_{3y} = e_1 - y_3 = -362$ mm

$l_{4y} = e_1 - y_4 = -402$ mm

$$I_x = I_{x1} + A_1 l_{1y}^2 + I_{x2} + A_2 l_{2y}^2 + I_{x3} + A_3 l_{3y}^2 + I_{x4} + A_4 l_{4y}^2$$

$I_x = 11{,}794 \cdot 10^8 \text{ mm}^4$

c) $W_{x1} = \dfrac{I_x}{e_1} = 9{,}995 \cdot 10^6 \text{ mm}^3$

$W_{x2} = \dfrac{I_x}{e_2} = 2{,}795 \cdot 10^6 \text{ mm}^3$

783.

a)

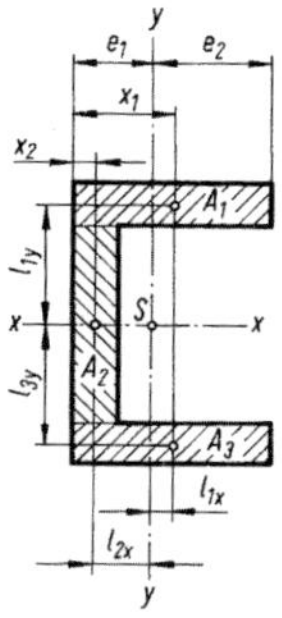

$A e_1 = A_1 x_1 + A_2 x_2 + A_3 x_3$

$A_1 = A_3 = (80 \cdot 20) \text{ mm}^2 = 1600 \text{ mm}^2$

$A_2 = (20 \cdot 120) \text{ mm}^2 = 2400 \text{ mm}^2$

$A = 5600 \text{ mm}^2$

$x_1 = x_3 = 40$ mm

$x_2 = 10$ mm

$e_1 = \dfrac{2(1600 \cdot 40) + 2400 \cdot 10}{5600} \text{ mm}$

$e_1 = 27{,}14$ mm

$e_2 = 80 \text{ mm} - e_1 = 52{,}86$ mm

b) $I_{x1} = I_{x3} = \dfrac{80 \cdot 20^3}{12} \text{ mm}^4 = 53333 \text{ mm}^4$

$I_{x2} = \dfrac{20 \cdot 120^3}{12} \text{ mm}^4 = 28{,}8 \cdot 10^5 \text{ mm}^4$

$l_{1y} = l_{3y} = 70$ mm

$l_{2y} = 0$ mm

$I_x = I_{x1} + 2(A_1 l_{1y}^2) + I_{x2} + A_2 l_{2y}^2$

$I_x = 18{,}77 \cdot 10^6 \text{ mm}^4$

$I_{y1} = I_{y3} = \dfrac{20 \cdot 80^3}{12} \text{ mm}^4 = 853333 \text{ mm}^4$

$I_{y2} = \dfrac{120 \cdot 20^3}{12} \text{ mm}^4 = 80 \cdot 10^3 \text{ mm}^4$

$l_{1x} = l_{3x} = e_1 - x_1 = -12{,}86$ mm

$l_{2x} = e_1 - x_2 = 17{,}14$ mm

$I_y = I_{y1} + 2(A_1 l_{1x}^2) + I_{y2} + A_2 l_{2x}^2$

$I_y = 302 \cdot 10^4 \text{ mm}^4$

c) $W_x = \dfrac{I_x}{80} = 233 \cdot 10^3 \text{ mm}^3$

$W_{y1} = \dfrac{I_y}{e_1} = 111{,}31 \cdot 10^3 \text{ mm}^3$

$W_{y2} = \dfrac{I_y}{e_2} = 57{,}15 \cdot 10^3 \text{ mm}^3$

784.

a) $A e_1 = A_1 y_1 + A_2 y_2$

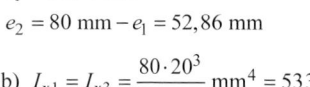

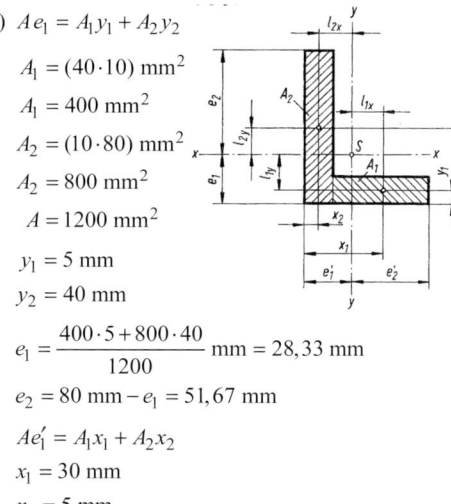

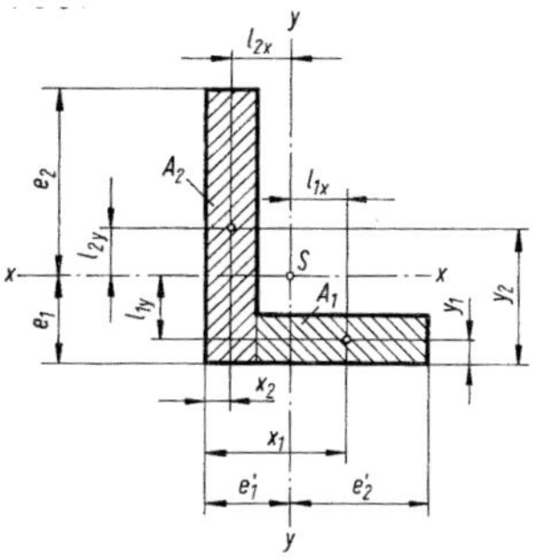

$A_1 = (40 \cdot 10) \text{ mm}^2$

$A_1 = 400 \text{ mm}^2$

$A_2 = (10 \cdot 80) \text{ mm}^2$

$A_2 = 800 \text{ mm}^2$

$A = 1200 \text{ mm}^2$

$y_1 = 5$ mm

$y_2 = 40$ mm

$e_1 = \dfrac{400 \cdot 5 + 800 \cdot 40}{1200} \text{ mm} = 28{,}33 \text{ mm}$

$e_2 = 80 \text{ mm} - e_1 = 51{,}67$ mm

$A e_1' = A_1 x_1 + A_2 x_2$

$x_1 = 30$ mm

$x_2 = 5$ mm

$e_1' = \dfrac{400 \cdot 30 + 800 \cdot 5}{1200} \text{ mm} = 13{,}33 \text{ mm}$

$e_2' = 50 \text{ mm} - e_1' = 36{,}67$ mm

b) $I_{x1} = \dfrac{10 \cdot 80^3}{12} \text{ mm}^4 = 426667 \text{ mm}^4$

$I_{x2} = \dfrac{40 \cdot 10^3}{12} \text{ mm}^4 = 3333{,}3 \text{ mm}^4$

$l_{1y} = e_1 - y_1 = 23{,}33$ mm

$l_{2y} = e_1 - y_2 = 11{,}67$ mm

$$I_x = I_{x1} + A_1 l_{1y}^2 + I_{x2} + A_2 l_{2y}^2$$

$$I_x = 75{,}7 \cdot 10^4 \text{ mm}^4$$

$$I_{y1} = \frac{80 \cdot 10^3}{12} \text{ mm}^4 = 6667 \text{ mm}^4$$

$$I_{y2} = \frac{10 \cdot 40^3}{12} \text{ mm}^4 = 53333 \text{ mm}^4$$

$$l_{1x} = e_1' - x_1 = -16{,}67 \text{ mm}$$

$$l_{2x} = e_1' - x_2 = 8{,}33 \text{ mm}$$

$$I_y = I_{y1} + A_1 l_{1x}^2 + I_{y2} + A_2 l_{2x}^2$$

$$I_y = 22{,}6 \cdot 10^4 \text{ mm}^4$$

c) $$W_{x1} = \frac{I_x}{e_1} = 26{,}7 \cdot 10^3 \text{ mm}^3$$

$$W_{x2} = \frac{I_x}{e_2} = 14{,}7 \cdot 10^3 \text{ mm}^3$$

$$W_{y1} = \frac{I_y}{e_1'} = 17{,}05 \cdot 10^3 \text{ mm}^3$$

$$W_{y2} = \frac{I_y}{e_2'} = 6{,}2 \cdot 10^3 \text{ mm}^3$$

785.

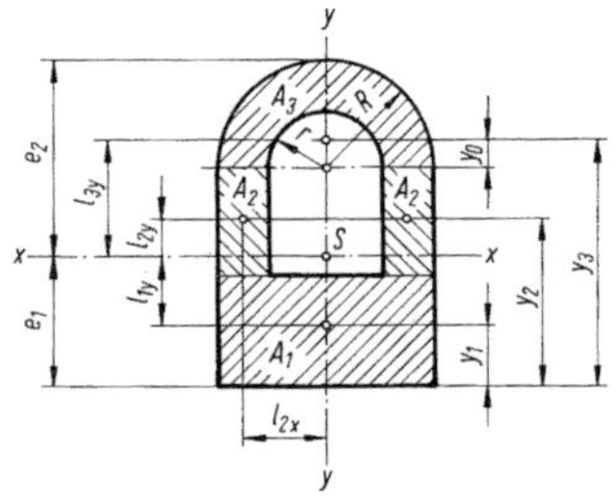

a) $$A e_1 = A_1 y_1 + 2 \cdot A_2 y_2 + A_3 y_3$$

$$A_1 = (350 \cdot 200) \text{ mm}^2 = 70000 \text{ mm}^2$$

$$A_2 = (80 \cdot 200) \text{ mm}^2 = 16000 \text{ mm}^2$$

$$A_3 = \frac{\pi}{2}(175^2 - 95^2) \text{ mm}^2 = 33929 \text{ mm}^2$$

$$A = A_1 + 2A_2 + A_3 = 135929 \text{ mm}^2$$

$$y_0 = \frac{2(D^3 - d^3)}{3\pi(D^2 - d^2)}$$

$$y_0 = \frac{2(350^3 - 190^3)}{3\pi(350^2 - 190^2)} \text{ mm} = 88{,}46 \text{ mm}$$

$$D = 2R = 350 \text{ mm}$$

$$d = 2r = 190 \text{ mm}$$

$$y_1 = 100 \text{ mm}$$

$$y_2 = 300 \text{ mm}$$

$$y_3 = 400 \text{ mm} + y_0 = 488{,}46 \text{ mm}$$

$$e_1 = \frac{70000 \cdot 100 + 2(16000 \cdot 300)}{135929} +$$

$$+ \frac{33929 \cdot 488{,}46}{135929} \text{ mm}$$

$$e_1 = 244 \text{ mm}$$

$$e_2 = 575 \text{ mm} - e_1 = 331 \text{ mm}$$

$$e_1' = \frac{350}{2} \text{ mm} = 175 \text{ mm}$$

b) $$I_{x1} = \frac{350 \cdot 200^3}{12} \text{ mm}^4 = 23{,}3 \cdot 10^7 \text{ mm}^4$$

$$I_{x2} = \frac{80 \cdot 200^3}{12} \text{ mm}^4 = 53{,}3 \cdot 10^6 \text{ mm}^4$$

$$I_{x3} = 0{,}1098(R^4 - r^4) - 0{,}283 R^2 r^2 \frac{R - r}{R + r}$$

(F + T, 5.13)

$$I_{x3} = 70861246 \text{ mm}^4$$

$$l_{1y} = e_1 - y_1 = 144 \text{ mm}$$

$$l_{2y} = e_1 - y_2 = -56 \text{ mm}$$

$$l_{3y} = e_1 - y_3 = -244{,}46 \text{ mm}$$

$$I_x = I_{x1} + A_1 l_{1y}^2 + 2(I_{x2} + A_2 l_{2y}^2) + I_{x3} + A_3 l_{3y}^2$$

$$I_x = 39{,}9 \cdot 10^8 \text{ mm}^4$$

$$I_{y1} = \frac{200 \cdot 350^3}{12} \text{ mm}^4 = 71{,}46 \cdot 10^7 \text{ mm}^4$$

$$I_{y2} = \frac{200 \cdot 80^3}{12} \text{ mm}^4 = 8{,}53 \cdot 10^6 \text{ mm}^4$$

$$I_{y3} = \pi \frac{R^4 - r^4}{8} = \pi \frac{175^4 - 95^4}{8} \text{ mm}^4$$

$$I_{y3} = 33{,}632 \cdot 10^7 \text{ mm}^4$$

$$l_{1x} = 0 \text{ mm}$$

$$l_{2x} = (175 - 40) \text{ mm} = 135 \text{ mm}$$

$$l_{3x} = 0 \text{ mm}$$

$$I_y = I_{y1} + 2(I_{y2} + A_2 l_{2x}^2) + I_{y3}$$

$$I_y = 16{,}51 \cdot 10^8 \text{ mm}^4$$

c) $$W_{x1} = \frac{I_x}{e_1} = 163{,}52 \cdot 10^5 \text{ mm}^3$$

$$W_{x2} = \frac{I_x}{e_2} = 120{,}54 \cdot 10^5 \text{ mm}^3$$

$$W_y = \frac{I_y}{e_1'} = 94{,}34 \cdot 10^5 \text{ mm}^3$$

786.

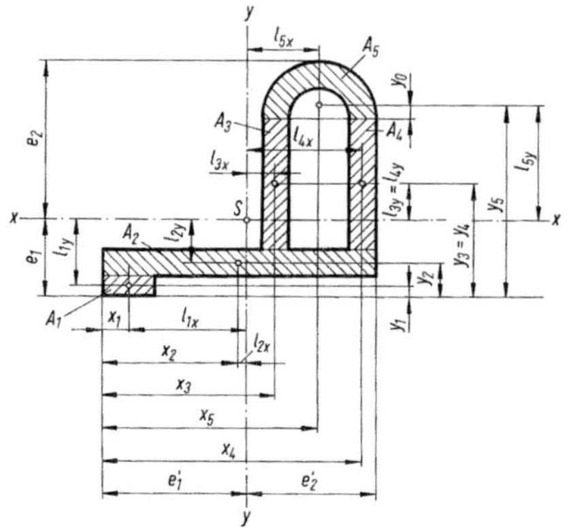

a) $A e_1 = A_1 y_1 + A_2 y_2 + A_3 y_3 + A_4 y_4 + A_5 y_5$

$A e_1' = A_1 x_1 + A_2 x_2 + A_3 x_3 + A_4 x_4 + A_5 x_5$

(F + T, 2.1)

$A_1 = (100 \cdot 50)\ \text{mm}^2 = 5000\ \text{mm}^2$

$A_2 = (450 \cdot 50)\ \text{mm}^2 = 22\,500\ \text{mm}^2$

$A_3 = A_4 = (50 \cdot 250)\ \text{mm}^2 = 12\,500\ \text{mm}^2$

$$A_5 = \frac{\pi}{2}(R^2 - r^2) = \frac{\pi}{2}(100^2 - 50^2)\ \text{mm}^2$$

$A_5 = 11\,781\ \text{mm}^2$

$A = 64\,281\ \text{mm}^2$

$y_1 = 25\ \text{mm} \quad y_2 = 75\ \text{mm} \quad y_3 = y_4 = 225\ \text{mm}$

$$y_0 = \frac{2(D^3 - d^3)}{3\pi(D^2 - d^2)}$$

(F + T, 5.13)

$$y_0 = \frac{2(200^3 - 100^3)}{3\pi(200^2 - 100^2)}\ \text{mm} = 49{,}5\ \text{mm}$$

$y_5 = 350\ \text{mm} + y_0 = 399{,}5\ \text{mm}$

$x_1 = 50\ \text{mm} \quad x_2 = 225\ \text{mm} \quad x_3 = 275\ \text{mm}$

$x_4 = 425\ \text{mm} \quad x_5 = 350\ \text{mm}$

$$e_1 = \frac{5000 \cdot 25 + 22\,500 \cdot 75 + 2 \cdot 12\,500 \cdot 225}{64\,281} + \frac{11\,781 \cdot 399{,}5}{64\,281}\ \text{mm}$$

$e_1 = 189\ \text{mm} \quad e_2 = (450 - 189)\ \text{mm} = 261\ \text{mm}$

$$e_1' = \frac{5000 \cdot 50 + 22\,500 \cdot 225 + 12\,500 \cdot 275}{64\,281} + \frac{12\,500 \cdot 425 + 11\,781 \cdot 350}{64\,281}\ \text{mm}$$

$e_1' = 283\ \text{mm} \quad e_2' = (450 - 283)\ \text{mm} = 167\ \text{mm}$

b) $$I_{x1} = \frac{100 \cdot 50^3}{12}\ \text{mm}^4 = 1\,041\,667\ \text{mm}^4$$

$$I_{x2} = \frac{450 \cdot 50^3}{12}\ \text{mm}^4 = 4\,687\,500\ \text{mm}^4$$

$$I_{x3} = I_{x4} = \frac{50 \cdot 250^3}{12}\ \text{mm}^4 = 65\,104\,167\ \text{mm}^4$$

$$I_{x5} = 0{,}1098(R^4 - r^4) - 0{,}283\, R^2 r^2 \frac{R - r}{R + r}$$

(F + T, 5.13)

$$I_{x5} = \left[0{,}1098(100^4 - 50^4) - 0{,}283 \cdot 100^2 \cdot 50^2 \cdot \frac{100 - 50}{100 + 50}\right] \text{mm}^4$$

$I_{x5} = 7\,935\,417\ \text{mm}^4$

$l_{1y} = e_1 - y_1 = (189 - 25)\ \text{mm} = 164\ \text{mm}$

$l_{2y} = e_1 - y_2 = (189 - 75)\ \text{mm} = 114\ \text{mm}$

$l_{3y} = l_{4y} = y_3 - e_1 = (225 - 189)\ \text{mm} = 36\ \text{mm}$

$l_{5y} = y_5 - e_1 = (399{,}5 - 189)\ \text{mm} = 210{,}5\ \text{mm}$

$$I_x = I_{x1} + A_1 l_{1y}^2 + I_{x2} + A_2 l_{2y}^2 + 2(I_{x3} + A_3 l_{3y}^2) + I_{x5} + A_5 l_{5y}^2$$

$I_x = 11{,}252 \cdot 10^8\ \text{mm}^4$

$$I_{y1} = \frac{50 \cdot 100^3}{12}\ \text{mm}^4 = 4\,166\,667\ \text{mm}^4$$

$$I_{y2} = \frac{50 \cdot 450^3}{12}\ \text{mm}^4 = 3{,}7969 \cdot 10^8\ \text{mm}^4$$

$$I_{y3} = I_{y4} = \frac{250 \cdot 50^3}{12}\ \text{mm}^4 = 2\,604\,167\ \text{mm}^4$$

$$I_{y5} = \pi \frac{R^4 - r^4}{8} = \pi \frac{100^4 - 50^4}{8}\ \text{mm}^4$$

$I_{y5} = 36\,815\,539\ \text{mm}^4$

$l_{1x} = e_1' - x_1 = (283 - 50)\ \text{mm} = 233\ \text{mm}$

$l_{2x} = e_1' - x_2 = (283 - 225)\ \text{mm} = 58\ \text{mm}$

$l_{3x} = e_1' - x_3 = (283 - 275)\ \text{mm} = 8\ \text{mm}$

$l_{4x} = x_4 - e_1' = (425 - 283)\ \text{mm} = 142\ \text{mm}$

$l_{5x} = x_5 - e_1' = (350 - 283)\ \text{mm} = 67\ \text{mm}$

$$I_y = I_{y1} + A_1 l_{1x}^2 + I_{y2} + A_2 l_{2x}^2 + I_{y3} + A_3 l_{3x}^2 + I_{y4} + A_4 l_{4x}^2 + I_{y5} + A_5 l_{5x}^2$$

$I_y = 10{,}788 \cdot 10^8\ \text{mm}^4$

c) $$W_{x1} = \frac{I_x}{e_1} = 59{,}534 \cdot 10^5\ \text{mm}^3$$

$$W_{x2} = \frac{I_x}{e_2} = 43{,}111 \cdot 10^5\ \text{mm}^3$$

$$W_{y1} = \frac{I_y}{e_1'} = 38{,}12 \cdot 10^5\ \text{mm}^3$$

$$W_{y2} = \frac{I_y}{e_2'} = 64{,}599 \cdot 10^5\ \text{mm}^3$$

787.

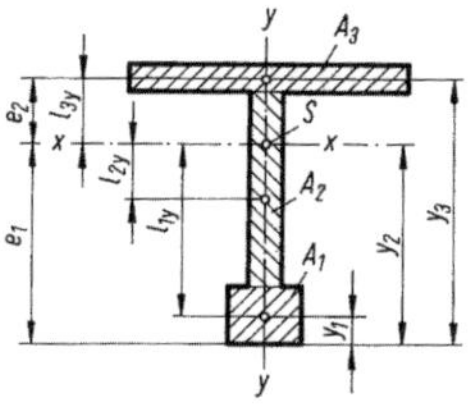

a) $A e_1 = A_1 y_1 + A_2 y_2 + A_3 y_3$

$$A_1 = (25 \cdot 29)\ \text{mm}^2 = 725\ \text{mm}^2$$

$$A_2 = (10 \cdot 61)\ \text{mm}^2 = 610\ \text{mm}^2$$

$$A_3 = (100 \cdot 10)\ \text{mm}^2 = 1000\ \text{mm}^2$$

$$A = 2335\ \text{mm}^2$$

$$y_1 = 14{,}5\ \text{mm}$$

$$y_2 = 59{,}5\ \text{mm}$$

$$y_3 = 95\ \text{mm}$$

$$e_1 = \frac{725 \cdot 14{,}5 + 610 \cdot 59{,}5 + 1000 \cdot 95}{2335}\ \text{mm}$$

$$e_1 = 60{,}73\ \text{mm}$$

$$e_2 = (100 - 60{,}73)\ \text{mm} = 39{,}27\ \text{mm}$$

b) $I_{x1} = \dfrac{25 \cdot 29^3}{12}\ \text{mm}^4 = 50810\ \text{mm}^4$

$$I_{x2} = \frac{10 \cdot 61^3}{12}\ \text{mm}^4 = 189151\ \text{mm}^4$$

$$I_{x3} = \frac{100 \cdot 10^3}{12}\ \text{mm}^4 = 8333\ \text{mm}^4$$

$$l_{1y} = e_1 - y_1 = 46{,}23\ \text{mm}$$

$$l_{2y} = e_1 - y_2 = 1{,}23\ \text{mm}$$

$$l_{3y} = e_1 - y_3 = -34{,}27\ \text{mm}$$

$$I_x = I_{x1} + A_1 l_{1y}^2 + I_{x2} + A_2 l_{2y}^2 + I_{x3} + A_3 l_{3y}^2$$

$$I_x = 297{,}3 \cdot 10^4\ \text{mm}^4$$

c) $W_{x1} = \dfrac{I_x}{e_1} = 48{,}9 \cdot 10^3\ \text{mm}^3$

$$W_{x2} = \frac{I_x}{e_2} = 75{,}7 \cdot 10^3\ \text{mm}^3$$

788.

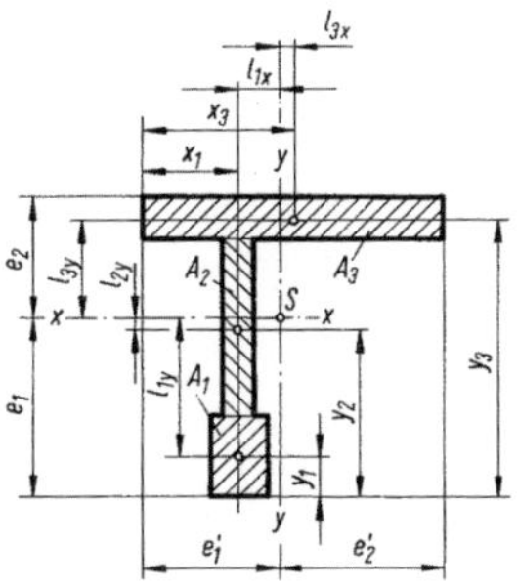

a) $A e_1 = A_1 y_1 + A_2 y_2 + A_3 y_3$

$$A_1 = (90 \cdot 140)\ \text{mm}^2 = 12\,600\ \text{mm}^2$$

$$A_2 = (30 \cdot 400)\ \text{mm}^2 = 12\,000\ \text{mm}^2$$

$$A_3 = (400 \cdot 60)\ \text{mm}^2 = 24\,000\ \text{mm}^2$$

$$A = 48\,600\ \text{mm}^2$$

$$y_1 = 70\ \text{mm}$$

$$y_2 = 340\ \text{mm}$$

$$y_3 = 570\ \text{mm}$$

$$e_1 = \frac{12\,600 \cdot 70 + 12\,000 \cdot 340 + 24\,000 \cdot 570}{48\,600}\ \text{mm}$$

$$e_1 = 383{,}6\ \text{mm}$$

$$e_2 = 600\ \text{mm} - e_1 = 216{,}4\ \text{mm}$$

$$x_1 = x_2 = 115\ \text{mm}$$

$$x_3 = 200\ \text{mm}$$

$$e_1' = \frac{12\,600 \cdot 115 + 12\,000 \cdot 115 + 24\,000 \cdot 200}{48\,600}\ \text{mm}$$

$$e_1' = 156{,}97\ \text{mm}$$

$$e_2' = 400\ \text{mm} - e_1' = 243{,}03\ \text{mm}$$

b) $I_{x1} = \dfrac{90 \cdot 140^3}{12}\ \text{mm}^4 = 20{,}58 \cdot 10^6\ \text{mm}^4$

$$I_{x2} = \frac{30 \cdot 400^3}{12}\ \text{mm}^4 = 16 \cdot 10^7\ \text{mm}^4$$

$$I_{x3} = \frac{400 \cdot 60^3}{12}\ \text{mm}^4 = 72 \cdot 10^5\ \text{mm}^4$$

$$l_{1y} = e_1 - y_1 = 313{,}6\ \text{mm}$$

$$l_{2y} = e_1 - y_2 = 43{,}6\ \text{mm}$$

$$l_{3y} = e_1 - y_3 = -186{,}4\ \text{mm}$$

$$I_x = I_{x1} + A_1 l_{1y}^2 + I_{x2} + A_2 l_{2y}^2 + I_{x3} + A_3 l_{3y}^2$$

$$I_x = 22{,}84 \cdot 10^8\ \text{mm}^4$$

$$I_{y1} = \frac{140 \cdot 90^3}{12} \text{ mm}^4 = 85{,}1 \cdot 10^5 \text{ mm}^4$$

$$I_{y2} = \frac{400 \cdot 30^3}{12} \text{ mm}^4 = 9 \cdot 10^5 \text{ mm}^4$$

$$I_{y3} = \frac{60 \cdot 400^3}{12} \text{ mm}^4 = 32 \cdot 10^7 \text{ mm}^4$$

$$l_{1x} = l_{2x} = e_1' - x_1 = 41{,}97 \text{ mm}$$

$$l_{3x} = e_1' - x_3 = -43{,}03 \text{ mm}$$

$$I_y = I_{y1} + A_1 l_{1x}^2 + I_{y2} + A_2 l_{2x}^2 + I_{y3} + A_3 l_{3x}^2$$

$$I_y = 4{,}17 \cdot 10^8 \text{ mm}^4$$

c) $W_{x1} = \frac{I_x}{e_1} = 5954119 \text{ mm}^3 = 5{,}95 \cdot 10^6 \text{ mm}^3$

$$W_{x2} = \frac{I_x}{e_2} = 10554529 \text{ mm}^3 = 10{,}6 \cdot 10^6 \text{ mm}^3$$

$$W_{y1} = \frac{I_y}{e_1'} = 2656559 \text{ mm}^3 = 2{,}66 \cdot 10^6 \text{ mm}^3$$

$$W_{y2} = \frac{I_y}{e_2'} = 1715838 \text{ mm}^3 = 1{,}72 \cdot 10^6 \text{ mm}^3$$

789.

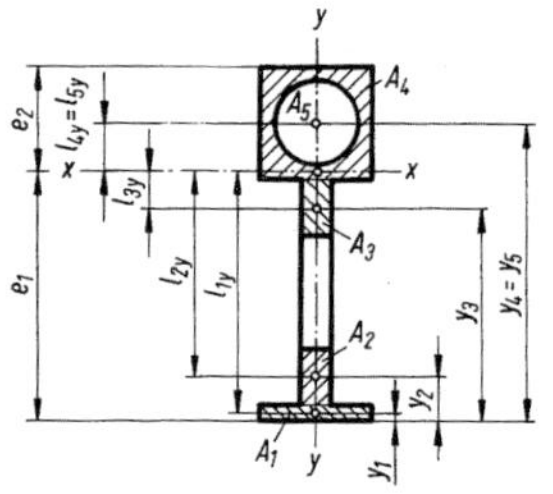

a) $A e_1 = A_1 y_1 + A_2 y_2 + A_3 y_3 + A_4 y_4 - A_5 y_5$

$$A_1 = (220 \cdot 30) \text{ mm}^2 = 6600 \text{ mm}^2$$

$$A_2 = (35 \cdot 100) \text{ mm}^2 = 3500 \text{ mm}^2$$

$$A_3 = (35 \cdot 80) \text{ mm}^2 = 2800 \text{ mm}^2$$

$$A_4 = 220^2 \text{ mm}^2 = 48400 \text{ mm}^2$$

$$A_5 = \frac{d^2 \pi}{4} = \frac{140^2 \pi}{4} \text{ mm}^2 = 15394 \text{ mm}^2$$

$$A = A_1 + A_2 + A_3 + A_4 - A_5 = 45906 \text{ mm}^2$$

$$y_1 = 15 \text{ mm}$$

$$y_2 = 80 \text{ mm}$$

$$y_3 = 370 \text{ mm}$$

$$y_4 = y_5 = 520 \text{ mm}$$

$$e_1 = \frac{6600 \cdot 15 + 3500 \cdot 80 + 2800 \cdot 370}{45906} + \frac{48400 \cdot 520 - 15394 \cdot 520}{45906} \text{ mm}$$

$$e_1 = 404{,}7 \text{ mm}$$

$$e_2 = 225{,}3 \text{ mm}$$

b) $I_{x1} = \frac{220 \cdot 30^3}{12} \text{ mm}^4 = 49{,}5 \cdot 10^4 \text{ mm}^4$

$$I_{x2} = \frac{35 \cdot 100^3}{12} \text{ mm}^4 = 2916667 \text{ mm}^4$$

$$I_{x3} = \frac{35 \cdot 80^3}{12} \text{ mm}^4 = 1493333 \text{ mm}^4$$

$$I_{x4} = \frac{220 \cdot 220^3}{12} \text{ mm}^4 = 195213333 \text{ mm}^4$$

$$I_{x5} = \frac{\pi \cdot 140^4}{64} \text{ mm}^4 = 18857401 \text{ mm}^4$$

$$l_{1y} = e_1 - y_1 = 389{,}7 \text{ mm}$$

$$l_{2y} = e_1 - y_2 = 324{,}7 \text{ mm}$$

$$l_{3y} = e_1 - y_3 = 34{,}7 \text{ mm}$$

$$l_{4y} = l_{5y} = e_1 - y_4 = -115{,}3 \text{ mm}$$

$$I_x = I_{x1} + A_1 l_{1y}^2 + I_{x2} + A_2 l_{2y}^2 + I_{x3} + A_3 l_{3y}^2 + I_{x4} + A_4 l_{4y}^2 - (I_{x5} + A_5 l_{5y}^2)$$

$$I_x = 19{,}945 \cdot 10^8 \text{ mm}^4$$

c) $W_{x1} = \frac{I_x}{e_1} = 4928342 \text{ mm}^3 = 4{,}93 \cdot 10^6 \text{ mm}^3$

$$W_{x2} = \frac{I_x}{e_2} = 8852641 \text{ mm}^3 = 8{,}85 \cdot 10^6 \text{ mm}^3$$

790.

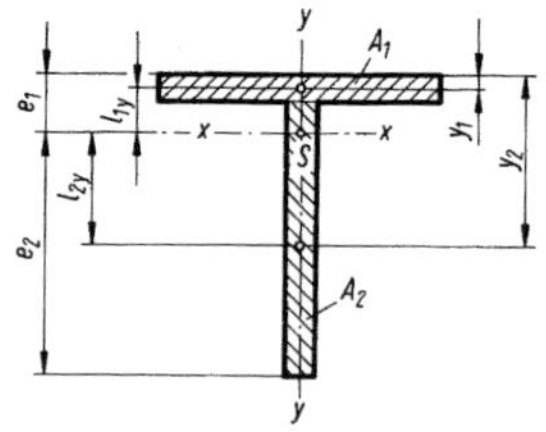

a) $A e_1 = A_1 y_1 + A_2 y_2$

$$A_1 = (400 \cdot 20) \text{ mm}^2 = 8000 \text{ mm}^2$$

$$A_2 = (20 \cdot 500) \text{ mm}^2 = 10000 \text{ mm}^2$$

$$A = 18000 \text{ mm}^2$$

$$y_1 = 10 \text{ mm}$$

$$y_2 = 270 \text{ mm}$$

$$e_1 = \frac{8000 \cdot 10 + 10000 \cdot 270}{18000} \text{ mm} = 154{,}4 \text{ mm}$$

$$e_2 = 520 \text{ mm} - e_1 = 365{,}6 \text{ mm}$$

b) $$I_{x1} = \frac{400 \cdot 20^3}{12} \text{ mm}^4 = 266667 \text{ mm}^4$$

$$I_{x2} = \frac{20 \cdot 500^3}{12} \text{ mm}^4 = 2083 \cdot 10^5 \text{ mm}^4$$

$$l_{1y} = e_1 - y_1 = 144{,}4 \text{ mm}$$

$$l_{2y} = e_1 - y_2 = -115{,}6 \text{ mm}$$

$$I_x = I_{x1} + A_1 l_{1y}^2 + I_{x2} + A_2 l_{2y}^2 = 5{,}09 \cdot 10^8 \text{ mm}^4$$

$$I_{y1} = \frac{20 \cdot 400^3}{12} \text{ mm}^4 = 1066 \cdot 10^5 \text{ mm}^4$$

$$I_{y2} = \frac{500 \cdot 20^3}{12} \text{ mm}^4 = 333333 \text{ mm}^4$$

$$I_y = I_{y1} + I_{y2} = 1{,}07 \cdot 10^8 \text{ mm}^4$$

c) $$W_{x1} = \frac{I_x}{e_1} = 329{,}66 \cdot 10^4 \text{ mm}^3$$

$$W_{x2} = \frac{I_x}{e_2} = 139{,}22 \cdot 10^4 \text{ mm}^3$$

$$W_y = \frac{I_y}{\frac{b_1}{2}} = 53{,}5 \cdot 10^4 \text{ mm}^3$$

791.

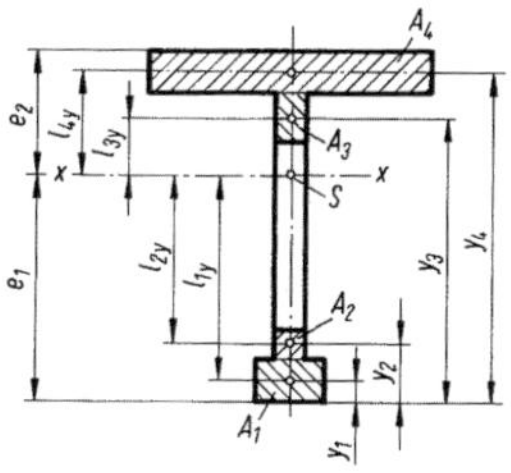

a) $$A e_1 = A_1 y_1 + A_2 y_2 + A_3 y_3 + A_4 y_4$$

$$A_1 = (60 \cdot 50) \text{ mm}^2 = 3000 \text{ mm}^2$$

$$A_2 = (25 \cdot 20) \text{ mm}^2 = 500 \text{ mm}^2$$

$$A_3 = (25 \cdot 50) \text{ mm}^2 = 1250 \text{ mm}^2$$

$$A_4 = (280 \cdot 40) \text{ mm}^2 = 11200 \text{ mm}^2$$

$$A = 15950 \text{ mm}^2$$

$$y_1 = 25 \text{ mm}$$

$$y_2 = 60 \text{ mm}$$

$$y_3 = 455 \text{ mm}$$

$$y_4 = 50 \text{ mm}$$

$$e_1 = \frac{3000 \cdot 25 + 500 \cdot 60 + 1250 \cdot 455 + 11200 \cdot 500}{15950} \text{ mm}$$

$$e_1 = 393{,}34 \text{ mm}$$

$$e_2 = 520 \text{ mm} - e_1 = 126{,}67 \text{ mm}$$

b) $$I_{x1} = \frac{60 \cdot 50^3}{12} \text{ mm}^4 = 625 \cdot 10^3 \text{ mm}^4$$

$$I_{x2} = \frac{25 \cdot 20^3}{12} \text{ mm}^4 = 166{,}67 \cdot 10^3 \text{ mm}^4$$

$$I_{x3} = \frac{25 \cdot 50^3}{12} \text{ mm}^4 = 260{,}417 \cdot 10^3 \text{ mm}^4$$

$$I_{x4} = \frac{280 \cdot 40^3}{12} \text{ mm}^4 = 1493 \cdot 10^3 \text{ mm}^4$$

$$l_{1y} = e_1 - y_1 = 368{,}34 \text{ mm}$$

$$l_{2y} = e_1 - y_2 = 333{,}34 \text{ mm}$$

$$l_{3y} = e_1 - y_3 = -61{,}66 \text{ mm}$$

$$l_{4y} = e_1 - y_4 = -106{,}66 \text{ mm}$$

$$I_x = I_{x1} + A_1 l_{1y}^2 + I_{x2} + A_2 l_{2y}^2 + I_{x3} + A_3 l_{3y}^2 + I_{x4} + A_4 l_{4y}^2$$

$$I_x = (625 \cdot 10^3 + 3000 \cdot 368{,}34^2 + 166{,}67 \cdot 10^3 + 500 \cdot 333{,}34^2 + 260{,}417 \cdot 10^3 + 1250 \cdot 61{,}66^2 + 1493 \cdot 10^3 + 11200 \cdot 106{,}66^2) \text{ mm}^4$$

$$I_x = 5{,}97 \cdot 10^8 \text{ mm}^4$$

c) $$W_{x1} = \frac{I_x}{e_1} = 1{,}52 \cdot 10^6 \text{ mm}^3$$

$$W_{x2} = \frac{I_x}{e_2} = 4{,}71 \cdot 10^6 \text{ mm}^3$$

792.

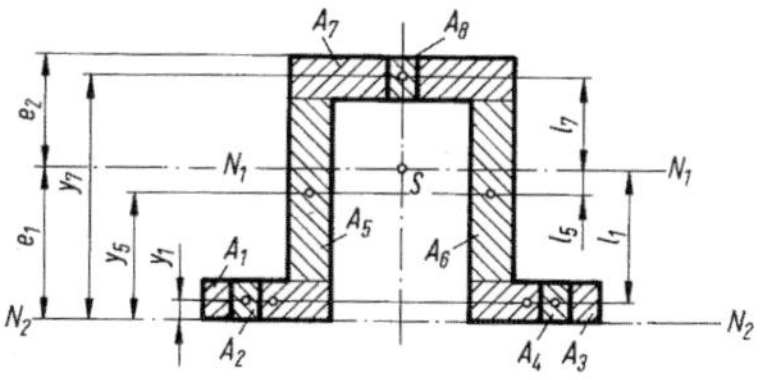

a) $$A e_1 = 2(A_1 y_1) + 2(A_5 y_5) + A_7 y_7 - 2(A_4 y_4) - A_8 y_8$$

$$A_1 = A_3 = (100 \cdot 35) \text{ mm}^2 = 3500 \text{ mm}^2$$

$$A_2 = A_4 = (25 \cdot 35) \text{ mm}^2 = 875 \text{ mm}^2$$

$$A_5 = A_6 = (35 \cdot 180) \text{ mm}^2 = 6300 \text{ mm}^2$$

$$A_7 = (270 \cdot 35) \text{ mm}^2 = 9450 \text{ mm}^2$$

$A_8 = (60 \cdot 35)\ \text{mm}^2 = 2100\ \text{mm}^2$

$A = 25\,200\ \text{mm}^2$

$y_1 = y_2 = y_3 = y_4 = 17{,}5\ \text{mm}$

$y_5 = y_6 = 125\ \text{mm}$

$y_7 = y_8 = 232{,}5\ \text{mm}$

$$e_1 = \frac{2 \cdot 350 \cdot 17{,}5 + 2 \cdot 6300 \cdot 125 + 9450 \cdot 232{,}5}{25\,200} - $$

$$- \frac{2 \cdot 875 \cdot 17{,}5 - 2100 \cdot 232{,}5}{25\,200}\ \text{mm}$$

$e_1 = 129{,}58\ \text{mm}$

$e_2 = 250\ \text{mm} - e_1 = 120{,}42\ \text{mm}$

b) $I_{x1} = I_{x3} = \dfrac{100 \cdot 35^3}{12}\ \text{mm}^4 = 357\,292\ \text{mm}^4$

$I_{x2} = I_{x4} = \dfrac{25 \cdot 35^3}{12}\ \text{mm}^4 = 89\,323\ \text{mm}^4$

$I_{x5} = I_{x6} = \dfrac{35 \cdot 180^3}{12}\ \text{mm}^4 = 17\,010\,000\ \text{mm}^4$

$I_{x7} = \dfrac{270 \cdot 35^3}{12}\ \text{mm}^4 = 964\,688\ \text{mm}^4$

$I_{x8} = \dfrac{60 \cdot 35^3}{12}\ \text{mm}^4 = 214\,375\ \text{mm}^4$

$l_1 = l_2 = l_3 = l_4 = e_1 - y_1 = 116{,}5\ \text{mm}$

$l_5 = l_6 = e_1 - y_5 = 9\ \text{mm}$

$l_7 = l_8 = e_1 - y_7 = -98{,}5\ \text{mm}$

$$I = 2I_1 + 2(A_1 l_1^2) - 2I_2 - 2(A_2 l_2^2) + 2I_5 + 2(A_5 l_5^2) +$$
$$+ I_7 + A_7 l_7^2 - I_8 - A_8 l_8^2$$

$I_{N1} = 178\,893\,331\ \text{mm}^4 = 1{,}79 \cdot 10^8\ \text{mm}^4$

$l_1 = l_2 = l_3 = l_4 = y_1 = y_2 = y_3 = y_4 = 17{,}5\ \text{mm}$

$l_5 = l_6 = y_5 = y_6 = 125\ \text{mm}$

$l_7 = l_8 = y_7 = y_8 = 232\ \text{mm}$

$I_{N2} = 631\,103\,131\ \text{mm}^4 = 6{,}3 \cdot 10^8\ \text{mm}^4$

c) $W_{N1} = \dfrac{I_{N1}}{e_1} = \dfrac{1{,}79 \cdot 10^8}{129{,}58}\ \text{mm}^3 = 138 \cdot 10^4\ \text{mm}^3$

$W'_{N1} = \dfrac{I_{N1}}{e_2} = \dfrac{1{,}79 \cdot 10^8}{120{,}42}\ \text{mm}^3 = 148{,}65 \cdot 10^4\ \text{mm}^3$

$W_{N2} = \dfrac{I_{N2}}{250}\ \text{mm}^3 = 252 \cdot 10^4\ \text{mm}^3$

793.

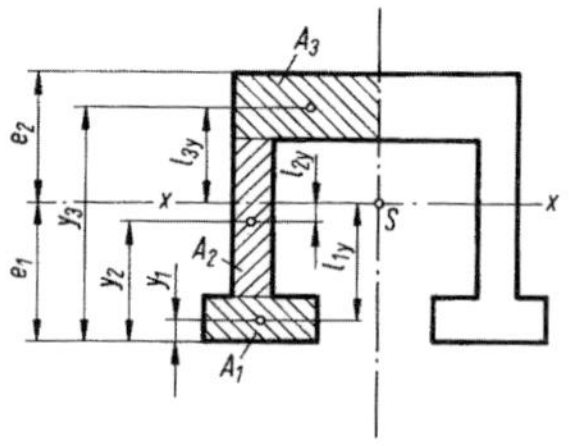

a) $A e_1 = A_1 y_1 + A_2 y_2 + A_3 y_3$

$A_1 = (100 \cdot 40)\ \text{mm}^2 = 4000\ \text{mm}^2$

$A_2 = (30 \cdot 160)\ \text{mm}^2 = 4800\ \text{mm}^2$

$A_3 = (100 \cdot 50)\ \text{mm}^2 = 5000\ \text{mm}^2$

$A = 13\,800\ \text{mm}^2$

$y_1 = 20\ \text{mm}$

$y_2 = 120\ \text{mm}$

$y_3 = 225\ \text{mm}$

$e_1 = 129{,}1\ \text{mm}$

$e_2 = 120{,}9\ \text{mm}$

b) $I_{x1} = \dfrac{100 \cdot 40^3}{12}\ \text{mm}^4 = 53{,}3 \cdot 10^4\ \text{mm}^4$

$I_{x2} = \dfrac{30 \cdot 160^3}{12}\ \text{mm}^4 = 10{,}24 \cdot 10^6\ \text{mm}^4$

$I_{x3} = \dfrac{100 \cdot 50^3}{12}\ \text{mm}^4 = 10{,}42 \cdot 10^5\ \text{mm}^4$

$l_{1y} = e_1 - y_1 = 109{,}1\ \text{mm}$

$l_{2y} = e_1 - y_2 = 9{,}1\ \text{mm}$

$l_{3y} = e_1 - y_3 = -95{,}9\ \text{mm}$

$I_x = 2(I_{x1} + A_1 l_{1y}^2 + I_{x2} + A_2 l_{2y}^2 + I_{x3} + A_3 l_{3y}^2)$

$I_x = 2{,}116 \cdot 10^8\ \text{mm}^4$

c) $W_{x1} = \dfrac{I_x}{e_1} = 1\,639\,040\ \text{mm}^3 = 1{,}64 \cdot 10^6\ \text{mm}^3$

$W_{x2} = \dfrac{I_x}{e_2} = 1\,750\,207\ \text{mm}^3 = 1{,}75 \cdot 10^6\ \text{mm}^3$

794.

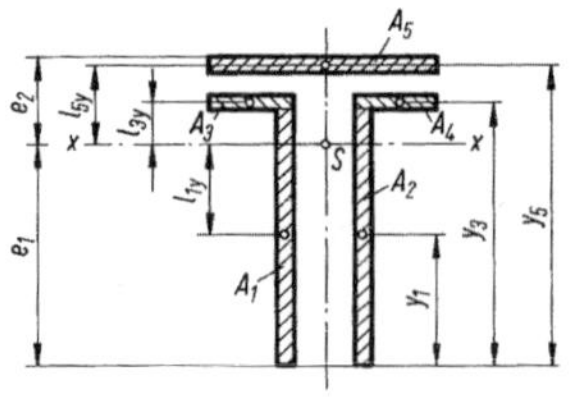

a) $A e_1 = A_1 y_1 + A_2 y_2 + A_3 y_3 + A_4 y_4 + A_5 y_5$

$$A_1 = A_2 = (5 \cdot 255)\ \text{mm}^2 = 1275\ \text{mm}^2$$

$$A_3 = A_4 = (74 \cdot 5)\ \text{mm}^2 = 370\ \text{mm}^2$$

$$A_5 = (160 \cdot 5)\ \text{mm}^2 = 800\ \text{mm}^2$$

$$A = 4090\ \text{mm}^2$$

$$y_1 = y_2 = 127{,}5\ \text{mm}$$

$$y_3 = y_4 = 257{,}5\ \text{mm}$$

$$y_5 = 272{,}5\ \text{mm}$$

$$e_1 = \frac{2(1275 \cdot 127{,}5) + 2(370 \cdot 257{,}5) + 800 \cdot 272{,}5}{4090}\ \text{mm}$$

$$e_1 = 179{,}4\ \text{mm}$$

$$e_2 = 260\ \text{mm} + 10\ \text{mm} + a - e_1 = 95{,}6\ \text{mm}$$

b) $$I_{x1} = I_{x2} = \frac{5 \cdot 255^3}{12}\ \text{mm}^4 = 6\,908\,906\ \text{mm}^4$$

$$I_{x3} = I_{x4} = \frac{74 \cdot 5^3}{12}\ \text{mm}^4 = 770{,}8\ \text{mm}^4$$

$$I_{x5} = \frac{160 \cdot 5^3}{12}\ \text{mm}^4 = 1666{,}6\ \text{mm}^4$$

$$l_{1y} = l_{2y} = e_1 - y_1 = 51{,}9\ \text{mm}$$

$$l_{3y} = l_{4y} = e_1 - y_3 = -78{,}1\ \text{mm}$$

$$l_{5y} = e_1 - y_5 = -93{,}1\ \text{mm}$$

$$I_x = 2 I_{x1} + 2 A_1 l_{1y}^2 + 2 I_{x3} + 2 A_3 l_{3y}^2 + I_{x5} + A_5 l_{5y}^2$$

$$I_x = 32\,137\,525\ \text{mm}^4 = 32{,}14 \cdot 10^6\ \text{mm}^4$$

c) $$W_{x1} = \frac{I_x}{e_1} = 179\,138{,}9\ \text{mm}^3 = 179 \cdot 10^3\ \text{mm}^3$$

$$W_{x2} = \frac{I_x}{e_2} = 336\,166{,}6\ \text{mm}^3 = 336 \cdot 10^3\ \text{mm}^3$$

795.

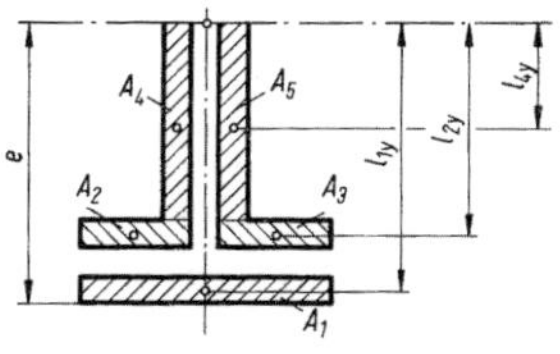

a) $$A_1 = (62 \cdot 6)\ \text{mm}^2 = 1116\ \text{mm}^2$$

$$A_2 = A_3 = (28 \cdot 6)\ \text{mm}^2 = 168\ \text{mm}^2$$

$$A_4 = A_5 = (6 \cdot 64{,}5)\ \text{mm}^2 = 387\ \text{mm}^2$$

$$I_{x1} = \frac{62 \cdot 6^3}{12}\ \text{mm}^4 = 1116\ \text{mm}^4$$

$$I_{x2} = I_{x3} = \frac{28 \cdot 6^3}{12}\ \text{mm}^4 = 504\ \text{mm}^4$$

$$I_{x4} = I_{x5} = \frac{6 \cdot 64{,}5^3}{12}\ \text{mm}^4 = 134\,186{,}1\ \text{mm}^4$$

$$l_{1y} = (86 - 3)\ \text{mm} = 83\ \text{mm}$$

$$l_{2y} = l_{3y} = (86 - 18{,}5)\ \text{mm} = 67{,}5\ \text{mm}$$

$$l_{4y} = l_{5y} = \frac{64{,}5}{2}\ \text{mm} = 32{,}25\ \text{mm}$$

$$I'_x = I_{x1} + A_1 l_{1y}^2 + 2 I_{x2} + 2(A_2 l_{2y}^2) + 2 I_{x4} + 2(A_4 l_{4y}^2)$$

$$I_x = 2 I'_x = 10\,338\,283\ \text{mm}^4 = 10{,}3 \cdot 10^6\ \text{mm}^4$$

b) $e = 86\ \text{mm}$

$$W_x = \frac{I_x}{e} = 120\,213\ \text{mm}^3 = 120{,}2 \cdot 10^3\ \text{mm}^3$$

796.

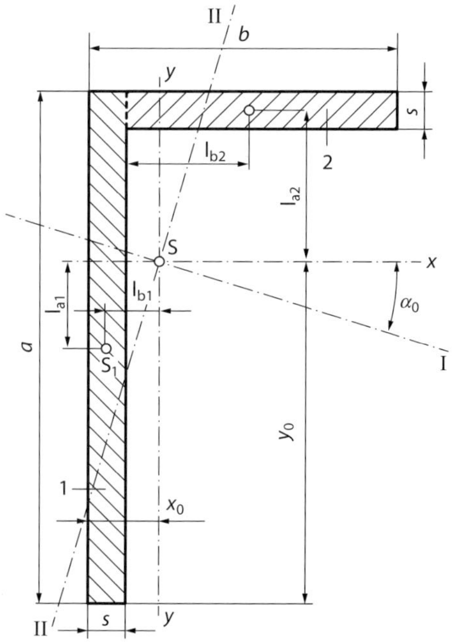

a) Lage des Schwerpunkts S:

$$A x_0 = A_1 x_1 + A_2 x_2 \ \rightarrow\ x_0 = \frac{A_1 x_1 + A_2 x_2}{A}$$

(siehe F + T, 2.2)

$$A y_0 = A_1 y_1 + A_2 y_2 \ \rightarrow\ y_0 = \frac{A_1 y_1 + A_2 y_2}{A}$$

$$A_1 = a s = (150 \cdot 10)\,\text{mm}^2 = 1500\,\text{mm}^2$$

$$A_2 = (b - s)s = (90 - 10)\,\text{mm} \cdot 10\,\text{mm} = 800\,\text{mm}^2$$

$$A = A_1 + A_2 = (1500 + 800)\,\text{mm}^2 = 2300\,\text{mm}^2$$

$$x_1 = \frac{s}{2} = \frac{10\,\text{mm}}{2} = 5\,\text{mm}$$

$$x_2 = \frac{b-s}{2} + s = \frac{b+s}{2} = \frac{(90+10)\,\text{mm}}{2}$$
$$= 50\,\text{mm}$$

$$y_1 = \frac{a}{2} = \frac{150\,\text{mm}}{2} = 75\,\text{mm}$$

$$y_2 = a - \frac{s}{2} = (150-5)\,\text{mm} = 145\,\text{mm}$$

$$x_0 = \frac{(1500\cdot 5 + 800\cdot 50)\,\text{mm}^3}{2300\,\text{mm}^2} = 20,7\,\text{mm}$$

$$y_0 = \frac{(1500\cdot 75 + 800\cdot 145)\,\text{mm}^3}{2300\,\text{mm}^2} = 99,3\,\text{mm}$$

b) Flächenmomente 2. Grades I_x, I_y:

$$I_x = \frac{s\,a^3}{12} + A_1\,l_{a1}^2 + \frac{(b-s)\,s^3}{12} + A_2\,l_{a2}^2$$

(siehe F + T, 5.4)

$$l_{a1} = y_0 - y_1 = (99,3-75)\,\text{mm} = 24,3\,\text{mm}$$

$$l_{a2} = a - \frac{s}{2} - y_0 = \left(150 - \frac{10}{2} - 99,3\right)\text{mm}$$
$$= 45,7\,\text{mm}$$

$$I_x = \frac{10\cdot 150^3}{12}\,\text{mm}^4 + \left(1500\cdot 24,3^2\right)\text{mm}^4 +$$
$$+ \frac{(90-10)\cdot 10^3}{12}\,\text{mm}^4 + \left(800\cdot 45,7^2\right)\text{mm}^4$$

$$I_x = 537,6\cdot 10^4\,\text{mm}^4$$

$$I_y = \frac{a\,s^3}{12} + A_1\,l_{b1}^2 + \frac{s\,(b-s)^3}{12} + A_2\,l_{b2}^2$$

$$l_{b1} = x_0 - \frac{s}{2} = \left(20,7 - \frac{10}{2}\right)\text{mm} = 15,7\,\text{mm}$$

$$l_{b2} = b - \frac{(b-s)}{2} - x_0$$
$$= \left(90 - \frac{90-10}{2} - 20,7\right)\text{mm} = 29,3\,\text{mm}$$

$$I_y = \frac{150\cdot 10^3}{12}\,\text{mm}^4 + \left(1500\cdot 15,7^2\right)\text{mm}^4 +$$
$$+ \frac{10\cdot(90-10)^3}{12}\,\text{mm}^4 + \left(800\cdot 29,3^2\right)\text{mm}^4$$

$$I_y = 149,6\cdot 10^4\,\text{mm}^4$$

c) Gemischtes Flächenmoment 2. Grades I_{xy}:

$$I_{xy} = \sum x\,y\,\Delta A = l_{a1}\,l_{b1}\,A_1 + l_{a2}\,l_{b2}\,A_2$$

(siehe F + T, 5.4 und Lehrbuch, 5.7.2 und 5.7.4)

$$I_{xy} = (-24,3\,\text{mm})\cdot(-15,7\,\text{mm})\cdot 1500\,\text{mm}^2 +$$
$$+ 45,7\,\text{mm}\cdot 29,3\,\text{mm}\cdot 800\,\text{mm}^2$$

$$I_{xy} = 164,3\cdot 10^4\,\text{mm}^4$$

d) Lage der Hauptachsen I, II:

$$\tan 2\alpha_0 = \frac{2\,I_{xy}}{I_y - I_x} \;\rightarrow\; 2\alpha_0 = \arctan\frac{2\,I_{xy}}{I_y - I_x}$$

(siehe F + T, 5.4)

$$2\alpha_0 = \arctan\frac{2\cdot 164,3\cdot 10^4\,\text{mm}^4}{(149,6-537,6)\cdot 10^4\,\text{mm}^4}$$

$$\alpha_0 = -20,13^\circ$$

(Hauptachse I im II. bzw. IV. Quadranten)

797.

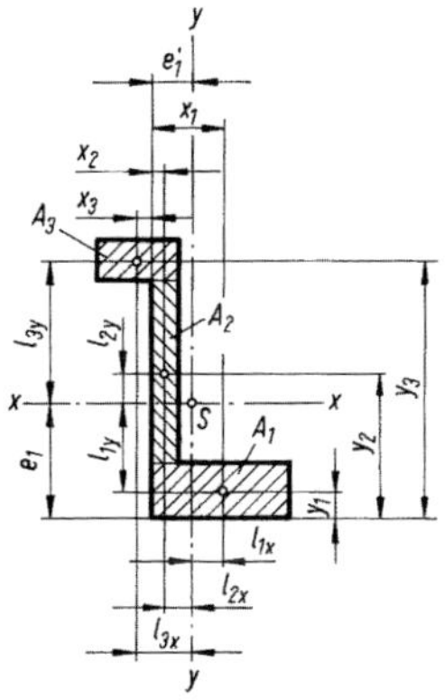

a) $A\,e_1 = A_1 y_1 + A_2 y_2 + A_3 y_3$

$$A_1 = (70\cdot 30)\,\text{mm}^2 = 2100\,\text{mm}^2$$
$$A_2 = (10\cdot 150)\,\text{mm}^2 = 1500\,\text{mm}^2$$
$$A_3 = (50\cdot 20)\,\text{mm}^2 = 1000\,\text{mm}^2$$
$$A = 4600\,\text{mm}^2$$
$$y_1 = 15\,\text{mm}$$
$$y_2 = 105\,\text{mm}$$
$$y_3 = 190\,\text{mm}$$

$$e_1 = \frac{2100\cdot 15 + 1500\cdot 105 + 1000\cdot 190}{4600}\,\text{mm}$$

$$e_1 = 82,4\,\text{mm}$$
$$e_2 = 200\,\text{mm} - e_1 = 117,6\,\text{mm}$$
$$A\,e_1' = A_1\,x_1 + A_2\,x_2 + A_3\,x_3$$
$$x_1 = 35\,\text{mm}$$
$$x_2 = 5\,\text{mm}$$
$$x_3 = -15\,\text{mm}$$

$$e_1' = \frac{2100\cdot 35 + 1500\cdot 5 - (1000\cdot 15)}{4600}\,\text{mm}$$

$$e_1' = 14,3\,\text{mm}$$
$$e_2' = 70\,\text{mm} - e_1' = 55,7\,\text{mm}$$

b) $I_{x1} = \dfrac{70 \cdot 30^3}{12}\ \text{mm}^4 = 15{,}75 \cdot 10^4\ \text{mm}^4$

$I_{x2} = \dfrac{10 \cdot 150^3}{12}\ \text{mm}^4 = 28{,}13 \cdot 10^5\ \text{mm}^4$

$I_{x3} = \dfrac{50 \cdot 20^3}{12}\ \text{mm}^4 = 33{,}3 \cdot 10^3\ \text{mm}^4$

$l_{1y} = e_1 - y_1 = 67{,}4\ \text{mm}$

$l_{2y} = e_1 - y_2 = -22{,}6\ \text{mm}$

$l_{3y} = e_1 - y_3 = -107{,}6\ \text{mm}$

$I_x = I_{x1} + A_1 l_{1y}^2 + I_{x2} + A_2 l_{2y}^2 + I_{x3} + A_3 l_{3y}^2$

$I_x = 24{,}9 \cdot 10^6\ \text{mm}^4$

$I_{y1} = \dfrac{30 \cdot 70^3}{12}\ \text{mm}^4 = 85{,}75 \cdot 10^4\ \text{mm}^4$

$I_{y2} = \dfrac{150 \cdot 10^3}{12}\ \text{mm}^4 = 1{,}25 \cdot 10^4\ \text{mm}^4$

$I_{y3} = \dfrac{20 \cdot 50^3}{12}\ \text{mm}^4 = 20{,}83 \cdot 10^4\ \text{mm}^4$

$l_{1x} = e_1' - x_1 = -20{,}7\ \text{mm}$

$l_{2x} = e_1' - x_2 = 9{,}3\ \text{mm}$

$l_{3x} = e_1' - x_3 = 29{,}3\ \text{mm}$

$I_y = I_{y1} + A_1 l_{1x}^2 + I_{y2} + A_2 l_{2x}^2 + I_{y3} + A_3 l_{3x}^2$

$I_y = 2{,}966 \cdot 10^6\ \text{mm}^4$

c) $W_{x1} = \dfrac{I_x}{e_1} = 302{,}2 \cdot 10^3\ \text{mm}^3$

$W_{x2} = \dfrac{I_x}{e_1} = 211{,}7 \cdot 10^3\ \text{mm}^3$

$W_{y1} = \dfrac{I_y}{e_1' + 40\ \text{mm}} = \dfrac{I_y}{54{,}3\ \text{mm}} = 54{,}6 \cdot 10^3\ \text{mm}^3$

$W_{y2} = \dfrac{I_y}{e_2'} = 53{,}3 \cdot 10^3\ \text{mm}^3$

798.

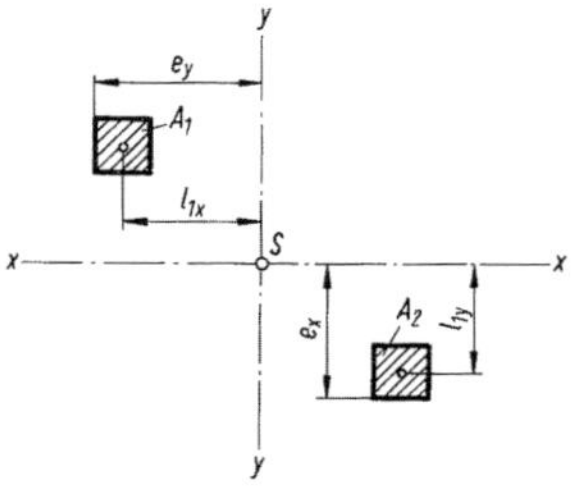

a) $I_\square = \dfrac{20 \cdot 20^3}{12}\ \text{mm}^4 = 1{,}33 \cdot 10^4\ \text{mm}^4$

$A_1 = A_2 = 400\ \text{mm}^2$

$l_{1x} = 110\ \text{mm} \quad l_{1y} = 210\ \text{mm}$

b) $I_x = 2(I_\square + A_1 l_{1y}^2)\ \text{mm}^4 = 35{,}3 \cdot 10^6\ \text{mm}^4$

$I_y = 2(I_\square + A_2 l_{1x}^2)\ \text{mm}^4 = 9{,}7 \cdot 10^6\ \text{mm}^4$

c) $W_x = \dfrac{I_x}{e_x} = 160 \cdot 10^3\ \text{mm}^3$

$W_y = \dfrac{I_y}{e_y} = 80{,}8 \cdot 10^3\ \text{mm}^3$

799.

a) $I_{x\,\text{Steg}} = 2 \cdot \dfrac{12\ \text{mm} \cdot 576^3\ \text{mm}^3}{12} = 38221 \cdot 10^4\ \text{mm}^4$

$$I_{x\,\text{Gurt}} = 2 \cdot \left(\frac{400\ \text{mm} \cdot 12^3\ \text{mm}^3}{12} + \right.$$
$$\left. + 400 \cdot 12\ \text{mm}^2 \cdot 294^2\ \text{mm}^2 \right)$$

$I_{x\,\text{Gurt}} = 2 \cdot \left(5{,}76 \cdot 10^4\ \text{mm}^4 + 41489 \cdot 10^4\ \text{mm}^4\right)$

$I_{x\,\text{Gurt}} = 82990 \cdot 10^4\ \text{mm}^4$

$I_{x\text{L}} = 4 \cdot \left(87{,}5 \cdot 10^4\ \text{mm}^4 + 1510\ \text{mm}^2 \cdot 264{,}6^2\ \text{mm}^2\right)$

nach F + T, 7.3 für L 80 × 10:

$I_x = 87{,}5 \cdot 10^4\ \text{mm}^4$

$A = 1510\ \text{mm}^2$

$e = 23{,}4\ \text{mm}$

Mit $e = 23{,}4$ mm wird dann

$l = (300 - 12 - 23{,}4)\ \text{mm} = 264{,}6\ \text{mm}$.

$I_{x\text{L}} = 4 \cdot \left(87{,}5 \cdot 10^4 + 10572 \cdot 10^4\right)\ \text{mm}^4$

$I_{x\text{L}} = 42638 \cdot 10^4\ \text{mm}^4$

$I_x = I_{x\,\text{Steg}} + I_{x\,\text{Gurt}} + I_{x\text{L}} = 163849 \cdot 10^4\ \text{mm}^4$

$I_x = 16{,}4 \cdot 10^8\ \text{mm}^4$

$I_{y\,\text{Steg}} = \left[2 \cdot \left(\dfrac{576 \cdot 12^3}{12} + 576 \cdot 12 \cdot 106^2 \right) \right]\ \text{mm}^4$

$I_{y\,\text{Steg}} = 1{,}5549 \cdot 10^8\ \text{mm}^4$

$I_{y\,\text{Gurt}} = 2 \cdot \dfrac{12 \cdot 400^3}{12}\ \text{mm}^4 = 1{,}28 \cdot 10^8\ \text{mm}^4$

$I_{y\text{L}} = [4 \cdot (87{,}5 \cdot 10^4 + 1510 \cdot 135{,}4^2)]\ \text{mm}^4$

$I_{y\text{L}} = 1{,}1423 \cdot 10^8\ \text{mm}^4$

$I_y = I_{y\,\text{Steg}} + I_{y\,\text{Gurt}} + I_{y\text{L}} = 3{,}9772 \cdot 10^8\ \text{mm}^4$

b) $W_x = \dfrac{I_x}{e} = \dfrac{163849 \cdot 10^4 \text{ mm}^4}{300 \text{ mm}}$

$W_x = 5462 \cdot 10^3 \text{ mm}^3 = 5{,}46 \cdot 10^6 \text{ mm}^3$

$W_y = \dfrac{I_y}{200 \text{ mm}} = 1{,}9886 \cdot 10^6 \text{ mm}^3$

800.

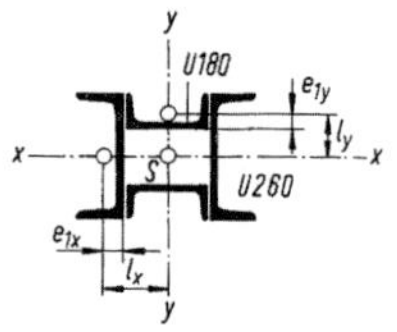

a) $I_x = 2 I_{x\,U260} + 2(I_{y\,U180} + A l_y^2)$

$l_y = (130 - 70 + 19{,}2) \text{ mm} = 79{,}2 \text{ mm}$

$I_x = [2 \cdot 4820 \cdot 10^4 + 2(114 \cdot 10^4 + 2800 \cdot 79{,}2^2)] \text{ mm}^4$

$I_x = 1{,}3381 \cdot 10^8 \text{ mm}^4$

$I_y = 2 I_{x\,U180} + 2(I_{y\,U260} + A l_x^2)$

$l_x = (90 + 23{,}6) \text{ mm} = 113{,}6 \text{ mm}$

$I_y = [2 \cdot 1350 \cdot 10^4 + 2(317 \cdot 10^4 + 4830 \cdot 113{,}6^2)] \text{ mm}^4$

$I_y = 1{,}58 \cdot 10^8 \text{ mm}^4$

b) $W_x = \dfrac{I_x}{130 \text{ mm}} = 1030 \cdot 10^3 \text{ mm}^3$

$W_y = \dfrac{I_y}{180 \text{ mm}} = 878 \cdot 10^3 \text{ mm}^3$

801.

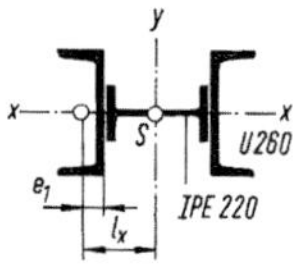

a) $I_x = I_{y\,IPE220} + 2 I_{x\,U260}$

$I_x = (205 \cdot 10^4 + 2 \cdot 4820 \cdot 10^4) \text{ mm}^4 = 98{,}45 \cdot 10^6 \text{ mm}^4$

$I_y = I_{x\,IPE220} + 2(I_{y\,U260} + A l_x^2)$

$l_x = 110 \text{ mm} + e_1 = (110 + 23{,}6) \text{ mm} = 133{,}6 \text{ mm}$

$I_y = [2770 \cdot 10^4 + 2(317 \cdot 10^4 + 4830 \cdot 133{,}6^2)] \text{ mm}^4$

$I_y = 206{,}46 \cdot 10^6 \text{ mm}^4$

b) $W_x = \dfrac{I_x}{130 \text{ mm}} = 757 \cdot 10^3 \text{ mm}^3$

$W_y = \dfrac{I_y}{200 \text{ mm}} = 1032 \cdot 10^3 \text{ mm}^3$

802.

a) $I_{x\,Steg} = \dfrac{10 \cdot 600^3}{12} \text{ mm}^4 = 1{,}8 \cdot 10^8 \text{ mm}^4$

$I_{x\,Gurt} = \dfrac{780 \cdot 10^3}{12} \text{ mm}^4 = 6{,}5 \cdot 10^4 \text{ mm}^4$

$I_{xL} = 87{,}5 \cdot 10^4 \text{ mm}^4$

(nach F + T, 7.3)

$I_x = 2 I_{x\,Steg} + 2(I_{x\,Gurt} + A_{Gurt} \cdot l_{Gurt}^2) +$

$+ 4(I_{xL} + A_L \cdot l_L^2)$

$A_{Gurt} = (780 \cdot 10) \text{ mm}^2 = 7800 \text{ mm}^2$

$l_{Gurt} = 305 \text{ mm}$

$A_L = 1510 \text{ mm}^2$

$l_L = (300 - 23{,}4) \text{ mm} = 276{,}6 \text{ mm}$

$I_x = 22{,}769 \cdot 10^8 \text{ mm}^4$

b) $W_x = \dfrac{I_x}{310 \text{ mm}} = 7{,}3449 \cdot 10^6 \text{ mm}^3$

c) $M_{b\,max} = \sigma_{b\,zul} \cdot W_x = 102{,}83 \cdot 10^4 \text{ Nm}$

803.

a) $I_x = I_{\square} + 4\left(I_{xL} + A_L l_L^2\right) + 2\left(I_{\square} + A_{\square} l_{\square}^2\right) -$

$- 4\left(I_{\square} + A_{\square} l_{\square}^2\right)$

Stegblech:

$I_{\square} = \dfrac{15 \cdot 570^3}{12} \text{ mm}^4 = 2{,}3149 \cdot 10^8 \text{ mm}^4$

Winkelprofil 120 × 13:

$I_{xL} + A_L l_L^2 = (394 \cdot 10^4 + 2970 \cdot 250{,}6^2) \text{ mm}^4$

$I_{xL} + A_L l_L^2 = 1{,}9046 \cdot 10^8 \text{ mm}^4$

Gurtplatte:

$I_{\square} + A_{\square} l_{\square}^2 = \left(\dfrac{350 \cdot 15^3}{12} + 350 \cdot 15 \cdot 292{,}5^2\right) \text{mm}^4$

$I_{\square} + A_{\square} l_{\square}^2 = 4{,}4927 \cdot 10^8 \text{ mm}^4$

Bohrung:

$I_{\square} + A_{\square} l_{\square}^2 = \left(\dfrac{25 \cdot 28^3}{12} + 25 \cdot 28 \cdot 286^2\right) \text{mm}^4$

$I_{\square} + A_{\square} l_{\square}^2 = 0{,}57259029 \cdot 10^8 \text{ mm}^4$

$I_x = 16{,}628 \cdot 10^8 \text{ mm}^4$

$I_y = I_{\square} + 4\left(I_{yL} + A_L l_L^2\right) + 2 I_{\square} - 4\left(I_{\square} + A_{\square} l_{\square}^2\right)$

Stegblech:

$$I_{▭} = \frac{570 \cdot 15^3}{12}\ \text{mm}^4 = 160\,312{,}5\ \text{mm}^4$$

Winkelprofil L 120 × 13:

$$I_{yL} + A_L\, l_L^2 = (394 \cdot 10^4 + 2970 \cdot 41{,}9^2)\ \text{mm}^4$$

$$I_{yL} + A_L\, l_L^2 = 9{,}1542 \cdot 10^6\ \text{mm}^4$$

Gurtplatte:

$$I_{▯} = \frac{15 \cdot 350^3}{12}\ \text{mm}^4 = 53{,}593750 \cdot 10^6\ \text{mm}^4$$

Bohrung:

$$I_{▭} + A_{▭} l_{▭}^2 = \left(\frac{28 \cdot 25^3}{12} + 28 \cdot 25 \cdot 87{,}5^2\right)\text{mm}^4$$

$$I_{▭} + A_{▭} l_{▭}^2 = 5{,}395833 \cdot 10^6\ \text{mm}^4$$

$$I_y = 1{,}22381280 \cdot 10^8\ \text{mm}^4$$

b) $W_x = \dfrac{I_x}{300\ \text{mm}} = 5{,}5427 \cdot 10^6\ \text{mm}^3$

$W_y = \dfrac{I_y}{175\ \text{mm}} = 7{,}6891 \cdot 10^5\ \text{mm}^3$

804.

a) $I_{x1} = 4\left(I_{xL} + A_L\, l_L^2\right)$

$I_{x1} = 4(177 \cdot 10^4 + 1920 \cdot 158{,}8^2)\ \text{mm}^4$

$I_{x1} = 2{,}0075 \cdot 10^8\ \text{mm}^4$

b) $I_{x2} = 2\left(I_{▭} + A_{▭} l_{▭}^2\right)$

$I_{x2} = 2\left(\dfrac{280 \cdot 13^3}{12} + 280 \cdot 13 \cdot 193{,}5^2\right)\text{mm}^4$

$I_{x2} = 2{,}7268 \cdot 10^8\ \text{mm}^4$

c) $I_{x3} = \dfrac{10 \cdot 374^3}{12} = 0{,}4359 \cdot 10^8\ \text{mm}^4$

d) $I_x = I_{x1} + I_{x2} + I_{x3} = 5{,}1702 \cdot 10^8\ \text{mm}^4$

e) $W_x = 2585{,}1 \cdot 10^3\ \text{mm}^3$

805.

a) Indizes: Gp Gurtplatte, Nb Nietbohrung, U U-Profil
Das gesamte axiale Flächenmoment I_x setzt sich zusammen aus den zwei Flächenmomenten der beiden U-Profile (U 280) I_{xU} plus den Flächenmomenten der beiden Gurtplatten (300 × 13 mm) I_{xGp} einschließlich deren Steiner'schen Anteils, abzüglich der Flächenmomente der Nietbohrungen I_{xNb} – wieder einschließlich des Steiner'schen Anteils.

$$I_x = 2I_{xU} + 2\left(I_{xGp} + A_{Gp} \cdot l_{Gp}^2\right) - 4\left(I_{xNb} + A_{Nb} \cdot l_{Nb}^2\right)$$

$I_{xU} = 6280 \cdot 10^4\ \text{mm}^4$
(siehe F + T, 5.4)

$I_{xGp} = \dfrac{b \cdot h^3}{12}$

$I_{xGp} = \dfrac{300\ \text{mm} \cdot 13^3\ \text{mm}^3}{12} = 5{,}4925 \cdot 10^4\ \text{mm}^4$

$A_{Gp} = b \cdot h = 300\ \text{mm} \cdot 13\ \text{mm} = 3900\ \text{mm}^2$

$l_{Gp} = 146{,}5\ \text{mm}$

$\left(= \dfrac{\text{Gesamthöhe 306 mm}}{2} - \dfrac{\text{Gurtplattendicke 13 mm}}{2}\right)$

$I_{xNb} = \dfrac{b \cdot h^3}{12}$

$I_{xNb} = \dfrac{23\ \text{mm} \cdot 28^3\ \text{mm}^3}{12} = 4{,}2075 \cdot 10^4\ \text{mm}^4$

$A_{Nb} = b \cdot h = 23\ \text{mm} \cdot 28\ \text{mm} = 644\ \text{mm}^2$

$l_{Nb} = 139\ \text{mm}$

$\left(= \dfrac{\text{Gesamthöhe 306 mm}}{2} - \dfrac{\text{Nietbohrungshöhe 28 mm}}{2}\right)$

$$I_x = 2 \cdot 6280 \cdot 10^4\ \text{mm}^4 + \\ +2\left(5{,}4925 \cdot 10^4 + 3900 \cdot 146{,}5^2\right)\text{mm}^4 - \\ -4\left(4{,}2075 \cdot 10^4 + 644 \cdot 139^2\right)\text{mm}^4$$

$I_x = 2{,}4318 \cdot 10^8\ \text{mm}^4$

b) $W_x = \dfrac{I_x}{e};\ e = \dfrac{280\ \text{mm} + 2 \cdot 13\ \text{mm}}{2} = 153\ \text{mm}$

$W_x = \dfrac{2{,}4318 \cdot 10^8\ \text{mm}^4}{153\ \text{mm}} = 1{,}5894 \cdot 10^6\ \text{mm}^3$

c) Über den Term $2I_{xU} + 2\left(I_{xGp} + A_{Gp} \cdot l_{Gp}^2\right)$ wird das Flächenmoment 2. Grades des gesamten Querschnitts (U-Profile mit Gurtplatten) *ohne* die Nietbohrungen ermittelt (100 %).

Über den Term $4\left(I_{xNp} + A_{Np} \cdot l_{Np}^2\right)$ kann der Anteil des Flächenmoments der Nietbohrungen berechnet werden. Daraus ergibt sich die Dreisatzbeziehung:

$$x = \frac{2\left(I_{xNb} + A_{Nb}\cdot l_{Nb}^2\right)\cdot 100\%}{I_{xU} + I_{xGp} + A_{Gp}\cdot l_{Gp}^2}$$

$$x = \frac{2\left(4{,}2075\cdot 10^4 + 644\cdot 139^2\right)\,\text{mm}^4\cdot 100\%}{\left(6280\cdot 10^4 + 5{,}4925\cdot 10^4 + 3900\cdot 146{,}5^2\right)\,\text{mm}^4}$$

$$x = 17{,}04\%$$

Die prozentuale Verringerung des gesamten Flächenmoments durch die Nietbohrungen beträgt 17,04 %.

806.

a) $I_x = 2\left(I_{\%} + A_{\%}\, l_{\%}^2\right) + 2\,I_{xU}$

$$I_x = \left[2\left(\frac{150\cdot 10^3}{12} + 150\cdot 10\cdot 55^2\right) + 2\cdot 206\cdot 10^4\right]\text{mm}^4$$

$$I_x = 1322\cdot 10^4\ \text{mm}^4$$

b) $W_x = \dfrac{I_x}{60\ \text{mm}} = 220{,}33\cdot 10^3\ \text{mm}^3$

c) $M_{b\max} = W_x\cdot\sigma_{b\,zul} = 3{,}0847\cdot 10^4\ \text{Nm}$

807.

a) $I_x = 2\left(I_{\%} + A_{\%}\, l_{\%}^2\right) + 2\,I_{xU}$

$$I_x = \left[2\left(\frac{200\cdot 10^3}{12} + 200\cdot 10\cdot 105^2\right) + 2\cdot 1910\cdot 10^4\right]\text{mm}^4$$

$$I_x = 8233\cdot 10^4\ \text{mm}^4$$

b) $W_x = \dfrac{I_x}{110\ \text{mm}} = 748{,}48\cdot 10^3\ \text{mm}^3$

c) $\sigma_{b\max} = \dfrac{M_{b\max}}{W_x} = 66{,}8\ \dfrac{\text{N}}{\text{mm}^2}$

d) $\dfrac{\sigma_{b\max}}{\sigma_b} = \dfrac{110\ \text{mm}}{100\ \text{mm}}$

$$\sigma_b = \sigma_{b\max}\cdot\frac{100\ \text{mm}}{110\ \text{mm}} = 60{,}7\ \frac{\text{N}}{\text{mm}^2}$$

808.

Gegeben: U 200 mit

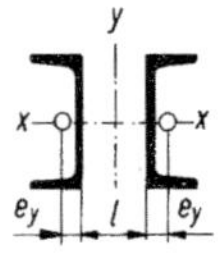

$I_{xU} = 1910\ \text{cm}^4$

$e_y = 2{,}01\ \text{cm}$

$A = 32{,}2\ \text{cm}^2$

$I_{yU} = 148\ \text{cm}^4$

$$I_x = 2\,I_{xU} = 3820\ \text{cm}^4$$

$$I_y = 2\left[I_{yU} + \left(\frac{l}{2} + e_y\right)^2\cdot A\right]$$

$$I_y = 1{,}2\,I_x$$

$$2\left[I_{yU} + \left(\frac{l}{2} + e_y\right)^2\cdot A\right] = 1{,}2\,I_x$$

$$\left(\frac{l}{2} + e_y\right)^2 = \frac{0{,}6\,I_x - I_{yU}}{A} = \frac{0{,}6\cdot 3820\ \text{cm}^4 - 148\ \text{cm}^4}{32{,}2\ \text{cm}^2}$$

$$\left(\frac{l}{2} + e_y\right)^2 = 66{,}58\ \text{cm}^2 = B$$

$$\frac{l^2}{4} + 2\frac{l}{2}e_y + e_y^2 = B \quad \Big|\cdot 4$$

$$l^2 + 4e_y\,l + 4e_y^2 - 4B = 0$$

$$l_{1/2} = -2e_y \pm\sqrt{(2e_y)^2 - 4(e_y^2 - B)}$$

$$l_{1/2} = -4{,}02\ \text{cm} \pm 14{,}8\ \text{cm}$$

$$l_{erf} = 10{,}78\ \text{cm} = 107{,}8\ \text{mm}$$

809.

a) $A e = A_I y_I + A_U y_U$

$$e = \frac{A_I y_I + A_U y_U}{A_I + A_U}$$

$$e = \frac{1030\cdot 50 + 712\cdot 113{,}7}{1030 + 712}\ \text{mm} = 76{,}036\ \text{mm}$$

b) $I_{x1} = I_{xI} + A_I\, l_I^2$

$$I_{x1} = [171\cdot 10^4 + 1030\cdot(76{,}036 - 50)^2]\ \text{mm}^4$$

$$I_{x1} = 240{,}82\cdot 10^4\ \text{mm}^4$$

$$I_{x2} = I_{yU} + A_U\, l_U^2$$

$$I_{x2} = [9{,}12\cdot 10^4 + 712\cdot(113{,}7 - 76{,}036)^2]\ \text{mm}^4$$

$$I_{x2} = 110{,}12\cdot 10^4\ \text{mm}^4$$

c) $I_x = I_{x1} + I_{x2} = 351\cdot 10^4\ \text{mm}^4$

$$I_y = I_{yI} + I_{xU} = (15{,}9\cdot 10^4 + 26{,}4\cdot 10^4)\ \text{mm}^4$$

$$I_y = 42{,}3\cdot 10^4\ \text{mm}^4$$

d) $W_{x1} = \frac{I_x}{e} = 46,2 \cdot 10^3 \text{ mm}^3$

$$W_{x2} = \frac{I_x}{(138 - 76,036) \text{ mm}} = 56,6 \cdot 10^3 \text{ mm}^3$$

$$W_y = \frac{I_y}{27,5 \text{ mm}} = 15,4 \cdot 10^3 \text{ mm}^3$$

810

a) $I_x = 4(I_{xL} + A_L l^2)$

$$I_x = 4 \cdot [177 \cdot 10^4 + 1920 \cdot (200 - 28,2)^2] \text{ mm}^4$$

$$I_x = 23376 \cdot 10^4 \text{ mm}^4$$

b) $W_x = \frac{I_x}{200 \text{ mm}} = 1169 \cdot 10^3 \text{ mm}^3$

811.

$$I_x = 2 I_{xU} + 2\left(\frac{22 \text{ cm} \cdot 1,3^3 \text{ cm}^3}{12} + A_{\square} \cdot 9,65^2 \text{ cm}^2\right)$$

$$I_y = 2 \cdot \left[I_{yU} + A_U\left(\frac{l}{2} + e_1\right)^2\right] + 2 \cdot \frac{1,3 \text{ cm} \cdot 22^3 \text{cm}^3}{12}$$

$$I_x = 2 \cdot 1350 \text{ cm}^4 + \\ + 2 \cdot [4,028 \text{ cm}^4 + 28,6 \text{ cm}^2 \cdot 9,65^2 \text{ cm}^2]$$

$$I_x = 8035 \text{ cm}^4$$

$$I_y = 2 \cdot \left[114 \text{ cm}^4 + 28 \text{ cm}^2\left(\frac{l}{2} + 1,92 \text{ cm}\right)^2\right] + \\ + 2307 \text{ cm}^4$$

$$I_y = 228 \text{ cm}^4 + 56 \text{ cm}^2\left(\frac{l}{2} + 1,92 \text{ cm}\right)^2 + 2307 \text{ cm}^4$$

$$I_y = 2535 \text{ cm}^4 + 56 \text{ cm}^2\left(\frac{l}{2} + 1,92 \text{ cm}\right)^2$$

$$I_x = I_y$$

$$8035 \text{ cm}^4 = 2535 \text{ cm}^4 + 56 \text{ cm}^2\left(\frac{l}{2} + 1,92 \text{ cm}\right)^2$$

$$\left(\frac{l}{2} + 1,92 \text{ cm}\right)^2 = \frac{8035 \text{ cm}^4 - 2535 \text{ cm}^4}{56 \text{ cm}^2}$$

$$\left(\frac{l}{2} + 1,92 \text{ cm}\right)^2 = 98,21 \text{ cm}^2$$

$$\left(\frac{l}{2}\right)^2 + 2\frac{l}{2} \cdot 1,92 \text{ cm} + 1,92^2 \text{ cm}^2 = 98,21 \text{ cm}^2$$

$$\frac{l^2}{4} + 1,92 \text{ cm} \cdot l + 1,92^2 \text{ cm}^2 - 98,21 \text{ cm}^2 = 0$$

$$l^2 + 7,68 \text{ cm} \cdot l + 14,75 \text{ cm}^2 - 392,9 \text{ cm}^2 = 0$$

$$l^2 + 7,68 \text{ cm} \cdot l - 378,2 \text{ cm}^2 = 0$$

$$l_{1/2} = -3,84 \text{ cm} \pm \sqrt{3,84^2 \text{ cm}^2 + 378,2 \text{ cm}^2}$$

$$l_{1/2} = -3,84 \text{ cm} \pm \sqrt{392,9 \text{ cm}^2}$$

$$l_1 = -3,84 \text{ cm} + 19,82 \text{ cm} = 15,98 \text{ cm} \approx 160 \text{ mm}$$

l_2 nicht möglich

812.

a) $I_x = 4(I_{xL} + A_L l_L^2)$

$$I_x = 4 \cdot [37,5 \cdot 10^4 + 985 \cdot (150 - 18,9)^2] \text{ mm}^4$$

$$I_x = 6922 \cdot 10^4 \text{ mm}^4$$

b) $W_x = \frac{I_x}{150 \text{ mm}} = 461 \cdot 10^3 \text{ mm}^3$

813.

$$I_x = I_{IPE} + 2\left[\frac{b\delta^3}{12} + b\delta\left(\frac{h}{2} + \frac{\delta}{2}\right)^2\right] = W_x\left(\frac{h}{2} + \delta\right)$$

$$I_{IPE} + \frac{b\delta^3}{6} + \frac{b\delta}{2}(h + \delta)^2 = W_x\left(\frac{h}{2} + \delta\right)$$

$$b\left[\frac{\delta^3}{6} + \frac{\delta}{2}(h + \delta)^2\right] = W_x\left(\frac{h}{2} + \delta\right) - I_{IPE}$$

$$b = \frac{W_x\left(\frac{h}{2} + \delta\right) - I_{PE}}{\frac{\delta^3}{6} + \frac{\delta}{2}(h + \delta)^2}$$

$W_x = 4 \cdot 10^3 \text{ cm}^3$
$h = 36 \text{ cm}$
$\delta = 2,5 \text{ cm}$
$I_{IPE} = 16270 \text{ cm}^4$

$$b = \frac{4000 \text{ cm}^3(18 + 2,5) \text{ cm} - 16270 \text{ cm}^4}{2,6 \text{ cm}^3 + 1,25 \text{ cm} \cdot 38,5^2 \text{ cm}^2} = 35,4 \text{ cm}$$

$b = 354 \text{ mm}$

Probe:

Mit der ermittelten Gurtplattenbreite $b = 354$ mm wird:

$$I_x = I_{IPE} + 2\left[\frac{b\delta^3}{12} + b\delta\left(\frac{h}{2} + \frac{\delta}{2}\right)^2\right]$$

$$I_x = \left[16270 \cdot 10^4 + 2\left(\frac{354 \cdot 25^3}{12} + 354 \cdot 25 \cdot 192,5^2\right)\right] \text{mm}^4$$

$$I_x = 8,1952 \cdot 10^8 \text{ mm}^4$$

$$W_{x\,vorh} = \frac{I_x}{205 \text{ mm}} = 3,9976 \cdot 10^6 \text{ mm}^3$$

Beanspruchung auf Torsion

814.

$$M_{T1} = 9550\frac{P}{n_1} = \frac{K}{n_1}$$

$$K = 9550 \cdot 1470 = 14\,038\,500$$

$$M_{T1} = \frac{K}{n_1} = \frac{14\,038\,500}{50}\ \text{Nm} = 280\,770\ \text{Nm}$$

Mit $M_{T2} = K/n_2$, $M_{T3} = K/n_3$ usw. erhält man:

$M_{T2} = 140\,385$ Nm $\quad M_{T3} = 35\,096$ Nm

$M_{T4} = 17\,548$ Nm $\quad M_{T5} = 11\,699$ Nm

$$d_{1\,erf} = \sqrt[3]{\frac{16\,M_{T1}}{\pi\,\tau_{t\,zul}}}$$

$$d_{1\,erf} = \sqrt[3]{\frac{16 \cdot 280\,770 \cdot 10^3\ \text{Nmm}}{\pi \cdot 40\ \frac{\text{N}}{\text{mm}^2}}} = 329\ \text{mm}$$

ausgeführt $d_1 = 330$ mm

Entsprechend ergeben sich

$d_{2\,erf} = 260$ mm, ausgeführt $d_2 = 260$ mm

$d_{3\,erf} = 164$ mm, ausgeführt $d_3 = 165$ mm

$d_{4\,erf} = 130$ mm, ausgeführt $d_4 = 130$ mm

$d_{5\,erf} = 114$ mm, ausgeführt $d_5 = 115$ mm

815.

Eingangsgrößen: $P = 18\,\text{kW}$, $n_1 = 960\,\text{min}^{-1}$,

$$\tau_{t\,zul} = 25\frac{\text{N}}{\text{mm}^2},\ i_{1,2} = 3{,}9, i_{2,3} = 2{,}8$$

$$M_{T1} = 9550\frac{P}{n_1} \quad (\text{F + T, 5.5})$$

$$M_{T1} = 9550\frac{18}{960}\ \text{Nm} = 179\ \text{Nm}$$

$$d_{1\,erf} = \sqrt[3]{\frac{16 \cdot M_{T1}}{\pi \cdot \tau_{t\,zul}}} = \sqrt[3]{\frac{16 \cdot 179 \cdot 10^3\ \text{Nmm}}{\pi \cdot 25\frac{\text{N}}{\text{mm}^2}}} = 33{,}2\,\text{mm}$$

ausgeführt $d_1 = 40\,\text{mm}$

$$n_2 = \frac{n_1}{i_{1,2}} = \frac{960\,\text{min}^{-1}}{3{,}9} = 246\,\text{min}^{-1} \quad (\text{F + T, 4.10})$$

$$M_{T2} = 9550\frac{P}{n_2} = 9550\frac{18}{246}\,\text{Nm} = 698{,}8\,\text{Nm}$$

$$d_{2\,erf} = \sqrt[3]{\frac{16 \cdot M_{T2}}{\pi \cdot \tau_{t\,zul}}} = \sqrt[3]{\frac{16 \cdot 698{,}8 \cdot 10^3\ \text{Nmm}}{\pi \cdot 25\frac{\text{N}}{\text{mm}^2}}} = 52{,}2\,\text{mm}$$

ausgeführt $d_2 = 60\,\text{mm}$

$$n_3 = \frac{n_2}{i_{2,3}} = \frac{246\,\text{min}^{-1}}{2{,}8} = 87{,}9\,\text{min}^{-1}$$

$$M_{T3} = 9550\frac{P}{n_3} = 9550\frac{18}{79}\,\text{Nm} = 1956\,\text{Nm}$$

$$d_{3\,erf} = \sqrt[3]{\frac{16 \cdot M_{T3}}{\pi \cdot \tau_{t\,zul}}} = \sqrt[3]{\frac{16 \cdot 2176 \cdot 10^3\ \text{Nmm}}{\pi \cdot 25\frac{\text{N}}{\text{mm}^2}}} = 73{,}6\,\text{mm}$$

ausgeführt $d_2 = 80\,\text{mm}$

816.

$$\frac{d_2}{d_1} = \frac{\sqrt[3]{\frac{16\,M_{T2}}{\pi\,\tau_{t\,zul}}}}{\sqrt[3]{\frac{16\,M_{T1}}{\pi\,\tau_{t\,zul}}}} = \frac{\sqrt[3]{M_{T2}}}{\sqrt[3]{M_{T1}}} \qquad M_{T2} = M_{T1} \cdot i$$

$$\frac{d_2}{d_1} = \frac{\sqrt[3]{M_{T1} \cdot i}}{\sqrt[3]{M_{T1}}} = \sqrt[3]{i} \Rightarrow d_2 = d_1\sqrt[3]{i}$$

Hinweis: Der Durchmesser der folgenden Welle (d_2) ist immer größer als derjenige der vorhergehenden Welle (d_1).

817.

a) $\varphi^\circ = \dfrac{\tau_t\,l}{G\,r} \cdot \dfrac{180^\circ}{\pi} \qquad G = 8 \cdot 10^4\ \text{N/mm}^2$
$\qquad r = d/2$ eingesetzt

$$d_{erf} = \frac{2 \cdot 180^\circ \cdot \tau_{t\,zul}\,l}{\pi \cdot \varphi^\circ \cdot G}$$

$$d_{erf} = \frac{2 \cdot 180^\circ \cdot 80\ \frac{\text{N}}{\text{mm}^2} \cdot 15 \cdot 10^3\ \text{mm}}{\pi \cdot 6^\circ \cdot 80\,000\ \frac{\text{N}}{\text{mm}^2}} = 286{,}5\ \text{mm}$$

b) $P = M\omega = M\,2\pi n$

$$M = M_T = \tau_t W_p = \tau_t \frac{\pi}{16} d^3$$

$$P_{max} = \tau_{t\,zul} \frac{\pi}{16} d^3 \cdot 2\pi n$$

$$P_{max} = \frac{\pi^2}{8} \cdot \tau_{t\,zul}\,d^3\,n$$

$$P_{max} = \frac{\pi^2}{8} \cdot 80\ \frac{\text{N}}{\text{mm}^2} \cdot 286{,}5^3\ \text{mm}^3 \cdot \frac{1460}{60}\ \frac{1}{\text{s}}$$

$$P_{max} = 56\,477 \cdot 10^6\ \frac{\text{Nmm}}{\text{s}} = 56\,477 \cdot 10^3\ \text{W}$$

$$P_{max} = 56\,477\ \text{kW}$$

818.

a) $M = M_T = 9550 \cdot \frac{P}{n}$

$$M = 9550 \cdot \frac{12}{460}\ \text{Nm} = 249{,}1\ \text{Nm} = M_T$$

b) $W_{p\,erf} = \frac{M_T}{\tau_{t\,zul}}$

$$W_{p\,erf} = \frac{249{,}1 \cdot 10^3\ \text{Nmm}}{30\ \frac{\text{N}}{\text{mm}^2}} = 8303\ \text{mm}^3$$

c) $W_p = \frac{\pi}{16} d^3$

$$d_{erf} = \sqrt[3]{\frac{16 W_{p\,erf}}{\pi}} = \sqrt[3]{\frac{16}{\pi} \cdot 8303\ \text{mm}^3} = 34{,}8\ \text{mm}$$

ausgeführt $d = 35$ mm

Hinweis: Soll nur der Wellendurchmesser d bestimmt werden, dann wird man b) und c) zusammenfassen und

$$d_{erf} = \sqrt[3]{\frac{16 M_T}{\pi \tau_{t\,zul}}}$$

berechnen.

d) $W_p = \frac{\pi}{16} \cdot \frac{D^4 - d^4}{D}$

Hinweis: $W_{p\,erf}$ nach b) bleibt gleich groß, weil M_T und $\tau_{t\,zul}$ gleich bleiben.

$$\frac{16 W_p D}{\pi} = D^4 - d^4$$

$$d_{erf} = \sqrt[4]{D^4 - \frac{16}{\pi} W_{p\,erf} \cdot D}$$

$$d_{erf} = 38{,}5\ \text{mm}$$

ausgeführt $d = 38$ mm

e) Strahlensatz:

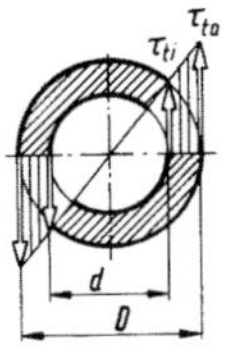

$$\frac{\tau_{ta}}{\tau_{ti}} = \frac{D}{d}$$

$$\tau_{ta} = \frac{M_T}{W_p} = \frac{M_T}{\frac{\pi}{16} \cdot \frac{D^4 - d^4}{D}}$$

$$\tau_{ta} = \frac{249{,}1 \cdot 10^3\ \text{Nmm}}{\frac{\pi}{16} \cdot \frac{(45^4 - 38^4)\ \text{mm}^4}{45\ \text{mm}}} = 28{,}3\ \frac{\text{N}}{\text{mm}^2}$$

$$\tau_{ti} = \tau_{ta} \frac{d}{D} = 28{,}3\ \frac{\text{N}}{\text{mm}^2} \cdot \frac{38\ \text{mm}}{45\ \text{mm}} = 23{,}9\ \frac{\text{N}}{\text{mm}^2}$$

819.

$$M_1 = 9550 \cdot \frac{P}{n} = 9550 \cdot \frac{10}{1460}\ \text{Nm} = 65{,}41\ \text{Nm} = M_{T1}$$

$$M_2 = M_1 i \eta \qquad i = \frac{z_2}{z_1}$$

$$M_2 = 65{,}41\ \text{Nm} \cdot \frac{116}{29} \cdot 0{,}98 = 256{,}41\ \text{Nm} = M_{T2}$$

$$d_{1\,erf} = \sqrt[3]{\frac{16 M_{T1}}{\pi \tau_{t\,zul}}} = \sqrt[3]{\frac{16 \cdot 65{,}41 \cdot 10^3\ \text{Nmm}}{\pi \cdot 30 \frac{\text{N}}{\text{mm}^2}}} = 22{,}3\ \text{mm}$$

$$d_{2\,erf} = \sqrt[3]{\frac{16 M_{T2}}{\pi \tau_{t\,zul}}} = \sqrt[3]{\frac{16 \cdot 256{,}41 \cdot 10^3\ \text{Nmm}}{\pi \cdot 30 \frac{\text{N}}{\text{mm}^2}}} = 35{,}18\ \text{mm}$$

ausgeführt $d_1 = 23$ mm, $d_2 = 35$ mm

820.

a) $d_{erf} = \sqrt[3]{\frac{16 M_T}{\pi \tau_{t\,zul}}} = \sqrt[3]{\frac{16 \cdot 410 \cdot 10^3\ \text{Nmm}}{\pi \cdot 500\ \frac{\text{N}}{\text{mm}^2}}} = 16{,}1\ \text{mm}$

ausgeführt $d = 16$ mm

b) $M_T = F \cdot 2l$

$$l = \frac{M_T}{2F} = \frac{410 \cdot 10^3\ \text{Nmm}}{2 \cdot 250\ \text{N}} = 820\ \text{mm}$$

c) $\varphi = \frac{\tau_t l_s}{G r} \cdot \frac{180°}{\pi}$

Hinweis: Diese Gleichung darf nur deshalb benutzt werden, weil $d_{erf} = 16$ mm exakt ausgeführt werden soll; im anderen Fall wäre τ_t nicht mehr gleich $\tau_{t\,zul}$. Dann wird mit dem neu zu berechnenden

$$I_p = \frac{\pi d^4}{32}$$

weiter gerechnet, also

$$\varphi = \frac{M_T l}{I_p G} \cdot \frac{180°}{\pi}$$

Im vorliegenden Fall ergibt sich:

$$\varphi = \frac{500\ \frac{\text{N}}{\text{mm}^2} \cdot 550\ \text{mm}}{80000\ \frac{\text{N}}{\text{mm}^2} \cdot 8\ \text{mm}} \cdot \frac{180°}{\pi} = 24{,}6°$$

821.

a) $d_{erf} = \sqrt[3]{\frac{16 M_T}{\pi \tau_{t\,zul}}}$

$$M = M_T = 9550 \cdot \frac{12}{1460}\ \text{Nm} = 78{,}493\ \text{Nm}$$

$$d_{erf} = \sqrt[3]{\frac{16 \cdot 78493\ \text{Nmm}}{\pi \cdot 25 \frac{\text{N}}{\text{mm}^2}}} = 25{,}19\ \text{mm}$$

ausgeführt $d = 25$ mm

b) Zur Berechnung des Verdrehwinkels je Meter Wellenlänge wird $l = 1000$ mm eingesetzt:

$$\varphi = \frac{\tau_t\, l}{G\, r} \cdot \frac{180°}{\pi} \quad \text{(siehe Hinweis in 820. c))}$$

$$\varphi = \frac{25 \frac{\text{N}}{\text{mm}^2} \cdot 1000\ \text{mm}}{80000 \frac{\text{N}}{\text{mm}^2} \cdot 12{,}5\ \text{mm}} \cdot \frac{180°}{\pi} = 1{,}43°$$

822.

a) $$\tau_{t\,a} = \frac{M_T}{W_p} = \frac{M_T}{\frac{\pi}{16} \cdot \frac{d_a^4 - d_i^4}{d_a}} = \frac{16 d_a\, M_T}{\pi(d_a^4 - d_i^4)}$$

$$\tau_{t\,a} = \frac{16 \cdot 16\ \text{mm} \cdot 70000\ \text{Nmm}}{\pi(16^4 - 12^4)\ \text{mm}^4} = 127{,}3 \frac{\text{N}}{\text{mm}^2}$$

$$\tau_{t\,i} = \tau_{t\,a} \frac{d_i}{d_a} = 127{,}3 \frac{\text{N}}{\text{mm}^2} \cdot \frac{12\ \text{mm}}{16\ \text{mm}} = 95{,}5 \frac{\text{N}}{\text{mm}^2}$$

b) $$\varphi = \frac{M_T\, l}{I_p\, G} \cdot \frac{180°}{\pi}$$

$$I_p = \frac{\pi}{32}(d_a^4 - d_i^4)$$

$$\varphi = \frac{32 \cdot M_T \cdot l \cdot 180°}{\pi^2 (d_a^4 - d_i^4) G}$$

$$\varphi = \frac{32 \cdot 180° \cdot 70 \cdot 10^3\ \text{Nmm} \cdot 3500\ \text{mm}}{\pi^2 (16^4 - 12^4)\ \text{mm}^4 \cdot 80000 \frac{\text{N}}{\text{mm}^2}} = 39{,}9°$$

823.

a) $$W_{p\,erf} = \frac{M_T}{\tau_{t\,zul}} = \frac{4{,}9 \cdot 10^7\ \text{Nmm}}{32 \frac{\text{N}}{\text{mm}^2}} = 1{,}5313 \cdot 10^6\ \text{mm}^3$$

$$d_{erf} = \sqrt[4]{D^4 - \frac{16}{\pi} W_{p\,erf} \cdot D} = 250{,}9\ \text{mm}$$

ausgeführt $d = 250$ mm

b) Für den gewählten Durchmesser muss wegen $d = (250 \neq 250{,}9)$ mm das Flächenmoment berechnet werden:

$$I_p = \frac{\pi}{32}(D^4 - d^4) = \frac{\pi}{32}(280^4 - 250^4)\ \text{mm}^4$$

$$I_p = 2{,}1994 \cdot 10^8\ \text{mm}^4$$

Damit kann der Verdrehwinkel φ je 1000 mm Länge berechnet werden:

$$\varphi = \frac{M_T\, l}{I_p\, G} \cdot \frac{180°}{\pi}$$

$$\varphi = \frac{4{,}9 \cdot 10^7\ \text{Nmm} \cdot 1000\ \text{mm} \cdot 180°}{2{,}1994 \cdot 10^8\ \text{mm}^4 \cdot 80000 \frac{\text{N}}{\text{mm}^2} \cdot \pi}$$

$$\varphi = 0{,}16°/\text{m}$$

824.

a) $$\varphi = \frac{M_T\, l}{I_p\, G} \cdot \frac{180°}{\pi} \quad \text{mit } I_p = \frac{\pi}{32}(d_a^4 - d_i^4)$$

$$\varphi = \frac{32 \cdot 180° \cdot M_T \cdot l}{(d_a^4 - d_i^4) \cdot \pi^2 \cdot G}$$

$$d_i = \sqrt[4]{d_a^4 - \frac{32 \cdot 180° \cdot M_T \cdot l}{\varphi \cdot \pi^2 \cdot G}}$$

$$d_i = \sqrt[4]{300^4\ \text{mm}^4 - \frac{32 \cdot 180° \cdot 4 \cdot 10^7\ \text{Nmm} \cdot 10^3\ \text{mm}}{0{,}25° \cdot \pi^2 \cdot 8 \cdot 10^4 \frac{\text{N}}{\text{mm}^2}}}$$

$$d_i = 288\ \text{mm}$$

b) $$\tau_{t\,a} = \frac{M_T}{W_p} = \frac{M_T}{\frac{\pi}{16} \cdot \frac{d_a^4 - d_i^4}{d_a}} = 50{,}1 \frac{\text{N}}{\text{mm}^2}$$

$$\tau_{t\,i} = \tau_{t\,a} \frac{d_i}{d_a} = 50{,}1 \frac{\text{N}}{\text{mm}^2} \cdot \frac{288\ \text{mm}}{300\ \text{mm}} = 48{,}1 \frac{\text{N}}{\text{mm}^2}$$

825.

a) $$d_{erf} = \sqrt[3]{\frac{16 F l}{\pi \cdot \tau_{t\,zul}}}$$

$$d_{erf} = \sqrt[3]{\frac{16 \cdot 3000\ \text{N} \cdot 350\ \text{mm}}{\pi \cdot 400 \frac{\text{N}}{\text{mm}^2}}} = 23{,}7\ \text{mm}$$

b) Der vorhandene Verdrehwinkel φ beträgt:

$$\varphi = \frac{\text{Bogen}}{\text{Radius}} = \frac{b}{l} = \frac{120\ \text{mm}}{350\ \text{mm}} = 0{,}342857\ \text{rad} = 19{,}6°$$

Damit wird die Verdrehlänge:

$$l_1 = \frac{\pi \varphi r G}{180 \tau_{t\,zul}} = \frac{\pi \cdot 19{,}6° \cdot 11{,}85\ \text{mm} \cdot 80000 \frac{\text{N}}{\text{mm}^2}}{180 \cdot 400 \frac{\text{N}}{\text{mm}^2}}$$

$$l_1 = 810{,}74\ \text{mm}$$

826.

a) $d_{erf} = \sqrt[3]{\frac{16\,M_T}{\pi \cdot \tau_{t\,zul}}}$

$$d_{erf} = \sqrt[3]{\frac{16 \cdot 4{,}05 \cdot 10^6\ \text{Nmm}}{\pi \cdot 35\ \frac{\text{N}}{\text{mm}^2}}} = 83{,}84\ \text{mm}$$

ausgeführt $d = 90$ mm

b) Wegen $d = 90$ mm $\neq d_{erf} = 83{,}84$ mm muss zuerst das vorhandene polare Flächenmoment I_p berechnet werden:

$$I_p = \frac{\pi}{32} d^4 = \frac{\pi \cdot 90^4\ \text{mm}^4}{32} = 6{,}4412 \cdot 10^6\ \text{mm}^4$$

$$\varphi = \frac{180°\, M_T\, l}{\pi I_p\, G} = \frac{180° \cdot 4{,}05 \cdot 10^6\ \text{Nmm} \cdot 8000\ \text{mm}}{\pi \cdot 6{,}4412 \cdot 10^6\ \text{mm}^4 \cdot 80\,000\ \frac{\text{N}}{\text{mm}^2}}$$

$$\varphi = 3{,}6°$$

827.

a) $d_{erf} = \sqrt[3]{\frac{16\,M_T}{\pi \cdot \tau_{t\,zul}}}$

$$d_{erf} = \sqrt[3]{\frac{16 \cdot 50 \cdot 10^3\ \text{Nmm}}{\pi \cdot 350\ \frac{\text{N}}{\text{mm}^2}}} = 8{,}994\ \text{mm}$$

ausgeführt $d = 9$ mm

b) Da der Unterschied zwischen d_{erf} und d gering ist (8,994 mm ≈ 9 mm), kann mit der gleichen Spannung $\tau_{t\,zul} = 350\ \text{N/mm}^2$ gerechnet werden:

$$l_{erf} = \frac{\pi \varphi r G}{180\, \tau_{t\,zul}} = \frac{\pi \cdot 10° \cdot 4{,}5\ \text{mm} \cdot 80\,000\ \frac{\text{N}}{\text{mm}^2}}{180° \cdot 350\ \frac{\text{N}}{\text{mm}^2}}$$

$$l_{erf} = 179{,}52\ \text{mm}$$

ausgeführt $l = 180$ mm

828.

$$M_T = F \cdot l_K = 200\ \text{N} \cdot 300\ \text{mm} = 60\,000\ \text{Nmm}$$

$l = 1200$ mm

$d = 20$ mm

$$I_p = \frac{\pi}{32} d^4 = \frac{\pi \cdot 20^4\ \text{mm}^4}{32} = 15\,708\ \text{mm}^4$$

$$\varphi = \frac{M_T\, l}{I_p\, G} \cdot \frac{180°}{\pi} = 3{,}28°$$

(mit $G = 80\,000\ \text{N/mm}^2$ gerechnet)

829.

$$M_T = 9550 \frac{P}{n} = 9550 \frac{22}{1000}\ \text{Nm} = 210{,}1\ \text{Nm}$$

$$d_{erf} = \sqrt[3]{\frac{16\,M_T}{\pi\, \tau_{t\,zul}}} = \sqrt[3]{\frac{16 \cdot 210{,}1 \cdot 10^3\ \text{Nmm}}{\pi \cdot 80\ \frac{\text{N}}{\text{mm}^2}}} = 23{,}74\ \text{mm}$$

ausgeführt $d = 24$ mm

830.

$$M_T = 9550 \frac{P}{n} = 9550 \frac{1470}{300}\ \text{Nm} = 46795\ \text{Nm}$$

$$\tau_t = \frac{M_T}{W_p} = \frac{M_T}{\frac{\pi}{16} \cdot \frac{D^4 - d^4}{D}} \quad \text{(F + T, 5.14)}$$

$$\tau_t = \frac{16 \cdot D \cdot M_T}{\pi \cdot (D^4 - d^4)}$$

Bauverhältnis $\frac{D}{d} = x = 1{,}5 \rightarrow D = x\,d = 1{,}5d$

$$\tau_{t\,zul} = \frac{16 \cdot x \cdot d \cdot M_T}{\pi \cdot (x^4 d^4 - d^4)} = \frac{16 \cdot x \cdot M_T}{\pi \cdot d^3 (x^4 - 1)}$$

$$d_{erf} = \sqrt[3]{\frac{16 \cdot x \cdot M_T}{\pi \cdot (x^4 - 1) \cdot \tau_{t\,zul}}} \quad \text{(F + T, 5.5)}$$

$$d_{erf} = \sqrt[3]{\frac{16 \cdot 1{,}5 \cdot 46795 \cdot 10^3\ \text{Nmm}}{\pi \cdot (1{,}5^4 - 1) \cdot 60\ \frac{\text{N}}{\text{mm}^2}}} = 113{,}6\,\text{mm}$$

ausgeführt $d = 110\,\text{mm}$

$D = 1{,}5d = 1{,}5 \cdot 110\,\text{mm} = 165\,\text{mm}$

ausgeführt $D = 170\,\text{mm}$

831.

$$M = 9550 \frac{P}{n} = 9550 \frac{59}{120}\ \text{Nm} = 4695 \cdot 10^3\ \text{Nmm} = M_T$$

$$\tau_t = \frac{16 \cdot D \cdot M_T}{\pi (D^4 - d^4)} \quad \text{(siehe 830.)}$$

$$\tau_t = \frac{M_T}{W_p} \Rightarrow W_{p\,erf} = \frac{M_T}{\tau_{t\,zul}}$$

$$M = \frac{P}{\omega} = \frac{59 \cdot 10^3\ \frac{\text{Nm}}{\text{s}}}{\frac{\pi \cdot 120}{30}\ \frac{1}{\text{s}}} = 4{,}695 \cdot 10^3\ \text{Nm}$$

$$W_{p\,erf} = \frac{4{,}695 \cdot 10^6\ \text{Nmm}}{40\ \frac{\text{N}}{\text{mm}^2}} = 1{,}174 \cdot 10^5\ \text{mm}^3$$

$$W_p = \frac{\pi}{16} \cdot \frac{D^4 - d^4}{D} \Rightarrow D^4 - \frac{16}{\pi} \cdot D \cdot W_p - d^4 = 0$$

Für D ergibt sich eine Gleichung 4. Grades. Von ihren Lösungen sind nur die Werte $D > 50$ mm Lösungen der Torsionsaufgabe.

Lösung nach dem Horner-Schema:

Gegebene Größen eingesetzt:

$$D^4 - 597{,}9 \cdot (10\text{ mm})^3 \cdot D - 625 \cdot (10\text{ mm})^4 = 0$$

Durch Ausklammern von (10 mm) wird die numerische Rechnung vereinfacht. Das Ergebnis für D ist mit 10 mm zu multiplizieren.

D	$D^4 + 0\,D^3 + 0\,D^2 - 598\,D^1 - 625 = f(D)$					
	1	0	0	–598	–625	
8	1	8	64	+512	–688	
		8	64	– 86		–1313
						↓Vorz.Wechsel
9	1	+9	+81	+729	+1179	
		9	81	+131		+554
						↓Vorz.Wechsel
8,7	1	8,7	76	+661	+548	
		8,7	76	+ 63		–77
						↓Vorz.Wechsel
8,8	1	8,8	77,4	+681	+712	
		8,8	77,4	+ 81		+87

Die Lösung liegt zwischen 8,7 und 8,8.

Außendurchmesser

$D = 8{,}8 \cdot 10\text{ mm} = 88\text{ mm} \approx 90\text{ mm}$

(Normzahl: $D = 90$ mm)

Lösung durch Ermittlung des Graphen im Bereich der Lösung $D > 5 \cdot 10$ mm

$$y = D^4 - 598\,D - 625$$

$$y(7) = 2401 - 4186 - 625 = -2410$$

$$y(10) = 10\,000 - 5980 - 625 = +3395$$

Die Punkte liegen beiderseits der D-Achse.

$$y(9) = 6561 - 5382 - 625 = +554$$

Durch die drei Punkte liegt der Krümmungssinn fest.

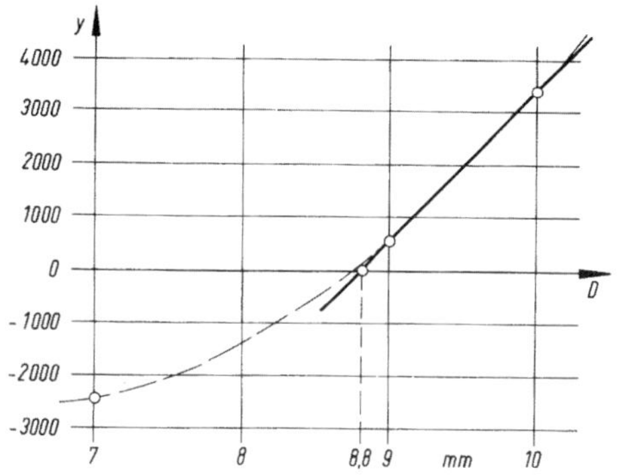

Eine Gerade durch die beiden oberen Punkte schneidet die D-Achse rechts vom Nulldurchgang des angenäherten Graphen, damit auf der sicheren Seite.

Ablesung 8,8.

$D = 8{,}8 \cdot 10\text{ mm} = 88\text{ mm}$

ausgeführt $D = 90$ mm

832.

$M_T = 4695 \cdot 10^3$ Nmm (aus Lösung 831.)

$$I_p = \frac{\pi}{32}(d_a^4 - d_i^4) = \frac{\pi}{32}(90^4 - 50^4)\text{ mm}^4$$

$$I_p = 5\,827\,654{,}4\text{ mm}^4$$

$$\varphi = \frac{M_T\,l}{I_p\,G} \cdot \frac{180°}{\pi}$$

$$\varphi = \frac{180° \cdot 4695 \cdot 10^3\text{ Nmm} \cdot 2300\text{ mm}}{\pi \cdot 5\,827\,654{,}4\text{ mm}^4 \cdot 80\,000\,\dfrac{\text{N}}{\text{mm}^2}} = 1{,}327°$$

833.

$$M = 9550\frac{P}{n} = 9550 \cdot \frac{44}{300}\text{ Nm} = 1401 \cdot 10^3\text{ Nmm} = M_T$$

$$\varphi = \frac{M_T\,l}{I_p\,G} \cdot \frac{180°}{\pi} = \frac{\dfrac{180°}{\pi} M_T\,l}{\dfrac{\pi}{32} d^4\,G} = \frac{32 \cdot 180°\,M_T\,l}{\pi^2\,d^4\,G}$$

$$d_{erf} = \sqrt[4]{\frac{32 \cdot 180°\,M_T\,l}{\pi^2\,\varphi_{zul}\,G}}$$

$$d_{erf} = \sqrt[4]{\frac{32 \cdot 180° \cdot 1401 \cdot 10^3\text{ Nmm} \cdot 10^3\text{ mm}}{\pi^2 \cdot 0{,}25° \cdot 8 \cdot 10^4\,\dfrac{\text{N}}{\text{mm}^2}}} = 80\text{ mm}$$

834.

$$\varphi = \frac{M_T\,l}{I_p\,G} \cdot \frac{180°}{\pi} \qquad M_T = \frac{P}{2\pi n} \qquad I_p = \frac{\pi}{32} d^4$$

$$\varphi = \frac{\dfrac{P}{2\pi n} l \cdot 180°}{\dfrac{\pi}{32} d^4\,G\,\pi} = \frac{32 \cdot 180° \cdot P \cdot l}{2\pi^3 n\,d^4\,G}$$

$$P_{max} = \frac{2\pi^3\,\varphi_{zul}\,n\,d^4\,G}{32 \cdot 180° \cdot l}$$

$$P_{max} = \frac{2\pi^3 \cdot 0{,}25° \cdot \dfrac{200}{60}\,\dfrac{1}{\text{s}} \cdot 30^4\text{ mm}^4 \cdot 8 \cdot 10^4\,\dfrac{\text{N}}{\text{mm}^2}}{32 \cdot 180° \cdot 10^3\text{ mm}}$$

$$P_{max} = 5{,}81 \cdot 10^5\,\frac{\text{Nmm}}{\text{s}} = 581\text{ W} = 0{,}581\text{ kW}$$

835.

a) $M_T = 9550\frac{P}{n} = 9550 \cdot \frac{100}{500}\text{ Nm} = 1910\text{ Nm}$

$M_T = 1910 \cdot 10^3\text{ Nmm}$

$$d_{erf} = \sqrt[3]{\frac{16 M_T}{\pi \cdot \tau_{t\,zul}}} = \sqrt[3]{\frac{16 \cdot 1910 \cdot 10^3\text{ Nmm}}{\pi \cdot 25\frac{\text{N}}{\text{mm}^2}}} = 73\text{ mm}$$

ausgeführt $d = 73$ mm

b) Nach Lösung 830. ist

Bauverhältnis $\frac{D}{d} = x = 2{,}5 \rightarrow D = x d = 2{,}5d$

$$d_{erf} = \sqrt[3]{\frac{16 \cdot x \cdot M_T}{\pi \cdot (x^4 - 1) \cdot \tau_{t\,zul}}}$$

$$d_{erf} = \sqrt[3]{\frac{16 \cdot 2{,}5 \cdot 1910 \cdot 10^3\text{ Nmm}}{\pi \cdot (2{,}5^4 - 1) \cdot 25\frac{\text{N}}{\text{mm}^2}}} = 29{,}5\text{ mm}$$

ausgeführt $d = 30$ mm

$D = 2{,}5d = 2{,}5 \cdot 30\text{ mm} = 75\text{ mm}$

ausgeführt $D = 75$ mm

836.

a) $\tau_a = \frac{\nu F}{A} = \frac{\nu F}{\pi d b} = \frac{\tau_{aB}}{4}$

$$b_{erf} = \frac{4F}{\pi d \tau_{aB}} = \frac{4 \cdot 1200\text{ N}}{\pi \cdot 12\text{ mm} \cdot 28\frac{\text{N}}{\text{mm}^2}} = 4{,}55\text{ mm}$$

ausgeführt $b = 5$ mm

b) $M_T = F\frac{d}{2} \qquad F = \frac{\tau_{aB}\pi d b}{4}$ (aus a))

$$M_T = \frac{\tau_{aB}\pi d b\frac{d}{2}}{4} = \frac{\pi d^2 b \tau_{aB}}{8}$$

$$M_T = \frac{\pi \cdot (12\text{ mm})^2 \cdot 5\text{ mm} \cdot 28\frac{\text{N}}{\text{mm}^2}}{8} = 7917\text{ Nmm}$$

$M_T = 7{,}92$ Nm

c) $F_{Kleb} = F_{Rohr}$

$\pi d b \tau_{aB} = \pi(d - s) s \sigma_{zB}$

$$b_{erf} = \frac{\sigma_{zB}}{\tau_{aB}} \cdot \frac{s}{d}(d - s)$$

$$b_{erf} = \frac{410\frac{\text{N}}{\text{mm}^2}}{28\frac{\text{N}}{\text{mm}^2}} \cdot \frac{1\text{ mm}}{12\text{ mm}} \cdot (12 - 1)\text{ mm}$$

$b_{erf} = 13{,}4$ mm

837.

Hinweis: Die Schweißnahtfläche A_s wird zur Vereinfachung immer als Produkt aus Schweißnahtlänge l und Schweißnahtdicke a angesehen.

a) $M = 9550\frac{P}{n} = 9550 \cdot \frac{8{,}8}{960}\text{ Nm} = 87{,}542\text{ Nm}$

$M = 87\,542\text{ Nmm} = M_T$

$$F_{uI} = \frac{M_T}{\frac{d_1}{2}} = \frac{2 M_T}{d_1} = \frac{2 \cdot 87\,542\text{ Nmm}}{50\text{ mm}} = 3502\text{ N}$$

$$F_{uII} = \frac{2 M_T}{d_2} = \frac{2 \cdot 87\,542\text{ Nmm}}{280\text{ mm}} = 625{,}3\text{ N}$$

$$\tau_{schw\,I} = \frac{F_{uI}}{A_{sI}} = \frac{F_{uI}}{2\pi d_1 a}$$

$$\tau_{schw\,I} = \frac{3502\text{ Nmm}}{2\pi \cdot 50\text{ mm} \cdot 5\text{ mm}} = 2{,}23\frac{\text{N}}{\text{mm}^2}$$

b) $\tau_{schw\,II} = \frac{F_{uII}}{A_{sII}} = \frac{F_{uII}}{2\pi d_2 a}$

$$\tau_{schw\,II} = \frac{625{,}3\text{ N}}{2\pi \cdot 280\text{ mm} \cdot 5\text{ mm}} = 0{,}07\frac{\text{N}}{\text{mm}^2}$$

838.

Wie in 837. wird hier mit $M = F\,l = 4500\text{ N} \cdot 135\text{ mm} = 607\,500\text{ Nmm} = M_T$ und mit der Annahme, dass jede der beiden Schweißnähte die Hälfte des Drehmoments aufnimmt:

$$F_{uI} = \frac{M_T}{2 \cdot \frac{d_1}{2}} = \frac{M_T}{d_1} \quad (F_{uI} > F_{uII},\ \text{siehe 837. a) und b)})$$

$$\tau_{schw\,t} = \frac{F_{uI}}{A_{sI}} = \frac{F_{uI}}{\pi d_1 a} = \frac{M_T}{\pi d_1^2 a}$$

$$\tau_{schw\,t} = \frac{607\,500\text{ Nmm}}{\pi \cdot 48^2\text{ mm}^2 \cdot 5\text{ mm}} = 16{,}8\frac{\text{N}}{\text{mm}^2}$$

Beanspruchung auf Biegung

Freiträger mit Einzellasten

840.

$M_{b\,max} = W \sigma_{b\,zul} \qquad W = \frac{b h^2}{6}$

$M_{b\,max,\,hoch} = W_{hoch}\,\sigma_{b\,zul}$

$$M_{b\,max,\,hoch} = \frac{100\text{ mm} \cdot (200\text{ mm})^2}{6} \cdot 8\frac{\text{N}}{\text{mm}^2}$$

$M_{b\,max,\,hoch} = 5333 \cdot 10^3\text{ Nmm}$

$M_{b\max,\,flach} = W_{flach}\,\sigma_{b\,zul}$

$M_{b\max,\,flach} = \frac{200\text{ mm}\cdot(100\text{ mm})^2}{6}\cdot 8\,\frac{\text{N}}{\text{mm}^2}$

$M_{b\max,\,flach} = 2667\cdot 10^3\text{ Nmm}$

Hinweis: $M_{b\max,\,hoch} = 2\cdot M_{b\max,\,flach}$

841.

$$\sigma_b = \frac{M_b}{W} = \frac{F\,l}{\frac{b\,h^2}{6}} = \frac{6\,F\,l}{b\,h^2}$$

$$F_{max} = \frac{\sigma_{b\,zul}\,b\,h^2}{6\,l} = \frac{70\,\frac{\text{N}}{\text{mm}^2}\cdot 10\text{ mm}\cdot(1\text{ mm})^2}{6\cdot 80\text{ mm}} = 1{,}46\text{ N}$$

842.

$$\sigma_b = \frac{M_b}{W} = \frac{F\,l}{\frac{b\,h^2}{6}} = \frac{6\,F\,l}{b\,h^2}$$

$$l_{max} = \frac{\sigma_{b\,zul}\,b\,h^2}{6\,F_s} = \frac{260\,\frac{\text{N}}{\text{mm}^2}\cdot 12\text{ mm}\cdot(20\text{ mm})^2}{6\cdot 12\,000\text{ N}}$$

$l_{max} = 17{,}3\text{ mm}$

843.

a) $M_{b\max} = F\,l = 4200\text{ N}\cdot 350\text{ mm} = 1470\cdot 10^3\text{ Nmm}$

b) $W_{erf} = \frac{M_{b\max}}{\sigma_{b\,zul}} = \frac{1470\cdot 10^3\text{ Nmm}}{120\,\frac{\text{N}}{\text{mm}^2}} = 12{,}25\cdot 10^3\text{ mm}^3$

c) $W_{\square} = \frac{a^3}{6}$

$a_{erf} = \sqrt[3]{6\,W_{erf}} = \sqrt[3]{6\cdot 12{,}25\cdot 10^3\text{ mm}^3} = 42\text{ mm}$

d) $W_{4} = W_D = \sqrt{2}\cdot\frac{a_1^3}{12}$

$a_{1\,erf} = \sqrt[3]{\frac{12\,W_{erf}}{\sqrt{2}}} = \sqrt[3]{\frac{12\cdot 12{,}25\cdot 10^3\text{ mm}^3}{\sqrt{2}}} = 47\text{ mm}$

e) Wirtschaftlicher ist der flach liegende Quadratstahl, Ausführung c)

844.

a) $M_{b\max} = F\,l = 500\text{ N}\cdot 100\text{ mm} = 50\cdot 10^3\text{ Nmm}$

b) $W_{erf} = \frac{M_{b\max}}{\sigma_{b\,zul}} = \frac{50\cdot 10^3\text{ Nmm}}{280\,\frac{\text{N}}{\text{mm}^2}} = 178{,}57\text{ mm}^3$

c) $W_{\bigcirc} = \frac{\pi}{32}d^3$

$d_{erf} = \sqrt[3]{\frac{32\,W_{erf}}{\pi}} = \sqrt[3]{\frac{32\cdot 178{,}57\text{ mm}^3}{\pi}} = 12{,}21\text{ mm}$

ausgeführt $d = 13$ mm

d) $\tau_{a\,vorh} = \frac{F}{A} = \frac{F}{\frac{\pi}{4}d^2} = \frac{4\,F}{\pi\,d^2}$

$\tau_{a\,vorh} = \frac{4\cdot 500\text{ N}}{\pi\cdot 13^2\text{ mm}^2} = 3{,}77\,\frac{\text{N}}{\text{mm}^2}$

845.

a) $M_b = F\,\frac{l}{2} = \frac{25\,000\text{ N}\cdot 80\text{ mm}}{2} = 10^6\text{ Nmm}$

b) $W_{erf} = \frac{M_b}{\sigma_{b\,zul}} = \frac{10^6\text{ Nmm}}{95\,\frac{\text{N}}{\text{mm}^2}} = 1{,}0526\cdot 10^4\text{ mm}^3$

c) $d_{erf} = \sqrt[3]{\frac{32\,W_{erf}}{\pi}}$

$d_{erf} = \sqrt[3]{\frac{32\cdot 1{,}0526\cdot 10^4\text{ mm}^3}{\pi}} = 47{,}507\text{ mm}$

ausgeführt $d = 50$ mm

d) $\sigma_{b\,vorh} = \frac{M_b}{W_{vorh}} = \frac{M_b}{\frac{\pi\cdot d^3}{32}} = \frac{32\,M_b}{\pi\cdot d^3}$

$\sigma_{b\,vorh} = \frac{32\cdot 10^6\text{ Nmm}}{\pi\cdot 50^3\text{ mm}^3} = 81{,}5\,\frac{\text{N}}{\text{mm}^2}$

846.

a) $M_{b\max} = F_1\,l_1 + F_2\,l_2 + F_3\,l_3$

$M_{b\max} = (15\cdot 2 + 9\cdot 1{,}5 + 20\cdot 0{,}8)\text{ kNm}$

$M_{b\max} = 59{,}5\text{ kNm} = 59{,}5\cdot 10^6\text{ Nmm}$

b) $W_{erf} = \frac{M_{b\max}}{\sigma_{b\,zul}} = \frac{59{,}5\cdot 10^6\text{ Nmm}}{120\,\frac{\text{N}}{\text{mm}^2}} = 496\cdot 10^3\text{ mm}^3$

c) IPE 300 mit $W_x = 557\cdot 10^3\text{ mm}^3$

d) $\sigma_{b\,vorh} = \frac{M_{b\max}}{W_x} = \frac{59\,500\cdot 10^3\text{ Nmm}}{557\cdot 10^3\text{ mm}^3} = 107\,\frac{\text{N}}{\text{mm}^2}$

847.

a) $d_{erf} = \sqrt[3]{\frac{F\,\frac{l_2}{2}}{0{,}1\cdot\sigma_{b\,zul}}}$

$d_{erf} = \sqrt[3]{\frac{57{,}5\cdot 10^3\text{ N}\cdot 90\text{ mm}}{0{,}1\cdot 65\,\frac{\text{N}}{\text{mm}^2}}} = 92{,}7\text{ mm}$

ausgeführt $d = 95$ mm

b) $p_{\text{vorh}} = \dfrac{F}{A_{\text{proj}}} = \dfrac{F}{d\,l_2} = \dfrac{57{,}5 \cdot 10^3\ \text{N}}{95\,\text{mm} \cdot 180\,\text{mm}} = 3{,}36\,\dfrac{\text{N}}{\text{mm}^2}$

848.

$$\sigma_b = \frac{M_b}{W} = \frac{F\left(l - \frac{d}{2}\right)}{\frac{b h^2}{6}} = \frac{6F\left(l - \frac{d}{2}\right)}{b \cdot (3b)^2} = \frac{6F\left(l - \frac{d}{2}\right)}{9b^3}$$

$$\sigma_b = \frac{2F\left(l - \frac{d}{2}\right)}{3b^3}$$

$$b_{\text{erf}} = \sqrt[3]{\frac{2F\left(l - \frac{d}{2}\right)}{3 \cdot \sigma_{\text{b zul}}}}$$

$$b_{\text{erf}} = \sqrt[3]{\frac{2 \cdot 10 \cdot 10^3\ \text{N} \cdot 195\ \text{mm}}{3 \cdot 80\,\frac{\text{N}}{\text{mm}^2}}} = 25{,}3\ \text{mm}$$

$h_{\text{erf}} \approx 3 \cdot b_{\text{erf}} = 3 \cdot 25{,}3$ mm $= 75{,}9$ mm
ausgeführt z. B. ▭ 80 × 25

849.

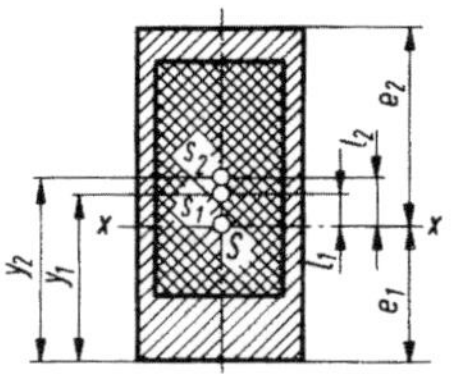

$A_{\text{ges}}\, e_1 = A_{\square}\, y_1 - A_{▯}\, y_2$

$A_{\square} = A_1 = 50\ \text{mm} \cdot 100\ \text{mm} = 5000\ \text{mm}^2$

$A_{▯} = A_2 = 40\ \text{mm} \cdot 70\ \text{mm} = 2800\ \text{mm}^2$

$A_{\text{ges}} = A = A_1 - A_2 = 2200\ \text{mm}^2$

$y_1 = 50\ \text{mm} \qquad y_2 = 55\ \text{mm}$

$$e_1 = \frac{A_1 y_1 - A_2 y_2}{A}$$

$$e_1 = \frac{(5000 \cdot 50 - 2800 \cdot 55)\ \text{mm}^3}{2200\ \text{mm}^2} = 43{,}6\ \text{mm}$$

$e_2 = 100\ \text{mm} - e_1 = 56{,}4\ \text{mm}$

$l_1 = y_1 - e_1 = 6{,}4\ \text{mm}$

$l_2 = y_2 - e_1 = 11{,}4\ \text{mm}$

Mit dem Steiner'schen Verschiebesatz wird:

$I_x = I_1 + A_1 l_1^2 - (I_2 + A_2 l_2^2)$

$I_x = 416{,}7 \cdot 10^4\ \text{mm}^4 + 0{,}5 \cdot 10^4\ \text{mm}^2 \cdot 41\ \text{mm}^2 -$
$\quad - (114{,}3 \cdot 10^4\ \text{mm}^4 + 0{,}28 \cdot 10^4\ \text{mm}^2 \cdot 130\ \text{mm}^2)$

$I_x = 286{,}5 \cdot 10^4\ \text{mm}^4$

$I_1 = \dfrac{(5 \cdot 10^3)\ \text{cm}^4}{12} = 416{,}7\ \text{cm}^4$	$l_1^2 = 41\ \text{mm}^2$
$I_2 = \dfrac{(4 \cdot 7^3)\ \text{cm}^4}{12} = 114{,}3\ \text{cm}^4$	$l_2^2 = 130\ \text{mm}^2$

$$W_{x1} = \frac{I_x}{e_1} = \frac{286{,}5 \cdot 10^4\ \text{mm}^4}{43{,}6\ \text{mm}} = 65\,711\ \text{mm}^3$$

$$W_{x2} = \frac{I_x}{e_2} = \frac{286{,}5 \cdot 10^4\ \text{mm}^4}{56{,}4\ \text{mm}} = 50\,798\ \text{mm}^3$$

a) $\sigma_{b1} = \dfrac{M_b}{W_{x1}} = \dfrac{5000 \cdot 10^3\ \text{Nmm}}{65{,}711 \cdot 10^3\ \text{mm}^3} = 76{,}1\,\dfrac{\text{N}}{\text{mm}^2}$

$$\sigma_{b2} = \frac{M_b}{W_{x2}} = \frac{5000 \cdot 10^3\ \text{Nmm}}{50{,}798 \cdot 10^3\ \text{mm}^3}$$

$$\sigma_{b2} = 98{,}4\,\frac{\text{N}}{\text{mm}^2} = \sigma_{\text{b max}}$$

b) $\dfrac{\sigma_{b1}}{\sigma_{b1i}} = \dfrac{e_1}{h_1}$

$\dfrac{\sigma_{b2}}{\sigma_{b2i}} = \dfrac{e_2}{h_2}$

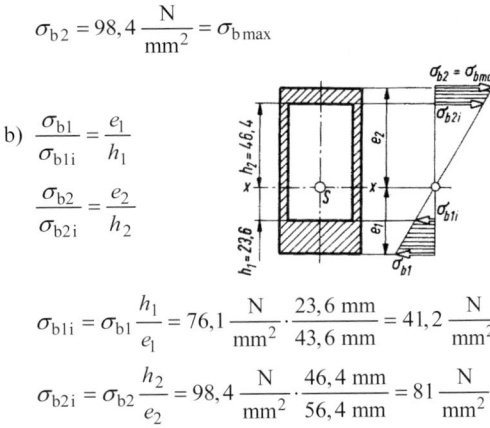

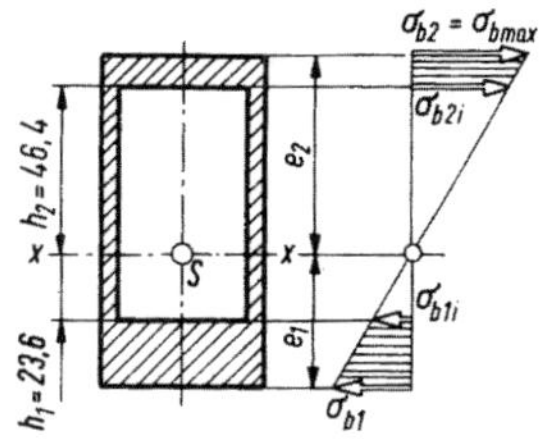

$$\sigma_{b1i} = \sigma_{b1} \frac{h_1}{e_1} = 76{,}1\,\frac{\text{N}}{\text{mm}^2} \cdot \frac{23{,}6\ \text{mm}}{43{,}6\ \text{mm}} = 41{,}2\,\frac{\text{N}}{\text{mm}^2}$$

$$\sigma_{b2i} = \sigma_{b2} \frac{h_2}{e_2} = 98{,}4\,\frac{\text{N}}{\text{mm}^2} \cdot \frac{46{,}4\ \text{mm}}{56{,}4\ \text{mm}} = 81\,\frac{\text{N}}{\text{mm}^2}$$

850.

Aus dem maximalen Biegemoment $M_{\text{b max}}$ und der zulässigen Biegespannung $\sigma_{\text{b zul}}$ wird das erforderliche Widerstandsmoment berechnet (Biege-Hauptgleichung).

$$W_{\text{x erf}} = \frac{M_{\text{b max}}}{\sigma_{\text{b zul}}} = \frac{1050 \cdot 10^6\ \text{Nmm}}{140\,\frac{\text{N}}{\text{mm}^2}} = 7{,}5 \cdot 10^6\ \text{mm}^3$$

Zur Bestimmung der Gurtplattendicke δ braucht man das erforderliche axiale Flächenmoment $I_{\text{x erf}}$ des Trägers:

$I_{\text{x erf}} = W_{\text{x erf}}\, e$

$I_{\text{x erf}} = 7{,}5 \cdot 10^6\ \text{mm}^3 \cdot 450\ \text{mm} = 3375 \cdot 10^6\ \text{mm}^4$

Nun kann mit Hilfe des Steiner'schen Verschiebesatzes eine Gleichung für I_x aufgestellt werden, in der die Gurtplattendicke δ enthalten ist:

$$I_x = I_{x\,erf} = I_{Steg} + 2\left[I_{Gurt} + A_{Gurt}\,l^2\right]$$

$$I_x = \frac{t(h_1-\delta)^3}{12} + 2\left[\frac{b\delta^3}{12} + b\delta\left(\frac{h_1}{2}-\frac{\delta}{2}\right)^2\right]$$

Diese Gleichung enthält die Variable in der dritten, zweiten und ersten Potenz und erscheint recht kompliziert.

Es ist aber auch möglich, das Gesamtflächenmoment I_x als Differenz zweier Teilflächenmomente anzusehen, die die gleiche Bezugsachse besitzen. Dadurch erhält man eine einfachere Beziehung, die letzten Endes auf die Gleichung

$$I_x = \frac{BH^3 - bh^3}{12}$$

hinausläuft, die man nur noch auf die Bezeichnungen der Aufgabe umzustellen und auszuwerten hat ($B = b$; $H = h_1$; $b = b - t$; $h = h_2$):

$$I_x = \frac{bh_1^3 - (b-t)h_2^3}{12} = I_{x\,erf}$$

$$h_{2\,erf} = \sqrt[3]{\frac{bh_1^3 - 12\,I_{x\,erf}}{b-t}}$$

$$h_{2\,erf} = \sqrt[3]{\frac{260\text{ mm}\cdot(900\text{ mm})^3 - 12\cdot 3375\cdot 10^6\text{ mm}^4}{250\text{ mm}}}$$

$$h_{2\,erf} = 840\text{ mm} \qquad \delta = 30\text{ mm}$$

851.

Wie in Lösung 855. ermittelt man

$$W_{erf} = \frac{M_{b\,max}}{\sigma_{b\,zul}} = \frac{168\cdot 10^6\text{ Nmm}}{140\,\frac{\text{N}}{\text{mm}^2}} = 1{,}2\cdot 10^6\text{ mm}^3$$

$$I_{erf} = W_{erf}\,e = 1{,}2\cdot 10^6\text{ mm}^3\cdot 130\text{ mm} = 156\cdot 10^6\text{ mm}^4$$

Mit dem Steiner'schen Satz erhält man

$$I_{erf} = 2\,I_U + 2\left(\frac{bs^3}{12} + bsl^2\right)$$

$$I_{erf} = 2\,I_U + \frac{b}{6}s^3 + 2bsl^2 = 2\,I_U + b\left(\frac{s^3}{6} + 2sl^2\right)$$

$$b_{erf} = \frac{I_{erf} - 2\,I_U}{\frac{s^3}{6} + 2sl^2}$$

$$b_{erf} = \frac{156\cdot 10^6\text{ mm}^4 - 2\cdot 26{,}9\cdot 10^6\text{ mm}^4}{\frac{(20\text{ mm})^3}{6} + 2\cdot 20\text{ mm}\cdot(120\text{ mm})^2} = 177\text{ mm}$$

852.

$$\sigma_b = \frac{M_b}{W} = \frac{Fl}{\frac{bh^2}{6}} = \frac{6Fl}{bh^2}$$

$$F_{max} = \frac{\sigma_{b\,zul}\,bh^2}{6l}$$

$$F_{max} = \frac{22\,\frac{\text{N}}{\text{mm}^2}\cdot 120\text{ mm}\cdot(250\text{ mm})^2}{6\cdot 1800\text{ mm}} = 15\,278\text{ N}$$

853.

$$M_{b\,max} = Fl = 50\cdot 10^3\text{ N}\cdot 1{,}4\text{ m} = 70\cdot 10^3\text{ Nm}$$

$W_{IPE} = 557\cdot 10^3\text{ mm}^3$ nach F + T, 7.7

$$\sigma_{b\,vorh} = \frac{M_{b\,max}}{W_{IPE}} = \frac{70\cdot 10^6\text{ Nmm}}{557\cdot 10^3\text{ mm}^3} = 125{,}7\,\frac{\text{N}}{\text{mm}^2}$$

854.

a) $M_{b\,max} = F_1 l_1 + F_2 l_2 = 10\text{ kN}\cdot 1{,}5\text{ m} + 12{,}5\text{ kN}\cdot 1{,}85\text{ m}$

$M_{b\,max} = 38{,}125\text{ kNm}$

b) $W_{erf} = \dfrac{M_{b\,max}}{\sigma_{b\,zul}}$

$$W_{erf} = \frac{38{,}125\cdot 10^6\text{ Nmm}}{140\,\frac{\text{N}}{\text{mm}^2}} = 272{,}32\cdot 10^3\text{ mm}^3$$

c) $W_{xU} = \dfrac{W_{erf}}{2} = \dfrac{272{,}32\cdot 10^3\text{ mm}^3}{2} = 136\cdot 10^3\text{ mm}^3$

Nach F + T, 7.8 wird das U-Profil mit dem nächst höheren axialen Widerstandsmoment W_x ausgeführt:

U 180 mit

$2\cdot W_{x\,U180} = 2\cdot 150\cdot 10^3\text{ mm}^3 = 300\cdot 10^3\text{ mm}^3$

855.

$$W_O = \frac{\pi}{32}\cdot\frac{d_a^4 - d_i^4}{d_a}$$

$$W_O = \frac{\pi}{32}\cdot\frac{(300^4 - 280^4)\text{ mm}^4}{300\text{ mm}} = 639{,}262\cdot 10^3\text{ mm}^3$$

$$\sigma_b = \frac{Fl}{W}$$

$$F_{max} = \frac{W_O \, \sigma_{b\,zul}}{l}$$

$$F_{max} = \frac{639{,}262 \cdot 10^3 \text{ mm}^3 \cdot 120 \dfrac{\text{N}}{\text{mm}^2}}{5{,}2 \cdot 10^3 \text{ mm}} = 14\,752 \text{ N}$$

$$F_{max} = 14{,}752 \text{ kN}$$

856.

$$M_{b\,max} = F\,l = 15 \cdot 10^3 \text{ N} \cdot 2{,}8 \text{ m} = 42 \cdot 10^3 \text{ Nm}$$

$$W_{erf} = \frac{M_{b\,max}}{\sigma_{b\,zul}} = \frac{42 \cdot 10^6 \text{ Nmm}}{140 \dfrac{\text{N}}{\text{mm}^2}} = 3 \cdot 10^5 \text{ mm}^3$$

ausgeführt: IPE 240 mit $W_x = 3{,}24 \cdot 10^5$ mm³

857.

a)

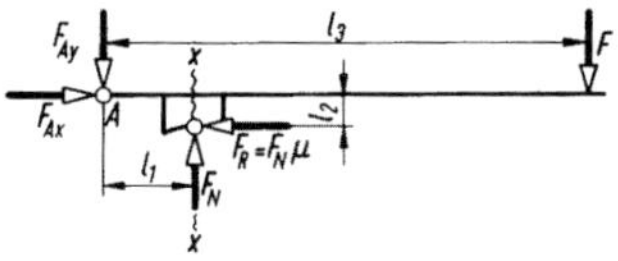

$$\Sigma M_{(A)} = 0 = F_N\, l_1 - F_N\, \mu\, l_2 - F\, l_3$$

$$F_N = \frac{F\, l_3}{l_1 - \mu\, l_2} = \frac{500 \text{ N} \cdot 1600 \text{ mm}}{300 \text{ mm} - 0{,}5 \cdot 100 \text{ mm}} = 3200 \text{ N}$$

$$F_R = F_N \mu = 3200 \text{ N} \cdot 0{,}5 = 1600 \text{ N}$$

$$M_{b\,max} = M_{(x)} = F\,(l_3 - l_1) + F_R\, l_2$$

$$M_{b\,max} = 500 \text{ N} \cdot 1300 \text{ mm} + 1600 \text{ N} \cdot 100 \text{ mm}$$

$$M_{b\,max} = 810 \text{ Nm}$$

b) $$\sigma_b = \frac{M_b}{W} = \frac{M_b}{\dfrac{s\,h^2}{6}} = \frac{6\,M_b}{s\,h^2} = \frac{6\,M_b}{\dfrac{h}{4} \cdot h^2} = \frac{24\,M_b}{h^3}$$

$$h_{erf} = \sqrt[3]{\frac{24\,M_{b\,max}}{\sigma_{b\,zul}}}$$

$$h_{erf} = \sqrt[3]{\frac{24 \cdot 810 \cdot 10^3 \text{ Nmm}}{60 \dfrac{\text{N}}{\text{mm}^2}}} = 69 \text{ mm}$$

ausgeführt $h = 70$ mm, $s = 18$ mm

858.

Mit den in Lösung 857. berechneten Kräften $F_N = 3200$ N und $F_R = 1600$ N erhält man aus

$$\Sigma F_x = 0 = F_{Ax} - F_R \quad \Rightarrow \quad F_{Ax} = F_R = 1600 \text{ N}$$

$$\Sigma F_y = 0 = -F_{Ay} + F_N - F \quad \Rightarrow \quad F_{Ay} = F_N - F = 2700 \text{ N}$$

und damit

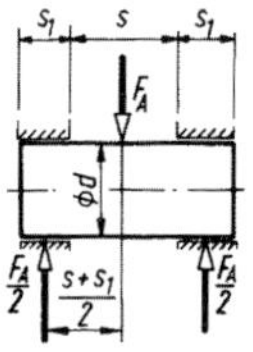

$$F_A = \sqrt{(F_{Ax})^2 + (F_{Ay})^2}$$

$$F_A = \sqrt{(256 \cdot 10^4 + 729 \cdot 10^4) \text{ N}^2}$$

$$F_A = 3140 \text{ N}$$

$s = 18$ mm aus Lösung 857.

$$M_{b\,max} = \frac{F_A}{2} \cdot \left(\frac{s + s_1}{2}\right)$$

$$M_{b\,max} = 1570 \text{ N} \cdot \frac{18 \text{ mm} + 10 \text{ mm}}{2} = 21980 \text{ Nmm}$$

a) $$d_{erf} = \sqrt[3]{\frac{M_{b\,max}}{0{,}1 \cdot \sigma_{b\,zul}}}$$

$$d_{erf} = \sqrt[3]{\frac{21{,}98 \cdot 10^3 \text{ Nmm}}{0{,}1 \cdot 60 \dfrac{\text{N}}{\text{mm}^2}}} = 15{,}4 \text{ mm}$$

ausgeführt $d = 16$ mm

b) $$p_{vorh} = \frac{F_A}{d\,s} = \frac{3140 \text{ N}}{16 \text{ mm} \cdot 18 \text{ mm}} = 10{,}9 \frac{\text{N}}{\text{mm}^2}$$

859.

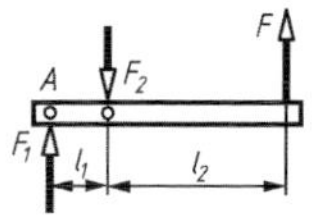

$$\Sigma M_{(A)} = 0 = -F_2\, l_1 + F\,(l_1 + l_2)$$

$$F_2 = F \frac{l_1 + l_2}{l_1}$$

$$F_2 = 750 \text{ N} \cdot \frac{400 \text{ mm}}{100 \text{ mm}} = 3000 \text{ N}$$

$$\Sigma F_y = 0 = F_1 - F_2 + F$$

$$F_1 = F_2 - F = 2250 \text{ N}$$

F_1 und F_2 sind die von den Schrauben zu übertragenden Reibungskräfte. Man berechnet mit der größten Reibungskraft F_2 die Schraubenzugkraft:

$$F_s = F_N = \frac{F_R}{\mu_0} = \frac{F_2}{\mu_0} = \frac{3000 \text{ N}}{0{,}15} = 20\,000 \text{ N}$$

a) $$A_{S\,erf} = \frac{F_s}{\sigma_{z\,zul}} = \frac{20\,000 \text{ N}}{100 \dfrac{\text{N}}{\text{mm}^2}} = 200 \text{ mm}^2$$

ausgeführt 2 Schrauben M 20 ($A_S = 245$ mm²)

b) $$\sigma_b = \frac{M_b}{W} = \frac{F\, l_2}{\dfrac{s\,b^2}{6}} = \frac{6\,F\, l_2}{s\,b^2} = \frac{6\,F\, l_2}{\dfrac{b}{10} \cdot b^2} = \frac{60\,F\, l_2}{b^3}$$

$$b_{erf} = \sqrt[3]{\frac{60 \cdot F\, l_2}{\sigma_{b\,zul}}} = \sqrt[3]{\frac{60 \cdot 750 \text{ N} \cdot 300 \text{ mm}}{100 \dfrac{\text{N}}{\text{mm}^2}}} = 51{,}3 \text{ mm}$$

$$s_{erf} = \frac{b_{erf}}{10} = 5{,}13 \text{ mm}$$

ausgeführt ▭ 55 × 5

860.

a) $p = \frac{F_r}{d\,b} = \frac{F_r}{d \cdot 1{,}2\,d} = \frac{F_r}{1{,}2\,d^2}$

$$d_{erf} = \sqrt{\frac{F_r}{1{,}2 \cdot p_{zul}}} = \sqrt{\frac{1150\ \text{N}}{1{,}2 \cdot 2{,}5\ \frac{\text{N}}{\text{mm}^2}}} = 19{,}6\ \text{mm}$$

ausgeführt $d = 20$ mm

b) $b = 1{,}2 \cdot d = 24$ mm (ausgeführt)

c) $p = \frac{F_a}{\frac{\pi}{4}(D^2 - d^2)} = \frac{4\,F_a}{\pi(D^2 - d^2)}$

$$D_{erf} = \sqrt{\frac{4\,F_a}{\pi\,p_{zul}} + d^2}$$

$$D_{erf} = \sqrt{\frac{4 \cdot 620\ \text{N}}{\pi \cdot 2{,}5\ \frac{\text{N}}{\text{mm}^2}} + 20^2\ \text{mm}^2} = 26{,}8\ \text{mm}$$

ausgeführt $D = 28$ mm

d) $\sigma_{b\,vorh} = \frac{M_b}{W} = \frac{F_r \frac{b}{2}}{\frac{\pi}{32} d^3} = \frac{32\,F_r\,b}{2\pi\,d^3} = \frac{16}{\pi} \cdot \frac{F_r\,b}{d^3}$

$$\sigma_{b\,vorh} = \frac{16}{\pi} \cdot \frac{1150\ \text{N} \cdot 24\ \text{mm}}{(20\ \text{mm})^3} = 17{,}6\ \frac{\text{N}}{\text{mm}^2}$$

861.

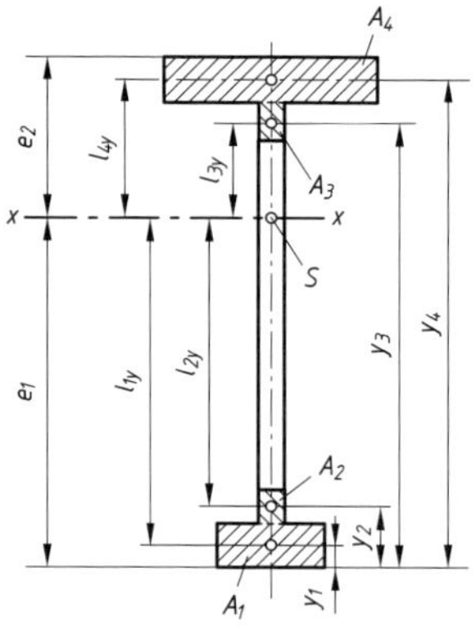

a) Schwerpunktsabstände e_1, e_2:

$$A_{ges} e_1 = A_1 y_1 + A_2 y_2 + A_3 y_3 + A_4 y_4$$

$$e_1 = \frac{A_1 y_1 + A_2 y_2 + A_3 y_3 + A_4 y_4}{A_{ges}}$$

$$A_1 = (80 \cdot 25)\ \text{mm}^2 = 2000\ \text{mm}^2$$

$$A_2 = (30 \cdot 10)\ \text{mm}^2 = 300\ \text{mm}^2$$

$$A_3 = (30 \cdot 10)\ \text{mm}^2 = 300\ \text{mm}^2$$

$$A_4 = (150 \cdot 25)\ \text{mm}^2 = 3750\ \text{mm}^2$$

$$A_{ges} = 6350\ \text{mm}^2$$

$y_1 = 12{,}5$ mm; $y_2 = 40$ mm;

$y_3 = 260$ mm; $y_4 = 287{,}5$ mm

$$e_1 = \frac{2000 \cdot 12{,}5 + 300 \cdot 40 + 300 \cdot 260 + 3750 \cdot 287{,}5}{6350}\ \text{mm}$$

$$e_1 = 188\ \text{mm}$$

$$e_2 = 300\ \text{mm} - e_1 = 112\ \text{mm}$$

b) Axiales Flächenmoment 2. Grades I_x:

$$I_x = I_{x1} + A_1 \cdot l_{1y}^2 + I_{x2} + A_2 \cdot l_{2y}^2 + I_{x3} + A_3 \cdot l_{3y}^2 + I_{x4} + A_4 \cdot l_{4y}^2$$

$$I_{x1} = \frac{bh^3}{12} = \frac{80 \cdot 25^3}{12}\ \text{mm}^4 = 10{,}42 \cdot 10^4\ \text{mm}^4$$

$$I_{x2} = \frac{bh^3}{12} = \frac{10 \cdot 30^3}{12}\ \text{mm}^4 = 2{,}25 \cdot 10^4\ \text{mm}^4$$

$$I_{x3} = \frac{bh^3}{12} = \frac{10 \cdot 30^3}{12}\ \text{mm}^4 = 2{,}25 \cdot 10^4\ \text{mm}^4$$

$$I_{x4} = \frac{bh^3}{12} = \frac{150 \cdot 25^3}{12}\ \text{mm}^4 = 19{,}53 \cdot 10^4\ \text{mm}^4$$

$$l_{1y} = e_1 - y_1 = 188\ \text{mm} - 12{,}5\ \text{mm} = 175{,}5\ \text{mm}$$

$$l_{2y} = e_1 - y_2 = 188\ \text{mm} - 40\ \text{mm} = 148\ \text{mm}$$

$$l_{3y} = y_3 - e_1 = 260\ \text{mm} - 188\ \text{mm} = 72\ \text{mm}$$

$$l_{4y} = y_4 - e_1 = 287{,}5\ \text{mm} - 188\ \text{mm} = 99{,}5\ \text{mm}$$

$$I_x = (10{,}42 \cdot 10^4 + 2000 \cdot 175{,}5^2 + 2{,}25 \cdot 10^4 + 300 \cdot 148^2 + 2{,}25 \cdot 10^4 + 300 \cdot 72^2 + 19{,}53 \cdot 10^4 + 3750 \cdot 99{,}5^2)\ \text{mm}^4$$

$$I_x = 1{,}072 \cdot 10^8\ \text{mm}^4$$

c) Axiale Widerstandsmomente W_{x1}, W_{x2}:

$$W_{x1} = \frac{I_x}{e_1} = \frac{1{,}072 \cdot 10^8\ \text{mm}^4}{188\ \text{mm}} = 570 \cdot 10^3\ \text{mm}^3$$

$$W_{x2} = \frac{I_x}{e_2} = \frac{1{,}072 \cdot 10^8\ \text{mm}^4}{112\ \text{mm}} = 957 \cdot 10^3\ \text{mm}^3$$

d) $\sigma_{z\,max} = \frac{M_{b\,max}\,e_2}{I_x}$ $\quad \sigma_{d\,max} = \frac{M_{b\,max}\,e_1}{I_x}$

Hinweis: Zur Zugseite gehört hier e_2, zur Druckseite e_1.

$$\sigma_{z\,max} = \frac{F\,l\,e_2}{I_x} = \frac{F\,l}{W_{x2}}$$

$$F_{\max 1} = \frac{\sigma_{z\,zul} \cdot W_{x2}}{l}$$

$$F_{\max 1} = \frac{50 \dfrac{N}{mm^2} \cdot 957 \cdot 10^3\ mm^3}{400\ mm} = 119{,}625\ kN$$

$$F_{\max 2} = \frac{\sigma_{z\,zul} \cdot W_{x1}}{l}$$

$$F_{\max 2} = \frac{180 \dfrac{N}{mm^2} \cdot 570 \cdot 10^3\ mm^3}{400\ mm} = 256{,}5\ kN$$

Die Belastung darf also 119,625 kN nicht überschreiten ($F_{\max} = 119\,625$ N).

e) $\sigma_{z\,vorh} = \sigma_{z\,zul} = 50 \dfrac{N}{mm^2}$

$$\sigma_{d\,vorh} = \frac{M_{b\max}}{W_{x1}} = \frac{F_{\max}\,l}{W_{x1}}$$

$$\sigma_{d\,vorh} = \frac{119\,625\ N \cdot 400\ mm}{570\,000\ mm^3} = 83{,}95 \frac{N}{mm^2} < \sigma_{d\,zul}$$

862.

a) Inneres Kräftesystem im Schnitt I–I:
Querkraft $F_{qI} = F = 150$ N
Biegemoment $M_{bI} = F \cdot l_1$
$M_{bI} = 150\ N \cdot 140\ mm = 21000$ Nmm

Beanspruchungsarten und Spannungen im Schnitt I–I:
Abscherbeanspruchung durch die Querkraft $F_{qI} = F = 150$ N mit der Abscherspannung $\tau_{aI} = F_{qI} / A$,
Biegebeanspruchung durch das Biegemoment $M_{bI} = 21000$ Nmm mit der Biegespannung $\sigma_{bI} = M_{bI} / W$.

Inneres Kräftesystem im Schnitt II–II:
Querkraft $F_{qII} = F = 150$ N
Biegemoment $M_{bII} = F \cdot l_2$
$M_{bII} = 150\ N \cdot 300\ mm = 45000$ Nmm
Torsionsmoment $M_{TII} = F \cdot l_1$
$M_{TII} = 150\ N \cdot 140\ mm = 21000$ Nmm

Beanspruchungsarten und Spannungen im Schnitt II–II:
Abscherbeanspruchung durch die Querkraft $F_{qII} = F = 150$ N mit der Abscherspannung $\tau_{aII} = F_{qII} / A$,
Biegebeanspruchung durch das Biegemoment $M_{bII} = 45000$ Nmm mit der Biegespannung $\sigma_{bII} = M_{bII} / W$, Torsionsspannung $\tau_{tII} = M_{TII} / W_p$.

b) $\sigma_{b\,zul} = \dfrac{M_{bI}}{W} = \dfrac{F \cdot l_1}{\dfrac{\pi}{32} \cdot d^3}$

$$d_{erf} = \sqrt[3]{\frac{32 \cdot F\,l_1}{\pi \cdot \sigma_{b\,zul}}}$$

$$d_{erf} = \sqrt[3]{\frac{32 \cdot 150\ N \cdot 140\ mm}{\pi \cdot 60 \dfrac{N}{mm^2}}} = 15{,}3\ mm$$

ausgeführt $d = 16$ mm

c) $W_{erf} = \dfrac{F\,l_2}{\sigma_{b\,zul}} = \dfrac{b\,h^2}{6} = \dfrac{\dfrac{h}{6} h^2}{6} = \dfrac{h^3}{36}$

$$h = \sqrt[3]{\frac{36 \cdot F\,l_2}{\sigma_{b\,zul}}} = \sqrt[3]{\frac{36 \cdot 150\ N \cdot 300\ mm}{60 \dfrac{N}{mm^2}}} = 30\ mm$$

$h = 30$ mm; $b = \dfrac{h}{6} = 5$ mm

863.

a) $p = \dfrac{F_r}{d_2\,l} = \dfrac{F_r}{d_2 \cdot 1{,}3\,d_2} = \dfrac{F_r}{1{,}3 \cdot d_2^2} \leqq p_{zul}$

$$d_{2\,erf} = \sqrt{\frac{F_r}{1{,}3 \cdot p_{zul}}} = \sqrt{\frac{1260\ N}{1{,}3 \cdot 2{,}5 \dfrac{N}{mm^2}}} = 19{,}7\ mm$$

ausgeführt $d_2 = 20$ mm
$l = 1{,}3 \cdot d_2 = 1{,}3 \cdot 20\ mm = 26$ mm

b) $p = \dfrac{F_a}{\dfrac{\pi}{4}(d_3^2 - d_2^2)} \leqq p_{zul}$

$$d_3^2 - d_2^2 = \frac{4 \cdot F_a}{\pi \cdot p_{zul}}$$

$$d_{3\,erf} = \sqrt{\frac{4 \cdot F_a}{\pi \cdot p_{zul}} + d_2^2}$$

$$d_{3\,erf} = \sqrt{\frac{4 \cdot 410\ N}{\pi \cdot 2{,}5 \dfrac{N}{mm^2}} + 20^2\ mm^2} = 24{,}7\ mm$$

ausgeführt $d_3 = 25$ mm

c) $\sigma_{b\,vorh} = \dfrac{F_r \dfrac{l}{2}}{\dfrac{\pi}{32} \cdot \left(\dfrac{d_2^4 - d_1^4}{d_2}\right)}$

$$\sigma_{b\,vorh} = \frac{1260\ N \cdot 13\ mm}{\dfrac{\pi}{32} \cdot \left(\dfrac{20^4 - 4^4}{20}\right) mm^3} = 20{,}9 \frac{N}{mm^2}$$

864.

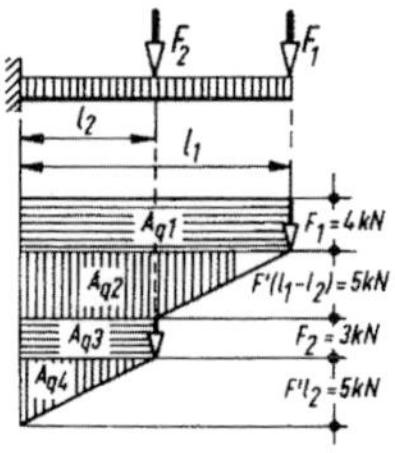

a) $F' = \dfrac{10\,000\text{ N}}{0{,}8\text{ m}} = 12\,500\,\dfrac{\text{N}}{\text{m}}$

siehe Lehrbuch, Abschnitt 5.9.7.4

$M_{b\max} \mathrel{\hat{=}} A_{q1} + A_{q2} + A_{q3} + A_{q4}$

$$A_{q1} = F_1\, l_1 = 4000\text{ N}\cdot 0{,}8\text{ m} = 3200\text{ Nm}$$

$$A_{q2} = \frac{l_1 + l_2}{2}\cdot F'(l_1 - l_2)$$

$$A_{q2} = \frac{1{,}2\text{ m}}{2}\cdot 12\,500\,\frac{\text{N}}{\text{m}}\cdot 0{,}4\text{ m} = 3000\text{ Nm}$$

$$A_{q3} = F_2\, l_2 = 3000\text{ N}\cdot 0{,}4\text{ m} = 1200\text{ Nm}$$

$$A_{q4} = \frac{l_2}{2}\cdot F' l_2 = F'\frac{l_2^2}{2}$$

$$A_{q4} = 12\,500\,\frac{\text{N}}{\text{m}}\cdot\frac{(0{,}4\text{ m})^2}{2} = 1000\text{ Nm}$$

$$M_{b\max} = 8400\text{ Nm} = 8400\cdot 10^3\text{ Nmm}$$

b) $W_{erf} = \dfrac{M_{b\max}}{\sigma_{b\,zul}} = \dfrac{8400\cdot 10^3\text{ Nmm}}{12\,\dfrac{\text{N}}{\text{mm}^2}} = 700\cdot 10^3\text{ mm}^3$

c) $W_{\square} = \dfrac{b h^2}{6} = \dfrac{\dfrac{3}{4}h\cdot h^2}{6} = \dfrac{h^3}{8}$

$$h_{erf} = \sqrt[3]{8\cdot W_{erf}} = \sqrt[3]{8\cdot 700\cdot 10^3\text{ mm}^3} = 178\text{ mm}$$

ausgeführt $h = 180$ mm; $b = \dfrac{3}{4}h = 135$ mm

865.

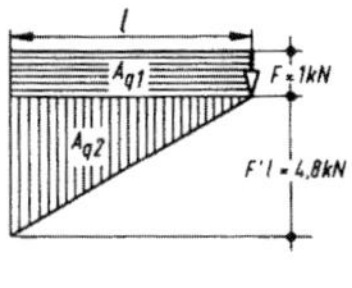

$F' = 4\,\dfrac{\text{kN}}{\text{m}}$

siehe Lehrbuch, Abschnitt 5.9.7.3

$M_{b\max} \mathrel{\hat{=}} A_{q1} + A_{q2}$

$$A_{q1} = F\,l = 1000\text{ N}\cdot 1{,}2\text{ m} = 1200\text{ Nm}$$

$$A_{q2} = \frac{l}{2}\cdot F' l = F'\frac{l^2}{2} = 4000\,\frac{\text{N}}{\text{m}}\cdot\frac{(1{,}2\text{ m})^2}{2} = 2880\text{ Nm}$$

$$M_{b\max} = 4080\text{ Nm} = 4080\cdot 10^3\text{ Nmm}$$

$$W_{erf} = \frac{M_{b\max}}{\sigma_{b\,zul}} = \frac{4080\cdot 10^3\text{ Nmm}}{120\,\dfrac{\text{N}}{\text{mm}^2}} = 34\cdot 10^3\text{ mm}^3$$

ausgeführt IPE 100 mit $W_x = 34{,}2\cdot 10^3\text{ mm}^3$

$$\sigma_{b\,vorh} = \frac{M_{b\max}}{W_x} = \frac{4080\cdot 10^3\text{ Nmm}}{34{,}2\cdot 10^3\text{ mm}^3}$$

$$\sigma_{b\,vorh} = 119{,}3\,\frac{\text{N}}{\text{mm}^2} < \sigma_{b\,zul} = 120\,\frac{\text{N}}{\text{mm}^2}$$

866.

a) $M_{b\max} = F\,l = 5000\text{ N}\cdot 2{,}5\text{ m} = 12\,500\text{ Nm}$

$$W_{erf} = \frac{M_{b\max}}{\sigma_{b\,zul}} = \frac{12\,500\cdot 10^3\text{ Nmm}}{140\,\dfrac{\text{N}}{\text{mm}^2}} = 89{,}3\cdot 10^3\text{ mm}^3$$

ausgeführt IPE 160 mit $W_x = 109\cdot 10^3\text{ mm}^3$

b) $M_{b\max} = \dfrac{F\,l}{2} = \dfrac{5000\text{ N}\cdot 2{,}5\text{ m}}{2} = 6250\text{ Nm}$

$$W_{erf} = \frac{M_{b\max}}{\sigma_{b\,zul}} = \frac{6250\cdot 10^3\text{ Nmm}}{140\,\dfrac{\text{N}}{\text{mm}^2}} = 44{,}6\cdot 10^3\text{ mm}^3$$

ausgeführt IPE 120 mit $W_x = 53\cdot 10^3\text{ mm}^3$

c) $F_{G1} = F'_{G1}\, l = 155\,\dfrac{\text{N}}{\text{m}}\cdot 2{,}5\text{ m} = 387{,}5\text{ N}$

$$F_{G2} = F'_{G2}\, l = 102\,\frac{\text{N}}{\text{m}}\cdot 2{,}5\text{ m} = 255\text{ N}$$

Für Fall a) *ohne* Gewichtskraft F_{G1} wird

$$\sigma_{b\,vorh} = \frac{M_{b\max}}{W_x}$$

$$\sigma_{b\,vorh} = \frac{12\,500\cdot 10^3\text{ Nmm}}{109\cdot 10^3\text{ mm}^3} = 115\,\frac{\text{N}}{\text{mm}^2}$$

Allein durch die Gewichtskraft F_{G1} wird

$$\sigma_{b\,vorh} = \frac{F_{G1}\, l}{2 W_x}$$

$$\sigma_{b\,vorh} = \frac{387{,}5\text{ N}\cdot 2{,}5\cdot 10^3\text{ mm}}{2\cdot 109\cdot 10^3\text{ mm}^3} = 4{,}44\,\frac{\text{N}}{\text{mm}^2}$$

Damit ergibt sich:

$$\sigma_{b\,gesamt} = (115 + 4{,}44)\,\frac{\text{N}}{\text{mm}^2} = 119{,}44\,\frac{\text{N}}{\text{mm}^2}$$

Spannungsnachweis:

$$\sigma_{b\,gesamt} = 119{,}44\,\frac{\text{N}}{\text{mm}^2} < \sigma_{b\,zul} = 140\,\frac{\text{N}}{\text{mm}^2}$$

Für Fall b) *ohne* Gewichtskraft F_{G2} wird

$$\sigma_{b\,vorh} = \frac{M_{b\max}}{W_x} = \frac{6250\cdot 10^3\text{ Nmm}}{53\cdot 10^3\text{ mm}^3} = 117{,}9\,\frac{\text{N}}{\text{mm}^2}$$

Allein durch die Gewichtskraft F_{G2} wird

$$\sigma_{b\,vorh} = \frac{F_{G2}\cdot l}{2\cdot W_x} = \frac{255\text{ N}\cdot 2{,}5\cdot 10^3\text{ mm}}{2\cdot 53\cdot 10^3\text{ mm}^3} = 6\,\frac{\text{N}}{\text{mm}^2}$$

$$\sigma_{b\,gesamt} = (117{,}9 + 6)\,\frac{\text{N}}{\text{mm}^2} = 123{,}9\,\frac{\text{N}}{\text{mm}^2}$$

Spannungsnachweis:

$$\sigma_{b\,gesamt} = 123{,}9\,\frac{\text{N}}{\text{mm}^2} < \sigma_{b\,zul} = 140\,\frac{\text{N}}{\text{mm}^2}$$

Erkenntnis: Die Gewichtskraft erhöht die vorhandene Biegespannung geringfügig.

867.

a) $p = \dfrac{F}{A_{\text{proj}}} = \dfrac{F}{d\,b}$

$$d_{\text{erf}} = \frac{F}{p_{\text{zul}}\,b} = \frac{60\,000\ \text{N}}{2\,\dfrac{\text{N}}{\text{mm}^2}\cdot 180\ \text{mm}} = 167\ \text{mm}$$

ausgeführt $d = 170$ mm

b) $M_{\text{b}\max} = \dfrac{F\,b}{2}$

$$M_{\text{b}\max} = \frac{60\cdot 10^3\ \text{N}\cdot 180\ \text{mm}}{2} = 5400\cdot 10^3\ \text{Nmm}$$

c) $\sigma_{\text{b vorh}} = \dfrac{M_{\text{b}\max}}{W} = \dfrac{M_{\text{b}\max}}{\dfrac{\pi}{32}d^3} = \dfrac{32\cdot M_{\text{b}\max}}{\pi\cdot d^3}$

$$\sigma_{\text{b vorh}} = \frac{32\cdot 5400\cdot 10^3\ \text{Nmm}}{\pi\cdot(170\ \text{mm})^3} = 11{,}2\,\frac{\text{N}}{\text{mm}^2}$$

868.

a) $M_{\text{b}} = F\,l$

$F_{\text{q}} = F$

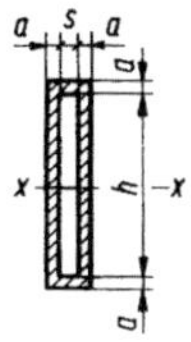

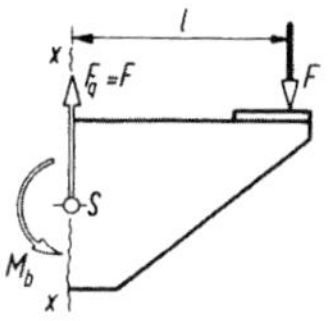

$$W_{\text{x}} = \frac{\overbrace{(2\,a+s)}^{B}\cdot\overbrace{(2a+h)^3}^{H^3} - \overbrace{s\cdot h^3}^{-\,b\cdot h^3}}{6\underbrace{(2a+h)}_{H}}$$

$$M_{\text{b}} = F\,l = 26\,000\ \text{N}\cdot 320\ \text{mm} = 8320\cdot 10^3\ \text{Nmm}$$

$$W_{\text{x}} = \frac{28\ \text{mm}\cdot(266\ \text{mm})^3 - 12\ \text{mm}\cdot(250\ \text{mm})^3}{6\cdot 266\ \text{mm}}$$

$$W_{\text{x}} = 212{,}7\cdot 10^3\ \text{mm}^3$$

$$\sigma_{\text{b schw}} = \frac{M_{\text{b}}}{W_{\text{x}}} = \frac{8320\cdot 10^3\ \text{Nmm}}{212{,}7\cdot 10^3\ \text{mm}^3} = 39{,}1\,\frac{\text{N}}{\text{mm}^2}$$

b) $\tau_{\text{s schw}} = \dfrac{F_{\text{q}}}{A} = \dfrac{F_{\text{q}}}{(2a+s)(2a+h) - s\,h}$

$$\tau_{\text{s schw}} = \frac{26\,000\ \text{N}}{28\ \text{mm}\cdot 266\ \text{mm} - 12\ \text{mm}\cdot 250\ \text{mm}}$$

$$\tau_{\text{s schw}} = 5{,}8\,\frac{\text{N}}{\text{mm}^2}$$

Stützträger mit Einzellasten

869.

a) $\Sigma M_{(\text{A})} = 0 = -F_1\,l_1 - F_2\,(l_1 + l_2) + F_{\text{B}}\,l_3$

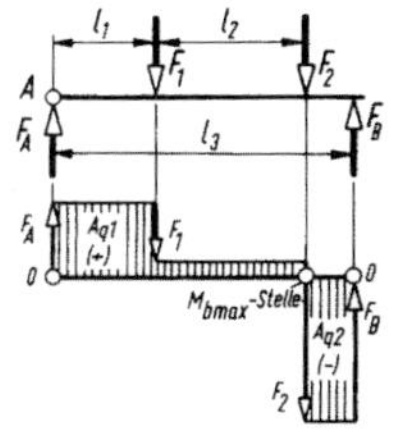

$$F_{\text{B}} = \frac{F_1\,l_1 + F_2\,(l_1 + l_2)}{l_3}$$

$F_{\text{B}} = 28{,}3$ kN

$F_{\text{A}} = 11{,}7$ kN

b) $M_{\text{b}\max} \mathrel{\hat{=}} A_{\text{q}2} = A_{\text{q}1}$

$M_{\text{b}\max} = F_{\text{B}}(l_3 - l_1 - l_2) = 28{,}3\ \text{kN}\cdot 1\ \text{m}$

$M_{\text{b}\max} = 28{,}3\ \text{kNm} = 28{,}3\cdot 10^6\ \text{Nmm}$

870.

a) $\Sigma M_{(\text{A})} = 0 = F_1\,l_1 - F_2\,(l_4 - l_2) + F_{\text{B}}\,l_4 - F_3\,(l_3 + l_4)$

$$F_{\text{B}} = \frac{F_2\,(l_4 - l_2) + F_3\,(l_3 + l_4) - F_1\,l_1}{l_4} = 4{,}76\ \text{kN}$$

$F_{\text{A}} = -1{,}76$ kN (nach unten gerichtet)

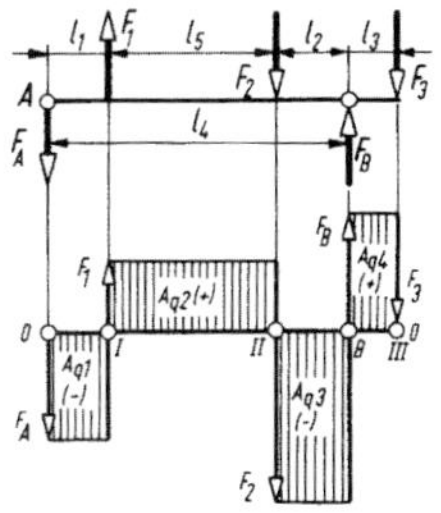

b) $M_{\text{b I}} \mathrel{\hat{=}} A_{\text{q}1} = F_{\text{A}}\,l_1$

$M_{\text{b I}} = 1760\ \text{N}\cdot 0{,}1\ \text{m}$

$M_{\text{b I}} = 176\ \text{Nm}$

$M_{\text{b II}} \mathrel{\hat{=}} A_{\text{q}1} - A_{\text{q}2}$

$M_{\text{b II}} = F_{\text{A}}\,l_1 - (F_1 - F_{\text{A}})\,l_5$

$l_5 = l_4 - (l_1 + l_2)$

$M_{\text{b II}} = 176\ \text{Nm} - 1240\ \text{N}\cdot 0{,}28\ \text{m} = -171{,}2\ \text{Nm}$
(Minus-Vorzeichen ohne Bedeutung)

$M_{\text{b B}} \mathrel{\hat{=}} A_{\text{q}4} = F_3\,l_3 = 2000\ \text{N}\cdot 0{,}08\ \text{m} = 160\ \text{Nm}$

$M_{\text{b III}} = 0$

871.

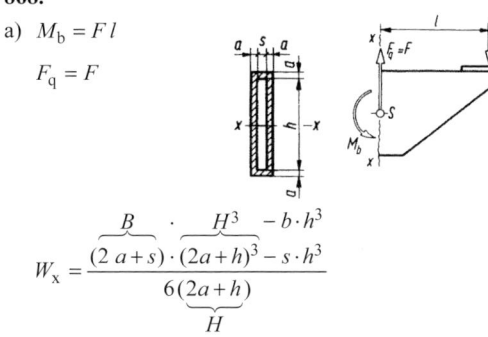

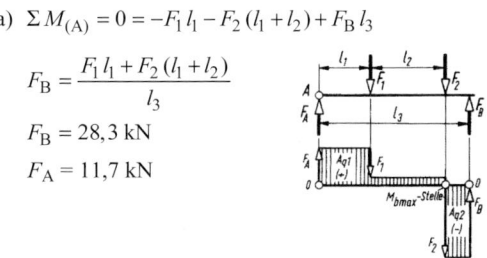

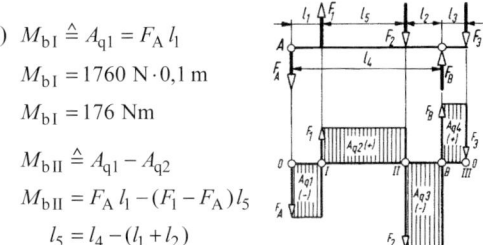

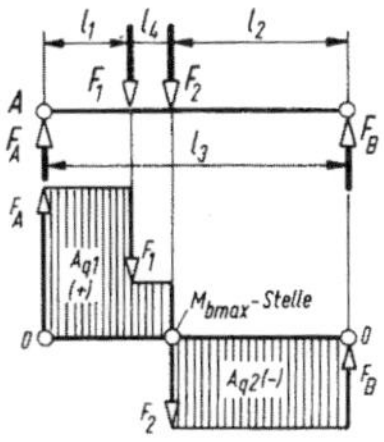

$\Sigma M_{(\text{A})} = 0 = -F_1\,l_1 - F_2\,(l_3 - l_2) + F_{\text{B}}\,l_3$

$$F_{\text{B}} = \frac{F_1\,l_1 + F_2\,(l_3 - l_2)}{l_3} = 14\,280\ \text{N}$$

$F_{\text{A}} = 24\,720$ N

$$M_{b\max} \mathrel{\hat{=}} A_{q2} = F_B\, l_2 = 14280\ \text{N} \cdot 2{,}9\ \text{m} = 41412\ \text{Nm}$$

zur Kontrolle:

$$M_{b\max} \mathrel{\hat{=}} A_{q1} = F_A\, l_1 + (F_A - F_1)\, l_4$$

$$M_{b\max} = 24720\,\text{N} \cdot 1{,}4\,\text{m} + 9720\,\text{N} \cdot 0{,}7\,\text{m} = 41412\,\text{Nm}$$

$$W_{x\,erf} = \frac{M_{b\max}}{\sigma_{b\,zul}} = \frac{41412 \cdot 10^3\ \text{Nmm}}{140\ \dfrac{\text{N}}{\text{mm}^2}} = 295{,}8 \cdot 10^3\ \text{mm}^3$$

ausgeführt 2 IPE 200 mit

$W_{x\,gesamt} = 2 \cdot 194 \cdot 10^3\ \text{mm}^3 = 388 \cdot 10^3\ \text{mm}^3$

872.

a) $$\Sigma M_{(A)} = 0 = F_1 l_1 - F_2 l_2 - F_3 (l_5 - l_3) + F_B l_5 - F_4 (l_4 + l_5)$$

$$F_B = \frac{-F_1 l_1 + F_2 l_2 + F_3 (l_5 - l_3) + F_4 (l_4 + l_5)}{l_5}$$

$$F_B = 28500\ \text{N}$$

$F_A = 21\,500$ N; $F_B = 28\,500$ N

b) $$M_{b\,I} \mathrel{\hat{=}} A_{q1} = F_1\, l_1$$

$$M_{b\,I} = 10\ \text{kN} \cdot 1\ \text{m} = 10\ \text{kNm}$$

$$M_{b\,II} \mathrel{\hat{=}} A_{q1} - A_{q2}$$

$$M_{b\,II} = F_1\, l_1 - (F_A - F_1)\, l_2$$

$$M_{b\,II} = -7{,}25\ \text{kNm}$$

$$M_{b\,III} \mathrel{\hat{=}} A_{q4} = F_4\, l_4$$

$$M_{b\,III} = 10\ \text{kN} \cdot 2\ \text{m} = 20\ \text{kNm}$$

$$M_{b\max} = M_{b\,III} = 20 \cdot 10^6\ \text{Nmm}$$

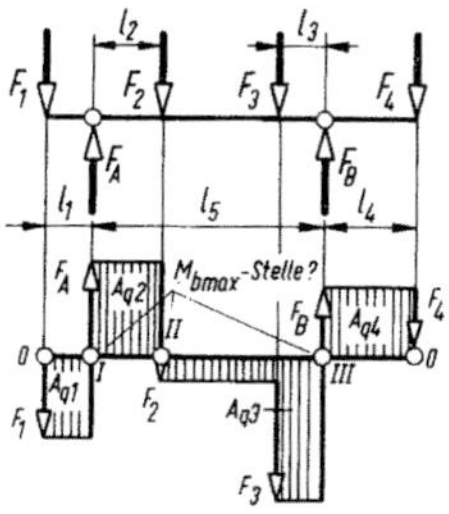

873.

a) $$\Sigma M_{(A)} = 0 = F_1 l_1 - F_2 l_2 + F_B l_3$$

$$F_B = \frac{-F_1 l_1 + F_2 l_2}{l_3} = -617\ \text{N (nach unten gerichtet)}$$

$F_A = 5617$ N; $F_B = -617$ N

b) $$M_{b\max} \mathrel{\hat{=}} A_{q1} = F_1\, l_1$$

$$M_{b\max} = 3{,}6\ \text{kN} \cdot 2\ \text{m}$$

$$M_{b\max} = 7{,}2\ \text{kNm}$$

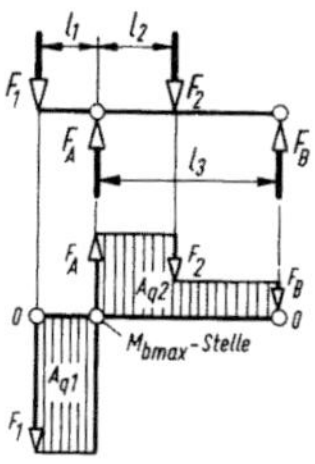

c) $$W_{x\,erf} = \frac{M_{b\max}}{\sigma_{b\,zul}}$$

$$W_{x\,erf} = \frac{7200 \cdot 10^3\ \text{Nmm}}{120\ \dfrac{\text{N}}{\text{mm}^2}} = 60 \cdot 10^3\ \text{mm}^3$$

ausgeführt IPE 140 mit $W_x = 77{,}3 \cdot 10^3\ \text{mm}^3$

874.

linkes Auflager → Lager A

$l_1 = 1{,}8$ m → Abstand Kraft F – Lager A

$l = 4{,}5$ m → Abstand Lager A – Lager B

$$\Sigma M_{(A)} = 0 = -F\, l_1 + F_B\, l$$

$$F_B = \frac{F\, l_1}{l} = 5200\ \text{N}$$

$$F_A = 7800\ \text{N}$$

$M_{b\max}$ wie üblich mit der Querkraftfläche:

$$M_{b\max} = F_A\, l_1 = 7800\ \text{N} \cdot 1{,}8\ \text{m} = 14040\ \text{Nm}$$

$$\sigma_b = \frac{M_b}{W} = \frac{M_b}{\dfrac{b h^2}{6}} = \frac{6 M_b}{\dfrac{h}{2{,}5} \cdot h^2} = \frac{15 M_b}{h^3}$$

$$h_{erf} = \sqrt[3]{\frac{15 M_{b\max}}{\sigma_{b\,zul}}} = \sqrt[3]{\frac{15 \cdot 14040 \cdot 10^3\ \text{Nmm}}{18\ \dfrac{\text{N}}{\text{mm}^2}}} = 227\ \text{mm}$$

ausgeführt $h = 230$ mm; $b = 90$ mm

875.

Bei gleicher Masse m, Länge l und gleicher Dichte ϱ müssen auch die Querschnittsflächen gleich groß sein ($A_1 = A_2 = A$). Daher gilt:

a) $$A_o = \frac{\pi}{4} d_1^2 = A \qquad A_{\text{O}} = \frac{\pi}{4}\left(D_2^2 - d_2^2\right) = A$$

$$\frac{\pi}{4} d_1^2 = \frac{\pi}{4}\left[D_2^2 - \left(\frac{2}{3} D_2\right)^2\right]$$

$$d_1^2 = D_2^2 - \frac{4}{9} D_2^2 = \frac{5}{9} D_2^2$$

$$D_2 = d_1 \sqrt{\frac{9}{5}} = 100\ \text{mm} \cdot 1{,}342 = 134{,}2\ \text{mm}$$

$$d_2 = \frac{2}{3} D_2 = 89{,}5\ \text{mm}$$

b) $$W_1 = \frac{\pi}{32} d_1^3 = 98{,}2 \cdot 10^3\ \text{mm}^3$$

$$W_2 = \frac{\pi}{32} \cdot \frac{D_2^4 - d_2^4}{D_2} = 190{,}3 \cdot 10^3\ \text{mm}^3$$

c) $M_{b\,max} = \dfrac{F}{2} \cdot \dfrac{l}{2} = \dfrac{F\,l}{4}$

$$F_1 = \frac{4 \cdot \sigma_{b\,zul} \cdot W_1}{l} = 39\,270 \text{ N}$$

$$F_2 = \frac{4 \cdot \sigma_{b\,zul} \cdot W_2}{l} = 76\,136 \text{ N}$$

876.

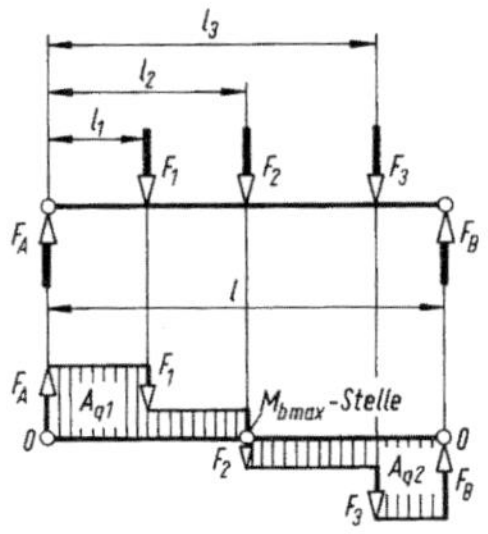

a) $\Sigma M_{(A)} = 0 = -F_1\,l_1 - F_2\,l_2 - F_3\,l_3 + F_B\,l$

$$F_B = \frac{F_1\,l_1 + F_2\,l_2 + F_3\,l_3}{l} = 28{,}75 \text{ kN}$$

$$F_A = F_1 + F_2 + F_3 - F_B = 24{,}25 \text{ kN}$$

b) $M_{b\,max} = F_B\,(l - l_2) - F_3\,(l_3 - l_2) = 50{,}25 \text{ kNm}$

c) $W_{x\,erf} = \dfrac{M_{b\,max}}{\sigma_{b\,zul}}$

$$W_{x\,erf} = \frac{50{,}25 \cdot 10^6 \text{ Nmm}}{120 \dfrac{\text{N}}{\text{mm}^2}} = 418{,}75 \cdot 10^3 \text{ mm}^3$$

ausgeführt IPE 270 mit $W_x = 429 \cdot 10^3$ mm^3

877.

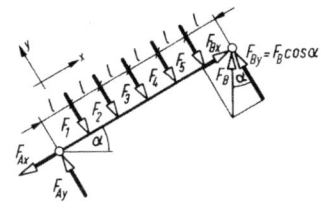

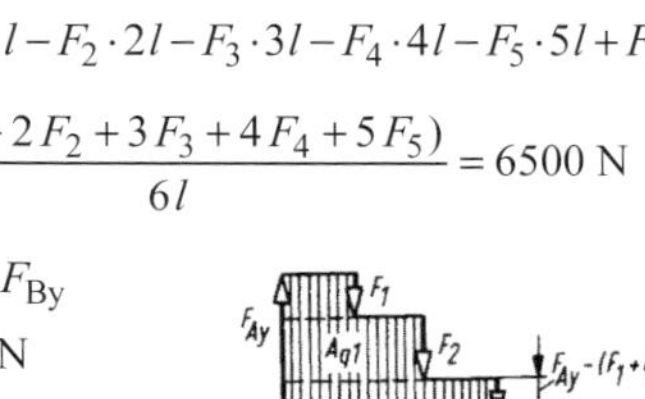

$\Sigma M_{(A)} = 0$

$$= -F_1\,l - F_2 \cdot 2l - F_3 \cdot 3l - F_4 \cdot 4l - F_5 \cdot 5l + F_{By} \cdot 6l$$

$$F_{By} = \frac{l\,(F_1 + 2\,F_2 + 3\,F_3 + 4\,F_4 + 5\,F_5)}{6l} = 6500 \text{ N}$$

$F_{Ay} = \Sigma F - F_{By}$

$F_{Ay} = 6500$ N

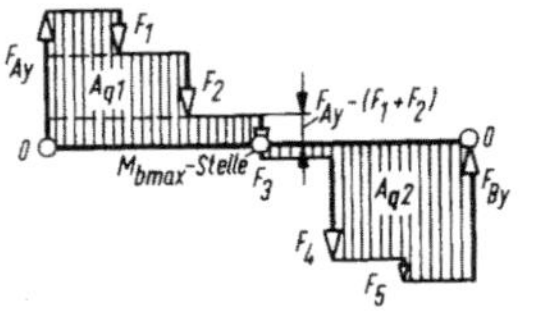

$M_{b\,max} \mathrel{\hat{=}} A_{q1}$

$$M_{b\,max} = F_1\,l + F_2 \cdot 2l + \overbrace{[F_{Ay} - (F_1 + F_2)]}^{1{,}5 \text{ kN}} \cdot 3l$$

$$M_{b\,max} = 1{,}2 \text{ m}\,(2 \text{ kN} + 6 \text{ kN} + 4{,}5 \text{ kN}) = 15 \text{ kNm}$$

$$W_{erf} = \frac{M_{b\,max}}{\sigma_{b\,zul}} = \frac{15\,000 \cdot 10^3 \text{ Nmm}}{120 \dfrac{\text{N}}{\text{mm}^2}} = 125 \cdot 10^3 \text{ mm}^3$$

ausgeführt 2 U 140 DIN 1026 mit

$W_{x\,gesamt} = 2 \cdot 86{,}4 \cdot 10^3$ mm^3 $= 172{,}8 \cdot 10^3$ mm^3

878.

a) $F = 2500$ N

$l = 600$ mm

Bei symmetrischer Belastung wird

$$F_A = F_B = \frac{5\,F}{2}$$

$$F_A = \frac{5}{2} \cdot 2500 \text{ N}$$

$$F_A = 6250 \text{ N}$$

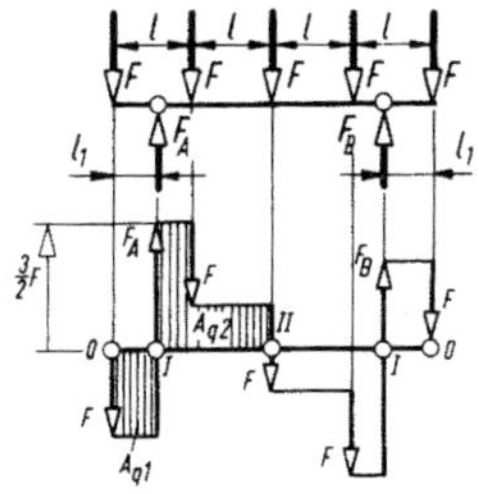

Bei symmetrischer Belastung kann $M_{b\,max}$ in I oder in II liegen. Nur wenn in beiden Querschnittsstellen der Betrag des Biegemoments gleich groß ist ($M_{bI} = M_{bII}$), wird $M_{b\,max}$ am kleinsten.

Für Querschnittsstelle I gilt:

$$M_{b\,I} \mathrel{\hat{=}} A_{q1} = F\,l_1$$

ebenso für Querschnittsstelle II:

$$M_{b\,II} \mathrel{\hat{=}} A_{q1} - A_{q2} = F\,l_1 - \left[\frac{3}{2} F\,(l - l_1) + \frac{F}{2}\,l\right]$$

Beide Ausdrücke gleichgesetzt und nach l_1 aufgelöst ergibt:

$$M_{b\,I} = M_{b\,II}$$

$$A_{q1} = A_{q2} - A_{q1}$$

$$2\,A_{q1} = A_{q2}$$

$$2\,F\,l_1 = \frac{3}{2} F\,(l - l_1) + \frac{F}{2}\,l \quad \Big| : F$$

$$2\,l_1 = \frac{3}{2}\,l - \frac{3}{2}\,l_1 + \frac{l}{2}$$

$$\frac{7}{2}\,l_1 = 2\,l$$

$$l_1 = \frac{4}{7}\,l = \frac{4}{7} \cdot 600 \text{ mm} = 342{,}9 \text{ mm}$$

b) $M_{bI} = F\,l_1 = F\frac{4}{7}l = 2500\,\text{N}\cdot\frac{4}{7}\cdot 0{,}6\,\text{m} = 857{,}14\,\text{Nm}$

$$M_{bII} = F\,l_1 - \left[\frac{3}{2}F(l - l_1) + \frac{F}{2}l\right]$$

$$M_{bII} = F(2{,}5l_1 - 2l) = F\left(2{,}5\frac{4}{7}l - 2l\right) = \left(-\frac{4}{7}\right)\cdot F\,l$$

$$M_{bII} = \left(-\frac{4}{7}\right)\cdot 2500\,\text{N}\cdot 0{,}6\,\text{m}\cdot = -857{,}14\,\text{Nm}$$

$$M_{b\,max} = M_{bI} = |\,M_{bII}\,| = 857{,}14\,\text{Nm}$$

c) $W_{x\,erf} = \frac{M_{b\,max}}{\sigma_{b\,zul}} = \frac{857{,}14\cdot 10^3\,\text{Nmm}}{120\,\frac{\text{N}}{\text{mm}^2}}$

$$W_{x\,erf} = 7{,}144\cdot 10^3\,\text{mm}^3$$

Es genügt das kleinste Profil:
IPE 80 mit $W_x = 20\cdot 10^3\,\text{mm}^3$

879.

$M_{b\,max}$ kann nur am Rollenstützpunkt wirken:
$M_{b\,max} = F\,l_1$

$$\sigma_b = \frac{M_b}{W} = \frac{M_b}{\frac{b h^2}{6}} = \frac{6\cdot F\,l_1}{10h\cdot h^2} = \frac{0{,}6\cdot F\,l_1}{h^3}$$

$$h_{erf} = \sqrt[3]{\frac{0{,}6\cdot F\,l_1}{\sigma_{b\,zul}}}$$

$$h_{erf} = \sqrt[3]{\frac{0{,}6\cdot 10^3\,\text{N}\cdot 2{,}5\cdot 10^3\,\text{mm}}{8\,\frac{\text{N}}{\text{mm}^2}}} = 57{,}2\,\text{mm}$$

ausgeführt $h = 58$ mm $b = 580$ mm

880.

a) $\Sigma M_{(B)} = 0 = +F\left(\frac{l_3}{2} + l_4\right) - F_A(l_2 + l_3 + l_4)$

$$F_A = \frac{F\left(\frac{l_3}{2} + l_4\right)}{(l_2 + l_3 + l_4)} = 11{,}43\,\text{kN}$$

$F_A = 11{,}43$ kN, $F_B = 8{,}57$ kN

b) Berechnung von x mit dem Strahlensatz:

$$\frac{F}{l_3} = \frac{F_A}{x} \Rightarrow x = \frac{F_A}{F}l_3$$

$$x = \frac{11{,}43\,\text{kN}}{20\,\text{kN}}\cdot 120\,\text{mm}$$

$$x = 68{,}58\,\text{mm}$$

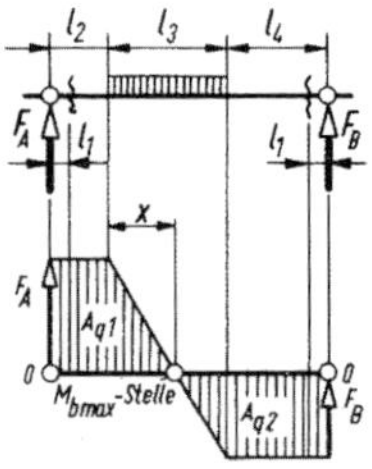

$$M_{b\,max} \mathrel{\hat{=}} A_{q1} = F_A\,l_2 + \frac{F_A\,x}{2} = F_A\left(l_2 + \frac{x}{2}\right)$$

$$M_{b\,max} = 11{,}43\,\text{kN}\cdot 94{,}29\,\text{mm} = 1078\cdot 10^3\,\text{Nmm}$$

c) $d_{3erf} = \sqrt[3]{\frac{M_{b\,max}}{0{,}1\cdot\sigma_{b\,zul}}}$

$$d_{3erf} = \sqrt[3]{\frac{1078\cdot 10^3\,\text{Nmm}}{0{,}1\cdot 50\,\frac{\text{N}}{\text{mm}^2}}} = 59{,}96\,\text{mm}$$

ausgeführt $d_3 = 60$ mm

d) $d_{1erf} = \sqrt[3]{\frac{M_{b1}}{0{,}1\cdot\sigma_{b\,zul}}} = \sqrt[3]{\frac{F_A\,l_1}{0{,}1\cdot\sigma_{b\,zul}}}$

$$d_{1erf} = \sqrt[3]{\frac{11{,}43\cdot 10^3\,\text{N}\cdot 20\,\text{mm}}{0{,}1\cdot 50\,\frac{\text{N}}{\text{mm}^2}}} = 35{,}76\,\text{mm}$$

ausgeführt $d_1 = 36$ mm

$$d_{2erf} = \sqrt[3]{\frac{F_B\,l_1}{0{,}1\cdot\sigma_{b\,zul}}}$$

$$d_{2erf} = \sqrt[3]{\frac{8{,}57\cdot 10^3\,\text{N}\cdot 20\,\text{mm}}{0{,}1\cdot 50\,\frac{\text{N}}{\text{mm}^2}}} = 32{,}48\,\text{mm}$$

ausgeführt $d_2 = 34$ mm

e) $p_{A\,vorh} = \frac{F_A}{d_1\cdot 2l_1} = \frac{11430\,\text{N}}{2\cdot 36\,\text{mm}\cdot 20\,\text{mm}} = 7{,}9\,\frac{\text{N}}{\text{mm}^2}$

$$p_{B\,vorh} = \frac{F_B}{d_2\cdot 2l_1} = \frac{8570\,\text{N}}{2\cdot 34\,\text{mm}\cdot 20\,\text{mm}} = 6{,}3\,\frac{\text{N}}{\text{mm}^2}$$

881.

a) $M_{b\,max} = \frac{F}{2}\left(\frac{l_1 + l_2}{2}\right)$

$$M_{b\,max} = 600\,\text{N}\cdot 5{,}75\,\text{mm} = 3450\,\text{Nmm}$$

$$W = \frac{\pi}{32}d^3 = \frac{\pi}{32}(6\,\text{mm})^3 = 21{,}2\,\text{mm}^3$$

$$\sigma_{b\,vorh} = \frac{M_{b\,max}}{W} = \frac{3450\,\text{Nmm}}{21{,}2\,\text{mm}^3} = 163\,\frac{\text{N}}{\text{mm}^2}$$

b) $\tau_{a\,vorh} = \frac{F}{Am} = \frac{1200\,\text{N}}{\frac{\pi}{4}\cdot(6\,\text{mm})^2\cdot 2} = 21{,}2\,\frac{\text{N}}{\text{mm}^2}$

c) $p_{max} = \frac{F}{2l_2\,d} = \frac{1200\,\text{N}}{2\cdot 3{,}5\,\text{mm}\cdot 6\,\text{mm}} = 28{,}6\,\frac{\text{N}}{\text{mm}^2}$

882.

a) Stützkräfte:

$F_A = 883$ N

$F_B = 1767$ N

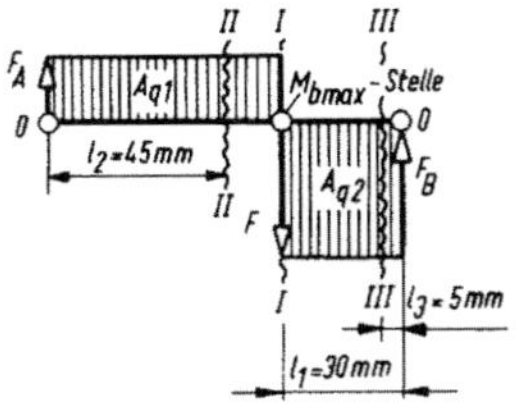

$M_{bI} = M_{b\,max} = F_B\, l_1$

$M_{bI} = 1767\ \text{N} \cdot 30\ \text{mm}$

$M_{bI} = 53 \cdot 10^3\ \text{Nmm}$

$M_{bII} = F_A\, l_2 = 883\ \text{N} \cdot 45\ \text{mm} = 39{,}7 \cdot 10^3\ \text{Nmm}$

$M_{bIII} = F_B\, l_3 = 1767\ \text{N} \cdot 5\ \text{mm} = 8{,}84 \cdot 10^3\ \text{Nmm}$

b) $\sigma_{bI} = \dfrac{M_{bI}}{W_I}$

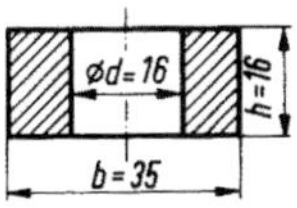

Schnitt I–I

$$W_I = \frac{h^2}{6}(b-d)$$

$$W_I = \frac{(16\ \text{mm})^2}{6} \cdot (35-16)\ \text{mm} = 810{,}7\ \text{mm}^3$$

$$\sigma_{bI} = \frac{53000\ \text{Nmm}}{810{,}7\ \text{mm}^3} = 65{,}4\ \frac{\text{N}}{\text{mm}^2}$$

c) $$\sigma_{bII} = \frac{M_{bII}}{W_{II}} = \frac{32 \cdot 39700\ \text{Nmm}}{\pi \cdot (16\ \text{mm})^3} = 98{,}7\ \frac{\text{N}}{\text{mm}^2}$$

d) $$\sigma_{bIII} = \frac{M_{bIII}}{W_{III}} = \frac{32 \cdot 8840\ \text{Nmm}}{\pi \cdot (12\ \text{mm})^3} = 52{,}1\ \frac{\text{N}}{\text{mm}^2}$$

883.

a) $$F_{res} = \sqrt{F^2 + F^2 + 2F^2 \cos\alpha}$$

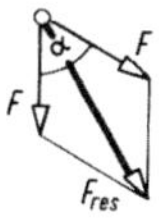

$$F_{res} = \sqrt{2F^2(1+\cos\alpha)}$$

$$F_{res} = \sqrt{2 \cdot 64\ (\text{kN})^2 \cdot 1{,}5} = 13{,}85\ \text{kN}$$

b) $F_A = 4155$ N $\quad F_B = 9695$ N

$M_{b\,max} = F_A\, l_1 = 4155\ \text{N} \cdot 0{,}42\ \text{m} = 1745\ \text{Nm}$

c) $$\sigma_{b\,zul} = \frac{M_b}{W} \Rightarrow W_{erf} = \frac{M_{b\,max}}{\sigma_{b\,zul}}$$

$$W_{erf} = \frac{1745 \cdot 10^3\ \text{Nmm}}{90\ \dfrac{\text{N}}{\text{mm}^2}} = 19{,}4 \cdot 10^3\ \text{mm}^3$$

d) $$d_{erf} = \sqrt[3]{\frac{M_{b\,max}}{0{,}1 \cdot \sigma_{b\,zul}}}$$

$$d_{erf} = \sqrt[3]{\frac{1745 \cdot 10^3\ \text{Nmm}}{0{,}1 \cdot 90\ \dfrac{\text{N}}{\text{mm}^2}}} = 57{,}88\ \text{mm}$$

ausgeführt $d = 60$ mm

e) $$\sigma_{b\,vorh} = \frac{32 \cdot M_{b\,max}}{\pi d^3}$$

$$\sigma_{b\,vorh} = \frac{32 \cdot 1745 \cdot 10^3\ \text{Nmm}}{\pi \cdot (60\ \text{mm})^3} = 82{,}3\ \frac{\text{N}}{\text{mm}^2}$$

Mit der Ungefährbeziehung $W \approx 0{,}1\ d^3$ wird

$$\sigma_{b\,vorh} = \frac{M_{b\,max}}{0{,}1 d^3} = \frac{1745 \cdot 10^3\ \text{Nmm}}{0{,}1 \cdot (60\ \text{mm})^3} = 80{,}8\ \frac{\text{N}}{\text{mm}^2}$$

884.

a) $$M_{b\,max} = \frac{F}{2} \cdot \frac{l_2}{2} = \frac{F\, l_2}{4}$$

$$M_{b\,max} = \frac{45 \cdot 10^3\ \text{N} \cdot 10\ \text{m}}{4} = 1{,}125 \cdot 10^5\ \text{Nm}$$

$$W_{erf} = \frac{M_{b\,max}}{\sigma_{b\,zul}} = \frac{1{,}125 \cdot 10^8\ \text{Nmm}}{85\ \dfrac{\text{N}}{\text{mm}^2}} = 1323{,}5 \cdot 10^3\ \text{mm}^3$$

$$W_{x\,erf} = \frac{W_{erf}}{2} = 661{,}73 \cdot 10^3\ \text{mm}^3 \text{ je Profil}$$

ausgeführt IPE 330 mit $W_x = 713 \cdot 10^3\ \text{mm}^3$

$$\sigma_{b\,vorh} = \frac{M_{b\,max}}{2 \cdot W_x} = \frac{1{,}125 \cdot 10^8\ \text{Nmm}}{2 \cdot 713 \cdot 10^3\ \text{mm}^3} = 78{,}9\ \frac{\text{N}}{\text{mm}^2}$$

$$\sigma_{b\,vorh} = 78{,}9\ \frac{\text{N}}{\text{mm}^2} < \sigma_{b\,zul} = 85\ \frac{\text{N}}{\text{mm}^2}$$

b) $$M_{b\,max} = \frac{F\, l_2}{4} - \frac{F\, l_1}{4} = \frac{F(l_2 - l_1)}{4}$$

$$M_{b\,max} = \frac{45 \cdot 10^3\ \text{N} \cdot (10 - 0{,}6)\ \text{m}}{4} = 1{,}0575 \cdot 10^5\ \text{Nm}$$

$$W_{erf} = \frac{M_{b\,max}}{\sigma_{b\,zul}} = \frac{1{,}0575 \cdot 10^8\ \text{Nmm}}{85\ \dfrac{\text{N}}{\text{mm}^2}} = 1244{,}1 \cdot 10^3\ \text{mm}^3$$

$$W_{x\,erf} = \frac{W_{erf}}{2} = 622 \cdot 10^3\ \text{mm}^3$$

Es bleibt bei IPE 330 wie unter a).

$$\sigma_{b\,vorh} = \frac{M_{b\,max}}{2 \cdot W_x} = \frac{1{,}0575 \cdot 10^8\ \text{Nmm}}{2 \cdot 713 \cdot 10^3\ \text{mm}^3} = 74{,}2\ \frac{\text{N}}{\text{mm}^2}$$

$$\sigma_{b\,vorh} = 74{,}2\ \frac{\text{N}}{\text{mm}^2} < \sigma_{b\,zul} = 85\ \frac{\text{N}}{\text{mm}^2}$$

885.

a) $$e_1 = \frac{A_1 y_1 + A_2 y_2 + A_3 y_3}{A}; \quad e_2 = h - e_1$$

$A_1 = b_2\, d_2 = (90 \cdot 30)\ \text{mm}^2 = 2700\ \text{mm}^2$

$A_2 = (h - d_1 - d_2)\, d_3 = (110 \cdot 20)\ \text{mm}^2 = 2200\ \text{mm}^2$

$A_3 = b_1\, d_1 = (120 \cdot 20)\ \text{mm}^2 = 2400\ \text{mm}^2$

$A = A_1 + A_2 + A_3 = 7300\ \text{mm}^2$

$$y_1 = \frac{d_2}{2} = 15\text{ mm}$$
$$y_2 = 85\text{ mm}$$
$$y_3 = 150\text{ mm}$$

$$e_1 = \frac{(2700\cdot 15 + 2200\cdot 85 + 2400\cdot 150)\text{ mm}^3}{7300\text{ mm}^2}$$
$$e_1 = 80{,}5\text{ mm}$$
$$e_2 = 160\text{ mm} - 80{,}5\text{ mm} = 79{,}5\text{ mm}$$

b) $I = I_1 + A_1 l_1^2 + I_2 + A_2 l_2^2 + I_3 + A_3 l_3^2$

$$I_1 = \frac{b_2 d_2^3}{12} = \frac{90\text{ mm}\cdot(30\text{ mm})^3}{12} = 20{,}25\cdot 10^4\text{ mm}^4$$
$$I_2 = \frac{20\text{ mm}\cdot(110\text{ mm})^3}{12} = 221{,}8\cdot 10^4\text{ mm}^4$$
$$I_3 = \frac{120\text{ mm}\cdot(20\text{ mm})^3}{12} = 8\cdot 10^4\text{ mm}^4$$
$$l_1^2 = \left(e_1 - \frac{d_2}{2}\right)^2 = 65{,}5^2\text{ mm}^2 = 4290\text{ mm}^2$$
$$l_2^2 = (85\text{ mm} - e_1)^2 = 20{,}25\text{ mm}^2$$
$$l_3^2 = \left(e_2 - \frac{d_1}{2}\right)^2 = 4830\text{ mm}^2$$
$$I = (20{,}25 + 0{,}27\cdot 4290 + 221{,}8 + 0{,}22\cdot 20{,}25 +$$
$$+ 8 + 0{,}24\cdot 4830)\cdot 10^4\text{ mm}^4$$
$$I = 2572\cdot 10^4\text{ mm}^4$$

c) $W_1 = \frac{I}{e_1} = \frac{2572\cdot 10^4\text{ mm}^4}{80{,}5\text{ mm}} = 319{,}5\cdot 10^3\text{ mm}^3$

$$W_2 = \frac{I}{e_2} = \frac{2572\cdot 10^4\text{ mm}^4}{79{,}5\text{ mm}} = 323{,}5\cdot 10^3\text{ mm}^3$$

d) $\Sigma M_{(B)} = 0 = F l_2 - F_A(l_1 + l_2)$

$$F_A = \frac{F l_2}{(l_1 + l_2)} = 9\text{ kN}$$
$$F_A = 9\text{ kN};\ F_B = 6\text{ kN}$$
$$M_{b\max} = F_A l_1 = F_B l_2$$
$$\sigma_{b1\,vorh} = \frac{M_{b\max}}{W_{x1}} = \frac{9\cdot 10^3\text{ N}\cdot 400\text{ mm}}{319{,}5\cdot 10^3\text{ mm}^3} = 11{,}3\frac{\text{N}}{\text{mm}^2}$$
$$\sigma_{b2\,vorh} = \frac{M_{b\max}}{W_{x2}} = \frac{9\cdot 10^3\text{ N}\cdot 400\text{ mm}}{323{,}5\cdot 10^3\text{ mm}^3} = 11{,}1\frac{\text{N}}{\text{mm}^2}$$

Die größte Spannung tritt demnach als Biege-*Zug*spannung $\sigma_{b1} = \sigma_{bz} = 11{,}3\text{ N/mm}^2$ an der Unterseite des Profils auf.

Stützträger mit Mischlasten

886.

a) $F_A = F_B = \frac{F'l}{2} = \frac{2000\frac{\text{N}}{\text{m}}\cdot 6\text{ m}}{2} = 6000\text{ N}$

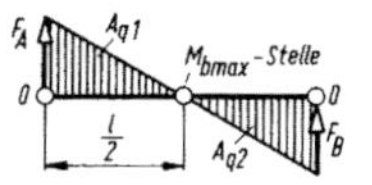

b) $M_{b\max} \mathrel{\hat{=}} A_{q1} = A_{q2}$

$$M_{b\max} = \frac{F_A\frac{l}{2}}{2} = \frac{F_A l}{4}$$
$$M_{b\max} = 9000\text{ Nm}$$

887.

$$F_A = F_B = \frac{F_G}{2} = \frac{mg}{2} = \frac{Al\varrho g}{2}$$
$$M_{b\max} = \frac{F_A l}{2} = \frac{Al\varrho g l}{2\cdot 2} = \frac{bhl^2\varrho g}{4}$$
$$\sigma_b = \frac{M_{b\max}}{W} = \frac{M_{b\max}}{\frac{bh^2}{6}} = \frac{6bhl^2\varrho g}{4bh^2} = \frac{3l^2\varrho g}{2h}$$
$$h_{erf} = \frac{3l^2\varrho g}{2\cdot\sigma_{b\,zul}} = \frac{3\cdot 100\text{ m}^2\cdot 1{,}1\cdot 10^3\frac{\text{kg}}{\text{m}^3}\cdot 9{,}81\frac{\text{m}}{\text{s}^2}}{2\cdot 10^6\frac{\text{N}}{\text{m}^2}}$$
$$h_{erf} = 0{,}162\text{ m} = 162\text{ mm}$$
$$b_{erf} = \frac{h_{erf}}{3} = 54\text{ mm}$$

888.

a) $\Sigma M_{(B)} = 0 = -F_A l_1 + F\frac{l_2}{2}$

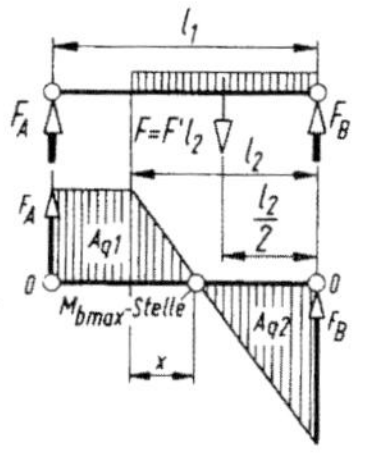

$$F_A = F\frac{l_2}{2l_1}$$
$$F_A = 19500\text{ N}\cdot\frac{2{,}8\text{ m}}{8\text{ m}} = 6825\text{ N}$$
$$F_B = 12675\text{ N}$$

b) $\frac{F}{l_2} = \frac{F_A}{x} \Rightarrow x = \frac{F_A}{F}l_2 = 0{,}98\text{ m}$

$$M_{b\max} \mathrel{\hat{=}} A_{q1} = A_{q2}$$
$$M_{b\max} = \frac{F_B(l_2 - x)}{2}$$
$$M_{b\max} = 12675\text{ N}\cdot 0{,}91\text{ m} = 11534\text{ Nm}$$

c) $W_{x\,erf} = \dfrac{M_{b\,max}}{\sigma_{b\,zul}} = \dfrac{11534 \cdot 10^3\ \text{Nmm}}{120\ \dfrac{\text{N}}{\text{mm}^2}} = 96{,}1 \cdot 10^3\ \text{mm}^3$

ausgeführt IPE 160 mit $W_x = 109 \cdot 10^3\ \text{mm}^3$

889.

$$F'_G = 59\ \frac{\text{N}}{\text{m}} \qquad F' = 20\ \frac{\text{N}}{\text{m}}$$

$$F'_{ges} = F' + F'_G = (20 + 59)\ \frac{\text{N}}{\text{m}} = 79\ \frac{\text{N}}{\text{m}}$$

$$F_{ges} = F'_{ges}\, l = 79\ \frac{\text{N}}{\text{m}} \cdot 5\ \text{m} = 395\ \text{N}$$

$$M_{b\,max} = \frac{F_{ges}}{8} l = 0{,}125\, F_{ges}\, l$$

$$W_x = 19{,}5 \cdot 10^3\ \text{mm}^3$$

$$\sigma_{b\,vorh} = \frac{M_{b\,max}}{W_x}$$

$$\sigma_{b\,vorh} = \frac{0{,}125 \cdot 395\ \text{N} \cdot 5 \cdot 10^3\ \text{mm}}{20 \cdot 10^3\ \text{mm}^3} = 12{,}3\ \frac{\text{N}}{\text{mm}^2}$$

890.

a) $\Sigma M_{(B)} = 0 = F l_3 - F_A (l_2 + l_3)$

$$F_A = \frac{F l_3}{(l_2 + l_3)} = 500\ \text{N}$$

$F_A = 500\ \text{N};\ F_B = 300\ \text{N}$

b) $\dfrac{F}{l_1} = \dfrac{F_A}{x} \Rightarrow x = \dfrac{F_A}{F} l_1$

$$x = \frac{500\ \text{N}}{800\ \text{N}} \cdot 200\ \text{mm}$$

$$x = 125\ \text{mm}$$

$$l_4 = l_2 - \frac{l_1}{2} + x$$

$$l_4 = (300 - 100 + 125)\ \text{mm}$$

$$l_4 = 325\ \text{mm}$$

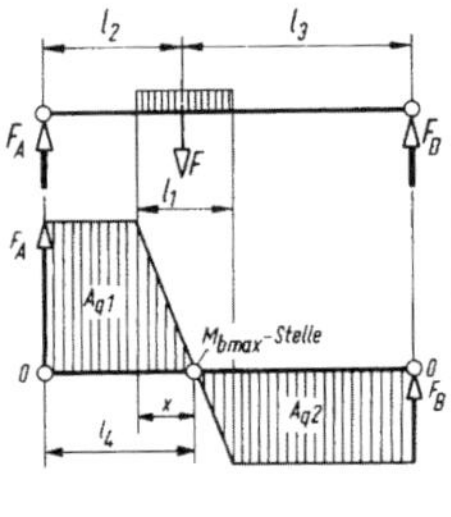

c) $M_{b\,max} \mathrel{\hat=} A_{q1} = A_{q2}$

$$M_{b\,max} = \frac{l_4 + \left(l_2 - \dfrac{l_1}{2}\right)}{2} \cdot F_A = 131{,}25 \cdot 10^3\ \text{Nmm}$$

d) $d_{erf} = \sqrt[3]{\dfrac{M_{b\,max}}{0{,}1 \cdot \sigma_{b\,zul}}}$

$$d_{erf} = \sqrt[3]{\frac{131{,}25 \cdot 10^3\ \text{Nmm}}{0{,}1 \cdot 80\ \dfrac{\text{N}}{\text{mm}^2}}} = 25{,}5\ \text{mm}$$

ausgeführt $d = 26$ mm

891.

a)

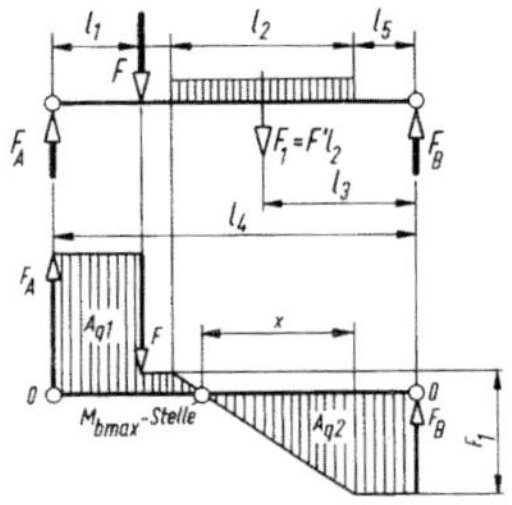

$$F_1 = F' l_2 = 2\ \frac{\text{kN}}{\text{m}} \cdot 3\ \text{m} = 6\ \text{kN}$$

$$\Sigma M_{(B)} = 0 = -F_A l_4 + F(l_4 - l_1) + F_1 l_3$$

$$F_A = \frac{F(l_4 - l_1) + F_1 l_3}{l_4} = 7000\ \text{N}$$

$$F_B = 5000\ \text{N}$$

$$\frac{F_1}{l_2} = \frac{F_B}{x} \Rightarrow x = \frac{F_B}{F_1} l_2 = 2{,}5\ \text{m}$$

b) $M_{b\,max} \mathrel{\hat=} A_{q1} = A_{q2}$

$$M_{b\,max} = \frac{l_5 + x + l_5}{2} F_B$$

$$M_{b\,max} = \frac{(1 + 2{,}5 + 1)\ \text{m}}{2} \cdot 5000\ \text{N} = 11250\ \text{Nm}$$

892.

a)

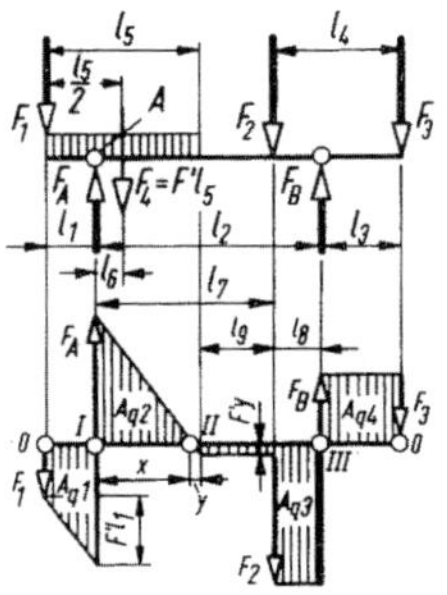

$$\Sigma M_{(A)} = 0 = F_1 l_1 - F_4 l_6 - F_2 l_7 + F_B l_2 - F_3 (l_2 + l_3)$$

$$F_B = \frac{F_3 (l_2 + l_3) + F_2 l_7 + F_4 l_6 - F_1 l_1}{l_2} = 6100\ \text{N}$$

$$F_A = 7400\ \text{N}$$

F_4 ist die Resultierende der Streckenlast F', also

$$F_4 = F' l_5 = 2\ \frac{\text{kN}}{\text{m}} \cdot 3\ \text{m} = 6\ \text{kN}$$

b) Berechnung der Länge x aus der Bedingung, dass an der Trägerstelle II die Summe aller Querkräfte $F_q = 0$ sein muss:

$$\Sigma F_q = 0 = -F_1 - F' l_1 + F_A - F' x$$

$$x = \frac{F_A - F_1 - F' l_1}{F'} = \frac{7{,}4\ \text{kN} - 1{,}5\ \text{kN} - 2\ \dfrac{\text{kN}}{\text{m}} \cdot 1\ \text{m}}{2\ \dfrac{\text{kN}}{\text{m}}}$$

$x = 1{,}95\ \text{m} \qquad y = 0{,}05\ \text{m}$

$$A_{q1} = F_1 l_1 + \frac{F' l_1}{2} = 2{,}5\ \text{kNm}$$

$$A_{q2} = (F_A - F' l_1 - F_1) \cdot \frac{x}{2} = 3{,}803\ \text{kNm}$$

$$A_{q3} = F_2 l_8 + F' y (l_8 + l_9) + \frac{F' y \cdot y}{2} = 4{,}5\ \text{kNm}$$

$$A_{q4} = F_3 l_3 = 3\ \text{kNm}$$

$$M_{bI} \mathrel{\hat{=}} A_{q1} = 2500\ \text{Nm}$$

$$M_{bII} \mathrel{\hat{=}} A_{q2} - A_{q1} = 1303\ \text{Nm}$$

$$M_{bIII} \mathrel{\hat{=}} A_{q4} = 3000\ \text{Nm} = M_{b\,max}$$

c) $W_{x\,erf} = \dfrac{M_{b\,max}}{\sigma_{b\,zul}} = \dfrac{3000 \cdot 10^3\ \text{Nmm}}{120\ \dfrac{\text{N}}{\text{mm}^2}} = 25 \cdot 10^3\ \text{mm}^3$

ausgeführt IPE 100 mit $W_x = 34{,}2 \cdot 10^3\ \text{mm}^3$

893.

a)

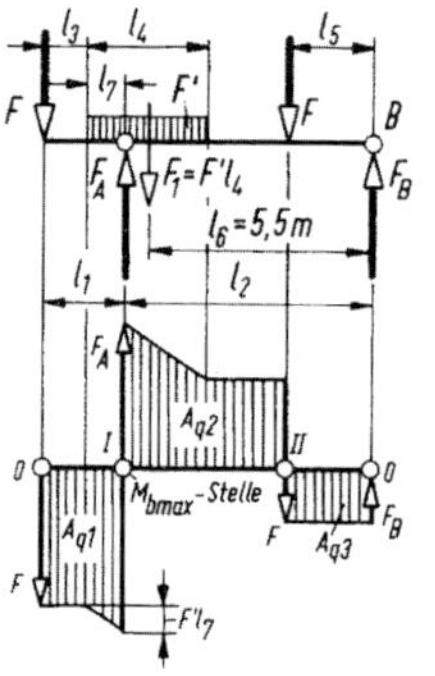

$$\Sigma M_{(B)} = 0 = F(l_1 + l_2) - F_A l_2 + F_1 l_6 + F l_5$$

$$F_A = \frac{F(l_1 + l_2) + F_1 l_6 + F l_5}{l_2} = 44{,}3\ \text{kN}$$

$$F_B = 7{,}7\ \text{kN}$$

Die Querkraftfläche A_{q1} (von I nach links gesehen) ist deutlich erkennbar größer als A_{q3} (von II nach rechts gesehen), also gilt:

$$M_{b\,max} \mathrel{\hat{=}} A_{q1} = F(l_3 + l_7) + \frac{F' l_7 l_7}{2}$$

$$M_{b\,max} = 20\ \text{kN} \cdot 2\ \text{m} + \frac{4\ \dfrac{\text{kN}}{\text{m}} \cdot 1\ \text{m}^2}{2}$$

$$M_{b\,max} = 42\ \text{kNm} = 42 \cdot 10^6\ \text{Nmm}$$

b) $e_1 = \dfrac{A_1 y_1 + A_2 y_2 + A_3 y_3}{A}$

$A_1 = (20 \cdot 5)\ \text{cm}^2 = 100\ \text{cm}^2 \qquad y_1 = 2{,}5\ \text{cm}$

$A_2 = (4 \cdot 14)\ \text{cm}^2 = 56\ \text{cm}^2 \qquad y_2 = 12\ \text{cm}$

$A_3 = (20 \cdot 6)\ \text{cm}^2 = 120\ \text{cm}^2 \qquad y_3 = 22\ \text{cm}$

$A = \Sigma A_n = 276\ \text{mm}^2$

$$e_1 = \frac{[(100 \cdot 2{,}5) + (56 \cdot 12) + (120 \cdot 22)]\ \text{cm}^3}{276\ \text{cm}^2}$$

$$e_1 = 12{,}9\ \text{cm} = 129\ \text{mm}$$

c) $I_{x1} = \dfrac{200 \cdot 50^3}{12}\ \text{mm}^4 = 2{,}083 \cdot 10^6\ \text{mm}^4$

$$I_{x2} = \frac{40 \cdot 140^3}{12}\ \text{mm}^4 = 9{,}157 \cdot 10^6\ \text{mm}^4$$

$$I_{x3} = \frac{200 \cdot 60^3}{12}\ \text{mm}^4 = 3{,}6 \cdot 10^6\ \text{mm}^4$$

$$l_{1y} = e_1 - y_1 = 104{,}05\ \text{mm}$$

$$l_{2y} = e_1 - y_2 = 9{,}05\ \text{mm}$$

$$l_{3y} = e_1 - y_3 = -90{,}95\ \text{mm}$$

$$I_x = I_{x1} + A_1 l_{1y}^2 + I_{x2} + A_2 l_{2y}^2 + I_{x3} + A_3 l_{3y}^2$$

$$I_x = 222{,}8 \cdot 10^6\ \text{mm}^4$$

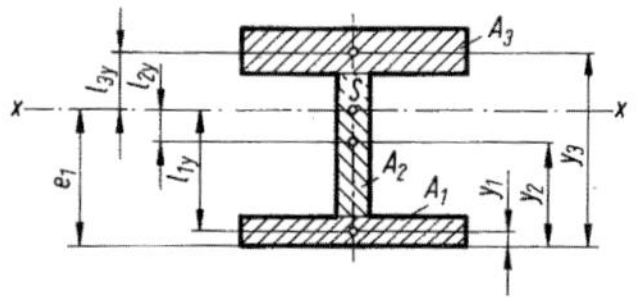

d) $W_{x1} = \dfrac{I_x}{e_1} = 1{,}73 \cdot 10^6\ \text{mm}^3$

$$W_{x2} = \frac{I_x}{e_2} = 1{,}84 \cdot 10^6\ \text{mm}^3$$

e) $\sigma_{b1} = \dfrac{M_{b\,max}}{W_{x1}} = \dfrac{42 \cdot 10^6\ \text{Nmm}}{1{,}73 \cdot 10^6\ \text{mm}^3} = 24{,}3\ \dfrac{\text{N}}{\text{mm}^2}$

$$\sigma_{b2} = \frac{M_{b\,max}}{W_{x2}} = \frac{42 \cdot 10^6\ \text{Nmm}}{1{,}84 \cdot 10^6\ \text{mm}^2} = 22{,}8\ \frac{\text{N}}{\text{mm}^2}$$

$$\sigma_{b\,max} = 24{,}3\ \frac{\text{N}}{\text{mm}^2}$$

f) Die maximale Biegespanung $\sigma_{b\,max}$ tritt als Druckspannung an der unteren Profilseite auf.

894.

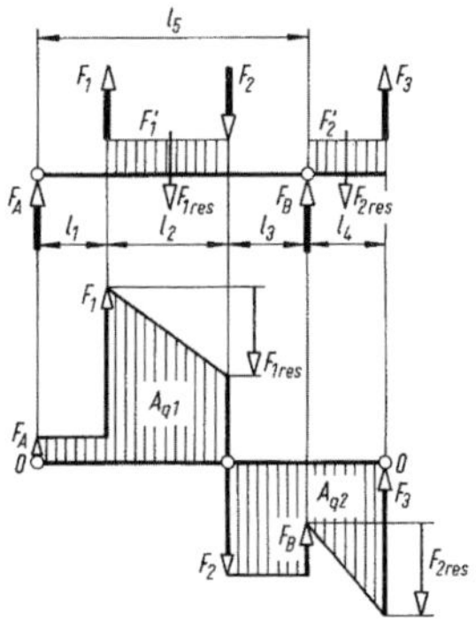

a) $F_{1\text{res}} = F_1' l_2 = 4\,\dfrac{\text{kN}}{\text{m}} \cdot 0{,}45\ \text{m} = 1{,}8\ \text{kN}$

$F_{2\text{res}} = F_2' l_4 = 6\,\dfrac{\text{kN}}{\text{m}} \cdot 0{,}3\ \text{m} = 1{,}8\ \text{kN}$

$$\Sigma M_{(A)} = 0 = F_1 l_1 - F_{1\text{res}}\left(l_1 + \frac{l_2}{2}\right) - F_2 (l_1 + l_2) +$$

$$+ F_B l_5 - F_{2\text{res}}\left(l_5 + \frac{l_4}{2}\right) + F_3 (l_4 + l_5)$$

$F_A = 0{,}525\ \text{kN};\ F_B = 1{,}075\ \text{kN}$

b) $M_{b\max} \mathrel{\hat{=}} A_{q1} = (F_A + F_1)\cdot(l_1 + l_2) - F_1 l_1 - \dfrac{F_{1\text{res}}\, l_2}{2}$

$M_{b\max} = 1310\ \text{Nm}$

895.

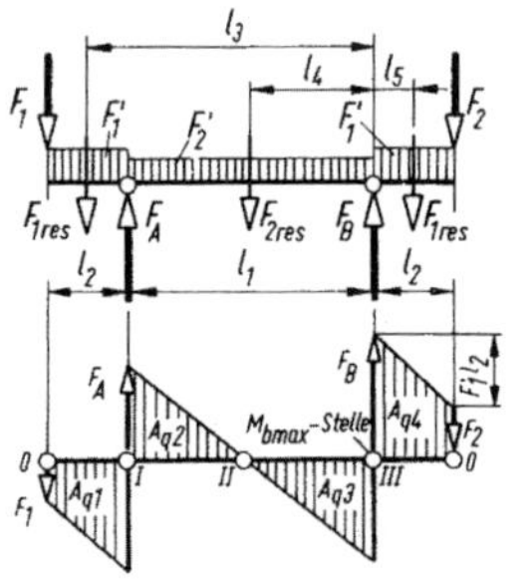

a) $\Sigma M_{(B)} = 0 = F_1 (l_2 + l_1) + F_{1\text{res}}\, l_3 - F_A l_1 +$

$+ F_{2\text{res}}\, l_4 - F_{1\text{res}}\, l_5 - F_2 l_2$

$F_{1\text{res}} = F_1' l_2 \qquad F_{2\text{res}} = F_2' l_1$

$$F_A = \frac{F_1 (l_1 + l_2) + F_1' l_2 l_3 + F_2' l_1 l_4 - F_1' l_2 l_5 - F_2 l_2}{l_1}$$

$F_A = 31{,}36\ \text{kN} \qquad F_B = 34{,}64\ \text{kN}$

b) Die Querkraftfläche A_{q4} (von III nach rechts gesehen) ist erkennbar größer als A_{q1} (von I nach links gesehen); ebenso ist die Summe $-A_{q1} + A_{q2}$ kleiner als A_{q4}. Daher gilt:

$$M_{b\max} \mathrel{\hat{=}} A_{q4} = F_2 l_2 + \frac{F_1' l_2 l_2}{2}$$

$$M_{b\max} = 8\ \text{kN} \cdot 0{,}8\ \text{m} + \frac{13{,}75\,\dfrac{\text{kN}}{\text{m}} \cdot 0{,}64\ \text{m}^2}{2}$$

$$M_{b\max} = 10{,}8\ \text{kNm} = 10{,}8 \cdot 10^6\ \text{Nmm}$$

c) $\sigma_{b\,\text{vorh}} = \dfrac{M_{b\max}}{W} = 5{,}2\,\dfrac{\text{N}}{\text{mm}^2}$

896.

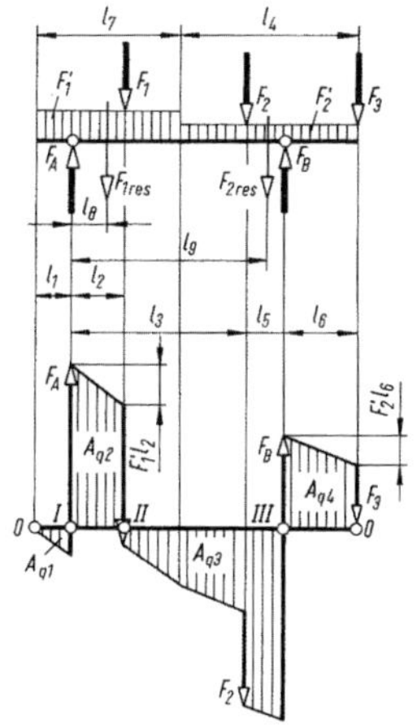

a) $l_7 = 4\ \text{m}$

$l_8 = 1\ \text{m}$

$l_9 = 5{,}5\ \text{m}$

$F_{1\text{res}} = F_1' l_7$

$F_{1\text{res}} = 6\,\dfrac{\text{kN}}{\text{m}} \cdot 4\ \text{m}$

$F_{1\text{res}} = 24\ \text{kN}$

$F_{2\text{res}} = F_2' l_4$

$F_{2\text{res}} = 3\,\dfrac{\text{kN}}{\text{m}} \cdot 5\ \text{m}$

$F_{2\text{res}} = 15\ \text{kN}$

$$\Sigma M_{(A)} = 0 = -F_{1\text{res}}\, l_8 - F_1 l_2 - F_2 l_3 - F_{2\text{res}}\, l_9 +$$

$$+ F_B (l_3 + l_5) - F_3 (l_3 + l_5 + l_6)$$

$F_A = 42{,}08\ \text{kN};\ F_B = 61{,}92\ \text{kN}$

b) $M_{bI} \mathrel{\hat{=}} A_{q1} = \dfrac{F_1' l_1}{2} = 3\ \text{kNm}$

$M_{bII} \mathrel{\hat{=}} A_{q2} - A_{q1} = (F_A - F_1' l_1) l_2 - \dfrac{F_1' l_2}{2} l_2 - A_{q1}$

$M_{bII} = 44{,}25\ \text{kNm}$

$M_{bIII} \mathrel{\hat{=}} A_{q4} = (F_3 + F_2' l_6) l_6 - F_2' l_6 \dfrac{l_6}{2} = 36\ \text{kNm}$

$M_{b\max} = M_{bII} = 44{,}25\ \text{kNm}$

c) $W_{x\,\text{erf}} = \dfrac{M_{b\max}}{\sigma_{b\,\text{zul}}}$

$$W_{x\,\text{erf}} = \frac{44250 \cdot 10^3\ \text{Nmm}}{140\,\dfrac{\text{N}}{\text{mm}^2}} = 316 \cdot 10^3\ \text{mm}^3$$

ausgeführt IPE 240 mit $W_x = 324 \cdot 10^3\ \text{mm}^3$

897.

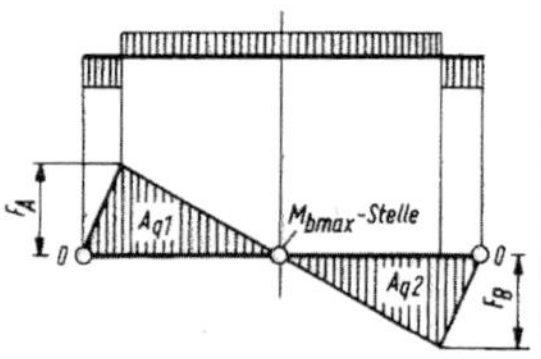

a) $F_A = F_B = 150\ \text{kN}$

b) $M_{b\,max} \mathrel{\hat{=}} A_{q1} = A_{q2}$

$$M_{b\,max} = \frac{F_A\,(l_1 + l_2)}{2}$$

$$M_{b\,max} = 150\ \text{kN} \cdot \frac{0{,}1\ \text{m}}{2} = 7{,}5\ \text{kNm}$$

c) $$d_{erf} = \sqrt[3]{\frac{M_{b\,max}}{0{,}1 \cdot \sigma_{b\,zul}}} = \sqrt[3]{\frac{7500 \cdot 10^3\ \text{Nmm}}{0{,}1 \cdot 140\ \frac{\text{N}}{\text{mm}^2}}} = 82\ \text{mm}$$

d) $$\tau_{a\,vorh} = \frac{F}{A} = \frac{300\,000\text{N}}{2 \cdot \frac{\pi}{4}(82\ \text{mm})^2} = 28{,}4\ \frac{\text{N}}{\text{mm}^2}$$

e) $$p_{vorh} = \frac{F}{A_{proj}} = \frac{300\,000\ \text{N}}{2 \cdot 82\ \text{mm} \cdot 18\ \text{mm}} = 101{,}6\ \frac{\text{N}}{\text{mm}^2}$$

f) $$p_{vorh} = \frac{F}{A_{proj}} = \frac{300\,000\ \text{N}}{82\ \text{mm} \cdot 164\ \text{mm}} = 22{,}3\ \frac{\text{N}}{\text{mm}^2}$$

898.

a) $$F_A = F_B = \frac{F}{2} = 70\ \text{kN} = 70\,000\ \text{N}$$

$$\tau_a = \frac{F}{2\frac{d^2\pi}{4}} = \frac{4F}{2\pi d^2}$$

$$d_{erf} = \sqrt{\frac{2F}{\pi \tau_{a\,zul}}} = 27{,}3\ \text{mm}$$

ausgeführt $d = 28$ mm (Normmaß)

b)

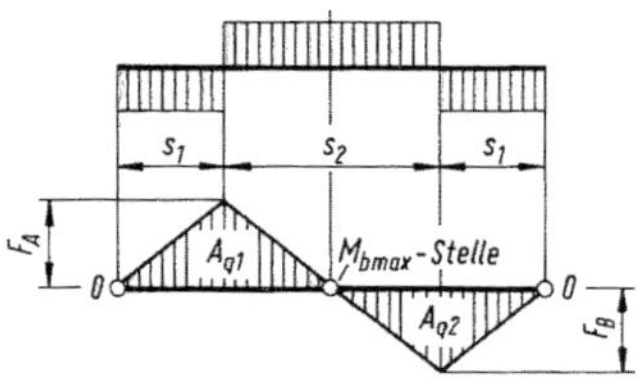

$$M_{b\,max} \mathrel{\hat{=}} A_{q1} = A_{q2} = \frac{F_A\left(s_1 + \frac{s_2}{2}\right)}{2}$$

$$M_{b\,max} = \frac{70\ \text{kN}\left(30 + \frac{60}{2}\right)\text{mm}}{2} = 2100\ \text{kNmm}$$

$$\sigma_{b\,vorh} = \frac{M_{b\,max}}{0{,}1 \cdot d^3} = \frac{2100 \cdot 10^3\ \text{Nmm}}{0{,}1 \cdot 28^3\ \text{mm}^3} = 957\ \frac{\text{N}}{\text{mm}^2}$$

c) $$\sigma_{b\,vorh} = 957\ \frac{\text{N}}{\text{mm}^2} > \sigma_{b\,zul} = 140\ \frac{\text{N}}{\text{mm}^2}$$

$$d_{erf} = \sqrt[3]{\frac{M_{b\,max}}{0{,}1 \cdot \sigma_{b\,zul}}} = \sqrt[3]{\frac{2100 \cdot 10^3\ \text{Nmm}}{0{,}1 \cdot 140\ \frac{\text{N}}{\text{mm}^2}}} = 53{,}1\ \text{mm}$$

ausgeführt $d = 56$ mm

d) $$\tau_{a\,vorh} = \frac{4F}{2\pi d^2} = \frac{4 \cdot 140 \cdot 10^3\ \text{N}}{2\pi \cdot 56^2\ \text{mm}^2} = 28{,}4\ \frac{\text{N}}{\text{mm}^2}$$

e) $$p_{vorh} = \frac{F}{d\,s_2} = \frac{140 \cdot 10^3\ \text{N}}{56\ \text{mm} \cdot 60\ \text{mm}} = 41{,}7\ \frac{\text{N}}{\text{mm}^2}$$

899.

a)

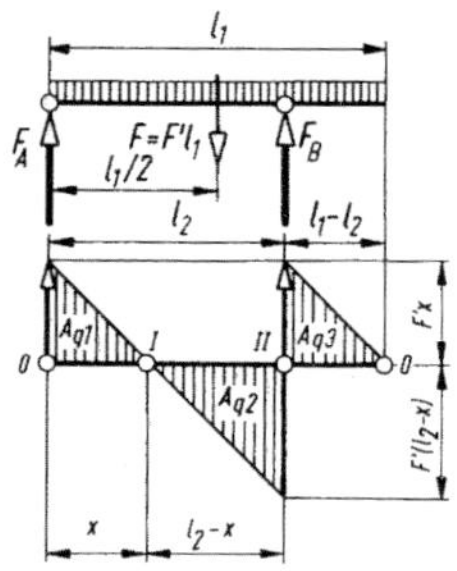

$$\Sigma M_{(B)} = 0 = -F_A\, l_2 + F' l_1\left(l_2 - \frac{l_1}{2}\right)$$

$$F_A = \frac{F' l_1\left(l_2 - \frac{l_1}{2}\right)}{l_2} = F' x \quad \text{(siehe Querkraftfläche)}$$

$$x = \frac{l_1}{l_2} \cdot \left(l_2 - \frac{l_1}{2}\right) = l_1 - \frac{l_1^2}{2 l_2}$$

$$A_{q1} = A_{q3}$$

$$\frac{F' x \cdot x}{2} = \frac{F' x \cdot (l_1 - l_2)}{2}$$

$$x = l_1 - l_2$$

$$l_1 - l_2 = l_1 - \frac{l_1^2}{2 l_2}$$

$$l_2^2 = \frac{l_1^2}{2}$$

$$l_2 = \frac{l_1}{\sqrt{2}} = \frac{4\ \text{m}}{\sqrt{2}} = 2{,}828\ \text{m}$$

Hinweise:

1. Der Flächeninhalt der beiden positiven Querkraftflächen A_{q1} und A_{q3} muss gleich dem der negativen Querkraftfläche A_{q2} sein (wegen $\Sigma M = 0$).

2. $M_{b\,max}$ kann nur dann den kleinsten Betrag annehmen, wenn die Biegemomente in I und II gleich groß sind ($A_{q1} = A_{q3}$).
3. Die Stützkraft F_A ergibt sich aus der Bedingung (siehe Querkraftfläche), dass (von links aus gesehen) im Schnitt I die Querkraftsumme gleich null ist:

   $\Sigma F_q = 0 = F_A - F'x \Rightarrow F_A = F'x$.
4. Aus den beiden voneinander unabhängigen Gleichungen $\Sigma M = 0$ und $A_{q1} = A_{q3}$ ergibt sich je eine Beziehung für x und daraus durch Gleichsetzen die Beziehung für l_2.

b) $M_{b\max} \mathrel{\hat{=}} A_{q1} \qquad x = l_1 - l_2 = 1{,}171\ \text{m}$

$$M_{b\max} = \frac{F'x^2}{2} = \frac{2{,}5\ \frac{\text{kN}}{\text{m}} \cdot (1{,}171\ \text{m})^2}{2} = 1{,}714\ \text{kNm}$$

900.

$$f = \frac{F\,l^3}{3E\,I} \quad (\text{F + T, 5.12})$$

$$I = \frac{b\,h^3}{12} \quad (\text{F + T, 5.13})$$

$$f = \frac{12\,F\,l^3}{3E\,I\,b\,h^3} = \frac{4\,F\,l^3}{E\,b\,h^3}$$

$$F = \frac{b\,h^3\,f\,E}{4l^3} = \frac{10\,\text{mm} \cdot 1\,\text{mm}^3 \cdot 12\,\text{mm} \cdot 2{,}1 \cdot 10^5\ \frac{\text{N}}{\text{mm}^2}}{4 \cdot 60^3\ \text{mm}^3}$$

$$F = 29{,}2\ \text{N}$$

901.

a) $f_a = \dfrac{F\,l^3}{3E\,I}$

$$I = I_x = 171 \cdot 10^4\ \text{mm}^4$$

$$f_a = \frac{10^3\ \text{N} \cdot (1200\ \text{mm})^3}{3 \cdot 2{,}1 \cdot 10^5\ \frac{\text{N}}{\text{mm}^2} \cdot 171 \cdot 10^4\ \text{mm}^4} = 1{,}6\ \text{mm}$$

b) $f_b = \dfrac{F'l^4}{8E\,I}$

$$f_b = \frac{4\ \frac{\text{N}}{\text{mm}} \cdot (1200\ \text{mm})^4}{8 \cdot 2{,}1 \cdot 10^5\ \frac{\text{N}}{\text{mm}^2} \cdot 171 \cdot 10^4\ \text{mm}^4} = 2{,}887\ \text{mm}$$

c) $F_G = F'_G\,l = 79\ \dfrac{\text{N}}{\text{m}} \cdot 1{,}2\ \text{m} = 94{,}8\ \text{N}$

$$f_c = \frac{F_G\,l^3}{8E\,I}$$

$$f_c = \frac{94{,}8\ \text{N} \cdot (1200\ \text{mm})^3}{8 \cdot 2{,}1 \cdot 10^5\ \frac{\text{N}}{\text{mm}^2} \cdot 171 \cdot 10^4\ \text{mm}^4} = 0{,}057\ \text{mm}$$

d) $f_{res} = f_a + f_b + f_c = 4{,}544\ \text{mm}$

902.

a) $W = \dfrac{\pi}{32} d^3 = \dfrac{\pi}{32} \cdot (30\ \text{mm})^3 = 2651\ \text{mm}^3$

$$I = W \frac{d}{2} = 2651\ \text{mm}^3 \cdot 15\ \text{mm} = 39765\ \text{mm}^4$$

$$\sigma_{b\max} = \frac{M_{b\max}}{W} = \frac{2000\ \text{N} \cdot 200\ \text{mm}}{2651\ \text{mm}^3} = 151\ \frac{\text{N}}{\text{mm}^2}$$

b) $f = \dfrac{F\,l^3}{48E\,I}$

$$f = \frac{4000\ \text{N} \cdot (4000\ \text{mm})^3}{48 \cdot 2{,}1 \cdot 10^5\ \frac{\text{N}}{\text{mm}^2} \cdot 39765\ \text{mm}^4} = 0{,}64\ \text{mm}$$

c) $\tan\alpha = \dfrac{3f}{l}$

$$\alpha = \arctan\frac{3f}{l} = \arctan\frac{3 \cdot 0{,}64\ \text{mm}}{400\ \text{mm}} = 0{,}275°$$

d) Die Durchbiegung vervielfacht sich (bei sonst gleichbleibenden Größen) entsprechend der Durchbiegungsgleichung im Verhältnis:

$$\frac{E_{St}}{E_{Al}} = \frac{2{,}1 \cdot 10^5\ \frac{\text{N}}{\text{mm}^2}}{0{,}7 \cdot 10^5\ \frac{\text{N}}{\text{mm}^2}} = 3$$

$$f_{Al} = 3 \cdot f_{St} = 3 \cdot 0{,}64\ \text{mm} = 1{,}92\ \text{mm}$$

e) Aus der Gleichung

$$f = \frac{F\,l^3}{48E\,I}$$

ist zu erkennen, dass das Produkt $E\,I$ den gleichen Wert erhalten muss. Da E_{Al} nur 1/3 E_{St} ist, muss $I_{Al} = 3 \cdot I_{ST}$ werden:

$$I_{erf} = 3 \cdot I_{St} = 3 \cdot 39765\ \text{mm}^4 = 119295\ \text{mm}^4$$

$$I = \frac{\pi}{64} d^4 \Rightarrow d_{erf} = \sqrt[4]{\frac{64\,I_{erf}}{\pi}}$$

$$d_{erf} = \sqrt[4]{\frac{64}{\pi} \cdot 11{,}93 \cdot 10^4\ \text{mm}^4} = 39{,}48\ \text{mm}$$

Beanspruchung auf Knickung

Für alle Aufgaben: siehe Arbeitsplan für Knickungsaufgaben im Lehrbuch, 5.10.4.

903.

Da hier Durchmesser d und freie Knicklänge s bekannt sind, wird der Schlankheitsgrad λ als erstes bestimmt. Damit kann festgestellt werden, ob elastische oder unelastische Knickung vorliegt. (*Hinweis:* Für Kreisquerschnitte ist der Trägheitsradius $i = d/4$.)

$$\lambda = \frac{s}{i} = \frac{4s}{d} = \frac{4 \cdot 250\ \text{mm}}{8\ \text{mm}} = 125 > \lambda_0 = 89$$

Da $\lambda = 125 > \lambda_0 = 89$ ist, liegt elastische Knickung vor (Eulerfall); damit gilt:

$$F_K = \frac{E I_{min} \pi^2}{s^2} \qquad I_{min} = \frac{\pi}{64} d^4$$

$$F_K = \frac{2{,}1 \cdot 10^5 \frac{\text{N}}{\text{mm}^2} \cdot \frac{\pi}{64} \cdot (8\ \text{mm})^4 \cdot \pi^2}{(250\ \text{mm})^2} = 6668\ \text{N}$$

$$F = \frac{F_K}{\nu} = \frac{6668\ \text{N}}{10} = 667\ \text{N}$$

904.

a) $M_{b\,max} = F r$

$$d_{erf} = \sqrt[3]{\frac{M_{b\,max}}{0{,}1 \cdot \sigma_{b\,zul}}} = \sqrt[3]{\frac{400\ \text{N} \cdot 350\ \text{mm}}{0{,}1 \cdot 140 \frac{\text{N}}{\text{mm}^2}}} = 21{,}6\ \text{mm}$$

ausgeführt $d = 22$ mm

b) $F r = F_{Stempel} r_0 \qquad r_0 = \frac{z m}{2}$

$$F_{Stempel} = \frac{F r}{r_0} = \frac{2 F r}{z m}$$

$$F_{Stempel} = \frac{2 \cdot 400\ \text{N} \cdot 350\ \text{mm}}{30 \cdot 5\ \text{mm}} = 1867\ \text{N}$$

$$\lambda = \frac{s}{i} = \frac{4 \cdot 2l}{d_2} = \frac{4 \cdot 800\ \text{mm}}{36\ \text{mm}} = 88{,}9 \approx 89 = \lambda_0 = 89$$

also gerade noch Eulerfall.

$$I_{min} = \frac{\pi}{64} d_2^4 = \frac{\pi}{64} (36\ \text{mm})^4 = 82\,448\ \text{mm}^4$$

$$F_{Stempel} \cdot \nu = \frac{E I_{min} \pi^2}{(2l)^2}$$

$$\nu = \frac{2{,}1 \cdot 10^5 \frac{\text{N}}{\text{mm}^2} \cdot 82\,448\ \text{mm}^4 \cdot \pi^2}{(800\ \text{mm})^2 \cdot 1867\ \text{N}} = 143$$

905.

a) $$A_{3\,erf} = \frac{F}{\sigma_{d\,zul}} = \frac{800 \cdot 10^3\ \text{N}}{100 \frac{\text{N}}{\text{mm}^2}} = 8000\ \text{mm}^2$$

b) ausgeführt Tr 120 × 14 DIN 103 mit $A_3 = 8495\ \text{mm}^2$

c) $$m_{erf} = \frac{F P}{\pi d_2 H_1 p_{zul}}$$

$$m_{erf} = \frac{800 \cdot 10^3\ \text{N} \cdot 14\ \text{mm}}{\pi \cdot 113\ \text{mm} \cdot 7\ \text{mm} \cdot 30 \frac{\text{N}}{\text{mm}^2}} = 150{,}2\ \text{mm}$$

ausgeführt $m = 150$ mm

d) $$\lambda = \frac{s}{i} = \frac{4s}{d_3} = \frac{6400\ \text{mm}}{104\ \text{mm}} = 61{,}5 < \lambda_{0,E295} = 89$$

Es liegt unelastische Knickung vor (Tetmajer).

e) $\sigma_K = 335 - 0{,}62 \cdot \lambda$ (Zahlenwertgleichung)

$$\sigma_K = 335 - 0{,}62 \cdot 61{,}5 = 297 \frac{\text{N}}{\text{mm}^2}$$

f) $$\sigma_{d\,vorh} = \frac{F}{A_3} = \frac{800 \cdot 10^3\ \text{N}}{8{,}495 \cdot 10^3\ \text{mm}^2} = 94{,}2 \frac{\text{N}}{\text{mm}^2}$$

g) $$\nu = \frac{\sigma_K}{\sigma_{d\,vorh}} = \frac{297 \frac{\text{N}}{\text{mm}^2}}{94{,}2 \frac{\text{N}}{\text{mm}^2}} = 3{,}15$$

906.

$$I_{erf} = \frac{\nu F s^2}{E \pi^2}$$

$$I_{erf} = \frac{8 \cdot 6000\ \text{N} \cdot (600\ \text{mm})^2}{2{,}1 \cdot 10^5 \frac{\text{N}}{\text{mm}^2} \cdot \pi^2} = 8337\ \text{mm}^4$$

$$I = \frac{\pi}{64} d^4$$

$$d_{erf} = \sqrt[4]{\frac{64 \cdot I_{erf}}{\pi}} = \sqrt[4]{\frac{64 \cdot 8337\ \text{mm}^4}{\pi}} = 20{,}3\ \text{mm}$$

ausgeführt $d = 21$ mm

λ-Kontrolle:

$$\lambda = \frac{4s}{d} = \frac{4 \cdot 600\ \text{mm}}{21\ \text{mm}} = 114 > \lambda_0 = 105$$

Es war richtig, nach Euler zu rechnen; die Rechnung ist beendet.

907.

a) $M_{RG} = F\,r_2 \tan(\alpha + \varrho')$

Hinweis: Es tritt keine Reibung an der Mutterauflage auf, daher wird nicht mit

$M_A = F[r_2 \tan(\alpha + \varrho') + \mu_a r_a]$

gerechnet ($F\,\mu_a\,r_a = 0$).

$M_{RG} = F_h\,l_1 = 150\ \text{N} \cdot 200\ \text{mm} = 30000\ \text{Nmm}$

$$r_2 = \frac{18{,}376\ \text{mm}}{2} = 9{,}188\ \text{mm}$$

$$\tan\alpha = \frac{P}{2\pi r_2}$$

$$\alpha = \arctan\frac{2{,}5\ \text{mm}}{2\pi \cdot 9{,}188\ \text{mm}} = 2{,}48^\circ$$

$\varrho' = 11{,}3^\circ$ für Stahl/CuSn – trocken – (F + T, 3.1)

$\tan(\alpha + \varrho') = \tan 13{,}78^\circ$

$$F = \frac{M_{RG}}{r_2 \tan(\alpha + \varrho')} = \frac{30000\ \text{Nmm}}{9{,}188\ \text{mm} \cdot \tan 13{,}78^\circ} = 13313\ \text{N}$$

b) $$\sigma_{d\,vorh} = \frac{F}{A_S} = \frac{13313\ \text{N}}{245\ \text{mm}^2} = 54{,}3\ \frac{\text{N}}{\text{mm}^2}$$

c) $$m_{erf} = \frac{F\,P}{\pi d_2 H_1 p_{zul}}$$

$$m_{erf} = \frac{13313\ \text{N} \cdot 2{,}5\ \text{mm}}{\pi \cdot 18{,}376\ \text{mm} \cdot 1{,}353\ \text{mm} \cdot 12\ \frac{\text{N}}{\text{mm}^2}} = 35{,}5\ \text{mm}$$

ausgeführt $m = 40$ mm

d) $$\lambda = \frac{4s}{d_3} = \frac{4 \cdot 380\ \text{mm}}{16{,}933\ \text{mm}} = 89{,}8 > \lambda_0 = 89\ \text{(Eulerfall)}$$

$$\nu_{vorh} = \frac{\sigma_K}{\sigma_{d\,vorh}} = \frac{E\pi^2}{\lambda^2 \sigma_{d\,vorh}}$$

$$\nu_{vorh} = \frac{2{,}1 \cdot 10^5\ \frac{\text{N}}{\text{mm}^2} \cdot \pi^2}{89{,}8^2 \cdot 54{,}3\ \frac{\text{N}}{\text{mm}^2}} = 4{,}7$$

908.

a) Lageskizze

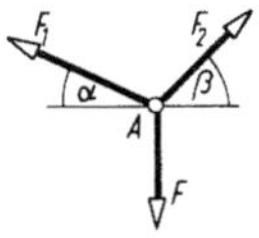

Krafteckskizze

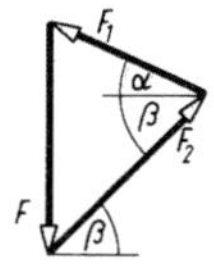

$$\tan\alpha = \frac{l_3}{l_1} \Rightarrow \alpha = \arctan\frac{0{,}75\ \text{m}}{1{,}7\ \text{m}} = 23{,}8^\circ$$

$$\tan\beta = \frac{l_3}{l_2} \Rightarrow \beta = \arctan\frac{0{,}75\ \text{m}}{0{,}7\ \text{m}} = 47^\circ$$

$$\frac{F}{\sin(\alpha+\beta)} = \frac{F_1}{\sin(90^\circ - \beta)}$$

$$F_1 = F\frac{\sin(90^\circ - \beta)}{\sin(\alpha+\beta)} = 20\ \text{kN} \cdot \frac{\sin 43^\circ}{\sin 70{,}8^\circ} = 14{,}44\ \text{kN}$$

$$\frac{F}{\sin(\alpha+\beta)} = \frac{F_2}{\sin(90^\circ - \alpha)}$$

$$F_2 = F\frac{\sin(90^\circ - \alpha)}{\sin(\alpha+\beta)} = 20\ \text{kN} \cdot \frac{\sin 66{,}2^\circ}{\sin 70{,}8^\circ} = 19{,}38\ \text{kN}$$

$$\sigma_z = \frac{F}{A} = \frac{4F}{\pi d^2}$$

$$d_{1\,erf} = \sqrt{\frac{4F_1}{\pi\sigma_{z\,zul}}} = \sqrt{\frac{4 \cdot 14440\ \text{N}}{\pi \cdot 120\ \frac{\text{N}}{\text{mm}^2}}} = 12{,}4\ \text{mm}$$

ausgeführt $d_1 = 13$ mm

$$d_{2\,erf} = \sqrt{\frac{4F_2}{\pi\sigma_{z\,zul}}} = \sqrt{\frac{4 \cdot 19380\ \text{N}}{\pi \cdot 120\ \frac{\text{N}}{\text{mm}^2}}} = 14{,}3\ \text{mm}$$

ausgeführt $d_2 = 15$ mm

b) Lageskizze

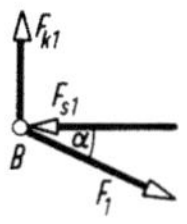

Krafteckskizze

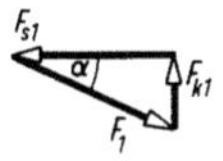

$$F_{s1} = F_1 \cos\alpha = 14440\ \text{N} \cdot \cos 23{,}8^\circ = 13215\ \text{N}$$

$$F_{K1} = F_1 \sin\alpha = 14440\ \text{N} \cdot \sin 23{,}8^\circ = 5828\ \text{N}$$

$$F_{K2} = F - F_{K1} = 20000\ \text{N} - 5828\ \text{N} = 14172\ \text{N}$$

$$A_K = 2\frac{\pi}{4}d_K^2 = \frac{\pi}{2}d_K^2 = \frac{\pi}{2}(13\ \text{mm})^2 = 265\ \text{mm}^2$$

$$\sigma_{z1\,vorh} = \frac{F_{K1}}{A_K} = \frac{5828\ \text{N}}{265\ \text{mm}^2} = 22\ \frac{\text{N}}{\text{mm}^2}$$

$$\sigma_{z2\,vorh} = \frac{F_{K2}}{A_K} = \frac{14172\ \text{N}}{265\ \text{mm}^2} = 53{,}5\ \frac{\text{N}}{\text{mm}^2}$$

c) $$\sigma_{d\,vorh} = \frac{F_{s1}}{A_s} = \frac{13215\ \text{N}}{\frac{\pi}{4}(60^2 - 50^2)\ \text{mm}^2} = 15{,}3\ \frac{\text{N}}{\text{mm}^2}$$

d) $i = 0{,}25\sqrt{D^2 + d^2}$

$$i = 0{,}25\sqrt{(60^2 + 50^2)\ \text{mm}^2} = 19{,}5\ \text{mm}$$

$$\lambda = \frac{s}{i} = \frac{2400\ \text{mm}}{19{,}5\ \text{mm}} = 123 > \lambda_0 = 105$$

Also liegt elastische Knickung vor (Eulerfall):

$$\nu_{vorh} = \frac{\sigma_K}{\sigma_{d\,vorh}} = \frac{E\pi^2}{\lambda^2 \sigma_{d\,vorh}}$$

$$\nu_{vorh} = \frac{2{,}1\cdot 10^5 \frac{N}{mm^2}\cdot\pi^2}{123^2\cdot 15{,}3\frac{N}{mm^2}} = 9$$

909.

a)

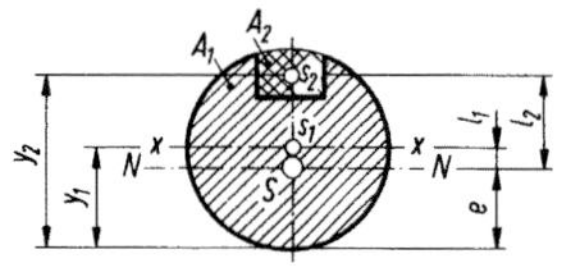

$$A_1 = \frac{\pi}{4}d_1^2 = \frac{\pi}{4}(1{,}2\text{ mm})^2 = 1{,}131\text{ mm}^2$$

$$A_2 = (0{,}3\cdot 0{,}4)\text{ mm}^2 = 0{,}12\text{ mm}^2$$

$$A = A_1 - A_2 = 1{,}011\text{ mm}^2$$

$$y_1 = 0{,}6\text{ mm} \qquad y_2 = 1{,}05\text{ mm}$$

$$Ae = A_1 y_1 - A_2 y_2$$

$$e = \frac{A_1 y_1 - A_2 y_2}{A}$$

$$e = \frac{(1{,}131\cdot 0{,}6 - 0{,}12\cdot 1{,}05)\text{ mm}^3}{1{,}011\text{ mm}^2} = 0{,}547\text{ mm}$$

$$I_N = I_{x1} + A_1 l_1^2 - (I_{x2} + A_2 l_2^2)$$

$$l_1 = y_1 - e = (0{,}6 - 0{,}547)\text{ mm} = 0{,}053\text{ mm}$$

$$l_1^2 = 0{,}053^2\text{ mm}^2 = 0{,}00281\text{ mm}^2$$

$$l_2 = y_2 - e = (1{,}05 - 0{,}547)\text{ mm} = 0{,}503\text{ mm}$$

$$l_2^2 = 0{,}503^2\text{ mm}^2 = 0{,}253\text{ mm}^2$$

$$I_{x1} = \frac{\pi}{64}d_1^4 = \frac{\pi}{64}(1{,}2\text{ mm})^4 = 0{,}10179\text{ mm}^4$$

$$I_{x2} = \frac{bh^3}{12} = \frac{0{,}4\text{ mm}\cdot(0{,}3\text{ mm})^3}{12} = 0{,}0009\text{ mm}^4$$

$$I_N = [(0{,}10179 + 1{,}131\cdot 0{,}00281) -$$
$$-(0{,}0009 + 0{,}12\cdot 0{,}253)]\text{ mm}^4$$

$$I_N = 0{,}07371\text{ mm}^4$$

b) $I_y = I_{y1} - I_{y2} = \frac{\pi}{64}d_1^4 - \frac{bh^3}{12}$

$$I_y = 0{,}10179\text{ mm}^4 - \frac{0{,}3\cdot 0{,}4^3\text{ mm}^4}{12} = 0{,}1\text{ mm}^4$$

c) $i_N = \sqrt{\frac{I_N}{A}} = \sqrt{\frac{0{,}07371\text{ mm}^4}{1{,}011\text{ mm}^2}} = 0{,}27\text{ mm}$

d) $\lambda = \frac{s}{i_N} = \frac{2l}{i_N} = \frac{56\text{ mm}}{0{,}27\text{ mm}} = 207 > \lambda_{0\,E295} = 89$

also Eulerfall (elastische Knickung)

e) $F_K = \frac{E I_{min}\pi^2}{s^2}$

$$F_K = \frac{2{,}1\cdot 10^5\frac{N}{mm^2}\cdot 0{,}07371\text{ mm}^4\cdot\pi^2}{(56\text{ mm})^2} = 48{,}7\text{ N}$$

910.

a) $F_{G\,ges} = 1{,}2\cdot F_{G\,Öl} = 1{,}2\cdot mg = 1{,}2\cdot V\rho g$

$$F_{G\,ges} = 1{,}2\cdot 3\text{m}^3\cdot 850\frac{\text{kg}}{\text{m}^3}\cdot 9{,}81\frac{\text{m}}{\text{s}^2} = 30019\text{N}$$

$$\Sigma F_y = 0 = F_A + F_B - \frac{F_{G\,ges}}{2}$$

$$\Sigma M_{(A)} = 0 = -F_A\, l + \frac{F_{G\,ges}}{2}l_1$$

$$F_A = \frac{F_{G\,ges}\, l_1}{2\cdot l} = \frac{30019\text{N}\cdot 1{,}5\text{m}}{2\cdot 2{,}5\text{m}} = 9006\text{N}$$

$$F_B = \frac{F_{G\,ges}}{2} - F_A = \frac{30019\text{N}}{2} - 9006\text{N} = 6004\text{N}$$

$$M_{b\,max} = F_B\, l_1 = 6004\text{ N}\cdot 1{,}5\text{ m} = 9006\text{ Nm}$$

$$W_{erf} = \frac{M_{b\,max}}{\sigma_{b\,zul}} = \frac{9006\cdot 10^3\text{ Nmm}}{120\frac{N}{mm^2}} = 75\cdot 10^3\text{ mm}^3$$

ausgeführt IPE 140 mit $W_x = 77{,}3\cdot 10^3\text{ mm}^3$

b) $I_{erf} = \frac{\nu F s^2}{E\pi^2}$ Für die linke Stütze A gerechnet:

$\nu = 10 \quad F = F_A = 9006\text{ N} \quad s = 1500\text{ mm}$

$$E_{Holz} = 10000\frac{N}{mm^2}$$

$$I_{erf} = \frac{10\cdot 9006\text{ N}\cdot(1500\text{ mm})^2}{10000\frac{N}{mm^2}\cdot\pi^2} = 205{,}3\cdot 10^4\text{ mm}^4$$

$$d_{erf} = \sqrt[4]{\frac{64 I_{erf}}{\pi}} = \sqrt[4]{\frac{64\cdot 205{,}3\cdot 10^4\text{ mm}^4}{\pi}} = 80{,}4\text{ mm}$$

$$\lambda = \frac{s}{i} = \frac{4s}{d} = \frac{4\cdot 1500\text{ mm}}{80{,}4\text{ mm}} = 74{,}6 < \lambda_0 = 100$$

also liegt unelastische Knickung vor (Tetmajerfall): Da anzunehmen ist, dass $d \approx 81$ mm nicht ausreicht, wird auf $d = 90$ mm erhöht:

$$\lambda_{neu} = \frac{4s}{d} = \frac{4\cdot 1500\text{ mm}}{90\text{ mm}} = 66{,}7$$

Damit wird mit der zugehörigen Zahlenwertgleichung nach Tetmajer:

$$\sigma_K = 29{,}3 - 0{,}194 \cdot \lambda_{neu} = 16{,}4 \frac{N}{mm^2}$$

$$\sigma_{d\,vorh} = \frac{F}{A} = \frac{9006\ N}{\frac{\pi}{4} \cdot (90\ mm)^2} = 1{,}42 \frac{N}{mm^2}$$

$$\nu_{vorh} = \frac{\sigma_K}{\sigma_{d\,vorh}} = \frac{16{,}4 \frac{N}{mm^2}}{1{,}42 \frac{N}{mm^2}} = 11{,}6$$

ν_{vorh} ist etwas größer als 10; eine weitere Rechnung mit $d = 87$ mm würde $\nu_{vorh} = 10$ ergeben. In der Praxis würde man sicherlich bei $d = 90$ mm bleiben.

911.

$$I_{erf} = \frac{\nu F s^2}{E \pi^2}$$

$$I_{erf} = \frac{3{,}5 \cdot 60 \cdot 10^3\ N \cdot (1350\ mm)^2}{2{,}1 \cdot 10^5 \frac{N}{mm^2} \cdot \pi^2} = 18{,}47 \cdot 10^4\ mm^4$$

$$d_{erf} = \sqrt[4]{\frac{64 I_{erf}}{\pi}} = \sqrt[4]{\frac{64 \cdot 18{,}47 \cdot 10^4\ mm^4}{\pi}} = 44\ mm$$

912.

Die in der Schubstange wirkende Kolben-Druckkraft beträgt $F_S = 24{,}99$ kN (Aufgabe 92). Damit wird

$$I_{erf} = \frac{\nu F_S s^2}{E \pi^2} = \frac{6 \cdot 24990\ N \cdot (400\ mm)^2}{210000 \frac{N}{mm^2} \cdot \pi^2} = 11575\ mm^4$$

$$d_{erf} = \sqrt[4]{\frac{64 I_{erf}}{\pi}} = \sqrt[4]{\frac{64 \cdot 11575\ mm^4}{\pi}} = 22{,}04\ mm$$

$$\lambda = \frac{s}{i} = \frac{4s}{d} = \frac{4 \cdot 400\ mm}{22{,}04\ mm} = 72{,}6 < \lambda_0 = 89$$

Es liegt unelastische Knickung vor (Tetmajerfall).

Wie in Aufgabe 910 erhöht man den Durchmesser, hier z. B. auf $d = 25$ mm. Damit wird

$$\lambda_{neu} = \frac{4s}{d} = \frac{1600\ mm}{25\ mm} = 64$$

und nach Tetmajer:

$$\sigma_K = 335 - 0{,}62 \cdot \lambda_{neu} = 295{,}3 \frac{N}{mm^2}$$

$$\sigma_{d\,vorh} = \frac{F_S}{A} = \frac{24990\ N}{\frac{\pi}{4} \cdot (25\ mm)^2} = 50{,}9 \frac{N}{mm^2}$$

$$\nu_{vorh} = \frac{\sigma_K}{\sigma_{d\,vorh}} = \frac{295{,}3 \frac{N}{mm^2}}{50{,}9 \frac{N}{mm^2}} = 5{,}8$$

ν_{vorh} ist noch etwas kleiner als $\nu_{erf} = 6$, d. h. der Durchmesser muss noch etwas erhöht und die Rechnung von $\lambda_{neu} = \ldots$ an wiederholt werden. Mit $d = 26$ mm ergibt sich $\nu_{vorh} = 6{,}3$.

913.

Die Pleuelstange würde um die (senkrechte) y-Achse knicken, denn ganz sicher ist $I_y = I_{min} < I_x$.

$$I_{min} = \frac{(H-h) \cdot b^3 + h \cdot s^3}{12}$$

$$I_{min} = \frac{10\ mm \cdot (20\ mm)^3 + 30\ mm \cdot (15\ mm)^3}{12}$$

$$I_{min} = 15\,104\ mm^4$$

($I_x = 95\,417$ mm^4, also wesentlich größer als I_{min})

$$i = \sqrt{\frac{I_{min}}{A}}$$

$$A = H b - (b - s) h$$

$$A = [40 \cdot 20 - (20 - 15) \cdot 30]\ mm^2 = 650\ mm^2$$

$$i = \sqrt{\frac{15\,104\ mm^4}{650\ mm^2}} = 4{,}82\ mm$$

$$\lambda = \frac{s}{i} = \frac{370\ mm}{4{,}82\ mm} = 76{,}8 < \lambda_{0\,E295} = 89 \text{ (Tetmajerfall)}$$

$$\sigma_K = 335 - 0{,}62 \cdot \lambda = 287{,}4 \frac{N}{mm^2}$$

$$\sigma_{d\,vorh} = \frac{F}{A} = \frac{16000\ N}{650\ mm^2} = 24{,}6 \frac{N}{mm^2}$$

$$\nu_{vorh} = \frac{\sigma_K}{\sigma_{d\,vorh}} = \frac{287{,}4 \frac{N}{mm^2}}{24{,}6 \frac{N}{mm^2}} = 11{,}7$$

914.

$$\sin\alpha = \frac{100\ mm}{550\ mm} = 0{,}1818$$

$$\alpha = 10{,}5°$$

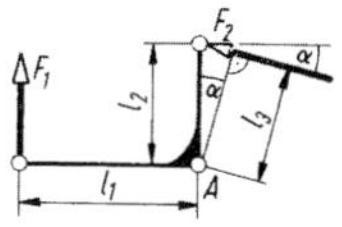

$$\Sigma M_{(A)} = 0 = -F_1 l_1 + F_2 l_3 \qquad l_3 = l_2 \cos\alpha$$

$$F_2 = \frac{F_1 l_1}{l_2 \cos\alpha} = \frac{4\ kN \cdot 150\ mm}{100\ mm \cdot \cos 10{,}5°} = 6{,}1\ kN$$

$$I_{erf} = \frac{\nu F_2 s^2}{E\pi^2} = \frac{10 \cdot 6100\ \text{N} \cdot (550\ \text{mm})^2}{210000\ \frac{\text{N}}{\text{mm}^2} \cdot \pi^2} = 8905\ \text{mm}^4$$

$$d_{erf} = \sqrt[4]{\frac{64 I_{erf}}{\pi}} = \sqrt[4]{\frac{64 \cdot 8905\ \text{mm}^4}{\pi}} = 20{,}7\ \text{mm}$$

ausgeführt $d = 21$ mm

$$\lambda = \frac{s}{i} = \frac{4s}{d} = \frac{4 \cdot 550\ \text{mm}}{21\ \text{mm}} = 104{,}8 \approx 105 = \lambda_{0\,\text{S235JR}}$$

Die Rechnung nach Euler war (gerade noch) berechtigt; es kann bei $d = 21$ mm bleiben.

915.

a) $$\sigma_d = \frac{F}{A} = \frac{F}{bh} = \frac{F}{b \cdot 3{,}5b} = \frac{F}{3{,}5b^2}$$

$$b_{erf} = \sqrt{\frac{F}{3{,}5 \cdot \sigma_{d\,zul}}} = \sqrt{\frac{20000\ \text{N}}{3{,}5 \cdot 60\ \frac{\text{N}}{\text{mm}^2}}} = 9{,}8\ \text{mm}$$

ausgeführt ▭ 35 × 10 $A = 350\ \text{mm}^2$

$$I_{min} = \frac{hb^3}{12} = \frac{(35\ \text{mm}) \cdot (10\ \text{mm})^3}{12} = 2917\ \text{mm}^4$$

Hinweis: Der Stab knickt um die Achse, für die das axiale Flächenmoment den kleinsten Wert hat; daher muss mit $I = h\,b^3/12$ und nicht mit $I = b\,h^3/12$ gerechnet werden.

$$i = \sqrt{\frac{I_{min}}{A}} = \sqrt{\frac{2917\ \text{mm}^4}{350\ \text{mm}^2}} = 2{,}89\ \text{mm}$$

$$\lambda = \frac{s}{i} = \frac{300\ \text{mm}}{2{,}89\ \text{mm}} = 104 > \lambda_0 = 89$$

also elastische Knickung (Eulerfall)

$$\sigma_K = \frac{E\pi^2}{\lambda^2} = \frac{2{,}1 \cdot 10^5\ \frac{\text{N}}{\text{mm}^2} \cdot \pi^2}{104^2} = 191{,}6\ \frac{\text{N}}{\text{mm}^2}$$

$$\sigma_{d\,vorh} = \frac{F}{A} = \frac{20000\ \text{N}}{350\ \text{mm}^2} = 57{,}1\ \frac{\text{N}}{\text{mm}^2}$$

$$\nu_{vorh} = \frac{\sigma_K}{\sigma_{d\,vorh}} = \frac{191{,}6\ \frac{\text{N}}{\text{mm}^2}}{57{,}1\ \frac{\text{N}}{\text{mm}^2}} = 3{,}36$$

b) $$\sigma_d = \frac{F}{A} = \frac{F}{a^2}$$

$$a_{erf} = \sqrt{\frac{F}{\sigma_{d\,zul}}} = \sqrt{\frac{20000\ \text{N}}{60\ \frac{\text{N}}{\text{mm}^2}}} = 18{,}3\ \text{mm}$$

ausgeführt ☐ 19 × 19

$$I_{min} = I_x = I_y = I_D = \frac{h^4}{12} = \frac{a^4}{12}$$

$$I_{min} = \frac{(19\ \text{mm})^4}{12} = 10860\ \text{mm}^4$$

$$i = \sqrt{\frac{I_{min}}{A}} = \sqrt{\frac{10860\ \text{mm}^4}{361\ \text{mm}^2}} = 5{,}485\ \text{mm}$$

$$\lambda_{erf} = \frac{s}{i} = \frac{300\ \text{mm}}{5{,}485\ \text{mm}} = 54{,}7$$

$$\lambda_{erf} = 54{,}7 < \lambda_0 = 89\ \text{(Tetmajerfall)}$$

$$\sigma_K = 335 - 0{,}62 \cdot \lambda_{erf} = 301{,}1\ \frac{\text{N}}{\text{mm}^2}$$

$$\sigma_{d\,vorh} = \frac{F}{A} = \frac{20000\ \text{N}}{361\ \text{mm}^2} = 55{,}4\ \frac{\text{N}}{\text{mm}^2}$$

$$\nu_{vorh} = \frac{\sigma_K}{\sigma_{d\,vorh}} = \frac{301{,}1\ \frac{\text{N}}{\text{mm}^2}}{55{,}4\ \frac{\text{N}}{\text{mm}^2}} = 5{,}43$$

916.

a) $$\Sigma M_{(D)} = 0 = F_1 l_1 - F_S l_2$$

$$F_S = \frac{F l_1}{l_2} = \frac{4\ \text{kN} \cdot 40\ \text{mm}}{28\ \text{mm}} = 5714\ \text{N}$$

b) $$F_K = F_S \nu = 5714\ \text{N} \cdot 3 = 17\,142\ \text{N}$$

c) $$I_{erf} = \frac{F_K s^2}{E\pi^2} = \frac{17\,142\ \text{N} \cdot (305\ \text{mm})^2}{210000\ \frac{\text{N}}{\text{mm}^2} \cdot \pi^2} = 769\ \text{mm}^4$$

d) $$I = \frac{\pi}{64}(D^4 - d^4) = \frac{\pi}{64}\left[(D^4 - (0{,}8D)^4\right]$$

$$I = \frac{\pi}{64}(D^4 - 0{,}41 D^4) = \frac{\pi}{64} D^4 (1 - 0{,}41)$$

$$I = \frac{\pi}{64} \cdot 0{,}59 D^4$$

$$D_{erf} = \sqrt[4]{\frac{64 I_{erf}}{0{,}59 \cdot \pi}} = \sqrt[4]{\frac{64 \cdot 769\ \text{mm}^4}{0{,}59 \cdot \pi}} = 12{,}8\ \text{mm}$$

ausgeführt $D = 13$ mm, $d = 10$ mm

e) $$i = 0{,}25\sqrt{D^2 + d^2}$$

$$i = 0{,}25\sqrt{(13^2 + 10^2)\ \text{mm}^2} = 4{,}1\ \text{mm}$$

f) $$\lambda = \frac{s}{i} = \frac{305\ \text{mm}}{4{,}1\ \text{mm}} = 74{,}4 > \lambda_0 = 70$$

Die Rechnung nach Euler war richtig.

917.

a) $\sigma_{\text{d vorh}} = \dfrac{F}{A_3} = \dfrac{15000\ \text{N}}{1452\ \text{mm}^2} = 10{,}3\ \dfrac{\text{N}}{\text{mm}^2}$

b) $p_{\text{vorh}} = \dfrac{F\,P}{\pi\, d_2\, H_1\, m}$

$$p_{\text{vorh}} = \frac{15000\ \text{N}\cdot 8\ \text{mm}}{\pi\cdot 48\ \text{mm}\cdot 4\ \text{mm}\cdot 120\ \text{mm}} = 1{,}66\ \frac{\text{N}}{\text{mm}^2}$$

c) $\lambda = \dfrac{s_1}{i} = \dfrac{4\,s_1}{d_3} = \dfrac{4\cdot 1800\ \text{mm}}{43\ \text{mm}} = 167 > \lambda_0 = 89$

(Eulerfall)

d) $\nu_{\text{vorh}} = \dfrac{F_K}{F} = \dfrac{E\,I\,\pi^2}{s_1^2\,F}$

$$\nu_{\text{vorh}} = \frac{2{,}1\cdot 10^5\ \dfrac{\text{N}}{\text{mm}^2}\cdot\dfrac{\pi}{64}(43\ \text{mm})^4\cdot\pi^2}{(1800\ \text{mm})^2\cdot 15000\ \text{N}} = 7{,}2$$

e) $F_{\text{Rohr}} = \dfrac{F}{3\cdot\sin\alpha} = \dfrac{15000\ \text{N}}{3\cdot\sin 60^\circ} = 5774\ \text{N}$

f) $\sigma_{\text{d vorh}} = \dfrac{F_{\text{Rohr}}}{\dfrac{\pi}{4}(D^2 - d^2)}$

$$\sigma_{\text{d vorh}} = \frac{4\cdot 5774\ \text{N}}{\pi(60^2 - 50^2)\ \text{mm}^2} = 6{,}7\ \frac{\text{N}}{\text{mm}^2}$$

g) $i = 0{,}25\sqrt{D^2 + d^2}$

$$i = 0{,}25\sqrt{(60^2 + 50^2)\ \text{mm}^2} = 19{,}5\ \text{mm}$$

$$\lambda = \frac{s_2}{i} = \frac{800\ \text{mm}}{19{,}5\ \text{mm}} = 41 < \lambda_{0,\text{S235JR}} = 105$$

(Tetmajerfall)

h) $\sigma_K = 310 - 1{,}14\cdot\lambda = 310 - 1{,}14\cdot 41 = 263\ \dfrac{\text{N}}{\text{mm}^2}$

$$\nu_{\text{vorh}} = \frac{\sigma_K}{\sigma_{\text{d vorh}}} = \frac{263\ \dfrac{\text{N}}{\text{mm}^2}}{6{,}7\ \dfrac{\text{N}}{\text{mm}^2}} = 39{,}3$$

918.

a) $I_{\text{erf}} = \dfrac{\nu\,F\,l_2^2}{E\,\pi^2}$

$$I_{\text{erf}} = \frac{6\cdot 30\cdot 10^3\ \text{N}\cdot(1800\ \text{mm})^2}{2{,}1\cdot 10^5\ \dfrac{\text{N}}{\text{mm}^2}\cdot\pi^2} = 28{,}1\cdot 10^4\ \text{mm}^4$$

$$I = \frac{\pi}{64}d^4$$

$$d_{\text{erf}} = \sqrt[4]{\frac{64\,I_{\text{erf}}}{\pi}} = \sqrt[4]{\frac{64\cdot 28{,}1\cdot 10^4\ \text{mm}^4}{\pi}} = 48{,}9\ \text{mm}$$

ausgeführt $d = 50$ mm

$$\lambda = \frac{s}{i} = \frac{4\,l_2}{d} = \frac{4\cdot 1800\ \text{mm}}{50\ \text{mm}} = 144 > \lambda_0 = 89$$

Die Rechnung nach Euler war richtig.

b) $M_b = F\left(l_1 - \dfrac{h}{2}\right)$ h Höhe des U-Stahls

$$M_b = 30\cdot 10^3\ \text{N}\cdot\left(400 - \frac{160}{2}\right)\text{mm} = 9{,}6\cdot 10^6\ \text{Nmm}$$

$$\sigma_b = \frac{M_b}{W} = \frac{M_b}{\dfrac{s\,h^2}{6}} = \frac{6\cdot M_b}{\dfrac{h}{10}\cdot h^2} = \frac{60\,M_b}{h^3}$$

$$h_{\text{erf}} = \sqrt[3]{\frac{60\,M_b}{\sigma_{\text{b zul}}}} = \sqrt[3]{\frac{60\cdot 9{,}6\cdot 10^6\ \text{Nmm}}{120\ \dfrac{\text{N}}{\text{mm}^2}}} = 170\ \text{mm}$$

$$s_{\text{erf}} = \frac{h_{\text{erf}}}{10} = 17\ \text{mm}$$

919.

a) $A_{3\,\text{erf}} = \dfrac{F}{\sigma_{\text{d zul}}} = \dfrac{40000\ \text{N}}{60\ \dfrac{\text{N}}{\text{mm}^2}} = 667\ \text{mm}^2$

b) Tr 40 × 7 mit

$A_3 = 804\ \text{mm}^2$
$d_3 = 32$ mm, $d_2 = 36{,}5$ mm,
$r_2 = 18{,}25$ mm
$H_1 = 3{,}5$ mm

c) $\lambda = \dfrac{4\,s}{d_3} = \dfrac{4\cdot 800\ \text{mm}}{32\ \text{mm}} = 100 > \lambda_0 = 89$ (Eulerfall)

d) $I = \dfrac{\pi}{64}\cdot d_3^4 = \dfrac{\pi}{64}\cdot(32\ \text{mm})^4 = 51472\ \text{mm}^4$

$$\nu_{\text{vorh}} = \frac{F_K}{F} = \frac{E\,I\,\pi^2}{s^2 F}$$

$$\nu_{\text{vorh}} = \frac{2{,}1\cdot 10^5\ \dfrac{\text{N}}{\text{mm}^2}\cdot 51472\ \text{mm}^4\cdot\pi^2}{(800\ \text{mm})^2\cdot 0{,}4\cdot 10^5\ \text{N}} = 4{,}2$$

e) $m_{\text{erf}} = \dfrac{F\,P}{\pi\,d_2\,H_1\,p_{\text{zul}}}$

$$m_{\text{erf}} = \frac{40000\ \text{N}\cdot 7\ \text{mm}}{\pi\cdot 36{,}5\ \text{mm}\cdot 3{,}5\ \text{mm}\cdot 10\ \dfrac{\text{N}}{\text{mm}^2}} = 69{,}8\ \text{mm}$$

f) $M_{RG} = F_1 D = F r_2 \tan(\alpha + \varrho')$

(Handrad wird mit 2 Händen gedreht: Kräftepaar mit F_1 und Wirkabstand D.)

$$r_2 = \frac{d_2}{2} = 18{,}25 \text{ mm}$$

$$\tan\alpha = \frac{P}{2\pi r_2}$$

$$\alpha = \arctan\frac{7 \text{ mm}}{2\pi \cdot 18{,}25 \text{ mm}} = 3{,}49°$$

$$\varrho' = \arctan\mu' = \arctan 0{,}1 = 5{,}7°$$

$$\alpha + \varrho' = 9{,}2°$$

$$D = \frac{40\,000 \text{ N} \cdot 18{,}25 \text{ mm} \cdot \tan 9{,}2°}{300 \text{ N}} = 394 \text{ mm}$$

920.

a) $A_{3\,\text{erf}} = \dfrac{F}{\sigma_{\text{d zul}}} = \dfrac{50\,000 \text{ N}}{60 \dfrac{\text{N}}{\text{mm}^2}} = 833 \text{ mm}^2$

b) Tr 44 × 7 mit

$A_3 = 1018 \text{ mm}^2$

$d_3 = 36$ mm, $d_2 = 40{,}5$ mm,

$r_2 = 20{,}25$ mm

$H_1 = 3{,}5$ mm

c) $\lambda = \dfrac{4s}{d_3} = \dfrac{4 \cdot 1400 \text{ mm}}{36 \text{ mm}} = 156 > \lambda_0 = 89$

d) $I = \dfrac{\pi}{64} \cdot d_3^4 = \dfrac{\pi}{64} \cdot (36 \text{ mm})^4 = 82\,448 \text{ mm}^4$

$$\nu_{\text{vorh}} = \frac{E I \pi^2}{s^2 F}$$

$$\nu_{\text{vorh}} = \frac{2{,}1 \cdot 10^5 \dfrac{\text{N}}{\text{mm}^2} \cdot 82\,448 \text{ mm}^4 \cdot \pi^2}{(1400 \text{ mm})^2 \cdot 50\,000 \text{ N}} = 1{,}74$$

e) $m_{\text{erf}} = \dfrac{F P}{\pi d_2 H_1 p_{\text{zul}}}$

$$m_{\text{erf}} = \frac{50\,000 \text{ N} \cdot 7 \text{ mm}}{\pi \cdot 40{,}5 \text{ mm} \cdot 3{,}5 \text{ mm} \cdot 8 \dfrac{\text{N}}{\text{mm}^2}} = 98{,}2 \text{ mm}$$

f) $M_{RG} = F r_2 \tan(\alpha + \varrho')$

mit $\varrho' = \arctan\mu' = \arctan 0{,}16 = 9{,}09°$

$M_{RG} = 50000 \text{ N} \cdot 20{,}25 \text{ mm} \cdot \tan(3{,}15° + 9{,}09°)$

$M_{RG} = 219650 \text{ Nmm}$

$M_{RG} = F_{\text{Hand}}\, l_1$

$$l_1 = \frac{M_{RG}}{F_{\text{Hand}}} = \frac{219650 \text{ Nmm}}{300 \text{ N}} = 732 \text{ mm}$$

g) $\sigma_b = \dfrac{M_b}{\dfrac{\pi d_1^3}{32}}$ $\quad M_b = F_{\text{Hand}}\, l_1$

$$d_1 = \sqrt[3]{\frac{F_{\text{Hand}}\, l_1 \cdot 32}{\pi \cdot \sigma_{\text{b zul}}}}$$

$$d_1 = \sqrt[3]{\frac{300 \text{ N} \cdot 732 \text{ mm} \cdot 32}{\pi \cdot 60 \dfrac{\text{N}}{\text{mm}^2}}} = 33{,}4 \text{ mm}$$

921.

$$\nu = \frac{F_K}{F_{St}} = \frac{E I \pi^2}{s^2 F_{St}}$$

$$F_{St} = \frac{E I \pi^2}{s^2 \nu_{\text{vorh}}}$$

$$F_{St} = \frac{10\,000 \dfrac{\text{N}}{\text{mm}^2} \cdot \dfrac{\pi}{64} (150 \text{ mm})^4 \cdot \pi^2}{(4500 \text{ mm})^2 \cdot 10} = 12\,112 \text{ N}$$

Halbe Winkelhalbierende des gleichseitigen Dreiecks:

$$WH = \frac{1500 \text{ mm}}{\cos 30°} = 1732 \text{ mm}$$

Neigungswinkel der Stütze:

$$\alpha = \arccos\frac{WH}{s} = \arccos\frac{1732 \text{ mm}}{4500 \text{ mm}} = 67{,}4°$$

$$F_{\text{ges}} = 3 F_{St} \sin\alpha = 3 \cdot 12\,112 \text{ N} \cdot \sin 67{,}4°$$

$$F_{\text{ges}} = 33546 \text{ N} = 33{,}5 \text{ kN}$$

922.

Die Gleichung für die Kolbenkraft F ergibt sich aus der Druck-Hauptgleichung:

$p = \dfrac{F}{A}$ (F + T, 6.1)

$$F = p A = \frac{\pi}{4} p \left(D^2 - d^2\right)$$

$$p = 7 \cdot 10^5 \frac{\text{N}}{\text{m}^2} = 0{,}7 \frac{\text{N}}{\text{mm}^2}$$

$$D = 450 \text{mm}$$

$$F = \frac{\pi}{4} \cdot 0{,}7 \left(450^2 - d^2\right) \text{N} = \left(1{,}113 \cdot 10^5 - 0{,}55 \cdot d^2\right) \text{N}$$

(Term 1)

Mit der angenommenen elastischen Knickung wird nach Euler:

$F = \dfrac{\pi^2 E I}{l^2}$ (Fall 2: $s = l$, (F + T, 5.7)

$I = \dfrac{\pi d^4}{64}$ (F + T, 5.13)

$$E = 2{,}1 \cdot 10^5 \frac{\text{N}}{\text{mm}^2} \quad (\text{F + T, 5.17})$$

$$l = 1500\,\text{mm}$$

$$F = \frac{\pi^3 E d^4}{64 \cdot l^2}$$

$$F = \left(\frac{\pi^3 \cdot 2{,}1 \cdot 10^5 \cdot d^4}{64 \cdot 1500^2} \right) \text{N} = \left(0{,}0452 \cdot d^4 \right) \text{N}$$

(Term 2)

Beide Terme für die Kolbenstangenkraft F gleichgesetzt ergibt eine biquadratische Gleichung (siehe F + T, 9.11):

$$1{,}113 \cdot 10^5 - 0{,}55 d^2 = 0{,}0452 d^4$$

$$0{,}0452 d^4 + 0{,}55 d^2 - 1{,}113 \cdot 10^5 = 0 \;|: 0{,}0452$$

$$d^4 + 12{,}168 d^2 - 2{,}462 \cdot 10^6 = 0$$

Mit $d^2 = z$ ergibt sich die Normalform der quadratischen Gleichung (F + T, 9.12):

$$z^2 + 12{,}168 d - 2{,}462 \cdot 10^6 = 0$$

Lösungsformel nach (F + T, 9.13):

$$z_{1,2} = -\frac{12{,}168}{2} \pm \sqrt{\left(\frac{12{,}168}{2} \right)^2 + 2{,}462 \cdot 10^6}$$

$$z_1 = 1563\,\text{mm}^2, z_2 = -1575\,\text{mm}^2 \left(\text{nicht möglich} \right)$$

$$d = \sqrt{z_1} = \sqrt{1563\,\text{mm}^2} = 39{,}53\,\text{mm}$$

gewählt: $d = 50\,\text{mm}$ (Normzahl)

Nachprüfung der geforderten Knicksicherheit $\nu_{\text{erf}} = 4$ nach Euler:

Trägheitsradius i der Kolbenstange:

$$i = \frac{d}{4} = \frac{50\,\text{mm}}{4} = 12{,}5\,\text{mm} \quad (\text{F + T, 5.13})$$

Schlankheitsgrad λ:

$$\lambda = \frac{l}{i} = \frac{1500\,\text{mm}}{12{,}5\,\text{mm}} = 120 > \lambda_0 = 89 \text{ für E335 } (\text{F + T, 5.7})$$

Knickspannung σ_{K} und Druckspannung $\sigma_{\text{d vorh}}$:

$$\sigma_{\text{K}} = \frac{\pi^2 E}{\lambda^2} = \frac{\pi^2 \cdot 2{,}1 \cdot 10^5 \frac{\text{N}}{\text{mm}^2}}{120^2} = 143{,}9 \frac{\text{N}}{\text{mm}^2}$$

$$\sigma_{\text{d vorh}} = \frac{F}{A} = \frac{\frac{\pi}{4} \cdot p \left(D^2 - d^2 \right)}{\frac{\pi}{4} d^2}$$

$$\sigma_{\text{d vorh}} = \frac{0{,}7 \frac{\text{N}}{\text{mm}^2} \cdot \left(450^2 - 50^2 \right) \text{mm}^2}{50^2\,\text{mm}^2} = 56 \frac{\text{N}}{\text{mm}^2}$$

Knicksicherheit ν_{vorh}:

$$\nu_{\text{vorh}} = \frac{\sigma_{\text{K}}}{\sigma_{\text{d vorh}}} = \frac{143{,}9 \frac{\text{N}}{\text{mm}^2}}{56 \frac{\text{N}}{\text{mm}^2}} = 2{,}6 < \nu_{\text{erf}} = 4$$

Damit muss die Rechnung mit einem größeren Kolbenstangendurchmesser d wiederholt werden.
Mit z. B. $d = 60$ mm ergeben sich dann folgende Werte:

Trägheitsradius $i = 15$

Schlankheitsgrad $\lambda = 100 > \lambda_0 = 89$

Knickspannung $\sigma_{\text{K}} = 207{,}3 \frac{\text{N}}{\text{mm}^2}$

Druckspannung $\sigma_{\text{d vorh}} = 38{,}7 \frac{\text{N}}{\text{mm}^2}$

Knicksicherheit $\nu_{\text{vorh}} = 5{,}4 \frac{\text{N}}{\text{mm}^2} > \nu_{\text{erf}} = 4 \frac{\text{N}}{\text{mm}^2}$

Die erforderliche Knicksicherheit wird nun überschritten.

Knickung im Stahlbau

925.

Stabilitätsnachweis nach DIN EN 1993-1-1:

$$A = 2 \cdot 1550\ \text{mm}^2 = 3100\ \text{mm}^2$$

$$I = 2 \cdot 116 \cdot 10^4\ \text{mm}^4 = 232 \cdot 10^4\ \text{mm}^4$$

$$i = \sqrt{\frac{I}{A}} = \sqrt{\frac{232 \cdot 10^4\ \text{mm}^4}{3100\ \text{mm}^2}} = 27{,}357\ \text{mm}$$

Schlankheitsgrad λ_{K}

$$\lambda_{\text{K}} = \frac{s_{\text{K}}}{i} = \frac{2000\ \text{mm}}{27{,}357\ \text{mm}} = 73{,}104$$

bezogener Schlankheitsgrad $\bar{\lambda}_{\text{K}}$

$$\bar{\lambda}_{\text{K}} = \frac{\lambda_{\text{K}}}{\lambda_{\text{a}}} = \frac{73{,}104}{92{,}9} = 0{,}788$$

Bezugsschlankheitsgrad λ_{a} siehe Lehrbuch, Kap. 5.10.5.4

Knicklinie c mit $\alpha = 0{,}49$

Abminderungsfaktor κ für $\bar{\lambda}_{\text{K}} = 0{,}788 > 0{,}2$:

$$k = 0{,}5 \cdot \left[1 + \alpha \left(\bar{\lambda}_{\text{K}} - 0{,}2 \right) + \bar{\lambda}_{\text{K}}^2 \right] = 0{,}91$$

$$\kappa = \frac{1}{k + \sqrt{k^2 - \bar{\lambda}_{\text{K}}^2}} = 0{,}733$$

$$F_{\text{pl}} = R_{\text{e}}\, A = 240 \frac{\text{N}}{\text{mm}^2} \cdot 3100\ \text{mm}^2 = 744\ \text{kN}$$

Stabilitäts-Hauptgleichung:

$$\frac{F}{\kappa \cdot F_{pl}} = \frac{215\ \text{kN}}{0,733 \cdot 744\ \text{kN}} = 0,394 < 1$$

Die Bedingung der Stabilitäts-Hauptgleichung ist erfüllt.

926.

Entwurfsformel für die überschlägige Querschnittsermittlung:

$$I_{erf} \geq 1,45 \cdot 10^{-3} F\, s_K^2$$

$$I_{erf} \geq 1,45 \cdot 10^{-3} \cdot 300 \cdot 4000^2\ \text{mm}^4 = 696 \cdot 10^4\ \text{mm}^4$$

$$I = \frac{\pi}{64}(D^4 - d^4)$$

$$d_{erf} = \sqrt[4]{D^4 - \frac{64\, I_{erf}}{\pi}}$$

$$d_{erf} = \sqrt[4]{(120\ \text{mm})^4 - \frac{64 \cdot 696 \cdot 10^4\ \text{mm}^4}{\pi}} = 90\ \text{mm}$$

ausgeführt $d = 90$ mm, $\delta = 15$ mm, $A = 4948\ \text{mm}^2$

Stabilitätsnachweis nach DIN EN 1993-1-1:

$$i = 0,25\sqrt{D^2 + d^2}$$

$$i = 0,25\sqrt{(120^2 + 90^2)\ \text{mm}^2} = 37,5\ \text{mm}$$

$$\lambda_K = \frac{s_K}{i} = \frac{4000\ \text{mm}}{37,5\ \text{mm}} = 106,7$$

$$\bar{\lambda}_K = \frac{\lambda_K}{\lambda_a} = \frac{106,7}{92,9} = 1,15$$

Knicklinie a (Hohlprofil, warm gefertigt) mit $\alpha = 0,21$

Abminderungsfaktor κ für $\bar{\lambda}_K = 1,15 > 0,2$:

$$k = 0,5 \cdot \left[1 + \alpha\left(\bar{\lambda}_K - 0,2\right) + \bar{\lambda}_K^2\right]$$

$$k = 0,5 \cdot \left[1 + 0,21(1,15 - 0,2) + 1,15^2\right] = 1,261$$

$$\kappa = \frac{1}{k + \sqrt{k^2 - \bar{\lambda}_K^2}}$$

$$\kappa = \frac{1}{1,261 + \sqrt{1,261^2 - 1,15^2}} = 0,562$$

$$F_{pl} = R_e\, A = 240\ \frac{\text{N}}{\text{mm}^2} \cdot 4948\ \text{mm}^2 = 1187,52\ \text{kN}$$

Stabilitäts-Hauptgleichung:

$$\frac{F}{\kappa \cdot F_{pl}} = \frac{300\ \text{kN}}{0,562 \cdot 1187,52\ \text{kN}} = 0,45 < 1$$

Die Bedingung der Stabilitäts-Hauptgleichung ist erfüllt.

927.

Wie in Lösung 926. wird mit der Entwurfsformel das erforderliche axiale Flächenmoment ermittelt:

$$I_{erf} \geq 1,45 \cdot 10^{-3} F\, s_K^2$$

$$I_{erf} \geq 1,45 \cdot 10^{-3} \cdot 75 \cdot 3000^2\ \text{mm}^4 = 97,88 \cdot 10^4\ \text{mm}^4$$

ausgeführt IPE 180 mit

$I_y = 101 \cdot 10^4\ \text{mm}^4$, $A = 2390\ \text{mm}^2$, $t = 8$ mm

$$i_y = \sqrt{\frac{I_y}{A}} = \sqrt{\frac{101 \cdot 10^4\ \text{mm}^4}{2390\ \text{mm}^2}} = 20,557\ \text{mm}$$

Stabilitätsnachweis nach DIN EN 1993-1-1:

$$\lambda_K = \frac{s_K}{i_y} = \frac{3000\ \text{mm}}{20,557\ \text{mm}} = 145,936$$

$$\bar{\lambda}_K = \frac{\lambda_K}{\lambda_a} = \frac{145,936}{92,9} = 1,571$$

Knicklinie b für $h/b = 180\ \text{mm}/91\ \text{mm} = 1,98 > 1,2$ und $t = 8\ \text{mm} \leq 40$ mm mit $\alpha = 0,34$

Abminderungsfaktor κ für $\bar{\lambda}_K = 1,571 > 0,2$:

$$k = 0,5 \cdot \left[1 + \alpha\left(\bar{\lambda}_K - 0,2\right) + \bar{\lambda}_K^2\right]$$

$$k = 0,5 \cdot \left[1 + 0,34(1,571 - 0,2) + 1,571^2\right] = 1,967$$

$$\kappa = \frac{1}{k + \sqrt{k^2 - \bar{\lambda}_K^2}}$$

$$\kappa = \frac{1}{1,967 + \sqrt{1,967^2 - 1,571^2}} = 0,317$$

$$F_{pl} = R_e\, A = 240\ \frac{\text{N}}{\text{mm}^2} \cdot 2390\ \text{mm}^2 = 573,6\ \text{kN}$$

Stabilitäts-Hauptgleichung:

$$\frac{F}{\kappa \cdot F_{pl}} = \frac{75\ \text{kN}}{0,317 \cdot 573,6\ \text{kN}} = 0,412 < 1$$

Die Bedingung der Stabilitäts-Hauptgleichung ist erfüllt.

928.

$$A = \frac{\pi}{4}(D^2 - d^2) = 2137,54\ \text{mm}^2$$

$$i = 0,25\sqrt{D^2 + d^2}$$

$$i = 0,25\sqrt{(114,3^2 + 101,7^2)\ \text{mm}^2} = 38,249\ \text{mm}$$

$$\lambda_K = \frac{s_K}{i} = \frac{4500\ \text{mm}}{38,249\ \text{mm}} = 117,65$$

$$\bar{\lambda}_K = \frac{\lambda_K}{\lambda_a} = \frac{117,65}{92,9} = 1,266$$

Knicklinie a (Hohlprofil, warm gefertigt) mit $\alpha = 0{,}21$

Abminderungsfaktor κ für $\bar{\lambda}_K = 1{,}266 > 0{,}2$:

$$k = 0{,}5 \cdot \left[1 + \alpha\left(\bar{\lambda}_K - 0{,}2\right) + \bar{\lambda}_K^2\right] = 1{,}413$$

$$\kappa = \frac{1}{k + \sqrt{k^2 - \bar{\lambda}_K^2}} = 0{,}490$$

$$F_{pl} = R_e\,A = 240\,\frac{\text{N}}{\text{mm}^2} \cdot 2137{,}54\ \text{mm}^2 = 513\ \text{kN}$$

Stabilitäts-Hauptgleichung:

$$\frac{F}{\kappa \cdot F_{pl}} = \frac{110\ \text{kN}}{0{,}490 \cdot 513\ \text{kN}} = 0{,}438 < 1$$

Die Bedingung der Stabilitäts-Hauptgleichung ist erfüllt.

929.

a) Stab 1: Aus Druck und Biegung wird Zug und Biegung
   Stab 2: Aus Zug wird Druck
   Stab 3: Druck und Biegung bleiben

b) $s = \sqrt{(2500\ \text{mm})^2 + (2000\ \text{mm})^2} = 3201\ \text{mm}$

c) Annahme: 2 L 65 × 8 DIN 1028 mit
   $A = 2 \cdot 985\ \text{mm}^2 = 1970\ \text{mm}^2$
   $I = 2 \cdot 37{,}5 \cdot 10^4\ \text{mm}^4 = 75 \cdot 10^4\ \text{mm}^4$

   Stabilitätsnachweis nach DIN EN 1993-1-1:

$$i = \sqrt{\frac{I}{A}} = \sqrt{\frac{75 \cdot 10^4\ \text{mm}^4}{1970\ \text{mm}^2}} = 19{,}512\ \text{mm}$$

$$\lambda_K = \frac{s_K}{i} = \frac{3201\ \text{mm}}{19{,}512\ \text{mm}} = 164{,}053$$

$$\bar{\lambda}_K = \frac{\lambda_K}{\lambda_a} = \frac{164{,}053}{92{,}9} = 1{,}766$$

   Knicklinie c mit $\alpha = 0{,}49$

   Mit $\bar{\lambda}_K = 1{,}766 > 0{,}2$ wird

$$k = 0{,}5 \cdot \left[1 + \alpha\left(\bar{\lambda}_K - 0{,}2\right) + \bar{\lambda}_K^2\right]$$

$$k = 0{,}5 \cdot \left[1 + 0{,}49(1{,}766 - 0{,}2) + 1{,}766^2\right] = 2{,}443$$

$$\kappa = \frac{1}{k + \sqrt{k^2 - \bar{\lambda}_K^2}}$$

$$\kappa = \frac{1}{2{,}443 + \sqrt{2{,}443^2 - 1{,}766^2}} = 0{,}242$$

$$F_{pl} = R_e\,A = 240\,\frac{\text{N}}{\text{mm}^2} \cdot 1970\ \text{mm}^2 = 472{,}8\ \text{kN}$$

Stabilitäts-Hauptgleichung:

$$\frac{F}{\kappa \cdot F_{pl}} = \frac{100\ \text{kN}}{0{,}242 \cdot 472{,}8\ \text{kN}} = 0{,}874 < 1$$

Die Bedingung der Stabilitäts-Hauptgleichung ist erfüllt.

930.

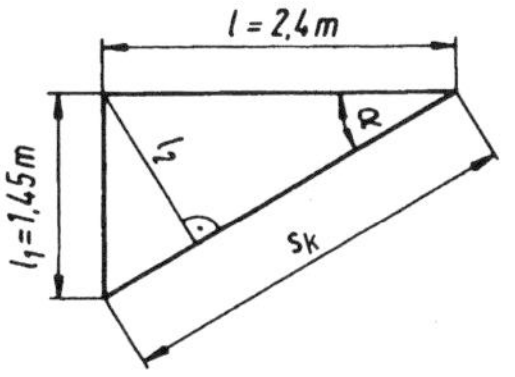

$$\alpha = \arctan\frac{l_1}{l} = \arctan\frac{1{,}45\ \text{m}}{2{,}4\ \text{m}} = 31°$$

$$s_k = \frac{l}{\cos\alpha} = \frac{2{,}4\ \text{m}}{\cos 31°} = 2{,}8\ \text{m}$$

$$l_2 = l \sin\alpha = 2{,}4\ \text{m} \cdot \sin 31° = 1{,}24\ \text{m}$$

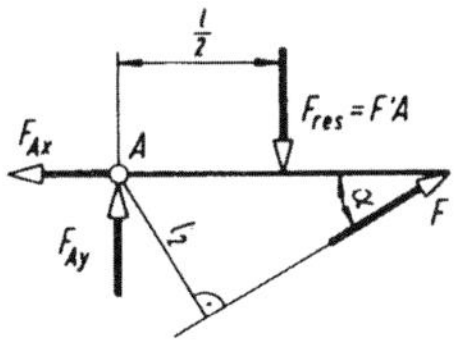

$$F_{res} = F'\,A = 2{,}5\,\frac{\text{kN}}{\text{m}^2} \cdot 2{,}4\ \text{m} \cdot 3\ \text{m} = 18\ \text{kN}$$

$$\Sigma M_{(A)} = 0 = -F_{res}\frac{l}{2} + F\,l_2$$

$$F = \frac{F_{res}\,l}{2 l_2} = \frac{18\ \text{kN} \cdot 2{,}4\ \text{m}}{2 \cdot 1{,}24\ \text{m}} = 17{,}4\ \text{kN}$$

$$I_{erf} = 0{,}12\,F\,s_K^2 = 0{,}12 \cdot 17{,}4 \cdot 2{,}8^2\ \text{cm}^4$$

$$I_{erf} = 16{,}4\ \text{cm}^4 = 16{,}4 \cdot 10^4\ \text{mm}^4$$

ausgeführt U 80 DIN 10126 mit
$I_y = 19{,}4 \cdot 10^4\ \text{mm}^4$, $A = 1100\ \text{mm}^2$

Stabilitätsnachweis nach DIN EN 1993-1-1:

$$i_y = \sqrt{\frac{I_y}{A}} = \sqrt{\frac{19{,}4 \cdot 10^4\ \text{mm}^4}{1100\ \text{mm}^2}} = 13{,}280\ \text{mm}$$

$$\lambda_K = \frac{s_K}{i_y} = \frac{2800\ \text{mm}}{13{,}280\ \text{mm}} = 210{,}843$$

$$\bar{\lambda}_K = \frac{\lambda_K}{\lambda_a} = \frac{210{,}843}{92{,}9} = 2{,}27$$

Knicklinie c mit $\alpha = 0{,}49$

Mit $\bar{\lambda}_K = 2,27 > 0,2$ wird

$$k = 0,5 \cdot \left[1 + \alpha\left(\bar{\lambda}_K - 0,2\right) + \bar{\lambda}_K^2\right]$$

$$k = 0,5 \cdot \left[1 + 0,49(2,27 - 0,2) + 2,27^2\right] = 3,584$$

$$\kappa = \frac{1}{k + \sqrt{k^2 - \bar{\lambda}_K^2}}$$

$$\kappa = \frac{1}{3,584 + \sqrt{3,584^2 - 2,27^2}} = 0,157$$

$$F_{pl} = R_e\,A = 240\,\frac{\text{N}}{\text{mm}^2} \cdot 1100\text{ mm}^2 = 264\text{ kN}$$

Stabilitäts-Hauptgleichung:

$$\frac{F}{\kappa \cdot F_{pl}} = \frac{17,4\text{ kN}}{0,157 \cdot 264\text{ kN}} = 0,42 < 1$$

Die Bedingung der Stabilitäts-Hauptgleichung ist erfüllt.

931.

IPE 200 mit $I_x = 1940 \cdot 10^4\text{ mm}^4$,
$I_y = 142 \cdot 10^4\text{ mm}^4$, $A = 2850\text{ mm}^2$, $t = 8,5\text{ mm}$

Stabilitätsnachweis nach DIN EN 1993-1-1:

$$i_x = \sqrt{\frac{I_x}{A}} = \sqrt{\frac{1940 \cdot 10^4\text{ mm}^4}{2850\text{ mm}^2}} = 82,5\text{ mm}$$

$$\lambda_K = \frac{s_K}{i_x} = \frac{4000\text{ mm}}{82,5\text{ mm}} = 48,485$$

$$\bar{\lambda}_K = \frac{\lambda_K}{\lambda_a} = \frac{48,485}{92,9} = 0,522$$

Knicklinie a bei $h/b = 2$ und $t = 8,5$ mm, $\alpha = 0,21$

Mit $\bar{\lambda}_K = 0,522 > 0,2$ wird

$$k = 0,5 \cdot \left[1 + \alpha\left(\bar{\lambda}_K - 0,2\right) + \bar{\lambda}_K^2\right]$$

$$k = 0,5 \cdot \left[1 + 0,21(0,522 - 0,2) + 0,522^2\right] = 0,67$$

$$\kappa = \frac{1}{k + \sqrt{k^2 - \bar{\lambda}_K^2}}$$

$$\kappa = \frac{1}{0,67 + \sqrt{0,67^2 - 0,522^2}} = 0,917$$

$$F_{pl} = R_e\,A = 240\,\frac{\text{N}}{\text{mm}^2} \cdot 2850\text{ mm}^2 = 684\text{ kN}$$

Stabilitäts-Hauptgleichung:

$$\frac{F}{\kappa \cdot F_{pl}} = \frac{380\text{ kN}}{0,917 \cdot 684\text{ kN}} = 0,606 < 1$$

Die Bedingung der Stabilitäts-Hauptgleichung ist erfüllt.

Zusammengesetzte Beanspruchung

Biegung und Zug/Druck

932.

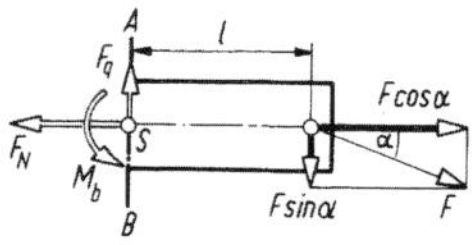

a) $$\tau_{a\,vorh} = \frac{F_q}{A} = \frac{F \sin\alpha}{\frac{\pi}{4}d^2} = \frac{6000\text{ N} \cdot \sin 20°}{\frac{\pi}{4} \cdot (20\text{ mm})^2} = 6,53\,\frac{\text{N}}{\text{mm}^2}$$

b) $$\sigma_{z\,vorh} = \frac{F_N}{A} = \frac{F \cos\alpha}{\frac{\pi}{4}d^2} = \frac{6000\text{ N} \cdot \cos 20°}{\frac{\pi}{4} \cdot (20\text{ mm})^2} = 17,9\,\frac{\text{N}}{\text{mm}^2}$$

c) $$\sigma_{b\,vorh} = \frac{M_b}{W} = \frac{F \sin\alpha \cdot l}{\frac{\pi}{32}d^3}$$

$$\sigma_{b\,vorh} = \frac{6000\text{ N} \cdot \sin 20° \cdot 60\text{ mm}}{\frac{\pi}{32} \cdot (20\text{ mm})^3} = 156,8\,\frac{\text{N}}{\text{mm}^2}$$

d) $$\sigma_{res\,Zug} = \sigma_z + \sigma_{bz}$$

$$\sigma_{res\,Zug} = (17,9 + 156,8)\,\frac{\text{N}}{\text{mm}^2} = 174,7\,\frac{\text{N}}{\text{mm}^2}$$

933.

a)

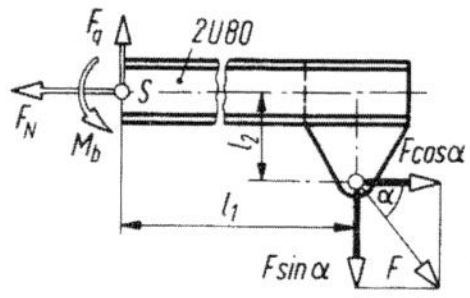

$$F_N = F \cos\alpha = 10\text{ kN} \cdot \cos 50° = 6,428\text{ kN}$$

$$F_q = F \sin\alpha = 10\text{ kN} \cdot \sin 50° = 7,66\text{ kN}$$

$$M_b = F \cos\alpha \cdot l_2 - F \sin\alpha \cdot l_1 = F_N\,l_2 - F_q\,l_1$$

$$M_b = 6428\text{ N} \cdot 0,2\text{ m} - 7660\text{ N} \cdot 0,8\text{ m} = 4842\text{ Nm}$$

b) $$\tau_{a\,vorh} = \frac{F_q}{A_{][}} = \frac{7660\text{ N}}{2200\text{ mm}^2} = 3,48\,\frac{\text{N}}{\text{mm}^2}$$

c) $$\sigma_{z\,vorh} = \frac{F_N}{A_{][}} = \frac{6428\text{ N}}{2200\text{ mm}^2} = 2,92\,\frac{\text{N}}{\text{mm}^2}$$

d) $$\sigma_{b\,vorh} = \frac{M_b}{W_{][}} = \frac{4842 \cdot 10^3\text{ Nmm}}{53 \cdot 10^3\text{ mm}^3} = 91,4\,\frac{\text{N}}{\text{mm}^2}$$

e) $$\sigma_{res\,Zug} = \sigma_z + \sigma_{bz}$$

$$\sigma_{res\,Zug} = (2,92 + 91,4)\,\frac{\text{N}}{\text{mm}^2} = 94,3\,\frac{\text{N}}{\text{mm}^2}$$

f) $M_b = F_N l_2 - F_q l_1 = 0$

$$l_2 = \frac{F_q l_1}{F_N} = \frac{7{,}66\ \text{kN} \cdot 800\ \text{mm}}{6{,}428\ \text{kN}} = 953{,}4\ \text{mm}$$

oder

$$M_b = F \cos\alpha \cdot l_2 - F \sin\alpha \cdot l_1 = 0$$

$$l_2 = \frac{F \sin\alpha \cdot l_1}{F \cos\alpha} = l_1 \frac{\sin\alpha}{\cos\alpha} = l_1 \cdot \tan\alpha$$

$$l_2 = 800\ \text{mm} \cdot \tan 50° = 953{,}4\ \text{mm}$$

934.

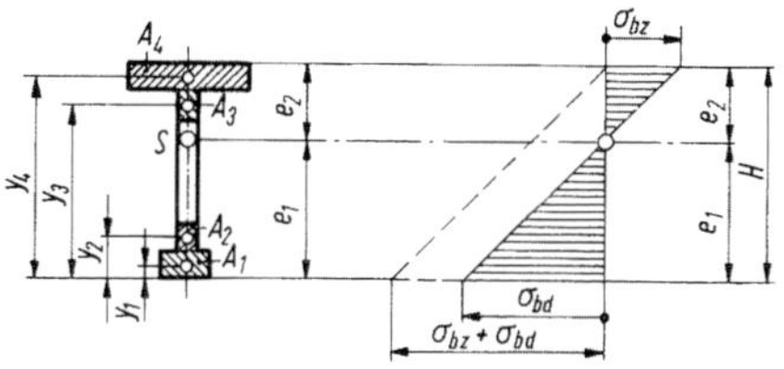

$$A_1 = 7 \cdot 3\ \text{cm}^2 = 21\ \text{cm}^2$$

$$A_2 = 1 \cdot 4\ \text{cm}^2 = 4\ \text{cm}^2$$

$$A_3 = 1 \cdot 4\ \text{cm}^2 = 4\ \text{cm}^2$$

$$A_4 = b \cdot 4\ \text{cm}$$

$$A = \Sigma A = 29\ \text{cm}^2 + b \cdot 4\ \text{cm}$$

$y_1 = 1{,}5$ cm $\quad y_2 = 5$ cm $\quad y_3 = 29$ cm $\quad y_4 = 33$ cm

Aus der Spannungsskizze:

$$\frac{\sigma_{bz} + \sigma_{bd}}{H} = \frac{\sigma_{bd}}{e_1}$$

$$e_1 = H \frac{\sigma_{bd}}{\sigma_{bz} + \sigma_{bd}} = 350\ \text{mm} \cdot \frac{150 \frac{\text{N}}{\text{mm}^2}}{200 \frac{\text{N}}{\text{mm}^2}} = 262{,}5\ \text{mm}$$

Momentensatz für Flächen:

$$A e_1 = A_1 y_1 + A_2 y_2 + A_3 y_3 + b \cdot 4\ \text{cm} \cdot y_4$$

$$(29\ \text{cm}^2 + b \cdot 4\ \text{cm}) e_1 = A_1 y_1 + A_2 y_2 + A_3 y_3 + \\ + b \cdot 4\ \text{cm} \cdot y_4$$

$$29\ \text{cm}^2 \cdot e_1 + b \cdot 4\ \text{cm} \cdot e_1 = A_1 y_1 + A_2 y_2 + A_3 y_3 + \\ + b \cdot 4\ \text{cm} \cdot y_4$$

$$b \cdot 4\ \text{cm} \cdot (y_4 - e_1) = 29\ \text{cm}^2 e_1 - A_1 y_1 - A_2 y_2 - A_3 y_3$$

$$b = \frac{29\ \text{cm}^2 \cdot 26{,}25\ \text{cm} - (21 \cdot 1{,}5 + 4 \cdot 5 + 4 \cdot 29)\ \text{cm}^3}{4\ \text{cm} \cdot (33 - 26{,}25)\ \text{cm}}$$

$$b = 21{,}99\ \text{cm} = 220\ \text{mm}$$

935.

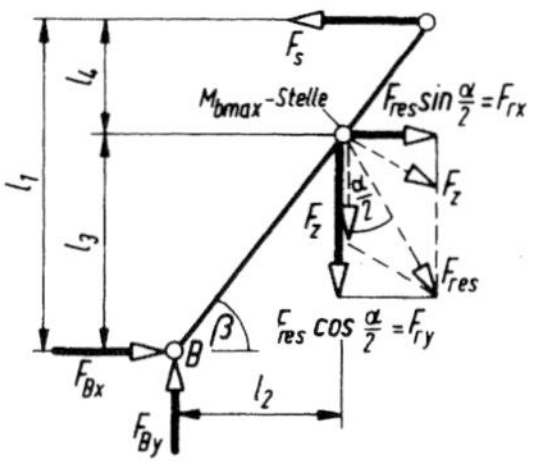

a) Neigungswinkel β des Auslegers:

$$\beta = \arctan \frac{l_1}{l_2 + l_5} = \arctan \frac{4\ \text{m}}{2\ \text{m} + 1\ \text{m}} = 53{,}13°$$

Kraft F_s im waagerechten Seil (Anwendung des Kosinussatzes):

$$F_{res}^2 = F_z^2 + F_z^2 - 2 \cdot F_z \cdot F_z \cdot \cos 120°$$

$$F_{res} = \sqrt{2 F_z^2 (1 - \cos 120°)} = F_z \sqrt{2(1 - \cos 120°)}$$

$$F_{res} = 20\ \text{kN} \sqrt{2(1 - \cos 120°)} = 34{,}6\ \text{kN}$$

$$F_{rx} = F_{res} \sin \frac{\alpha}{2} = 34{,}6\ \text{kN} \cdot \sin 30° = 17{,}3\ \text{kN}$$

$$F_{ry} = F_{res} \cos \frac{\alpha}{2} = 34{,}6\ \text{kN} \cdot \cos 30° = 30\ \text{kN}$$

$$\Sigma M_{(B)} = 0 = F_s l_1 - F_{rx} l_3 - F_{ry} l_2$$

$$l_3 = l_2 \tan\beta = 2\text{m} \cdot \tan 53{,}13° = 2{,}667\ \text{m}$$

$$F_s = \frac{F_{rx} l_3 + F_{ry} l_2}{l_1}$$

$$F_s = \frac{(17{,}3 \cdot 2{,}667 + 30 \cdot 2)\ \text{kNm}}{4\ \text{m}} = 26{,}5\ \text{kN}$$

Die Kraft im waagerechten Seil beträgt 26,5 kN.

b) Stützkraft im Lagerpunkt B mit ihren Komponenten und dem Richtungswinkel:

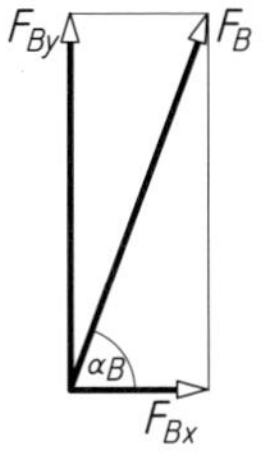

$$\Sigma F_x = 0 = F_{Bx} - F_s + F_{rx} \Rightarrow F_{Bx} = 9{,}2\ \text{kN}$$

$$\Sigma F_y = 0 = F_{By} - F_{ry} \Rightarrow F_{By} = 30\ \text{kN}$$

$$F_B = \sqrt{F_{Bx}^2 + F_{By}^2}$$

$$F_B = \sqrt{\left((9{,}2\ \text{kN})^2 + (30\ \text{kN})^2\right)} = 31{,}4\ \text{kN}$$

$$\alpha_B = \arctan \frac{F_{By}}{F_{Bx}} = \arctan \frac{30\ \text{kN}}{9{,}2\ \text{kN}} = 72{,}95°$$

c) Anzahl der Drähte des Seils:

$$\sigma_{z\,zul} = \frac{F_s}{A} = \frac{F_s}{n_{erf}\frac{\pi}{4}d^2}$$

$$n_{erf} = \frac{4F_s}{\pi d^2 \sigma_{z\,zul}}$$

$$n_{erf} = \frac{4 \cdot 26500\ \text{N}}{\pi \cdot (1{,}5\ \text{mm})^2 \cdot 300\ \frac{\text{N}}{\text{mm}^2}} = 50\ \text{Drähte}$$

d) erforderlicher Rohrquerschnitt:

$$M_{b\,max} = F_s l_4 = F_s(l_1 - l_3)$$

$$M_{b\,max} = 26{,}5\ \text{kN} \cdot (4\ \text{m} - 2{,}667\ \text{m}) = 35{,}3\ \text{kNm}$$

$$\sigma_{b\,zul} = \frac{M_{b\,max}}{W_{erf}} = \frac{M_{b\,max}}{\frac{\pi}{32} \cdot \frac{D^4 - d^4}{D}}$$

$$\sigma_{b\,zul} = \frac{32 \cdot M_{b\,max} D}{\pi \cdot \left[D^4 - \left(\frac{9}{10}D\right)^4\right]}$$

$$\sigma_{b\,zul} = \frac{32 \cdot M_{b\,max} D}{\pi \cdot D^4\left(1 - \frac{6561}{10000}\right)} = \frac{32 \cdot M_{b\,max}}{\pi \cdot D^3 \cdot \frac{3439}{10000}}$$

$$\sigma_{b\,zul} = \frac{320000 \cdot M_{b\,max}}{3439 \cdot \pi \cdot D^3}$$

$$D_{erf} = \sqrt[3]{\frac{320 M_{b\,max}}{3{,}439 \cdot \pi \cdot \sigma_{b\,zul}}}$$

$$D_{erf} = \sqrt[3]{\frac{320 \cdot 35{,}3 \cdot 10^6\ \text{Nmm}}{3{,}439 \cdot \pi \cdot 100\ \frac{\text{N}}{\text{mm}^2}}} = 216\ \text{mm}$$

ausgeführt Rohr 216×12,5 DIN 2448

e) größte resultierende Normalspannung

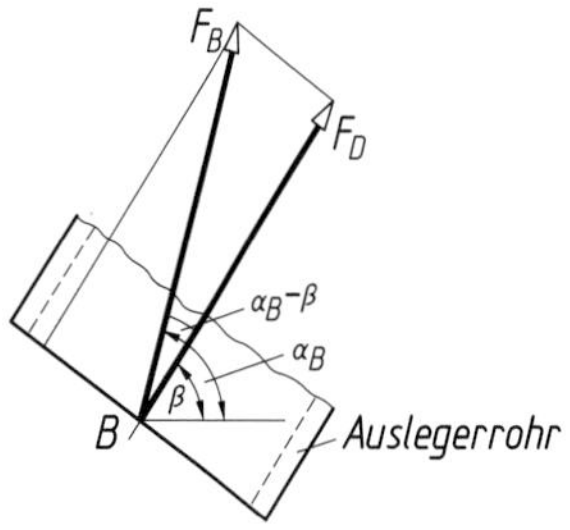

$$\sigma_{b\,vorh} = \frac{M_{b\,max}}{W} = \frac{M_{b\,max}}{\frac{\pi}{32} \cdot \frac{D^4 - d^4}{D}} = \frac{32 \cdot D \cdot M_{b\,max}}{\pi \cdot (D^4 - d^4)}$$

$$\sigma_{b\,vorh} = \frac{32 \cdot 216\ \text{mm} \cdot 35{,}3 \cdot 10^6\ \text{Nmm}}{\pi \cdot (216^4 - 191^4)\ \text{mm}^4} = 91{,}8\ \frac{\text{N}}{\text{mm}^2}$$

Druckkraft F_D (in Richtung der Auslegerachse) zur Ermittlung der vorhandenen Druckspannung:

$$\cos(\alpha_B - \beta) = \frac{F_D}{F_B}$$

$$F_D = F_B \cdot \cos(\alpha_B - \beta) = 31{,}4\ \text{kN} \cdot \cos 19{,}82°$$

$$F_D = 29{,}54\ \text{kN}$$

$$\sigma_{d\,vorh} = \frac{F_D}{\frac{\pi}{4}(D^2 - d^2)}$$

$$\sigma_{d\,vorh} = \frac{29{,}54 \cdot 10^3\ \text{N}}{\frac{\pi}{4}(216^2 - 191^2)\ \text{mm}^2} = 3{,}7\ \frac{\text{N}}{\text{mm}^2}$$

Spannungsnachweis:

$$\sigma_{res} = \sigma_{d\,vorh} + \sigma_{b\,vorh} = 95{,}5 < \sigma_{b\,zul} = 100\ \frac{\text{N}}{\text{mm}^2}$$

Ergebnisbetrachtung:
Die vorhandene Biegespannung ist fast 25mal so groß wie die vorhandene Druckspannung! Für überschlägige Berechnungen kann auf die Ermittlung der Druckspannung verzichtet werden.

936.

Inneres Kräftesystem im Schnitt A–B

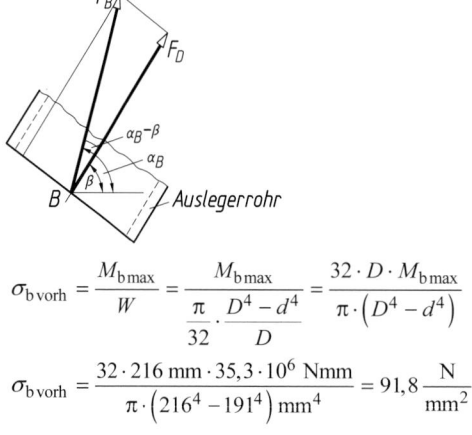

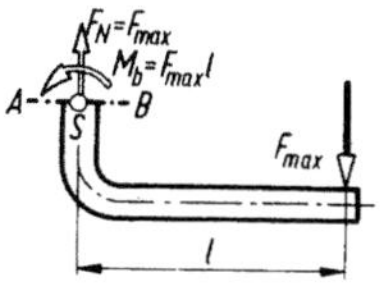

$$\sigma_{res\,Zug} = \frac{F}{A} + \frac{M_b}{W} \le \sigma_{zul}$$

$$\sigma_{res\,Zug} = \frac{F}{A} + \frac{F l e}{I}$$

$$\sigma_{res\,Druck} = \frac{M_b}{W} - \frac{F}{A} \le \sigma_{zul}$$

$$\sigma_{res\,Druck} = \frac{F l e}{I} - \frac{F}{A}$$

Für U 120 ist:

$A = 1700\ \text{mm}^2$, $I_y = 43{,}2 \cdot 10^4\ \text{mm}^4$,
$e_1 = 16\ \text{mm}$, $e_2 = 39\ \text{mm}$

$$F_{max\,1} = \frac{\sigma_{zul}}{\frac{1}{A} + \frac{l e_2}{I}} = \frac{60\ \frac{\text{N}}{\text{mm}^2}}{\left(\frac{1}{1700} + \frac{450 \cdot 39}{432000}\right)\frac{1}{\text{mm}^2}} = 1456\ \text{N}$$

$$F_{max\,2} = \frac{\sigma_{zul}}{\frac{l e_2}{I} - \frac{1}{A}} = \frac{60\ \frac{\text{N}}{\text{mm}^2}}{\left(\frac{450 \cdot 39}{432000} - \frac{1}{1700}\right)\frac{1}{\text{mm}^2}} = 1499\ \text{N}$$

937.

a) $A_{erf} = \dfrac{F}{\sigma_{z\,zul}} = \dfrac{180 \cdot 10^3\ \text{N}}{140\ \dfrac{\text{N}}{\text{mm}^2}} = 1286\ \text{mm}^2$

ausgeführt U 100 mit $A = 1350\ \text{mm}^2$

b) α) $\sigma_{z\,vorh} = \dfrac{F}{A} = \dfrac{180 \cdot 10^3\ \text{N}}{1{,}35 \cdot 10^3\ \text{mm}^2} = 133\ \dfrac{\text{N}}{\text{mm}^2}$

β) $\sigma_{b1\,vorh} = \dfrac{F\,l\,e_y}{I_y} \qquad l = \dfrac{s}{2} + e_y = 23{,}5\ \text{mm}$

$e_y = 15{,}5\ \text{mm}$

$\sigma_{b1\,vorh} = \dfrac{180 \cdot 10^3\ \text{N} \cdot 23{,}5\ \text{mm} \cdot 15{,}5\ \text{mm}}{29{,}3 \cdot 10^4\ \text{mm}^4}$

$\sigma_{b1\,vorh} = 224\ \dfrac{\text{N}}{\text{mm}^2}$

$\sigma_{b1\,vorh} = \sigma_{bz}$

$\sigma_{b2\,vorh} = \dfrac{F\,l\,(b - e_y)}{I_y} \qquad b - e_y = 34{,}5\ \text{mm}$

$\sigma_{b2\,vorh} = \dfrac{180 \cdot 10^3\ \text{N} \cdot 23{,}5\ \text{mm} \cdot 34{,}5\ \text{mm}}{29{,}3 \cdot 10^4\ \text{mm}^4}$

$\sigma_{b2\,vorh} = 498\ \dfrac{\text{N}}{\text{mm}^2}$

$\sigma_{b2\,vorh} = \sigma_{bd}$

γ) $\sigma_{res\,Zug} = \sigma_z + \sigma_{bz}$

$\sigma_{res\,Zug} = (133 + 224)\ \dfrac{\text{N}}{\text{mm}^2} = 357\ \dfrac{\text{N}}{\text{mm}^2}$

$\sigma_{res\,Druck} = \sigma_{bd} - \sigma_z$

$\sigma_{res\,Druck} = (498 - 133)\ \dfrac{\text{N}}{\text{mm}^2} = 365{,}3\ \dfrac{\text{N}}{\text{mm}^2}$

c) Ausgeführt U 120 mit:
$A = 1700\ \text{mm}^2$, $I_y = 43{,}2\ \text{mm}^4$,
$e_1 = 16\ \text{mm}$, $e_2 = 39\ \text{mm}$

α) $\sigma_{z\,vorh} = \dfrac{F}{A} = \dfrac{180 \cdot 10^3\ \text{N}}{1700\ \text{mm}^2} \approx 106\ \dfrac{\text{N}}{\text{mm}^2}$

β) $\sigma_{bz} = \dfrac{180 \cdot 10^3\ \text{N} \cdot 24\ \text{mm} \cdot 16\ \text{mm}}{43{,}2 \cdot 10^4\ \text{mm}^4} = 160\ \dfrac{\text{N}}{\text{mm}^2}$

$\sigma_{bd} = \dfrac{180 \cdot 10^3\ \text{N} \cdot 24\ \text{mm} \cdot 39\ \text{mm}}{43{,}2 \cdot 10^4\ \text{mm}^4} = 390\ \dfrac{\text{N}}{\text{mm}^2}$

γ) $\sigma_{res\,Zug} = \sigma_z + \sigma_{bz}$

$\sigma_{res\,Zug} = (106 + 160)\ \dfrac{\text{N}}{\text{mm}^2} = 266\ \dfrac{\text{N}}{\text{mm}^2}$

$\sigma_{res\,Druck} = \sigma_{bd} - \sigma_z$

$\sigma_{res\,Druck} = (390 - 106)\ \dfrac{\text{N}}{\text{mm}^2} = 284\ \dfrac{\text{N}}{\text{mm}^2}$

d) In beiden Fällen ist die resultierende Normalspannung größer als die zulässige Spannung.

938.

a) $\sigma_{res\,Zug} = \dfrac{F}{A} + \dfrac{F\,l\,e}{I_x} \le \sigma_{zul}$ (vgl. Lösung 936.)

$A = 1920\ \text{mm}^2$, $I_x = 177 \cdot 10^4\ \text{mm}^4$,
$e = 28{,}2\ \text{mm}$, $l = (8 + 28{,}2)\ \text{mm} = 36{,}2\ \text{mm}$

$F_{max} = \dfrac{\sigma_{zul}}{\dfrac{1}{A} + \dfrac{l\,e}{I_x}}$

$F_{max} = \dfrac{140\ \dfrac{\text{N}}{\text{mm}^2}}{\left(\dfrac{1}{1920} + \dfrac{36{,}2 \cdot 28{,}2}{1770000}\right)\dfrac{1}{\text{mm}^2}} = 128\ \text{kN}$

b) $F_{max} = \sigma_{zul}\, A_{\rfloor\lfloor} = 140\ \dfrac{\text{N}}{\text{mm}^2} \cdot 3840\ \text{mm}^2 = 537{,}6\ \text{kN}$

939.

a) Hebelkraft F_2
$\Sigma M_{(D)} = 0 = F_1 \cdot \sin\alpha \cdot l_1 - F_2 \cdot l_3$

$F_2 = \dfrac{F_1 \cdot \sin\alpha \cdot l_1}{l_3} = \dfrac{4{,}5\,\text{kN} \cdot \sin 60° \cdot 0{,}35\,\text{m}}{0{,}25\,\text{m}} = 5{,}456\,\text{kN}$

b) Querschnittsmaße h_1, b_1

$\sigma_{b\,zul} = \dfrac{M_{b\,vorh}}{W_x} = \dfrac{M_{b\,vorh}}{\dfrac{b_1 h_1^2}{6}}$

$\dfrac{h_1}{b_1} = 4 \rightarrow h_1 = 4 b_1$

$\sigma_{b\,zul} = \dfrac{6 \cdot F_1 \cdot \sin\alpha \cdot l_2}{16 \cdot b_1^3}$

$b_{1\,erf} = \sqrt[3]{\dfrac{6 \cdot F_1 \cdot \sin\alpha \cdot l_2}{16 \cdot \sigma_{b\,zul}}}$

$b_{1\,erf} = \sqrt[3]{\dfrac{6 \cdot 4500\,\text{N} \cdot \sin 60° \cdot 300\,\text{mm}}{16 \cdot 140\,\dfrac{\text{N}}{\text{mm}^2}}}$

$b_{1\,erf} = 14{,}63\,\text{mm} \quad h_{1\,erf} = 4 b_{1\,erf} = 58{,}52\,\text{mm}$

ausgeführt ▭ 15 x 63 nach DIN EN 10278

Spannungsnachweis:

$$\sigma_{\text{b vorh}} = \frac{6 \cdot F_1 \cdot \sin\alpha \cdot l_2}{b_{1\,\text{vorh}} \cdot h_{1\,\text{vorh}}^2}$$

$$\sigma_{\text{b vorh}} = \frac{6 \cdot 4500\,\text{N} \cdot \sin 60° \cdot 300\,\text{mm}}{15\,\text{mm} \cdot (63\,\text{mm})^2}$$

$$\sigma_{\text{b vorh}} = 117{,}8\,\frac{\text{N}}{\text{mm}^2} < \sigma_{\text{b zul}} = 140\,\frac{\text{N}}{\text{mm}^2}$$

c) Querschnittsmaße h_2, b_2

Hinweis: Die Lösungsgänge der Aufgaben 939 b) und c) sind identisch.

$$b_{2\,\text{erf}} = \sqrt[3]{\frac{6 \cdot F_2 \cdot \sin\alpha \cdot l_4}{16 \cdot \sigma_{\text{b zul}}}} = \sqrt[3]{\frac{6 \cdot 5456\,\text{N} \cdot 200\,\text{mm}}{16 \cdot 140\,\frac{\text{N}}{\text{mm}^2}}}$$

$b_{2\,\text{erf}} = 14{,}3\,\text{mm} \quad h_{2\,\text{erf}} = 4 b_{2\,\text{erf}} = 57{,}2\,\text{mm}$

Es wird das gleiche Profil wie unter b) ausgeführt:

▭ 15 x 63 nach DIN EN 10278

Damit kann auf einen Spannungsnachweis verzichtet werden.

d) Resultierende Normalspannung $\sigma_{\text{res Zug}}$

$$\sigma_{\text{res Zug}} = \sigma_{\text{z vorh}} + \sigma_{\text{b vorh}}$$

$$\sigma_{\text{res Zug}} = \frac{F_1 \cdot \cos\alpha}{b_1 \cdot h_1} + \sigma_{\text{b vorh}} \quad (\sigma_{\text{b vorh}} \text{ siehe unter b))}$$

$$\sigma_{\text{res Zug}} = \frac{4500\,\text{N} \cdot \cos 60°}{(15 \cdot 63)\,\text{mm}^2} + 117{,}8\,\frac{\text{N}}{\text{mm}^2}$$

$$\sigma_{\text{res Zug}} = 120{,}2\,\frac{\text{N}}{\text{mm}^2}$$

Damit hat die Zugspannung $\sigma_{\text{z vorh}}$ einen Anteil von ca. 2% an der resultierenden Normalspannung $\sigma_{\text{res Zug}}$.

Lösung der Verständnisfrage

Vorüberlegungen:

Kraftangriffswinkel $\alpha_{45} = 45°$:
Die für die Biegebeanspruchung des Hebels 1 entscheidende Kraftkomponente $F_1 \cdot \sin\alpha_{45}$ wird kleiner.

Damit sinkt auch der Betrag der Kraft F_2. Folglich verringern sich auch die auf die Winkelhebel 1 und 2 wirkenden Biegemomente.
Ergebnis: Die Querschnittsmaße der beiden Winkelhebel werden sich verkleinern.

Kraftangriffswinkel $\alpha_{90} = 90°$:
Das Biegemoment des waagerecht liegenden Hebels 1 erreicht das Maximum, ebenso die Größe der Kraft F_2 und das Biegemoment des Hebels 2.
Ergebnis: Da in beiden Hebeln die Biegespannung ansteigt, werden sich auch die Querschnittsmaße vergrößern.

Die Ergebnisse im Einzelnen:

Angriffswinkel der Kraft F_1	$\alpha_{45} = 45°$	$\alpha = 60°$	$\alpha_{90} = 90°$
Kraft F_2 in N am Hebel 2	4455	5456	6300
Querschnittsmaße b/h in mm	13,67 / 54,68	14,63 / 58,52	15,35 / 61,4
Ausgeführte Profile nach DIN EN 10278	▭ 15 x 56	▭ 15 x 63	▭ 15 x 63

940.

a)

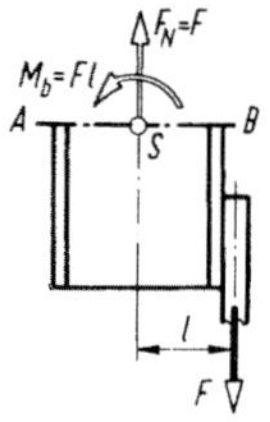

Normalkraft $F_N = F$
Biegemoment $M_b = F \cdot l$

b) IPE 120 mit:
$A = 1320\,\text{mm}^2$
$I_x = 318 \cdot 10^4\,\text{mm}^4$
$W_x = 53 \cdot 10^3\,\text{mm}^3$

$$\sigma_{\text{res Zug}} = \frac{F}{A} + \frac{M_b}{W} \le \sigma_{\text{zul}} \qquad M_b = Fl$$

$$F_{\max} = \frac{\sigma_{\text{zul}}}{\frac{1}{A} + \frac{l}{W_x}}$$

$$F_{\max} = \frac{140\,\frac{\text{N}}{\text{mm}^2}}{\left(\frac{1}{1320} + \frac{67}{53000}\right)\frac{1}{\text{mm}^2}} = 69\,250\ \text{N}$$

c) $\sigma_{\text{z vorh}} = \dfrac{F_{\max}}{A} = \dfrac{69\,250\ \text{N}}{1320\ \text{mm}^2} = 52{,}5\,\dfrac{\text{N}}{\text{mm}^2}$

d) $\sigma_{\text{b vorh}} = \dfrac{F_{\max}\, l}{W_x} = \dfrac{69\,250\ \text{N} \cdot 67\ \text{mm}}{53\,000\ \text{mm}^3} = 87{,}5\,\dfrac{\text{N}}{\text{mm}^2}$

e) $\sigma_{\text{res Zug}} = \sigma_z + \sigma_{\text{bz}} = 140\,\dfrac{\text{N}}{\text{mm}^2}$

$\sigma_{\text{res Druck}} = \sigma_{\text{bd}} - \sigma_z = 35\,\dfrac{\text{N}}{\text{mm}^2}$

f) $a = \dfrac{i^2}{l}; \quad i_x = \sqrt{\dfrac{I_x}{A}} = \sqrt{\dfrac{318 \cdot 10^4\ \text{mm}^4}{1320\ \text{mm}^2}} = 49{,}1\ \text{mm}$

$$a = \frac{(49{,}1\ \text{mm})^2}{67\ \text{mm}} = 35{,}98\ \text{mm}$$

siehe Lehrbuch, 5.11.1 Zug und Biegung

941.

Für L 100 × 50 × 10 ist:

$A_L = 1410\ \text{mm}^2$

$e_x = 36,7\ \text{mm}\ (e'_x = 100\ \text{mm} - 36,7\ \text{mm} = 63,3\ \text{mm})$

$I_x = 141 \cdot 10^4\ \text{mm}^4$

$A = 2\,A_L = 2820\ \text{mm}^2$

$I = 2\,I_x = 282 \cdot 10^4\ \text{mm}^4$

a) *Erste Annahme:*

$\sigma_{max} = \sigma_{res\,Zug} = \sigma_z + \sigma_{bz}$

$\sigma_{max} \leq \sigma_{zul} > \sigma_z + \sigma_{bz}$

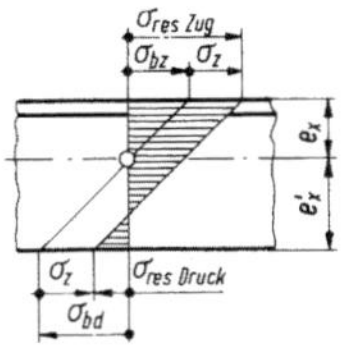

$$\sigma_{zul} \leq \frac{F_{max1}\cos\alpha}{A} + \frac{F_{max1}\sin\alpha \cdot l \cdot e_x}{I}$$

$$F_{max1} = \frac{\sigma_{zul}}{\dfrac{\cos\alpha}{A} + \dfrac{l\,e_x \sin\alpha}{I}}$$

$$F_{max1} = \frac{140\ \dfrac{\text{N}}{\text{mm}^2}}{\left(\dfrac{\cos 50°}{2820} + \dfrac{800 \cdot 36,7 \cdot \sin 50°}{282 \cdot 10^4}\right)\dfrac{1}{\text{mm}^2}}$$

$F_{max1} = 17\,070\ \text{N}$

Zweite Annahme:

$\sigma_{max} = \sigma_{res\,Druck} = \sigma_{bd} - \sigma_z$

$$F_{max2} = \frac{\sigma_{zul}}{\dfrac{l\,e'_x \sin\alpha}{I} - \dfrac{\cos\alpha}{A}}$$

$$F_{max2} = \frac{140\ \dfrac{\text{N}}{\text{mm}^2}}{\left(\dfrac{800 \cdot 63,3 \cdot \sin 50°}{282 \cdot 10^4} - \dfrac{\cos 50°}{2820}\right)\dfrac{1}{\text{mm}^2}}$$

$F_{max2} = 10\,350\ \text{N}$

Demnach ist die zweite Annahme richtig:

$F_{max} = F_{max2} = 10\,350\ \text{N} = 10,35\ \text{kN}$

b) In diesem Fall ist eindeutig

$\sigma_{max} = \sigma_{res\,Zug} = \sigma_z + \sigma_{bz}$

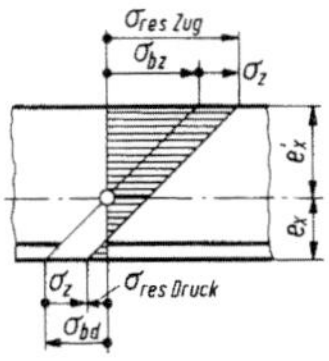

$$F_{max} \leq \frac{\sigma_{zul}}{\dfrac{\cos\alpha}{A} + \dfrac{l\,e'_x \sin\alpha}{I}}$$

$$F_{max} = \frac{140\ \dfrac{\text{N}}{\text{mm}^2}}{\left(\dfrac{0,6428}{2820} + \dfrac{800 \cdot 63,3 \cdot 0,766}{282 \cdot 10^4}\right)\dfrac{1}{\text{mm}^2}}$$

$F_{max} = 10\,012\ \text{N} = 10,012\ \text{kN}$

942.

Schnitt A–B:

$$\sigma_z = \frac{F}{A} = \frac{900\ \text{N}}{5 \cdot 80\ \text{mm}^2} = 2,25\ \frac{\text{N}}{\text{mm}^2}$$

Schnitt C–D:

$\sigma_z = 2,25\ \dfrac{\text{N}}{\text{mm}^2}$ wie im Schnitt A–B

$$\sigma_b = \frac{M_b}{W} = \frac{900\ \text{N} \cdot 20\ \text{mm}}{\dfrac{80 \cdot 5^2}{6}\ \text{mm}^3} = 54\ \frac{\text{N}}{\text{mm}^2}$$

$$\sigma_{max} = \sigma_z + \sigma_b = 56,25\ \frac{\text{N}}{\text{mm}^2}$$

Schnitt E–F entspricht Schnitt C–D

Schnitt G–H:

$$\tau_a = \frac{F}{A} = \frac{900\ \text{N}}{5 \cdot 80\ \text{mm}^2} = 2,25\ \frac{\text{N}}{\text{mm}^2}$$

$$\sigma_b = \frac{M_b}{W} = \frac{900\ \text{N} \cdot 17,5\ \text{mm}}{\dfrac{80 \cdot 5^2}{6}\ \text{mm}^3} = 47,25\ \frac{\text{N}}{\text{mm}^2}$$

943.

Zunächst werden die Schwerpunktsabstände $e_1 = 9,2$ mm und $e_2 = 15,8$ mm und mit der Gleichung für das T-Profil das axiale Flächenmoment

$I = \dfrac{1}{3}\left(B e_1^3 - b h^3 + a e_2^3\right) = 2,1 \cdot 10^4\ \text{mm}^4$ bestimmt.

$A = 410\ \text{mm}^2$, $l = 65\ \text{mm} + e_1 = 74,2\ \text{mm}$

a) Wie in Aufgabe 941 wird F_{max} mit den beiden Annahmen bestimmt (hier mit $\sigma_{z\,zul} \neq \sigma_{d\,zul}$):

$$F_{max1} \leq \frac{\sigma_{z\,zul}}{\dfrac{1}{A} + \dfrac{l\,e_1}{I}}$$

$$F_{max1} \leq \frac{60\ \dfrac{\text{N}}{\text{mm}^2}}{\left(\dfrac{1}{410} + \dfrac{74,2 \cdot 9,2}{21000}\right)\dfrac{1}{\text{mm}^2}} = 1717\ \text{N}$$

$$F_{max2} \leq \frac{\sigma_{d\,zul}}{\dfrac{l\,e_2}{I} - \dfrac{1}{A}}$$

$$F_{max2} \leq \frac{85\ \dfrac{\text{N}}{\text{mm}^2}}{\left(\dfrac{74,2 \cdot 15,8}{21000} - \dfrac{1}{410}\right)\dfrac{1}{\text{mm}^2}} = 1592\ \text{N}$$

$F_{max} = F_{max2} = 1592\ \text{N}$

b) Wie in Aufgabe 919 wird

$$M_{RG} = F_{max}\, r_2 \tan(\alpha + \varrho') = M$$

$$r_2 = \frac{d_2}{2} = \frac{9{,}026\ \text{mm}}{2} = 4{,}513\ \text{mm}$$

$P = 1{,}5$ mm

$d_3 = 8{,}16$ mm

$H_1 = 0{,}812$ mm

$A_S = 58\ \text{mm}^2$

$$\tan\alpha = \frac{P}{2\pi r_2}$$

$$\alpha = \arctan\frac{1{,}5\ \text{mm}}{2\pi \cdot 4{,}513\ \text{mm}} = 3{,}03^\circ$$

$$\varrho' = \arctan\mu' = \arctan 0{,}15 = 8{,}53^\circ$$

$$\alpha + \varrho' = 3{,}03^\circ + 8{,}53^\circ = 11{,}56^\circ$$

$$M = M_{RG} = 1592\ \text{N} \cdot 4{,}513\ \text{mm} \cdot \tan 11{,}56^\circ$$

$$M = 1470\ \text{Nmm}$$

c) $M = F_h\, r$

$$F_h = \frac{M}{r} = \frac{1469\ \text{Nmm}}{60\ \text{mm}} = 24{,}5\ \text{N}$$

d) $$m_{erf} = \frac{F_{max}\, P}{\pi d_2 H_1 p_{zul}}$$

$$m_{erf} = \frac{1592\ \text{N} \cdot 1{,}5\ \text{mm}}{\pi \cdot 9{,}026\ \text{mm} \cdot 0{,}812\ \text{mm} \cdot 3\ \frac{\text{N}}{\text{mm}^2}} = 34{,}6\ \text{mm}$$

ausgeführt $m = 35$ mm

e) $$\lambda = \frac{s}{i} = \frac{4s}{d_3} = \frac{400\ \text{mm}}{8{,}16\ \text{mm}} = 49 < \lambda_0 = 89$$

Es liegt unelastische Knickung vor (Tetmajerfall):

$$\sigma_K = 335 - 0{,}62 \cdot \lambda$$

$$\sigma_K = 335 - 0{,}62 \cdot 49 = 304{,}6\ \frac{\text{N}}{\text{mm}^2}$$

$$\sigma_{d\,vorh} = \frac{F_{max}}{A_S} = \frac{1592\ \text{N}}{58\ \text{mm}^2} = 27{,}4\ \frac{\text{N}}{\text{mm}^2}$$

$$\nu_{vorh} = \frac{\sigma_K}{\sigma_{d\,vorh}} = \frac{304{,}6\ \frac{\text{N}}{\text{mm}^2}}{27{,}4\ \frac{\text{N}}{\text{mm}^2}} = 11$$

Biegung und Torsion

944.

a) $$\sigma_b = \frac{F l}{\frac{b(5b)^2}{6}} = \frac{6 F l}{25 b^3}$$

$$b_{erf} = \sqrt[3]{\frac{6 \cdot F l}{25 \cdot \sigma_{b\,zul}}}$$

$$b_{erf} = \sqrt[3]{\frac{6 \cdot 1000\ \text{N} \cdot 230\ \text{mm}}{25 \cdot 60\ \frac{\text{N}}{\text{mm}^2}}} = 9{,}73\ \text{mm}$$

ausgeführt $b = 10$ mm, $h = 5b = 50$ mm

b) $$\tau_a = \frac{F}{A} = \frac{1000\ \text{N}}{(10 \cdot 50)\ \text{mm}^2} = 2\ \frac{\text{N}}{\text{mm}^2}$$

c) $M_T = F l_1 = 1000\ \text{N} \cdot 0{,}3\ \text{m} = 300\ \text{Nm}$

d) $$d_{erf} = \sqrt[3]{\frac{16 M_T}{\pi \tau_{t\,zul}}} = \sqrt[3]{\frac{16 \cdot 300 \cdot 10^3\ \text{Nmm}}{\pi \cdot 20\ \frac{\text{N}}{\text{mm}^2}}} = 42{,}2\ \text{mm}$$

ausgeführt $d = 44$ mm

e) $$\sigma_{b\,vorh} = \frac{M_b}{\frac{\pi}{32} d^3} = \frac{1000\ \text{N} \cdot 120\ \text{mm}}{\frac{\pi}{32}(44\ \text{mm})^3} = 14{,}3\ \frac{\text{N}}{\text{mm}^2}$$

f) $$\tau_{t\,vorh} = \frac{M_T}{\frac{\pi}{16} d^3} = \frac{300 \cdot 10^3\ \text{Nmm}}{\frac{\pi}{16}(44\ \text{mm})^3} = 17{,}9\ \frac{\text{N}}{\text{mm}^2}$$

$$\sigma_v = \sqrt{\sigma_b^2 + 3(\alpha_0 \tau_t)^2}$$

$$\sigma_v = \sqrt{\left(14{,}3\ \frac{\text{N}}{\text{mm}^2}\right)^2 + 3\left(0{,}7 \cdot 17{,}9\ \frac{\text{N}}{\text{mm}^2}\right)^2}$$

$$\sigma_v = 26\ \frac{\text{N}}{\text{mm}^2}$$

945.

a) Torsionsmoment M_T

$M_T = F_h\, r_h$

$M_T = 300\ \text{N} \cdot 0{,}4\ \text{m}$

$M_T = 120\ \text{Nm}$

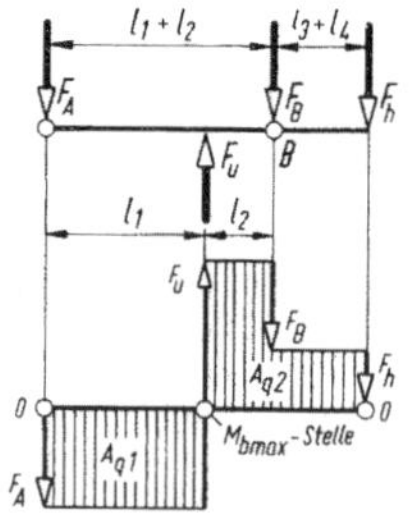

b) maximales Biegemoment $M_{b\,max}$

$M_T = F_u r_h$

Teilkreisradius $r = \frac{m z}{2} = \frac{8\,mm \cdot 24}{2} = 96\,mm$

$$F_u = \frac{M_T}{r} = \frac{120 \cdot 10^3\,Nmm}{96\,mm} = 1250\,N$$

Gleichgewichtsbedingungen:

II. $\Sigma F_y = 0 = F_u - F_A - F_B - F_h$

III. $\Sigma M_{(B)} = 0 = F_A(l_1 + l_2) - F_u l_2 - F_h(l_3 + l_4)$

III. $F_A = \frac{F_u l_2 + F_h(l_3 + l_4)}{l_1 + l_2}$

$$F_A = \frac{1250\,N \cdot 0{,}2\,m + 300\,N \cdot (0{,}1\,m + 0{,}18\,m)}{0{,}48\,m + 0{,}2\,m} = 491\,N$$

II. $F_B = F_u - F_A - F_h = 1250\,N - 491\,N - 300\,N$

$F_B = 459\,N$

$M_{b\,max} = F_A l_1 = 491\,N \cdot 0{,}48\,m = 236\,Nm$

c) Vergleichsmoment M_v

$$M_v = \sqrt{M_b^2 + 0{,}75(\alpha_0 M_T)^2}$$

mit $\alpha_0 = 0{,}7$ für σ_b wechselnde und τ_t schwellende Belastung

$$M_v = \sqrt{(236\,Nm)^2 + 0{,}75(0{,}7 \cdot 120\,Nm)^2}$$

$M_v = 247\,Nm$

d) Wellendurchmesser d

$$d_{erf} = \sqrt[3]{\frac{32\,M_v}{\pi \sigma_{b\,zul}}} = \sqrt[3]{\frac{32 \cdot 247 \cdot 10^3\,Nmm}{\pi \cdot 60 \frac{N}{mm^2}}} = 34{,}7\,mm$$

ausgeführt $d = 35\,mm$

946.

a) Mit $F_A = 3400$ N und $F_B = 2600$ N wird $M_{b\,max} = 442$ Nm

b) $M_T = F_u \frac{D_F}{2} = 6000\,N \cdot 0{,}09\,m = 540\,Nm$

c) $$\sigma_{b\,vorh} = \frac{M_{b\,max}}{W} = \frac{M_{b\,max}}{\frac{\pi}{32} \cdot \frac{D^4 - d^4}{D}} = \frac{32\,D\,M_{b\,max}}{\pi(D^4 - d^4)}$$

$$\sigma_{b\,vorh} = \frac{32 \cdot 120\,mm \cdot 442 \cdot 10^3\,Nmm}{\pi(120^4 - 80^4)\,mm^4} = 3{,}25 \frac{N}{mm^2}$$

d) $$\tau_{t\,vorh} = \frac{M_T}{W_p} = \frac{M_T}{\frac{\pi}{16} \cdot \frac{D^4 - d^4}{D}} = \frac{16\,D\,M_T}{\pi(D^4 - d^4)}$$

$$\tau_{t\,vorh} = \frac{16 \cdot 120\,mm \cdot 540 \cdot 10^3\,Nmm}{\pi(120^4 - 80^4)\,mm^4} = 1{,}98 \frac{N}{mm^2}$$

e) $$\sigma_v = \sqrt{\sigma_{b\,vorh}^2 + 3(\alpha_0 \tau_{t\,vorh})^2}$$

$$\sigma_v = \sqrt{\left[3{,}25^2 + 3(0{,}7 \cdot 1{,}98)^2\right] \frac{N^2}{mm^4}}$$

$$\sigma_v = 4{,}04 \frac{N}{mm^2}$$

947.

a) $M_T = F \frac{D}{2} = 500\,N \cdot \frac{0{,}24\,m}{2} = 60\,Nm$

b) $M_{b\,max} = F\,l = 500\,N \cdot 0{,}045\,m = 22{,}5\,Nm$

c) $$M_v = \sqrt{M_{b\,max}^2 + 0{,}75(\alpha_0 M_T)^2}$$

$$M_v = \sqrt{(22{,}5\,Nm)^2 + 0{,}75(0{,}7 \cdot 60\,Nm)^2}$$

$M_v = 42{,}8\,Nm$

d) $$d_{erf} = \sqrt[3]{\frac{32 M_v}{\pi \sigma_{b\,zul}}} = \sqrt[3]{\frac{32 \cdot 42{,}8 \cdot 10^3\,Nmm}{\pi 80 \frac{N}{mm^2}}} = 17{,}6\,mm$$

ausgeführt $d = 18$ mm

948.

a) $M_{b\,max} = F\,l = 8000\,N \cdot 0{,}12\,m = 960\,Nm$

b) $M_T = F\,r = 8000\,N \cdot 0{,}1\,m = 800\,Nm$

c) $$M_v = \sqrt{M_{b\,max}^2 + 0{,}75(\alpha_0 M_T)^2}$$

$$M_v = \sqrt{(960\,Nm)^2 + 0{,}75 \cdot (0{,}7 \cdot 800\,Nm)^2}$$

$M_v = 1076\,Nm$

d) $$d_{erf} = \sqrt[3]{\frac{32 M_v}{\pi \sigma_{b\,zul}}} = \sqrt[3]{\frac{32 \cdot 1076 \cdot 10^3\,Nmm}{\pi 80 \frac{N}{mm^2}}} = 51{,}6\,mm$$

ausgeführt $d = 52$ mm

949.

a) $$M_v = \sqrt{M_b^2 + 0{,}75(\alpha_0 M_T)^2}$$

$$M_v = \sqrt{(9{,}6\,Nm)^2 + 0{,}75 \cdot (0{,}7 \cdot 15\,Nm)^2} = 13{,}2\,Nm$$

b) $$d_{1\,erf} = \sqrt[3]{\frac{32 M_v}{\pi \sigma_{b\,zul}}} = \sqrt[3]{\frac{32 \cdot 13{,}2 \cdot 10^3\,Nmm}{\pi 72 \frac{N}{mm^2}}} = 12{,}3\,mm$$

ausgeführt $d_1 = 13$ mm

c) $p = \frac{F}{A_{\text{proj}}} = \frac{F_u}{\frac{d_2}{2} l} \qquad F_u = \frac{M_T}{\frac{d_1}{2}} = \frac{2 M_T}{d_1}$

$$l_{\text{erf}} = \frac{4 M_T}{d_1 d_2 p_{\text{zul}}}$$

$$l_{\text{erf}} = \frac{4 \cdot 15000 \text{ Nmm}}{13 \text{ mm} \cdot 5 \text{ mm} \cdot 30 \frac{\text{N}}{\text{mm}^2}} = 30{,}8 \text{ mm}$$

ausgeführt $l = 32$ mm

d) $\tau_{\text{a vorh}} = \frac{F_u}{d_2 l} = \frac{2 M_T}{d_1 d_2 l} = \frac{2 \cdot 15000 \text{ Nmm}}{13 \text{ mm} \cdot 5 \text{ mm} \cdot 32 \text{ mm}}$

$$\tau_{\text{a vorh}} = 14{,}4 \frac{\text{N}}{\text{mm}^2}$$

950.

a) Stützkräfte F_A, F_B

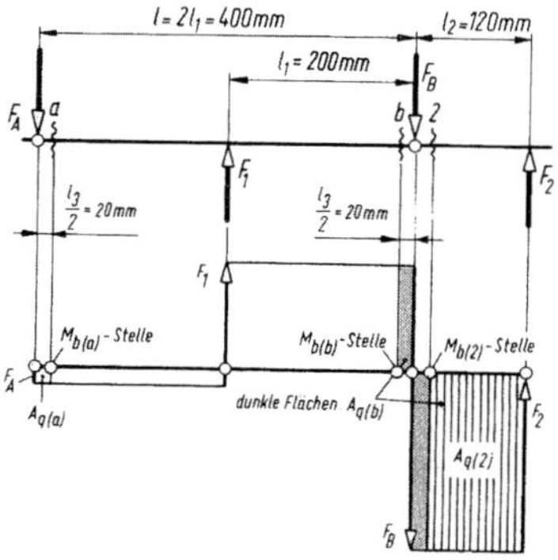

II. $\Sigma F_y = 0 = F_1 + F_2 - F_A - F_B$

III. $\Sigma M_{(B)} = 0 = F_A l - F_1 l_1 + F_2 l_2$

III. $F_A = \frac{F_1 l_1 - F_2 l_2}{l} = \frac{8 \text{kN} \cdot 0{,}2 \text{m} - 12 \text{kN} \cdot 0{,}12 \text{m}}{0{,}4 \text{m}}$

$F_A = 0{,}4 \text{kN}$

II. $F_B = F_1 + F_2 - F_A = 8 \text{kN} + 12 \text{kN} - 0{,}4 \text{kN} = 19{,}6 \text{kN}$

b) Wellendurchmesser d_2, d_A, d_B

$M_{\text{b (a)}} = A_{\text{q (a)}}$

$$M_{\text{b (a)}} = F_A \frac{l_3}{2} = 400 \text{N} \cdot \frac{40 \text{mm}}{2} = 8 \cdot 10^3 \text{Nmm}$$

$$d_{\text{A erf}} = \sqrt[3]{\frac{32 \cdot M_{\text{b (a)}}}{\pi \cdot \sigma_{\text{b zul}}}} = \sqrt[3]{\frac{32 \cdot 8 \cdot 10^3 \text{Nmm}}{\pi \cdot 80 \frac{\text{N}}{\text{mm}^2}}} = 10 \text{mm}$$

ausgeführt $d_A = 10 \text{mm}$

$M_{\text{b (b)}} = A_{\text{q (b)}}$

$$M_{\text{b (b)}} = F_2 \cdot l_2 - (F_B - F_2) \frac{l_3}{2}$$

$$M_{\text{b (b)}} = 12 \cdot 10^3 \text{ N} \cdot 120 \text{mm} - (19{,}6 - 12) \cdot 10^3 \text{N} \cdot \frac{40 \text{mm}}{2}$$

$M_{\text{b (b)}} = 1288 \cdot 10^3 \text{Nmm} = 1288 \text{Nm}$

Vergleichsmoment $M_{\text{v (b)}}$ mit $M_T = 1000 \text{Nm}$:

$$M_{\text{v (b)}} = \sqrt{M_{\text{b (b)}}^2 + 0{,}75 (\alpha_0 \cdot M_T)}$$

$$M_{\text{v (b)}} = \sqrt{(1288 \text{Nm})^2 + 0{,}75 (0{,}77 \cdot 1000 \text{Nm})^2}$$

$M_{\text{v (b)}} = 1450 \text{Nm} = 1450 \cdot 10^3 \text{Nmm}$

$$d_{\text{B erf}} = \sqrt[3]{\frac{32 \cdot M_{\text{v (b)}}}{\pi \cdot \sigma_{\text{b zul}}}} = \sqrt[3]{\frac{32 \cdot 1450 \cdot 10^3 \text{Nmm}}{\pi \cdot 80 \frac{\text{N}}{\text{mm}^2}}}$$

$d_{\text{B erf}} = 56{,}9 \text{mm}$

ausgeführt $d_B = 58 \text{mm}$

$M_{\text{b (2)}} = A_{\text{q (2)}}$

$$M_{\text{b (2)}} = F_2 \cdot \left(l_2 - \frac{l_3}{2} \right) = 12 \cdot 10^3 \text{ N} \cdot \left(120 - \frac{40}{2} \right) \text{mm}$$

$M_{\text{b (2)}} = 12 \cdot 10^5 \text{ Nmm} = 1200 \text{Nm}$

Vergleichsmoment $M_{\text{v (2)}}$ mit $M_T = 1000 \text{Nm}$:

$$M_{\text{v (2)}} = \sqrt{M_{\text{b (2)}}^2 + 0{,}75 (\alpha_0 \cdot M_T)}$$

$$M_{\text{v (2)}} = \sqrt{(1200 \text{Nm})^2 + 0{,}75 (0{,}77 \cdot 1000 \text{Nm})^2}$$

$M_{\text{v (2)}} = 1373 \text{Nm} = 1373 \cdot 10^3 \text{Nmm}$

$$d_{\text{2 erf}} = \sqrt[3]{\frac{32 \cdot M_{\text{v (b)}}}{\pi \cdot \sigma_{\text{b zul}}}} = \sqrt[3]{\frac{32 \cdot 1373 \cdot 10^3 \text{Nmm}}{\pi \cdot 80 \frac{\text{N}}{\text{mm}^2}}} = 55{,}9 \text{mm}$$

ausgeführt $d_2 = 56 \text{mm}$

c) Flächenpressung $p_{\text{A vorh}}$, $p_{\text{B vorh}}$

$$p_{\text{A vorh}} = \frac{F_A}{d_A l_3} = \frac{400 \text{N}}{(10 \cdot 40) \text{mm}^2} = 1 \frac{\text{N}}{\text{mm}^2}$$

$$p_{\text{B vorh}} = \frac{F_B}{d_B l_3} = \frac{19600 \text{N}}{(58 \cdot 40) \text{mm}^2} = 8{,}4 \frac{\text{N}}{\text{mm}^2}$$

951.

a) Biegespannung $\sigma_{\text{b vorh (A)}}$

$$\sigma_{\text{b vorh (A)}} = \frac{M_{\text{b (A)}}}{W} = \frac{F l_2}{\frac{\pi}{32} d^3}$$

$$\sigma_{\text{b vorh (A)}} = \frac{800 \text{N} \cdot 150 \text{mm}}{\frac{\pi}{32} (16 \text{mm})^3} = 298 \frac{\text{N}}{\text{mm}^2}$$

b) Sicherheit $\nu_{\text{vorh (A)}}$

$$\nu_{\text{vorh (A)}} = \frac{\sigma_{\text{bW}}}{\sigma_{\text{b vorh (A)}}} = \frac{600\dfrac{\text{N}}{\text{mm}^2}}{298\dfrac{\text{N}}{\text{mm}^2}} = 2$$

c) Torsionsspannung $\tau_{\text{t vorh (A)}}$

$$\tau_{\text{t vorh (A)}} = \frac{M_{\text{T (A)}}}{W_{\text{p}}} = \frac{F\,l_3}{\dfrac{\pi}{16}d^3}$$

$$\tau_{\text{t vorh (A)}} = \frac{800\,\text{N}\cdot 100\,\text{mm}}{\dfrac{\pi}{16}(16\,\text{mm})^3} = 99{,}5\frac{\text{N}}{\text{mm}^2}$$

d) Vergleichsspannung $\sigma_{\text{v (A)}}$

$$\sigma_{\text{v (A)}} = \sqrt{\sigma^2_{\text{b vorh (A)}} + 3\left(\alpha_0\,\tau_{\text{t vorh (A)}}\right)^2}$$

Hinweis:
Anstrengungsverhältnis $\alpha_0 = 1$, weil $\sigma_{\text{b vorh (A)}}$ und $\tau_{\text{t vorh (A)}}$ im gleichen Belastungsfall auftreten (F + T, 5.9).

$$\sigma_{\text{v (A)}} = \sqrt{\left[298^2 + 3(1\cdot 99{,}5)^2\right]\frac{\text{N}^2}{\text{mm}^4}} = 344\frac{\text{N}}{\text{mm}^2}$$

e) Dauerbruchsicherheit ν_{vorh}

$$\nu_{\text{vorh}} = \frac{\sigma_{\text{bW}}}{\sigma_{\text{v (A)}}} = \frac{600\dfrac{\text{N}}{\text{mm}^2}}{344\dfrac{\text{N}}{\text{mm}^2}} \approx 1{,}7$$

f) Biegespannung $\sigma_{\text{b vorh (4)}}$

$$\sigma_{\text{b vorh (4)}} = \frac{M_{\text{b (4)}}}{W} = \frac{F\left(l_3 + b\right)}{\dfrac{\pi}{32}d_1^3}$$

$$\sigma_{\text{b vorh (A)}} = \frac{800\,\text{N}\cdot\left(100+30\right)\text{mm}}{\dfrac{\pi}{32}(15\,\text{mm})^3} = 314\frac{\text{N}}{\text{mm}^2}$$

g) Torsionsspannung $\tau_{\text{t vorh (4)}}$

$$\tau_{\text{t vorh (4)}} = \frac{M_{\text{T (4)}}}{W_{\text{p}}} = \frac{F\,l_1}{\dfrac{\pi}{16}d_1^3}$$

$$\tau_{\text{t vorh (4)}} = \frac{800\,\text{N}\cdot 170\,\text{mm}}{\dfrac{\pi}{16}(15\,\text{mm})^3} = 205\frac{\text{N}}{\text{mm}^2}$$

h) Vergleichsspannung $\sigma_{\text{v (4)}}$

$$\sigma_{\text{v (4)}} = \sqrt{\sigma^2_{\text{b vorh (4)}} + 3\left(\alpha_0\,\tau_{\text{t vorh (4)}}\right)^2}$$

Hinweis:
Anstrengungsverhältnis $\alpha_0 = 0{,}7$, weil $\sigma_{\text{b vorh (4)}}$ im wechselden und $\tau_{\text{t vorh (4)}}$ im schwellenden Belastungsfall auftreten (F + T, 5.9).

$$\sigma_{\text{v (4)}} = \sqrt{\left[314^2 + 3(0{,}7\cdot 205)^2\right]\frac{\text{N}^2}{\text{mm}^4}} = 400{,}5\frac{\text{N}}{\text{mm}^2}$$

952.

a) Stützkräfte F_{A}, F_{B}

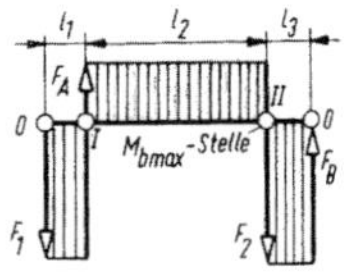

$$\text{II. } \Sigma F_{\text{y}} = 0 = F_{\text{A}} + F_{\text{B}} - F_1 - F_2$$

$$\text{III. } \Sigma M_{(\text{B})} = 0 = F_1\left(l_1 + l_2 + l_3\right) - F_{\text{A}}\left(l_2 + l_3\right) + F_2\,l_3$$

$$\text{III. } F_{\text{A}} = \frac{F_1\left(l_1 + l_2 + l_3\right) + F_2\,l_3}{l_2 + l_3}$$

$$F_{\text{A}} = \frac{4\cdot 10^3\,\text{N}\cdot\left(80+400+100\right)\text{mm} + 6\cdot 10^3\,\text{N}\cdot 100\,\text{mm}}{\left(400+100\right)\text{mm}}$$

$$F_{\text{A}} = 5840\,\text{N}$$

$$\text{II. } F_{\text{B}} = F_1 + F_2 - F_{\text{A}} = 4000\,\text{N} + 6000\,\text{N} - 5840\,\text{N}$$

$$F_{\text{B}} = 4160\,\text{N}$$

b) maximales Biegemoment $M_{\text{b max}}$

$$M_{\text{b max}} = F_{\text{B}}\,l_3 = 4160\,\text{N}\cdot 100\,\text{mm} = 416\cdot 10^3\,\text{Nmm}$$

$$M_{\text{b max}} = 416\,\text{Nm}$$

$$M_{\text{b max}} = 416\cdot 10^3\,\text{Nmm} = 416\,\text{Nm}$$

c) Vergleichsmoment M_{v}
Vergleichsmoment M_{v} mit $M_{\text{T}} = 200\,\text{Nm}$:

$$M_{\text{v}} = \sqrt{M^2_{\text{b max}} + 0{,}75\left(\alpha_0\cdot M_{\text{T}}\right)^2}$$

Hinweis:
Anstrengungsverhältnis $\alpha_0 = 0{,}7$, weil σ_{b} im wechselnden und τ_{t} im schwellenden Belastungsfall auftreten (F + T, 5.9).

$$M_{\text{v}} = \sqrt{\left(416\,\text{Nm}\right)^2 + 0{,}75\left(0{,}7\cdot 200\,\text{Nm}\right)^2}$$

$$M_{\text{v}} = 433\,\text{Nm} = 433\cdot 10^3\,\text{Nmm}$$

d) Wellendurchmesser d

$$d_{\text{erf}} = \sqrt[3]{\frac{32\cdot M_{\text{v}}}{\pi\cdot\sigma_{\text{b zul}}}} = \sqrt[3]{\frac{32\cdot 433\cdot 10^3\,\text{Nmm}}{\pi\cdot 60\dfrac{\text{N}}{\text{mm}^2}}} = 41{,}9\,\text{mm}$$

ausgeführt $d = 42\,\text{mm}$

953.

a) Querschnittsabmessungen

$$\sigma_b = \frac{M_b}{W}$$

$$M_b = F \cdot l_3$$

$$W = \frac{b\,h^2}{6} \text{ mit Bauverhältnis } b = \frac{h}{4}:$$

$$W = \frac{h^3}{24}$$

$$\sigma_{b\,zul} = \frac{24 \cdot F \cdot l_3}{h^3} \rightarrow h = \sqrt[3]{\frac{24 \cdot F \cdot l_3}{\sigma_{b\,zul}}}$$

$$h = \sqrt[3]{\frac{24 \cdot 800\,\text{N} \cdot 170\,\text{mm}}{100\,\frac{\text{N}}{\text{mm}^2}}} = 31{,}96\,\text{mm}$$

ausgeführt $h = 32\,\text{mm}$

$$b_{erf} = \frac{h}{4} = 8\,\text{mm}$$

ausgeführt $b = 8\,\text{mm}$

b) vorhandene Biegespannung im Schnitt A – B

$$\sigma_b = \frac{M_b}{W}$$

$$M_b = F \cdot l_1$$

$$W = \frac{\pi}{32} \cdot d^3$$

$$\sigma_{b\,vorh} = \frac{32 \cdot F \cdot l_1}{\pi \cdot d^3} = \frac{32 \cdot 800\,\text{N} \cdot 280\,\text{mm}}{\pi \cdot (30\,\text{mm})^2}$$

$$\sigma_{b\,vorh} = 84{,}5\,\frac{\text{N}}{\text{mm}^2}$$

c) vorhandene Torsionsspannung

$$\tau_t = \frac{M_T}{W_p}$$

$$M_T = F \cdot l_2$$

$$W_p = \frac{\pi}{16} \cdot d^3$$

$$\tau_{t\,vorh} = \frac{16 \cdot F \cdot l_2}{\pi \cdot d^3} = \frac{16 \cdot 800\,\text{N} \cdot 200\,\text{mm}}{\pi \cdot (30\,\text{mm})^2}$$

$$\tau_{t\,vorh} = 30{,}2\,\frac{\text{N}}{\text{mm}^2}$$

d) Vergleichsspannung im Schnitt A – B

$$\sigma_v = \sqrt{\sigma_{b\,vorh}^2 + 3 \cdot (\alpha_0 \cdot \tau_{t\,vorh})^2}$$

$$\sigma_{b\,vorh} = 84{,}5\,\frac{\text{N}}{\text{mm}^2} \quad \alpha_0 = 1 \quad \tau_{t\,vorh} = 30{,}2\,\frac{\text{N}}{\text{mm}^2}$$

$$\sigma_v = \sqrt{\left(84{,}5\,\frac{\text{N}}{\text{mm}^2}\right)^2 + 3 \cdot \left(30{,}2\,\frac{\text{N}}{\text{mm}^2}\right)^2}$$

$$\sigma_v = 99{,}4\,\frac{\text{N}}{\text{mm}^2}$$

954.

a) $M_I = 9550\,\frac{P}{n} = 9550 \cdot \frac{4}{960}\,\text{Nm} = 39{,}8\,\text{Nm}$

b) $d_1 = m_{I/2}\, z_1 = 6\,\text{mm} \cdot 19 = 114\,\text{mm}$

c) $i_1 = \frac{z_2}{z_1} \Rightarrow z_2 = z_1\, i_1 = 19 \cdot 3{,}2 = 61$

d) $F_{t1} = \frac{M_I}{\frac{d_1}{2}} = \frac{2\,M_I}{d_1} = \frac{2 \cdot 39{,}8 \cdot 10^3\,\text{Nmm}}{114\,\text{mm}} = 698\,\text{N}$

e) $F_{r1} = F_{t1} \tan\alpha = 698\,\text{N} \cdot \tan 20° = 254\,\text{N}$

Krafteck

F_{N1} Zahnnormalkraft

F_{t1} Tangentialkraft

F_{r1} Radialkraft

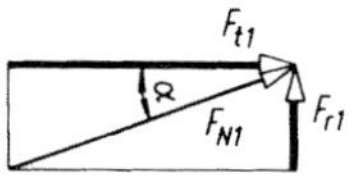

f) Lageskizze der Welle I

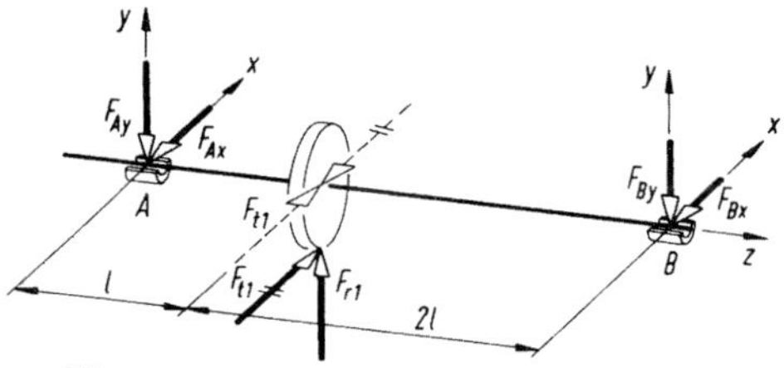

y, z-Ebene

$$\Sigma F_y = 0 = -F_{Ay} + F_{r1} - F_{By}$$

$$\Sigma M_{(A)} = 0 = F_{r1}\, l - F_{By} \cdot 3l$$

$$F_{By} = \frac{F_{r1}\, l}{3l} = \frac{254\,\text{N} \cdot 0{,}1\,\text{m}}{0{,}3\,\text{m}} = 84{,}7\,\text{N}$$

$$F_{Ay} = F_{r1} - F_{By} = 254\,\text{N} - 84{,}7\,\text{N} = 169{,}3\,\text{N}$$

x, y-Ebene

$$\Sigma F_x = 0 = -F_{Ax} + F_{t1} - F_{Bx}$$

$$\Sigma M_{(A)} = 0 = F_{t1}\, l - F_{Bx} \cdot 3l$$

$$F_{Bx} = \frac{F_{t1}\, l}{3l} = \frac{698\,\text{N} \cdot 0{,}1\,\text{m}}{0{,}3\,\text{m}} = 232{,}7\,\text{N}$$

$$F_{Ax} = F_{t1} - F_{Bx} = 698\,\text{N} - 232{,}7\,\text{N} = 465{,}3\,\text{N}$$

$$F_A = \sqrt{F_{Ax}^2 + F_{Ay}^2}$$

$$F_A = \sqrt{(465{,}3\,\text{N})^2 + (169{,}3\,\text{N})^2} = 495\,\text{N}$$

$$F_B = \sqrt{F_{Bx}^2 + F_{By}^2}$$

$$F_B = \sqrt{(232{,}7\,\text{N})^2 + (84{,}7\,\text{N})^2} = 248\,\text{N}$$

g) $M_{\text{b max I}} = F_A \cdot l = F_B \cdot 2l$

$M_{\text{b max I}} = 495 \text{ N} \cdot 0{,}1 \text{ m} = 49{,}5 \text{ Nm}$

$M_{\text{b max I}} = 248 \text{ N} \cdot 0{,}2 \text{ m} = 49{,}6 \text{ Nm} \approx 49{,}5 \text{ Nm}$

h) $M_{\text{vI}} = \sqrt{M_{\text{b max I}}^2 + 0{,}75(0{,}7 \cdot M_{\text{I}})^2}$

$M_{\text{vI}} = \sqrt{(49{,}5 \text{ Nm})^2 + 0{,}75(0{,}7 \cdot 39{,}8 \text{ Nm})^2}$

$M_{\text{vI}} = 55 \text{ Nm}$

i) $d_{\text{I erf}} = \sqrt[3]{\dfrac{32\, M_{\text{vI}}}{\pi \sigma_{\text{b zul}}}}$

$d_{\text{I erf}} = \sqrt[3]{\dfrac{32 \cdot 55 \cdot 10^3 \text{ Nmm}}{\pi \cdot 50 \dfrac{\text{N}}{\text{mm}^2}}} = 22{,}4 \text{ mm}$

ausgeführt $d_{\text{I}} = 23$ mm

k) $M_{\text{II}} = M_{\text{I}} \dfrac{z_2}{z_1} = 39{,}8 \text{ Nm} \cdot \dfrac{61}{19} = 128 \text{ Nm}$

l) $d_2 = m_{1/2}\, z_2 = 6 \text{ mm} \cdot 61 = 366 \text{ mm}$

$d_3 = m_{3/4}\, z_3 = 8 \text{ mm} \cdot 25 = 200 \text{ mm}$

m) $z_4 = z_3\, i_2 = 25 \cdot 2{,}8 = 70$

$d_4 = m_{3/4}\, z_4 = 8 \text{ mm} \cdot 70 = 560 \text{ mm}$

n) $F_{\text{t3}} = \dfrac{2\, M_{\text{III}}}{d_3} = \dfrac{2\, M_{\text{II}}}{d_3} = \dfrac{2 \cdot 128 \text{ Nm}}{0{,}2 \text{ m}} = 1280 \text{ N}$

$F_{\text{r3}} = F_{\text{t3}} \tan\alpha = 1280 \text{ N} \cdot \tan 20° = 466 \text{ N}$

o) Lageskizze der Welle II

$F_{\text{t2}} = 698 \text{ N} \quad F_{\text{r2}} = 254 \text{ N}$

$F_{\text{t3}} = 1280 \text{ N} \quad F_{\text{r3}} = 466 \text{ N}$

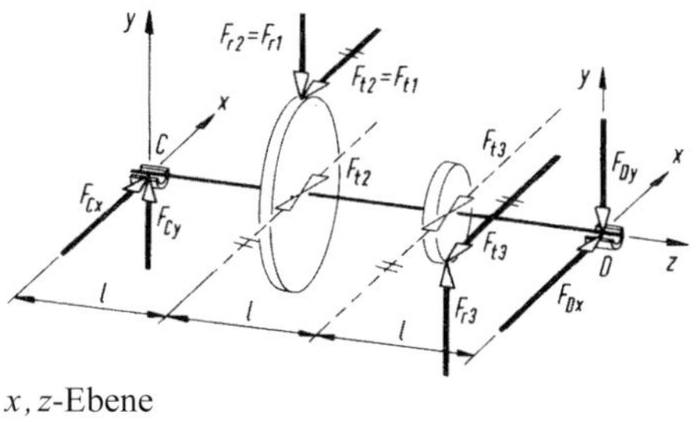

x, z-Ebene

$\Sigma F_x = 0 = F_{\text{Cx}} - F_{\text{t2}} - F_{\text{t3}} + F_{\text{Dx}}$

$\Sigma M_{(\text{C})} = 0 = -F_{\text{t2}}\, l - F_{\text{t3}} \cdot 2l + F_{\text{Dx}} \cdot 3l$

$F_{\text{Dx}} = \dfrac{F_{\text{t2}}\, l + F_{\text{t3}} \cdot 2l}{3l} = 1086 \text{ N}$

$F_{\text{Cx}} = F_{\text{t2}} + F_{\text{t3}} - F_{\text{Dx}} = 892 \text{ N}$

y, z-Ebene

$\Sigma F_y = 0 = F_{\text{Cy}} - F_{\text{r2}} + F_{\text{r3}} - F_{\text{Dy}}$

$\Sigma M_{(\text{C})} = 0 = -F_{\text{r2}}\, l + F_{\text{r3}} \cdot 2l - F_{\text{Dy}} \cdot 3l$

$F_{\text{Dy}} = \dfrac{F_{\text{r3}} \cdot 2l - F_{\text{r2}}\, l}{3l} = 226 \text{ N}$

$F_{\text{Cy}} = F_{\text{r2}} - F_{\text{r3}} + F_{\text{Dy}} = 14 \text{ N}$

$F_{\text{C}} = \sqrt{F_{\text{Cx}}^2 + F_{\text{Cy}}^2}$

$F_{\text{C}} = \sqrt{(892 \text{ N})^2 + (14 \text{ N})^2} = 892{,}1 \text{ N} \approx 892 \text{ N}$

$F_{\text{D}} = \sqrt{F_{\text{Dx}}^2 + F_{\text{Dy}}^2}$

$F_{\text{D}} = \sqrt{(1086 \text{ N})^2 + (226 \text{ N})^2} = 1109 \text{ N}$

p) $M_{\text{b2}} = F_{\text{C}}\, l = 892 \text{ N} \cdot 0{,}1 \text{ m} = 89{,}2 \text{ Nm}$

$M_{\text{b3}} = F_{\text{D}}\, l = 1109 \text{ N} \cdot 0{,}1 \text{ m} = 110{,}9 \text{ Nm}$

$\text{M}_{\text{b max II}} \approx 111 \text{ Nm}$

q) $M_{\text{vII}} = \sqrt{M_{\text{b max II}}^2 + 0{,}75(0{,}7 \cdot M_{\text{II}})^2}$

$M_{\text{vII}} = \sqrt{(111 \text{ Nm})^2 + 0{,}75(0{,}7 \cdot 128 \text{ Nm})^2}$

$M_{\text{vII}} = 135 \text{ Nm}$

r) $d_{\text{II erf}} = \sqrt[3]{\dfrac{32\, M_{\text{vII}}}{\pi \sigma_{\text{b zul}}}}$

$d_{\text{II erf}} = \sqrt[3]{\dfrac{32 \cdot 135 \cdot 10^3 \text{ Nmm}}{\pi \cdot 50 \dfrac{\text{N}}{\text{mm}^2}}} = 30{,}2 \text{ mm}$

ausgeführt $d_{\text{II}} = 30$ mm

Verschiedene Aufgaben aus der Festigkeitslehre

955.

a) Die Abscherfestigkeit τ_{aB} beträgt für Stahl 85 % der Zugfestigkeit R_{m} ($\tau_{\text{aB}} = 0{,}85 \cdot R_{\text{m}}$, siehe F + T, 5.2).

Für den Werkstoff E335 beträgt $R_{\text{m}} = 590 \text{ N/mm}^2$ (F + T, 5.17) und damit

$$\tau_{\text{aB}} = 0{,}85 \cdot 590 \frac{\text{N}}{\text{mm}^2} = 501{,}5 \frac{\text{N}}{\text{mm}^2}$$

Der gefährdete Querschnitt beträgt

$A_{\text{gef}} = 2\dfrac{d^2\pi}{4} = \dfrac{d^2\pi}{2}$ und mit

$\tau_{\text{aB}} = \dfrac{F_{\max}}{A_{\text{gef}}} = \dfrac{2\,F_{\max}}{\pi d^2}$ wird

$$d_{erf} = \sqrt{\frac{2F_{max}}{\pi\tau_{aB}}} = \sqrt{\frac{2\cdot 60\cdot 10^3\ \text{N}}{\pi\cdot 501{,}5\ \frac{\text{N}}{\text{mm}^2}}} = 8{,}727\ \text{mm}$$

ausgeführt $d = 8$ mm

b) $\sigma_{z\,vorh} = \frac{F_{max}}{A_{gef}} \qquad A_{gef} = a^2 - a\,d$

$a = 30$ mm $\quad d = 8$ mm

$$\sigma_{z\,vorh} = \frac{F_{max}}{a^2 - a\,d} = \frac{F_{max}}{a(a-d)}$$

$$\sigma_{z\,vorh} = \frac{60\cdot 10^3\ \text{N}}{[30\cdot(30-8)]\ \text{mm}^2} = 90{,}9\ \frac{\text{N}}{\text{mm}^2}$$

c) $p = \frac{F_{max}}{A_{proj}} \qquad A_{proj} = d(b_{erf} - a)$

$$p = \frac{F_{max}}{d(b_{erf} - a)}$$

$$b_{erf} = \frac{F_{max}}{p_{zul}\,d} + a$$

$$b_{erf} = \frac{60\cdot 10^3\ \text{N}}{350\ \frac{\text{N}}{\text{mm}^2}\cdot 8\ \text{mm}} + 30\ \text{mm} = 51{,}4\ \text{mm}$$

ausgeführt $b = 52$ mm

956.

a) $\sigma_z = \frac{F}{\frac{\pi}{4}d^2} = \frac{4F}{\pi d^2}$

$$d_{erf} = \sqrt{\frac{4F}{\pi\sigma_{z\,zul}}} = \sqrt{\frac{4\cdot 40\cdot 10^3\ \text{N}}{\pi\cdot 100\ \frac{\text{N}}{\text{mm}^2}}} = 22{,}6\ \text{mm}$$

ausgeführt $d = 23$ mm

b) $p = \frac{F}{A_{proj}} = \frac{F}{\frac{\pi}{4}(D^2 - d^2)}$

$$D_{erf} = \sqrt{\frac{4F}{\pi\,p_{zul}} + d^2}$$

$$D_{erf} = \sqrt{\frac{4\cdot 40\cdot 10^3\ \text{N}}{\pi\cdot 15\ \frac{\text{N}}{\text{mm}^2}} + 23^2\ \text{mm}^2} = 62{,}6\ \text{mm}$$

ausgeführt $D = 63$ mm

c) $\tau_a = \frac{F}{A} = \frac{F}{\pi d\,h}$

$$h_{erf} = \frac{F}{\pi\,d\,\tau_{a\,zul}} = \frac{40\cdot 10^3\ \text{N}}{\pi\cdot 23\ \text{mm}\cdot 60\ \frac{\text{N}}{\text{mm}^2}} = 9{,}2\ \text{mm}$$

ausgeführt $h = 10$ mm

957.

Die Last F bewirkt das Drehmoment

$$M = F\frac{d_m}{2}$$

mittlerer Seil-Wickeldurchmesser d_m

$$d_m = (d_T + d_S) = (500 + 28)\,\text{mm} = 528\,\text{mm}$$

Mit F_u je Schrauben-Umfangskraft und $d_L = 680$ mm Lochkreisdurchmesser wird

$$M = F\frac{d_m}{2} = n\,F_u\left(\frac{d_L}{2}\right) = 4\,F_u\,\frac{d_L}{2}$$

Die Umfangskraft F_u soll durch Reibung übertragen werden: $F_u = F_R = F_N\,\mu$.

F_N ist die Normalkraft = Schraubenlängskraft, die der Spannungsquerschnitt A_S der Schraube zu übertragen hat: $F_N = \sigma_{z\,zul}\,A_S$.

$$F_u = \frac{F\,d_m}{4\,d_L} = F_R$$

$$F_R = F_N\,\mu = \frac{F\,d_m}{4\,d_L}$$

$$F_N = \sigma_{z\,zul}\,A_S$$

$$\sigma_{z\,zul}\,A_S\,\mu = \frac{F\,d_m}{4\,d_L}$$

$$A_{S\,erf} = \frac{F\,d_m}{4\,d_L\,\mu\,\sigma_{z\,zul}}$$

$$A_{S\,erf} = \frac{40\cdot 10^3\ \text{N}\cdot 528\ \text{mm}}{4\cdot 680\ \text{mm}\cdot 0{,}1\cdot 400\ \frac{\text{N}}{\text{mm}^2}} = 194{,}1\ \text{mm}^2$$

ausgeführt Schraube M 20 mit $A_S = 245\ \text{mm}^2$

958.

a) Normalerweise wird das zu übertragende Drehmoment mit der Zahlenwertgleichung berechnet:

$$M = 9550\frac{P}{n} = 9550\cdot\frac{3}{450}\ \text{Nm} = 63{,}7\ \text{Nm}$$

Mit $M = F_u\,\frac{d_{Welle}}{2}$

$$F_u = \frac{2M}{d_{Welle}} = \frac{2\cdot 63{,}7\cdot 10^3\ \text{Nmm}}{40\ \text{mm}} = 3185\ \text{N}$$

b) $\tau_a = \frac{F_u}{2\frac{\pi d^2}{4}} = \frac{2F_u}{\pi d^2}$

$$d_{erf} = \sqrt{\frac{2F_u}{\pi \tau_{a\,zul}}} = \sqrt{\frac{2 \cdot 3185\,\text{N}}{\pi \cdot 30\frac{\text{N}}{\text{mm}^2}}} = 8{,}22\text{ mm}$$

ausgeführt d = 8 mm oder 10 mm nach DIN 7

In der Konstruktionspraxis wählt man den Stiftdurchmesser je nach Mindest-Abscherkraft, z. B. nach DIN 1473.

959.

a) vorhandene Torsionsspannung $\tau_{ta\,vorh}$ – Rohr – Außenwand

$$\tau_{ta\,vorh} = \frac{M}{W_p} = \frac{M}{\frac{\pi}{16} \cdot \frac{d_a^4 - d_i^4}{d_a}}$$

$$\tau_{ta\,vorh} = \frac{220 \cdot 10^3\,\text{Nmm}}{\frac{\pi}{16} \cdot \frac{(25^4 - 15^4)\,\text{mm}^4}{25\,\text{mm}}} = 82{,}4\frac{\text{N}}{\text{mm}^2}$$

b) Torsionsspannung $\tau_{ti\,vorh}$ – Rohr – Innenwand

Strahlensatz:

$$\frac{\tau_{ti}}{\tau_{ta\,vorh}} = \frac{d_i}{d_a} \rightarrow \tau_{ti} = \tau_{ta\,vorh} \cdot \frac{d_i}{d_a}$$

$$\tau_{ti} = 82{,}4\frac{\text{N}}{\text{mm}^2} \cdot \frac{15\,\text{mm}}{25\,\text{mm}} = 49{,}4\frac{\text{N}}{\text{mm}^2}$$

c) vorhandene Flächenpressung p_{vorh}

$$M = F_p \cdot l_2 \rightarrow F_p = \frac{M}{l_2}$$

$$p_{vorh} = \frac{F_p}{A} = \frac{M}{l_2 \cdot b_1 \cdot b_2}$$

$$p_{vorh} = \frac{220 \cdot 10^3\,\text{Nmm}}{50\,\text{mm} \cdot 20\,\text{mm} \cdot 22\,\text{mm}} = 10\frac{\text{N}}{\text{mm}^2}$$

d) Stützkräfte F_A, F_B

$F_p = \frac{M}{l_2}$ (siehe Lösung c))

$$F_p = \frac{220 \cdot 10^3\,\text{Nmm}}{50\,\text{mm}} = 4400\,\text{N}$$

$$\Sigma M_{(A)} = 0 = F_B \cdot (l_1 + 2l_2) - F_p\, l_1$$

$$F_B = \frac{F_p\, l_1}{l_1 + 2l_2} = \frac{4400\,\text{N} \cdot 200\,\text{mm}}{200\,\text{mm} + 2 \cdot 50\,\text{mm}} = 2933\,\text{N}$$

$$\Sigma M_{(B)} = 0 = F_p\, 2l_2 - F_A \cdot (l_1 + 2l_2)$$

$$F_A = \frac{F_p\, 2l_2}{l_1 + 2l_2} = \frac{4400\,\text{N} \cdot 2 \cdot 50\,\text{mm}}{200\,\text{mm} + 2 \cdot 50\,\text{mm}} = 1467\,\text{N}$$

e) maximales Biegemoment $M_{b\,max}$ im Flachstab AB

$$M_{b\,max} = F_A\, l_1 = F_B \cdot 2l_2$$

$$M_{b\,max} = 1467\,\text{N} \cdot 0{,}2\,\text{m} = 293{,}4\,\text{Nm}$$

f) maximale Biegespannung $\sigma_{b\,max}$ im Flachstab AB

$$\sigma_{b\,max} = \frac{M_{b\,max}}{W_{AB}} = \frac{M_{b\,max}}{\frac{b_2 h^2}{6}} = \frac{293{,}4 \cdot 10^3\,\text{Nmm}}{\frac{22\,\text{mm} \cdot (30\,\text{mm})^2}{6}}$$

$$\sigma_{b\,max} = 88{,}9\frac{\text{N}}{\text{mm}^2}$$

g) vorhandene Abscherspannung $\tau_{a\,vorh}$ im Lager A

$$\tau_{a\,vorh} = \frac{F_A}{2 \cdot \frac{\pi d^2}{4}} = \frac{1467\,\text{N}}{2 \cdot \frac{\pi \cdot (8\,\text{mm})^2}{4}} = 14{,}6\frac{\text{N}}{\text{mm}^2}$$

h) vorhandene Knicksicherheit ν_{vorh} im Flachstab AD

Mit den bekannten Querschnittsmaßen b_3 und h des Flachstabs AD wird zunächst überprüft, ob elastische Knickung (Eulerfall) oder unelastische Knickung (Tetmajerfall) vorliegt:

$$I_{min} = I_{AD} = \frac{h b_3^3}{12} = \frac{30\,\text{mm} \cdot (15\,\text{mm})^3}{12}$$

$$I_{min} = 8437{,}5\,\text{mm}^4$$

$$A = b_3\, h = 15\,\text{mm} \cdot 30\,\text{mm} = 450\,\text{mm}^2$$

$$i = \sqrt{\frac{I_{min}}{A}} = \sqrt{\frac{8437{,}5\,\text{mm}^4}{450\,\text{mm}^2}} = 4{,}3\,\text{mm}$$

$$\lambda_{vorh} = \frac{s}{i} = \frac{l_1}{i} = \frac{200\,\text{mm}}{4{,}3\,\text{mm}} = 46{,}5$$

$$\lambda_{vorh} = 46{,}5 < \lambda_{0\,S235JR} = 105$$

(F + T, 5.7)

Damit gelten die Tetmajergleichungen:

$$\sigma_K = (310 - 1{,}14\lambda_{vorh})\frac{\text{N}}{\text{mm}^2}$$

$$\sigma_K = (310 - 1{,}14 \cdot 46{,}5)\frac{\text{N}}{\text{mm}^2} = 257\frac{\text{N}}{\text{mm}^2}$$

$$\sigma_{d\,vorh} = \frac{F_A}{A} = \frac{1467\,\text{N}}{450\,\text{mm}^2} = 3{,}26\frac{\text{N}}{\text{mm}^2}$$

$$\nu_{vorh} = \frac{\sigma_K}{\sigma_{d\,vorh}} = \frac{257\frac{\text{N}}{\text{mm}^2}}{3{,}26\frac{\text{N}}{\text{mm}^2}} = 78{,}8$$

i) Bolzendurchmesser d_{erf} im Lager B

$$\tau_{a\,zul} = \frac{F_B}{2 \cdot A_{erf}} = \frac{F_B}{2 \cdot \frac{\pi d_{erf}^2}{4}} = \frac{2 F_B}{\pi d_{erf}^2}$$

$$d_{erf} = \sqrt{\frac{2 F_B}{\pi \tau_{a\,zul}}} = \sqrt{\frac{2 \cdot 2933\,\text{N}}{\pi \cdot 35 \frac{\text{N}}{\text{mm}^2}}} = 7{,}3\,\text{mm}$$

ausgeführt $d = 8\,\text{mm}$

960.

a) $F_{Zug} = F \sin\alpha = 30\,\text{kN} \cdot \sin 45° = 21{,}213\,\text{kN}$

b) $F_{Biegung} = F \cos\alpha = 21{,}213\,\text{kN} \quad (\sin\alpha = \cos\alpha)$

c) $$\sigma_{z\,vorh} = \frac{F_{Zug}}{\frac{\pi d^2}{4}} = \frac{4 F_{Zug}}{\pi d^2} = \frac{4 \cdot 21213\,\text{N}}{\pi \cdot 60^2\,\text{mm}^2} = 7{,}5 \frac{\text{N}}{\text{mm}^2}$$

d) $$\sigma_{b\,vorh} = \frac{M_b}{W} = \frac{F_{Biegung} \cdot l}{\frac{\pi d^3}{32}}$$

$$\sigma_{b\,vorh} = \frac{32 \cdot 21213\,\text{N} \cdot 80\,\text{mm}}{\pi \cdot 60^3\,\text{mm}^3} = 80 \frac{\text{N}}{\text{mm}^2}$$

e) $$\tau_{a\,vorh} = \frac{F_{Biegung}}{\frac{\pi d^2}{4}} = \frac{4 \cdot 21213\,\text{N}}{\pi \cdot 60^2\,\text{mm}^2} = 7{,}5 \frac{\text{N}}{\text{mm}^2}$$

f) $$p_{zul} = \frac{F_{Zug}}{A_{proj}} = \frac{F_{Zug}}{\frac{\pi}{4}(D^2 - d^2)} = \frac{4 \cdot F_{Zug}}{\pi (D^2 - d^2)}$$

$$D_{erf} = \sqrt{\frac{4 F_{Zug}}{\pi p_{zul}} + d^2}$$

$$D_{erf} = \sqrt{\frac{4 \cdot 21213\,\text{N}}{\pi \cdot 20 \frac{\text{N}}{\text{mm}^2}} + 60^2\,\text{mm}^2} = 70{,}4\,\text{mm}$$

ausgeführt $D = 72\,\text{mm}$

g) $$\tau_{a\,zul} = \frac{F_{Zug}}{A} = \frac{F_{Zug}}{\pi d h_{erf}}$$

$$h_{erf} = \frac{F_{Zug}}{\pi d \tau_{a\,zul}} = \frac{21213\,\text{N}}{\pi \cdot 60\,\text{mm} \cdot 60 \frac{\text{N}}{\text{mm}^2}} = 1{,}9\,\text{mm}$$

ausgeführt $h = 2\,\text{mm}$

961.

a) $F_{max} = \sigma_{z\,zul} A_{gef}$

$$A_{gef} = \frac{\pi}{4}\left(d_a^2 - d_i^2\right)$$

$$A_{gef} = \frac{\pi}{4}\left(60^2\,\text{mm}^2 - 50^2\,\text{mm}^2\right) = 863{,}94\,\text{mm}^2$$

$$F_{max} = 140 \frac{\text{N}}{\text{mm}^2} \cdot 863{,}94\,\text{mm}^2$$

$$F_{max} = 120\,951\,\text{N} \approx 121\,\text{kN}$$

b) $$F_{max} = \tau_{a\,zul} A_{gef} = 120 \frac{\text{N}}{\text{mm}^2} \cdot 863{,}94\,\text{mm}^2$$

$$F_{max} = 103\,673\,\text{N} \approx 104\,\text{kN}$$

c) $$W_{ax} = \frac{\pi}{32}\left(\frac{d_a^4 - d_i^4}{d_a}\right) = 10\,979\,\text{mm}^3$$

$$M_{b\,max} = \sigma_{b\,zul} W_{ax} = 140 \frac{\text{N}}{\text{mm}^2} \cdot 10\,979\,\text{mm}^3$$

$$M_{b\,max} = 1\,537\,089{,}7\,\text{Nmm} \approx 1537\,\text{Nm}$$

d) $W_{pol} = 2 W_{ax}$

$$M_{T\,max} = \tau_{t\,zul} \cdot 2 W_{ax} = 100 \frac{\text{N}}{\text{mm}^2} \cdot 2 \cdot 10\,979\,\text{mm}^3$$

$$M_{T\,max} = 2\,195\,800\,\text{Nmm} \approx 2196\,\text{Nm}$$

e) Eulerprüfung mit $\lambda_{vorh} > \lambda_0$:

$$i = 0{,}25\sqrt{d_a^2 + d_i^2}$$

$$i = 0{,}25\sqrt{(60^2 + 50^2)\,\text{mm}^2} = 19{,}5\,\text{mm}$$

$$\lambda_{vorh} = \frac{l}{i} = \frac{1000\,\text{mm}}{19{,}5\,\text{mm}} = 51{,}3 < \lambda_0 = 105 \quad \text{für S235JR}$$

also gelten die Tetmajergleichungen:

$$\sigma_K = 310 - 1{,}14 \cdot \lambda_{vorh}$$

$$\sigma_K = (310 - 1{,}14 \cdot 51{,}3) \frac{\text{N}}{\text{mm}^2} = 251{,}5 \frac{\text{N}}{\text{mm}^2}$$

$$\sigma_{d\,zul} = \frac{\sigma_K}{\nu} = \frac{251{,}5 \frac{\text{N}}{\text{mm}^2}}{6} = 41{,}9 \frac{\text{N}}{\text{mm}^2}$$

$$F_{max} = \sigma_{d\,zul} A = 41{,}9 \frac{\text{N}}{\text{mm}^2} \cdot 863{,}94\,\text{mm}^2 = 36{,}2\,\text{kN}$$

(siehe unter a))

962.

a) $$F_S = \frac{F}{\cos\alpha} = \frac{5000\,\text{N}}{\cos 30°} = 5773{,}5\,\text{N}$$

b) $\Sigma M_{(D)} = 0 = -F_1 l_2 + F_S l_1$

$$F_1 = \frac{F_S l_1}{l_2} = \frac{5773{,}5\,\text{N} \cdot 0{,}1\,\text{m}}{0{,}25\,\text{m}} = 2309{,}4\,\text{N}$$

c) $\text{I.}\ \Sigma F_x = 0 = F_{Dx} - F_S \sin\alpha$

$\text{II.}\ \Sigma F_y = 0 = F_1 - F_S \cos\alpha + F_{Dy}$

$\text{I.}\ F_{Dx} = F_S \sin\alpha = 5773{,}5\,\text{N} \cdot \sin 30° = 2886{,}8\,\text{N}$

$\text{II.}\ F_{Dy} = F_S \cos\alpha - F_1 = 5773{,}5\,\text{N} \cdot \cos 30° - 2309{,}4\,\text{N}$

$F_{Dy} = 2690{,}6\,\text{N}$

$$F_D = \sqrt{F_{Dx}^2 + F_{Dy}^2} = \sqrt{(2886{,}8^2 + 2690{,}6^2)\,\text{N}^2}$$

$F_D = 3946\,\text{N}$

d) $I_{erf} = \dfrac{\nu F_S l_3^2}{E\pi^2}$ (F + T, 5.7)

$$I_{erf} = \frac{10 \cdot 5773{,}5\,\text{N} \cdot 300^2\,\text{mm}^2}{210000\,\dfrac{\text{N}}{\text{mm}^2} \cdot \pi^2} = 2507\,\text{mm}^4$$

$I_{\bigcirc} = \dfrac{\pi d^4}{64}$ (F + T, 5.13)

$$d_{erf} = \sqrt[4]{\frac{64 \cdot I_{erf}}{\pi}} = \sqrt[4]{\frac{64 \cdot 2507\,\text{mm}^4}{\pi}} = 15\,\text{mm}$$

Überprüfung der Eulerbedingung $\lambda_{vorh} > \lambda_0$:

$$i = \frac{d}{4} = \frac{15\,\text{mm}}{4} = 3{,}75\,\text{mm}$$

$$\lambda_{vorh} = \frac{l_3}{i} = \frac{300\,\text{mm}}{3{,}75\,\text{mm}} = 80 < \lambda_0 = 89 \quad \text{für E295}$$

Da $\lambda_{vorh} < \lambda_0$ ist, gelten die Tetmajergleichungen:
Annahme: $d = 17$ mm

$$i = \frac{d}{4} = 4{,}25\,\text{mm} \qquad \lambda = \frac{l_3}{i} = 70{,}6$$

$\sigma_K = 335 - 0{,}62 \cdot \lambda$ (F + T, 5.7)

$$\sigma_K = (335 - 0{,}62 \cdot 70{,}6)\,\frac{\text{N}}{\text{mm}^2} = 291{,}2\,\frac{\text{N}}{\text{mm}^2}$$

$$\sigma_{d\,vorh} = \frac{F_S}{A} = \frac{5773{,}5\,\text{N}}{\dfrac{\pi}{4} \cdot 17^2\,\text{mm}^2} = 25{,}4\,\frac{\text{N}}{\text{mm}^2}$$

$$\nu = \frac{\sigma_K}{\sigma_{d\,vorh}} = \frac{291{,}2\,\dfrac{\text{N}}{\text{mm}^2}}{25{,}4\,\dfrac{\text{N}}{\text{mm}^2}} = 11{,}5$$

Die Annahme $d = 17$ mm ist richtig, denn es ist $\nu_{vorh} = 11{,}5 > \nu_{gefordert} = 10$.

e) $M_{b\,max} = F_1 \cdot \cos\alpha \cdot \left(\dfrac{l_2}{\cos\alpha} - l_1\right)$

$$M_{b\,max} = 2309{,}4\,\text{N} \cdot \cos 30° \cdot \left(\frac{0{,}25\,\text{m}}{\cos 30°} - 0{,}1\,\text{m}\right)$$

$M_{b\,max} = 377{,}35\,\text{Nm}$

f) $$\sigma_{b\,zul} = \frac{M_{b\,max}}{W_{\square}} = \frac{M_{b\,max}}{\dfrac{b h^2}{6}} = \frac{6 M_{b\,max}}{b h^2}$$

Mit $\dfrac{h}{b} = 3$ wird $b = \dfrac{h}{3}$ und

$$\sigma_{b\,zul} = \frac{6 M_{b\,max}}{\dfrac{h}{3} h^2} = \frac{18 M_{b\,max}}{h^3}$$

$$h_{erf} = \sqrt[3]{\frac{18 M_{b\,max}}{\sigma_{b\,zul}}}$$

$$h_{erf} = \sqrt[3]{\frac{18 \cdot 377350\,\text{Nmm}}{100\,\dfrac{\text{N}}{\text{mm}^2}}} = 40{,}8\,\text{mm}$$

ausgeführt $h = 42$ mm, $b = 14$ mm

963.

$$F_{max} = \sigma_{z\,zul} A = 140\,\frac{\text{N}}{\text{mm}^2} \cdot 120\,\text{mm} \cdot 8\,\text{mm}$$

$F_{max} = 134400\,\text{N} = 134{,}4\,\text{kN}$

964.

$$\sigma = \frac{F}{A} = \varepsilon E = \frac{\Delta l}{l_0} E$$

$l_0 = \pi d + 2l = \pi \cdot 200\,\text{mm} + 2 \cdot 1000\,\text{mm} = 2628\,\text{mm}$

$$\Delta l_{erf} = \frac{F l_0}{A E} = \frac{200\,\text{N} \cdot 2628\,\text{mm}}{250\,\text{mm}^2 \cdot 50\,\dfrac{\text{N}}{\text{mm}^2}} = 42\,\text{mm}$$

$$s = \frac{\Delta l_{erf}}{2} = 21\,\text{mm}$$

965.

a) Der Querschnitt A–B wird belastet durch:
eine rechtwinklig zum Schnitt wirkende Normalkraft $F_N = F \cdot \cos\beta$, sie erzeugt Druckspannungen σ_d;
eine im Schnitt wirkende Querkraft $F_q = F \cdot \sin\beta$, sie erzeugt Abscherspannungen τ_a;
ein rechtwinklig zur Schnittfläche stehendes Biegemoment $M_b = F \cdot \sin\beta \cdot l$, es erzeugt Biegespannungen σ_b.

b) Resultierende Spannung σ_{res} einer Druck- und einer Biegespannung:

$\sigma_{res\,Druck} = \sigma_b + \sigma_d$ (F + T, 5.9)

$$\sigma_{res\,Druck} = \frac{M_b}{W_y} + \frac{F_N}{A}$$

$M_b = F l \sin\beta$

$W_y = \dfrac{b e^2}{6}$ (F + T, 5.13)

$$F_N = F\cos\beta$$
$$A = be$$
$$\sigma_{\text{res Druck}} = \frac{6\cdot F\,l\sin\beta}{be^2} + \frac{F\cos\beta}{be}$$
$$\sigma_{\text{res Druck}} = \frac{F}{be}\left(\frac{6\cdot l\sin\beta}{e} + \cos\beta\right)$$

966.

a) Drehmoment M_h

$$M_h = F_h \cdot l_h = 500\,\text{N}\cdot 100\,\text{mm} = 50\cdot 10^3\ \text{Nmm}$$
$$M_h = 50\,\text{Nm}$$

b) Schraubenlängskraft F_s in der Spindel
Anzugsmoment (F + T, 3.5)
Das Anzugsmoment M_A entspricht dem Drehmoment M_h

$$M_A = M_h = F_s\left[\frac{d_2}{2}\tan(\alpha+\varrho') + \mu_a r_a\right]$$

umgestellt nach der Schraubenlängskraft F_s :

$$F_s = \frac{M_h}{\frac{d_2}{2}\tan(\alpha+\varrho') + \mu_a r_a}$$

$d_2 = 19{,}35\,\text{mm}$ (Flankendurchmesser)

$\alpha = \arctan\dfrac{P}{\pi\cdot d_2}$ (Steigungswinkel des Gewindes)

$$\alpha = \arctan\left(\frac{1\,\text{mm}}{\pi\cdot 19{,}35\,\text{mm}}\right) = 0{,}942°$$

$\varrho' = \arctan\mu'$ (Reibungswinkel im Gewinde)

$\varrho' = \arctan 0{,}25 = 14{,}036°$

$\mu_a = 0$ (Reibungszahl der Mutterauflage – entfällt)

$r_a = 0$ (Reibungsradius der Mutterauflage – entfällt)

$$F_s = \frac{50\cdot 10^3\ \text{Nmm}}{\frac{19{,}35\,\text{mm}}{2}\cdot\tan(0{,}942° + 14{,}036°) + 0}$$

$$F_s = 19317\ \text{N} = 19{,}317\,\text{kN}$$

c) Druckkraft F_p durch den Wasserdruck p
Die durch den Wasserdruck p belastete Fläche der Abschlussplatte entspricht dem Rohrinnenquerschnitt mit dem Durchmesser d_i.

$F_p = \dfrac{\pi}{4}d_i^2\,p$ (F + T, 6.1)

$$d_i = d - 2s = 60\,\text{mm} - 2\cdot 5\,\text{mm} = 50\,\text{mm}$$

$p = 80\cdot 10^5\,\dfrac{\text{N}}{\text{m}^2}$ (Wasserdruck)

$$F_p = \frac{\pi}{4}\cdot(50\cdot 10^{-3}\,\text{m})^2\cdot 80\cdot 10^5\,\frac{\text{N}}{\text{m}^2} = 15708\ \text{N}$$

$$F_p = 15{,}708\,\text{kN}$$

d) Gesamtbelastung F_{ges} und vorhandene Druckspannung $\sigma_{d\,vorh}$ der Spindel

Die Spindel ist durch die Schraubenlängskraft $F_s = 19{,}317$ kN vorgespannt. Durch den Wasserdruck $p = 80\cdot 10^5$ Pa wird die Spindel zusätzlich mit der Druckkraft $F_p = 15{,}708$ kN belastet. Damit ist die Gesamtbelastung F_{ges} der Spindel die Summe aus der Schraubenlängskraft F_s und der Druckkraft F_p:

$$F_{ges} = F_s + F_p = 19{,}317\ \text{kN} + 15{,}708\ \text{kN}$$
$$F_{ges} = 35{,}025\ \text{kN}$$

vorhandene Druckspannung $\sigma_{d\,vorh}$ in der Spindel (F + T, 5.1)

$$\sigma_{d\,vorh} = \frac{F_{ges}}{A_S} = \frac{35025\ \text{N}}{285\,\text{mm}^2} = 122{,}9\,\frac{\text{N}}{\text{mm}^2}$$

Spannungsnachweis:

$$\sigma_{d\,vorh} = 122{,}9\,\frac{\text{N}}{\text{mm}^2} < \sigma_{d\,zul} = 150\,\frac{\text{N}}{\text{mm}^2}$$

Die Spindel kann in der Gewindegröße M 20 × 1 eingesetzt werden

e) Flächenpressung p im Gewinde (F + T, 5.3)

$$p = \frac{F_{ges}\cdot P}{\pi\, d_2\, H_1\, h_m}\quad (\text{F + T, 5.3})$$

$F_{ges} = 35025$ N Gesamtbelastung

$P = 1\,\text{mm}$ Gewindesteigung

$d_2 = 19{,}35\,\text{mm}$ Flankendurchmesser

$H_1 = 0{,}542\,\text{mm}$ Tragtiefe

$h_m = 40\,\text{mm}$ Mutterhöhe

$$p = \frac{35025\ \text{N}\cdot 1\,\text{mm}}{\pi\cdot 19{,}35\,\text{mm}\cdot 0{,}542\,\text{mm}\cdot 40\,\text{mm}}$$

$$p = 26{,}58\,\frac{\text{N}}{\text{mm}^2}$$

f) Stützkräfte F_A, F_B

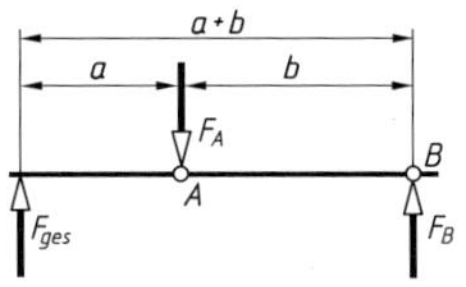

Gleichgewichtsbedingungen:

$$\Sigma M_B = 0 = F_A\cdot b - F_{ges}(a+b)$$

$$F_A = \frac{F_{ges}(a+b)}{b}$$

$$F_A = \frac{35{,}025\,\text{kN}\cdot(85{,}5\,\text{mm} + 129\,\text{mm})}{129\,\text{mm}}$$

$$F_A = 58{,}239\,\text{kN}$$

$$\Sigma F_y = 0 = -F_A + F_B + F_{ges}$$

$$F_B = F_A - F_{ges} = 58{,}239\,\text{kN} - 35{,}025\,\text{kN}$$

$$F_B = 23{,}214\,\text{kN}$$

g) Biegespannungen $\sigma_{b\,A\text{-}A}$, $\sigma_{b\,B\text{-}B}$ in den Schnitten A – A, B – B

vorhandene Biegespannung $\sigma_{b\,A\text{-}A}$ im Schnitt A – A:

$$\sigma_{b\,A\text{-}A} = \frac{M_{b\,A\text{-}A}}{2W_x}$$

$$M_{b\,A\text{-}A} = F_{ges} \cdot l_1 \quad (\text{F + T, 5.6})$$

$$W_x = \frac{b_1 \cdot h_1^2}{6} \quad (\text{F + T, 5.13})$$

$$\sigma_{b\,A\text{-}A} = \frac{3 \cdot F_{ges} \cdot l_1}{b_1 \cdot h_1^2} = \frac{3 \cdot 35025\,\text{N} \cdot 50\,\text{mm}}{10\,\text{mm} \cdot (70\,\text{mm})^2}$$

$$\sigma_{b\,A\text{-}A} = 107{,}2\,\frac{\text{N}}{\text{mm}^2}$$

Spannungsnachweis:

$$\sigma_{b\,A\text{-}A} = 107{,}2\,\frac{\text{N}}{\text{mm}^2} < \sigma_{b\,zul} = 120\,\frac{\text{N}}{\text{mm}^2}$$

vorhandene Biegespannung $\sigma_{b\,B\text{-}B}$ im Schnitt B – B:

$$\sigma_{b\,B\text{-}B} = \frac{M_{b\,B\text{-}B}}{2W_x}$$

$$M_{b\,B\text{-}B} = F_{ges} \cdot l_2 - F_A \cdot \frac{b}{2}$$

$$W_x = \frac{b_1 \cdot h_2^2}{6} \quad (\text{F + T, 5.13})$$

Skizze des Konsolblechs zur Bestimmung der Höhe h_2 nach dem Strahlensatz

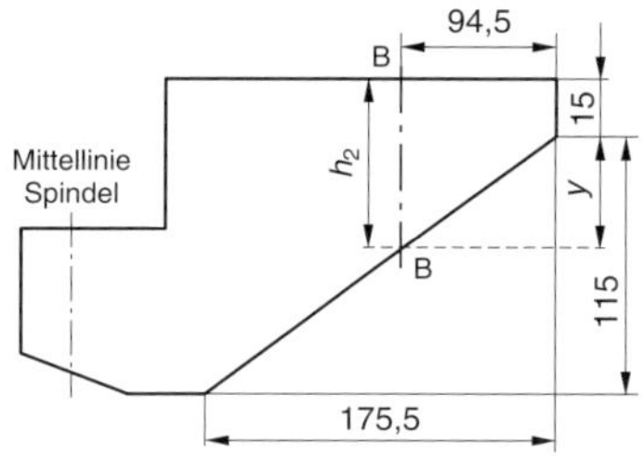

Strahlensatz:

$$\frac{175{,}5\,\text{mm}}{115\,\text{mm}} = \frac{94{,}5\,\text{mm}}{y}$$

$$h_2 = y + 15\,\text{mm} = 76{,}9\,\text{mm}$$

$$\sigma_{b\,B\text{-}B} = \frac{3 \cdot \left(F_{ges} \cdot l_2 - F_A \cdot \frac{b}{2}\right)}{b_1 \cdot h_2^2}$$

$$\sigma_{b\,B\text{-}B} = \frac{3 \cdot (35025\,\text{N} \cdot 150\,\text{mm} - 58239\,\text{N} \cdot 64{,}5\,\text{mm})}{10\,\text{mm} \cdot (76{,}9\,\text{mm})^2}$$

$$\sigma_{b\,B\text{-}B} = 76\,\frac{\text{N}}{\text{mm}^2}$$

Spannungsnachweis:

$$\sigma_{b\,B\text{-}B} = 76\,\frac{\text{N}}{\text{mm}^2} < \sigma_{b\,zul} = 120\,\frac{\text{N}}{\text{mm}^2}$$

h) Befestigungsschrauben für die Schellen

$$\sigma_{z\,zul} = \frac{F_A}{2\,A_{S\,erf}} \quad (\text{F + T, 5.1})$$

Hinweis: Die Kraft $F_A = 58{,}239\,\text{kN}$ belastet die beiden Schrauben einer Schelle wesentlich stärker als die Kraft $F_B = 23{,}214\,\text{kN}$.

$$A_{S\,erf} = \frac{F_A}{2\sigma_{z\,zul}} = \frac{58293\,\text{N}}{2 \cdot 100\,\frac{\text{N}}{\text{mm}^2}} = 291{,}2\,\text{mm}^2$$

ausgeführt M 24 × 3 DIN 13-T1 mit $A_S = 353\,\text{mm}^2$

i) Biege- und Abscherspannung in der Rohrschweißnaht

vorhandene Biegespannung $\sigma_{b\,Rohr}$:

$$\sigma_{b\,Rohr} = \frac{M_{b\,Rohr}}{W_{Rohr}} \quad (\text{F + T, 5.6})$$

$$M_{b\,Rohr} = F_{ges} \cdot l_1$$

$$W_{Rohr} = \frac{\pi}{32} \cdot \frac{D^4 - d^4}{D} \qquad D = 60\,\text{mm}, d = 50\,\text{mm}$$

$$\sigma_{b\,Rohr} = \frac{32 \cdot D \cdot F_{ges} \cdot l_1}{\pi\left(D^4 - d^4\right)}$$

$$\sigma_{b\,Rohr} = \frac{32 \cdot 60\,\text{mm} \cdot 35025\,\text{N} \cdot 50\,\text{mm}}{\pi\left[(60\,\text{mm})^4 - (50\,\text{mm})^4\right]}$$

$$\sigma_{b\,Rohr} = 159{,}5\,\frac{\text{N}}{\text{mm}^2}$$

Spannungsnachweis:

$$\sigma_{b\,Rohr} = 159{,}5\,\frac{\text{N}}{\text{mm}^2} < \sigma_{b\,zul} = 200\,\frac{\text{N}}{\text{mm}^2}$$

vorhandene Abscherspannung $\tau_{a\,Rohr}$:

$$\tau_{a\,Rohr} = \frac{F_{ges}}{A_{Kr}}$$

$$A_{Kr} = \frac{\pi}{4}\left(D^2 - d^2\right) \quad \text{Rohrquerschnitt – Kreisringfläche, F + T, 5.13}$$

$$\tau_{a\,Rohr} = \frac{4 \cdot F_{ges}}{\pi\left(D^2 - d^2\right)} = \frac{4 \cdot 35025\,\text{N}}{\pi\left[(60\,\text{mm})^2 - (50\,\text{mm})^2\right]}$$

$$\tau_{a\,Rohr} = 40{,}5\,\frac{\text{N}}{\text{mm}^2}$$

Spannungsnachweis:

$$\tau_{a\,Rohr} = 40{,}5\,\frac{\text{N}}{\text{mm}^2} < \tau_{a\,zul} = 80\,\frac{\text{N}}{\text{mm}^2}$$

6 Fluidmechanik

Statik der Flüssigkeiten (Hydrostatik)

Hydrostatischer Druck, Ausbreitung des Drucks

1001.

$$p = \frac{F}{A} = \frac{F}{\frac{\pi}{4} d^2}$$

$$d = \sqrt{\frac{4F}{\pi p}} = \sqrt{\frac{4 \cdot 80000 \text{ N}}{\pi \cdot 160 \cdot 10^5 \text{ Pa}}} = 79,79 \text{ mm}$$

1002.

$$p = \frac{F}{A} = \frac{F}{\frac{\pi}{4} d^2}$$

$$F = \frac{\pi}{4} d^2 \, p = \frac{\pi}{4} (0,015 \text{ m})^2 \cdot 4,5 \cdot 10^5 \text{ Pa} = 79,52 \text{ N}$$

1003.

$$p = \frac{F}{A} = \frac{F}{\frac{\pi}{4} d^2}$$

$$F = \frac{\pi}{4} d^2 \, p = \frac{\pi}{4} (0,15 \text{ m})^2 \cdot 15 \cdot 10^5 \text{ Pa}$$

$$F = 0,2651 \cdot 10^5 \text{ N} = 26,51 \text{ kN}$$

1004.

$$p = \frac{F_1}{A_1} = \frac{F_1}{\frac{\pi}{4} d_1^2}$$

$$F_1 = \frac{\pi}{4} d_1^2 \, p = \frac{\pi}{4} (0,02 \text{ m})^2 \cdot 6 \cdot 10^5 \text{ Pa} = 188,5 \text{ N}$$

$$p = \frac{F_2}{A_2} = \frac{F_2}{\frac{\pi}{4} d_2^2}$$

$$F_2 = \frac{\pi}{4} d_2^2 \, p = \frac{\pi}{4} (0,08 \text{ m})^2 \cdot 6 \cdot 10^5 \text{ Pa} = 3016 \text{ N}$$

1005.

a) $$\sigma_1 = \frac{F_1}{A_1} = \frac{p \frac{\pi}{4} d^2}{\pi (d+s) s} = \frac{p d^2}{4 s (d+s)}$$

$$\sigma_1 = \frac{40 \cdot 10^5 \frac{\text{N}}{\text{m}^2} \cdot 0,45^2 \text{ m}^2}{4 \cdot 0,006 \text{ m} \cdot 0,456 \text{ m}}$$

$$\sigma_1 = 740,1 \cdot 10^5 \frac{\text{N}}{\text{m}^2} = 74,01 \frac{\text{N}}{\text{mm}^2}$$

b) $$\sigma_2 = \frac{p d}{2 s}$$

$$\sigma_2 = \frac{40 \cdot 10^5 \frac{\text{N}}{\text{m}^2} \cdot 0,45 \text{ m}}{2 \cdot 0,006 \text{ m}}$$

$$\sigma_2 = 1500 \cdot 10^5 \frac{\text{N}}{\text{m}^2} = 150 \frac{\text{N}}{\text{mm}^2}$$

c) Der Kessel wird im Längsschnitt eher reißen als im Querschnitt.

d) $$p = \frac{2 s \sigma_{zB}}{d} = \frac{2 \cdot 0,006 \text{ m} \cdot 600 \cdot 10^6 \frac{\text{N}}{\text{m}^2}}{0,45 \text{ m}}$$

$$p = 16 \cdot 10^6 \frac{\text{N}}{\text{m}^2} = 160 \cdot 10^5 \text{ Pa}$$

1006.

$$s = \frac{p d}{2 \delta_{zul}}$$

$$s = \frac{0,8 \frac{\text{N}}{\text{mm}^2} \cdot 1000 \text{ mm}}{2 \cdot 65 \frac{\text{N}}{\text{mm}^2}} = 6,154 \text{ mm}$$

1007.

a) $$p = \frac{F}{A} = \frac{4F}{\pi d^2} = \frac{4 \cdot 520 \cdot 10^3 \text{ N}}{\pi \cdot 0,21^2 \text{ m}^2} = 15013 \cdot 10^3 \text{ Pa}$$

b) $$\dot{V} = \frac{V}{\Delta t} = \frac{\pi d^2 l}{4 \cdot \Delta t} = \frac{\pi (0,21 \text{ m})^2 \cdot 0,93 \text{ m}}{4 \cdot 20 \text{ s}}$$

$$\dot{V} = 0,001611 \frac{\text{m}^3}{\text{s}} = 96,63 \frac{\text{dm}^3}{\text{min}} = 96,63 \frac{\text{Liter}}{\text{min}}$$

1008.

$$p = \frac{F}{A} = \frac{4F}{\pi d^2}$$

$$d_1 = \sqrt{\frac{4F_1}{\pi p}} = \sqrt{\frac{4 \cdot 3000 \text{ N}}{\pi \cdot 80 \cdot 10^5 \text{ Pa}}} = 0,02185 \text{ m} = 21,85 \text{ mm}$$

$$d_2 = \sqrt{\frac{4F_2}{\pi p}} = \sqrt{\frac{4 \cdot 200000 \text{ N}}{\pi \cdot 80 \cdot 10^5 \text{ Pa}}} = 0,1784 \text{ m} = 178,4 \text{ mm}$$

1009.

$$p_1 = \frac{F_1}{A_1} \qquad p_2 = \frac{F_2}{A_2}$$

$F_1 = F_2 = F$ (Kraft in der gemeinsamen Kolbenstange)

$F = p_1 A_1 = p_2 A_2$

A. Böge, W. Böge, *Lösungen zur Aufgabensammlung Technische Mechanik*, https://doi.org/10.1007/978-3-658-44426-6_6

$$p_2 = p_1 \frac{A_1}{A_2} = p_1 \frac{\frac{\pi}{4} d_1^2}{\frac{\pi}{4} d_2^2} = p_1 \frac{d_1^2}{d_2^2}$$

$$p_2 = 6 \cdot 10^5 \text{ Pa} \cdot \frac{(0,3 \text{ m})^2}{(0,08 \text{ m})^2} = 84,38 \cdot 10^5 \text{ Pa}$$

1010.

$$F = p_1 A_1 = p_2 A_2 \Rightarrow p_1 d_1^2 = p_2 d_2^2$$

$$d_2 = \sqrt{\frac{p_1}{p_2} d_1^2} = \sqrt{\frac{30 \cdot 10^5 \text{ Pa}}{60 \cdot 10^5 \text{ Pa}} \cdot 0,2^2 \text{ m}^2}$$

$$d_2 = 0,1414 \text{ m} = 141,4 \text{ mm}$$

1011.

a) $p = \frac{F}{A} = \frac{4F}{\pi d^2} = \frac{4 \cdot 6500 \text{ N}}{\pi \cdot (0,06 \text{ m})^2}$

$$p = 22,99 \cdot 10^5 \frac{\text{N}}{\text{m}^2} = 22,99 \cdot 10^5 \text{ Pa}$$

b) $p_1 = \frac{F - F_r}{A} = \frac{F}{A} - \frac{F_r}{A} = p - \frac{\pi p d h p_1 \mu}{A}$

$$p = p_1 \left(1 + \frac{\pi d h \mu}{\frac{\pi}{4} d^2} \right) \Rightarrow p_1 = \frac{p d}{d + 4 h \mu}$$

$$p_1 = \frac{22,99 \cdot 10^5 \text{ Pa} \cdot 60 \text{ mm}}{60 \text{ mm} + 4 \cdot 8 \text{ mm} \cdot 0,12} = 21,61 \cdot 10^5 \text{ Pa}$$

1012.

a) $F_1' = p \frac{\pi}{4} d_1^2 \left(1 + 4 \mu \frac{h_1}{d_1} \right)$

$$p = \frac{4 F_1'}{\pi d_1 (d_1 + 4 \mu h_1)}$$

$$p = \frac{4 \cdot 2000 \text{ N}}{\pi \cdot 20 \cdot 10^{-3} \text{ m} \cdot (20 + 4 \cdot 0,12 \cdot 8) \cdot 10^{-3} \text{ m}}$$

$$p = 5,341 \cdot 10^6 \frac{\text{N}}{\text{m}^2} = 53,41 \cdot 10^5 \text{ Pa}$$

b) $\eta = \frac{1 - 4\mu \frac{h_2}{d_2}}{1 + 4\mu \frac{h_1}{d_1}} = \frac{1 - 4 \cdot 0,12 \cdot \frac{20 \text{ mm}}{280 \text{ mm}}}{1 + 4 \cdot 0,12 \cdot \frac{8 \text{ mm}}{20 \text{ mm}}} = 0,8102$

c) $F_2' = F_1' \cdot \frac{d_2^2}{d_1^2} \cdot \eta = 2000 \text{ N} \cdot \frac{(28 \text{ cm})^2}{(2 \text{ cm})^2} \cdot 0,8102$

$$F_2' = 317\,600 \text{ N} = 317,6 \text{ kN}$$

d) $\frac{s_2}{s_1} = \frac{d_1^2}{d_2^2}$

$$s_2 = s_1 \frac{d_1^2}{d_2^2} = 30\text{mm} \cdot \frac{(20 \text{ mm})^2}{(280 \text{ mm})^2} = 0,1531 \text{ mm}$$

e) $W_1 = F_1' s_1 = 2000 \text{ N} \cdot 0,03 \text{ m} = 60 \text{ J}$

f) $W_2 = F_2' s_2 = 317,6 \cdot 10^3 \text{ N} \cdot 0,1531 \cdot 10^{-3} \text{ m} = 48,61 \text{ J}$

g) $z = \frac{s}{s_2} = \frac{28 \text{ mm}}{0,1531 \text{ mm}} = 182,9 \approx 183$ Hübe

Druckverteilung unter Berücksichtigung der Schwerkraft

1013.

$$p = \varrho g h = 1000 \frac{\text{kg}}{\text{m}^3} \cdot 9,81 \frac{\text{m}}{\text{s}^2} \cdot 0,3 \text{ m} = 2943 \text{ Pa}$$

1014.

$$p = \varrho g h = 1030 \frac{\text{kg}}{\text{m}^3} \cdot 9,81 \frac{\text{m}}{\text{s}^2} \cdot 6000 \text{ m}$$

$$p = 606,3 \cdot 10^5 \frac{\text{N}}{\text{m}^2} = 606,3 \cdot 10^5 \text{ Pa}$$

1015.

$$p = \varrho g h = 1700 \frac{\text{kg}}{\text{m}^3} \cdot 9,81 \frac{\text{m}}{\text{s}^2} \cdot 3,25 \text{ m}$$

$$p = 54\,200 \text{ Pa} = 0,542 \cdot 10^5 \text{ Pa}$$

1016.

$$p = \varrho g h \Rightarrow h = \frac{p}{\varrho g}$$

$$h = \frac{100\,000 \frac{\text{N}}{\text{m}^2}}{13\,590 \frac{\text{kg}}{\text{m}^3} \cdot 9,81 \frac{\text{m}}{\text{s}^2}} = 0,7501 \text{ m} = 750,1 \text{ mm}$$

1017.

$$F = p A = \varrho g h \pi r^2$$

$$F = 1030 \frac{\text{kg}}{\text{m}^3} \cdot 9,81 \frac{\text{m}}{\text{s}^2} \cdot 11000 \text{ m} \cdot \pi \cdot (1,1 \text{ m})^2$$

$$F = 422,5 \cdot 10^6 \frac{\text{kgm}}{\text{s}^2} = 422,5 \text{ MN}$$

1018.

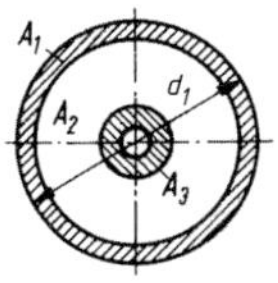

$$A_1 = \frac{\pi}{4}(d_1^2 - d_2^2) = \frac{\pi}{4}(0,4^2 - 0,34^2)\ \text{m}^2 = 0,03487\ \text{m}^2$$

$$A_2 = \frac{\pi}{4}(d_2^2 - d_3^2) = \frac{\pi}{4}(0,34^2 - 0,1^2)\ \text{m}^2 = 0,08294\ \text{m}^2$$

$$A_3 = \frac{\pi}{4}(d_3^2 - d_4^2) = \frac{\pi}{4}(0,1^2 - 0,04^2)\ \text{m}^2 = 0,00660\ \text{m}^2$$

$$F_1 = p_1\left(A_1 + A_3\right)$$

$p_1 = \rho g\left(h_1 - h_2\right)$ Druck durch die Schwerkraft, F + T, 6.1

$$F_1 = \rho g\left(h_1 - h_2\right)\left(A_1 + A_3\right)$$

$$F_1 = 7,2\cdot 10^3\,\frac{\text{kg}}{\text{m}^3}\cdot 9,81\frac{\text{m}}{\text{s}^2}\cdot\left(250-40\right)\cdot 10^{-3}\ \text{m}\cdot$$
$$\cdot\left(34,87+6,6\right)\cdot 10^{-3}\ \text{m}^2$$

$$F_1 = 615,1\frac{\text{kgm}}{\text{s}^2} = 615,1\,\text{N}$$

$$F_2 = p_2 A_2$$

$$p_2 = \rho g\left(h_1 - h_3\right)$$

$$F_1 = \rho g\left(h_1 - h_3\right) A_2$$

$$F_2 = 7,2\cdot 10^3\,\frac{\text{kg}}{\text{m}^3}\cdot 9,81\frac{\text{m}}{\text{s}^2}\cdot\left(250-10\right)\cdot 10^{-3}\ \text{m}\cdot$$
$$\cdot 82,94\cdot 10^{-3}\ \text{m}^2$$

$$F_2 = 1406\frac{\text{kgm}}{\text{s}^2} = 1406\,\text{N}$$

$$F = F_1 + F_2 = 615,1\,\text{N} + 1406\,\text{N} = 2021,1\,\text{N}$$

1019.

$$F_b = \varrho\, g\, h\, A$$

$$F_b = 1000\frac{\text{kg}}{\text{m}^3}\cdot 9,81\frac{\text{m}}{\text{s}^2}\cdot 2,4\,\text{m}\cdot\frac{\pi}{4}\cdot(0,16\,\text{m})^2 = 473,4\,\text{N}$$

1020.

$$F_s = \varrho\, g\, A\, y_0$$

$$F_s = 1000\frac{\text{kg}}{\text{m}^3}\cdot 9,81\frac{\text{m}}{\text{s}^2}\cdot\frac{\pi}{4}\cdot(0,08\,\text{m})^2\cdot 4,5\,\text{m} = 221,9\,\text{N}$$

1021.

a) $F_s = \varrho\, g\, A\, y_0$

$$F_s = 1000\,\frac{\text{kg}}{\text{m}^3}\cdot 9,81\,\frac{\text{m}}{\text{s}^2}\cdot 3,5\ \text{m}\cdot 0,4\ \text{m}\cdot 1,75\ \text{m}$$

$$F_s = 24\,030\ \text{N}$$

b) $e = \dfrac{I}{A\, y_0}$

$$e = \frac{b\,h^3}{12\cdot b\,h\cdot\dfrac{h}{2}} = \frac{h}{6} = \frac{3,5\ \text{m}}{6} = 0,5833\ \text{m}$$

(h Höhe des Wasserspiegels über dem Boden)

$$y = y_0 + e$$

$$h_1 = h - y$$

(h_1 Höhe des Druckmittelpunkts über dem Boden)

$$h_1 = h - y_0 - e$$

$$h_1 = 3,5\ \text{m} - 1,75\ \text{m} - 0,5833\ \text{m} = 1,167\ \text{m}$$

c) $M_b = F_s\, h_1$

$$M_b = 24\,030\ \text{N}\cdot 1,167\ \text{m} = 28\,040\ \text{Nm}$$

1022.

a) $\dfrac{\varrho_2}{\varrho_1} = \dfrac{h_1}{h_2}$

$$\varrho_2 = \varrho_1\frac{h_1}{h_2} = 1000\,\frac{\text{kg}}{\text{m}^3}\cdot\frac{12\ \text{mm}}{13,2\ \text{mm}} = 909,1\,\frac{\text{kg}}{\text{m}^3}$$

b) $h_1 = h_2\dfrac{\varrho_2}{\varrho_1} = 13,2\ \text{mm}\cdot\dfrac{1100\,\dfrac{\text{kg}}{\text{m}^3}}{1000\,\dfrac{\text{kg}}{\text{m}^3}} = 14,52\ \text{mm}$

h_1 Höhe der Wassersäule über der Trennfläche

h_2 Höhe der Ölsäule über der Trennfläche

Auftriebskraft

1023.

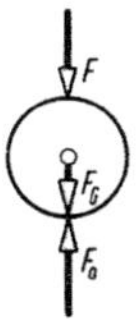

$$F_a = V\varrho\, g = F_G + F$$

$$F = V\varrho\, g - F_G = g\,(V\varrho - m)$$

$$F = 9,81\,\frac{\text{m}}{\text{s}^2}\left(\frac{\pi}{6}\cdot 0,4^3\ \text{m}^3\cdot 1000\,\frac{\text{kg}}{\text{m}^3} - 0,5\ \text{kg}\right)$$

$$F = 323,8\ \text{N}$$

1024.

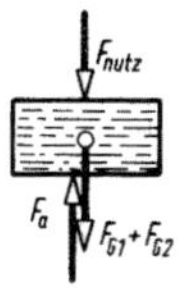

$$F_a = F_{\text{nutz}} + F_{G1} + F_{G2}$$

$$F_{\text{nutz}} = F_a - F_{G1} - F_{G2}$$

$$F_{\text{nutz}} = V\varrho_W\, g - m_1\, g - m_2\, g$$

$$F_{\text{nutz}} = (V\varrho_W - m_1 - V\varrho_B)\cdot g$$

$$F_{\text{nutz}} = \left(10\ \text{m}^3\cdot 1030\,\frac{\text{kg}}{\text{m}^3} - 300\ \text{kg} - 10\ \text{m}^3\cdot 7000\,\frac{\text{kg}}{\text{m}^3}\right)\cdot$$
$$\cdot 9,81\,\frac{\text{m}}{\text{s}^2}$$

$$F_{\text{nutz}} = 29\,430\,\frac{\text{kgm}}{\text{s}^2} = 29,43\ \text{kN}$$

Dynamik der Fluide (Hydrodynamik)

Bernoulli'sche Gleichung

1025.

a) $A_1 v_1 = A_2 v_2$

$$v_2 = v_1 \frac{A_1}{A_2} = v_1 \frac{\frac{\pi}{4} d_1^2}{\frac{\pi}{4} d_2^2} = v_1 \frac{d_1^2}{d_2^2}$$

$$v_2 = 4 \frac{\text{m}}{\text{s}} \cdot \frac{(3\ \text{cm})^2}{(2\ \text{cm})^2} = 9 \frac{\text{m}}{\text{s}}$$

b) Bernoulli'sche Druckgleichung

$$p_1 + \frac{\varrho}{2} v_1^2 = p_2 + \frac{\varrho}{2} v_2^2$$

$$p_2 = p_1 + \frac{\varrho}{2}(v_1^2 - v_2^2)$$

$$p_2 = 10\,000\ \text{Pa} + 500 \frac{\text{kg}}{\text{m}^3} \cdot (4^2 - 9^2) \frac{\text{m}^2}{\text{s}^2}$$

$$p_2 = -22\,500 \frac{\text{kgm}}{\text{s}^2\text{m}^2} = -0{,}225 \cdot 10^5\ \text{Pa (Unterdruck)}$$

1026.

$$p_1 + \frac{\varrho}{2} v_1^2 = p_2 + \frac{\varrho}{2} v_2^2$$

erforderliche Strömungsgeschwindigkeit:

$$\frac{\varrho}{2} v_2^2 = p_1 - p_2 + \frac{\varrho}{2} v_1^2$$

$$v_2 = \sqrt{\frac{p_1 - p_2 + \frac{\varrho}{2} v_1^2}{\frac{\varrho}{2}}}$$

$$v_2 = \sqrt{\frac{5000 \frac{\text{N}}{\text{m}^2} + 40\,000 \frac{\text{N}}{\text{m}^2} + 500 \frac{\text{kg}}{\text{m}^3} \cdot \left(4 \frac{\text{m}}{\text{s}}\right)^2}{500 \frac{\text{kg}}{\text{m}^3}}}$$

$$v_2 = 10{,}3 \frac{\text{m}}{\text{s}}$$

Hinweis: $-p_2 = -(-0{,}4 \cdot 10^5\ \text{Pa}) = +0{,}4 \cdot 10^5\ \text{Pa}$

$A_1 v_1 = A_2 v_2$ (Kontinuitätsgleichung)

$$\frac{\pi}{4} d_1^2 v_1 = \frac{\pi}{4} d_2^2 v_2$$

$$d_2 = \sqrt{\frac{v_1}{v_2} d_1^2} = \sqrt{\frac{4 \frac{\text{m}}{\text{s}}}{10{,}3 \frac{\text{m}}{\text{s}}} \cdot (80\ \text{mm})^2} = 49{,}86\ \text{mm}$$

1027.

a) $$\frac{v^2}{2g} = \frac{\left(12 \frac{\text{m}}{\text{s}}\right)^2}{2 \cdot 9{,}81 \frac{\text{m}}{\text{s}^2}} = 7{,}339\ \text{m}$$

b) $$H = h + \frac{v^2}{2g} = 15\ \text{m} + 7{,}339\ \text{m} = 22{,}34\ \text{m}$$

c) $$p = \varrho g h = 1000 \frac{\text{kg}}{\text{m}^3} \cdot 9{,}81 \frac{\text{m}}{\text{s}^2} \cdot 15\ \text{m} = 147\,150\ \text{Pa}$$

Ausfluss aus Gefäßen

1028.

a) $$v = \sqrt{2gh} = \sqrt{2 \cdot 9{,}81 \frac{\text{m}}{\text{s}^2} \cdot 0{,}9\ \text{m}} = 4{,}202 \frac{\text{m}}{\text{s}}$$

b) $$V_e = \dot{V}_e t = \mu A v t = \mu \frac{\pi}{4} d^2 v t$$

$$V_e = 0{,}64 \cdot \frac{\pi}{4} \cdot (0{,}02\ \text{m})^2 \cdot 4{,}202 \frac{\text{m}}{\text{s}} \cdot 86\,400\ \text{s} = 73\ \text{m}^3$$

1029.

$$\dot{V}_e = \frac{V_e}{t} = \mu \dot{V}$$

$$t = \frac{V_e}{\mu \dot{V}} = \frac{V_e}{\mu A \sqrt{2gh}}$$

$$t = \frac{200\ \text{m}^3}{0{,}815 \cdot 0{,}001963\ \text{m}^2 \cdot \sqrt{2 \cdot 9{,}81 \frac{\text{m}}{\text{s}^2} \cdot 7{,}5\ \text{m}}}$$

$$t = 10\,306\ \text{s} = 2\ \text{h}\ 51\ \text{min}\ 46\ \text{s}$$

1030.

$$\dot{V}_e = \mu A \sqrt{2gh} \Rightarrow A = \frac{\dot{V}_e}{\mu \sqrt{2gh}}$$

$$A = \frac{10^{-3} \frac{\text{m}^3}{\text{s}}}{0{,}96 \cdot \sqrt{2 \cdot 9{,}81 \frac{\text{m}}{\text{s}^2} \cdot 3{,}6\ \text{m}}}$$

$$A = 0{,}1239 \cdot 10^{-3}\ \text{m}^2 = 123{,}9\ \text{mm}^2$$

$$d = \sqrt{\frac{4A}{\pi}} = \sqrt{\frac{4 \cdot 123{,}9\ \text{mm}^2}{\pi}} = 12{,}56\ \text{mm}$$

1031.

$$\dot{V}_e = \mu A\sqrt{2gh} = \frac{V_e}{t}$$

$$\mu = \frac{V_e}{tA\sqrt{2gh}}$$

$$\mu = \frac{1{,}8\ \text{m}^3}{106{,}5\ \text{s}\cdot 0{,}001963\ \text{m}^2\cdot\sqrt{2\cdot 9{,}81\ \frac{\text{m}}{\text{s}^2}\cdot 4\ \text{m}}} = 0{,}9717$$

1032.

a) $v_e = \varphi\sqrt{2gh}$

$$v_e = 0{,}98\sqrt{2\cdot 9{,}81\ \frac{\text{m}}{\text{s}^2}\cdot 6\ \text{m}} = 10{,}63\ \frac{\text{m}}{\text{s}}$$

b) $\dot{V}_e = \mu A\sqrt{2gh} = \mu\frac{\pi}{4}d^2\sqrt{2gh}$

$$\dot{V}_e = 0{,}63\cdot\frac{\pi}{4}(0{,}08\ \text{m})^2\cdot\sqrt{2\cdot 9{,}81\ \frac{\text{m}}{\text{s}^2}\cdot 6\ \text{m}}$$

$$\dot{V}_e = 0{,}03436\ \frac{\text{m}^3}{\text{s}} = 123{,}7\ \frac{\text{m}^3}{\text{h}}$$

c) $\dot{V}_e = \mu\frac{\pi}{4}d^2\sqrt{2g(h_1 - h_2)}$

$$\dot{V}_e = 0{,}63\cdot\frac{\pi}{4}(0{,}08\ \text{m})^2\cdot\sqrt{2\cdot 9{,}81\ \frac{\text{m}}{\text{s}^2}\cdot(6\ \text{m} - 2\ \text{m})}$$

$$\dot{V}_e = 0{,}02805\ \frac{\text{m}^3}{\text{s}} = 101\ \frac{\text{m}^3}{\text{h}}$$

1033.

$$v = \sqrt{2g\left(h + \frac{p_ü}{\varrho g}\right)}$$

$$v = \sqrt{2g\left(0 + \frac{p_ü}{\varrho g}\right)} = \sqrt{\frac{2p_ü}{\varrho}}$$

$$v = \sqrt{\frac{2\cdot 6\cdot 10^5\ \frac{\text{N}}{\text{m}^2}}{1000\ \frac{\text{kg}}{\text{m}^3}}} = 34{,}64\ \frac{\text{m}}{\text{s}}$$

(Kontrolle mit $p_ü = \frac{\varrho}{2}v^2$)

1034.

a) $v_e = \varphi\sqrt{2gh} = 0{,}98\sqrt{2\cdot 9{,}81\ \frac{\text{m}}{\text{s}^2}\cdot 2{,}3\ \text{m}} = 6{,}583\ \frac{\text{m}}{\text{s}}$

b) $\dot{V}_e = \mu A\sqrt{2gh}$

$$\dot{V}_e = 0{,}64\cdot 0{,}00785\ \text{m}^2\cdot\sqrt{2\cdot 9{,}81\ \frac{\text{m}}{\text{s}^2}\cdot 2{,}3\ \text{m}}$$

$$\dot{V}_e = 0{,}03377\ \frac{\text{m}^3}{\text{s}} = 33{,}77\ \frac{\text{Liter}}{\text{s}}$$

c) $t_1 = \frac{V_{e1}}{\dot{V}_e} = \frac{2\ \text{m}\cdot 8\ \text{m}\cdot 1{,}7\ \text{m}}{0{,}03377\ \frac{\text{m}^3}{\text{s}}} = 805{,}5\ \text{s} = 13\,\text{min}\ 25{,}5\,\text{s}$

d) $t_2 = \frac{2V_{e2}}{\mu A\sqrt{2gh}}$

$$t_2 = \frac{2\cdot 2\ \text{m}\cdot 8\ \text{m}\cdot 2{,}3\ \text{m}}{0{,}64\cdot 0{,}00785\ \text{m}^2\cdot\sqrt{2\cdot 9{,}81\ \frac{\text{m}}{\text{s}^2}\cdot 2{,}3\ \text{m}}}$$

$$t_2 = 2179{,}7\ \text{s} = 36\,\text{min}\ 19{,}7\,\text{s}$$

$$t_{ges} = t_1 + t_2 = 49\,\text{min}\ 45\,\text{s}$$

1035.

a) $v_e = \varphi\sqrt{2gh} = 0{,}98\sqrt{2\cdot 9{,}81\ \frac{\text{m}}{\text{s}^2}\cdot 280\ \text{m}} = 72{,}64\ \frac{\text{m}}{\text{s}}$

b) $\dot{V}_e = \mu\frac{\pi}{4}d^2\sqrt{2gh}$

$$\dot{V}_e = 0{,}98\cdot\frac{\pi}{4}\cdot(0{,}15\ \text{m})^2\cdot\sqrt{2\cdot 9{,}81\ \frac{\text{m}}{\text{s}^2}\cdot 280\ \text{m}}$$

$$\dot{V}_e = 1{,}284\ \frac{\text{m}^3}{\text{s}}$$

c) $P = \frac{W}{t} = \frac{E_{kin}}{t}$

W Arbeitsvermögen des Wassers = kinetische Energie

$$P = \frac{\frac{mv^2}{2}}{t} = \frac{mv^2}{2t} = \dot{m}\frac{v^2}{2}$$

$\dot{m}$ Massenstrom, d. h. die Masse des je Sekunde durch die Düse strömenden Wassers

$$P = 1284\ \frac{\text{kg}}{\text{s}}\cdot\frac{\left(72{,}64\ \frac{\text{m}}{\text{s}}\right)^2}{2}$$

$$P = 3386000\ \frac{\text{kg}\,\text{m}^2}{\text{s}^3} = 3386\ \text{kW}$$

$$\left(1\ \frac{\text{kg}\,\text{m}^2}{\text{s}^3} = 1\ \frac{\text{kg}\,\text{m}}{\text{s}^2}\cdot 1\ \frac{\text{m}}{\text{s}} = 1\ \frac{\text{Nm}}{\text{s}} = 1\ \frac{\text{J}}{\text{s}} = 1\ \text{W}\right)$$

1036.

Die Haltekraft F_H ist die Reaktionskraft der Gesamtdruckkraft F.

$F_H = F$

Die Gesamtdruckkraft F ergibt sich aus der Summe der hydrostatischen Druckkraft F_D und der Impulskraft F_I.

$F = F_D + F_I$

Ermittlung der Strömungsgeschwindigkeit v:

$$\dot{V} = 200\,\frac{1}{\min} = 200\,\frac{\frac{1}{1000}\,\text{m}^3}{\frac{1}{60}\,\text{h}} = 12\,\frac{\text{m}^3}{\text{h}}$$

$$\dot{V} = A \cdot v \;\Rightarrow\; v = \frac{\dot{V}}{A}$$

$$v = \frac{4 \cdot 12\,\text{m}^3}{\pi \cdot (0{,}042)^2\,\text{m}^2 \cdot 3600\,\text{s}} = 2{,}406\,\frac{\text{m}}{\text{s}}$$

a) Ermittlung der Impulskraft F_I:

$$F_I = \dot{I} = \varrho \cdot A \cdot v^2$$

$$F_I = 1000\,\frac{\text{kg}}{\text{m}^3} \cdot \frac{\pi \cdot (0{,}042)^2\,\text{m}^2}{4} \cdot 2{,}406^2\,\frac{\text{m}^2}{\text{s}^2}$$

$$F_I = 8\,\text{N}$$

b) $F_D = 50 \cdot 10^3\,\dfrac{\text{N}}{\text{m}^2} \cdot \dfrac{\pi \cdot 0{,}042^2\,\text{m}^2}{4} = 69{,}3\,\text{N}$

c) $F = F_D + F_I = 69{,}3\,\text{N} + 8\,\text{N} = 77{,}3\,\text{N}$

$F_H = F = 77{,}3\,\text{N}$

1037.

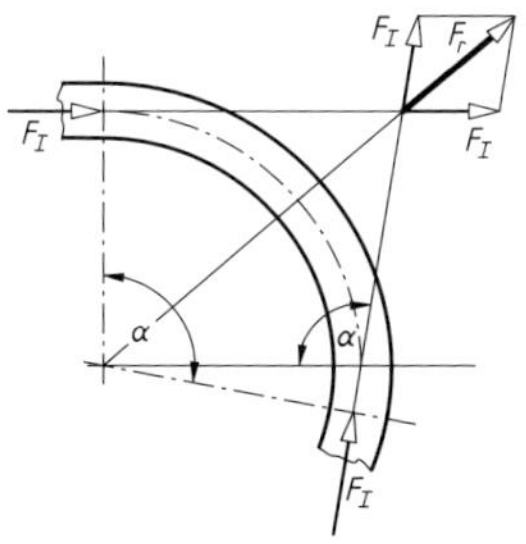

$$F_I = \dot{I} = \varrho \cdot A \cdot v^2$$

$$\dot{V} = A \cdot v \;\Rightarrow\; v = \frac{\dot{V}}{A}$$

$$v = \frac{4 \cdot 0{,}2\,\frac{\text{m}^3}{\text{s}}}{\pi \cdot 0{,}1^2\,\text{m}^2} = 25{,}465\,\frac{\text{m}}{\text{s}}$$

$$F_I = 1000\,\frac{\text{kg}}{\text{m}^3} \cdot \frac{\pi \cdot 0{,}1^2\,\text{m}^2}{4} \cdot 25{,}465^2\,\frac{\text{m}^2}{\text{s}^2} = 5093\,\text{N}$$

Die beiden Impulskräfte F_I am Anfang und Ende des Rohrbogens bilden die resultierende Kraft F_r, die von der Befestigung des Rohrkrümmers aufgenommen werden muss. Sie kann sowohl analytisch als auch trigonometrisch berechnet werden.

Trigonometrische Lösung:

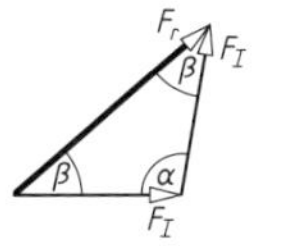

$$2\beta + \alpha = 180°$$

$$\beta = \frac{180° - \alpha}{2} = \frac{180° - 95°}{2} = 42{,}5°$$

Sinussatz:

$$\frac{F_r}{\sin\alpha} = \frac{F_I}{\sin\beta} = \frac{F_I}{\sin\beta}$$

$$F_r = \frac{F_I \cdot \sin 95°}{\sin 42{,}5°} = \frac{5093\,\text{N} \cdot \sin 95°}{\sin 42{,}5°} = 7510\,\text{N}$$

Analytische Lösung:

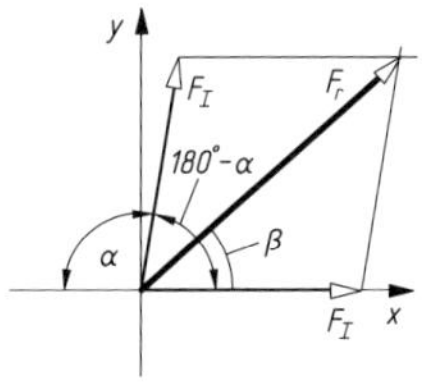

I. $\Sigma F_{rx} = F_I + F_I \cdot \cos(180° - \alpha)$

$\Sigma F_{rx} = 5537\,\text{N}$

II. $\Sigma F_{ry} = F_I \cdot \sin(180° - \alpha)$

$\Sigma F_{ry} = 5073{,}6\,\text{N}$

$$F_r = \sqrt{F_{rx}{}^2 + F_{ry}{}^2} = \sqrt{(5537\,\text{N})^2 + (5073{,}6\,\text{N})^2}$$

$$F_r = 7510\,\text{N}$$

1038.

$$\dot{I} = F_I = \dot{m} \cdot v = 1{,}2\,\frac{\text{kg}}{\text{s}} \cdot 3\,\frac{\text{m}}{\text{s}} = 3{,}6\,\frac{\text{kgm}}{\text{s}^2}$$

$$\dot{I} = \varrho \cdot A \cdot v^2 = \varrho \cdot \frac{\pi \cdot d^2}{4} \cdot v^2$$

$$d = \sqrt{\frac{4 \cdot \dot{I}}{\pi \cdot \varrho \cdot v^2}}$$

$$d = \sqrt{\frac{4 \cdot 3{,}6\,\frac{\text{kgm}}{\text{s}^2}}{\pi \cdot 1000\,\frac{\text{kg}}{\text{m}^3} \cdot \left(3{,}6\,\frac{\text{m}}{\text{s}}\right)^2}} = 0{,}0226\,\text{m} = 2{,}26\,\text{cm}$$

Strömung in Rohrleitungen

1039.

a) $\dot{V}_e = Av$

$$v = \frac{\dot{V}_e}{A} = \frac{\frac{V_e}{t}}{\frac{\pi}{4}d^2} = \frac{4V_e}{\pi d^2 t}$$

$$v = \frac{4 \cdot 11\ \text{m}^3}{\pi (0,08\ \text{m})^2 \cdot 3600\ \text{s}} = 0,6079\ \frac{\text{m}}{\text{s}}$$

b) $\Delta p = \lambda \frac{l}{d} \cdot \frac{\varrho}{2} v^2$

$$\Delta p = 0,028 \cdot \frac{230\ \text{m}}{0,08\ \text{m}} \cdot 500\ \frac{\text{kg}}{\text{m}^3} \cdot \left(0,6079\ \frac{\text{m}}{\text{s}}\right)^2$$

$$\Delta p = 14874\ \text{Pa}$$

1040.

a) $\dot{V}_e = Av \Rightarrow v = \frac{4V_e}{\pi d^2 t}$ (siehe Lösung 1039.)

$$v = \frac{4 \cdot 280\ \text{m}^3}{\pi (0,125\ \text{m})^2 \cdot 3600\ \text{s}} = 6,338\ \frac{\text{m}}{\text{s}}$$

b) $\Delta p = \lambda \frac{l}{d} \cdot \frac{\varrho}{2} v^2$

$$\Delta p = 0,015 \cdot \frac{350\ \text{m}}{0,125\ \text{m}} \cdot 500\ \frac{\text{kg}}{\text{m}^3} \cdot \left(6,338\ \frac{\text{m}}{\text{s}}\right)^2$$

$$\Delta p = 843600\ \text{Pa}$$

1041.

a) $\dot{V} = Av = \frac{\pi}{4} d^2 v$

$$d = \sqrt{\frac{4\dot{V}}{\pi v}}$$

$$d = \sqrt{\frac{4 \cdot 0,002\ \frac{\text{m}^3}{\text{s}}}{\pi \cdot 2\ \frac{\text{m}}{\text{s}}}} = 0,03568\ \text{m} = 36\ \text{mm (NW 36)}$$

b) $v = \frac{\dot{V}}{A} = \frac{4 \cdot 0,002\ \frac{\text{m}^3}{\text{s}}}{\pi \cdot (0,036\ \text{m})^2} = 1,965\ \frac{\text{m}}{\text{s}}$

c) $\Delta p = \lambda \frac{l}{d} \cdot \frac{\varrho}{2} v^2$

$$\Delta p = 0,025 \cdot \frac{300\ \text{m}}{0,036\ \text{m}} \cdot 500\ \frac{\text{kg}}{\text{m}^3} \cdot \left(1,965\ \frac{\text{m}}{\text{s}}\right)^2$$

$$\Delta p = 402\,160\ \text{Pa}$$

d) $\frac{\varrho}{2} v^2 = 500\ \frac{\text{kg}}{\text{m}^3} \cdot \left(1,965\ \frac{\text{m}}{\text{s}}\right)^2 = 1930,4\ \text{Pa}$

e) $p_{ges} = \frac{\varrho}{2} v^2 + \varrho g h + \Delta p$

$$\varrho g h = 1000\ \frac{\text{kg}}{\text{m}^3} \cdot 9,81\ \frac{\text{m}}{\text{s}^2} \cdot 20\ \text{m} = 196\,200\ \text{Pa}$$

$$p_{ges} = 0,0193 \cdot 10^5\ \text{Pa} + 1,962 \cdot 10^5\ \text{Pa} + 4,022 \cdot 10^5\ \text{Pa}$$

$$p_{ges} = 6,003 \cdot 10^5\ \text{Pa}$$

f) $\text{Leistung} = \frac{\text{Energie}}{\text{Zeit}} \Rightarrow P = \frac{W}{t} = \frac{p_{ges} V}{t}$

$$P = p_{ges} \frac{V}{t} = p_{ges} \dot{V} = 6,003 \cdot 10^5\ \frac{\text{N}}{\text{m}^2} \cdot 2 \cdot 10^{-3}\ \frac{\text{m}^3}{\text{s}}$$

$$P = 12,01 \cdot 10^2\ \text{W} = 1,201\ \text{kW}$$